特高压直流工程建设管理实践与创新

TEGAOYA ZHILIU GONGCHENG JIANSHE GUANLI SHIJIAN YU CHUANGXIN

换流站工程

标准化作业指导书（上、下册）

国家电网公司直流建设分公司　编

中国电力出版社

CHINA ELECTRIC POWER PRESS

内 容 提 要

为全面总结十年来特高压直流输电工程建设管理的实践经验，国家电网公司直流建设分公司编纂完成《特高压直流工程建设管理实践与创新》丛书。本丛书分标准化管理、标准化作业指导书、典型经验和典型案例四个系列，共 12 个分册。

本书为《换流站工程标准化作业指导书》分册，包括 9 个土建作业指导书、5 个电气安装作业指导书、7 个分系统调试作业指导书、10 个调相机作业指导书，共四个篇章 31 个换流站工程特有分部分项工程作业指导书。

本书可供从事全球能源互联网构建的建设、设计、施工、调试、运行、维护和检修，直流输电设备制造等方面的专业技术人员、工程专家、建设管理人员使用。

图书在版编目（CIP）数据

特高压直流工程建设管理实践与创新. 换流站工程标准化作业指导书：全 2 册 / 国家电网公司直流建设分公司编. —北京：中国电力出版社，2017.12
ISBN 978-7-5198-1505-9

Ⅰ. ①特… Ⅱ. ①国… Ⅲ. ①特高压输电–直流换流站–工程施工–标准化管理–中国 Ⅳ. ①TM726.1

中国版本图书馆 CIP 数据核字（2017）第 303735 号

出版发行：中国电力出版社
地　　址：北京市东城区北京站西街 19 号（邮政编码 100005）
网　　址：http://www.cepp.sgcc.com.cn
责任编辑：肖　敏（010-63412363）　李文娟
责任校对：王开云　马　宁　郝军燕　太兴华
装帧设计：张俊霞　左　铭
责任印制：邹树群

印　　刷：北京大学印刷厂
版　　次：2017 年 12 月第一版
印　　次：2017 年 12 月北京第一次印刷
开　　本：787 毫米×1092 毫米　16 开本
印　　张：64.25
字　　数：1470 千字
印　　数：0001—2000 册
定　　价：350.00 元（全 2 册）

《特高压直流工程建设管理实践与创新》丛书

编 委 会

主　　　任　丁永福

副 主 任　成　卫　赵宏伟　袁清云　高　毅　张金德

　　　　　　刘　皓　陈　力　程更生　杨春茂

成　　　员　鲍　瑞　余　乐　刘良军　谭启斌　朱志平

　　　　　　刘志明　白光亚　郑　劲　寻　凯　段蜀冰

　　　　　　刘宝宏　邹军峰　王新元

本 书 专 家 组

郭贤珊　黄　勇　谢洪平　卢理成　赵大平

本 书 编 写 组

组　　　长　陈　力

副 组 长　刘良军　白光亚　谭启斌　吴　畏　杨洪瑞

　　　　　　姚　斌

成员（土建）　（排名不分先后）

　　　　　　陈绪德　曹加良　刘凯锋　李　昱　张春宝

　　　　　　程宙强　王国庆　黄成相　王俊宇　关海波

　　　　　　王节勇　万　磊　程元友　刘　标

成员（电气） （排名不分先后）

徐剑峰　李　旸　王茂忠　郎鹏越　李　斌

刘　超　张　栋　伍　飞　胡文华　楼　渊

冯昆仑　李品良　朱红星　郑炳焕　王开库

成员（调试） （排名不分先后）

徐剑峰　李　勇　潘励哲　李天佼　张　鹏

牛艳召　孟　进　毛绍全　刘运龙　肖青云

成员（调相机） （排名不分先后）

宋　明　宋　涛　陈　毅　周　斌　龙荣洪

吴娅妮　胡宇光　阿怀君　张志华　徐　磊

姚　磊

序 言

　　建设以特高压电网为骨干网架的坚强智能电网，是深入贯彻"五位一体"总体布局、全面落实"四个全面"战略布局、实现中华民族伟大复兴的具体实践。国家电网公司特高压直流输电的快速发展以向家坝—上海±800kV 特高压直流输电示范工程为起点，其成功建成、安全稳定运行标志着我国特高压直流输电技术进入全面自主研发创新和工程建设快速发展新阶段。

　　十年来，国家电网公司特高压直流输电技术和建设管理在工程建设实践中不断发展创新，历经±800kV 向上、锦苏、哈郑、溪浙、灵绍、酒湖、晋南到锡泰、上山、扎青等工程实践，输送容量从 640 万 kW 提升至 1000 万 kW，每千千米损耗率降低到 1.6%，单位走廊输送功率提升 1 倍，特高压工程建设已经进入"创新引领"新阶段。在建的±1100kV 吉泉特高压直流输电工程，输送容量 1200 万 kW、输送距离 3319km，将再次实现直流电压、输送容量、送电距离的"三提升"。向上、锦苏、哈郑等特高压工程荣获国家优质工程金奖，向上特高压工程获得全国质量奖卓越项目奖，溪浙特高压双龙换流站荣获 2016 年度中国建设工程鲁班奖等，充分展示了特高压直流工程建设本质安全和优良质量。

　　在特高压直流输电工程建设实践十年之际，国网直流公司全面落实专业化建设管理责任，认真贯彻落实国家电网公司党组决策部署，客观分析特高压直流输电工程发展新形势、新任务、新要求，主动作为开展特高压直流工程建设管理实践与创新的总结研究，编纂完成《特高压直流工程建设管理实践与创新》丛书。

　　丛书主要从总结十年来特高压直流工程建设管理实践经验与创新管理角度出发，本着提升特高压直流工程建设安全、优质、效益、效率、创新、生态文明等管理能力，提炼形成了特高压直流工程建设管理标准化、现场标准化作业指导书等规范要求，总结了特高压直流工程建设管理典型经验和案例。丛书既有成功经验总结，也有典型案例汇编，既有管理创新的智慧结晶，也有规范管理的标准要求，是对以往特高压输电工程难得的、较为系统的总结，对后续特高压直流工程和其他输变电工程建设管理具有很好的指导、借鉴和启迪作用，必将进一步提升特高压直流工程建设管理水平。丛书分标准化管理、标准化作业指导书、典型经验和典型案例四个系列，共 12 个分册 300 余万字。希望丛书在今后的特高压建设管理实践中不断丰富和完善，更好地发挥示范引领作用。

特此为贺特高压直流发展十周年，并献礼党的十九大胜利召开。

2017 年 10 月 16 日

前　言

　　自 2007 年中国第一条特高压直流工程——向家坝—上海±800kV 特高压直流输电示范工程开工建设伊始，国家电网公司就建立了权责明确的新型工程建设管理体制。国家电网公司是特高压直流工程项目法人；国网直流公司负责工程建设与管理；国网信通公司承担系统通信工程建设管理任务。中国电力科学研究院、国网北京经济技术研究院、国网物资有限公司分别发挥在科研攻关、设备监理、工程设计、物资供应等方面的业务支撑和技术服务的作用。

　　2012 年特高压直流工程进入全面提速、大规模建设的新阶段。面对特高压电网建设迅猛发展和全球能源互联网构建新形势，国家电网公司对特高压工程建设提出"总部统筹协调、省公司属地建设管理、专业公司技术支撑"的总体要求。国网直流公司开展"团队支撑、两级管控"的建设管理和技术支撑模式，在工程建设中实施"送端带受端、统筹全线、同步推进"机制。在该机制下，哈密南—郑州、溪洛渡—浙江、宁东—浙江、酒泉—湘潭、晋北—南京、锡盟—泰州等特高压直流工程成功建设并顺利投运。工程沿线属地省公司通过参与工程建设，积累了特高压直流线路工程建设管理经验，国网浙江、湖南、江苏电力顺利建成金华换流站、绍兴换流站、湘潭换流站、南京换流站以及泰州换流站等工程。

　　十年来，特高压直流工程经受住了各种运行方式的考验，安全、环境、经济等各项指标达到和超过了设计的标准和要求。向家坝—上海、锦屏—苏州南、哈密南—郑州特高压直流输电工程荣获"国家优质工程金奖"，溪洛渡—浙江双龙±800kV 换流站获得"2016～2017 年度中国建筑工程鲁班奖"等。

　　《换流站工程标准化作业指导书》分册分上、下两册，包括 9 个土建作业指导书、5 个电气安装作业指导书、7 个分系统调试作业指导书、10 个调相机作业指导书，共四个篇章 31 个换流站工程特有分部分项工程作业指导书。可供从事全球能源互联网构建的建设、设计、施工、调试、运行、维护和检修，直流输电设备制造等方面的专业技术人员、工程专家、建设管理人员等使用。

　　本书在编写过程中，得到工程各参建单位的大力支持，在此表示衷心感谢！书中恐有疏漏之处，敬请广大读者批评指正。

编　者

2017 年 9 月

目　录

序言
前言

上　册

下　册

第一篇

土 建 篇

篇 目 录

第一章

换流变压器防火墙施工方案

目 次

1 工程概况

1.1 双极低端防火墙（本方案具体数据以上海庙±800kV换流站工程为例）

极1低端换流变压器防火墙位于极1低端阀厅西侧，极2低端换流变压器防火墙位于极2低端阀厅东侧，纵向防火墙对阀厅与换流变压器之间实施分隔，六台换流变压器之间设8.1m高钢筋混凝土板墙对换流变压器实施三面逐一分隔围护。防火墙抗震等级为一级。纵向轴防火墙总长67m，顶标高+18.638m，墙厚300mm；换流变压器之间的横向防火墙与纵向防火墙呈垂直向布置，长19m，墙厚300mm，间隔分别为11.5m和11m。防火墙均设双层双向钢筋网，混凝土强度等级为C30，防火墙为清水混凝土结构，防火墙阴阳角均采用圆弧倒角工艺。极2低端防火墙布置图如图1-1所示。

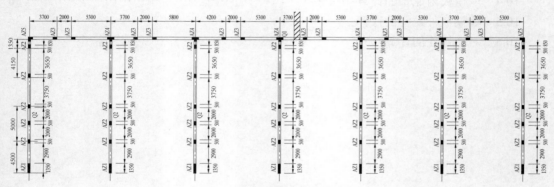

图1-1 极2低端防火墙布置图

1.2 高端防火墙

高端防火墙位于高端阀厅与换流变压器之间，纵向防火墙对阀厅与换流变压器之间实施分隔，六台换流变压器之间设10.1m高钢筋混凝土板墙对换流变压器实施三面逐一分隔围护，抗震等级为一级。纵向轴防火墙总长67m，顶标高+28.5m，墙厚300mm；换流变压器之间的横向防火墙与纵向防火墙呈垂直向布置，连接点为V形暗柱，V形暗柱底部设钢筋混凝土杯口基础，安装阀厅钢结构柱。横向隔墙长17.25m，墙厚300mm，间隔为11.5m和11m。防火墙同样为清水混凝土工艺。极1高端防火墙布置图如图1-2所示。

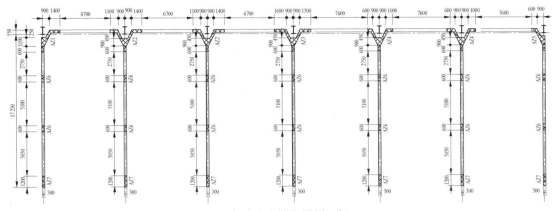

图 1-2　高端防火墙布置图（极 1）

2　编制依据

2.1　规程规范、标准

GB 50300—2013 建设工程施工质量验收统一标准

GB 50204—2015 混凝土结构工程施工质量验收规范

GB 50026—2007 工程测量规范

GB 50119—2013 混凝土外加剂用技术规范

GB/T 50905—2014 建筑工程绿色施工规范

《工程建设标准强制性条文　房屋建筑部分（2013 年版）》

GB 14902—2012 预拌混凝土

JGJ 63—2006 混凝土用水标准

JGJ 18—2012 钢筋焊接及验收规范

JGJ 55—2011 普通混凝土配合比设计规程

JGJ 107—2010 钢筋机械连接通用技术规范

JG/T 163—2013 钢筋机械连接用套筒

JGJ 46—2005 施工现场临时用电安全技术规范

JGJ 80—2016 建筑施工高处作业安全技术规范

JGJ 33—2012 建筑机械使用安全技术规程

JGJ 130—2011 建筑施工扣件式钢管脚手架安全技术规范

JGJ 169—2009 清水混凝土应用技术规程

Q/GDW 1274—2015 变电工程落地式钢管脚手架施工安全技术规范

Q/GDW 10248—2016 输变电工程建设标准强制性条文实施管理规程

Q/GDW 1183—2012 变电（换流）站土建工程施工质量验收规范

2.2　管理文件

《关于印发〈输变电工程安全质量过程控制数码照片管理工作要求〉的通知》（基建安

质〔2016〕56 号）

《国家电网公司输变电工程质量通病防治工作要求及技术措施》（基建质量〔2010〕19 号）

《国家电网公司输变电工程标准工艺管理办法》（国网〔基建/3〕186—2015）

《国家电网公司基建安全管理规定》（国网〔基建/2〕173—2015）

《国家电网公司基建质量管理规定》（国网〔基建/2〕112—2015）

《国家电网公司输变电工程安全文明施工标准化管理办法》（国网〔基建/3〕187—2015）

《项目管理实施规划》

相关施工图纸

3 施工准备

3.1 技术准备工作

3.1.1 施工图审查

开工前，必须进行设计交底及施工图纸会检，相关设计问题均有明确的处理意见并形成书面的施工图纸会检纪要。

3.1.2 编制施工方案

开工前组织编制专项施工方案，并按相关程序审批完成。方案中，应根据防火墙主体结构形式合理划分施工段，有利防火墙钢模板配置和后续流水施工作业。

3.1.3 施工技术交底

开工前必须进行施工技术交底。技术交底内容充实，具有针对性、指导性和可操作性。全体施工人员应参加交底会，掌握交底内容，明确质量标准，熟知工艺流程并全员签字后形成书面交底记录。

3.1.4 施工段划分

1.（极 2）低端防火墙主体结构施工段划分

防火墙采用流水施工工艺，每施工段均一次连续施工完成。竖向按标高−2.00m 为起点至标高+18.638m，共划分为 8 个施工段，其中第一层为木模（高度为 2420mm）。其他施工段采用标准钢模板施工，中间 6 段高度均为 2560mm，顶层高度为 2858mm（含 500mm 压顶），如图 1−3 所示。

2.（极 1）高端防火墙主体结构施工段划分

防火墙采用流水施工工艺，每施工段均一次连续施工完成。竖向按标高−2.50m 为起点至标高+28.5m，共划分为 12 个施工段，其中第一层为木模（高度为 2360mm）。其他

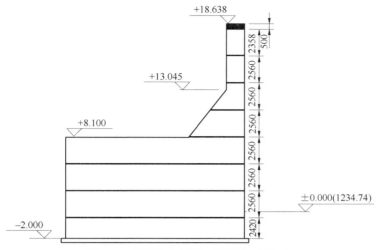

图 1–3 低端防火墙施工段划分（极 2）

施工段采用钢模板施工，中间 10 段高度为 2560mm，顶层高度为 2560mm（含 400mm 压顶），如图 1–4 所示。

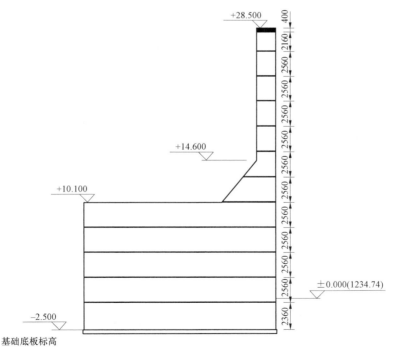

图 1–4 极 1 高端防火墙施工段划分

3.2 人员组织准备

防火墙施工人员配置见表 1–1。

表 1-1　　　　　　　　（双极低端+极 1 高）防火墙同步施工人员配置表

序号	岗位	数量	职　责　划　分
1	现场负责人	1	全面负责整个项目的实施
2	技术负责人	1	负责施工方案的策划，负责技术交底，负责施工期间各种技术问题的处理
3	质检员	2	负责施工期间质量检查及验收，包括各种质量验收记录
4	安全员	2	负责施工期间的安全管理
5	测量员	2	负责施工期间的测量与放样
6	资料员	1	负责施工期间的资料整理
7	施工员	3	负责施工期间的施工管理
8	材料人员	1	负责各种材料、机械设备及工器具的准备
9	机械操作工	8	负责施工期间机械设备的操作、维护、保养管理
10	混凝土工	20	负责混凝土浇筑
11	电焊工	4	负责防火墙预埋件加工、安装
12	起重工	2	负责模板安装起吊
13	架子工	30	负责模板支撑系统搭设及拆除
14	模板工	60	负责模板系统安装及拆除
15	钢筋工	40	负责钢筋加工及安装
16	电工	2	负责施工期的电源管理
17	普通用工	30	负责其他工作

在以上人员中，测量员、质检员、安全员、机械操作工、电焊工、电工、架子工等须持证上岗。

3.3　施工机具准备

（1）施工前应根据施工组织部署编制工器具及机械设备使用计划，并提前 7 天进场。使用前应检查各项性能指标是否在标准范围内，确保其运行正常。

（2）机械使用前应进行性能检查，确保其性能满足安全和使用功能的要求，验收合格后方可投入使用。

（3）防火墙施工主要设备见表 1-2。

表 1-2　　　　　　　　防火墙施工所需的主要机械设备配置表

序号	机械设备	单位	数量	备注
1	汽车吊	辆	2	50t/25t
2	塔吊（高端）	台	1	QTZ80（TC5610-6）
3	塔吊（双极低端）	台	1	QTZ63（TC5610）
4	混凝土泵车	辆	1	
5	混凝土运输罐车	辆	4	
6	直螺纹套丝机	台	2	

序号	机械设备	单位	数量	备注
7	振捣棒	套	4	
8	电弧焊机	台	2	
9	钢筋弯曲机	台	1	
10	钢筋切断机	台	1	
11	木工机床	台	1	
12	手提切割机	台	2	
13	全站仪	台	1	
14	经纬仪	台	2	
15	水准仪	台	2	
16	红外线垂直测量仪	台	1	
17	50m 钢卷尺	把	2	
18	5m 钢卷尺	把	6	
19	混凝土试块模具	套	6	

3.4 材料准备

3.4.1 原材料

（1）钢筋进场后应按规定抽取试件做力学性能检验，其质量必须符合有关标准的规定。根据 GB 50204—2015 强制性条文规定，钢筋重量偏差应复检。钢筋焊接应符合 GB/T 1499.3—2010《钢筋混凝土用钢第 3 部分：钢筋焊接》、JGJ 18—2012《钢筋焊接及验收规程》等的规定。

（2）采用直螺纹连接的钢筋下料时采用砂轮锯进行，切口端面与钢筋轴线垂直，不得有马蹄形或挠曲，不得用气割下料。

（3）混凝土原材料是影响混凝土色泽不均的最大因素，防火墙正式浇筑前需会同搅拌站实验室对清水混凝土配合比进行试配，通过浇筑混凝土样板确定最佳配合比。为使防火墙达清水混凝土效果，水泥品种应固定一种，并固定供应厂家；骨料质地坚硬、清洁、级配良好、空隙率较小、热膨胀系数小；其他掺和料和外加剂均需符合清水混凝土相关规定。

3.4.2 钢模板

（1）模板安装前要对组装好的大钢模进行编号，以保证每一施工段模板相对位置不变，并安排专人看护，不得乱用。

（2）组装好的大钢模，不得随意堆放，应平放在平整的地坪上，以防止模板翘曲变形。

（3）现场使用的模板及配件应按规格和数量逐项清点和检查，每一标准段模板安装前经清理修复检查后方能使用。

3.4.3　直螺纹套筒

（1）资料检查。供货时，必须同时提供相应接头性能等级的接头型式检验报告、套筒原材机械性能检验报告。审查型式检验报告时应注意：① 检验报告中必须详细记载接头试件基本参数；② 仅标准型接头需要做型式检验报告。

（2）外观检查。连接套筒螺纹牙型应饱满，连接套筒表面不得有裂纹，表面及内螺纹不得有严重的锈蚀及其他肉眼可见的缺陷。

（3）尺寸检查。重要尺寸（外径、长度）及螺纹牙型、精度应经检验符合厂家产品设计图纸要求。

（4）取样送检。同一施工条件下的同一批材料的同等级、同规格接头以 500 个为一个验收批进行检验，验收不足 500 个时也作为一验收批。每一验收批随机抽取 3 个试件做单向拉伸试验。

（5）现场储存。套筒应按规格分类码放，螺纹处不允许有严重锈蚀、油污等。并存放在无污染，不潮湿的仓库中，套筒内不得混入杂物。每袋连接套筒内应附有产品出厂合格证。

4　施工技术方案

4.1　施工流程

防火墙主体结构施工流程如图 1–5 所示。

4.2　施工方法

4.2.1　钢模板制作

高、低端防火墙钢模板制作、安装以及固定方式一致，以低端防火墙为例阐述钢模板制作、安装。

1. 钢模板设计

（1）通过以防火墙横墙顶标高+8.1m 高度分别向上、向下分缝，防火墙钢模板标准高度为 2560mm（含 100 宽工艺色带），为最大限度的节约施工材料和调节防火墙钢模板模数，第一板和顶板可采用木模板，高度分别为2420mm 和 2858mm，其余均为标准钢模板。

（2）钢模板主要材料的选用。经计算面板采用 4mm 厚冷轧钢板，内龙骨选用∠63mm×40mm×5mm 角钢，主骨架选用□100mm×50mm×3mm 方钢管，外龙骨选用双拼 [16 槽钢。（如选用 6mm 厚冷轧钢板制作，钢模板与龙骨应配套设计。）

图 1–5　防火墙主体结构施工流程

（3）模板加固设计方案。通过模板上、下端接缝处设置对拉螺杆来固定模板，混凝土浇筑时的侧压力通过模板传至外龙骨、外龙骨传至对拉螺杆上。第一段模板支设如图 1-6 所示，标准段模板支设如图 1-7 所示。

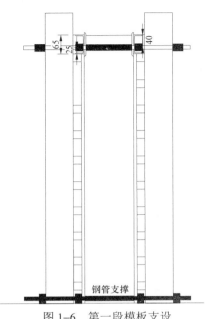

图 1-6　第一段模板支设

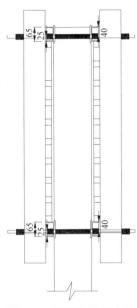

图 1-7　标准段模板支设

（4）根据防火墙结构尺寸，钢模板单片尺寸设计有五种规格，其中主要尺寸有 2500mm×5000mm；内龙骨间距 250mm；主龙骨方管长边方向间距 1250mm，短边方向间距 480mm。钢模板示意图如图 1-8 所示。

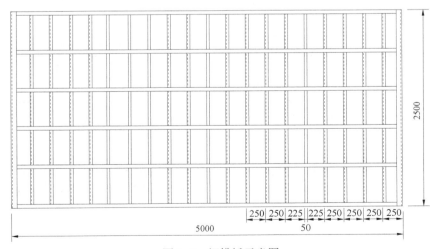

图 1-8　钢模板示意图

（5）外龙骨采用槽钢，双拼槽钢背靠背设置，侧向紧贴内龙骨，端头处设置 $\phi 21$ 中间带有直线段的调节孔，供对拉螺栓穿过，水平间距为 500mm。对拉螺栓采用 $\phi 20$ HPB300

级成品通丝对拉螺杆，水平间距同外龙骨，上下垂直最大间距为 2560mm。外龙骨示意图如图 1-9 所示。

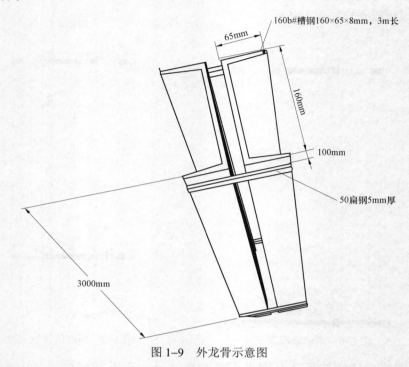

图 1-9　外龙骨示意图

（6）竖向相邻钢模板间拼接采用企口式搭接，以利于模板拼缝紧密，防止接缝处混凝土漏浆。相邻钢模板龙骨间设对拉螺杆紧固，防止成型模板错缝。钢模板竖向企口搭接节点详图如图 1-10 所示。

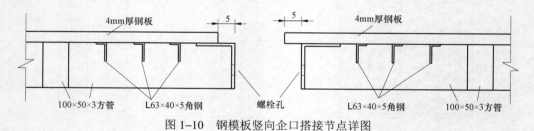

图 1-10　钢模板竖向企口搭接节点详图

（7）水平施工缝处设置 100mm 高 6mm 厚通长镀锌扁铁，便于模板对接处理，通长扁铁外侧点焊 [6 槽钢，中间开 ϕ21 孔，用于安装对拉螺栓。混凝土浇筑完成后取出形成 100mm 高 6mm 厚凹槽作为分隔带。如图 1-11 所示。

2. 钢模板加工

（1）钢模板加工场地应硬化，搭设操作平台，采用汽车吊辅助钢模板制作加工。钢模板加工如图 1-12 所示。

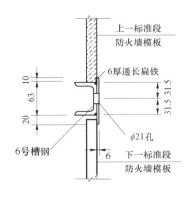
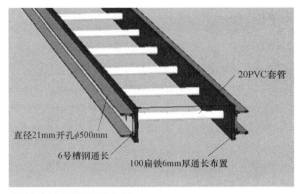

图 1-11 通长扁铁及槽钢示意图

（2）钢模板的切割采用等离子切割，进料时应匀速，保证钢模板切割精度准确。切割后的面板表面应洁净、边缘顺直、面层平整无翘曲。

（3）角钢、方钢、槽钢必须顺直无变形，主要受力处的筋肋必须选用整料，对于异形折角圆弧等无法使用整料的部位应进行实物放样且预拼装无误后方可大面积加工。

（4）钢模板焊接采用电弧焊，龙骨点焊于钢板背面。焊接时应严格控制焊接电流和焊接工艺，保证龙骨焊接牢固的前提下防止钢板受热不均而变形，先进行骨架焊接，严格按照模板加工设计图进行操作，确保模板面板平整、无变形。

（5）钢模板加工完后，需进行检查校正，严禁用大锤直接锤击矫正，矫正时应加垫钢板，矫正后严禁有凹凸坑和矫正痕迹。

（6）模板制作加工完毕，按使用部位进行编号。制作成型的模板应进行预拼装验收，通过验收后，外侧喷涂防腐漆，内侧涂刷脱模剂，并做好成品模板的遮盖措施，防止其因日晒雨淋而变质、变形。钢模板加工成品如图 1-13 所示。

图 1-12　钢模板加工　　　　　　　　图 1-13　钢模板加工成品

（7）外龙骨加工：采用双拼 [16 槽钢背靠背设置，并留置 21mm 宽的缝隙，以备穿对拉螺杆，采用铁垫块焊接成为加固钢模板的外龙骨。

4.2.2　第一段防火墙施工

（1）根据施工段的划分，第一段防火墙属于非标准段。第一段防火墙模板采用木模板，端头部位采用倒圆角钢模。如图 1-14 所示。

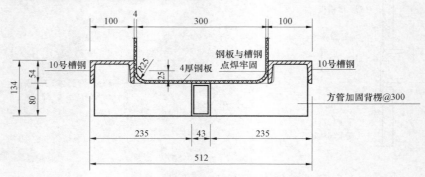

图 1-14　防火墙倒圆角钢模板

（2）第一段防火墙施工工序为：基层找平-钢筋安装-模板安装-混凝土施工。

1）基层找平。为确保第一层木模板上口平整，有利标准钢模板安装垂直，在换流变压器筏板基础防火墙板墙下口进行 M10 砂浆基层找平。

2）钢筋安装。钢筋安装必须按照设计图纸、规范要求进行施工。钢筋规格、间距必须符合设计要求，钢筋接头、连接方式满足规范要求。

3）模板安装。模板采用 18mm 厚双面膜模板，模板间拼缝采用双面胶密封，防止漏浆。上部水平缝接口处设置 100mm×6mm 厚通长扁铁，扁铁外侧中间点焊［6 槽钢，按间距 500 的距离钻 $\phi21$ 的孔，并设置 $\phi20$ 的对拉螺杆，模板之间对拉螺杆穿 $\phi25$PVC 套管。为上部标准段防火墙的施工做好准备。通长扁铁的设置详图如图 1-15 所示。

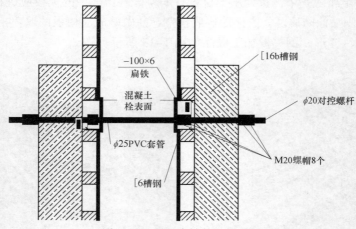

图 1-15　通长扁铁的设置详图

4）混凝土施工。模板安装完成后，经检查验收符合要求，即可进行混凝土浇筑，待混凝土强度满足要求时（混凝土边角不易破坏），模板方可拆除。模板拆除过程中，上部接口部位通长扁铁暂不拆除，待下一段防火墙施工完成后，方可拆除。

4.2.3　标准段钢筋安装

防火墙钢筋施工总体顺序为暗柱钢筋连接→绑扎暗柱钢筋→绑扎墙板竖向钢筋→绑

扎水平受力钢筋→墙体拉结筋安装。

钢筋连接方式：防火墙暗柱主筋采用直螺纹连接，墙板钢筋采用绑扎搭接。

1）钢筋安装前应清理基层，凡钢筋表面的附着残浆、基层松动层及浮浆等必须清理干净。

2）防火墙的钢筋绑扎顺序为先竖向筋、后横向筋。采用绑扎接头的钢筋，于搭接区段的两端和中间分三点用铁丝扎牢。钢筋扎丝朝向应统一朝内，防止扎丝外露锈蚀。

3）按设置的水平施工段划分，当一节竖向钢筋机械连接或绑扎后，利用防火墙脚手架上设置钢管作钢筋临时固定。扎丝的绕向须对称，以增强钢筋网的抗剪能力。水平筋及箍筋的绑扎宜高出划分的施工段交界处 300mm，以方便施工操作，同时以确保竖向筋在混凝土浇捣过程中不位移。

4）设置于两层钢筋网之间的拉筋，应牢固可靠，确保墙体钢筋网片在浇筑过程中不往外扩涨。

5）防火墙中不宜采用砂浆保护层垫块，采用如下措施固定每一施工段中钢筋的位置来控制钢筋保护层：下部防火墙插筋保证位置准确，模板上部用钢管扣件将防火墙主筋固定住，以保证两侧保护层厚度；在浇筑时用木方横向放置在模板之间，待混凝土浇筑至方木标高时，将方木取出，这样可以有效控制钢筋网片的保护层厚度，确保清水混凝土的观感。

6）钢筋安装完成后，进行自检，对钢筋品种、规格、数量、间距等进行复核，发现问题及时消缺。验收合格后，及时填报"隐蔽工程验收单"报监理单位验收，验收通过后才能进入下道工序施工。

4.2.4 标准段模板安装

本工程安装两台塔吊，可用于极 1 低端防火墙、极 1 高端防火墙钢模板安装，极 2 低端防火墙采用 50t 吊车配合垂直运输。

（1）封模前埋件安装。根据现场实际情况，把埋件安装在附加钢筋上，调整好位置后将锚脚和附加钢筋焊接固定，埋件应使其紧贴模板。

（2）模板安装前钢模板与混凝土接触面涂刷优质隔离剂后根据模板排版图对号入座、定点安装，采用塔吊进行每段模板吊装、加固、校正。模板安装必须正确控制轴线位置及截面尺寸，模板拼缝要紧密。安装顺序应根据拼缝顺序先防火墙的纵墙板，后隔墙板。

（3）标准钢模板吊装（标准浇筑版高度为 2560mm）。按照模板安装顺序，采用塔吊进行标准段模板的吊装，必须平稳，防止钢模变形，并且在吊装过程中必须有牵引绳辅助就位，防止钢模冲撞脚手架；模板就位在通长扁铁上的[6 槽钢上后必须用短钢管与脚手架临时固定，确保其稳定安全（模板临时加固图见图 1-16）。随后按上述方法进行安装另一对侧钢模板，每安装完成对称两面模板后，钢模之间的交接处采用螺栓连接固定，使之形成整体。

（4）在进行端头钢模板安装时，应校核防火墙轴线尺寸，确保轴线偏差满足规范要求。端头钢模板采用 $R=25mm$ 倒圆角技术。端头钢模板安装如图 1-17 所示。

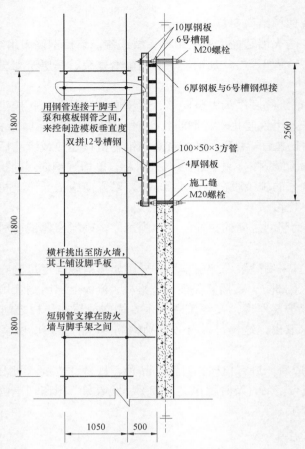

图 1-16　模板临时加固图

图 1-17　端头钢模板安装

（5）所有钢模板就位后，再进行钢模板上部通长扁铁安装。方法同第一段防火墙上部通长扁铁安装。

（6）钢模板校正、加固：

1）安装前需根据钢模板位置在防火墙两侧拉通线，以便控制模板安装后顺直。墙一侧模板就位后必须用短钢管与脚手架临时固定，确保其稳定安全。

2）钢模调节加固：墙两侧钢模就位后，在钢模板上设置外龙骨［16 槽钢采用 M20 对拉螺栓将模板固定，确保模板间距尺寸准确，最后紧固；之后根据防火墙轴线，沿墙体拉一条通长直线来校正模板上口平直度（利用松或紧短钢管支撑进行调节），利用铅垂线按总高度控制校正垂直度，最后用短脚手管连接加固钢模和脚手架，调节固定模板的垂直度、平直度和稳定性，将模板校正。钢模板水平直线度不得大于 2mm；钢模板垂直度不得大于 3mm。模板整体水平度、垂直度调整完成后对模板整体性加固进行复查，以免混凝土浇筑胀模。钢模板加固示意如图 1-18 所示，钢模板加固示意详图如图 1-19 所示。

图 1-18　钢模板加固示意

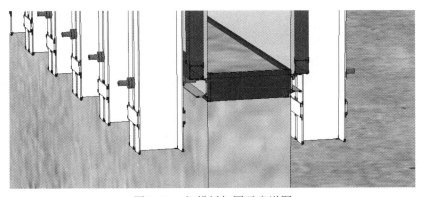

图 1-19　钢模板加固示意详图

3）为防止钢模板水平位移，在加固的钢模板与脚手架之间采用短钢管连接整体。钢模板与脚手架的连接如图 1-20 所示。

4）模板安装完毕后，必须在混凝土浇灌前进行模板安装及钢筋、埋件隐蔽工程验收，验收合格后方可浇筑混凝土。

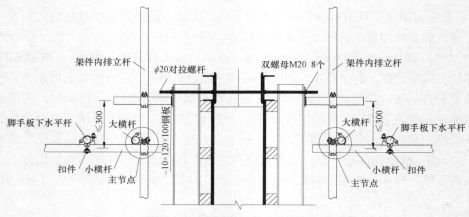

图 1-20 钢模板与脚手架的连接

4.2.5 标准段混凝土施工

（1）混凝土浇筑施工前，应配备足够的混凝土搅拌设备及原材料，混凝土供应厂家必须保证混凝土能连续浇筑的情况下方可进行浇筑施工。因防火墙混凝土要求比较高，应经样板实验后方可实施。

（2）防火墙混凝土浇筑采用泵送混凝土，坍落度宜为 180mm±20mm。混凝土浇筑时取样员对现场每辆搅拌车混凝土坍落度进行测试，测试合格后方可浇筑。

（3）浇筑前，模板内应进行清洗，但底层表面不得有积水现象。

（4）在浇筑前，先浇筑 50mm 厚与混凝土同品种、同强度等级的水泥砂浆做"接浆"处理。根据防火墙墙体特点，混凝土浇筑方法采用分层浇筑逐步推进方式进行。

（5）防火墙混凝土振捣应根据混凝土浇筑部署振捣，从一端向另一端分层振捣，一台泵车布置 3 台振捣频率一致的插入式振捣器，一台位于混凝土出浆口，两台对浇筑完成防火墙进行精振。采用行列式振捣方法，插点均匀排列，逐点移动，振捣需细致、全覆盖，不得漏振、过振。振捣时做到快插慢拔，在振捣过程中，应将振捣棒上下略作抽动，上层深入到下层混凝土中不小于 50mm，以便上下振动均匀，结合紧密，振捣时间要掌握好，一般控制在 20～30s 之间，宜在混凝土表面泛浆，不出现气泡为止。在振捣过程中，不得触及钢筋，模板，以免其发生移位，出现跑模、墙柱插筋移位现象。

（6）混凝土浇筑过程中应安排专人对模板及其支架、钢筋进行观察和维护，随时检查模板、钢筋情况，如发现胀模、漏浆和位移时，应立即停止浇筑进行处理，待修整好后方可继续浇筑混凝土。

（7）混凝土浇筑高度以覆盖对拉螺杆套管为宜，即混凝土面离扁铁上口 25～30mm。

（8）为避免防火墙清水混凝土结构收缩裂缝的产生，应注意以下问题：

1）少扰动、晚拆模。少扰动，就是在每个施工段混凝土浇筑完毕的初期 24h 内，不得在其邻近作震动性作业。特别是模板支架、邻近地面等，不得进行敲打、挖掘、打夯、在模板架件上堆放器材等。晚拆模，最早拆模时间不得小于自混凝土浇筑完毕起的 48h。

2）勤浇水、严覆盖。勤浇水，委派专人负责浇水养护，确保混凝土时刻处于湿润状态。严覆盖，就是对所有敞露部位初凝结束的混凝土进行遮盖。

3）加强对成品混凝土的产品保护。在拆模过程中不得野蛮施工伤及混凝土表面及棱角；模板拆除后的成品混凝土应及时采用薄膜包裹，避免墙面污染；施工过程中，应避免物体碰触、撞击墙体而伤害混凝土表面。

4）针对本防火墙厚度仅 300mm 的特点，为防止混凝土外洒，以加设斜向挡板导引的方法解决。混凝土下料示意图如图 1-21 所示。

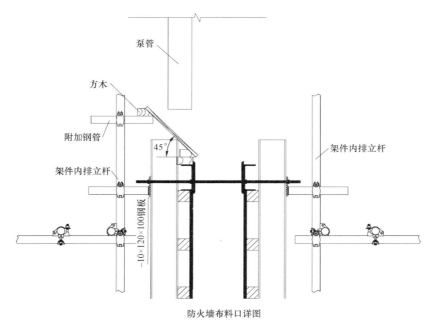

防火墙布料口详图

图 1-21 混凝土下料示意图

（9）混凝土浇筑前应密切注意天气预报，避免在雨天进行。当连续浇筑遇到下雨天时，则应及时调整混凝土配合比并防止雨水淋入搅拌车出料口内，浇筑好的混凝土应用塑料薄膜覆盖，防止混凝土与雨水直接接触。

（10）施工缝处理：混凝土硬化后，应凿毛，清除水泥浮浆、表面上松动砂石和软弱混凝土层，用水冲洗干净，同时清除残留在混凝土表面的积水、钢筋上的油污等。

4.2.6 钢模板拆除

（1）防火墙的拆除以混凝土不掉边角为原则（混凝土强度至少达 1.2N/mm² 方可进行模板拆除），一般在 20℃ 的左右气温下连续养护 2d 即可拆模。

（2）拆模应按照模板支设时的相反顺序进行，即先支后拆、后支先拆。

（3）拆模时，撬棍、锥子等直接与成品混凝土接触的工具操作一定要谨慎，必须在找准部位和切入点的情况下缓缓楔入，用力或锤击不能过猛。不得出现豁边、缺棱、掉角、划伤、坑洼等缺陷。

（4）模板拆除后，防止混凝土表面被污染，应及时覆盖薄膜。

（5）拆下的钢模板应逐块清理干净、修整，并摆放整齐。

4.2.7 顶部施工

（1）施工方法同第一段防火墙。顶部防火墙施工采用 18mm 厚双面胶木模板。模板安装时拼缝之间粘贴双面胶，防止混凝土漏浆。

（2）混凝土浇筑时，振捣要密实，同时上表面采用收光处理。

（3）浇筑完 12h 后，应进行养护，确保混凝土表面处于湿润状态。

（4）模板拆除时，不得出现豁边、缺棱、掉角、划伤、坑洼等缺陷。

（5）模板拆除后，防止混凝土表面被污染，应及时覆盖薄膜。

4.2.8 分隔缝处理（保护液）

（1）螺栓孔洞的封堵。

1）防火墙上模板支设留置的对拉螺栓孔的填塞修补在整体结构完成后进行。

2）填塞前进行清孔，主要清除孔内残浆、浮灰等。

3）孔的填塞采用发泡剂材料，首先采用发泡剂填满螺栓孔洞，待发泡剂快成型的时候用 ϕ18 左右的圆木棍将外露部分发泡剂塞进孔洞 30mm，最后孔洞两端采用砂浆分遍填实、分遍抹压的方法进行，在砂浆收水凝结过程中分遍压实和紧面压光。填塞修补砂浆凝结后对其进行保湿养护，养护时间不少于 7d。

（2）分隔缝的处理。

待螺栓孔封堵养护结束，即可进行分隔缝的处理。

1）采用角磨机对分隔缝上下口倒 45°角，剔除毛糙的边角，保证边角美观。

2）采用钢丝刷清除分隔缝表面浮渣；

3）采用角磨机修整分隔带。然后涂饰涂料或直接喷涂混凝土保护液。

4）分隔缝处理完成后，防火墙从顶到下喷涂混凝土保护液，保护液喷涂均匀，颜色一致。分隔缝处理效果如图 1-22 所示。

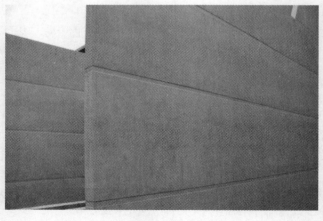

图 1-22　分隔缝处理效果

4.2.9 检查验收

防火墙施工完后，根据相关规范、图纸要求，进行质量验评和质量检查验收。

5 施工进度计划及保证措施

5.1 施工进度计划

施工顺序：先施工极 1、极 2 低端防火墙，待低端防火墙施工至翼墙 8.1m 后，再施工高端防火墙。具体进度安排如图 1–23 所示（本计划未考虑天气影响）。

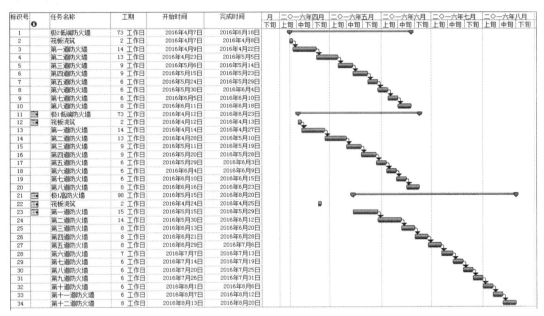

图 1–23 防火墙施工进度横道图

5.2 施工进度保证措施

（1）选派经验丰富、协调能力强的施工负责人，在现场行使指挥职能，对业主负责，服从监理，协调施工。

（2）配置合理工种数量，投入足量的、适宜的机械设备和人员，发挥专业技术优势，提高作业进度。

（3）合理编排、实施计划控制。区域内采用流水作业，编制分阶段网络计划，确定阶段工作重点，严格按网络计划组织安排施工。

（4）做好物资供应工作，制定材料采购计划，按施工计划与物资需求计划，提前采购进场。

6 质量控制措施

6.1 施工质量控制标准

现浇混凝土结构外观及尺寸偏差质量控制标准见表 1-3。

表 1-3　　　　　　　　　　现浇混凝土结构外观及尺寸偏差质量控制标准

类别	序号	检查项目		质量标准
				Q/GDW 1183—2012 要求
主控项目	1	外观质量☆		没有严重缺陷。对已经出现的严重缺陷，由施工单位提出技术处理方案，并经监理（建设）、设计单位认可后进行处理，对经处理的部位，重新检查验收
	2	尺寸偏差☆		没有影响结构性能和使用功能的尺寸偏差。对超过尺寸允许偏差且影响结构性能和安装、使用功能的部位，由施工单位提出技术处理方案，并经监理（建设）、设计单位认可后进行处理。对经处理的部位，重新检查验收
一般项目	1	外观质量	颜色	无明显色差
			修补	少量修补痕迹
			气泡	气泡分散
			裂缝	宽度小于 0.2mm
			光洁度	无明显漏浆、流淌及冲刷痕迹
			对拉螺栓孔眼	排列整齐，孔洞封堵密实，凹孔棱角清晰圆滑
			明缝	位置规律、整齐，深度一致，水平交圈
			蝉缝	横平竖直，水平交圈，竖向成线
	2	墙、柱、梁轴线位移		≤5
	3	墙、柱、梁截面尺寸偏差		±5
	4	垂直度	层高	8
	5		全高（H）	不大于 $H/1000$，且不大于 30mm
	6	表面平整度		3
	7	角线顺直		4
	8	预留洞口中心线位移		10
	9	标高偏差	层高	±8
			全高	±15
	10	阴阳角	方正	4
			顺直	4
	11	混凝土预埋件、预埋螺栓、预埋管拆模后质量		应符合设计要求

6.2 强制性执行条文

6.2.1　GB 50204—2015《混凝土结构工程施工质量验收规范》中涉及的强制性条文

第5.2.1条 钢筋进场时，应按国家现行相关标准的规定抽取试件做屈服强度、抗拉强度、伸长率、弯曲性能和重量偏差检验，检验结果应符合国家现行相关标准的规定。

第5.2.3条 对按一、二、三级抗震等级设计的框架和斜撑构件（含梯段）中的纵向受力普通钢筋应采用 HRB335E、HRB400E、HRB500E、HRBF335E、HRBF400E 或 HRBF500E 钢筋，其强度和最大力下总伸长率的实测值应符合下列规定：

1）钢筋的抗拉强度实测值与屈服强度实测值的比值不应小于1.25；

2）钢筋的屈服强度实测值与屈服强度标准值的比值不应大于1.30；

3）钢筋的最大力下总伸长率不应小于9%。

第5.5.1条 受力钢筋的牌号、规格、数量必须符合设计要求。

第7.2.1条 水泥进场（厂）时应对其品种、级别、包装或散装仓号、出厂日期等进行检查，并应对水泥的强度、安定性和凝结时间进行复验，其结果应符合现行国家标准《通用硅酸盐水泥》GB 175 等的规定。当对水泥质量有怀疑或水泥出厂超过三个月时，或快硬硅酸盐水泥超过一个月时，应进行复验并按复验结果使用。

第7.3.3条 结构混凝土的强度等级必须满足设计要求。用于检查结构构件混凝土强度的标准养护试件，应在混凝土的浇筑地点随机抽取。试件取样和留置应符合下列规定：

1）每拌制 100 盘且不超过 100m³ 的同一配合比混凝土，取样不得少于一次；

2）每工作班拌制的同一配合比的混凝土不足 100 盘时，取样不得少于一次；

3）每次连续浇筑超过 1000m³ 时，同一配合比的混凝土每 200m³ 取样不得少于一次；

4）每一楼层、同一配合比混凝土，取样不得少于一次；

5）每次取样应至少留置一组试件。

6.2.2 JGJ 169—2009《清水混凝土应用技术规程》中涉及的强制性条文

第3.0.4条 处于潮湿环境和干湿交替环境的混凝土，应选用非碱活性骨料。

第4.2.3条 对于处于露天环境的清水混凝土结构，其纵向受力钢筋的混凝土保护层厚度最小应符合表 4.2.3 的规定。

表4.2.3 纵向受力钢筋的混凝土保护层最小厚度 （mm）

部位	保护层最小厚度
板、墙、壳	25
梁	35
柱	35

注 钢筋的混凝土保护层厚度为钢筋外边缘至混凝土表面的距离。

6.2.3 GB 50666—2011《混凝土结构工程施工规范》中涉及的强制性条文

第4.1.2条 模板及支架应根据施工过程中的各种工况进行设计，应具有足够的承载力和刚度，并应保证其整体稳固性。

第7.6.4条 当在使用中对水泥质量有怀疑或水泥出厂超过 3 个月（快硬硅酸盐水泥超过 1 个月）时，应进行复验，并应按复验结果使用。

第 8.1.3 条　混凝土运输、输送、浇筑过程中严禁加水；混凝土运输、输送、浇筑过程中散落的混凝土严禁用于结构浇筑。

6.3　质量通病防治措施

质量通病防治措施见表 1–4。

表 1–4　　　　　　　　　质量通病防治措施

序号	质量通病项目	现象	原因分析	预防措施
1	轴线测量	混凝土浇筑后拆除模板时，发现墙实际位置与轴线位置有偏移	（1）翻样不认真或技术交底不清，模板拼装时组合件未能按规定到位。 （2）轴线测放产生误差。 （3）墙模板根部和顶部无限位措施或限位不牢，发生偏位后又未及时纠正，造成累积误差。 （4）支模时，未拉水平、竖向通线，且无竖向垂直度控制措施。 （5）混凝土浇筑时未均匀对称下料，或一次浇筑高度过高造成侧压力过大挤偏模板。 （6）对拉螺栓、顶撑、木楔使用不当或松动造成轴线偏位	（1）认真对生产班组及操作工人进行技术交底，作为模板制作、安装的依据。 （2）模板轴线测放后，组织专人进行技术复核验收，确认无误后才能支模。 （3）墙模板根部和顶部必须设可靠的限位措施，以保证底部位置准确。 （4）支模时要拉水平、竖向通线，并设竖向垂直度控制线，以保证模板水平、竖向位置准确。 （5）根据混凝土结构特点，对模板进行专门设计计算，以保证模板及其支架具有足够强度、刚度及稳定性。 （6）混凝土浇筑前，对模板轴线、支架、顶撑、螺栓进行认真检查、复核，发现问题及时进行处理。 （7）混凝土浇筑时，要均匀对称下料，浇筑高度严格控制在施工规范允许的范围内
2	接缝不严	由于模板间接缝不严有间隙，混凝土浇筑时产生漏浆，混凝土表面出现蜂窝，严重的出现孔洞、露筋	（1）翻样不认真或有误，模板制作马虎，拼装时接缝过大。 （2）交接部位，接头尺寸不准、错位	（1）强化工人质量意识，认真制作定型模板和拼装。 （2）胶合模板安装周期不宜过长，浇筑混凝土时，木肋要提前浇水湿润。 （3）交接部位支撑要牢靠，拼缝要严密（必要时缝间加双面胶纸），发生错位要校正好
3	脱模剂使用不当	模板表面用废机油涂刷造成混凝土污染，或混凝土残浆不清除即刷脱模剂，造成混凝土表面出现麻面等缺陷	（1）拆模后不清理混凝土残浆即刷脱模剂。 （2）脱模剂涂刷不匀或漏涂，或涂层过厚。 （3）使用了废机油脱模剂，既污染了钢筋及混凝土，又影响了混凝土表面装饰质量	（1）拆模后，必须清除模板上遗留的混凝土残浆，再刷脱模剂。 （2）严禁用废机油作脱模剂，脱模剂材料选用原则为：既便于脱模又便于混凝土表面装饰。选用的材料有皂液、滑石粉、石灰水及其混合液和各种专门化学制品脱模剂等。 （3）脱模剂材料拌成稠状，涂刷均匀，不得流淌，一般刷两度为宜，以防漏刷，也不宜涂刷过厚。 （4）脱模剂涂刷后，须在短期内及时浇筑混凝土，以防隔离层遭受破坏
4	箍筋不方正	矩形箍筋成型后拐角不成90°，或两对角线长度不相等	箍筋边长成型尺寸与图纸要求误差过大；没有严格控制弯曲角度；一次弯曲多个箍筋时没有逐根对齐	注意操作，使成型尺寸准确；当一次弯曲多个箍筋时，在弯折处逐根对齐
5	钢筋成型尺寸不准	已成型的钢筋长度和弯曲角度不符合图纸要求	下料不准确；画线方法不对或误差大；用手工弯曲时，扳距选择不当；角度控制没有采取保证措施	钢筋下料长度调整值，配料时事先考虑周到；对于形状比较复杂的钢筋，如要进行大批成型，最好先放出实样，并根据具体条件预先选择合适的操作参数（画线过程、扳距取值等）作为示范

续表

序号	质量通病项目	现象	原 因 分 析	预 防 措 施
6	蜂窝	混凝土结构局部出现酥松、砂浆少、石子多、石子之间形成空隙类似蜂窝状的窟窿	（1）混凝土拌和不均匀，和易性差，振捣不密实； （2）下料不当或下料过高，未设串筒使石子集中，造成石子砂浆离析； （3）混凝土未分层下料，振捣不实，或漏振，或振捣时间不够； （4）模板缝隙未堵严，水泥浆流失； （5）钢筋较密，使用的石子粒径过大或坍落度过小； （6）未稍加间歇就继续灌上层混凝土	（1）严格控制混凝土配合比，经常检查，做到计量准确，拌和均匀，坍落度适合； （2）混凝土下料高度超过 2m 设串筒或溜槽；浇筑分层下料，分层振捣，防止漏振；模板缝隙塞堵严密，浇筑中，随时检查模板支撑情况防止漏振；在下部浇完间歇 1～1.5h，沉实后再浇上部混凝土，避免出现"烂脖子"
7	麻面	混凝土局部表面出现缺浆和许多小凹坑、麻点，形成粗糙面，但无钢筋外露现象	（1）模板表面粗糙或黏附水泥浆渣等杂物未清理干净，拆模时混凝土表面被黏坏； （2）模板未浇水湿润或湿润不够，构件表面混凝土的水分被吸去，使混凝土失水过多出现麻面； （3）模板拼缝不严，局部漏浆； （4）模板隔离剂涂刷不匀，或局部漏刷或失效.混凝土表面与模板粘结造成麻面； （5）混凝土振捣不实，气泡未排出，停在模板表面形成麻点	模板表面清理干净，不得粘有干硬水泥砂浆等杂物，浇筑混凝土前，模板浇水充分湿润，模板缝隙，用油毡纸、腻子等堵严，模板隔离剂涂刷均匀，不得漏刷；混凝土分层均匀振捣密实，至排除气泡为止
8	混凝土裂缝	（1）墙体裂缝 （2）洞口四角出现裂纹	（1）混凝土水灰比、坍落度过大。 （2）混凝土早期养护不好。 （3）洞口四角应力裂纹	（1）严格控制混凝土施工配合比，对于预拌混凝土的坍落度加强检查力度。 （2）混凝土浇筑前先将基层和模板浇水湿透，浇筑完毕后采取有效的养护措施，并满足以下要求： 1）在浇筑完毕后 12h 以内对混凝土加以覆盖并保湿养护； 2）混凝土浇水养护时间不得少于 14d； 3）浇水次数能保持混凝土处于湿润状态； 4）采用塑料布覆盖养护的混凝土，其敞露的全部表面覆盖严密 （3）洞口四角增设构造筋
9	预拌混凝土混合物离析	混凝土混合物经搅拌运输车送至施工现场后，由于搅拌车问题卸料时初始粗骨料上浮，继而稠度变稀	（1）部分型号的搅拌运输车搅拌性能不良，经一定路程的运送初始出料时混凝土混合物发生明显的粗骨料上浮现象。 （2）混凝土搅拌运输车拌筒内留有积水，装料前未排净或在运送过程中，任意往拌筒内加水	（1）混凝土搅拌运输车在卸料前、中、高速旋转拌筒，使混凝土混合物均匀后卸料。 （2）加强管理，对清洗后的拌筒，须排尽积水后方可装料。装料后，严禁随意往拌筒内加水

6.4　标准工艺运用

标准工艺运用编号：0101020502

工艺名称：现浇混凝土防火墙

6.5 质量保证措施

6.5.1 保证工程质量的技术措施

（1）各道工序施工必须严格执行国家和行业颁布的现行施工验收规范和质量标准。每道工序经施工项目部自检，并通过监理检查验收后方可进入下道工序施工。

（2）认真做好原材料、制品的检验及复试工作。工程所用的原材料、制品必须具有产品质量证明文件，文件具备可追溯性。材料、制品的复试报告须正确、齐全、有效。未经复试或复试结论没出来之前不得使用该批材料，不合格的材料、制品严禁使用于工程上。

（3）混凝土做好混凝土坍落度检测，其各项指标必须符合规范中的相关标准指标。

（4）严格按设计施工图施工，根据设计施工图有关基准，用经过检测合格的测量器具准确控制所有轴线、标高、几何尺寸，以确保满足设计要求。

（5）认真做好工程施工、技术、管理资料的收集归档和保管工作，确保工程资料的全面性、真实性、可靠性，并做好装订成册和交验工作。

6.5.2 成品保护措施

（1）上层混凝土浇筑时，下层设专人看护，有水泥浆或混凝土流到下层墙面上，立即使用水管和毛巾浇水冲（擦）洗，确保擦洗干净，不留痕迹。

（2）泵车司机按现场施工管理人员与技术人员要求控制浇筑速度与泵管下料位置，泵管移动时，管内余浆尽量排净，防止余料污染成型墙面。

（3）拆模时严禁使用撬棍直接在混凝土墙面上撬动模板，使用小锤轻击模板背楞，模板与混凝土脱离后，直接用吊车整片将模板吊离。

（4）模板拆除、提升与安装过程中，严禁吊钩、钢管、模板、槽钢划擦或撞击成型混凝土墙面。

（5）脚手架板要满铺，使用工具袋，工器具使用小绳绑在手腕上，防止掉落。

（6）预埋铁件及时涂刷防锈漆，防止锈水污染墙面；刷漆时埋件周边贴纸胶带，防止油漆污染墙面；漆桶放置稳当可靠，防止倾覆洒出油漆污染墙面。

（7）洞口及棱角处及时采用木板护角。

7 安全措施

7.1 风险识别及预防控制措施

风险识别及预防控制措施见表 1–5。

表 1–5　　　　　　　　　　风险识别及预防控制措施

序号	工序	作业内容	可产生的危险	预防控制措施
1	现场作业准备及布置	作业准备及布置	物体打击、触电	（1）检查现场的施工机械试运转是否正常和工器具是否完好，是否存在危险因素。

续表

序号	工序	作业内容	可产生的危险	预防控制措施
1	现场作业准备及布置	作业准备及布置	物体打击、触电	（2）现场技术负责人应向所有参加施工作业人员进行安全技术交底，指明作业过程中的危险点，接受交底人必须在交底记录上签字。 （3）加工区钢筋、半成品等应按品种、规格分别堆放整齐，并设置材料标识牌，钢筋制作场地要平整，工作台要稳固，作业区要设置围栏和警示标志，机械设备要有专人负责及设置操作规程牌
2	钢筋工程	钢筋加工、安装	机械伤害、物体打击、高处坠落、触电	（1）作业人员在制作台上使用齿口扳弯曲钢筋时，操作台必须牢固可靠，操作者要紧握扳手，脚要站稳，用力均匀，防止扳手滑移或钢筋突断伤人。 （2）使用调直机调直钢筋时，手与滚筒应保持一定距离，严禁戴手套操作，避免将手卷入滚筒，伤及手臂。钢筋调直到末端时，人员必须躲开，以防甩动伤人，短于 2m 或直径大于 9mm 的钢筋调直，应低速加工。 （3）使用钢筋弯曲机时，操作人员应站在钢筋活动端的反方向，弯曲小于 400mm 的短钢筋时，要防止钢筋弹出伤人。 （4）使用切断机切断大直径钢筋时，冲切力大，应在切断机口两侧机座上安装两个角钢挡杆，防止钢筋摆动。 （5）加工好的钢筋应放平稳、分散，防止倾倒、塌落伤人。 （6）人工搬运钢筋时，作业人员衣着必须轻便，行走步调要一致，当上下坡或转弯时，要前后呼应，步伐稳慢。注意钢筋的两端摆动，防止碰撞物体或打击人身，特别防止碰挂周围和上下的电线。上肩和卸料时要相互打招呼。 （7）人工垂直传递钢筋时，上下作业人员不得在同一垂直方向上，送料人应站立在牢固平整的地面或临时构筑物上，接料人应有防止前倾的牢固物体，必要时应挂好安全带。 （8）绑扎钢筋时，操作人员不得站在钢筋骨架上和攀登柱骨架上下。绑扎柱钢筋，不得站在钢箍上绑扎，不得将木料、管子等穿在钢箍内作脚手板，避免坠落伤人。 （9）操作人员登高必须把工具放人工具套（袋）内，防止滑落伤人，上下传递物件严禁抛掷。 （10）高处钢筋绑扎时，不将钢筋集中堆放在模板或脚手架上，脚手架上不得随意放置工具、箍筋或短钢筋，避免滑下伤人。 （11）高处安装钢筋，应避免在高处修整、扳弯粗钢筋，必须操作时，应选好位置系牢安全带
3	模板工程	模板作业	物体打击	（1）模板合模过程中要保持稳定，模板要轻动轻移，防止倾倒伤人。 （2）用绳索捆扎吊运模板时，应检查绳扣的牢固程度及模板的刚度。 （3）支模过程中，如中途停歇，应将支撑、搭头等固定牢固。 （4）模板拆除应按顺序分段进行，严禁猛撬、硬砸及大面积撬落或拉倒。作业人员应选择稳妥可靠的立足点，高处拆除应有专人指挥，并在下面标出工作区，暂停人员过往。 （5）模板拆除严禁高处撬落，应用绳索吊下。拆下的模板不得堆放在脚手架或临时搭设的工作台上。 （6）下班时，不得留下松动的或悬挂着的模板，及时将拆除的模板运到指定地点集中堆放
4	混凝土工程	混凝土施工	机械伤害、高处坠落、坍塌	（1）在浇筑防火墙混凝土时，应架设脚手架和作业平台，禁止站在模板或临时支撑上操作。 （2）使用吊车运输混凝土时，设专人指挥。吊车在工作中速度应均匀平稳，不得突然制动或在没有停稳时做反方向回转。落下时应低速轻放。指挥人员应站在使操作人员能看清指挥信号的安全位置上。起吊物应绑牢，吊钩悬挂点应与吊物的重心在同一垂直线上。 （3）吊车作业时严禁有人从作业下方行走或逗留，起吊工作区域内无关人员不得停留或通过。 （4）作业后，应清扫脚手架上的混凝土余浆、垃圾，清理出的垃圾，不得随意向下抛掷

续表

序号	工序	作业内容	可产生的危险	预防控制措施
5	现场准备工作	现场作业准备及布置	高处坠落、物体打击、触电	（1）编制脚手架搭拆施工方案须经技术负责人批准，监理审核确认。 （2）工程技术负责人向作业人员进行书面安全技术交底并履行签字手续。 （3）清理搭设现场范围内障碍物，平整、夯实基土，同时保证排水畅通，不积水。 （4）搭设负责人、架子工等作业人员必须持证上岗
		脚手架构件	坍塌、触电、物体打击、高处坠落	（1）钢管应采用ϕ48mm、厚3.5mm的Q235-A级钢，必须有产品质量合格证、钢管材质检验报告、表面平直光滑，无裂纹、分层、压划痕和硬弯、端面平整、做防锈处理。使用旧钢管还必须锈蚀深度≤0.5mm。每根钢管的最大质量不应大于25kg。不同规格的钢管严禁混用。 （2）脚手架扣件均采用锻造构件，扣件夹紧时开口最小距离小于5mm。直角扣件必须无裂纹、气孔；旋转扣件必须转动灵活，旋转面间距小于1mm。扣件的螺杆拧紧扭矩达到65N·m时不得发生破坏，使用时扭力矩应在40～65N·m之间
6	钢管脚手架搭设	搭设前准备	高处坠落、物体打击	（1）作业人员应对搭设用材料进行检查和验收，不合格构配件不能使用，合格构配件按品种、规格、使用顺序堆放整齐。 （2）作业人员进入现场安全防护用品应佩戴齐全，必须戴好安全帽，系安全带，扎裹腿，穿软底鞋，扳手要有防坠绳，高处作业应使用工具袋和传递绳
		铺垫板安装	坍塌、触电、物体打击、高处坠落	（1）脚手架基础必须夯实硬化，基础横向向外要有排水坡度，并做到坚实平整、排水畅通，垫板不晃动、不沉降，立杆不悬空。 （2）垫板材质为木质或槽钢，长度不少于两跨，木质垫板厚度不小于50mm。搬运垫板时两人一组不得扔摔，铺设垫板要保证垫板和地面接触坚实，位置必须准确。 （3）当脚手架基础下有设备基础、管沟时，在脚手架使用过程中不得开挖，否则必须采取加固措施
		纵横向扫地杆安装	物体打击	（1）脚手架必须设置纵横向扫地杆。 （2）纵向扫地杆采用直角扣件固定在距离基础上表面小于等于200mm处的立杆内侧。 （3）横向扫地杆采用直角扣件固定在紧靠纵向扫地杆下方的立杆上。 （4）当立杆基础在不同高度上时，必须将高处的纵向扫地杆向低处延长两跨与立杆固定，高低差不应大于1m。靠边坡上方的立杆轴线到边坡的距离不应小于500mm
		竖立杆安装	高处坠落、物体打击、触电	（1）立杆底端必须设有垫板，底层步距不得大于2m。整个架体从立杆根部引设两处（对角）防雷接地。竖第一步架立杆，须有一人负责校正立杆垂直度，偏差不大于L/200（L为立杆长）。 （2）立杆接长，顶层顶步可采用搭接，搭接长度不应小于1m，应采用不小于两个旋转扣件固定，端部扣件盖板的边缘至杆端距离不应小于100mm；其余各层必须采用对接扣件连接。 （3）相邻立杆的对接扣件不得在同一高度，应相互错开。 （4）立杆顶端应高出女儿墙上表面1m，高出屋顶檐口1.5m。 （5）立杆的横距采用1.05m，纵距一般最大不超过2m
		纵向水平杆安装	高处坠落	（1）纵向水平杆设置在立杆内侧，其长度不得小于3跨。 （2）第一步步距不得大于2m，第二步起每步步距应为1.8m。 （3）当使用竹笆脚手板时，纵向水平杆应用直角扣件固定在横向水平杆上。水平面内外侧两根纵向水平杆之间等间距加设两根钢管填芯，间距不宜大于300mm。 （4）当墙壁有洞口、穿墙套管板等孔洞处时，应在该处架体内侧上下两根纵向水平杆之间加设防护栏杆。 （5）当内侧纵向水平杆离墙壁大于250mm时，必须加纵向水平防护杆或加设木脚手板防护

续表

序号	工序	作业内容	可产生的危险	预防控制措施
6	钢管脚手架搭设	横向水平杆安装	高处坠落	（1）主节点处必须设置一根横向水平杆，用直角扣件连接且严禁拆除。 （2）作业层上非主节点处的横向水平杆，根据支承脚手架的需要等间距设置，最大间距不应大于纵距的1/2。 （3）脚手架横向水平杆的靠墙一端至墙装饰面的距离不得大于100mm。 （4）当使用竹笆脚手板时，脚手架的横向水平杆两端，采用直角扣件固定在立杆上。 （5）当使用冲压钢脚手板、木脚手板、竹串片脚手板时，横向水平杆两端均采用直角扣件固定在纵向水平杆上
		搭上层脚手架安装	高处坠落、坍塌	（1）在搭设两步后操作人员要先搭设好上层的大横杆作为挂安全带的固定点，高处作业必须系好安全带。 （2）搭设人员作业要注意相互配合，下方人员向上递杆件时，要等到上方人员接稳后方可松手。 （3）在对接立杆时，下端人员先用对接扣件及时将立杆底端固定好后，再用直角扣件将立杆和大横杆固定。 （4）当脚手架搭设到三步以上时要设置抛撑，抛撑下端要设置50mm垫板，且用木楔将底座和垫板挤实。 （5）当脚手架搭设高度大于4m时要和主体设刚性连接。 （6）当脚手架搭设到4~5步架高时设置剪刀撑，且下部也要垫实不得悬空
		连墙件安装	高处坠落、坍塌	（1）架体高度大于4m时，应用刚性连墙件与建筑物可靠连接，亦可采用拉筋和顶撑配合使用的附墙连接方式。 （2）连墙件在建筑物侧具有较好抗拉水平力作用的结构部位；在脚手架侧应靠近主节点设置，偏离主节点的距离不应大于300mm。 （3）连墙件布置最大间距不得超过2步2跨，严禁使用仅有拉筋的柔性连墙件。 （4）连墙件与脚手架不能水平连接时，与脚手架连接的一端应下斜连接。 （5）连墙件应优先采用菱形布置，也可采用矩形布置，设置时应从底层第一步纵向水平杆处开始
		剪刀撑安装	高处坠落、坍塌	（1）必须在脚手架外侧立面纵向的两端各设置一道由底至顶连续的剪刀撑；两剪刀撑内边之间距离应小于等于15m。 （2）每道剪刀撑宽度不小于4跨，且不应小于6m，斜杆与地面的倾角宜为45°~60°之间。 （3）剪刀撑杆的接长采用搭接，搭接长度不得小于1m，应采用不少于3个旋转扣件固定。 （4）剪刀撑的斜杆除两端用扣件与脚手架的立杆或纵向水平杆扣紧外，在其中间应增加2~4个扣结点，剪刀撑斜杆与架体固定的旋转扣件的中心线至主节点的距离不宜大于150mm
		脚手板安装	高处坠落、物体打击、坍塌	（1）第一层、顶层、作业层脚手板必须铺满、铺稳。 （2）木脚手板，应设置在三根横向水平杆上。当脚手板长度小于2m时，可采用两根横向水平杆支承，但应将脚手板两端与其可靠固定，严防倾翻。脚手板的铺设可采用对接平铺，亦可采用搭接铺设。脚手板对接平铺时，接头处必须设两根横向水平杆，脚手板外伸长应取130~150mm，两块脚手板外伸长度的和不应大于300mm，脚手板搭接铺设时，接头必须支在横向水平杆上，搭接长度应大于200mm，其伸出横向水平杆的长度不应小于100mm
		人行、材料运输斜道安装	高处坠落、物体打击、坍塌	（1）斜道应附着外墙脚手架或建筑物搭设。 （2）高度大于6m的脚手架不得采用一字形斜道，应采用之字形斜道或非连续一字形斜道，人行斜道坡度宜采用1比3；运料斜道坡度宜采用1比6。 （3）斜道拐弯处设置的平台，其宽度不小于斜道宽度（人行斜道大于等于1m为宜，运料斜道大于等于1.5m为宜）。 （4）斜道上按每隔250~300mm设置一根厚度为20~30mm的防滑木条（人行斜道亦可采用阶梯式布设）。 （5）斜道两侧及平台外围栏杆高度应为1.05~1.2m

序号	工序	作业内容	可产生的危险	预防控制措施
6	钢管脚手架搭设	安全通道安装	高处坠落、物体打击、坍塌	（1）安全通道顶部挑空的一根立杆两侧应设斜杆支撑，斜杆与地面的倾角宜为45°～60°之间，外墙架体部分通道内侧面宜设横向斜撑。 （2）安全通道宽度宜为3m，进深长度宜为4m（小型建筑物可适当简化）。 （3）安全通道顶棚平面的钢管做到设置两层（十字布设）、间距600mm、钢管上竹笆或木工板铺设，上层四周应设置900mm高围栏、竹笆或木工板围挡；设有针对性的安全标志牌等
		临边防护安装	高处坠落、物体打击	（1）第二步起，作业层外侧上下两根纵向水平杆之间等距加设两根纵向水平防护栏杆。 （2）整个架体从第二步架起采用1.8×6m密目式安全立网在立杆内侧全封闭防护或安装不小于180mm高度的挡脚板；并在第二步上纵向水平杆处悬挂安全标志牌。 （3）顶层架外侧密目网内侧增设防护挡板。 （4）人行、材料运输斜道两边及平台外边防护栏杆下600mm处应增设一道防护栏杆且用密目式安全立网在立杆内侧全封闭或安装180mm高度的挡脚板。 （5）操作层下必须支设防护严密的平网。 （6）脚手架外张挂密目式安全立网，固定在外立杆的里侧。 （7）安全网随脚手架搭设而张挂，用不小于18号铁丝绑扎。 （8）严禁擅自拆除或任意开口，如有损坏应及时更换。 （9）搭设完的脚手架应经技术负责人及安全员验收合格，并挂牌后方可投入使用
		模板支撑脚手架	高处坠落、物体打击、坍塌	（1）必须按设计计算书和施工方案搭设。 （2）脚手架基础必须平整坚实并做好排水，回填土地面必须分层回填，逐层夯实。 （3）每根支架立杆底部应布设底座或垫板。 （4）支架立杆2m高度的垂直偏差应控制在15mm。 （5）当梁模板支架立杆采用单根时，立杆应设在梁模板中心线处，其偏心距不应大于25mm。 （6）设置的纵横向扫地杆、立杆，应符合相关规定。 （7）满堂模板支撑脚手架四边与中间每隔四排支架立杆设一道纵横向剪刀撑，由底到顶连续布设。 （8）高于4m的模板支架，其两端与中间每隔4排立杆从顶层开始设置剪刀撑
		防火墙脚手架	高处坠落、物体打击、坍塌	（1）脚手架基础必须平整坚实并做好排水，回填土地面必须分层回填，逐层夯实硬化。 （2）封圈型脚手架的布设应符合相关规定。 （3）脚手架必须布设供人员上下的垂直爬梯
7	脚手架的验收与维护	脚手架的验收与维护	高处坠落、物体打击、坍塌、触电	（1）脚手架使用前，对下列项目进行检查验收并定期检查维护，验收合格后挂牌方可使用。 （2）检查杆件的设置和连接，连墙件、安全通道等的构设是否符合要求。 （3）地基是否积水，底板不松动，立杆不悬浮。 （4）扣件螺栓是否松动。 （5）安全防护设施是否符合要求。 （6）同一脚手架门架与配件是否配套。 （7）脚手架搭设的技术要求是否在允许偏差范围内。 （8）对脚手架每月至少维护一次；恶劣天气后，应对脚手架进行全面维护

序号	工序	作业内容	可产生的危险	预防控制措施
8	脚手架拆除	脚手架拆除作业	高处坠落、物体打击、坍塌、其他伤害	（1）脚手架拆除前，应对脚手架作全面检查，清除剩余材料、工器具及杂物。 （2）地面应设安全围栏和安全标志牌，并派专人监护，严禁非施工人员入内。拆除时要统一指挥，上下呼应，动作协调，当解开与另一人有关扣件时应先通知对方，以防坠落。 （3）拆除脚手架时，必须设置安全围栏确定警戒区域、挂好警示标志并指定监护人加强警戒，应按规定自上而下顺序（后装先拆，先装后拆），先拆横杆，后拆立杆，逐步往下拆除；不得上下同时拆除；严禁将脚手架整体推倒；架材有专人传递，不得抛扔

7.2 安全措施

施工过程中，应遵守国家电网公司相关规定。符合《国家电网公司基建安全管理规定》《国家电网公司电力建设安全工作规程（变电站部分）》《国家电网公司电网工程施工安全风险识别、评估及控制办法》等要求。

7.2.1 脚手架安全措施

见防火墙脚手架专项施工方案。

7.2.2 塔吊安全措施

见塔吊专项方案。

7.2.3 施工用电安全措施

（1）现场施工用电应符合《施工现场临时用电安全技术规范》要求，编制临时用电施工方案，并报审。

（2）现场临时用电设施安装、运行、维护应由专业电工负责。

（3）现场采用三相五线制，实行三级配电，并应根据用电负荷装设剩余电流动作保护器，并定期检查和试验。

（4）配电箱设置地点应平整，不得被水淹或土埋，并应防止碰撞和被物理打击。

（5）配电箱应坚固，金属外盒接地或接零良好，其结构应具备防火、防雨的功能。

（6）电动机械应做到"一机一闸一保护"。

7.2.4 高处作业安全措施

（1）应符合 JGJ 80《建筑施工高处作业安全技术规范》要求。

（2）遇有六级及以上风或暴雨、雷电、冰雹、大雪、大雾等恶劣气候时，应停止露天高处作业。

（3）高处作业人员应使用工具袋，较大工具应系保险绳。传递物品应用传递绳，不得抛掷。

（4）高处作业时，各种材料应放置在牢靠的地方，并采取防止坠落措施。

7.2.5 施工作业人员基本要求

（1）施工作业人员应身体健康，无妨碍工作的生理和心理障碍。应定期进行体检，合格者方可上岗。

（2）从事特种作业的人员应经专门的安全技术培训并考核合格，取得相应作业操作资格证书后，方可上岗作业。

（3）施工作业人员及管理人员应具备从事作业的基本知识和技能。熟悉国网公司安全相关规定。

8 文明施工保证措施

施工过程中，应遵守国家电网公司相关规定。符合《国家电网公司基建安全管理规定》《国家电网公司输变电工程安全文明施工标准化管理办法》等要求，努力实行"六化"要求。

（1）施工作业场地应进行围护、隔离、封闭，实行区域化管理。吊车作业时，作业区设置安全警示标识。

（2）作业人员进入施工现场人员应正确佩戴安全帽，穿工作鞋和工作服。

（3）从事焊接、气割作业的施工人员应配备阻燃防护服、绝缘鞋、绝缘手套、防护面罩、防护眼镜。

（4）施工现场应配备急救箱（包）及消防器材，在适宜区域设置饮水点、吸烟室。不得流动吸烟。

（5）每天施工完后，做到工完、料尽、场地清。废料、建筑垃圾做到集中堆放、集中清运。

9 绿色施工

依据建质〔2007〕223 号《绿色施工导则》和 GB/T 50640—2010 《建筑工程绿色施工评价标准》、GB/T 50905—2014《建筑工程绿色施工规范》等绿色施工规范要求组织施工。

（1）选用耐用、维护与拆卸方便的周转材料和机具。每次工作结束时，及时清理现场，做到工完、料尽、场地清。

（2）混凝土采用封闭式搅拌，防止粉尘污染大气。

（3）施工机械维修产生的含油废水、施工营地住宿产生的生活污水经生化处理达到排放标准后排入不外流的地表水体，不得在附近形成新的积水洼地，严禁将生活污水排入河流和渠道。施工废水按有关要求进行处理达标后排放，不污染周围水环境。

（4）拌和站砂石料存放场设沉淀池，处理清洗骨料和冲洗机械车辆产生的废水，达标后排放。

（5）防火墙暗柱钢筋采用直螺纹连接，节约钢材。

10　防火墙模板及支撑体系计算书

10.1　墙模板基本参数

计算断面宽度 300mm，高度 2560mm。

模板面板采用 4mm 冷板。

内龙骨采用 L63×40×3mm 角钢作为檩条@250mm、100×50×3mm 的方管作为模板主骨架。

外龙骨间距 500mm，外龙骨采用 [16a 号槽钢 U 口水平。

对拉螺栓布置 2 道，在断面内水平间距 2560mm，断面跨度方向间距 500mm，直径 20mm。

10.2　墙模板荷载标准值计算

强度验算要考虑新浇混凝土侧压力和倾倒混凝土时产生的荷载设计值；挠度验算只考虑新浇混凝土侧压力产生荷载标准值。

新浇混凝土侧压力计算公式为下式中的较小值

$$F = 0.43\gamma_c t_0 \beta V^{\frac{1}{4}}$$

$$F = \gamma_c H$$

式中　F——新浇筑混凝土对模板的最大侧压力，kN/m^2；

　　　γ_c——混凝土的重力密度，取 24.000kN/m^3；

　　　T——混凝土的入模温度，取 20.000℃；

　　　V——混凝土的浇筑速度，取 0.500m/h；

　　　H——混凝土侧压力计算位置处至新浇混凝土顶面总高度，取 2.56m；

　　　β——坍落度影响修正系数，取 1.000；

　　　t_0——新浇混凝土的初凝时间，取 4h；当缺乏试验资料时，可采用 $t_0 = 200/(T+15)$。

根据公式计算：

$$F_1 = 34.71 kN/m^2$$

$$F_2 = 61.440 kN/m^2$$

取较小者：　　　　　　　　$F = 34.71 kN/m^2$

承载能力极限状态设计值

$S_c = 0.9\max(1.2G_{4k}+1.4Q_{3k}, 1.35G_{4k}+1.4×0.7Q_{3k}) = 0.9\max(1.2×34.71+1.4×2, 1.35×34.71+1.4×0.7×2) = 0.9\max(44.45, 48.82) = 0.9×48.82 = 43.9$（$kN/m^2$）

正常使用极限状态设计值

$$S_z = G_{4k} = 34.71 （kN/m^2）$$

10.3　墙模板面板的计算

10.3.1　强度验算

面板为受弯结构，需要验算其抗弯强度和刚度。模板面板的按照三跨连续梁计算。

面板的计算宽度取 0.50m。

荷载计算值

$$q=0.95bS_c=0.95×2.56×43.9=106.8（kN/m）$$
$$M=1/8 \cdot qL^2=1.3（kN \cdot m）$$
$$\sigma=M_{max}/W=1.3×10^6/29.9×10^3=43.48（N/mm^2）\leqslant [f]=205N/mm^2$$

满足要求！

10.3.2 挠度验算

$$q=bS_{正}=2.56×34.71=88.9（kN/m）$$
$$\omega=0.677ql^4/100EI=0.085（mm）$$

面板的最大容许挠度值：　　　　$[\omega]=l/250=1（mm）$
$$\omega\leqslant [\omega]$$

满足要求！

10.4 墙模板内龙骨的计算

内龙骨直接承受模板传递的荷载，通常按照均布荷载连续梁计算。

内龙骨均布荷载按照面板最大支座力除以面板计算宽度得到。

$$q=34.71×0.25/0.5=17.355（kN/m）$$

按照三跨连续梁计算，最大弯矩考虑为静荷载与活荷载的计算值最不利分配的弯矩和，计算公式如下

$$均布荷载\ q=17.355（kN/m）$$
$$最大弯矩\ M=0.1ql^2=0.1×17.355×0.50^2=0.434（kN \cdot m）$$
$$最大支座力\ N=1.1×0.500×17.355=9.55（kN）$$

10.4.1 抗弯强度计算

$$抗弯计算强度\ f=0.434×10^6/83\,333.3=5.21（N/mm^2）\leqslant [f]=205N/mm^2$$

满足要求！

10.4.2 挠度计算

$$最大变形\ v=0.677×17.355×500.04/（100×9500.00×4\,166\,666.8）=0.185（mm）$$

最大挠度小于 500.0/250，满足要求！

10.5 墙模板外龙骨的计算

外龙骨承受内龙骨传递的荷载，按照集中荷载下连续梁计算。

外龙骨按照集中多跨连续梁计算。

$$经过计算得到最大弯矩\ M=0.000kN \cdot m$$
$$经过计算得到最大支座\ F=0.000kN$$
$$经过计算得到最大变形\ V=0.0mm$$

外龙骨的截面力学参数为

$$截面抵抗矩\ W=16.30cm^3$$
$$截面惯性矩\ I=73.30cm^4$$

10.5.1 外龙骨抗弯强度计算

$$抗弯计算强度\ f=0.000×10^6/1.05/16\ 300.0=0.00N/mm^2$$

外龙骨的抗弯计算强度小于 $215.0N/mm^2$，满足要求！

10.5.2 外龙骨挠度计算

$$最大变形\ \nu=0.0mm$$

外龙骨的最大挠度小于 2430.0/400，满足要求！

10.6 对拉螺栓的计算

计算公式：

$$N＜\ [N]\ =fA$$

其中 N——对拉螺栓所受的拉力；

A——对拉螺栓有效面积（mm^2）；

f——对拉螺栓的抗拉强度设计值，取 $170N/mm^2$。

对拉螺栓的直径（mm）：20，

对拉螺栓有效直径（mm）：18，

对拉螺栓横向验算间距 m=500/2+250=500（mm），

对拉螺栓竖向验算间距 n=2560（mm），得

$$N=0.95mnS_c=0.95×0.5×2.56×43.9=53.4kN≤fA=270×325×10^{-3}=87.75（kN）$$

对拉螺栓强度验算满足要求！

第二章

换流站防火墙（极1高端）脚手架专项施工方案

目 次

1 工程概况

本方案以上海庙±800kV 换流站工程为例。

极 1 高端防火墙位于极 1 高端阀厅东侧，对换流变压器实施三面围护，以纵向防火墙对阀厅与换流变压器之间实施分隔，六台换流变压器之间设 9.9m 高墙实施逐一分隔围护。耐火等级为二级，抗震等级为一级。纵向防火墙长为 67m，高为 28.5m，墙厚为 300mm；换流变压器之间的横向防火墙与纵向防火墙呈垂直向布置，连接点设 V 形暗柱，V 形暗柱中间空档安装阀厅钢结构柱。横向防火墙长为 17.25m，高为 9.9m，墙厚为 300mm，间隔分别为 11m 和 11.5m。防火墙为清水混凝土结构，混凝土强度为 C30。如图 2–1、图 2–2所示。

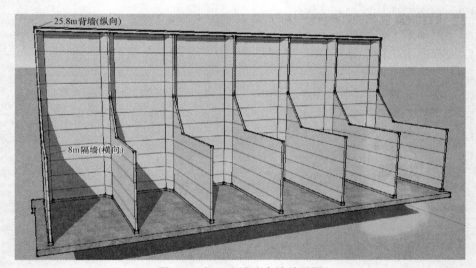

图 2–1 极 1 高端防火墙效果图

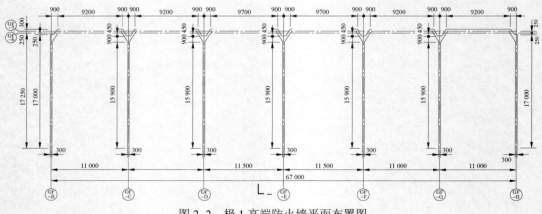

图 2–2 极 1 高端防火墙平面布置图

纵向防火墙底标高−2.500m，顶面标高为+28.50m，共划分为 12 个施工段，每层的平面为单个施工段。均采用钢模板,其中第 1 段高度为 2720mm,中间 10 段高度为 2560mm,顶层高度为 700mm,施工脚手架水平分层搭设,随每段防火墙钢筋混凝土结构完成并养护一天后提升。脚手架沿墙体布置双排脚手架,每道隔墙之间采用满堂形式的脚手架支撑(相对双排脚手架两步三跨,剪刀撑要求见后续具体章节)。极 1 高端防火墙脚手架平面布置如图 2–3 所示。

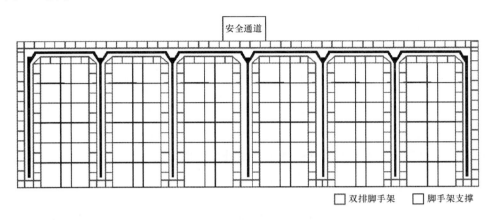

图 2–3　极 1 高端防火墙脚手架平面布置图

2　编制依据

2.1　规程规范、标准

GB 50009—2012 建筑结构荷载规范

GB 5725—2009 安全网

JGJ 59—2011 建筑施工安全检查标准

JGJ 80—2016 建筑施工高处作业安全技术规范

JGJ 130—2011 建筑施工扣件式钢管脚手架安全技术规范

DL 5009.3—2013 电力建设安全工作规程

Q/GDW 1274—2015 变电工程落地式钢管脚手架施工安全技术规范

Q/GDW 10248—2016 输变电工程建设标准强制性条文实施管理规程

2.2　管理文件

《危险性较大的分部分项工程安全管理办法》(建质〔2009〕87 号)

《输变电工程安全质量过程控制数码照片管理工作要求》(基建安质〔2016〕56 号)

《国家电网公司基建安全管理规定》(国网〔基建/2〕173—2015)

《国家电网公司输变电工程安全文明施工标准化管理办法》(国网〔基建/3〕187—2015)

《国家电网公司输变电工程施工安全风险识别、评估及预控措施管理办法》(国网〔基建/3〕176—2015)

《国家电网公司输变电工程施工分包管理办法》（国网〔基建/3〕181—2017）

《国家电网公司电力安全工作规程（电网建设部分）》（试行）（国家电网安质〔2016〕212 号）

《×××±800 千伏换流站工程土建 A 包项目管理实施规划》

施工图纸

3 施工准备

3.1 技术准备

3.1.1 编制施工方案

开工前组织编制施工方案，并按规定程序进行审批。

3.1.2 施工技术交底

开工前由施工项目部技术负责人组织全体施工人员进行方案交底，技术交底内容应充实，具有针对性和指导性。施工人员应掌握交底内容，签字后形成书面交底记录。

3.2 人员组织准备

（1）施工负责人、安全员、技术员等管理人员配置齐全；

（2）劳务作业人员必须满足要求；

（3）电焊工、架子工等特殊工种配置合理，且持证上岗，严禁无证作业。

3.3 施工机具准备

投入的施工机具已进行全面检验和保养，以保证施工机械处于正常的使用状态。

3.4 材料准备

3.4.1 钢管

（1）脚手架钢管采用符合 GB/T 13793《直缝电焊钢管》或 GB/T 3091《低压流体输送用焊接钢管》中规定的 Q235 普通钢管，质量应符合 GB/T 700《碳素结构钢》中 Q235 级钢的规定。

（2）钢管采用 $\phi 48.3mm \times 3.6mm$ 的钢管，每根钢管的最大质量不应大于 25.8kg。

（3）钢管上严禁打孔。

（4）搭设前对钢管表面进行除锈，然后刷两度防锈漆，漆干后方可投入使用。

（5）新钢管应有产品质量合格证、检验报告。表面应平直光滑，不应有裂缝、结疤、分层、错位、硬弯、毛刺、压痕、麻点、深度锈蚀和深的划道。

（6）钢管外径、壁厚、端面等的偏差应符合 JGJ 130《建筑施工扣件式钢管脚手架安全技术规范》的有关规定。

（7）旧钢管表面锈蚀深度、钢管弯曲变形应符合 JGJ 130《建筑施工扣件式钢管脚手架安全技术规范》的有关规定。锈蚀检查应每年一次。检查时，应在锈蚀严重的钢管中抽取 3 根，在每根锈蚀严重部位横向截断取样检查，当锈蚀深度超过规定值时不得使用。

3.4.2 扣件

（1）扣件采用可锻铸铁或铸钢制作，其质量和性能应符合 GB 15831《钢管脚手架扣件》的要求。

（2）若采用其他材料制作的扣件，应经试验证明其质量符合该标准的规定后方可使用。

（3）扣件应有生产许可证、法定检测单位的测试报告和产品合格证。

（4）扣件进入施工现场应检查产品合格证，并进行抽样复试，技术性能应符合 GB 15831《钢管脚手架扣件》的规定。扣件在使扣件在使用前应逐个挑选，有裂缝、变形、螺栓出现滑丝的严禁使用。

（5）扣件在螺栓拧紧扭力矩达 65N·m 时，不得发生破坏。

（6）新、旧扣件均应进行防锈处理。除锈并统一涂色，力求环保美观。

3.4.3 脚手板

（1）脚手板可采用竹、木、钢材料制作，单块脚手板的质量不应大于 30kg。采用其他材料制作的脚手板，应经试验证明其质量符合现行国家相关标准的规定后方可使用。

（2）竹脚手板采用毛竹或楠竹制作的竹笆板、竹串片板。竹串片板采用螺栓将并列的竹片串连而成，螺栓直径采用 10mm，螺栓间距为 500mm，螺栓离板两端距离为 250mm。竹片串厚度不应小于 50mm，板宽为 250mm，板长采用 2、2.5、3m。单块竹笆板的面积不大于 3m²。

（3）木脚手板采用杉木或松木制作，其材质应符合 GB 50005《木结构设计规范》中 Ⅱa 级材质的规定。木脚手板的规格应符合 JGJ 164 的规定，其厚度不应小于 50mm，板宽宜为 200mm，板长宜为 4m，在距板两端 80mm 处，用 10 号镀锌钢丝箍两道或用薄铁包箍钉牢。

（4）冲压钢脚手板的材质应符合 GB/T 700《碳素结构钢》中 Q235 级钢的规定。钢脚手板采用 2mm 厚的钢板压制而成，厚度应为 50mm，宽度宜为 250mm，长度宜为 2、3、4m。

3.4.4 密目式安全立网

（1）密目式安全立网采用符合 GB 5725—2009 中规定的 A、B 级密目式安全立网，密目网的宽带宜采用 1.8m，长度不应小于 2.0m，单张网质量不宜超过 15kg。自重标准值不低于 0.01kN/m²。密目网各边缘部位的开眼环扣应牢固可靠，环扣孔径不应小于 8mm。

（2）在有坠落风险的场所使用的密目式安全立网，简称 A 级密目网。在没有坠落风险或配合安全立网（护栏）完成坠落保护功能的密目式安全立网，简称为 B 级密目网。

（3）安全网应附产品说明书、出厂检验合格证以及按其他有关规定必须提供的文件。

（4）使用前，应对网体的外观质量进行检查，网体缝线不得有跳针、露缝，缝边应均匀；每张密目网上不得有一个以上的接缝，且接缝部位应端正牢固；不得有断沙、破洞、变形及有碍使用的编织缺陷。

（5）使用前，安全网应进行耐冲击性能测试，有阻燃要求的安全网还应进行阻拦性能测试。

3.4.5 连墙件

连墙件的材质应采用符合 GB/T 700《碳素钢结构》中 Q235 级钢的规定。

3.4.6 垫板

垫板采用木质或槽钢且应中心承载，长度不少于两跨；木质垫板厚度不小于 50mm，宽度不小于 200mm。

4 脚手架搭设方案

4.1 脚手架搭设工艺

4.1.1 技术参数

脚手架技术参数见表 2-1。

表 2-1 **脚 手 架 技 术 参 数**

脚手架排数	双排脚手架	纵、横向水平杆布置方式	横向水平杆在上
搭设高度（m）	30	钢管类型	ϕ48.3mm×3.6mm
立杆纵距（m）	1.5	脚手架沿纵向搭设长度 L（m）	70
立杆步距（m）	2.56	内立杆离建筑物距离 a（m）	0.6
立杆横距（m）	0.9	连墙件布置方式	两步三跨
双立杆计算方法	按双立杆受力设计	双立杆计算高度（m）	9

4.1.2 施工工序

场地平整、夯实→地面硬化→定位设置通长脚手板、底座→立杆→纵向扫地杆→横向扫地杆→纵向水平杆→横向水平杆（格栅）……铺脚手板→设置防护栏杆→设置安全网→剪刀撑、连墙件→检查验收

4.2 脚手架搭设方法

4.2.1 搭设准备

（1）本工程脚手架地基基础部位在回填土完后逐层夯实，采用强度等级不低于 C15

的混凝土进行硬化，混凝土硬化厚度不小于 100mm。

（2）定距定位。根据构造要求在防火墙四角用尺量出内、外立杆离墙距离，并做好标记；用钢卷尺拉直，分出立杆位置，并做好标记；垫板应准确地放在定位线上，垫板必须铺放平整，不得悬空。

4.2.2 立杆设置

（1）每根立杆底端设置底座（永久性硬化地面除外）底层步距不得大于 2m。立杆及纵横向水平杆构造要求见图 2-4。

（2）立杆接长除顶层顶步立杆可采用搭接，其余各步均采用对接扣件连接。采用对接连接时，对接扣件交错布置，两根相邻立杆接头避免出现在同步内，同步内隔一根立杆的两个相隔接头在高度方向错开的距离应大于于 500mm；各接头中心距主节点的距离应不大于步距的 1/3。立杆应从底至顶，不应将上段立杆与下段立杆错开固定在水平杆上。立杆对接接头布置如图 2-5 所示。

（3）开始搭设立杆时，每隔 6 跨设置一根抛撑。抛撑与地面倾角应在 45°～60°，连接点中心至主节点的距离不应大于 300mm。直至连墙杆安装稳定后，方可根据情况拆除。

（4）当立杆基础不在同一高度上时，必须将高处的纵向扫地杆向低处延长两跨与立杆固定，高低差不应大于 1m。靠边坡上方的立杆轴线到边坡的距离不应小于 500mm。纵横向扫地杆构造如图 2-6 所示。

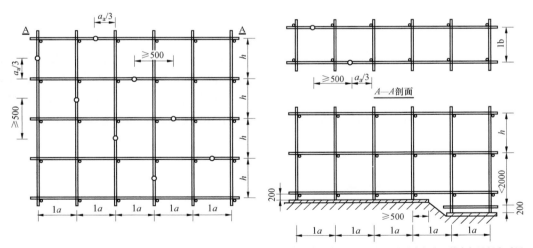

脚手架必须设置纵横向扫地杆。纵向扫地杆应采用直角扣件固定在距底座上皮不大于200mm处的立杆上，横向扫地杆亦采用直角扣件固定在紧靠纵向扫地杆下方的立杆上。当立杆基础不在同一高度上时，必须将高处的纵向扫地杆向低处延长两跨与立杆固定，高低差不应大于1m，靠边坡上方的立杆轴线到边坡的距离不应小于500mm。

图 2-4 立杆及纵横向水平杆构造

4.2.3 纵、横向水平杆

（1）纵向水平杆设置在立杆内侧，其单根长度不小于 3 跨。

（2）纵向水平杆接长应采用对接扣件连接，也可采用搭接。当采用对接时，对接扣件

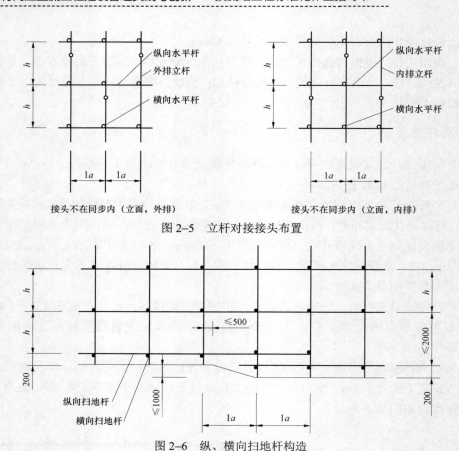

图 2-5 立杆对接接头布置

图 2-6 纵、横向扫地杆构造

应交错布置，两根相邻纵向水平杆接头不应设置在同步或同跨内；不同步或不同跨两相邻接头在水平方向错开距离不应小于 500mm；各接头中心至最近主节点的距离不宜大于纵距的 1/3。当采用搭接时，搭接长度不应小于 1m，等间距设置 3 个旋转扣件固定，端部扣件盖板边缘至两杆搭接杆端部的最小距离不应小于 100mm。如图 2-7 所示。

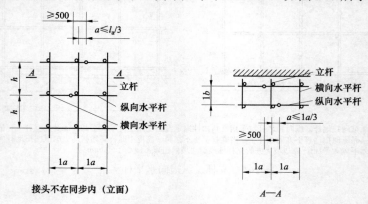

图 2-7 纵向水平杆对接接头布置

（3）外立杆顶端的纵向水平杆应高出防火墙上表面 1.2m。

（4）内立杆顶端的纵向水平杆宜低于内立杆上端头 200mm。

（5）立杆与纵向水平杆交点处设置横向水平杆，用直角扣件连接且不得拆除。

（6）当采用竹脚手笆时，脚手架的横向水平杆两端，应采用直角扣件固定在立杆上。

（7）当采用冲压脚手板、木脚手板、竹片脚手板时，横向水平杆两端均应采用直角扣件固定在纵向水平杆上。

4.2.4 剪刀撑设置

（1）纵向防火墙沿脚手架长度及宽度方向，在外侧立面四周布设从底至顶连续的剪刀撑。

（2）横向防火墙在外侧立面的两端、转角及中间各设置由底至顶连续的剪刀撑，中间每两道剪刀撑内边之间的距离应不大于 15m。

（3）每道剪刀撑宽度不应小于 4 跨，且不应小于 6m，斜杆与地面的倾角宜在 45°～60°。

（4）剪刀撑斜杆的接长采用搭接，搭接长度不小于 1m，等间距设置 3 个旋转扣件固定，端部扣件盖板的边缘至杆端距离不小于 100mm。竖向剪刀撑斜杆的底端不应悬浮，应与底座或地基顶紧。

（5）剪刀撑斜杆除两端采用旋转扣件与架体的立杆或横向水平杆的伸出端扣紧外，在其中间应增加 2～4 个扣件点，剪刀撑斜杆与架体固定的旋转扣件的中心线至主节点的距离不宜大于 150mm。剪刀撑（立杆）搭接构造如图 2-8 所示。

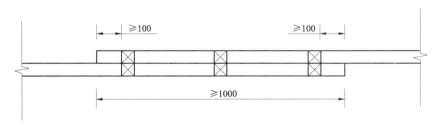

图 2-8 剪刀撑（立杆）搭接构造

（6）每两道隔墙双排脚手架间的脚手架支撑为相对于双排脚手架 2 步 2 跨的尺寸进行布置，脚手架支撑竖向剪刀撑布置如图 2-9 所示。

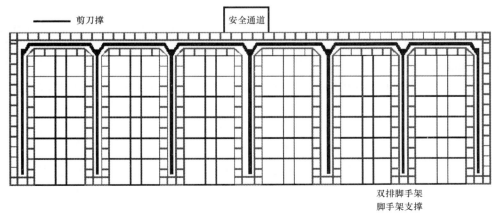

图 2-9 脚手架支撑竖向剪刀撑布置图

4.2.5 脚手板、脚手片的铺设要求

（1）第一层、顶层、作业层脚手板应铺满、铺稳、铺实。

（2）冲压脚手板、木脚手板、竹串片脚手板设置在三根横向水平杆上，当脚手板长度小于 2m 时，可采用两根横向水平杆支承，但应将脚手板两端与其可靠固定，严防倾翻。

（3）冲压脚手板、木脚手板、竹串片脚手板的连接可以采用对接铺设或搭接铺设。采用对接铺设时，接头处应设两根横向水平杆，脚手板外伸长应取 130～150mm，两块脚手板外伸长度的和不应大于 300mm。脚手板搭接铺设时，接头应支在横向水平杆上，搭接长度应不小于 200mm，其伸出横向水平杆的长度不应小于 100mm。如图 2-10 所示。

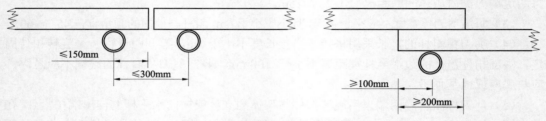

图 2-10　脚手板对接、搭接构造

（4）作业层端部脚手板探头长度不得大于 150mm，其板长两端均应与横向水平杆固定。

（5）竹笆脚手板应按其主竹筋垂直于纵向水平杆铺设，竹笆脚手板之间应采用对接平铺，每块竹笆脚手板四个角采用 $\phi 1.2$mm 的镀锌钢丝固定在纵向水平杆上。

（6）在拐角、斜道平台口处的脚手板，采用镀锌钢丝固定在横向水平杆上，防止滑动。

4.2.6 防护栏杆

（1）第二步架起，脚手架作业层外立杆的内侧上下两根横向水平杆之间等间距加设两根纵向水平防护杆，防护杆间距不应大于 600mm。

（2）第二步起，在整个架体外侧采用 1.8m×6m B 级密目时安全立网在外立杆内侧全封闭且网间连接应严密，形成封闭性脚手架。并在作业层外侧安装 180mm 高度的挡脚板。

（3）人行通道两边及平台外围栏杆下 600mm 处应增设一道防护栏杆，并采用 B 级密目式安全立网在立杆内侧全封闭且网间连接严密。或采用非封闭型脚手架形式只在斜道两侧安装 180mm 高度的挡脚板。

（4）当内侧纵向水平杆离墙距离大于 250mm 时，应加设纵向水平防护杆或加设木脚手板防护。

4.2.7 安全通道

（1）安全通道顶板挑空的内、外各设一根立杆左右两侧应设斜杆支撑，斜撑杆与地面的倾角宜为 45°～60°。斜撑杆采用通长杆件，若需接长采用搭接，搭接长度不小于 1m，等间距设置 3 个旋转扣件固定，端部扣件盖板边缘至两杆搭接杆端部的最小距离不应

小于 100mm。

（2）安全通道两侧为双管立杆，副立杆应高于通道一步至两步。

（3）安全通道宽度为 3m，进深长度为 4m。安全通道顶棚表面设置双层（上、下层钢管十字形布设），间距为 600mm，钢管上竹笆或木工板铺设，上层四周连续设置 900mm 高围挡竹笆或木工板的防护挡板，并设置针对性的安全标志牌。

（4）安全通道口处的空间桁架，除下弦平面外，应在其余 5 个平面内的图 2-11 所示节间设置一根斜撑杆件。在桁架中伸入下弦杆的悬空立杆端头及上弦杆上方，均增设一个防滑扣件，该扣件应紧靠主节点处布设。门洞处上升斜杆、平行弦杆桁架如图 2-11 所示。

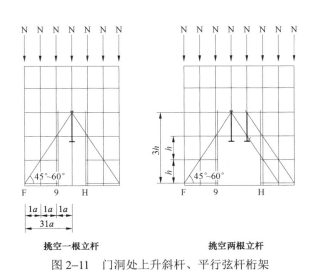

挑空一根立杆　　　　　　　挑空两根立杆

图 2-11　门洞处上升斜杆、平行弦杆桁架

4.2.8　连墙件

（1）连墙件用于脚手架与防火墙结构的可靠连接，采用 $\phi20$HPB235 级的螺栓穿过墙体上模板施工时预留的 $\phi21.5$ 的预留孔，墙体对面螺栓拧紧（双螺母，垫片一平一弹），脚手架侧螺杆与脚手架连墙杆焊接，焊接长度 100mm（满焊），连墙件设置详图如图 2-12 所示）。

（2）通过计算得出，本工程脚手架连墙件采用二步三跨（菱形）间距布设。

（3）连墙件设置在防火墙梁柱具有较好抗拉水平力作用的结构部位，在脚手架侧应靠近主节点设置，偏离主节点的距离不应大于 300mm，连墙件与防火墙墙体的连接固定应在防火墙墙体混凝土强度达 20MPa 或以上时方可实施。

（4）脚手架件连墙件采用菱形布置，也可采用矩形布置，设置时应从底层第一步纵向水平杆处开始，当在该处设置确有困难时，应采用其他可靠措施固定。

（5）连墙件中连墙杆宜呈水平设置，当极少部分因受埋件、留孔等限制而不能水平设置时，与脚手架连接的一端应下斜连接，不得采用上斜连接。

（6）当脚手架暂不能设连墙件时，可采用设抛撑的方法来保证架件的稳定性。抛撑采用通长杆件与脚手架可靠连接，抛撑与地面的倾角在 45°～60°，地面设夹桩，用旋转扣

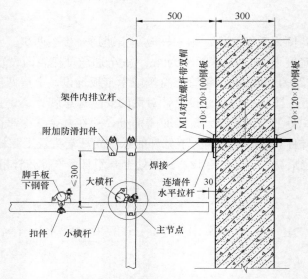

图 2-12　连墙件设置详图

件与抛撑连接固定；连接点中心至主节点的距离不应大于 300mm。抛撑在连墙件安装并验收合格后方可拆除。

4.2.9　架体内封闭

（1）脚手架的架体内立杆距模板净距不宜大于为 200mm。

（2）施工层以下脚手架每隔 10m 以及底部采用密目式安全平网进行封闭。

4.2.10　接地

（1）设置防雷接地：在脚手架立杆根部引设两处（对角）防雷接地。

（2）用 25mm² 铜绞线，两端用铜鼻子压接牢固，分别用螺栓紧固于立杆及接地桩上。接地桩采用∠40 角钢制作，长度不小于 700mm。

（3）接地电阻不得大于 4Ω。

4.2.11　构配件检查

（1）脚手架搭设前，检查进入现场的各种构配件的产品使用说明书、产品质量合格证等质量证明文件，不合格的应及时清除出场。

（2）当对构配件质量有疑问时，应进行质量抽检和实验。

4.2.12　脚手架的验收

脚手架使用前，对下列项目进行检查验收，验收合格后挂牌方可使用。

（1）检查构架的设置和连接，连墙件、安全通道等的构设是否符合要求。

（2）地基不积水，底座不松动，立杆不悬浮。

（3）扣件螺栓是否松动。

（4）安全防护设施是否符合要求。

（5）脚手架搭设的技术要求是否在允许偏差范围内。

（6）当架体分段搭设、分段使用时，应进行分段验收。

（7）对 24m 及以上的脚手架宜每搭设完 6～8m 进行分阶段验收。

4.2.13　脚手架的检查

（1）钢管直径、壁厚、弯曲、变形、锈蚀，冲压钢脚手板板面挠曲等应在规范允许范围内。

（2）扣件应进行复试且技术性能符合规范要求。

（3）脚手板材质、规格应符合规范要求，每块脚手板质量不得大于 30kg。

（4）脚手架基础应按措施或方案要求夯实，硬化平整排水畅通，立杆底部底座应符合规范要求。

（5）架体应在距立杆底端高度不大于 200mm 处设置纵、横向扫地杆，并用直角扣件固定在立杆上，横向扫地杆应设置在纵向扫地杆的下方。

（6）立杆、纵向水平杆、横向水平杆的间距应符合设计计算或规范要求。

（7）立杆、纵向水平杆、横向水平杆的接长应符合规范要求。

（8）架体与防火墙结构拉结应符合规范要求。

（9）连墙件应从架体第一步纵向水平杆处开始设置，当该处设置有困难时应采取其他可靠措施进行固定。

（10）剪刀撑的布设应符合规范要求。

（11）剪刀撑斜杆的接长、剪刀撑与架体的固定应符合规范要求。

（12）竖向剪刀撑斜杆的底端不应悬浮，应与底座或地基顶紧。

（13）脚手板的布设应符合规范要求。

（14）第一层、顶层、作业层脚手板应铺满、铺稳、铺实。

（15）斜道的布设应符合规范要求。

（16）安全通道的布设应符合规范要求。

（17）临边防护的布设应符合规范要求。

（18）架体外侧应采用 B 级密目式安全立网在外立杆内侧全封闭且网间连接应严密。

（19）对脚手架每月至少检查维护一次。

（20）遇有六级及以上大风或大雨后，上冻化冻后，应对脚手架进行全面检查维护。

5　施工进度计划及保证措施

5.1　施工进度计划

极 1 高端防火墙分 12 段施工，其中第一段施工完成后脚手架完成拆除进行土方回填（便于文明施工和后续阀厅内地坪施工），除换流变压器侧，其余部分均回填至±0.000，需要工期 15 天，第二段至第五段 4 段平均每段 8 天（到标高 9.9m），第六段至第十一段 6

段，平均每段 6 天，最后一段和压顶同时施工 15 天，共计天数 98 天。

5.2 施工进度保证措施

（1）配置合理工种数量，投入足量的、适宜的机械设备和人员，发挥专业技术优势，提高作业进度。

（2）合理编排、实施计划控制。区域内采用流水作业，编制分阶段网络计划，确定阶段工作重点，严格按网络计划组织安排施工。

（3）做好物资供应工作，制定材料采购计划，按施工计划与物资需求计划，提前采购进场。

6 施工质量保证措施

6.1 质量控制标准

6.1.1 构配件技术要求、允许偏差，见表 2–2。

表 2–2 　　　　　　　　　　　　　　　　　构 配 件 允 许 偏 差 表

序号	项　　目		允许偏差（mm）
1	焊接钢管尺寸（mm） 外径 48.3；壁厚 3.6		外径允许偏差±0.5，壁厚允许偏差±0.36
2	钢管两端面切斜偏差		1.70
3	钢管外表面锈蚀深度		≤0.18
4	钢管弯曲 ① 各种杆件钢管的端部弯曲 l≤1.5m		≤5
	② 立杆钢管弯曲	3m≤l≤4m	≤12
		4m≤l≤6.5m	≤30
	③ 水平杆、斜杆的钢管弯曲 l≤6.5m		≤30
5	冲压钢脚手板 ① 板面挠曲	l≤4m	≤12
		l>4m	≤16
6	扣件		
7	扣件螺栓拧紧扭力矩		扣件螺栓拧紧扭力矩值不应小于 40N·m，且不应大于 65N·m

6.1.2 构配件质量检查表，见表 2–3。

表 2–3 　　　　　　　　　　　　　　　　　构 配 件 质 量 检 查 表

序号	项目	要　　求	抽检数量
1	钢管	应有产品质量合格证、质量检验报告	750 根为一批，每批抽取 1 根
		钢管表面应平直光滑，不应有裂缝、结疤、分层、错位、硬弯、毛刺、压痕、深度锈蚀和深的划道等严重缺陷，严禁打孔；钢管使用前必须涂刷防锈漆	全数检查

序号	项目	要 求	抽检数量
2	钢管外径及壁厚	外径 48.3mm，允许偏差±5mm；壁厚 3.6mm，允许偏差政府 0.36mm，最小壁厚 3.24mm	3%
3	扣件	应有生产许可证、质量检测报告、产品质量合格证、复试报告	《钢管脚手架》GB 15831 的规定
		不允许有裂缝、变形、螺栓滑丝；扣件与钢管接触部位不应有氧化皮；活动部位应能灵活转动，旋转扣件两旋转面间隙应小于 1mm；扣件表面应进行防锈处理	全数
4	扣件螺栓拧紧扭矩力	扣件螺栓拧紧扭矩力不应小 40N·m，且不应大于 65N·m	《建筑施工扣件式钢管脚手架安全技术规范》JGJ 130 的规定
5	脚手板	新冲压钢脚手板应有产品质量合格证	—
		冲压钢脚手板板面挠曲≤12mm（l≤4m）或≤16mm（新l>4m）；板面扭曲≤5mm（任一角翘起）	3%
		不得有裂纹、开焊与硬弯；新、旧脚手板均应涂防锈漆	全数
		木脚手板材质应符合现行国家标准《木结构设计规范》GB 50005 中 II a 级材质的规定。扭曲变形、劈裂、腐朽的脚手板不得使用	3%
		木脚手板的宽度不宜小于 200mm，厚度不应小于 50mm；板厚允许偏差−2mm	全数
		竹脚手板宜采用由毛竹或楠竹制作的竹串片板、竹笆板	全数
		竹串片脚手板宜采用螺栓将并列的竹片串连而成。螺栓直径宜为 3～10mm，螺栓间距宜为 500～600mm，螺栓离板端宜为 200～250mm，板宽 250mm，板长 2000、2500、3000mm	3%

6.1.3 脚手架搭设的技术要求、允许偏差，见表 2−4。

表 2−4 脚手架搭设允许偏差

序号	项 目		技术要求	允许偏差（mm）		
1	地基基础	表面	坚实平整	—		
		排水	不积水			
		垫板	不晃动			
		底座	不滑动			
			不沉降	−10		
2	脚手架立杆垂直度	最后验收立杆垂直度 20～50m		±100		
		下列脚手架允许水平偏差（mm）				
		搭设中检查偏差的高度（m）	总高度（m）			
			50	40	20	
		H=2	±7	±7	±7	
		H=10	±20	±20	±50	
		H=20	±40	±50	±100	
		H=30	±60	±75		
		H=40	±80	±100		
		H=50	±100			
		中间档次用插入法				

续表

序号	项　目		技术要求	允许偏差（mm）	
3	脚手架间距	步距	—	±20	—
		立杆间距	—	±30	—
4	纵向水平杆高差	一根杆的两端	—	±20	
		同跨内两根纵向水平杆高差	—	±10	
3	扣件安装	扣件螺栓拧紧扭矩力	40～65N·m		

6.2　质量保障措施

6.2.1　操作人员作业前必须进行岗位技术培训与安全教育。

6.2.2　技术人员在脚手架搭设、拆除前必须组织全体作业人员进行安全技术交底。

6.2.3　钢管与扣件进场前应经过检查挑选，选用合格的材料。所用扣件在使用前应清理加油一次，扣件一定要上紧，不得松动。每个螺栓的预紧力在 40～65N·m 之间。

6.2.4　脚手架必须严格依据方案进行搭设，搭设时，技术人员必须在现场监督搭设情况，保证搭设质量达到设计要求。

6.2.5　脚手架搭设完毕，依据方案及脚手架验收表对脚手架进行验收，发现不符合要求处，必须限时或立即整改。

6.2.6　该脚手架仅作为操作脚手架使用，严禁将模板支架、揽风绳、泵送混凝土和砂浆的输送管道等固定在脚手架上；脚手架严禁悬挂起重设备。

6.2.7　在脚手架使用期间，下列杆件严禁拆除：主节点处横、纵向水平杆，连墙件。

6.3　强制性条文执行

现行规范标准 JGJ 130《建筑施工扣件式钢管脚手架安全技术规范》中涉及的强制性条文主要包括以下条款：

第 6.2.3 条　主节点处必须设置一根横向水平杆，用直角扣件扣接且严禁拆除。

第 6.3.3 条　脚手架立杆基础不在同一高度上时，必须将高处的纵向扫地杆向低处延长两跨与立杆固定，于高低差不应大于 1m。靠边坡上方的立杆轴线到边坡的距离不应小于 500mm。

第 6.3.5 条　单排、双排与满堂脚手架立杆接长除顶层顶步外，其余各层各步接头必须采用对接扣件连接。

第 6.6.3 条　高度在 24m 及以上的双排脚手架应在外侧全立面连续设置剪刀撑；高度在 24m 以下的单、双排脚手架，均必须在外侧两端、转角及中间间隔不超过 15m 的立面上，各设置一道剪刀撑，并应由底至顶连续设置。

第 7.4.2 条　单、双排脚手架拆除作业必须由上而下逐层进行，严禁上下同时作业；连墙件必须随脚手架逐层拆除，严禁先将连墙件整层或数层拆除后再拆脚手架；分段拆除高差大于两步时，应增设连墙件加固。

第7.4.5条　卸料时各构配件严禁抛掷至地面。

第8.1.4条　扣件进入施工现场应检查产品合格证，并应进行抽样复试，技术性能应符合现行国家标准 GB 15831《钢管脚手架扣件》的规定。扣件在使用前应逐个挑选，有裂缝、变形、螺栓出现滑丝的严禁使用。

第9.0.1条　扣件式钢管脚手架安装与拆除人员必须是经考核合格的专业架子工。架子工应持证上岗。

第9.0.4条　钢管上严禁打孔。

第9.0.5条　作业层上的施工荷载应符合设计要求，不得超载。不得将模板支架、缆风绳、泵送混凝土和砂浆的输送管等固定在架体上；严禁悬挂起重设备，严禁拆除或移动架体上安全防护设施。

第9.0.13条　在脚手架使用期间，严禁拆除下列杆件：

1）主节点处的纵、横向水平杆，纵、横向扫地杆；

2）连墙件。

第9.0.14条　当在脚手架使用过程中开挖脚手架基础下的设备基础或管沟时，必须对脚手架采取加固措施。

7　安全措施

7.1　风险辨识及预控措施

施工安全风险识别及预控措施见表2-5。

表2-5　　　　　　　　　　　　　施工安全风险识别及预控措施

序号	工序	作业内容	可产生的危险	固有风险评定 D1	固有风险级别	预 控 措 施
1	现场准备工作	现场作业准备及布置	物体打击触电	18	1	（1）风险等级在二级及以下的作业工序，作业前统一填写一张脚手架搭设《安全施工作业票A》；若有达到三级及以上的风险作业工序则单独填写《安全施工作业票B》。 （2）编制脚手架搭拆施工方案须经技术负责人批准，监理审核确认。 （3）工程技术负责人向作业人员进行书面安全技术交底并履行签字手续。 （4）清理搭设现场范围内障碍物，平整、夯实基土，同时保证排水畅通，不积水。 （5）搭设负责人、架子工等作业人员必须持证上岗
		脚手架构件检查	坍塌物体打击	45	2	（1）钢管应采用ϕ48mm、厚3.5mm的Q235-A级钢，必须有产品质量合格证、钢管材质检验报告、表面平直光滑，无裂纹、分层、压划痕和硬弯、端面平整、做防锈处理。使用旧钢管还必须满足锈蚀深度≤0.5mm。每根钢管的最大质量不应大于25kg。不同规格的钢管严禁混用。 （2）脚手架扣件均采用锻造构件，扣件夹紧时开口最小距离小于5mm。直角扣件必须无裂纹、气孔，旋转扣件必须转动灵活，旋转面间距小于1mm。扣件的螺杆拧紧扭力矩达到65N·m时不得发生破坏，使用时扭力矩应在40~65N·m之间

续表

序号	工序	作业内容	可产生的危险	固有风险评定D1	固有风险级别	预 控 措 施
2	钢管脚手架搭设	搭设前准备	物体打击	27	2	（1）作业人员应对搭设用材料进行检查和验收，不合格构配件不能使用，合格构配件按品种、规格、使用顺序堆放整齐。 （2）作业人员进入现场安全防护用品应佩戴齐全，必须戴好安全帽，系安全带，扎裹腿，穿软底鞋，扳手要有防坠绳，高处作业应使用工具袋和传递绳
		铺垫板安装	坍塌触电物体打击高处坠落	27	2	（1）脚手架基础必须夯实硬化，基础横向向外要有排水坡度，并做到坚实平整、排水畅通，垫板不晃动、不沉降，立杆不悬空。 （2）垫板材质为木质或槽钢，长度不少于两跨，木质垫板厚度不小于 50mm。搬运垫板时两人一组不得扔摔，铺设垫板要保证垫板和地面接触坚实，位置必须准确。 （3）当脚手架基础下有设备基础、管沟时，在脚手架使用过程中不得开挖，否则必须采取加固措施
		纵横向扫地杆安装	物体打击	27	2	（1）脚手架必须设置纵横向扫地杆。 （2）纵向扫地杆采用直角扣件固定在距离基础上表面小于等于200mm 处的立杆内侧。 （3）横向扫地杆采用直角扣件固定在紧靠纵向扫地杆下方的立杆上。 （4）当立杆基础在不同高度上时，必须将高处的纵向扫地杆向低处延长两跨与立杆固定，高低差不应大于1m。靠边坡上方的立杆轴线到边坡的距离不应小于 500mm
		竖立杆安装	高处坠落物体打击触电	27	2	（1）立杆底端必须设有垫板，底层步距不得大于2m。整个架体从立杆根部引设两处（对角）防雷接地。竖第一步架立杆，须有一人负责校正立杆垂直度，偏差不大于 $L/200$（L 为立杆长）。 （2）立杆接长，顶层顶步可用搭接，搭接长度不应小于1m，应采用不小于两个旋转扣件固定，端部扣件盖板的边缘至杆端距离不应小于 100mm；其余各层必须采用对接扣件连接。 （3）相邻立杆的对接扣件不得在同一高度，应相互错开。 （4）立杆顶端应高出女儿墙上表面1m，高出屋顶檐口1.5m。 （5）立杆的横距采用 1.05m，纵距一般最大不超过 2m
		纵向水平杆安装	高处坠落	27	2	（1）纵向水平杆设置在立杆内侧，其长度不得小于 3 跨。 （2）第一步步距不得大于2m，第二步起每步步距应为1.8m。 （3）当使用竹笆脚手板时，纵向水平杆应用直角扣件固定在横向水平杆上。水平面内外侧两根纵向水平杆之间等间距加设两根钢管填芯，间距不宜大于 300mm。 （4）当墙壁有洞口、穿墙套管板等孔洞处时，应在该处架体内侧上下两根纵向水平杆之间加设防护栏杆。 （5）当内侧纵向水平杆离墙壁大于250mm 时，必须加纵向水平防护杆或加设木脚手板防护
		横向水平杆安装	高处坠落	27	2	（1）主节点处必须设置一根横向水平杆，用直角扣件连接且严禁拆除。 （2）作业层上非主节点处的横向水平杆，根据支承脚手架的需要等间距设置，最大间距不应大于纵距的1/2。 （3）脚手架横向水平杆的靠墙一端至墙装饰面的距离不得大于100mm。 （4）当使用竹笆脚手板时，脚手架的横向水平杆两端，采用直角扣件固定在立杆上。 （5）当使用冲压钢脚手板、木脚手板、竹串片脚手板时，横向水平杆两端均采用直角扣件固定在纵向水平杆上

续表

序号	工序	作业内容	可产生的危险	固有风险评定 D1	固有风险级别	预 控 措 施
2	钢管脚手架搭设	搭上层脚手架安装	高处坠落坍塌	63	2	（1）在搭设两步后操作人员要先搭设好上层的大横杆作为挂安全带的固定点，高处作业必须系好安全带。 （2）搭设人员作业要注意相互配合，下方人员向上递杆件时，要等到上方人员接稳后方可松手。 （3）当脚手架搭设到三步以上时要设置抛撑，抛撑下端要设置50mm垫板，且用木楔将底座和垫板挤实。当脚手架搭设高度大于4m时要和主体设刚性连接。 （4）当脚手架搭设到四至五步架高时设置剪刀撑，且下部也要垫实不得悬空
		连墙件安装	高处坠落坍塌	27	2	（1）架体高度大于4m时，应用刚性连墙件与建筑物可靠连接，亦可采用拉筋和顶撑配合使用的附墙连接方式。 （2）连墙件在建筑物侧一般设置在具有较好抗拉水平力作用的结构部位；在脚手架侧应靠近主节点设置，偏离主节点的距离不应大于300mm。 （3）连墙件布置最大间距不得超过3步3跨，严禁使用仅有拉筋的柔性连墙件。 （4）连墙件与脚手架不能水平连接时，与脚手架连接的一端应下斜连接。 （5）连墙件应优先采用菱形布置，也可采用矩形布置，设置时应从底层第一步纵向水平杆处开始
		剪刀撑安装	高处坠落坍塌	27	2	（1）必须在脚手架外侧立面纵向的两端各设置一道由底至顶连续的剪刀撑；两剪刀撑内边之间距离应小于等于15m。 （2）每道剪刀撑宽度不小于4跨，且不应小于6m，斜杆与地面的倾角宜在45°～60°之间。 （3）剪刀撑杆的接长采用搭接，搭接长度不得小于1m，应采用不少于3个旋转扣件固定。 （4）剪刀撑的斜杆除两端用扣件与脚手架的立杆或纵向水平杆扣紧外，在其中间应增加2～4个扣结点，剪刀撑斜杆与架体固定的旋转扣件的中心线至主节点的距离不宜大于150mm
		脚手板安装	高处坠落物体打击坍塌	27	2	（1）第一层、顶层、作业层脚手板必须铺满、铺稳。 （2）冲压钢脚手板、木脚手板、竹串片脚手板等，应设置在三根横向水平杆上。当脚手板长度小于2m时，可采用两根横向水平杆支承，但应将脚手板两端与其可靠固定，严防倾翻。此三种脚手板的铺设可采用对接平铺，亦可采用搭接铺设。脚手板对接平铺时，接头必须设两根横向水平杆，脚手板外伸长应取130～150mm，两块脚手板外伸长度的和不应大于300mm，脚手板搭接铺设时，接头必须支在横向水平杆上，搭接长度应大于200mm，其伸出横向水平杆的长度不应小于100mm
		人行、材料运输斜道安装	高处坠落物体打击坍塌	27	2	（1）斜道应附着外墙脚手或建筑物搭设。 （2）高度大于6m的脚手架不得采用一字形斜道，应采用之字形斜道或非连续一字形斜道，人行斜道坡度宜采用1:3；运料斜道坡度宜采用1:6。 （3）斜道拐弯处设置的平台，其宽度不小于斜道宽度（人行斜道大于等于1m为宜，运料斜道大于等于1.5m为宜）。 （4）斜道上按每隔250～300mm设置一根厚度为20～30mm的防滑木条（人行斜道亦可采用阶梯式布设）。 （5）斜道两侧及平台外围栏杆高度应为1.05～1.2m

序号	工序	作业内容	可产生的危险	固有风险评定D1	固有风险级别	预 控 措 施
2	钢管脚手架搭设	安全通道安装	高处坠落物体打击坍塌	27	2	（1）安全通道顶部挑空的一根立杆两侧应设斜杆支撑，斜杆与地面的倾角宜为45°～60°之间，外墙架体部分通道内侧面宜设横向斜撑。 （2）安全通道宽度宜为3m，进深长度宜为4m（小型建筑物可适当简化）。 （3）安全通道顶棚平面的钢管做到设置两层（十字布设）、间距600mm，钢管上竹笆或木工板铺设，上层四周应设置900mm高围栏、竹笆或木工板围挡；设有针对性的安全标志牌等
		临边防护安装	高处坠落物体打击	27	2	（1）第二步起，作业层外侧上下两根纵向水平杆之间等距离加设两根纵向水平防护栏杆。 （2）整个架体从第二步架起采用1.8×6m密目式安全立网在立杆内侧全封闭防护或安装不小于180mm高度的挡脚板；并在第二步上纵向水平杆处悬挂安全标志牌。 （3）人行、材料运输斜道两及平台外边防护栏杆下600mm处应增设一道防护栏杆且用密目式安全立网在立杆内侧全封闭或安装180mm高度的挡脚板。安全立网和围网必须选用阻燃型产品。 （4）操作层下必须支设防护严密的平网。脚手架外张挂密目式安全立网，固定在外立杆的里侧。安全网随脚手架搭设而张挂，用不小于18号铁丝绑扎。严禁擅自拆除或任意开口，如有损坏应及时更换。 （5）搭设完的脚手架应经技术负责人及安全员验收合格，并挂牌后方可投入使用
		搭设高度超过24m的落地钢管脚手架、卸料平台	坍塌高处坠落物体打击	240	4	（1）编制专项施工方案。 （2）填写《安全施工作业票B》，作业前通知监理旁站。 （3）严格按批准的施工方案执行，验收挂牌后使用。 （4）控制措施除执行上述的内容外，另外做好以下措施：搭设前应安装好围栏，悬挂安全警示标志，并派专人监护，严禁非施工人员入内。支架立杆2m高度的垂直偏差控制在15mm
3	脚手架的验收与维护	脚手架的验收与维护	高处坠落物体打击坍塌触电	21	2	（1）脚手架使用前，对下列项目进行检查验收并定期检查维护，验收合格后挂牌方可使用。 （2）检查杆件的设置和连接，连墙件、安全通道等的构设是否符合要求。地基不积水，底板不松动，立杆不悬浮。扣件螺栓是否松动。安全防护设施是否符合要求。检查脚手架接地是否符合要求。同一脚手架门架与配件是否配套。脚手架搭设的技术要求是否在允许偏差范围内。 （3）对脚手架每月至少维护一次；恶劣天气后，应对脚手架进行全面维护
4	脚手架拆除	脚手架拆除作业	高处坠落物体打击坍塌其他伤害	126	3	（1）编写专项施工方案。 （2）填写《安全施工作业票B》，作业前通知监理旁站。 （3）脚手架拆除前，应对脚手架作全面检查，清除剩余材料、工器具及杂物。 （4）地面应设安全围栏和安全标志牌，并派专人监护，严禁非施工人员入内。拆除时要统一指挥，上下呼应，动作协调，当解开与另一人有关扣件时应先通知对方，以防坠落。 （5）拆除脚手架时，必须设置安全围栏确定警戒区域、挂好警示标志并指定监护人加强警戒，应按规定自上而下顺序（后装先拆，先装后拆），先拆横杆，后拆立杆，逐步往下拆除；不得上下同时拆除；严禁将脚手架整体推倒；架材有专人传递，不得抛扔

7.2 施工安全技术与防护措施

7.2.1 脚手架安装与拆除人员必须是经过考核的专业架子工，并持证上岗。

7.2.2 搭拆脚手架人员必须佩戴安全帽、系安全带、穿防滑鞋。未佩戴安全防护用品不得上下脚手架。

7.2.3 钢管上严禁打孔。

7.2.4 作业层上的施工荷载应符合设计要求，不得超载。不得将模板支架、缆风绳、泵送混凝土和砂浆的输送管等固定在架体上；严禁悬挂起重设备，严禁拆除或移动架体上安全防护设施。

7.2.5 当有六级以上强风及以上风、浓雾、雨或雪天气时应停止脚手架搭设、拆除作业。雨、雪后上架作业应有防滑措施，并应扫除积雪。

7.2.6 夜间不应进行脚手架的搭设与拆除作业。

7.2.7 在脚手架使用期间，严禁拆除下列杆件：

1）主节点处的纵、横向水平杆，纵、横向扫地杆；

2）连墙件。

7.2.8 当在脚手架使用过程中开挖脚手架基础下的设备基础或管沟时，必须对脚手架采取加固措施。

7.2.9 在脚手架上进行电、气焊作业时，应有防火措施和专人看守。

7.2.10 搭拆脚手架时，地面应设围挡和和警戒标志，并应派专人人看守，严禁非操作人员入内。

7.2.11 在下列情况下，必须对脚手架进行检查架子在搭设过程要做到文明作业，不得从架子上抛掷工具、物品；同时必须保证自身安全，高空作业需穿防滑鞋。

8 脚手架拆除方案

8.1 脚手架的拆除工序

严格遵守拆除顺序，坚持由上而下，先加固后拆的原则，不能上下同时作业，拆除脚手架应先拆除挡脚板，再拆脚手板→防护栏杆→剪刀撑→小横杆→大横杆→立杆，最后拆拉结点。当拆至脚手架下部最后一节立杆时要先设临时支撑加固，再拆拉结点。大片架子拆除后所预留的斜道、上料平台、通道等，要在大片架子拆除前先进行加固，以便拆除后能确保其完整，安全和稳定。

8.2 脚手架拆除方法

8.2.1 脚手架拆除准备

（1）拆架前，全面检查拟拆脚手架的扣件连接、连墙件、支撑体系是否符合构造要求，根据检查结果，拟订作业计划，报请批准。作业计划一般包括拆架的步骤和方法、安全措施、材料堆放地点、劳动组织安排等。

（2）拆除前对施工人员进行安全技术交底。

（3）脚手架拆除前，清除剩余材料、工器具及杂物。

8.2.2　脚手架拆除要点

（1）拆架时应划分作业区，设置警戒标志，地面应设专人指挥，禁止非作业人员进入。

（2）拆架的高处作业人员应戴安全帽、系安全带、扎裹腿、穿软底防滑鞋。

（3）拆立杆时，要先抱住立杆再拆开最后两个扣，拆除大横杆、斜撑、剪刀撑时，应先拆中间扣件，然后托住中间，再解端头扣。

（4）同步的构配件和加固件应按先上后下，先外后里顺序进行。

（5）连墙点等应随拆除进度逐层拆除，严禁抢先拆除。分段拆除高差大于 2 步时，应增设连墙件临时加固措施。

（6）脚手架构配件应成捆用吊具吊下，无吊具用滑轮绳索徐徐下运或人工搬运，严禁抛掷。

（7）拆除时要统一指挥，上下呼应，动作协调，当解开与另一人有关的结扣时，应先通知对方，以防坠落。

（8）拆架时严禁碰撞脚手架附近电源线，以防触电事故。

（9）在拆架时，不得中途换人。如必须换人时，应将拆除情况交代清楚后方可离开。

（10）运至地面的材料应按指定地点随拆随运，分类堆放，当天拆当天清，拆下的扣件和铁丝要集中回收处理。

（11）脚手架如需部分保留时，对保留部分应先加固，并采取其他专项措施经批准后方可实施拆除。

（12）脚手架拆除，应配备各良好的通信装置。

（13）当天离岗时，应及时加固尚未拆除部分，防止存留隐患造成复岗后的人为事故。

（14）如遇强风、雨天等特殊气候，不应进行脚手架的拆除，严禁夜间拆除。

9　文明施工保证措施

9.1　脚手架钢管统一喷涂油漆防腐，剪刀撑喷涂黄黑相间油漆。

9.2　脚手架的钢管应横平竖直，转角位置的大横杆不能超过转角 200mm，小横杆外露部分应长短均匀。

9.3　脚手架外侧挂满密目安全网。网体竖向连接时采取网眼连接方式，每个网眼应用 16 号钢丝与钢管固定；网体横向连接时采取搭接方式，搭接长度不得小于 200mm。架体转角部位应设置方木做内衬，以保证架体转角部分的安全网线条美观。

9.4　每步架子设置一道 180mm 高踢脚板，固定在立杆外侧，踢脚板表面刷黄黑警示色油漆。

9.5　钢管、扣件等材料采用集中堆放和覆盖，不许乱堆、散落，并做到场清料结。

9.6　应定期检查外脚手架，及时将脚手架上的垃圾及杂务清理干净。

9.7 搭拆脚手架的严禁抛接钢管、扣件、扳手等材料及工具。

9.8 脚手架拆除的钢管、脚手板、扣件及安全网应及时转运至指定地点，禁止随地堆放。

9.9 脚手架的铺脚手板层和同时作业层的数量不得超过规定。

10 绿色施工

10.1 依据现行的标准、规范《绿色施工导则》、GB/T 50640《建筑工程绿色施工评价标准》、GB/T 50905《建筑工程绿色施工规范》的有关规定要求组织施工。

10.2 根据施工进度、库存情况等合理安排钢管及扣件等材料的采购或租赁、进场时间和批次，减少库存。

10.3 现场脚手架材料堆放有序，储存环境适宜，措施得当，保管制度健全，责任落实。

10.4 材料运输工具适宜，装卸方法得当，防止损坏和遗洒，根据现场平面布置情况和就近卸载，避免和减少二次搬运。

10.5 采取技术和管理措施提高脚手架的周转次数。

10.6 脚手架材料就近租赁，以不超过 100km 为宜。

11 扣件式脚手架计算书

计算依据

（1）JGJ 130—2011《建筑施工扣件式钢管脚手架安全技术规范》

（2）GB 50009—2012《建筑结构荷载规范》

（3）GB 50017—2003《钢结构设计规范》

（4）GB 50007—2011《建筑地基基础设计规范》

11.1 脚手架参数

脚手架设计类型	结构脚手架	卸荷设置	无
脚手架搭设排数	双排脚手架	脚手架钢管类型	$\phi 48.3 \times 3.6$
脚手架架体高度 H（m）	30	脚手架沿纵向搭设长度 L（m）	67
立杆步距 h（m）	2.56	立杆纵距或跨距 l_a（m）	1.5
立杆横距 l_b（m）	0.9	内立杆离建筑物距离 a（m）	0.6
双立杆计算方法	按双立杆受力设计	双立杆计算高度（m）	9
双立杆受力不均匀系数 K_s	0.6		

11.2 荷载设计

脚手板类型	木脚手板	脚手板自重标准值 G_{kjb}（kN/m²）	0.35
脚手板铺设方式	3 步 1 设	密目式安全立网自重标准值 G_{kmw}（kN/m²）	0.01
挡脚板类型	木挡脚板	栏杆与挡脚板自重标准值 G_{kdb}（kN/m）	0.17
挡脚板铺设方式	1 步 1 设	每米立杆承受结构自重标准值 g_k（kN/m）	0.129
横向斜撑布置方式	5 跨 1 设	结构脚手架作业层数 n_{jj}	1
结构脚手架荷载标准值 G_{kjj}（kN/m²）	3	地区	内蒙古鄂托克旗
安全网设置	半封闭	基本风压 ω_0（kN/m²）	0.35
风荷载体型系数 μ_s	1.254	风压高度变化系数 μ_z（连墙件、单立杆、双立杆稳定性）	1.06，0.796，0.65
风荷载标准值 ω_k（kN/m²）（连墙件、单立杆、双立杆稳定性）		0.465，0.349，0.285	

计算简图：

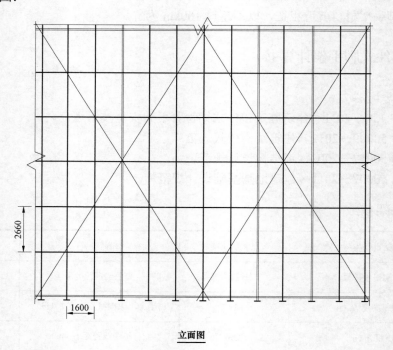

立面图

11.3 纵向水平杆验算

纵、横向水平杆布置方式	纵向水平杆在上	横向水平杆上纵向水平杆根数 n	2
横杆抗弯强度设计值 $[f]$（N/mm²）	205	横杆截面惯性矩 I（mm⁴）	127 100
横杆弹性模量 E（N/mm²）	206 000	横杆截面抵抗矩 W（mm³）	5260

承载能力极限状态 $q=1.2\times(0.04+G_{kjb}\times l_b/(n+1))+1.4\times G_k\times l_b/(n+1)=1.2\times(0.04+0.35\times 0.9/(2+1))+1.4\times 3\times 0.9/（2+1）=1.434$（kN/m）

正常使用极限状态

$q'=(0.04+G_{kjb}\times l_b/(n+1))+G_k\times l_b/(n+1)=(0.04+0.35\times 0.9/(2+1))+3\times 0.9/(2+1)=1.045$（kN/m）

计算简图如下：

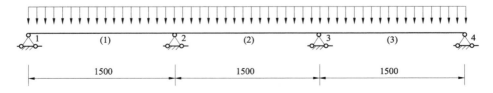

1. 抗弯验算

$$M_{max}=0.1ql_a^2=0.1\times 1.434\times 1.5^2=0.323（kN\cdot m）$$

$$\sigma=M_{max}/W=0.323\times 10^6/5260=61.325N/mm^2<[f]=205（N/mm^2）$$

满足要求！

2. 挠度验算

$$v_{max}=0.677q' l_a^4/（100EI）=0.677\times 1.045\times 1500^4/（100\times 206\,000\times 127\,100）=1.368（mm）$$

$$v_{max}=1.368mm<[v]=min[l_a/150，10]=min[1500/150，10]=10（mm）$$

满足要求！

3. 支座反力计算

承载能力极限状态

$$R_{max}=1.1ql_a=1.1\times 1.434\times 1.5=2.366（kN）$$

正常使用极限状态

$$R_{max}'=1.1q' l_a=1.1\times 1.045\times 1.5=1.724（kN）$$

11.4　横向水平杆验算

承载能力极限状态
由上节可知 $F_1=R_{max}=2.366$（kN）

$$q=1.2\times 0.04=0.048（kN/m）$$

正常使用极限状态
由上节可知

$$F_1'=R_{max}'=1.724kN$$

$$q'=0.04kN/m$$

1. 抗弯验算

计算简图如下：

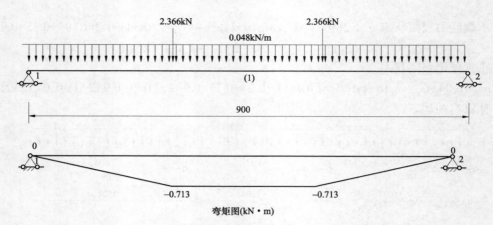

$$\sigma=M_{max}/W=0.714\times10^6/5260=135.732\text{N/mm}^2<[f]=205\text{N/mm}^2$$

满足要求！

2. 挠度验算

计算简图如下：

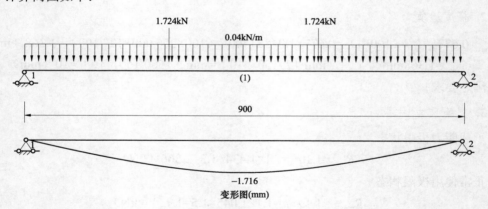

$$v_{max}=1.716\text{mm}<[v]=\min[l_b/150,10]=\min[900/150,10]=6\text{mm}$$

满足要求！

3. 支座反力计算

承载能力极限状态

$$R_{max}=2.388\text{kN}$$

11.5 扣件抗滑承载力验算

横杆与立杆连接方式	单扣件	扣件抗滑移折减系数	0.85

扣件抗滑承载力验算：

纵向水平杆：$R_{max}=2.366/2=1.183\text{kN}<R_c=0.85\times8=6.8\text{kN}$

横向水平杆：$R_{max}=2.388\text{kN}<R_c=0.85\times8=6.8\text{kN}$

满足要求！

11.6 荷载计算

脚手架架体高度 H	30	双立杆计算高度（m）	9
脚手架钢管类型	$\phi48.3\times3.6$	每米立杆承受结构自重标准值 g_k（kN/m）	0.129

立杆静荷载计算

1. 立杆承受的结构自重标准值 N_{G1k}

单外立杆：

$$N_{G1k}=(g_k+l_a\times n/2\times0.04/h)\times(H-H_1)=(0.129+1.5\times2/2\times0.04/2)\times(30-9)=3.334kN$$

单内立杆：$N_{G1k}=3.334kN$

双外立杆：

$$N_{GS1k}=(g_k+0.04+l_a\times n/2\times0.04/h)\times H_1=(0.129+0.04+1.5\times2/2\times0.04/2)\times9=1.786kN$$

双内立杆：$N_{GS1k}=1.786kN$

2. 脚手板的自重标准值 N_{G2k1}

单外立杆：

$$N_{G2k1}=((H-H_1)/h+1)\times l_a\times l_b\times G_{kjb}\times1/3/2=((30-9)/2+1)\times1.5\times0.9\times0.35\times1/3/2=0.906kN$$

1/3 表示脚手板 3 步 1 设

单内立杆：$N_{G2k1}=0.906kN$

双外立杆：$N_{GS2k1}=H_1/h\times l_a\times l_b\times G_{kjb}\times1/3/2=9/2\times1.5\times0.9\times0.35\times1/3/2=0.354kN$

1/3 表示脚手板 3 步 1 设

双内立杆：$N_{GS2k1}=0.354kN$

3. 栏杆与挡脚板自重标准值 N_{G2k2}

单外立杆：$N_{G2k2}=((H-H_1)/h+1)\times l_a\times G_{kdb}\times1/1=((30-9)/2+1)\times1.5\times0.17\times1/1=2.933kN$

1/1 表示挡脚板 1 步 1 设

双外立杆：$N_{GS2k2}=H_1/h\times l_a\times G_{kdb}\times1/1=9/2\times1.5\times0.17\times1/1=1.148kN$

1/1 表示挡脚板 1 步 1 设

4. 围护材料的自重标准值 N_{G2k3}

单外立杆：$N_{G2k3}=G_{kmw}\times l_a\times(H-H_1)=0.01\times1.5\times(30-9)=0.315kN$

双外立杆：$N_{GS2k3}=G_{kmw}\times l_a\times H_1=0.01\times1.5\times9=0.135kN$

5. 构配件自重标准值 N_{G2k} 总计

单外立杆：$N_{G2k}=N_{G2k1}+N_{G2k2}+N_{G2k3}=0.906+2.933+0.315=4.153kN$

单内立杆：$N_{G2k}=N_{G2k1}=0.906kN$

双外立杆：$N_{GS2k}=N_{GS2k1}+N_{GS2k2}+N_{GS2k3}=0.354+1.148+0.135=1.637kN$

双内立杆：$N_{GS2k}=N_{GS2k1}=0.354kN$

立杆施工活荷载计算

外立杆：$N_{Q1k}=l_a \times l_b \times (n_{jj} \times G_{kjj})/2=1.5 \times 0.9 \times (1 \times 3)/2=2.025$（kN）

内立杆：$N_{Q1k}=2.025$kN

组合风荷载作用下单立杆轴向力：

单外立杆：$N=1.2 \times (N_{G1k}+N_{G2k})+0.9 \times 1.4 \times N_{Q1k}=1.2 \times (3.334+4.153)+0.9 \times 1.4 \times 2.025=11.536$（kN）

单内立杆：$N=1.2 \times (N_{G1k}+N_{G2k})+0.9 \times 1.4 \times N_{Q1k}=1.2 \times (3.334+0.906)+0.9 \times 1.4 \times 2.025=7.639$（kN）

双外立杆：$N_s=1.2 \times (N_{GS1k}+N_{GS2k})+0.9 \times 1.4 \times N_{Q1k}=1.2 \times (1.786+1.637)+0.9 \times 1.4 \times 2.025=6.659$（kN）

双内立杆：$N_s=1.2 \times (N_{GS1k}+N_{GS2k})+0.9 \times 1.4 \times N_{Q1k}=1.2 \times (1.786+0.354)+0.9 \times 1.4 \times 2.025=5.12$（kN）

11.7 立杆稳定性验算

脚手架架体高度 H	30	双立杆计算高度（m）	9
双立杆受力不均匀系数 K_S	0.6	立杆计算长度系数 μ	1.5
立杆截面抵抗矩 W（mm³）	5260	立杆截面回转半径 i（mm）	15.9
立杆抗压强度设计值 $[f]$（N/mm²）	205	立杆截面面积 A（mm²）	506
连墙件布置方式		两步三跨	

1. 立杆长细比验算

$$立杆计算长度\ l_0=K\mu h=1 \times 1.5 \times 2=3（m）$$
$$长细比\ \lambda=l_0/i=3 \times 10^3/15.9=188.679<210$$

满足要求！

轴心受压构件的稳定系数计算：

$$立杆计算长度\ l_0=K\mu h=1.155 \times 1.5 \times 2=3.465（m）$$
$$长细比\ \lambda=l_0/i=3.465 \times 10^3/15.9=217.925$$

查《规范》表 A 得，$\varphi=0.154$

2. 立杆稳定性验算

不组合风荷载作用

单立杆的轴心压力设计值

$N=(1.2 \times (N_{G1k}+N_{G2k})+1.4 \times N_{Q1k})=(1.2 \times (3.334+4.153)+1.4 \times 2.025)=11.82$（kN）

双立杆的轴心压力设计值

$N_S=1.2 \times (N_{GS1k}+N_{GS2k})+N=1.2 \times (1.786+1.637)+11.82=15.928$（kN）

$\sigma=N/(\varphi A)=11\ 819.88/(0.154 \times 506)=151.685$N/mm²$<[f]=205$（N/mm²）

满足要求！

$\sigma=K_S N_S/(\varphi A)=0.6 \times 15\ 927.66/(0.154 \times 506)=122.64$N/mm²$\leqslant[f]=205$（N/mm²）

满足要求！

组合风荷载作用

单立杆的轴心压力设计值

$N=(1.2\times(N_{G1k}+N_{G2k})+0.9\times1.4\times N_{Q1k})=(1.2\times(3.334+4.153)+0.9\times1.4\times2.025)=11.536$（kN）

双立杆的轴心压力设计值

$N_S=1.2\times(N_{GS1k}+N_{GS2k})+N=1.2\times(1.786+1.637)+11.536=15.644$（kN）

$M_w=0.9\times1.4\times M_{wk}=0.9\times1.4\times\omega_k l_a h^2/10=0.9\times1.4\times0.349\times1.5\times2^2/10=0.264$（kN·m）

$\sigma=N/(\varphi A)+M_w/W=11\,536.38/(0.154\times506)+263\,844/5260=198.207\text{N/mm}^2<[f]=205$（N/mm^2）

满足要求！

$M_{ws}=0.9\times1.4\times M_{wk}=0.9\times1.4\times\omega_k l_a h^2/10=0.9\times1.4\times0.285\times1.5\times2^2/10=0.215$（kN·m）

$\sigma=K_S(N_S/(\varphi A)+M_w/W)=0.6\times(15\,644.16/(0.154\times506)+215\,460/5260)=145.034$（N/mm^2）$<[f]=205\text{N/mm}^2$

满足要求！

11.8　连墙件承载力验算

连墙件布置方式	两步三跨	连墙件连接方式	焊接连接
连墙件约束脚手架平面外变形向力 N0（kN）	3	连墙件计算长度 l_0（mm）	600
连墙件截面类型	钢管	连墙件型号	$\phi48.3\times3.6$
连墙件截面面积 A_c（mm^2）	506	连墙件截面回转半径 i（mm）	15.9
连墙件抗压强度设计值 $[f]$（N/mm^2）	205	对接焊缝的抗拉、抗压强度 $[ft]$（N/mm^2）	185

$$N_{lw}=1.4\times\omega_k\times2\times h\times3\times l_a=1.4\times0.465\times2\times2\times3\times1.5=11.718\text{（kN）}$$

长细比 $\lambda=l_0/i=600/15.9=37.736$，查《规范》表 A.0.6 得，$\varphi=0.896(N_{lw}+N_0)/(\varphi A_c)=(11.718+3)\times10^3/(0.896\times506)=32.463$（N/mm^2）$<0.85\times[f]=0.85\times205\text{N/mm}^2=174.25\text{N/mm}^2$

满足要求！

对接焊缝强度验算：

连墙件的周长 $l_w=\pi d=3.142\times48.3=151.739$（mm）；

连墙件钢管的厚度 $t=3.6\text{mm}$；

$\sigma=(N_{lw}+N_0)/(l_w t)=(11.718+3)\times10^3/(151.739\times3.6)=26.943$（N/mm^2）$<f_t=185\text{N/mm}^2$

满足要求！

11.9　立杆地基承载力验算

地基土类型	砂土	地基承载力特征值 f_g（kPa）	140
地基承载力调整系数 m_f	1	垫板底面积 A（m^2）	0.25

立杆轴力标准值 $N=N_{GS1k}+N_{GS2k}+N_{G1k}+N_{G2k}+N_{Q1k}=1.786+1.637+3.334+4.153+2.025=12.936$（kN）

立柱底垫板的底面平均压力 $p=N/(m_f A)=12.936/(1\times0.25)=51.742$（kPa）$<f_g=140\text{kPa}$

满足要求！

第三章

阀厅钢结构吊装施工方案

目　次

1 工程概况

1.1 工程简介（本方案具体数据以 ±800kV 绍兴换流站工程为例）

本工程阀厅包括双极低端阀厅和双极高端阀厅；双极低端阀厅为背靠背联合布置形式，位于低端换流变压器中间区域；双极高端阀厅分为极 1、极 2 高端阀厅，对称布置于两极高端换流变压器靠辅控楼侧。

1.1.1 双极低端阀厅钢结构工程

极 1、2 低端阀厅采用钢结构及现浇混凝土防火墙组成混合结构，两端山墙抗风柱为 H 形钢柱，纵向承重墙两侧为现浇混凝土防火墙、中间隔墙为现浇钢筋混凝土框架防火墙。

低端阀厅长 76.50m，宽 46.2m，净高 16.2m（屋架下弦），单个阀厅建筑面积为 1767m²，低端阀厅平面布置如图 3-1 所示。低端阀厅主体钢架由柱、梁、垂直支撑、水平支撑等组成，钢柱的接头采用全熔透焊接连接，每根立柱按一节出厂，主梁、次梁、支撑、屋架采用 10.9 级扭剪型高强螺栓连接。阀厅内设钢结构巡视走道，屋架下设阀吊梁。

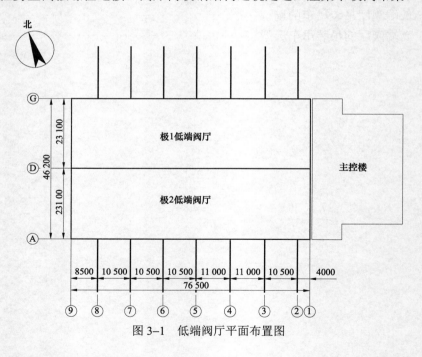

图 3-1　低端阀厅平面布置图

1.1.2 高端阀厅钢结构工程概况

高端阀厅结构形式为单层钢框架结构厂房，极 1、2 高端尺寸相同，阀厅长 86.20m，宽 34.00m，净高 26.00m（屋架下弦），单个高端阀厅建筑面积为 3003.1m²。其他布置类同低端阀厅，单极高端阀厅平面布置如图 3-2 所示。

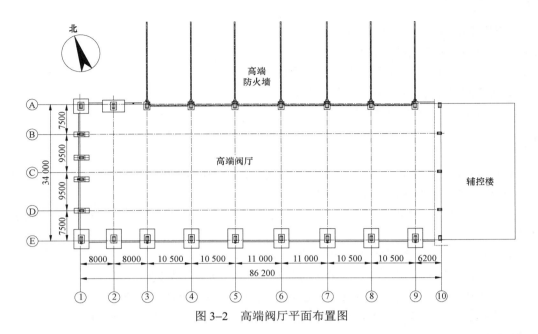

图 3-2 高端阀厅平面布置图

1.2 主要工程量

1.2.1 低端阀厅钢结构工程量

每极阀厅共 12 根钢柱、9 榀人型钢结构屋架，单根钢柱最大起重重量 3.828t，最大柱长为 21 185mm；阀厅屋架最大跨度为 23.52m，单吊最大起重重量约 10.167t，屋架上弦高度为 21.03m（屋脊），1 轴和 9 轴为散件安装。

双极低端阀厅钢结构总构件为 1326 件，合计约 543t。

1.2.2 高端阀厅钢结构

单极高端阀厅共有 27 根 H 形钢钢柱、10 榀钢结构人型屋架。钢柱有 7 根为抗风柱，采用 H700×400×16×25mm，最长抗风钢柱为 32.716m，最重角柱 8.96t；Ⓐ轴和Ⓔ轴 20 根钢柱，采用 H900×500×20×28mm，最长钢柱 32.18m，最重钢柱 12.75t。阀厅屋架最大跨度为 33.897m，屋架最重 16.05t，屋架下弦高度为 26.00m，屋架上弦高度为 30.67m（屋脊）。

高端阀厅每极钢结构总构件为 974 件，合计约 758t。

2 编制依据

2.1 规程规范

DL/T 5210.1 电力建设施工质量验收及评定规程（土建工程篇）
GB 50205 钢结构工程施工质量验收规范

GB 50755 钢结构工程施工规范

GB 50661 钢结构焊接规范

JGJ 82 钢结构高强度螺栓连接技术规程

CECS 24 钢结构防火涂料应用技术规程

GB 14907 钢结构防火涂料通用技术条件

2.2 管理文件

Q/GDW 1183《变电（换流）站土建工程施工质量验收规范》

DL5009.3《电力建设安全工作规程》

《国家电网公司输变电工程质量通病防治工作要求及技术措施》（基建质量〔2010〕19 号）

《国家电网公司基建安全管理规定》（国网〔基建/2〕173）

《国家电网公司输变电工程标准工艺管理办法》（国网〔基建/3〕186）

《国家电网公司输变电工程优质工程评定管理办法》（国网〔基建/3〕182）

《国家电网公司输变电工程施工安全风险识别、评估及预控措施管理办法》（国网〔基建/3〕176）

阀厅钢结构施工图

3 施工准备

3.1 技术准备

（1）施工图纸专业会审完毕，会审中存在的问题已有明确的处理意见。

（2）吊装方案或施工作业指导书编制完成，并与相关专业讨论确定，按要求完成相关审批工作。

（3）钢构件和附件已经组装完成并通过监理部的验收，且与构件和附件匹配的各种资料已经报审完毕。

（4）起重器械根据结构数据选型、检修及报审完毕，符合吊装要求。

（5）履带吊吊装行走路线所经过的场地已采取硬化和防浸泡排水措施，承载力满足要求。

（6）特殊工种人员培训完毕且持证上岗，施工作业前，对施工人员进行技术、安全交底，并执行全员签字制度。

（7）阀厅杯口基础处理完毕，杯口找平完毕，轴线验收完毕。

3.2 人员组织准备

3.2.1 吊装组织机构图

吊装组织机构图如图 3-3 所示。

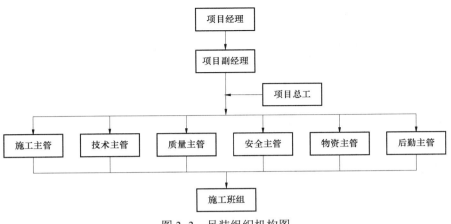

图 3-3 吊装组织机构图

3.2.2 人员分工

（1）项目经理对吊装全面负责。

（2）项目生产经理对施工现场负责，负责施工区域内技术、安全、质量、工期、文明施工的现场管理与协调。

（3）项目总工负责解决现场技术问题，负责技术资料的收集与审核。

（4）项目质量主管负责项目部级验收，向现场监理工程师报验并组织验收，负责质量保证与验评资料的收集与审核。

（5）项目安全主管负责现场安全、文明施工的管理与监督，负责安全资料的收集与审核。

（6）技术主管负责作业项目的安全（技术）交底，安全工作票的编制，指导作业人员按图施工，负责技术资料的编制与报验。

（7）施工负责人负责具体施工生产安排，合理组织调配本队施工力量，机具等资源，合理安排施工程序。

3.2.3 人员投入计划

人员投入计划见表 3-1。

表 3-1　　　　　　　　　　人 员 投 入 计 划 表

工种	人数	主 要 工 作
技术员	1 名	负责安装区域内的技术工作
施工员	1 名	主要负责吊装区域施工工作
安全员	1 名	负责吊装现场安全及文明施工
质量员	1 名	负责吊装现场质量监控、做好验收资料
起重指挥	2 名	负责吊装的起重工作
测量员	2 名	负责吊装区域的测量工作
起重工	3 名	负责吊装的起重工作

续表

工种	人数	主要工作
安装工	8名	负责吊装的高空就位工作
电焊工	4名	负责吊装区域钢结构的焊接工作
普工	12名	负责吊装区域高强螺栓施工及协助校正工作
油漆工	12名	负责钢结构节点补漆、防火涂料施工

3.3 施工机具准备

3.3.1 仪器、仪表

仪器、仪表见表3-2。

表3-2 仪器仪表一览表

序号	名称	规格	单位	数量	主要用途
1	钢卷尺	50m	把	1把	测量
2	水准仪	S3	台	1台	测量
3	经纬仪	J2	台	2台	测量
4	力矩扳手	600N·m 1000N·m	把	2把	检测高强螺栓紧固力
5	水平尺	—	把	2把	测量

注 以上仪器均计量检验合格，精度满足要求。

3.3.2 施工作业工机具统计表

施工作业工机具统计表见表3-3。

表3-3 施工作业工机具统计表

设备名称	型号、规格	单位	数量	主要用途
逆变电焊机	400A	台	3	焊接
电焊条烘焙箱	YGCH-X-400	个	1	焊条烘焙
电热焊条保温	TRB系列	个	4	焊条保温
角向砂轮机	JB1193-71	台	8	焊缝打磨
喷漆机	6c	台	1	涂料
对讲机			5	信息传递

3.3.3 吊装设备、机械

吊装设备、机械一览表见表3-4。

表 3-4 吊装设备、机械一览表

设备名称	规格型号	单位	数量	备注
履带吊	80t	台	1	吊装
汽车吊	50t	台	1	吊装
汽车吊	25t	台	2 台	吊装
千斤顶	5t	个	2	调节钢柱垂直度
倒链	5/3t	套	10	牵引
卸扣	2t～20t	套	20	吊装
钢丝绳	ϕ12-40mm	根	20	吊装
手动扳手	—	把	10	紧固螺栓
电动扳手	—	把	5	紧固螺栓

3.3.4 主要安全器具

主要安全器具见表 3-5。

表 3-5 安 全 器 具 一 览 表

序号	名称	规格	单位	数量	备注
1	安全帽		顶	50	
2	工作服		套	50	
3	工作鞋		双	50	
4	安全带		条	20	
5	自锁器		个	7	
6	警戒绳		m	500	
7	缆风绳	ϕ12	m	200	
8	水平防护绳	ϕ8	m	1000	
9	接火斗		个	6	
10	钢爬梯		m	80	

3.4 材料准备

3.4.1 场地准备及作业环境

（1）钢结构吊装前吊装作业场地需进行硬化处理，满足吊车安全行驶及作业的要求；钢结构临时材料堆场及构件拼装场地合理布置。

（2）阀厅内钢柱及其附件等堆放根据吊装顺序优化布置，同时确保留出足够空间保证吊车畅通和吊装过程中的支撑空间。

（3）施工电源引设到位。

3.4.2 钢结构进场验收

钢构件进场验收事项如下：

1）使用的钢材、焊接材料、涂装材料和紧固件等应具有质量证明书，且必须符合设计要求和现行标准的规定；严禁使用药皮脱落或焊芯生锈的焊条、受潮结块或已熔烧过的焊剂以及生锈的焊丝。

2）钢材表面不许有结疤、裂纹、折叠和分层等缺陷；钢材端边或断口处不应有分层、夹渣；钢材表面的锈蚀深度，不超过其厚度负偏差值的1/2。

3）核对构件编号：安装前应对构件进行编号检查，按编号对号安装，防止错号造成安装误差超标。

4）变形校正和补漆。运输或存放过程中造成的构件变形，如超出允许偏差值，应进行校正处理；破损的油漆，应进行补涂处理，构件表面的油污、泥沙和灰尘等应清除干净。

4 技术方案

4.1 施工流程

施工流程见图3-4。

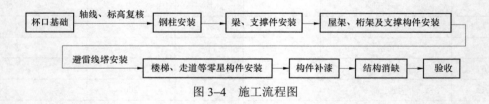

图3-4　施工流程图

4.2 施工方法

4.2.1 总体施工部署

（1）低端阀厅施工总体部署。

低端阀厅吊装顺序：由于阀厅的东侧设有主控制楼建筑体，吊装顺序方向由东往西即：1轴山墙→2轴线→3轴线→4轴线→5轴线→6轴线→7轴线→8轴线→9轴山墙的顺序进行，先山墙立柱与中间支撑，再屋架与屋架水平支撑的安装顺序，中间穿插避雷针安装。

（2）高端阀厅施工总体部署（见图3-5）

1）钢柱吊装顺序：阀厅的东侧辅控楼、北侧为换流变压器压器防火墙，先进行10轴山墙柱及柱间支撑吊装，然后由东往西依次完成E轴和A轴的钢柱及柱间支撑吊装，最后进行 1 轴山墙柱及柱间支撑吊装。

2）屋架吊装顺序：在完成所有钢柱及柱间支撑安装，并完成轴线校正及柱底灌浆后再进行屋架吊装，屋架吊装顺序由东往西，即 10 轴山墙→9 轴线→8 轴线→7 轴线→6 轴线→5 轴线→4 轴线→3 轴线→2 轴线→1 轴山墙；中间穿插屋架水平拉杆、避雷线塔安装。

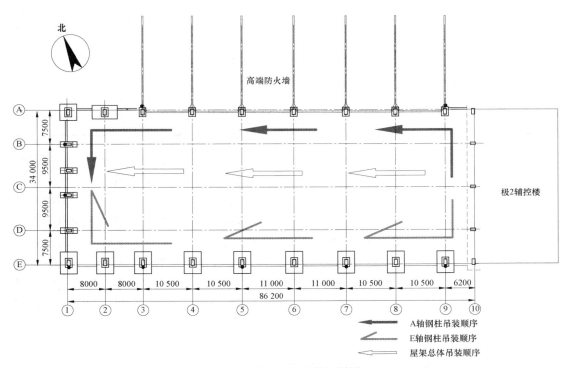

图 3-5　高端阀厅吊装部署图

4.2.2　钢柱吊装

（1）钢柱安装流程：施工准备、基础复验→柱基及钢柱进场复检→钢柱拼装、对接→钢柱吊点绑扎→钢柱吊装→钢柱标高及垂直度检测→柱间支撑安装→钢柱灌浆及临时接地→质量验收。

（2）吊装准备。

1）高端阀厅钢柱分两节运输到施工现场进行现场对接焊接，第一节长度约为19.85m，第二节柱长度约为 11.703m。

2）钢柱对接焊接前对每节钢柱进行复测，长度等复测无误后将钢柱垫平，焊接接口处焊接固定器，拼接时用固定器矫正钢柱。焊口采用满焊，四周采用加劲板补强。

3）钢柱焊接需通过现场焊缝探伤试验，并对钢柱组装进行质量检查（见表 3-6），检查合格才能起吊。

表 3-6   钢柱组装质量标准及检验方法

序号	检验项目	质量标准	单位	检验方法
1	构件连接处的截面几何尺寸	±3.0	mm	钢尺检查
2	构件连接处的腹板中心线偏移	≤2.0	mm	钢尺检查
3	焊接 H 型钢接缝	应符合现行有关标准的规定		观察和钢尺检查
4	焊接 H 型钢截面高度 5.0＜h1≤1000	±3.0	mm	钢尺、角尺、塞尺检查
5	焊接 H 型钢截面高度偏差	±3.0	mm	钢尺、角尺、塞尺检查
6	焊接 H 型钢腹板中心偏移	≤2.0	mm	钢尺、角尺、塞尺检查
7	焊接对口错边	不大于 $t/10$，且不大于 3	mm	钢尺、塞尺检查
8	焊接间隙偏差	±1.0	mm	钢尺、塞尺检查
9	搭接长度偏差	±5.0	mm	钢尺、塞尺检查
10	高度偏差	±2.0	mm	钢尺、塞尺检查
11	垂直度偏差	不大于 b1/10，且不大于 3	mm	钢尺、塞尺检查

4）钢柱起吊前需对杯口基础内混凝土标高进行复测，有误差时用钢垫块将标高调整到与柱底板标高一致；在钢柱顶端用 ϕ12mm 钢丝绳挂好缆风绳、绳梯以及防坠器。

5）吊车、吊绳选用验算：根据钢柱单吊最大起重量及起重高度选用，本工程钢柱最大单重为 12.75t，柱长 32.18m，动力和安全系数考虑 1.2 计算：最大起重量及起重高度为 15.3t 和 36.68m（=柱长 32.18m+钢丝绳至挂钩距离 1m+挂钩至大臂顶距离 3m+离地高度 0.5m）。高端阀厅根据轴线距离，以及吊车选型性能参数表（详见附件 1），选用 80t 履带吊（操作半径 8m，主臂 40m 工况时，额定吊装 15.7t），考虑吊钩和吊索重量，实际负荷率小于 80%，捆绑吊索钢丝绳选用 8 倍安全系数、ϕ40 公称抗拉强度为 1770N/mm^2 的 6×37 钢丝绳（低端 ϕ26），符合吊装要求。具体验算见附件 2、附件 3。

（3）低端阀厅钢柱吊装。

1）根据场地的实际情况，吊机分别停机四次，如图 3-6 所示。

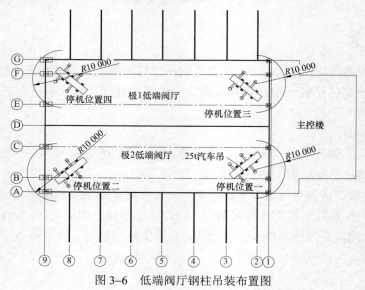

图 3-6 低端阀厅钢柱吊装布置图

2）钢柱吊装绑扎节点。利用钢柱与屋架链接螺栓制作吊装耳板，吊装耳板采用 25 厚钢板焊接而成（见图 3-7），根据钢柱重量，采用柱顶一点吊。

图 3-7　钢柱吊装绑扎节点图

3）采用旋转法吊装（见图 3-8）。将柱的吊点、柱脚、基础中心点布置在吊机的作业半径线上，使吊机起吊时仅需吊臂旋转即可插柱。

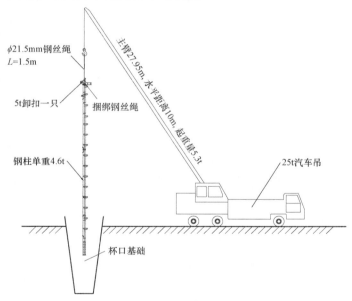

图 3-8　钢柱吊装示意图

4）吊点及缆风绳绑扎、地锚、基础及木楔（或铁楔）等准备工作检查完备后，开始起吊，钢柱吊离地 10cm 后检测吊车的刹车性能等，然后继续提升至 50cm 左右，将柱底板中心线对准杯口基础中心线，然后将钢柱慢慢放下，使钢柱底板的定位中心对准基础面上的定位轴线，用铁楔将钢柱固定，固定好缆风绳，方可松钩。钢柱装入杯口基础并准确就位后，用全站仪或经纬仪调整钢柱 2 个成 90°方向的垂直度，柱身调直后，在钢柱底部四面焊接 ϕ28 钢筋，使钢筋顶在杯口内壁（见图 3-9）。

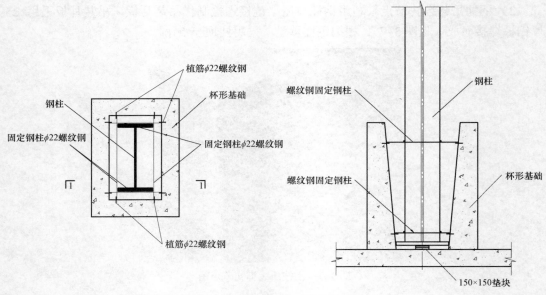

图 3-9 杯口固定示意图

5）用上述方法进行相邻的第二根柱的吊装，随即安装两根钢柱间的支撑或系杆，使两根柱连接起来，形成结构单元以加强稳定性；依次类推，吊装第三根钢柱、系杆或支撑。

6）每道轴线的钢柱吊装完成并用系杆或支撑连接成整体结构后，进行轴线的整体验收。验收合格后进行柱脚的微膨胀混凝土灌浆，永久性固定钢柱；第一次浇筑至杯口顶面-200mm，浇筑前，清理并湿润杯口，待浇筑的混凝土强度达到 70%后，方可拆除缆风绳或临时加固措施。

7）柱子校正注意事项：钢柱轴线垂直度调整，用两台经纬仪配合已打好的钢柱中心线进行垂直度测量；经纬仪的架设位置，应使其望远镜视线面与观测面尽量垂直（夹角应大于 75°）；观测变截面柱时，经纬仪必须架设在轴线上，使经纬仪视线面与观测面相垂直，以防止因上、下测点不在一个垂直面而产生测量差错；垂直度校正后应复查平面位置，如其偏差超过 5mm，应予复校。

（4）高端阀厅钢柱吊装。

1）根据场地的实际情况，吊机停机 12 次，停机作业位置如图 3-10 所示。

2）钢柱吊点绑扎。柱的绑扎位置和绑扎点数，应根据柱的形状、断面、长度和起重机性能等情况确定。采用绑扎两个吊点的方法绑扎，可根据钢柱不同情况选用钢柱上牛腿作为固定点，注意对钢丝绳在柱四角的保护，钢柱吊装前应安装护角器，在钢柱四角做包角（用半圆钢管内夹角钢，见图 3-11），为防止吊绳绑扎点主材油漆层被破坏，吊绳绑扎点加两层麻袋保护。

3）因钢柱较长，为保护柱脚不被破坏，钢柱采用双机抬吊；即主机起钩后，副机配合使钢柱在空中回直；采用 80T 履带车起吊柱顶，25T 吊车吊柱根，当钢柱吊运到基础边后，拆除 25T 吊车钢丝绳，采用 80T 履带吊就位，如图 3-12 所示。

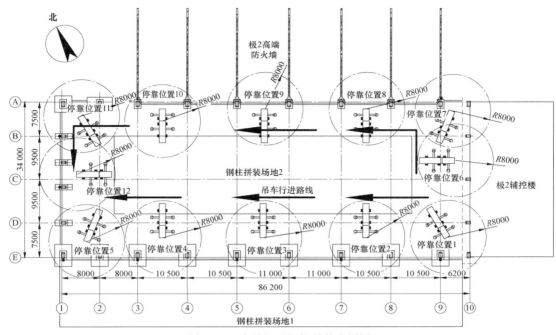

图 3-10　高端阀厅钢柱吊装布置图

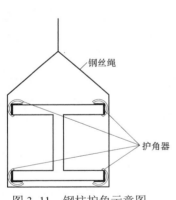

图 3-11　钢柱护角示意图

图 3-12　钢柱双吊图

4）起吊时通过两台吊车吊钩的起升及吊臂的回转，逐步将钢柱吊直，待钢柱停止晃动后再继续提升（见图 3-13）；为了使吊装平稳，应在钢柱上端拴两根直径 ϕ38mm 的白棕绳牵引，单根绳长取柱长的 1.5 倍。

5）钢柱立起来后，采用缆风绳临时固定，如图 3-14 所示。

4.2.3　柱间框架梁（支撑）吊装

钢梁最重的构件为 1.8t，采用捆绑式两点起吊，选用一对 ϕ13mm 钢丝绳，两个 2t 卸扣，钢梁与钢丝绳接触的地方包橡胶保护层，保证钢丝绳以及钢梁表面油漆在吊装时不受破坏。吊装人员施工时站在梁端钢柱绳梯或作业吊笼上进行施工，安全带扣在防坠器上。

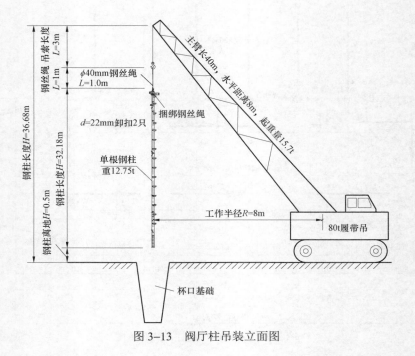

图 3-13　阀厅柱吊装立面图

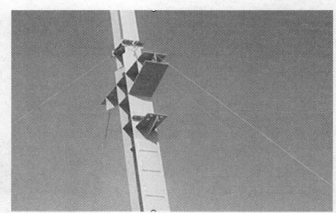

图 3-14　缆风绳固定示意图

4.2.4　框架整体校正

钢柱、连系梁、支撑组成刚性跨后分跨进行校正，根据钢柱上的 1m 标高线复测钢柱标高，用钢柱中心线校正钢柱垂直度，校正完毕后及时将高强螺栓拧紧，整体验收合格，做好验收偏差记录，然后才能进行柱底板灌浆。

4.2.5　屋架吊装

（1）低端阀厅屋架吊装。

1）低端阀厅钢屋架跨度为 23.1m，厂家整榀到场（亦可现场拼装）；起吊前将屋架专用夹具固定在屋架上部檩条托板上，然后将连接维护绳的脚手管（1.2m）固定在夹具上，每榀屋架安装 4 只，预先在脚手管从上至下 10cm 处开孔，焊接完毕后将 ϕ8mm 塑套维护绳穿过脚手管两端用绳夹固定，下弦也通长拉设一根水平维护绳；钢屋架最大重量约为 10.167t（考虑安全系数和风荷载后为 13t），起吊最高为 25m，起吊主臂选择 25.4m，工作半径为 6m，查表选用 50t 吊车满足作业要求。

2）吊装钢丝绳采用一对 ϕ30mm、长 18m，一根 ϕ30mm、长 1m 的短头钢丝绳，配一只 10t 链条葫芦，一折二 4 点吊装，防止屋架空中打转，在屋架两端各系一条白棕绳；链条葫芦选用 ϕ20mm 钢丝绳，均是一根双股。

3）先试吊 10cm，然后调整链条葫芦，保证链条葫芦一端稍重些，但是不得超过 2t；如有不合适，请及时调整吊点位置，直到合适方可继续起吊。

4）屋架的绑扎应在节点上或靠近节点；吊索与水平线的夹角吊装时小于 45°，绑扎中心（各支吊索内力的合力作用点）必须在屋架重心之上；具体绑扎方法如图 3-15 所示。

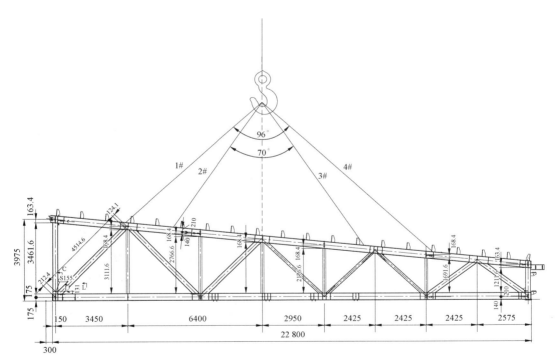

图 3-15　屋架吊装示意图

5）屋架起吊离地 50cm 时，起重工应进行全面检查，无误后再继续起吊。

6）屋架吊起后，先使一端缓慢靠近钢柱连接板，接近后安装人员扶住屋架梁，配合起重工将屋架梁一端进行就位，安装工用小撬棍插入连接板的安装孔，调整好螺栓孔后穿入全部高强螺栓，另一端也用同样的方法穿入高强螺栓，两侧同时进行高强螺栓的初拧，初拧时要从中间向四周对称发散式拧紧高强螺栓，以使各接触面较好密合。

7）安装第一榀屋架时，在松开吊钩前，应做初步校正，使屋架基座中心线对准定位轴线就位，调整屋架垂直度并检查屋架侧向弯曲；第二榀屋架同样吊装就位后，用绳索临时与第一榀屋架固定，跟着安装支撑系统及部分檩条，最后校正固定的整体；从第三榀开始，在屋架脊点及上弦中点装上檩条即可将屋架固定，同时将屋架校正好。

8）钢屋架校正采用经纬仪校正框架上弦垂直度的方法；在框架上弦两端和中央夹三把标尺，待三把标尺的定长刻度在同一直线上，则框架垂直度校正完毕。

9）钢屋架校正完毕，拧紧框架临时固定支撑两端螺栓和屋架两端搁置处的螺栓，随即安装框架永久支撑系统。

10）钢丝绳选用。钢屋架最大重量约为 10.167t（考虑安全系数和风荷载后为 13t）。起吊动力系数考虑为 1.5。其中 1 号、2 号为一根钢丝绳，3 号、4 号为一根钢丝绳。两吊点吊索与垂直面夹角为 35°、48°，每根吊索中的拉力设为 F，由

$$2 \times (F \times \cos35° + F \times \cos48°) \geqslant G = 130 \times 1.5 \qquad 求得：F \geqslant 65.4\text{kN}$$

套用公式 $[F_g] = \alpha F_g / K$，求得 $F_g = 366.44\text{kN}$。

式中　$[F_g]$——钢丝绳的允许拉力（kN）；

　　　F_g——钢丝绳的钢丝破断拉力总和（kN）；

　　　α——换算系数，查表取用；

　　　K——钢丝绳的安全系数，查表取用。

[解] 从表 3-16 和表 3-17 查得 $K=8$、$\alpha=0.82$　　　允许拉力 $[F_g]$ 取 65.4kN；

$$[F_g] = \alpha F_g / K = 0.82 \times F_g / 8 = 65.4\text{kN}$$

求得 $F_g = 638\text{kN}$；根据表 3-18、表 3-19 可选直径 36mm，钢丝破断拉力 817kN，公称抗拉强度为 1700N/mm^2 的 6×37 钢丝绳作捆绑吊索。

11）维护绳布置示意图如图 3-16 所示，ϕ12mm 钢丝绳，中间设置 2 道连接点。

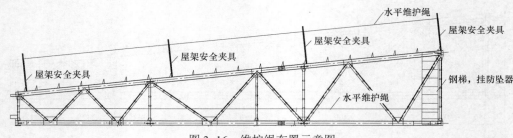

图 3-16　维护绳布置示意图

12）屋架吊装吊车共占位 16 次，如图 3-17 所示。

（2）高端阀厅屋架吊装。

1）高端阀厅屋架跨度为 33.897m，制作时分两榀制作，起吊之前将构件运至现场指定位置进行拼装、焊接，然后整体起吊，钢屋架拼装时用枕木垫平。起吊前完成安全设施的设置同低端阀厅。钢屋架最大重量为 16.05t（考虑动力系数 $R=1.2$，即 16.3×1.2=19.26t）。起吊最高为 30.67+4+0.5=35.17m，起吊主臂选择 36m，工作半径为 7m，查表知 80t 履带

吊此范围额定负载 20.5t（参见吊车性能表），所以选用 80T 履带吊满足作业要求，吊装钢丝绳采用一对 ϕ40mm，长 18m，一折二 4 点吊装，其他参见低端阀厅屋架吊装要求，详见图 3-18～图 3-20 所示。

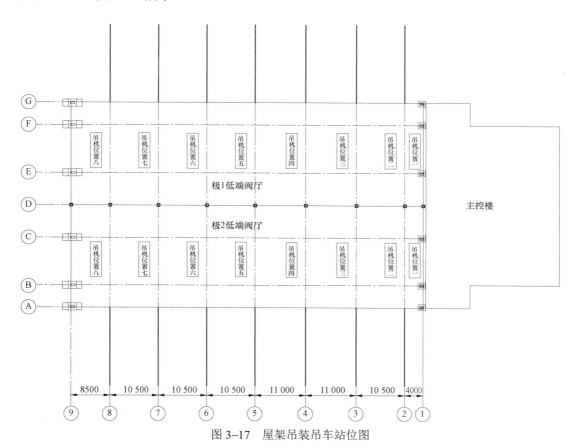

图 3-17　屋架吊装吊车站位图

图 3-18　高端阀厅屋架吊装示意图

2）钢丝绳选用。

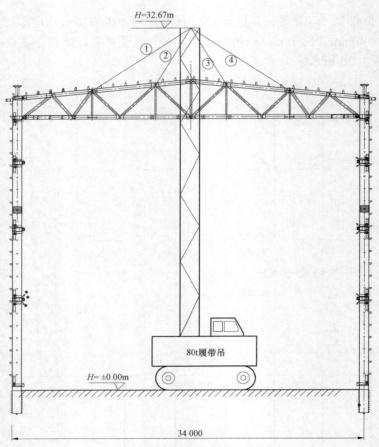

图 3–19　阀厅屋架起吊正视图

钢屋架最大重量约为 16.05t（考虑安全系数和风荷载后为 19.26t）。起吊动力系数考虑为 1.2。其中 1 号、2 号为一根钢丝绳，3 号、4 号为一根钢丝绳。两吊点吊索与垂直面夹角为 57°、31°，每根吊索中的拉力设为 F，由

$$2\times(F\times\cos57°+F\times\cos31°)\geqslant G=192.6\times1.2 \qquad 求得：F\geqslant82.43\text{kN}$$

套用公式 $[F_g]=\alpha F_g/K$。

式中　$[F_g]$——钢丝绳的允许拉力，kN；

　　　F_g——钢丝绳的钢丝破断拉力总和，kN；

　　　α——换算系数，查表 3–16 取用；

　　　K——钢丝绳的安全系数，查表 3–17 取用。

［解］从表 3–16、表 3–17 查得 $K=8$、$\alpha=0.82$　　　允许拉力 $[F_g]$ 取 82.43kN；

$$[F_g]=\alpha F_g/K=0.82\times F_g/8=82.43\text{kN}$$

求得　　　　　　　　　　　　　　$F_g=804\text{kN}$

查钢丝绳力学性能表得，选用直径 40mm，公称抗拉强度为 1770N/mm^2 的 6×37 钢丝绳，满足作业要求。

（3）极 2 高端区域吊机停机 10 次，屋架的吊装平面图，如图 3–21 所示。

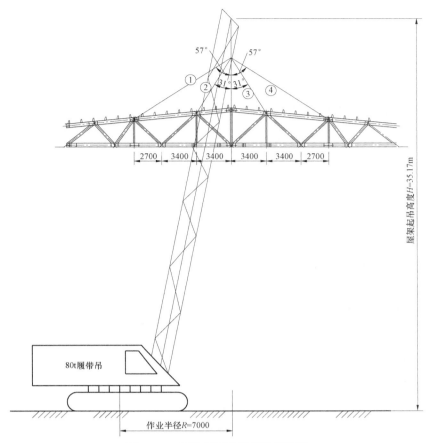

图 3-20 高端阀厅屋架起吊侧视图

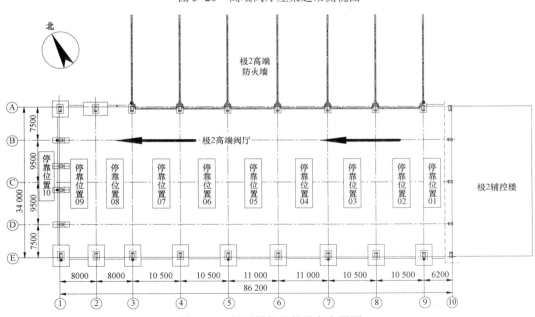

图 3-21 阀厅屋架吊装吊车布置图

4.2.6 屋架系杆、屋面拉杆安装

屋架系杆最大质量为 3.09kg，钢丝绳为 ϕ13mm。

屋面拉杆采用人工进行安装。

4.2.7 其他钢结构附属设施安装

附属构件主要有阀厅阀吊梁、巡视走道、马道、阀厅内设备支架吊架、钢爬梯等。

安装在屋架上的阀厅吊塔系统与屋架下弦采用螺栓连接，安装时人在活动吊篮平台上作业，汽车吊吊装后安装固定。

4.2.8 扭剪型高强螺栓施工

（1）工艺流程。

作业准备→选择螺栓并配套→接头组装→安装临时螺栓→安装高强螺栓→高强螺栓紧固→检查验收

（2）螺栓长度的选择。

选用螺栓的长度应为紧固连接板厚度加上一个螺母和一个垫圈的厚度，并且紧固后要露出不少于两扣螺纹的余长。

（3）接头组装。

1）连接处的钢板或型钢应平整，板边、孔边无毛刺；接头处有翘曲、变形必须进行校正，并防止损伤摩擦面，保证摩擦面紧贴。

2）板叠接触面间应平整，当接触有间隙时，应按规定处理：

1mm 以下不做处理；

3mm 以下将高出的一侧磨成 1:10 斜面打磨方面应与受力方面垂直；

3mm 以上加垫板，垫板两面摩擦面处理方法与构件相同。

（4）安装临时螺栓。

连接处采用临时螺栓固定，其螺栓个数为接头螺栓总数的 1/3 以上，不准用高强螺栓兼作临时螺栓，以防螺纹损伤。

（5）安装扭剪型高强螺栓。

扭剪型高强螺栓连接副终拧扭矩值按下式计算：

$$T_c = K \times P_c \times d$$

式中　T_c——终拧扭矩值，Nm；

　　　P_c——施工预拉力值标准值，kN，M20 螺栓经查表得 170kN，M24 螺栓经查表得 250kN；

　　　d——螺栓公称直径，mm，螺栓直径 20、24mm；

　　　K——扭矩系数，取值 0.13。

　　　　　　M20 螺栓 $T_c = 0.13 \times 170 \times 20$　　　M24 螺栓 $T_c = 0.13 \times 250 \times 24$

　　　　　　　　　$T_c = 442$（Nm）　　　　　　　　　　$T_c = 780$（Nm）

扭剪型高强螺栓连接副初拧扭矩值 T 按 $0.5T_c$ 取值。

$$M20 \text{ 螺栓：} T=0.5T_c=221（Nm）$$
$$M24 \text{ 螺栓：} T=0.5T_c=390（Nm）$$

1）安装时高强螺栓应自由穿入孔内，不得强行敲打。

2）螺栓不能自由穿入时，不得用气割扩孔，要用绞刀绞孔，修孔时需使板层紧贴，以防铁屑进入板缝，绞孔后要用砂轮机清除孔边毛刺，并清除铁屑。

3）螺栓穿入方向宜一致，穿入高强螺栓用扳手紧固，不得在雨天安装高强螺栓，且摩擦面应处于干燥状态。

4）扭剪型高强螺栓的紧固必须分两次进行，第一次为初拧，初拧的扭矩值不得小于终拧扭矩值的 50%。第二次紧固为终拧，使螺栓群中所有螺栓均匀受力，初拧、终拧都应按一定顺序进行。

4.2.9　钢结构防火涂料施工

本工程防火涂料采用 NCB 室内超薄型钢结构防火涂料。

（1）防火涂料施工流程。

钢结构基层处理→检查→调制防火涂料→喷涂第一层防火涂料→修正边角、接口部位→检查→喷涂第二层防火涂料→修正边角、接口部→检查→喷涂第三层防火涂料→交接验收。

（2）基层处理

1）涂料施工前用铲刀、钢丝刷等清除钢构件表面的浮浆、泥沙、灰尘和其他黏附物。

2）钢构件表面不得有水渍、油污，否则必须用干净的毛巾擦拭干净；钢构件表面的锈迹必须予以清除干净。

3）基层表面处理完毕，并通过检查合格后再进行防火涂料的施工。

（3）防火涂料调制。

1）涂料为双组分涂料，按配制说明规定的配比混合搅拌，边配边用。特别是化学固化干燥的涂料，配制的涂料必须在规定的时间内用完。

2）搅拌和调配涂料，使稠度适宜，即能在输送管道中畅通流动，喷涂后不会流淌和下坠。

（4）防火涂料喷涂。

1）根据现场施工情况，室内屋面系统油漆，最好在钢结构安装前喷涂，否则拟采用车载曲臂式高空作业车，起升高度为 2～35m。

2）施工顺序：墙面结构油漆自上而下进行；先漆屋面，再漆墙面。

（5）喷涂方法。

1）喷枪宜选用重力式涂料喷枪，喷嘴口径宜为 6～10mm（最好采用口径可调的喷枪），空气气压宜控制在 0.4～0.6MPa；喷嘴与喷涂面宜距离适中，一般应相距 25～30cm 左右，喷嘴与基面基本保持垂直，喷枪移动方向与基材表面平行。

2）喷涂应分 3 次完成，第一次喷涂以基本盖住钢材表面即可，每次喷涂厚度为 200μm。涂刷间隔时间不少于 8h，每一次涂刷应在上一次完全干透后进行。

3）喷涂构件的阳角时，可先由端部自上而下或自左而右垂直基面喷涂，然后再水平喷涂。喷涂阴角时，不要对着构件角落直喷，应当先分别从角的两边，由上而下垂直先喷一下，然后再水平方向喷涂；垂直喷涂时，喷嘴离角的顶部要远一些，以便产生的喷雾刚好在角的顶部交融，不会产生流坠。喷涂梁底时，为了防止涂料飘落在身上，应尽量向后站立，喷枪的倾角度不宜过大，以免影响出料。

4）喷涂时，应注意移动速度，不能在同一位置久留，以免造成涂料堆积流淌；配料及往挤压泵加料应连续进行，不得停顿。施工工程中，应采用测厚针检测涂层厚度，直到符合设计规定的厚度方可停止喷涂。喷涂后的涂层要适当维修，对明显的乳突，应采用抹灰刀等工具剔除，以确保涂层表面均匀。

5　施工进度计划及保证措施

5.1　施工进度计划

工程施工进度计划见表 3–7。

表 3–7　　　　　　　　　　　　工程施工进度计划一览表

序号	单位工程	施工内容	开工日期	完工日期	备注
1	低端阀厅	钢柱吊装	2015.10.10	2015.10.20	
2		屋面桁架吊装	2015.10.21	2015.11.10	
3		细部钢构件吊装	2015.11.11	2015.11.21	
4	高端阀厅	钢柱吊装	2015.11.20	2015.12.15	
5		屋面桁架吊装	2015.12.16	2015.12.30	
6		细部钢构件吊装	2015.12.31	2016.01.20	

5.2　施工进度保证措施

5.2.1　采用的施工进度计划与周、日计划相结合的各级网络计划进行施工进度和管理并配套制订，计划、设备、劳动力数量安排实施适当的动态管理。

5.2.2　合理安排施工进度和交叉流水工作，通过各控制点工期目标的实现来确保总工期控制进度的实现。

5.2.3　准备好预备零部件，带足备件、施工机械和工具，以保证能现场解决的问题应在现场解决，不因资源问题或组织问题造成脱节而影响工期。

5.2.4　所有构件编号有检验员专门核对，确保安装质量一次成功到位。

6 施工质量保证措施

6.1 质量控制标准

6.1.1 质量指标

阀厅钢结构安装过程中严格按照质量规范要求进行施工，分项合格率 100%；各检验批一次验收合格率达 100%，分部工程质量达到优良标准。

6.1.2 工序质量控制点

（1）钢柱标高、垂直度、柱间间距、柱子中心线偏移；
（2）钢构件连接高强螺栓紧固；
（3）钢结构焊接质量；
（4）钢结构防火面漆质量。

6.1.3 验收标准

（1）钢柱验收标准
钢柱验收标准见表 3-8。

表 3-8　　　　　　　　　　　钢 柱 验 收 标 准

项　　目			允许偏差（mm）
柱脚底座中心线对定位轴线的偏移			5.0
柱基准点标高	有吊车梁的柱		+3.0～−5.0
	无吊车梁的柱		+5.0～−8.0
弯曲矢高			不大于 $H/1200$ 且不大于 5.0
柱轴线垂直度	单层柱	$H<10m$	$<H/1000$
		$H>10m$	$<H/1000$
	多节柱	单节柱	$<H/1000$ 且不大于 10.0
		柱全高	<35

（2）钢屋架验收标准。
钢屋架验收标准见表 3-9。

表 3-9 钢 屋 架 验 收 标 准

项 目	允许偏差（mm）
同列相邻两柱间吊车梁顶面高差	不大于 $L_2/1500$，且不大于 10.0mm
跨中垂直度	$\leqslant H/500$
挠曲（侧向）	$\leqslant L/1000$ 且 $\leqslant 10.0$mm

（3）钢平台、钢梯和防护栏杆安装的允许偏差

钢平台、钢梯和防护栏杆安装的允许偏差见表 3-10。

表 3-10 钢平台、钢梯和防护栏杆安装验收标准表

项 目	国标允许偏差（mm）	检验方法
平台高度	±10.0	水准仪检查
平台梁水平度	不大于 $L_2/1000$，且不大于 20.0mm	水准仪检查
平台支柱垂直度	不大于 $H_6/1000$，且不大于 15.0mm	经纬仪或吊线和钢尺检查
栏杆高度	±15.0	钢尺检查
栏杆立柱间距	±15.0	钢尺检查

（4）高强螺栓验收标准。

1）高强螺栓的型式、规格和技术条件必须符合设计要求及有关标准的规定，检查质量证明书及出厂检验报告，且复验合格。

2）连接面的摩擦系数（抗滑移系数）必须符合设计要求。表面严禁有氧化铁皮、毛刺、飞溅物、焊疤、涂料和污垢等，检查摩擦系数试件试验报告及现场试件复验报告。

3）初拧电动扭矩扳手应定期标定。高强螺栓初拧、终拧必须符合施工规范及设计要求，检查标定记录及施工记录。

4）基本项目：① 外观检查，螺栓穿入方向应一致，梅花头脱落；② 摩擦面间隙符合施工规范的要求。

（5）焊接验收标准。

1）焊缝外表无裂纹、气孔、夹渣等缺陷，咬边深度不大于 0.5mm，焊缝成形良好，与母材过渡光滑。

2）焊接飞溅药皮必须清理干净。

（6）防火涂料验收标准。

1）薄涂型防火涂料的涂层厚度应符合有关耐火极限的设计要求。厚涂型防火涂料涂层的厚度，80%及以上面积应符合有关耐火极限的设计要求，且最薄处厚度不应低于设计要求的 85%。

2）涂层无剥落、无漏涂、无脱粉、无明显裂缝，表面平整无凹凸、平整度≥80%。

3）涂层与钢基层表面之间应黏结牢固，无脱层、皱皮、空鼓等现象。

4）涂层外观色泽一致，涂层观感颜色均匀、表面光滑、轮廓清晰、接搓平整。

6.2 强制性条文执行

强制性条文执行见表 3-11。

表 3-11 　　　　　　　　　　　本工程涉及的强制性条文

《钢结构工程施工质量验收规范》（GB 50205—2001）

条文编号	条 文 内 容	责任人	备注
4 4.2.1	原材料及产品进场 钢材钢铸件的品种、规格、性能等应符合现行国家产品标准和设计要求。进口钢材产品的质量应符合设计和合同规定标准的要求。 检查数量：全数检查 检验方法：检查质量合格证明文件、中文标志及检验报告等	材料员（技术员、质检员）	技术员对材料申购单要求负责，质检员仅负责验查
4.3.1	焊接材料的品种、规格、性能等应符合现行国家产品标准和设计要求。 检查数量：全数检查 检验方法：检查焊接材料的质量合格证文件、中文标志及检验报告等	材料员（技术员、质检员）	技术员对材料申购单要求负责，质检员仅负责验查
4.4.1	钢结构连接用高强度大六角螺栓连接副、扭剪型高强度螺栓连接副、钢网架用高强度螺栓、普通螺栓、铆钉、自功钉、拉铆钉、射钉、锚栓（机械型和化学试剂型）、地脚锚栓等紧固标准和设计要求。高强度大六角头螺栓连接副和扭剪型高强度螺栓连接副出厂时应分别随箱带有扭矩系数和紧固轴力（预拉力）的检验报告。 检查数量：全数检查 检验方法：检查产品的质量合格证文件、中文标志及检验报告等	材料员、（技术员、质检员）	技术员对材料申购单要求负责，质检员仅负责验查
5 5.2.2	钢结构焊接工程 焊工必须经考试合格并取得合格证书。持证焊工必须在其考试合格项目及其认可范围内施焊。 检查数量：全数检查 检验方法：检查焊工合格证及其认可范围、有效期	（项目总工）技术负责人、质检员	质检员负责验查
5.2.4	设计要求全焊透的一、二级焊缝应采用超声波探伤进行内部缺陷的检验，超声波不能对缺陷做出判断时，应采用射线探伤，其内部缺陷分级及探伤方法应符合现行国际标准《钢焊缝手工超声波探伤方法和探伤结果分级法》GB 113145 或《钢熔化焊对接接头射线照相和质量分级》GB 3323 的规定。 焊接球节点网架焊缝、螺栓球节点网架焊缝及圆管 T、K、Y 行节点相关线焊缝，其内部缺陷分级及探伤方法分别符合现行国家标准《焊缝球节点钢网架焊缝超声波探伤方法及质量分级法》JBJ/T3034.1《螺栓球节点钢网架焊缝超声波探伤方法及质量分级法》JBJ/T3034.2、《建筑钢结构焊接技术规程》。 一级、二级焊缝的质量等级及缺陷分级符合表 5.2.4 的规定。 检查数量：全数检查 检验方法：检查超声波或射线探伤记录。 表 5.2.4　　一、二级焊缝质量等级及缺陷分级 {表格见下} 注：探伤比例的计数方法应按以下原则确定：（1）对工厂制作焊缝，应按每条焊缝计算百分比，且探伤长度应不小于 200mm，当焊缝长度不足 200mm 时，应对整条焊缝进行探伤；（2）对现场安装焊缝，应按同一类型、同一施焊条件的焊缝条数计算百分比，探伤长度应不小于 200mm，并应不少于 1 条焊缝	试验员、质检员	质检员负责验查试验报告

表 5.2.4 　　一、二级焊缝质量等级及缺陷分级

焊缝质量等级		一级	二级
内部缺陷 超声波探伤	评定等级	Ⅱ	Ⅲ
	检验等级	B 级	B 级
	探伤比例	100%	20%
内部缺陷 射线探伤	评定等级	Ⅱ	Ⅲ
	检验等级	AB	AB
	探伤比例	100%	20%

条文编号	条 文 内 容	责任人	备注
6 6.3.1	紧固件连接工程 钢结构制作和安装单位应按本规范附录B的规定分别进行高强度螺栓连接摩擦面的抗滑移系数试验和复验，现场的构件摩擦面应单独进行摩擦面抗滑移系数试验，其结果应符合设计要求。检查数量：见本规范附录B。 检验方法：检查摩擦面抗滑移系数试验报告和复验报告	现场抽样员、（质检员）	质检员负责验查试验报告
8.3.1	吊车梁和吊车桁架不应下挠。 检查数量：全数检查 检验方法：构件直立，在两端支承后，用水准仪和钢尺检查	质检员	
10 10.3.4	单层钢结构安装工程 单层钢结构主体结构的整体垂直和整体平面弯曲的允许偏差应符合表10.3.4的规定。 检查数量：对主要立面全部检查。对每个所检查的立面，除两列角柱外，尚应至少选取一列中间柱。 检验方法：采用经纬仪、全站仪等测量	质检员	
11 11.3.5	多层及高层钢结构安装工程 多层及高层钢结构主体结构的整体垂直度和整体平面弯曲的允许偏差应符合表11.3.5的规定。 检查数量：对主要立面全部检查。对每个所检查的立面，除两列角柱外，尚应至少选取一列中间柱。 检验方法：对于数量垂直度，可采用激光经纬仪、全站仪测量，也可根据各节柱的垂直度允许偏差累计（代数和）计算。对于整体平面弯曲，可按产生的允许偏差累计（代数和）计算	质检员	
12 12.3.4	钢网架结构安装工程 钢网架结构总拼完成后及屋面工程完成后分别测量起挠度值，且所测的挠度值不应超过相应设计值的1.15倍。 检查数量：跨度24m及以下钢网结构测量下弦中央一点；跨度24m以上钢架结构测量下弦中央一点及各向下弦度的四等分点。 检验方法：用钢尺和水准仪实测	质检员	
14 14.2.2	钢结构涂装工程 涂料、涂装遍数、涂层厚度均应符合设计要求。当设计对涂层厚度无要求时，涂层干漆膜总厚度：室外为150μm，室内为125μm，其允许偏差−25μm。每遍涂层干漆膜厚的允许偏差为−5μm。 检查数量：按构件数抽查10%，且同类构件不应少于3件。 检验方法：用于漆膜测厚仪检查，每个构件检测5处，每处的数值为3个相距50mm测点涂层膜厚度的平均值	班组长、（质检员）	质检员负责检测和提供结论
14.3.3	薄涂型防火涂料的涂层厚度用符合有关耐火极限的设计要求。厚涂型防火涂料层的要求，80%及以上面积应符合有关耐火极限的设计要求，且最薄处厚度不应低于设计要求的85%。 检查数量：按同类构件数抽查10%，且均不应少于3件， 检验方法：用涂层厚度测量仪/测针和钢尺检查。测量方法符合国家现行标准《钢结构防火涂料应用技术规程》CECS25：90的规定及本规范附录F	班组长、（技术员）、质检员	技术员负责在方案中明确技术要求，质检员负责检测和提供结论

6.3 质量通病防治措施

6.3.1 氧化渣

通病描述：对已下料完成后的零部件没有及时将氧化渣清除干净就进行校平，导致板材缺陷。

纠正预防措施：下料完成的零部件必须及时将氧化渣清除干净，特别是需校平的板材。

6.3.2 缺棱

通病描述：钢材切割面有大于 1mm 的缺棱。

纠正预防措施：对超标的缺棱，应根据不同母材的材质正确领用焊条进行补焊，补焊后打磨平直。

6.3.3 螺栓孔（剪板）毛刺

通病描述：螺栓孔表面粗糙，不光滑，有毛刺；板材剪切面有毛刺。

纠正预防措施：对表面粗糙，不光滑，有毛刺的螺栓孔（剪板）用砂轮进行打磨平整。

6.3.4 焊瘤

通病描述：熔化金属流淌到焊缝以外，在未熔化的母材上形成金属瘤。

纠正预防措施：合理选择与调整适宜的焊接电流、电压，改变运条方式和正确的电弧长度。

6.3.5 电弧擦伤

通病描述：焊条或焊把与焊接工件接触引起电弧致使工件表面受损。

纠正预防措施：焊接人员应当经常检查焊接电缆及接地线的绝缘状况；装设接地线要牢固、可靠；不得在焊道以外的工件上随意引弧；暂时不焊时，应将焊钳放在木板上或适当挂起。

6.3.6 咬边

通病描述：焊缝边缘母材上被电弧或火焰烧熔出凹陷或沟槽。

纠正预防措施：调整及选用适当的焊接电流、电压；缩短电弧长度用压弧焊；改变运条方式和速度，确定正确的施焊角度。

6.3.7 焊缝不饱满

通病描述：焊缝外形高低不平，焊波宽窄不齐，焊缝和母材的过渡不平滑。

纠正预防措施：选用适当的焊接电流、电压；熟练、正确地掌握运条速度和施焊角度。

6.3.8 气孔

通病描述：气体残留在焊缝金属中形成的孔洞。

纠正预防措施：使用合格的焊条进行焊接；焊条和焊剂在使用前，应按规定要求进行烘焙；对焊道及焊缝两侧进行清理，彻底清除油污、水分、锈斑等脏物；选择合适的焊接电流和焊接速度，采用短弧焊接。

6.3.9 异物填塞组装间隙

通病描述：组装时间隙过大，在焊接前用钢筋、钢板条、焊条等异物填塞间隙。

纠正预防措施：对组装间隙过大的构件，应编制相应的组装工艺方案，在下料前应充分考虑焊缝的收缩等影响构件尺寸的因素。

6.4 质量保证措施

6.4.1 钢柱

在安装钢柱之前复测钢柱地基中心线，投放钢柱定位标高，钢柱安装完成后，复测钢柱标高及垂直度，丈量柱间间距。

6.4.2 高强螺栓

（1）摩擦面不符合要求：表面有浮锈、油污，螺栓孔有毛刺、焊瘤等，均应清理干净。

（2）连接板拼装不严：连接板变形，间隙大，应校正处理后再使用。

（3）螺栓丝扣损伤：螺栓应自由穿入螺孔，不准许强行打入。

6.4.3 焊接

（1）施工前应对参加施工的人员进行技术交底，明确施工方法、质量标准及安全注意事项。

（2）严格按图纸、规范施工。施工期间，施工技术人员要深入现场，加强中间验收，及时发现问题并解决问题。

（3）项目检验应分级，严格按项目划分表验收。严格遵守作业指导书中的措施，以及公司颁布的有关安全规章制度。

6.4.4 防火面漆

（1）防火涂料的品种和技术性能应符合设计及有关标准的规定，需检查生产许可证、质量证明书和检测报告。

（2）涂料与基层及各层间粘结牢固，不空鼓、不脱落。

（3）喷完一个建筑层经自检合格后，填写施工记录，由施工、监理、业主三方联合核查；合格后，办理隐蔽工程验收手续。

7 施工安全技术措施

7.1 风险辨识及预控措施

风险辨识及预控措施见表3–12。

表 3-12 风险辨识及预控措施表

序号	危险点	防范类别	防 范 措 施
1	未经三级安全教育,不懂安全防护和安全操作知识	起重伤害、高处坠落、触电等	(1) 认真执行三级安全教育制度,认真开展班组安全活动。 (2) 严格安全考试制度,禁止弄虚作假。 (3) 明确安全职责及必要的安全知识,强化安全操作技能培训
2	无安全技术措施或未交底施工	起重伤害、高处坠落、触电等	(1) 分部工程及重要、危险性作业均应编制安全措施,并经交底、履行全员签字手续后方可施工。 (2) 施工人员对无安措或未交底有权拒绝施工。 (3) 严格按经审批的方案和安全措施施工,若对方案或措施有疑问时,应征询审批人的意见
3	安全技术措施不严密或不完善,有疏漏	起重伤害、高处坠落、触电等	(1) 编制人要有高度责任感,有严谨科学的工作态度,技术措施编制前应认真进行调查研究,确认措施的针对性和可操作性。 (2) 审批人要严细认真,把好审批关。 (3) 未经审批严禁实施
4	违章指挥	起重伤害、高处坠落、触电等	(1) 严禁违章指挥。 (2) 对违章指挥现象任何人都有责任、有权利制止。 (3) 施工人员遇有违章指挥有权拒绝施工
5	违章违纪作业,违反安全交底要求	起重伤害、高处坠落、触电等	(1) 遵章守纪,按规程作业,施工中严禁打闹、抛物等违章违纪行为。 (2) 严格按技术交底施工,不得擅自更改。 (3) 强化现场安全监督检查,以"三铁"反"三违"
6	进入施工现场不戴或不正确佩戴安全帽	物体打击	(1) 进入施工区的人员必须正确佩戴安全帽,帽带要系紧。 (2) 严禁坐、踏安全帽或把安全帽挪作他用
7	高处作业不系或未正确佩戴安全带	高处坠落	(1) 高处作业人员必须使用安全带,且宜使用全方位防冲击安全带。安全带必须拴在牢固的构件上,并不的低挂高用。施工过程中,应随时检查安全带是否拴牢。 (2) 每次使用前,必须进行外观检查,安全带(绳)断股、霉变、虫蛀、损伤或铁环有裂纹、挂钩变形、接口缝线脱开等
8	酒后进入施工现场	其他伤害	禁止酒后进入作业现场、严禁酒后作业
9	工作不负责任,玩忽职守	起重伤害、高处坠落、触电等	(1) 各级工作人员工作中要精力集中,尽职尽责。 (2) 严格落实各项安全工作制度。 (3) 加强日常的监督检查
10	违反规定,派不符合要求的人员上岗	起重伤害、高处坠落、触电等	(1) 严格身体检查制度,禁止职业禁忌者或其他不合要求者上岗。 (2) 特种作业人员必须经培训合格,持证上岗。 (3) 严禁无证作业,无证驾驶
11	危险作业项目不办安全施工作业票	起重伤害、高处坠落、触电等	(1) 所有输变电作业项目均要执行安全工作票制度。 (2) 所有工作人员应清楚作业票内容,且带票施工
12	机械设备未按计划检修,带病作业	机械伤害	(1) 施工机具要求工况良好,严禁带病作业。 (2) 严格执行机械管理制度,定期检修、维护和保养
13	安全用品、用具不符合要求	机械伤害 高处坠落 触电 物体打击等	(1) 无生产厂家、许可证、生产日期及国家鉴定合格证书的安全防护用品、用具,严禁采购和使用。 (2) 安全防护用品、用具不得接触高温、明火、化学腐蚀物及尖锐物体,不得移作他用。 (3) 安全防护用品、用具应定期进行试验,使用前进行外观检查

序号	危险点	防范类别	防范措施
14	不正确使用劳动防护用品	高处坠落 触电 物体打击等	（1）熟悉劳保用品和防护用品的使用方法。 （2）使用前应进行日常检查，施工中正确使用。 （3）安全防护用品、用具应设专人管理
15	安全设施不完善、作业环境不安全又为采取措施	机械伤害 高处坠落 触电 物体打击等	（1）按要求完善安全设施，整治作业环境。 （2）对一时难于完善和整改的问题，应采取临时措施，以策安全。 （3）研究、推广使用 T 形轨道攀登坠落保护器等新型安全防护技术，实施全过程、全方位安全防护
16	危险设备场所（包括孔洞等）无安全围栏、警示标志	高处坠落 触电 物体打击等	（1）严格按要求开展安全文明施工标准化工作，规范现场管理。 （2）危险设备、场所必须设置安全围栏和警示标志。 （3）警示标志应符合标准和要求
17	擅自拆除或挪用安全装置和设施	高处坠落 触电 物体打击等	安全装置及设施严禁私自拆除、挪用。 如施工需要，须拆除时应征的安全员的同意，并采取临时措施，施工结束后按原样及时恢复
18	工器具没有进行试验	起重伤害 触电 物体打击等	（1）受力工器具应该按照《电力建设安全工作规程》要求进行定期的预防性试验，不合格者严禁使用，每次使用前应进行外观检查。 （2）绝缘工具必须定期进行绝缘试验，其绝缘性能应符合要求；每次使用前应进行外观检查。 （3）机具应由专人保养维护，并做定期试验

7.2 施工安全技术与防护措施

7.2.1 安全保证措施

（1）所有施工人员均遵守国家下发的安全规章制度和规程。

（2）凡参加高处作业的人员应定期进行身体检查。经医生诊断患有不宜从事高空作业病症的人员不得参加高处作业。

（3）参加施工的人员必须经安全技术培训，并进行了安全技术交底。

（4）安装现场周围应设置禁区标志，严禁非施工人员进入现场。禁止不同性质的作业人员进行交错作业。

（5）施工人员进入现场应正确佩戴安全帽；登高作业人员必须系好安全带，流动结束应立即在可靠地方扣好保险扣。

（6）安装作业人员不得穿硬、滑底鞋及酒后进行高空作业。

（7）施工现场的临时道路应满足施工机械的行走要求，吊车的支撑点应坚实可靠，垫衬材料应有足够的强度。

（8）机械操作人员应集中思想，服从指挥，能及时发现不安全因素和事故苗头，并妥善采取预防及避险措施。

（9）起吊前，应认真检查钢索、卸扣等是否正常，吊车的起重能力与构件的重量之比是否符合安全要求，必要时应进行定点低空试吊。

（10）采用捆扎方式起吊的构件，应在构件的棱角部位采取钢索保护措施，防止钢索焊期磨损和因受力而切断钢索。同时应正确计算吊点位置，保证构件平衡。

（11）起吊时，钢索固定可靠，防止钢索滑钩。吊臂及构件下方严禁人员站立及穿行。控制构件定向绳索的操作人员应密切注视构件吊升过程，相互配合，严防构件相互碰撞，使起吊平稳。

（12）大雨、大风天气（超过六级）严禁高空作业。

7.2.2 施工用电安全技术措施

（1）电箱内开关电器必须完整无损，接线正确。各类接触装置灵敏可靠，绝缘良好。电箱内应设置漏电保护器，选用合理的额定漏电动作电流进行分级配合。

（2）现场采用 TN–S 三相五线制配电系统，实行三级配电，三级保护。施工用电直接由邻近配电箱供应，设置独立的分配电箱、开关箱，分配电箱、开关箱均必须经漏电开关保护。现场用电必须由专职电工进行，严禁无证操作。

（3）配电箱的开关电器应与配电线或开关箱一一对应配置，做分路设置，以确保专路专控；总开关电器与分路开关电器的额定值、动作整定值相适应。熔丝应和用电设备的实际负荷相匹配。

（4）接地均采用 P–E 线接地，电焊机二次侧安装空载降压保护装置。

（5）电焊机有可靠的防雨措施。一、二次线接线处应有齐全的防护罩，二次线应使用线鼻子。电焊机外壳应有良好的接地或接零保护。

7.2.3 安装安全监控措施

（1）构件卸车作业安全监控措施。

1）查看车上构件编号，确定所属的安装区域，选定坚实的堆放场所。

2）车辆在作业区域行进，应有专人指挥，严防碰撞及陷车现象发生。车辆应保证平稳，防止构件滑移。

3）构件卸车应按顺序进行，同时注意车辆平衡，防止上层构件倾倒及翻车。

4）立放的构件及其边缘区域禁止人员坐、蹲、卧及扭动构件。

（2）吊车作业安全作业监控措施。

1）操作人员必须持证上岗。

2）作业前，必须检查车辆及所用的索具状况是否正常，钢索规格是否能够承受作业对象的重量要求。卸扣具规格是否符合所用钢索的规格要求。

3）捆扎钢索和构件锐角接触处，采用包角处理，作业过程中，要经常检查钢索的破损程度和卸扣具状况，确保作业安全。

4）正式起吊前，要进行定点低空试吊。试吊时，人员要有足够的安全距离。

7.2.4 冬季、雨季施工安全措施

（1）掌握气象资料，与气象部门定时联系，定时记录天气预报，随时通报，以便工地做好工作安排和采取预防措施；尤其防止恶劣气候突然袭击对我方施工造成的影响。

（2）降雨前，做好已焊接区域及其热影响区域的防雨措施（搭设防雨篷）。

（3）当雨季天气恶劣，不能满足工艺要求及不能保证安全施工时，应停止吊装施工。

此时，应注意保证作业面的安全，设置必要的临时紧固措施（如缆风绳、紧固卡）。

（4）已吊装钢结构在大风前要进行加固，确保钢构件的稳定。

（5）雨天不得进行焊接作业。在必须持续焊接时，焊接作业区应设置相应的防雨措施（搭设防护篷、盖等）。

（6）雨季施工时，安全防护措施要合理、有效，工具房、操作平台、吊篮及焊接防护罩等的积水应及时清理。

（7）雨季施工时，应保证施工人员的防滑、防雨、防水的需要（如雨衣、防滑鞋等），尤其注意用电防护。

（8）在负温下绑扎、起吊钢构件用的钢索与构件直接接触时，应加防滑隔垫。凡是与构件同时起吊的节点板、安装人员用的挂梯、校正用的卡具，应采用绳索绑扎牢固。直接使用吊环、吊耳起吊构件时应检查吊环、吊耳连接焊缝有无损伤。

7.2.5 防坠落措施

（1）防止物体坠落措施。

1）安装使用的工具，如扭矩扳手、撬棍、角磨机等应采用安全保护绳，防止坠落。随手用的螺栓垫片等应放入工具袋。

2）施工作业中所有可能坠落的物件，应一律先进行拆除或加以固定。

3）在高空用气割或电焊切割时，应采取措施防止割下的金属、熔珠或火花落下伤人。

4）地面人员不得在高空作业的正下方停留或通过，也不得在起重机的吊杆和正在吊装的构件下停留或通过。

5）在吊运及安装过程中，要先检查索具、钢丝绳、吊钩是否牢固，吊点要选择合适方可起吊，若发现安全隐患应立即停止施工并向有关人员报告。

（2）防止人员坠落措施。

1）钢结构吊装前尽可能先在地面上组装构件，尽量避免或减少在悬空状态下进行作业；同时还要预先搭好在高处进行的临时固定、电焊、高强螺栓连接等工序的安全防护设施，并随构件同时起吊就位。另外，还要将拆卸时的安全措施一并考虑和落实。

2）安装钢梁时必须以已完结构或操作平台为立足点，严禁在安装中的钢梁上站立或行走。确需在已固定牢的梁面上行走时，其一侧的临时护栏横杆可采用扶手绳。

7.2.6 防火防爆

（1）需配备灭火器，并由专人监护。

（2）高空焊割必须设接火花斗，接火花斗内使用岩棉等阻燃材料接熔珠，防止熔珠再次飞溅出接火盘。电、气焊火花严禁落到氧气瓶和乙炔瓶上。

（3）氧气、乙炔瓶必须规范放置，乙炔瓶使用时必须有防回火装置，严格执行电气焊工安全操作规程。

8　施工应急预案

8.1　应急救援组织

8.1.1　应急救援领导小组

项目部成立应急救援领导小组，负责指挥、协调应急管理工作，人员设置见表3—13。

表3—13　　　　　　　　　　应急救援领导小组

序号	应急职务	姓名	移动电话
1	组长	×××	××××××××
2	副组长	×××	
3	后勤小组	×××	
4	救护小组	×××	
5	消防保卫小组	×××	
6	报警联络	×××	

8.1.2　职责

（1）组长是第一责任人，全面负责应急预案的组织领导及物资、资金的保障，负责重大事件组织或上报处理工作，由项目经理担任。

（2）副组长由工程副经理和项目安全员担任，负责后勤、救护、消防保卫和报警等专业组的管理和督察工作。

（3）后勤小组由项目后勤负责人负责，组员一般为材料采购员、报管员、食堂管理员等配合，其职责：

1）负责提供应急预案所需要的合格物资；

2）保障应急预案所需资金得到满足。

（4）救护小组由保健员负责，消防、保卫组配合，其职责：

1）对救护人员进行伤害救护基本知识教育和演习；

2）向后勤组提出救护物资、药物等需求计划。

3）一旦发生需采取救护的事件，负责及时赶到现场进行紧急救护及送医。

（5）消防保卫小组由兼职消防员负责，组织年轻力壮、机灵、有责任心和正义感的员工建立义务消防队，其职责：

1）对参加消防保卫组人员进行消防保卫基本知识教育和必要演习；

2）向后勤小组提出消防保卫的物资需求；

3）一旦发生火情或保安事故，立即进入现场，投入抢险救灾和保卫工作。

（6）报警联络由行政负责人担任。

1）负责建立内部联络网，编制应急领导小组和各专业组负责人的电话号码，并公布于众；

2）负责工地现场值班接收报警信息和电话工作；

3）一旦发生事故负责立即向有关方联系，配合解决问题。

报警电话号码：匪警：110 救护：120 火警：119

8.2 应急物资准备

应急物资准备清单见表3-14。

表3-14   应 急 物 资 准 备 清 单

序号	物资名称	数量	备注
1	灭火器材	若干	有效
2	手电筒	6	有效
3	卫生急救箱	2	有效
4	担架	1	有效
5	对讲机	10	有效
6	手机	若干	有效
7	电话	1	有效

8.3 施工应急预案

8.3.1 紧急处置程序

施工应急预案是为预防和控制潜在的高处坠落、物体打击、机械伤害、触电、烧伤等事故或紧急情况，做好应急准备，一旦发生能及时有效地实施应急响应，以控制和减少现场受伤害程度。

（1）工地如突发因工重伤、死亡事故，应急救护组组织抢救伤员，保卫组保护现场，现场负责人立即向应急领导小组组长报告，组长即时向本单位负责人报告，同时要向建设管理单位、监理单位报告。

（2）轻伤事故由安全员写调查分析报告，机械事故报公司设备部，因机械事故伤及的人员详情，同时报公司安全管理部。

（3）调查重伤事故由项目经理组织事故调查组，并按时提出事故报公司安全管理部。

（4）发生基建原因引起的六级及以上人身、电网和设备事故，工程建设管理单位、施工单位、监理单位应在1h内上报省公司级单位基建管理部门，同时在24h内上报事故书面材料，由项目经理组织现场负责人和安全员即时填写初步事故报告。

（5）各级人员认真配合上级和政府主管部门人员勘查现场，开展事故调查。

（6）项目部发生重伤事故，主管安全生产工作项目经理要召开各种会议，通报事故经过、原因，应吸取教训，提出改进措施，强化安全生产管理的要求，预防同类事故再一次发生或其他事故的发生。

8.3.2 现场紧急处理措施

（1）如现场发生人身意外伤害事故，如当事人没有自觉症状，不要轻易放走当事人，要对其进行全面检查并观察 24h，确实没有损伤时才能视为正常而放行。

（2）当发现伤员心跳、呼吸停止时，要及时进行心脏复苏，直至急救医务人员到场进一步抢救。

（3）对于骨折伤员，特别是怀疑颈、胸腰椎骨折伤员要做好固定，用硬板搬运，不得随意拉扯、扭曲身体搬运。

（4）领导小组在得到因工伤害事故报告后，应立即组织救护，防止险情扩大；伤情危急时送到就近医院进行抢救，其指导原则为尽最大努力减少拖延时间，保证抢救及时，把损伤降低到最低限度。

（5）如现场无应急车辆，须打 120 请求急救车送往指定医院；伤员送往医院过程中，必须由项目保健员相陪（夜间施工由值班人员相陪）以避免不必要的麻烦，同时保护好现场，及时通报有关领导及安全人员。

8.3.3 现场应急救护措施

（1）外伤应急救护措施。

一般轻伤处理，由项目部保健员负责处理。外伤出血后，根据伤口的部位、轻重程度，可分别或同时采取指压止血法、加压包扎法或止血带止血法，如有骨折，则采用木板等物予以固定。

1）对暴露的伤口尽可能用无菌敷料覆盖伤口，再进行包扎，包扎不可过紧、过松，以防滑脱或压迫血管、神经。

2）骨折固定本着先救命后治伤的原则，先进行呼吸心跳的急救，有大出血时，应先止血，再包扎，最后固定骨折部位。

3）运送伤患者前，应检查伤者头、胸、腹、背及四肢的伤势，并给予适应的处理，如所处环境危险，应尽快脱离，否则就地抢救，搬运时注意伤员体位，避免再损伤。

（2）现场实施心、肺、脑复苏措施。

施工现场出现电击、严重创伤、中暑、中毒等易引起心跳骤停的情况，应及早抢救，对伤者复苏有重大意义。

1）心跳骤停症状判断：颈动脉搏动消失，意识丧失，呼之不应。

2）现场心肺复苏呼救：一旦判断病人昏迷，就要呼救，让病人体位仰卧在硬地板或硬板床上，保健员就地抢救，他人协助打急救电话或救护车。

3）心肺复苏：使病人颈部上抬使头后仰，保证呼吸道通畅，然后进行人工呼吸，口对口吹气，每次 1～1.5s，（注意胸部是否起落，每 5s 吹一次）。

4）心外按摩，建立人工循环：用拳击心前区，拳距前胸 20～30cm，向前胸猛击两下，有时即可恢复心跳。

5）胸外挤压：部位为胸骨中下 1/3 交接处，下压深度 3.5cm，频率 80～100/min。（双人操作：吹气与按压比为 1:5，每 4～5min 检查一次颈动脉搏动及自主呼吸是否恢复；单人操作：每次按压 15 次，吹气 2 次，每 4～5min 检查一次颈动脉搏动及自主呼吸是否恢复）；胸部按压部位必须正确，双肩应压胸前正上方，平臂要与胸垂直，按压时身体不要前后摇摆。按压必须平稳，有规律进行，不能中断。

（3）电击伤应急救护措施。

1）诊断：表现为电击性休克、抽搐、昏迷、青紫、心律不齐、心跳停止，伴有外伤、骨折、背髓受伤者可见肢体瘫痪并发症。需查清电源种类、电压、触电时刻及当时情况。

2）抢救：立即切断电源，用绝缘不导电的物体使患者脱离电源，当人员呼吸心跳停止时，立即进行口对口人工呼吸及胸外按压术；对局部烧伤进行消毒包扎处理；呼急救中心转院处理。

（4）中暑应急救护措施。

1）诊断：因长时间的日光暴晒，或在高温环境下工作，出现大汗头晕、无力、口渴、眼花、心慌、四肢麻木、体温略升高，血压下降等症状。

2）抢救：发现中暑病人都应立即将其移到阴凉通风处，给予盐冷饮，服十滴水或藿香正气水；中暑较重者用 26～29℃温水或 50%酒精全身擦浴，用电风扇吹风，头部大血管放置冰袋，静脉点滴生理盐水+氯丙嗪 50mg；对于痉挛型中暑，重点补充钠、静点 5%GNS 或 3%NS，抽搐者用 10%水含氯醛 10～20ml。

（5）烧伤应急救护措施。

1）立即将烧伤人员安置到通风、卫生场所，以防中毒、中暑。

2）消除口腔、鼻孔里的烟灰和脏物。

3）保护烧伤处，防止伤口污染。

4）拨打 120，送医院救治。

9　文明施工保证措施

（1）施工现场平面合理布置，未经批准任何人不得随意堆放和布置。划分责任区，保证施工安全和施工质量，施工作业方便，生活文明健康，有利于提高工作效率和降低消耗，总体布局符合施工组织设计要求。

（2）纪律严明、衣着整齐，语言文明，与各配合单位融洽相处。

（3）设备、材料、物资标识清楚，摆放有序合理，符合安全防火措施。

（4）施工区域应设置明显的警示标志、安全标志，吊装区域用安全防护栏隔离。

（5）进场的钢构件应按照组装、吊装的顺序依次摆放。

（6）工人操作时要做到循序渐进，施工区域内的垃圾、废料要及时清运。所有参与施工的人员进行文明施工教育，提高全员的文明施工意识，让每位施工人员意识到文明施工是一个施工队伍精神风貌的体现，是安全施工的可靠保证。

（7）安装工程应采取措施，尽量减少交叉作业。如必须进行立体交叉作业时应采取相应的隔离和防止重物在高空坠落的措施。

（8）施工区域内道路、组合场、施工作业区要配置足够的照明设施，并根据工程需要及时调整配备维护人员保持正常使用。

（9）施工临时电源要集中统一接线，标志清楚，明确责任人，定期检查维护。

（10）沟道、孔洞、平台、扶梯等处要有安全可靠的永久或临时栏杆或盖板，设立明显标志和安全警示牌。

（11）施工图纸，安装措施、施工记录、验收材料等齐全，技术资料归类明确，目录查阅方便，保管妥善，字迹工整。

10 绿色施工

（1）现场设专门的宣传栏宣传国家环境保护法及地方政府的环保条令。

（2）对施工交通机具需定期到管理部门审核，对尾气排放不合格的车辆不允许使用。

（3）施工道路应保持畅通，设置明显路标，不在路中堆放设备、材料等物品。

（4）生活、施工区范围内的通道、地面无垃圾、每个作业面都应该做到"工完料尽场地清"。剩余材料要堆放整齐、可靠，废料及时清理干净。

11 性能参数及选型

11.1 汽车吊起重性能参数表

QY25K 汽吊起重性能参数表见表 3-15，80t 履带吊起重性能见表 3-16。

QY25K 汽吊起重性能参数表

QY25K 汽车起重机起重性能（主臂）

表 3-15   单位：t

幅度（m） ＼ 臂长（m）	10.2	13.75	17.3	20.85	24.4	27.95	31.5
3	25	17.5					
3.5	20.6	17.5	12.2	9.5			
4	18	17.5	12.2	9.5			
4.5	16.3	15.8	12.2	9.5	7.5		
5	14.5	14.4	12.2	9.5	7.5		
5.5	13.5	13.2	12.2	9.5	7.5	7	
6	12.3	12.2	11.3	9.2	7.5	7	5.1
6.5	11.2	11	10.5	8.8	7.5	7	5.1
7	10.2	10	9.8	8.5	7.2	7	5.1
7.5	9.4	9.2	9.1	8.1	6.8	6.7	5.1
8	8.6	8.4	8.4	7.8	6.6	6.4	5.1
8.5	8	7.9	7.8	7.4	6.3	6.1	5
9		7.2	7	6.8	6	5.8	4.8
10		6	5.8	5.6	5.6	5.3	4.4

续表

幅度（m）＼臂长（m）	10.2	13.75	17.3	20.85	24.4	27.95	31.5
12		4	4.1	4.1	4.2	3.9	3.7
14		2.9	3	3.1	2.9	3
16			2.2	2.3	2.2	2.3
18				1.6	1.8	1.7	1.7
20					1.3	1.3	1.3
22					1	0.9	1

80t 履带吊起重性能表

表 3–16　　　　　　　履 带 起 重 性 能 表

工作半径（m）	吊臂长度（支腿全伸）							吊臂长度（不伸支腿）
	12.0m	18.0m	24.0m	30.0m	36.0m	40.0m	44.0m	12.0m
2.5	80.0	45.0						16.0
3.0	80.0	45.0	36.0					16.0
3.5	80.0	45.0	36.0					16.0
4.0	70.0	45.0	36.0					11.7
4.5	62.0	45.0	36.0	27.0				9.6
5.0	56.0	40.0	32.0	27.0				8.0
5.5	50.0	37.0	29.2	27.0	22.0			6.8
6.0	45.0	34.3	27.2	26.0	22.0			6.8
6.5	39.4	31.6	26.3	23.2	22.0	18.0		6.0
7.0	35.6	29.1	23.7	21.6	20.3	18.0		4.3
8.0	27.8	26.4	21.0	18.8	17.7	15.7	12.0	3.2
9.5	20.8	20.8	17.8	16.7	14.6	13.2	12.0	2.0
10.0	19.2	19.2	17.0	16.0	13.8	12.6	11.4	1.7
11.0		16.6	16.6	13.5	12.4	11.4	10.4	
11.8		14.7	14.7	12.5	11.4	10.6	9.7	
12.0		14.2	14.2	12.4	11.2	10.4	9.5	
13.0		12.6	12.6	11.3	10.2	9.3	8.8	
14.6		10.0	10.0	10.0	9.0	8.6	7.8	

11.2　低端阀厅吊装吊车的选型

本工程钢柱最大单重为 3.828t，柱长 21.185m。动力和安全系数考虑 1.2。计算：3.828t×1.2=4.6t，即最大起重负荷为 4.6t。

柱长 21.185m+1.5m（钢丝绳和挂钩柱顶以上）+0.5m（离地高度）=23.2m，即为起重高度。根据低端阀厅轴线距离，以及吊车性能考察（详见后文吊车性能参数表），选用 25t 汽车吊，操作半径 10m，主臂 27.95m 工况时，额定吊装 5.3t，吊车能满足钢柱起重以及起吊高度要求。

钢柱采用两根钢丝绳，分两股吊装，对称受力，吊装钢丝绳按下列公式计算：

$$[F_g] = \alpha F_g / K$$

式中　$[F_g]$——钢丝绳允许应力，kN；

　　　F_g——钢丝绳破断拉力总和，kN；

　　　α——换算系数，按表 3–17 取值；

　　　K——钢丝绳安全系数，按表 3–18 取值。

表 3–17　　　　　　　　　　　　钢丝绳破断拉力换算系数

钢丝绳结构	换 算 系 数
6×19	0.85
6×37	0.82

表 3–18　　　　　　　　　　　　钢 丝 绳 安 全 系 数

用途	安全系数	用途	安全系数
用作缆风绳	3.5	用作吊索、无弯曲时	6～7
用于手动起重设备	4.5	用作捆绑吊索	8～10
用于机动起重设备	5～6		

从表 3–17 查得 K=8、α=0.82，允许拉力 $[F_g]$ 取 23kN（按完全起吊最终 46kN 考虑，两股钢丝绳受力），计算得 F_g=23×8÷0.82=224kN。

根据下列公式和表格，选用钢丝绳：

$$F_0 = \frac{K'D^2R}{1000}$$

式中　F_0——钢丝绳最小破断拉力，kN；

　　　D——钢丝绳公称直径，mm；

　　　R——钢丝绳公称抗拉强度；

　　　K'——某一指定结构钢丝绳的最小拉力系数，取值见表 3–19。

表 3–19　　　　　　　　　　　　　钢 丝 绳 性 能 参 数

组别	类别	钢丝绳重量系数 K			$\dfrac{K_2}{K_{1n}}$	$\dfrac{K_2}{K_{1p}}$	最小破断拉力系数 K'		$\dfrac{K'_2}{K'_1}$
		天然纤维芯钢丝绳	合成纤维芯钢丝绳	钢芯钢丝绳			纤维芯钢丝绳	钢芯钢丝绳	
		K_{1n}	K_{1p}	K_2			K'_1	K'_2	
		kg/100·mm²							
1	6×7	0.351	0.344	0.387			0.332	0.359	1.08
2	6×19	0.380	0.371	0.418	1.10	1.13	0.330	0.356	1.08
3	6×37								
4	8×19	0.357	0.344	0.435	1.22	1.26	0.293	0.346	1.18
5	8×37								
6	18×7	0.390		0.430	1.10	1.10	0.310	0.328	1.06
7	18×19								
8	34×7	0.390		0.430	1.10	1.10	0.308	0.318	1.03
9	35W×7	—		0.460	—	—		0.360	
10	6V×7	0.412	0.404	0.437	1.06	1.08	0.375	0.398	1.06
11	6V×19	0.405	0.397	0.429	1.06	1.08	0.360	0.382	1.06
12	6V×37								
13	4V×39	0.410	0.402	—			0.360	—	—
14	6Q×19+6V×21	0.410	0.402	—			0.360	—	—

　　K' 查表得 0.356，通过上式计算以及 6×37 钢丝绳力学性能（见表 3–20），选用直径 26mm，公称抗拉强度为 1770N/mm² 的 6×37 钢丝绳作钢柱捆绑吊索，每根钢丝绳配备 5t 卸扣两只。

表 3–20　　　　　　　　　　　　　6×37 类 力 学 性 能

钢丝绳公称直径	钢丝绳公称抗拉强度/MPa									
	1570		1670		1770		1870		1960	
	钢丝绳最小破断拉力/kN									
D/mm	纤维芯钢丝绳	钢芯钢丝绳	纤维芯钢丝绳	钢芯钢丝绳	纤维芯钢丝绳	钢芯钢丝绳	纤维芯钢丝绳	钢芯钢丝绳	纤维芯钢丝绳	钢芯钢丝绳
26	350	378	373	402	395	426	417	450	437	472
28	406	438	432	466	458	494	484	522	507	547
30	466	503	496	536	526	567	555	599	582	628
32	531	572	54	609	598	645	632	682	662	715
34	599	646	637	687	675	728	713	770	748	807
36	671	724	714	770	757	817	800	863	838	904
38	748	807	796	858	843	910	891	961	934	1010
40	829	894	882	951	935	1010	987	1070	1030	1120

钢丝绳公称直径	钢丝绳公称抗拉强度/MPa									
	1570		1670		1770		1870		1960	
	钢丝绳最小破断拉力/kN									
D/mm	纤维芯钢丝绳	钢芯钢丝绳	纤维芯钢丝绳	钢芯钢丝绳	纤维芯钢丝绳	钢芯钢丝绳	纤维芯钢丝绳	钢芯钢丝绳	纤维芯钢丝绳	钢芯钢丝绳
42	914	986	972	1050	1030	1110	1090	1170	1140	1230
44	1000	1080	1070	1150	1130	1220	1190	1290	1250	1350
46	1100	1180	1170	1260	1240	1330	1310	1410	1370	1480

11.3　高端阀厅的吊装吊车选型

本工程钢柱最大单重为 12.75t，柱长 32.18m。动力和安全系数考虑 1.2。计算：12.75t×1.2=15.3t，即最大起重负荷为 15.3t。

柱长 32.18m+1m（钢丝绳至挂钩距离）+3m（挂钩至大臂顶距离）+0.5m（离地高度）=36.68m，即为起重高度。根据高端阀厅轴线距离，以及吊车性能考察（详见后文吊车性能参数表），选用 80t 履带吊，操作半径 8m，主臂 40m 工况时，额定吊装 15.7t。

大臂长度计算：$\sqrt{8^2 + 36.68^2} = 37.5\,\text{m} < 40\text{m}$。即吊车能满足钢柱起重以及起吊高度要求。

（1）钢丝绳选用。

钢柱采用两根钢丝绳，分两股吊装，对称受力，吊装钢丝绳按下列公式计算：

$$[F_\text{g}] = \alpha F_\text{g} / K$$

式中　$[F_\text{g}]$——钢丝绳允许应力，kN；

　　　F_g——钢丝绳破断拉力总和，kN；

　　　α——换算系数，按表 3-16 取值；

　　　K——钢丝绳安全系数，按表 3-17 取值。

从表 3-16 和表 3-17 查得 K=10、α=0.82，允许拉力 $[F_\text{g}]$ 取 76.5kN（按完全起吊最终 153kN 考虑，两股钢丝绳受力），计算得 F_g=76.5×10÷0.82=932.9kN。

根据下列公式和表格，选用钢丝绳：

$$F_0 = \frac{K'D^2R}{1000}$$

式中　F_0——钢丝绳最小破断拉力 kN；

　　　D——钢丝绳公称直径 mm；

　　　R——钢丝绳公称抗拉强度；

　　　K'——某一指定结构钢丝绳的最小拉力系数。

K' 查表得 0.356，通过上式计算以及 6×37 钢丝绳力学性能，选用直径 40mm，公称抗拉强度为 1770N/mm^2 的 6×37 钢丝绳作钢柱捆绑吊索。

（2）缆风绳选择。

缆风绳的作用是使钢柱保持稳定，钢柱安装过程中对稳定性影响最大的为风荷载，考虑风作用影响的重要程度，取绍兴地区 50 年一遇的基本风压 0.35kN/m^2 进行计算。

缆风绳（拉线）承受拉力：

$$T=(kp+Q)c/(a\sin\alpha)$$

式中　k——动载系数，取 2；

p——风荷载，基本风压为 0.35kN/m^2，则 $p=0.35\times0.9\times29.93=9.5\text{kN}$；

Q——钢柱自重，取 127.5kN（12.75t）；

c——倾斜距，取 1m；

a——钢柱到锚锭的距离，取 29m（钢柱离地高度为 29.93m）；

α——缆风绳与地面的夹角，取 45°。

计算 $T=(2\times9.5+127.5)\times1/(29\times\sin45°)=7.2\text{kN}$。

缆风绳选择：

$$F=(TK_1)/\delta=(7.2\times3.5)/0.85=30\text{kN}$$

T——缆风绳拉力，7.2kN；

K_1——安全系数，取 3.5；

δ——不均匀系数，取 0.85；

F——钢丝绳拉力。

查表选用钢丝绳选用 6×19 直径为 12.5mm、抗拉强度为 1550N/mm^2 的钢丝绳，其钢丝绳破断拉力不小于 88.7kN，满足要求。每根长度为 40m。

第四章

主控楼装饰工程施工方案

目　次

1 工程概况

1.1 工程简介

本方案具体数据以灵州换流站工程为例。

本方案适用范围：主控楼、辅控楼的装饰装修，同时本方案应与影响装饰工程施工的建筑给排水、建筑电气、建筑屋面、电梯工程、消防、火灾报警、视频监控、通风与空调、门禁系统等施工方案配套实施。

主控楼位于极1低端阀厅和极2低端阀厅的南侧，其平面形状呈"凸"字形，轴线尺寸为28.2m×46.2m，建筑面积约为3652m²。分为三层布置，各层布置如下：

首层建筑面积为1272m²，层高为5.4m，布置有极1低端阀组冷却设备室、极2低端阀组冷却设备室、极1低端阀组VCCP室、极2低端阀组VCCP室、劳动安全工具间、值班室、极1低端阀组辅助设备室、极2低端阀组辅助设备室、蓄电池室（6个）主辅楼梯、电梯、门厅、走道等。

二层建筑面积为1206m²，层高为6m，布置有极1阀厅空调设备间、极2阀厅空调设备间、资料室、二次培训室、检修工具间、通信机房、蓄电池室（4个）、站辅助设备室、备品间、卫生间、主辅楼梯、电梯、走道等。

三层建筑面积为1120m²，层高为4.8m，布置有极1低端阀厅控制保护设备室、极2低端阀厅控制保护设备室、值长室、二次备品间、声闸、站控制保护设备室、会议室、主控室、交接班室、卫生间、主辅楼梯、电梯、走道等。

上屋面楼梯间平面面积54m²，层高3m，布置有空调清洁间、空调屏柜室、楼梯间。

1.2 主要工程量

主要工程量统计见表4-1。

表4-1　　　　　　　　　　主 要 工 程 量 统 计

序号	施工项目名称	工程量	适 用 范 围
1	环氧砂浆面层地面	401m²	极1、极2低端阀组冷却设备室 极1、极2低端阀组冷却设备室（同低端阀厅）
2	水泥砂浆地面	400m²	极1、极2低端阀组交流配电室，极1、极2低端阀组辅助设备室，电缆夹层地面（有防水层）
3	地砖地面	1714m²	极1、极2低端阀组交流配电室，极1、极2低端阀组辅助设备室，蓄电池室，劳动安全工作室，极1、极2低端阀组VCCP室，杂物间，二次工作间，二次备品备件间，办公室，储藏室，会议室，交接班室，站长办公室和休息室、门厅、走道、楼梯间等公共区域地面
4	防滑地砖地面	379m²	阀厅空调设备间、卫生间
5	抗静电活动地板	765m²	站辅助设备室、通信机房、极1和极2低端阀厅控制保护设备室、培训室、资料室、站及双极控制保护设备室、暖通配电控制室、声阀、工具室、主控制室

序号	施工项目名称	工程量	适 用 范 围
6	釉面砖墙面	106m²	卫生间
7	乳胶漆墙面	6024m²	所有房间（不含卫生间）
8	大理石窗台板	161m	所有房间（不含卫生间）
9	瓷砖踢脚	1570m	所有房间（不含卫生间）嵌入式突出墙面5mm
10	外墙陶瓷饰面砖	50m²	外墙勒脚
11	轻钢龙骨铝合金条形扣板吊顶	32m²	卫生间
12	轻钢龙骨矿棉吸声板吊顶	2004m²	极1、极2低端阀组交流配电室，极1、极2低端阀组辅助设备室，蓄电池室，劳动安全工作室，极1、极2低端阀组VCCP室，杂物间，二次工作间，二次备品备件间，办公室，储藏室，会议室，交接班室，站长办公室和休息室，站辅助设备室、通讯机房、极1和极2低端阀厅控制保护设备室、培训室、资料室、站及双极控制保护设备室、暖通配电控制室、声阀、工具室、主控制室
13	轻钢龙骨纸面石膏板吊顶	335m²	门厅、站长室及休息室
14	板底乳胶漆顶棚	905m²	极1、极2低端阀组空调设备间，极1、极2低端阀组冷却设备室
15	铺块材保护层屋面（上人）	693m²	屋面1、2
16	花岗岩平台（台阶）	30m²	屋面3
17	水泥面层坡道（有防滑条）	80m²	入口处

2 编制依据

2.1 规程规范、标准

主要包括但不限于如下

GB 50300—2013 建筑工程施工质量验收统一标准

GB 50210—2001 建筑装饰装修工程质量验收规范

GB 50209—2010 建筑地面工程施工质量验收规范

GB T50589—2010 环氧砂浆地坪工程技术规范

GB 50169—2016 电气装置安装工程接地装置施工及验收规范

GB 50303—2015 建筑电气安装工程施工质量验收规范

GB 50617—2010 建筑电气照明装置施工与验收规范

GB/T 50905—2014 建筑工程绿色施工规范

《工程建设标准强制性条文房屋建筑部分》（2013年版）

JGJ 46—2005 施工现场临时用电安全技术规范

JGJ 80—2016 建筑施工高处作业安全技术规范

JGJ 128—2010 建筑施工门式钢管脚手架安全技术规范

Q/GDW 10248—2016 输变电工程建设标准强制性条文实施管理规程

Q/GDW 1183—2012 变电（换流）站土建工程施工质量验收规范

Q/GDW 1274—2015 变电工程落地式钢管脚手架施工安全技术规范

DL 5009.3—2016 电力建设安全工作规程

2.2 管理文件

《关于印发《输变电工程安全质量过程控制数码照片管理工作要求》的通知》（基建安质〔2016〕56 号）

《国家电网公司输变电工程质量通病防治工作要求及技术措施》（基建质量〔2010〕19 号）

《国家电网公司输变电工程标准工艺管理办法》（国网〔基建/3〕186—2015）

《国家电网公司基建安全管理规定》（国网〔基建/2〕173—2015）

《国家电网公司基建质量管理规定》（国网〔基建/2〕112—2015）

《国家电网公司输变电工程安全文明施工标准化管理办法》（国网〔基建/3〕187—2015）

《国家电网公司输变电工程标准工艺管理办法》（国网〔基建/3〕186—2015）

《国家电网公司输变电工程优质工程评定管理办法》（国网〔基建/3〕182—2015）

《国家电网公司输变电工程施工安全风险识别、评估及预控措施管理办法》（国网〔基建/3〕176—2015）

《国家电网公司输变电工程标准工艺（三）工艺标准库》

《项目管理实施规划》

相关设计图纸、策划性文件

3 施工准备

3.1 技术准备工作

3.1.1 施工图纸专业会审完毕，会审中存在的问题已有明确的处理意见。

3.1.2 施工作业指导书编制完成，并与相关专业讨论确定，完成审批。

3.1.3 特殊工种人员必须已取证培训完毕且持证上岗。

3.1.4 施工作业前，对施工人员进行技术、安全交底，并执行全员签字制度，交底时明确技术要求、安全注意事项。

3.1.5 根据进度要求，对本工程的工期、安全、质量、文明施工及环保等项目进行总体策划，并考虑图纸出图时间、甲供设备与材料到场时间，科学、合理地编制工程进度计划，合理安排工期及各项施工资源，保证工程施工进度计划的合理性、有效性、实用性。

3.1.6 根据装修工序合理组织，采用平面分区、分段流水交叉作业施工。一项工序紧跟一项工序向前推进，做到充分利用施工面，又均衡施工，互不干扰。

3.1.7 施工过程中应加强各专业、施工工序的沟通，对存在的施工难点、各专业工种之间施工作业面的冲突及相互干扰等问题进行协调解决并签订安全协议，确保工程有序进行。

3.2 人员组织准备

3.2.1 组织机构图

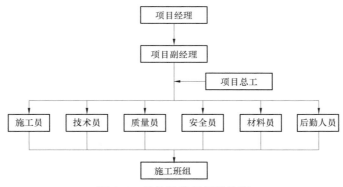

图 4-1 装饰装修组织机构图

3.2.2 人员分工

（1）项目经理对施工全面负责，全权负责工程的施工管理工作，在计划、布置、检查施工时，把安全文明施工工作贯穿到每个施工环节，在确保安全的前提下组织施工。

（2）项目副经理对施工现场负责，在项目部的管理组织机构下负责施工区域内技术、安全、质量、工期、文明施工的现场管理与协调。

（3）项目总工负责解决现场技术问题，负责技术资料的收集与审核。

（4）质量员负责项目部级验收，向现场监理工程师报验并组织验收，负责质量保证与验评资料的收集与审核。

（5）安全员负责现场安全、文明施工的管理与监督，负责安全资料的收集与审核。

（6）技术员负责作业项目的安全（技术）交底，安全工作票的编制，指导作业人员按图施工，负责技术资料的编制与报验。

（7）施工员负责具体施工生产安排，合理组织调配本队施工力量，机具等资源，合理安排施工程序，坚持文明施工，确保本队施工任务安全、优质、按期完成，以实现工程总目标的要求。

3.2.3 人员投入计划

人员配置计划见表 4-2。

表 4-2　　　　　　　　　　　　　人 员 配 置 计 划 表

序号	工种	人数	主 要 工 作
1	技术员	2 名	负责安装区域内的技术工作
2	施工员	2 名	负责组织各工序安排施工工作
3	安全员	2 名	负责吊装现场安全及文明施工

序号	工种	人数	主 要 工 作
4	质量员	2 名	负责施工现场质量监控、做好验收资料
5	测量员	2 名	负责装饰区域的测量配合工作
6	油漆工	10 名	负责环氧地坪、墙面顶棚油漆施工
7	水电工	10 名	负责灯具、线槽、电缆敷设、调试
8	电焊工	3 名	负责室内环网及引上线接地施工
9	瓦工	20 名	负责地砖铺设等瓦工施工
10	木工	10 名	负责装饰木工、铝塑板施工
11	架子工	2 名	负责装饰搭架子
12	防水工	3 名	负责屋面及一层墙地面防水施工
13	辅助工	15 名	经过安全教育培训合格后辅助装饰施工

3.3 施工机具准备

3.3.1 施工作业工器具

施工作业工器具配置计划见表 4–3。

表 4–3　　　　　　　　　　施工作业工器具配置计划表

序号	作业机具名称	数量	规格等级精度	备注
1	小推车	5		检验合格
2	射钉枪	3		检验合格
3	角磨机	5		检验合格
4	砂轮切割机	2		检验合格
5	手电钻	10	/	检验合格
6	水准仪	1	/	检验合格
7	全站仪	1	/	检验合格
8	铁铲	8	/	检验合格
9	铝合金检测尺	10	/	检验合格
10	水平尺	3	/	检验合格
11	方尺	3	/	检验合格
12	线坠	8	/	检验合格
13	墨斗	4	/	检验合格
14	橡皮锤	18		检验合格
15	电锤	2		检验合格
16	钢卷尺	5		检验合格
17	托线板	8		检验合格
18	手提石材切割机	3		检验合格

续表

序号	作业机具名称	数量	规格等级精度	备注
19	搅拌机及腻子搅拌器	1台水泥搅拌机 4台腻子搅拌器		检验合格
20	平板振动器	1		检验合格
21	套丝机	1		检验合格
22	液压煨管机	1		检验合格
23	台钻	1		检验合格
24	机械开孔器	1		检验合格
25	绝缘电阻表	1		检验合格
26	接地电阻表	1		检验合格

3.3.2 仪器、仪表

施工仪器、仪表配置计划表见表4-4。

表4-4　　　　　　　　　施工仪器、仪表配置计划表

序号	仪器仪表名称	规格型号	数量	备　注
1	自动安平水准仪	AT-B4	2台	校验合格，且在有效期内
2	盒尺	5m	6把	校验合格，且在有效期内
3	钢卷尺	50m	2把	校验合格，且在有效期内
4	塔尺	5m	1把	校验合格，且在有效期内
5	线坠	0.5kg	2个	/
6	小白线		200m	/

3.3.3 安全工器具

安全工器具配置计划表见表4-5。

表4-5　　　　　　　　　安全工器具配置计划表

序号	名称	规格	数量	备　注
一	安全用品			
1	安全自锁器		20个	栏杆式或挡板式
2	防护镜等		10副	塑料、钢板、木质
3	安全帽		130顶	玻璃钢
4	安全带		110副	要求检验合格
5	绝缘鞋		4副	耐压等级
二	安全设施			
1	安全围栏	高1.5m	50m	

续表

序号	名称	规格	数量	备 注
2	垂直拉锁		100m	
3	防火毯		10条	

3.4 材料准备

施工所用的材料应提前进行备料。进场后，准备相关产品合格证，出厂证明，检验报告，营业执照，组织机构代码，生产许可证。经项目部质检员质检合格后，报监理和业主项目部审批确认合格后，方可投入使用。有复试要求的材料，根据见证取样管理制度执行，复试报告鉴定合格后方可投入使用。施工材料准备见表4-6。

表 4-6　　　　　　　　　　　施工材料配置计划表

序号	名称	规 格	单位	数量	备注
1	方木	50mm×100mm×4000mm	根	100	
2	门式脚手架	1800mm×2000mm	套	30	
3	砂浆盒	2000mm×1200mm	个	10	
4	地板砖	800mm×800mm	m²		建筑地面
5	地板砖	600mm×600mm	m²		建筑地面
6	墙砖	300mm×600mm	m²		建筑墙面
7	吊顶	600mm×600mm	m²		建筑顶棚
8	石膏板	成品	m²		建筑顶棚
9	防静电地板	600mm×600mm	m²		建筑地面
10	腻子	10kg	袋装		顶棚墙面
11	内墙涂料	10kg	桶装		顶棚墙面
12	板材	1220×2400mm	块	200	
13	建筑照明	乙供短名单	套		建筑照明
14	水泥	地材	吨	100	
15	黄砂	地材	吨	100	
16	水	地材	吨	200	

3.5 工序交接

3.5.1 门窗安装前，洞口尺寸复查，弹50mm、1000mm线、十字线；门窗安装完毕后，经验收合格，门窗洞收口抹灰完成。门安装验收完毕，及时收口，防止门框变形，确保门的开启自如。

3.5.2 内墙涂漆施工前抹灰工程应通过验收，照明、空调、视频监控、消防报警、网络布线埋管施工应全部完成并通过验收合格，所有孔洞修补完毕，方可进行刮腻子工作。

3.5.3　腻子施工前基层应施工完毕并干透，基层上的杂物应清理干净。温度湿度要达到施工要求方可施工。

3.5.4　吊顶龙骨安装完毕，消防、空调、通信、设备安装、电缆敷设等隐蔽验收完后，再进行封石膏板吊顶。

3.5.5　其他：电源从室外二级电源箱引至每层三级配电箱，移动电源箱引到作业面。水源在每层 K1 轴与 KB 轴墙面上引用临时水源，便于施工用水。

4　施工技术方案

4.1　施工流程

4.1.1　装饰工程总的程序：先室外后室内，先上后下交叉施工。

4.1.2　装饰、装修工程的墙、顶、地按照建筑层和房间组织流水作业，首先施工设备房间，然后施工办公及配套房间，设备房间在电气安装完成返交后视情况进行收口、消缺。室外及屋面部分本装饰装修施工方案仅作简述。室内装饰装修流程如图 4-2 所示。

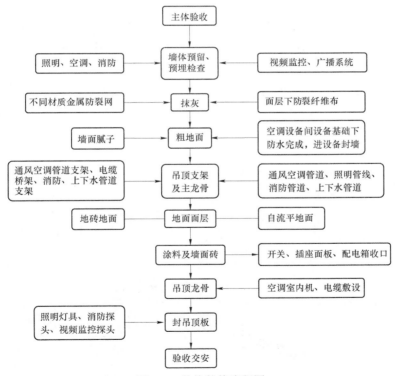

图 4-2　装饰装修流程图

4.1.3　室内装饰的程序：结构处理—放线—立门窗框—各类管线—墙面抹灰—管道试压—墙面涂料—屋顶—楼地面工程—安装门窗小五金—灯具、洁具安装—清理交工。

4.1.4　室外装饰程序：墙面施工自上而下，在装饰前，外墙面的门窗框、落水管、空调等设备空洞均已到位。

4.1.5　公用部位装饰程序：结构处理—弹线—立门窗—顶棚、墙面抹灰贴外墙面砖、涂料、油漆，门窗安装—地面—灯具安装—清理。

4.2　主要部位施工要点

主控楼及辅控楼主要装饰装修部位集中在门厅、走道、电梯间、楼梯间、监控室、会议室、设备室、卫生间、交接班室。上述部位的装饰装修需要根据装饰协调会议纪要，依据运行等各单位装饰会议纪要意见进行装饰效果图设计，效果图经过认证后，确定装饰风格、材料品牌等相关内容，根据分项工程进行样板间装饰，通过验收后方可大面积施工。上述装饰装修部位效果图如图 4-3～图 4-7 所示。

(a)

(b)

图 4-3　大厅及电梯间效果图

（a）大厅；（b）电梯间

4.2.1 门厅及电梯间装饰要求

（1）门厅地面一般多采用 800mm×800mm 石英玻化地砖，搭配 150mm 宽地砖套边，150mm 高踢脚线。

（2）门厅、电梯间墙面采用白色耐擦洗乳胶漆。走廊门套、电梯门套与本层其他门套保持一致。

（3）门厅顶面顶部较高，一般多采用轻钢龙骨石膏板造型吊顶，四边做叠级造型。中间采用 LED 平板灯，四周布置筒灯。

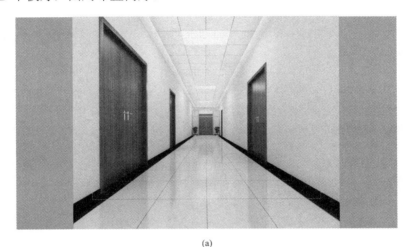

(a)

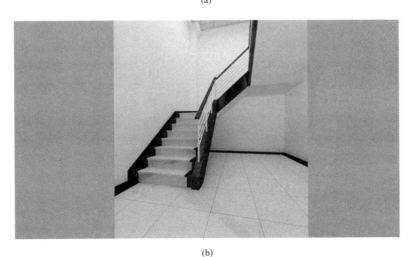

(b)

图 4-4 走道及楼梯间效果图

（a）走道；（b）楼梯间

4.2.2 走道及楼梯间装饰要求

（1）走道地面一般多采用 800mm×800mm 石英玻化地砖，搭配 150mm 宽地砖套边，

150mm 高踢脚线。楼梯一般采用大理石石材地面开防滑槽或楼梯专用整砖开防滑槽,搭配 150mm 宽地砖套边,150mm 高踢脚线。门槛石一般采用大理石石材。

(2)楼梯扶手为深胡桃木色实木扶手,白色或浅灰色铁艺方管栏杆。楼梯扶手设置接地。

(3)墙面白色乳胶漆,平开式镀锌钢板门、钢质电磁屏蔽防火门等颜色及尺寸尽量统一。

(4)600mm×600mm 铝板或矿棉板吊顶,600mm×600mmLED 平板灯,两边 20mm 宽石膏板光带造型。

(a)

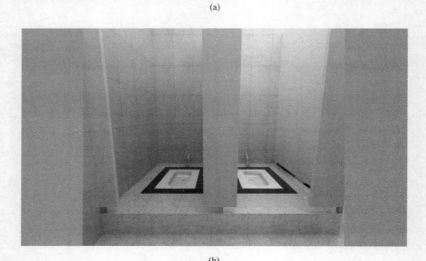

(b)

图 4-5　卫生间效果图

4.2.3　卫生间装饰要求

(1)地面一般采用 300mm×300mm 防滑浅色地砖。墙面 300mm×600mm 浅色墙面砖竖贴。顶棚采用 300mm×300mm 集成吊顶,LED 集成灯,设置排气扇。

（2）采用成品防水浅色隔断及不锈钢配件。洁具及五金配件采用国内知名品牌，设置成品带柜子洗手台，洗手盆设置台下盆，配置冷热水及小厨宝。

（3）门窗套及公共区域门洞包边采用与墙砖颜色接近的人造石石材。

（4）建议一层地坪和各楼层标高降低 200mm，蹲便器不做台子，蹲便器四周建议采用大理石石材套割。

(a)

(b)

图 4-6 会议室及办公室效果图
（a）会议室；（b）办公室

4.2.4 会议室及办公室装饰要求

4.2.4.1 地面一般采用 600mm×600mm 浅色地砖。墙面白色乳胶漆或防火隔热吸音板。背景墙采用银灰色铝塑板分格饰面。背景墙设置暗藏式投影幕，挂式投影仪。窗户墙边设置 150mm 高窗帘盒。窗套及窗台板采用大理石石材。

4.2.4.2 办公室吊顶 600mm×600mm×0.8 厚铝合金穿孔铝板吊顶，600×600LED 平板灯。会议室顶棚采用轻钢龙骨石膏板光带造型，四周石膏板叠级造型，主要照明采用 LED 平板灯，辅助筒灯。门、窗两边因安装中央空调，宽度略宽、层高略低，方便设置空调出风口。

(a)

(b)

图 4-7 监控室及操作台房间效果图

（a）监控室；（b）操作台房间

4.2.5 监控室及控制台房间装饰要求

（1）地面一般采用 600mm×600mm 瓷质防静电地板，颜色需要同其他房间地砖，静电地板踢脚线采用不锈钢或铝塑板，地板龙骨采用 40mm×80mm 不锈钢方管焊接网架。

（2）墙面采用白色乳胶漆，顶棚采用 600mm×600mm×0.8 厚铝合金穿孔铝板或矿棉板吊顶，600×600LED 平板灯。窗户墙边设置 150mm 高窗帘盒。窗套及窗台板采用大理石石材。

（3）根据运行需要，请运行单位提出室内操作台、监控屏幕、监控台、LED 屏幕等附加设施的布置图，明确布线位置，提前进行预埋，同时在静电地板铺设之前完成强弱电布置，预留孔洞，防止反复拆装静电地板造成损坏。

4.3 施工方法

4.3.1 墙体预留、预埋检查

在主体验收完成后，墙体抹灰前，提前申请业主及监理组织视频监控、通风空调、消防报警、广播系统等相关单位技术人员到场进行辅助专业的图纸确认，配合土建主体单位进行墙体内预留、预埋孔洞及管线进行联合检查、验收，查漏补缺，发现漏埋、错埋现象，及时进行整改，以防装修面完成后再整改形成缺陷，并形成验收签证记录存档。

4.3.2 抹灰工程

（1）基层清理。

1）混凝土基层处理：将混凝土表面清扫干净，采用机械喷涂或用笤帚刷上一层 1:1 稀粥状水泥细砂浆（内掺 20% 108 胶水拌制），使其凝固在光滑的基层表面，用手掰不动为好。

2）砖墙基层处理：将墙面上残存的砂浆、污垢、灰尘等清理干净，用水浇墙，将砖缝中的尘土冲掉，将墙面润湿。

3）门窗口、各种孔洞及管口与墙体交接处应按要求填塞密实。

4）不同基层材料的交接处应铺设钢丝网，钢丝网与各基体的搭接宽度不应小于300mm。

（2）吊垂直、套方、找规矩。

1）抹灰前必须找好规矩，即四角规方、横线找平、立线吊直，弹出基准线。

2）对于小房间，可以用一面墙做基准，吊垂直、套方、找规矩，确定抹灰厚度，抹灰厚度不应小于 7mm，当墙面凹度较大时应分层衬平，每层厚度不大于 7～9mm。房间面积较大时应先在地上弹出十字中心线，然后按基层面平整度弹出墙角线，随后在距墙阴角100mm 处吊垂线并弹出铅垂线，再按地上弹出的墙角线往墙上翻引弹出阴角两面墙上的墙面抹灰层厚度控制线作抹基准线。

（3）抹灰饼、充筋、护角。

1）根据弹出的基准线和抹灰分层厚度的控制线抹灰饼。室内墙面抹灰应先抹上灰饼，再抹下灰饼，用靠尺板找好垂直与平整；室内墙面的抹灰饼则应注意横竖交圈，以便操作。灰饼宜用 1:3 水泥砂浆抹成 50mm 见方形状。

2）当灰饼砂浆达到七八成时，即可用与抹灰层相同砂浆充筋，充筋根数应根据房间的宽度和高度确定，一般标筋宽度为 50mm。两筋间距不大于 1500mm。当墙面高度小于

3500mm 时宜做立筋。大于 3500mm 时宜做横筋，做横向冲筋时做灰饼的间距不宜大于 2000mm。

（4）抹基层灰。

1）混凝土基层：刷掺水量 10%的 108 胶水泥浆一道，（水灰比为 0.4～0.5）紧跟抹 1:3 水泥砂浆，应分层与所冲筋抹平，并用大杠刮平、找直，木抹子搓毛。

2）砖墙基层：常温时采用水泥混合砂浆，配合比为 1:0.5:4，应分层与所冲筋抹平，大杠横竖刮平，木抹子搓毛，终凝后浇水养护。

3）修抹预留孔洞、配电箱、槽、盒：当底灰抹平后，要随即由专人把预留孔洞、配电箱、槽、盒周边 5cm 宽的石灰砂刮掉，并清除干净，用大毛刷沾水沿周边刷水湿润，然后用 1:1:4 水泥混合砂浆，把洞口、箱、槽、盒周边压抹平整、光滑。

（5）抹面层灰：应在底灰六七成干时开始抹罩面灰（抹时如底灰过干应浇水湿润），依先上后下的顺序进行，然后赶实压光。

4.3.3　吊顶工程

（1）在吊顶施工前确认吊顶内施工项目完成情况，确认空调风管、电缆桥架、槽盒、消防及上下水管道等是否验收完成，以防造成返工。

（2）吊顶标高、尺寸、材料、起拱和造型应符合设计要求。

（3）暗龙骨、明龙骨吊顶均应从吊顶中部均分，非整块吊顶板均分在两边；平整、对称、美观、分格均匀；集控室镂空格栅吊顶饰面板须拉通线调整顺直，误差小于 2mm。

（4）所有穿过吊顶板的安装设备（包括灯具、消防喷淋头、感烟器、音响喇叭）均应布置在整块板的正中；收边、收口工艺要精细，应用角铝（或不锈钢）型材压边收口。

（5）吊顶在顶棚与墙柱的连接处需设置 10mm×10mm 暗槽。

（6）吊顶本身所需吊筋原则上不允许采用植筋方式，吊筋漏装，采用植筋方式作为补救措施时，必须进行抗拔试验合格并有设计的书面认可，方可进行。

（7）吊顶上部的吊筋等铁件，要认真做好防腐油漆。

（8）除空调管网、阀门要严格按设计要求做好防腐保温外，吊顶上部的生活给水、消防水管道、阀门不管设计与否都应严格做好防腐保温，防止夏季冷凝水结露损坏吊顶。

4.3.4　地板砖地面工程

（1）地板砖地面施工前，须采用计算机进行布板设计，色带、黄色安全警示线、房间四周拼砖的宽窄一致等均应统筹考虑，设计方案须经业主方工程部审批，施工时严格按批准的方案放线。

（2）地板砖粘贴应采用干硬性砂浆铺贴工艺，并要求全部采用净缝施工法防止地板砖受热膨胀起拱：即所有砖缝间均匀留置 1.5mm 左右的缝隙，用专用工具将缝间砂浆勾出，并及时采用清水洗刷干净。

（3）施工时，要对地板砖进行几何尺寸、变形、色差等方面的筛选，在房间四角、色带交叉处、柱子阴阳角范围均应采用 45°割角拼接工艺。

（4）高档抛光地板砖施工时应要求操作工人采取措施保护板面保护腊，防止施工对板面造成污染，施工完毕应全面打蜡后交付使用。

4.3.5 防静电地板工程

（1）按照铺设防静电地板房间的实际尺寸，在电脑上进行仔细排版，防止出现破砖现象发生；排版时应统筹策划与走廊地砖对缝、屏柜预埋槽钢边禁止出现破砖现象。排版图应得到业主、监理的书面回复后方可进行施工。

（2）提供防静电地板砖的颜色、花式样品，并得到业主单位的认可；防静电地板砖必须使用同一厂家、同一品种、无色差的产品。防静电地板的检测报告及合格证应报验。

（3）应弹出房间+500mm 水平标高线，用于控制地面面层标高。据排版结果，依照活动地砖的实际尺寸，排出活动地板的放置位置，并在地面弹出分格线。

4.3.6 环氧自流平工程

（1）自流平地面施工前，基层检查，验收合格后方可施工。混凝土基层表面不得起砂、空鼓、起壳、脱皮、疏松、麻面、油脂、灰尘、裂纹等缺陷。基层平整度用 2m 靠尺检查平整度不应大于 3mm/m²。基层应坚固、密实，其抗压强度不应小于 20MPa。基层含水率不应大于 8%，并保持干燥。底层或地下基层应做防潮处理。

（2）涂饰封闭涂料：在处理清洁、平整的砼表面，采用高压无气喷涂或辊涂，环氧封闭底涂料一道。

（3）在实干（25℃，约 4 小时）以后的底漆表面采用批刮中间层腻子涂饰，以确保地坪的耐磨损、耐压性、碰撞、水、矿物油、酸碱溶液等性能，并调整地面平整度。

（4）在中间层实干后，进行环氧地坪层涂装。涂装前应对于中间层用砂袋式无尘滚动磨砂机进行打磨、吸尘。

4.3.7 涂料工程

（1）涂料工程最终施工质量要求：不允许有开裂、龟裂现象；不允许掉粉、起皮；不允许漏刷、透底；不允许泛碱、咬色；整体颜色应一致；门窗洁净；不允许流坠、疙瘩；要求无沙眼、无刷纹；分色线平直，偏差不大于 1mm。

（2）涂饰注意事项。

1）涂料工程施工前必须对墙体基层的施工质量进行严格的检查，严禁有空鼓、开裂现象；基层表面要有足够的粗糙度；清水混凝土柱梁结构角线清晰顺畅；细部处理（窗套、腰线、分格线、滴水线、滴水槽等）符合要求；垂直度（2m 垂直检测尺）、平整度（2m 靠尺、楔形塞尺）均按小于 2mm 要求控制；阴阳角方正用直角尺检测按小于 2mm 要求控制。不符合要求的必须返工重做。

2）涂料施涂前应清理周围环境，再进行涂饰，防止尘土飞扬污染涂料而影响涂饰质量。涂饰完成后，及时做好成品保护，防止二次污染。

3）涂料的质量、色彩选择应经业主工程部认可，大面积施工前应按预定的施工工序要求先做样板，并经有关人员认可后方可进行正式施工。

4）严格控制刮腻子工序质量，腻子的黏结性、弹性要好；基层表面过分光滑的范围要砂毛，涂刷一层黏结液，增加腻子的附着力；控制刮腻子的厚度，不要一次刮抹过厚；刷涂底层涂料前腻子层平整度（2m 靠尺、楔形塞尺）按小于 1mm 要求严格控制，不符合要求时，应反复刮腻子砂毛工序。

5）涂料施工必须涂刷与面层涂料相配套的底层专用涂料，防止面层咬色、泛碱。

6）最后一遍涂料施工应待安装工序基本完工后，将确认不再使用的埋件用高强腻子与结构刮平磨光统一涂刷涂料；已在使用的埋件统一涂刷面漆。

7）外墙涂料宜选用吸附力强、耐候性好、耐洗刷的弹性涂料，要求选用名牌产品。涂料在使用前，应进行抽样检测，使用时不得随意加水稀释。

4.3.8　楼梯工程

（1）踏步面平整、宽度均匀一致，相邻台阶两级高度差不超过 6mm（规范 10mm）；防滑条顺直、清晰；踏面压踢面，外露宽度宜控制在 4～6mm，外侧边缘磨圆抛光；踏步及休息平台梯井侧应采用同标准抛光花岗岩做挡水沿，花岗岩挡水沿板外侧各面均应抛光，宽度宜按 5mm 左右控制。

（2）所有栏杆扶手型式、材料的规格尺寸可根据使用场所具体情况，做二次设计并征得业主工程部同意后方可施工。扶手在转角处弯圆，大小管连接应在大管上钻孔或小管放样剖口，严禁将小管口压扁后焊接。焊缝须打磨光滑。楼梯栏杆水平段扶手高度不小于 1050mm，放样时必须考虑楼地面建筑层厚度。所有栏杆与墙柱连接处及立管落地处均要求加装扣碗装饰。

（3）所有孔洞周边栏杆下均应设挡水沿或踢脚板，高度不小于 120mm；钢制平台或楼梯设钢制踢脚板，厚度不得小于 3mm，上口直线度按 2mm 以内控制（拉 5m 线，不足 5m 拉通线，用钢尺检查），上沿须磨光，不得留有毛刺。

4.3.9　卫生间工程

（1）卫生间墙面、地面砖缝对齐；洁具中心线要与砖缝对称；排砖设计时地漏宜置于板块正中，地板砖对角线裁开加工地漏口，地漏口要比周边地板砖低 5mm；地面找坡 0.5～1%，泼水试验要求地面排水顺畅、不积水。

（2）卫生间地坪、地漏及防水处理。

1）卫生间的楼板必须采用现浇混凝土，浇注时应同时将周边墙体除门洞口处范围以外向上做一道高度不小于 120mm 的混凝土翻边，成品地坪应低于相邻房间 20～30mm；

2）过楼层板管道孔洞应采取预留法并做套管，套管应做止水环，套管上沿应高出成品地面 30mm 以上；如套管漏装或移位另做时，应将洞口清洗干净、毛化处理、涂刷建筑胶液，混凝土填塞分两次进行：用掺入适量抗裂抗渗作用微膨胀剂的细石混凝土浇注至套管挡水圈以上，凝结后进行 4h 蓄水试验，无渗漏后再填嵌上部混凝土并留置 10mm 凹面涂刷防水材料。

3）垫层施工时，从地漏口向四周拉放射线找坡，坡度为 0.5%～1%，地漏口周围做 5% 的泛水坡度。

4）在做地板砖前必须先做一道防水层，防水层施工前应先将楼板四周清理干净，阴角及预留孔洞处粉成小圆弧。防水层泛水高度不得小于300mm。施工完毕后，应进行24h蓄水试验，确保不渗漏。

（3）卫生间墙面粉刷前应热涂一道聚氨酯防水涂料（高度不少于1.8m），并随即撒粗砂砾以便于粉刷层的结合，基层砂浆应分二次刮糙。

（4）卫生间门框下部（与踢脚线高度一致）采用防潮防腐处理。

（5）卫生间上下水管道采取暗敷措施。

4.3.10 门 窗 工 程

（1）建议使用铝合金断桥隔热窗和成品铝合金大门。

（2）门窗框安装采用净口后置法：门窗洞口用防水砂浆刮糙处理，然后实施外框固定，门窗框安装完毕后不再另行抹灰且不允许采用水泥沙浆填充外框与洞口间隙。固定后的外框与墙体抹灰层间应根据饰面材料确定间隙大小。当外墙采用涂料装饰且门窗框采用专用塑料胀塞、螺栓固定法时，门窗洞口抹灰应按门窗外框净尺寸与墙体之间每边留4~6mm缝隙控制。

（3）木门窗框安装须预置木砖，木砖应横木纹方向放置且做好防腐，其间距不应大于500mm。

（4）非木门窗安装宜采用镀锌铁片连接固定，镀锌铁片厚度不小于1.5mm，固定点间距不大于500mm且每边不少于2点，亦可在墙体内预置专用塑料胀塞，采用螺栓固定。严禁用水泥钉直接穿透型材固定门窗框。

（5）门窗洞口应干净，外框与洞口间隙施打聚氨酯发泡剂，发泡剂应连续施打、一次成型、充填饱满，溢出框外的发泡剂应在结膜前塞入缝隙内，防止发泡剂外膜破损。

（6）门窗框外侧应留置5mm宽的打胶槽口；外墙面层为粉刷层时，宜贴"⊥"形塑料条做槽口。外窗底框下沿与窗台间应留有10mm的槽口。

（7）施打密封胶时基底面应干净且干燥，严禁在涂层上打胶；密封胶应采用中性硅酮密封胶。

（8）钢门窗安装采用后塞口安装、洞口尺寸超差不大于30mm，窗口上下及水平一条线。

（9）所有门窗安装应牢固，正侧垂直、不串角，整个建筑物门窗水平、垂直要整齐划一。

（10）内窗台宜设窗台板，外窗台内侧要低于内窗台不少于20mm，并向外侧做流水坡，坡度不小于15%。

（11）玻璃安装：钢门、塑钢门窗玻璃安装一律用橡胶密封条固定。

4.3.11 水电暖通安装工程

（1）消防箱安装：应考虑安装位置和朝向便于操作，且不影响人员通行和箱门开启。固定螺栓安装在箱内，开孔应采用机械开孔，严禁采用气割法开孔。

（2）空调通风管道安装：通风管外露部分刷涂料，保证外观效果，法兰、螺栓处刷白漆，铁皮风管保温层外裹铝箔层。

（3）照明配管：管卡固定采用膨胀螺栓，管卡固定间距、标高一致，成排钢管焊接应焊管卡内部，自制钢管卡端头应采用弧角。

（4）配电箱安装：彩色打印回路标签，插座面板上用不同颜色标明零线、相线、接地线。

（5）灯具安装：同一房间灯具顺直一条线，高低一个平，灯具与吊顶密合，同组开关高低差不大于 0.5mm，总体布置保证造型美观。

（6）管道支架、托架及吊筋：统一制作、统一规划，角楞打圆，除净锈后刷红丹防锈漆，然后运至现场安装，安装后支架及托架再刷两道罩面漆。无吊顶房间的吊筋要套 PVC 管装饰。支架、托架固定如采用膨胀螺栓，膨胀螺栓应用平头膨胀螺栓。

（7）上下水、消防、暖气等管道及卫生器具安装。

1）上下水、消防、暖气等管道穿越楼层板和墙体时均应预设套管，套管的坐标位置要正确；套管内用油麻填塞、油膏封口。

2）穿越楼层板的钢套管要用车床加工倒角，上口要高出建筑层面 30mm；套管外露地面以上部分刷红丹防锈漆和面漆。

3）现浇楼层板的套管在混凝土中部应设挡水圈，管壁光滑时应做毛化处理：涂胶、喷洒中粗砂。

4）穿墙套管要由两根短管组成，并加工坡口，抹灰时注意调整，使套管在墙面两侧齐平。

5）+0.5m 以上穿越建筑物外墙的所有管道在墙体外侧均应设挡水圈滴水，防止雨水污染外墙面。

6）上下水管道安装要横平竖直，外露丝扣不超过三扣，铅油麻丝（或防水胶布）不准有"胡子"。下水管道坡度符合设计规定，焊口要打磨并防腐。阀门、暖气片要逐个打压，做强度和气密性检验。

7）卫生器具如大便器、水箱、洗手池等安装规范，高低及位置要符合设计要求。

8）管道过地板砖、墙面砖安装时应尽可能居板中，依实测尺寸，在地板砖或墙面砖上放样，用钻割圆孔，然后锯割一分为二进行粘贴。

4.3.12 屋面工程

屋面的天沟、檐沟、泛水、水落口、檐口、变形缝、伸出屋面管道等部位，是屋面工程中最容易出现渗漏的薄弱环节。据调查表明有 70%的屋面渗漏都是由于节点部位的防水处理不当引起的。对屋面工程的综合治理，应该体现"材料是基础，设计是前提，施工是关键，管理维护要加强"的原则。因此，对屋面细部的防水构造施工必须符合设计要求。

（1）刚、柔双防水屋面上部刚性防水层施工注意事项

1）柔性防水层完工后，应严格检查其防水性能（灌水试验），合格后方允许施工刚性防水层，刚性防水层施工时要采取有效可靠措施保护下部柔性防水层成品不致损坏。

2）刚性防水层应采用厚度不小于 40mm 的细石混凝土。钢筋网片采用焊接型网片，混凝土浇捣时宜先铺 2/3 厚度混凝土并摊平，再放置钢筋网片，后铺 1/3 的混凝土，振捣并碾压密实，收水后分二次压光。保水养护 14d。

3）刚性防水层与立墙、女儿墙及突出屋面结构等交接处，均应留置 25～30mm 的伸缩缝并做柔性密封处理。

4）刚性防水层应设置分格缝，其间距不宜大于 3m，缝宽不应大于 30mm，且不小于12mm。分格缝应上下贯通，缝内不得有水泥砂浆黏结。在分格缝和周边缝隙干燥后，嵌填防水油膏，密封材料底层应填背衬泡沫棒，分格缝上粘贴不小于 200mm 宽的卷材保护层。

（2）突出屋面结构与女儿墙等处泛水处理。

1）女儿墙上部压顶及内侧墙粉刷前宜热涂一道聚氨酯防水涂料（刷至女儿墙中部凹槽上挑檐下），并随即撒粗砂砾便于粉刷层的结合；压顶粉刷面应有指向建筑物内侧的不小于 10%～15% 的泛水坡度，挑眉下部应做滴水槽。

2）卷材防水屋面的基层与突出屋面结构（女儿墙、立墙、天窗、变形缝、风机基座、设备管道孔洞等）连接处以及基层转角处（水落口、天沟、檐沟、屋脊等）均应做成圆弧。圆弧半径，沥青卷材为 100～150mm，高聚物改性沥青卷材为 50mm，合成高分子防水卷材为 20mm。高度不低于 250mm（管道处不小于 300mm），防水层收头在女儿墙凹槽内或挑眉下固定，收头处应用防腐木条加盖金属条固定，钉距不得大于 450mm，并用密封材料将上下封严，要保证泛水上边平直、弧度一致，采用专用工具控制。

3）对伸出屋面的管道、人孔及高出屋面的结构处均应用柔性防水材料做泛水，最后一道泛水应采用卷材并用管箍或压条将卷材上口压紧，再用密封材料封口。天沟、檐沟与屋面交接的附加层宜空铺，空铺宽度应为 200mm。天沟、檐沟卷材收头应固定密封。

水落口周围 500mm 范围内坡度不小于 5%，在落水口处卷材增加一层。

（3）屋面保温层。

1）为防止屋面刚性结构受热膨胀推裂女儿墙等结构，除结构层与女儿墙及突出屋面的结构连接处之间采取留伸缩缝的措施之外，屋面保温层应尽可能早做，当条件不具备时，应采取临时保温措施。保温层上部砂浆找平层与女儿墙及突出屋面的结构（立墙、天窗、变形缝、烟囱等）连接处之间也必须留 25～30mm 伸缩缝，屋面面积过大时，还应按规范留置伸缩缝。

2）保温层宜采用憎水型保温板，当采用珍珠岩、轻质陶粒、水泥等材料整体现浇施工时，应待保温层及上部砂浆找平层自然干燥后方可做防水施工；当保温层自然干燥有困难或在雨季施工时，应按间距 6m 设置纵横排气道（建议选用 ϕ25mm 塑料管），排气道应纵横贯通，并与大气连通的排气孔相通。

5 施工进度计划及保障措施

5.1 施工进度计划

计划工期：2015 年 7 月 10 日开始施工，2015 年月 10 月 10 日结束，总工期 92 天。

5.2 施工进度保障措施

5.2.1 提前成立项目部装饰装修专业组

（1）本工程项目部根据装饰装修工程需要已将各岗位管理人员配备齐全，并已进行统一培训，保证项目管理人员在装饰装修这个阶段无论在数量上还是在素质上都能形成绝对优势。

（2）本工程项目部各岗位管理人员已进行了项目的管理准备和生产准备。管理准备包括装饰装修施工组织设计的编制、项目质量、进度和安全的整体策划；生产准备包括材料施工人员都已经准备就绪，装饰装修所用的机械均已到达现场。

5.2.2 施工队伍的组织

本工程中施工队伍的选用考虑使用在某一专业上有专长的专业队伍从事相应专业施工，注重专业操作技能，施工队伍均为整建制的专业队伍，各专业技术人员和管理人员提前进场做好施工准备，作业人员随工程进度进场，项目部在安全、质量、技术上控制、管理、协调施工专业队伍的工作。

5.2.3 周转性材料的保证

整个工程中的周转性材料计划已制定完成，并落实明确，保证工程所需的周转性材料。

5.2.4 抓好节假日期间的施工组织

在节假日期间由项目经理亲自坐镇现场，做好全体施工人员的思想工作。加大奖励力度。

5.2.5 精心组织施工，保证里程碑各节点顺利实现

在工程实施过程中，全面跟踪每一道工序的进展情况，及时收集工程数据，每周对三级进度计划进行盘点、更新。

根据盘点结果，同时对比分析资源配置的计划和实际投入情况，预测工程进度，保证资源投入以满足工程进度的需要。

6 施工质量保证措施

6.1 质量控制标准

6.1.1 质量标准

工程质量符合有关施工及验收规范的要求，符合设计的要求。观感得分率不小于

95%。标准工艺评价得分不小于95%且标准工艺应用率不小于95%。质量控制验收标准见表4-7。

表4-7 质 量 控 制 验 收 标 准

序号	项 目	允许偏差（mm）	0.8倍企标要求（mm）
1	饰面砖立面垂直度	2	1.6
2	饰面砖表面平整度	2.5	2
3	地面砖表面平整度	2	1.6
4	地面砖接缝高低差	0.5	0.4
5	门窗框（含拼樘料）正侧面垂直度	3	2.4
6	门窗框（含拼樘料）水平度	3	2.4
7	吊顶板表面平整度（石膏板）	3	2.4
8	吊顶板表面平整度（金属板）	2	1.6
9	吊顶板接缝平直度（石膏板）	3	2.4
10	吊顶板接缝平直度（金属板）	1.5	1.2
11	涂料流坠、疙瘩、溅沫	允许有轻微少量，但不超过1处	允许有轻微少量，但不超过1处
12	涂料颜色、砂眼、划痕	颜色一致，允许有轻微、少量砂眼、划痕	颜色一致，允许有轻微、少量砂眼、划痕

6.1.2 控制点的设置及要求

WHS质量控制点设置见表4-8。

表4-8 WHS质量控制点设置

序号	控制点	检验单位				
		班组	工地	项目部	监理	控制点
1	饰面砖工程	★	★	★	★	H
2	屋面保温防水工程	★	★	★		S
3	门窗工程	★	★	★	★	H
4	防静电地板工程	★	★	★		W
5	环氧自流平地磁屏蔽地坪	★	★	★	★	S
6	室内涂料工程	★	★	★		W
7	楼梯踏步工程	★	★	★	★	H
8	室内白钢扶手工程	★	★	★		W

注 W—见证点；H—停工待检点；S—旁站点。

6.2 强制性执行条文

6.2.1 现行 GB 50207—2012《屋面工程质量验收规范》中涉及的强制性条文主要包括以下条款:

第 3.0.6 条 屋面工程所采用的防水、保温隔热材料应有产品合格证书和性能检测报告,材料的品种、规格、性能等应符合现行国家产品标准和设计要求。产品的质量应由经过省级以上建设行政主管部门认可和质量技术监督部门对其计量认证的质量检测单位进行检测。

第 3.0.12 条 屋面防水工程完工后,应进行观感质量检查和雨后观察或淋水、蓄水试验,不得有渗漏和积水现象。

第 5.1.7 条 保温材料的导热系数、表观密度或干密度、抗压强度或压缩强度,燃烧性能,必须符合设计要求。

第 7.2.7 条 瓦片必须铺置牢固,在大风及地震设防地区或屋面坡度大于100%时,应按设计要求采取固定加强措施。

6.2.2 现行 GB 50209—2010《建筑地面工程施工质量验收规范》中涉及的强制性条文主要包括以下条款:

第 3.0.3 条 建筑地面工程采用的材料或产品应符合设计要求和国家现行有关标准的规定。无国家现行标准的,应具有省级住房和城乡建设行政主管部门的技术认可文件。材料或产品进场时还应符合下列规定:

1)应有质量合格证明文件;

2)应对型号、规格、外观等进行验收,对重要的材料或产品应抽样进行复检。

第 3.0.5 条 厕浴间和有防滑要求的建筑地面的板块材料应符合设计要求。

第 3.0.18 条 厕浴间、厨房和有排水(或其他液体)要求的建筑地面层与相连接各类面层的标高差应符合设计要求。

第 4.9.3 条 有防水要求的建筑地面工程,铺设前必须对立管、套管和地漏与楼板节点之间进密封处理;排水坡度应符合设计要求。

第 4.10.11 条 厕浴间和有防水要求的建筑地面必须设置防水隔离层。楼层结构必须采用现浇混凝土或整块预制混凝土板,混凝土强度等级不应小于C20;楼板四周除门洞外,应做混凝土翻边,其高度不应下于 120mm。施工时结构层标高和预留孔洞位置应准确,严禁乱凿洞。

第 4.10.13 条 防水隔离层严禁渗漏,排水的坡向应正确、排水通畅。

第 5.7.4 条 不发火(防爆的)面层中碎石的不发火性必须合格;砂应质地坚硬、表面粗糙,其粒径宜为 0.15～5mm,含泥量不应大于 3%,有机物含量不应大于 0.5%;水泥应采用硅酸盐水泥、普通硅酸盐水泥;面层分格的嵌条应采用不发生火花的材料配制。配制时应随时检查,不得混入金属或其他易发生火花的杂质。

6.2.3 现行 GB 50210—2001《建筑装饰装修工程质量验收规范》中涉及的强制性条文主要包括以下条款:

第 3.1.1 条 建筑装饰装修工程必须进行设计,并出具完整的施工图设计文件。

第3.1.5条 建筑装饰装修工程设计必须保证建筑物的结构安全和主要使用功能。当涉及主体和承重结构改动或增加荷载时,必须由原结构设计单位或具备相应资质的设计单位核查有关原始资料,对既有建筑结构的安全性进行核验、确认。

第3.2.3条 建筑装饰装修工程所用材料应符合国家有关建筑装饰装修材料有害物质限量标准的规定。

第3.2.9条 建筑装饰装修工程所使用的材料应按设计要求进行防火,防腐和防虫处理。

第3.3.4条 建筑装饰装修工程施工中,严禁违反设计文件擅自改动建筑主体、承重结构或主要使用功能;严禁未经设计确认和有关部门批准擅自拆改水、暖、电、燃气、通信等配套设施。

第3.3.5条 施工单位应遵守有关环境保护的法律法规,并应采取有效措施控制施工现场的各种粉尘、废气、废弃物、噪声、振动等对周围环境造成的污染和危害。

第4.1.12条 外墙和顶棚的抹灰层与基层之间及各抹灰层之间必须黏结牢固。

第5.1.11条 建筑外门窗的安装必须牢固。在砌体上安装门窗严禁用射钉固定。

第6.1.12条 重型灯具、电扇及其他重型设备严禁安装在吊顶工程的龙骨上。

第8.2.4条 饰面板安装工程的预埋件(或后置埋件)、连接件的数量、规格、位置、连接方法和防腐处理必须符合设计要求。后置埋件的现场拉拔强度必须符合设计要求。饰面板安装必须牢固。

第8.3.4条 饰面砖粘贴必须牢固。

第9.1.8条 隐框、半隐框幕墙所采用的结构粘结材料必须是中性硅酮结构密封胶,其性能必须符合《建筑用硅酮结构密封胶》(GB 16776)的规定;硅酮结构密封胶必须在有效期内使用。

第9.1.13条 主体结构与幕墙连接的各种预埋件,其数量、规格、位置和防腐处理必须符合设计要求。

第9.1.14条 幕墙的金属框架与主体结构预埋件的连接、立柱和横梁的连接及幕墙面板的安装必须符合设计要求,安装必须牢固。

第12.5.6条 护栏高度、栏杆间距、安装位置必须符合设计要求。护栏安装必须牢固。

6.3 质量通病防治措施

质量通病防治措施见表4-9。

表4-9 质量通病防治措施

序号	质量通病项目	现象	原因分析	预防措施
1	饰面砖	板块空鼓;踢脚板出墙厚度不一致;地面铺贴不平,出现高低差;有地漏的房间没有弹线找坡	(1)板块空鼓:基层清理不净、撒水湿润不均、砖未浸水、水泥浆结合层刷的面积过大,风干后起隔离作用、上人过早影响黏层强度等因素都是导致空鼓的原因;	(1)基层清理干净、撒水湿润均匀、瓷砖施工前先浸水、控制水泥浆结合层涂刷面积、上人时间; (2)踢脚板背面黏砂浆挤到边角;

续表

序号	质量通病项目	现象	原 因 分 析	预 防 措 施
1	饰面砖	板块空鼓；踢脚板出墙厚度不一致；地面铺贴不平，出现高低差；有地漏的房间没有弹线找坡	（2）踢脚板空鼓原因，除与地面相同外，还因为踢脚板背面黏结砂浆挤不到边角，造成边角空鼓； （3）踢脚板出墙厚度不一致：由于墙体抹灰垂直度、平整度超出允许偏差，踢脚板镶贴时按水平线控制，所以出墙厚度不一致； （4）有地漏的房间倒坡：做找平层砂浆时，没有按设计要求的泛水坡度进行弹线找坡； （5）对地砖未进行预先选挑，砖的薄厚不一致造成高低差，或铺贴时未严格按水平标高线进行控制	（3）在镶贴踢脚板前，先检查墙面平整度，进行处理后再进行镶贴； （4）控制有地漏房间的地面标高，弹线时找好坡度，抹灰饼和标筋时，抹出泛水； （5）施工前对地砖进行认真选挑，保证砖的薄厚一致，铺贴时严格按水平标高线进行控制
2	保温层	保温层功能不良；铺设厚度不均匀；保温层边角边线不直；板块保温材料铺贴不实；保温层起鼓；防水层的边沿、分项刷的搭接处，出现同基层剥离翘边现象；保温层破损	（1）保温层功能不良：保温材料导热系数、粒径级配、含水量、铺实密度等原因； （2）铺设厚度不均匀：铺设时不认真操作； （3）保温层边角边线不直，边楞不齐整，影响找坡、找平和排水，主要原因是赶工、不认真； （4）板块保温材料铺贴不实，造成找平层裂缝； （5）起鼓：基层有起皮、起砂、开裂、不干燥，使防水卷材粘结不良； （6）防水层翘边：主要原因是基层不洁净或不干燥，收头操作不细致，密封不好，底层涂料粘结力不强等造成翘边； （7）破损原因：防水层分层施工过程中或全部施工完，未固化就上人操作活动，或放置工具材料等，将防水卷材碰坏、划伤	（1）施工选用的材料应达到技术标准，控制密度、保证保温的功能效果； （2）铺设时应拉线找坡，铺顺平整，操作中应避免材料在屋面上堆积二次倒运，保证均质铺设； （3）保温层边角边线施工认真、仔细； （4）板块保温材料铺贴应严格达到规范和验评标准的质量标准，严格验收管理； （5）基层施工应认真操作、养护，待基层干燥，固化后，先涂底层，再按防水层施工工艺逐层涂刷； （6）基层要保证洁净、干燥，操作要细致； （7）施工中应保护防水卷材的完整，未固化前不能上人操作活动，或放置工具材料等
3	门窗	门窗的开启方向不当和灵活性不够	（1）看图或交底不细； （2）门窗与五金配件等的安装细节部位的处理不符合图纸与规程； （3）门窗与门窗框安装完成后的口收边处理不及时	（1）注意门窗的整体安装高度、水平位置线标高一致； （2）注意门窗安装后的垂直线偏差控制在3mm以内； （3）门窗与五金配件等的安装细节部位的处理要及时并符合标准； （4）门窗与门窗框安装完成后的口收边处理要及时并符合标准
4	涂饰工程	气孔、气泡；起鼓；涂膜翘边；破损	（1）气孔、气泡：材料搅拌方式及搅拌时间未使材料拌和均匀；施工时应采用功率、转速不过高的搅拌器。另一个原因是基层处理不洁净； （2）起鼓：基层有起皮、起砂、开裂、不干燥，使涂膜粘结不良； （3）涂膜翘边：涂膜层的边沿、分项刷的搭接处，出现同基层剥离翘边现象。主要原因是基层不洁净或不干燥，收头操作不细致，密封不好，底层涂料粘结力不强等造成翘边； （4）破损：涂膜层分层施工过程中或全部涂膜施工完后	（1）选择合适的材料搅拌方式及搅拌时间使材料拌合均匀以避免产生气孔、气泡；做涂膜前应仔细清理基层，不得有浮砂和灰尘，基层上更不应有孔隙，涂膜各层出现的气孔应按工艺要求处理，防止涂膜破坏造成渗漏； （2）基层施工应认真操作、养护，待基层干燥后，先涂底层涂料，固化后，再按施工工艺逐层涂刷； （3）基层要保证洁净、干燥，操作要细致； （4）注意施工中应保护涂膜的完整，避免被破坏

续表

序号	质量通病项目	现象	原 因 分 析	预 防 措 施
5	楼梯踏步	楼梯踏步宽度不够、高度不均匀；踏步平整度不够	（1）踏步尺寸不够、忽高忽低，主要是人员粗心；施工人员没有分清结构标高（楼层结构板面标高）与建筑标高（使用时的楼面标高）； （2）踏步平整度不够产生原因一是没有水平方向的标准和参考，另一个是施工人员素质不够或赶工	（1）认真交底、加强施工人员责任心；室内楼梯踏步以宽度 0.28m、高度 0.15m 为宜； （2）踏步施工时在两侧墙上弹两道斜坡线并根据踏步数做等分线和垂线，通过画线保证踏步尺寸；加强培训提高施工人员素质不够，合理安排施工时间，严禁赶工
6	钢管栏杆扶手	立杆垂直偏差大；扶手晃动；踏步处有破活痕迹	（1）立杆接口融合处焊口粗糙，点焊不均匀或不牢固； （2）立杆安装焊接不牢固，致使扶手晃动； （3）踏步板与立杆安装顺序颠倒，致使踏步处有破活痕迹	（1）立杆接口融合处点焊均匀、牢固； （2）保证踏步板与立杆安装顺序正确，避免踏步处有破活痕迹
7	静电地板	出现翘曲不平	基层处理不平整，经常出现翘曲不平，基座立柱固定不牢固等现象，均会出现翘曲不平	针对出现以上情况采取预防措施，对于基层施工程序严格控制，争取做到一次成活，一次创优，达到优良工程的质量标准。施工过程中注重基座的固定，及调平并在支架上不铺贴柔性材料，赋予弹性，减少活动跨度
8	环氧树脂工业自流平屏蔽地坪	环氧树脂地坪起水泡多发生在一楼或地下室，其他层也可能出现，环氧树脂地坪起水泡一般在施工后不久就发现，有的上午铺贴的环氧树脂地坪下午就有水泡	（1）基层、如水泥砂浆找平层，最大含水率达 12%左右，基层的最大含水量大于找平层； （2）环氧层中的其他配料内的脱水不尽； （3）环氧层和基层施工时结合不好留下空隙和环氧本身的化学活性，没有完全固化或者是遇到潮湿气没有完全固化的残留物或气体； （4）基层的地下渗透的潮湿气体	（1）在基层上做防水层，防止水气向上渗控制基层或防水层内的含水率在 8%内，基层或防水层抗压强度大于 20MPa，进行环氧施工。 （2）提高环氧层和基层或防水层的黏接力，克服初起水泡时的胀力避免水泡的发生。 （3）环氧层施工中，底涂层应选用质量好的材料，① 让一部分环氧树脂渗透到基层或防水层中上下形成一个整体；② 是提高粘接力，固化后少留残余物或化学气体。 （4）环氧层施工完后避免阳光的照晒，减少环氧层表面和里面温差大小的变化。 （5）在基层或防水层上施工一定要清理干净。施工后的环氧层和基层或防水之间不留空隙。 （6）总之防水材料在选用上必须，具备以下几点：① 抗渗不透气性；② 抗压性，强度大于 20MPa；③ 和地面有超强的黏结性；④ 和环氧树脂容易粘接形成一个整体。防水层在施工完后 3 天内不得上人，同时需要做好保护好成品保护

续表

序号	质量通病项目	现 象	原 因 分 析	预 防 措 施
9	吊顶	吊顶不平：吊顶安装后，明显不平，甚至产生波浪形状；接缝明显；接缝处接口露白茬。接缝不平，接缝处产生错台	（1）标高线误差大，板条安装前龙骨未调平，其他较重设备共用吊顶吊杆，板条材料尺寸偏差大； （2）下料切割角度不正，切口不平、有毛边	（1）① 对于吊顶四周的标高线，应准确地弹到墙上，其误差不能大于±5mm。跨度较大时，应在中间适当位置加设标高控制点。在一个断面内应拉通线控制，线要拉直，不能下沉；② 安装板条前，应先将龙骨调直调平；③ 安装较重的设备，不能直接悬吊在吊顶上，应另设吊杆，直接与结构固定；④ 安装前要先检查板条平、直情况，发现不符合标准者，应进行调整。 （2）① 做好下料工作。板条切割时，控制好切割的角度；② 切口部位应用锉刀将其修平，将毛边及不平处修整好；③ 用相同色彩的胶粘剂（如硅胶）对接口部位进行修补，使接缝密合，并对切口白边进行遮掩
10	建筑电气	管路有外露现象；稳埋盒箱有歪斜；管内有落物；PVC 管进行加热煨弯变色、煨弯倍数不够	（1）保护层小于 15mm 的管路有外露现象，主要是管槽深度不够； （2）稳埋盒箱有歪斜；暗盒箱有凹进、凸出墙面现象；盒箱破口；位置尺寸超允许偏差值； （3）朝上的管口不封堵及时，避免杂物落入管内。 （4）PVC 管进行加热煨弯时，温度过高、外力过大，煨弯倍数没有正确放样	（1）应将管槽深度剔到 1.5 倍管外径的深度，将管子固定好后用水泥沙浆保护，并抹平灰层。 （2）对于稳埋盒、箱应先用线坠找正，位置正确后再进行固定稳埋；暗装的盒口或箱口应与墙面平齐，不出现凹陷或凸出墙面的现象。暗箱的贴脸与墙面缝隙预留适中；用水泥砂浆将盒箱底部四周填实抹平，盒子收口平整。 （3）朝上的管口应及时封堵。应在安装立管时，随时堵好管口，其他工种作业时，应注意提醒不要碰坏已经敷设完毕的管路，避免造成管路不通。 （4）PVC 管进行加热煨弯时，温度适宜、外力恰当，煨弯倍数放样正确
11	建筑给排水	材料质量差（部分管材存在砂眼、裂缝、管壁厚薄不均等缺陷，容易破碎，且管材、管件规格尺寸不标准）；预留孔洞位置不准确；管道渗水、漏水；管道堵塞	（1）给排水材料选材不严、不细。 （2）图纸会审时，未能及时发现并解决土建专业与给排水专业施工图之间的错、碰、漏等问题；土建施工时，没有结合给排水图纸进行预留洞和预埋管施工，没有派专人现场监督。从而造成孔洞错位、漏埋或移动，不仅浪费时间和精力，严重的还会给工程留下质量缺陷和事故隐患，影响建筑物的使用安全。 （3）安装质量差，尤其是胶粘剂连接的 UPVC 管，其承插口没处理密实、有缝隙、胶粘剂用量过多或过少，引起脱胶。地漏及穿楼板管道安装后，其四周与地面结合处修补不密实。 由于施工回填土压实不均匀或不密实，造成地面不均匀沉降，导致多处给排水管道断裂漏水。室外出户管道回填土方时，UPVC 管因管道架空或遭较大坚硬物压迫来破损，引起渗漏。	（1）工程所需的主要原材料、成品半成品、构配件、器具和设备，必须要求有产品合格证、技术说明书及有关部门的检验证明。材料、设备进场应进行检验，对其品种、规格、外观等进行验收，确保包装完好、配件齐全、产品表面无划痕及外力冲击破损，经专业监理工程师认定后才能用于工程，严把材料和设备的进货质量关。 对管材、管件、卫生洁具等，应优先选用生产工艺、设备先进和质量保证体系可靠的厂家产品。对进场的设备材料要做好防雨、防锈及防碎等防护工作。 （2）预留孔洞位置不准确预防措施：① 专业技术人员在接到施工图以后，应认真学习图纸，熟悉图纸的内容、要点和特点，弄清设计意图，掌握工程情况，以便采取有效的施工方法和可行的技术措施。在审核图纸时，尽量全面发现图纸中的问题，以便设计人员及时准确地做出修改和补充，使设计不合理之处尽量解决在施工之前。

续表

序号	质量通病项目	现 象	原 因 分 析	预 防 措 施
11	建筑给排水	材料质量差（部分管材存在砂眼、裂缝、管壁厚薄不均匀等缺陷，容易破碎，且管材、管件规格尺寸不标准）；预留孔洞位置不准确；管道渗水、漏水；管道堵塞	（4）管道堵塞原因：① 管道安装前没有认真清除管内杂物；② 安装后的预留管口、卫生器具预留排水口没有堵严，在土建施工中或在清洗、冲洗楼道地面时，施工队将各种废物冲入或扫入排水管道，凝结成块，致使排水管道堵塞，清理这些堵塞是很费劲的，有些地方必须断管或重新安装；③ 安装施工中，为预留口的位置和接管尺寸，将排水支管做成无坡、坡小、甚至倒坡，安装完成后没做排水立管的通球试验	② 在混凝土楼板、梁、墙上预留孔、洞、槽和预埋件时，应有专业人员按设计图纸将管道及设备的位置、标高尺寸测定，标好孔洞的部位，将预制好的模盒、预埋铁件在绑扎钢筋前按标记固定牢，盒内塞入纸团等物，在浇筑混凝土过程中应有专人配合监督，看管模盒、埋件，以免移位。③ 施工技术人员在混凝土浇筑之前，积极配合土建施工，特别要检查地下室外墙套管预埋件的标高、位置；检查水泵基础位置、高度与水池预埋套管是否对齐；检查厨房、卫生间、水池、屋面的留孔位置；检查空调水管留洞大小是否考虑了保温层的厚度；通风口是否遗漏等。 （3）管道渗水、漏水预防措施：① 排水管道、卫生器具与排水管道承插口的打口必须密实，管道或器具位置校正后要固定牢，在接口处四周先用麻丝填2～3圈，使管道四周缝隙均匀，打实固定，再用1:6石棉水泥打口，严禁用水泥砂浆抹口。打口质量要求是环缝间隙均匀，灰口密实饱满，平整光滑，并做好湿养护，24h内不准碰动。② UPVC管黏结时，管材管件应先试插一次，并在管材上作插入深度记号，感觉不精密或松动应立即更换管材或管件，连接时管材及承口先打毛后涂胶粘剂，胶粘剂应均匀涂刷，管插入要到位，并固定保持5min不动。③ 管道穿过楼板应设置金属或塑料套管，卫生间套管及厨房套管顶部应高出地板饰面50mm，套管底部与楼板底面相平，套管内径比穿越管外径大10～20mm。套管与管道间的间隙应用沥青油膏填实，其表面应光滑。④ 室内地坪以下管道，应在土建回填夯实后，重新开挖施工。管道一定要敷设在密实的土层中，不能在未经夯实的土层中敷设管道。回填土时不得有尖硬物直接与管道接触，土壤的颗粒最好不要大于12mm，在管道下铺设100mm厚的砂垫层，回填土应先夯实管道的两侧，待回填至管顶300mm时，经夯实后方可继续回填。室内管道总埋深不少于300mm，室外管道总埋深不少于900mm。 （4）管到堵塞预防措施：① 安装管道、卫生器具时，就应先清理管内、预留排水口内的杂物，保证畅通；② 厨房卫生间地漏等部位的管道开口、外露敞口均要用木塞、麻丝等紧塞，以防土建交叉施工过程中砂浆碎石和建筑垃圾等杂物落入口内；③ 管道按标准坡度施工，坡度应均匀，不准倒坡；④ 做好室内排水管道通球试验，以避免接口处阻塞和管道中掉有异物。通球前必须由上至下先进行通水试验，达到不渗不漏不堵塞，合格后再做通球试验时，通球试验所用皮球的直径应为排水管道的3/4，通球试验时，皮球应从排水立管投入，并流入一定水量于管内，使球顺利排出为合格，如遇堵塞，应查明位置进行疏通，疏通无效的应返工处理。通球试验完毕后，应做好试验记录，并归入质量保证资料以备复查

6.4 标准工艺应用

6.4.1 管理要求

（1）优化项目人员配置，确保其技能满足工程过程质量控制要求。

（2）组织技术人员编制有针对性的标准工艺应用专项方案。

（3）分部分项工程开工前，组织技术、质量、安全人员，针对本工程"标准工艺"特点及要求，对施工作业人员进行培训及专题交底，提高施工人员的意识，熟悉标准工艺要求。

（4）施工项目部应根据《质量验收及评定范围表》，所有子分部工程以及《国家电网公司标准工艺库》规定的工艺均应执行"创优要点申报、样板验收、总结提升"的样板工程（首件）三部曲制度。具体标准工艺库内容见附录 10.1。

6.4.2 标准工艺应用清单

标准工艺应用清单见表 4–10。

表 4–10　　　　　　　　　　本工程标准工艺应用清单

序号	工艺编号	项目/工艺名称
1	0101010101	墙面抹灰
2	0101010102	内墙涂料墙面
3	0101010103	内墙贴瓷砖墙面
4	0101010201	人造石或天然石材窗台
5	0101010301	细石混凝土地面
6	0101010302	贴通体砖地面
7	0101010303	防静电活动地板
8	0101010304	自流平地面
9	0101010308	环氧树脂漆自流平地坪
10	0101010401	涂料顶棚
11	0101010403	吊顶顶棚（铝扣板）
12	0101010501	木门
13	0101010502	钢板门、玻璃门、防火门
14	0101010504	断桥铝合金门窗
15	0101010601	楼梯栏杆（含临空栏杆）
16	0101010602	楼梯防滑条
17	0101010701	外墙贴砖墙面
18	0101010801	板材踏步
19	0101010901	细石混凝土坡道
20	0101011001	预制混凝土散水

续表

序号	工艺编号	项目/工艺名称
21	0101011101	钢制护栏
22	0101011201	卷材防水
23	0101011202	刚性防水
24	0101011301	吊杆式灯具
25	0101011302	吸顶式灯具
26	0101011303	壁灯
27	0101011304	专用灯具
28	0101011305	建筑室内配电箱、开关及插座
29	0101011703	地漏
30	0101011704	卫生器具（含大便器、小便器、洗手池和拖布池）

7 施工安全控制措施

7.1 风险辨识及预控措施

作业的安全危险因素辨识和控制见表4-11。

表4-11　　　　　　　　　作业的安全危险因素辨识和控制

序号	活动内容	危险因素		可能导致的事故	控制措施	实施负责人
		危险源	具体描述			
1	高处作业	安全防护设施缺陷	高处作业区的平台、走道、斜布道未装设防护栏杆及踢脚板、安全网、水平防护绳装设不齐全	物体打击、高处坠落	按相关规定加装平台防护栏杆、踢脚板及安全网等	××
2			高处作业,需作业人员行走的方向未设水平安全防护绳	高处坠落	按要求加装水平防护绳	××
3			夜间高处作业区域照明不足	高处坠落、碰伤	在施工区域安装足够的照明灯具	××
4			脚手架爬梯无垂直拉锁,不使用自锁器	高处坠落	按要求加装垂直拉锁,使用自锁器	××
5			高处作业不系安全带或不正确使用安全带	高处坠落	加强现场监督检查、培训教育	××
6			高处作业使用工具不使用安全绳,传递物品时随意抛掷	坠物伤人	严禁传递物器时进行抛掷,较大的工具必须使有安全防护绳	××
7			高处作业区边角料乱堆乱放且无防坠落措施	坠物伤人	边角料应及时清理到地面	××
8			高处作业移动点焊物件	物体打击	加强现场监督检查、培训教育	××

续表

序号	活动内容	危险因素		可能导致的事故	控制措施	实施负责人
		危险源	具体描述			
9	交叉作业施工	安全防护设施缺陷	垂直交叉作业层间未设严密、牢固的防护隔离措施	物体打击	运行控制（安全防护设施）检查表	××
10		违章作业	未经相关部门而任意拆除安全防护措施，或拆除后未及时恢复	高处坠落	挪动、拆除安全防护设施需经安监部门同意，并及时进行恢复	××
11	手持式电动工、器具	设备设施缺陷	漏电保护器欠缺或失灵	触电	加强现场监督检查，并及时的更换受损的部件	××
12	现场防火	违章作业	房屋内存放易燃易爆物品	爆炸、火灾	现场检查监督控制	××
13			作业环境不良，消防通道不畅通	灼烫、中毒和窒息	现场检查监督控制	××
14			施工区域抽烟	火灾	现场检查监督控制	××
15	切割作业	明火	高处火花飞溅	火灾	现场检查监督控制	××
16	电源箱、设备接地、接零	违章作业	不符合接地、接零保护要求	触电	对没有接地、接零的电源箱和设备要停止使用	××
17	使用移动式线轴	设备设施缺陷	开关、插座、插头、电缆线破损	触电	开关、插座、电缆线破损要及时的更换、维修	××
18	脚手架搭设与拆除	违章作业	脚手架施工层脚手板未绑牢、未满铺或未按要求安装防护栏杆	高空坠物	施工层脚手板应绑牢满铺，并按相关规定安装防护栏杆	××
19			脚手架上有悬浮物	高空坠物	脚手架上不允许存在浮搁物	××
20			脚手架拆除时随意抛掷物料，作业区路口未封闭、未设专人监护	坠物伤人	严禁抛掷物料，并封闭作业区路口，设专人监护	××

作业环境条件见表 4—12。

表 4—12　　　　　　作 业 环 境 条 件

序号	环境条件	要　　求	备注
1	道路	畅通	
2	安全防护设施	齐全	
3	天气	六级以上大风、雷雨、大雾等恶劣天气停止施工	
4	水、电	通至施工现场	
5	照明	照明充足	

7.2　施工安全技术及防范措施

7.2.1　所有施工人员必须认真遵守《电力建设安全工作规程》和《电力建设安全健康与环境保护管理工作规定》，杜绝"三违"现象发生，认真做到"三不伤害"。

7.2.2　现场必须设专职安全员进行监护。所有参加作业的人员必须进行安全教育，考试合格后方可施工。

7.2.3 所有参加该项目作业的人员必须接受安全技术交底,做到心中有数,目的明确,各负其责,并履行双签字手续。并坚持站班会制度。

7.2.4 施工人员进入现场必须正确佩戴安全帽,着装整齐,严禁酒后作业。

7.2.5 施工时注意交叉作业,认真观察施工环境的地况,防意外跌伤、碰伤。

7.2.6 由于其他原因需更改施工措施时,技术人员及安全员应根据实际情况制定相应的安全保证措施。

7.2.7 装修作业时的活动架、操作平台必须装设防护栏杆。

7.2.8 装修等作业时,活动架下面严禁站人,施工人员严禁向下仍、抛弃工具。

7.2.9 夜间施工照明保证充足,确保工程进度及质量。

7.2.10 电源闸箱下班后切断电源上锁,用电设备要有防雪措施,非电工人员严禁私接电源线。

7.2.11 各级人员要自觉遵守劳动纪律,认真履行各自的安全职责。作业中,互相监督,杜绝"三违"现象发生,确保施工中的人身及设备安全。

7.2.12 作业时所使用的一切临时设施、工机具要提前检查,确保使用过程中安全可靠,并且要按职业卫生要求定期进行检查验收。

7.2.13 临时用电线路要绝缘良好,施工中所用工机具要有漏电保护器,并对漏电保护器进行检测,确保使用安全性,可靠性。

7.2.14 活动架作业时应注意下方是否有人,有感冒发烧,禁止活动架上作业。

7.2.15 搅拌机设专人进行操作。上料运输时,必须放置安全支杠,统一指挥垂直操作运输。

7.2.16 进料口上方固定牢靠结实,在垂直运输时底下严禁站人,避免上材料坠落伤人。

7.2.17 塔吊必须经负荷试验试验,并经职能部门验收,履行手续,合格后方可使用。

7.2.18 下雪、下雨时要做好防触电工作,雨雪后及时清理。

7.2.19 高处作业人员应系好安全带,安全带要高挂低用。

7.2.20 高空临边作业处设护栏,平台孔洞设盖板,且不准任意拆除。

7.2.21 传递物料时严禁抛掷,以免造成人员伤害。

7.2.22 施工前检查上料架控制元件和控制系统是否灵活可靠;检查站台和安全栏杆是否合格。

7.2.23 施工前应检查上料架(塔吊)钢丝绳是否有断裂的可能,钢丝绳卡具是否牢固,并按职业安全钢丝绳检查内容进行检查验收。

7.2.24 施工时上料架严禁超载运输。

7.2.25 施工用周转性材料要放在规定的地点,且要码放整齐。

7.2.26 施工过程中遗留下的残渣在施工完毕后要将其清扫干净。

7.2.27 施工中用电由专业电工负责,电缆铺设穿过重要部位时要悬挂标示牌;施工中用电源箱要分级控制。

7.2.28 施工区域各种警示牌、标语应规定悬挂齐全、整齐。

7.2.29　认真做好施工区域的安全文明施工工作，施工过程中边角料及垃圾随干随清，真正做到"工完、料尽、场地清"。

7.3　消防管理

7.3.1　做好防火的宣传教育工作并做标示。

7.3.2　加强用火管理，施工前及时清除火源周围的易燃物。尤其是火焊切割、焊接作业应采取可靠的隔离措施（如铺设防火毯等），作业场所附近应设灭火器等消防设施。

7.3.3　每周对现场等设置的消防器材、电气设备进行全面检查，对不合格的消防器材及时更换，对损坏的电气设备予以维修和更换。对于室外存放的消防设施应放入专用的箱内，做好保温防冻工作。进行全面清理，清除易燃物品。

7.3.4　动用电火焊，办明火作业票，应设监视人，必须使用防火毯，防氧化铁、焊花随风飞溅，引燃安全网、苫布、架子板、设备木箱等设施；焊接作业挡风棚使用防火材料制作。

7.3.5　加强用电管理，定期和不定期地对施工现场用电情况进行检查，严禁乱接电行为。

7.4　应急预案

本工程最大安全危险可能出现在高处坠物、高处坠落、机械伤害、物体打击、触电等事故。

7.4.1　触电的应急处置方案。

（1）切断总电源。如电源总开关在附近，则迅速切断电源。

（2）脱离电源方法：用绝缘物（木质、塑料、橡胶制品、书本、皮带、棉麻、瓷器等）迅速将电线、电器与伤员分离。要防止相继触电。

（3）包扎电烧伤伤口。如有伤口出血采取紧急止血措施。

（4）心跳呼吸停止者立即进行心肺复苏。

（5）转送医院。

7.4.2　机械伤害、高处坠落、高处坠物、机械伤害、物体打击等事故的应急预案。

（1）伤急救原则上是先抢救，后固定，再搬运，并注意采取措施，防止伤情加重或污染。需要送医院救治的，应立即做好保护伤员措施后送医院救治。

（2）抢救前先使伤员安静躺平，判断全身情况和受伤程度，如有无出血、骨折和休克等。

（3）外部出血立即采取止血措施，防止失血过多而休克。外观无伤，但呈现休克状态，神志不清或昏迷者，要考虑胸腹部内脏或脑部受伤的可能性。

（4）为防止伤口感染：应用清洁布覆盖。救护人员不得用手直接接触伤口，更不得在伤口内填塞任何东西或随便用药。

（5）搬运时应使伤员平躺在担架上，腰部束在担架上，防止跌下。平地搬运时伤员头部在后，上坡、下坡时头部在上，搬运中应严密观察伤员，防止伤情突变。

8　文明施工保证措施

8.1　生产临建管理

作业场所需要设置饮水处、休息厅、宣传标语、消防设施、垃圾桶等，材料堆放需要定制化放置，设置集装箱作为临时仓库。

8.2　脚手架管理

建筑物外墙脚手架内外侧均需用绿色密目网包围，密目网有明显破损、老化、褪色的情况，需及时更换。脚手管等架体材料符合规范要求，统一喷黄色油漆，剪刀撑喷黄黑相间油漆。脚手架设置安全通道，设置灭火器、由此上下标志、安全漫画，步道安全、合理、人性化。（装饰阶段外墙脚手架搭设一般可以利用主体结构外架进行作业，若需要另行搭设脚手架，必须编制脚手架搭设专项施工方案，审批合格后按照相关流程进行作业。）

8.3　施工用电管理

站内的各级配电箱及围栏设置形式样式要统一，如下图所示。现场电源箱和电缆配置均需按照国网要求，采用三相五线制供电系统，开关箱设置为三级开关两级保护配电方式，做到一机、一闸、一箱、一漏保；配电箱由管理单位专业电工每天巡查、检修维护，并形成检查记录，记录于电源箱内。

8.4　防护管理

现场孔洞及沟道临时盖板使用 4～5mm 厚花纹钢板（或其他强度满足要求的材料，盖板强度为 10kPa）制作，并涂以黑黄相间的警告标志和禁止挪用标识。盖板下方适当位置设置限位块，以防止盖板移动。遇车辆通道处的盖板应适当加厚，以增加强度。已使用的盖板如发生破损油漆老化褪色等问题时，应及时更换盖板、补刷油漆。

8.5　交叉作业合作意识及管理

8.5.1　遵循"谁施工谁负责"的原则，建立以施工技术组为主体的工程管理机制，并制定交叉作业管理办法。

8.5.2　编制详细完整的施工计划，各专业按照统一计划、统一步骤安排施工，发现问题及时调节，相互帮助，相互促进。

8.5.3　加强与监理沟通，施工中主动征求和听取监理的意见建议，严格按照法规规范施工，各单位有不同意见经过讨论后，达成共识后进行实施。

8.5.4　成品保护管理，各专业对自己的成品采取必要的保护措施，交叉施工单位负责对作业区内成品进行防护，并建立严格奖惩制度，赏罚分明。

（1）墙面工程成品保护措施：安装完成的墙面板应将转角、门框及柱子等阳角部位用柔性纸板或塑料泡沫进行包裹，在明显的区域内做好成品保护标示防止，尤其在人手所能触及的范围内做好防护，防止污染和磕碰等损坏。水暖、电、通风等工种应在板块墙面前施工，防止损坏面板。拆除脚手架子时严格按照脚手架方案进行拆除，注意不要碰撞墙面损坏面板。

（2）楼地面工程成品保护：铺贴完面砖后应留足够的时间使面砖牢固，当铺贴砂浆抗压强度达到 1.2MPa 时，铺贴作业完成 24h 后方可进行上人操作；油漆、砂浆、油性物品不得存放在石材面层上，防止污染；喷刷涂料时应用薄膜覆盖地面砖；铁管等硬器不得碰坏地面面层；从楼梯上往下运小车、大桶、脚手架等，严禁从踏步上滚、滑、拉，防止砸坏楼梯棱角；石材地面完工后，房间封闭，粘贴层上强度后即铺贴完成 24h 后，应在其表面覆盖 12mm 厚纸面石膏板加以保护。

（3）吊顶工程成品保护：顶棚铝扣板安装完后不允许其他专业再拆掉安装其他设备，特别是通风。设专人负责成品保护工作，发现有保护设施损坏的，要及时恢复。

（4）涂料工程成品保护：涂料工程施工时不得污染已完工的门窗、五金、灯具等；涂料墙面未干前室内不得清扫地面，以免粉尘玷污墙面，漆面干燥后不得挨近墙面泼水，以免泥水玷污。

（5）安装好的管道不得用作支撑或放脚手板，不得踏压，其支托架不得作为其他用途的受力点。管道在喷浆前要加以保护，防止灰浆污染管道。安装完的洁具应加以保护，防止洁具瓷面受损和整个洁具损坏。室内洗脸盆、水池、坐便器安装完毕后，瓦工、油漆工使用的工具等禁止在盆内冲洗、洗刷污水更不得倒入地漏内，以免堵塞。

（6）踏步面层要采用麻袋片进行保护，在扶手焊接时，麻袋片局部要进行湿润。楼梯安装完毕后，要防止超长或超重的物品上下楼梯，防止尖锐物品划伤或撞坏栏杆。

9 绿色施工措施

工程开工之初依据相关绿色施工规范要求编写《绿色施工实施细则》，装饰工程要依据该细则组织施工。

9.1 节材措施

（1）认真编写各类装饰装修所用材料、器具清单，制定节材与材料资源利用的相关内容，达到材料损耗率比定额损耗率降低 30%。

（2）根据施工进度、库存情况等合理安排材料的采购、进场时间和批次，减少库存。

（3）选用耐用、维护与拆卸方便的周转材料和机具。每次工作结束时，及时清理现场，做到工完、料尽、场地清。

（4）优化安装工程的预留、预埋、管线路径等方案，与结构施工同步。

（5）楼面石材、室外台阶石材、室内地面石材、隔墙、吊顶等施工前进行排版策划，在保证质量和美观的前提下，最大限度的减少边角。

（6）油漆、涂料等按计划用量随用随开启，不用及时封闭，避免有害物质的滞留。

9.2　节水措施

（1）采用施工节水工艺、节水设备和设施；

（2）加强节水管理，施工用水进行定额计量；

（3）给水施工控制水压及通水试验次数，达到节水目的。

9.3　节能措施

（1）合理选择施工机械设备，杜绝使用不符合节能、环保要求的设备、机具和产品，选择的设备功率与负载相匹配；

（2）加强施工机械管理，做好设备维修保养及计量工作；

（3）公共区域照明采用节能照明灯具。

9.4　环保措施

（1）控制车辆运输产生扬尘。

（2）散料运输：施工现场的垃圾、渣土严禁凌空抛洒并及时清运。松散型物料运输与贮存，采用封闭措施；装运松散物料的车辆，应加以覆盖（盖上苫布），并确保装车高度符合运输要求；在施工现场的出口处，设车轮冲洗池，确保车辆出场前清洗掉车轮上的泥土；设专人及时清扫车辆运输过程中遗洒至现场的物料。

（3）应将清洁生产贯穿于建筑施工的全过程，尽量减少垃圾的产生量。对建筑垃圾应根据工程项目的类型，指定响应控制指标。施工现场的垃圾站应定时清理，并有封闭措施，清理建筑物内垃圾时在装卸等环节中，应尽量减少扬尘和遗洒。

（4）定期修理各种施工机具，减少噪声。

标准工艺库

标准工艺库

工艺编号	项目/工艺名称	工 艺 标 准	施 工 要 点	图 片 示 例
0101010102	内墙涂料墙面	（4）乳胶漆性能要求：VOC含量≤100g/L	（5）涂料施工时涂刷或滚涂一般涂三遍成活，喷涂不限遍数。涂料使用前要充分搅拌，涂涂料时，必须清理干净墙面。调整涂料的稠稠度，确保涂层厚薄均匀。 （6）面层涂料待主层涂料完成并干燥后进行，从上往下，分层分段进行涂刷。涂料涂刷后颜色均匀，分色整齐，不漏刷，不透底，每个分格应一次性完成。 （7）施工前要注意对金属埋件的防腐处理，防止金属锈蚀污染墙面。涂料与埋件应边缘清晰，整齐，不腿色	 0101010102-T2　涂料墙面（二）

10

续表

工艺编号	项目/ 工艺名称	工 艺 标 准	施 工 要 点	图 片 示 例
0101010103	内墙贴瓷砖墙面	（1）瓷砖套割吻合、边缘整齐。粘贴牢固，无空鼓、表面平整、无裂痕和缺损、色泽一致，光滑，接缝应平直、瓷砖吸水率$E≤6\%$。填嵌应连续、密实。 （3）瓷砖破坏强度不小于600N。	（1）墙砖地砖排布基本要求：宜事先预排，尽量不出现或少出现大半砖，不出现吃门窗框位置应保持整砖。面砖不得压地面砖。 （2）墙面砖与地面砖的排砖关系：墙面砖压地面砖缝应对缝，内墙地砖优先选用在一个方向上尺寸相同，地砖一般采用正方形规格。几种排砖方式图如下：	 墙砖 地砖 墙砖与地砖等宽 1块墙砖与2块地砖的宽度相等 2块墙砖与3块地砖的宽度相等 0101010103-T1 贴瓷砖墙面（一）

155

续表

工艺编号	项目/工艺名称	工艺标准	施工要点	图片示例
0101010103	内墙贴瓷砖墙面	(4)垂直度偏差≤2mm；平整度偏差≤1.5mm。阴阳角方正偏差≤2mm。接缝直线度偏差≤2mm。接缝高低差≤0.5mm	(3)墙砖与吊顶关系：吊顶边必须正好压墙砖平缝，显示墙面整齐整砖为好。 (4)基层处理：检查墙面基层，凸出墙面的砂浆、砖、混凝土等应清除干净，孔洞封堵密实。光滑的混凝土表面要凿毛（附有脱模剂的混凝土面层，采用10%的火碱溶液冲洗，再用清水刷刷洗干净，在墙充填充墙土接槎处，采取钉钢丝网加强、钢丝网与基体处理相接，采用M15水泥、细砂掺胶水拌和后，用机械喷浆，喷、涂均匀，并进行洒水养护。 (5)有防水要求的墙面，在1.8m高度范围内涂刷防水材料。 (6)水平及垂直控制线：根据设计大样画出皮数杆，对窗心墙，墙垛处事先测好中心线，水平分格线、阴阳角垂直线，面砖垂直线，标识点此处时再敲掉。先铺贴标识点，标识点间距为1.5m×1.5m，面砖镶贴：砖墙面要提前一天湿润好，混凝土墙可以提前3～4h湿润，然后取面砖边，浸水时间不小于2h。墙砖出墙至手按砖背无水滴方可贴砖。阳角拼缝可将面砖边，沿面砖背小面磨成45°斜角，保证接缝平直，密实。阴阳角小面砖压大面砖，并注意考虑主视线方向，确保阴阳角处缝隙通顺。厕所、洗浴间缝隙宜采用塑料十字卡控制。 (8)瓷砖粘贴时注意调和好粘结层的黏稠度	0101010103-T2 贴瓷砖墙面（二）

续表

工艺编号	项目/工艺名称	工 艺 标 准	施 工 要 点	图 片 示 例
0101010302	贴通体砖地面	(1) 踢脚线缝与地砖缝对齐。踢脚线瓷砖出墙5～6mm。 (2) 地砖与下卧层结合牢固，不得有空鼓。地砖面层表面洁净，色泽一致，接缝平整，地砖留缝的宽度无裂缝。地面砖无缺棱掉角等缺陷，套割粘贴严密，美观。阴阳棱接角做45°对角拼砖，切边无破损。 (3) 平整度偏差≤2mm。缝格平直偏差≤3mm。接缝高低差≤0.5mm	(1) 将砖用干净水浸泡约15min，捞起待表面无水再进行施工。 (2) 基层表面的浮土和砂浆应清理干净，有油污时，应用10%火碱水刷净，并用压力水冲洗干净。 (3) 有防水要求的地面防水层完成，蓄水试验无渗漏，隐蔽验收合格；穿楼地面的管洞封堵密实，确实不能对相连通的房间规格相同的砖应对缝。 (4) 相连通的要用过门石隔开。 (5) 图纸设计阶段应考虑各房间、走廊等部位设计尺寸符合地砖模数，铺设前应进行预排，应确认找平层已排水不得小于1/2。有防水要求的地面，非整砖应材料不得不积水。地面及给水排水管道预埋套管处按设计要求要做好防水处理。 (6) 板材铺贴前，应对地面基层进行湿润，刷水灰比为1:0.5的水泥素浆，随刷随铺干硬性砂浆结合层，再用抹子拍实找平。采用干硬性砂浆，铺好后用大杠尺刮平，从里往外，从大面往小面难铺，（宜采用1:3）结合层，使缝口平直贯通。地砖铺完2平直贯通。地砖铺完后24h要洒水1～2次，地砖铺完2天后将砖缝和地面清理干净，用水泥浆调整砖缝，然后用棉纱将缝隙砂浆终凝后，覆盖浇水养护至少7天。 (8) 成品保护： 待结合层的水泥砂浆强度达到设计要求后，经清洗、晾干后，方可打蜡擦亮。 (1) 切割地砖时，不得在刚铺贴好的砖面层上操作。面砖铺贴完成后应撒锯末或其他材料覆盖保护。 (2) 铺贴砂浆抗压强度达到1.2MPa，方可上人进行操作，但必须注意油漆、砂浆不得放在板块上，铁管等硬器不得碰坏砖面层。涂料施工时要对饰面层进行覆盖保护	 0101010302-T1 通体砖地面（一） 0101010302-T2 通体砖地面（二）

续表

工艺编号	项目/工艺名称	工艺标准	施工要点	图片示例
0101010303	防静电活动地板	(1) 面层应排列整齐，表面洁净、色泽一致、接缝均匀、周边顺直。 (2) 面层边无裂纹、掉角和缺棱等缺陷，切割边有局部膨胀棱等镶补安装，并无起鼓变形。 (3) 支撑架螺栓紧固，所有的支座柱和横梁构成平稳整齐，缓冲垫整放置，行走无响声，无晃动。框架整一体，并与基层连接牢固。	(1) 抗静电活动地板宜采用全钢制，贴面材料与周围地面一致。抗静电活动地板及其配套支撑系列的技术性能要符合设计要求。 (2) 铺设前应进行活动地板排版、设计。选择符合房间尺寸的板块模数，如无法满足时，不得有小于1/2非整块板块出现，且应放在房间拐角部位。板材面层不得镶补安装，切割边施工操作前，要根据实际现场测量情况进行预排版施工。 (3) 弹完方格网安装线后，要反时插入铺设活动地板下的电缆管线的工序，并经验收合格后再支撑系统，防止因工序颠倒，造成支撑架碰撞或松动。 (4) 金属支撑架应至坚实的基层上，基层应平整、光洁、干燥，不起灰。 (5) 在墙体四周铺设，铺设时应标制线，并预留洞口应装好，以基准线为准，由外向里铺设。根据活动地板各部分应分组装好，连接支撑架和框架。用水平尺调整面板高度，带线调整支撑架，使每个支座的高度，使支撑架支撑螺杆，安装底座时，要检查是否对准方格网中心交点。横梁全部安装完后在横竖线，检查横竖线的平直。	 0101010303-T1 防静电活动地板（一） 0101010303-T2 防静电活动地板（二）

续表

工艺编号	项目/工艺名称	工 艺 标 准	施 工 要 点	图 片 示 例
0101010303	防静电活动地板	（4）平整度偏差≤2mm；缝格平直偏差≤2.5mm。接缝高低差≤0.4mm。支撑架高度偏差±1mm	度，以保证面板后缝格的平直度控制在3mm之内，面板安装之后拉小线再次进行检查。横梁的顶标高也要严格控制，用水平仪对整个横梁的上平面。 （7）所有支座柱和横梁框架成为一体后，应用水平仪检查，然后将环氧树脂注入支撑架底座之间的空隙内，使之连接牢固，或采用水泥底座与基层之间固定。活动地板靠墙边处直采用角钢等横向支撑，使整体框架稳定牢靠。 （8）在横梁上铺设缓冲条，使用乳液胶与横梁粘合，活动地板应从相临两边依次向外铺装，为保证平整，可调整方向或调换活动地板位置，但不得在地板下加垫。活动地板与墙边接缝处，安装踢脚线覆盖。通往风口等处采用异形活动地板安装。 （9）活动地板安装完后应做好成品保护，防止涂料二次污染，严禁对地板表面造成硬物损伤。 （10）防止全钢地板四周导电橡胶缺少、破损、脱落，确保导电橡胶四周的接触面	 0101010303-T3 防静电活动地板（四边支撑）

续表

工艺编号	项目/工艺名称	工 艺 标 准	施 工 要 点	图 片 示 例
0101010400	建筑顶棚			
0101010401	涂料顶棚	（1）顶棚应平整光滑、棱角顺直。涂料涂饰均匀、黏结牢固，不得漏涂、透底、起皮和掉粉。颜色均匀一致，无砂眼、咬色、无流坠、挖落，无返碱、刷纹。 （2）涂料耐洗刷性（次）≥500。 （3）平整度偏差≤2mm。 （4）乳胶漆性能要求：VOC含量≤100g/L	（1）涂料采用环保乳胶漆。 （2）刮腻子前将顶棚清理干净，尤其是支顶模、固定预埋线盒、固定预留孔洞模板的钉子，必要时要先对其进行防腐处理。 （3）应根据板的平整度用腻子找平，并用铝合金靠尺随时检查，阴阳角部位应弹线进行修补	0101010401-T1 涂料顶棚（一） 0101010401-T2 涂料顶棚（二）

续表

工艺编号	项目/ 工艺名称	工 艺 标 准	施 工 要 点	图 片 示 例
0101010403	吊顶顶棚 （铝扣板）	（1）最大弹性变量≤10%。 （2）塑性变形量≤2%。 （3）最大弯曲≥3‰。 （4）附着不低于1级。 （5）抗冲击强度≥5N·m。 （6）表面平整度偏差≤2mm。接缝直线度偏差≤1mm。接缝高低差偏差≤0.5mm。	（1）龙骨为轻钢龙骨，铝板烤漆。 （2）吊顶宜事先预排，避免出现尺寸小于1/2的块料。 （3）根据吊顶的设计标高在四周墙上弹线，弹线应清楚，位置准确，其水平允许偏差±5mm。 （4）沿标高线固定角铝，作为吊顶边缘部位的封口，常用规格为25mm×25mm角铝，其色泽应与铝合金面板相同，角铝多用水泥钉固定在墙、柱上。 （5）确定龙骨位置线，根据铝扣板的结构尺寸，对铝扣板饰面的四吊顶的面积计算出吊顶面板的尺寸规格，以及四周龙骨线，四周留边的四周对称均匀，将安排好的龙骨位置线画在标高线上边。基本布置是：板块组合要完整，四周留边的四周对称均匀，将安排好的龙骨位置线画在标高线上边。 （6）吊杆、龙骨和饰面材料安装必须牢固。吊杆应采用预埋铁件或预留锚筋锚固定，在项层屋面板严禁使用膨胀螺栓。 （7）主龙骨吊点间距应按设计推荐系列选择，中间部分应起拱，龙骨起拱高度不小于房间面跨度的1/200。主龙骨安装后应及时校正它的位置及高度。要控制吊架的平整，骨首先应拉出纵横向的标高控制线，从一端开始，一边安装一边调整翘吊杆的悬吊高度。待大面平整后，再对一些有弯曲翘边的单条龙骨进行调整，直至平整符合要求为止。 （8）吊杆应通直并有足够的承载力。当吊杆需接长时，必须搭接牢牢，焊缝应均匀饱满，防锈处理，吊杆距主龙骨端部不得超过300mm，否则应增设吊杆，以免主龙骨下坠，次龙骨（中龙骨或小龙骨下同）应紧贴主龙骨安装。	0101010403-T1　铝扣板吊顶（一）

续表

工艺编号	项目/工艺名称	工艺标准	施工要点	图片示例
0101010403	吊顶顶棚（铝扣板）	(7) 吊顶四周水平偏差：±3mm	(9) 全面校正主、次龙骨的位置及水平度。连接件应错位安装，检查安装好的吊顶骨架，符合有关规范后方可进行下一步施工。 (10) 安装方形铝扣板时，把次骨调直，扣板平整，无翘曲，吊顶平面平整误差不得超过5mm，饰面板洁净、色泽一致，无翘曲，无缺损，压条应无变形、宽窄一致，压条宽度30~50mm，安装牢固、平直，与吊顶和墙面之间无明显缝隙，与墙结合处采用密封胶封闭。	0101010403-T2 铝扣板吊顶（二）
0101010500	建筑门窗			
0101010501	木门	(1) 木门只限于室内，用于卫生间时，下部应设置通风百叶窗。 (2) 门套制作与安装所使用材料的材质、规格、花纹和颜色，木材的燃烧性能等级和含水率及入造木板的甲醛含量应符合设计要求及现行国家标准的有关要求。 (3) 门套表面应平整、洁净、色泽一致，接缝严密、无裂缝，线条顺直，翘曲及损坏。	(1) 木材：应选用一、二等红白松或材质相似的木材，夹板门的面板应采用五层优质中密度板或板中密度纤维板；油漆：采用聚酯漆；使用耐水、无毒型胶粘剂。 (2) 宽度大于1m的门，大于1.5m²的玻璃门应采用厚度≥5mm的安全玻璃，中间合页的位置应处于门框高度的2/3处。合页安装，中间合页应在"上二下一"处，门框与门扇应双面开槽，注意合页的安装方向。 (3) 门应采用塑料胶带粘贴保护，分类侧放，防止受力变形。 (4) 门装入洞口应横平竖直，外框与洞口弹性连接牢固，不得将门外框直接埋入墙体。 (5) 防腐处理：若设计无要求时，门侧边，底部顶部与墙体连接部位可涂刷防腐胶型防腐胶或涂料或涂刷聚丙乙烯树脂保护型装饰膜。	0101010501-T1 木门

续表

工艺编号	项目/工艺名称	工 艺 标 准	施 工 要 点	图 片 示 例
0101010501	木门	（4）翘曲（框、扇）偏差≤2mm。对角线长度差（框、扇）偏差≤2mm。表面平整度（扇）偏差≤2mm。裁口、线条结合处高低差（框、扇）偏差≤0.5mm。相邻刨子两端间距偏差≤1mm。 （5）门槽口对角线长度差≤2mm。门框正、侧面垂直度偏差≤1mm。框与扇、扇与扇接缝高低差≤1mm。双扇门内外框间距偏差≤3mm。 （6）满足 JG/T 122《建筑木门、窗》、GB 11718《中密度纤维板》和 Q/GDW 183《110kV～1000kV 变电（换流）站土建工程施工质量验收及评定规程》的要求	（6）有防水要求的门套底部应采取防水防潮措施。 （7）门框与墙体间空隙填充：门框与墙体室外二次粉刷应采用发泡材料填充密实，门框外侧用墙体二次粉刷与地面间留 5～8mm，深槽口用硅酮膏密封。门厨底部与地面间隙应为 5～6mm。 （8）施工时加强成品保护，不允许随意撕掉框表面所贴的保护膜。在交叉作业时，应采用木档或其他物件进行保护，以免钢管及其他硬物碰坏门框。内外墙抹灰完成后才能将门框保护膜撕去。涂料刷及油漆施工前，应在门边框四周贴上美纹胶纸，防止涂料及油漆对门框二次污染	0101010501-T2 门套底部防水防潮护套
0101010502	钢板门、玻璃门、防火门	（1）钢门采用全包型复合钢板门。钢门可视高度应安装玻璃视窗。 （2）防火门及附件安装必须符合设计要求和有关消防验收标准的规定，应由厂家提供合格证，防火门的功能指标必须符合设计和使用要求。 （3）门槽口宽度、高度偏差≤2.5mm。门槽口对角线长度差≤5mm。门框的正、侧面垂直度偏差≤3mm。门横框的水平偏差≤3mm。门竖框离中心偏差≤5mm，双扇门内外框间距偏差≤4mm，门框垂直度偏差≤5mm。 （4）钢制门要做可靠接地，并有明显标识	（1）主材壁厚≥1.5mm；玻璃门均采用中空钢化玻璃，1.5mm² 以上使用安全玻璃，五金件采用不锈钢材料。 （2）门应采用塑料胶带粘贴保护，防止受力变形。 （3）门装入洞口应横平竖直，外框与洞口应弹性连接牢固，不得将门外框直接埋入墙体。 （4）门框与墙体间空隙填充：门框与墙体室外二次粉刷应采用发泡材料填充密实，门框外侧和墙体二次粉刷与地面间留 5～8mm，深槽口用硅酮膏密封	0101010502-T1 钢板门（一）

续表

工艺编号	项目/工艺名称	工艺标准	施工要点	图片示例
0101010504	断桥铝合金门窗	(1) 主材采用断热铝型材。受力杆件最小壁厚应≥1.4mm。 (2) 表面处理：粉末喷涂，膜厚≥40μm。氟碳漆喷涂，膜厚≥30μm。 (3) 门窗框（扇）安装牢固，无变形、翘曲、窜角现象。门窗框（扇）割角、拼缝严密，横平竖直，表面平整洁净，无划痕碰伤。 (5) 门窗扇缝隙均匀、平直，关闭严密，开启灵活。推拉门窗必须设置防撞及防脱落装置。 (6) 合页、拉手、插销、门锁等小五金附件齐全，安装牢固，位置统一，使用灵活。 (7) 门窗框与墙体间缝隙填嵌饱满密实，涂胶表面平整、光滑，无裂缝，厚度均匀无气孔。 (8) 门窗的抗风压性能、气密性能、水密性能、隔声性能、保温性能应满足设计图纸的要求。 (9) 密封条应安装牢固，密封、转角处采用45°粘贴。 (10) 中空玻璃：用厚度≥5mm的中空玻璃（$A=12mm$），卫生间应采用磨砂型。 (11) 门窗槽口宽度、高度偏差≤1.5mm，门窗槽口对角线长度偏差≤3mm，门窗框的正、侧面垂直度偏差≤2.5mm，门窗横框的水平度偏差≤2mm，门窗横框的标高偏差≤5mm，门窗竖向偏离中心偏差≤5mm，双扇门窗内外框间距偏差≤4mm	(1) 窗安装完成后宜进行淋水试验。外窗台宜挑出墙面，且设滴水槽或滴水线。 (2) 窗户安装顺序：先进行窗洞抹灰（窗洞口抹灰时，窗台板底标高比外侧窗台高10mm，外窗台抹灰预留40mm贴砖厚度），安装内侧窗台板，最后粘贴安装窗框。 (3) 门窗应采用塑料胶带粘贴保护，分类使用，防止受力变形。 (4) 门窗装入洞口应横平竖直，外框与窗洞口应弹性连接牢固，不得将门窗外框直接埋入墙体。 (5) 门窗框与墙体间空隙填充：窗洞口应干净、干燥后连续打发泡剂填充，一次成型，充填饱满，溢出门窗框外的发泡剂应在结膜前塞入缝隙内，防止发泡剂外膜破损。窗缝宽度为5~8mm，用硅酮耐候胶密封。 (6) 施工时加强成品保护，不允许随意磕碰掉材表面所贴的保护膜，以免钢管及其他硬物磕碰坏门窗框（推拉窗或采用其他保护措施），保护膜撕去，保护膜施工前，应在门窗边框四周用香蕉水清理干净，涂刷涂料及油漆时才能将门窗边框二次污染。内外墙抹灰完成后才能采用斜形的挡板如需将门窗边框下槛向外两侧需加焊，防止涂料及油漆对门窗框有胶痕，涂刷涂料及油漆施工前，应在门窗边框宜用香蕉水贴上美纹胶纸，防止涂料及油漆对门窗框二次污染。 (7) 推拉式窗户应加限位装置	 0101010504-T1　断桥铝合金窗（一） 0101010504-T2　断桥铝合金窗（二）

续表

工艺编号	项目/工艺名称	工　艺　标　准	施　工　要　点	图　片　示　例
0101010600	楼梯			
0101010601	楼梯栏杆（含临空栏杆）	（1）木材不得有腐朽、节疤、裂缝、扭曲等，含水率＜12%。（2）栏杆垂直度偏差＜2mm。栏杆间距偏差≤3mm。扶手直线度偏差≤3mm。扶手高度、栏杆间距、安装位置必须符合设计要求。护栏高度不低于1.1m，小于24m时栏杆高度不低于1.05m，栏杆底部设100mm高的挡板。（3）护栏必须安装牢固，安装位置	（1）栏杆排列均匀，竖直有序，栏杆与埋件及扶手连接处焊接牢固，接缝严密，焊缝饱满、均匀，不得有咬边、未焊满、裂纹、渣滓、焊瘤、烧穿、电弧擦伤、弧坑和针状气孔等缺陷，打磨光滑、光洁度一致。（2）栏杆表面光滑无毛刺，漆层厚度均匀。（3）楼梯木制扶手用硬杂木加工，其树种、规格、尺寸形状符合设计要求。木材基面打磨去毛刺后刷水性聚氨酯漆；钢制栏杆的油漆工艺：表面防护漆采用聚酯底漆一道，聚酯腻子刮平打磨后喷涂聚酯磁漆两道，栏杆表面应光滑，不得有毛刺。表面防护漆可使用喷塑或喷涂氟碳漆。（4）预埋件安立杆位置预埋，焊接前应检查标高及位置。（5）护栏安装须牢靠，室外金属栏杆应可靠接地。（6）安装木制扶手前，木制扶手的扁钢固定件应预先打好孔（间距控制在400mm内），再进行焊接。（7）木制扶手安装应进分段预装粘接，操作温度不得低于5℃。（8）栏杆喷漆应尽量在工厂完成，现场补漆只做补漆工作。现场补漆由生产厂家完成。（9）扶手施工时应做好成品保护，防止焊接火花烧坏地面；木制扶手安装完毕后，刷一道底漆后加包裹，以免撞击损坏和受潮变色	0101010601-T1　室内楼梯栏杆（一） 0101010601-T2　室内楼梯栏杆（二）

续表

工艺编号	项目/工艺名称	工 艺 标 准	施 工 要 点	图 片 示 例
0101010602	楼梯防滑条	（1）防滑条应安装牢固，不得出现翘曲。突出地面的防滑条宜高度一致，高度2~3mm，且高度一致。 （2）防滑条安装应平直，距踏步边距离一致，直线偏差≤2mm，高度偏差≤1.5mm，且每个踏步应一致	（1）橡胶防滑条宜选用可积蓄光能的发光材料作为防滑条，而且应满足抗老化、耐磨损及膨胀等各种性能。 （2）铝合金防滑条铝材厚度应保证受力后不翘曲，同时与踏步紧密结合，铝合金防滑条防滑系数应≥0.6。 （3）瓷砖防滑条要求防滑系数≥0.6，防滑地砖仰角处应为圆角，防滑地砖强度应与其他地面一致	0101010602-T1 楼梯防滑条（一） 通常时 黑暗时 0101010602-T2 楼梯防滑条（二）

续表

工艺编号	项目/工艺名称	工艺标准	施工要点	图片示例
0101011300	建筑电气			
0101011301	吊杆式灯具	（1）应采用高效节能灯具，灯具及配件齐全，无机械损伤、变形、涂层剥落和灯罩破裂等缺陷，标识正确清晰。 （2）吊管内径 10mm，壁厚≥1.5mm，吊管安装牢固，吊装安全。 （3）灯具满足防腐、防水等级要求。 （4）灯具满足 IP66 的要求。防护等级 WF2，灯具满足 GB 7000.7《投光灯具安全要求》要求。 （5）照明方式应以直接照明为主，不应采用间接照明方式。吊管安装位置应避开主控制室和配电室的主梁、次梁，灯具安装时应避开二次设备屏位、母线桥和开关柜的正方，布局美观合理。 （6）作为事故照明灯时，在明显部位作红色"S"标记。 （7）灯头对地距离，室外≥2.5m，室内≥2.4m	（1）吊管采用 DN15 镀锌钢管，螺纹连接，照明灯具采用 T8 荧光灯材质。安装吸盘采用铝合金材质，照明灯具采用 T8 荧光灯。 （2）吊杆式灯具应采用预埋接线盒，安装牢固可靠，吊钩、螺钉等固定，严禁使用木楔固定，每个灯具固定用的螺钉或螺栓不少于 2 个。吊杆选择时应按灯具重力的 2 倍做过载试验。 （3）需接地、接零的吊杆式灯具应选用专用连接螺钉可靠连接。 （4）灯具安装时应避开二次设备屏位、母线桥和开关柜，确保安装牢固，安装位置应在符合设计要求的情况下美观合理。 （5）成排灯具宜采用同型材统一固定，避免出现不整齐现象	 0101011301-T　吊杆式灯具

续表

工艺编号	项目/工艺名称	工艺标准	施工要点	图片示例
0101011703	地漏	(1) 地漏应设置在易溅水的器具附近地面的最低处，地漏顶面标高应低于地面 5~10mm。 (2) 地漏的安装应平正、牢固，低于排水表面，周边无渗漏，地漏水封高度≥50mm。 (3) 施工质量应满足 GB 50242 等相关规程、规范要求。	(1) 地漏及密封连接件材质选用不锈钢或 UPVC 两种。 (2) 卫生间、盥洗室、厨房及其他经常从地面排水的房间，应设置地漏。 (3) 在施工主体结构时要对地漏的地位置以及砖缝的位置进行试排或用电脑排版。 (4) 施工时用水平尺和钢卷尺检查地漏的安装部位，使地漏与地面结合牢固。 (5) 地漏设在整块地板砖中心，瓷砖四角切缝找泛水	0101011703-T1 地漏（一） 0101011703-T2 地漏（二）

168

续表

工艺编号	项目/工艺名称	工艺标准	施工要点	图片示例
0101011704	卫生器具（含大便器、小便器、洗手池和拖布池）	（1）卫生器具应满足节约用水和减少噪声的要求，器具表面要光滑、不易积污垢，沾污后要容易清洗。 （2）卫生器具的安装高度应满足 GB 50015《建筑给水排水设计规范》的要求。 （3）卫生器具安装进行偏差允许偏差见下表： （4）施工质量应满足 GB 50242 等相关规程、规定要求	（1）大便器宜采用自闭式冲洗阀蹲式大便器，小便器宜采用自闭式冲洗阀小便器。 （2）在施工主体结构时要对卫生洁具的位置以及瓷砖缝的位置进行试排或电脑排版。 （3）卫生器具本体与墙体或地面缝隙对称，连接处打密封胶。 （4）卫生器具各连接件不渗漏，排水顺畅。 （5）同一房间内，同类型的卫生器具及配件应安装在同一高度。 （6）卫生器具安装时应采取有效措施防止止损坏和腐蚀。 （7）卫生器具交工前应做满水和通水试验，其工作压力不得大于产品的允许工作压力。 （8）卫生器具的支托架必须防腐良好、安装平整、牢固，与器具接触紧密、平稳。 （9）卫生器具给水配件应完好无损伤，接口严密，启闭部分灵活。 （10）卫生器具安装完成后表面无划痕及外力冲击力破坏。	0101011704-T1 卫生器具（一） 0101011704-T2 卫生器具（二）

表：

序号	项目		允许偏差
1	标高(mm)	单独器具	±15
		成排器具	±10
2	器具水平度(mm/m)		2
3	器具垂直度(mm/m)		3

第五章

阀厅装修施工方案

目　次

1 工程概况

1.1 工程简介

本方案具体数据以±800kV绍兴换流站为例。

电压等级为±800kV的换流站站内一般设置独立的低端阀厅两座、高端阀厅两座。双极低端阀厅为背靠背联合布置形式，位于换流站中心区域，双极高端阀厅分为极1、极2高端阀厅为对称布置，分别位于换流站南侧和北侧。二者结构形式均为钢排架或与钢筋混凝土混合结构，为单层结构厂房。

极1、2低端阀厅长76.50m，宽46.2m，净高16.2m（屋架下弦）。单极高端阀厅长86.20m，宽34.00m，净高26.00m（屋架下弦）。阀厅装修主要工序有环氧自流平地坪施工、钢结构防火涂料、围护结构压型钢板安装、通风与空调安装、阀冷却管安装、照明系统施工及室内等电位环网接地等施工。

因阀厅钢结构安装与防火涂料、围护结构压型钢板安装、通风与空调安装、阀冷却管安装等工序均有专项施工方案。因此，本方案重点描述环氧自流平地坪、照明系统、室内等电位环网接地施工，以及其与钢结构防火涂料、彩板安装、通风空调安装、阀冷却管安装等工序之间的施工组织安排、施工质量、安全管控要求。

1.2 主要工程量

1.2.1 低端阀厅装修工程量

双极低端阀厅装修主要工程量汇总见表5-1。

表5-1　　　　　　　　　　双极低端阀厅装修主要工程量汇总表

序号	工程量名称	单位	数量	序号	工程量名称	单位	数量
1	环氧自流平地坪	m²	1767×2	4	照明线槽	m	210×2
2	通风管道	m	300×2	5	照明电缆	m	650×2
3	高压钠灯具	套	48×2	6	环网接地	m	200×2

1.2.2 高端阀厅装修工程量

双极高端阀厅装修主要工程量汇总见表5-2。

表5-2　　　　　　　　　　双极高端阀厅装修主要工程量汇总表

序号	工程量名称	单位	数量	序号	工程量名称	单位	数量
1	环氧自流平地坪	m²	2930×2	4	照明线槽	m	240×2
2	通风管道	m	400×2	5	照明电缆	m	850×2
3	高压钠灯具	套	64×2	6	环网接地	m	300×2

2　编制依据

2.1　规程规范

GB 50300　建筑工程施工质量验收统一标准

GB 50210　建筑装饰装修工程质量验收规范

GB 50209　建筑地面工程施工质量验收规范

GB/T 50589　环氧砂浆地坪工程技术规范

JGJ 46　施工现场临时用电安全技术规范

GB 50169　电气装置安装工程接地装置施工及验收规范

GB 50303　建筑电气安装工程施工质量验收规范

GB 50617　建筑电气照明装置施工与验收规范

DL 5009.3　电力建设安全工作规程　第 3 部分：变电站

Q/GDW 1183　变电（换流）站土建工程施工质量验收规范

2.2　管理文件

《国家电网公司输变电工程质量通病防治工作要求及技术措施》（基建质量〔2010〕19 号）

《国家电网公司基建安全管理规定》（国网〔基建/2〕173）

《国家电网公司输变电工程标准工艺管理办法》（国网〔基建/3〕186）

《国家电网公司输变电工程优质工程评定管理办法》（国网〔基建/3〕182）

《国家电网公司输变电工程施工安全风险识别、评估及预控措施管理办法》（国网〔基建/3〕176）

其他与相关企业的基建管理制度、设计图纸、工程策划文件

3　施工准备

3.1　技术准备

（1）施工图纸专业会审完毕，会审中存在的问题已有明确的处理意见。

（2）施工作业指导书编制完成，并与相关专业讨论确定，按规定完成审批。

（3）特殊工种人员必须持证上岗且在有效期范围内。

（4）施工作业前，对施工人员进行技术、安全交底，并执行全员签字制度，交底时明确技术要求、安全注意事项。

（5）根据本工程项目的工期进度要求，对本工程的工期、安全、质量、文明施工及环保等项目进行总体策划，并提出设计图纸出图时间、甲供设备与材料到场时间，科学、合理地编制工程进度计划，合理安排工期及各项施工资源，保证工程施工进度计划的合理性、

有效性、实用性。

（6）根据阀厅装修工序组织，采用平面分区、分段流水交叉作业施工。相关专业工序合理、有效推进，即做到充分利用施工工作面，又能均衡施工，减少相互干扰。

（7）施工过程中应加强各专业、施工工序的沟通，对存在的施工难点、各专业工种之间施工作业面的冲突及相互干扰等问题进行协调解决并签订安全协议，确保工程有序推进。

3.2 人员准备

3.2.1 组织机构图

为确保阀厅各工序装修施工质量，成立阀厅装修施工组织机构（见图 5-1）。由具备丰富施工经验的专业人员组成，按照作业计划，提出劳动力、材料、机械设备需用量计划，统一指挥，协调各方关系，落实资金和物资的供应，确保工程的工期、质量、安全和文明施工、成本等控制目标的实现。

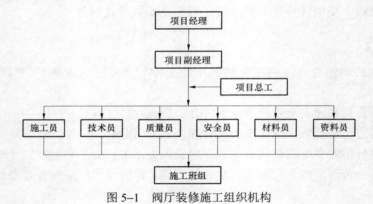

图 5-1 阀厅装修施工组织机构

3.2.2 人员分工

（1）项目经理对施工全面负责，全权负责工程的施工管理工作，在计划、布置、检查施工时，把安全文明施工工作贯穿到每个施工环节，在确保安全的前提下组织施工。

（2）项目副经理对施工现场负责，在项目部的管理组织机构下负责施工区域内技术、安全、质量、工期、文明施工的现场管理与协调。

（3）项目总工负责解决现场技术问题，负责方案编制、技术交底、技术资料的收集与审核。

（4）质量员负责项目部级验收，向现场监理工程师报验并组织验收，负责质量保证与验评资料的收集与审核。

（5）安全员负责现场安全、文明施工的管理与监督，负责安全资料的收集与审核。

（6）技术员负责作业项目的安全（技术）交底，安全工作票的编制，指导作业人员按图施工，负责技术资料的编制与报验。

（7）施工员负责具体施工生产安排，合理组织调配本队施工力量，机具等资源，合理安排施工程序，坚持文明施工，确保本队施工任务安全、优质、按期完成，以实现工程总目标的要求。

（8）材料员负责按设计图纸要求采购相关工程材料，确保工程材料满足建筑节能要求禁止采购国家明令禁止使用的材料，并对进场材料进行保管和见证取样。

（9）资料员负责按工程项目、类别对相关资料进行整理归档。

（10）施工班组负责具体施工生产安排，合理组织调配施工力量，机具等资源，合理安排施工程序，坚持文明施工，确保施工任务安全、优质、快速完成，以实现工程总目标的要求。

3.2.3 人员投入计划

（双极低端+双极高端）阀厅装修施工过程中，同步施工人员配置见表5-3。

表5-3   （双极低端+双极高端）阀厅装修同步施工人员配置表

工种	人数	主 要 工 作
技术员	3名	负责安装区域内的技术工作
施工员	3名	负责组织各工序安排施工工作
安全员	3名	负责吊装现场安全及文明施工
质量员	3名	负责施工现场质量监控、做好验收资料
测量员	4名	负责区域的测量工作
油漆工	12名	负责环氧地坪施工
高空作业人员	8名	负责灯具、线槽等高空安装作业
电工	4名	负责电缆敷设、调试
电焊工	3名	负责室内环网接地施工
操作工	2名	负责施工作业升降车

3.3 施工机具准备

3.3.1 仪器、仪表

仪器、仪表使用表见表5-4。

表5-4   仪 器、仪 表 使 用 表

序号	名 称	规格	单位	数量	主要用途
1	钢卷尺	50m	把	2把	测量
2	水准仪	S3	台	1台	测量
3	经纬仪	J2	台	2台	测量

续表

序号	名　称	规格	单位	数量	主要用途
4	水平尺	/	把	2把	测量
5	绝缘电阻表	ZC25B-4	台	1	测量
6	接地电阻测试仪	ZC29B-1	台	1	测量

注　以上仪器均计量检验合格，精度满足要求。

3.3.2　施工作业工器具

施工作业工器具表见表 5-5。

表 5-5　　　　　　　　　　　施 工 作 业 工 器 具 表

设备名称	型号、规格	单位	数量	备注
逆变电焊机	400A	台	1	
台钻		台	2	
切割机		台	2	
电锤		台	2	
升降车	H=50m	台	1	
三碟无尘打磨机		台	2	
吸尘器		台	2	
手提搅拌机		台	1	
镘刀		把	12	普通/带齿

3.3.3　主要安全工器具

主要安全工器具见表 5-6。

表 5-6　　　　　　　　　　　主 要 安 全 工 器 具 表

序号	名　称	规格	单位	数量	备注
1	安全帽		顶	50	
2	工作服		套	50	
3	工作鞋		双	50	
4	安全带		条	20	
5	自锁器		个	14	
6	警戒绳		m	500	

3.4 材料准备

（1）因阀厅内装修工序烦琐且场地较小，所以现场各施工班组需密切配合，做到材料随用随进，提出材料计划编制切实可行的资源需用量计划，如劳动力、机械、设备、材料等计划，落实到实处，并派人跟踪检查，确保资源满足计划的需要，为保证工期提供物质保证。

（2）积极与供货部门协调，提前落实材料、设备及成品和半成品的计划、采购、运输、储存、检验等工作，使材料、设备的供应工作能随工程进度提前订货，按期进场，不得因材料、设备供应不及时，质量不合格影响进度。

（3）对于材质的要求，各种进场材料必须符合国家或部颁标准有关质量技术要求，并有产品合格证明和检验报告，还应做好对不同材料的进场检验和实验工作。

3.4.1 环氧自流平材料要求

（1）原材料需选用知名品牌经 ISO9001 认证，确保所有产品的性能及质量稳定并符合国家环保涂料有机物（VOC）检测要求。

（2）原材料进场时需提供产品合格证和有效的检测报告，对材料有异议时应重新进行见证取样检测合格后方可投入使用。

（3）涂料包装桶（袋）的表面应涂刷牢固明显的标志。内容包括厂名、厂址、产品名称、标准代号、生产日期、贮存期、重量、色号、组分、使用说明等。

（4）材料应存放在阴凉、干燥、通风、远离火或热源的场所，不得漏天存放和暴晒。

（5）涂料相关性能（干燥时间、硬度、黏结强度、抗压强度、耐磨性、耐冲击性等）指标应符合相关设计、规范要求。

（6）涂料特点：表面平滑、美观、防静电、防水、防滑、防火（阻燃），达到镜面效果；100%成膜，无挥发物；无毒、无味、无污染。

3.4.2 阀厅高压钠灯材料要求

（1）灯具的型号、规格必须符合设计要求和国家标准的规定。应有出厂合格证、认证标志和认证证书，进场时做验收检查并做好记录。

（2）灯具进场外观应完整，无损伤，附件齐全具有相关安全认证标志。

（3）对成套灯具的绝缘电阻、内部接线等性能进行现场抽样检测应全数符合相关规范要求。

3.4.3 室内等电位环网接地材料要求

（1）接地铜排完整，无扭曲变形等现象，进场时有检测报告和产品合格证。

（2）连接接地铜排的角钢、扁钢等材质应符合国家有关规范要求，镀锌层完整无脱落，并有检测报告和产品合格证。

（3）连接使用螺栓、螺母、垫片等材料均采用镀锌件，并有产品合格证。

（4）其他辅助材料均无过期变质现象。

4 **阀厅装修工艺流程图**

阀厅装修工艺流程如图 5-2 所示。

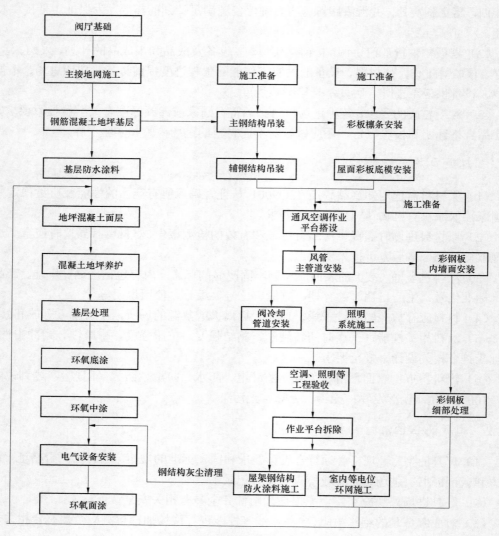

图 5-2　阀厅装修工艺流程图

4.1　通风与空调组织及配合要求

因设备运行对阀厅内的温度、湿度、阀内压力等环境有特殊的要求，因此每个阀厅将分别设置一套全空气集中空调系统，结合绍兴换流站的实际情况，阀厅空调将采用风冷螺杆式冷（热）水机组+组合式空气处理机组+送/回风管的系统型式。冷（热）水机组及空气处理机组均按 2×100%容量设计，即一台运行，一台备用。

4.1.1 通风与空调工程施工配合要求

阀厅通风与空调工程施工处于阀厅装修关键线路上,如工序组织、衔接不合理将极大的制约钢结构防火涂料、阀厅彩板安装及环氧地坪施工进而影响阀厅装修总体施工进度。其施工配合要求如下:

(1) 通风与空调工程需提前备料、制作风管,阀厅屋架附属钢结构安装完成后,即可进行风管安装操作平台搭设。

(2) 在屋面底板完成和操作平台搭设完成并验收合格后即可组织风管安装施工。

(3) 风管安装过程中,注意高空防护并加强对阀厅彩钢板、钢结构的成品保护。

(4) 施工完成后应及时清除相关残留材料并做好自身成品保护,为钢结构防火涂料施工提供工作面。

(5) 空调风管安装搭设得施工作业平台投入使用后需与相关作业班组(桥架、照明、阀冷却管、彩板等)签订安全协议正确使用作业平台,严禁拆除作业平台主节点或堆放过重材料。施工平台拆除时,须提前与电缆桥架、照明及地坪等专业管理人员进行沟通。

(6) 阀厅环氧地坪施工前需完成空调调试工作为地坪施工提供有利得作业环境,地坪施工过程中禁止擅自人员、车辆进入阀厅施工。

4.2 相关电气施工工序组织及配合要求

4.2.1 施工工序组织

阀厅内设置晶闸管换流阀,在运行时各元件的功耗发热量主要通过阀冷却设备通过纯水等循环冷却介质将换流阀因电能损耗而产生的热量,源源不断散发到空气中。阀冷却设备和换流阀连接通过阀冷却管连接。

4.2.2 阀冷却管施工配合要求

阀冷却管安装工艺相对较简单,但施工过程组织不合理将极大地制约通风空调施工平台拆除时间和制约后续施工作业,进而影响阀厅装修整体施工进度。其施工配合要求如下:

(1) 提前根据阀冷设备安装图纸进行阀冷却管备料、阀冷桥架加工,在通风空调主风管施工后并利用空调施工平台即可组织进行施工。

(2) 桥架与阀厅钢结构连接采用螺栓连接,严禁在钢结构上私自乱焊接。

(3) 阀冷却管道安装过程中需正确使用、维护空调施工作业平台,安装过程中,注意高空防护并注意对空调主风管道、阀厅钢结构的成品保护。

(4) 阀冷却管安装、调试完成后,及时通知空调班组可拆除施工作业平台。

4.3 室内等电位接地环网施工方法

阀厅室内等电位环网为沿阀厅内部地坪四周的接地铜排(一般为高出阀厅建筑地坪面标高 200mm),阀厅钢结构吊装、彩板安装、通风空调施工、照明系统等工序施工完成,在混凝土地坪面层施工前可组织进行室内等电位环网施工。

4.3.1　地坪下环网接地角钢支座固定

（1）为固定等电位接地铜排环网利用 100×10 的镀锌等边角钢，角钢采用镀锌膨胀螺栓与基层钢筋混凝土连接。

（2）角钢固定前应按设计图纸要求，根据阀厅轴线和接地环网位置测量定位角钢轴线和标高。要求角钢横平竖直、标高一致。

（3）角钢固定施工完成后，按设计图纸要求将角钢与主接地网采用焊接可靠的连接。

4.3.2　镀锌扁铁支撑环网固定件焊接

（1）环网接地铜排与角钢支座通过扁钢进行连接。扁钢焊接于角钢上后，接地铜排通过螺栓固定于扁钢上。

（2）扁钢应按图纸要求下料精确，确保横平竖直和标高一致。扁钢上口开孔用于接地铜排连接。接地环网连接示意图如图 5-3 所示。

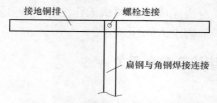

图 5-3　接地环网连接示意图

4.3.3　等电位接地铜排安装

（1）铜排配置应横平竖直、层次分明、整齐美观，搭接处应自然吻合、妥帖。

（2）铜排搭接时接触面应连接紧密，并采用经过表面处理的紧固件，螺栓强度应不低于 4.8 级，贯穿连接时排两外侧均应有（平）垫圈，相邻螺栓垫圈间应有 3mm 以上的净距，螺母侧应有一个平垫圈、一个弹簧垫圈，锁紧螺母。

（3）铜排施工完成后应进行接地电阻测试，结果应满足设计要求。

4.3.4　等电位接地施工相关配合要求

（1）阀厅室内地坪施工前和支座绝缘子基础施工完成回填前需按设计图纸提前敷设完成主接地网（按要求进行隐蔽验收并形成相关隐蔽记录）。

（2）主接地网施工完成后，需根据阀厅钢结构钢柱、支座绝缘子基础、室内 0m 以上等电位环网接地位置预留接地扁铁或铜排（因阀厅室内设备较特殊且接地要求高，接地引上线需根据阀厅轴线和基础位置精确确定相应的接地引上线）。

（3）阀厅室内地坪施工过程中，应做好接地引上线的成品保护防止机械、人为破坏。室内地坪混凝土基层浇筑前应重新调整接地引上线位置，确保位置、引出高度符合设计要求。

4.4 照明系统施工方法

4.4.1 支架与吊架的安装

（1）支架与吊架所用钢材应平直、无扭曲。下料后长短偏差应在 5mm 范围内，切口处应无卷边、毛刺。

（2）钢支架与吊架应连接牢固。

（3）严禁用气焊切割钢结构任何部位。

（4）固定支点间距一般不应大于 1.5～2m。在进出接线盒、箱、柜、转角、转弯和变形缝两端及丁字接头的三端 500mm 以内应设置固定支持点。

（5）将支架或吊架直接固定在钢结构上的结构位置处（不能焊接的结构除外）。

4.4.2 线槽敷设安装

（1）线槽直线段连接应采用连接板，用垫圈、弹簧垫圈、螺母紧固，接茬处应缝隙严密平齐。

（2）线槽进行交叉、转弯、丁字连接时，应采用单通、二通、三通、四通或平面二通、平面三通等进行变通连接，导线接头处应设置接线盒或将导线接头放在电气器具内。

（3）线槽与盒、箱、柜等接茬时，进线和出线口等处应采用抱脚连接，并用螺丝紧固，末端应加装封堵。

（4）建筑物的表面如有坡度时，线槽应随其变化坡度。待线槽全部敷设完毕后，应在配线之前进行调整检查。确认合格后，再进行槽内配线。

4.4.3 灯具安装施工

灯具安装工艺流程：灯具检查→灯具安装→通电试运行。

（1）灯具检查。

1）灯具的安装场所检查灯具是否符合要求：对照图纸检查灯具种类及数量是否符合图纸内灯具要求。

2）灯内配线检查。

a）灯内配线应符合设计要求及有关规定；

b）穿入灯箱的导线在分支连接处不得承受额外应力和磨损，多股软线的端头需盘圈，涮锡；

c）灯箱内的导线不应过于靠近热光源，都应采取隔热措施；

d）使用螺灯口时，相线必须压在灯芯柱上。

3）特殊灯具检查。

a）各种标志灯的指示方向正确无误；

b）应急灯必须灵敏可靠；

c）事故照明灯具应有特殊标志。

（2）灯具安装。

1）高压钠灯的安装。

a）吊管安装。灯具和整流器箱组合在一起，灯具安装高度要符合图纸要求，电源线应经接线柱连接，并不得使电源线靠近灯具的表面；灯管必须与触发器和限流器配套使用。

b）嵌入安装。灯具和整流器箱分体固定，连接导线要穿绝缘管加强绝缘。灯管必须与触发器和限流器配套使用。

2）安全出口指示灯及应急照明灯的安装。

a）安全出口指示灯的电压应该为消防负荷，不应设置漏电保护装置；因为如果设置了漏电保护装置，供电电源会随时因为其他因素的影响，而造成自动跳闸的现象，无法满足应急指示灯具的使用要求。

b）应急灯的安装位置以不被物体撞击，遮挡为好；安装过高，会影响停电应急时光照亮度的光效作用，及对应急灯具进行检修、调试的不便。

（3）通电试运行。

灯具、配电箱（盘）安装完毕，且各条支路的绝缘电阻摇测合格后，方允许通电试运行。通电后应仔细检查和巡视，检查灯具的控制是否灵活、准确；开关与灯具控制顺序相对应，如果发现问题必须先断电，然后查找原因进行修复。

公共建筑照明系统通电试运行时间为24h，所有照明灯具必须开启，并每2个小时记录运行状况1次（各照明回路电压、电流），连续24h运行无故障为合格，试运行记录应签字确认。

4.5 环氧自流平施工方法

阀厅环氧自流平地面施工前必须完成阀厅内各种附属设施的安装，无其他交叉施工工序，同时阀厅出入口具备封闭条件。地坪结构示意图如图5-4所示。

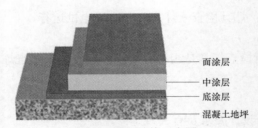

面涂层
中涂层
底涂层
混凝土地坪

图5-4　地坪结构示意图

4.5.1 环氧自流平施工流程

基层处理→底涂施工→中涂层施工→打磨施工→面涂施工→养护。

4.5.2 环氧地坪混凝土基层要求

（1）自流平地面施工前，应按现行 GB 50209《建筑地面工程施工质量验收规范》进行基层检查，验收合格后方可施工。

（2）混凝土基层表面不得起砂、空鼓、起壳、脱皮、疏松、麻面、油脂、灰尘、裂纹等缺陷。

（3）混凝土基层平整度用 2m 靠尺检查平整度不应大于 3mm/m²。

（4）混凝土基层应坚固、密实，其抗压强度不应小于 20MPa。

（5）基层含水率不应大于 8%，并保持干燥。底层或地下基层应做防潮处理。

4.5.3　混凝土基层处理

（1）基层含水率检测采用塑料薄膜法，检测的办法为：在基层表面 1m² 的面积上粘贴塑料薄膜，中间空四边用透明胶布粘贴牢固，完全密封四周，观察塑料薄膜内表面有无水珠，无水珠即为合格。如有水珠，则加强空气循环或采用阀厅空调制热的方式带走水分，促进混凝土中水分进一步挥发。

（2）一般混凝土基面采用地面无尘打磨机进行打磨（对于钢柱、彩板边及绝缘子基础边采用手工打磨），表面应无水泥渣及疏松的附着物，使基面形成均匀粗糙面，以利于涂层附着。

（3）对于有轻微油污的基面可采用铣刨机彻底铣除或用碱液、清洗剂清洗，如油污较严重，则应考虑重新浇注混凝土。

（4）如果地面存有旧油漆，应将与基面粘接不牢的旧涂层用铣刨机彻底铣除。

（5）对地坪表面的洞孔和明显凹陷处用环氧中涂调配石英砂修补地面坑洞，使基面保持平整地面裂缝需预先用树脂材料补平。

（6）当基面处理结束后，必须用干净的软毛刷、鸡毛掸子、压缩空气或工业吸尘器，将基层表面清理干净。

4.5.4　地坪缩缝处理

（1）地坪基层处理完后进行混凝土地坪缩缝处理，将缝隙内的灰尘等杂物应清除干净。

（2）采用弹性物质（如聚氨酯弹性胶）将伸缩缝进行填充补平（对于宽度小于 5mm 的伸缩缝，由于缝太细不易填充，需先用切割机切割达到一定宽度和深度（深度在 1mm 以上比较好）的梯形状，需保证切割整齐，然后才能灌注弹性胶）。

（3）弹性胶填充方法。根据弹性胶生产厂家的产品说明进行或采用玻璃枪（打胶枪）填充，需注意尽量避免缝外沾染上胶料，如沾上，应立即清除，缝隙填满后，用铲刀刮平并去除多余胶料。

（4）在地坪涂料涂装时，先尽量将伸缩缝留着，即使覆盖，也应记录下所在位置，在地坪涂装完毕后，将伸缩缝切割修饰整齐。保证宽度在 5mm 以上，最好修饰成上宽下窄的梯形状。然后清除干净缝内的灰尘及杂物，贴缝两边贴上胶带，采用聚氨酯弹性胶填充缝隙直至平直，在弹性胶半干状态时撕去胶带。

4.5.5　底涂施工

（1）施工前需计算材料使用量，依照施工方向及区域选定材料搅拌区和材料配置。

（2）按比例将主剂及固化剂充分搅拌均匀，要求均匀、无遗漏，以达到表面成膜为准

（按比例配合后搅拌均匀，无需放置可直接施工），视面积大小确定施工人员数，用刮刀刮涂，倒退施工，8h 后施工下一道工序（底漆施工完毕检测标准：均匀成膜）。

（3）施工中发现沙粒或杂质应立即去除，施工期间及养护时间内管制人员进出。

4.5.6 中涂施工

（1）中涂层施工前地面需要保持干净，如有杂物粘附需清除。

（2）环氧中涂按比例混合搅拌均匀后，调配 70～100 目石英砂用镘刀将材料均匀涂布至所需厚度，以增加地面抗压强度，并起到对基面的整体性找平修补作用。

（3）中涂层养生硬化时间需 48h 以上。

（4）中涂施工完成后要求地坪具有防尘的功效，面层打磨后能满足设备安装的要求。

4.5.7 打磨施工

面涂施工前按要求对中涂进行打磨处理，增强与面层结合能力。

4.5.8 面涂施工

用专用带齿镘刀均匀镘涂施工环氧自流平。（此工序在阀及其辅助设备安装完毕后施工）

4.5.9 养护

施工完成后，封闭养护，48h 内任何人不得进入施工现场。等确认硬化状态及是否满足其他质量管理要求，自然养护 7 天后，方可交付使用。

4.5.10 施工注意事项

（1）施工时应注意前后材料的衔接，尽量减少施工结合缝。

（2）施工中发现砂粒或杂质应立即去除。

（3）混合后的材料应在规定使用时间（一般为 30min）内涂布完毕，以免材料固化。

（4）施工涂布时应注意施工温度，低于 5℃时环氧树脂不能施工。

（5）施工期间及养护时间内专人负责进出，如施工时温度在 10～15℃时，养护时间为 8～12h。固化后打磨，修整不平处，去除刀痕。

5　施工进度计划及保证措施

5.1　施工进度计划

绍兴换流站单极低端阀装修施工进度计划见图 5-5。

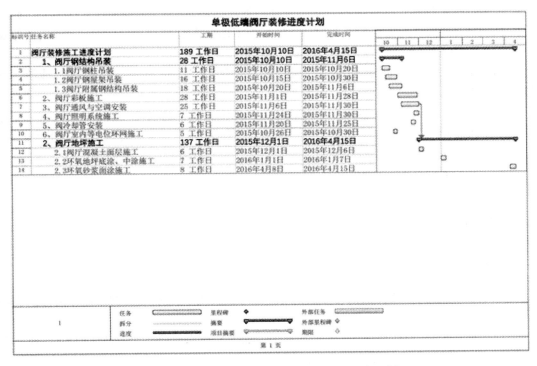

图 5-5　绍兴换流站单极低端阀装修施工进度计划

5.2　施工进度保证措施

根据工程特点，编制施工进度控制工作细则，具体内容包括目标分解图、进度控制的方法及具体措施等。

（1）编制并优化施工组总设计及分部分项工程施工方案，从技术上保证工程施工的顺利进行。积极采用新技术、新工艺、新材料，充分发挥机械设备的使用效率，加快施工进度。优化施工方案，加强安全、质量控制，避免由此产生的停工、窝工现象。

（2）认真审核和深刻理解体会总进度计划，重点审查：① 项目划分合理与否；② 施工顺序安排是否符合逻辑及施工程序；③ 物质供应的均衡性是否满足要求；④ 人力、物力、财力供应计划是否能确保总进度计划的实现。

（3）认真审查各单位工程、分部分项工程施工进度计划的均衡性与协调性、连续性。

（4）填写反映工程进度状况的工程日志，及时检查和审核计划进度和实际进度差异及形象进度实物工程量与工作量指标完成情况的一致性，并分析其原因，找出解决问题的办法。

（5）建立工程调度协调管理制度，重点管理好整个工程网络进度、施工总平面、力能供应等，分析掌握工程建设施工各阶段基本矛盾及其变化情况，抓住主要矛盾，采取合理的调度、协调手段保证主要目标的实现。

（6）每天召开生产工作例会，对当天的施工情况进行总结，包括施工进度、施工质量、安全、劳动力协调等，同时布置第二天的工作。

（7）根据工程实际情况编制详细的关键工序施工方案，保证施工技术资料、工程物资、施工机具、仪器仪表配置齐全及时到位，做好施工图会审工作，确保不影响关键工序的及时开工和顺利进行。

（8）做好关键工序里程碑目标的控制，编制周计划和日计划，明确项目要完成的工程量和形象进度，进行细化控制。

（9）合理安排工作，项目部各部门及各施工队根据各自的工作范围，对关键工序制定详细的工作计划，为关键工序如期开工、正常施工、如期完工排出障碍创造条件。

6 施工质量保证措施

6.1 质量控制标准

6.1.1 环氧自流平地面验收标准

（1）自流平地面面层应洁净，色泽一致，无接茬痕迹，与地面埋件、预留洞口处接缝顺直，收边整齐。

（2）满足 GB/T 50589《环氧树脂自流平地面工程技术规范》和 JGJ /T175《自流平地面工程技术规程》的相关要求，见表 5–7。

表 5–7　　　　　　　　　　　　环氧自流平地面质量验收标准

检查项目	质 量 标 准	单位	检验方法及器具
原材料质量	应有产品质量合格证明文件，并应符合设计要求和国家现行有关标准的规定		观察检查和检查型式检验报告、出厂检验报告、出厂合格证
有害物质限量	自流平面层的涂料进入施工现场时，应有以下有害物质限量合格的检测报告： 1）水性涂料中的挥发性有机化合物（VOC）和游离甲醛； 2）溶剂型涂料中的苯、甲苯+二甲苯、挥发性有机化合物（VOC）和游离甲苯二异氰酸酯（TDI）		检查检测报告
基层施工质量	强度等级不应小于 C20；混凝土或水泥砂浆基层必须坚固、密实、平整，坡度和强度应符合设计要求，且表面平整度应小于 1.5/1000mm；基层应干燥，在深为 20mm 的厚度层内，含水率不大于 8%		检查强度等级检测报告，观察、坡度尺测量和用 2m 靠尺和楔形塞尺检查，检查含水率检测报告
各构造层之间的黏结	应黏结牢固，层与层之间不应出现分离、空鼓现象		用小锤轻击检查
面层施工	应分层施工，面层找平施工时不应留有抹痕		观察检查和检查施工记录
表面质量	应平整、光滑、颜色均匀一致，不应有开裂、漏涂、误涂、砂眼、裂缝、起泡、泛砂和倒泛水、积水等现象，与地面埋件、预留洞口处接缝顺直，收边整齐		观察和泼水检查
表面平整度	≤1	mm	2m 靠尺和楔形塞尺检查
厚度	≤0.1	mm	针测法检查
踢脚线上口平直度	≤3	mm	拉 5m 线和用钢尺检查
缝格顺直偏差	≤2	mm	拉 5m 线和用钢尺检查

6.1.2 照明系统验收标准

照明系统验收标准见表 5-8。

表 5-8　　　　　　　　　　照 明 系 统 验 收 标 准

检查项目	质 量 标 准	单位	检验方法及器具
线槽固定及外观检查	线槽应固定牢固，无扭曲变形，紧固件的螺栓应在槽盒外侧		观察、手扳检查
灯吊钩选用、固定及悬吊装置的过载试验	（1）花灯吊钩圆钢直径不应小于灯具挂销直径，且不小于 6mm。大型花灯的固定及悬吊装置，应按灯具质量的 2 倍做过载试验。 （2）质量大于 10kg 的灯具，其固定装置应按 5 倍灯具重量的恒定均布全数作强度试验，历时 15min，固定装置的部件应无明显变形		观察、钢尺、手扳检查
灯具的固定	（1）灯具质量大于 3kg 时，固定在螺栓或预埋吊钩上。 （2）软线吊灯，灯具质量在 0.5kg 及以下时，采用软电线自身吊装；大于 0.5kg 时采用吊链，且软电线编叉在吊链内，使电线不受力。 （3）灯具固定牢固可靠，不使用木楔。每个灯具固定用螺钉或螺栓至少 2 个；当绝缘台直径在 75mm 及以下时，采用 1 个螺钉或螺栓固定		观察检查
钢管吊灯灯杆检查	当钢管做灯杆时，钢管内径不应小于 10mm，钢管厚度不应小于 1.5mm		观察、钢尺检查
应急照明灯具安装	（1）疏散照明采用荧光灯或白炽灯；安全照明采用卤钨灯，或采用瞬时可靠点燃的荧光灯。 （2）安全出口标志灯和疏散标志灯装有玻璃或非燃材料的保护罩，面板亮度均匀度为 1:10（最低:最高），保护罩应完整、无裂纹		观察检查
照明系统通电	（1）照明系统通电，灯具回路控制应与照明配电箱及回路的标识一致；开关与灯具控制顺序相对应，风扇的转向及调速开关应正常；剩余电流动作保护装置应动作准确。 （2）有自控要求的照明工程应先进行就地分组控制试验，后进行单位工程自动控制试验，试验结果应符合设计要求。 （3）照明系统通电试运行后，三相照明配电干线的各相负荷宜分配平衡，其最大相负荷不宜超过三相负荷平均值的 115%，最小相负荷不宜小于三相负荷平均值的 85%		观察、试操作检查

6.1.3 室内等电位环网接地验收标准

室内等电位环网接地验收标准见表 5-9。

表 5-9　　　　　　　　　室 内 等 电 位 环 网 接 地 验 收 标 准

检查项目	质 量 标 准	单位	检验方法及器具
接地埋深、间距和搭接长度	当设计无要求时，接地装置顶面埋深深度不应小于 0.6m，搭接长度应符合下列要求： 1）扁钢与扁钢搭接为扁钢宽度的 2 倍，且至少三面施焊； 2）除埋设在混凝土中的焊接接头外，要有防腐措施		观察、钢尺检查

续表

检查项目	质 量 标 准	单位	检验方法及器具
接地装置材质和最小允许规格	符合设计要求。当设计无要求时，接地装置的材料采用钢材，热浸镀锌处理，最小允许规格、尺寸应符合现行规范要求		观察、钢尺或对照设计文件检查
接地线连接	接地线现在穿越地坪或墙体应加钢套管，钢套管应与接地线做电气连接		观察检查
建筑物等电位联结干线的连接及局部等电位箱间的连接	建筑物等电位联结干线应从与接地装置有至少 2 处直接连接的接地干线或总等电位箱引出，等电位联结干线或局部等电位箱间的连接线形成环形网络，环形网络就近与等电位联结干线或局部等电位箱连接。支线间不应串联连接		观察检查
等电位联结的线路最小允许截面积	应符合现行标准的规定		观察或对照设计文件检查
阀厅等电位体连接	1）钢结构与钢结构之间，钢结构与室内金属墙板及金属面板之间，地坪下的钢筋网之间应做可靠的电气连接，具有良好的导电性，确保连成等电位连结体，且应与主接地网可靠连接； 2）建筑物地面屏蔽网相互之间应可靠焊接，使其连成整体，具有良好的导电性，并将其外引与主接地网可靠连接； 3）阀厅内应敷设环形接地母线铜牌，并按设计要求与接地网连接		观察检查
等电位联结的可接近裸露导体或其他金属部件、构件与支线连接	等电位联结的可接近裸露导体或其他金属部件、构件与支线连接应可靠。熔焊、钎焊或机械坚固应导通正常		观察、手扳检查
需等电位联结的高级装修金属部件或零件等电位联结的连接	需等电位联结的高级装修金属部件或零件，应有专用接线螺栓与等电位联结支线连接，具有标识；连接处螺帽紧固、防松零件齐全		观察、手扳检查

6.2 强制性条文执行

6.2.1 环氧自流平所执行强制性条文

环氧自流平所执行强制性条文见表 5–10。

表 5–10　　　　　　　　　**环氧自流平强制性条文**

建筑地面工程施工质量验收规范（GB 50209—2010）	
强制性条文内容	执 行 内 容
3.0.3 建筑地面工程采用的材料应按设计要求和本规范的规定选用，并应符合国家标准的规定；进场材料应有中文质量合格证明文件、规格、型号及性能检测报告，对重要材料应有复验报告	检查质量证明文件及复验报告

6.2.2 阀厅照明系统所执行强制性条文

阀厅照明系统所执行强制性条文见表 5–11。

表 5—11 阀厅照明系统强制性条文

建筑电气照明装置施工与验收规范（GB 50617—2010）	
强 制 性 条 文 内 容	执 行 内 容
4.1.12 Ⅰ类灯具不带电的可外露导电部分必须与保护接地线可靠连接，且应有标识	严格按设计图纸进行施工
4.1.15 质量大于 10kg 的灯具，其固定装置应按 5 倍灯具质量的恒定均布何在全数作强度试验，历时 15min，固定装置的部件应无明显变形	严格按设计图纸进行施工

6.3 质量通病防治措施

环氧自流平质量通病防治措施见表 5—12。

表 5—12 环氧自流平质量通病防治措施

序号	通病现象	主要原因分析	预 控 措 施
1	环氧砂浆地面空鼓脱壳、或起鼓、或脱壳裂缝	找平层表面未清理干净；找平层含水量过大；找平层质量差，表面起砂	严格按要求彻底清洁基层表面；找平层含水量应控制小于 8%；控制找平层混凝土质量
2	施工过程地坪破坏	环氧地坪施工过程中，工序交叉施工造成地坪破坏	优化施工组织及方案，避免其他工序搭接，保证环氧地坪施工具有独立性和连续性
3	鼓包	地面未做防潮层处理，地面潮气将环氧层顶起	混凝土基层按设计要求进行防潮层施工
4	脱层、破裂	基层强度差，受重压后，环氧涂层连带部分混凝土局部脱落	去除破损部位，以高强渗透性底漆滚涂多遍，以增强基层强度，再按设计工艺进行修补
5	变色	地坪材料中颜料稳定性差或地坪未达到养护期即投入使用	环氧涂料选用国内知名品牌，原材料进场提供相应合格证书，环氧地坪需达养护期后才正式投入使用
6	施工面接触平整度差	地面的基层未进行充分的预处理或者预处理质量差，高差过大，用料不足或者施工过慢，没有遵守操作时间等	严格按照施工规程来施工
7	小团块凸起	是自流平调配时搅拌不充分所致有结块、成团等现象	适当的延长搅拌时间，让其得到充分的搅拌
8	表面有少量的返霜	地面封闭施工时没有充分封闭，或者空气相对温度过大	严格按照施工规程来施工

6.4 标准工艺应用

工艺编号：0101010304，工艺名称：自流平地面。
工艺编号：0101011301，工艺名称：吊杆式灯具
工艺编号：0101011305，工艺名称：建筑室内配电箱、开关及插座

6.5 质量保证措施

6.5.1 人的控制

（1）以项目部经理的管理目标和职责为中心，配备合适的管理人员。

（2）对施工人员的资格严格审查，坚持作业人员持证上岗。

（3）强化施工人员的质量意识，加强操作人员的职业教育和技术培训。

（4）严格施工现场管理制度和生产纪律，规范操作人员的作业技术和管理活动行为。

（5）完善奖励和处罚机制，充分发挥全体人员的最大工作潜能。

6.5.2 材料设备的控制

（1）对材料设备的采购严格把关，不合格的产品严禁进入场地。

（2）对所购的电器设备材料进行技术性能检测，达不到技术标准的产品严禁使用。

（3）设备材料的仓储，分类堆放，做到防污染、防挤压损伤。

（4）材料设备的搬运及安装，做到轻拿轻放，防止摔砸、碰撞，特别是灯具等器材。

6.5.3 施工设备的控制

（1）从施工需要和保证质量的要求出发，确定相应类型的性能参数，选择合适的施工设备。

（2）按照先进的经济合理、生产适用、性能可靠、使用安全的原则选择施工机械。

6.5.4 施工技术的控制

（1）对施工人员进行技术交底，组织职工进行操作技能的培训。

（2）对施工人员的资格严格审查，坚持作业人员持证上岗。

（3）强化施工人员的质量意识，加强操作人员的职业教育和技术培训。

7 施工安全技术措施

7.1 风险点辨识及预控措施

风险点辨识及预控措施见表 5–13。

表 5–13   风险点辨识及预控措施

类别	危险点	防范类别	预控措施
现场管理	吊装	起重伤害、高处坠落、触电等	（1）认真执行三级安全教育制度，认真开展班组安全活动。 （2）严格安全考试制度，静止弄虚作假。 （3）明确安全职责及必要的安全知识，强化安全操作技能培训

续表

类别	危 险 点	防范类别	预 控 措 施
现场 管理	高处作业不系或未正 确使用安全带	高处坠落	（1）高处作业人员必须使用安全带，且宜使用全方位防冲击安全带，安全带必须挂在牢固的构件上，并不的低挂高用。施工过程中，应随时检查安全带是否拴牢。 （2）每次使用前，必须进行外观检查，安全带断股、霉变、虫蛀、损伤或铁环有裂纹、挂钩变形、接口缝线脱开等严禁使用
	危险作业项目不办安 全施工作业票	起重伤害高处 坠落触电等	（1）所有危险作业项目要执行安全工作票制度。 （2）所有工作人员应清楚作业票内容，且带票施工
	从事特种作业的作业， 未经培训、考试合格上岗		从事特种作业的作业，必须按该工程的有关规定，经培训、考试合格并取得合格证，方可上岗
	乙炔、氧气及易燃材料 混放	火灾	氧气、乙炔分开放置
	临时电源线、配电箱不 规范	触电	做好保护接零，漏电保护器做定期检查，并做好记录

7.2 施工安全技术与防护措施

7.2.1 防高空坠落

（1）本装修工程属于高空作业，作业前必须进行身体检查，体检合格后方可上岗。凡有高血压、心脏病、贫血、深度近视的员工不能从事高空作业。

（2）高空作业时，要戴安全带，安全带必须为双背双挂型，并把安全带挂在可靠的牢固点；严禁酒后作业。

（3）施工作业场所有坠落可能的物件，一律先行拆除或加以固定。

7.2.2 防止物体打击

（1）电线管和吊杆都比较长，传运过程中先观察好周围环境和人，避免磕碰人或其他物件。

（2）吊运或人力运送设备或材料时，严禁在无安全措施的情况下一次运送多件。

（3）高空作业使用的工具要放在工具袋内。常用的工具应系在身上。所需材料或其他工具必须用牢固结实的绳索传递，禁止用手抛掷，以免掉落伤人。

7.2.3 防触电

（1）使用的电焊机、切割机等用电设备都应可靠接地。电缆线路采用"三相五线"接线方式，电气设备和电气线路必须绝缘良好。

（2）电焊作业时，电焊机外壳要良好接地，电源的装拆应由电工进行，焊钳和把线必须绝缘良好，更换焊条必须戴手套，操作时应穿绝缘鞋，戴电焊手套，高空作业时应将把线用绳子吊往高处，不得手持把线登高，地线应接触良好，不得打火。

（3）带电设备停用时，工作人员应切断电源。

（4）必须穿工作服和绝缘鞋。电焊作业时戴电焊手套。

7.2.4 防机械伤害

（1）设备或材料吊装时，提前检查现场、吊具、钢丝绳有无损坏。

（2）使用台钻给角钢和钢管钻孔时，严禁戴手套操作，加工件有固定装置。

（3）使用机具前检查性能，不能带病作业。

（4）切割、打磨时戴防护眼镜。

（5）各种机械操作人员和车辆驾驶员，必须取得操作合格证；不准操作与证不相符的机械，不准将机械设备交给无本机操作证的人员操作；对机械操作人员要建立档案，专人管理。

7.2.5 防火安全措施

（1）电焊作业时严禁焊条头乱扔，防止造成短路和管路堵塞。施工现场须配备灭火器，焊接时应清理现场易燃物。

（2）动火作业前办理动火证，动火人有操作证，动火点有灭火器，专人监护。在动火前，清理车上、平台上和地面易燃物。跨内摆放的设备予以覆盖，动火后检查隐患。

7.2.6 交叉施工安全措施

（1）作业前，应明确交叉作业各方的施工范围及安全注意事项；垂直交叉作业，层间应搭设严密、牢固的防护隔离设施，或采取防高处落物、防坠落等防护措施。

（2）施工中应尽量减少交叉作业。必须交叉时，不同工序、不同单位应签订交叉安全协议，施工负责人应事先组织交叉作业各方，商定各方的施工范围及安全注意事项；各工序应密切配合，施工场地尽量错开，以减少干扰；无法错开的垂直交叉作业，层间必须搭设严密、牢固的防护隔离设施。

（3）交叉作业的情况下，应对各自危险作业范围予以明确，并做出必要的安全警示标志，对参加施工作业的人员进行安全技术交底，使施工人员了解作业的范围、作业程序、人员配合的问题、危险点的情况及其他安全注意事项。

（4）交叉作业过程中应有专职安全管理人员现场监督，统一协调指挥，杜绝违章作业、冒险作业等情况发生。

（5）作业过程中，各层间出现上下交叉作业时，不能在同一垂直方向上进行操作，下层的作业位置必须在上层高度可能坠落的范围半径之外。

（6）交叉作业时，作业现场应设置专责监护人，上层物件未固定前，下层应暂停作业。工具、材料、边角余料等不得上下抛掷。不得在吊物下方接料或停留。

（7）当下层作业位置在上层高度可能坠落的范围半径之内时，则应在上下作业层之间设置隔离层；隔离层应采用木脚手板或其他坚固材料搭设，必须保证上层作业面坠落的物体不能击穿此隔离层；隔离层的搭设、支护应牢靠，在外力突然作用时不至于垮塌，且其高度不影响下层作业的高度范围。

（8）各层作业人员必须精力集中，各层的指挥号令不能相互影响，造成混淆；作业人员应随时保持警惕，对意外情况应能及时做出判断和反应。

（9）上层作业时，不能随意向下方丢弃杂物、构件，应在集中的地方堆放杂物，并及时清运处理，作业人员应随身携带物料袋，以便零散物件随身带走。

（10）上层有起重作业时，起吊物件必须绑扎固定，必要时以绳索加以固定牵引，防止随风摇摆，碰撞其他固定构件，严格遵守起重作业操作规程，起重物件严禁越过下层作业人员头顶。

（11）交叉作业场所应保持充足光线。

8 文明施工保证措施

（1）搭建临时设施、办公生活或材料库，按换流站总体布局，报监理、业主审批后搭建。

（2）从防火角度出发，按照相关消防管理规定在相应的位置布置消防设置或消防器材。

（3）根据现场施工场地，便于安全文明施工管理，对设备材料的堆放按照施工工序进行码放。

（4）施工现场按照工种进行区域划分，实行定置化管理。

（5）进入施工现场佩戴安全帽。

（6）进入施工现场人员统一着装，配胸卡上岗。严禁穿拖鞋、背心、短裤。严禁在现场内赤膊。

（7）特殊作业人员，应穿专用防护服。

（8）高处作业必须执行正确使用安全带等防坠落措施。

（9）严禁酒后进入施工现场。

（10）严禁在施工现场的任何地点吸烟。

（11）严禁擅自进入危险作业区域。

（12）交叉施工中现场文明施工措施：

1）施工现场保持道路畅通，现场及出入口挂设标示牌，出入口处地面平整道路通畅、整洁。不得在道路两旁随便堆放材料和机具，如因施工占用道路的情况，双方项目部应及时沟通协商解决。

2）制定施工现场各区域管理制，班组和个人岗位责任制，使场地容貌工作落实到班组个人，现场内道路畅通、平整、无积水，设专门垃圾点，并及时清走，不随地大小便。

3）施工交叉作业，凡是本工序施工，应做好对前工序的成品保护工作，不得接触本工序范围以外的成品。下脚料、废料、垃圾等杂物，每天随时清理干净，堆放在指定地点。安装与土建施工单位双方应文明作业，顺利完成工程任务。

9 绿色施工

（1）图纸会审时，应审核节材与材料资源利用的相关内容，达到材料损耗率比定额损耗率降低 30%。

（2）根据施工进度、库存情况等合理安排材料的采购、进场时间和批次，减少库存。

（3）现场材料堆放有序。储存环境适宜，措施得当。保管制度健全，责任落实。

（4）材料运输工具适宜，装卸方法得当，防止损坏和遗洒。根据现场平面布置情况就近卸载，避免和减少二次搬运。

（5）采取技术和管理措施提高施工的周转次数。

（6）优化安装工程的预留、预埋、管线路径等方案。

（7）应就地取材，施工现场周边内生产的建筑材料用量占建筑材料总质量 70%以上。

（8）推广使用设计图纸制定材料。准确计算采购数量、供应频率、施工速度等，在施工过程中动态控制。

第六章

压型钢板围护结构工程施工方案

目 次

<h2>1 工程概况</h2>

1.1 施工范围

本方案数据以上海庙换流站工程为实例。

±800kV 换流站工程使用压型钢板围护结构的建筑物主要有：阀厅（极 1、极 2 低端阀厅；极 1、极 2 高端阀厅）、主控制楼、极 1/极 2 辅控楼、10kV 及 380V 公用配电室、泡沫消防间、备用平波电抗器室、阀冷却空冷器保温室、750kV 和 500kV 继电器小室及蓄电池室、综合水泵房、500kV GIS 室、检修备品库、特种材料库等。

1.2 主要工程量

±800kV 换流站工程压型钢板围护结构工程量见表 6–1。

表 6–1 　　　　　　　　　±800kV 上海庙换流站围护结构工程量一览表

序号	建筑物名称	结构类型	屋面压型钢板面积（m²）	墙面压型钢板面积（m²）
1	500kV GIS 室	钢排架结构	4594	8457
2	极 1、极 2 低端阀厅	混凝土框架与钢屋架混合结构	4390	8188
3	极 1 高端阀厅	钢结构排架	3695	8652
4	极 2 高端阀厅	钢结构排架	3695	8652
5	500kV 继电器小室 1 及蓄电池室	框架结构	—	537
6	500kV 继电器小室 2	框架结构	—	488
7	500kV 继电器小室 3 及蓄电池室	框架结构	—	561
8	750kV 继电器小室 1 及蓄电池室	框架结构	—	606
9	主控楼	框架结构	—	2120
10	极 1 辅控楼	框架结构	—	2145
11	极 2 辅控楼	框架结构	—	2145
12	10kV 及 380V 公用配电室	框架结构	—	584
13	380V 公用配电室 2	框架结构	—	309
14	备用平波电抗器室	钢结构	112	313
15	泡沫消防设备间	框架结构	—	720
16	检修备品库	框架结构	1342	2625
17	空冷器保温室	钢结构	592	2640
18	特种材料库	框架结构	—	98
19	综合水泵房	框架结构	—	995
围护结构面积合计：69 255m²			18 420	50 835

1.3　±800kV 换流站压型钢板围护工程结构特点

±800kV 换流站建筑类别为：高端阀厅为一类，低端阀厅为二类；火灾危险性分类为丁类，耐火等级二级；屋面防水等级 I 级。屋面维护结构为：内外双层压型钢板复合保温屋面。

墙面围护结构按各单体建筑功能需要及构造层次、用料不同，主要分为以下 4 种类别：

（1）内外双层压型钢板·复合保温墙体（钢结构外墙）；

（2）内外双层压型钢板·复合保温防火墙体（钢结构外墙与主控楼/辅控楼相邻墙面）；

（3）双层压型钢板·复合防火墙体（极 1 与极 2 低端阀厅之间）；

（4）单层压型钢板·复合保温墙体（主控楼、辅控楼等）。

2　编制依据

2.1　规程规范

本方案依据国家、行业和国家电网公司颁发的技术规程、规范、质量评定标准要求，按正常的施工条件和合理的施工组织进行编制。其主要依据的规程规范具体如下（包括但不限于）：

GB 50755—2012　钢结构工程施工规范

GB 50300—2013　建筑工程施工质量验收统一标准

GB 50896—2013　压型金属板工程应用技术规范

GB/T 12755—2008　建筑用压型钢板

《工程建设标准强制性条文房屋建筑部分（2013 年版）》

GB 50661—2011　钢结构焊接规范

GB 50026—2007　工程测量规范

GB/T 50905—2014　建筑工程绿色施工规范

GB 50009—2012　建筑结构荷载规范

GB 50017—2003　钢结构设计规范

GB 50011—2010　建筑抗震设计规范

JGJ 46—2005　施工现场临时用电安全技术规范

JGJ 33—2012　建筑机械使用安全技术规程

GB 50729—2012　±800kV 及以下直流换流站土建工程施工质量验收规范

Q/GDW 1218—2014　±800kV 换流站阀厅施工及验收规范

2.2　管理文件、企业标准

（1）招标文件合同及相关资料，钢结构压型钢板施工组织设计。

（2）施工图，厂家出具的经设计确认的深化结构详图。

（3）有关建筑安装管理条例。

（4）国家、行业及国家电网公司现行的管理文件、企业标准。

3 施工准备

3.1 技术准备

3.1.1 深化设计

（1）墙面、屋面围护系统的深化设计必须满足现行各类规范的要求，包括墙面、屋面板的抗风设计并提供屋面系统有关技术标准。

（2）深化设计具体内容包括屋面内外板、墙面内外板的选型及设计；绘制屋面及墙面压型钢板排板图、调整节点构造，编制压型钢板配件加工任务单（包括配件形状、尺寸、色彩、色彩朝向、厚度、数量等）。

3.1.2 材料采购

（1）严格按照招标文件要求进行材料采购，深化图未经设计院确认以及设计图纸未出版并经过会审通过，厂家不得订货加工。采购前必须通过供货商资质报审并经过监理审查、设计审查、物资核查、业主批准后方可将供货商列入合格供方。

（2）应根据经建设单位确认的施工图纸要求采购原材料，所有原材料的供应必须符合合同及图纸设计要求。物资进场前必须提供所使用的所有材料的样品，通过监理组织的样品审查后方可大规模采购。设计工代参与样品审查，并反馈设计院进行确认。物资项目部参与审查，业主项目部最后批准。

（3）所有采购材料必须索取材料分析单、检验书等合格证明文件。

（4）主要材料采购应按照招标文件、设计规范书、设计图纸、施工合同等法定文件执行。

3.1.3 加工、运输及贮存

应采用优质的机器进行加工，贮存、运输过程中避免损坏成品压型钢板。

3.2 工程开工及工作面交接

（1）进场前须向监理项目部办理进场开工手续，开工前将施工方案报监理审批，施工资料应满足档案归档和现场过程管控要求，对进场施工人员应进行进场前和定期的安全教育及培训，配合建设管理单位和监理单位开展现场迎检、工程创优等工作。

（2）服从现场业主项目部及监理项目部的统一管理。

（3）压型钢板围护系统施工前，须与相应施工单位办理工作面及场地验收交接，方可进行施工。

（4）施工场地要做到三通一平，吊装区域必须平整结实，场地清洁无杂物，施工周围无坑洞及障碍物。

3.3　人员组织准备

3.3.1　项目管理组织机构

压型钢板施工工程实行项目管理，成立项目经理负责制的工程施工项目部。要求选派具有丰富管理经验和技术能力的项目经理，代表承建方履行合同，负责工程的全面管理。按合同要求及建设工程相关法律法规进行施工管理，严格执行 ISO9001 质量保证体系，积极推广新技术、新工艺、新材料，精心组织，科学管理，优质高效地完成施工任务。项目管理组织机构在办理开工申请时报业主部审批。

3.3.2　人员岗位职责

各岗位人员职责应符合国家相关法律法规要求，满足项目业主及招标单位的要求。严格按照国家和地方政府关于工程建设和城市(乡镇)管理的政策和法规进行工程建设管理，坚决贯彻落实现场业主、监理等参建单位的各项规章制度，严格对各岗位人员的职责进行分工和明确。主要人员岗位职责及配置见表 6-2。

表 6-2　　　　　　压型钢板安装工程主要人员岗位职责及配置表

序号	岗位	数量	职　责　划　分
1	项目经理	1	全面负责整个项目的实施
2	技术负责人	1	负责施工方案的策划，负责技术交底，负责项目各种技术问题的处理
3	质检员	2	负责项目质量检查及验收，包括各种质量验收记录
4	安全员	2	负责项目的安全管理
5	测量员	2	负责项目的测量与放样
6	资料员	1	负责项目的资料整理
7	施工员	3	负责项目的施工管理
8	安装人员	100	压型钢板及附属配件安装

在以上人员中，测量员、质检员、安全员及特殊工种作业人员须持有效证件上岗。

3.4　机具准备

主要施工机具的配备，应以保质保量完成施工任务为目的。主要施工机具配备计划表参见表 6-3。

表 6-3　　　　　　　　　主要施工机具配备参考表

机械名称	使用年限≤	型号规格		数量	备注
压型钢板压型机	5		套	2	根据设计图板型选用
汽车式起重机	6	25t	台	3	
压型钢板专用吊具	5	5t	套	4	

机械名称	使用年限≤	型号规格		数量	备注
垂直爬升作业梯	3	2t	条	4	
橡胶锤	5		把	4	
钢丝绳	1	$\phi 8$	m	2000	高空作业安全生命线
麻绳	1	$\phi 20$	m	6000	
钢丝绳吊钩	1	$\phi 12$	副	20	
手拉葫芦	1	2t	台	10	
滑轮	1	1t	台	30	
电焊机	1		台	5	26kW 逆变型
经纬仪	1		台	1	
水准仪	1	S6	台	1	
水平尺	1	$l=300$	把	4	
钢盘尺	1	50m	把	8	
钢卷尺	1	5m	把	12	
手枪电钻	1	max$\phi 8$	台	40	
直柄电钻	1	max$\phi 14$	台	20	
自攻枪	1		台	30	
角向磨光机	1	$\phi 100$	台	10	
手动拉铆枪	1		把	20	
硅胶枪	1		把	30	
专用开孔机	1		台	8	
电动剪刀	1		台	10	
手动剪刀	1		台	10	

3.5 施工临建准备

施工临建应按照业主及监理的要求布置准备，必须合理布置办公区、职工宿舍、食堂、材料仓库、临时设施等。主要施工机械设备用电设总配电箱，然后根据施工需要分区合理的设置二、三级配电箱，电源从业主提供的配电箱中引入，水源从业主指定的地点接用。

4 施工技术方案

4.1 施工流程

4.1.1 屋面板施工流程

主檩安装→拉杆及撑杆安装→接地材料安装→屋面底层压型钢板安装→隔汽薄膜铺

设安装→屋面附檩安装→保温材料铺设安装→屋面面板安装→屋面天沟安装→屋面收边板、屋脊板安装→落水管安装→检修爬梯安装。

4.1.2 墙面板施工流程

（1）内外双层压型钢板复合保温墙体围护结构施工流程：墙面檩条安装→拉条及撑杆安装→接地材料安装→外墙板安装→防水透气膜安装→镀锌钢丝网安装→离心玻璃棉卷毡铺设安装→聚乙烯隔汽膜安装→内墙压型钢板安装（兼做屏蔽）→收边板安装。

（2）内外双层压型钢板复合保温防火墙体围护结构施工流程：墙面檩条安装→拉条及撑杆安装→接地材料安装→外墙板安装→纤维增强硅酸盐板安装→防水透气膜安装→离心玻璃棉卷毡铺设安装→镀锌钢丝网安装→聚乙烯隔汽膜安装→纤维增强硅酸盐板安装→内墙压型钢板安装（兼做屏蔽）→收边板安装。

（3）双层压型钢板复合防火墙体围护结构施工流程：内墙檩条安装→离心玻璃棉卷毡铺设安装→镀锌钢丝网安装→聚乙烯隔汽膜安装→内墙压型钢板安装（兼做屏蔽）→外墙檩条安装→离心玻璃棉卷毡铺设安装→镀锌钢丝网安装→聚乙烯隔汽膜安装→外墙压型钢板安装（兼做屏蔽）。

（4）单层压型钢板复合保温墙体围护结构施工流程：墙面檩条安装→离心玻璃棉卷毡铺设安装→镀锌钢丝网安装→聚乙烯隔汽膜安装→内墙压型钢板安装（兼做屏蔽）。

4.2 屋面板施工方法

4.2.1 屋面板施工示意图

压型钢板复合保温屋面，采用 360°直立锁边连接方式，屋面外层板厚度 0.8mm，内层底板厚度为 0.6mm。排水坡度 1/10，屋面防水等级Ⅰ级。采用 360°直立锁边屋面体系、檩条露明型复合压型钢板。整个屋面除屋脊部位外没有螺钉穿透，为水密性屋面。屋面板施工示意图见图 6-1。

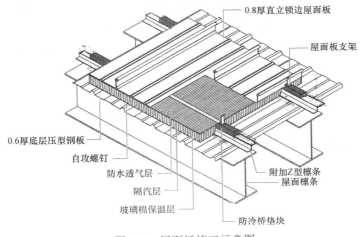

图 6-1 屋面板施工示意图

4.2.2　屋面板施工方法

（1）在主钢梁上安装型钢檩条及拉杆拉条，拉条与钢梁连接处点焊接地；同时安装天沟托架和不锈钢天沟及漏斗，安装前外侧拉通线调直。

（2）安装屋脊内收边，坡面两边用自攻钉锁在主檩上。

（3）在檩条上面安装底层压型钢板，底板单坡通长。压型钢板用自攻螺钉与檩条固定，钉间距不大于 200mm（其中阀厅屋面板每 2 块底板波峰与波峰接合处单坡上、中、下三处内外接触面去漆脱脂，其中天沟檐口处安装接地铜鼻子线，屋脊和中间一排用红色接地线，通过自攻钉锁在主檩上）。

（4）底板上铺装闪蒸高密度纺粘聚乙烯无纺布隔汽层，搭接宽度不小于 50mm，采用专用丙烯酸胶带粘接密封。

（5）在对应主檩位置固定 Z 型附檩，用自攻螺钉穿透底板与主檩固定，间距不大于200mm（其中檐口每个波谷处打 3 颗自攻钉抗风）。

（6）在沿 Z 型附檩上面铺设高强度防冷桥保温条并覆盖钢套。

（7）在防冷桥钢套上安装固定支座，支座用自攻螺钉固定在附檩上。安装支座时，沿坡面纵向拉通线，使固定座纵向保证在一条直线上，且沿山墙安装第一列固定座时，需要整跨放线找好支座对应点位置。

（8）安装保温棉。保温棉安装分两层错缝铺设，内侧玻璃棉室内侧覆阻燃型铝箔，外侧玻璃棉室外侧覆防潮防腐贴面。每块保温棉边沿接口处用订书机订好保温棉，纵向搭接不低于 10cm，搭接严密，保证不露缝（注：上下层玻璃棉需要错缝铺设，错缝间隙以两个固定座间距为宜）。

（9）铺设防水透气层。从天沟处开始铺设，预留不小于 200mm 的搭接宽度，且要在搭接处用专用丙烯酸胶带密封以连为一体。防水透气膜安装时应采用上下搭接，搭接宽度不小于 50mm。

（10）铺设屋面上层板。屋面上层板单坡采用整板，无搭接，安装板后用 300 专用锁边机对瓦波峰搭接处进行 360°锁边，锁边后设置抗风夹锁骨支座。

（11）安装屋脊泡沫堵头，先用丁基胶带沿屋脊整条粘贴在板面上，再将泡沫堵头与胶带粘贴在一起压实。

（12）最后安装两边山墙包边、水槽泛水收边。安装泛水收边前，在靠近墙面一侧塞入保温棉并用屋面防水透气膜包好，用坚钉锁紧固定。

4.3　墙面板施工方法

4.3.1　内外双层复合保温压型钢板墙体施工方法

（1）内外双层复合保温压型钢板墙体施工示意图如图 6-2 所示。

（2）内外双层复合保温压型钢板墙体施工方法。

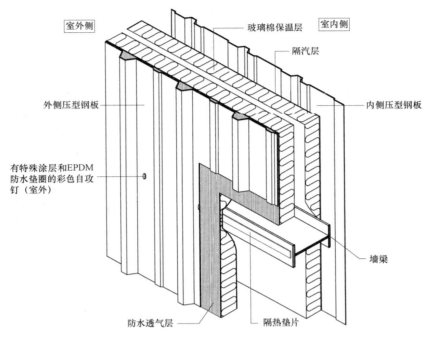

图 6-2 内外双层复合保温压型钢板墙体施工示意图

1）内墙部分：铺闪蒸高密度纺粘聚乙烯无纺布隔汽膜，搭接宽度不小于 50mm，采用专用丙烯酸胶带粘接。

2）安装 0.6mm 厚彩色镀铝锌墙面内层压型钢板，用自攻钉在每块板波谷靠近波峰 2cm 处打一颗钉穿过型钢檩条，成一条直线，螺钉间距不小于 200mm。压型钢板间纵向搭接与自攻螺钉的接触面（内外）去漆脱脂，每块板上、中、下各一处），同时每块墙面内板顶部与屋面内板通过安装铜鼻子接地线连接。

3）外墙部分：离心玻璃棉卷毡分两层错缝铺设，（内侧阻燃型铝箔、外侧覆防潮贴面）。

4）紧接着铺闪蒸高密度纺粘聚乙烯无纺布防水透气膜，（搭接宽度不小于 50mm，采用专用丙烯酸胶带密封）。

5）安装 0.8mm 厚彩色热镀锌外层压型钢板，外板搭接处采用丁基胶带粘结，粘结宽度为 20～30mm；用自攻钉穿过棉、型钢檩条固定，最后安装每块板竖向波峰处缝合钉，每 250mm/个。

6）最后安装墙面内外板边角收边、门窗口收边、洞口包边及封堵材料、与连接有关的辅助钢构件；盖缝板、泡沫堵头等其他辅件。

4.3.2 内外双层复合保温防火压型钢板墙体施工方法

（1）内外双层复合保温防火压型钢板墙体施工示意图如图 6-3 所示。

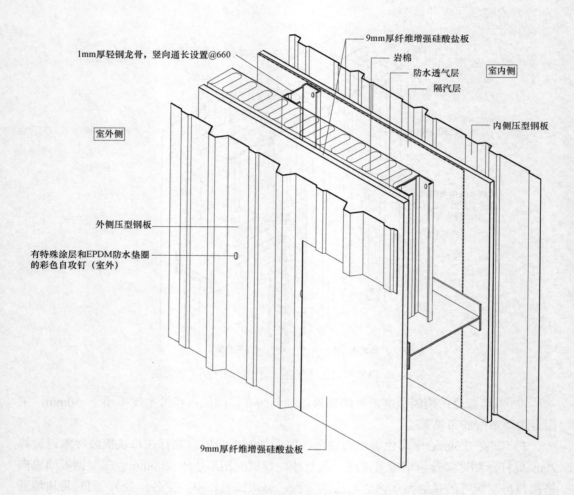

图 6-3　内外双层复合保温防火压型钢板墙体施工示意图

（2）内外双层复合保温防火压型钢板墙体施工方法。

1）内墙部分：闪蒸高密度纺粘聚乙烯无纺布隔汽膜，搭接宽度不小于 50mm，专用丙烯酸胶带粘接；

2）安装厚纤维增强硅酸盐板，用自攻钉上中下临时固定；

3）外墙部分：离心玻璃棉卷毡分两层错缝铺设（内侧阻燃型铝箔、外侧覆防潮贴面）；

4）安装闪蒸高密度纺粘聚乙烯无纺布防水透气膜（搭接宽度不小于 50mm，采用专用丙烯酸密封胶带密封）；

5）安装厚纤维增强硅酸盐板，用自攻钉上中下临时固定；

6）安装 0.8mm 厚彩色热镀锌外层压型钢板，外板搭接处采用丁基胶带粘结，粘接宽度为 20～30mm；用自攻钉穿过棉、型钢檩条固定，最后安装每块板竖向波峰处缝合钉，每 250mm/个；

7）安装墙面内外板边角收边、门窗口收边、洞口包边及封堵材料、与连接有关的辅助钢构件；盖缝板、泡沫堵头等其他辅件。

4.3.3 双层压型钢板复合防火墙体施工方法

（1）双层压型钢板复合防火墙体施工示意图如图 6-4 所示。

（2）双层压型钢板复合防火墙体施工方法。

1）在极 1 和极 2 防火墙中间混凝土隔墙两侧墙体中植入化学锚栓；

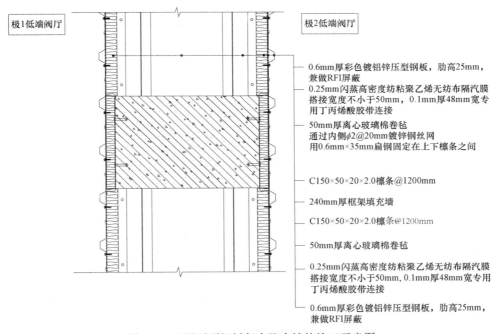

图 6-4 双层压型钢板复合防火墙体施工示意图

2）安装隔墙侧附檩条及固定座配件，间距不小于 1200mm；

3）安装离心玻璃棉卷毡保温层（内侧阻燃型铝箔）；

4）接下来铺闪蒸高密度纺粘聚乙烯无纺布隔汽膜，搭接宽度不小于 50mm，专用丁丙烯酸胶带连接；

5）安装 0.6mm 厚压型钢板，采用自攻钉连接于檩条上；

6）最后安装隔墙两侧彩钢板墙体的接地材料、洞口包边及封堵材料、以及与连接有关的辅助钢构件、盖缝板、泡沫堵头等其他辅件。

4.3.4 单层压型钢板复合保温墙体施工方法

（1）单层压型钢板复合保温墙体施工示意图如图 6-5 所示。

（2）单层压型钢板复合保温墙体施工方法。

1）在混凝土墙体植膨胀锚栓并安装铜鼻子线接地；

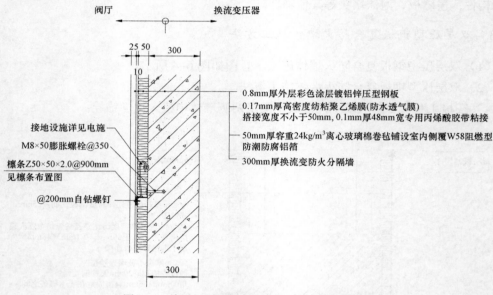

图 6-5　单层压型钢板复合保温墙体施工示意图

2）安装附檩条及固定座配件，间距不大于 1200mm；

3）铺离心玻璃棉卷毡保温层（内侧阻燃型铝箔）；

4）铺高密度纺粘聚乙烯无纺布防水透气膜，搭接宽度不小于 50mm，专用丁丙烯酸胶带粘接；

5）安装 0.8mm 厚外侧压型钢板，采用自攻钉连接于檩条上；

6）最后装洞口包边及封堵材料、与连接有关的辅助钢构件；盖缝板、泡沫堵头等其他辅件。

4.4　标准工艺

在施工过程中，除了应按以上描述的施工方法进行施工之外，还应参照压型彩钢屋面板及墙面板国网公司标准工艺进行施工。

4.5　细部节点施工

4.5.1　屋面检修爬梯及走道

屋面压型钢板系统，设计时应设置检修口、上人通道、检修通道及防坠落设施。上人屋面应在屋面上设置专用通道。典型爬梯截面，典型屋面检修走道截面、立面分别如图 6-6～图 6-8 所示。

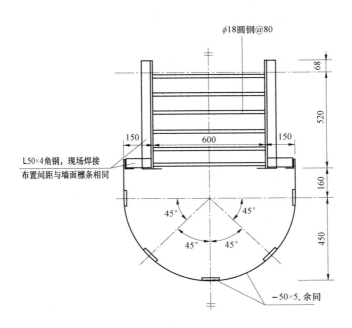

图 6-6 典型爬梯截面图

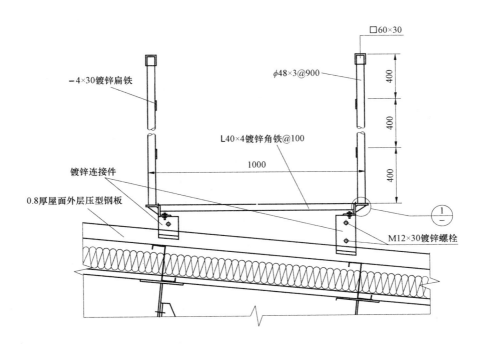

图 6-7 典型屋面检修走道截面图

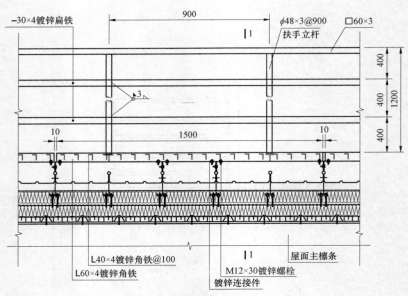

图 6-8　典型屋面检修走道立面图

4.5.2　屋面压型钢板的出挑长度及伸出固定支架的悬挑长度应符合以下要求：

（1）屋面压型钢板应深入天沟内或伸出檐口外，出挑长度应通过计算确定且不小于 120mm，如图 6-9 所示。

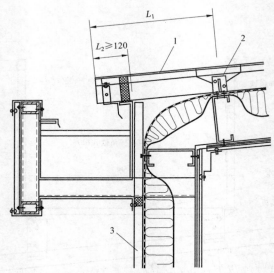

图 6-9　出挑长度计算示意图

L_1—悬挑长度；L_2—出挑长度；1—屋面板；2—固定支架；3—墙面板

（2）屋面压型钢板伸出固定支架的悬挑长度应通过计算确定。

4.5.3　屋面压型钢板系统檐口构造应有相应封堵构件及封堵措施，见图 6-10。

4.5.4　屋脊节点应有相应封堵构件及封堵措施，见图 6-11。

4.5.5　屋面泛水板立边有效高度应不小于 250mm，并应有可靠连接，见图 6-12。

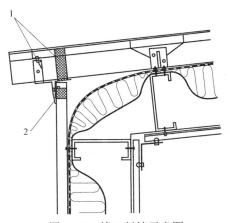

图 6-10　檐口封堵示意图

1—檐口封堵构件；2—墙面封堵构件

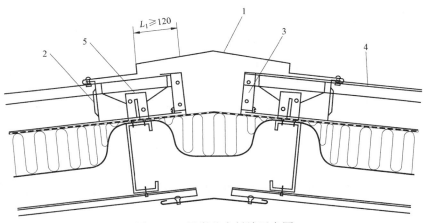

图 6-11　屋脊节点封堵示意图

L_1—悬挑长度；1—屋脊泛水板；2—屋脊挡水板；3—屋脊堵头板；4—压型屋面板；5—支承构件

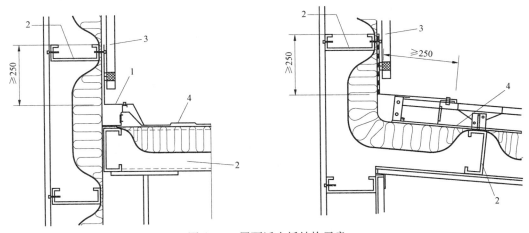

图 6-12　屋面泛水板结构示意

1—立边泛水板；2—支承结构；3—墙面板；4—屋面板

4.5.6 屋面压型钢板系统泛水板设计应符合下列规定：

（1）泛水板宜采用与屋面板、墙面板相同材质材料制作；

（2）泛水板与屋面板、墙面板及其他设施的连接应固定牢固、密封防水，并应采取措施适应屋面板、墙面板的伸缩变形；

（3）当设置泛水板时，下部应有硬质支撑；

（4）采用滑动式连接的屋面压型金属板，沿板型长度方向与墙面板间的泛水板应为滑动式连接，并宜符合构造要求，见图6-13。

4.5.7 在压型钢板屋面与突出屋面设施交接处，应考虑屋面板断开、伸缩等构造处理。连接构造应设置泛水板、泛水板应有向上折弯部分，泛水板立边高度不得小于250mm，见图6-14。

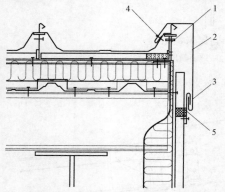

图6-13 滑动式连接的屋面压型金属板
1—滑动支座；2—山墙封边板；3—滑动连接；
4—固定连接；5—山墙封边板支撑

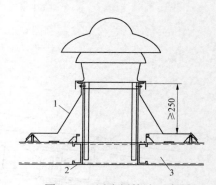

图6-14 泛水板构造示意图
1—泛水板；2—附加檩条；3—檩条

4.5.8 勒脚处在矮墙底部应加固定角钢，角钢用锚栓固定，勒脚盖缝板保持水平美观，见图6-15。

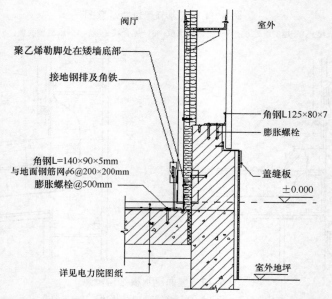

图6-15 阀厅墙面压型钢板与地面钢丝网连接详图（未装比例）

4.5.9　门窗洞口在墙体交界处应用双层保温棉填充,保温棉用钢丝网扎牢固定,见图 6-16。

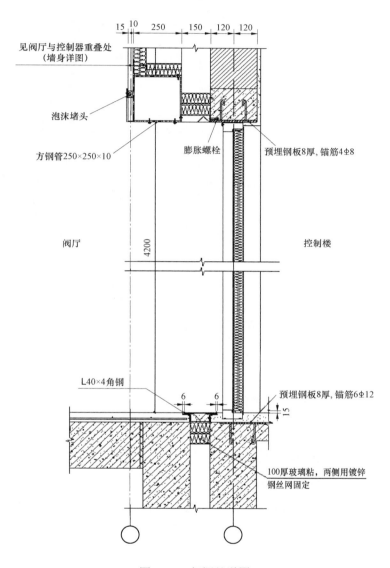

图 6-16　门洞处详图

4.5.10　雨水管从天沟顺直引下进入预埋排水井,应尽可能减少接头,在地面 1m 处设置检修口,见图 6-17。

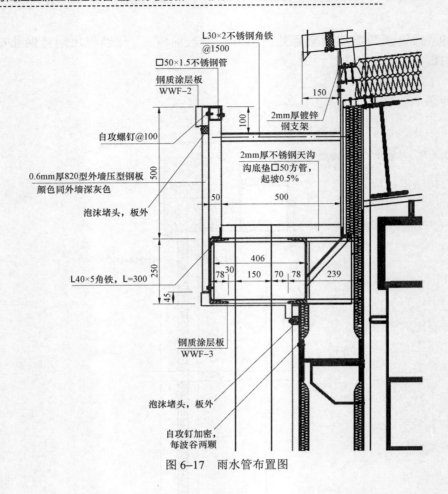

图 6-17 雨水管布置图

5 施工进度计划及保证措施

5.1 进度计划内容与要求

（1）应明确规定工程项目的开工日期、竣工日期，并说明工程项目的里程碑工期。

（2）应明确说明设计图纸的交付时间要求、主要供应设备、材料的到货地点和交付时间，项目建设相关前期辅助工程或工序的交接时间等。

5.2 编制工程项目进度计划

（1）工程项目进度计划按施工单位的职责分层次编制、报批和颁布执行。上一级计划指导下一级计划的编制，下一级计划必须保证上一级计划的实施。

（2）编制工程进度计划应遵循 GB/T 50326—2006《建设工程项目管理规范》和 GB/T 13400.1～3—1992《网络计划技术》的规定要求。

（3）编制工程进度计划时工序划分应按计划等级层次和跨越时间确定粗细程度。等级越高，跨越时间越长的计划，工序划分可越粗，反之亦然。选取使用承包工程量、劳动组织、施工效率等数据应实事求是，科学合理，具有一定的代表性，以保证计划的可行性。

（4）工程项目进度计划通常由编制说明和进度网络图表两部分组成。图表应使用规定的软件制作，以便通用和传递。可单独申报批准，也可纳入工程《项目管理实施规划》（施工组织设计）一起申报批准。

5.3　进度计划实施过程控制

（1）施工单位应对二级进度计划进行动态控制，将二级进度计划分解量化到周计划、月计划等；并对周计划、月计划进行动态滚动修正。

（2）在监理单位的监督指导下，施工单位应及时收集计划实施情况信息，每月对计划盘点一次，掌握计划实施偏离情况，分析偏离原因，采取相应的纠正措施和赶工对策，并将相关进度简报及时向监理单位及有关单位和部门通报、传递。

（3）在监理单位的监督指导下，施工单位根据所确认的措施和赶工对策，有效组织实施；并相应修改工程施工进度计划，编制工程项目进度滚动计划。通过滚动计划，实现对进度计划实施的制度化管理和控制。

（4）施工单位应充分采用成熟、有效的进度计划控制方法和手段，既有的各方通用的或各方专有的控制技术和方法都可以在工程项目建设过程中应用，并得到肯定和鼓励。

（5）施工单位应充分利用电子网络和数据传输平台来提高进度计划控制信息的有效、高速地沟通、传递和反馈。

（6）节点控制使用周/月报表格，对可能发生工期推迟和变更的情况应及时报告，以专题形式按规定上报。

5.4　进度管理

（1）根据工程项目一级进度计划，编制工程项目二级进度计划，上海庙换流站阀厅彩板总工期按 60 天进行编制，必要时编制三级进度计划，并报监理单位审查批准。

（2）管理、执行二级进度计划，包括贯彻组织、实施、控制。

（3）编制为保证二级进度计划实现所需的进度管理文件（如月计划、周计划、日计划），并采取有效的管理措施。

（4）在施工进度图上进行实际进度记录，并跟踪记载每个施工过程的开始施工、完成时期，记录每日完成数量、施工现场发生的情况、干扰因素的排除情况。

（5）在进度管理中各关键工序设立重大节点，并采取各项措施加以实现，确保工程顺利进行。

6　施工质量保证措施

6.1　质量控制标准

压型彩钢板围护结构的质量控制标准，详见表 6–4～表 6–7。

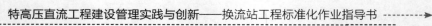

表 6-4 围护结构安装工程质量控制标准

检查项目	质量标准	检验方法
檩条标高控制	定位轴线的偏移≤5.0	用拉线和钢尺检查
檩条、墙梁的间距	±5.0	用钢尺检查
檩条的弯曲矢高	$L/750$，且不应大于是 12.0	用拉线和钢尺检查
墙梁的弯曲矢高	$L/750$，且不应大于是 10.0	用拉线和钢尺检查
檩条接地	焊缝长度≥6cm	用钢尺检查
压型钢板制作	波高尺寸偏差不大于±1.5	用拉线和钢尺检查
	侧向弯曲≤20.0	用拉线和钢尺检查
	板长尺寸偏差不大于±6.0	用钢尺检查
	横向剪切偏差≤6.0	用拉线和钢尺检查
	油漆表面无刮痕、刮花现象	外观检查
压型钢板安装	压型钢板在支撑构件上的搭接长度≥120	用钢尺检查
	墙面压型钢板波纹线的垂直度 $L/800$ 且不大于 25.0	用经纬仪和钢尺检查
	相邻两块压型钢板的下端错位不大于 6.0	用钢尺检查
保温棉安装	保温棉铺设连续，搭接合理	外观检查
隔气膜安装	隔气膜铺设连续，搭接合理	外观检查
密闭性处理	密闭性处理良好	密闭性试验
收边、泛水板安装	折弯面宽度不大于±3.0	用钢尺检查
	垂直度偏差小于 $L/800$ 且不大于 25.0	用经纬仪和钢尺检查

表 6-5 墙梁、檩条构件安装的允许偏差（mm）

项 目	允 许 偏 差	检 验 方 法
檩条、墙梁的间距	±5.0	用钢尺检查
檩条的弯曲矢高	$L/750$，且不应大于是 12.0	用拉线和钢尺检查
墙梁的弯曲矢高	$L/750$，且不应大于是 10.0	用拉线和钢尺检查

表 6-6 压型金属板安装的允许偏差（mm）

项 目	允 许 偏 差	检 验 方 法
檐口与屋脊的平行度	12.0	用拉线和钢尺检查
压型钢板波纹线对屋脊的垂直度	$L/800$，且不应大于 25.0	用拉线和钢尺检查
檐口相邻两块压型金属板端部错位	6.0	用拉线和钢尺检查
压型金属板卷边板件最大波浪高	4.0	用拉线和钢尺检查

表 6-7 压型钢板安装的允许偏差（mm）

项 目		允 许 偏 差
墙面	墙板波纹线的垂直度	$H/800$，且不应大于 25.0
	墙板包角板的垂直度	$H/800$，且不应大于 25.0
	相邻两块压型金属板的下端错位	6.0

注 L 为屋面半坡或单坡长度，H 为墙面高度。

6.2 质量通病及防治措施

质量通病及防治措施见表 6-8。

表 6-8 质量通病及防治措施

序号	通病现象	主要原因分析	预 控 措 施
1	压型钢板安装不顺直，墙板纵向接缝错位	压型钢板安装时未采取任何控制措施来确保其垂直度，压型钢板倾斜到一定程度后强行调直导致纵向接缝错位	每安装 3~5 块压型钢板，采用经纬仪进行测量，确保垂直度，板与板搭接确保紧密无错缝
2	压型钢板凸凹不平整	压型钢板内部檩条龙骨未安装平整顺直，导致彩板固定后随檩条的不平整出现凸凹不平现象	压型钢板安装前对内部檩条龙骨平整度进行测量，采用拉通线、吊铅垂等方法调平调直后，再进行墙板安装
3	自攻钉安装不水平、不垂直、间距不一致	自攻钉安装时未采取任何措施，随意固定，导致安装不整齐	预先对支撑檩条在彩板上的固定点进行测量，在彩板上弹线预钻孔，安装时自攻钉均固定在预钻孔的位置，确保所有安装的自攻钉横平竖直
4	洞口尺寸不准，窗框不平行、不垂直、焊接不合格	窗洞檩条安装未按图施工，施工精度不够，焊工不满足施工要求	窗洞安装时必须采用水平管、铅垂等工具确保安装精度，焊工持证上岗，岗前试焊合格后，方可进入现场施工
5	收边安装不顺直，窗洞漏水	自攻钉未固定紧、收边未调直，窗洞接缝处未采取密封措施、预控措施	收边安装必须采用拉通线或者水准仪进行测量，确保平整顺直，窗洞封口严格按照要求加工和安装，接缝处用密封胶进行封堵

6.3 质量保证措施

6.3.1 质量目标

工程质量符合有关施工及验收规范的要求，符合设计的要求。工程"零缺陷"投运；实现工程达标投产、国家电网公司优质工程、国网创优示范工程、中国电力优质工程、争创国家优质工程、鲁班奖或其他国家级奖项；工程使用寿命满足公司质量要求；不发生因工程建设原因造成的六级及以上质量事故。工程质量评定为优良，钢结构围护分项工程合格率 100%，单位工程优良率 100%。

6.3.2 隐蔽工程验收

压型钢板围护结构施工过程中，严格执行隐蔽工程验收制度。凡是需要隐蔽的部位，隐蔽前必须经过监理组织的隐蔽验收，经摄像拍照并评审合格后方可隐蔽。设计工代参与隐蔽验收，并反馈设计院进行确认。必要时邀请运行单位参加。物资项目部参与审查，业主项目部负责批准实施。

6.3.3 施工过程验收

现场安装施工过程中，监理组织应针对每道工序进行验收，设计单位、物资项目部参加，关键工序邀请业主项目部参加。验收合格后经摄像拍照后厂家方可进行下一道工序的安装施工。例如重点检查以下方面：变形缝、门窗洞口、进风口、出屋面、收边等薄弱点的工艺处理是否符合要求；是否存在以赶形象进度为由减少工序减少材料使用现象；屋面檐口天沟、屋脊的堵头的密封处理、彩板泡沫堵头的安装是否规范；是否存在变形缝只做单层盖缝板、没有严格按节点大样施工现象；是否存在外墙自攻钉安装没有垫片现象；屋面是否安装防冷桥垫块、是否采用两层膜隔气透气工艺；是否存在防水、防沙尘、密封不严、钢板生锈的部位；是否存在保温棉受潮影响阀厅屏蔽、微正压、温度、密闭性的现象。

6.3.4 屋面外层板淋水试验

屋面外层板安装完成后，清理屋面垃圾及彩板表面上的塑料保护膜，按相关要求进行淋水试验。

7 施工安全技术措施

7.1 安全生产管理措施

（1）及时排除各类事故隐患，落实整改措施、整改率为100%。

（2）修改和完善安全生产各项规章制度，建立健全安全生产岗位责任制，制定全年安全生产措施，并及时检查各项规章制度措施的贯彻执行和落实情况。

（3）组织全体人员学习《建筑安装技术操作规程》提高工人的安全生产技术、增强工人自身防护能力，领导不违章指挥，工人不违章作业，并用血的事例对工人进行教育，增强工人的自我安全意识，能使工人懂得安全生产牵系着千家万户的家庭幸福，对安全生产都有一个高度的认识和自我防护能力，把安全生产管理目标进一步明确到每一个人。

（4）加大安全生产管理力度，增加安全检查频率，各班（组）主要负责人对所负责范围内的安全生产要坚守工地，实行动态管理及时加强安全监督。

7.2 安全保证措施

（1）屋面板施工应进行吊装及安装计算，确保吊装及安装作业安全，详见附件2。

（2）所有高空作业人员必须做到持证上岗，作业人员持有省级安监部门颁发的高处作业操作证。且操作证必须在有效期内；登高用作业梯必须满足相关规范和规定的要求。

（3）现场必须建立特种作业人员台账（包括高处作业操作证和焊工操作证、电工操作证）。

（4）在钢梯上的施工人员超过登高 1.8m 要 100%系挂全方位安全带，保险钩要挂在牢靠的锚固点上，安全带应高挂低用。

（5）施工作业人员必须佩带好安全帽、帽带必须系与颈部才能进入施工现场，杜绝带了安全帽而不系帽带的不安全行为。

（6）带好防护用具、安全鞋、防护手套，焊接和打磨必须佩带防护面罩，防止火花飞溅对面部的灼伤，以及焊接对眼睛的伤害。

（7）当人员到达施工点时，在梯子中搭一块 15mm 厚以上的跳板方便踩踏，且跳板必须固定在钢梯上，防止跳板滑动。

（8）当高空施工时、下面 2m 范围内不允许站人、下面必须还要有个专职监护人员。当高空需要工具和材料时、必须使用滑车用绳系挂的方式传递上去，严禁随意高空抛物，在下面传递工具和材料时，上方必须停止施工。

（9）防止高空落物：在高空使用大的工具（如电锤等）时、要将工具用绳绑在钢梯上，其绳长不大于 1.5m。使用小型工具、材料（扳手、螺丝等），要将小型工具、材料放入工具包内，工具包用绳子绑在钢梯上。

（10）现场要避免交叉作业，尤其是上下交叉作业。

（11）现场焊接时有火花产生，因墙面是泡沫保温，所以防火非常重要，在墙面檩托开洞处，四周必须垫上防火板后，才能进行檩托的焊接，防止焊接火花落入开口处，现场随时准备灭火用水。

（12）现场必须按照要求配备充足合格的灭火器材，对施工人员进行消防灭火交底培训。

（13）在登高前必须先检查自己的安全带是否有破损的地方，如果有马上停止使用。

（14）禁止饮酒后进入施工现场，施工现场禁止嬉戏打闹。

（15）在冷天作业必须做好防冻措施、准备好热水等抗寒物品。

（16）在风力≥6 级时就应停止施工，在地面的板应该成捆包扎。

（17）现场施工属于临近带电体施工，要向站内运行单位办理第二种安全工作票。

（18）施工作业现场要严格与带电区域隔离，要采用绝缘护栏（塑钢栅栏等）与带电区域封闭隔离。

（19）现场要设置安全警示标示，对带电区域设置"带电危险、严禁进入"等安全警示标识。

（20）现场电焊机必须进行有效接地。

7.3　高空落物的预防措施

（1）对于重要、大件吊装必须制定详细吊装施工技术措施与安全措施，并有专人负责，统一指挥，配置专职安监人员。

（2）各个承重临时平台要进行专门设计并核算其承载力，焊接时由专业焊工施焊并经检查合格后才允许使用。

（3）起吊前对吊物上杂物及小件物品清理或绑扎。

（4）加强高空作业场所及脚手架上小件物品清理、存放管理，做好物件防坠措施。

（5）上下传递物件时要用绳传递，不得上下抛掷，传递小型工件、工具时使用工具袋。

（6）尽量避免交叉作业，拆架或起重作业时，作业区域设警戒区，严禁无关人员进入。

（7）切割物件材料时应有防坠落措施。

（8）起吊零散物品时要用专用吊具进行起吊。

7.4 施工现场临时用电管理措施

（1）施工现场必须配备专职电工。低压电工不得从事高压作业，学习电工不得独立操作。严禁非电工作业。

（2）临时用电电缆不得沿地面或基坑明敷，用木块将电缆保护起来，过路及穿过建筑物时，必须穿保护管。

（3）电缆不宜沿钢管，脚手架等金属构筑物敷设，必要时需用绝缘子做隔离固定或穿管敷设。严禁用金属裸线绑扎加固电缆。

（4）不得在高压输电线路上下方，从事任何吊装作业，吊装距离必须大于安全距离才允许吊装，吊装时必须有专职人员监管。

（5）配电箱使用材料要求：配电箱（盘）不得使用木制材料；配电箱、盘（配电柜除外），电器安装板应使用绝缘板；箱内配线（配电柜除外），必须使用绝缘导线。

（6）室外配电箱应设防雨，配电箱应配锁，非专业电工严禁打开。

（7）现场配电系统应设三级以上漏电保护，形成分级保护即在总箱内设漏电保护器，作为第一级漏电保护，在分箱及开关箱内分别设漏电保护器，作为第二至第三级保护。

（8）电焊机使用时，焊把线，地线应同时拉到施焊点，二次线与焊机连接应用线鼻子、二次线及焊钳绝缘应完好无损。电焊机均应装设"安全节电器"，焊机室外使用时，应有防雨水措施。

（9）施工现场外接电源，必须签订用电安全协议书，其中须注明允许安全用电额，办理用电交接手续，并安装电表计量。

7.5 安全风险辨识及预控措施

安全风险辨识及预控措施参见附件1《危害辨识与危险评价结果及控制措施清单》。

8 文明施工与环境保护措施

8.1 文明施工管理规定

（1）坚持贯彻"安全第一，预防为主"的安全生产方针，贯彻执行国家有关安全生产、文明施工的指令、政策和法规等。

（2）服从项目法人/项目管理单位、监理对安全文明施工的管理，并全面遵守项目法人/项目管理单位、监理有关工程安全工作的各项规定。

（3）建立以项目经理为第一安全责任人的各级安全文明施工责任制。制订各级人员的安全文明施工职责，建立和健全安全文明施工保证体系和监督体系，并确保其有效运转。

（4）项目经理对现场安全文明施工、安全健康与环境工作负全面责任。对分包商的安全文明施工负监督和指导、教育责任。

（5）建立健全符合工程实际情况、具有可操作性的有关安全文明施工管理的各项制度，并确保实施到位。推行逐级签订安全责任书及安全方针目标公开承诺制度。安全工作与施工管理必须做到"五同时"（计划、布置、检查、考核、总结）。

（6）施工技术方案和措施、作业指导书等必须包括切实可行的安全保证措施，并严格履行报审程序；实施中务必落实到位，使安全工作始终处于受控状态。

（7）负责经常性的内部安全检查，定期或不定期的组织内部安全大检查工作，参加项目法人/项目管理单位、监理单位组织的安全大检查工作，对发现的问题必须在限期内完成整改。

（8）发生安全事故，必须按规定如实上报；参加事故的调查和处理工作，并严格按"三不放过"的原则（事故原因分析不清不放过、事故责任者和群众没有受到教育不放过、没有防范措施不放过）进行处理。

（9）配备合格的施工用机具，加强现场施工机械、工器具、仪器、仪表的保养和维护，使其处于有效完好状态，并建立日常保养和维护制度和台账。

（10）管理好现场物资，特别是对危险品的管理，存放、使用应符合国家《民用爆炸物品管理条例》和安全规程要求。

（11）创造良好的文明施工环境，严格按设计要求和有关规定作好环境保护工作。

8.2　文明施工要点

（1）施工总平面布置必须满足施工需要，合理布置各类施工机具、临时库房、人员驻地、食堂、厕所、加工棚、料场、施工电源、弃土堆放场地、垃圾场等，并明确具体位置。

（2）现场施工道路保护畅通、平整、清洁。每天应安排专人清扫。混凝土路面的泥土、垃圾要及时清除，晴天应洒水防尘。道路上严禁堆放设备、材料、杂物。

（3）现场必须安排专人负责清扫场地卫生，保持现场干净、整洁。明确责任区和责任人。做到施工现场无建筑垃圾，无废料、杂物，无焊条头、无烟头。施工负责人每天进行一次现场卫生检查。

（4）现场的设备、材料、机具等必须按施工平面布置图要求摆放整齐，并挂牌标识清晰。

（5）现场实行挂牌施工，挂牌应写明工作内容、工作负责人，工作时间等内容。在脚手架搭设时还必须标明允许最大荷载、使用期限等。

（6）现场应按要求配备足够数量的消防设施，并合理布置在各施工场所，方便取用。

（7）施工现场禁止流动吸烟。只允许在专门划定的吸烟区吸烟。

（8）现场使用的照明箱、动力箱、配电箱应按标准统一制作，安装接线符合安全用电要求。施工机具应满足"一机一闸一保护"的要求。由电工或专人负责安装接线。

（9）施工现场必须有足够的照明，不留施工暗角。

（10）与土建、电气安装单位交叉施工时，由监理部负责协调，各项目经理分别对各自的施工区域安全文明施工负责。

9 绿色施工

绿色施工是指工程建设中，在保证质量、安全等基本要求的前提下，通过科学管理和技术进步，最大限度地节约资源与减少对环境负面影响，实现四节一环保（节能、节地、节材、节水和环境保护）的施工活动。

9.1 绿色施工的基本内容

图 6-18 所示六个方面涵盖了绿色施工的基本内容，绿色施工首先是绿色施工管理。

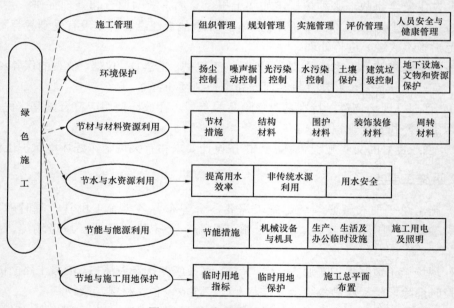

图 6-18 绿色施工的基本内容

9.2 绿色施工管理措施

（1）绿色施工管理体系完整有效、管理制度健全、管理目标量化。

（2）积极采用符合绿色施工要求的"五新"。

（3）编制《创绿色施工示范工程施工实施细则》，量化管理目标，并纳入施工组织设计、施工方案等相关技术文件。在承担的项目建设工作完成之后，完成本项目绿色施工总结。

9.3 节材与材料资源利用措施

（1）图纸会审时，应审核节材与材料资源利用的相关内容，达到材料损耗率比定额损耗率降低 30%。

（2）根据施工进度、库存情况等合理安排材料的采购、进场时间和批次，减少库存。现场材料堆放有序，按照有关安全文明施工要求进行储藏和控制。储存环境适宜，措施得当。保管制度健全，责任落实。

（3）制定材料进场、保管、出库计划和管理制度。

（4）材料合理使用精心规划，减少废料率，建立可再生废料的回收管理办法。

（5）材料运输工具适宜，装卸方法得当，防止损坏和遗洒。减少材料运输过程中材料的损耗率，加强施工过程材料可利用率。根据现场平面布置情况就近卸载，避免和减少二次搬运，并对包装材料进行妥善回收和处理。

（6）优化安装工程的预留、预埋、管线路径等方案，在设计阶段就充分利用三维技术开展碰撞设计，提高预留、预埋的准确率，避免相关管线碰撞。

（7）比较实际施工材料消耗量与计算材料消耗量，提高节材率。

（8）优化压型钢板围护结构制作和安装方法。

9.4 节水与水资源利用措施

（1）制定切实可行的施工节水方案和技术措施，加强施工用水管理，尽量做到回收重复利用。

（2）制订计划严格控制施工阶段用水量，水消耗量较大的工艺制定专项节水措施，指派专人负责监督节水措施的实施，提高节水率。

（3）生产、生活推广节水型水龙头和使用变频泵节水器具，实施有效的节水措施，降低用水量。

（4）在非传统水源和现场循环再利用水的使用过程中，制定有效的水质检测与卫生保障措施，确保避免对人体健康、工程质量以及周围环境产生不良影响。

（5）施工现场的办公区和生活区应设置明显的有节水、节能、节约材料等具体内容的警示标识，并按规定设置安全警示标志。

（6）综合采用对生产生活用水的分类处理及利用模式，在施工及生产生活中做到按量供水，以节约用水。

（7）结合现场气候条件，采取有效措施，减少生产生活中不必要的水分蒸发，以利于现场节水。

9.5 节能与能源利用措施

（1）制订合理施工措施，提高施工能源利用率。

（2）优先使用国家、行业推荐的节能、高效、环保的施工设备和机具，如选用变频技术的节能施工设备等。

（3）施工现场分别设定生产、生活、办公和施工设备的用电控制指标，定期进行计量、核算、对比分析，并有预防与纠正措施。

（4）在施工组织设计中，合理安排施工顺序、工作面，以减少作业区域的机具数量，相邻作业区充分利用共有的机具资源。安排施工工艺时，应优先考虑耗用电能的或其他能耗较少的施工工艺，避免设备额定功率远大于使用功率或超负荷使用设备的现象。

（5）根据当地气候和自然资源条件，充分利用太阳能、风能及地热能等可再生能源。

9.6 机械设备与机具

（1）建立施工机械设备管理制度，开展用电、用油计量，完善设备档案，及时做好维修保养工作，使机械设备保持低耗、高效的状态。

（2）选择功率与负荷相匹配的施工机械设备，避免大功率施工机械设备低负荷长时间运行。可采用节电型机械设备，如逆变式电焊机和能耗低、效率高的手持电动工具等，以利节电。机械设备宜使用节能型油料添加剂，在可能的情况下，考虑回收利用，节约油量。

（3）合理安排工序，提高各种机械的使用率和满载率，降低各种设备的单位耗能。

9.7 绿色施工过程控制和检查验收

（1）绿色施工的过程控制与检查，由建设单位统一组织，在工程项目建设全过程中完成。

（2）绿色施工全过程控制与检查，建设单位、监理单位、施工单位、物资供应单位、调试单位和运行单位应分别履行监管、监察和监控的职责。

（3）严格执行绿色施工策划，及时检查并形成记录。

（4）建设单位应组织参建单位按地基与基础及结构工程、装饰装修与建筑安装工程、设备安装工程、调整试验下列四个阶段进行检查，并填写电力建设绿色施工示范工程检查表，完成自查报告。

（5）项目建设工作完成之后，专项完成本单位绿色施工总结。

10 危险辨识与屋面板吊装及安装计算

10.1 危险辨识

危险辨识与危险评价结果及控制措施清单见表 6-9。

表 6-9　　　　　　　　危险辨识与危险评价结果及控制措施清单

序号	作业活动	危险因素	可能导致的事故	作业条件危险评价				危险级别	控制计划措施	备注
				L	E	C	D			
1	进场准备活动	进入施工区人员未正确佩戴安全帽	物体打击	3	6	3	54	2	Ⅰ、Ⅱ、Ⅲ	
2		穿着不符合要求进入现场	多种伤害	3	3	1	9	1	Ⅱ、Ⅲ	
3		不进行安全技术交底	多种伤害	1	3	3	9	1	Ⅰ、Ⅲ	
4		特种作业无证上岗	多种伤害	1	6	15	90	3	Ⅰ、Ⅲ	●

续表

序号	作业活动	危险因素	可能导致的事故	作业条件危险评价				危险级别	控制计划措施	备注
				L	E	C	D			
1	起重作业	起吊带棱角重物千斤绳易滑移	落物	3	6	3	54	2	Ⅰ、Ⅱ	
2		大夹角兜吊重物	落物	3	6	3	54	2	Ⅰ、Ⅱ	
3		多人起重作业	安全隐患	3	6	1	18	1	Ⅰ、Ⅱ、Ⅲ	
4		超负荷吊装	损物、倾覆	3	6	7	126	3	Ⅰ、Ⅱ、Ⅲ	●
5		起吊重物不明或偏拉斜吊	损物、倾覆	3	6	7	126	3	Ⅰ、Ⅱ、Ⅲ	●
6		下班后汽车吊扒杆伸出过长而不收回	倾覆	3	6	3	54	2	Ⅰ、Ⅱ、Ⅲ	
7		千斤绳锈蚀、断丝	损物、落物	3	6	3	54	2	Ⅰ、Ⅱ、Ⅲ	
8		未按制度要求松、紧夹轨器	安全隐患	3	6	3	54	2	Ⅰ、Ⅱ、Ⅲ	
9		操作或指挥人员精神状态不佳	损物、倾覆	3	6	3	54	2	Ⅰ、Ⅱ、Ⅲ	
10		下班前操作或指挥人员注意力分散	安全隐患	3	6	3	54	2	Ⅰ、Ⅱ、Ⅲ	
11		操作时交谈或接拨电话	安全隐患	3	6	3	54	2	Ⅰ、Ⅱ、Ⅲ	
12		各类吊机基础不实	机械倾覆	3	10	15	450	5	Ⅰ、Ⅱ、Ⅲ	●
13		钢丝绳夹头松动、锈蚀	落物	3	6	3	54	2	Ⅰ、Ⅱ、Ⅲ	
14		各类吊机防风措施不当	损物、倾覆	3	6	3	54	2	Ⅰ、Ⅱ、Ⅲ	
15		上下吊机	跌伤、碰伤	3	6	1	18	1	Ⅱ、Ⅲ	
16		吊物范围内有人作业	物体打击	1	6	7	42	2	Ⅰ、Ⅱ、Ⅲ	
17		大型吊装无吊装方安或未交底	多种伤害	3	6	7	126	3	Ⅰ、Ⅱ、Ⅲ	●
18		起重机刹车失灵	落物、倾覆	3	10	15	450	5	Ⅰ、Ⅱ、Ⅲ	●
19		行车无警示铃声	安全隐患	3	6	3	54	2	Ⅰ、Ⅱ、Ⅲ	
20	带电作业	电源箱内接线凌乱	触电事故	1	3	7	21	2	Ⅰ、Ⅱ、Ⅲ	

注 Ⅰ—制定作业指导书\专项措施\管理制度；Ⅱ—加强监督检查\现场监护；Ⅲ—培训\交底\教育；Ⅳ—制定管理方案。
●—重大危险源。

10.2 屋面板吊装及安装计算

10.2.1 屋面板吊装计算

屋面板长度为 8.3m/22m，厚度为 0.6mm，一块板质量约为 39～104kg，采用汽车吊进行吊装（示意图见图 6-19），每叠为 10 块屋面板。为了防止彩板在吊装过程中受损变形，采用一根铁扁担作为支撑并设立两个吊点，采用四点绑扎，绑扎点应用软材料垫至其中以防彩板受损、变形，在彩板两端设置牵引绳，确保在上升过程中彩板保持平稳。当彩板上升到预定高度时，汽车吊司机应听从屋面指挥人员手势，将屋面板吊至预定位置（超过 15m 长瓦参考类似吊装图）。

图 6-19　屋面彩瓦吊至屋面示意图

（1）彩板吊装计算

计算参数：L=8.3m/22m，C=820mm，单重为 52kg/138kg。

（2）吊车选用。QY25A（徐州）汽车起重机副臂起重特性见表 6-10。

表 6-10　　　　　　　　　　QY25A（徐州）汽车起重机副臂起重特性

工作幅度 （m）	最长主臂加一节副臂（25+8）m			最长主臂+两节副臂（25+12）m		
	主臂仰角	起升高度 （m）	起重量 （t）	主臂仰角	起升高度 （m）	起重量 （t）
8.5	73°32′	33	3			
9	72°37′	32.86	2.9			
10	70°47′	32.51	2.6	73°16′	36.74	1.5
11	68°55′	32.13	2.4	71°37′	36.40	1.4
12	67°30′	31.71	2.2	69°59′	36.03	1.3
14	63°12′	30.76	1.8	66°37′	35.20	1.1
16	59°12′	29.62	1.6	63°10′	34.22	1.0
18	55°00′	28.29	1.4	59°36′	33.09	0.86
20	50°57′	26.74	1.2	55°54′	31.78	0.77
22	45°55′	24.91	1.0	53°31′	30.27	0.69
24	40°47′	22.73	0.9	52°00′	28.53	0.62
26	35°00′	20.10	0.79	47°55′	26.51	0.57
28	28°16′	16.76	0.7	35°42′	24.14	0.52
30	19°25′	12.08	0.6	33°19′	21.29	0.48
32				26°51′	17.71	0.44
34				18°36′	12.71	0.41

根据表 6-10 QY25A 型汽车吊主要参数可知，吊车能满足彩板起重量及起吊高度要求。

（3）彩板吊装钢丝绳的选用。彩板采用一根钢丝绳，分两股吊装，对称受力，吊装钢丝绳允许拉力按下列公式计算：

$$[F_g]=\alpha F_g/K$$

式中　$[F_g]$——钢丝绳的允许拉力，kN；

F_g ——钢丝绳的钢丝破断拉力总和，kN；

α ——换算系数，按表 6–11 取用；

K ——钢丝绳的安全系数，按表 6–12 取用。

表 6–11   钢丝绳破断拉力换算系数

钢丝绳结构	换 算 系 数
6×19	0.85
6×37	0.82

表 6–12   钢 丝 绳 的 安 全 系 数

用 途	安全系数	用 途	安全系数
作缆风	3.5	作吊索、无弯曲时	6～7
用于手动起重设备	4.5	作捆绑吊索	8～10
用于机动起重设备	5～6		

[解] 从表 6–11、表 6–12 查得 $K=8$、$\alpha=0.85$；允许拉力 $[F_g]$ 取 70kN（按完全起吊最重 $G=140$kN 考虑，两股钢丝绳受力，140/2=70kN）

$$[F_g]=\alpha F_g/K=0.85\times F_g/8=70\text{kN}$$

求得 $F_g=659$kN；根据表 6–13 选用直径 34mm，公称抗拉强度为 1550N/mm² 的 6×19 钢丝绳一根作钢柱捆绑吊索。根据钢丝绳选用相应的卸扣。

表 6–13   6×19 钢丝绳的主要数据

直径		钢丝总断面积	参考质量	钢丝绳公称抗拉强度（N/mm²）				
				1400	1550	1700	1850	2000
钢丝绳	钢丝			钢丝破断拉力总和				
（mm）		（mm²）	（kg/100m）	（kN）不小于				
34.0	2.2	433.13	409.3	306.0	671.0	736.0	801.0	
37.0	2.4	515.46	487.1	721.5	798.5	876.0	953.5	

注 表中，粗线左侧，可供应光面或镀锌钢丝绳，右侧只供应光面钢丝绳。

10.2.2 屋面底板及上层板的安装计算

主要规定：铺设完屋面板后立刻将板链接起来。这是因为板链接成整体可以抵抗风力，给屋面板提供必要保护，从而确保屋面系统的承载力。

一、风气候影响

由于板材质轻并且受力面很大。因此在安放已经开包的板束或提升屋面板到屋顶时操作都要谨慎。

将打开的板束放到指定位置以及由于强风影响出现安装工作的间断时，都要立即将各单个板件扎牢并将它们链接在一起。

特别的对于安装最后一块板时，由于风的压力作用，有可能不稳定。如图 6-20 所示，此时可用山墙末端的支座来固定板。

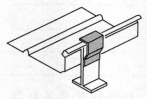

图 6-20　支座固定示意图

二、承载能力

在生产过程中，锁边板表面涂有一层薄软的油质层，这里要注意：这层油质增加了板的滑动危险。随着板的安装技术的不断进步，钢板仅有一端固定而不采取其他的荷载分布措施时，安装人员在板面上行走已成为可能。铺设完屋面板后立刻将板链接起来，这是因为板链接成整体可以抵抗风力，给屋面板提供必要保护，从而确保屋面系统的承载力。

安装期间板的承载力：在跨度更大的结构或者宽度更大的板上可使用较厚的板来分担荷载，如图 6-21 所示。

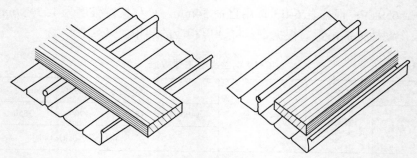

图 6-21　板的承载能力示意

建议：如果在钢板下沿着屋脊和檐口区域的隔热能力不是很好，安装人员就不应该在板上行走。在安装阶段通过使用临时人行桥（如木质的厚板）来保护经常用于运输材料路线的屋面板。利用接缝支座来防止临时人行桥的滑落。

（1）上层直立锁边压型钢板。

防水层采用来 360° 直立锁边压型钢板：覆盖宽度 300mm，肋间距 300mm，肋高 65mm，0.8mm 厚；钢材双面镀铝锌量 $150g/m^2$，钢材屈服强度 300MPa；通过铝合金固定座固定在次檩的上表面。

1）中间区域

计算模型：多跨连续梁（每跨 1.50m）。

荷载数据：

恒荷载标准值：0.11kPa

风荷载标准值：0.55kPa（正）　　　−0.92kPa（负）

活荷载标准值：0.50kPa

雪荷载标准值：　0kPa

屋面活荷载与雪荷载取较大值：0.50kPa（活荷载控制）

截面及材料特性：

强度设计值：f=258MPa　　　　　弹性模量：E=206×10³MPa

板宽：b=400mm　　　　　　　　板高：h=65mm

板厚：t=0.85mm　　　　　　　　中心位置：c=11.18mm

I=32.32cm⁴/m W_1=28.899cm³/m　　W_2=6.006cm³/m

强度验算：

2）基本组合1：1.1｛1.2恒载+1.4［活载+0.6风载（压力）］｝

q=1.1×[1.2×0.11+1.4×(0.5+0.6×0.55)]=1.294（kPa）

弯矩设计值 M=0.125×1.294×1.50×1.50×1.0=0.364（kN·m）

截面强度=M/W_2=0.364/6.006×1000=61MPa＜f=258（MPa）

强度计算满足。

基本组合1强度计算满足。

3）基本组合2：1.1｛1.2恒载+1.4［0.7活载+风载（压力）］｝

q=1.1×[1.2×0.11+1.4×(0.7×0.5+0.55)]=1.531（kPa）

弯矩设计值 M=0.125×1.531×1.50×1.50×1.0=0.43（kN·m）

截面强度=M/W_2=0.43/6.006×1000=72.69（MPa）＜f=258（MPa）

强度计算满足。

基本组合2强度计算满足。

4）基本组合3：1.1［1.0恒载+1.4风载（吸力）］

q=1.1×[1.0×0.11+1.4×(−0.92)]=−1.296（kPa）

弯矩设计值 M=0.125×(−1.296)×1.50×1.50×1.0=−0.365（kN·m）

截面强度=M/W_2=−0.365/6.006×1000=−60.69MPa＜f=258（MPa）

强度计算满足。

基本组合3强度计算满足。

挠度验算：

1）标准组合1：1.1｛恒载+［活载+0.6风载（压力）］｝

q=1.1×[0.11+(0.5+0.6×0.55)]=1.034（kPa）

挠度 0.013×1.034×10³×1.50⁴/(206×10⁹×32.32×10⁻⁸)×1000=1.02（mm）

$δ$=1.02mm＜1500/200=7.50mm

挠度计算满足。

标准组合1挠度计算满足。

2）标准组合2：1.1｛恒载+［0.7活载+风载（压力）］｝

$$q=1.1×[0.11+(0.7×0.5+0.55)]=1.11（kPa）$$

挠度 $0.013×1.11×10^3×1.50^4/(206×10^9×32.32×10^{-8})×1000=1.1（mm）$

$$\delta=1.1mm＜1500/200=7.50mm$$

挠度计算满足。

标准组合2挠度计算满足。

3）标准组合3：1.1［恒载+风载（吸力）］

$$q=1.1×[0.17+(-0.92)]=-0.83（kPa）$$

挠度：

$$0.013×-0.83×10^3×1.50^4/(206×10^9×32.32×10^{-8})×1000=-0.82（mm）$$

$$\delta=-0.82mm＜1500/200=7.50mm$$

挠度计算满足。

基本组合3挠度计算满足。

可见，该直立锁边压型板的布置满足要求。

（2）屋面底板。

屋面底板采用镀铝锌高强（屈服强度550MPa）彩色钢板，板宽820mm，肋间距190mm，肋高29mm，板厚0.53mm。

连续多跨布置，每跨1500mm。

永久荷载标准值：

$$q_k=4.44/100=0.044（kPa）$$

风荷载标准值：

$$Q_w=0.3kPa$$

荷载：$1.1×(1.2×0.044+1.4×0.3)=0.52（kPa）＜0.79kPa$

按照计算表格该屋面底层压型钢板1.50m跨时的最小承载力：0.79kPa。

该底层压型板满足要求。

结论：根据以上计算，该屋面底层压型钢板1.50m跨时的最小承载力：0.79kPa，压强的定义式为 $P=F/S$，屋面承受力在每平方米0.79kN之下，能保证施工人员正常施工。

第七章

换流变压器搬运轨道基础及
广场面层施工方案

目　次

1 工程概况

1.1 工程简介

本方案具体数据以灵州换流站为例。

本工程极 1、极 2 换流变压器搬运轨道及基础工程，轨道顶面标高为 512.75m，基础垫层采用 100mm 厚 C15 混凝土，基础均为 C30 钢筋混凝土基础，混凝土钢筋保护层厚度 50mm。换流变压器广场设排水坡，为便于轨道基础找坡，基础上部钢筋网保护层厚度可根据实际放坡要求适当加大。

换流变压器搬运轨道广场位于搬运轨道基础周围及基础顶面上，广场面层混凝土厚度有两类，一类为搬运轨道基础顶面部分，厚度为 130mm，另一类为搬运轨道基础以外部分，厚度为 220mm。搬运广场面层混凝土配设 ϕ 6 双层双向钢筋网片（基础顶面为单层），采用掺加抗裂纤维的抗裂混凝土（1.2kg/m³），表面添加耐磨骨料。

广场区域内钢轨等预埋件较多，容易产生裂纹等通病。另外，当地气候干燥、昼夜温差大、风沙较多，也是影响广场混凝土工艺的重要原因。本工程主要施工特点如下：

（1）大面积混凝土广场裂纹控制。面层施工阶段为 7 月上旬～8 月中旬，根据本地气候、风沙大、气候干燥、昼夜温差大的特点，对于混凝土大面积广场施工十分不利，施工需加强温差裂纹、混凝土应力裂纹、混凝土结构裂纹、表面龟裂等。

（2）混凝土广场平整度控制。广场面积大设排水坡，中间被钢轨等分隔，平整度控制有一定难度，需加强面层混凝土工艺控制。

（3）连续施工组织。因混凝土广场施工工期较短，需要连续浇筑，不利于面层裂纹隐患控制。

（4）广场钢轨及预埋件安装质量控制。周边易产生裂纹，钢构件与混凝土不同的胀缩率易导致混凝土产生裂纹；后期换流变压器压器安装过程中，因构件受力变形也易造成邻近混凝土裂纹。

（5）混凝土施工的养护控制。广场施工期间正好属于高温、干燥、强光照等外界环境条件，对于混凝土浇筑后的收面、养护等，均有较大影响，需严格控制。

1.2 工程量

双极搬运轨道钢轨 4250m；双极换流变压器广场面积约 25 300m²。

1.3 参建单位

建管单位：××建设分公司
设计单位：××电力设计院
监理单位：××电力建设监理咨询有限责任公司
施工单位：××××建设有限公司

2 编制依据

2.1 规程规范、标准

GB 50204—2015 混凝土结构工程施工质量验收规范

GB 50202—2013 建筑地基基础工程施工质量验收规范

GB 50496—2009 大体积混凝土施工规范

GB 50164—2011 混凝土质量控制标准

GB 50119—2013 混凝土外加剂应用技术规程

GB 50300—2013 建筑工程施工质量验收统一标准

GB 3426—1982 起重机钢轨

GB 50661—2011 钢结构焊接规范

JGJ 107—2010 钢筋机械连接通用技术规范

YB/T 5055—2014 起重机用钢轨

Q/GDW 248—2015 输变电工程建设标准强制性条文实施管理规程

Q/GDW 1183—2012 变电（换流）站土建工程施工质量验收规范

2.2 管理文件

《国家电网公司输变电工程质量通病防治工作要求及技术措施》（基建质量〔2010〕19 号）

《国家电网公司基建安全管理规定》（国网〔基建/2〕173—2015）

《国家电网公司基建质量管理规定》（国网〔基建/2〕112—2015）

《国家电网公司输变电工程安全文明施工标准化管理办法》（国网〔基建/3〕187—2015）

《国家电网公司输变电工程标准工艺管理办法》（国网〔基建/3〕186—2015）

《关于印发〈输变电工程安全质量过程控制数码照片管理工作要求〉的通知》（基建安质〔2016〕56 号）

《×××±800 千伏换流站工程建设创优规划》

《×××±800 千伏换流站工程土建×包项目管理实施规划》

《换流变压器搬运轨道基础图》等施工图纸

3 施工准备

3.1 技术准备工作

（1）完成设计交底及施工图纸会检，并应有书面的施工图纸会检纪要。

（2）施工方案编制完成。开工前组织编制施工方案，并按规定程序进行审批。

（3）施工技术交底。开工前必须进行施工技术交底。技术交底内容充实，具有针对性和指导性。全体施工人员应参加交底会，掌握交底内容，签字后形成书面交底记录。

（4）基础施工前地基处理施工完成。

（5）广场施工前地下隐蔽工程完成（如接地、雨水井、雨水管、排油管、电缆沟等）。

（6）广场面层施工前，水稳层施工完毕并养护达 3 天及以上。

3.2　人员组织准备

换流变压器搬运轨道基础及广场施工人员配置见表 7-1。

表 7-1　　　　　　　　　　　　施 工 人 员 配 置 表

作业人员配置	人数	资格及要求	职责及权限
项目负责人	1	组织协调能力强、现场管理经验丰富	负责人员组织配备、分工协调工作
技术负责人	1	土建中级职称，掌握相关施工技术	负责施工方案的策划，负责技术交底，负责施工期间各种技术问题的处理
技术员	2	要求熟悉基础施工图，有土建结构施工经验，熟悉施工技术及验收规范	（1）组织施工图及技术资料的学习，参加图纸会审，编制施工技术措施，主持技术交底； （2）编制施工指导书，做施工预算； （3）深入现场指导施工，及时发现和解决技术问题； （4）制定施工方法、工艺； （5）负责单位工程一级质量验收，并填写验收单； （6）负责施工项目重大危害因素及控制措施计划的编制，负责一切技术资料的收集
测量员	1	持证上岗，熟悉导线测量定位测量的方法	负责施工放线和测量资料及成果的整理工作
安全员	1	熟悉《电力建设安全工作规程》，责任心强，忠于职守，有安全员上岗证，持证上岗	（1）在上级安全部门的领导下，全面负责安全管理工作； （2）执行公司安全管理标准，遵循安全管理规程，作好施工现场的管理工作，对安全第一责任者负责； （3）负责监督重大危害因素及控制措施计划的实施，施工现场的安全检查，制止违章作业； （4）做好安监违章记录，为安全评比提供直接、真实的依据
质检员	1	持证上岗，有质检员上岗证，经过培训，有质检工作经验	（1）负责施工全过程的质量监督、检查及质保资料的搜集与整理工作； （2）有权对不能保证质量的方案提出异议，请求有关领导批准； （3）有权对可能造成质量事故的违章操作，及时制止并报告有关领导处理； （4）对不合格的工序有权责令其修改，并禁止下道工序的施工，同时报告有关领导
焊工	3	经劳动局培训合格，持证上岗	负责钢轨及预埋件等加工
钢筋工	10	经过劳动局培训合格，持证上岗	负责钢筋加工及安装
木工	15	熟悉本工种作业，具有一定的施工经验	负责模板安装及拆除
混凝土工	30	熟悉本工种作业，具有一定的施工经验	负责混凝土浇筑
瓦工	5	熟悉本工种作业，具有一定的施工经验	负责混凝土收面工作
电工	4	经过劳动局培训合格，持证上岗	负责现场照明及维护工作
卡车司机	4	经过劳动局培训合格，持证上岗	负责驾驶运土车辆及车辆的维护与保养工作
力工	50	经过入场教育	负责其他劳务工作

3.3 施工机具准备

（1）施工前应根据施工组织部署编制工器具及机械设备使用计划，并提前 3 天进场，确保正常使用要求。

（2）机械使用前应进行检查，确保其性能满足安全和使用功能的要求，验收合格后方可投入使用。

（3）换流变压器搬运轨道基础及广场施工主要设备见表 7-2。

表 7-2　　　　　　　　　　　　施工主要设备配置表

序号	仪器仪表名称	规格型号	数量	备　注
1	全站仪	GTS-332N	1 台	校验合格，且在有效期内
2	自动安平水准仪	AT-B4	1 套	校验合格，且在有效期内
3	钢卷尺	50m	2 把	校验合格，且在有效期内
4	塔尺	5m	1 把	校验合格，且在有效期内
5	小白线	/	500m	
6	钢轨切割机	/	1 台	/
7	混凝土磨光机		4 台	
8	地面切缝机		2 台	
9	圆盘锯	/	1 台	
10	钢筋切断机		2 台	
11	钢筋弯钩机		2 台	
12	套丝机	/	4 台	
13	电焊机	/	4 台	
14	无齿锯		2 台	
15	60 型搅拌机		1 台	
16	汽车泵	/	2 台	
17	混凝土罐车	/	4 辆	
18	测温仪	TC-TW60	2	
19	混凝土测温探头	JDC-2	400 个	
20	坍落筒	200mm	4 个	
21	插入式振捣器	/	6 台	
22	振捣棒	6m	10 条	
23	线轴	/	5 轴	

3.4 施工材料准备

（1）钢筋、角钢、槽钢、耐磨料、抗裂纤维、水泥、沙、碎石等原材料进场，并按规定进行复检和混凝土配合比试配和坍落度试验，其混凝土配合比应满足 JGJ 55—2011《普通混凝土配合比设计规程》的要求（若采用商混，应提前签订商混协议）；

（2）搬运轨道进场需随带质量证明文件，且符合 GB 3426—1982《起重机钢轨》的相关要求。

（3）现场安全设施准备到位：安全围栏、脚手管围栏、安全警示牌及绝缘手套等数量满足现场安全文明施工的需要。

4 施工技术方案

4.1 施工工艺流程

换流变压器搬运轨道基础及广场施工流程如图 7–1 所示。

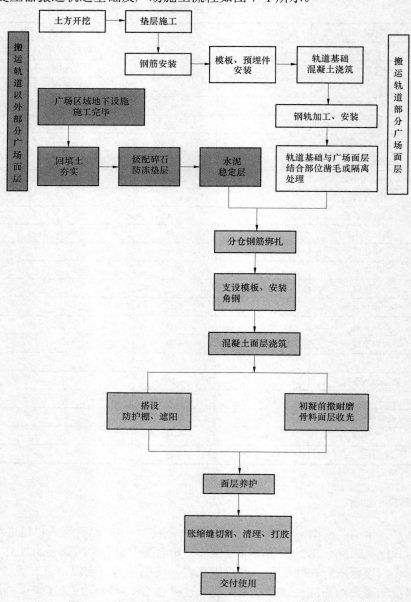

图 7–1 换流变压器搬运轨道基础及广场施工流程图

4.2 轨道基础施工方法

4.2.1 钢筋工程

（1）钢筋翻样。严格按照施工图及施工规范进行翻样，翻样单必须经技术负责人审核后方可进行加工。翻样工作要本着准确合理、省料的原则进行，翻样完成后，要进行严格自检，确保钢筋品种、规格和尺寸正确，数量齐全。

（2）钢筋制作。钢筋母材进厂必须配有相应的出厂质量证明书和试验报告单，钢筋表面或每捆（盘）钢筋均应有标识。钢筋制作要严格按钢筋翻样单加工，制作时应保证钢筋平直，无局部曲折。钢筋表面洁净、无损伤、油渍、漆污和铁锈等。钢筋制作完后要严格按规格、型号挂标识牌，分堆堆放，标志要明显。钢筋制作班组要做好自检记录和钢筋跟踪记录台账。

（3）钢筋绑扎前应将有锈蚀的钢筋除锈，并再次对照翻样单，仔细检查钢筋的规格、尺寸、数量。钢筋绑扎时，先根据施工图的钢筋间距划好线，然后再进行绑扎。绑扎的钢筋要求横平、竖直，规格、数量、位置、间距正确。直螺纹接头处单边外露丝口长度不应超过 1.5～2 扣，钢筋保护层采用垫块，间隔 400～600mm。钢筋绑扎完成后，严格按照验收标准进行自检，并做好自检记录。

（4）钢筋连接。基础底板钢筋采用机械连接，接头率不大于 50%。机械连接具体要求如下：

1）所用套丝机必须有出厂合格证，并经检验合格后方可使用。

2）直螺纹接头的单向拉伸强度试验，在同一施工条件下采用同一批材料的同等级、同型式、同规格接头，以 500 个为一个验收批进行检验。

3）钢筋套丝前，应清除钢筋表面上的锈斑油污、杂物等；若有弯折、扭曲应予以调直或切除。

4.2.2 模板、预埋件工程

（1）模板主要采用采 18mm 厚木模板，采用木方和钢管加固，木方间距为 400mm，钢管 ϕ48×3.5 间距 800mm，模板外顶脚手管，内拉对拉螺栓与主筋焊接，做到外顶内拉。为了保证浇筑后的混凝土工艺美观，模板在拼装时必须表面平整、光滑，模板缝及孔洞要封堵密实，以防漏浆。模板加固及支撑方式如图 7-2 所示。

（2）模板支设步骤及要求。

1）模板支设前应先将板面打磨光滑，用棉布擦干净，再涂刷脱模剂，脱模剂应涂刷均匀，无流淌现象。

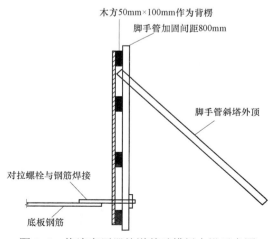

图 7-2　换流变压器轨道基础模板支设示意图

2）用水准仪引测好模板支设的标高，模板底部用砂浆找平。

3）模板拼装时板缝间及板与垫层间要密封，浇筑混凝土前模板底部应清理干净，并且浇水湿润。

（3）预埋件的安装。

1）预埋件进场要进行验收，对规格尺寸、焊缝、埋件表面平整度、四边顺直度、钢板的焊接变形等检查，大于300mm的埋件要求在锚板上打眼，并经技术人员检验合格后，方可到现场安装。埋件的安装要根据施工图纸的位置，在钢板上画出中心线。

2）埋件按照施工图纸要求的方位、标高、方向、坡度要求进行安装，埋件加固措施：在长方向上用14槽钢进行通长找平，埋件固定在此槽钢之上，槽钢下用22的螺纹钢筋焊接成门字支架进行支撑，（见图7-3）进一步保证埋件不沉降，确保埋件的标高，埋件误差范围为0～-3mm。

图7-3　埋件固定示意图

（4）模板拆除。拆模应在混凝土强度能保证其表面及棱角不因拆除模板而受损时（强度不小于$2.5N/m^2$）方可进行，拆模时按从上到下的顺序进行，应逐块拆下，不可整块撬落。模板、脚手管及扣件拆除完成后及时清理、分类码放整齐，以便周转使用，确保文明施工。

4.2.3　混凝土工程

考虑到混凝土浇筑过程中当地气温较高及大体积混凝土施工，混凝土采用搅拌站集中搅拌，罐车运输、设两辆汽车泵调配浇筑，局部平衡，防止由于气温过高导致混凝土凝结过快导致冷缝的产生。混凝土施工施工时在混凝土中掺入缓凝型高效减水剂（1%～1.5%水泥重量），在混凝土施工前必须按设计要求做好混凝土的试配和试验工作，根据现场实际施工需要优化配合比，确定大体积混凝土施工的控制参数，并向参加施工人员交底明确，使之在施工过程中得到有效控制。

（1）严把材料进货关，确保满足设计要求，混凝土施工前，对水泥、砂、石及外加剂等材料进行试验，合格后方可进行施工。原材料要求如下：

1）水泥应选用水化热低、凝结时间长的普通硅酸盐水泥，水泥 3 天的水化热不宜大于 240kJ/kg，7 天的水化热不宜大于 270kJ/kg。水泥应有出厂合格证、复试报告，应有检测单位出具的碱含量检测报告，严禁使用含氯化物的水泥。

2）粗骨料宜采用连续极配、粒径不大于 40mm 的石子，细骨料宜选用中砂。

3）选用通过技术鉴定、符合质量标准的缓凝剂、减水剂等外加剂。

4）混凝土水胶比不大于 0.50，粉煤灰掺量不超过胶凝材料用量的 40%。

5）拌合用水量不大于 175kg/m³，预拌混凝土到浇筑工作面的坍落度不大于 160mm。

（2）施工前转序验收要求。浇筑前必须将模板内的积水、木屑、钢丝、铁钉等杂物清理干净，对模板、钢筋工程完成三级检查，并经监理验收合格后方可浇筑混凝土。混凝土浇筑前，必须核实一次浇筑或浇筑至施工缝处的施工材料是否齐备，以免停工待料。

（3）混凝土搅拌。

1）所有混凝土均由现场搅拌站采用强制式搅拌机集中供应。混凝土搅拌前对计量器具进行检验合格后方可搅拌，搅拌严格按配合比进行，未经试验人员允许严禁随意改动配合比，用量要求（见表 7-3）。随时检查混凝土的和易性和坍落度，还要做好搅拌记录。

表 7-3 材料用量允许偏差表

材 料 名 称	允 许 偏 差
水泥、掺合料	±2%
粗、细骨料	±3%
水、外加剂	±2%

2）混凝土开盘之前，加水空转数分钟，将积水倒净，使拌筒充分润湿。搅拌第一盘时，考虑到筒壁上的砂浆损失，石子用量按配合比定量减半。搅拌的混凝土要做到基本卸尽。在全部混凝土卸出之前不得再投入拌合料，严禁采取边出料边进料或用混凝土罐车进行搅拌的做法。

（4）混凝土运输。

混凝土水平运输主要采用 3 辆混凝土罐车，混凝土垂直运输采用 2 台混凝土汽车泵。尽量缩短混凝土从出机到浇筑的时间，应在 30min 内运至现场（规范要求小于 1.5h）。为保证搅拌的混凝土不在现场停留过长时间，浇筑前应根据每次所浇筑的混凝土量、每小时浇筑量及混凝土的搅拌速度，确定每次所需的混凝土罐车数量。第一车混凝土浇筑前必须测定混凝土的坍落度，以调整适宜的用水量，浇筑过程中注意适当增加混凝土坍落度测定频次，同时派专人测定混凝土入模温度。混凝土浇筑过程中，搅拌站必须派专人值班，检查混凝土的质量情况，测量坍落度，及时调整配合比。

运输过程中，坍落度损失或离析严重，经补充外加剂或快速搅拌已无法恢复混凝土拌和物的工艺性能时，不得浇筑入模。

（5）混凝土浇筑。

1）混凝土浇筑前根据当时现场的场地情况安排好泵车的停放位置，因为每次浇筑的混凝土量很大且现场施工过程中气温较高，施工时安排二辆混凝土汽车泵，置于基坑上沿，两台泵车布料管均伸进基坑至基础底板上协调配合进行浇筑，保证混凝土下落高度小于2m，防止混凝土离析以及混凝土由于温度过高、凝结过快导致混凝土基础内部形成施工缝。浇筑过程中泵车站位及浇筑方向如图7-4所示。

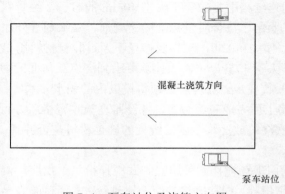

混凝土浇筑方向

泵车站位

图7-4 泵车站位及浇筑方向图

2）混凝土振捣：混凝土振捣时，振动棒要自然沉入混凝土，不得用力猛插，宜垂直插入，并插到尚未初凝的下层混凝土中50~100mm，以使上下层相互结合。作业时振动棒插入混凝土中的深度不应超过棒长的2/3~3/4（本次使用振动棒长500mm，则插入深度取≤350mm），振动棒各插点间距应均匀，插点间距不超过400mm。振动棒不得与模板、埋件直接接触。振捣时要做到"快插慢拔"，每插点的延续时间以表面呈现浮浆为度，约20~30s，见到混凝土不再显著下沉，不出现气泡，表面水泥浆和外观均匀为止。

大体积混凝土采用二次振捣工艺，即在混凝土浇筑后即将凝固前，在适当的时间和位置给予再次振捣，以排除混凝土因泌水在粗骨料、水平钢筋下部生成的水分和孔隙，增加混凝土的密实度，减少内部微裂缝和改善混凝土强度，提高抗裂性。振捣时间长短应根据混凝土的流动性大小而定。

3）浇筑混凝土时应设专人经常观察模板、基础钢筋、上部插筋、施工缝位置和支撑体系的情况，当发现有变形、移位时，应立即停止浇注，并应在已浇筑的混凝土凝结前修整完毕。

4）泌水处理。混凝土在浇筑、振捣过程中，可能产生较多的泌水和浮浆，不予以彻底清除，将影响混凝土质量，给生产留下隐患。振捣工负责在合适位置留出振捣集水坑，使泌水集中在集水坑内，用盛水器具将泌水及时排除，并进行二次振捣。

5）混凝土养护。混凝土浇筑完毕后，为避免混凝土表面出现裂缝，基础顶面在混凝土初凝前用木抹子抹3~5遍压实，混凝土终凝前用铁抹子进行二次压光，消除由于失水而产生的表面干缩裂缝。混凝土养护采用塑料薄膜和毛毯被进行保温覆盖，养护时间不得少于14天。

a）大体积混凝土浇筑完成后12h内要及时覆盖保温层，保温层下覆盖一层塑料薄膜，以保证混凝土内外温度差不超过25℃。

b）设专人负责保温养护，同时做好测温记录。在保温养护中，对混凝土浇注体的里表温差和降温速率进行现场检测，当实测结果不满足温控指标的要求时，及时调整保温养护措施。

c）混凝凝土的养护时间执行《混凝土结构工程施工质量验收》规范的相关规定，保湿养护的持续时间不得少于 14d，并应经常检查塑料薄膜的完整情况，保持混凝土表面湿润。

d）保温覆盖层的拆除应分层逐步进行，当混凝土的表面温度与环境最大温差小于 20℃时，可全部拆除。

e）为了减少清水混凝土的表面色差，在混凝土表面压实搓毛后，顶部覆盖塑料薄膜和不易掉色的毛毡等覆盖，并浇水混凝表面保持湿润，地下结构及时进行回填。

（6）混凝土试块制作及坍落度控制。混凝土浇筑时做好施工记录及施工日记。用于检查结构混凝土强度的试件，应在混凝土的浇筑地点随机抽取，每次取样留设两组试块，一组用于实验室标准养护室养护，一组用于现场同条件养护。混凝土的强度等级及抗裂纤维掺量等必须符合设计要求。

1）按工作班每 100m³ 标养试块不少于一组，不足 100m³ 标养试块不少于一组。

2）当一次连续浇筑超过 1000m³ 时，同一配合比的混凝土每 200m³ 取样不得少于一次。

3）基础底板留置 3 组同条件试块，同条件养护试件应在达到等效养护龄期时进行强度试验。

4）混凝土坍落度按车次，视和易性情况，进行抽查，泵车浇筑控制在 120～160mm。如发现坍落度或混凝土和易性不合格，应及时退回搅拌站。

4.2.4　预防混凝土冷缝措施

预防产生混凝土冷缝的关键措施，就是要保证混凝土的连续供应，每层混凝土浇捣时间不超过其初凝时间。因此现场还需采取相应措施确保浇混凝土工作不会由于意外原因而中断。为此，做好下列准备工作：

1）在浇混凝土前要做好气象信息收集工作，避开雨天浇混凝土。

2）浇混凝土前做好物资储备工作，保证砂石料连续供应；浇混凝土前将水泥储仓及粉煤灰储仓备满，并提前联系好可靠的货源，待浇混凝土时随时补充；其他物资如外加剂等一次性备足。

3）浇混凝土前仔细做好设备维护工作，防止搅拌机械、泵车等设备中途出现故障；准备好一定数量的常用易损、易坏零配件，以便检修。

4）准备好足够的照明设施，保证夜间具有良好的施工条件。

5）浇混凝土前做好人员准备，所有相关人员（包括管理人员及设备、机电维修等后勤人员）均要提前到位，并确保相互通信、联系畅通。

6）计划浇筑前三天向业主汇报，并得到批准后再开始浇捣，以便业主有足够的时间协调有关单位和部门，确保水电连续供应，以及施工道路畅通。

7）配备两班人员，既能保证混凝土的连续浇筑，又能保证人员的休息。

4.2.5　混凝土测温

参见大体积混凝土施工方案混凝土测温章节。

4.3 广场面层施工方法

4.3.1 轨道基础外区域广场基层施工

（1）级配碎石防冻垫层施工。垫层材料中不应含有黏土块、植物等有害物质，碎石中针片状颗粒的总含量不得超过 20%，集料要求压碎值不大于 30%。回填时，利用挖掘机，将砂砾石倒至坑基之内，掌握好回填厚度，保证在压实后，不过多的亏方或多方。回填后，人工进行初步平整完成后，利用压路机及蛙式打夯机进行夯实，打夯不少于 6 遍。夯实过程中，应随时检查标高情况，施工人员要跟进，进行细部的找平工作。夯实完毕利用核子密度仪对级配碎石防冻垫层压实系数进行检测，合格后进行下一步施工。

（2）水泥稳定层施工。水稳层铺设厚度为 200mm，铺设之前由实验室给出配比，由搅拌站进行物料搅拌，由土方队伍用汽车运至现场进行铺设，水稳层铺设时先用机械进行大面积摊平，再用人工细部找平，在条件允许的情况下用压路机进行碾压，条件不满足时用蛙式打夯机进行打夯，压实系数要求不低于 0.98，压实完 12h 后进行浇水养护，白天每 6h 养护一次，养护期至少为 7d 直到达到设计强度，在养护期间不得有车辆在上面行走。

4.3.2 轨道区域钢轨加工、安装

（1）钢轨加工。

1）根据图纸要求搬运轨道在分段处需要断开（见图 7-5），转弯处需按 45°角拼接，搬运轨道在安装前需要按照图纸要求进行定尺加工；

2）搬运轨道材质为锰钢，具有强度高、抗冲击、挤压、物料磨损性能强，一般切割设备较难胜任，因此采用金属带锯床切割（见图 7-6）。其优点在于设备费用较低、投入人力少、切割快速、断面光滑。

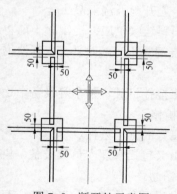

图 7-5 断开处示意图

图 7-6 金属带锯床图

（2）钢轨安装

1）搬运轨道安装前对基础预埋件进行复测，合格后方可进行轨道的安装。

2）将排版加工好的钢轨安置就位，钢轨焊接部位的铁锈、油污、水分及尘土等杂物彻底清除干净，并打磨出金属光泽。

3）钢轨顶面标高精细测量控制，在埋件标高偏低处，利用适当厚的垫板将钢轨垫至设计标高，垫板与埋板之间采用 ϕ4mm 的 J507 焊条将其焊牢，（垫板规格一般为 120mm×160mm），轨道的两根钢轨标高采用水平尺保持其一致。

4）轨道的两根钢轨之间的净距采用自制钢尺来测量控制（见图 7-7）。

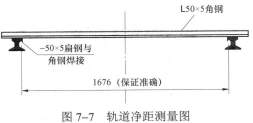

图 7-7　轨道净距测量图

5）钢轨的标高、间距都控制好后，采用准备好的 250～280A 直流焊机和 ϕ5mm 的 J507 焊条（焊条在焊前必须经 350～400℃烘焙 1h，烘干后放在保温筒内随取随用）。进行焊接，焊缝高大于 10mm，焊接好后除去表面浮渣并涂刷银粉漆（钢轨内侧）。

6）在轨道基础沉降缝处，钢轨要跨接安装，防止由于沉降而形成的钢轨表面高低差偏大。

7）钢轨安装完成后，钢轨的接地要紧跟施工。

8）轨道两侧采用热沥青粘贴 5mm 厚土工布，作为轨道与混凝土的软隔离。

9）钢轨下翼缘与基础间的缝隙采用高强环氧树脂砂浆灌注密实。

4.3.3　广场面层施工

1. 广场面层施工要求

（1）整体平整度。为保证广场面层的平整度，必须控制广场上牵引孔埋件、千斤顶埋件、角钢以及钢轨的顶标高，必须保证钢轨和包角角钢在安装时标高和牵引孔埋件标高一致，轨顶标高和埋件顶标高控制在 2mm 以内（基础施工阶段控制）。

（2）轨道侧防护角钢为确保安装精度，角钢用自攻钉安装在侧模上口；角钢在安装之前和安装完之后都得检查角钢是否变形，如有变形就得及时处理，确保打完灰之后角钢的平整度和顺直度。

（3）广场面层。面层配设 ϕ6@100mm 双层双向焊接钢筋网片，轨道一侧（轨道槽）设置 63×5 角钢作为永久性护角，角钢与钢轨间距 65mm，钢轨另一侧采取 30×3 角钢护角方式，其中混凝土与钢轨间采用 5mm 厚柔性材料隔离且标高比角钢低 5mm，顶部预留 10mm 伸缩缝；广场面层混凝土掺加抗裂纤维，面层加设 5mm 耐磨骨料。

2. 混凝土广场"跳仓法"施工

（1）地坪分仓。

根据混凝土凝固时间、结构尺寸以及平面形状，将整个广场地坪分成 109 块，分仓面积控制在 800m² 以内，其中最大块为 40m×20m，最小块为 26m×9m。先浇筑建筑物边缘分块（纵向由北向南），然后自搬运钢轨中间向两侧进行（横向从中间向两边）。各仓相互独立，施工间隔为 1～2d。相邻仓号的混凝土施工时间间隔不小于 7d。广场面积大致分为长和宽都不大于 40m 的区域，分条编号（见图 7-8）。广场混凝土面层钢筋根据施工安排先后有序绑扎，混凝土浇灌跳仓进行，如图 7-8 所示，先浇灌 Ⅰ-1，Ⅰ-3，Ⅱ-2，Ⅱ-4，Ⅲ-1，Ⅲ-3（图中阴影处）；再浇灌 Ⅰ-2，Ⅰ-4，Ⅱ-1，Ⅱ-3，Ⅲ-2，Ⅲ-4。跳仓接缝处按施工缝的要求处理。各块之间留设 30mm 的接缝，缝内用硅酮耐候密封胶填嵌。

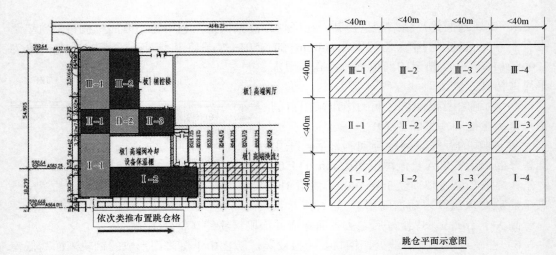

图 7-8　跳仓分块布置图

跳仓施工时将跳仓施工缝与最终浇筑完毕的混凝土分格缝统筹考虑，并设置在同一位置。如图 7-9 所示，图中小方格为混凝土广场分格缝，粗线为跳仓施工缝布置（另一侧广场以主控楼中轴线对称布置）。

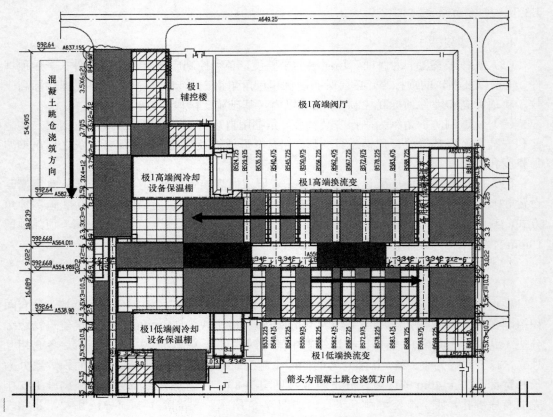

图 7-9　广场跳仓及分隔缝设置示意图

（2）广场面层分格缝设置。

广场分格处理指结合换流变压器运输轨道基础施工缝，进行分格布置。分格原则：除按轨道进行胀缝设置外，每 100m 设一道胀缝，每 4m 设一道缩缝。胀缝均为 20mm 宽；施工缝设置在胀缝或缩缝处；胀缝和施工缝接茬处设置传力杆，传力杆的纵向接缝或自由边的距离为 150～250mm。封口采用硅酮耐候密封胶填缝料，灌缝时，两侧粘贴美纹纸，保证灌缝的顺直度，并且不污染周围面层（见图 7-10）。路面缩缝切割：当混凝土达到设计强度 25%～30% 时可进行缩缝切割，以切割时不出现缺棱掉角为宜。缩缝切割的深度不小于路面厚度的 1/3（从顶面算起），缩缝留设间距以 4～6m 为宜（见图 7-11）。

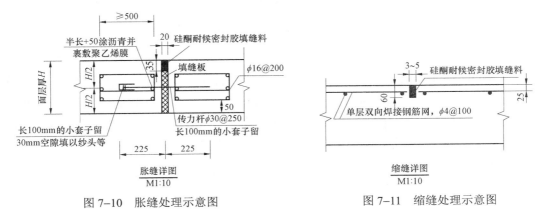

图 7-10　胀缝处理示意图　　　　　图 7-11　缩缝处理示意图

（3）成品钢筋网片绑扎。

1）基层压实完毕后，开始进行钢筋的施工。面层采用成品 $\phi6mm$ 的双层双向冷拉焊接钢筋网片机械工厂化加工，现场铺设、40mm×40mm×40mm 的砂浆垫块@1m 布置；上层钢筋支架采用 $\phi8$ 钢筋马凳绑扎牢固，防止施工过程中因踩踏导致面筋下落，如图 7-12 所示。

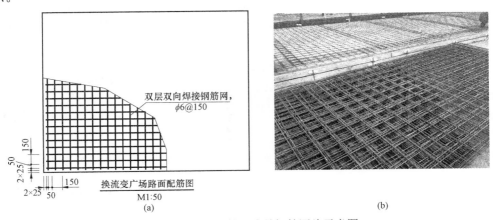

图 7-12　广场配筋及成品钢筋网片示意图

（a）广场路面配筋图；（b）成品钢筋网片

2）各分仓浇筑接缝处上下皮钢筋均断开，并在其接缝处设置拉杆筋（$\phi16@900$、$L=400mm$、设在分仓中部）见图 7-13。

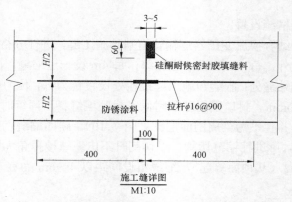

图 7-13 施工缝处理示意图

（4）模板制作安装。

1）根据分仓平面及施工次序，各块侧模采用 15mm 厚胶合板，并在侧模上口用自攻钉安装 L30×3 的角钢，上边用水准仪找平，使角钢边与混凝土面平齐，一是利于支模，二是方便混凝土浇筑时找平、控制标高。具体模板制作见图 7-14，广场边缘支设的模板要在原模板角钢（L30×3）上用自攻螺丝再固定永久性成品保护角钢（带锚固筋）。待混凝土浇筑完成后将螺丝头切割，拆除模板。具体做法见图 7-15。

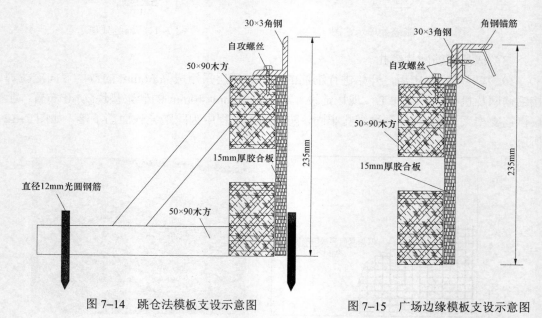

图 7-14 跳仓法模板支设示意图　　　　图 7-15 广场边缘模板支设示意图

2）支模用 50mm×90mm 木方，上端用 30mm×80mm 木方做三角支撑，下端与压实的基层用钢筋头固定。

3）在木模中部@900mm 打孔，穿入 ϕ16 加强钢筋（单根长度 800mm，各锚入两侧 400mm），并用钢筋马凳固定。

4）在搬运轨道基础上支模。轨道一侧（轨道槽）设置 63mm×5mm 角钢作为永久性护角，钢轨另一侧采用 30×3mm 角钢方式，顶部预留 50mm 轨道槽，比轨道顶标高低 5mm；

广场面层混凝土掺加抗裂纤维，面层加设 5mm 耐磨骨料。为保证施工精度和施工速度，利用槽钢作为侧模。具体施工见图 7-16。

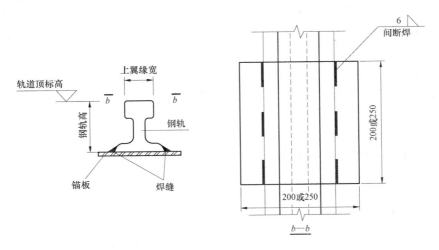

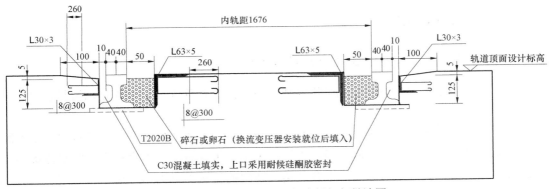

图 7-16　轨道焊接固定与广场细部做法图

将基层的混凝土毛面用水冲洗干净，待混凝土表面干燥后方可支设模板。弧型转弯处模板，采用大模板拼装。根据圆弧半径，先放大样，然后，结合大样尺寸，利用模板条制作成型后，安装于弧形结构处。

（5）广场混凝土面层混凝土浇筑。

1）在混凝土浇筑之前必须将基层混凝土冲洗干净并充分湿润，一般不少于 24h。混凝土面层跳仓格严格按照排版图要求布设，跳格浇捣（隔一浇一），每次浇捣约 200m³。

2）在浇捣混凝土时，混凝土坍落度控制在 150mm±10mm。浇捣时应采用插入式振动泵梅花型振捣，振点间距 45cm 为宜。振捣完毕，用铝合金条刮平，木抹搓毛。

3）面层收面时，利用平杠振器，随浇筑，随振捣。振捣一遍后，利用刮杠找平，木抹子收面一遍，在混凝土初凝前，在混凝土终凝前木抹子抹 3～5 遍，表面撒耐磨骨料。利用电动抹子（粗平），再用铁抹子压面 2～3 遍收光成活。混凝土浇捣完毕后 6～12h 内洒水保持湿润，覆盖塑料薄膜、土工布养护，养护时间不少于 14d，其间严禁车辆、行人穿行。

4）为防止混凝土面层与建筑物基础、散水交接处产生阴角混凝土裂缝，设计在各个阴角处增设了附加钢筋；在施工时对阴角部位的混凝土进行二次振捣，及时覆盖、淋水或喷洒养护剂进行养护；在基础、墙根部设置 20mm（10mm）宽的膨胀缝，施工时基础边用 20mm、墙根用 10mm 厚挤塑板分隔，浇筑完成后将挤塑板凿除 20mm 深，并用沥青砂嵌缝。

5）当混凝土达到设计强度 25%～30%时切割缩缝，填缝前，采用高压水和压缩空气彻底清除接缝中砂石及其他污染物，确保缝壁及内部清洁、干燥。缝两侧粘贴美纹纸，然后施打硅酮耐候胶。

5 施工进度计划及保证措施

5.1 施工进度计划

计划工期：2015 年 7 月 1 日开始施工，2015 年月 9 月 15 日结束，总工期 77d。

5.2 施工进度保证措施

5.2.1 提前成立项目部换流变压器广场专业组

本工程项目部根据换流变广场工程需要已将各岗位管理人员配备齐全，并已进行统一培训。

本工程项目部各岗位管理人员已进行了项目的管理准备和生产准备，管理准备包括搬运轨道基础及换流变压器广场施工组织设计的编制、项目质量、进度和安全的整体策划，生产准备包括材料施工人员都已经准备就绪，所用的机械均已到达现场。

5.2.2 施工队伍的组织

本工程中施工队伍的选用考虑使用在搬运轨道基础及换流变压器广场施工上有专长的专业队伍从事相应专业施工，注重专业操作技能，施工队伍均为整建制的专业队伍，各专业技术人员和管理人员提前进场做好施工准备，作业人员随工程进度进场，项目部在安全、质量、技术上控制、管理、协调施工队伍的工作。

5.2.3 周转材料的保证

整个工程中的周转性材料计划已制定完成，并落实明确，保证工程所需的周转性材料。

5.2.4 抓好节假日期间的施工组织

在节假日期间由项目经理亲自坐镇现场，做好全体施工人员的思想工作，加大奖励力度。

5.2.5 精心组织施工，保证里程碑各节点顺利实现

在工程实施过程中，全面跟踪每一道工序的进展情况，及时收集工程数据，每周对三级进度计划进行盘点、更新。

根据盘点结果，同时对比分析资源配置的计划和实际投入情况，预测工程进度，保证资源投入以满足工程进度的需要。

6 施工质量保证措施

6.1 质量控制标准

6.1.1 质量控制点设置

质量控制点设置见表7-4。

表7-4　　　　　　　　　　　　质 量 控 制 点 设 置 表

序号	控 制 点	检 验 单 位				
		班组	工地	项目部	监理	控制点
1	基础工程	★	★	★	★	H
1.1	基础垫层分项工程验收	★	★	★	★	H
1.2	基础放线	★	★	★	★	H
1.3	降（排）水施工	★	★	★		W
1.4	基础钢筋分项工程验收	★	★	★	★	H
1.5	基础钢筋隐蔽工程检查	★	★	★	★	H
1.6	基础模板安装分项工程验收检查	★	★	★	★	H
1.7	基础混凝土分项工程验收检查	★	★	★	★	H
1.8	基础混凝土隐蔽工程检查	★	★	★	★	H
2	广场面层					
2.1	面层钢筋隐蔽工程检查	★	★	★	★	H
2.2	广场模板安装分项工程验收检查	★	★	★	★	H
2.3	广场面层混凝土分项工程验收检查	★	★	★	★	H

6.1.2 质量验收标准

质量验收标准见表7-5。

表 7-5 质量验收标准表

项 目 名 称		规范标准	现场控制标准	单位
钢筋工程	网片长、宽偏差	±10	±10	mm
	网眼尺寸偏差	±20	±20	mm
	网片对角线差	≤10	≤10	mm
	保护层厚度偏差	±3	±3	mm
模板工程	标高偏差	0~-5	0~-5	mm
	轴线位移	≤5	≤3	mm
	相邻两板面高低差	≤2	≤2	mm
	预埋件中心位移	≤10	≤5	mm
混凝土结构外观及尺寸偏差	平整度	≤8	≤5	mm
	纵缝顺直度	≤10	≤6	mm
	横缝顺直度	≤10	≤6	mm
	相邻板高差	≤3	≤2	mm
	预埋件标高偏差	0~-5	0~-5	mm
轨道加工、安装	钢轨端、切面斜度	≤2	≤2	mm
	中心线对定位轴线偏差	≤5.0	≤3.0	mm
	轨顶标高偏差	≤10.0	≤5	mm
	相邻轨顶标高偏差	设计要求	≤3	mm
	每节轨道中心线的不平直度	≤3.0	≤3.0	mm
	轨距允许偏差	设计要求	0~-5	mm
	钢轨连接处缝宽允许偏差	设计要求	≤3	mm
混凝土预制块安装	表面平整度	≤4.0	2m 内≤2.0	mm
	接缝高低差	≤1.5	≤1.5	mm
	板块间隙宽度	≤6.0	≤3.0	mm

6.2 强制性标准执行

强制性条文执行表见表 7-6。

表 7-6 强 制 性 条 文 执 行 表

执行标准	强制性条文内容
GB 50204—2015《混凝土结构工程施工质量验收》	5.1.1 当钢筋的品种、级别或规格需作变更时，应办理设计变更文件
	5.2.1 钢筋进场时，应按国家现行相关标准的规定抽取试件作力学性能跟重量偏差检验，其质量必须符合有关标准的规定
	5.2.3 对有抗震设防要求的框架结构，其纵向受力钢筋的强度应满足设计要求；当设计无具体要求时，对一、二、三级抗震等级设计的框架跟斜撑（含梯级）中的纵向受力钢筋应采用 HRB335E、HRB400E、HRB500E、HRBF335E、HRBF400E 或 HRBF500E 钢筋，检验所得的强度和最大力下总伸长率的实测值应符合下列规定：1. 钢筋的抗拉强度实测值与屈服强度实测值的比值不应小于 1.25；2. 钢筋的屈服强度实测值与强度标准值的比值不应大于 1.3；3. 钢筋的最大力下总伸长率不应小于 9%

执行标准	强制性条文内容
GB 50204—2015《混凝土结构工程施工质量验收》	4.1.2 模板及支架应根据施工过程中的各种工况进行设计,应具有足够的承载力和刚度,并应保证其整体稳固性
	4.1.3 模板及其支架拆除的顺序及安全措施应按施工技术方案执行
	5.5.1 钢筋安装时,受力钢筋的品种、级别、规格、数量必须符合设计要求
	7.2.1 水泥进场时应对其品种、级别、包装或散装仓号、出厂日期等进行检查,并应对其强度、安定性及其他必要的性能指标进行复验,其质量必须符合现行国家标准《硅酸盐水泥、普通硅酸盐水泥》GB 175 等的规定。 当对水泥质量有怀疑或水泥出厂超过三个月时,或快硬硅酸盐水泥超过一个月时,应进行复验并按复验结果使用。 检查数量:按同一生产厂家、同一等级、同一品种、同一批号且连续进场(厂)的水泥,装袋不超过200t为一批,散装不超过500t为一批,每批抽取数量不应小于一次。 检查方法:检查质量证明文件和抽样复试报告
	7.4.1 混凝土的强度等级必须符合设计要求。用于检查混凝土强度的试件,应在混凝土的浇筑地点随机抽取。 检测数量:对统一配合比混凝土,取样与试件留置应符合下列规定: 1. 每拌制 100 盘且不超过100m³ 的同配合比的混凝土,取样不得少于一次; 2. 每工作班拌制的同一配合比的混凝土不足 100 盘时,取样不得少于一次; 3. 当一次连续浇筑超过 1000m³ 时,同一配合比的混凝土每200m³ 取样不得少于一次; 4. 每一楼层、同一配合比的混凝土,取样不得少于一次; 5. 每次取样至少留置一组标准养护试件,同条件养护试件的留置组数应根据实际需要确定
JGJ 107—2010《钢筋机械连接通用技术规程》	3.0.5 Ⅰ级、Ⅱ级、Ⅲ级接头的抗拉强度应符合表 3.0.5(见本部分表 C.7)的规定
	6.0.5 对接头的每一验收批,必须在工程结构中随机截取 3 个接头试件做抗拉强度试验,按设计要求的接头等级进行评定。 当 3 个接头试件的抗拉强度均符合表 3.0.5(见本部分表 C.7)中相应等级的要求时,该验收评合格。 如有 1 个试件的强度不符合要求,应再取 6 个试件进行复检,复检中如仍有 1 个试件的强度不符合要求,则该验收批评为不合格
JGJ 5—2006《普通混凝土用砂、石质量标准及检验方法标准》	3.1.10 砂中氯离子含量应符合下列规定: 1 对钢筋混凝土用砂,其氯离子含量不得大于 0.06%(以干砂重的百分率计); 2 对预应力混凝土用砂,其氯离子含量不得大于 0.02%(以干砂重的百分率计)
JGJ 63—2006《混凝土用水标准》	3.1.7 未经处理的海水严禁用于钢筋混凝土和预应力混凝土
GB J50119—2013《混凝土外加剂应用技术规范》	3.1.5 含有氯盐的早强型、防水剂和氯盐类防冻剂,严谨用于预应力混凝土,钢筋混凝土和钢纤维混凝土

6.3 质量通病防治措施

质量通病防治措施表见表 7-7。

表 7-7 　　　　　　　　　　**质量通病防治措施表**

项次	质量事故预想	预 防 措 施
		一、钢筋
1	钢筋原材不合格	进厂抽样试验,合格后方可使用
2	钢筋现场安装不合格	1)对操作工交底,熟悉图纸要求; 2)根据图纸检查钢筋的钢号、直径、根数、间距; 3)检查钢筋接头的位置及搭接长度; 4)检查混凝土保护层和绑扎是否牢固

续表

项次	质量事故预想	预 防 措 施
二、混凝土		
1	混凝土表面蜂窝麻面、漏筋、孔洞、缝隙、缺棱掉角	1）提高混凝土的生产质量，配比计量准确，搅拌均匀； 2）模板拼缝严密，缝隙加海绵条，模板底采用水泥砂浆勾缝； 3）振捣密实； 4）浇筑前，将杂物清除干净，按规范进行施工缝处理，保持接触面良好； 5）保护好钢筋保护层垫块； 6）充分养护，强度达到要求后再拆模
2	混凝土外形变形，尺寸不准，色泽不一致	1）模板安装牢固，尺寸准确，强度和刚度不足要加固； 2）混凝土浇筑控制好下料方式和速度； 3）混凝土配合比进行优化，混凝土搅拌时严格计量及校验，并保证混凝土连续施工
3	混凝土强度不够	1）控制原材料尤其是水泥、混凝土外加剂的进货质量合格；砂石料严格控制含泥量及石粉含量，同一结构层的混凝土选用相同粒径的砂石料，严格控制水灰比及坍落度； 2）提高混凝土的生产质量，配比计量准确，搅拌均匀； 3）振捣密实，混凝土离析时及时采取措施； 4）养护措施得当，养护到位
4	混凝土裂缝	1）养护措施得当，养护到位； 2）减少温度裂缝
三、广场面层		
1	广场裂纹	详见裂纹控制措施

6.4 标准工艺应用

标准工艺应用编号：0101030504

工艺名称：广场地面（含细石混凝土、透水砖）。

6.5 质量保证措施

6.5.1 合理配比，严格执行

混凝土配合比是根据设计抗压强度、耐久性、耐磨性、和易性等要求和经济合理的原则，通过计算、试验和必要的调整，确定混凝土单位体积中各组成材料的用量（通常以水泥为 1，按水泥、粗集料、细集料的顺序表示）。试验室配合比是按粗、细集料在标准含水状态下计算出来的，但是施工现场的集料含水量是经常变的，因此，必须根据每天拌制时集料的实际含水率，换算为现场材料的实际用量，最后计算出施工配合比。一般混凝土的用水量为 $130\sim170L/m^3$，水灰比为 $0.40\sim0.55$，含砂率一般为 $28\%\sim33\%$。

6.5.2 整体平整度控制

（1）重点控制广场面牵引孔埋件、千斤顶埋件、角钢以及钢轨的顶标高，保证钢轨和包角角钢在安装时标高和牵引孔埋件标高一致，轨顶和埋件顶标高控制在 2mm 以内。

（2）为确保轨道侧防护角钢安装精度，利用槽钢作为侧模，将角钢点焊于槽钢上；角钢在安装之前和安装完之后都得检查角钢是否变形，如有变形就得及时处理，确保浇筑完混凝土之后角钢的平整度和顺直度。

6.5.3 裂纹控制措施

（1）温度裂缝的控制。

由于当地昼夜温差比较大，为避免由于温度变化而出现的裂缝，尽量将收面工作放在早晨 7 点至 9 点之间或者是 18 点至 21 点之间，避开在一天当中最高温度和最低温度时收面。

（2）结构裂缝的控制。

为避免不同结构层交界处出现不规则裂缝，在不同结构层交界处设置胀缝。

（3）混凝土应力裂纹控制。

提前策划做样板，严格控制水灰比和坍落度，坍落度控制在 140～160mm，采取跳仓施工，避免由于面积大而出现的裂缝，在与钢轨或其他基础接触时加设缓冲层，缓冲层为 3mm 厚的隔空板。

（4）表面龟裂的控制。

在混凝土初凝之前用电抹子抹面 3～5 遍，直到有浆磨出（为了增加广场面层的耐磨性和有效控制面层龟裂，在表面加设 5～8mm 耐磨料面层），然后洒上金刚砂再进行抹面，耐磨料必须抛洒均匀，收面直到混凝土表面反光为止，抹面遍数不低于 8～9 遍。在混凝土中添加抗裂纤维，用量为 1.5kg/m³。

（5）其他因素造成裂纹的隐患。

为增强抗裂效果，钢筋网片支设于混凝土表面以下 25mm 处，确保钢筋网片的抗裂能力；在浇筑面层之前将基层清理干净，搬运钢轨砼基础面为基层则采用高压水枪清洗，浇筑时必须连续浇筑，中间不得停顿，避免出现冷缝，造成表面的开裂。收面后 4h 内覆盖塑料布+层棉毡+土工布，派专人负责养护，并在浇筑完成后 12h 内开始，使面层一直保持湿润状态，之后每隔 4h 浇水一次，养护期不少于 14d。

7 施工安全技术措施

7.1 风险辨识及预控措施

7.1.1 风险辨识

危险因素和环境因素辨识及控制对策见表 7-8。

表 7-8　　　　　　　　　　危险因素和环境因素辨识及控制对策表

施工项目：换流变压器轨道基础及广场面层施工

序号	危险点和环境因素描述	可导致的事故及环境危害	拟采用的风险控制技术措施	监督管理措施	实施负责人	确认签证人
一	场地和环境因素					
1	施工现场照明不足	摔伤	安装合格照明灯具并能投入使用	R	工长	安监部
2	运输道路不畅通、不坚实		运输先平整道路，夯实路基，局部加钢板过度	W	工长	安监部

续表

序号	危险点和环境因素描述	可导致的事故及环境危害	拟采用的风险控制技术措施	监督管理措施	实施负责人	确认签证人
3	在施工场地使用电、火焊，周围存在火灾隐患		作业前办理明火作业票，并采取有效防护措施，并设专人监护	R	工长	安监部
4	电焊机露天摆放		露天摆放的电焊机放在干燥场所，有棚遮蔽或使用电焊机专用箱	R	工长	安监部
5	施工中废弃物不集中回收，造成污染		施工中废弃物集中回收，不得乱扔乱抛，具有有毒有害的应采取防污染措施，并集中回收到物资部指定存放处	R	工长	安监部
二			作业和人员			
6	对施工方法程序不明		在施工前对参加作业人员进行安全、技术交底并履行全员签字	R	工长	安监部
7	模板支设		安装时要临时固定，拼好后固定牢固	S	工长	安监部
8	混凝土浇筑		振捣人员站脚手板操作，戴防漏电手套、穿防漏电胶鞋	R	工长	安监部
9	机械操作		正确操作，定期维修检查，专人保管	S	工长	安监部
10	作业中的习惯性违章	物体打击	个人防护用品穿戴齐全，杜绝习惯性违章	H	工长	安监部
三			使用工机具			
11	机械事故	机械伤害	1. 专人专机，持证上岗，经常检修。2. 机械操作过程中进铲避免过深，提升不能过猛	W	工长	安监部
12	个人劳动保护用品用具	物体打击	安全防护用品齐全，正确佩戴	R	工长	安监部
13	机械设备、工器具		专人管理，使用时正确操作	S	工长	安监部
14	带电设备		接地线，专人管理，加设漏电保护器	S	工长	安监部

危险点和环境因素描述按本工程特点确定（一）厂地和环境（二）作业人员（三）机械和工具可能产生的危险因素和环境因素监督管理措施：包括（一）确定监督控制办法—R 记录确认点；W 见证点；H 停工待检点；S 连续监视监护；（二）规定监督控制责任—班组、专业队、项目部。技术措施填写不下时可附页。

7.1.2 环境条件

环境条件要求见表7-9。

表 7-9　　　　　　　　环 境 条 件 要 求 表

序号	环境条件	要　求	备注
1	道路	畅通无阻、平整坚实	/
2	周围环境	和与其他专业交叉施工时，由专人指挥。夜间施工照明充足及安全设施齐全	/

序号	环境条件	要　　求	备注
3	天气	尽量不在雨天施工	/
4	现场条件	水、电源接至施工现场	/

7.2　施工安全技术与防护措施

施工过程中，应遵守国家电网公司相关规定。符合《国家电网公司基建安全管理规定》《国家电网公司电力建设安全工作规程（变电站部分）》《国家电网公司电网工程施工安全风险识别、评估及控制办法》等要求。

（1）施工用电安全措施。

1）现场施工用电应符合《施工现场临时用电安全技术规范》要求，编制临时用电施工方案，并报审。

2）现场临时用电设施安装、运行、维护应由专业电工负责。

3）现场采用三相五线制，实行三级配电，并应根据用电负荷装设剩余电流动作保护器，并定期检查和试验。

4）配电箱设置地点应平整，不得被水淹或土埋，并应防止碰撞和被物理打击。

5）配电箱应坚固，金属外盒接地或接零良好，其结构应具备防火、防雨的功能。

6）电动机械应做到"一机一开关一保护"。

（2）钢轨安装。

1）钢轨进行焊接或切割作业时，操作人员应穿戴专用工作服、绝缘鞋、防护手套等符合专业防护要求的劳动保护用品。

2）焊接、切割设备应处于正常工作状态，存在安全隐患时，应停止使用。

3）焊接、切割的作业场所应有良好的照明及通风。

4）在风里五级以上及下雨时，不可露天进行焊接、切割作业。

5）电焊机的外壳应可靠接地，接地时其接地电阻不得大于 4Ω。

6）钢轨铺设时，应采用机械搬运，人工撬动的方式进行，防止扎伤。

（3）混凝土浇筑。

1）混凝土机械运输时，应规定行驶路线，运输通道平顺，行驶速度小于 5km/h。

2）严禁任何人员、材料搭乘翻斗车。

3）坑口搭设卸料平台，平台平整牢固，同时在坑口前设置限位横木。

4）振捣工、瓦工作业禁止踩踏模板支撑。振捣工作业要穿好绝缘靴、戴好绝缘手套，搬动振动器或暂停工作应将振动器电源切断，不得将振动着的振动器放在模板、脚手架或未凝固的混凝土上。

8　文明施工保证措施

施工现场安全文明施工管理，贯彻"安全管理制度化、安全设施标准化、现场布置条理化、机料摆放定置化、作业行为规范化、环境影响最小化"的管理要求，营造文明施工的良好氛围，保障作业人员的安全和健康。

（1）材料堆放整齐，规格铭牌清晰。

（2）作业人员进入施工现场人员应正确佩戴安全帽，穿工作鞋和工作服。

（3）从事焊接、气割作业的施工人员应配备阻燃防护服、绝缘鞋、绝缘手套、防护面罩、防护眼镜。

（4）施工现场应配备急救箱（包）及消防器材，在适宜区域设置饮水点、吸烟室。不得流动吸烟。

（5）每天施工完后，做到工完、料尽、场地清。废料、建筑垃圾做到集中堆放、集中清运。

9 绿色施工

依据建制《绿色施工导则》〔2007〕223 号和 GB/50640《建筑工程绿色施工评价标准》的要求组织施工。

9.1 现场管理控制

（1）搅拌站设置沉淀池经过三级沉淀后后循环使用或用于洒水降尘。

（2）对施工交通机具需定期到管理部门审核，对尾气排放不合格的车辆不允许使用。

（3）材料运输工具适宜，装卸方法得当，防止损坏和遗洒，根据现场平面布置情况和就近卸载，避免和减少二次搬运。

（4）生活、生产区域内的通道、地面无垃圾、每个作业面工作结束时及时清理现场，做到"工完料尽场地清"。剩余材料要堆放整齐、可靠，废料及时清理干净。

9.2 施工固体废弃物控制

（1）固体废弃物应分类堆放，并有明显的标识（如有毒有害、可回收、不可回收等）。

（2）危险固体废弃物必须分类收集，封闭存放，积攒一定数量后由各单位委托当地有资质的环卫部门统一处理并留存委托书。

（3）对油漆、稀料、胶、脱模剂、油等包装物可由厂家回收的尽量由厂家收回。

第八章

严寒地区特高压换流站工程
大体积混凝土冬季施工方案

目 次

1 工程概况

1.1 工程简介

本方案参数以锡盟换流站为例。

锡盟±800kV换流站工程站址位于锡林浩特市东北约50km朝克乌拉苏木境内，S307省道329km处。

换流站工程站址位于严寒地区，其主要气候特点是风大、干旱、寒冷。根据锡林浩特市气象站1953～2012年的实测资料统计累年各气候特征值，站址所在区域年平均气温2.5℃，年平均最低气温–6.0℃，极端最低气温–42.4℃（1953年1月15日），全年12～2月的月平均温度均低于–10℃，仅4～9月平均温度在5℃以上，见表8–1。基坑开挖一般无需考虑地下水的影响，站区场地冻土深度达到2.89m。

表8–1 锡林浩特市气象站累年各月气候特征值（1953～2012年）

统计项目	月 份											
	1	2	3	4	5	6	7	8	9	10	11	12
平均气温（℃）	–19.4	–15.5	–6.2	5.0	12.9	18.6	21.2	19.3	12.5	3.6	–7.3	–16.2

1.2 工程施工特点与难点

在特高压换流站工程中，阀厅及换流变防火墙基础、搬运轨道基础、大型构架基础往往采用筏板基础，其混凝土结构各向尺寸均超过1m，属于大体积混凝土。

严寒地区特高压换流站工程大体积混凝土冬季施工具有量大、点多、面广、工期紧、质量要求高的特点，如何有效防止大体积混凝土施工中出现因水泥水化热引起混凝土内部温度剧烈变化和混凝土硬化过程中的收缩增大而导致混凝土浇筑体中有害裂缝的出现，从而有效控制大体积混凝土建构筑物结构的有害裂缝，对于确保混凝土建构筑物耐久性和使用寿命具有重要的作用。

2 编制依据

2.1 编制目的

为保证特高压换流站工程总体工期进度要求，将部分影响总体工期的大体积混凝土基础工程前置施工，并使冬季大体积混凝土施工符合技术先进、经济合理、安全适用的原则，确保工程质量,特制定本方案,用以具体指导严寒地区的特高压换流站大体积混凝土工程进行冬季施工。

2.2　适用范围

本方案适用于位于严寒地区(《GB 50176 民用建筑热工设计规范》中对全国建筑物热工设计分区定义的特高压换流站工程中阀厅及换流变防火墙筏板基础、换流变搬运轨道基础、大型构架基础、站用变基础、平波电抗器基础等大体积混凝土冬季施工。

2.3　编制依据

GB 50204—2015　混凝土结构工程施工质量验收规范

GB 50119—2013　混凝土外加剂应用技术规范

GB 50666—2011　混凝土结构工程施工规范

GB 50164—2011　混凝土质量控制标准

GB 50496—2009　大体积混凝土施工规范

GB 50119—2013　混凝土外加剂应用技术规范

GB 175—2007　通用硅酸盐水泥

GB 50202—2002　建筑地基基础工程施工质量验收规范

GB/T 50905—2014　建筑工程绿色施工规范

GB/T 14902—2012　预拌混凝土

GB/T 50107—2010　混凝土强度检验评定标准

JGJ 118—2011　冻土地区建筑地基基础设计规范

JGJ 52—2006　普通混凝土用砂、石质量及检验标准

JGJ 63—2006　混凝土用水标准

JGJ 55—2011　普通混凝土配合比设计规程

JGJ T 104—2011　建筑工程冬季施工规程

DL 5009.3—2013　电力建设安全工作规程(变电所部分)

Q/GDW 248—2015　输变电工程建设标准强制性条文实施管理规程

《国家电网公司输变电工程质量通病防治工作要求(基建质量〔2010〕19 号)及技术措施》

《国家电网公司输变电工程优质工程评定管理办法》(国网〔基建/3〕182—2015)

《国家电网公司输变电工程标准工艺管理办法》(国网(基建/3)186—2015)

相关施工图纸

3 施工组织

3.1 施工组织机构及其职责

施工组织机构见图 8-1，现场管理人员职责见表 8-2。

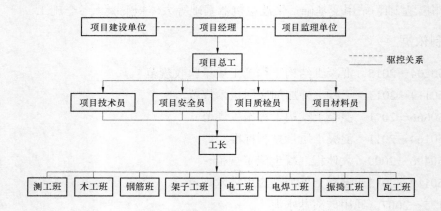

图 8-1 施工组织机构图

表 8-2   现场管理人员职责表

职务	职能	职 责
项目经理	项目管理	全权负责本工程的施工管理工作，在计划、布置、检查施工时，把安全文明施工工作贯穿到每个施工环节，在确保安全的前提下组织施工，对进入现场的生产要素进行优化配置和动态管理，努力提高经济效益
项目总工	技术管理	主持工程技术管理工作，对工程安全、质量、文明施工、环境保护等方面的工作，进行现场的监督指导和具体负责
项目技术员	技术管理	负责混凝土施工的技术问题，控制配合比，原材质量及试块制作，负责混凝土施工资料的收集整理工作，负责安排混凝土测温工作，负责对测温数据进行整理验算
项目质检员	质量监控	控制混凝土施工质量及操作方法，检查监控浇灌振捣顺序，检查和监控基础标高、预埋件轴线和标高
项目安全员	安全管理	监督、检查工地施工现场的安全文明施工状况和施工人员的作业行为；参加施工现场开工前的技术交底，并检查开工前安全文明施工条件，监督安全施工措施的执行情况；督促施工人员正确使用劳动防护用品、用具和重要工器具；对施工现场进行巡检，对发现的问题及时督促整改
项目材料员	材料设备供应	负责材料供应，及时提供所需其他与施工有关的机具材料，保证质量、数量，并提供材质单及各种材料合格证，做好材料的保管及发放，负责收集预拌混凝土到场单据
施工工长	现场管理	负责混凝土现场施工管理与组织工作，负责指挥现场混凝土的浇筑工作，负责协调各部门保证预拌混凝土的及时供应及混凝土施工的顺利进行

3.2 施工资源配置计划

3.2.1 施工劳动力计划

混凝土浇筑人员根据现场混凝土浇筑量及工作内容等情况进行配置,并根据施工时现场情况进行动态调整。施工劳动力计划见表8-3。

表8-3   施 工 劳 动 力 计 划

序号	工种	数量	工 作 职 责
1	项目部管理人员	6	协调、技术交底、安全监护、质量验收等工作
2	施工负责人	2	基础施工现场组织、工器具调配等组织协调工作
3	技术员	2	现场技术工作
4	测量员	2	测量放线工作
5	质检员	2	现场质检工作
6	安全员	2	现场安全工作
7	测温试验人员	2	混凝土温度的监测工作
8	挖机司机	3	基础开挖工作
9	瓦工	10	浇筑振捣及抹面收光工作
10	木工	50	模板制作及浇筑过程中模板监护和维护工作
11	钢筋工	40	钢筋加工及浇筑过程中钢筋监护和维护工作
12	水电工	2	电气设备用电保障工作
13	普工	30	混凝土浇筑

3.2.2 施工机械、工器具需求计划

根据工程特点和施工进度需要制定施工机械、工器具需求计划,确保各种性能可靠的施工机械及工器具按施工进度的时间进场作业,满足施工需要。为保证施工机械在施工过程中运行的可靠性,并采取以下措施:

(1)配置高效、环保性能好的机械设备,保证工程所需机具及时运至施工现场,同时减少对周边环境的影响;

(2)加强对设备的维修、检验和保养,对机械易损件的采购储存;

(3)对钢筋加工机械、木工机械、焊接设备,落实定期检查制度;

(4)为保证设备运行状态良好,加强现场设备的管理工作。

为保证工期计划需要,工程施工的主要施工机械、工器具需求计划见表8-4。

表 8-4 主要施工机械及工器具配置

序号	设备名称	型号规格	单位	数量	备注
1	挖掘机	1m³	台	3	
2	装载机	3t	台	2	
3	自卸汽车	15t	辆	6	
4	混凝土搅拌运输车	12m³	辆	15	
5	混凝土泵送车	46m	辆	2	
6	夯实机	HCD80	台	3	
7	圆盘锯	MJ104	台	2	
8	钢筋切断机	GQ40	台	2	
9	钢筋调直机	GT3-8	台	2	
10	钢筋弯曲机	GW-40	台	3	
11	交流电焊机	BX3-120-1	台	6	
12	振动棒	ZN70	套	10	
13	测温仪	JDC-2	台	2	
14	水准仪	DS-32A	台	1	
15	经纬仪	DT-02CL	台	1	
16	钢卷尺	50m	把	2	
17	钢卷尺	5m	把	2	
18	全站仪	NTS-312B	台	1	
19	坍落筒	TLDY-1300mm	套	2	
20	电锤	BOSCH	台	2	
21	小翻斗车	D500	辆	4	
22	倒角工具	/	把	6	

3.2.3 大体积混凝土对原材料要求

（1）水泥。选用水化热较低的普通硅酸盐水泥，水泥 3d 的水化热不宜大于 240kJ/kg，7d 的水化热不宜大于 270kJ/kg。水泥应有出厂合格证、复试报告，应有检测单位出具的碱含量检测报告，严禁使用含氯化物的水泥。水泥在搅拌站的入机温度不宜大于 60℃。

（2）骨料。要求没有冰块、雪团，应清洁、级配良好、质地坚硬，不应含有易被冻坏的矿物。

（3）水。混凝土拌合用水必须经过水质化验，满足 JGJ 63—2006 要求。

（4）外加剂。选用通过技术鉴定、符合质量标准的外加剂。

（5）混凝土配合比要求。根据 GB 50496—2009 的要求，确定配合比的原则如下：

1）预拌混凝土到浇筑工作面的坍落度不大于 160mm；

2）拌合用水量不大于 175kg/m³；

3）粉煤灰掺量不超过胶凝材料用量的 40%；

4）水胶比不大于 0.50；

5）砂率为 35%～42%；

6）混凝土必须满足预防混凝土工程碱集料反应的规定；

7）冬期混凝土的搅拌时间应比常温时延长 50%，混凝土出罐温度不高于 25℃。

本工程混凝土工程使用预拌混凝土，采用泵送施工。在施工前期，申明使用部位、混凝土的性能和数量，明确材料要求，原则上框定混凝土强度等级、抗渗标号、坍落度、浇筑时间和工程部位等数据，符合大体积混凝土施工要求。要求混凝土材料主要技术指标（表 3–4）及其他材料供应计划见表 8–5、表 8–6。

表 8–5 　　　　　　　　　　主 要 材 料 指 标

序号	材料名称	规格	主要技术指标	要 求
1	中热硅酸盐水泥	P42.5	3d 水化热≤240kJ/kg，7d 水化热≤270kJ/kg	混凝土水化热低，水泥入机温度不大于 60℃
2	砂	中砂	含泥量≤3%	细度模数＞2.3
3	石	5～31.5mm	含泥量≤1%	连续级配，非碱活性的
4	UF500 抗裂纤维素	d≤5μm	抗拉强度≥2.4MPa/mm²	提高混凝土的抗拉强度
5	高效抗裂防水剂	WG-HEA	抗折强度≥6.5MPa	提高混凝土的抗折强度
6	粉煤灰	散装 C 类	烧失量≤8%	二级以上
7	钢筋	HRB400	抗拉强度≥40MPa	无锈蚀
8	模板	厚度 18mm	表面平整、清洁、光滑	镜面胶合板
9	钢管	ϕ48×3.5	无弯曲、压扁	无锈蚀
10	木方	50mm×100	表面平整	

表 8–6 　　　　　　　　　　冬季施工辅助材料供应计划

序号	材料名称	型号/规格	单位	数量	备 注
1	模板	2440×1220×18	张	1800	工程木模板
2	脚手管	ϕ48×3.5	t	80	
3	扣件	ϕ48	个	4000	
4	对拉螺栓	ϕ18	根	5000	
5	木方	50×90	m³	152	
6	槽钢	［14	m	7000	

续表

序号	材料名称	型号/规格	单位	数量	备 注
7	混凝土测温探头	JDC-2	个	200	
8	棉被	/	m²	3000	
9	防雨棉布	/	m²	3000	
10	大棚膜	/	m²	3000	
11	电暖器	2kW/	台	100	
12	防爆照明灯具	500W/	套	50	
13	温度计	/	个	50	

3.3 施工进度计划

施工进度计划见表 8-7。

表 8-7　　　　　　　施 工 进 度 计 划

序号	单位工程名称	工期	开工时间	结束时间	是否冬施
1	阀厅及换流变基础	47	2016 年 10 月 15 日	2017 年 12 月 30 日	是
2	搬运轨道基础	123	2016 年 10 月 15 日	2017 年 2 月 15 日	是
3	构架基础	93	2016 年 10 月 15 日	2017 年 1 月 15 日	是

4 施工技术

4.1 施工流程

大体积混凝土基础冬季施工工艺流程如图 8-2 所示。

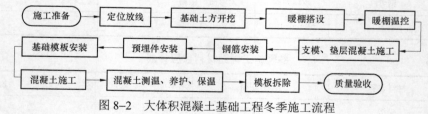

图 8-2　大体积混凝土基础工程冬季施工流程

4.2 施工准备

依据 JGJ 104—2011《建筑工程冬期施工规程》的规定，根据当地多年气象资料统计，当室外日平均气温连续 5d 稳定低于 5℃即进入冬期施工；当室外日平均气温连续 5 天稳定高于 5℃ 时解除冬期施工。

4.2.1 冬季施工保温蓄热材料、物资准备

（1）冬施用保温材料要求。保温棉被、电暖器、脚手杆、水箱、温度计等材料物资施工前准备好。施工现场保温暖棚内准备 10 组灭火器，以防止引燃保温棉被及易燃材料发生火灾。

（2）设备保温要求。施工队负责完成各种施工机具保温措施落实，现场配备钢制水罐加温热水，以便机械设备冲洗。

（3）临时上、下水管道埋深不小于 2.8m，上覆珍珠岩，确保防冻。

4.2.2 施工现场准备

（1）做好临时设施的完善工作，对现有场地划分布置，完成施工现场的木工加工棚，钢筋、周转材料存放场和库房等临时设施的围挡封闭工作。

（2）提前做好机械设备进场工作，对前期已进场的各种机械应进行检查维修，防冻、保养及调试，对未进场的机械应进行考察落实，确定进场时间，机械进场后应先进行调试、检查、试运转，方可投入使用，所有机械设备水箱一律使用防冻液。

（3）对现场电源、水源要加强管理，施工前全面检查，防止意外事故的发生。

4.2.3 施工技术准备

（1）施工前，应与当地气象部门签订服务合同，及时掌握天气预报的气象变化趋势及动态，以利于安排施工，做好预防准备工作。

（2）混凝土施工前应进行图纸会审，全面进行图纸复查，提出施工阶段的综合抗裂措施，制定关键部位的施工作业指导书。

（3）本工程混凝土采用预拌混凝土，原材料性能要求需向混凝土供应单位明确，原材料主要技术指标如表 8-5 所列，混凝土供应单位需保证原材料质量达到各项相应技术指标要求。

（4）大体积混凝土连续浇筑能力的保证措施。

1）大体积混凝土施工要连续进行，施工现场的供水、供电应满足混凝土连续施工的需要，当有断电可能时，应有双路供电或自备电源等措施。

2）预拌混凝土的供应能力应满足混凝土连续施工需要，搅拌运输车的数量需满足浇筑混凝土的工艺要求。

3）用于混凝土施工的设备，在浇筑混凝土前应进行全面的检修和试运转，其性能和数量应满足大体积混凝土连续浇筑的需要。

（5）混凝土热工计算。施工前，对施工阶段大体积混凝土浇筑体的温度、温度应力及收缩应力进行试算，并确定施工阶段大体积混凝土浇筑体的温升值、里表温差及降温速率的温控指标，制定相应的温控技术措施。水化热计算详见附件 1 大体积混凝土热工计算。

（6）混凝土抗裂计算。大体积混凝土工程施工前，针对施工阶段大体积混凝土浇筑体的温度、温度应力及收缩应力进行试算，并确定施工阶段大体积混凝土浇筑体的升温峰

值、里表温差及降温速率的控制指标,制定相应的温控技术措施。混凝土的测温监控设备按 GB 50496—2009《大体积混凝土施工规范》的有关规定配置和布设,标定调试应正常,保温用材料齐备,并派专人负责测温作业管理。混凝土温度控制裂缝控制计算书见附件 2 大体积混凝土抗裂计算。

（7）施工方案制定及交底。

熟悉施工图纸及变更文件,编制《模板工程作业指导书》《钢筋工程作业指导书》《混凝土工程作业指导书》《脚手架工程作业指导书》《施工临时用电作业指导书》；开工前对现场的施工工人进行相应的技术交底和安全交底,交底重点在混凝土浇筑流向、浇筑方法、振捣时间、养护时间等。

4.2.4 施工人员准备

表 8-2 所列劳动力人员计划已经落实到位,分工及责任明确。施工人员已经过安全培训,具备上岗资格,并了解相应的施工及验收规范及本企业技术标准；作业组长具有初中以上文化程度,从事基础施工 3 年以上,并熟悉相应的施工及验收规范及本企业技术标准；作业前已进行安全、技术交底,能够严格按照标准、规范、施工图纸、作业指导书等进行施工,自觉遵章守纪,不违章作业。

4.2.5 施工材料准备

表 8-6 所列主要材料及冬季施工所需保温蓄热材料、辅助材料已经准备到位,模板、钢筋、混凝土供应、运输及浇筑设备供应等满足大体积混凝土连续浇筑需要。大体积混凝土的供应能力不应低于单位时间所需量的 1.2 倍。

4.2.6 施工工器具及设备准备

表 8-4 所列主要施工机械及工器具均已配置到位,并经过有资质单位校核合格。

4.2.7 暖棚搭设

（1）暖棚骨架。大体积混凝土基础工程的暖棚可采用低洼的基坑或脚手架钢管搭设而形成固定式的暖棚骨架。对于量大点多的大体积混凝土基础,可制作小而可移动的暖棚,在同一时间内只加热几个构架。暖棚采用钢管作为骨架搭设,用一层帆布和一层毛毡外包大棚膜进行保温围护。

（2）暖棚保温保湿措施。在搭设而成的暖棚骨架上覆盖全封闭的塑料薄膜后,在薄膜上再覆盖棉被和防雨雪的棉布。

（3）暖棚加热措施。由于新浇筑的混凝土会在吸收 CO_2 后极易与水泥中的 $Ca(OH)_2$ 反应而形成白色 $CaCO_3$,影响混凝土观感。因此,暖棚内的加热措施尽量采用无烟的电加热措施,如电暖器。为保证暖棚内温度,应设专人监测混凝土及暖棚内温度,要求暖棚内各测点的温度不得低于 5℃。测温点应选择具有代表性位置进行布置,在离地面 500mm 高度处应设点,每昼夜测温不应少于 4 次。

4.3 冬季大体积混凝土施工

4.3.1 钢筋工程

（1）钢筋进货应具有出厂检验报告（报告盖有供货单位公章），进场以后应查对标志，做外观检查，钢筋应平直，表面不得有裂纹、结疤、油污和老锈。自检合格后将材料进场检验报监理，并按规定进行现场见证取样，试验合格后方可使用。

（2）在钢筋成品加工前，认真熟悉施工图纸，对钢筋的型号、间距、锚固长度，都要严格按照设计及规范要求编制出钢筋下料单，并经项目部技术员审核后，方可进行制作。

（3）基础垫层施工完毕后，将加工好的钢筋运至现场进行安装。

（4）钢筋连接。

1）绑扎连接。先绑基础底部钢筋，绑扎前先根据施工图的钢筋间距画好线，再进行上部钢筋绑扎。绑扎的钢筋要求横平、竖直，规格、数量、位置、间距正确。绑扎不得有缺扣、松扣现象。钢筋网片相邻扣要互相交错，不能全部朝一个方向，以防止顺偏。钢筋保护层采用预制的水泥砂浆保护层垫块，垫块用与混凝土配合比相同的水泥砂浆制成，并预埋好绑丝，绑在钢筋上，垫块的大小为 40mm×40mm，厚度和主筋保护层一样为 50mm，垫块每间隔 400～600mm 垫一块。

2）直螺纹连接。钢筋直径大于 16～40mm 时采用滚压螺纹连接。滚压直螺纹接头使用管钳和力矩扳手连接，接头拧紧力矩应符合表 8-8。经拧紧后的滚压直螺纹接头应做出标记，单边外漏丝扣长度不超过 2P。

表 8-8 　　　　　　　　　　　钢筋直螺纹连接接头拧紧力矩

钢筋直径（mm）	16～18	20～22	25	28	32	36～40
拧紧力矩（N·m）	100	200	250	280	320	350

3）焊接连接。对钢筋冬期施工而言，与常温施工相比影响较大的是在负温条件下焊接钢筋（在负温条件下，钢筋的力学性能要发生变化：屈服点和抗拉强度增加，伸长率和抗冲击韧性降低，脆性增加。在焊接时接头经焊接后热影响区内的韧性将要降低，若焊接工艺掌握不当，将使钢筋的塑性和韧性明显下降，如果焊接接头冷却过快或接触冰雪也会使接头产生淬硬组织），所以为尽量减少上述情况的发生，尽量避免负温焊接。

（5）负温钢筋焊接要点（螺纹链接的采用范围外）。

1）焊接钢筋应尽量安排在室内进行，如必须在室外焊接，则环境温度不宜低于-5℃，在风雪天气时，应搭建临时施工暖棚；焊接未冷却的接头，严禁碰到冰雪。当环境温度低于-20℃时，不得进行施焊。

2）负温下钢筋焊接施工，可采用闪光对焊，电弧焊（帮条，搭接，坡口焊）及电渣压力焊等焊接方法。钢筋负温电弧焊时，可参考表 8-9 选择焊接参数。焊接时必须防止产生过热、烧伤、咬肉和裂纹等缺陷，在构造上应防止在接头处产生偏心受力状态。

表 8-9　　　　　　　　　　　　　钢筋负温电弧焊焊接参数

焊接种类	钢筋直径（mm）	焊缝层数	平焊		立焊		焊缝速度（mm/min）
			焊条直径（mm）	焊接电流（A）	焊条直径（mm）	焊接电流（A）	
帮条、搭接	10～14	1	3.2 4.0	130～140 150～170	3.2 4.0	90～110 110～130	90～100
	16～20	2	3.2 4.0	130～140 150～170	3.2 4.0	90～110 120～140	80～90
	22～40	3	4.0 5.0	150～170 180～240	4.0 5.0	100～120 140～180	70～90
坡口	18～20	1	3.2	140～160	3.2	120～130	
	22～40	2	3.2 4.0	140～160 160～180	3.2 4.0	120～130 150～170	

3）为防止接头热影响区的温度梯度突然增大，进行帮条电弧焊或搭接电弧焊时，第一层焊缝，先从中间引弧，再向两端运弧；立焊时，先从中间向上方运弧，再从下端向中间运弧，以使接头端部的钢筋达到一定的预热效果。在以后各层焊缝的焊接时，采取分层控温施焊。层间温度控制在 150～350℃之间，以起到缓冷的作用。坡口焊的加强焊缝的焊接，也应分两层控温施焊。

4）帮条焊时帮条与主筋之间用四点定位焊固定。搭接焊时用两点固定。定位焊缝应离帮条或搭接端部 20mm 以上。帮条焊与搭接焊的焊缝厚度应不小于 0.3 倍钢筋直径，焊缝宽度不小于 0.7 倍钢筋直径。

5）坡口焊时焊缝根部、坡口端面以及钢筋与钢垫板之间均应熔合良好。焊接过程应经常除渣。为了防止接头过热，宜采用几个接头轮流施焊。加强焊缝的宽度应超过 V 形坡口边缘 2～3mm，其高度也应超过 2～3mm，并平缓过渡至钢筋表面。

6）钢筋电弧焊接头进行多层施焊时，采用回火焊道施焊法，即最后回火焊道的长度比前层焊道在两端各缩短 4～6mm，见图 8-3，消除或减少前层焊道及过热区的淬硬组织，以改善接头的性能。

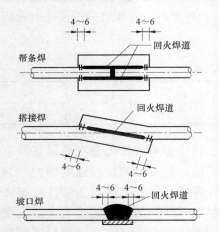

图 8-3　钢筋负温电弧焊回火焊道示意图

4.3.2　预埋件安装

（1）基础钢筋绑扎完毕后，按图纸要求进行预埋件安装，埋件安装应牢固可靠。

（2）基础混凝土浇筑完毕后，立即对埋件进行检查测量，必须在混凝土初凝前埋件调整完毕。

4.3.3　模板安装

（1）基础垫层施工结束后，重新复核基础的轴线，然后将轴线和基础的边线引到基础垫层上，用墨线弹好。

（2）在每片模板上沿轴线方向弹好中线，以利控制轴线的对应。为了保障基础混凝土的浇筑质量和满足工艺美观的要求，四片模板在拼片组合时，阴角处要贴双面胶带，使模板之间紧密结合，以保证混凝土振捣时不漏浆。

（3）初步校正使基础中线和模板中线重合，然后对模板进行用内钢管网和横向长方木初步加固，在最终固定前对轴线进行校正，保证基坑顶部控制线、模板中线和垫层上的引下基础中线在同一个垂直面上。

4.3.4 混凝土施工

（1）混凝土运输及浇筑总时间。

混凝土泵车、搅拌运输车数量：基础混凝土采用预拌混凝土，混凝土泵供料，大体积混凝土的供应能力应满足混凝土连续施工的需要。

$$Q_1 = Q_{\max} \cdot \alpha_1 \cdot \eta$$

式中　Q_1——每台混凝土泵的实际平均输出量，m^3/h；

$\quad\quad Q_{\max}$——每台混凝土泵的最大输出量，m^3/h；

$\quad\quad \alpha_1$——配管条件系数，可取 0.8～0.9，本工程取 0.85；

$\quad\quad \eta$——作业效率。根据混凝土搅拌运输车向混凝土泵供料的间断时间、拆除混凝土输送管和布料停歇等情况，可取 0.5～0.7，本工程取 0.5。

当混凝土泵连续作业时，每台混凝土泵所需配备的混凝土搅拌运输车台数，按下式计算：

$$N = \frac{Q_1}{V_1} \times \left(\frac{L_1}{S_0} + T_t \right)$$

式中　N——混凝土搅拌运输车台数，台；

$\quad\quad Q_1$——每台混凝土泵的实际平均输出量，m^3/h；

$\quad\quad V_1$——每台混凝土搅拌车容量，m^3；

$\quad\quad S_0$——混凝土搅拌运输平均行车速度，km/h；

$\quad\quad L_1$——混凝土搅拌运输车往返距离，km；

$\quad\quad T_t$——每台混凝土搅拌运输车总计停歇时间，h。

混凝土拌和物出机后，应及时运到浇筑地点。在运行会过程中，要注意防止混凝土热量散失、表层冻结、混凝土离析、水泥砂浆流失、坍落度变化等现象。

（2）掺抗裂纤维。为增加混凝土表面的抗裂效果，基础顶板混凝土搅拌时掺入抗裂纤维，掺量为 0.9kg/m^3，在搅拌混凝土时，和其他骨料一同送入搅拌机搅拌，并延长搅拌时间 30s，纤维在混凝土中要分散均匀。

（3）混凝土浇筑试块留置。

预拌混凝土运至浇筑工作面的坍落度不低于 160mm，浇筑时做好施工记录及施工日记。现场测定坍落度二次，对同一批混凝土、同一工作班或每100m^3，随机取样一次，每次取样留设两组试块，一组用于实验室标准养护室养护，一组用于现场同条件养护。混凝土的强度等级及抗裂纤维掺量等必须符合设计要求。用于检查结构混凝土强度的试件，应在混凝土的浇筑地点随机抽取。

（4）大体积混凝土振捣。

混凝土振捣时，振动棒要自然沉入混凝土，不得用力猛插，宜垂直插入，并插到尚未初凝的下层混凝土中 50～100mm，以使上下层相互结合。作业时振动棒插入混凝土中的深度不应超过棒长的 2/3～3/4（本次使用振动棒长 500mm，则插入深度取不小于 350mm），振动棒各插点间距应均匀，插点间距不超过 400mm。振动棒不得与模板、埋件直接接触。振捣时要做到"快插慢拔"，每插点的延续时间以表面呈现浮浆为度，约 20～30s，见到混凝土不再显著下沉，不出现气泡，表面水泥浆和外观均匀为止。

大体积混凝土采用二次振捣工艺，在混凝土浇筑后即将凝固前，在适当的时间和位置给予再次振捣，以排除混凝土因泌水在粗骨料、水平钢筋下部生成的水分和孔隙，增加混凝土的密实度，减少内部微裂缝和改善混凝土强度，提高抗裂性。振捣时间长短应根据混凝土的流动性大小而定。

（5）泌水处理。

混凝土在浇筑、振捣过程中，可能产生较多的泌水和浮浆，不予以彻底清除，将影响混凝土质量，给生产留下隐患。振捣工负责在合适位置留出振捣集水坑，使泌水集中在集水坑内，用盛水器具将泌水及时排除，并进行二次振捣。

（6）二次抹压处理工艺。

大体积混凝土浇筑面应在混凝土初凝前及时在表面进行二次抹压处理工艺，二次抹压后及时用塑料薄膜覆盖，避免混凝土表面水分过快散失而出现干缩裂缝，控制混凝土表面非结构性细小裂缝的出现和开展。

4.3.5　大体积混凝土测温

（1）测温采用混凝土无线测温仪进行测温，测温精度达到±0.3℃。

（2）测温点布置。

1）监测点的布置范围应以所选混凝土浇筑体平面图对称轴线的半轴线为测试区，在测试区内监测点按平面分层布置；

2）在每条测试轴线上，监测点位不少于 4 处，根据结构的几何尺寸布置；

3）沿混凝土浇注体厚度方向，布置外表、底面和中心温度测点，其余测点宜按测点间距不大于 600mm 布置；

4）确定测温点的深度：深点深度距离底板 50mm，中点深度为 $H/2$（H 为底板厚），浅点深度为 50mm，如图 8–4 所示。

5）选择测温线：测温线的长度=测温点的深度+7m。

6）预埋测温线：将测温探头安装在支撑物（支撑物采用圆 16 钢筋加垫块）上，在浇筑混凝土前将安装好感温探头的支撑物植入混凝土中，感温探头处于测温点位置，插头留在混凝土外面并用塑料袋罩好，避免潮湿，保持清洁。

7）混凝土浇筑过程中，下料时不得直接冲击测温线；振捣时，振捣器不得触及测温线。测温元件安装前，必须在水下 1m 处浸泡 24h 不损坏。

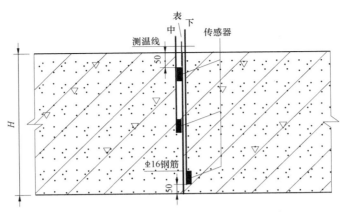

图 8-4 测温点沿混凝土厚度方向布置图

（3）温度控制指标。

混凝土浇筑体在入模温度基础上的温升值不宜大于 50℃；混凝土浇筑体的里表温差不宜大于 25℃；降温速度控制在 1.5～2℃/d 揭开保温层时与大气的温差：小于 20℃。

（4）监测周期与频率。

混凝土浇注结束后 3d 内：每 2h 测一次；混凝土浇注结束后 4～15d：每 4h 测一次；混凝土浇注结束后 16d：每 24 小时测一次；当内外温差小于 15℃时，停止测温。

施工中进行温度控制，使混凝土内外温差不大于 25℃，每天降温不大于 2℃；混凝土出罐温度：在罐车卸料处安排专人用温度计对混凝土进行测温（出罐温度小于 28℃），对于不符合要求的混凝土严禁入模。

（5）测试过程中描绘出各点的温度变化曲线和断面的温度分布曲线。

4.3.6 大体积混凝土养护

（1）大体积混凝土浇注完成后 12h 内要及时覆盖保温层，保温层下覆盖一层塑料薄膜，以保证混凝土内外温度差不超过 25℃。

（2）大体积混凝土的保温可采用塑料薄膜和阻燃保温被进行保温覆盖。在保温养护中，对混凝土浇注体的里表温差和降温速率进行现场检测，当实测结果不满足温控指标的要求时，及时调整保温养护措施，设专人负责保温养护，做好测温及混凝土强度回弹记录。

（3）大体积混凝凝土的养护时间执行 GB 50496—2009《大体积混凝土施工规范》和 GB 50204—2015《混凝土结构工程施工质量验收》等规范的相关规定。保湿养护的持续时间不得少于 14d，并应经常检查塑料薄膜的完整情况，保持混凝土表面湿润。

（4）为了减少清水混凝土的表面色差，待混凝土表面收干后，应及时用塑料薄膜及不易掉色的毛毡等遮盖。

（5）模板拆除后，混凝土表面应及时使用塑料薄膜包裹养护，并浇水使其保持湿润，但不可立刻用冷水浇喷，不能直接用草垫或草包铺盖，以免造成永久性黄颜色污染。

（6）大体积混凝土拆模后，地下结构及时进行回填。

5 质量控制措施

5.1 质量控制标准

    混凝土结构构件的检查按照施工段进行划分检验批，同一检验批内抽查 10%。混凝土外观质量和尺寸偏差的主控项目和一般项目必须符合 GB 50204—2015《混凝土结构工程施工质量验收规范》中的相关规定，同时还要满足国优工程标准要求。主要构件的允许偏差项目见表 8–10。

表 8–10   混凝土构件允许偏差项目

项次	检 查 项 目	允许偏差（mm）	检 验 方 法
1	轴线位移	5	尺量检查
2	标高	±5	用水平仪检查
3	表面平整度	3	2m 靠尺和塞尺
4	预埋件中心线位置偏移	2	尺量检查
5	基础尺寸	±5	尺量检查
6	角、线顺直度	3	拉线、尺量检查

5.2 质量控制要点

5.2.1 强制性条文要求

    强制性条文要求见表 8–11。

表 8–11   强 制 性 条 文 要 求

强制性条文内容	执行要素
GB 50204—2015《混凝土结构工程施工质量验收》	
7.2.2 混凝土外加剂进场时，应对其品种、性能、出厂日期等进行检查，并应对外加剂的相关性能指标进行检验，检验结果应符合现行国家标准《混凝土外加剂》GB 8076 和《混凝土外加剂应用技术规范》GB 50119 的规定	外加剂使用情况
	外加剂名称
	外加剂质量
	结构类型
	氯化物含量
8.2.1 现浇结构的外观质量不应有严重缺陷，对已经出现的严重缺陷，应由施工单位提出技术处理方案，并经监理单位认可后进行处理；对裂缝、连接部位出现的严重缺陷及其他影响结构安全的严重缺陷，技术处理方案尚应经设计单位认可，对经处理的部位应重新验收	外观检查
	处理方案
8.3.1 现浇结构不应有影响结构性能或使用功能的尺寸偏差。混凝土设备基础不应有影响结构性能和设备安装的尺寸偏差。对超过尺寸允许偏差且影响结构性能和安装、使用功能的部位，应由施工单位提出技术处理方案，并经监理、设计单位认可后进行处理，对经处理的部位，应重新验收	尺寸偏差
	处理方案

续表

强制性条文内容	执行要素
7.4.1 混凝土的强度等级必须符合设计要求。用于检验混凝土强度的试件应在浇筑地点随机抽取。检查数量：对同一配合比的混凝土，取样与试件留置应符合下列规定： 1. 每拌制 100 盘且不超过 100m³ 的同配合比的混凝土，取样不得少于一次； 2. 每工作班拌制的同一配合比的混凝土不足 100 盘时，取样不得少于一次； 3. 连续浇筑超过 1000m³ 时，每 200m³ 取样不得少于一次； 4. 每一楼层取样不得少于一次	混凝土强度设计值 混凝土试块留置 混凝土强度
JGJ 52—2006《普通混凝土用砂、石质量标准及检验方法标准》	
1.0.3 对长期处于潮湿环境的重要混凝土结构所用的砂、石应进行碱活性检验	试验报告
3.1.10 砂中氯离子含量应符合下列规定： 1. 对钢筋混凝土用砂，其氯离子含量不得大于 0.06%（以干砂重的百分率计）； 2. 对预应力混凝土用砂，其氯离子含量不得大于 0.02%（以干砂重的百分率计）	结构类型 检验报告
GB 50119—2013《混凝土外加剂应用技术规范》	
2.1.2 严禁使用对人体产生危害、对环境产生污染的外加剂	外加剂品种
6.2.3 下列结构中严禁采用含有氯盐配制的早强剂及早强减水剂： 1. 预应力混凝土结构； 2. 相对湿度大于 80%环境中使用的结构、处于水位变化部位的结构、露天结构及经常受雨淋、受水冲刷的结构； 3. 大体积混凝土； 4. 直接接触酸、碱或其他侵蚀性介质的结构； 5. 经常处于温度为 60℃以上结构，需经蒸养的钢筋混凝土预制构件； 6. 有装饰要求的混凝土，特别是要求色彩一致的或是表面有金属装饰的混凝土； 7. 薄壁混凝土结构，中级和重级工作制吊车的梁、屋架、落锤及锻锤混凝土基础等结构； 8. 使用冷拉钢筋或冷拔低碳钢丝的结构； 9. 骨料具有碱活性的混凝土结构	结构类型、部位 混凝土配合比 外加剂
6.2.4 在下列混凝土结构中严禁采用含有强电解质无机盐类的早强剂及早强减水剂： 1. 与镀锌钢材或铝铁相接触部位的结构，以及有外露钢筋预埋铁件而无防护措施的结构； 2. 使用直流电源的结构以及距高压直流电源 100m 以内的结构	结构部位 混凝土配合比 外加剂
GB 50496—2009《大体积混凝土施工规范》	
4.2.2 水泥进场时应对水泥品种、强度等级、包装或散装仓号、出厂日期等进行检查，并应对其强度、安定性、终凝时间、水化热等性能指标及其他的必要性能指标进行复检	水泥
4.2.3 细骨料采用中砂，其细度模数宜大于 2.3，含泥量不大于 3%。粗骨料宜选用 5～31.5mm，并应连续级配，含泥量不大于 1%。应选用非碱活性的粗骨料	粗细骨料
5.4.1 大体积混凝土的浇筑应符合下列规定： 1. 混凝土浇筑层厚度应根据所用振捣器的作用深度及混凝土的和易性确定，整体浇筑时宜为 300～500mm。 2. 整体分层连续浇筑或推移式连续浇筑，应缩短间歇时间，并应在前层混凝土初凝之前将次层混凝土浇筑完毕。 3. 混凝土浇筑宜从低处开始，沿长边方向自一端向另一端进行。 4. 混凝土浇筑宜采用二次振捣工艺	混凝土浇筑

5.2.2 质量通病防治措施

质量通病防治措施见表 8-12。

表 8–12   质 量 通 病 防 治 措 施

序号	防治项目	主 要 措 施
1	设备基础质量通病	1. 当需要采用减水剂来提高混凝土性能时，应采用减水率高、分散性能好、对混凝土收缩影响较小的外加剂，其减水率不应低于 8%。 2. 预拌混凝土进场时按规范检查入模坍落度，坍落值按施工规范采用。 3. 外露部分应采用清水混凝土工艺，表面不得进行二次粉刷或贴面砖。 4. 基础施工应一次连续浇筑完成，禁止留设垂直施工缝，未经设计认可，不得留设水平施工缝。 5. 运输过程中，应控制混凝土不离析、不分层、组成成分不发生变化，并能保证施工所必须的稠度。 6. 设备预埋螺栓宜与基础整体浇筑，如采取二次浇筑应采用高强度等级微膨胀混凝土振捣密实。 7. 基础混凝土浇筑时，应派专人进行跟踪测量，保证预埋铁件与混凝土面平整，埋件中间应开孔并二次振捣，防止空鼓。埋件应采用热浸镀锌处理，不得采用普通铁件。 8. 大体积混凝土的养护，应进行温控计算确定其保温、保湿或降温措施，并应设置测温孔测定混凝土内部和表面的温度，使温度控制在设计要求的范围以内，当无设计要求时，温差不超过 25℃

5.2.3　标准工艺应用

标准工艺应用见表 8–13。

表 8–13   标 准 工 艺 应 用

工艺编号 工艺名称	工 艺 标 准
0101020401 现浇混凝土 主变压器基础	（1）基础采用清水混凝土施工工艺。表面平整、光滑，棱角分明，颜色一致，接槎整齐，无蜂窝麻面，无气泡。 （2）表层混凝土内宜设置钢筋网片。 （3）外部环境对混凝土影响严重时，可外刷透明混凝土保护涂料，封闭孔隙、延长使用年限。 （4）基础阳角设置圆弧倒角。 （5）允许偏差： 1）主变压器基础预埋件水平偏差≤3mm，相邻预埋件高差≤3mm。 2）如施工图纸或产品说明书中对偏差有更高要求，应予满足
0101020105 变电构架基础	（1）基础混凝土强度等级符合设计要求。 （2）基础表面光滑、平整，清洁、颜色一致。无明显气泡、无蜂窝、无麻面、无裂纹和露筋现象。 （3）模板接缝与施工缝处无漏浆、漏浆现象。 （4）地脚螺栓轴线偏差 0～2mm，垂直度偏差 0～1mm，标高偏差 0～1mm。 （5）质量标准应符合 Q/GDW 183 中相关要求。如施工图纸中对偏差有具体要求，应满足较高标准
0101020203 现浇混凝土设备 基础（电抗器、GIS 等大体积混凝土）	（1）长度超过 30m 的 GIS 基础应设置后浇带。 （2）基础露出地面部分采用清水混凝土施工工艺。 （3）电抗器基础预埋铁件及固定件不能形成闭合磁回路。 （4）外露基础阳角宜设置圆弧倒角。 （5）当基础混凝土上下层分期浇筑时，应采取措施减小下层混凝土对上层混凝土的约束，避免上层混凝土出现温度裂缝。 （6）基础顶面预留洞口或预埋件四角增加温度钢筋，防止应力集中出现裂缝。 （7）允许偏差：① GIS 基础水平偏差±1mm/m，总偏差在±5mm 范围内。GIS 基础预埋件中心偏差≤5mm，水平偏差±1mm/m，相邻基础预埋件水平偏差≤2mm，整体水平偏差≤5mm。② 电抗器基础相间中心距离偏差≤10mm，预埋件水平偏差≤3mm，标高偏差 0～−5mm。地脚螺栓中心偏差应≤2mm，高度偏差 0～10mm。③ 装配式电容器基础预埋件水平偏差≤2mm，中心偏差≤5mm。 ④ 如施工图纸和产品说明书中有更高要求，应予满足

5.3　质量保证措施

5.3.1　质量保证措施见附件 3 混凝土工程质量管理控制流程图。

5.3.2 施工过程中加强对工人的教育，抓住关键的混凝土振捣作业，来保证施工质量，避免漏振和过振，使混凝土内部密实、表面光滑。

5.3.3 质量检查人员检查施工，严格按步序振捣；接班振捣人员提前半小时到岗与上一班振捣人员共同操作，交班人员推迟交班半小时撤岗（有一小时共同工作时间）。

5.3.4 混凝土浇筑及间歇的全部时间不应超过混凝土的初凝时间。由混凝土小票和试验报告计算控制。

5.3.5 混凝土施工过程中必须要分层浇筑和振捣。对于小截面部位以及钢筋密集区必须要加强振捣。

5.3.6 控制内约束温度裂缝的措施

（1）控制混凝土内外温差、表面与外界温差，防止混凝土表面急剧冷却，采用有效的混凝土表面保温措施。

（2）加强混凝土养护，严格控制混凝土升温速度，使混凝土表面覆盖温差小于8～10℃。

5.3.7 控制外约束温度裂缝的措施

（1）从采取控制混凝土出机温度、温升、减少温差等方面，以及改善施工操作工艺。

（2）采用低热水泥，掺入一定比例的粉煤灰。

（3）骨料级配合理。

（4）分层浇筑混凝土，每层厚度不大于 300mm，以加快热量散发，并使温度分布较均匀，同时也便于振捣密实，上层混凝土覆盖要在下层混凝土初凝之前进行。

（5）当大体积混凝土置于岩石类地基上时，应在混凝土垫层上设置滑动层。滑动层构造可采用一毡二油或一毡一油（夏季），以达到尽量减少混凝土外部约束的目的。

6 安全保证措施

6.1 风险辨识及预控措施

风险辨识及预控措施见附件 4 风险辨识及预控措施表。

6.2 施工安全技术与防护措施

6.2.1 冬季施工现场安全管理：做好"六防措施"，防高处坠落、防火灾、防触电、防冻防滑、防中毒、防交通事故。

6.2.2 在进入冬季前施工现场提前作好防寒保暖工作，对人行道路、脚手架上跳板和作业场所采取防滑措施。

6.2.3 施工现场及临时工棚内严禁用明火取暖，应制订出具体防火安全注意事项，并将责任落实到人。检查职工住房及仓库是否达到过冬条件，及时按照冬季施工保护措施制作过冬棚，准备好加温及烤火器件。当采用煤炉和暖棚施工时，做好防火、防煤气中毒措施，棚内必须有通风口，保证通风良好，并准备好各种抢救设备。

6.2.4 施工临时用电安全：严格执行安全施工操作规程，对施工用电要严格控制，严格检查。

（1）施工用电专门由电工拉设，严禁乱拉乱接电线。

（2）各类施工机械、电器设备的操作必须执行专机专用、专人定岗，做好机械的检修保养工作，各类用电设备做好防护设施和接地装置。

（3）施工用电应按三级配电、二级保护进行设置。

（4）各类配电箱、开关箱的内部设置必须符合有关规定，开关电器应标明用途。

（5）所有配电箱应外观完整、牢固、防雨、箱内无杂物，箱体应涂有安全色标、统一编号，箱壳、机电设备接地应良好，停止使用时切断电源，箱门上锁。

（6）施工用电的设备、电缆线、导线、漏电保护器等应有产品质量合格证，漏电保护器要经常检查，动作灵敏，发现问题立即调换，闸刀熔丝要匹配。

（7）电动工具应符合有关规定，电源线、插头、插座应完好，电源线不得任意接长和调换，工具的外绝缘完好无损，维护和保管由专人负责。

（8）现场准备好足够的照明设施，保证夜间施工有充足的照明设施，电线、电缆在过道处加钢套管保护。

（9）机械设备，开关箱应有防护罩，通电导线要整理架空，电线包布应进行全面检查，务必保持良好的绝缘效果。

（10）混凝土振动棒等振动机械，以及经常移动的机具导线不得在地面上拖拉，不得浸放水中，应架空绝缘良好。

6.2.5　脚手架、脚手板有冰雪积留时，施工前应清除干净，有坡度的跳板应钉防滑条或铺草包，并随时检查架体有无松动及下沉现象，以便及时处理。

6.2.6　操作面应有可靠的架台，护身，经检查无误，进行操作。构件绑扎方法正确，吊点处应有防滑措施，高处作业使用的工具，材料应放在安全地方，禁止随便放置。

6.2.7　上下立体交叉作业的出入口楼梯，电梯口和井架周围应有防护棚或其他隔离措施。

6.2.8　高层作业必须用安全带，进入工地必须戴好安全帽，楼面预留孔洞必须用盖板盖好。不准用芦苇，草包遮盖，以防失足跌落。冬期施工拆除外脚手架应有围护警戒措施，严禁高空向下抛掷。

6.2.9　工地临时水管应埋入土中或用草包等保温材料包扎、外抹纸筋、水箱存水，下班前应放尽。

6.2.10　草包、草帘等保温材料不得堆放在露天，以免受潮失去保温效果。

6.2.11　现场的易燃，易爆及有毒物品应有专人保管，妥善安置。明火作业应实行动火证审批制度，并配置必要的安全防火用品。

6.2.12　在进入冬季前对所有机械设备做全面的维修和保养，做好油水管理工作，结合机械设备的换季保养，及时更换相应牌号的润滑油；对使用防冻液的机械设备确保防冻液符合当地防冻要求；未使用防冻液的机械设备要采取相应的防冻措施（采取停机后排放冷却水或进入暖棚车间内）。

6.2.13　冬季车辆启动发动机前，严禁用明火对既有燃油系统进行预热，以防止发生火灾。

6.2.14　冰雪天行车，汽车要设置防滑链；司机在出车前检查确认车辆的制动装置是否达到良好状态，不满足要求时不得出车，遇有六级以上大风、大雪大雾不良气候时停止运行。

7　文明施工保证措施

7.1　文明施工

7.1.1　冬季施工应及时清扫路面积雪、冰块，防止人员滑到跌伤。

7.1.2　现场施工作业人员应发放防寒、防风保暖棉衣，配备手套，防滑厚底棉鞋。

7.1.3　合理安排施工程序，无安全技术措施和措施未交底严禁施工。严格执行监护制度。

7.1.4　强化劳动纪律，自觉履行安全职责，遵守职业道德。

7.1.5　高处作业人员必须系好安全带、腰绳、穿胶底鞋配备防风防寒保护用具，确保高处作业的保暖。

7.1.6　严禁酒后进入施工现场。

7.1.7　施工现场应及时清扫积雪、冰块并保持整洁，垃圾或废料应及时清除，做到"工完、料尽、场地清"，坚持文明施工。保持场内施工通道畅通，不得占用道路临时堆放施工材料，不得从高处向下抛扔施工材料、用具，不得从地面向上抛扔施工材料、用具。

7.1.8　材料、设备应按规定的地点堆放整齐并符合搬运及消防的要求。堆放场地应平坦、不积水，地基应坚实。现场拆除的模板、钢管以及其他材料应及时清理回收，集中堆放。现场的各种材料机具按要求分类堆放、标识清楚。

7.2　成品保护措施

7.2.1　通过宣传、制作板报等形式，加强所有参建人员的成品保护意识，并制定严格的规章制度，以确保成品保护效果。

7.2.2　在各完成区域的醒目位置，悬挂警示牌，若范围较大则设置围护栏。

7.2.3　钢筋运到现场要垫方木防泥、防锈，绑扎后禁止踩踏。

7.2.4　混凝土施工完毕未到规定强度不得上人踩踏，夏季施工随浇筑随进行覆盖。

7.2.5　回填土时应防止碰撞基础，以免将损伤棱角。

7.2.6　筏板基础浇筑过程中，注意加强设备基础钢筋保护，采用塑料薄膜对设备基础钢筋进行缠绕保护，防止混凝土污染。

7.2.7　混凝土养护过程中，养护人员要随时调整保温棉被位置，防止混凝土露面。

8　绿色施工

8.1　遵守国家环境保护的法律规定，加强现场环境管理，实行环保目标责任制。

8.2　对施工现场的环境进行综合治理，对施工现场的重要环境因素，如水泥浆水排放、建筑垃圾等进行重点监控落实措施。

8.3　冬季施工产生保温垃圾的处理（如混凝土保温棉被）应集中堆放至建筑垃圾堆放点，并在周围配备两台灭火器，做好覆盖、防火措施。

8.4　施工前应根据平面布置图对施工区域做统一安排，布局合理。对建筑垃圾集中堆放点、危险物定置点应标志清楚。

8.5 妥善处理泥浆水、现场废水排放，必须经过沉淀池沉淀后方可排入污水系统。

8.6 防止噪声污染，减轻噪声扰民。严格控制作业时间，一旦晚上需工作时应停止强噪声作业，同时要尽量选用低噪声机具和工艺。做到施工噪声白天不超过 70db，晚上不超过 45db。

8.7 采取有效措施控制施工过程中的扬尘。施工现场垃圾渣土要及时清理出场。施工道路上尘土要及时清理。车辆出场车轮不带泥砂。防止造、成周围环境污染。

9 大体积混凝土计算及质量控制

9.1 大体积混凝土热工计算

9.1.1 绝热温升计算

$$T_h = m_c Q / C\rho \left(1 - e^{-mt}\right)$$

式中　T_h——混凝土的绝热温升（℃）；

　　　m_c——每 m^3 混凝土的水泥用量，取 450kg/m³；

　　　Q——每千克水泥 28d 水化热，取 375kJ/kg；

　　　C——混凝土比热，取 0.97 [kJ/（kg·K）]；

　　　ρ——混凝土密度，取 2400（kg/m³）；

　　　e——为常数，取 2.718；

　　　t——混凝土的龄期，d；

　　　m——系数、随浇筑温度改变，取 0.34。

计算结果如下

t（d）	3	6	9	12
T_h（℃）	46.3	63.1	69.1	71.3

9.1.2 混凝土内部中心温度计算

$$T_{1(t)} = T_j + T_h \xi_{(t)}$$

式中　$T_{1(t)}$——t 龄期混凝土中心计算温度，是混凝土温度最高值；

　　　T_j——混凝土浇筑温度，取 15℃（采取浇筑当日的平均气温）；

　　　$\xi_{(t)}$——t 龄期降温系数，取值如下。

底板厚度 h（m）	不同龄期时的 ξ 值			
	3	6	9	12
0.7	0.36	0.29	0.17	0.09

计算结果如下。

t（d）	3	6	9	12
$T_{1(t)}$（℃）	31.7	33.3	26.7	21.4

由上表可知，混凝土第 6d 左右内部温度最高，则验算第 6d 混凝土温差。

9.1.3 混凝土养护计算

混凝土表层（表面下 50mm 处）温度，基础混凝土表面铺设一层不透风的塑料薄膜，并采用保温材料（棉被）蓄热保温养护。

（1）保温材料厚度。

$$\delta=0.5h \cdot \lambda_i \left(T_2-T_q\right) K_b/\lambda \cdot \left(T_{max}-T_2\right)$$

式中　δ——保温材料厚度（m）；

λ_i——各保温材料导热系数 [W/（m·K）]，取 0.04（棉被）；

λ——混凝土的导热系数，取 2.33 [W/（m·K）]；

T_2——混凝土表面温度：20.0（℃）（$T_{max}-25$）；

T_q——施工期大气平均温度：15（℃）；

T_2-T_q——5.0℃；

$T_{max}-T_2$——13.3℃；

K_b——传热系数修正值，取 1.3；

$$\delta=0.5h \cdot \lambda_i \left(T_2-T_q\right) K_b/\lambda \cdot \left(T_{max}-T2\right) \times 100=0.29（cm）。$$

故可采用一层阻燃棉被并在其下铺一层塑料薄膜进行养护

（2）混凝土保温层的传热系数计算。

$$\beta=1/ \left[\Sigma\delta_i/\lambda_i+1/\beta_q\right]$$

式中　β——混凝土保温层的传热系数，W/（m²·K）；

δ_i——各保温材料厚度；

λ_i——各保温材料导热系数，W/（m·K）；

β_q——空气层的传热系数，取 23W/（m²·K）；

代入数值得：$\beta=1/ \left[\Sigma\delta_i/\lambda_i+1/\beta_q\right]$ =8.55。

（3）混凝土虚厚度计算。

$$h'=k \cdot \lambda/\beta$$

式中　h'——混凝土虚厚度，m；

k——折减系数，取 2/3；

λ——混凝土的传热系数，取 2.33W/（m·K）；

$$h'=k \cdot \lambda/\beta=0.181\,7$$

（4）混凝土计算厚度：$H=h+2h'=1.06m$。

（5）混凝土表面温度。

$$T_{2(t)}=T_q+4 \cdot h'\left(H-h\right)\left[T_{1(t)}-T_q\right]/H^2$$

式中　$T_{2(t)}$——混凝土表面温度，℃；

T_q——施工期大气平均温度，℃；

h'——混凝土虚厚度，m；

H——混凝土计算厚度，m；

$T_{1(t)}$——t 龄期混凝土中心计算温度，℃。

不同龄期混凝土的中心计算温度（$T_{1(t)}$）和表面温度（$T_{2(t)}$）如下表。

混凝土温度计算结果表

t（d）	3	6	9	12
$T_{1(t)}$（℃）	31.7	33.3	26.7	21.4
T_1-T_q（℃）	16.7	18.3	11.7	6.4
$T_{2(t)}$（℃）	18.9	19.3	17.7	16.5
$T_{1(t)}-T_{2(t)}$	12.8	14.0	9.0	4.9

由上表可知，混凝土内外温差小于 25℃，符合要求。

9.2 大体积混凝土抗裂计算

9.2.1 各龄期混凝土收缩变形

$$\varepsilon_{y(t)} = \varepsilon_y^0 (1 - e^{-0.01t}) \sum_{i=1}^{n} Mi$$

式中　　$\varepsilon_{y(t)}$——龄期 t 时混凝土的收缩变形值；

ε_y^0——在标准试验状态下混凝土收缩的相对变形值，取 4.0×10^{-4}；

e——常数，e=2.718；

M_1、M_2、$M_3 \cdots M_n$——各种不同条件下的修正系数 i=1，2，…，n，见下表。

混凝土收缩变形不同条件影响修正系数

M_1	M_2	M_3	M_4	M_5	M_6	M_7	M_8	M_9	M_{10}	积 M
1	1.13	1	1.2	1	0.88	1.43	0.68	1	0.86	1.00

各龄期混凝土收缩变形值见下表。

龄期（d）	3	6	9	12	15	18	21
ε_y^0（×10⁻⁵）	0.96	1.88	2.78	3.66	4.50	5.33	6.12

9.2.2 各龄期混凝土收缩当量温差

$$T_{y(t)} = \frac{\varepsilon_{y(t)}}{\alpha}$$

式中　　$\varepsilon_{y(t)}$——不同龄期混凝土收缩相对变形值；

α——混凝土线膨胀系数，取 $1 \times 10^{-5}/℃$。

各龄期收缩当量温差

龄期（d）	3	6	9	12	15	18	21
$T_{y(t)}$	−0.96	−1.88	−2.78	−3.66	−4.50	−5.3	−6.1

9.2.3 各龄期混凝土最大综合温度

$$\Delta T = T_j + \frac{2}{3}T_{(t)} + T_{y(t)} - T_q$$

式中　T_j——混凝土浇筑温度，取 15℃；

　　　$T_{(t)}$——龄期 t 的绝热温升；

　　　$T_{y(t)}$——龄期 t 时的收缩当量温差；

　　　T_q——混凝土浇筑后达到稳定时的温度，取 20℃。

混凝土最大综合温差

龄期（d）	3	6	9	12	15	18	21
ΔT	24.94	35.16	38.28	38.85	38.53	37.89	37.16

9.2.4 混凝土各龄期弹性模量

$$E_{(t)} = \beta E_0(1 - e^{-0.09t})$$

式中　E_0——混凝土最终弹性模量，MPa，c35 取定 $E_0 = 3.15 \times 10^4 \text{N/mm}^2$。

混凝土各龄期弹性模量（×10⁴N/mm²）

龄期（d）	3	6	9	12	15	18	21
$E_{(t)}$	0.74	1.30	1.73	2.06	2.31	2.50	2.65

9.2.5 外约束为二维时温度应力计算

$$\sigma = \frac{-E_{(t)}\alpha\Delta T_{(t)}}{1-\mu} \cdot S_{h(t)} \cdot R_k$$

式中　$E_{(t)}$——各龄期混凝土弹性模量；

　　　α——混凝土线膨胀系数 1×10^{-5}/℃；

　　　$\Delta T_{(t)}$——各龄期混凝土最大综合温差；

　　　μ——混凝土泊松比，取定 0.15；

　　　R_k——外约束系数，取定 0.4；

　　　$S_{h(t)}$——各龄期混凝土松弛系数，见下表。

混 凝 土 松 弛 系 数

龄期（d）	3	6	9	12	15	18	21
$S_{h(t)}$	0.57	0.524	0.482	0.417	0.411	0.383	0.369

外约束为二维时温度应力（N/mm²）

龄期（d）	3	6	9	12	15	18	21
σ	−0.49	−1.13	−1.50	−1.57	−1.72	−1.71	−1.71

9.2.6 验算抗裂度是否满足要求

根据经验资料，把混凝土浇筑后的 15d 作为混凝土开裂的危险期进行验算。

$$\frac{\sigma_{(t)}}{f_{ct}} \leqslant 1.05 \text{（抗裂度验算）}$$

式中　f_{ct}=2.2MPa（28 天抗拉强度设计值）。

同条件龄期 15 天抗拉强度设计值（达 28 天强度的 75%）。

龄期 15 天温度应力 1.04MPa；

$\dfrac{\sigma_{(t)}}{f_{ct}} = 1.043\,2 \leqslant 1.05$，抗裂度满足要求。

9.3 混凝土工程质量管理控制流程图

混凝土工程质量管理控制流程图见图 8-5。

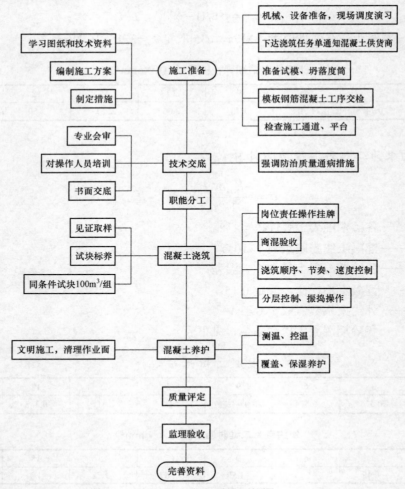

图 8-5　混凝土质量预控图

9.4 风险评估及预控措施

风险评估及预控措施见下表。

风险评估及预控措施表

序号	工序	作业内容及部位	风险可能导致的后果	固有风险评定值 D1	固有风险级别	预控措施
1.1	施工前准备	1.1.1 现场作业准备及布置	机械伤害 物体打击 高处坠落 触电 机械伤害	18	1	（1）对开挖深度超过3m的土方开挖应编制专项施工方案（含安全技术措施）。 （2）施工用工机具、安全设施、工器具等进行安全可靠的检查和试验。 （3）工程技术负责人向作业人员进行书面安全技术交底并履行签字手续。 （4）平整基础施工用场地，清除浮石杂物及障碍物。砂、石堆料场地面硬化。 （5）临空作业面（包括坠落高度1.5m及以上的基坑）及直径大于1m孔洞，设置钢管扣件组装式安全围栏，固定可靠，设置高180mm的挡脚板，悬挂安全警示标志
		1.1.2 主要机具检查	机械伤害 触电	45	2	（1）施工用机械、工器具经试运行、检查性能完好，满足使用要求。 （2）所有电动工机具必须做好外壳保护接地。 （3）所有设备及工器具要进行定期维护保养
1.2	模板工程	1.2.1 组模	其他伤害	18	1	（1）组模施工两人一组配合协调，组模用卡扣使用前要经检查，去除伤痕卡扣。 （2）模板采用木方加固时，绑扎后应将铁丝末端处理，以防剐伤人
		1.2.2 钢模板运输及拼装	物体打击 坍塌	18	1	（1）组拼钢模板须采用平板车辆运输，运输通道平整、顺畅。 （2）向坑下送模板时宜设置坡道，坑上坑下要统一指挥，牵送挂钩、绳索安全可靠。 （3）调整找正轴线的过程中要轻动轻移，严防模板轿杠滑落伤人；合模时逐层找正，逐层支撑加固，斜撑、水平撑要与补强管（木）固定牢固。 （4）现场应坚持安全文明施工，做到工完、料尽、场地清
		1.2.3 模板拆除	物体打击 坍塌 高处坠落	27	2	（1）模板拆除应经施工技术负责人同意后方可进行。 （2）拆模作业应按后支先拆、先支后拆的原则，由上向下先拆除支撑和本层卡扣，同时将模板运送至地面，然后再拆除下层的支撑、卡扣、模板。拆除模板时，作业人员不得站在正在拆除的模板上。卸连接卡扣时要两人在同一面模板的两侧进行，卡扣打开后用撬棍沿模板的根部加垫轻轻撬动，防止模板突然倾倒。 （3）拆模间隙时应将已活动模板临时固定。拆下的模板要及时运走，不得乱堆乱放，更不允许大量堆放在坑口边。 （4）拆模后应及时封盖预留洞口，盖板必须可靠牢固，并设立警示标志
1.3	钢筋工程	钢筋加工	机械伤害 物体打击 触电	42	2	（1）机械设施安装稳固，机械的安全防护装置齐全有效，传动部分有（完好）防护罩。 （2）展开盘圆钢筋时，要两端卡牢，防止回弹伤人。 （3）拉直调直钢筋时，卡头要卡牢，地锚要结实牢固，拉筋沿线2m区域内禁止行人。卷扬机棚前应设置挡板防止钢筋拉断伤人。 （4）切断长度小于300mm的钢筋必须用钳子夹牢，且钳柄不得短于500mm，严禁直接用手把持

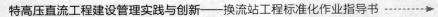
续表

序号	工序	作业内容及部位	风险可能导致的后果	固有风险评定值 D1	固有风险级别	预控措施
1.4	混凝土工程	1.4.1 混凝土浇筑	机械伤害 高处坠落 触电	42	2	（1）基坑口搭设卸料平台，平台平整牢固，同时在坑口前设置限位横木。 （2）卸料时前台下料人员协助司机卸料，基坑内不得有人；前台下料作业要坑上坑下协作进行，严禁将混凝土直接翻入基础内。 （3）投料高度超过 2m 应使用溜槽或串筒下料，串筒宜垂直放置，串筒之间连接牢固，串筒连接较长时，挂钩应予加固。严禁攀登串筒进行清理。 （4）振捣工、瓦工作业禁止踩踏模板支撑。振捣工作业要穿好绝缘靴、戴好绝缘手套，搬动振动器或暂停工作应将振动器电源切断，不得将振动着的振动器放在模板、脚手架或未凝固的混凝土上
		1.4.2 混凝土振捣器使用	机械伤害 触电	42	2	（1）电动振捣器的电源线应采用耐气候型橡皮护套铜芯软电缆，并不得有任何破损和接头，电源线插头应插在装设有防溅式漏电保安器电源箱内的插座上。并严禁将电源线直接挂接在刀闸上。 （2）操作人员应戴绝缘手套和穿绝缘靴，在高处作业时，要有专人监护。 （3）移动振捣器或暂停作业时，必须切断电源，相邻的电源线严禁缠绕交叉。 （4）振捣器的电源线应架起作业，严禁在泥水中拖拽电源线

第九章

特高压换流站工程塔式起重机
安装与拆除专项施工技术方案

目　次

1 工程概况

1.1 工程简介

××特高压换流站工程是×××±800kV 特高压直流输电工程的送端换流站，站址位于××境内，交通较为便利。工程站址征地面积 21.91 公顷（约 329 亩），其中围墙内占地面积 19.40 公顷（约 291 亩），场平土石方工程量（挖方/填方）164 897/153 723m³，输电容量为 10 000MW，直流电压等级为±800kV，额定电流 6250A。工程于 2015 年 10 月 28 日获得国家发改委发改能源〔2015〕2487 号文件核准批复，计划 2017 年 9 月建成投运。

工程站址场地初平标高 1135m，站内主要建筑物见表 9–1。

表 9–1　　　　　　　　　　换流站内主要建筑物

建筑物名称	结构类型	结构层数	轴线尺寸	面积（m²）	建筑高度（m）
主控楼	RC 框架	3	46.2×29.7	3611	20.45
辅控楼	RC 框架	2	26.4×21.6	1239	27.55
极 1 或极 2 低端阀厅	RC 框架+钢结构	1	23.1×79.5	1864	23.95
极 1 或极 2 高端阀厅	RC 框架+钢结构	1	35.5×89.2	3230	33.35m
GIS 室	门钢排架	1	384×16	6771	14.8
综合楼	RC 框架	3	42.6×42.0	2528	12.6
备品库	RC 排架	1	66×18	1188	14.25

1.2 工程自然条件

1.2.1 工程气象条件

工程所在地区属于北温带大陆性气候，四季分明，春季较长且伴有大风，冬季受蒙古高压气流控制寒冷干燥，夏季受季风影响较为温暖和湿润。降水量主要集中在 7、8、9 三个月。冬季降水稀少，寒冷期达七个月，积雪不化，积雪期长，达 200 天以上。

根据 GB 50009—2012《建筑结构荷载规范》，站址内双极低端阀厅、高端阀厅 100 年一遇基本风压为 0.60kN/m²，综合楼、GIS 室等 50 年一遇基本风压为 0.55kN/m²，地面粗糙度为 B 类。

1.2.2 工程地质及水文条件

根据《××工程施工图设计阶段岩土工程勘察报告》，场地岩土工程条件良好，工程地质岩性主要由第四系全新统黄褐色粉土、粉质粘土、碎石及泥质砂岩组成，各层土物理力学性质指标见表 9–2。

表 9-2 场地各层土的物理力学性质指标推荐值

项目	厚度（m）			天然重度 γ（kN/m³）	压缩模量 E_s（MPa）	内聚力 C（kPa）	内摩擦角 ϕ（°）	承载力特征值 f_{ak}（kPa）
	最大	最小	平均					
① 粘土（坚硬）	12	0.8	5.68	19.5	15.8	62.6	18.5	210
①₁ 细砂（中密）	5	0.8	1.61	18.0	20	—	30	180
② 碎石（稍密）	3	0.5	1.58	20.0	15.0	—	40.0	260
③₁ 凝灰岩（全风化）	4.8	1.2	2.2	20.0	25.0	—	—	250
③₂ 凝灰岩（强风化）				22.0	35.0	—	—	400

站址内回填土层主要为粘土及风化凝灰岩，采取分层碾压方法压实，回填土压实系数应为 0.94～0.97。站址地震动峰值加速度小于 0.05g，对应地震基本烈度为Ⅵ度，场地土类别为Ⅱ类，场地特征周期为 0.35s。

根据 GB 50007—2011《建筑地基基础设计规范》，站址所在地区土的标准冻结深度为 2.4m。根据当地的气象资料，工程所在地区土的最大冻结深度为 2.89m。

站址地下水埋深较深，对基础基本无不良影响。场地土对混凝土结构具微腐蚀性，对钢筋混凝土结构中的钢筋具微腐蚀性，对钢结构具弱腐蚀性。

1.3 工程特点及工程量

塔吊选型、数量及设立位置应满足以下要求：

（1）满足使用需求。既满足对于重大构件（如防火墙整体钢模板）运输最大起重重量的要求，又要能尽量覆盖所有工作面，不留工作盲区；

（2）满足安全需求。塔吊必须方便支设和拆除，满足附着的安全要求，同时，塔吊必须不能因为设置了塔吊而影响其周边建构筑物的施工，尽量减少塔吊交叉作业机会，保证塔吊起重臂与其他塔吊标准节之间有足够的安全距离；同时考虑立塔位置与周边建筑物的距离以及周边建筑物的高度，保证塔吊的支立工作的正常进行

本着选择能减轻劳动强度、提高建设效率、加快工程进度、保证施工质量同时适用性、多用性、经济性兼顾的塔吊目的，做到技术先进性与经济合理性统一，尽可能地发挥施工机械效率和利用程度，根据上述两大使用需求，同时满足站内建筑物总平面布置及工期对塔吊起吊速度、起重重量、起吊次数及频度、起升高度、工作半径及工作区域等基本要求，本工程选用 4 台固定式、中型上回转自升式塔式起重机（下称塔吊）作为特高压换流站内控制楼、阀厅、综合楼等建筑物物料垂直及水平运输工具，塔吊施工范围见表 9-3，吊平面布置图及塔吊布置立面图如图 9-1 所示，塔吊技术参数表详见表 9-4 及表 9-5。

表 9-3 塔 吊 施 工 范 围

塔吊使用建筑物	塔吊施工范围	备注
极 1 高端阀厅	负责极 1 高端阀厅及其辅控楼基础混凝土、阀厅上部结构、换流变防火墙结构、框架填充墙、屋面工程施工所有材料垂直运输及部分材料水平运输	

续表

塔吊使用建筑物	塔吊施工范围	备注
极2高端阀厅	负责极2高端阀厅及其辅控楼基础混凝土、阀厅上部结构、换流变防火墙结构、框架填充墙、屋面工程施工所有材料垂直运输及部分材料水平运输	
双极低端阀厅	负责双极低端阀厅及主控楼基础混凝土、阀厅上部结构、换流变防火墙结构、框架填充墙、屋面檩条等施工所有材料垂直运输及部分材料水平运输	
综合楼	负责综合楼基础、上部结构、框架填充墙、屋面工程施工所有材料垂直运输及部分材料水平运输	

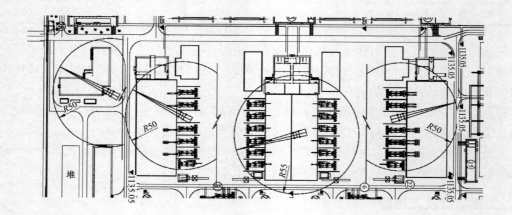

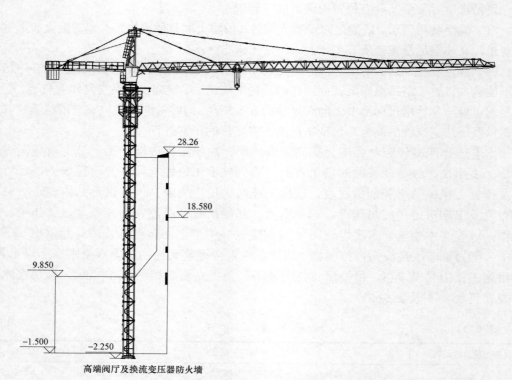

高端阀厅及换流变压器防火墙

图9-1 某换流站工程塔吊布置平面图及高端阀厅塔吊布置立面图

表 9—4 本工程选用的塔吊技术参数表（QTZ6015）

总体	起重力矩（kN·m）	1000
	最大起重量（t）	6
	工作幅度（m）	2.5～60
	最大臂长（m）	60
	最大臂长端部起重量（t）	1.5
	起升（独立）高度（m）	45
	平衡重（t）	20.3
	整机机械自重	47.8
	供电电源	380V、50Hz
	工作温度（℃）	−20～+40
	最大工作风压（N/m²）	250
	非工作风压（N/m²）	1100
	总功率（kW）	60
起升结构	滑轮倍率	4
	起重量（t）	8
	额定起升速度（m/min）	0～24
	低速就位速度（m/min）	≤2.5
	电动机	型号 ZP250M1-6 功率：37kW 转速：n=975r/min
	减速机	圆柱齿轮电磁变档减速机 i=14.72/7.277
	制动器	YWZ−300/45
	钢丝绳	35×7−12−1770
顶升机构	泵站型号	CBK1008−B₁F
	油缸型号	HSGK01—180/100E—1301—1250—1838
	油缸行程（mm）	1250
	顶升速度（m/min）	0.5
	最大顶升力	47
	电动机	型号：Y112M−4，功率：4kW，转速 1440r/m
	额定工作压力（MPa）	18
回转机构	回转速度（r/min）	0～0.063
	电动机	型号：YZRW132M2−6 功率：2×3.7kW 转速：908r/min
	减速器	行星齿轮减速机速比 i=180
	制动器	直流电动器 DZBⅡ—8
行走机构	行走速度（m/min）	18.5
	电动机	速度933r/min，功率：2×5.5kW，型号：YZRW160
	减速机	圆柱蜗杆减速机

表 9-5　　　　　　　　　塔吊各部位重量明细（QTZ6015）

序号	部件名称	数量	自重（N）	序号	部件名称	数量	自重（N）
1	基础节	1	4900	13	吊臂短拉杆	1	3230
2	标准节	14	10 970	14	平衡臂拉杆	1	2460
3	顶升套架	1	28 000	15	力矩限制器	1	1200
4	下支座	1	19 000	16	平衡重	5	30 000/个
5	回转支承	1	5250	17	配电箱	1	3000
6	上支座	1	8610	18	起升机构	1	22 000
7	回转塔身	1	15 000	19	回转机构	1	5000
8	塔帽	1	20 000	20	变幅机构	1	4000
9	司机室	1	4500	21	顶升装置	1	6000
10	吊臂	1	71 100	22	电气系统	1	5000
11	平衡臂	1	22 130	23	起重量限制器	1	5000
12	吊臂长拉杆	1	6620				

2　编制依据

JGJ/T 187—2009　《塔式起重机混凝土基础工程技术规程》

JGJ 196—2010　《建筑施工塔式起重机安装、使用、拆卸安全技术规程》

JGJ 80—2016　《建筑施工高处作业安全技术规范》

JGJ/T 189—2009　《建筑起重机械安全评估技术规程》

JGJ 33—2012　《建筑机械使用安全技术规程》

JGJ 46—2005　《施工现场临时用电安全技术规范》

JGJ 160—2008　《施工现场机械设备检查技术规程》

GB/T 13752—2017　《塔式起重机设计规范》

GB/T 5031—2008　《塔式起重机》

GB 50256—2014　《电气装置安装工程　起重机电气装置施工及验收规范》

GB 50007—2011　《建筑地基基础设计规范》

GB 50009—2012　《建筑结构荷载规范》

GB 50010—2010　《混凝土结构设计规范》

GB 50202—2002　《建筑地基基础工程施工质量验收规范》

GB 50204—2002　《混凝土结构工程施工质量验收规范》

GB 6067—2010　《起重机械安全规程》

GB 5144—2006　《塔式起重机安全规程》

GB/T 20304—2006　《塔式起重机稳定性要求》

GB/T 5972—2009　《起重机用钢丝绳检验和报废使用规范》

GB 50231—2009　《机械设备安装工程施工及验收通用规范》

GB 50194—2014 《建设工程施工现场供用电安全规范》

中华人民共和国主席令 第 13 号 《中华人民共和国安全生产法》

中华人民共和国主席令 第 46 号 《中华人民共和国建筑法》

中华人民共和国主席令 第 4 号 《中华人民共和国特种设备安全法》

国务院令第 393 号 《建设工程安全生产管理条例》

国务院令第 549 号 《特种设备安全监察条例》

建质〔2009〕87 号 《危险性较大的分部分项工程安全管理办法》

建设部令第 166 号 《建筑起重机械安全监督管理规定》

建建〔2000〕237 号 《关于进一步加强塔式起重机管理预防重大事故的通知》

国网〔基建/2〕173—2015 《国家电网公司基建工程安全管理规定》

国网〔基建/3〕176—2015 《国家电网公司电网工程施工安全风险识别、评估及控制办法（试行）》

国网〔基建/3〕187—2015 《国家电网公司输变电工程安全文明施工标准化管理办法》

电网建设部分 2016 版 《国家电网公司电力安全工作规程》

塔式起重机说明书

相关设计施工图纸

××特高压换流站工程施工组织设计

③ 施工准备

3.1 工期安排

按本工程施工组织设计，工程开工前必须立好塔吊，以解决基础施工过程水平及垂直运输。工程主体混凝土结构、阀厅框架填充墙或剪力墙施工完成后，对塔吊进行拆除。

根据现场的施工环境、机械的配合、作业场地、设备到场及塔机安装的实际情况，初步确定塔吊基础施工工期为 6 天，安装工期为 6 天，拆除工期为 5 天。安装及拆除每日工作内容详见表 9-6。安装过程中，如遇恶劣天气、工况不稳等不利施工因素影响，工期顺延。

表 9-6 进 度 安 排

进度日期	安 装 工 作	拆 除 工 作
第 1 天	工机具准备、基础节安装、测垂直度、吊装二节标准节	工机具准备
第 2 天	爬升架拼装、吊装，安装回转支座总成、回转塔身总成、安装驾驶室，电气接线	顶升降节
第 3 天	平衡臂拼装、吊装，起重臂组装	拆除配重、起重臂、平衡臂
第 4 天	起重臂总成吊装、安装变幅拉杆、配平平衡重、穿绕钢丝绳、吊钩	拆除驾驶室、塔帽及回转
第 5 天	顶升	拆除套架及底座
第 6 天	负荷试验	

3.2 人员配置

人员配置见表 9-7。

表 9-7 人 员 配 置

序号	岗位	人数	姓名	岗 位 职 责
1	项目经理	1 人		负责施工人员、机工具等资源的调配，对吊机的安装工作全面负责
2	项目总工	1 人		负责方案的编制及安装过程的技术指导
3	技术员	1 人		协助总工完成方案编制及安装指导
4	安全员	2 人		负责吊机安装过程的安全监督
5	起重机械司机	1 人		负责起重机机械的操作
6	起重信号司索工	1 人		负责安装过程中的起重指挥作业
7	起重安装与拆卸工	5 人		负责塔式起重机械的地面组装，顶升以及最后的检查调试和验收
8	测量员	2 人		负责基础标高和塔身垂直度的测量工作
9	电工	2 人		负责吊机电气部分的安装和调试
10	架子工	2 人		配合起重安装工进行登高作业和其他辅助性工作

3.3 材料及设备

3.3.1 工器具

工器具规格用量见表 9-8。

表 9-8 工 器 具 规 格 用 量

序号	名称	规　格	单位	数量	备　注
1	反铲挖掘机	斗容 1.2m³	台	1	塔吊基础土方开挖
2	汽车起重机	25t	台	1	塔吊安装
3	万用表	MF—47	台	1	
4	绝缘电阻表	500V ZC—3	台	1	
5	接地摇表	ZC—8	台	1	
6	经纬仪	THE020	台	1	垂直度检测
7	水平仪	NI0250Kr	台	1	平整度检测
8	钳形电流表	T—302	台	1	
9	铁锤	12磅 8磅	把	4	各两把
10	省力扳手	1000NM	把	4	
11	固定扳手	M33	把	4	
12	加力杆	800Mmm	根	4	用架管打扁代用

序号	名称	规 格	单位	数量	备 注
13	活动扳手	16″ 12″	把	4	各两把
14	撬棍	1000mm 500mm	根	4	各两根
15	卷尺	10 000mm	把	1	
16	绳卡	Y5—15 Y—10	个	20	各10个
17	D形卡环	2t 5t 10t	个	18	各6个
18	千斤顶	5t 10t	台	2	各1台
19	手拉葫芦	HS2t 5t 10t 6m	个	6	各2个用拆除起重臂平衡臂
20	安全带		根	8	
21	钢丝绳	6×19φ15.5φ18.5	根	8	10m 20m 8m 4m各两根
22	过衬	φ38	根	2	钢制带把用于拆除销轴
23	工具箱	铁箱	个	2	装工具销轴螺栓
24	定滑轮	3t 5t	个	8	各4个
25	滑轮组	10t	个	4	

3.3.2 辅材

辅材规格及数量见表9-9。

表9-9 辅 材 规 格 及 数 量

序号	名称	规格	单位	数量	备 注
1	铁丝	8号	kg	20	绑拉杆、安装、拆除用
2	木楔		个	30	拆除用
3	枕木	200×200×2000	根	12	平衡臂起重臂安拆用
4	黄油	GZ—3	kg	20	销轴螺栓钢丝绳用
5	角钢	50×50×5	m	6	接地和拆除用
6	扁钢	—40×4	m	6	接地网
7	钢垫板	0.5 1 2~8mm	kg	30	
8	斜铁	80×150	块	30	
9	氧气	O_2	瓶	1	接地、附壁、拆除用
10	乙炔	C_2H_2	瓶	1	
11	焊条	φ3.2	kg	5	接地、附壁、拆除用
12	破布		kg	2	
13	手套	帆布	双	20	
14	麻绳	φ20	m	60	
15	钢板	δ=10	kg	100	
16	路基箱板	1500×3000×100	块	6	
17	钢丝绳	φ14.5	根	8	10m、4m、2m、1m各两根
18	钢丝绳	φ18.5	m	160	6×19

3.3.3 安全措施

个人安全防护用品包括安全带、安全帽（见表 9–10）等，必须具备"三证一标志"，检验合格后投入使用。

表 9–10 安 全 防 护 用 品

序号	名称	规 格 型 号	单位	数量	备 注
1	安全带	通用Ⅰ型攀登活动带式安全带	条	10	
2	安全帽	TA–5 型	顶	每人 1 顶	

3.4 技术准备

施工前准备见表 9–11。

表 9–11 施 工 前 准 备

序号	施工前准备项目	备 注
1	C35 混凝土强度应达到设计强度的 80%。（出具验收合格报告）	
2	基础节周围混凝土充填率达 95% 以上	
3	预埋基础节对角线长度及平面高度差不大于 2mm	
4	保证预埋底架节四角水平高度差不大于 2mm	
5	连接耳板不得有可见变形	
6	预埋基础节垂直度偏差不小于 1/1000	

3.5 注意事项

（1）安装塔机应具有制造商出具的产品合格证。

（2）塔吊安装、顶升、拆除单位应取得安装许可资质。

（3）塔吊安装、顶升、拆除必须由专业的安装、顶升、拆除人员进行操作，施工前填写《塔式起重机安全技术交底记录》。

（4）塔吊安装操作人员必须具有特种作业人员上岗证，安装是必须人证相符，必须经过技术交底后方可进行安装操作。

（5）塔吊安装过程中必须专职安全员现场进行全程监督，保证操作人员和其他人员的安全。

（6）塔吊基础的混凝土强度达到要求并出具相关证明后，方可安装上部塔吊结构。

（7）安装过程中，遇有大风、大雾、雷电、雨天等恶劣气候，禁止安装、拆卸塔机，具体要求按制造商提供的使用说明书的规定。塔机安装拆卸作业时，塔机的最大安装高度处的风速不大于 12m/s。

（8）夜间进行塔机安装、拆卸，现场应配备足够亮度的照明。

（9）在有建筑物的场所，塔机尾部与建筑物及建筑物外围施工设施之间的距离不小于0.6m。

（10）两台塔机之间的最小架设距离应保证处于低位塔机的臂架端部与另一台塔机的塔身之间至少有 2.0m 的距离；处于高位的塔机的最低位置的部件（吊钩升至最高或平衡重的最低部位）与低位塔机处于最高位置部件之间的垂直距离不得小于 2.0m。

4 施工技术方案

4.1 施工流程

4.1.1 整体流程

整体流程见图 9-2。

图 9-2 整体流程图

4.1.2 安装流程

安装流程见图 9-3。

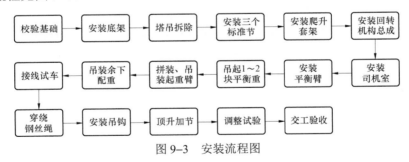

图 9-3 安装流程图

4.1.3 拆除流程

拆除流程见图 9-4。

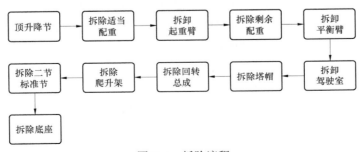

图 9-4 拆除流程

塔式起重机拆除过程见图9—5。

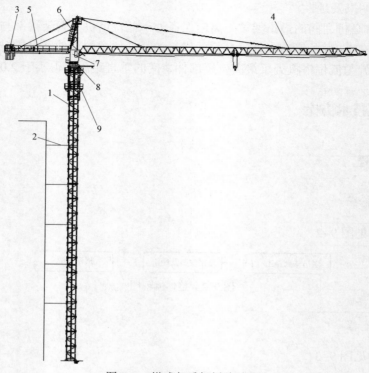

图9—5 塔式起重机拆除过程

1—降塔身标准节；2—拆除附着装置（若无附着装置，则略去此项）；3—拆除平衡重（余下一块不拆）；4—起重臂的拆卸；
5—平衡臂的拆卸；6—拆除塔帽；7—拆除驾驶室；8—拆除上下支座总成；9—拆除套架及剩余的塔身

4.2 安装及顶升

4.2.1 安装准备工作

4.2.1.1 基础准备

塔吊基础是确保塔吊安全和正常使用的必要条件，必须严格按塔吊厂家提供的塔吊技术资料和要求按 JGJT 187—2009《塔式起重机混凝土基础工程技术规程》，对塔吊基础进行设计并编制专项施工方案，必要时塔吊基础的基坑应采取支护及降排水措施。在基础施工中，在基础顶面四角应做好沉降及位移观测点，并做好原始记录，塔吊安装后应定期观测并记录，基础沉降量不得大于 50mm，基础倾斜率不应超过 0.001。

特高压换流站工程中，阀厅、综合楼等建筑物用塔吊通常采用固定、独立式塔吊，高端阀厅位于换流变防火墙间隔内的塔吊基础一般以高端换流变及防火墙筏板基础作为塔吊基础，为矩形板式基础。综合楼以及塔吊下方无筏板基础（如双极低端阀厅内隔墙边立塔吊）可用可在满足地基承载力的前提下采用省工省料的十字梁基础。板式塔吊基础及十字梁塔吊基础的计算书详见附件一、附件二。

　　根据现场施工总平面布置图,熟悉设计图纸,选用符合工程使用需求的塔吊型号,根据塔吊使用说明书及地勘报告,确定塔吊位置以及塔吊基础持力层;准备用于基础开挖的机械设备和基础施工的劳动力、材料,选用符合要求塔吊基础预埋螺栓,确定商品混凝土厂家。

　　塔吊基础施工流程:塔吊基础基坑开挖→钢筋绑扎、模板支设、预埋螺栓→混凝土浇筑→四周回填土→防雷接地。

　　本工程塔吊基础材料情况详见表9-12。

表 9-12　　　　　　　　　　　　塔 吊 基 础

序号	名称	规　格	数　量	单　位	使用部位
1	混凝土	C15	3.9	m³	基础垫层
2	混凝土	C35	39.6	m³	基础
3	钢筋	Ø25HRB335	1500	kg	基础
4	砂	中净砂	4	m³	基础砖模
5	水泥	PO32.5	2000	kg	基础砖模
6	水泥砖	190×190×370	3400	块	基础砖模

4.2.1.2　安装场地准备

　　了解现场布局和土质情况,安装前在塔基周围,清理出场地,场地要求平整,无障碍物;必须保证塔机的最大旋转部分与周围建筑物之间的距离不小于1.5m;留出塔吊进出堆放场地及吊车、汽车进出通道,路基必须压实、平整;塔吊安装、顶升、拆除范围上空所有临时施工电线必须拆除或改道,塔机的臂长范围以外的为5~10m不应有高、低压电线杆(低压5m,高压10m);检查固定式塔机基础混凝土强度证明书,混凝土基础强度达到设计要求,才能开始安装;塔机地脚螺栓尺寸是否与固定基础螺栓孔相符合,地脚螺栓与水平的垂直度;对风速进行测量,保证塔机的安装时在塔机最高处风速不大于13m/s。

4.2.1.3　机械设备准备

　　本工程塔吊安装要求吊装设备吊装灵活,机动性大,最适宜的吊装设备是汽车式起重机,根据现场实际情况,选用一台25t汽车起重机辅助安装;电工、钳工工具,钢丝绳一套,U型环若干,水准仪、经纬仪各一台,万用表和钢尺各一只以及足量的铁丝、麻绳、钢丝绳、手锤、扳手等常用工具。

4.2.1.4　人员准备

　　塔吊安装、顶升、拆除必须由专业的安装、顶升、拆除人员进行操作;根据本工程实际情况,所有塔吊安装、顶升、拆除工作委托专业单位完成,并由其负责安排专业人员进行定期维修、保养;塔吊安装操作人员必须具有特种作业人员上岗证,安装是必须人证相符,必须经过技术交底后方可进行安装操作;塔吊安装过程中必须专职安全员现场进行全程监督,保证操作人员和其他人员的安全。

4.2.1.5 塔吊散件准备

填写塔吊安装前散件检查记录表，详见表 9–13。

4.2.1.6 塔机顶升工作准备

详细检查各机械部位连接是否正确，检查电气部分接线是否正确，液压部分压力应达到 18MPa；检查油缸横梁的销轴是否插入标准节踏步销孔中，将起重臂旋转至爬升架前方，平衡臂处于爬升架的后方（顶升油缸正好位于平衡臂下方），调整好爬升架与塔身之间的间隙，一般以 2.5～5mm 为宜；按液压泵要求给其油箱加油；清理好各个标准节，在标准节连接套内涂上黄油，将待顶升加高用的标准节在顶升位置时的起重臂下排成一排，使塔机在整个顶升加节过程中不用回转机构，能使顶升加节过程所用时间最短；放松电缆长度略大于总的顶升高度，并紧固好电缆；在引进平台上准备好引进滚轮，爬升架平台上准备好塔身高强度螺栓。

表 9–13　　　　　　　　　　　　塔吊安装前散件验收记录

工程名称			施工单位			
设备名称		规格型号			产品编号	
进场日期		验收日期			数量	
参加验收人员						
序号	检查项目	验 收 要 求				验收结果
1	钢丝绳	钢丝绳不得有断股，绳芯外露，变形、严重腐蚀等现象，断丝与磨损必须在允许范围内，绳卡符合要求				
2	电器安全	电缆是否完好，交流接触器动作是否正常，电源指示灯是否完好				
3	保险装置	吊钩应设置防止吊物滑脱的保险装置，卷扬机卷筒应设防止钢丝绳滑脱的保险装置				
4	机械传动部位	检查紧固电动机、变速箱、制动器、联轴器、安全罩的连接螺栓。轴承有没有损坏，对各个滑轮组进行检查是否转动				
5	力矩限制器	塔吊必须装设灵敏可靠的力矩限制器，当达到额定起重力矩时，限制器发生报警信号；当起重矩超过额定载重时，限制器应切断电源或限制动作				
6	制动装置	检查各制动闸瓦与制动带片的铆钉埋入深度应小于 0.5mm 必要时拆检更换制动瓦（片）				
7	架体	塔吊整体架体应无变形处，连接板焊接点应无裂焊或断裂				
8	限位装置	塔吊应根据不同的型号装设行程开关，（包括小车和驾驶室限位）起重超高限位，并灵敏有效				
9	吊钩	吊钩应无裂纹、变形。危险断面磨损、开口度、钩身扭转变形应符合标准				
验收情况						
	设备负责人：		安全负责人：		日期	

4.2.2 安装要点

4.2.2.1 立塔

熟读说明书，以便正确迅速架设塔机，达到可顶升加节的位置，立塔时需用 25t 汽车吊一台；合理安排塔机安装人员，协调各种安装和组装步骤，来往通道及组装现场之间的关系，将使用汽车吊的时间减至最少；注意吊具的选择，根据吊装部件的外形尺寸、重量等，选用长度适当，质量可靠的吊具；塔机各部件所有可拆的销轴、塔身、回转支承的连接螺栓、螺母均是专用特制零件，用户不得随意代换；必须安装并使用保护和安全措施，如扶梯、平台、护栏等；必须根据起重臂长，正确确定平衡臂配重数量，在安装起重臂之前，必须先在平衡臂安装一块 1.423t 的平衡重（共六块平衡重，每块的重量均相同）；起重臂安装完后，安装其余五块平衡重。平衡臂上未装够规定的平衡重前，严禁起重臂吊载；塔机在施工现场的安装位置，必须保证塔机的最大旋转部分如吊臂、吊钩等离输电线 5m 以上的安全距离。塔机安装场地的参考尺寸，见表 9-14；顶升前，应将小车开到规定的顶升平衡位置如图 9-6 所示，起重臂转到引进横梁的正前方，然后用回转制动器将塔机的回转锁紧；顶升过程中，严禁旋转起重臂或开动小车使吊钩起升和放下；标准节起升（或放下）时，必须尽可能靠近塔身。顶升平衡数据见表 9-15。

表 9-14 塔 吊 安 装 场 地 尺 寸

臂架安装长度	L_1	L
45m	46.37	60.84
50m	51.37	65.84
55m	56.37	70.84
60m	61.37	75.84

表 9-15 顶 升 平 衡 数 据

臂长（m）	平衡重 G（kg）	吊重 P（kg）	离回转中线距离 L（m）
60	15 000	1297	30
<u>55</u>	13 500	1297	27.5
50	12 000	1297	25
45	10 500	1297	22.5

4.2.2.2 安装底架

将底架组装好放置于混凝土基础平台上，装上压板，拧紧地脚螺栓，测量底架上四个支座处的水平度，其误差应在 1.6mm 内，若超差则在底盘与基础的接触面用楔形调整块及铁板等垫平。

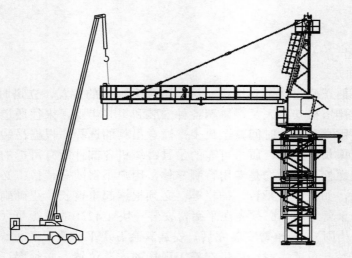

吊装一块平衡重（重1.423t）

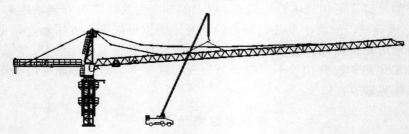

吊装起重臂

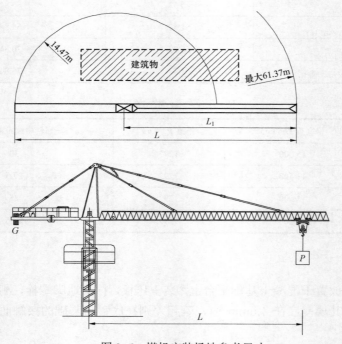

图 9-6　塔机安装场地参考尺寸

4.2.2.3 安装标准节

用汽车起重机吊起一节标准节，注意严禁吊在水平斜腹杆上；将第 1 节标准节用汽车起重机吊至塔吊基础顶面并穿入预埋好的固定在基础上的预埋高强地脚螺栓上（其余标准节落在第一标准节上）；除第一标准节与基础采用预埋高强螺栓连接牢以外，所有标准节间用 8 件 10.9 级高强度螺栓连接牢；所有高强度螺栓的预紧扭矩应达到 1800N·m，每根高强度螺栓均应装配一个垫圈和两个螺母，并拧紧防松。双螺母中防松螺母预紧扭矩应稍大于或等于 1800N·m；用经纬仪或吊线法检查垂直度，主弦杆四侧面垂直度误差应不大于 1.5/1000。

4.2.2.4 吊装爬升架

将爬升架组装完毕后，将吊具挂在爬升架上，拉紧钢丝绳用汽车起重机吊起。切记安装顶升油缸的位置必须与塔身踏步同侧；将爬升架缓慢套装在两个标准节外侧；将爬升架上的活动爬爪放在标准节的第一节（从下往上数）上部的踏步上；安装顶升油缸，将液压泵站吊装到平台一角，接油管，检查液压系统的运转情况。

4.2.2.5 安装回转支承总成

检查回转支承上 8.8 级 M24 的高强螺栓的预紧力矩是否达 640N·m，且防松螺母的预紧力矩稍大于或等于 640N·m；将吊具挂在上支座 4 个连接耳套下，将回转支承总成用汽车起重机吊起；下支座的 8 个连接对准标准节四根主弦杆的 8 个连接套，缓慢落下，将回转支承总成放在塔身顶部。下支座与爬升架连接时，应对好四角的标记；用 8 件 10.9 级的 M30 高强度螺栓将下支座与标准节连接牢固；操作顶升系统，将爬升架顶升至与下支座连接耳板接触，用 4 根销轴将升架与下支座连接牢固。

4.2.2.6 安装塔帽

吊装前在地面上要把塔帽上的平台、拉杆、扶梯及力矩限制器装好（为使安装平衡臂方便，可在塔身的后侧左右两边各装上一根平衡臂拉杆）；将塔帽用汽车起重机吊到上支座地，应注意将塔帽垂直的一侧应对准上支座的起重臂方向；用 4 件 ϕ55 销轴将塔帽与上支座紧固。

4.2.2.7 安装平衡臂总成

在地面组装好两节平衡臂，将起升机构、电控箱、电阻箱、平衡臂上并固接好。回转机构接临时电源，将回转支承以上部分回转到便于安装平衡臂方位；用汽车起重机吊起平衡臂（平衡臂上设有 4 个安装吊耳）；用销轴将平衡臂前端与塔帽固定联接好；将平衡臂逐渐抬高，便于平衡臂拉杆与塔帽上平衡臂拉村相连，用销轴连接，并穿好充分张开开口销；缓慢地将平衡臂放下，再吊装一块 2.60t 重的平衡重安装在平衡臂最靠近起升机构的安装位置上。（特别注意：① 安装销的挡块必须紧靠平衡重块；② 安装销必须超过平衡臂上安装平衡重的三角挡块。）

4.2.2.8 安装司机室

司机室内的电气设备安装齐全后，用汽车起重机吊到上支座靠右平台的前端，对准耳板孔的位置后用三根销轴联接（注：司机室也可在地面先与回转总成组装好后，整体一次性吊装）。

4.2.2.9　安装起重臂总成

在塔机附近平整的枕木（或支架，高约 0.6m）上拼装好起重臂。注意无论组装多长的起重臂，均应先将载重小车套在起重臂下弦杆的导轨上；将维修吊篮紧固在载重小车上，并使载重小车尽量靠近起重臂根部最小幅度处；安装好起重臂根部处的牵引机构，卷筒绕出两根钢丝绳，其中一根短绳通过臂根导向滑轮固定于载重小车后部，另一根长绳通过起重臂中间及头部导向滑轮，固定于载重小车前部。在载重小车后部有 3 个绳卡，绳卡压板应在钢丝绳受力一边，绳卡间距为钢丝绳直径的 6～9 倍。如果长钢丝绳松弛，调整载重小车的前端的张紧装置即可张紧，在使用过程中出现短钢丝绳松弛时，可调整起重臂根部的起升机构卷筒；将起重臂拉杆拼装好后与起重臂上的吊点用销轴连接，穿好开口销，放在起重臂弦杆的定位托架内；检查起重臂上的电路是否完善。使用回转机构的临时电源将塔机上部结构回转到便于安装起重臂的方位；挂绳试吊是否平衡，否则可适当称动挂绳位置（记录下吊点位置便于拆塔时用），用汽车起重机起吊起重臂总成至安装高度。用销轴将塔帽与起重臂根部连接固定；接通起升机构的电源，放出起升钢丝绳并缠绕好，用汽车起重机逐渐抬高起重臂的同时开动起升机构向上，直至起重臂拉杆靠近塔顶拉板，将起重臂长短拉杆分别与塔顶拉板Ⅰ、Ⅱ用销轴连接，并穿好开口销。松弛起升机构钢丝绳把起重臂缓慢放下；使拉杆处于拉紧状态，最后松脱滑轮组上的起升钢丝绳。

4.2.2.10　配装平衡重

在地面坪地上拼装平衡臂，并装好平衡臂拉杆，拉杆用铁丝与平衡臂绑好，连接好各部分所需电源线，然后将平衡臂用汽车起重机吊起，用销轴与旋转塔身连接好；吊装设备缓缓将平衡臂抬起，使平衡臂拉杆的一端与塔帽拉杆用销轴固定起来，吊车缓缓下钩平衡臂拉杆受力。在安装起重臂前先用汽车起重机吊装一块 2.20t 平衡配重放在平衡臂根部（特别注意：① 安装销的挡快必须紧靠平衡重块；② 安装销必须超过平衡臂上安装平衡重的三角挡块）。

4.2.2.11　塔机接地

在通电之前应对电气进行绝缘检查，主回路对地绝缘电阻不应小于 0.5MΩ，塔机对地的接地电阻不大于 4Ω，重复接地及防雷接地电阻不超过 10Ω；塔机的接地装置组成：黄绿相间的铜芯接地线、接地棒（长度 1.5m 到 2m 的角钢或钢管）、接地端子；塔机的接地装置安装按照产品说明书的要求进行设置；将接地保护装置的接地保护电线与任何一根塔身主弦杆连接，并清除涂料；接地装置应由专人安装，测定接地电阻时要用高效精密仪器；塔机的接地装置应安装于塔机混凝土基础旁边便于操作的地方。

4.2.2.12　接电源及试运转

当整机按前面的步骤安装完毕后，在无风状态下，检查塔身轴心线对支承的垂直度，允差为 4/1000；再按电路图的要求接通所有电路的电源，试开动各机构进行运转，检查各机构运转是否正确。同时检查各处钢丝绳是否处于正常作状态，是否与结构件有摩擦，所有不正常情况均应予以排除。如果安装完毕就要使用塔机工作，则必须按有关规定的要求调整好安全装置。

4.2.2.13　穿绕钢丝绳

吊装完毕后，进行起升钢丝绳的穿绕。起升钢丝绳由起升机构卷筒放出，经机构上排绳滑轮，绕过塔帽导向滑轮向下进入塔顶上起重量限制器滑轮，向前再绕到载重小车和吊钩滑轮组，最后将绳头通过绳夹，用销轴固定在起重臂头部的防扭装置上。

4.2.3　塔吊顶升

4.2.3.1　顶升前准备工作

（1）按塔式起重机说明书的要求，给液压泵油箱加油。确认电动机接线正确，风扇旋向为右旋，手动阀操纵杆操纵自如，无卡滞。

（2）清理好各个标准节，在标准节连接套孔内涂上黄油，将待顶升加高用的标准节排成一排，放在顶升位置时起重臂的正下方，这样能使塔机在整个顶升加节过程中不用回转机构，能使顶升加节过程所用时间最短。应该强调：必须先装加强标准节后，再装普通标准节，顺序绝不能颠倒。

（3）放松电缆长度略大于总的顶升高度，并紧固好电缆。

（4）将起重臂旋转至爬升架前方，平衡臂处于爬升架的后方，顶升油缸正好位于平衡臂的正下方。

（5）在引进平台上准备好引进滚轮，爬升架平台上准备好塔身连接用的高强度螺栓。

4.2.3.2　顶升前塔机配平

（1）塔机配平前，必须先将小车运行到参考位置，并吊起一节标准节或其他重物，然后拆除下支座四个支脚与标准节的连接螺栓。

（2）将液压顶升系统操纵杆推至顶升方向，使套架顶升至下支座支脚刚刚脱离塔身的主弦杆的位置。

（3）通过检验下支座支脚与塔身主弦杆是否在一条垂直线上，并观察套架8个导轮与塔身主弦杆间隙是否基本相同，检查塔机是否平衡。略微调速小车的配平位置，直至平衡。使得塔机上部重心落在顶升油缸梁的位置上。

（4）起重臂小车的配平位置，可用布条系在该处的斜腹杆上作为标志，但要注意，这个标志的位置随起重臂长度不同而改变，事后应将该标志取掉。

（5）操纵液压系统使套架下降，连接好下支座和塔身标准节间的连接螺栓。

4.2.3.3　顶升加节

（1）顶升作业准备。

1）将一节加强标准节或普通标准节（统称标准节）吊至顶升套架引进横梁的正上方，见图9-7，在标准节下端装上四只引进滚轮，缓慢落下吊钩，使装在标准节上的引进滚轮比较合适地落在引进横梁上，然后摘下吊钩。

2）将小车开至顶升平衡位置。

3）使用回转机构上的回转制动器，将塔机上部机构处于制动状态，并不允许有回转运动。

4）卸下塔身顶部与下支座连接的 8 个高强螺栓。

（2）顶升作业。

1）首先用起重吊钩将一个标准节吊起，使标准节上端水平斜腹杆中部置于引进小车吊钩上，然后用吊钩再吊起一个标准节，移动变幅小车至适当位置。

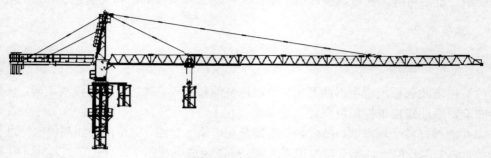

图 9-7　标准节安装

2）准备顶升，先将油缸活塞杆缩回，把顶升横梁两端的销轴准确放进标准节的踏步口正中靠底，拆去下支座与标准节的全部连接螺栓，然后稍微向上顶升一点套架，再重复调整滚轮间隙至最佳状态，同时观察下支座与标准节的套管是否能对位比较准，如不准，应适当调整变幅小车位置。对位好后，继续顶升套架 1.4m 左右，使活动爬爪踏在相应标准节的踏步上（两爬爪必须处于水平状态并处于同一水平面上，并同时与标准节踏步贴合）。爬爪踏好后，再缩回液压缸活塞杆，同时仔细观察左右爬爪与踏步的贴合情况以及受力构件有无异响、变形等异常情况（此时顶升横梁还在原踏步内）。确认正常后，使顶升横梁两端销轴进入上面的踏步口中，确定顶升横梁两端的销轴都放进踏步口后，继续顶升套架约 1.5m，人工通过引进梁和引进小车把引进钩上的标准节拉入至套架内塔身已固标准节正上方。而后，缓慢缩回液压缸活塞杆，同时使引进的标准节对正塔身已固标准节，落好后（此时顶升横梁应继续放在踏步内）。取下引进小车吊钩。将刚引进的标准节与塔身已固标准节用特制高强度螺栓连接起来，用双螺母紧固好。至此塔身加一个标准节的工作已完成，确认正常后，缩回活塞杆，进入上述工作循环，准备加下一个标准节的顶升作业。

3）顶升到设定高度后，不再顶升时，应缓慢回缩活塞杆使套架下降将下支座与塔身标准节就位，用特制高强度螺栓连接，用双螺母拧紧。做最后检查后，调整活塞杆，把顶升横梁两端销轴自由于踏步口中。

（3）顶升注意事项。

1）塔机最高处风速大于 8m/s 时，不得进行顶升作业。

2）顶升过程中必须保证起重臂与引入标准节方向一致，并利用回转机构制动器将吊臂制动住，小车必需停在规定的顶升配平位置。

3）若要连续加几节标准节，则每加完一节后，用塔机自身起吊下一节标准节前，塔身各主弦杆和下支座必须有 8 个 M27 的螺栓连接。

4）所加标准节上的踏步，必须与已有标准节对正。

5）在下支座与塔身没有用 M27 螺栓连接好之前，严禁吊臂回转、小车变幅和吊装作业。

6）在顶升过程中，若液压顶升系统出现异常，应立即停止顶升，将下支座落在塔身顶部，并用高强螺栓将下支座与塔身连接牢靠后，再排除液压系统的故障。

7）塔机加节达到所需工作高度（但不超过独立高度）后，应旋转起重臂至不同的高度，检查塔身各接头处，基础地脚螺栓的拧紧问题（哪一根主弦杆位于平衡臂正下方时就把这根弦杆从下到上的所有螺母拧紧，上述连接处均为双螺母防松）。

4.2.4 附着装置安装与使用

（1）附着装置是由三条撑杆和一套环框架等组成，它主要是把塔机固定在建筑物的柱或梁上起着依附作用。使用时两个半框架套在标准节上，依靠两半框架间的 12 支 M20 连接螺栓把标准节箍紧，再通过撑杆扶持塔身。

（2）附着装置按塔身中心线距离防火墙背墙的距离为 4.0m，标高为 18.58m 处（该处为防火墙背墙一梁处），具体尺寸如图 9-8 所示。

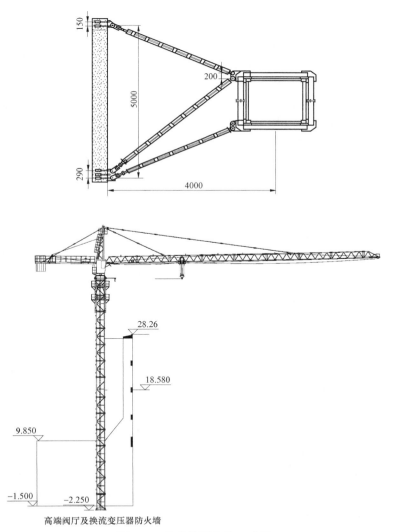

高端阀厅及换流变压器防火墙

图 9-8 附着装置安装尺寸图

（3）安装时将两半框架包在塔身外，然后用 16 个 M20 的螺栓把它连接起来，再提升到附着点的位置。

（4）收紧附着框架上的螺栓，使得顶块顶紧塔身。

（5）吊装三条撑杆，通过销轴将附着撑杆的一端与附着框架连接，另一端与固定在建筑物上的预埋件连接。三条撑杆应保持在同一水平面内，调整撑杆长度，使之受力拉紧，让塔身垂直度达到要求。

（6）应用经纬仪检查及调整塔机轴心线的垂直度，使其垂直度在全高上不超过4/1000。

4.2.5 安装验收及调试

4.2.5.1 塔吊地基检查验收

（1）塔机基础的基坑开挖后按现行国家标准 GB 50202《建筑地基基础工程施工质量验收规范》的规定进行验槽，检验坑底标高、长度和宽度、坑底平整度及地基土性是否符合设计要求，基坑地质条件必须符合塔吊基础承载力要求。

（2）地基土的检验符合 GB 50202《建筑地基基础工程施工质量验收规范》的有关规定，必要时检验塔机基础下的复合地基。

（3）经地基处理后的复合地基的承载力达到设计要求的标准。检验方法按现行行业标准 JGJ 79—2012《建筑地基处理技术规范》的规定执行。

4.2.5.2 塔吊基础检查验收

（1）基础混凝土的强度等级符合设计要求。用于检查结构构件混凝土强度的试件，在混凝土的浇筑地点随机抽取。取样与试件留置符合现行国家标准 GB 50204《混凝土结构工程施工质量验收规范》的有关规定。

（2）基础结构的外观质量没有严重缺陷，不宜有一般缺陷，对已出现的严重缺陷或一般缺陷采用相关处理方案进行处理，重新验收合格后安装塔机。

（3）基础工程验收符合现行国家标准 GB 50204《混凝土结构工程施工质量验收规范》的规定。

4.2.5.3 塔吊安装升节验收

（1）技术检查。检查塔吊的紧固情况、滑轮与钢丝绳接触情况，电气线路、安全装置以及塔吊安装精度。在无载荷情况下，塔身与地面垂直度高度在 30m 的偏差不得超过 3‰。安装高度超过 30m 以上，偏差不得超过 4‰。

（2）空载实验。按提升、回转、变幅、行走机构分别进行动作实验，并作提升、行走、回转联合动作实验。实验过程中碰撞各限位器，检查其灵敏度。

（3）额定荷载实验，吊臂在最小工作幅度，提升额定最大起重量，重物离地 20cm，保持 10min，离地距离不变（此时力矩限制器应发出报警讯号）。实验合格后，分别在最大、最小、中间工作幅度进行提升、行走回转试验及联合动作试验。

（4）进行以上试验时，用经纬仪在塔吊的两个方向观测塔吊的变形及恢复变形情况，观察试验工程中有无异常现象，升温、漏油、油漆脱落等情况。

（5）对试运转及验收的参加人员和检测结果详细记录，认真填写在安装验收表内，最后由有关人员签字确认符合要求后方可使用，

（6）每月定期检查一次，并由项目部加盖公章确认。

4.2.5.4 立塔后检查、试验及监督检验

塔机投入使用前检查及检验工作是为了保证塔机能正确操纵，并在安全条件下运行，主要包括以下内容：

（1）部件检查。检查各部件之间的紧固联接状况、支承平台及栏杆的安装情况、钢丝绳穿绕是否正确（不能与塔机机构和结构件相摩擦）、电缆通行状况、平衡臂配重的固定状况、平台上有无杂物（防止塔机运转时杂物下坠伤人）、检查各润滑面和润滑点。

（2）立塔后检查项目见表9-16。

表9-16　　　　　　　　　塔吊安装后检查项目

检查项目	检 查 内 容
基础	（1）检查地脚螺栓的紧固情况。 （2）检查输电线距塔机最大旋转部分的安全距离并检查电缆通过情况，以防损坏
塔身	检查标准节连接螺栓的紧固情况
爬升架	（1）检查与下支座的连接情况。 （2）检查各滚轮、活动爬爪、销轴连接各部件的转动或摆动是否灵活。 （3）检查走道，栏杆的紧固情况
上、下支座 司机室	（1）检查与回转支承连接的螺栓紧固情况。 （2）检查电缆的通行状况。 （3）检查平台、栏杆的紧固情况。 （4）检查与司机室的连接情况。 （5）司机室内严禁存放润滑油、油棉纱及其他易燃品
塔帽	（1）检查起重臂、栏杆、平衡臂拉杆的安装情况。 （2）检查扶梯、平台、护栏的安装情况。 （3）保证起升钢丝绳穿绕正确
起重臂	（1）检查各处连接销轴、垫圈、开口销安装的正确性。 （2）检查载重小车安装运行情况，载人吊篮的紧固情况。 （3）检查起升、变幅钢丝绳缠绕及紧固情况
平衡臂	（1）检查平衡臂的固定情况。 （2）检查平衡臂栏杆及走道的安装情况，保证走道无杂物
吊具	（1）检查换倍率装置，吊钩的防脱绳装置是否安全、可靠。 （2）检查吊钩有无影响使用的缺陷。 （3）检查起升、变幅钢丝绳的规格、型号应符合要求。 （4）检查钢丝绳的磨损情况及绳端固定情况
机构	（1）检查各机构的安装、运行情况。 （2）各机构的制动器间隙调整合适。 （3）检查牵引机构，当载重小车分别运行到最小和最大幅度处，卷筒上钢丝绳至少应有3圈安全圈。 （4）检查各钢丝绳绳头的压紧有无松动
安全装置	（1）检查各安全保护装置是否按本说明书的要求调整合格。 （2）检查塔机上所有扶梯、栏杆、休息平台的安装紧固情况
润滑	根据使用说明书检查润滑情况

（3）塔机安全装置调试。

塔机安全装置主要包括行程限位器和载荷限制器。行程限位器有起升高度限位器、回转限位器、幅度限位器。载荷限制器有起重力矩限制器、起重量限制器。此外，还包括风速仪、高度限位器、卷筒、吊钩保险装置。

塔机安全装置调试主要包括以下内容：

1）调定幅度限位器：外变幅至 47～48m 时限速，最大工作幅度值：（55±1.12）m；内变幅至 3～4m 时限速，最小工作幅度值：（2.5±0.25）m；小车端部距缓冲装置最小距离为 200m。

2）调定起升高度限位器：按二倍率，吊钩装置顶部至小车架下端距离为 3000～4000mm 时限速，距离为 1000～1200mm 时高度限位。

3）调定回转限位器：从中间位置正转 5400～5600 时，回转限位器断电；从中间位置反转 5400～5600 时，回转限位器断电。

4）调定力矩限制器：按二倍率校核：在 50m 处以正常工作速度起升 1.407t 重，力矩限制器不应动作，允许起升。放下，然后以最慢速度起升 1.55t 重量，力矩限制器应动作，不能起升。在 26m 处以正常工作速度起升 3t 重，力矩限制器不应动作，允许起升。放下，然后以最慢速度起升 3.3t 重量，力矩限制器应动作，不能起升。

5）调定起重限制器：按最大额定起重量调定，四倍率在 2.5～14m 可以低速起升 6.24～6.26t 重量；按速度限制调定，在 2.5～14m 可以高速起升 3.12～3.18t 重量。

（4）塔机组装好后，安装单位应及时与有资质的特种设备检验机构联系，申报当地质量监督部门对新安装塔机进行安全检验，检验合格挂牌后方可投入正常使用。应依次进行下列试验：

空载试验：各机构应分别进行数次运行，然后再做三次综合动作运行，运行过程不得发生任何异常现象，否则应及时排除故障。

静态超载试验：空载试验合格后，进行静态超载试验。

超载动态试验：吊重 0.668t（50m 臂 0.925t），对各机构对应的全程范围内进行 8～10次动作，各机构应动作灵活，制动器动作可靠。机械及结构各部件无异常，连接无松动和破坏。塔吊荷载试验记录表见表 9–17。

表 9–17　　　　　　　　　　塔吊荷载试验记录表

工程名称		试验时间			试验地点	
序号	试验项目	试 验 内 容			实测	结果
1	空载试验	在空载状态下，检查起升、变幅、行走机构运转应无爬行、振动、过热、啃道等异常现象。 各控制器、接触器、继电器的操作应灵敏、可靠、准确				
2	静载试验	塔吊安装后，必须进行静载试验，静载试验为在塔吊平衡臂端部1.25 倍的额定荷载进行，静载试验后结构无永久变形，焊缝无开裂，起升机构制动可靠				
3	额定荷载试验	起升机构启动、制动平衡，吊钩停稳后不下滑在最大额载或最大幅度下的载荷的工况下进行				

工程 名称		试验时间		试验地点	
序号	试验项目	试 验 内 容		实测	结果
3	额定荷载 试验	回转机构启动、制动平衡			
		变幅机构启动、制动平衡			
		满载下滑时的制动距离为 50～200mm。有慢就位性能的起重机性能应符合标准规定，且误差不大于 5%			
4	动何载试验	对新购置的起重机进行。起升、回转、变幅、行走各机构在 1.1 倍额定何载作用下），启动制动应平稳，无过大冲击和振动，连接无松动，制动器工作可靠			

4.3 塔吊拆除

4.3.1 拆除准备工作

（1）测量风速，保证塔机拆除工作时最高风速不大于 8m/s。

（2）了解现场布局和地质情况，清理周围障碍物。

（3）必须遵守拆塔程序，严禁违反操作规程，上塔操作人员，须通过培训持证上岗。

（4）注意吊具的选择，根据吊装部件的外形尺寸、重量等选用长度适当，质量可靠的吊具。

（5）顶升前，应将小车开到规定的顶升平衡位置，起重臂转到引进梁的正前方，然后用回转制动器将塔机的回转锁紧。顶升过程中严禁旋转起重臂或开动小车以及使吊钩起升或放钩。

4.3.2 塔吊拆卸要点

4.3.2.1 拆卸塔身

将起重臂回转到标准节的引进方向（爬升架中有开口的一侧），使回转制动器处于制动状态，载重小车停在配平位置（与立塔顶升加节时载重小车的配平位置一致）；拆掉最上面塔身标准节的上、下连接螺栓，并在该节下部连接套装上引进滚轮；伸长顶升油缸，将顶升横梁顶在从上往下数第四个踏步的圆弧槽内，将上部结构顶起；当最上一节标准节（即标准节 1）离开标准节 2 顶面 2～5cm 左右，即停止顶升；将最上一节标准节沿引进梁推出；扳开活动爬爪，回缩油缸，让活动爬爪躲过距它最近的一对踏步后，复位放平，继续下降至活动爬爪支承在下一对踏步上并支承住上部结构后，再回缩油缸；将顶升横梁顶的下一对踏步上，稍微顶升至爬爪翻转时能躲过原来支撑的踏步后停止，拔开爬爪，继续回缩油缸，至下一标准节与下支座相接触时为止；下支座与塔身标准节之间用螺栓连接好后，用小车吊钩将标准节吊至地在面（注意：爬升架的下落过程中，当爬升架上的活动爬爪通过塔身标准节主弦杆踏步和标准节连接螺栓时，须用人工翻转活动爬爪，同时派专人看管顶升横梁和导向轮，观察爬升架下降时有无被障碍物卡住的现象，以便爬升架能顺利地下降）；重复上述动作，将塔身标准节依次拆下。塔身拆卸至安装高度后，若要继续拆塔，必须先拆卸平衡臂上的平衡重。

4.3.2.2 拆卸平衡臂配重

将载重小车固定在起重臂根部，借助辅助吊车拆卸配重；按装配重的相反顺序，将各块配重依次卸下，仅留下一块 2.60t 的配重块。

4.3.2.3 拆卸起重臂

放下吊钩至地面，拆除起重钢丝绳与起重臂前端上的防扭装置的连接，开动起升机构，回收全部钢丝绳；根据安装时的吊点位置挂绳，轻提起重臂，起动起升机构，使起重臂拉杆靠近塔顶拉杆；拆去起重臂拉杆与塔顶拉板的连接销，放下拉杆至起重臂上固定；拆去钢丝绳，拆掉起重臂与塔帽的连接销；放下起重臂，并搁在垫有枕木的支座上。

4.3.2.4 拆卸平衡臂

将配重块全部吊下，然后通过平衡臂上的四个安装吊耳吊起平衡臂，使平衡臂拉杆处于放松状态，拆下拉杆连接销轴；然后拆掉平衡臂与塔帽的连接销，将平衡平稳放至地面。

4.3.2.5 拆卸司机室

拆除与驾驶室连接的全部电缆；拆掉与塔身的连接螺栓，吊放至地面。

4.3.2.6 拆卸塔帽

拆卸前，检查与相邻的组件之间是否还有电缆连接。

4.3.2.7 拆卸回转总成

拆掉下支座与塔身的连接螺栓，伸长顶升油缸，将顶升横梁顶在踏步的圆弧槽内并稍稍顶紧，拆掉下支座与爬升架的连接销轴，回缩顶升油缸，将爬升架的爬爪支承在塔身上，再用吊索将回转总成吊起卸下。

4.3.2.8 拆走爬升架及塔身标准节

吊起爬升架，缓缓地沿标准节的主弦杆吊出，放至地面；依次吊下各节标准节。

4.3.2.9 拆走底架

拆卸方法与底架安装方法相反。

拆卸底架 20 个 M36 地脚螺栓，吊出底架。

5 施工质量保证措施

5.1 质量控制标准

5.1.1 塔吊基础质量要求

安装塔机时基础混凝土应达到 80% 以上设计强度，塔机运行使用时基础混凝土应达到

100%设计强度。

（1）基础混凝土强度要求见表 9–18。

表 9–18　　　　　　　　　　　　基础混凝土强度要求

时 间 阶 段	混凝土强度
塔机开始安装时	80%设计强度以上
塔机开始运行使用时	100%设计强度

（2）基础尺寸允许偏差。塔吊基础尺寸允许偏差符合表 9–19 规定。

表 9–19　　　　　　　　　　　　塔吊基础尺寸允许偏差

项 目		允许偏差（mm）	检 验 方 法
标高		±20	水准仪或拉线、钢尺检查
平面外形尺寸（长度、宽度、高度）		±20	钢尺检查
表面平整度		10、L/1000	水准仪或拉线、钢尺检查
洞穴尺寸		±20	钢尺检查
预埋锚栓	标高（顶部）	±20	水准仪或拉线、钢尺检查
	中心距	±2	钢尺检查

注　表中 L 为矩形或十字形基础的长边。

基础工程验收除应符合表 9–19 外，尚应符合现行国家标准 GB 50204《混凝土结构工程施工质量验收规范》的规定。

5.1.2　塔吊安装质量要求

塔吊安装过程中应分阶段检查验收。在无荷载情况下，塔身的垂直度允许偏差应不超过 4/1000。塔吊组件金属结构无变形、无严重锈蚀、焊接部位无开裂及脱焊；钢丝绳轮组、电器设备、顶升机构安全可用；塔机回转支撑连接螺栓无锈蚀严重、无裂纹；未随意代用和更换各部件可拆的销轴、塔身螺栓、回转支承螺栓；未拆除和代用制动器、限位装置等需现场调整部件。

5.2　质量保证措施

5.2.1　塔吊基础施工质量保证措施

塔吊地基土质应符合设计要求及地质报告；塔吊基础内钢筋必须经隐蔽工程验收合格，并作好隐蔽工程验收记录；塔吊预埋件位置、标高和垂直度及施工工艺符合出厂说明书要求；地脚螺栓应严格按说明书要求的平面尺寸设置并固定牢靠，允许偏差不得大于 5mm；塔吊避雷装置在基础施工时首先预埋，塔吊避雷针用圆钢直接与基础底板钢筋焊接相连，基础底板钢筋与主楼避雷接地连接，焊接长度不小于 10d，圆钢净面积不得小于

72mm²，接地电阻不应大于 4Ω；塔吊基础施工后，四周应排水良好，以保证基底土质承载力；混凝土基础应进行验收并合格方可使用。

5.2.2 塔吊安装质量保证措施

（1）塔吊基础验收。按照隐蔽工程验收记录、塔吊说明书及基础设计资料要求，核实塔吊安装基础施工质量、预埋件，符合要求才能进行塔吊安装作业。

（2）塔吊组件验收。验收即将安装的塔吊组件，要求金属结构无变形、无严重锈蚀、焊接部位无开裂、无脱焊。认真检查钢丝绳轮组、电器设备、顶升机构，发现问题及时修复后方可安装。

（3）组件连接检查。检查塔机回转支撑的连接螺栓，若锈蚀严重或有裂纹出现，则应更换；必须严格按照图纸和规范操作各部件连接，各部件可拆销轴、塔身螺栓、回转支承螺栓等均是塔机专用特制零件，不得随意代用和更换。

（4）限位防碰撞检查。吊装各部件要防止碰撞、砸伤，如发生几何变形应予矫正或更新；制动器、限位装置等需现场调整部件，须细心调整，使之灵敏可靠，不得拆除和代用。

（5）附墙装置安装检查。附着支座与墙体要固定牢固，附着框与塔身结构要箍紧；吊装附着杆时，两端应系好稳绳，注意绑扎吊点，应保持附着板接近水平，联结销轴安装好后，应立即穿好锁销；附着时应将附着点以下塔身垂直度控制在 0.2%以内，附着杆水平度控制在 10°以内。

（6）塔吊用电安全检查。塔式起重机金属结构、轨道及所有电气设备的金属外壳、金属管线，安全照明的变压器低压侧等应可靠接地。接地电阻不应大于 4Ω；重复接地电阻不应大于 10Ω。

5.3 强制性标准条文

GB 5144—2006 塔式起重机安全规程第 10.4 条规定：有架空输电线的场合，塔机的任何部位与输电线的安全距离，应符合规定。如因条件限制不能保证安全距离的应与有关部门协商，并采取安全防护措施后方可架设。

GB 5144—2006 塔式起重机安全规程第 10.5 条：两台塔机之间的最小架设距离应保证处于低位塔机的起重臂与另一台塔机的塔身之间至少有 2m 的安全距离；处于高位的塔机的最低位置的部件（吊钩升至最高点或平衡重的最低部位）与低位塔机中处于最高位置部件之间的垂直距离不小于 2m。

GB 5144—2006 塔式起重机安全规程第 10.6 条：混凝土基础应符合下列要求：（a）混凝土应能承受工作状态和非工作状态下的最大载荷，并保证满足塔机抗倾翻稳定性的要求；

GB 5144—2006 塔式起重机安全规程第 10.6 条：混凝土基础应符合下列要求：（d）若采用原制造商推荐的混凝土基础、固定支腿、预埋节和地脚螺栓应按原制造商规定的方法使用。

GB/T 5031—2008 塔式起重机第 5.2.3 条：主要性能参数误差：i)空载风速不大于 3m/s 状态下，独立状态塔身（或附着状态下最高附着点以上塔身）轴心线的侧向垂直度允差为

4/1000，最高附着点以下塔身轴心线的垂直允差为 2/1000。

GB 5144—2006 塔式起重机安全规程第 4.7.1、4.7.2、4.7.3 条：塔机主要金属承载结构件由于腐蚀或磨损而使结构的计算应力提高，当超过原计算应力的 15%时应予以报废。对于无计算条件的当腐蚀深度达原厚度的 10%时应予以报废；塔机主要承载结构件如塔身、起重臂等，失去整体稳定性时应报废。如局部有损坏并可修复的，则修复后不应低于原结构的承载力；塔机的结构件出现裂纹时，应根据受力情况和裂纹情况采取加强或重新施焊等措施，并在使用中定期观察其发展。对无法消除裂纹影响的应予以报废。

JGJ 33—2012 建筑机械使用安全技术规程第 4.4.19 条：起重机的附着锚固应符合下列要求：（1）起重机附着的建筑物，其锚固点的受力强度应满足起重机的设计要求。附着杆系的布置方式、相互间距和附着距离等，应按出厂使用说明书规定执行。有变动时，应另行设计。（7）拆卸起重机时，应随着降落塔身的进程拆卸相应的锚固装置。严禁在落塔之前先拆锚固装置。（8）遇有六级及以上大风时，严禁安装或拆卸锚固装置。

GB/T 5031—2006 塔式起重机第 5.6.6.1 条：当起重力矩大于相应幅度额定值并小于额定值的 110%时，应停止上升和向外变幅动作。

GB/T 5031—2006 塔式起重机第 5.6.6.4 条：当起重量限制器大于额定最大额定起重量并小于 110%额定起重量时，应停止上升方向的动作，但有下降方向的动作。具有多挡变速的起升机构，限制器应对各挡位具有防止超载的作用。

GB/T 5031—2006 塔式起重机第 5.6.1.2 条：对于小车变幅的塔机，吊钩装置顶部升至小车架下端的最小距离为 800mm 处时，应能立即停止起升运动，但机构有下降运动。

GB/T 5031—2006 塔式起重机第 5.6.7 条：对小车变幅塔机应设置双向小车变幅断绳保护装置。

GB/T 5031—2006 塔式起重机第 5.6.8 条：对小车变幅塔机应设置双向小车防坠落保护装置。即使车轮失效也不得脱离臂架坠落。

GB 5144—2006 塔式起重机安全规程第 5.5.1、5.5.3 条：塔机的起升机构、回转机构、变幅机构、行走机构都应配备制动器；对于电缆驱动的塔机，在产生大的电压降或在电气保护元件动作时，不允许导致各机构的动作失去控制。

JGJ 160—2008 施工现场机械设备检查技术规程第 6.5.16 条：塔式起重机金属结构、轨道及所有电气设备的金属外壳、金属管线，安全照明的变压器低压侧等应可靠接地。接地电阻不应大于 4Ω；重复接地电阻不应大于 10Ω。

JGJ 196—2010 建筑施工塔式起重机安装、使用、拆卸安全技术规程 2.0.3 条：塔吊安装、拆卸作业应配备下列人员：

（1）持有安全生产考核合格证书的项目负责人和安全负责人、机械管理人员。

（2）具有建筑施工特种作业操作资格证书的建筑起重机械装拆卸工、起重司机、起重信号工、司索工等特种作业操作人员。

JGJ 196—2010 建筑施工塔式起重机安装、使用、拆卸安全技术规程 2.0.9 条：有下列情况之一的塔吊严禁使用：

（1）国家明令淘汰的产品；

（2）超过规定使用年限经评估不合格的产品；

（3）不符合国家现行相关标准的产品；

（4）没有完整安全技术档案的产品。

JGJ 196—2010 建筑施工塔式起重机安装、使用、拆卸安全技术规程 2.0.14 条：当多台塔吊在同一施工现场交叉作业时，应编制专项方案，并应采取防碰撞的安全措施。任意两台塔吊之间的最小架设距离应符合下列规定：

（1）低位塔吊的起重臂端部与另一台塔吊的塔身之间的距离不得小于 2m；

（2）高位塔吊的最低位置的部件（或吊钩升至最高点或平衡重的最低部位）与低位塔吊中处于最高位置部件之间的垂直距离不得小于 2m。

JGJ 196—2010 建筑施工塔式起重机安装、使用、拆卸安全技术规程 2.0.16 条：塔吊在安装前和使用过程中，发现有下列情况之一的，不得安装和使用：

（1）结构件上有可见裂纹和严重锈蚀的；

（2）主要受力构件存在塑性变形的；

（3）连接件存在严重磨损和塑性变形的；

（4）钢丝绳达到报废标准的；

（5）安全装置不齐全或失效的。

JGJ 196—2010 建筑施工塔式起重机安装、使用、拆卸安全技术规程 3.4.12 条：塔吊的安全装置必须齐全，并应按程序进行调试合格。

JGJ 196—2010 建筑施工塔式起重机安装、使用、拆卸安全技术规程 3.4.13 条：连接件及其防松脱件严禁用其他代用品代用。连接件及其防松脱件应使用力矩扳手或专用工具紧固连接螺栓。

JGJ 196—2010 建筑施工塔式起重机安装、使用、拆卸安全技术规程 4.0.3 条：塔吊使用前，应对起重司机、起重信号工、司索工等作业人员进行安全技术交底。

JGJ 196—2010 建筑施工塔式起重机安装、使用、拆卸安全技术规程 4.0.4 条：塔吊的力矩限制器、重量限制器、变幅限位器、行走限位器、高度限位器等安全保护装置不得随意调整和拆除，严禁用限位装置代替操纵机构。

JGJ 196—2010 建筑施工塔式起重机安装、使用、拆卸安全技术规程 5.0.7 条：拆卸时应先降节、后拆除附着装置。

6　施工安全保证措施

6.1　风险辨识与预控措施

塔吊安装、使用、拆除施工安全风险识别、评估及预控措施分别见表 9-20。

表 9-20　　　　　塔吊安装、拆除及使用安全风险识别、评估及预控措施

序号	作业内容及部位	风险可能导致的后果	固有风险级别	预控措施
1	塔吊机械无操作规程	机械伤害、触电	1	建立各种机械、电气设备的操作规程

续表

序号	作业内容及部位	风险可能导致的后果	固有风险级别	预控措施
2	暴雨、台风前后未对建筑施工现场的塔吊施工电源等设施进行检查、维修、加固	机械伤害、坍塌、触电、其他伤害	2	按规定在暴雨、台风前后对建筑施工现场的塔吊施工电源等设施进行检查、维修、加固,确保安全使用
3	20m 及以上的塔吊未设置避雷针,或接地电阻过大	触电	1	按规定 20m 及以上的塔吊应设置避雷针,且接地电阻应≤10Ω
4	起重机械如吊车、卷扬机等机械存在制动失灵、突然泄压等缺陷或安全隐患	高处坠落、机械伤害	2	加强日常维修保养和使用前的安全检查,并按规定经技术监督部门定期检验检测合格以确保起重机械始终处于完好状态
5	搭拆作业人员未佩戴安全防护用具	高处坠落、其他伤害	1	搭设人员要求服装整齐,安全保护用品佩戴齐全
6	塔吊安装、拆除	机械伤害高处坠落	3	(1)编写施工方案或技术措施。 (2)填写《安全施工作业票 B》,作业前通知监理旁站。 (3)进行安全技术交底。 (4)严格按批准的施工方案执行。 (5)施工塔吊、井架的施工拆除由资质的专业队伍施工。 (6)安装完毕后经有资质的监测部门检测合格后方准使用
7	塔吊使用操作	机械伤害触电	2	(1)建立各种机械、电气设备的操作规程。 (2)告知安全注意事项
8	建筑机械:起重机械如吊车、升降车使用	高处坠落机械伤害	2	(1)严格按规程规定加日常维修保养和使用前的安全检查。 (2)并按规定经技术监督部门定期检验检测合格。以确保起重机械始终处于完好状态
9	建筑机械:起重吊装工程	物体打击机械伤害	3	(1)编写施工方案或技术措施。 (2)填写《安全施工作业票 B》,作业前通知监理旁站。 (3)制定施工的控制措施。 (4)进行安全技术交底。 (5)严格按批准的施工方案执行
10	拆除工程:机械拆除	坍塌 高处坠落物体打击触电	2	(1)编写施工方案或技术措施。 (2)填写《安全施工作业票 B》,作业前通知监理旁站。 (3)进行安全技术交底。制定施工的控制措施。 (4)严格按批准的施工方案执行。 (5)有电区域施工必须保持足够的安全距离(10kV 0.7m、35kV 1m、110kV 1.5m、220kV 3m、500kV 5m)。 (6)做好安全隔离措施,并执行全过程监护

6.2 重大事故防范措施

(1)人为性原因安全事故防范措施。

1)加强领导,合理安排组织劳动力。

2)持证上岗,杜绝无《塔机安装操作许可证》人员安装。

3)忙于赶任务,抢进度,安装作业人员过度疲劳者,应立即停止作业。

4）互相不团结，工作不协调不得安装。

5）酒后严禁参与安装作业，身体不适，发烧37度以上人员不得作业。

6）其他影响安装作业质量的人为性因素也不得安装。

（2）安装及拆除过程中安全事故防范措施。

1）塔机安装及拆除时，应严格按使用说明书中有关规定及注意事项进行。塔机安装及拆除前，应对塔吊自身的机构进行检查，确保机构自身处于正常技术状态。

2）在塔机安装及拆除作业时，风力不得大于6m/s（4级）。

3）应注意塔吊的尾部与建筑物外围施工设施之间的距离不小于0.5m。

4）在有架设输电线的场所，塔吊的任何部位与输电线的安全距离不得小于1m，超重臂长范围以外5～10m，不允许有高压电线。

5）混凝土基础，必须按起重说明书中规定的技术要求进行施工，浇筑后的混凝土强度必须达到规定要求以上，才能安装（经验收合格）。

6）佩戴安全帽、安全带：在安装及拆除过程中，作业人员必须佩戴安全帽，高空作业时（离地面3m以上）还应佩戴安全带，穿防滑工作鞋。现场有关人员必须戴安全帽。

7）各部件之间的连接销轴、坚固螺栓、螺母必须作用生产厂家随机专用件，不得随意代用。安装时各连接销轴必须涂黄油后进行安装，安装好后的连接销轴孔开口销必须张开，轴端卡板必须可靠紧固。

8）电源配置：电源配置应合理、安全、方便，不得与安装场地相距过远。

（3）塔机倾翻事故防范措施。

1）塔机设计者应能提供塔机计算书，并经主管单位认可。

2）塔机起重臂节间连接处，标准节间连接处，各活动部件连接处应采用可靠的连接形式，连接螺栓为高强度螺栓并有可靠的防松措施。

3）安装及拆除人员应严格按说明书规定的程序进行安装及拆除，不能随意用他物代用。

4）安装作业前，必须严格检查混凝土基础是否达到要求，是否符合图纸要求。

5）发现有不合格的塔机部件，严禁勉强安装。

（4）塔机平衡臂、起重臂变形事故防范措施。

1）安装及拆除前，严格检查两臂质量，发现可疑现象应停止安装及拆除。

2）若存在质量隐患应采取补救措施。

3）受力焊缝应采用连续焊缝不得采用段续焊缝。

4）仔细分析变形原因，若设计机构不合理应立即停止安装及拆除。

5）发现存在焊缝裂纹时，应停止安装。

（5）塔机起重臂坠落事故防范措施。

1）严格遵守各项国家和行业的标准、规范和规程。

2）起吊、安装失衡，严重违反GB 5144塔机安全规程的现象必须立即停止作业。

3）必须严格按说明书要求起吊、安装及拆除起重臂。

4）必须严格固定好吊点位置，起吊前应检查其正确性，并经试吊达到平衡状态，方可起吊。

（6）安装及拆除或更换钢丝绳造成事故防范措施。

1）不熟悉安装或更换钢丝绳，由于操作不当易引起人员伤亡事故，所以必须加强安全意识，不熟悉作业人员不允许作业。

2）更换起升机构钢丝绳时，要保证新旧绳头连接平顺，防止卡在滑轮内，如发生卡绳现场，应采取妥善的方法解决。

3）事先做好换绳的准备工作，工作时集中注意力。

（7）塔机安装、拆卸时人员伤亡事故的防范措施。

1）未经主管部门同意擅自将塔机安装、拆卸工作承包给个人作业，施工人员安全意识不强，违反安全操作规程，这种现象应坚决杜绝。

2）安装、拆卸塔机的负责人，对作业安全认识不足，没有制定切实可行的安全作业措施，盲目和冒险指挥作业是造成事故的原因之一。

3）严格现场的安全管理，安排专人负责安全，杜绝违章指挥，杜绝违章违纪现象。

（8）违章安装及拆除造成事故防范措施。

1）安装及拆除塔机时，尾部与建筑物及建筑物外围施工之间的距离不得少于 0.5m，这是国家标准的规定，必须严格执行标准，不能存在侥幸心理。

2）现场指挥人员，必须严格按章办事。一切不符合安装及拆除程序和安装及拆除标准的事项必须及时纠正。

3）安装及拆除过程中，安装工、指挥人员（信号工）、司机等各司其职，不负责任，擅离职守，应停止安装或拆除，现场安装负责人，可指导信号工，但不得直接指挥。

（9）信号不一致造成事故防范措施。

1）司机必须集中精力工作，指挥信号不明确应不执行，并向指挥人员发出信号，直到明白指挥意图，再进行作业。

2）安装及拆除指挥人员只有一人，即使有关领导在现场也不能直接指挥。

3）统一执行国家标准起重指挥信号，司机和指挥人员必须熟练了解手势信号、旗语信号和哨笛信号。

（10）触电事故防范措施。

1）安装及拆除过程中，严防电线、电缆外防护层碰伤、划破，如有绝缘损坏应及时报告。

2）电气安装及拆除只有电工才有资格作业，禁止非电工安装及拆除作业。

3）严格检查电器元件，电源插头座等绝缘是否良好，电源开关必须加锁，防止无关人员开关电源。

4）加强用电安全的教育。

（11）塔吊防碰撞措施。

1）安装。根据《塔式起重机安全规程》10.5 的规定：两台起重机之间的最小架设距离应保证处于低位的起重机臂端部与另一台起重机的塔身之间至少有 2m 距离，处于高位起重机的最低位置的部件（吊钩升至最高点或最高位置的平衡量）与低位的起重机中处于最高位置部件之间的垂直距离不得小于 2m，安装在垂直距离上满足规程要求。

2）操作：

a）当两台塔吊吊臂或吊物相互靠近时，司机要相互鸣笛示警，以提醒对方注意。

b）夜间作业时，应该有足够亮度的照明。

c）司机在操作时必须专心操作，作业中不得离开司机室，塔吊运转时，司机不得离开操作位置。

d）司机要严格遵守换班制度，不得疲劳作业，连续作业不许超过 8h。

e）司机室的玻璃应平整、清洁，不得影响司机的视线。

f）在作业过程中，必须听从指挥人员指挥，严禁无指挥操作，更不允许不服从指挥信号，擅自操作。

g）回转作业速度要慢，不得快速回转。

h）13m/s（六级）以上大风严禁作业。

i）操作后，吊臂应转到顺风方向，并放松回转制动器，并且将吊钩起升到最高点，吊钩上严禁吊挂重物。

6.3 安全技术与防护措施

6.3.1 安全技术措施

（1）塔吊应符合现行国家标准 GB 5144《塔式起重机安全规程》及 GB/T 5031《塔式起重机》的相关规定。塔吊应具有特种设备制造许可证、产品合格证、制造监督检验证明，并已在县级以上地方建设主管部门备案登记。

（2）有下列情况之一的塔吊严禁使用：

1）国家明令淘汰的产品；

2）超过规定使用年限经评估不合格的产品；

3）不符合国家现行相关标准的产品；

4）没有完整安全技术档案的产品。

（3）塔吊在安装前和使用过程中，发现有下列情况之一的，不得安装和使用：

1）结构件上有可见裂纹和严重锈蚀的；

2）主要受力构件存在塑性变形的；

3）连接件存在严重磨损和塑性变形的；

4）钢丝绳达到报废标准的；

5）安全装置不齐全或失效的。

（4）塔吊的安装、拆卸施工必须由专业从事塔吊安装、拆卸业务资质的单位进行，塔吊的安装、拆卸单位必须具备安全管理保证体系，有健全的安全管理制度。

（5）塔吊安装、拆卸作业应配备下列人员：

1）持有安全生产考核合格证书的项目负责人和安全负责人、机械管理人员。

2）具有建筑施工特种作业操作资格证书的建筑起重机械装拆卸工、起重司机、起重信号工、司索工等特种作业操作人员。

（6）塔吊的安全装置必须齐全，并应按程序进行调试合格。连接件及其防松脱件严禁用其他代用品代用。连接件及其防松脱件应使用力矩扳手或专用工具紧固连接螺栓。

（7）塔吊启用前应检查下列项目：

1）塔吊的备案登记证明等文件；

2）建筑施工特种作业人员的操作资格证书；

3）专项施工方案；

4）辅助起重机械的合格证及操作人员资格证书。

（8）塔吊使用前，应对起重司机、起重信号工、司索工等作业人员进行安全技术交底。

（9）塔吊的力矩限制器、重量限制器、变幅限位器、行走限位器、高度限位器等安全保护装置不得随意调整和拆除，严禁用限位装置代替操纵机构。

（10）塔吊拆卸作业应连续进行；当遇特殊情况拆卸作业不能继续时，应采取措施保证塔式起重机处于安全状态。

（11）对塔吊建立技术档案，其技术档案应包括下列内容：

1）购销合同、制造许可证、产品合格证、制造监督检验证明、使用说明书、备案证明等原始资料。

2）定期检验报告、定期自行检查记录、定期维护保养记录、维修和技术改造记录、运行故障和生产安全事故记录、累计运转记录等运行资料。

3）历次安装验收资料。

（12）冬季施工技术措施：

1）冬季施工时，要采取防滑措施，大风大雪等恶劣天气禁止施工。

2）电气设备，开关箱应有防护罩，通电导线要整理架空，电线包布应进行全面检查，务必保持良好的绝缘效果。

3）攀登和悬空高处作业人员必须经过专业技术培训及专业考试合格，持证上岗，并必须定期进行体格检查。

4）冬季气温较低，拆除前须对塔吊各部分设施进行检查，特别是液压顶升系统、回转机构等容易产生问题的部件；发现有缺陷和隐患时，必须及时解决后方可继续进行拆除作业；危险人身安全的问题，必须停止作业。

5）拆除作业中高处所用的物料、工具等，均应堆放平稳，固定牢固。工具应随手放入工具袋；作业中的走道、通道板和登高用具，应随时清扫积雪，避免结冰导致打滑；拆卸下的部件均应及时清理运走，不得随意乱置或向下丢弃。传递物件禁止抛掷。

6）大雪后，应对塔吊拆除作业安全设施逐一加以检查，发现有松动、变形、损坏或脱落等现象，应立即修理完善。

塔式起重机安全技术要求和验收表见表 9–21。

表 9–21　　　　　　　　　　　塔式起重机安全技术要求和验收表

序号	项目	标准及要求	检查记录	
1	安装位置	塔机与架空线，其他设施及建筑物的距离符合 GB 5144—2006 的有关要求		
2	塔身垂直度	独立高度≤4‰，附墙以下≤2‰	向　　　　mm 向　　　　mm	

续表

序号	项目	标准及要求	检查记录
3	基础	基础隐蔽工程验收单、砼试压块报告，地耐力报告、基础验收单齐全，碎石基础符合 GB 5144—2006 要求	
4	结构件	无缺陷、缺损、变形、裂纹及明显锈蚀	
5	连接、紧固件	销轴齐全到位，有可靠轴向止动，正确使用开口销，螺栓连接齐全，紧固牢靠，均有放松措施，高强螺栓按要求预紧，螺栓高于螺母 0～3 扣	
6	液压爬升系统	结构件无变形，裂纹油缸上下端连接牢固、可靠，平衡阀与油缸不得用软管连接	
7	配重	按规定堆放、固定连接正确可靠，重量符合设计要求	
8	钢丝绳及其固结	无严重损伤，变形，固结合理，符合 JGJ 33、GB 5972—2006 有关要求	
9	钢丝绳在卷筒上固定及余留圈数	由放松和闪紧性能最少余留不少于 3 圈	
10	滑轮及滑轮组	转动自如，润滑良好，应设有效防跳绳装置	
11	爬梯、护圈、栏杆、平台、走台	符合 GB 5144—2006 有关要求	
12	吊钩	防脱钩装置完好，表面无破口、孔穴、裂纹、凹陷等，不得补焊，挂绳处断面磨损小于原高度 10%，无永久变形	
13	制动器	制动带（块）清洁，磨损≤原厚度 1/2，液压油清洁，油量充足，有防护罩，制动灵敏可靠，间隙正常	
14	安全防护装置	起重量限制器，调试正确、灵敏有效（填数值）	
		起重力矩限制器，调试正确、灵敏有效（填数值）	
		起升高度限制器，调试正确、灵敏有效（填数值）	
		回转限制器，调试正确、灵敏有效	
		变幅前后限制器，调试正确、灵敏有效	
		运转机构活动件外露部分应由防护罩	
		变幅小车应装断绳保护装置，并有效、可靠	
		动臂式塔机有防吊臂后倾装置	
		红色障碍灯（总高度≥30m）应装	
		升降司机室有防断绳坠落装置	
		升降司机室有上、下极限限位装置	
15	电气系统	有独立专用电箱，并符合要求，有接地装置，安全符合要求，接地电阻值不大于 4Ω	
		电源箱漏电保护灵敏、可靠	
		电控柜熔断器选配正确	
		控制线路有零位保护，照明线路独立	
16	司机室	结构安全可靠、连接牢固，装设绝缘地板、电铃，配备灭火器及起重特性曲线表	
17	结构部分	运转正常，润滑良好，与结构件连接牢固可靠。卷筒上排绳无跳槽交叠现象	

续表

序号	项目	标准及要求	检查记录
18	空载试验	各工作机构单项动作和联合动作反复三次。各控制器灵敏可靠，工作正常，保护装置可靠，准备，无振动、异响	
19	额定荷载试验	在最大幅度时升起额定起重量，在下降、起升过程中制动三次，以额定速度变幅，全回转。动作正确，制动可靠，钢结构正常	
		吊起最大起重量在相应的最大幅度时，起升、下降过程中制动三次，以额定速度向里变幅（动臂式不试），全回转。动作正确，制动可靠，钢结构正常	
20	超载10%动载试验	最大幅度时吊相相应额定起重量的110%，以额定速度起升、下降、变幅、回转。各机构运转灵活，制动可靠，连接无法松动和破坏，钢结构完好正常	
		吊起最大起重量的110%，在相应的最大幅度时起升、下降、变幅（向里）、回转。各机构运转灵活，制动可靠，连接无法松动和破坏，钢结构完好正常	
21	超载25%静载试验	额定荷载的125%，以最低速度吊离地面100～200mm，停留10min，要求不下滑，卸载后，所有部件不得出现裂纹、永久变形，油漆剥落，连接松动等现象	
验收意见	塔机各性能完好，限位全符合塔机使用规程。 未经检测公司检测，不得使用。 　　　　　　　　　　　安装单位公章： 　　　　　　　　　　　　　　　年　月　日		
注	检查记录栏能填写具体数据应具体数据应尽量填写具体数据，检查有问题的应注明引起问题的原因		

6.3.2 安全防护措施

（1）塔吊正常工作温度范围：-20～40℃，风速低于6级，如遇雷雨、浓雾、大风（风速超过6m/s）等恶劣天气应立即停止使用。

（2）在塔吊的安装、拆卸及使用阶段，进入现场的作业人员必须佩戴安全帽、防滑鞋、安全带等防护用品，无关人员严禁进入作业区域内。

（3）在塔吊安装、拆卸作业期间，应设置警戒区。

（4）塔式起重机与架空输电线的安全距离应符合现行国家标准GB 5144—2006《塔式起重机安全规程》的规定，见表9-22。如因条件限制不能保证下表中的安全距离，应与有关部门协商，并采取安全防护措施后方可架设。

表9-22　　　　　　　　　　塔式起重机与架空输电线的安全距离

安全距离/m	电压/kV				
	<1	1～15	20～40	60～110	220
沿垂直方向	1.5	3.0	4.0	5.0	6.0
沿水平方向	1.0	1.5	2.0	4.0	6.0

（5）当多台塔吊在同一施工现场交叉作业时，应编制专项方案，并应采取防碰撞的安全措施。任意两台塔吊之间的最小架设距离应符合下列规定：

1）低位塔吊的起重臂端部与另一台塔吊的塔身之间的距离不得小于2m；

2）高位塔吊的最低位置的部件（或吊钩升至最高点或平衡重的最低部位）与低位塔吊中处于最高位置部件之间的垂直距离不得小于 2m。

（6）未经验收合格，塔吊司机不准上台操作，工地现场不得随意自升塔吊、拆除塔吊及其他附属设备。

（7）夜间施工必须有足够的照明，如不能满足要求，司机有权停止操作。

（8）塔吊拆装过程，必须严格按塔吊使用说明书和施工方案进行，严禁违规操作。

（9）严禁违章指挥，塔吊司机必须坚持十个不准吊。

（10）塔吊使用时，起重臂和吊物下方严禁有人员停留；物件吊运时，严禁从人员上方通过。

（11）严禁用塔吊载运人员。

（12）塔吊的尾部与周围建筑物及其外围施工设施之间的安全距离不得小于 0.6m。

（13）塔吊、沉降、垂直度测定及偏差修正：

1）塔吊基础沉降观测每半月一次；垂直度在塔吊自由高度时每半月测定一次，当架设附墙后，每月一次。

2）当塔吊出现沉降、垂直度偏差超过规定范围时，必须进行偏差修正。在附墙未设之前，在最低节与塔吊地脚螺栓间加垫钢片修正，修正过程中用高吨位千斤顶顶起塔身，顶塔身之前，塔身用大缆绳四面缆紧，在确保安全的前提下才能起顶塔身。当附墙安装后，则通过调整附墙杆长度，加设附墙的方法进行垂直度校正。

（14）经常检查电线、电缆有无损伤，如发现损伤应及时包扎或更换。

（15）各控制箱、配电箱应保持清洁，各安全装置行程开关及开关触点应灵活可靠，保证安全。

（16）塔吊维修保养时间规定：

1）日常保养（每班进行）。

2）塔吊工作 1000h 后，对机械、电气系统进行小修一次。

3）塔吊工作 4000h 后，对机械、电气系统进行中修一次。

4）塔吊工作 8000h 后，对机械、电气系统进行大修一次。

7　文明施工保证措施

（1）起重机安装前，应按照出厂有关规定，编制安装作业方法、质量要求和安全技术措施，经企业技术负责人审批后，作为安装作业技术方案，并向全体作业人员交底。

（2）安装人员在进入工作现场时，应穿戴安全保护用品，高处作业时应系好安全带，熟悉并认真执行拆装工艺和操作规程，当发现异常情况或疑难问题时，应及时向技术负责人反映，不得自行其是，应防止处理不当而造成事故。

（3）所有作业人员必须戴好安全帽和防护手套，登高作业必须系好安全带，不得穿硬底鞋及塑料底鞋，严禁酒后作业。

（4）冬期施工作业时应做好防滑措施，雨雪天气禁止安装、拆除施工。

（5）安装作业必须安排在白天进行，六级以上风力停止安装作业，四级以上风力停止顶升加节作业。遇有特殊情况必须在夜间进行时，应保证充足的照明。

（6）平衡臂和起重臂的安装必须安排在同一个半天内完成。

（7）施工现场必须设置警戒线，有专人看护，无关人员不得进入现场。

（8）整个安装过程中必须按照本安装程序进行，未经负责人同意，任何人不得更改。

（9）安全警告牌放到醒目、重要的施工区域。

（10）施工区域内工器具、机械构件应摆放整齐、有序、定点放置。

（11）每日工作完毕，及时清理施工产生的废料垃圾，做到工完料尽场地清。

（12）塔吊拆卸完毕后，为塔吊拆卸作业而设置的所有设施应拆除。清理场地上作业时所用的吊索具、工具等各种零配件和杂物。

8 绿色施工措施

（1）在塔吊安装、拆除施工过程中严格遵守国家和地方政府下发的有关环境保护的法律、法规和规章制度。

（2）垃圾分类存放和回收，集中处理。对塔吊的安装与拆除施工过程产生的垃圾进行分类存放、回收，将可回收垃圾分类后送回收站，不可回收垃圾运送到当地环卫部门指定的垃圾站，严禁随意倾倒垃圾。工程建设过程中产生的建筑垃圾和生活垃圾，分类包装及时清运到指定地点，集中处理，防止对环境造成污染。施工结束后，安装场地上产生的废弃物、油污、垃圾等均应进行有效回收或清理干净。

（3）加强主要耗能机械节能指标管理。施工现场消耗的能源主要是电能和汽油、柴油等，加强主要耗能机械的节能指标管理，选择节能型设备，并对主要耗能设备进行耗能计量核算。

（4）降噪。起重设备、安装机具等在长时间不使用时，应进行有效关闭，达到节约能源和降低噪声排放的目的。

9 QTZ6015 塔吊基础计算书

9.1 QTZ6015 塔吊十字梁基础计算书

（一）基本参数信息

总体	起重力矩（kN·m）	1000
	最大起重量（t）	6
	工作幅度（m）	2.5～60
	最大臂长（m）	60
	最大臂长端部起重量（t）	1.5
	起升（独立）高度（m）	45
	平衡重（t）	20.3
	整机机械自重（t）	47.8

续表

总体	供电电源		380V、50Hz
	工作温度（℃）		−20～+40
	最大工作风压（N/m²）		250
	非工作风压（N/m²）		1100
	总功率（kW）		60
起升结构	滑轮倍率		4
	起重量（t）		8
	额定起升速度（m/min）		0～24
	低速就位速度（m/min）		≤2.5
	电动机		型号 ZP250M1–6 功率：37kW 转速：n=975r/min
	减速机		圆柱齿轮电磁变挡减速机 i=14.72/7.277
	制动器		YWZ–300/45
	钢丝绳		35×7–12–1770
顶升机构	泵站型号		CBK1008–B₁F
	油缸型号		HSGK01—180/100E—1301—1250—1838
	油缸行程（mm）		1250
	顶升速度（m/min）		0.5
	最大顶升力		47
	电动机		型号：Y112M–4，功率：4kW，转速 1440r/min
	额定工作压力（MPa）		18
回转机构	回转速度（r/min）		0～0.063
	电动机		型号：YZRW132M2—6 功率：2×3.7kW 转速：908r/min
	减速器		行星齿轮减速机速比 i=180
	制动器		直流电动器 DZBⅡ—8
行走机构	行走速度（m/min）		18.5
	电动机		速度 933r/min，功率：2×5.5kW，型号：YZRW160
	减速机		圆柱蜗杆减速机

（二）塔吊对十字梁中心作用力的计算

（1）塔吊自重：G=390kN

（2）塔吊最大起重荷载：Q=40kN，作用于塔吊的竖向力：F=1.2×390+1.2×40=645.6（kN）

（3）塔吊弯矩计算

风荷载对塔吊基础产生的弯矩计算：

塔吊倾覆力矩：M=1.4×564=789.6（kN·m）

（三）交叉梁最大弯矩和桩顶竖向力的计算

计算简图：

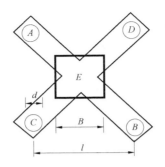

十字交叉梁计算模型（最大弯矩 M 方向与十字交叉梁平行）。

两段梁四个支点力分别为

$R_A=N/4+qL/2+3M/2L$ $\qquad$ $R_B=N/4+qL/2-3M/2L$

$R_C=N/4+qL/2$ $\qquad$ $R_D=N/4+qL/2$

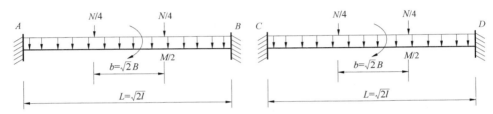

两段梁的最大弯矩分别为

$M_1=N(L-b)^2/16L+qL^2/24+M/2$ $\qquad$ $M_2=N(L-b)^2/16L+qL^2/24$

得到最大支座力为 $R_{max}=R_B$，$R_{min}=R_A$，最大弯矩为 $M_{max}=M_1$。

$b=2^{1/2}B=2.752m$，$L=2^{1/2}l=6.2m$

交叉梁自重：$q=25\times1.400\times1.300=45.5$（kN/m）

桩顶竖向力：

$R_{max}=N/4+q\times L/2+3M/(2L)=516/4+45.5\times6.2/2+3\times789.6/(2\times6.2)=461.08$（kN）

$R_{min}=N/4+q\times L/2-3M/(2L)=516/4+45.5\times6.2/2-3\times789.6/(2\times6.2)=79.02$（kN）

交叉梁得最大弯矩 M_{max}：

$M_{max}=N(L-b)^2/(16\times L)+q\times L^2/24+M/2=516\times(6.2-2.752)^2/(16\times6.2)+45.5\times6.2^2/24+789.6/2$
$\qquad=529.52$（kN·m）

（四）地基基础承载力验算

地基基础承载力特征值计算依据 GB 50007—2002《建筑地基基础设计规范》第 5.2.3 条。

计算公式如下：

$$f_a = f_{ak} + \eta_b\gamma(b-3) + \eta_d\gamma_m(d-0.5)$$

f_a——修正后的地基承载力特征值，kN/m^2；

f_{ak}——地基承载力特征值，按本塔吊使用说明书中确定；取 200.0kN/m²；

η_b、η_d——基础宽度和埋深的地基承载力修正系数，此处取 $\eta_b=0.3$、$\eta_d=1.6$；

γ ——基础底面以上土的重度，地下水位以下取浮重度，取 19.00kN/m³；

b ——基础底面宽度，m，当基宽小于 3m 按 3m 取值，大于 6m 按 6m 取值，取 6.0m；

γ_m ——基础底面以上土的加权平均重度，地下水位以下取浮重度，取 19.0kN/m³；

d ——基础埋置深度，m，此处取 1.3m。

解得：f_a=241.42.0kPa；

实际计算取的地基承载力设计值为：f_a=210.0kPa；

地基承载力特征值 1.2×f_a=289.704kPa＞210.0kPa，满足要求！

（五）基础受冲切承载力验算

依据 GB 50007—2011《建筑地基基础设计规范》第 8.2.7 条，允许冲切力验算公式如下：

$$F_i \leqslant 0.7\beta_{hp}f_t a_m h_0$$

式中 β_{hp} ——受冲切承载力截面高度影响系数，当 h 不大于 800mm 时，β_{hp} 取 1.0，当 h 大于等于 2000mm 时，β_{hp} 取 0.9，其间按线性内插法取用。

f_t ——混凝土轴心抗拉强度设计值。

h_0 ——基础冲切破坏锥体的有效高度。

a_m ——冲切破坏锥体最不利一侧计算长度，$a_m=(a_t+a_b)/2$。

a_t ——冲切破坏锥体最不利一侧斜截面的上边长，当计算柱与基础交接处的受冲切承载力时，取柱宽（即塔身宽度）；当计算基础变阶处的受冲切承载力时，取上阶宽。

a_b ——冲切破坏锥体最不利一侧斜截面在基础底面积范围内的下边长，当冲切破坏锥体的底面落在基础底面以内，计算柱与基础交接处的受冲切承载力时，取柱宽加两倍基础有效高度；当计算基础变阶处的受冲切承载力时，取上阶宽加两倍该处的基础有效高度。

F_i ——实际冲切承载力，$F_i=P_jA_1$。

P_j ——扣除基础自重及其上土重后相应于荷载效应基本组合时的地基土单位面积净反力，对偏心受压基础可取基础边缘处最大地基土单位面积净反力。

A_1 ——冲切验算时取用的部分基底面积。

F_j ——相应于荷载效应基本组合时作用在 A_1 上的地基土净反力设计值。

本例计算如下：

β_{hp} ——受冲切承载力截面高度影响系数，取 β_{hp}=0.95；

f_t ——混凝土轴心抗拉强度设计值，取 f_t=1.43MPa；

$$a_m = [2.752/\sqrt{2} + (2.752/\sqrt{2}+2\times1.3)]/2=3.246（m）$$

h_0 ——承台的有效高度，取 h_0=1.30；

P_j ——最大压力设计值，取 P_j=200.00kPa；

$$F_i=200.00\times(6.200+4.564)\times[(6.200-4.564)/2]/2=509.03（kN）$$

其中 6.20 为基础宽度，4.62=塔身宽度+2h=2.752/$\sqrt{2}$+2×1.3=4.564；

允许冲切力：

0.7×0.95×1.43×3246.00×1300.00=3 662 888.40N=4012.82（kN）＞F_1=509.03kN；

满足要求！

（六）基础抗倾覆验算

根据《塔式起重机产品说明书》，基础所受的最大倾覆力矩为 M=560kN·m，所受的扭矩为 M_k=200kN·m。

基础及其上土的自重荷载设计值：G=1.2G_k=1.2$V\gamma_c$=1.2×22.6×25=660kN；

其对基础边缘的力矩为 M_0=660×3.1=2046kN·m＞M=560kN·m，因此基础抗倾覆能满足要求。

（七）交叉梁截面主筋的计算

依据《混凝土结构设计规范》（GB 50010—2002）第 7.2 条受弯构件承载力计算。

$$\alpha_s=M/(\alpha_1 f_c b h_0^2)$$
$$\zeta=1-(1-2\alpha_s)^{1/2}$$
$$\gamma_s=1-\zeta/2$$
$$A_s=M/(\gamma_s h_0 f_y)$$

式中　α_1——系数，当混凝土强度不超过 C50 时，α_1 取为 1.0，当混凝土强度等级为 C80 时，α_1 取为 0.94，期间按线性内插法，α_1=1.00；

　　　f_c——混凝土抗压强度设计值，f_c=14.30N/mm²；

　　　h_0——交叉梁的有效计算高度，h_0=1300.0－40.0=1260.0mm；

　　　f_y——钢筋受拉强度设计值，f_y=210.0N/mm²。

经过计算得：α_s=529.52×10⁶/(1.00×14.30×1400.0×1260.0²)=0.017；

　　　　　ξ=1-(1-2×0.017)^{0.5}=0.017；

　　　　　γ_s=1-0.017/2=0.992；

　　　　　A_s=529.52×10⁶/(0.992×1260.00×210.00)=2017.35（mm²）

由于最小配筋率为 0.15%，所以最小配筋面积为

1400.00×1300.00×0.15%=2730.0mm²。

实际配筋按照 ϕ20@150，配筋值为 3140.0mm²＞max{2730.0mm²，2017.35mm²}。

（八）钢丝绳的选取与计算

本次安装过程中最重吊物为起重臂，质量为 6.2t，采用 4 点四股起吊，起吊千斤绳与水平夹角取 β=60°，则可计算每股钢丝绳所受拉力 F 为

$$F=G/2/\sin\beta/2=6.2/2/\sin60/2=1.79（t）$$

式中　F——钢丝绳所受拉力；

　　　G——起吊机械承重量；

　　　β——两根起吊千斤绳夹角。

查手册知，选取 ϕ36-6×19-1770 的千斤绳最小破断拉力 P 为 677kN，可以计算使用该钢丝绳的安全系数 K 为

$$K=P/F=67.7/1.79=37.82＞8$$

所以钢丝绳安全系数满足要求，可以使用。

9.2　QTZ6015塔吊板式基础计算书

9.2.1　基础验算

基础布置			
基础长 l（m）	70	基础宽 b（m）	19
基础高度 h（m）	0.95		
基础参数			
基础混凝土强度等级	C30	基础混凝土自重 γ_c（kN/m³）	25
基础上部覆土厚度 h'（m）	0		
基础混凝土保护层厚度 δ（mm）	40		
地基参数			
地基承载力特征值 f_{ak}（kPa）	180	基础宽度的地基承载力修正系数 η_b	0.3
基础埋深的地基承载力修正系数 η_d	1.6	基础底面以下的土的重度 γ（kN/m³）	19
基础底面以上土的加权平均重度 γ_m（kN/m³）	19	基础埋置深度 d（m）	3.5
修正后的地基承载力特征值 f_a（kPa）	288.3		
地基变形			
基础倾斜方向一端沉降量 S_1（mm）	20	基础倾斜方向另一端沉降量 S_2（mm）	20
基础倾斜方向的基底宽度 b'（mm）	5000		

基础及其上土的自重荷载标准值：

$$G_k=blh\gamma_c=70\times19\times0.25\times25=31\ 587.5（kN）$$

基础及其上土的自重荷载设计值：$G=1.2Gk=1.2\times1201.25=37\ 904.5（kN）$

荷载效应标准组合时，平行基础边长方向受力：

$$M_k''=G_1R_{G1}-G_3R_{G3}-G_4R_{G4}+0.5F_{vk}'H/1.2$$
$$=61\times55-24.5\times6.3-158\times12+0.5\times75.37\times43/1.2$$
$$=993.52（kN\cdot m）$$

$$F_{vk}''=F_{vk}'/1.2=75.37/1.2=62.81（kN）$$

荷载效应基本组合时，平行基础边长方向受力：

$$M'=1.2\times(G_1R_{G1}-G_3R_{G3}-G_4R_{G4})+1.4\times0.5F_{vk}'H/1.2$$
$$=1.2\times(37.4\times22-19.8\times7.5-89.4\times11.8)+1.4\times0.5\times75.37\times43/1.2$$
$$=1462.3（kN\cdot m）$$

$$F_v''=F_v'/1.2=105.52/1.2=87.93（kN）$$

基础长宽比：$l/b=6.2/6.2=1\leqslant1.1$，基础计算形式为方形基础。

$$W_x=lb^2/6=6.2\times6.2^2/6=39.72（m^3）$$

$$W_y=bl^2/6=6.2\times6.2^2/6=39.72 \text{（m}^3\text{）}$$

相应于荷载效应标准组合时，同时作用于基础 X、Y 方向的倾覆力矩：

$$M_{kx}=M_kb/(b^2+l^2)^{0.5}=1263.6\times6.2/(6.2^2+6.2^2)^{0.5}=893.5 \text{（kN·m）}$$
$$M_{ky}=M_kl/(b^2+l^2)^{0.5}=1263.6\times6.2/(6.2^2+6.2^2)^{0.5}=893.5 \text{（kN·m）}$$

1. 偏心距验算

相应于荷载效应标准组合时，基础边缘的最小压力值：

$$P_{kmin}=(F_k+G_k)/A-M_{kx}/W_x-M_{ky}/W_y$$
$$=(401.4+1201.25)/38.44-893.5/39.72-893.5/39.72=-3.3<0$$

偏心荷载合力作用点在核心区外。

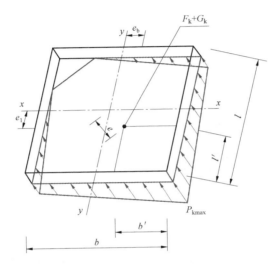

偏心距：$e=(M_k+F_{vk}h)/(F_k+G_k)=(1263.6+75.37\times1.25)/(401.4+1201.25)=0.85 \text{（m）}$

合力作用点至基础底面最大压力边缘的距离：

$$a=(6.2^2+6.2^2)^{0.5}/2-0.85=3.54 \text{（m）}$$

偏心距在 x 方向投影长度：$e_b=eb/(b^2+l^2)^{0.5}=0.85\times6.2/(6.2^2+6.2^2)^{0.5}=0.6 \text{（m）}$

偏心距在 y 方向投影长度：$e_l=el/(b^2+l^2)^{0.5}=0.85\times6.2/(6.2^2+6.2^2)^{0.5}=0.6 \text{（m）}$

偏心荷载合力作用点至 e_b 一侧 x 方向基础边缘的距离：$b'=b/2-e_b=6.2/2-0.6=2.5 \text{（m）}$

偏心荷载合力作用点至 e_l 一侧 y 方向基础边缘的距离：$l'=l/2-e_l=6.2/2-0.6=2.5 \text{（m）}$

$$b'l'=2.5\times2.5=6.25\text{m}^2\geqslant0.125bl=0.125\times6.2\times6.2=4.81 \text{（m}^2\text{）}$$

满足要求！

2. 基础底面压力计算

荷载效应标准组合时，基础底面边缘压力值

$$P_{kmin}=-3.3\text{kPa}$$
$$P_{kmax}=(F_k+G_k)/3b'l'=(401.4+1201.25)/(3\times2.5\times2.5)=85.41 \text{（kPa）}$$

3. 基础轴心荷载作用应力

$$P_k=(F_k+G_k)/(lb)=(401.4+1201.25)/(6.2\times6.2)=41.69 \text{（kN/m}^2\text{）}$$

4. 基础底面压力验算

（1）修正后地基承载力特征值。

$$f_a = f_{ak} + \eta_b\gamma(b-3) + \eta_d\gamma_m(d-0.5)$$
$$= 180 + 0.30 \times 19.00 \times (6.00-3) + 1.60 \times 19.00 \times (3.50-0.5) = 288.30 \text{（kPa）}$$

（2）轴心作用时地基承载力验算。

$$P_k = 41.69\text{kPa} \leqslant f_a = 288.3 \text{（kPa）}$$

满足要求！

（3）偏心作用时地基承载力验算。

$$P_{kmax} = 85.41\text{kPa} \leqslant 1.2f_a = 1.2 \times 288.3 = 561.96 \text{（kPa）}$$

满足要求！

5. 基础抗剪验算

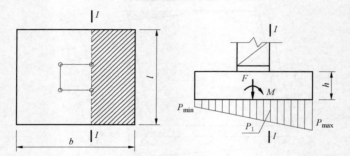

基础有效高度：$h_0 = h - \delta = 1250 - (40 + 20/2) = 1200$ （mm）

X 轴方向净反力：

$$P_{xmin} = \gamma[F_k/A - (M_k'' + F_{vk}''h)/W_x] = 1.35 \times [401.400/38.440 - (993.519 + 62.808 \times 1.250)/39.721]$$
$$= -22.338 \text{（kN/m}^2\text{）}$$

$$P_{xmax} = \gamma[F_k/A + (M_k'' + F_{vk}''h)/W_x] = 1.35 \times [401.400/38.440 + (993.519 + 62.808 \times 1.250)/39.721]$$
$$= 50.532 \text{（kN/m}^2\text{）}$$

假设 $P_{xmin} = 0$，偏心安全，得

$$P_{1x} = [(b+B)/2]P_{xmax}/b = [(6.200+1.600)/2] \times 50.532/6.200 = 31.786 \text{（kN/m}^2\text{）}$$

Y 轴方向净反力：

$$P_{ymin} = \gamma[F_k/A - (M_k'' + F_{vk}''h)/W_y] = 1.35 \times [401.400/38.440 - (993.519 + 62.808 \times 1.250)/39.721]$$
$$= -22.338 \text{（kN/m}^2\text{）}$$

$$P_{ymax} = \gamma[F_k/A + (M_k'' + F_{vk}''h)/W_y] = 1.35 \times [401.400/38.440 + (993.519 + 62.808 \times 1.250)/39.721]$$
$$= 50.532 \text{（kN/m}^2\text{）}$$

假设 $P_{ymin} = 0$，偏心安全，得

$$P_{1y} = [(l+B)/2]P_{ymax}/l = [(6.200+1.600)/2] \times 50.532/6.200 = 31.786 \text{（kN/m}^2\text{）}$$

基底平均压力设计值：

$$p_x = (P_{xmax} + P_{1x})/2 = (50.53 + 31.79)/2 = 41.16 \text{（kN/m}^2\text{）}$$
$$p_y = (P_{ymax} + P_{1y})/2 = (50.53 + 31.79)/2 = 41.16 \text{（kPa）}$$

基础所受剪力：

$$V_x=|p_x|(b-B)l/2=41.16\times(6.2-1.6)\times6.2/2=586.93（kN）$$

$$V_y=|p_y|(l-B)b/2=41.16\times(6.2-1.6)\times6.2/2=586.93（kN）$$

X 轴方向抗剪：

$$h_0/l=1200/6200=0.19<4$$

$$0.25\beta_c f_c lh_0=0.25\times1\times14.3\times6200\times1200=26\ 598（kN）>V_x=586.93（kN）$$

满足要求！

Y 轴方向抗剪：

$$h_0/b=1200/6200=0.19<4$$

$$0.25\beta_c f_c bh_0=0.25\times1\times14.3\times6200\times1200=26\ 598（kN）>V_y=586.93（kN）$$

满足要求！

6. 地基变形验算

倾斜率：$\tan\theta=|S_1-S_2|/b'=|20-20|/5000=0\leq0.001$

满足要求！

9.2.2 基础配筋验算

基础底部长向配筋	HRB335 Φ20@150	基础底部短向配筋	HRB335 Φ20@150
基础顶部长向配筋	HRB335 Φ20@150	基础顶部短向配筋	HRB335 Φ20@150

1. 基础弯矩计算

基础 X 向弯矩：

$$M_1=(b-B)^2 p_x l/8=(6.2-1.6)^2\times41.16\times6.2/8=674.97（kN\cdot m）$$

基础 Y 向弯矩：

$$M_{II}=(l-B)^2 p_y b/8=(6.2-1.6)^2\times41.16\times6.2/8=674.97（kN\cdot m）$$

2. 基础配筋计算

（1）底面长向配筋面积

$$\alpha_{S1}=|M_{II}|/(\alpha_1 f_c bh_0^2)=674.97\times10^6/(1\times14.3\times6200\times1200^2)=0.005$$

$$\zeta_1=1-(1-2\alpha_{S1})^{0.5}=1-(1-2\times0.005)^{0.5}=0.005$$

$$\gamma_{S1}=1-\zeta_1/2=1-0.005/2=0.997$$

$$A_{S1}=|M_{II}|/(\gamma_{S1}h_0 f_{y1})=674.97\times10^6/(0.997\times1200\times300)=1880（mm^2）$$

基础底需要配筋：$A_1=\max(1880,\rho bh_0)=\max(1880,0.001\ 5\times6200\times1200)=11\ 160（mm^2）$

基础底长向实际配筋：$A_{S1}'=13\ 293mm^2>A_1=11\ 160mm^2$

满足要求！

（2）底面短向配筋面积

$$\alpha_{S2}=|M_1|/(\alpha_1 f_c lh_0^2)=674.97\times10^6/(1\times14.3\times6200\times1200^2)=0.005$$

$$\zeta_2=1-(1-2\alpha_{S2})^{0.5}=1-(1-2\times0.005)^{0.5}=0.005$$

$$\gamma_{S2}=1-\zeta_2/2=1-0.005/2=0.997$$

$$A_{S2}=|M_1|/(\gamma_{S2}h_0f_{y2})=674.97\times10^6/(0.997\times1200\times300)=1880\text{（mm}^2)$$

基础底需要配筋：$A_2=\max(1880，\rho lh_0)=\max(1880，0.001\,5\times6200\times1200)=11\,160\text{（mm}^2)$

基础底短向实际配筋：$A_{S2}'=13\,293\text{mm}^2\geqslant A_2=11\,160\text{（mm}^2)$

满足要求！

（3）顶面长向配筋面积

基础顶长向实际配筋：$A_{S3}'=13\,293\text{mm}^2\geqslant0.5A_{S1}'=0.5\times13\,293=6646\text{（mm}^2)$

满足要求！

（4）顶面短向配筋面积

基础顶短向实际配筋：$A_{S4}'=13\,293\text{mm}^2\geqslant0.5A_{S2}'=0.5\times13\,293=6646\text{（mm}^2)$

满足要求！

（5）基础竖向连接筋配筋面积

基础竖向连接筋为双向 $\Phi10@500$。

9.2.3　配筋示意图

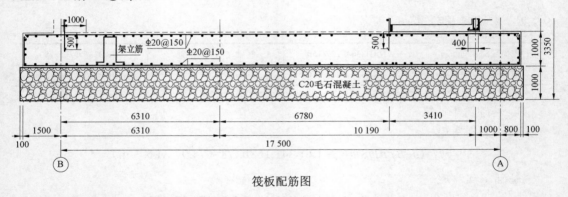

筏板配筋图

筏板配筋采用双向 C20@150 钢筋，远远超过所需的钢筋要求。

9.2.4　钢丝绳的选取与计算

本次安装过程中最重吊物为起重臂，重量为 6.861t，采用 4 点四股起吊，起吊千斤绳与水平夹角取 $\beta=60°$，则可计算每股钢丝绳所受拉力 F 为

$$F=G/2/\sin\beta/2=6.681/2/\sin60/2=1.98\text{t}$$

式中　F——钢丝绳所受拉力；

G——起吊机械承重量；

β——两根起吊千斤绳夹角。

查手册知，选取 $\phi36$–6×19–1770 的千斤绳最小破断拉力 P 为 677kN，可以计算使用该钢丝绳的安全系数 K 为：4

$$K=P/F=67.7/1.98=34.19>8$$

所以钢丝绳安全系数满足要求，可以使用。

第二篇

电气安装篇

篇 目 录

第一章

换流阀系统安装作业指导书

前 言

为进一步强化换流阀系统安装过程管控，提升现场规范化、标准化水平，换流站管理部在总结提炼各主要换流阀制造厂现行安装作业指导书基础上，结合换流阀现场安装关键环节和管控要点，参考国家电网基建〔2016〕542 号《国家电网公司关于应用〈气体绝缘金属封闭开关设备（GIS）安装作业指导书编制要求〉的通知》文件精神，组织编制了《换流阀系统安装作业指导书》（以下简称本作业指导书），现下发推广应用。

（1）本作业指导书在已有换流阀系统安装相关规程规范的基础上，进一步强化"厂家主导安装"，明确了厂家与安装单位的安装界面。设备安装前，监理单位应组织厂家和施工单位，根据本作业指导书模板编制并签署分工界面书，明确接口、各自安装范围和责任。

（2）本作业指导书进一步明确了换流阀厂家负责安装部分的具体工作内容、标准和安全质量控制卡，如阀组件安装、水管连接、导电回路安装、光线敷设等工序。为进一步强化厂家安装现场统一管理力度，监理单位应严格履行对施工和厂家安装过程跟踪、旁站、检查、签证和验收手续。

（3）安装单位和厂家应结合产品特点，参照本作业指导书的要求和深度，编制有针对性、可操作性的安装作业指导书，并履行"编审批"手续后严格实施。

（4）本作业指导书修订完善了《大、小组件换流阀系统安装流程》《换流阀系统安装关键工序控制卡》《主要工序工艺控制》，补充了±1100kV 特高压换流站换流阀系统安装的相关要求，增加了厂家安装内容管控记录，进一步明确了换流阀安装环境条件等。厂家、安装单位、监理、业主应严格执行"三级检验、四方签证"手续，真实规范填写所附的"换流阀系统安装关键工序控制卡"，对换流阀系统安装实行全过程、全覆盖管控。

（5）本作业指导书适用于±1100kV 及以下电压等级换流站换流阀设备安装，其中针对换流阀功率和电流提升导致阀结构、安装高度和工艺质量控制的改变等特点，加入了导电回路、水管连接等关键工艺控制。

（6）本作业指导书为征求意见稿，应用过程中发现的问题或建议，请及时向国家电网公司直流建设分公司换流站管理部反馈。

封面样式

×××kV×××换流站工程
×××kV换流阀系统安装作业指导书

编制单位：

编制时间： 年 月 日

目 次

前言

1 概述

1.1 相关说明

1.1.1 术语和定义

以下名称术语，在本文件中特定含义如下：

1.1.1.1 制造厂

设备供应商、厂家。

1.1.1.2 安装单位

在工程现场具体实施设备安装的施工、试验单位。

1.1.1.3 晶闸管

晶体闸流管的简称，由阳极、阴极和控制极构成，是一种可控整流的半导体器件。

1.1.1.4 换流阀

直流输电系统中为实现换流所用的三相桥式换流器中作为基本单元设备的桥臂，又称为单阀。现代直流输电采用的半导体换流阀是半导体电力电子元件串（并）联组成的桥臂主电路及其合装在同一个箱体中的相应辅助部分的总称。大容量、高电压直流输电系统中采用的半导体换流阀多数为晶闸管换流阀。

1.1.1.5 阀电抗器

与阀串联的电抗器，包括阳极电抗器和阴极电抗器。阳极电抗器是指连接到阳极端子的阀电抗器；阴极电抗器是指连接到阴极端子的阀电抗器。

1.1.1.6 阀组件

构成阀的最小单元，由若干晶闸管及其触发、保护、均压元件和阀电抗器等组成，其电气性能与阀的电气性能相同，但其阻断能力为阀的若干分之一。

1.1.1.7 悬吊件

用于将阀塔固定在阀厅钢横梁上的轴承座、花篮螺栓、绝缘子等。

1.1.1.8 阀塔

由同一相的多个阀叠装而成的整体结构。由 2～4 个阀串联构成的多重阀单元分别为二重阀、四重阀。

1.1.1.9 阀避雷器

跨接在阀两端或跨接在阀及与阀串联的器件（如电抗器或均流器）两端的避雷器。

1.1.1.10 阀基电子控制设备（VBE）

又称阀控制单元（valve control unit，VCU）。提供地电位控制设备与阀电子电路或阀装置之间接口的电子设备。

1.1.2 适用范围

本作业指导书适用于±1100kV及以下电压等级换流站换流阀设备的安装。

1.1.3 工作依据

《电气装置安装工程高压电器施工及验收规范》（GB 50147—2010）

《电气装置安装工程电气设备交接试验标准》（GB 50150—2016）

《±800kV及以下换流站换流阀施工及验收规范》（GB/T 50775—2012）

《±800kV及以下直流换流站电气装置施工质量检验及评定规程》（DL/T 5233—2010）

《直流换流站高压电气设备交接试验规程》（Q/GDW 111—2004）

《±800kV换流站换流阀施工及验收规范》（Q/GDW 1218—2014）

《±800kV换流站阀厅施工及验收规范》（Q/GDW 1221—2014）

《±800kV换流站直流高压电器施工及验收规范》（Q/GDW 1219—2014）

《输变电工程建设标准强制性条文实施管理规程》（Q/GDW 10248—2016）

《国家电网公司电力安全工作规程电网建设部分（试行）》（国家电网安质〔2016〕212号）

（《国家电网输变电工程质量通病防治工作要求及技术措施》变电工程分册（基建质量〔2010〕19号）

《国家电网公司输变电工程标准工艺（一）施工工艺示范手册》（2011版）

《国家电网公司输变电工程标准工艺（三）工艺标准库》（2012年版）

《国家电网公司输变电工程标准工艺（四）典型施工方法（第三辑）》特高压专辑

《国家电网公司输变电工程施工安全风险识别、评估及预控措施管理办法》（国网〔基建/3〕176—2015）

《换流站工程建设典型案例专辑》（第五部分：工程施工）

《国家电网公司防止直流换流站单双极强迫停运二十一项反事故措施》（2011版）

《国家电网公司十八项电网重大反事故措施（修订版）》（国家电网生〔2012〕352号）

国内各换流阀厂家安装作业指导书、技术规范

1.2 设备结构特点及基本参数

目前国内制造厂生产的换流阀多采用空气绝缘、去离子水冷却、悬吊式结构。阀塔主结构由强度高、质量轻的铝合金材料和防火、阻燃性能好的无卤高强度玻璃布层压绝缘梁组成，结构紧凑、可靠性高且功耗低。不同制造厂生产的阀结构和相关参数略有不同。

换流阀的悬吊设计使阀塔对所有动态和静态应力都具有良好的承受能力，阀塔设

计同时考虑到地震的特殊要求。换流阀主要由悬吊部分、阀架、平台、母线、晶闸管组件、电抗器组件、聚偏氟乙烯（PVDF）水管、层屏蔽、光缆槽、层装配、阀避雷器组成。

本作业指导书列举了昌吉-古泉±1100kV 特高压直流输变电工程，换流阀送端和受端设备的基本参数见表 1-1。

表 1-1　　　　　　　　　　换流阀送端和受端设备的基本参数

序号	项　　目		单位	整流侧（南瑞）	逆变侧（西电）
1	连续额定值		MW	12000	12000
2	额定直流电压 U_{dN}		kV	1100	±1100
3	额定直流电流 I_{dN}		A	5455	5455
4	理想空载直流电压 U_{di0N}		kV	319.04	308.33
5	稳态运行时的滞后角				
	额定值		（°）（电角度）	15	
	最大值		（°）（电角度）	17.5+0.5	
	最小值		（°）（电角度）	12.5-0.5	
6	稳态运行时的熄弧角				
	额定值		（°）（电角度）		17
	最大值		（°）（电角度）		18
	最小值		（°）（电角度）		16
7	额定功率时的标幺值电阻性压降（换流阀）		占 U_{di0N} 的%	10	0.5
8	在一个多重阀单元（MVU）中阀的数量			2	2
9	在一个阀臂中阀组件的数量			12	12
10	阀组件是否可从阀臂移出			是	是
11	稳态运行时阀厅内的环境温度	最高	℃	60	60
		最低	℃	5	5
12	稳态运行时阀厅内的环境湿度	最高	%RH	60	60
		最低	%RH	10	10

1.3　工作原则

1.3.1　安全第一、质量为本、工期合理

强化入场人员安全教育培训、安全技术交底，严格执行施工过程风险识别、动态评估、预控措施安全风险管理流程，全面推行安全文明施工标准化，确保设备安装作

业安全。

严控换流阀安装质量管控薄弱环节，规范换流阀安装作业指导书编制内容，统一换流阀安装作业标准，强化安装质量工艺关键环节管控，确保设备零缺陷投运，实现全寿命周期稳定运行。

严格按照合理工期组织工程建设，不得压缩合同约定的工期。如工期确需调整，应当对安全质量影响进行论证和评估，并提出相应的施工组织措施和安全质量保障措施。

1.3.2 环境达标、准备充分、动态管控

安装过程中严格落实"四节一环保"（节能、节材、节水、节地、环境保护）绿色施工措施，最大限度节约资源，减少对环境的负面影响。

严格换流阀安装前土建条件确认，禁止土建、安装交叉作业。落实设备安装施工资源配置，加强安装人员技术技能培训，强化进场设备材料验收管理及仓储保管，优先采用成熟合理的施工方法。

加强安装过程动态管控，严格工序交接验收，建立"问题多发"重点管控机制，充分发挥安装单位质量控制作用，确保对安装工艺质量的全过程有效控制。

1.3.3 程序规范、责任清晰、分工明确

明晰安装单位、制造厂的工作内容界定与责任划分，强化施工安装单位质量主体责任落实，督促制造厂切实履行技术指导质量责任。

明确设备安装质量管理的责任落实与管控原则，充分发挥质量保证体系和自控体系作用，确保设备安装质量管控重点措施有效落实。

强化换流阀安装考核和质量责任终身制，与输变电工程流动红旗、优质工程评定、创优示范工程评比、同业对标等挂钩，安装过程中发现严重问题的，一律实施一票否决，并追究责任单位、责任人员责任。

1.3.4 实时记录、逐级确认、同步形成

加强设备安装记录管理，全面应用"设备安装质量工艺关键环节管控记录卡"，明确设备安装关键环节的质量工艺标准，准确记录设备安装关键环节安装质量。

强化安装关键环节确认和过程管控责任落实，严格履行签字确认手续，按照"谁签字，谁负责"的原则追溯设备安装质量责任。

强化设备安装资料管理，工程资料要同步印证现场质量管控，施工记录数码照片要真实一致，全面反映设备安装过程管理。

2 整体流程及职责划分

2.1 整体流程图

大、小组件换流阀安装施工流程分别如图 1-1 和图 1-2 所示。

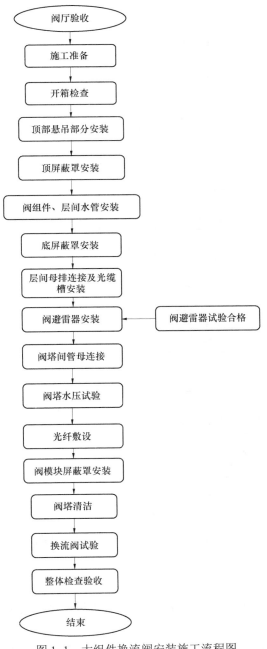

图 1-1 大组件换流阀安装施工流程图

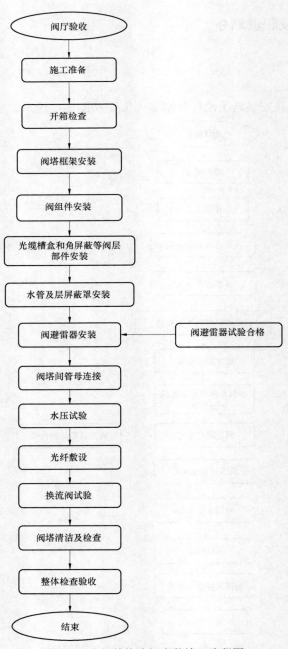

图 1–2　小组件换流阀安装施工流程图

2.2　职责划分原则

安装单位现场安装，制造厂技术指导，制造厂主导整个安装过程。制造厂现场安装的部分，纳入现场统一管理和验收。

一般原则："谁安装，谁负责；谁提供，谁负责；谁保管，谁负责"，即：

（1）安装单位与制造厂就各自安装范围内的工程质量负责。

（2）除制造厂提供的专用设备、机具、材料外，安装环节所需其他设备、机具、材料由安装单位提供。现场安装过程中所用到的设备、机具、材料等必须在检定有效期之内，并履行相关报审手续。提供单位对所提供的设备、材料、机具的质量负责。

（3）接收单位对货物保管负责（需要开箱的，开箱前仅对箱体负责）。制造厂负责将货物完好足量的运抵合同约定场所，到货检验交接以后由安装单位负责保管，对于暂时无法开箱检验交接的，安装单位需对储存过程中包装箱的外观完好性负责。

（4）安装单位与制造厂应通力协作，相互支持与配合，负有配合责任的单位，应积极配合主导方开展任务。如配合工作不满足主导方相关要求，双方应积极协调解决，必要时应及时报告监理单位。

2.3 界面划分

制造厂与安装单位的工作界面划分见表 1-2。

表 1-2　　　　　　　　　　　　界　面　划　分

一、管理方面

序号	项目	内　　容	责任单位
1	总体管理	安装单位负责施工现场的整体组织和协调，确保现场的整体安全、质量和进度有序	安装单位
2	安全管控	安装单位负责对制造厂人员进行安全交底，对分批到场的厂家人员，要进行补充交底	安装单位
		安装单位负责现场的安全保卫工作，负责现场已接收物资材料的保管工作	安装单位
		安装单位负责现场的安全文明施工，负责安全围栏、警示图牌等设施的布置和维护，负责阀厅现场作业环境的清洁卫生工作	安装单位
		制造厂人员应遵守国家电网公司及现场的各项安全管理规定，在现场工作着统一工装，并正确佩戴安全帽	制造厂
3	劳动纪律	安装单位负责与制造厂沟通协商，制定符合现场要求的作息制度，制造厂应严格遵守纪律，不得迟到早退	安装单位、制造厂
4	人员管理	安装单位参与换流阀安装作业的人员，必须经过专业技术培训合格，具有一定安装经验和较强责任心。安装单位向制造厂提供现场人员组织名单，便于联络和沟通	安装单位
		制造厂人员必须是从事换流阀设计、制造、安装且经验丰富的人员。入场时，制造厂向安装单位提供现场人员组织机构图，便于联络和管理	制造厂
5	技术资料	安装单位负责根据制造厂提供的换流阀设备安装作业指导书，编写换流阀安装施工方案，并完成相关报审手续。安装单位负责收集、整理管控记录卡和质量验评表等施工资料	安装单位
6	进度管理	为满足安装工艺的连续性要求，制造厂提出加班时，安装单位应全力配合。加班所产生的费用各自承担	安装单位
		安装单位编制本工程的换流阀安装进度计划，报监理单位和建设单位批准后实施	安装单位
		制造厂制定每日的工作计划，安装单位积极配合。若出现施工进度不符合整体进度计划的，制造厂需进行动态调整和采取纠偏措施，保证按期完成	制造厂

续表

序号	项目	内　　容	责任单位
7	物资材料	安装单位负责提供必要场地及货架设施等，用于换流阀安装过程中的材料、图纸、工器具的临时存放	安装单位
		安装单位应提供规格标准、性能良好的施工器具、安全防护用具、起重机具，并对其安全性负责	安装单位
		制造厂提供符合要求的专用工装、吊具等，且数量需满足现场安装进度的需求	制造厂
8	阀厅环境管控	换流阀产品在出厂时应做好防尘、防潮措施，换流阀产品到货时，阀厅屋面、地面、墙面需全部施工完毕，门窗密封良好，室内通风机空调系统安装完毕，投入使用，阀厅内微正压力、温度、相对湿度符合设计要求和产品的技术规定	制造厂安装单位
		安装单位负责所有换流阀产品的卸货、转运、保管、开箱等工作，卸货、转运过程中不得倒置、倾斜、碰撞或受到剧烈的振动，制造厂有特殊规定的应按产品的技术规定进行相关工作。 开箱场地的环境条件应符合产品的技术规定，安装单位负责开箱过程中产生废品、垃圾的处理，保持阀厅的清洁	安装单位
		安装单位及制造厂调试人员在进行换流阀产品安装调试工作时，应保持阀厅大门处理关闭状态，避免外面环境影响换流阀产品	安装单位制造厂

二、安装方面

序号	项目	内　　容	责任单位
1	环境复检	安装单位负责检查沿阀厅的钢屋架、墙面和地面布置的内冷却管道和光线槽盒安装到位，负责检查阀悬吊结构安装完毕，螺栓紧固，预留开孔符合设计要求	安装单位
2	到货清点	换流阀设备到货后，需要由厂家协同安装单位负责将设备的清点，将换流阀产品移交安装单位放入阀厅内进行保管	制造厂、安装单位
3	开箱检查	安装单位负责对换流阀产品的开箱，与装箱单核对，并有相应的记录。制造厂负责开箱后元器件内包装有无破损、所有器件与装箱单对应无误，所有元器件外观完好无损	安装单位、制造厂
4	产品吊装	厂家负责做好吊装前对各主要元器件、连接件、导线、光纤、冷却回路等的检查。换流阀安装应安装制造厂的装配图、产品编号和规定的程序进行，并检查其电气主回路的电流方向符合技术规定	制造厂
		安装单位按厂家指导要求做好换流阀产品的吊装、对接、紧固工作。吊装过程应采用专用吊具吊装阀组件、阀电抗器等产品，吊装方法和吊带、吊点选择应符合产品的技术规定，吊装过程中，应做好平稳性控制，保证设备安全	安装单位
5	附件安装	阀避雷器各连接处的金属表面应清洁，无氧化膜，各节位置、喷口方向应符合产品的技术规定，均压环安装应水平，与伞裙间隙均匀一致。 阀体冷却水管安装过程中防止撞击、挤压和扭曲而造成的水管变形、损坏，等电位电极的安装及连接应符合产品技术规定，水管在阀塔上应固定牢靠。 阀塔光线敷设前需校对光纤的规格、长度和数量，光纤接入设备前，临时端套不得拆卸，保持光纤端头的清洁，光纤的弯曲度应符合产品的技术规定	安装单位
		制造厂负责指导安装单位完成对换流阀附件产品的安装	制造厂
6	阀控施工	安装单位负责阀控设备的卸货、转运、吊装就位，制造厂家确定就位的正确性。安装单位负责换流阀本体与阀控设备的光纤铺设及信号核对检验工作	安装单位
		厂家负责提供阀控设备自身的电缆及标牌、光纤、接线端子、槽盒等附件，并负责指导安装单位完成阀控设备的施工	制造厂
7	试验调试	安装单位负责换流阀设备所有交接试验，并实时准确记录试验结果，及时整理试验报告，所有试验的项目及内容应符合产品的技术规定	安装单位
		制造厂负责提供所有交接试验的技术规范，并协助安装单位完成所有的交接试验，主要包括水压试验、光纤测试、晶闸管触发试验、主通流回路接触电阻测试、避雷器试验、漏水试验等项目	制造厂

续表

序号	项目	内　　容	责任单位
8	问题整改	针对在安装、调试过程中出现的的问题，由于产品自身质量问题造成的，制造厂负责及时处理	制造厂
		针对在安装、调试过程中出现的由于安装单位施工造成的不符合要求的问题，安装单位负责处理	安装单位
9	质量验收	在竣工验收时，安装单位负责牵头质量验收工作，安装单位负责提供安装记录及交接试验报告，备品备件、专用工具的移交工作	安装单位
		制造厂配合安装单位进行竣工的验收工作，并提供相应产品的说明书、安装图纸、试验记录、产品合格证及其他技术规范中要求的资料	制造厂

③ 安装前必须具备的条件及准备工作

3.1 人力资源条件

人员配置见表 1–3，人力资源应满足以下条件：

（1）安装单位组织管理人员、技术人员、施工人员及制造厂人员到位并熟悉现场及设备情况。

（2）相关人员上岗前，应根据设备的安装特点由制造厂向安装单位进行技术交底；安装单位对作业人员进行专业培训及安全技术交底。

（3）制造厂人员应服从现场各项管理制度，制造厂人员进场前应将人员名单及负责人信息报监理备案。

（4）安装单位应向制造厂提供安装人员名单。

（5）特殊工种作业人员应持证上岗。

表 1–3　　　　　　　　　　　人　员　配　置

序号	岗位	人数	岗　位　职　责
1	项目经理/项目总工	1	全面组织设备的安装工作，现场组织协调人员、机械、材料、物资供应等，针对安全、质量、进度进行控制，并负责对外协调
2	技术员	2	全面负责施工现场的技术指导工作，负责编制施工方案并进行技术交底（安装单位、制造厂各 1 人）
3	安全员	1	全面负责施工现场的安全工作，在施工前完成施工现场的安全设施布置工作，并及时纠正施工现场的不安全行为
4	质检员	1	全面负责施工现场的质量工作，参与现场技术交底，并针对可能出现的质量通病及质量事故提出防止措施，并及时纠正现场出现的影响施工质量的作业行为
5	施工班长	4	全面负责现场专业施工，认真协调人员、机械、材料等，并控制施工现场的安全、质量、进度
6	安装人员	16	了解施工现场安全、质量控制要点，了解作业流程，按班长要求，做好自己的本职工作
7	机械、机具操作人员	4	负责施工现场各种机械、机具的操作工作，并应保证各施工机械的安全稳定运行，发现故障及时排除

序号	岗位	人数	岗 位 职 责
8	机具保管员	1	做好机具及材料的保管工作，及时对机具及材料进行维护及保养
9	资料信息员	1	负责施工工程中的资料收集整理、信息记录、数码照片拍摄等

3.2 机具设备条件

安装单位、设备厂家提供满足安装需要的机具、仪器分别见表 1-4 和表 1-5。

表 1-4　　　　　　　　　安装单位提供满足安装需要的机具、仪器

序号	名　称	型号、参数	数量	用途	备注
1	1/4 力矩扳手	2～25N·m	2 把	螺栓紧固	施工单位提供
2	1/2 力矩扳手	20～100N·m	2 把	螺栓紧固	施工单位提供
3	3/4 力矩扳手	80～400N·m	4 把	螺栓紧固	施工单位提供
4	1/2 套筒	24mm	2 个	螺栓紧固	施工单位提供
5	3/8 套筒	13mm	2 个	螺栓紧固	施工单位提供
6	3/8 套筒	14mm	2 个	螺栓紧固	施工单位提供
7	1/2 加长套筒	18mm	4 个	螺栓紧固	施工单位提供
8	1/2 加长套筒	30mm	4 个	螺栓紧固	施工单位提供
9	3/4 加长套筒	30mm	4 个	螺栓紧固	施工单位提供
10	内六角扳手		2 套	螺栓紧固	施工单位提供
11	活动扳手	L=375	4 把	螺栓紧固	施工单位提供
12	活动扳手	L=250	4 把	螺栓紧固	施工单位提供
13	开口呆扳手	17mm	4 把	螺栓紧固	施工单位提供
14	开口呆扳手	46mm	4 把	螺栓紧固	施工单位提供
15	十字螺丝刀	大、小各一把	2 把	螺栓紧固	施工单位提供
16	一字螺丝刀	大、小各一把	2 把	螺栓紧固	施工单位提供
17	剪刀		1 把	切割	施工单位提供
18	卷尺	5m 量程	2 个	长度测量	施工单位提供
19	卷尺	25m 量程	2 个	长度测量	施工单位提供
20	水平尺	2m	2 件	水平测量	施工单位提供
21	直角尺	宽座	1 把	校正	施工单位提供
22	钢丝钳		1 把	切割	施工单位提供
23	斜口钳		1 把	校正	施工单位提供
24	木榔头		2 把	校正	施工单位提供
25	橡胶锤		1 把	校正	施工单位提供
26	手锯、锯条		若干	切割	施工单位提供
27	砂轮切割机		1 套	切割	施工单位提供

续表

序号	名 称	型号、参数	数量	用途	备注
28	手锉		2 把	打磨	施工单位提供
29	电动钻	配 ϕ9mm 钻头	1 套	打孔	施工单位提供
30	钢板尺	2m	2 把	长度测量	施工单位提供
31	毛刷		若干	涂抹导电膏	施工单位提供
32	剥线钳		若干	剥线	施工单位提供
33	压线钳		若干	连接	施工单位提供
34	手电筒		若干	光纤测试	施工单位提供
35	恒流源含鳄鱼夹		2 台	接触电阻测量	施工单位提供
36	数字万用表	精确到 0.01mV	2 个	接触电阻测量	施工单位提供
37	胶枪		2 把	点胶	施工单位提供
38	吊带	5t，3.5m	4 套	吊装	施工单位提供
39	吊带	5t，2m	4 套	吊装	施工单位提供
40	吊带	2t，3m	4 根	吊装	施工单位提供
41	电动叉车	3t	1 台	搬运	施工单位提供
42	平板移动器	3t	1 台	搬运	施工单位提供

表 1-5　　　　　　　　设备厂家提供满足安装需要的机具、仪器

序号	名 称	型号、参数	数量	用途	备注
1	升降平台		2 套	现场安装	设备厂家提供
2	压力表	9bar	1 个	流量平衡测试	设备厂家提供
3	压力表	4bar	1 个	流量平衡测试	设备厂家提供
4	超声波流量计	Flexons F601	1 个	流量平衡测试	设备厂家提供
5	吊装平台		1 套	吊装	设备厂家提供
6	绝缘子和特制螺旋扣选配工装		2 套	吊装	设备厂家提供
7	电动葫芦	30m，2t	2 台	吊装	设备厂家提供
8	电动葫芦	30m，5t	2 台	吊装	设备厂家提供
9	光纤测试仪		1 套	光纤测试	设备厂家提供
10	换流阀功能测试仪（VTE）		1 套	晶闸管级测试	设备厂家提供
11	检修工具（含晶闸管更换工具）		1 套	维护	设备厂家提供

注　1bar=100kPa=10N/cm²=0.1MPa。

3.3 材料条件

施工单位及设备厂家提供的易耗品（材料）见表 1-6。

表 1-6　　　　　　　　施工单位及设备厂家提供易耗品（材料）

序号	名称	型号、参数	数量	用途	备注
1	砂纸	400～1000 目	50 张	打磨	施工单位提供
2	无水乙醇	500mL/瓶	100 瓶	零件清洗清理，母排安装	施工单位提供
3	抹布		50kg	零件清洗清理，母排安装	施工单位提供
4	百洁布	单块 80×120mm	100 包	零件清洗、清理	施工单位提供
5	记号笔	红色和黑色各 25 支	50 支	作紧固记号	施工单位提供
6	钢丝刷	1″/25mm	2 把	母排安装	施工单位提供
7	导电膏		若干	母排安装	施工单位提供
8	无毛纸	130 张/包×8 包	5 箱	零件清洗、清理	设备厂家提供
9	维可牢（尼龙刺粘扣）VELCRO TAPE	10M ROLLS	5 套	捆扎	设备厂家提供
10	低发泡聚乙烯泡沫塑料板	PEX-1000 100mm×10mm×500mm	50 张	光纤安装	设备厂家提供
11	胶枪头		10 件	点胶	设备厂家提供
12	环氧树脂黏合剂		50 管	点胶	设备厂家提供
13	大扎带		2000 个	绑扎	设备厂家提供
14	中扎带		5000 个	绑扎	设备厂家提供
15	小扎带		10000 个	绑扎	设备厂家提供
16	线端子	M4/M5/M8	各 500 个	接线	设备厂家提供
17	生料带		10 卷	绑扎	设备厂家提供
18	O 形圈	75mm	若干	更换损坏 O 形圈	设备厂家提供
19	O 形圈	40mm	若干	更换损坏 O 形圈	设备厂家提供
20	O 形圈	16mm	若干	更换损坏 O 形圈	设备厂家提供
21	耦合剂		5 盒	涂抹流量计探头	设备厂家提供

3.4　环境条件

3.4.1　土建交付安装的条件

土建交付安装应满足以下条件：

（1）阀厅土建施工及照明安装完成，施工及照明电源稳定。

（2）阀厅已密封（门、穿墙套管等孔洞已封堵）和无尘（地面、钢构架等清洁完毕）。

（3）阀厅通风和空调系统投入使用，阀厅要求微正压力，阀厅湿度：不大于 60%，且应满足不发生凝露现象，阀厅施工温度：5～35℃，粉尘度应符合设计要求和产品的技术规定。

（4）阀悬挂结构之上的工作，包括悬吊钢结构上的主冷却管道回路、主光纤电缆槽盒、红外测温、火灾消防报警元件等都已施工完成。

（5）阀厅内主冷却水管道已清洗、试压完成，在连接法兰处短接进出管。

（6）阀厅顶部相关接地施工全部完成。

3.4.2 阀厅布置及环境管理控制

由于换流阀安装时清洁度要求高，阀厅内的场地布置十分重要，阀厅环境的好坏直接影响换流阀的安装质量，阀厅拟采用如下布置：

（1）网格化布置。阀厅内设置工器具摆放区、设备安装区、设备材料堆放区，各个区域采用移动式围栏隔离。工器具摆放应标准规范，工器具需清点、登记，安装结束后及时回收。地面组装区域铺设地板革，阀厅里面配置大功率吸尘器等除尘工具，并设专人进行保洁，做到施工规范化。换流阀设备及附件应整齐摆放，围栏设置应与堆放附件保持一定距离，靠换流变压器侧堆放不宜过高，需保证换流变压器的正常就位，如图1-3所示。

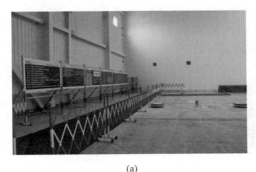
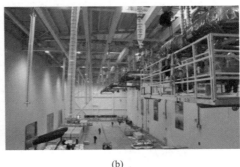

(a)   (b)

图1-3 换流阀安装场地网格化布置图

（a）标准化布置；（b）定制化摆放

（2）建立换流阀安装"六级防尘"制度。为保证换流阀安装环境中粉尘度满足厂家要求，在现场建立"六级防尘"制度，在先期安装的双极低端换流阀厅小门进口前，自行设计并建造风淋过渡间，内设值班室、全自动感应风淋房、衣帽鞋更换过渡间等，严格控制人员进出，从而控制人员带入阀厅的粉尘；换流阀安装全过程也使用防尘薄膜进行包裹，使换流阀模块从开箱、安装到安装完成均处于防尘状态，避免粉尘对电子元器件的影响，如图1-4～图1-7所示。

一级：流阀安装前对阀厅钢构及墙面进行全面清理，同时在地面铺设地板革，防止地面产生尘埃。

二级：落实阀厅出入管理制度，进入阀厅人员需更换专用工作服和鞋子。

三级：在阀厅人员通道处设置全自动感应风淋房，进行风淋除尘，对进入阀厅人员全身进行除尘。

四级：换流阀从开箱检查、过程安装，使用防尘塑料薄膜进行防尘，安装结束后，采取整体包裹的方式对阀塔整体包裹，确保粉尘落入阀模块电子元器件，全过程对换流阀防尘保护。

五级：采用环境监测一体机系统实时监控阀厅安装环境，当环境超出要求值时，设备将会自动鸣笛报警，同时将以发送报警短信的形式提醒质量控制人员。

六级：阀厅内部安排卫生清理人员，使用自动地面清洗机，实时清洗阀厅地面，开启阀厅空调自净化功能，对阀厅内空气质量自循环净化除尘，保证换流阀设备安装环境粉尘度满足安装要求。

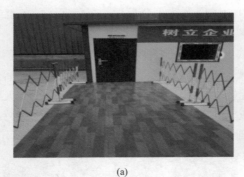

(a)　　　　　　　　　　　　　　(b)

图 1-4　出入登记制度
(a) 阀厅进出口；(b) 人员登记

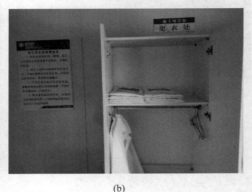

(a)　　　　　　　　　　　　　　(b)

图 1-5　进出人员除尘
(a) 风淋除尘；(b) 更换防尘服

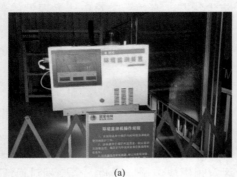

(a)　　　　　　　　　　　　　　(b)

图 1-6　环境监测与控制
(a) 环境在线监测报警装置；(b) 阀厅地面清洁

(a)

(b)

图 1-7　装前控制与装后防护

（a）设备堆放；（b）成品保护

3.5　技术准备

（1）安装前，应检查换流阀安装图纸、出厂技术文件、产品技术协议、有关验收规范及安装调试记录表格等是否备齐。

（2）安装前，技术负责人应详细阅读产品的安装说明书、装配总图、附件一览表以及各个附件的技术说明及产品技术协议等，了解产品及其附件的结构、性能、主要参数以及安装技术规定和要求。

（3）在安装前，厂家人员需对安装单位进行交底。在安装过程中，由厂家人员全程进行现场安装指导。

（4）施工单位应按照此标准化模板编写作业指导书，进行审批及报审手续。

（5）技术负责人应对施工人员作详细的技术交底，同时做好交底记录。技术交底应包含但不限于以下内容：图纸设计特点及意图、工作内容及范围、施工程序及主要施工方案、主要质量要求及保证质量措施、职业安全健康及环境保护等。

（6）施工人员应按技术措施和技术交底要求进行安装，对安装程序、方法和技术要求做到心中有数，并熟悉厂家资料、安装图纸、技术措施及有关规程规范等。

4　换流阀设备接收、储存保管及转运

4.1　设备接收、存储保管

换流阀设备发货到现场后，应立即放入阀厅，并保证妥善存放，入库过程中，由阀供货商的现场工程师予以指导，对于存放有争议地方，进行协商，并由现场工程师确认。换流阀设备在现场存放时，必须在有保护设施的地方存放，存放的库房需满足防火、防潮和防盗要求，并保证良好通风。存放过程中，应每天进行存放检查，以防潮、防盗和防损伤。设备在进入阀厅后方妥善放置后，方可开箱。开箱时需主要保护设备，不能因为误操作或者不当拆卸而损坏设备。

4.2 设备开箱检查

阀厅具备安装条件后方允许进行设备开箱检查，在业主、监理、厂家、物资及施工单位均在场的情况下对到货的设备进行开箱检查。如在检查过程中发现部件有损坏以及有其他不正常情况时，应及时进行现场拍照，并以书面的形式详细记录，并经业主、监理、设备厂家、物资及施工单位五方签字确认。

开箱后根据设计图纸和装箱清单进行如下检查：

（1）元器件的包装应无破损。

（2）所有元件、附件及专用工器具应齐全，无损伤、变形及锈蚀。

（3）各连接件、附件及装置性材料的材质、规格、数量、电气参数、尺寸及安装编号等应符合产品的技术规定。

（4）电子元件及电路板应完整，无锈蚀、松动及脱落。

（5）光纤的外护层应完好，无破损；光纤端头应清洁，无杂物，临时端套应齐全。

（6）均压环及屏蔽罩表面应光滑，色泽均匀一致，无凹陷、裂纹、毛刺及变形。

（7）瓷件及绝缘件表面应光滑，无裂纹及破损，胶合处填料应完整，结合应牢固，试验应合格。

（8）阀组件的紧固螺栓应齐全，无松动，晶闸管组件与散热器的压紧度符合产品技术要求，所有螺栓力矩均有紧固标识。

（9）冷却水管的临时封堵件应齐全。

（10）设备合格证、出厂试验报告、技术说明书及图纸应齐全。

5 大组件换流阀安装

5.1 阀塔吊耳及电动葫芦安装

利用升降平台车把阀塔顶部及避雷器顶部的吊耳用螺栓固定在顶部钢梁上，将悬挂电动葫芦的吊带固定在阀厅的阀塔悬吊横梁上，挂好电动葫芦，确保吊带牢固悬挂电动葫芦。电动葫芦安装与固定参考电动葫芦使用说明书。阀塔及避雷器吊耳的安装结构如图1-8所示。

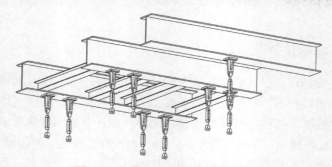

图1-8 阀塔及避雷器悬吊吊点结构

注：电动葫芦使用须严格按照电动葫芦操作说明书要求使用，不得超载荷使用和不当悬挂固定。

5.2 阀塔顶部悬吊部分安装

5.2.1 阀塔顶部悬挂支架安装

阀塔顶部悬挂支架包括主水管直段吊装架、主水管斜段吊装架。阀塔顶部悬挂支架结构如图1-9所示。U形螺栓组件此时暂不安装，U形螺栓与阀厅分水管（进、回水）组装在一起后安装。

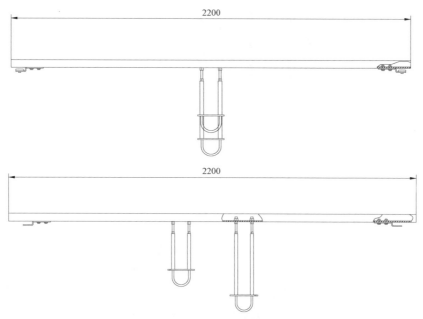

图1-9 阀塔顶部悬挂支架结构

5.2.2 阀塔顶部光纤桥架安装

阀塔顶部光纤桥架是用于衔接阀厅顶部主光纤桥架和阀塔内光纤槽的过渡通道。根据图纸要求，将阀塔顶部光纤桥架安装到相应位置上，并与阀厅顶部主光纤桥架可靠连接，光纤桥架衔接处应平滑。

所有的光纤桥架通道内都应保证没有尖角和毛刺，在光纤转向处（转角、T形连接等），分散光纤的转弯半径应大于80mm，光缆的转弯半径应大于350mm。

5.2.3 特制螺旋扣和绝缘子安装

利用升降车将特制螺旋扣及绝缘子安装到相应吊点上，如图1-10所示。阀塔由特制螺旋扣和顶部绝缘子提供悬挂支撑，特制螺旋扣用于调整顶屏蔽罩各吊点处的水平，从而保证各绝缘子载荷一致。安装时注意保护绝缘子，伞裙不应受到挤压或划伤，芯棒因某种原因受挤压而弯曲的角度不应大于20°。

在安装绝缘子前，需先将绝缘子均压环固定在绝缘子的上端金具上。

特制螺旋扣两端的吊耳结构型式相同，安装时不受方向限制，借助特制螺旋扣长度调整工装，调整两个吊耳孔对孔的间距，且两吊耳相错 90°，调整完毕后，稍稍锁紧螺母。

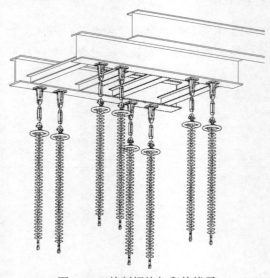

图 1-10　特制螺旋扣和绝缘子

5.2.4　阀塔顶部冷却水管和阀支架安装

阀支架结构如图 1-11 所示，该支架主要是由绝缘槽梁、通丝绝缘螺杆和绝缘螺母组成，同时配有附属的结构件，用于安装阀顶部进回水水管和光纤槽；卸下阀支架上每管夹的上半部分，安装阀顶部进回水水管于阀支架上相应位置，注意水管方向与阀支架方向的相对关系，并用管夹固定，固定管夹的螺栓不要完全固定紧，保证阀顶部进回水水管有上下调整的裕度。使用升降工具将组装完毕的阀支架及阀顶部进回水水管运至阀塔顶部。

将阀顶部进回水水管的法兰与阀顶部进、出水主水管的法兰连接固定。根据阀顶部进回水管的高度，调整阀支架的高度，使阀顶部进回水管与阀支架上的管夹紧密配合，并固定阀支架，最后根据图纸工艺要求固定管夹。

5.2.5　阀塔顶部光纤槽安装

阀塔顶部水管安装完毕后，根据阀塔顶部光纤槽附件清单，安装顶部光纤槽盒。在阀塔顶部光纤槽盒过程中，考虑到阀塔安装的尺寸偏差，光纤槽和安装时可能出现光纤槽固定孔位与支撑角件孔位的对应偏差问题，则可采用现场配钻的方法予以解决。顶部光纤槽有一段需要尺寸调整，可以利用钢锯和剪刀，根据图纸要求和现场安装尺寸需要进行截断处理，如图 1-12 所示。

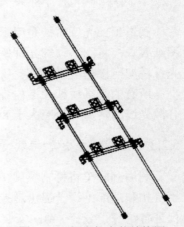

图 1-11　阀支架安装结构图

5.3 阀塔顶屏蔽罩安装

每个阀塔有 1～2 个顶屏蔽罩组件，每个顶屏蔽罩组件均为完整组装件，包括了顶屏蔽罩、顶屏蔽罩底座、塔内光纤桥架和耳形母排等。

（1）组装顶屏蔽罩吊具，吊具包括了吊装工装、吊环和吊带。把顶屏蔽罩从包装箱中吊出来放在顶屏蔽罩吊具上，并根据图纸要求将其固定在吊具上。

（2）顶屏蔽罩分两种，利用电动葫芦将顶屏蔽罩连同吊具一并提升至一定高度，使阀塔悬吊绝缘子的吊环可以装在顶屏蔽罩的吊耳上。

（3）用水平尺（长度大于 1m）放置于顶屏蔽罩上表面，通过调节特制螺旋扣将顶屏蔽罩调水平。

（4）将阀支架底部绝缘螺杆固定到顶屏蔽罩底座上。

（5）将光纤槽末端连接到顶屏蔽罩光纤桥架上。

图 1-12 阀塔顶部光纤槽盒安装图

安装第二个顶屏蔽罩后应对两个顶屏蔽罩进行调水平。将水平尺放置在两个顶屏蔽罩的上平面，确保两个半塔的顶屏蔽罩处于同一水平。第二相阀塔的屏蔽罩要注意与第一相保持水平，依次类推，六相阀塔屏蔽罩保持同一水平，将结果记录于表 1-7。

表 1-7 阀塔吊装水平测量记录表

记录人：		记录日期： 年 月 日	复查人：
阀塔编号：			
测量结果（以水平仪实地测量照片或其他形式说明）			
顶屏蔽组件水平			
备注（6 个阀塔是否水平及其他）			

注意：当屏蔽罩组件升到空中后会产生晃动，给安装带来难度。顶屏蔽罩安装完毕后，应注意电动葫芦吊索与顶屏蔽罩之间的间距，避免吊索刮擦屏蔽罩壳体，如图 1-13 所示。

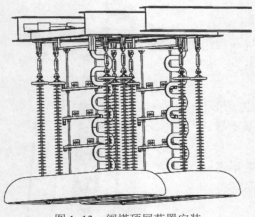

图 1-13　阀塔顶屏蔽罩安装

5.4　阀组件、层间水管安装

除阀模块层间屏蔽罩和阀层水管支架外，阀模块一般为制造厂成品发运工程现场。阀模块的不锈钢主水管安装了密封堵头，在安装冷却水管前严禁拆除。具体安装步骤如下：

（1）在阀模块上安装阀层水管支架。

（2）选择层间绝缘子长度调整的调整垫。利用绝缘子长度测量工装确定每个绝缘子所需的调整垫厚度，每一个阀层尽量选择长度一致的绝缘子，这样便于调整垫的选择和调配。

（3）安装绝缘子调整垫。同一层间应选择所需垫片厚度相同的绝缘子。安装绝缘子前，根据绝缘子上所记录的厚度配置相应的 W 形调整垫。对于第一层阀模块，调整垫放置在第一层阀模块铝合金横梁上表面与上吊耳之间，其他阀层的调整垫则放置在阀模块铝合金横梁下表面与下方吊耳之间。

（4）安装层间模块安装。

1）第一层阀模块安装。将选配好长度的绝缘子安装到顶屏蔽罩下方的吊耳上，打完力矩后用记号笔标记。将阀模块起吊适当高度，在阀模块铝合金横梁下方的吊耳上安装绝缘子，绝缘子的长度须和阀模块铝合金横梁下吊耳所加的调整垫厚度对应，紧固螺栓，打完力矩后用记号笔标记。

2）其他层阀模块安装。对于除第一层阀模块外的其他阀模块安装，只需将层间绝缘子悬挂在阀模块铝合金横梁下方吊耳上，绝缘子的长度须和阀模块铝合金横梁下方吊耳所加的调整垫厚度对应，紧固螺栓，打完力矩后用记号笔标记。

（5）层间冷却水管安装。模块间冷却水管有两种不同的长度，典型的配置是"全长为主、半长为辅"。半长水管必须按照给定的工程图纸正确装于多重阀的规定位置，一般的规律是顶/底屏蔽与模块之间层间水管在远离避雷器侧应该安装半长管。全长管分为左右螺旋两种，安装的一般规律是从下往上看，螺旋方向优先避开晶闸管硅堆，如图 1-14 所示。

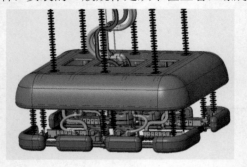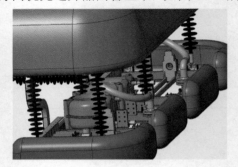

图 1-14　阀塔层间水管连接

安装 PVDF 水管时，上紧螺栓前应确保密封垫片与法兰盘完全对中，螺栓必须对角分三次上紧到规定力矩。

层间水管上下法兰盘和绝缘拉杆安装完后，通过调整绝缘拉杆锁紧螺母，以保证层间水管水平段管略微受力。

5.5 底屏蔽罩

每个阀塔有 1～2 个底屏蔽罩组件，安装前需用塑料薄膜进行包裹，并安装底屏蔽罩吊座再进行吊装，吊装到安装高度后，连接与上层阀模块间的绝缘螺杆。

5.6 层间母排连接及光缆槽安装

5.6.1 层间母排

层间母排由硬铝制母排和线软铜排的组合构成，在阀塔上安装母排前，首先在地面完成单支母排的组装，层间母排安装前，先用钢丝刷对连接面进行表面打磨，打磨完毕后，用无水乙醇将导电接触面擦拭干净，然后用百洁布或砂纸对接触面再均匀打磨一遍，再次用无水乙醇清洁接触面，最后用毛刷将导电膏均匀地涂抹在接触面上，并按照图纸要求进行母排安装。层间母排全部安装完成后，按照设备厂阀塔调试规程的要求测量所有接触面的接触电阻，如接触电阻大于超过 $10\mu\Omega$，应重新对接触面进行处理。

5.6.2 层间光缆槽安装

阀层间光纤槽固定在阀模块框架的外侧，由阀模块的光纤槽固定角件固定支撑。光纤槽安装后，暂时不安装光纤槽盖，在光纤铺设完毕后再安装光纤槽盖。每个阀塔有两个角需要安装检漏计光纤的光纤槽，安装位置与底屏蔽罩内的光纤槽支撑角件对应。

5.7 阀避雷器安装

阀避雷器的安装分避雷器悬吊结构安装和避雷器的安装两部分。避雷器悬吊结构安装由阀供货商现场工程师指导安装；避雷器的安装由避雷器厂家现场工程师指导安装。在避雷器安装前，首先安装悬吊避雷器的特制螺旋扣和悬吊绝缘子（含均压环），安装工艺参考图纸。

首先在地面完成避雷器的组装，包括导电转接板的安装，导电转接板在不同避雷器塔上的安装有差异，具体安装位置参考图纸。导电转接板在避雷器上的固定工艺参考阀避雷器厂家的安装指导文件。完成特制螺旋扣和悬吊绝缘子的安装后，吊装阀避雷器，整个吊装过程由避雷器厂家工程师指导，并由阀供货商现场工程师进行技术审核和安装质量监督。

5.8 阀塔间管母连接

安装所有连接金具前，须按照厂家提供的金具安装说明对金具进行预处理。首先用砂纸对导电接触面进行打磨，打磨完毕后，用无水乙醇将接触表面的擦拭干净，然后用百洁布或者砂纸将接触面均匀打磨一遍，再次用无水乙醇清洁接触面，最后将导电膏均匀地涂抹在接触面上，并按图纸要求进行金具安装。

金具布置位置参考图纸，单个金具安装工艺参考金具图纸。转接板的导电接触面需打磨处理。

根据阀塔安装完毕后实际距离确定直流管母的长度，直流管母的长度比实际需要的大，因此需借助砂轮切割机进行切割，切割完毕后，用手锉和砂纸对切割面进行打磨，清除毛刺和尖角。直流管母与软连接金具连接面需用砂纸适度打磨。通流回路金具安装完成后，测量接触电阻，阀厅内接触电阻要求不大于 $10\mu\Omega$。

5.9　阀塔水压试验

阀塔的所有水路连接好后，进行阀塔水压试验，检验水冷系统的安装阀质量。阀塔水压试验参照设备厂工艺要求。

5.10　光纤敷设

换流阀的光纤包括各晶闸管级的触发回报光纤、避雷器计数器光纤、漏水检测信号光纤、阀基测试设备（VTE）单级测试用光纤、阀基电子设备（VBE）屏柜之间的光纤。光纤的铺设应遵循《光纤铺设指南》的要求。在铺设光纤前应对光纤进行检测，确保光纤完好，并记录损坏光纤编号。光纤很脆弱，在铺设时应非常小心，不能强行拉拽。铺设光纤时应始终保证分散光纤转弯半径不小于 $20D$，光缆转弯半径不小于 $30D$。注意光纤不能拉直而应松弛，光纤槽内固定光纤时扎带应呈圆头状。

光纤铺设完成后，按照设备厂家阀塔调试规程进行光纤的光功率损耗测试，测试完毕后，在确定无误情况下，在所有的光纤槽上安装光纤槽盖。

VTE 单级测试用光纤盘在阀塔顶屏蔽罩底座的光纤托盘上，其长度满足对各个阀层晶闸管级测试需要。光纤铺设完毕，并完成光纤损耗测试和 VTE 测试后，所有备用光纤接头都要进行电位固定。阀模块内的备用光纤固定在门极单元的备用光纤托盘内，VTE 测试备用光纤固定在顶屏蔽罩底座的光纤托盘内，避雷器备用光纤固定在避雷器上。

光纤敷设过程中需设置警示标志，严禁交叉作业，防止光纤受损。

光纤敷设完成后，及时加盖槽盒盖，并进行二次防护，在槽盒盖上方铺设木工板，并设置警示标志。

5.11　阀模块屏蔽罩安装

安装阀模块屏蔽罩并连接等电位线。具体安装要求见阀模块屏蔽罩安装图纸：左角屏蔽罩组件、右角屏蔽罩组件、短屏蔽罩。屏蔽罩在阀模块上的固定和等电位线的连接参考图纸。安装阀模块屏蔽罩前，不能撕去表面贴膜，安装过程中，不能用硬质物体磕碰和划伤屏蔽罩表面，避免产生凹坑、划痕等。

5.12　清洁

阀塔全部安装完成后，去掉模块及底屏蔽罩的覆盖物，清洁阀塔，准备进行阀带电检查调试，详见《阀塔调试规程》。如屏蔽罩表面有油污，应使用百洁布或者无毛纸蘸取酒精擦拭干净。底屏蔽罩内部如有异物掉落，必须取出。

5.13 换流阀调试

在阀塔安装完毕后，进行换流阀的调试阶段，包括单级测试、冷却系统联调等。

6 小组件换流阀安装

6.1 悬吊部分安装

6.1.1 轴承座和电动葫芦安装

首先借助升降车将轴承座用螺栓固定在阀吊梁工字钢上。将电动葫芦用固定装置安装在轨道吊梁上（如图 1-15 和图 1-16 所示），在安装阀组件时可根据安装位置移动电动葫芦。

图 1-15 阀顶部梁吊点分布图

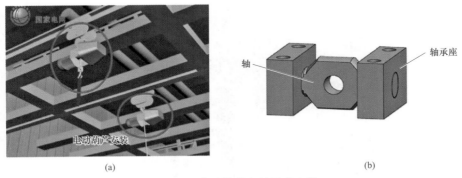

(a)　　　　　　　　　　　　　　　　(b)

图 1-16 电动葫芦和轴承座安装
（a）电动葫芦安装；（b）轴承座安装

6.1.2 花篮螺栓和绝缘子安装

在地面组装绝缘子和花篮螺栓，用塑料薄膜包好绝缘子，用电动葫芦将其吊起连接至轴承座上。按图纸尺寸调节轴承座的支撑面和绝缘子底孔之间的尺寸，并使悬吊绝缘子底端的四个销子孔在一个水平面上。绝缘子尺寸调节完成后，花篮螺栓的正反调节螺母必须拧紧在螺杆上，高端阀塔安装绝缘子后需安装屏蔽罩，屏蔽罩安装于阀塔最底部的两个绝缘子之间，屏蔽罩和绝缘子采用连杆和铝支架连接，如图 1-17 所示。

图 1-17　花篮螺丝和绝缘子安装

6.1.3　S 形水管安装

　　S 形水管包括阀塔顶部水管、光缆槽盒和绝缘支架，将 S 形水管在地面整体组装完成后（部分厂家出厂时已组装完成），通过电动葫芦直接将其用螺栓固定在钢梁上，然后连接顶部水管和光缆过渡槽盒。连接阀光缆过渡槽盒时应保证没有尖角和毛刺，在光纤转向处分散光纤的转弯半径应大于 80mm，光缆的转弯半径应大于 350mm。冷却水管连接时，应安装密封垫；所有螺栓按图纸规定的力矩紧固，水管法兰之间需安装蝶阀，如图 1-18 所示。

图 1-18　换流阀 S 形安装

6.2　阀塔框架安装

6.2.1　阀屏蔽罩安装

　　每个阀塔共 1 个阀顶屏蔽罩，用于悬吊阀组件、水管、母线等附件。安装方法如下：

（1）在地面上组装阀顶部架，组装好后（如图 1-19 所示）用两个专用吊具将阀顶部架悬在空中，按图纸安装顶部绝缘螺杆、顶部不锈钢水管等部件，安装完成后用电动葫芦将其吊起并将顶部轭板连接到悬吊部分的 4 个绝缘子上，如图 1-20 所示。

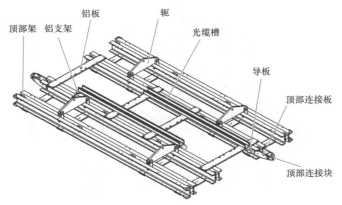

图 1-19　顶屏蔽罩地面组装图

（2）将悬吊部分的弯形 PVDF 水管与顶部架上的不锈钢供水管和回水管连接，并将 PVDF 水管电极上的电缆按图纸连接到顶部架上。

图 1-20　顶屏蔽罩吊装图

（3）通过铝螺母将绝缘螺杆固定在顶部架上（具体安装位置按图纸执行，如图 1-21 所示）。

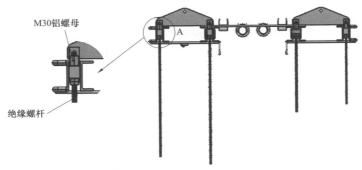

图 1-21　阀顶部绝缘螺杆安装图

顶屏蔽罩安装效果如图 1-22 所示。

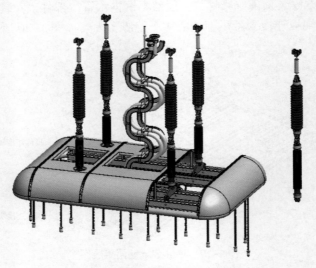

图 1-22　顶屏蔽罩安装效果图

6.2.2　阀层框架安装

阀层框架主要由绝缘螺杆、铝支架、连接母线等组成，阀层框架用于固定阀组件、母线、水管及光缆槽等，是阀塔的主体结构。因此在阀组件、不锈钢水管、层屏蔽等部件安装前需先将整个阀层框架安装完成。安装步骤如下：

（1）从上至下安装层间绝缘螺杆及铝支架（铝支架用于放置晶闸管组件及电抗器组件），调节铝螺母使阀顶部架到铝支架之间的距离以及铝支架之间的距离符合图纸要求，如图 1-23 和图 1-24 所示。

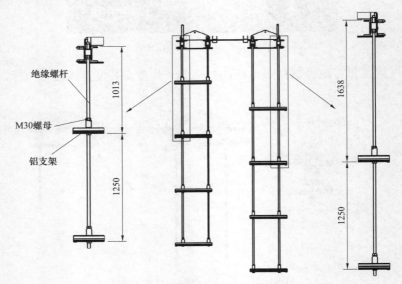

图 1-23　层间螺杆与铝支架的安装

（2）按图纸连接铝母线到顶部架，安装层间的铝母线和母线支撑架，并调整母线支撑架与螺杆之间的距离。

（3）安装每层的水管支架。

（4）在铝支架侧面安装层屏蔽罩的弯板。

（5）在避雷器对面一侧的母线上安装梯子。

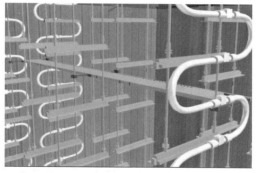

图1-24　层间螺杆与铝支架安装实物图

6.2.3　绝缘平台安装

每个双重阀需要安装三个绝缘平台（安装和检修用），分别安装在阀塔的第一层、第三层和第五层上，如图1-25所示。安装时将绝缘螺杆穿过绝缘夹板并用绝缘螺母紧固，平台的开口远离避雷器以方便人员进入。

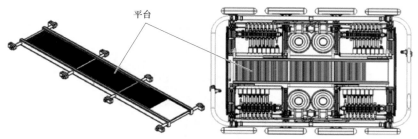

图1-25　平台安装示意图

6.2.4　底部铝板和屏蔽罩安装

将底部绝缘螺杆的上连接与上层绝缘螺杆的下连接通过铝支架相连，按图纸将4个铝条与3个铝型材板进行地面组装，并在长绝缘螺杆一侧安装1个角铝。然后用铝支架将底屏蔽与底部架连接固定，如图1-26所示。按图纸调整好铝条与铝支架之间的距离，最后紧固铝螺母。用专用吊具将底屏蔽罩吊起与底部螺杆连接，并用水平仪测量，调节螺母使铝支架呈水平一致。按照图纸安装母线，将母线与角铝连接，如图1-27所示。阀层框架部分及底屏蔽罩整体如图1-28所示。

6.3　阀组件安装

每个阀塔的模块安装包括晶闸管组件、电抗器以及层间水管、母线等部件。安装组件时，严格按照厂家的吊装要求和安装程序进行，吊装必须采用厂家提供的专用吊具，整个吊装过程中应平稳控制以保证组件安全，在阀架结构两边交替安装以保持阀架垂直平衡，并按厂家编号将组件安装在阀塔内的相应位置。由于电抗器组件布置在阀塔的中间位置，因此安装时应先安装电抗器组件以保持阀塔平衡。单个阀塔电抗器组件安装完成后，再安装晶闸管组件、电抗器和晶闸管组件安装顺序均从上向下对边、对角安装。安装过程应在厂家技术人员和监理的监督下进行。

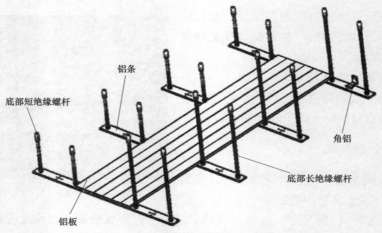

图 1-26　底部架地面组装示意图

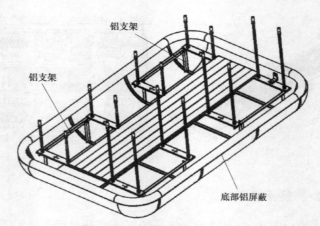

图 1-27　底屏蔽罩安装示意图

图 1-28　阀层框架部分及底屏蔽罩整体

6.3.1 电抗器吊装

首先用 2 个专用吊具同时吊起阀塔最上层的 2 组电抗器，将 2 组电抗器缓慢升至相对应铝支架的水平位置，如图 1–29 所示，然后两边同时交替将电抗器推入铝支架上，并用螺栓固定。然后依次往下安装其他电抗器。电抗器整体布置如图 1–30 所示。

专用吊具（厂供）

图 1–29　电抗器组件吊装

铝支架

电抗器组件

绝缘平台

底部铝板

底屏蔽罩

图 1–30　电抗器整体布置

6.3.2 晶闸管组件吊装

晶闸管组件如图 1–31 所示，用 2 个专用吊具同时吊起阀塔最上层的 2 个晶闸管，将

2个晶闸管组件缓慢升至相对应铝支架的水平位置，然后两边同时交替将晶闸管组件推入铝支架上，并用螺栓固定。然后依次往下安装其他晶闸管组件，如图1–32所示。为防止安装底部电抗器或晶闸管组件时，吊带与上层设备碰撞，安装完的电抗器及晶闸管组件用塑料缓冲气垫包裹。

图1–31　晶闸管组件实物图

图1–32　晶闸管组安装

6.3.3　母排连接

先安装模块和模块之间软连接（如图1–33所示）、再安装层间的母线和母线支撑架（如图1–34所示）、最后模块和母线之间的软连接（如图1–35所示）。安装层间母线时，应按照图纸调整好母线支撑架至螺杆间的距离254mm。

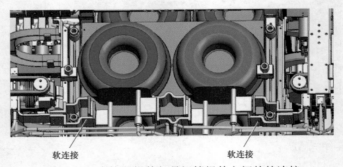

软连接　　　　　　　　　　　软连接

图1–33　电抗器组件与晶闸管组件之间的软连接

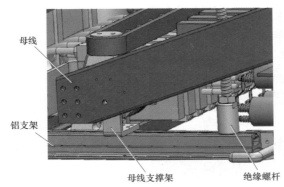

图 1-34　层间母线的安装

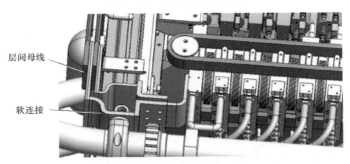

图 1-35　晶闸管组件与层间母线间的软连接

6.4　光缆槽盒和角屏蔽等阀层部件安装

6.4.1　光缆槽盒安装

　　光缆槽从阀顶部垂直安装于阀内，顶部固定在阀顶部架上，向下每层都用连接板固定在支架上，每层设有出线口（如图 1-36 所示），以便光缆通向晶闸管组件的晶闸管控制单元（TCU）。光缆槽采用圆弧形设计，保证不同的电压水平之间有足够的爬电距离，同时对光缆起到支撑作用，每个阀塔共有 4 个 S 形光缆槽（如图 1-37 所示）。安装时只需按图纸将光缆槽用螺栓固定在光缆槽支撑板上即可。

图 1-36　光缆槽盒出线口

图 1-37　S 形光缆槽盒

图1-38　铝角屏蔽安装

6.4.2　角屏蔽安装

每个阀塔内的角屏蔽有两种，左右对称，分别安装在阀塔两宽度侧面铝型材支撑梁靠近阀塔中间的端部，安装时直接用螺栓固定在相对应的位置上，如图1-38所示。

6.5　水管及层屏蔽罩安装

水管安装主要包括主不锈钢水管之间的连接（如图1-39所示）、模块内部PVDF水管之间的连接及不锈钢水管与PVDF水管连接（如图1-40所示）。

（1）将层间不锈钢水管装在水管支撑板上，连接不锈钢水管、晶闸管组件的PVDF水管、顶部供水管、顶部回水管，然后拧紧水管夹。

图1-39　不锈钢水管安装

（2）连接主水管和模块之间、模块和模块之间的细PVDF水管。

图1-40　PVDF水管与不锈钢水管连接

（3）安装PVDF水管电极，并将电极的接地线连接至层屏蔽罩支架上，如图1-41所示。

（4）层屏蔽罩安装。换流阀每层设有屏蔽（层屏蔽罩连接如图1-42所示），分别连接阀层不同的电位点上，安装时直接将铝屏蔽用螺栓固定在连接板上，如图1-43所示。

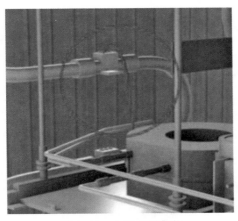

图 1-41　水管电极安装

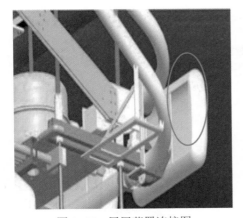

图 1-42　层屏蔽罩连接图

图 1-43　层屏蔽罩安装

6.6　阀避雷器安装

　　如图 1-44（a）所示，每个阀塔有 2 个避雷器，2 个避雷器为上下连接，避雷器安装之前应完成交接试验（避雷器试验由电科院负责）。避雷器有 1 个顶部连接件、1 个中部连接件和 1 个底部连接件，避雷器的各端均有屏蔽罩，如图 1-44（b）所示。避雷器组装时，各节位置应符合产品的出厂编号，避雷器的排气通道应通畅，并不得喷及其他电气设备，屏蔽罩安装应水平，与伞裙间隙应均匀一致。

6.6.1　顶部连接部分安装

　　顶部连接由支撑座、连杆、支撑板、圆柱销组装而成，如图 1-45 所示。在地面组装顶部连接件，借助升降车将顶部连接（此时支撑板先不装）吊起，固定在顶部悬吊绝缘子上。然后将顶部屏蔽罩安装在避雷器上端法兰上，用电动葫芦将避雷器起吊固定在顶部连接上。安装顶部连接的支撑板，并与避雷器母线连接，安装母线和避雷器之间的导线。悬吊高度可根据需要用顶部悬吊的花篮螺栓调整。

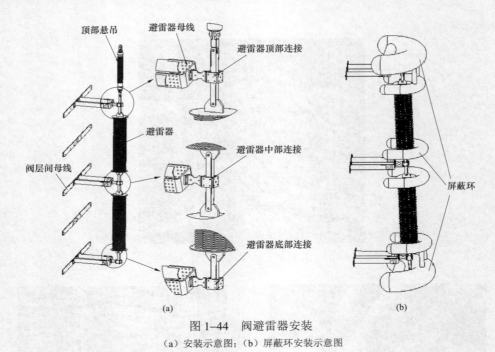

图 1-44　阀避雷器安装

（a）安装示意图；（b）屏蔽环安装示意图

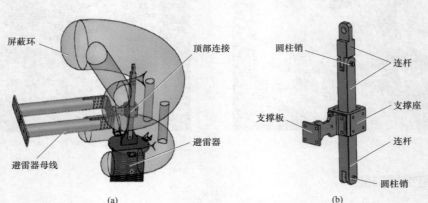

图 1-45　阀避雷器顶部连接

（a）顶部细部节点示意图；（b）顶部连接金具

6.6.2　中部连接部分安装

在地面组装中部连接件，借助升降车将中部连接件连接到顶部避雷器的下端，将另一个中部屏蔽罩安装在底部避雷器上端的法兰上，用电动葫芦将避雷器起吊固定在中部连接上。安装避雷器母线，并与阀母线连接，连接计数器和避雷器非绝缘端法兰之间的导线，如图 1-46 所示。

6.6.3　底部连接件安装

用升降车将底部连接件吊起，固定在避雷器下端。将底部屏蔽罩安装在底部避雷器下端的法兰上。安装避雷器母线，并与阀母线连接，连接计数器和避雷器非绝缘端法兰之间的导线，如图 1-47 所示。

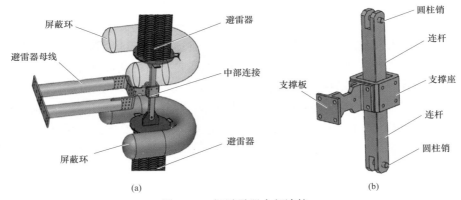

图 1-46　阀避雷器中部连接

（a）中部细部节点示意图；（b）中部连接金具

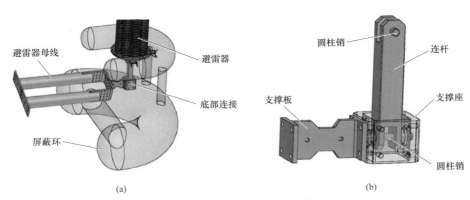

图 1-47　阀避雷器底部连接

（a）底部细部节点示意图；（b）底部连接金具

6.7　阀塔间管母连接

安装所有连接金具前，须按照厂家提供的金具安装说明对金具进行预处理。首先用砂纸对导电接触面进行打磨，打磨完毕后，用无水乙醇将接触表面擦拭干净，然后用百洁布或者砂纸将接触面均匀打磨一遍，再次用无水乙醇清洁接触面，最后将导电膏均匀的涂抹在接触面上，并按图纸要求进行金具安装。

金具布置位置参考图纸，单个金具安装工艺参考金具图纸。转接板的导电接触面需打磨处理。

根据阀塔安装完毕后实际距离确定直流管母的长度，直流管母的长度比实际需要的大，因此需借助砂轮切割机进行切割，切割完毕后，用手锉和砂纸对切割面进行打磨，清除毛刺和尖角。直流管母与软连接金具连接面需用砂纸适度打磨。通流回路金具安装完成后，测量接触电阻，阀厅内接触电阻要求不大于 $10\mu\Omega$。

6.8　水压试验

（1）水压试验前先确定水处理系统必须安装调试完毕，检查滤网清洁度，符合与换流阀水管对接要求。

（2）按水系统现场试验相关要求进行压力试验和渗漏水检查。测试方法如下：每个双重阀充满水后单个测试，在充水过程中，检查双重阀是否有堵塞或泄漏发生。观察透明水管确定水是否流过晶闸管组件，当水流可见时，从最低层组件开始检查，再继续到上层的检查。如有堵塞，查看水注满到哪层，停止注水，打开管端的阀门和堵塞水管的连接，排出管中的水，找到管中残留物，取出，再重新装好水管。在充水过程中，检查双重阀是否有堵塞或泄漏发生，水充满后将压力加至产品规定值，保持无泄漏，试验通过。

6.9　光缆敷设

6.9.1　光缆敷设要求

光缆安装允许的最小弯曲半径为 50mm，不允许给光缆施加大于 5N 的张应力。所有安装必须光滑过渡，没有能引起光纤拉伸的直棱边。为避免光缆在光缆槽里滑动，光缆必须用捆扎带可靠地固定在光缆支架上，光缆不得绑扎过紧使其产生压力。

敷设完光缆后，将防火包放在晶闸管阀竖直光缆槽中的每个支架的上方，检查防火包的阻值，盖上光缆槽盖。

在晶闸管阀顶部光缆槽和总光缆槽之间没有光缆槽保护的地方，要用光缆罩包住光缆，然后盖上总光缆槽盖。

6.9.2　光缆敷设方法

如图 1-48 所示，光缆敷设时，从阀底部的晶闸管组件开始，把线轴上的光缆展开到与实际晶闸管组件需要的长度。连接光缆时，应按光缆表连接光缆。把光缆的端部放在电容器支撑板的顶部并用捆扎带轻轻固定。将光缆接到 TCU 上，红色标签接 X11，蓝色标签接 X12，把光缆头仔细插入连接处直到听到"卡塔"声，小心轻微地拉光缆来检查光缆头是否可靠连接。将光缆在电容器支撑板的顶部上布好，用捆扎带把光缆固定在支撑板的孔上并用手拉紧。光缆放入光缆槽之前，要把橡胶衬垫套在光缆上并嵌入光缆槽，一定保证最小半径，光缆在每层的支架都用捆扎带可靠固定，将多余长度的光缆放在阀顶部到悬吊部分的光缆槽中。在控保室端，光缆从光缆槽落入阀基电子设备（VBE）屏柜中。按光缆表将光缆连接到各自的插孔中，确保光缆用捆扎带可靠地安装在柜内光缆固定器上，多余的光缆盘在控制室内吊顶槽盒里。

图 1-48　光缆敷设

6.9.3 安装液体传感器

底屏蔽的倾斜方向要按照图纸正确安装。把从阀控来的光缆和其他光缆一起铺入光缆槽直到各阀底部，液体传感器铺在底屏蔽上，其光缆用捆扎带固定在底部架上。

6.10 换流阀试验

换流阀试验包括阀组件试验、光缆测试、阀基电子设备试验等，所有试验均由厂家负责，施工单位配合完成。

6.11 阀塔的清洁及检查

6.11.1 阀塔的清洁

（1）清扫工作从阀塔顶部钢梁开始，向下进行。
（2）摘掉屏蔽罩滴水盘上的保护膜。
（3）检查屏蔽罩上是否有杂物，用吸尘器吸走颗粒比较大的杂质和灰尘。
（4）检查阀模块上是否有积灰，若有积灰，擦干净。清扫过程中，千万不能损伤接线或零部件。层间的硅胶绝缘子用抹布清扫（注意：不要伤到绝缘子）。
（5）将底屏蔽罩清洁干净。

6.11.2 阀塔外观检查

（1）从阀塔顶部起向下检查。
（2）检查顶屏蔽罩表面是否有损伤。
（3）检查所有的模块屏蔽罩表面是否有损伤。
（4）仔细检查模块上是否有未紧固或者掉落的零件。
（5）确保没有多余的接线伸到模块外部。
（6）确认所有螺栓的紧固力矩均符合要求。
（7）检查底屏蔽罩表面是否有损伤。

7 设备安装通用工艺

7.1 母排连接

（1）研磨：用细砂纸轻轻研磨接触表面。
（2）清洁：污垢、油和油脂要用酒精或其他除油剂除掉。
（3）去毛刺：毛边和机械缺点要用合适的工具去掉，必须小心以确保不影响表面平整光滑。
（4）抗氧化和抗腐蚀：根据母线材料类型处理接触表面。均匀薄涂导电膏。
（5）检测安装后的接头直阻应小于控制值 $10\mu\Omega$。

（6）各类材质接触面的处理可参考表 1–8。

表 1–8　　　　　　　　　　　　各类材质接触面处理参考表

步骤 \ 连接	未做表面处理的铝件或铜件	镀镍铝件或铜件	镀锡或银铝件或铜件
打磨	是	是，轻微打磨	否
清理	清洗剂或溶剂	清洗剂或溶剂	清洗剂或溶剂
接触润滑剂	使用研磨布	使用研磨布	使用研磨布小心打磨
润滑剂种类	金属粒子润滑剂	金属粒子润滑剂	无金属粒子润滑剂
擦除	多余润滑剂	多余润滑剂	多余润滑剂
拧紧	力矩依照表	力矩依照表	力矩依照表

7.2　螺栓紧固

（1）平垫和弹垫安装：每个螺母需放置一平一弹，弹垫需放置与靠螺母侧，且弹垫的凸侧远离平垫，如图 1–49 所示。

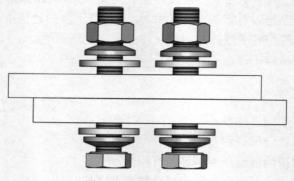

图 1–49　螺栓连接方式

（2）螺栓和螺母的紧固：螺母的紧固程度应与用于钢结构螺栓连接的螺母一样。根据图纸或安装说明通常用力矩扳手紧固。螺母紧固后不能逆时针方向旋转。8.8 级以上过油螺栓的紧固力矩见表 1–9。

表 1–9　　　　　　　　　　　　螺 栓 紧 固 力 矩

螺栓 （M）	紧固力矩 （N·m）	弹簧垫圈 （mm）	平垫 （mm）
8	22.5	8.4FZM	8.4×20×2
10	45.1	10.5FZM	10.5×25×2
12	79.0	13FZM	13.5×24×2
16	190.0	17FZM	17×30×3

7.3　光缆敷设

（1）保证光缆自然弯曲，并将光缆绑在水平的电容安装板的孔上，并用手拉紧。

（2）光缆槽盒内需要提前进行清洁处理，对突起、毛刺等进行处理。

（3）如果要互连的光通信设备正处于工作状态，请不要用眼睛直视设备接口或光纤跳线的另一端，以防止激光对人眼造成不必要的损伤。

（4）当不再需要连接时，将光纤插头从设备接口上取下，将设备接口的防尘帽和光纤插头的防尘帽戴上，然后将跳线盘绕整齐，放入专用包装盒或包装箱中。

（5）如果光纤出现故障，请及时通知专业人员处理，万不得已需要自己处置光纤时，应避免光纤穿刺皮肤，特别是眼部。

（6）光缆组件一般应存放在没有酸、碱和其他有害气体侵蚀的库房里；要注意防潮、防尘、防鼠咬等。

（7）在光纤中传播的光信号对光纤的弯曲、接头端面的灰尘和污染比较敏感，因此在光缆敷设时应格外注意光缆的弯曲及插头的防尘问题，一旦出现光缆严重弯曲，光信号将会从光纤中泄漏，造成光信号的额外衰减（严重时甚至造成光信号的完全中断），当光纤弯曲严重到一定程度还会造成光纤的断裂，使整个光缆组件报废。

（8）请不要打开连接器防尘帽，以免灰尘和其他因素影响光纤插头的性能;敷设光缆时，应将光缆理顺后布放。请不要大力拉扯光缆。遇到光缆打结、扭绞等情况时，更应注意理顺光缆，然后再进行布放。

（9）光缆敷设后，请先检查光缆的布放情况（如弯曲比较厉害、存在打结等），如果光缆布放无问题，然后再检查光缆连接器是否被污染，是否安装到位。

7.4　PVDF 水管安装

（1）PVDF 管道内、管道接合处或电极必须保证清洁，不允许有固体微粒，如毛边、碎片或剥落片。

（2）电极或管端附上密封圈，小心地直接连接到正确位置使垫圈不会离开，电极或管子保持在正确的位置用手将压紧螺母上紧，再用力矩扳手进一步上紧螺母。按照表 1–10 选择适合的扳手和力矩。

表 1–10　　　　　　　　　　　　　扳 手 和 力 矩 选 择

螺纹尺寸	GEDORE 型力矩扳手	BILTEMA 型力矩扳手
M25×2	8N・m 6883 707–4	6.5N・m 6883 707–2
M28×2	9N・m 6883 707–4	7.3N・m 6883 707–2
M30×2	10N・m 6883 707–5	8.0N・m 6883 707–3

注　如果螺母异常且难以紧固，可能是由于垫圈位置不正确，检查垫圈。

（3）管端附上密封圈，小心地直接连接到正确位置使垫圈不会离开，当管子保持在正确的位置并用手将压紧螺母上紧，再用专用扳手再将螺母紧固半圈。

注：紧固或松开金属螺母之前，螺纹必须用酒精润滑。如螺母转动不顺，可能是润滑效果不理想或密封圈位置不正确引起的，需要检查密封圈。

8 质量控制及验收

8.1 质量控制

质量薄弱环节及控制措施见表 1-11。

表 1-11 质量薄弱环节及控制措施

序号	质量薄弱环节	控 制 措 施
1	换流阀安装： (1) 安装环境差； (2) 元件受损； (3) 光纤损伤； (4) 元件混装	(1) 晶闸管组件到达现场后按照厂家技术要求条件存放，并保证温度和湿度等环境要求，在存放地点设置温度计和干湿度计以监视温度和湿度。 (2) 保持阀厅清洁，禁止非施工人员动用元件或攀登阀架。 (3) 严格按已批准技术措施中的施工方法进行施工作业。 (4) 对工作中易发生踩碰受损的元件及时加盖防护板，进行标识，提醒施工人员注意。 (5) 使用厂家提供的专用工具进行吊装。 (6) 光纤敷设时应每 3m 内设置 1 人，使光纤架起，不在地面、框架或槽盒内拖动，敷设过程中应匀速传递，不得使光纤受力，敷设完毕应及时将光纤放入槽盒内盖好槽盒盖。 (7) 层阀要按出厂编号依次安装，逐层吊装，防止元件混装
2	阀冷却系统安装：渗漏	阀冷却设备与管路及管路间连接时应加强对密封垫的检查，螺栓紧固应均匀对称，按厂家说明书的要求认真做好每一段管路的试压检漏工作，发现渗漏点及时处理

8.2 质量验收

8.2.1 验收管理

明确验收管理组织，明确列出需要参加验收的单位与专业人员，如图 1-50 所示；按《国家电网公司输变电工程验收管理办法》的程序进行；明确验收缺陷的处理方式及争议处理方式。

8.2.2 验收程序

换流阀安装的验收程序应符合《国家电网公司输变电工程验收管理办法》相关要求，实行全过程验收管理。换流阀安装必须经验收合格后方可进行后续工作。未经启动验收或验收不合格的，禁止启动投产。

(1) 换流阀安装工序作业前后，按要求对施工作业过程的关键环节或设备材料的质量进行的验收，包括隐蔽工程验收、原材料和设备的进场验收和设备交接试验等。

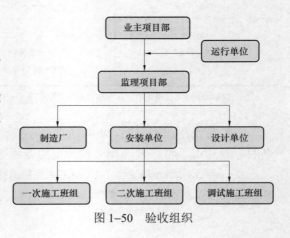

图 1-50 验收组织

（2）在换流阀安装分项、分部、单位工程完工后，开展三级自检工作（班组自检、施工项目部复检、公司级专检）。具备监理初检条件后，完成监理初检、中间验收。

（3）换流阀单位工程完工并完成中间验收后，开展竣工预验收、启动与系统调试、试运行、移交。

（4）整改处理方式。各类验收发现的问题需经整改闭环并经验收方认可方可开展后续工作。

1）对于现场安装过程中出现的问题按照责任分工由责任单位整改。

2）对于设备制造环节带来的问题由制造厂进行整改。

3）存在争议的问题按合同约定或相关规定解决。

8.2.3　验收标准

在换流阀安装、验收过程中应及时形成相应的工程资料，及时填写管控卡及质量验评表，做到检测数据准确、数据有据可查、检验结论确切、资料追溯性强。

9 安全管控

9.1　一般安全要求

（1）项目部及施工班组应认真执行《国家电网公司电力安全工作规程（电网建设部分）（试行）》（国家电网安质〔2016〕212号）等制度。

（2）换流阀吊装前由项目部技术负责人和项目部安全员对作业人员进行安全交底，施工中必须执行施工作业票制度和安全监护制度，作业班组人员分工应明确，起吊时应设专人指挥，指挥信号应明确，指挥和操作人员不得擅自离开工作岗位。

（3）施工前应严格审查吊车安全检验合格证和人员操作证，证件应在有效期内。

（4）施工用电应严格遵守安规，实现三级配电、两级保护、一机一保护。在施工中所用的电动机具外壳必须可靠接零。

（5）施工机具、吊具等需经检验合格、满足措施要求。

（6）换流阀设备附件至阀厅内摆放时，做好垫护措施。

（7）安装作业安全要求：

1）安装区域采用安全警示带隔离。

2）吊装机具与绳索使用前要严格检查，不合格严禁使用。

3）吊物离地面约10cm应进行全面的安全检查，核对吊件重量，检查无误后方可继续吊装。

（8）支柱绝缘子和换流阀附件在搬运吊装过程中必须注意避免碰撞。

（9）现场安全监护。在换流阀设备卸货、组装过程中，项目部专职安全员和施工队安全员必须全过程履行安全监护职责。尤其对于高空作业人员、起重作业人员更应该加强安全监护。各施工班组长必须强化安全意识，加强对班组施工人员的安全监护。

（10）高处作业安全要求：

1）高处作业人员必须持证上岗。

2）高处作业人员应加强配合工作，并服从指挥员的指挥。

3）高处作业应正确使用安全带，安全带及后备防护设施应高挂低用。

4）高处作业人员应衣着灵便，衣袖、裤脚应扎紧，穿软底鞋。

5）高处作业人员应配带工具袋，上下传递物品应用传递绳，严禁抛掷。

6）登高前应由班组长检查登高作业人员的精神及身体状态，严禁带病或身体状况不佳人员登高作业。

9.2 换流阀安装安全风险识别、评估及预控措施

换流阀安装安全风险识别、评估及预控措施见表 1-12。

表 1-12　　　　　　　　换流阀安装安全风险识别、评估及预控措施

作业内容及部位	风险可能导致的后果	固有风险评定值 D1	固有风险级别	预 控 措 施
作业前的准备工作	其他伤害	54	2	（1）编写专项施工方案，并经审批，严格按方案进行施工。 （2）现场技术负责人应向所有参加施工作业人员进行安全技术交底，指明作业过程中的危险点，布置防范措施，接受交底人员必须在交底记录上签字。 （3）各类安全设施、标志配备齐全、设置醒目；严禁擅自拆除、挪用安全设施和安全装置。 （4）施工前对阀组件吊装用的电动葫芦、升降平台应进行试车及操作培训。机械设备及工器具按规定进行定期检查、维护、保养
阀塔悬挂支架安装	高处坠落物体打击	54	2	（1）填写《安全施工作业票 A》。 （2）吊装作业设置专人指挥监护，指挥信号明确及时，施工人员不得擅自离岗，设专人进行监护。 （3）使用工具袋进行上下工具材料传递，严禁抛掷，高处作业下方不得有人。高处作业垂直下方禁止人员逗留。 （4）高处作业人员在移动过程，不得失去保护
阀组模块安装	高处坠落机械伤害物体打击	54	2	（1）填写《安全施工作业票 A》。 （2）施工作业前检查电动葫芦绳索及挂钩。严禁超载起吊。 （3）吊装作业设置专人指挥，指挥信号明确及时，施工人员不得擅自离岗。 （4）使用工具袋进行上下工具材料传递，严禁抛掷，高处作业下方不得有人。 （5）每日开工前对升降平台进行自检，每月进行一次全面检查。操作过程中有人监护，摇臂回转速度平稳
阀避雷器安装	高处坠落机械伤害物体打击	54	2	（1）填写《安全施工作业票 A》。 （2）吊装作业设置专人指挥，指挥信号明确及时，施工人员不得擅自离岗。作业人员不得站在吊件下方。 （3）使用工具袋进行上下工具材料传递，严禁抛掷，高处作业下方不得有人。 （4）施工作业前检查电动葫芦绳索及挂钩，严禁超载起吊。使用尼龙或有保护的钢丝绳套，悬挂在专用吊点处进行吊装。 （5）每日开工前对升降平台进行自检，每月进行一次全面检查。操作过程中有人监护，摇臂回转速度平稳

10 管控记录卡

10.1 换流阀系统安装关键工序控制卡

阶段	主要施工工序	关键质量控制要点	质 量 标 准	检查结果	设备制造厂	施工负责人	监理工程师
1. 准备工作	人员组织	特种作业人员资质报审	报审合格				
	施工机械及工器具准备	施工机械及工器具报审	报审合格				
		施工工机具检验	升降平台、链条葫芦等大型机器具检验合格				
	技术准备	设计图纸、厂家资料收集	资料齐全、设计图纸已会检				
		施工技术措施方案	报审合格并交底				
	施工环境要求	土建施工部位	达到验收要求和无尘标准				
		阀厅无尘要求	完成孔口封堵、清扫除尘				
		封堵情况检查	换流变压器阀侧套管、穿墙套管预留孔均已临时封堵严密，阀厅大门密闭性完好				
		阀厅温度要求	10～25℃				
		阀厅湿度要求	≤60%				
		阀厅通风及空调系统可投运	阀厅保持微正压				
	到货检验、保管	到货检验	产品数量编号无误，无损坏、缺陷，符合技术规定				
		材料保管	保证洁净安全、防损伤				
2. 施工阶段	换流阀组件、附件及水冷管道安装	悬挂绝缘子安装	调节 U 形环，保证水平误差控制在±1mm				
		顶部架吊装	用电葫芦将运输小车连同顶部架一起吊装				
		顶部架吊装水平度检查	≤2mm				
		U 形槽安装	U 形槽位于阀塔中间位置				
		顶部水管安装	按照图纸旋转角度固定				
		冷却主管道安装位置检查	进出位置正确，高度一致				
		冷却主管道连接点检查	位置正确，符合设计要求				
		冷却水管试压	位置正确，符合设计要求				
		PVC 管连接	接合准确严密，密封圈经纯水浸泡保证密封效果				
		阀组件地面组装	安装位置符合设计要求力矩严格根据图纸执行				

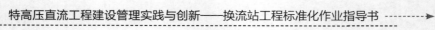

续表

阶段	主要施工工序	关键质量控制要点	质 量 标 准	检查结果	设备制造厂	施工负责人	监理工程师
2. 施工阶段	换流阀组件、附件及水冷管道安装	组件完整性检查	检查有无碰损、连线脱落、电器连接件的螺钉松动等				
		厂家晶闸管硅堆压力检查	专用检查工具可插入槽中				
		阀组件附件安装	装配均压电容、绝缘子、水管等附件时，注意不要擦碰地面损坏设备。下方作业人员不能戴安全帽，防止碰伤细水管				
		阀组件移动	阀组件起吊至小车上，注意调节吊具绳索平衡，防止落在小车上时剧烈震动和剐蹭碰撞损坏组件				
		阀组件吊装	防止刮碰，按顺序吊装				
		阀组件吊装后固定	长销子固定四角绝缘子，短销子固定中部的两个绝缘子。安装组件间的绝缘子时，在阀塔水平度校正前不拧紧 U 形钩螺栓				
		阀组件层间距离及水平度检查	保证水平、间距一致				
		光缆槽盒安装	位置正确，符合设计要求				
		光缆敷设	弯曲度符合要求防止折损				
		光纤清洁	将压缩空气喷进端头时，勿摇动瓶子以免液体喷出				
		光缆处理	端头保证洁净后接入				
		光缆连接检查	位置正确，弯曲度一致不过度，符合设计要求				
		回报光纤接入	将回报光缆穿入晶闸管级触发板（TFM）和中梁侧面间的光缆槽中。光缆号和 TFM 上的标签要一致，光缆次序不可调换				
		母排连接要求	接触面无毛刺、氧化膜，接触面电阻小于 $2\mu\Omega$				
		电气连接面检查	清洁接触良好				
		螺栓紧固及外露长度	2～5 扣				
		接地及设备连线检查	平正牢固				
		清洁度检查	清洁无尘				
	阀本体管母线安装	铝合金管外观检查	光洁，无裂纹，无毛刺				
		铝合金管口	平整，且与轴线垂直				
		铝合金管弯曲度	0～10mm				
		金具检查	光洁，无损伤、裂纹				

续表

阶段	主要施工工序	关键质量控制要点		质量标准	检查结果	设备制造厂	施工负责人	监理工程师
2. 施工阶段	阀本体管母线安装	接触面要求		无毛刺，无氧化膜，导电脂均匀覆盖				
		金具连接		无闭合磁路				
		金具固定		平整，牢固				
		母线与滑动式支持器轴座间隙		1～2mm				
		伸缩节外观		无裂纹、断股、褶皱				
		母线终端防晕装置		表面光滑，无毛刺、凹凸不平				
		三相母线管段轴线		互相平行				
		均压环及屏蔽罩检查		完整，无变形，且固定牢靠				
	阀避雷器安装	安装前试验		符合设计要求				
		外观检查	瓷件外观	光洁，完整无裂纹				
			瓷铁胶合处检查	黏合牢固				
			均压环检查	完整，无变形，且固定牢靠				
		避雷器安装	金属接触面	清洁，无氧化膜，并涂有电力复合脂				
			所有连接螺栓	齐全，紧固				
			接线端子与其他设备连接	无外应力				
			相间中心距离误差	≤10mm				
			同相串并联组合单元非线性系数误差	≤0.04				
			绝缘底座绝缘检查	绝缘良好				
			均压环外观检查	清洁，无损坏、变形				
			均压环与瓷裙间隙	均匀一致				
3. 厂家试验、检查	阀塔、VBE屏柜（含接口柜，如有）等所有光纤衰减测试	必须对每根光纤用光纤测试仪进行校对，测试其衰减值合格，并做好原始记录给监理存档		衰减值≥4.1dB				
	晶闸管测试	晶闸管极阻抗检查		所有阻抗值基本一致				
		晶闸管极均压测试		满足组件例行试验大纲要求				
		晶闸管触发测试		用晶闸管测试仪测试，晶闸管能正常触发为合格				

续表

阶段	主要施工工序	关键质量控制要点	质 量 标 准	检查结果	设备制造厂	施工负责人	监理工程师
3. 厂家试验、检查	VBE 检查	电压等级核对	与标准一致				
		与 PCP 信号的核对	与标准一致				
		VBE 自身状态的核对	与极控信号正确无误，VBE、VHA电压等级无误，主控板、光发射板、光接收板指示灯正确无误				
4. 分系统调试	信号试验	按照阀厂家提供的点表逐一实际模拟	逐一实际模拟，控保系统均有报文和变位				
	低压加压试验	按照阀导通的电压施加试验电压	按 15°～90°依次导通				
5. 验收阶段	悬力校验	用厂家提供的专用测量弹簧在顶端棒式绝缘子处进行悬力校验	弹簧间隙≤1mm				
	水冷试验	将去离子水通入水冷管道检查	无泄漏				
	水压试验	水冷管道检查无渗漏后加压到要求压力试验	维持 1h 检查有无渗漏现象				
	换流阀外观检查	换流阀所有部件检查	无污秽、灰尘				
	阀光纤测试	测试所有光纤衰减度是否符合要求	衰减度符合要求无损坏				
	阀导通试验	参数是否正常，是否有回检信号，晶闸管是否正常触发	参数正常，有回检信号，晶闸管正常触发				
	图纸资料、专用工器具移交	图纸、厂家资料、设计变更	图纸、资料齐全				
		专用工器具	专用工器具齐全				

10.2　换流阀层间屏蔽罩、水管、光缆槽检查记录表

序号	检查项目	检 查 内 容	安装环节 安装结果	检查环节 检查结果	备注
01	层间水管安装	水管及其左右区分正确			
		水管密封垫无遗漏、无破损			
		螺栓力矩符合要求、力矩线清晰无松动、无遗漏			
02	阀层屏蔽罩安装	屏蔽罩无划伤、无毛刺，外观完好			
		屏蔽罩安装位置正确			
		螺钉方向正确，力矩符合要求、力矩线清晰无松动、无遗漏			
03	层间光缆槽安装	光缆槽表面整洁、型号正确			
		光缆槽等电位排安装正确、无遗漏			
		螺钉紧固不松动、力矩线清晰无松动、无遗漏			

安装确认签名：		日期：		检验确认签名：		日期：	

10.3 换流阀阀塔光纤敷设检查记录表

序号	检查项目	检查内容	安装环节 安装结果	检查环节 检查结果	备注
01	安装前光纤检查	现场光纤规格型号、数量正确			
		光纤外观符合要求			
		光纤光学传输性检测并记录			
		光纤重新密封			
02	光缆槽检查	光缆槽需确保安装完毕			
		光缆槽内无尖角及异物			
		无法避免的尖角应包裹防护			
03	光纤敷设前期准备	光缆敷设路线上无障碍物			
		光缆敷设区域应设置防护栏			
		按光纤命名规则区分光纤			
		现场负责人将敷设用工具准备齐全			
04	顶部光纤敷设	光纤盘放置顺序与位置正确			
		敷设光纤弯曲半径符合要求			
		光纤敷设过程中不受力,无扭转			
05	主水管光纤敷设	防火包放置正确			
		敷设光纤弯曲半径符合要求,光纤无扭转			
		安装光纤盖板卡扣,卡扣分布位置均匀正确			
06	漏水检测光纤敷设	敷设光纤弯曲半径符合要求			
		光纤与漏水检测装置安装正确			
07	避雷器光纤敷设	敷设光纤弯曲半径符合要求			
		理顺光纤,使用扎带与斜跨母排固定			
		光纤与避雷器安装正确			
08	收尾	检查阀塔,光纤未被卡槽挤压			
		与 TCU 连接光纤正确、无遗漏			

安装确认签名: 　　日期: 　　检验确认签名: 　　日期:

10.4 换流阀阀塔等位线检查记录表

序号	检查项目	检查内容	安装环节 安装结果	检查环节 检查结果	备注
01	花篮螺栓等位线	花篮螺栓与安装框架接地等位线连接可靠,出线方向正确			
		等位线连接螺栓型号正确,力矩符合要求,力矩线清晰无松动			

续表

序号	检查项目	检 查 内 容	安装环节	检查环节	备注
		检 查 内 容	安装结果	检查结果	
02	水电极间等位线	主水管等位线安装位置正确			
		出线方向符合要求			
		接线螺钉紧固符合要求，力矩线清晰无松动、无遗漏			
03	阀模块等位线	屏蔽罩到横梁等位线安装位置正确			
		出线方向符合要求			
		接线螺钉紧固符合要求，力矩线清晰无松动、无遗漏			
		光纤槽到横梁等位线安装位置正确			
04	屏蔽罩等位线	等位线安装位置正确			
		出线方向符合要求			
		接线螺钉紧固符合要求，力矩线清晰无松动、无遗漏			

安装确认签名：		日期：		检验确认签名：		日期：	

10.5 内冷系统流量及阀塔压力测试记录表

流量参考值（L/min）	阀塔编号	YY–A 相		YY–B 相		YY–C 相		YD–A 相		YD–B 相		YD–C 相	
	半塔（背向换流变压器）	左半塔	右半塔	左半塔	右半塔	左半塔	右半塔	左半塔	右半塔	左半塔	右半塔	左半塔	右半塔
	P1												
	P2												
	P3												
	P4												
	旁路管 P5												
	主水管 P0												

10.6 阀塔压力

阀塔编号（任选两个阀塔）	进水管水压力（bar）	出水压力（bar）	压差（bar）
冷却介质温度（℃）			

说明：

1. 测量底屏蔽罩内不锈钢旁路盘管的流量，测量值应大于 30L/min。

2. 二重阀塔的压力差应满足，阀塔流量 834L/min 时，阀塔压差（进水管压力–出水压力）≤2.89bar。

10.7　阀塔接触电阻记录表

工程名称：　　　　　　　　　　阀厅：　　　　　　　　　　阀塔位置编号：

测试点编号	阻值（μΩ）		测试点编号	阻值（μΩ）
阀塔侧			避雷器侧	

操作人：　　　　　　　　　记录人：　　　　　　　　　复检人：

单位：　　　　　　　　　　单位：　　　　　　　　　　单位：

日期：　　　　　　　　　　日期：　　　　　　　　　　日期：

10.8　阀塔水压试验记录表

阀塔：

操作时间		操作人员	
压力差（1.2MPa）		试验持续时间	
是否漏水		漏水点数量	
漏水点位置		处理结果	
试验鉴证（签字确认）			
阀厂家	中电普瑞电力工程有限公司	鉴证人	日期
水冷厂家		鉴证人	日期
运行单位		鉴证人	日期
安装单位		鉴证人	日期
监理单位		鉴证人	日期

第二章

换流变压器安装标准化作业指导书

前　言

为进一步强化换流变压器安装过程管控，提升现场规范化、标准化水平，换流站管理部在总结提炼各主要换流变压器制造厂现行安装作业指导书基础上，结合换流变压器现场安装关键环节和管控要点，参考《国家电网公司关于应用〈气体绝缘金属封闭开关设备（GIS）安装作业指导书编制要求〉的通知》（国家电网基建〔2016〕542 号）文件精神，组织编制了《换流变压器安装作业指导书》（以下简称本作业指导书），现下发推广应用。

（1）本作业指导书在已有换流变压器安装相关规程规范的基础上，进一步强化"厂家主导安装"，明确了厂家与安装单位的安装界面。设备安装前，监理单位应组织厂家和施工单位，根据本作业指导书模板编制并签署分工界面书，明确接口、各自安装范围和责任。

（2）本作业指导书进一步明确了厂家负责安装部分的具体工作内容、标准和安全质量控制卡，如换流变压器内检、储油罐胶囊安装等。应进一步强化厂家安装现场统一管理力度，监理单位应严格履行对施工和厂家安装过程跟踪、旁站、检查、签证和验收手续。

（3）安装单位和厂家应结合产品特点，参照本作业指导书的要求和深度，编制有针对性、可操作性的安装作业指导书，并履行"编审批"手续后严格实施。

（4）本作业指导书进一步修订完善了《换流变压器安装安全、质量管控卡》，增加了厂家安装内容管控记录等。厂家、安装单位、监理、业主应严格执行"三级检验、四方签证"手续，真实规范填写所附的"安全质量控制卡"，对换流变压器安装实行全过程、全覆盖管控。

（5）本作业指导书适用于±800kV 特高压换流站工程网侧电压 750、500kV 换流变压器设备安装，其中针对西北地区风沙大、冬季环境温度低等特点，加入了换流变压器安装的防潮、防风沙、冬季施工专项措施等，可参考执行。

（6）本作业指导书为征求意见稿，应用过程中发现的问题或建议，请及时向国网直流公司换流站管理部反馈。

封面样式

×××　kV　×××换流站工程
×××　kV　换流变压器安装标准化作业指导书

编制单位：

编制时间：　　　年　　月　　日

目 次

1 概述

1.1 相关说明

1.1.1 术语和定义

以下名称术语，在本文件中特定含义如下：

1.1.1.1 换流变压器

换流站接在交流系统和直流换流阀组之间的变压器，简称换流变。

1.1.1.2 密封

指换流变压器内部铁芯、线圈等与大气隔离。

1.1.1.3 真空处理

指利用真空泵将变压器内部气体抽出，达到并保持真空状态。

1.1.1.4 热油循环

在换流变压器真空注油完成后，采取低出高进（有些厂家要求不一样，应注意产品说明书）的方法，将变压器油通过真空滤油机加热进行循环。

1.1.1.5 静置

热油循环完成后，不进行任何涉及油路的工作，使绝缘油内的气体自然到达油的最上层并排除。

1.1.1.6 密封试验

在换流变压器附件全部安装完毕后，通过变压器内部增加压力的方法，检查变压器有无渗漏。

1.1.2 适用范围

本作业指导书适用于±_____kV_____换流站工程的网侧电压____kV换流变压器设备安装施工过程中标准化的安全质量控制方法，其他换流变压器安装可进行参照。

其中针对风沙大、冬季环境温度低等特点地区，加入了换流变压器安装的防风沙措施、冬季施工专项措施等，可参考执行。

1.1.3 工作依据

编写要点：列清工作所依据的规程规范、文件名称及现行有效版本号（或文号），按照国标、行标、企标、工程文件的顺序排列。

示例：

《电气装置安装工程电力变压器、油浸电抗器、互感器施工及验收规范》（GB 50148—2010）

《电气装置安装工程接地装置施工及验收规范》（GB 50169—2016）

《电气装置安装工程电气设备交接试验标准》（GB 50150—2016）

《电气装置安装工程盘、柜及二次回路接线施工及验收规范》（GB 50171—2012）

《±800kV 及以下换流站换流变压器施工及验收规范》（GB 50776—2012）

《变压器油中溶解气体分析和判断导则》（GB/T 7252—2001）

《±800kV 高压直流设备交接试验》（DL/T 274—2012）

《变压器油中溶解气体分析和判断导则》（DL/T 722—2014）

《电力建设安全工作规程　第 3 部分：变电站》（DL 5009.3—2013 ）

《电气装置安装工程质量检验及评定规程》（DL/T 5161—2002）

《±800kV 及以下直流换流站电气装置安装工程施工及验收规程》（DL/T 5232—2010）

《±800kV 及以下直流换流站电气装置施工质量检验及评定规程》（DL/T 5233—2010）

《±800kV 高压直流设备交接验收试验标准》（Q/GDW 217—2008）

《±800kV 直流输电工程换流站电气二次设备交接验收试验规程》（Q/GDW 254—2009）

《±800kV 高压直流设备交接验收试验标准》（Q/GDW 275—2009）

《±800kV 换流站换流变压器施工及验收规范》（Q/GDW 1220—2014）

《输变电工程建设标准强制性条文实施管理规程》（Q/GDW 248—2008）

《国家电网输变电工程质量通病防治工作要求及技术措施》变电工程分册（基建质量〔2010〕19 号）

《国家电网公司输变电工程标准工艺（一）施工工艺示范手册》（2011 版）

《国家电网公司输变电工程标准工艺（三）工艺标准库》（2012 年版）

《国家电网公司输变电工程标准工艺（四）典型施工方法（第三辑）》特高压专辑

《国家电网公司输变电工程施工安全风险识别、评估及预控措施管理办法》[国网〔基建/3〕176—2015]

《国家电网公司输变电工程安全文明施工标准化管理办法》[国网（基建/3）187—2015]

《换流站工程建设典型案例专辑》（第五部分：工程施工）

《国家电网公司防止直流换流站单双极强迫停运二十一项反事故措施》（2011 版）

《国家电网公司十八项电网重大反事故措施（修订版）》（国家电网生〔2012〕352 号）

《国家电网公司电力安全工作规程（电网建设部分）（试行）》

1.2　设备结构特点及基本参数

编写要点：列清极 1、2 高低端（共计 24+4 台）换流变压器生产厂家、安装位置、型号、运输方式、额定容量、绕组额定电压、油重、运输重、总重等基本参数，并注明首台首套设备的结构特点，见表 2-1。

换流变压器按绝缘水平依次划分为 LD、LY、HD 和 HY 四种类型。

表 2-1　　　　　　　　　　　　　　　　基 本 参 数

参数	安装位置 （生产厂家）	安装位置 （生产厂家）	安装位置 （生产厂家）	安装位置 （生产厂家）
型号				
运输方式				
额定容量				
绕组额定电压				
运输重				
油重				
总重				
结构特点				

2　整体流程及职责划分

2.1　整体流程图

整体流程如图 2-1 所示。

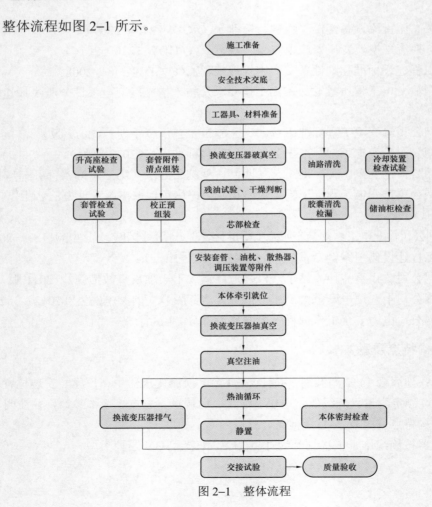

图 2-1　整体流程

2.2 职责划分原则

安装单位现场安装,制造厂技术指导,制造厂主导整个安装过程。制造厂现场安装的部分,纳入现场统一管理和验收。

2.2.1 一般原则

职责划分一般原则"谁安装,谁负责;谁提供,谁负责;谁保管,谁负责"。

(1)安装单位与制造厂就各自安装范围内的工程质量负责。

(2)除制造厂提供的专用设备、机具、材料外,安装环节所需其他设备、机具、材料由安装单位提供。现场安装过程中所用到的设备、机具、材料等必须在检定有效期之内,并履行相关报审手续。提供单位对所提供的设备、材料、机具的质量负责。

(3)接收单位对货物保管负责(需要开箱的,开箱前仅对箱体负责)。制造厂负责将货物完好足量的运抵合同约定场所,到货检验交接以后由安装单位负责保管,对于暂时无法开箱检验交接的,安装单位需对储存过程中包装箱的外观完好性负责。

(4)安装单位与制造厂应通力协作,相互支持与配合,负有配合责任的单位,应积极配合主导方开展任务。如配合工作不满足主导方相关要求,双方应积极协调解决,必要时应及时报告监理单位。

2.2.2 界面划分

制造厂与安装单位的工作界面划分见表 2-2。

表 2-2 　　　　　　　　　　　界 面 划 分

一、管理方面			
序号	项目	内　　　容	责任单位
1	总体管理	安装单位负责施工现场的整体组织和协调,确保现场的整体安全、质量和进度有序	安装单位
2	安全管控	安装单位负责对制造厂人员进行安全交底,对分批到场的厂家人员,要进行补充交底	安装单位
		安装单位负责现场的安全保卫工作,负责现场已接收物资材料的保管工作	安装单位
		安装单位负责现场的安全文明施工,负责安全围栏、警示图牌等设施的布置和维护,负责现场作业环境的清洁卫生工作	安装单位
		制造厂人员应遵守国家电网公司及现场的各项安全管理规定,在现场工作着统一工装并正确佩戴安全帽	制造厂
3	劳动纪律	安装单位负责与制造厂沟通协商,制定符合现场要求的作息制度,制造厂应严格遵守纪律,不得迟到早退	安装单位制造厂
4	人员管理	安装单位参与换流变压器安装作业的人员,必须经过专业技术培训合格,具有一定安装经验和较强责任心。安装单位向制造厂提供现场人员组织名单,便于联络和沟通	安装单位
		制造厂人员必须是从事换流变压器制造、安装且经验丰富的人员。入场时,制造厂向安装单位提供现场人员组织机构图,便于联络和管理	制造厂
5	技术资料	(1)安装单位负责根据制造厂提供的换流变压器设备安装作业指导书,编写换流变压器安装施工方案,并完成相关报审手续。 (2)安装单位负责收集、整理管控记录卡和质量验评表等施工资料	安装单位

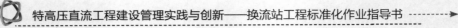

续表

序号	项目	内　　容	责任单位
6	进度管理	为满足安装工艺的连续性要求，制造厂提出加班时，安装单位应全力配合。加班所产生的费用各自承担	安装单位
		安装单位编制本工程的换流变压器安装进度计划，报监理单位和建设单位批准后实施	安装单位
		制造厂制订每日的工作计划，安装单位积极配合。若出现施工进度不符合整体进度计划的，制造厂需进行动态调整和采取纠偏措施，保证按期完成	制造厂
7	物资材料	安装单位负责提供室内仓库，用于换流变压器安装过程中的材料、图纸、工器具的临时存放	安装单位
		安装单位应提供规格标准、性能良好的施工器具、安全防护用具、起重机具，并对其安全性负责	安装单位
		安装单位负责换流变压器安装后堵板的临时保管、移交，安装期间应及时清理运走，不得影响现场文明施工	安装单位
		制造厂提供符合要求的专用工装、吊具等，且数量需满足现场同时安装 2 台或多台换流变压器的需求	制造厂
8	防尘防潮设施	（1）汇控柜内部继电器表面应在出厂前覆盖一层塑料薄膜，做好防风沙措施。 （2）厂家应提供套管安装时的防风沙护罩	制造厂
		（1）现场进行二次接线时，安装单位应根据实际情况做好柜体防尘措施，如给汇控柜加装防护罩，在防护罩内进行二次接线工作。 （2）提前检查继电器表面防沙薄膜是否完整，不完整的及时补漏。 （3）安装单位在换流变压器安装前应提前搭设好附件检查防尘棚（间）	安装单位
		安装单位及制造厂调试人员在进行换流变压器本体调试工作时，应尽量少打开汇控柜的开门数量并及时关闭不调试处的箱门	安装单位、制造厂

二、安装方面

序号	项目	内　　容	责任单位
1	基础复测	安装单位负责检查基础表面清洁程度，负责检查构筑物的预埋件及预留孔洞应符合设计要求	安装单位
2	附件清点	设备附件到货后，需要由厂家协同安装单位负责将设备附件清点，并将易碎件等不能保存户外的附件，移交给安装单位放入库房进行保管	制造厂、安装单位
3	换流变压器内检	厂家负责换流变压器内部检查，做好内部检查记录	制造厂
4	附件安装	厂家负责做好储油柜内壁检查、胶囊完整性检查及各元件内部检查、清洗工作，负责附件安装时器身内部引线连接等工作，绝缘部件的连接恢复等，做好内部检查记录	制造厂
		安装单位按厂家指导要求做好附件的吊装、对接、紧固工作	安装单位
5	抽真空、注油、热油循环	安装单位按照厂家技术要求连接管路进行抽真空、注油、热油循环，并保持足够的时间	安装单位
		换流变压器器身补油、阀侧套管补油环节，需厂家对各阀门之间的闭合情况进行检查确认	制造厂
6	二次施工及本体调试	安装单位负责换流变压器就地汇控柜、控制柜的吊装就位，制造厂家确定就位的正确性。安装单位负责换流变压器本体二次接线及信号核对校验工作，负责冷却器风机、油泵的传动工作	安装单位
		厂家负责提供换流变压器设备自身的电缆及标牌、接线端子、槽盒等附件，包括设备到机构、机构到汇控柜、汇控柜到非电量控制柜（PLC）柜、汇控柜到在线监测柜等	制造厂

续表

序号	项目	内　　容	责任单位
6	二次施工及本体调试	厂家负责对其温度控制器内部相应参数进行调节并验证，如温度控制器内部可调节电阻等。 厂家负责冷却器PLC柜程序的设定，且程序需满足设计、运检单位要求。 厂家负责对有载开关的机械传动及挡位调节进行调试，调试完成后移交安装单位进行电动调试	制造厂
7	试验调试	安装单位负责换流变压器设备所有交接试验（特殊试验项目根据合同内容执行），并实时准确记录试验结果，比对出厂数据，及时整理试验报告	安装单位
8	问题整改	在安装、调试过程中，制造厂负责处理不符合基建和运检要求的产品自身质量缺陷	制造厂
		在安装、调试过程中，安装单位负责处理因施工造成的不符合基建和运检要求的质量缺陷	安装单位
9	质量验收	在竣工验收时，安装单位负责牵头质量消缺工作，制造厂配合	安装单位
		验收产生的缺陷，由制造厂产品本身原因造成的，由制造厂负责整改闭环	制造厂

3　安装前必须具备的条件及准备工作

3.1　人力资源条件

（1）安装单位组织管理人员、技术人员、施工人员及制造厂人员到位并熟悉现场及设备情况，人员配置见表2-3。

（2）相关人员上岗前，应根据设备的安装特点由制造厂向安装单位进行技术交底；安装单位对作业人员进行专业培训及安全技术交底。

（3）制造厂人员应服从现场各项管理制度，制造厂人员进场前应将人员名单及负责人信息报监理备案。

（4）安装单位应向制造厂提供安装人员名单。

（5）特殊工种作业人员应持证上岗。

表2-3　　　　　　　　　　　　人　员　配　置

序号	岗位	人数	岗　位　职　责
1	项目经理/项目总工	1	全面组织设备的安装工作，现场组织协调人员、机械、材料、物资供应等，针对安全、质量、进度进行控制，并负责对外协调
2	技术员	2	全面负责施工现场的技术指导工作，负责编制施工方案并进行技术交底。（安装单位、制造厂各1人）
3	安全员	1	全面负责施工现场的安全工作，在施工前完成施工现场的安全设施布置工作，并及时纠正施工现场的不安全行为
4	质检员	1	全面负责施工现场的质量工作，参与现场技术交底，并针对可能出现的质量通病及质量事故提出防止措施，并及时纠正现场出现的影响施工质量的作业行为
5	施工班长	3	全面负责现场专业施工，认真协调人员、机械、材料等，并控制施工现场的安全、质量、进度
6	安装人员（含二次接线人员）	25	了解施工现场安全、质量控制要点，了解作业流程，按班长要求，做好自己的本职工作

续表

序号	岗位	人数	岗 位 职 责
7	机械、机具操作员	4	负责施工现场各种机械、机具的操作工作，并应保证各施工机械的安全稳定运行，发现故障及时排除
8	机具保管员	1	做好机具及材料的保管工作，及时对机具及材料进行维护及保养
9	资料信息员	2	负责施工工程中的资料收集整理、信息记录、数码照片拍摄等
10	厂家配合人员	6	指导配合安装单位进行各项换流变压器安装工作，并及时完成厂家应独自完成的工作任务。（附件清点1人、指导安装2人、内部检查及接线2人、油务指导1人）

3.2 工机具、材料准备

（1）工机具准备。安装单位提供满足安装需要的大型机械、机具，满足同时安装至少2台换流变压器的要求，且应经检定试验合格；提供满足试验、检测要求的相关设备、仪器，且应经检定并在有效期内；提供必要的常规安装工具。

制造厂提供满足安装需要的专用工器具，满足同时安装至少2台换流变压器要求，机具需求见表2-4。

表2-4

机 具 需 求 一 览 表

序号	名　称	规　格	数量	备　注
1	吊车	50t、25t、12t	各1台	根据需要，安装单位提供
2	升降车	32m 高	1台	根据需要，安装单位提供
3	真空滤油机	12000L/h	2台	带精滤装置，安装单位提供
4	干燥空气发生器	200m³/h	2台	露点：−50℃以下，安装单位提供
5	真空泵	ZJ-1200 4300m³/h	2台	安装单位提供
6	牵引绞磨	10t 及以上 配 H320×4D 滑轮组	2台	安装单位提供
7	牵引钢丝绳	φ20，200m/根	2根	安装单位提供
		φ32，20m/根	2根	安装单位提供
8	四门滑车		4个	安装单位提供
9	单门滑车		8个	安装单位提供
10	道木	100×150×1000	100根	安装单位提供
11	烘箱	调节式 150℃	1台	安装单位提供
12	电源箱	400A	2个	安装单位提供
13	干粉灭火器	5kg	10瓶	安装单位提供
14	移动脚手架	要求有护栏	8套	安装单位提供
15	附件检查防尘间		2间	安装单位提供
16	油罐	15～20t，带干燥呼吸器	10个	制造厂提供，安装单位提供1～2个残油罐

续表

序号	名　称	规　格	数量	备　注
17	电、氧焊工具		各1套	安装单位提供
18	防护围栏		200m	安装单位提供
19	温湿度计	TES-1360A	2个	安装单位提供
20	压力式真空表		2只	安装单位提供
21	电子式真空表		1只	安装单位提供
22	链条葫芦	10t、5t	各2个	安装单位提供
23	尼龙吊带	8t、5t、3t、1t	各2根	安装单位提供
24	钢丝绳	ϕ18.5/6m ϕ18.5/12m	各2根	安装单位提供
25	力矩扳手		4套	安装单位提供
26	电动扳手		4套	安装单位提供
27	套筒扳手		4套	安装单位提供
28	梅花扳手		4套	安装单位提供
29	开口扳手	14～32	4套	安装单位提供
30	活动扳手	8～18寸	4套	安装单位提供
31	锤子		2只	安装单位提供
32	管钳	大、小	2只	安装单位提供
33	螺丝刀		4套	安装单位提供
34	锉刀		2套	安装单位提供
35	白棕绳	粗、细各2根 ϕ6	4根	安装单位提供
36	水平尺		1套	安装单位提供
37	角度尺		2个	安装单位提供
38	卷尺	10m、5m	各2把	安装单位提供
39	线坠		4个	安装单位提供
40	应急照明灯		3台	安装单位提供
41	抽真空工装		2套	制造厂提供
42	套管专用吊具		各1套	制造厂提供
43	阀侧套管充气专用工具		1套	制造厂提供
44	取油样专用工具		1套	制造厂提供

（2）材料准备。准备高纯氮气、氧气和安全用具以及备好必要的油处理接头加工件等施工中所需的材料，以便随时调用，材料需求见表2-5。

表 2-5   材 料 需 求 一 览 表

序号	名　　称	规　　格	单位	数量	备　　注
1	无水酒精	99.99%	箱	5	安装单位提供
2	抽真空管路	黑胶皮钢丝管	m	50	安装单位提供
3	滤油管路	金属钢丝管	m	100	安装单位提供
4	干燥空气管路	软塑料管	m	50	安装单位提供
5	白纱带、皱纹纸	绝缘材料		适量	制造厂提供
6	塑料布		m²	50	安装单位提供
7	内检工作服、内检鞋帽		套	4	制造厂提供
8	高纯氮气	纯度≥99.99%	瓶	8	安装单位提供
9	白布		m²	20	安装单位提供
10	棉纱		kg	20	安装单位提供
11	焊条		箱	1	安装单位提供

注　以上材料准备应按照同时安装 2 台换流变压器准备。

3.3 标准工期

编写要点：根据换流变压器电压等级、型式结构、安装特点、现场安装条件及厂家安装要求等，综合确定单台换流变压器的总体安装顺序；对于不同技术路线及生产厂家设备，如有特殊要求时，应分别明确其安装顺序与工艺时间，见表 2-6。

表 2-6   ±800kV 换流变压器（网侧接入电压 750kV）安装的典型施工方法

工序	附件安装（降噪设施）	牵引就位	抽真空及保持（电缆敷设及接线）	真空注油（电缆敷设及接线）	热油循环（本体二次调试）	静置（常规试验）	局放试验	合计
时间（天）	5	1	5	2	6	7	1	27

特点：1. 上述换流变压器安装方法为网侧接入电压 750kV 的 ±800kV 换流变压器安装工艺。

2. 根据厂家工艺要求工期可以进行适当调整，特别是静置、热油循环、真空保持环节。

3. 换流变压器本体电缆敷设及二次接线需穿插在抽真空、真空保持阶段，本体调试需穿插在热油循环阶段。

4. 如增加试验项目，则需增加相应试验时间。

5. 换流变压器安装期间应提前准备查看天气情况，天气应晴朗、无扬沙扬尘。必要时在换流变压器安装前需提前准备防沙、防尘措施。

由于设备厂家不同，造成换流变压器安装工期有所差异见表 2-7。

表 2-7   换流变压器安装工期天

结构厂家 安装工序	ABB 结构					Siemens 结构		
	山东电工变压器制造有限公司	特变电工沈阳变压器有限公司	保定天威保变电气股份有限公司	重庆ABB变压器有限公司	瑞典 ABB	西安西电变压器有限公司	广州西门子变压器有限公司	德国西门子
附件安装	5	5	5	5	5	5	5	5
牵引就位	1	1	1	1	1	1	1	1
抽真空	4	5	5	4	4	5	5	4

结构厂家	ABB 结构					Siemens 结构		
安装工序	山东电工变压器制造有限公司	特变电工沈阳变压器有限公司	保定天威保变电气股份有限公司	重庆ABB变压器制造有限公司	瑞典ABB	西安西电变压器有限公司	广州西门子变压器有限公司	德国西门子
真空注油	2	2	2	2	2	2	2	2
热油循环	5	5	5	4	4	6	5	3
静置	5	7	5	5	5	7	7	9
总计	22	25	23	21	21	26	25	24

3.4 环境条件

3.4.1 土建交付安装的条件

（1）安装区域混凝土基础、沟道、降噪钢构基础、换流变压器轨道等土建工程施工完成并验收合格，场地平整。

（2）安装区域及周边的土方挖填、喷砂、墙及地面打磨等产生扬尘的作业应全部完成。

（3）安装区域的主接地网施工完成。

（4）阀厅换流变压器网侧套管临时封堵应完成。

（5）换流变压器油池卵石、钢格栅敷设完成。

3.4.2 防风沙防潮措施

编写要点：换流变压器安装环境应满足产品技术要求。制造厂至少列明温度、湿度、洁净度等技术指标，根据当地天气情况，采取防风沙防潮措施。

（1）第一重直接防护。换流变压器本体器身的防护措施由厂家负责，安装单位协助完成。即安装套管时设置防尘裙、进入人孔处设置门帘，压力释放装置等处设置防尘罩。采用干燥空气发生器维持器身微正压，安装附件前清洁附件、本体作业面浮尘，安装技工要求经验丰富、熟悉操作流程、责任心强，尽量减少装配时间。

（2）第二重设置防尘棚防护。现场利用脚手架在换流变压器四周搭设移动式防尘棚（如图 2-2 所示），防尘棚尺寸约为 15m×8m×6m，防尘材料选用阳光板镶嵌在移动脚手架或方钢框架中。主要将风沙与换流变压器整体器身进行大范围的隔离。

现场设置防尘过渡间（如图 2-3 所示），附件试验、清洁等工作均在防尘过渡间内进行，进一步减少附件安装过程中风沙对安装工作的影响。

（3）第三重周围环境的防护措施。安装区域 20m 范围内，裸露沙尘地表采用防尘布遮盖；硬覆盖地面及时清洁减少浮尘。避免在四级以上大风天气下进行附件安装作业。控制场区车辆行驶速度，合理安排安装区域周围易引起扬尘的施工作业。防风沙措施设置专人检查，未到达要求严禁施工。

图2-2 移动式防尘棚

图2-3 防尘过渡间

3.4.3 安全文明施工条件

（1）安装现场区域划分合理、隔离、警示措施齐全有效。

（2）安装区域安保措施完善，出入口专人管理。

（3）防火、防汛、防雷、防触电等安全防护设施齐全。

（4）安装区域内不应存在影响换流变压器安装的交叉作业。

3.4.4 滤油区域布置及准备

编写要点：针对换流变压器的绝缘油，事先布置好滤油设备区，确定滤油机、真空泵、油罐的位置及电源箱位置；冬季施工如采用低频加热装置时，应将低频加热装置摆放位置、电源引接、一次引线接线方式等一并考虑。滤油区域布置如图2-4所示。

逐罐将油罐中的绝缘油进行取样试验并合格，准备好油处理设施和注油设备。安装好油处理管道，做好热油循环的准备工作。清洗干净储油柜，将残油排尽。对油罐区、附件处理区、安装作业区、油管路堆放区、施工机具摆放区等由于引起油污渗漏污染换流变压器广场地面的区域，应采取针对性措施，如地面敷设塑料薄膜、吸油毯等。

3.4.5 施工电源准备

施工电源应采用TN-S三相五线制，从专用电源箱引接，须做到一机一闸一保护。为满足现场2台滤油机、2台真空泵同时启动工作的要求，施工电源应配置2个总空开不小于400A的施工电源箱，主进线电缆宜选用铜芯3×240+2×120电缆。

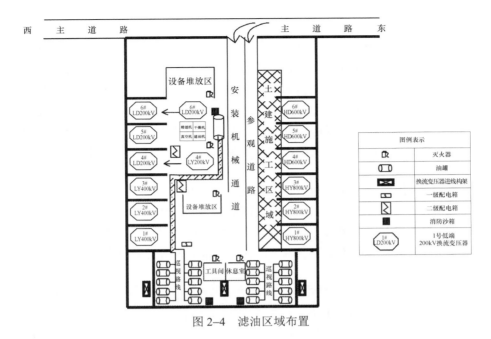

图 2-4 滤油区域布置

低频加热装置电源应结合厂家技术要求另行考虑，避免与施工电源共用。

3.5 技术准备

（1）安装前，应检查换流变压器安装图纸、出厂技术文件、产品技术协议、有关验收规范及安装调试记录表格等是否备齐。

（2）安装前，技术负责人应详细阅读产品的安装说明书、装配总图、附件一览表以及各个附件的技术说明及产品技术协议等，了解产品及其附件的结构、性能、主要参数以及安装技术规定和要求。

（3）在安装前，厂家人员需对安装单位进行交底。在安装过程中，由厂家人员全程进行现场安装指导。内检工作应由厂家人员进入换流变压器本体内，施工单位配合。

（4）施工单位应按照此标准化模板编写作业指导书，进行审批及报审手续。

（5）技术负责人应对施工人员做详细的技术交底，同时做好交底记录。技术交底应包含但不限于以下内容：图纸设计特点及意图、工作内容及范围、施工程序及主要施工方案、主要质量要求及保证质量措施、职业安全健康及环境保护等。

（6）施工人员应按技术措施和技术交底要求进行安装，对安装程序、方法和技术要求做到心中有数，并熟悉厂家资料、安装图纸、技术措施及有关规程规范等。

4 换流变压器及附件接收、储存和保管

4.1 换流变压器本体接收及检查

（1）换流变压器本体应由大件运输单位卸车牵引至安装单位指定的工作地点，换流变

压器应卸车在专用运输小车上。

（2）换流变压器牵引至安装地点后应检查小车中心线与换流变压器本体器身轴向中心线重合、与换流变压器基础轴向中心线重合，误差不大于10mm。换流变压器小车支撑换流变压器的相对位置应符合厂家技术文件（或大件公司提前与厂家沟通），保证小车支撑安全。若换流变压器长时间不安装或长时间不就位时，应在换流变压器底部加垫额外的支撑点，防止换流变压器底板变形。换流变压器小车车轮无偏移、方向与轨道一致顺直。

（3）检查换流变压器千斤顶支撑部位、器身底部、器身周围应无变形、无明显磕碰、无明显凹陷。

（4）所有未拆卸并与主体一起运输的零部件是否在正确位置且未被损坏。

（5）检查主体外观是否有机械损伤，表面油漆是否有损坏。

（6）检查主体各人孔、蝶阀等处密封是否严密，螺栓是否紧固牢靠。

（7）对于充氮运输的换流变压器本体，检查气体正压力是否正常（气体正压力常温下不得低于0.01MPa）。

（8）检查换流变压器器身顶部、侧部安装的冲撞记录仪数值，水平加速度不得超过3g，垂直加速度不得超过3g，水平横向加速度不得超过3g。

（9）以上检查结果合格后，安装单位与大件公司、监理、厂家、物资、业主办理交接手续（注意：换流变压器在附件安装时，应核实换流变压器器身内部冲撞记录仪数值小于3g）。

4.2　附件接收及检查

（1）附件卸车后其包装箱应完好、无变形、无破损，附件总件数与到货清单一致。

（2）附件清点检查时，应按照每件包装箱的装箱清单仔细运输件是否齐全，内部易碎件、温控表、气体继电器、安装所需配件螺栓及消耗材料等附件齐全，无损伤、污染、吸湿、生锈。

（3）套管到达现场，外包装应完好，无破损，包装箱上部无承载重物，包装箱底部无漏油油迹，套管冲击记录显示正常。

注：1000kV及以上套管如存放6个月可水平放置，但超过6个月需将套管顶端向上垂直放置或将套管顶端向上抬高高至少7°的位置，保持套管干燥清洁，避免受到机械损坏，如图2-5所示。

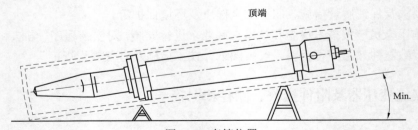

图2-5　套管位置

（4）套管开箱验收，应使用撬杠、扳子、锤子等工具小心开启拆箱，工作人员在包装箱的两侧，由一端将上盖打开，随着开启的深入应逐步跟进加横木垫起。再将两个侧面板拆开，拆卸时应注意观察，避免工具磕碰到套管。拆装时工具深入套管箱不超过 100mm，以保证套管安全。

（5）套管开箱后应逐层进行检查，套管包装的内部定位应完好、无破损、位移及悬空，防护加垫完好、无脱落，套管表面无磕碰及划伤。均压球应清洁、光滑无碰伤，安装位置正确、无偏移。如有异常，应进行拍照并及时通知有关厂家。

（6）套管的起吊应严格按照套管的使用说明书进行操作。垂直起立后油压表的压力应在正常范围内。起立后套管密封连接部位无异常、无渗油问题。

（7）升高座外包装应无破损，表面无碰伤及划伤，升高座冲击记录显示正常。

（8）充氮运输的升高座应无泄漏问题。

（9）电流互感器端子板密封应良好，无裂纹。引出导柱无弯曲、断裂等情况。

（10）电流互感器紧固良好，检测并核对电流互感器参数及对应套管位置是否符合铭牌。

（11）储油柜表面应无碰伤、划伤及变形，储油柜外部应清洁，各密封处应密封良好。

（12）冷却器包装箱应完整，开箱检查时冷却器表面应无碰伤、划伤及变形，箱底无渗漏油现象。

（13）有载开关表面应无碰伤、划伤及变形，有载开关外部应清洁，各密封处应密封良好。内部干燥空气气压应符合产品出厂文件。

4.3 储存及保管

（1）换流变压器本体存放期间应观察气体压力值和温度值,与厂家出厂值根据温度曲线进行比较，其气体压力应保持在 0.01～0.03MPa。在存放的过程中每天至少巡查 2 次并做好记录，如果压力表的指示气体压力下降很快，必须查明原因，妥善处理，并及时将压力补到规定位置。

（2）充气附件也应每天至少巡查两次气压值并做好记录,如果压力表的指示气体压力下降很快，必须查明原因，妥善处理，并及时将压力补到规定位置。

（3）表计、气体继电器、测温装置及绝缘材料等，应放置在干燥的室内妥善保管，不得受潮。

（4）换流变压器运至现场后，应尽快准备安装工作，尽量减少储存时间，并将设备本体可靠临时接地。

（5）按原包装置于平整、坚实、无积水、无腐蚀性气体的场所，对有防雨要求的设备应采取相应的防雨措施。

5 换流变压器安装

5.1 附件、绝缘油检查试验

5.1.1 注意事项

（1）附件检查时应注意使用的撬杠不磕碰、损坏设备附件表面漆层及瓷件。

（2）冷却器进行油冲洗及密封试验时应注意保持现场文明施工，防止跑油事故污染环境。

（3）储油柜胶囊密封试验时应注意严格按照厂家说明进行操作，防止因充入压力过大造成胶囊破损。

（4）施工时做好防触电、防火灾事故措施。

5.1.2　检查项目

（1）冷却装置及其连接管道应无锈蚀、积水或杂物，如有，应清理干净。应按规定的压力值通过 0.03MPa 的压缩空气进行密封试验，持续 30min 应无渗漏，并用合格的油冲洗干净，将残油排尽后密封保存，风扇电机绝缘良好，叶片转动灵活无碰擦。油泵动作正常，油流继电器指示正确。

（2）管路中的阀门应操作灵活，开闭位置正确，阀门及法兰连接处应密封良好。

（3）胶囊式储油柜的胶囊应检查完整无破损。由施工单位及厂家进行胶囊外观检查，监理见证，若胶囊是整体运输则进行压力检查及外部清理即可；若胶囊为分开运输则还应必须从呼吸口缓慢充干燥空气胀开后检查，充入压力必须符合厂家技术要求，维持时间也应符合厂家技术要求，应无漏气现象。胶囊沿长度方向与储油柜的长轴保持平行，不得扭偏，胶囊口的密封良好，呼吸通畅。油室内壁要清洗，并检查有无毛刺、焊渣等情况。油位计传动机构应灵活，无卡阻现象，蜗杆与伞齿的啮合应良好无窜动，柱头螺栓紧固，摆杆的位置应与指示值对应，信号接点动作正确。

（4）充气运输套管气体压力（充油套管油位）指示正常，无渗漏，瓷件表面无损伤。套管外部及导管内壁、法兰颈部及均压罩内壁应清洗干净。

（5）呼吸器安装前应检查下滤网是否完好，吸附剂是否干燥，如受潮，应根据厂家要求进行处理。

（6）压力释放阀按要求校验合格。压力释放装置的阀盖和升高座内部应清洁，密封良好，绝缘应良好。

（7）本体气体继电器、温度计应送具备相关资质的单位进行校验。膨胀式信号温度计的细金属软管不得有压扁或急剧扭曲，其弯曲半径不得小于 50mm。

5.1.3　安装前交接试验项目

（1）套管应经试验合格，末屏接地良好。

（2）升高座电流互感器试验合格。出线端子板绝缘良好，接线牢固，密封良好，无渗油现象。

（3）气体继电器、温度计应经校验合格。

（4）安装换流变压器前，应初步确认换流变压器本体绝缘是否处于良好状态。判断依据如下：

1）换流变压器的气体压力安装前是否均保持正压（根据保管记录）。

2）换流变压器取残油做微水、耐压试验是否合格。残油电气强度≥40kV/2.5mm；含水量≤20mg/L。

3）运输过程中的冲撞记录值是否超过厂方规定。

4）用绝缘电阻表测量铁芯引线对地、铁芯对夹件的绝缘电阻。铁芯和夹件的绝缘试验合格。

5.1.4 管控记录

本节所需填写的见质量管控卡（参见附录 A）、安全管控卡（参见附录 B）及安装操作指导卡（参见附录 C）。

5.2 器身检查

5.2.1 注意事项

换流变压器在安装前须进行器身检查，通过油箱下部的人孔进入油箱检查器身。器身检查应由厂家人员完成。

（1）凡雨、雪、风（4 级以上）和相对湿度 80%以上的天气不得进行器身内检。

（2）换流变压器在器身检查前，必须用露点低于−40℃的干燥空气补充进入本体。

（3）在内检过程中必须向箱体内持续补充干燥空气，补充干燥空气速率必须满足使油箱内的压力保持微正压。

（4）器身检查时，每次只打开一处盖板，并用塑料薄膜覆盖，连续向油箱内充入露点小于−40℃的干燥空气。本体露空时间（从开始打开盖板破坏产品密封至重新抽真空止）应满足表 2−8 的要求。

表 2−8　　　　　　　　　持 续 露 空 时 间

空气相对湿度	65%<RH<80%	20%≤RH<65%	RH<20%
持续时间不大于	8h	10h	16h

（5）器身检查时，场地四周应有清洁、防尘措施，紧急防雨措施。

（6）器身检查前应充分考虑真空破氮（破氮管道连接如图 2−6 所示）。将油箱箱壁上部的真空阀门接至真空机组，打开真空阀，开启真空机组进行抽真空。当油箱内残压达到 1000Pa 时，持续抽真空 2h，然后停止抽真空。将油箱下部阀门接至干燥空气发生器，开启干燥空气发生器，以 0.7～3m³/min 的流量向油箱内注入干燥空气解除真空。

（7）充氮气运输的换流变压器直接补充合格的干燥空气进行器身检查。检查前应确保内部氧气含量≥18%。

（8）器身检查工具必须擦洗干净，并专人登记工具使用情况，保证无异物掉入油箱内。

（9）进入换流变压器内部进行器身检查工作须由厂家人员完成。检查人员必须了解内部结构，必须穿着进箱专用服进入油箱，保证服装干净清洁，保证不污染器身。

（10）线圈引出线不得任意弯折，须保持在原安装位置上。不得在导线支架及引线上攀登，避免造成变形、损坏。

（11）器身检查完成后，检查带进去的物品是否全部带出，然后立即盖上人孔盖板，内部压力保持微正压。

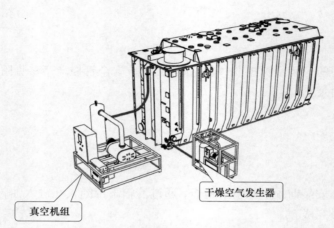

图 2-6　破氮管道连接示意图

5.2.2　检查内容

（1）拆除内部临时支撑件，并将其带出油箱。

（2）检查所有可见连接处的紧固件是否松动，并将所有紧固件紧固一遍。

（3）检查铁芯、线圈有无移位、变形，若发现，立即与供货商联系，由供货商判断其性能是否受影响，并做相应处理。

（4）对于压钉结构，检查所有器身正、反压钉，确保压钉处于压紧状态，压钉锁紧螺母处于锁紧状态。

（5）检查木件有无损坏、倾斜及松动现象。

（6）检查可见引线的绝缘是否良好，支撑、夹紧是否牢固，引线与开关的连接是否良好，如有移位、倾斜、松散等情况应当复位固定、重新包扎。

（7）检查开关时，检查开关引线位置是否正确，引线连接是否可靠。

（8）检查油箱内壁及箱壁屏蔽装置，有无毛刺、尖角、杂物、污物等与产品无关的异物，并处理、擦洗干净。

（9）检查磁屏蔽的接地线是否接触可靠。

（10）对于强油风冷变压器，必须检查器身底部导油管的密封性。

（11）铁芯与夹件间的绝缘是否良好（可用 2500V 绝缘电阻表检查），是否有多余的接地点。

（12）最后在油箱内进行清理，清除残油、纸屑、污秽杂物等。

5.2.3　管控记录

本节管控记录见质量管控卡（参见附录 A）、安全管控卡（参见附录 B）及安装操作指导卡（参见附录 C）。

5.3　换流变压器附件安装

5.3.1　注意事项

（1）换流变压器附件安装时应按安全管理规定使用吊车等机械，起吊应检查吊车各项性能正常，吊车支撑到位无倾斜，吊带、钢丝绳完好无磨损选用合适，吊物时重心无偏斜，吊车操作人员应看清指挥信号等措施到位。防止发生机械伤害等事故。

（2）高处作业应系好安全带，作业人员安全防护措施到位。

（3）现场应做好安全文明施工，换流变压器周围应用塑料布进行铺设，防止附件残油污染换流变压器广场。

（4）现场安全监护及指挥作业人员必须到位，且对全体施工人员交底到位，各施工人员明确施工内容。

（5）套管、升高座、有载开关安装时，器身内部人员应做好设备内部对接工作，并与器身外安装人员做好沟通工作，进入器身内部人员所带物品需进行登记，防止遗留在器身内部，杜绝带入小金属物件。

（6）套管、升高座、有载开关等大型物件吊装前应使用厂家专用吊具，并与厂家技术人员沟通好附件吊点，保证起吊附件重心与吊索不偏移。起吊前检查好附件与包装箱底部固定措施已拆除、起吊应平稳。

（7）在进行升高座、套管安装时换流变压器内部引线穿引工作应由厂家进行，穿引工作需细致，防止刮伤引线表面绝缘。

（8）厂家在器身内部安装工作应符合技术规范书要求。

（9）附件安装时天气应满足器身内部检查要求，且需持续向器身内部充入–40℃已下露点的干燥空气。

5.3.2　密封处理

（1）所有法兰连接处必须用耐油密封垫（圈）密封，密封垫（圈）必须无扭曲、变形、裂纹和毛刺，密封垫（圈）必须与法兰面的尺寸相配合。

（2）现场安装必须使用全新的密封垫（圈）。拆卸下来的旧密封垫（圈）应集中放置，并剪断或标示以区分。

（3）法兰连接面必须平整、清洁、密封垫（圈）必须擦拭干净，安装位置必须正确。

5.3.3　冷却器安装

（1）按冷却器安装使用说明书及冷却器安装图进行安装。

（2）从包装箱内取出冷却器（如图2-7所示），并把它放在垫有木板的地面上。冷却器端部（有放油塞的一端）要垫上胶皮，防止冷却器起立时与地面磕碰而损伤。

（3）检查冷却器是否在运输过程中损坏。

（4）用吊钩挂住冷却器上端的吊环，缓慢将冷却器立起。打开冷却器下部放油塞，放掉冷却器内部残油，拧紧放油塞。

（5）冷却器安装前，确保其密封性良好，无杂质和异物，否则用合格的变压器油对冷却器内部进行循环冲洗，直到内部清洁干净为止。

（6）安装前需将联管上盖板和主体上相应的盖板拆下，将端口的油用干净的抹布擦拭干净。

（7）安装冷却器上、下部导油管。

（8）将冷却器支架装配在底座上，再将冷却器分别吊装到支架上，冷却器分为 4 片和 5 片两种，如图 2-8 所示（如冷却器无基础，无此步骤）。

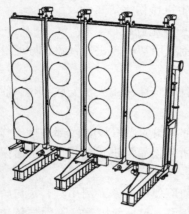

图 2-7　冷却器　　　　　　　图 2-8　冷却器管道安装示意图

（9）冷却器及支架装配后，将起吊工具固定在冷却器吊拌上，使吊绳略绷紧后拆除底座，再整体起吊。

（10）将冷却器及支架同主体导油管对接装配。

（11）有序地紧固冷却器上的法兰连接，确保在密封处达到密封效果为止。在法兰连接处，螺栓不能偏斜，否则不能紧固螺栓。

5.3.4　储油柜安装

（1）检查内部清洁、无杂物。

（2）胶囊或隔膜清洁、无变形或损伤。

（3）胶囊口密封后无泄漏，呼吸畅通。

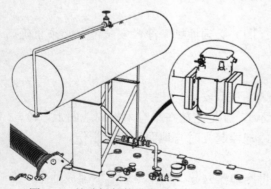

图 2-9　储油柜气体继电器安装方向示意

（4）油位计应反映真实油位，不得出现假油位。

（5）带气囊式储油柜应注意检查，防止气囊有破损现象发生。吊装时一定要缓慢上升，并打好晃绳，设专人监护。

（6）安装储油柜上的仪器仪表，待能在地面上安装的部件安装完后，整体起吊储油柜，将储油柜及其支架安装到油箱上。

（7）连接各联管、安装气体继电器，气体继电器箭头应指向储油柜方向，如图 2-9 所示。

5.3.5 升高座安装

（1）检查接线端子外观，应牢固，无渗漏油现象。

（2）绝缘筒装配正确、不影响套管穿入。

（3）法兰连接密封良好，连接螺栓齐全、紧固。

（4）充氮或充油运输的升高座，排出升高座内部的氮气或变压器油。安装前，打开升高座电流互感器端子盒，连接试验线路，进行电流互感器试验，数据与出厂试验报告一致。

（5）中性点及网侧升高座垂直安装，如图 2-10 所示。

1）将吊绳固定在升高座主体吊拌上，用吊绳将升高座吊至平整的地面上（地面要铺干净的塑料布或木板），拆除升高座下部保护罩（底座）。

2）起吊升高座时使用升高座专用吊孔，将升高座吊至箱盖上相应的法兰孔处缓慢落下，对正安装孔，对角紧固螺栓。

(a)

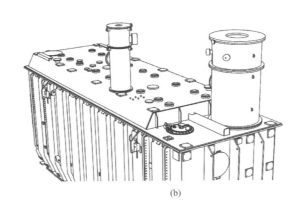
(b)

图 2-10 网侧升高座安装

（a）网侧升高座吊装；（b）网侧升高座安装示意

（6）阀侧升高座倾斜安装，如图 2-11 所示。

手拉葫芦
(a)

(b)

图 2-11 阀侧升高座安装

（a）阀侧升高座吊装；（b）升高座安装示意

1）拆除阀侧引线与运输盖板之间的安装件。

2）按照图纸要求调整好阀引线末端均压球的位置。

3）连接阀侧引线与阀套管金属导杆，将保护管套在金属导杆上，防止安装升高座时金属导杆戳破绝缘筒。

4）阀侧升高座采用单钩起吊，起吊后操动手拉葫芦使升高座呈倾斜状态。

5）对正安装孔，对角紧固螺栓，将阀侧升高座与油箱把装牢固。

5.3.6　套管安装

1. 套管安装的注意事项

（1）按照套管使用说明书要求进行安装。

（2）安装套管时要非常小心，避免磕碰，以防套管损坏。

（3）在装配地面上打开套管包装，检查套管在包装箱中是否有位移，确保套管仍在原位，在轴向上没有发生移动。

（4）安装前要用干净的抹布将套管表面擦拭干净。如果套管尾部有保护装置时，安装套管前应拆下保护装置。

（5）检查套管上的吊环是否牢固，如不牢固需用扳手将其紧固。

（6）将套管安装在升高座上，对正安装孔，对角紧固螺栓。

（7）安装套管时，要有专人看护，以防套管与升高座相碰而损坏。起吊过程中严禁套管尾部受力。

（8）安装前，注意检查是否有套管安装专用的工装工具，如有，需使用专用吊具在吊孔处起吊、安装。

（9）套管必须清洁、无损伤、油位或气压正常。套管内穿线顺直、不扭曲。

（10）套管吊装顶端利用厂家专用吊板，阀侧套管安装需利用链条葫芦调整角度。

（11）引线与套管连接螺栓紧固，密封良好。

（12）每台换流变压器配备四只套管，其中交流侧高压套管一只，中性点套管一只，阀侧穿墙套管两只。阀侧套管安装时，应搭设脚手架或工作台，具体高度根据现场那个实际情况确定。

2. 网侧套管垂直安装

（1）网侧套管采用双钩起吊，如图 2-12 所示。

1）用吊绳穿扣的方法将吊绳 1 固定在套管上勒紧（第一节瓷套和储油柜之间）。

2）吊车主钩吊绳 2 绑扎：将吊绳 2 的两端（有套扣）通过卸扣固定在套管下部吊孔上，另一端穿过第一节瓷套和储油柜之间的绑绳固定在主钩上（套管头部有专用吊孔且佩戴专用吊具则使用专用吊具）。

3）吊车副钩吊绳 3 绑扎：将吊绳一端通过卸扣固定在套管下部法兰上（有专用吊孔则使用专用吊孔起吊），另一端固定在副钩上。

4）吊车主钩与副钩同时起升，待套管起升至足够高度后，主钩与副钩交替上升下降，起吊时对套管做好保护。

（2）缓慢起吊套管至垂直状态，撤去副钩及其吊绳。

（3）将套管吊至网升高座上方，套管缓慢下降，连接引线，对正安装孔，对角紧固螺栓。

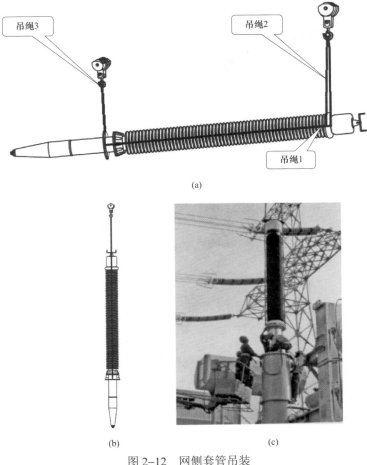

图 2-12 网侧套管吊装

（a）网侧套管立起；（b）网侧套管吊装；（c）网侧套管对接

3. 中性点套管安装

将一根吊绳固定在套管法兰上，另一根吊绳固定在套管上部顶端，起吊套管，吊车主钩与副钩交替上升下降，直至套管呈垂直状态，将套管缓慢吊至中性点升高座上方，连接好引线，对正安装孔，对角紧固螺栓。

4. 阀侧套管安装

阀侧套管安装如图 2-13 所示。

（1）安装套管前按照图纸要求调整好阀引线末端均压球的位置。

（2）安装套管时头部要探进成型件内，观察套管的走向是否顺畅。

（3）测量套管尾部长度，确定套管的插入深度。

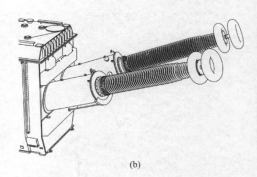

(a)　　　　　　　　　　　　　　　　　　(b)

图 2-13　阀侧套管安装
（a）阀侧套管对接；（b）阀侧套管安装示意

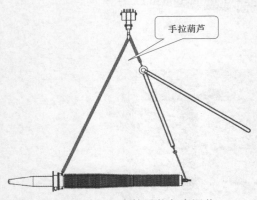

图 2-14　阀侧套管吊装角度调节

（4）阀侧套管使用单钩、双绳起吊，一根吊绳连接阀侧套管下部专用吊孔与吊钩；另一根吊绳通过手拉葫芦及套管起吊专用吊环，连接套管头部与吊钩，如图 2-14 所示。

（5）水平缓慢起吊阀侧套管至一定高度，测量升高座倾斜角度，通过调节手拉葫芦使阀侧套管与升高座倾斜角度一致，将阀侧套管缓慢滑入升高座。对正安装孔，对角紧固螺栓。

5. 内部引线连接

内部引线连接前操作人员不需从人孔进入油箱内，只需从手孔和观察孔接线即可，但网侧套管和阀侧套管接线时需防止螺栓、杂物掉入油箱。

5.3.7　呼吸器安装

（1）连通管必须清洁、无堵塞，密封良好。

（2）油封油位满足产品技术要求。

（3）变色硅胶必须干燥，颜色正常。

5.3.8　有载调压开关检查安装

（1）操动机构固定牢固，连接位置正确，操动灵活，无卡阻现象，传动部分涂以适合当地气候条件的润滑脂。

（2）切换开关接触良好，位置指示器指示正确。

5.3.9　压力释放阀安装

（1）压力释放器装置的安装方向正确，阀盖和升高座内部清洁，密封良好。

（2）电触点动作准确，绝缘良好。

（3）对照生产厂家所提供的资料、图纸，组装好电缆槽盒、压力释放器，并保证与说明书一致。

5.3.10 气体继电器安装

（1）继电器安装位置正确，连接面紧固、受力均匀，无渗漏。

（2）对照生产厂家所提供的资料、图纸，组装好电缆槽盒、气体继电器（气体继电器箭头方向必须指向储油柜），并保证与说明书一致。

5.3.11 温度计安装

（1）顶盖上的温度计插座内介质与箱内油一致，密封良好，无渗油现象；闲置的温度计座密封良好，不得进水。

（2）对照生产厂家所提供的资料、图纸，组装好电缆槽盒，并保证与说明书一致。

5.3.12 管控记录

附件安装管控记录见质量管控卡（参见附录 A）、安全管控卡（参见附录 B）及安装操作指导卡（参见附录 C）。

5.4 牵引就位

5.4.1 注意事项

（1）换流变压器通过对称的千斤顶顶升来安装或解除运输小车，千斤顶均匀升降，确保本体支撑板受力均匀，千斤顶顶升位置必须符合产品说明书的要求，千斤顶顶升和下降过程中本体与基础间必须实施有效的垫层保护，如图 2-15 所示。

（2）通过牵引设备和滑车组牵引平移换流变压器牵引位置必须符合厂家要求。地面牵引固定点和牵引设备布置合理，牵引过程平稳，牵引速度不超过 2m/min，运输轨道接缝处要采取有效措施，防止产生震动、卡阻，如图 2-16 所示。

（3）如通过液压顶推装置平移换流变压器，运输小车或本体推进受力点必须符合厂家要求。

（4）严格控制换流变压器就位尺寸误差，位置及轴线偏差必须符合产品技术规定，并满足阀厅设备安装对换流变压器套管位置的要求。检查阀侧套管轴线是否和阀厅垂直，阀侧套管端部伸进阀厅后的长度和高度是否满足设计要求，从而判断换流变压器是否牵引到位，如图 2-17 所示。

图 2-15 换流变压器顶升　　　　　图 2-16 换流变压器牵引就位

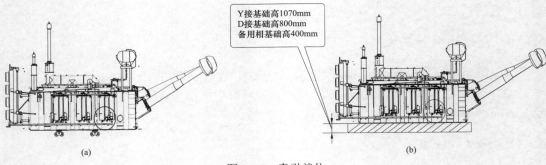

图 2-17　牵引就位

◆相关数据计算

牵引力的计算

$$F=G·(f_1+f_2)=400×(0.05+0.005)≈22（T）$$

式中：F 为牵引力；G 为换流变压器重量；f_1 为换流变压器车轮与钢轨的滚动摩擦系数；f_2 为换流变压器车轮与车轴轴承的滚动摩擦系数。

走丝强度验算

$$S_{x1}=QE^{n-1}(E-1)E^X/(E^n-1)$$
$$=22×1.04^{7-1}×(1.04-1)×1.04/(1.04^7-1)$$
$$≈3.66（T）$$

式中：Q 为走丝牵引力；E 为滑轮摩擦系数；n 为有效工作绳数；X 为转向滑轮个数。

采用 $\phi21.5$ 的钢丝绳做走丝。

$$S_{max}=S_n/n=24.85/4≈6.21（T）$$

式中：S_{max} 为钢丝绳允许承受的最大拉力；S_n 为钢丝绳的破断拉力；n 为安全系数。

● $S_{max}>S_{x1}$，$S_{max}>S_{x2}$，因此安全。

5.4.2　工作步骤

（1）换流变压器由广场牵引至基础上时先采用图 2-18 所示牵引方法，牵引方式采用一组 4-4 滑轮组有地锚牵引方式，牵引机械使用 10t 卷扬机，地锚采用土建已预埋的基础钢板配合厂家提供的地锚安装后使用。

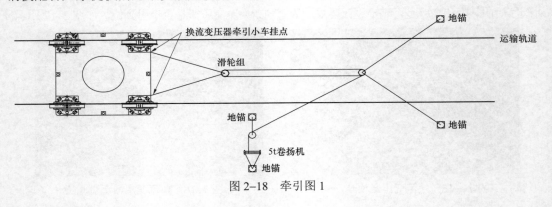

图 2-18　牵引图 1

（2）在换流变压器牵引至换流变压器基础位置时，换流变压器处的牵引点应由前侧改向后侧，此牵引方式的选择主要是考虑换流变压器进入基础位置后，换流变压器底部距基础顶面只有 55mm 的距离，此距离不能通过 4–4 滑轮组，并且换流变压器的最终位置前端已超过地锚点，改变牵引位置。如图 2–19 所示。

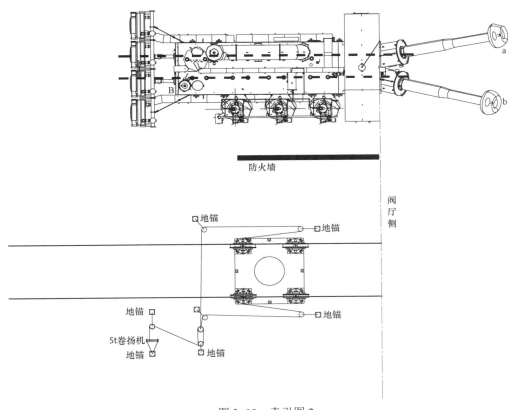

图 2–19 牵引图 2

（3）换流变压器就位时，采用液压顶升装置顶升换流变压器，顶升装置的放置应保证其中心线对准换流变压器的 4 个顶点的中心线。

（4）在专人的统一指挥下，选取换流变压器横向上两点同时起升，顶升至高度后垫上专用的垫块，再起升横向上的另两个顶点，交替起升，顶升时四个顶点设立监护人，及时汇报顶升情况，发现个别千斤顶不做功应立即汇报，保证四点同步起升，并随时观察千斤行程不得超过 150mm。

（5）顶升时四个顶点的监护人应及时调整千斤顶上的锁固螺母，并及时在换流变压器底部滑道处加入特制的垫块，确保千斤顶泄压时换流变压器重心不发生偏移或倾斜。

（6）千斤顶一次起升到位后，必须将换流变压器底部用特制的垫块垫实，方可回落千斤顶进行第二次顶升。

（7）换流变压器顶到高度达到能够撤出小车时，锁紧千斤顶上的螺母，撤出小车通行轨道上的特制垫块，将小车撤到换流变压器广场，随后再按照顶升换流变压器的方法逆序操作，逐步撤出换流变压器底部垫块，直至换流变压器平稳落至基础上。

5.4.3 管控记录

牵引就位管控记录见质量管控卡（参见附录 A）、安全管控卡（参见附录 B）及安装操作指导卡（参见附录 C）。

5.5 抽真空

5.5.1 注意事项

（1）在确认产品和有关管路系统密封性能良好的情况下，方可进行抽真空。

（2）抽真空时利用厂家专用工器具，进行套管、有载开关处的连接同时抽真空。

（3）抽真空时，应监视并记录油箱的变形，其最大值不得超过壁厚的 2 倍。

5.5.2 工作步骤

（1）将移动式真空机组移至变压器主体附近，在主体油箱顶部安装真空罐（专用工装）。

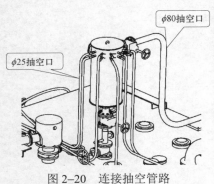

图 2-20　连接抽空管路

（2）连接抽空管路：将真空罐其中一个 $\phi 80$ 抽空口用金属软管连接至真空机组，$\phi 25$ 抽空口分别用 PVC 塑料增强软管连接网、阀侧及中性点升高座顶部放气孔，阀侧套管放油孔也要连接透明软管至真空管上，如图 2-20 所示。

（3）将电阻真空计安装在真空罐其中一路 $\phi 25$ 抽空口，测量主体油箱真空度。

（4）关闭主体储油柜的阀门及开关储油柜阀门，打开所有透明连接管阀门，打开油箱与冷却器阀门，启动真空机组开始抽空。

（5）逐级提高油箱的真空度到产品规定的真空残压，抽空的过程中注意观察油箱及冷却器的变形量和变形情况，发现异常应立即停止抽空。

（6）从抽空开始至主体真空度达到 50Pa 应在 4h 内完成（具体数据参照说明书），否则应立即检查泄漏点。当产品真空度 50Pa 后，主体应测试 30min 泄漏率，要求泄漏率小于 2000Pa·L/s。如不符合上述要求，需立即检查泄漏点。满足泄漏率要求后才可继续抽真空，持续抽空时间不应少于 96h。满足要求后开始真空注油。

（7）产品具备抽真空的储油柜在抽真空过程中同主体一起抽空（参考厂家技术文件，有些换流变压器储油柜不能抽真空）。临时拆卸储油柜吸湿器，在抽空真空罐支口连接一根支管至储油柜吸湿器接口，打开主导油管阀门与主体连通。

5.5.3 管控记录

抽真空管控记录见质量管控卡（参见附录 A）、安全管控卡（参见附录 B）及安装操作指导卡（参见附录 C）。

5.6 真空注油

5.6.1 注意事项

（1）严禁在雨、雪天气进行倒罐、过滤、注油等作业。

（2）变压器油的脱气、倒罐及变压器本体油的注入、放出等均应使用成套装置的真空净油机进行。手提式滤油机仅限使用于油罐、管道清洗及变压器残油收集等作业。

（3）现场油务系统中所采用的工作油罐及管道均应事先清洁合格后方可使用，且应设置专用残油油罐，并检查容器密封情况。

（4）油在现场处理中，应采取有效措施避免与空气接触，减少对工作油罐及管道带来的污染，油过滤采取两母管滤油，不密封容器需装有干燥吸湿器。

（5）一般情况应尽量使用制造厂提供的绝缘油。如需补充其他来源的绝缘油，须符合混油要求，并经有关单位试验，确定混油可能性。否则严禁混合使用。

（6）真空泵、电源箱外壳、金属油管等必须可靠接地。

（7）真空注油时，务必严格按照厂家技术文件的操作步骤，打开或关闭相应的阀门。

5.6.2 工作步骤

1. 新油处理

对于用油罐运到现场的绝缘油，安装单位和制造厂家应按照厂家供货合同技术规定，做好每罐油的交接试验，监理见证。原则上，到场油中颗粒度含量应不超过 2000/100mL（5～100μm，无 100μm 以上颗粒），如不符合要求，应有厂家负责在站外进行滤油处理，合格后方可进站交接。

2. 注入油品质要求

在真空注油前，绝缘油必须经试验合格后方可注入换流变压器中。若厂家另有要求的，参照厂家标准执行，见表 2-9。

表 2-9   厂　家　标　准

油电气强度（kV）	≥70
油含水量（mg/L）	≤8
颗粒度（1/100mL）	≤1000/100mL（5～100μm，无 100μm 以上颗粒）
$\tan\delta$（%）（90℃时）	≤0.5

3. 连接注油管路

在油箱底部注油阀门处安装 V 形接头（从此处排除进油管道内空气），将头顶部放油口连接透明软管至废油桶，然后连接油管至真空滤油机，如图 2-21 所示。

4. 启动真空注油

启动真空滤油机，将准备好的合格油，通过油箱下部注油阀门注入油箱内，流量不宜大于 100L/min，然后缓慢打开 V 形接头顶部阀门排油至废油桶，并观察透明管内油流，当管内的油流中无气泡后关闭阀门，立即开启主体阀门注油。主阀门处并联加装一块压力表，监视注油压力应为正压（20kPa 左右，具体参考厂家说明书），如图 2-22 所示。

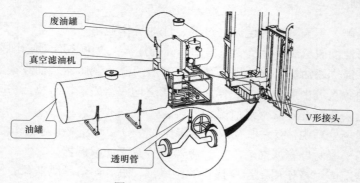

图 2-21　注油管路示意图

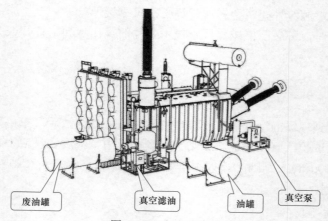

图 2-22　全真空注油

5. 注油过程中

注油时油温控制在（65±5）℃；注油至浸没全部绝缘（距箱顶约 200mm），关闭真空罐与 T 形接头之间的阀门；当油面高于油箱顶部时，注意观察各升高座抽空口（如图 2-23 所示），发现出油后立即关闭升高座阀门，继续保持真空注油状态。

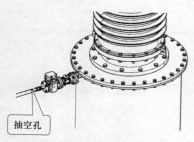

图 2-23　升高座抽真空细部示意

6. 阀侧套管注油

（1）对于储油柜可以抽真空的换流变压器：当储油柜内注油结束后，储油柜胶囊停止抽真空并破除真空，此时换流变压器本体与储油柜连接整体处于大气压强下，但阀侧套管持续抽真空，阀侧套管内部处于真空（负压），换流变压器器身与阀侧套管之间在压力差的情况下，阀侧套管开始注油，注油期间需将套管抽空管路提升至储油柜最底部位置临时固定好，当阀侧套管抽真空管路出油后且油位接近储油柜最底部位置时，关闭套管阀门，并停止抽空及注油，如图 2-24 所示。

（2）对于储油柜不能抽真空的换流变压器：当换流变压器器身油位距箱顶约 200mm 时，关闭器身顶部抽真空阀门，但换流变压器其他各套管升高座与抽真空工装连接的管路阀门不关闭继续抽真空，换流变压器本体持续注油，当换流变压器本体油位到达本体

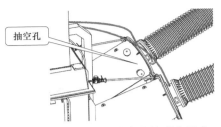

图 2-24 阀侧套管升高座抽真空示意

气体继电器处时，打开气体继电器与储油柜之间的阀门，此时换流变压器本体处于大气压强下，但阀侧套管持续抽真空，阀侧套管内部处于真空（负压），换流变压器器身与阀侧套管之间在压力差的情况下，阀侧套管开始注油，注油期间需将套管抽空管路提升至储油柜最底部位置临时固定好，当阀侧套管抽真空管路出油后且油位接近储油柜最底部位置时，关闭套管阀门，并停止抽空及注油。

7. 储油柜注油（非真空补油）

预先将储油柜胶囊充气至 10kPa（具体参考厂家说明书），且储油柜顶部两端放气口阀门必须呈开启状态。缓慢打开储油柜与主体之间的阀门给主体泄压，并通过高真空滤油机为储油柜补油，储油柜注油流速控制在 1.8～2.5m³/h，注油期间需注意胶囊内气压不能超过 10kPa。当储油柜放气口两端均出油后，关闭主体阀门停止补油，排放胶囊中的干燥空气并将胶囊排气管连接至呼吸器上，给储油柜注油，一直达到相应温度时的油位，即可进行热油循环。

8. 储油柜注油（真空补油）

若储油柜及胶囊满足抽真空条件，储油柜补油时应采取全密封补油方式，即抽真空时从储油柜最顶部阀门抽真空（储油柜两侧排气阀处于关闭状态），且胶囊内部与储油柜相连的阀门处于打开状态，当储油柜内油位注入至额定油位时（符合温度曲线），停止注油和抽真空，关闭胶囊与储油柜相连阀门，缓慢破除胶囊内真空度，并适当充入微正压（10kPa 左右，具体参考厂家说明书）干燥空气，使胶囊在储油柜内完全展开，保证储油柜油位真实。

5.6.3 管控记录

真空注油管控记录见质量管控卡（参见附录 A）、安全管控卡（参见附录 B）及安装操作指导卡（参见附录 C）。

5.7 热油循环

5.7.1 注意事项

（1）严格按照厂家要求进行热油循环，油温、油速以及热油循环的时间符合产品技术规定。

（2）连接热油循环管路，热油循环应遵循对角循环原则。

（3）对换流变压器本体及冷却器宜同时进行热油循环，如环境温度较低，可间隔 4h 打开一组冷却器，以保持器身温度。

（4）如环境温度较低，可采取保温措施或用短路法直接加热方式辅助加热等冬季施工专项措施，可参考附录 D。

5.7.2 工作步骤

（1）热油循环过程中应设专人监测记录，观察出口油温、滤油机运行状态、渗油等情况。

（2）热油循环过程中，滤油机出口油温应控制在（65±5）℃范围内，循环要求应同时满足下述三条规定：

1）热油循环时间不应少于 72h，且满足厂家说明书的规定；

2）热油循环通过滤油机的总油量不应少于换流变压器总油量的 3 倍，且符合厂家说明书的规定；

3）绝缘油应符合表 2-9 的要求。

（3）热油循环结束后，打开储油柜与产品主体连接的真空阀，关闭所有注放油阀门，进行产品的静置。

5.7.3 管控记录

热油循环管控记录见质量管控卡（参见附录 A）、安全管控卡（参见附录 B）及安装操作指导卡（参见附录 C）。

5.8 静置

（1）静置期间间隔 24h 对产品升高座、冷却器、联管等放气塞进行放气（在每天温度最高时间段，可增加排气次数），储油柜应按其使用说明书进行排气。

（2）注油后应静置 72h 以上（且满足厂家说明书的规定），才能施加电压。

5.9 整体密封试验

（1）试验压力和时间符合制造厂的规定。

（2）主体气压试漏：主体储油柜顶部连接干燥空气对胶囊充气，充气压力 0.03MPa，维持时间 24h，并保持压力不变。

（3）有载开关压油试漏：有载开关储油柜顶部连接干燥空气充气加压，充气压力 0.05MPa，维持时间 1h，并保持压力不变。

（4）所有焊缝及结合面密封无渗漏。

5.10 油试验

（1）换流变压器安装完成并静置后，须取油样进行试验，合格后方可进行特殊试验。

（2）换流变压器进行特殊试验后，须取油样进行试验，合格后方可进行下一步工作。

5.11 二次接线

（1）按出厂文件中二次接线安装图及设计图纸进行电缆敷设、电缆接线及二次回路检查工作。

（2）逐台启动风扇电机和潜油泵，检查风扇电机吹风方向及潜油泵流方向。油流继电器指针动作灵敏、迅速则为正常。如油流继电器指针不动或出现抖动、反应迟钝，则表明潜油泵相序接反，应给予调整。

（3）换流变压器装设有温度控制器，用以监视换变压器油面温度报警和控制换流变压器温升限值跳闸回路，并带有热电阻信号，可在总控制室内远方监控油面温度。

（4）检查气体继电器、压力释放阀、油表、电流互感器等的保护、报警和控制回路是否正确。

（5）温控器的调试工作，换流变压器厂家应对其温控器内部电阻按照出厂定值进行调整并校验（如调节内部电阻值等）。

5.12　本体固定、接地

（1）当换流变压器的中心线满足设计要求后，需将换流变压器本体与基础连接牢固，并进行本体接地。

（2）阀侧套管正式封堵应避免形成闭合磁路。大封堵材料及安装由安装单位负责，小封堵材料及安装由厂家负责。

（3）设备接地引线与主接地网连接牢固、可靠，导通良好。

（4）铁芯和夹件接地引出套管牢固，导通良好。

（5）套管末屏牢固可靠，导通良好。

5.13　常规交接试验

现场交接试验是保证换流变压器成功投运和安全运行的关键环节，通过交接试验一方面可以与出厂值比较，检验变压器经过长途运输后的质量水平，另一方面为运行后的预防性试验建立基准数据。

5.13.1　注意事项

（1）按 DL/T 274—2012《±800kV 高压直流设备交接验收试验标准》，完成全部试验，并填写试验报告。

（2）应注意交接试验和阀厅封堵的先后次序，避免试验接线破坏封堵返工的现象。

（3）当所有的试验进行完毕后，换流变压器主体和每一个独立部件包括冷却器等，都必须通过适当的放气阀进行排气。

5.13.2　试验项目

（1）绕组连同套管的直流电阻测量：

1）测量应在各分接头的所有位置上进行。

2）各相相同绕组（网侧绕组、阀侧 Y 绕组、阀侧△绕组）测得值的相互差值应小于平均值的 2%。

3）同温下产品出厂实测数值比较，相应变化不应大于 2%。

（2）电压比检查：检查所有分接位置的电压比，与制造厂铭牌数据相比应无明显差别，且应符合电压比的规律；其电压比的允许误差在额定分接位置时为±0.5%。

（3）引出线的极性检查：检查引出线的极性，必须与设计要求及铭牌上的标记和外壳上的符号相符。

（4）绕组连同套管的绝缘电阻、吸收比或极化指数测量：

1）用 5000V 绝缘电阻表测量每一个绕组的绝缘电阻，非被试绕组接地，同温下一般情况下不应小于出厂值的 70%。

2）当测量时的温度与产品出厂试验时温度不同时，换算到同一温度进行比较。

3）极化指数不进行温度换算，其实测值与出厂值相比，应无明显差别。

（5）绕组连同套管的介质损耗因数 $\tan\delta$ 测量：

1）测得的 $\tan\delta$ 值不应大于产品出厂试验值的 130%。

2）当测量时的温度与产品出厂试验时温度不同时，换算到同一温度进行比较。

（6）铁芯及夹件的绝缘电阻测量：测量电压按照厂家要求，测量值应不小于 200MΩ。

（7）套管试验：

1）绝缘电阻测量（含末屏的绝缘电阻测量）。

2）介质损耗因数 $\tan\delta$ 和电容量测量。

3）油气套管气室 SF_6 气体的微水含量测试和气体压力检查；以上测量值和出厂值相比应无明显差别。

4）必要时，对充油套管进行油的色谱分析试验。

（8）绝缘油试验：

1）绝缘油试验类别、试验项目及标准应符合规程规范规定。

2）油中溶解气体的色谱分析，应符合下列规定：在升压或冲击合闸前、冲击合闸后 4h、热运行试验后，以及额定电压下运行 24h 后，各进行一次变压器本体油箱中绝缘油的油中溶解气体的色谱分析。氢气、乙炔、总烃含量应符合 GB/T 7252—2001《变压器油中溶解气体分析和判断导则》及 DL/T 722—2014《变压器油中溶解气体分析和判断导则》的规定（见表 2-10），且无明显增长。

表 2-10 油 中 溶 解 气 体 含 量

气体组分	含量μL/L
氢气	<10
乙炔	<0.1
总烃	<10

3）油中颗粒数检测，100mL 油中颗粒数不应多于 1000 个（5～100μm 颗粒，无 100μm 以上颗粒）。

4）此部分绝缘油试验检测一般由特殊试验单位完成。

（9）有载分接开关的检查和试验：在换流变压器不带电、操作电源为额定电压 85% 及以上时，操作 10 个循环，在全部切换过程中，应无开路现象，电气和机械限位动作正确且符合产品要求。

5.13.3 管控记录

常规交接试验管控记录见质量管控卡（参见附录 A）、安全管控卡（参见附录 B）及安装操作指导卡（参见附录 C）。

5.14 特殊试验

5.14.1 注意事项

（1）换流变压器特殊试验一般由特殊试验单位完成，试验项目参照特殊试验合同规定。

（2）换流变压器安装前，业主、监理单位应提前与特殊试验单位对接，尽早根据试验设备、试验场地、换流变压器防火墙上设备绝缘距离等因素确定试验方案。

5.14.2 试验项目

（1）绕组频率响应特性测量试验。

（2）网侧绕组中性点耐压试验。

（3）长时感应耐压带局部放电试验。

（4）换流变压器油试验及油中溶解气体含量检测（包括高压试验前后、换流变压器充电前后、大负荷试验前后、试运行期间及必要时）。

5.14.3 管控记录

特殊试验管控记录见质量管控卡（参见附录 A）、安全管控卡（参见附录 B）及安装操作指导卡（参见附录 C）。

5.15 换流变压器阀侧套管封堵

5.15.1 换流变压器套管封堵概况

换流变压器阀侧套管通过阀厅的换流变压器洞口伸入阀厅，换流变压器洞口采用 150～200mm 厚的阻火保温模块化阻磁防火板进行封堵，换流变压器套管与防火板采用耐渗防水卷材进行密封处理；换流变压器网侧套管通过降噪设备 BOX–IN 洞口伸出，接到汇流母线。

5.15.2 换流变压器阀侧套管封堵质量控制要点

为了避免换流站运行中在封堵材料产生涡流造成严重发热，在封堵施工中应避免形成闭合磁路。

1. 阻磁防火板安装

（1）防火板从下向上进行安装，水平缝的位置定在套管穿孔的中心线处，从左向右安装时，垂直缝的位置定在套管穿孔的中心线处。

（2）当换流变压器置于工作位置时，穿孔开口与换流变压器之间要有 30～50mm 的缝隙，如图 2-25 所示，缝隙处采用矿棉塞满。

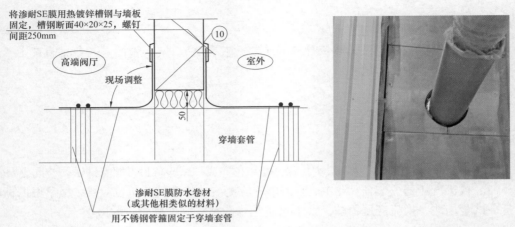

图 2-25　阻磁防火板安装

2. 耐渗防水卷材安装

（1）耐渗防水卷材可以切割折叠，采用热熔枪焊接平整，用不锈钢抱箍将卷材固定在套管升高座上，采用不锈钢压条将卷材固定在阻磁防火板上。

（2）不锈钢抱箍应压在卷材，并与升高座保持绝缘，采用绝缘铜线一点直接接到阀厅接地铜排上。

（3）不锈钢压条不应形成导电闭合回路，用绝缘铜线一点直接接到阀厅接地铜排上，如图 2-26 所示。

(a)　　　　　　　　　　　　　　(b)

图 2-26　压条一处断开，用绝缘铜线一点接地
(a) 正确做法；(b) 错误做法

（4）换流变压器厂家已经考虑到换流变压器法兰、屏蔽罩等的接地，现场不应增加这些地方的接地线。

（5）BOX-IN 铁件应与换流变压器阀侧升高座保持在 10mm 的距离。

（6）BOX-IN 在换流变压器网侧升高座处不得形成闭合磁路，并保持在 10mm 的距离。

6 质量管控

6.1 换流变压器安装

6.1.1 重点控制要点

换流变压器安装重点控制要点如图 2-27 所示。

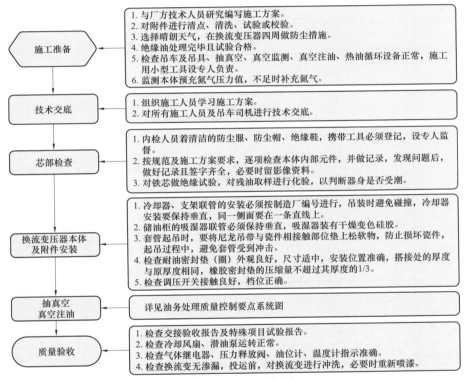

图 2-27 重点控制要点

6.1.2 质量通病与预防措施

换流变压器安装质量通病与预防措施见表 2-11。

表 2-11 换流变压器安装质量通病与预防措施

序号	质量通病	原因分析	预 防 措 施
1	换流变压器各法兰连接处出现漏油现象	密封线圈安装不标准、螺栓紧固不到位或密封垫未更换	安装前应详细检查密封圈材质及法兰面平整度是否满足标准要求；螺栓紧固力矩应满足厂家说明书要求；法兰打开处密封垫必须进行更换

序号	质量通病	原因分析	预 防 措 施
2	换流变压器漆层损伤	不注意保护电气设备	（1）换流变压器安装人员在器身施工时穿软底鞋，使用的工器具轻拿轻放，减少对器身漆层的损伤。 （2）安装结束，清洗换流变压器器身并进行补漆工作
3	换流变压器漏油	设备本身原因、安装原因	（1）抽真空过程严格观察。 （2）把住进货检验关，检查是否有砂眼。 （3）安装完毕将油污擦拭干净，几天后再次检查。 （4）做油密试验的过程中注意观察。 （5）运行后再次观察
4	设备安装中的穿芯螺栓两侧螺栓露出长度不一致	安装原因	对设备安装中的穿芯螺栓（如避雷器、换流变压器散热器等），要保证两侧螺栓露出长度一致

6.1.3　标准差异化分析

换流变压器安装标准差异化分析见表 2-12。

表 2-12　　　　　　　　　　换流变压器安装标准差异化分析

标准	国标 GB 50776—2012	企标 Q/GWD 1220—2014	厂标	
			ABB 结构	Siemens 结构
加速度	三维≤3g	三维≤3g	垂直2g，水平3g	垂直3g，水平3g
运输倾斜角	15°	15°	长向15°，宽向10°	长向15°，宽向10°
充氮运输压力（MPa）	0.01～0.03	0.01～0.03	0.02～0.03	0.02～0.03
干燥气体露点	<−40℃	<−40℃	<−40℃	<−55℃
残油　电气强度（kV）	≥40	≥40	≥45	≥45
残油　微水（mg/L）	≤20	≤20	≤25	≤25
站内转运（m/min）	2	2	2	2
注油　耐压（kV）	≥70	>70	≥80	≥70
注油　含水（mg/kg）	≤8	<8	≤5	≤10
注油　含气	—	—	≤0.5%	<1%
注油　介损	≤0.5%	≤0.5%	tanδ≤0.1%	tanδ≤0.5%
注油　颗粒度	≤1500（5～100μm，100mL）	≤1000（5～100μm，100mL）	≤1000（5～70μm，100mL）	≤2000（5～70μm，100mL）
注油　色谱	无乙炔	无乙炔	无乙炔	无乙炔
泄漏率	200Pa，30min，符合厂家技术文件	200Pa，30min，≤30Pa/30min	100Pa，30min，<2000Pa·L/s	100Pa，30min，<2000Pa·L/s
真空保持	≤133Pa，48h	≤27Pa，48h	持续抽真空48h，≤40Pa，48h	持续抽真空72h，≤30Pa，24h
注油真空（Pa）	—	<20	≤40	<25
注油速率（t/h）	≤6	4～6	3～10	5

续表

标准	国标 GB 50776—2012	企标 Q/GWD 1220—2014	厂标	
			ABB 结构	Siemens 结构
热油循环	72h	72h	96h（上进下出）	120h（上进下出 50° 48h，下进上出 65° 72h）
油质　击穿电压	—	$U\geqslant$70kV（标准油杯 试验）	$U\geqslant$80kV（标准油杯 试验）	
含水量	—	≤8mL/L	≤5mL/L	
含气量	≤1%	≤0.5%	≤0.5%	
介损	—	$\tan\delta$%（90℃）≤0.5%	$\tan\delta$%（90℃）≤0.1%	
颗粒度	—	大于 5μm 的颗粒不多 于 1000 个/100mL，无 100μm 以上颗粒	大于 5μm 的颗粒不多 于 1000 个/100mL，无 100μm 以上颗粒	
色谱	无乙炔	无乙炔	无乙炔	无乙炔
静置（h）	72	72	120	168
密封	24h，0.03MPa	24h，0.03MPa	24h，0.03MPa	24h，0.03MPa

6.2　油务处理

6.2.1　重点控制要点

油务处理重点控制要点如图 2-28 所示。

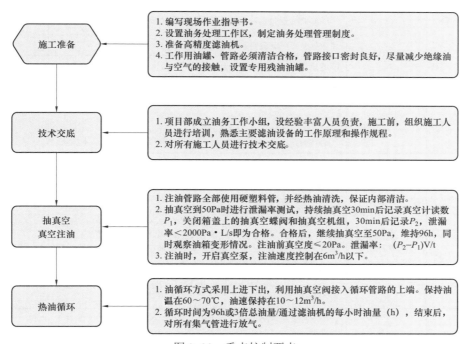

图 2-28　重点控制要点

6.2.2 质量通病与预防措施

油务处理质量通病与预防措施见表 2–13。

表 2–13 油务处理质量通病与预防措施

序号	质量通病	原因分析	预 防 措 施
1	绝缘油不合格	供货商原因	（1）对到场绝缘油罐进行逐罐取样化验，不合格的进行热油循环直至取样化验合格。 （2）变压器热油循环完，取样化验合格，不合格继续热油循环直至化验合格。 （3）追踪到供油厂家，确保出厂油指标符合变压器厂家要求
2	变压器本体渗漏油	施工现场管理不到位	（1）对到场的变压器身进行检查，特别注意各个阀门。 （2）清理变压器周围场区，合理放置油罐、滤油机，油管路接头牢固、无滴渗漏现象
3	油处理效率低		成立专门的油务处理小组，责任到人，提高换流变压器油务处理质量

6.3 关键指标及检验方法

关键指标及检验方法见表 2–14。

表 2–14 关键指标及检验方法

类别	序号	检查项目	工艺质量要求	检验方法
主控项目	1	本体安装	（1）充油套管的油位计必须面向外侧，套管末屏必须接地良好。 （2）外接管路中的阀门操作灵活，开闭位置正确，法兰接触面平整且密封良好，密封垫圈的压缩量不超过其厚度的 1/3。 （3）电流互感器和升高座的中心一致。 （4）储油柜胶囊安装前应按照厂家技术文件要求进行胶囊密封试验，胶囊充气压力一般不超过 10kPa，并保持 24h 无泄漏。（具体数据参考厂家说明书）	观察检查
	2	绝缘油处理	绝缘油常规及色谱试验值应满足厂家技术说明书及规范要求。 （1）厂家到场油要求：具体参数可根据合同要求执行。 （2）注入换流变压器油的要求： 1）击穿电压不小于 70kV/2.5mm。 2）含水量不大于≤8μL/L。 3）tanδ（90℃）：≤0.5%。 4）颗粒度≤1000/100mL（5～100μm 颗粒），无 100μm 以上颗粒	取样至专业认证机构试验
	3	本体抽真空	真空度应小于等于 30Pa（真空度达到此要求后，持续抽时间不应小于 96h）。（具体数据参考厂家说明书）	真空计
	4	真空注油	（1）采用小流量（≤5000L/h）抽真空注油的方法对主变压器进行注油，注至油面距油箱顶部 100～200mm 处，铁芯、绕组均已浸入油内时，对于储油柜不能抽真空的换流变压器需关闭抽真空阀门，开始破真空，继续向换流变压器内注油，对于储油柜可以抽真空的换流变压器，需继续补油，当油位达到要求后，需关闭真空泵再关闭胶囊与储油柜连接的阀门。 （2）调压开关与本体同时进行真空注油。 （3）铁芯、绕组均已浸入油内时需对阀侧套管进行补油。（具体数据参考厂家说明书）	观察检查
	5	热油循环	温度控制在（65±5）℃范围内，油速 10000～12000L/h 左右，热油循环时间≥72h，热油循环吨位：不小于 3 倍总油量。（具体数据参考厂家说明书）	观察检查

续表

类别	序号	检查项目	工艺质量要求	检验方法
一般项目	1	主变压器残油	残油标准：电气强度≥40kV、含水量≤20μm/L	取样至专业认证机构试验
	2	整体密封性试验	使用氮气或干燥空气在油箱顶部胶囊加压10kPa，维持24h必须无渗漏。（具体数据参考厂家说明书）	观察检查
	3	安装汇控柜	（1）汇控柜内接线必须排列整齐，清晰美观，绝缘良好无损伤，接线螺栓紧固且有防松装置，导线截面符合设计要求，标志清晰。 （2）汇控柜及内部元件的外壳、框架的接零或接地符合设计要求，连接可靠；内部断路器、接触器动作灵活无卡涩，触头接触紧密可靠，无异常声响；内部元件及转换开关各位置命名准确；控制箱密封良好，内外清洁无锈蚀，端子排清洁无异物，驱潮装置工作正常。 （3）汇控柜防尘措施应符合规范要求	观察检查及传动试验

6.4 强制性条文

强制性条文见表2-15。

表2-15   强 制 性 条 文

强制性条文内容	执 行 内 容
当含氧量未达到18%以上时，人员不得进入	现场监控
绝缘油必须按现行的国家标准《电气装置安装工程电气设备交接试验标准》的规定试验合格后，方可注入变压器中。不同牌号的新油与运行过的油混合使用前，必须做混油试验	简化分析、耐压
	耐压试验
	混油试验
变压器在试运行前，应全面进行检查，确认其符合运行条件时，方可投入运行。检查项目如下： 本体、冷却装置及所有附件应无缺陷，且不渗油。 接地引下线及与主接地网的连接应满足设计要求，接地应可靠。 铁芯和夹件的接地引出套管、套管的接地小套管及电压抽取装置不用时其抽出端子均应接地；套管顶部结构的接触及密封应良好。 分接头的位置应符合运行要求；有载调压切换装置的远方操作应动作可靠，指示位置正确。 变压器的全部电气试验应合格；保护装置整定值符合规定；操作及联动试验正确	本体检查
	冷却装置及附件检查
	整体密封试验
	铁芯和夹件接地引出套管、套管的接地小套管及电压抽取装置不用时其抽出端子接地
	电流互感器备用二次端子短接接地
	套管顶部结构的接触及密封
	分接头位置
	有载调压切换装置
	试验项目
	保护定值
	传动试验
测量绕组连同套管的直流电阻。 检查所有分接头的电压比。 检查变压器的三相接线组别和单相变压器引出线极性。 测量绕组连同套管的绝缘电阻、吸收比或极化指数	直流电阻测量
	各分接头的电压比测量
	三相接线组别测量
	单相变压器引出线的极性测量
	绝缘电阻测量
	极化指数测量
	吸收比测量

续表

强制性条文内容	执 行 内 容
发电厂、变电站电气装置下列部位应专门敷设接地线与接地体或接地母线连接： 高压配电装置的金属外壳	变压器的金属外壳专门敷设接地线与接地母线焊接相连
每个电气装置的接地应以单独的接地线与接地汇流排或接地干线相连接。严禁在一个接地线中串接几个需要接地的电气装置。重要设备和设备构架应有两根与主地网不同地点连接的接地引下线，且每根接地引下线均应符合热稳定及机械强度的要求，连接引线应便于定期进行检查测试	以单独的接地扁钢与接地干线可靠焊接
	变压器外壳有两根与主地网不同地点连接的接地引下线
	接地引下线与变压器外壳以热镀锌螺栓可靠连接，便于定期进行检查测试

6.5 标准工艺

标准工艺见表 2-16。

表 2-16   标 准 工 艺

标准工艺编号	工艺名称	工艺标准	施工要点	成品效果
0102090000			换流设备安装	
0102090001	换流变压器安装	（1）基础标高和水平度应符合设计和制造厂要求，表面平整度≤8mm，基础中心线位移≤10mm。 （2）附件齐全，安全正确，功能正常，无渗漏油。 （3）引出线绝缘包扎牢固，无破损、拧弯现象，引出线绝缘距离应合格，固定牢靠，相间及对地距离符合规范要求。 （4）换流变压器两侧与接地网两处可靠连接。外壳、机构箱及本体的接地牢固，且导通良好。 （5）换流变压器电缆排列整齐、美观固定与防护措施可靠，有条件时采用封闭桥架。	（1）基础复测：预埋件位置正确，根据图纸设计，在基础上画出准确中心线。 （2）换流变压器就位：换流变压器的中心与基础中心线重合，且与图纸相符。 （3）换流变压器就位后检查三维冲撞记录仪，记录，确认最大冲击数据并办理签证，记录仪数值满足制造厂要求，最大值不超过3g，原始记录必须留在建设管理单位。 （4）充气运输的变压器在运输和现场保护期间油箱内应保持为正压，其压力为0.03MPa。 （5）换流变压器附件安装前应经过检查或试验合格。气体继电器、温度计、压力释放阀应送检；套管电流互感器检查试验，铁芯和夹件绝缘试验合格。 （6）换流变压器安装时涉及的密封面需清洁，密封圈处理；螺栓坚固力矩应符合产品说明书和相关规范的要求。安装未涉及的密封面应检查复紧螺栓，确保密封性。 （7）换流变压器的冷却器按制造厂规定的压力值用气压或油压进行密封试验和冲洗。 （8）换流变压器注油前后绝缘油应取样进行检验，并符合国家相关标准，绝缘油电气强度≥40kV/2.5mm；含水量≤20mg/L。	T1 换流变压器基础复测 T2 换流就管路安装 T3 换流变压器冷却器安装

标准工艺编号	工艺名称	工艺标准	施工要点	成品效果
0102090001	换流变压器安装	（6）本体上感温线排列美观。 （7）接地良好，标识规范	（9）附件安装： 1）空气相对湿度不得超过80%，铁芯与线圈暴露时间不得超过厂家规定的时间，空气相对湿度超过80%时，不允许暴露；场地四周应清洁，并有防尘、防潮措施。 2）冷却器安装：连接冷却器支架，并整体吊装，将油泵根据厂家说明书要求安装在油管中上。按照厂家规定的编号顺序起吊，对于直立式冷却器，从志用吊孔处采用四点起吊，吊装时，应保持平衡、水平。 3）升高座安装：根据厂家说明书位置进行吊装，网侧及中性点升高座吊装利用顶端吊点按照常规方法进行吊装；阀侧升高座必须调整正确倾斜角度。 4）储油柜安装应确认方向正确并进行位置复核，安装程序一般为支架安装、柜体吊装就位、连接支架螺栓。 5）套管安装。 6）连接管道应无锈蚀、积水或杂物安装，安装时应内部清洁，连接面或连接接头可靠。 7）气体继电器安装箭头朝向储油柜，连接面平行，紧固受力均匀。 8）温度计安装毛细管固定可靠和美观，且弯曲半径不得＜50mm。 9）有载调压切换装置各分接头与线圈的连接应紧固正确，各分接头应清洁，且接触紧密，弹力良好。 10）应按规范严格控制换流变露空时间。内部检查应全程注入干燥空气，保持内部微正压，避免潮气侵入，且确保含氧量不小于18%。 （10）抽真空处理和真空注油 1）抽真空至133Pa，进行换流变压器泄漏率测试；泄漏试验合格后，需继续抽真空度至13Pa，且维持36h。 2）注油全过程应保护真空，注入油的温度宜高于器身温度。注油速度控制在6000L/h（5.4t/h）以下。 3）真空注油工作不宜在雨天和雾天进行，以防止密封不良时水分和潮气进入油箱。	 T3 换流变压器芯部检查 T4 换流变压器阀侧套管安装 T5 换流变压器安装效果 T6 换流变压器安装效果

标准工艺编号	工艺名称	工艺标准	施工要点	成品效果
0102090001	换流变压器安装		4）真空注油结束后，需对换流变压器进行热油循环，热油循环前，应对油管抽真空，将油管中的空气抽干净，同时冷却器中的油应与油箱主体的油同时进行热油循环，循环的总油量≥3倍换流变压器油的总量。 （11）密封试验：密封试验施加压力为油箱盖上能承受0.03MPa，24h 无渗漏。 （12）换流变压器密封试验结束后必须静放 96h 以上，方可安排进行常规试验及特殊试验项目。 （13）电缆排列整齐美观，二次接线与图纸和说明书相符合。 （14）换流变压器整体检查与试验合格	

7　安全管控

7.1　危险点分析及预防措施

7.1.1　临时施工用电造成人员触电，电源短路引发火灾事故

控制措施：

（1）施工用电应严格遵守安规，换流变压器施工采用两个专用电源箱并按规定上锁，与换流变压器安装作业无关的施工用电严禁私自乱接。

（2）电源箱及滤油机所使用的电源线必须符合本措施的规定，其他电动工机具所使用电缆截面必须满足负荷要求，电动扳手、照明用电使用的电源线必须采用橡皮电缆。电源线跟母排接头部位必须按照规定母线施工规范规定力矩值进行紧固。

7.1.2　高处作业造成高空坠落

控制措施：

（1）施工时，要求作业人员必须系好安全带或安全绳，安全带（绳）应系在上端牢固可靠处或水平移动绳上。根据施工现场实际情况，可在换流变压器上端可靠固定水平钢丝绳的方法，其长度应能起到保护作用，安全带（绳）系在水平保护绳上。

（2）高处作业平台应牢固可靠。高处作业人员要正确使用安全防护用具，使用的小工具要放在工具包内，并使用小吊绳上下传递物件；高处作业下方不得站人，高处作业人员严禁高空抛物。及时用棉纱等物品擦洗顶部，保证顶部无油污水迹。

7.1.3 换流变压器作业无序造成人身意外和设备事故

控制措施：

（1）换流变压器安装前，学习《换流变压器安装技术措施》，明确安装各环节中的安全注意事项。

（2）安装前进行详细分工，设置专用工具箱，实行工具登记制度，安监人员应提醒施工人员将拆卸的零部件和工具及时放入专用工具箱内。

7.1.4 附件吊装作业造成人身意外和设备事故

控制措施：

（1）起重机应检查证照齐全、操作及指挥人员要持证上岗。加强对操作人员的技能培训。设立专人指挥，严禁指挥人擅自离开现场，指挥信号应明确，考虑到现场安装时噪声大，必须采取哨声结合手势的方法，确保起重指挥和司机之间信息通畅。

（2）起吊机具与吊具使用前要严格检查，吊带和钢丝绳不得有破损现象，钢丝绳要防止打结和扭曲现象，加强对吊车的维护、保养、维修工作。

（3）吊车支腿要可靠，了解并结合每件吊物重量，吊车坐落位置满足吊车特性曲线的要求，吊带和钢丝绳承重吨位满足所吊物件的重量要求，必须按本措施规定和制造厂家要求的方法进行吊装；禁止斜拉、斜吊、拔吊。吊物离地面 500～1000mm 时，应暂停起吊，经全面检查确认无问题后，方可继续起吊。吊件在移动时，应缓慢进行，随时注意不能与其他物件发生碰撞。人员严禁在吊物下方停留和行走，被吊物件就位时，施工人员身体任何部位不得置于附件与本体安装部位之间。

7.1.5 火灾事故

控制措施：

（1）做好防静电造成火灾事故控制措施。对滤油机操作人员进行安全技术培训，并在施工前进行安全技术交底，滤油前由作业组人员和安监人员做全面的检查，从根本上杜绝事故的发生。设备、油箱及油管道在使用前应可靠接地。

（2）制定火灾事故应急预案，进行消防演练。油罐现场设置围栏，远离烟火，严禁吸烟，配备足够数量消防器材，并在就近位置设置消防砂池。

（3）现场应尽量避免施焊作业，对必须进行的焊接作业应有可靠的防护措施。

7.1.6 物体打击

控制措施：

（1）吊装作业严格执行安规。

（2）在进行吊装等危险作业时，应将安装区域用安全围栏隔离并加强现场监督，防止其他无关人员进入。

（3）做好机具、附件摆放的防倾倒措施。对易滚动的附件应及时将两侧掩牢。大型机具和设备附件放置在地面土壤上时，下部应采用枕木垫平等方式防止倾倒，雨后应注意观察土壤是否有下陷，如有必须采取相应处理措施。

7.1.7 芯部检查引成人身伤害、设备事故

控制措施：

（1）通风要求良好，并与内部检查人员在入口处派专人保持联系。

（2）增加照明度较好的手电筒；工作人员穿耐油防滑靴；利用干净的木梯子上下；严禁利用引线木支架攀登上下；工作人员穿无纽扣、无口袋的工作服；带入的工具必须拴绳，专人管理，清点登记；工作人员不准带任何与芯部检查无关的物品入内。

7.1.8 套管安装造成套管及设备损伤，套管安装完毕后落物造成套管损坏

控制措施：

（1）套管吊装方法严格按照本措施执行，并采用软吊带吊装；指挥和操作人员由经验丰富的专职人员担任，吊装前指挥和操作人员应认真地交流和沟通；套管安装时，应缓慢插入，防止瓷件碰撞法兰口；观察孔处应设置专人观察和引导套管与应力锥的配合。

（2）套管安装完毕后，再进行接引线等其他工作时，应采取防高处落物措施防止损坏套管，在套管上方施工时对所用的工器具、材料应采取必要的二道保护措施防止脱落，如使用绳索一端固定在固定物上，另一端在工器具、材料上进行可靠拴接，其长度应合适不影响工作，又能防止物件突然脱落损坏设备进行二道保护。

（3）阀厅内套管防护因牵涉到不同的施工单位，在移位至运行位置后，应通过监理单位对在阀厅内工作的其他施工单位做出明确要求，在阀厅内施工必须采取安全防护措施严禁损坏阀侧套管，特别是对阀厅内的吊装作业、高处作业应重点做好防吊物脱落、防落物措施。在换流变压器移位后也将对套管进行木板包装、设置安全围栏等防护措施。

7.1.9 抽真空造成损坏设备

控制措施：

（1）检查真空泵是否完好，真空泵冷却回路是否畅通，冷却水源是否可靠；真空泵出口处应装设高真空球阀和掉电逆止阀，防止突然断电真空泵油气倒灌；所用电源必须可靠，单独控制，专人管理，无关人员不得操作控制开关。

（2）抽真空时应首先开通冷却水，再启动真空泵，待真空泵运行平稳后缓慢开启闸阀和蝶阀，停机顺序相反；麦氏真空表不得置于油箱顶部，表前应有高真空球阀，读取真空度时应专人操作，并缓慢打开球阀，真空表不得过高，谨防水银流入真空管道；附加油采用真空方式加注时，应严格控制真空度，防止过抽，胶囊应与储油柜连通；抽真空时应监视箱壁的变形，其最大值不得超过壁厚的 2 倍。

7.1.10 在换流变压器安装过程中，各部件法兰对接处应拆除的临时闷板和垫圈未及时拆除和更换造成对以后运行产生极大的影响

控制措施：

（1）设立专人对每个法兰对接处需拆除的临时闷板和更换垫圈部位进行登记，并监督

其拆除和更换。

（2）最后对所拆除闷板和更换垫圈按登记数量进行清点。

7.1.11 换流变压器油处理过程中由于油管破损或接头部位松动导致大量漏油，造成财产损失和环境污染

控制措施：

（1）施工用油管和接头采用合格厂家产品。

（2）制订油务处理值班专项管理制度，责任到人，定时巡视。

7.2 其他安全要求

（1）换流变压器安装过程中，为避免交叉作业，对施工区域、吊车行进路线，人员通道采用安全围栏进行隔离。坑、沟、孔洞等均应设置可靠的防护措施。

（2）进入施工现场的人员应正确使用合格的安全帽等安全防护用品，穿好工作服，严禁穿拖鞋、凉鞋、高跟鞋，以及短裤、裙子等进入施工现场。严禁酒后进入施工现场，严禁流动吸烟。

（3）施工用电应严格遵守安规，实现三级配电，二级保护，一机一闸一漏保。总配电箱及区域配电箱的保护零线应重复接地，且接地电阻不大于 10Ω。用电设备的电源线长度不得大于 5m，距离大于 5m 时应设流动开关箱；流动开关箱至固定式配电箱之间的引线长度不得大于 40m，且只能用橡套软电缆。

（4）施工单位的各类施工人员应熟悉并严格遵守本规程的有关规定，经安全教育，考试合格方可上岗。临时参加现场施工的人员，应经安全知识教育后，方可参加指定的工作，并且不得单独工作。

（5）工作中严格按照《安规》要求指导施工，确保人身和设备安全。

（6）特种工种必须持证上岗，杜绝无证操作。由工作负责人检查起重机械证照是否齐全，操作、指挥人员必须持证上岗。

（7）设备存放处地基平整坚实，设备不得叠放；升高座重心偏移，吊装前不得拆除底座。现场拆除的包装箱板及其他剩余材料、设备应及时清理回收，集中堆放。材料、设备应按施工总平面布置规定的地点堆放整齐，并符合搬运及消防的要求。

（8）起吊机具与绳索使用前要严格检查，使用过程中必须严格遵守下列规定：

1）起吊物应绑牢，并有防止倾倒措施。落钩时，应防止吊物局部着地引起吊绳偏斜，吊物未固定好，严禁松钩。

2）吊索（千斤绳）的夹角一般不大于 90°，最大不得超过 120°。

3）起吊大件或不规则组件时，应在吊件上拴以牢固的控制拉线。

4）吊物上不许站人，施工人员不应直接利用吊钩升降。

5）吊起的重物不得在空中长时间停留。在空中短时间停留时，应采取可靠措施，操作人员和指挥人员均不得离开工作岗位。

6）在抬吊过程中，各台起重机的吊钩钢丝绳应保持垂直，升降行走应保持同步。各台起重机所承受的载荷不得超过各自额定起重能力的 80%。

7）起重机在工作中如遇机械发生故障或有不正常现象时，放下重物、停止运转后进行排除，不应在运转中进行调整或检修。如起重机发生故障无法放下重物时，应采取适当的保险措施，除排险人员外，严禁任何人进入危险区域。

8）当工作地点的风力达到五级时，不得进行受风面积大的起吊作业。当风力达到六级及以上时，不得进行起吊作业；遇有大雪、大雾、雷雨等恶劣气候，或夜间照明不足，使指挥人员看不清工作地点、操作人员看不清指挥信号时，不得进行起重作业。

9）操作人员应按指挥人员的指挥信号进行操作。对违章指挥、指挥信号不清或有危险时，操作人员应拒绝执行并立即通知指挥人员。操作人员对任何人发出的危险信号，均必须听从；指挥人员发出的指挥信号应清晰、准确；指挥人员应站在使操作人员能看清指挥信号的安全位置上。当跟随负载进行指挥时，应随时指挥负载避开人及障碍物。

（9）吊装带使用期间，应经常检查吊装带是否有缺陷或损伤，包括表面擦伤、割口、承载芯裸露、化学侵蚀、热损伤或摩擦损伤、端配件损伤或变形等。如果有任何影响使用的状况发生，所需标识已经丢失或不可辨识，应立即停止使用。吊索不得与吊物的棱角直接接触，应在棱角处垫半圆管、木板或其他柔软物。

（10）安全工器具准备齐全，检验合格。

（11）严格执行施工作业票制度，工作班成员要认真听清并了解工作内容及安全措施，并签名确认，工作范围应设置围栏。

（12）内检人员内部检查时，其气体含氧密度不大于18%，严禁施工人员入内。充氮变压器注油排氮时，任何人不得在排气孔处停留。

（13）安装及油处理现场必须配备足够的消防器材，必须制定明确的消防责任制责任到人，场地应平整、清洁，10m范围内不得有火种及易燃易爆物品；对已充油的换流变压器的微小渗漏需补焊应经厂方服务人员认可，遵守下列规定：换流变压器的顶部应有开启的孔洞，焊接部位必须在油面以下，严禁连续焊，应采用断续的电焊，焊点周围油污应清理干净，应有妥善的安全防火措施，并向全体参加人员进行安全技术交底。

（14）真空净油设备的使用必须按操作规程进行，滤油管道使用前要全面清洗，并保持清洁。尤其后置过滤器、注油管道应仔细检查、妥善维护，防止异物和潮气进入器身内。

（15）在换流变压器真空状态下严禁用绝缘电阻表测量铁芯、夹件的绝缘电阻。

（16）机具应由了解其性能并熟悉操作知识的人员操作。各种机具都应由专人进行维护、保管，并应随机挂安全操作牌。修复后的机具应经试验鉴定合格方可使用。

（17）滤油机及油系统的金属管道应采取防静电的接地措施；使用真空滤油机时，应严格按照制造厂提供的操作步骤进行。

1）滤油机及油系统的金属管道应采取防静电的接地措施。

2）滤油设备如采用油加热器时，应先开启油泵、后投加热器；停机时操作顺序相反。

3）滤油设备应远离火源，并有相应的防火措施。

4）使用真空滤油机时，应严格按照制造厂提供的操作步骤进行。常规的操作步骤是按水泵→真空泵→油泵→加热器的顺序开机，停机时的顺序相反。

5）压力式滤油机停机时应先关闭油泵的进口阀门。

（18）油务处理过程中，外壳及各侧绕组应可靠接地；用梯子上下时，不应直接靠在线圈或引线上；储油和油处理设备应可靠接地，防止静电火花；现场应配备足够可靠的消防器材，并制定明确的消防责任制，场地应平整、清洁，10m 范围内不得有火种及易燃易爆物品；瓷套型互感器注油时，其上部金属帽应接地；储油罐应可靠接地，防止静电产生火花。使用真空热油循环进行干燥时，其外壳及各侧绕组应可靠接地。

（19）链条葫芦使用前应全面检查，吊钩、链条等应良好，传动及刹车装置应可靠。吊钩、链轮、倒卡等有变形，以及链条直径磨损量达 10%时，严禁使用。链条葫芦的刹车片严防沾染油脂。链条葫芦不得超负荷使用。起重能力在 5t 以下的允许 1 人拉链，起重能力在 5t 以上的允许 2 人拉链，不得随意增加人数猛拉。操作时，人不得站在链条葫芦的正下方；吊起的重物如需在空中停留较长时间时，应将手拉链拴在起重链上，并在重物上加设保险绳；链条葫芦在使用中如发生卡链情况，应将重物固定好后方可进行检修。

7.3 安全文明施工

（1）固体废弃物分类设垃圾桶，集中回收，定点处理。每天下班前，应清理施工现场，做到"工完、料尽、场地清"，保持良好的施工环境。

（2）对换流变压器油优先考虑再利用。对施工过程中可能造成油污的地方如带油密封的附件在安装时拆除密封板时的位置、滤油机接头、油罐接头、管道接头等，采取铺塑料布等方式避免对基础的油污。换流变压器安装前土建安装的事故油池必须已具备使用条件，在施工过程中如发生漏油现象排入事故油池，废旧换流变压器油用集油桶集中回收，按当地环保标准处理。

（3）加强对吊车维护、保养、维修工作，加强对操作人员的技能培训，作业时尽量减小噪声和对空气的污染。

（4）用 SF_6 气体回收装置回收 SF_6 废气，严禁污染。

附录 A 换流变压器安装质量管控卡

阶段	主要施工工序	关键质量控制要点	质量标准	检查结果	施工负责人	厂家负责人	监理控制
1. 准备阶段	人员组织（施工）	特种作业人员资质报审	报审合格				
	人员组织（售后服务）	人员数量、技术水平	满足工程需要				
	施工机械及工器具准备	施工机械及工器具报审	报审合格				
	专用工具准备（厂家提供）	满足工程需要	报审合格				
	技术准备	设计图纸、厂家资料收集	资料齐全，设计图纸已会检				
		施工措施方案	报审合格并交底				
	施工场地布置	滤油场、值班室等布置（消防、接地）	布置合理、满足施工需求				
2. 施工阶段	基础验收	基础水平误差	<5mm				
		预留孔洞、预埋件检查	符合设计要求				
		设备清单（含备件）	齐全、无缺损				
	设备到场检查	设备外观检查	无损伤、锈蚀等				
		充气运输气体压力	0.01～0.03MPa				
		三维冲撞仪数据检查	符合产品技术要求				
		油绝缘性能（颗粒度、微水、耐压等）	标准规定值				
	储油柜安装	胶囊气密性	无泄漏				
		内部油位导杆	无变形				

续表

阶段	主要施工工序	关键质量控制要点	质量标准	检查结果	施工负责人	厂家负责人	监理控制
2. 施工阶段	储油柜安装	浮球	密封完好				
		储油柜内部卫生	清洁无杂物				
	冷却器安装	密封性试验	符合产品技术要求				
		支座及拉杆调整	法兰面平行、密封垫居中不偏心受压				
	冷却器安装	外观	无变形、无锈蚀				
		校验	合格				
	压力释放阀安装	阀盖及弹簧	无变动				
		校验	合格				
	气体继电器安装	气体继电器安装方向	方向正确				
	在线滤油装置安装	滤网管道检查	完好				
		连接管道检查	完好、无渗漏				
	芯部检查（厂家负责调整、检查）	器身各部位	无移动				
		各部件外观	无烧伤、损坏及变形				
		绝缘螺栓及垫块	齐全、无损坏，且防松措施可靠				
		绕组及引出线绝缘层	完整、包缠牢固紧密				
		线圈固定检查	固定牢固				
		铁芯接地	一点接地，连接可靠				
		铁芯绝缘	用绝缘电阻表加压，1min 不闪络				
		绕组绝缘	不低于出厂值的 70%				
	有载调压装置（厂家负责调整、检查）	传动机构	操作灵活，无卡阻现象				
		开关触头及接触	可靠，塞尺塞不进				
		开关动作顺序	正确，切换时无开路				
		位置指示器	动作正常，指示正确				

续表

阶段	主要施工工序	关键质量控制要点	质量标准	检查结果	施工负责人	厂家负责人	监理控制
2. 施工阶段	网侧套管安装	套管及电流互感器试验	合格				
		法兰连接螺栓	齐全、紧固				
		引线与套管连接	连接螺栓紧固，密封良好				
		套管末屏检查	接地可靠				
		绝缘围屏检查	符合厂家技术要求				
		内部安装尺寸检查	符合厂家技术要求				
	阀侧套管安装	套管及电流互感器试验	合格				
		升高座吊装角度测量	符合产品技术要求				
		法兰连接螺栓	齐全、紧固				
		套管吊装角度测量	符合产品技术要求				
		引出线均压球	符合产品技术要求				
		引线与套管连接	连接螺栓紧固，密封良好				
		套管 SF$_6$ 气体压力检查	符合产品技术要求				
		套管末屏检查	接地可靠				
		绝缘围屏检查	符合厂家技术要求				
		内部安装尺寸检查	符合厂家技术要求				
	中性点套管安装	套管及电流互感器试验	合格				
		法兰连接螺栓	齐全、紧固				
		引线与套管连接	连接螺栓紧固，密封良好				
		套管末屏检查	接地可靠				
		绝缘围屏检查	符合厂家技术要求				
		内部安装尺寸检查	符合厂家技术要求				

续表

阶段	主要施工工序	关键质量控制要点	质量标准	检查结果	施工负责人	厂家负责人	监理控制
2. 施工阶段	换流变压器就位	换流变压器身轴线定位	符合产品技术要求				
		阀侧套管在阀厅内定位	符合设计要求				
		本体与基础接触紧密性	符合设计要求				
		本体接地	牢固，导通良好				
	换流变压器注油	注油前绝缘油检查	符合规范及产品技术要求				
		真空度	符合规范及产品技术要求				
		真空保持时间	符合规范及产品技术要求				
		本体、套管及储油柜注油	符合规范及产品技术要求				
		油箱内温度	符合规范及产品技术要求				
		油标指示与储油柜油面高度	一致				
		热油循环	符合规范及产品技术要求				
		热油循环后油质试验	合格				
	二次回路	二次接线	符合设计要求				
		二次回路检查	符合规范及产品技术要求				
		二次挂牌及封堵	符合设计要求				
	换流变压器试验	常规试验	符合规范要求				
	降噪设备	降噪设备安装	符合设计要求				
	设备整体验收	设备外观检查	完好、清洁、无损伤				
		一次部分检查	按 GB 50147—2010 规定				
		二次回路检查	符合规范及产品设计要求				
		试验数据核对	符合规范及产品技术要求				
3. 验收阶段	图纸资料、专用工器具移交	图纸、厂家资料、设计变更	图纸、资料齐全				
		专用工器具	专用工器具齐全				

注 "监理控制" 栏由现场监理根据《监理大纲》确定 W、S、H 点，并签字。

附录 B 换流变压器安装安全管控卡

序号	施工工序	风险识别	可能造成的危害	控制措施	各单位责任检查点 施工自检	各单位责任检查点 监理旁站	各单位责任检查点 业主抽检	责任部门填写检查情况 施工（打钩/时间）	责任部门填写检查情况 监理（打钩/时间）	责任部门填写检查情况 业主（打钩/时间）
1	施工准备	／	人身伤害、设备损坏	施工单位组织对项目部全体人员（含厂家技术指导人员）进行安全培训，主要教材为《国家电网公司电力安全工作规程》	★	☆	△			
2	施工准备	／	人身伤害、设备损坏	根据各级审核后确认的施工方案对换流变压器施工人员进行交底，通过抽查的方式进行检查，要求达到凡是参与换流变压器安装的每个管理人员、施工人员均须掌握安装过程中的各个安全注意事项及安全要点	★	☆	△			
3	场地准备	／	人身伤害、设备损坏	施工工具、机器具等检查，特殊作业人员上岗证（含厂家提供的专用工具和技术人员资质）检查；施工工具、机器具等布置，责任牌、标识牌、警示牌等布置，消防器材的准备，滤油设施、真空泵等机器设施的准备	★	☆	△			
4	场地准备	／	火灾	施工滤油区域必需设置满足规范要求的灭火设施	★	☆	△			
5	附件试验及安装	高处作业	高处坠落、人员伤害、机械损坏	施工人员上下变压器时必须正确使用安全装置，使用工具袋进行工具材料传递，严禁抛掷，高处作业下方不得有人	★	☆	△			
6	附件试验及安装	器身作业无防尘措施	人员伤害	器身上部设置水平安全绳，顶部工作面有油污及时清除，人员行走时	★	☆	△			
7	吊装起重	吊车支腿不稳固	人员伤害、机械损坏	吊车支腿，支撑基本水平，垫枕木受力一致。吊物离开地面10cm时停止起吊，进行全面检查，确认无问题后，方可继续起吊	★	☆	△			
8	吊装起重	组织、指挥、操作不当	人身伤害、机械损坏	吊装前进行技术安全交底，办理安全工作票，执行安全监护制度，人员分工明确。吊装设置专人指挥，指挥信号明确及时，施工人员不得擅自离岗	★	☆	△			

续表

序号	施工工序	风险识别	可能造成的危害	控制措施	各单位责任检查点			责任部门填写检查情况		
					施工自检	监理旁站	业主抽检	施工（打钩/时间）	监理（打钩/时间）	业主（打钩/时间）
9	真空注油	变压器渗油漏	火灾	清理换流变压器施工区域，合理放置油罐、滤油机，滤油场地严禁烟火现场设置必要消防器材，所有油管路接头牢固，无渗漏现象	★	☆	△			
10	真空注油	滤油机及金属软管无良好防静电接地	火灾	滤油机外壳接地电阻不大于4Ω，金属油管路置多点接地，不得采用接缠绕，应采用螺栓连接	★	☆	△			
11	二次电缆敷设接线	电缆敷设指挥监护不当	人员伤害	二次施工进行技术交底，敷设设置专人指挥监护，拐角敷设人员应站在电缆外侧，施工围孔洞设明显警示标志	★	☆	△			
12	常规试验	试验区域周围无警示标志及警戒措施	触电	进行电气试验时，施工区域设置警戒线两侧并有明显的警示标识	★	☆	△			
13	常规试验	人员操作失误	触电	试验前进行安全技术交底，人员持证上岗，试验人员充分了解试验仪器及被试设备性能，试验仪器接地应可靠接至主网，不得采用搭接	★	☆	△			
14	常规试验	试验完毕未完全放电、接地线未拆除	触电、短路	试验完毕后应进行充分放电，拆除接地线，并人检查确认	★	☆	△			
15	降噪设施安装	高处作业	高处坠落	高处作业必须规范正确佩戴合格的安全防护用品	★	☆	△			
16	吊装作业	吊装作业	人身伤害、设备损坏	吊装前进行技术安全交底，执行安全监护制度，办理安全施工作业票，人员分工明确，指挥信号明确及时，吊装过程中施工人员不得擅自离岗	★	☆	△			
17	换流变压器牵引就位	牵引方法	人员伤害、设备损坏	作业人员不得在作业现场牵引绳的内侧，其他人员不得在作业现场停留，换流变压器中心不偏离集中，牵引时换流变压器两侧受力要均匀，小车移动速度横向移动小于3m/min，直行移动小于10m/min	★	☆	△			
第一章	换流变压器牵引就位	顶升方法	人员伤害、设备损坏	千斤顶要置于指定的支撑座处，使用千斤顶时，底部铺垫钢板，千斤顶与变压器顶升点的接触面用木薄木板塞垫，顶升过程中变压器底座下方垫道木和薄木板，在顶升或分级交替顶升每次起升一侧时，高程不大于10cm，采用水准仪观察平移情况，水平精况，分级交替顶升是否符合要求，检查阀侧套管进入阀厅后应采取保护措施	★	☆	△			

安全隐患整改通知

附录C 换流变压器安装操作指导卡

序号	工序	操作项目、部位	操作要求 — 质量要求	操作要求 — 检查项目、监控要点、操作要领	检查情况	填写实际检测结果数据和处理办法	施工人员	厂家人员	监理人员	业主代表
1	产品到货验收	主体外观检查验收	主体及所有附件齐全，无锈蚀及机械损伤，密封良好	主体表面不得有油迹、灰尘等其他异物。无损伤、磕碰、掉漆等	□是 □否					
			油箱箱沿、法兰及封板的联接螺栓齐全，紧固良好，无渗漏	逐个螺栓进行检查，紧固良好无渗漏	□是 □否					
			所有管件及绝缘件包装箱有防尘措施，无污染	所有管件及绝缘件包装箱有防尘措施，无污染	□是 □否					
2		运输冲击情况	水平加速度不大于3g；垂直加速度不大于3g；左右加速度不大于2g	关闭记录仪电源，取下，放置在检查台后再开启电源。检查冲撞记录数据并打印，记录不应超标。（按安装使用说明书要求）	□是 □否	X轴： Y轴： Z轴：				
3		主体验收 — 充氮运输状态检查	充氮运输产品氮气压力值是否正常，标准为0.01~0.03MPa	检查氮气压力表上的数据	□是 □否	环境温度： ℃ 氮气压力： MPa				
			主体内残油：（从变压器底部取油）耐压：≥50kV 含水量：≤20ppm	主体底部取残油，按规定值取	□是 □否	耐压： kV 微水： PPm				
			绝缘检测 含水量≤0.5%	通过露点法测定变压器绝缘中含水量，露点检测仪应采用多次充试的方式，使气体与主体气体相同，样块用塑料密封好带回公司测试含水量	□是 □否	环境温度： ℃ 露点： ℃				
4		主体情况检查验收	油箱无锈蚀及机械损伤	油箱表漆完好，不得有磕碰	□是 □否					
			箱底无明显变形	正常无变形	□是 □否					

续表

序号	工序	操作项目、部位	质量要求	检查项目、监控要点、操作要领	检查情况	填写实际检测结果数据和处理办法	施工人员	厂家人员	监理人员	业主代表
4	产品到货验收	主体情况检查验收	密封良好	主体油箱中的氮气压力（0.01～0.03MPa），螺栓不得有松动，不得有油迹	□是 □否					
			进行牵拉、顶起及起吊	主体的倾斜不得超过15°，非起重位置严禁载荷	□是 □否					
5	主体验收	附件验收	产品就位应对应图纸指示位置	开箱清点附件时必须有客户、监理及施工单位人员共同参加并记录签字	□是 □否					
			各附件包装箱外观是否有破损。包装时应有影像记录	各附件包装箱外观是否有破损。重点检查套管包装箱底部无漏油油迹，开箱及打开塑料包装材料	□是 □否					
		附件验收	各附件包装箱外观是否有破损。包装时应有影像记录	各附件包装箱外观是否有破损。重点检查套管包装箱底部无漏油油迹，开箱及打开塑料包装材料	□是 □否					
6		不拆卸的附件	按装箱单及图纸严格清点附件规格、型号、数量、质量是否正确缺、错件及损坏等情况	按装箱单及图纸严格清点附件规格、型号、数量、质量是否正确缺，错件及损坏等情况，认真记录	□是 □否					
			无锈蚀及机械损伤，无缺件	无破损、变形、掉漆	□是 □否					
			变压器油的数量符合图纸要求	添加油及备件油数量是否验收。不缺少，必须有相关记录材料。采取方式：检查测量油面□ 滤油机流量计数□	□是 □否					
7	附件验收	变压器油验收	变压器油指标符合国家标准或技术协议要求	油箱中变压器油、添加油及备作油化验指标是否满足技术协议的要求	□是 □否	耐压： kV 含水量： ppm 含气量： % $\tan\delta$（90℃）： % 颗粒度（≥5μm）/100mL				
			套管包装完好、无渗油、瓷体无损伤	套管瓷表面是否合格检查，应无裂纹、伤痕、破损。	□是 □否					

续表

序号	工序	操作项目、部位	操作要求 质量要求	操作要求 检查项目、监控要点、操作要领	检查情况	填写实际检测结果数据和处理办法	具体工作实施人员及日期 施工人员	厂家人员	监理人员	业主代表
8	产品到货验收	套管到货验收	充油式套管是否有渗油现象	开箱后应检查套管各部位是否完好、各密封面是否有渗漏、各紧固件是否有松动	□是 □否					
			套管配件是否齐全	套管配件是否齐全、规格是否正确，比如均压环、均压球、接线端子、将军帽、螺栓等	□是 □否					
			套管表面应清洁	套管、法兰颈部及均压球内壁是否擦拭干净	□是 □否					
			套管电气试验符合要求	套管各项试验是否合格，如介损、电容量、绝缘等	□是 □否					
		附件验收	水平、垂直冲撞均小于 3g	高压套管的冲撞记录仪不允许超标	□是 □否	X轴： Y轴： Z轴：				
9		升高座验收	外观检查是否有掉漆、锈蚀及碰撞变形情况	按装箱单检查变压器拆卸运输附件是否齐全，应无损伤或丢失情况、表面无锈蚀、螺栓不得有松动	□是 □否					
			电流互感器出线盒是否良好，无破损、渗油情况	电流互感器出线盒是否良好、无破损、渗油情况	□是 □否					
		主体验收 附件验收	电流互感器在升高座内安装是否牢固，无移位、绝缘脱落等情况	电流互感器在升高座内安装是否牢固、无移位、绝缘脱落等情况	□是 □否					
		升高座验收	每只电流互感器是否按规程要求进行变比、绝缘、极性试验。试验是否合格	每只电流互感器是否按规程要求进行变比、绝缘、极性试验	□是 □否					
			电流互感器出线端子板绝缘是否良好、密封良好无渗油现象	电流互感器出线端子板绝缘是否合格	□是 □否					

续表

序号	工序	操作项目、部位	质量要求	操作要求（检查项目、监控要点、操作要领）	检查情况	填写实际检测结果数据和处理办法	施工人员	厂家人员	监理人员	业主代表
10	产品到货验收	出线绝缘验收	出线绝缘固定可靠，无污染	密封应良好，冲击记录无异常。无损伤、无位移、无脱层，与公司内尺寸进行比对	□是 □否					
			水平加速度不大于3g；垂直加速度不大于3g；左右加速度不大于2g	出线绝缘的冲撞记录仪不允许超标	□是 □否	X轴： Y轴： Z轴：				
11		储油柜清点验收	外观检查柜体是否有掉漆、无锈蚀及机械损伤，无缺件	外观完好无损伤、磕碰、掉漆等，各接口密封完好，无异物灰尘进入，表面无锈蚀，不得渗漏油	□是 □否					
			按储油柜的说明书	胶囊或隔膜式储油柜是否按要求进行气压密封试验 试验压力为（0.02～0.03MPa），无漏气现象	□是 □否					
			按储油柜的说明书	波纹式储油柜按厂家说明书要求检查储油运输工作或真空是否正常	□是 □否					
12		冷却器清洗验收	无锈蚀及机械损伤，无缺件、油泵和风扇工作正常	外观完好无损伤、磕碰、掉漆等，各接口密封完好，检查包装箱有无损坏	□是 □否					
			按要求进行密封试验	是否按规程要求进行气压或油压密封试验 试验压力为（0.02～0.03MPa），30min无渗漏	□是 □否					
			管路中阀门操作灵活，位置正确，法兰面平整、清洁	管路中的阀门是否操作灵活，开闭位置正确 法兰等密封面是否平整、清洁	□是 □否					
			冷却器内部清洁	内部是否清洁。若发现不清洁，安装前用真空滤油机冲洗等内部冷却器	□是 □否					
			风机牢固，扇叶无卡阻、刮碰	风机安装是否牢固，扇叶是否灵活无卡阻，无刮碰；网和风筒情况	□是 □否					
13		气体继电器验收	外观完好，内部清洁	外观是否完好无开裂，损坏等情况；内部是否清洁	□是 □否					
			气体继电器各种参数符合要求	气体继电器是否送检合格。国产气体继电器必须检验；经客户同意可不检验	□是 □否					
			配件齐全	包装盒内配件是否齐全，如导气管、铜管、连接头、密封件等	□是 □否					

具体工作实施人员及日期

续表

序号	工序	操作项目、部位	质量要求	操作 检查项目、监控要点、操作要领	检查情况	填写实际检测结果数据和处理办法	具体工作实施人员及日期			
							施工人员	厂家人员	监理人员	业主代表
14		压力释放阀验收	外观完好	外观是否完好无开裂、损坏等情况	□是 □否					
			接点绝缘良好	压力释放阀信号接点绝缘是否良好	□是 □否					
15		吸湿器验收	外观完好	外观是否完好，无种漆生锈色现象	□是 □否					
			硅胶不允许受潮	内部硅胶颜色是否正常为天蓝色，没有受潮变色	□是 □否					
16		油位计清点验收	表针指示正确	油位计表针指示是否正确，转动是否灵活无卡阻情况。拉杆、浮球等配件是否齐全，无损坏情况	□是 □否					
			绝缘良好	高低油位信号开关是否绝缘良好，动作准确	□是 □否					
17		主体验收附件验收 测温装置清点验收	符合图纸	各种测温装置规格、数量是否符合图纸要求	□是 □否					
			外观检查无破损	外观检查是否破损，包装盒是否破损，包装盒内缺少配件等问题	□是 □否					
			符合要求	绕组和油面温度控制器是否送检验检验合格。信号开关动作正常	□是 □否					
			根据要求整定	绕组温控器是否按要求整定其工作电流，包括复合传感器的电阻值的设置	□是 □否					
18	产品到货验收	控制箱及端子箱验收	外观无变形	外观检查是否有碰撞变形、生锈等问题	□是 □否					
			箱门开关正常	箱门开关是否正常，密封良好无进水、受潮情况	□是 □否					
			箱内电器元件良好	电器元件及接线是否有脱落、松动、损坏情况	□是 □否					

续表

序号	工序	操作项目、部位	质量要求	操作要求（检查项目、监控要点、操作要领）	检查情况	填写实际检测结果数据和处理等办法	施工人员	厂家人员	监理人员	业主代表
19		开关及机构箱清点验收	外观良好	机构箱外观是否良好，无掉漆、磕碰、损坏等情况	□是 □否					
			配件齐全	开关自带配件是否齐全无损坏，如操纵纵轴及连接器，保护继电器，压力释放阀，防雨罩，卡箍等	□是 □否					
20		潜油泵清点验收	外观良好	外观检查是否有掉漆、脱落、生锈情况	□是 □否					
			内部正常	内部是否清洁，叶轮转动是否灵活情况	□是 □否					
			绝缘良好	电机接线端子绝缘良好，无短路，断路情况	□是 □否					
21	主体验收附件验收	油流继电器清点验收	内部正常	油流继电器波纹管内部是否有扭曲、开裂、损伤等情况	□是 □否					
			内部清洁	油流继电器波纹管是否清洁无杂物	□是 □否					
			挡板灵活，指针正确	油流挡板是否灵活，指针指示是否正确。信号开关动作是否准确，接点绝缘良好	□是 □否					
22	产品到货验收	吹风装置清点验收	外观正常	外观检查是否有掉漆、脱落、生锈情况，扇叶护网是否变形	□是 □否					
			安装牢固，灵活无卡阻	风机安装是否牢固，扇叶转动是否灵活无卡阻，碰护网和风筒情况	□是 □否					
			绝缘良好	电机接线端子绝缘良好，无短路，断路情况	□是 □否					

续表

序号	工序	操作项目、部位	操作要求		检查情况	填写实际检测结果数据和处理办法	具体工作实施人员及日期			
			质量要求	检查项目、监控要点，操作要领			施工人员	厂家人员	监理人员	业主代表
23	产品到货验收	主体验收附件验收　速动油压继电器验收	外观良好	外观检查是否完好、无磕碰、开裂、损环等情况	□是 □否					
			信号动作正确	是否按厂家规定对速动油压继电器测试、检测信号开关动作是否准确，信号接点绝缘是否良好	□是 □否					
24		联气管清点检查	密封良好	个别厂家的速动油压继电器检测需要拆掉试验盖板，是否按要求安装，保证其密封质量	□是 □否					
			内部清洁无污染，阀门工作正常，密封面良好	按现场安装说明书执行。按现场设计图纸说明书做安装准备。导气管密封面平整	□是 □否					
25		密封垫清点检查	无明显变形、断裂和老化现象，表面清洁	按现场安装说明书执行。按现场设计图纸说明书做安装准备。密封面无破损	□是 □否					
			安装时使用新的密封垫	给予更换新的密封垫	□是 □否					
26	内检	内检环境要求	（1）应在晴朗、无雨、雪、雾及沙尘天气进行内检。（2）干燥天气：相对湿度≤65%，允许器身暴露：12h。（3）潮湿天气：相对湿度在65%～75%，允许器身暴露：8h。环境温度低于0℃时，须注油或进行热油循环提高温度高于环境温度10℃以上		□是 □否	温度：　　℃ 是否热油循环提高器身温度：□是 □否 相对湿度：　　%				
27		破氮	先抽真空当油箱内残压达到≤133Pa，再以0.7～3m³/min的流量向箱内注入干燥空气解除真空并持续充入干燥空气（干燥空气露点为-50℃，压力为0.02～0.05MPa）		□是 □否	破氮开始时间： 结束时间：				
28		内检保护要求	在变压器油箱内的工作界面以下连接干燥空气输入装置。注入露点低于-40℃的干燥空气，只有入孔以及安装零件的开口可以打开。所用其他开口部必须用干净的塑料布遮盖。这样也可最大限度地减少干燥空气流失。在变压器内注入干燥空气当天未完成，须临时封闭所有开口，充干燥空气油箱开口处向外流出。若内检和安装工作当天未完成，须临时封闭主体使用说明书，并严格按技术要求进行内检操作。进入0.02MPa保存器身，现场操作人员读数应熟读安装使用说明书，变压器时，变压器中氧气含量至少为19.5%。人孔处搭建防尘门廊		□是 □否	露点： 防尘门廊照片附在工作总结上				

续表

序号	工序	操作项目、部位	操作 要 求		检查情况	填写实际检测结果数据和处理办法	具体工作实施人员及日期			
			质量要求	检查项目、监控要点、操作要领			施工人员	厂家人员	监理人员	业主代表
29		器身定位检查	器身上部定位紧固、绝缘定位件无损坏环	器身上部定位装置是否紧固无松动，绝缘定位件无受力损环情况	□是 □否					
			定位装置检查无松动	器身下部能见部位定位装置检查是否紧固无松动，无异常	□是 □否					
30	内检	铁芯检查	铁芯平整，无变形	铁芯能见部位是否平整，端角处铁芯片无弯折、变形	□是 □否					
			绝缘垫块紧固无松动	能见部位上、下铁轭与夹件绝缘垫块是否紧固无松动、移位、脱落情况	□是 □否					
			磁屏蔽紧固可靠，接地可靠，绝缘良好	能见部位夹件磁屏蔽是否紧固可靠，绝缘无破损，接地可靠，无过热，放电痕迹	□是 □否					
			紧固件紧固	铁芯、夹件上能见部位紧固件是否齐全且紧固，无松动、脱落	□是 □否					
			绝缘电阻不低于500MΩ（用2500V绝缘电阻表）	测量铁芯、夹件分别对地以及铁芯和夹件之间绝缘电阻不低于500MΩ	□是 □否					
31		线圈检查	围屏清洁，绑扎牢固	能见部位的线圈围屏是否清洁，绑扎牢固	□是 □否					
			垫块整齐，无移位	线圈端能见部位垫块是否整齐，无移位、松动、脱落情况，出线部位是否绝缘良好，绑扎牢固	□是 □否					
			地屏接地可靠，绝缘电阻良好	可见部位地屏接地接地线是否可靠，绝缘包扎良好	□是 □否					
			引线、分接线排列整齐	各部位引线及分接线排列是否整齐无脱落，夹持牢固无松动情况	□是 □否					

续表

序号	工序	操作项目、部位	操作要求		检查情况	填写实际检测结果数据和处理办法	具体工作实施人员及日期			
			质量要求	检查项目、监控要点、操作要领			施工人员	厂家人员	监理人员	业主代表
32		引线及分接开关检查	引线、分接线排列整齐	各部位引线及分接线绝缘是否清洁、无破损、弯折断层等情况；裸露引线至尖角表面无毛刺，焊接及连接紧固可靠，无松动，接触良好	□是 □否					
			分接开关触头接触良好、镀层完整	分接开关触头是否接触良好，镀层完整、烧蚀痕迹	□是 □否					
			有载调压开关油室底部放油塞关闭	有载调压开关油室底部放油塞是否关闭	□是 □否					
			紧固件无松动，屏蔽帽无缺失、屏蔽到位	分接开关紧固件是否紧固无松动、脱落，分接线与开关连接是否紧固，屏蔽帽无缺失，屏蔽到位	□是 □否					
			铜屏蔽安装牢固，无松动，接地可靠	油箱内部可见铜屏蔽、铜屏蔽安装是否牢固，无开屏、松动情况。接地是否可靠，放电痕迹	□是 □否					
33	内检	油箱内部检查	焊线无开裂	油箱内加强铁是否有焊线开裂情况	□是 □否					
			油漆无起皮、脱落、变色	油箱内可见部位油漆是否有起皮、脱落、变色情况	□是 □否					
			器身表面清洁、无异物	器身表面是否清洁，无粉尘杂物，特别是无金属异物。箱底是否清理干净，无遗物、脏污等	□是 □否					
			电流互感器试验合格	升高座内电流互感器试验	□是 □否					
34		升高座安装	安装角度正确	是否严格按升高座钢印标记安装，升高座安装角度正确	□是 □否					
			符合图纸要求	电流互感器出线盒、连气管及升高座标识牌方向是否符合图纸要求	□是 □否					

续表

序号	工序	操作项目、部位	操作要求 质量要求	操作要求 检查项目、监督要点、操作要领	检查情况	填写实际检测结果数据和处理办法	施工人员	厂家人员	监理人员	业主代表
35	内检	套管装配	电气试验合格	套管的试验（绝缘电阻、介损、电容）	□是 □否					
			油位指示正常	套管油位表方向是否符合现场要求，油位指示正常	□是 □否					
			按图纸正确连接	引线之间连接以及引线与套管接线板连接是否牢固可靠，无别劲、螺孔错位等导致接触不良情况。套管之间及对地绝缘距离符合图样及标准要求。并对连接部位进行拍照	□是 □否					
			符合图纸要求	引线位置是否合适，均压球安装是否牢固可靠	□是 □否					
			安装禁止掉落异物	套管接线时是否采取防护措施，防止螺栓等掉落油箱里，严禁使用活扳手、套筒或梅花扳手	□是 □否					
			按规范进行安装	紧固套管法兰是否对角均匀紧固，特别是纯瓷套管，防止损坏套管	□是 □否					
			等位线与均压球要连接紧固	仔细查阅图纸，等电位线、均压球连接要正确，紧固可靠	□是 □否					
36	内检	冷却器及管路安装	内部清洁	导油管内是否检查清理擦拭干净，按钢印标记安装，符合图纸要求	□是 □否					
			符合图纸要求	冷却器或潜油泵散热器是否安装牢固，支架、支腿或拉板等安装符合图纸要求	□是 □否					
			要求波纹管平整	油流继电器波纹管及管路上波纹安装是否平整，无过度扭曲、歪斜，变形情况，变形量大于10%，压缩量为20%，伸缩量为10%，两端面不同心偏差为10mm	□是 □否					
			按图纸要求	管路上各种阀门安装是否正确，开启正常	□是 □否					

特高压直流工程建设管理实践与创新——换流站工程标准化作业指导书

续表

序号	工序	操作项目、部位	质量要求	操作要求（检查项目、监控要点、操作要领）	检查情况	填写实际检测结果数据和处理办法	具体工作实施人员及日期			
							施工人员	厂家人员	监理人员	业主代表
37		储油柜安装	安装正确	油位计安装是否正确，动作灵活，拉杆及浮球与油位计连接可靠，无弯曲受力情况	□是 □否					
			符合图纸	储油柜安装位置、方向是否符合图纸要求，支架安装牢固	□是 □否					
			注意气体继电器安装方向	气体继电器安装方向是否正确，箭头应指向储油柜	□是 □否					
38	内检	压力释放阀安装	符合图纸	压力释放阀安装方向是否符合图纸要求	□是 □否					
			安装方向	油导向管安装方向是否正确	□是 □否					
			按规范操作	紧固压力释放阀法兰时是否对角均匀把螺栓，避免法兰因受力不均开裂开裂损坏	□是 □否					
39		分接开关安装校验	按厂家要求进行调整	有载分接开关关上、反方向调压圈数必须按厂家要求调整正确，并进行正反向全分接手摇验证，开关与机构位置指示是否一致，机械限位正确	□是 □否					
			分接调节正确	单相无载开关应验证验证是否可以正确调换分接。如有杯疑应打开操纵装置检查，必要时通过直阻或试验换确认	□是 □否					
40		测温装置安装	认真清理温度计座	各个温度计座内是否清理干净，无水、冰及脏污等异物	□是 □否					
			注意温度计座的密封	各种温控器、温度计的温包插入温度计座是否加入变压器油并注意密封胶环，保证测温的准确性及此部位的密封质量，防止进水	□是 □否					

续表

序号	工序	操作项目、部位	质量要求	操作要求 检查项目、监控要点、操作要领	检查情况	填写实际检测结果数据和处理办法	具体工作实施人员及日期 施工人员	厂家人员	监理人员	业主代表
40		测温装置安装	认真按厂家说明书执行	温控器的测温毛细软管安装折弯半径是否符合厂家要求，不能损伤、损坏，影响测量准确度	□是 □否					
			检查控制温度	温控器是否按要求设定相关控制温度，如启动切除风机或辅助冷却器、报警、跳闸间等	□是 □否					
41		吸湿器安装	安装牢固	吸湿器安装是否牢固可靠，没有较大晃动	□是 □否					
			注意取出运输用密封垫	吸湿器运输用胶垫（油杯处）是否取出，油杯内是否按油位线或要求加入变压器油	□是 □否					
42		事故放油阀安装	注意事故放油阀的安装方向	按箭头方向或使用说明书要求，即安装完毕后关闭阀门时轴芯是否处于无油区域	□是 □否					
43	内检	密封质量控制	检查法兰面	所有法兰密封面是否平整无影响密封质量的划伤、沟痕	□是 □否					
			注意密封垫清洁	安装胶垫前，是否将胶垫和法兰面擦拭干净，清除表面遗留的油漆、胶体等影响密封质量因素	□是 □否					
			注意压缩量	密封胶垫压缩量是否保证，密封垫应高出密封槽，约为胶垫厚度的1/3	□是 □否					
			按规范操作	法兰紧固是否对角、均匀紧固到位	□是 □否					
44		绝缘电阻测量	测量铁芯—地、夹件—地、铁芯—夹件的绝缘电阻	用2500V绝缘电阻表测量	□是 □否	铁芯—地： MΩ 夹件—地： MΩ 铁芯—夹件： MΩ				
45		抽真空	开始抽空5h内油箱内真空残压应达到≤100Pa。 (1) 若测应立即查找漏点并手处理，真空泄漏率1h（≤800Pa·L/s）。 (2) 泄漏率满足要求后抽真空至100Pa以下后，连续抽空96h。 (3) 不能抽真空的组件应隔离，防止泄漏、如隔膜、波纹式储油柜			开始时间： 月 日 时 分 温度： ℃、湿度： % 真空度达到要求时间： 月 日 时 分 油箱内真空残压： Pa				

续表

序号	工序	操作项目、部位	操作要求		检查情况	填写实际检测结果数据和处理办法	具体工作实施人员及日期			
			质量要求	检查项目、监控要点、操作要领			施工人员	厂家人员	监理人员	业主代表
46		真空注油	（1）注油前变压器油指标应满足以下要求 电压等级：含水量 ≤10ppm；耐压 ≥60kV；$\tan\delta$ ≤0.5%；含量 ≤1%；颗粒度 ≤2000 个/100mL（5μm 以上的颗粒） （2）同时色谱分析油中气体含量符合行运要求（ppm）：氢气 H_2 10；乙炔 C_2H_2 0；总烃 10 （3）注油速度应≤4～5t/h，必须连续抽真空直至注油结束，并再抽空 2h。 （4）滤油机出口油温 65±5℃；严禁使用镀锌钢管和橡胶管		注油前变压器油指标： 含水量：　　ppm 耐压：　　kV 介损：　　% 真空注油　开始　月 日 时 分 　　　　　结束					
47	内检	热油循环	（1）热油循环必须遵循对角循环。 （2）油箱中油温维持在，循环时间不少于下述两条规定： 　1）h 　2）3 倍总油量通过滤油机的每小时油量（h） （3）满足以上两条规定后，变压器油取油样检验，满足以下要求，热油循环结束 含水量 ≤10ppm；耐压 ≥60kV；$\tan\delta$ ≤0.5%；含量 ≤1%；颗粒度 ≤2000 个/100mL（5μm 以上的颗粒）；乙炔含量 无		开始时间： 温度达到要求时间：　月 日 时 分 油箱出口温度：　日　时　℃ 热油循环结束时间：　日　时　分 变压器油化验结果： 含水量：　　ppm 耐压：　　kV 介损：　　% 含气量： 色谱分析结果（ppm）： 氢气 H_2　乙炔 C_2H_2　总烃					
48		补油	（1）补油前必须将压力释放阀、气体继电器的蝶阀全部打开。 （2）必须从产品箱盖上蝶阀进行补油。 （3）补油速度不宜过大，建议控制在 3t/h 以下。 （4）补油同时对所有组部件上的放气塞进行排气。 （5）储油柜必须按各自说明书要求进行排气，保证油位计真实反映实际油位，不能出现虚假油位。 （6）储油柜油位应略高于标准要求。 以上程序不包括可以略去抽真空的胶囊储油柜		补油时油温：　℃ 接温度曲线补油至位置： 补油后实际油面位置：					

续表

序号	工序	操作项目、部位	操作要求		检查情况	填写实际检测结果数据和处理办法	具体工作实施人员及日期			
			质量要求	检查项目、监控要点、操作要领			施工人员	厂家人员	监理人员	业主代表
49		静放	(1) 时间要求： h (2) 静放期间所有气塞每隔8~12h排气一次，直至排尽余气。强迫油循环冷却器的产品应定时开启潜油泵	静放开始时间： 日 时 分 静放结束时间： 日 时 分 放置期间排气次数： 次						
50		绝缘电阻测量	测量铁芯—地、夹件—地、铁芯—夹件的绝缘电阻	用2500V绝缘电阻表测量	铁芯—地：MΩ 夹件—地：MΩ 铁芯—夹件：MΩ					
51		二次线安装	各附件接线符合图纸，布线整齐美观	二次线电缆、金属软管、接头规格符合图样要求。金属软管连接接头与金属软管相匹配	□是 □否					
			桥架整齐、紧固	二次线连接符合图样走线要求。	□是 □否					
				其他应符合二次装配工艺要求。按变压器二次测量保护接线图纸接线。接线符合相关标准要求	□是 □否					
52		密闭正压试验	油压有渗漏现象。变压器油箱变形应符合工艺要求	通过液压柱法或向储油柜胶囊充气法，保证油箱顶盖承受压力0.03MPa，在此压力下持续24h无渗漏，压力释放阀应保证其底部阀门开启状态，应无渗漏；各密封面无渗漏，焊线无开裂	□是 □否					
53		常规试验	测量绕组连同套管的直流电阻		□是 □否					
			检查所有分接头的电压比		□是 □否					
			检查变压器三相接线组别和单相接线组引出线的极性		□是 □否					
			测量绕组连同套管的绝缘电阻，吸收比或极化指数		□是 □否					
			测量绕组连同套管的介质损失角正切值 $\tan\delta$		□是 □否					
			测量绕组连同套管的直流泄漏电流		□是 □否					

续表

序号	工序	操作项目、部位	操作要求		检查情况	填写实际检测结果数据和处理办法	具体工作实施人员及日期			
			质量要求	检查项目、监控要点、操作要领			施工人员	厂家人员	监理人员	业主代表
54		高压试验	高压试验前绝缘油试验		□是 □否					
			绕组连同套管的交流耐压试验		□是 □否					
			绕组连同套管的长时感应试验带局部放电试验		□是 □否					
			绕组变形试验		□是 □否					
			高压试验后绝缘油试验		□是 □否					
			变压器整体无缺陷，无渗漏油等现象		□是 □否					
			变压器的交接试验项目无遗漏，即根据 GB 50150—2016《电气装置安装工程电气设备交接试验标准》交接试验项目无缺项，试验合格		□是 □否					
			各部分油位正常，包括主体储油柜油位、开关储油柜油位、套管储油柜油位		□是 □否					
55		变压器送电前检查	各种阀门的开闭位置应正确：冷却器、气体继电器、压力释放阀、吸湿器的连通蝶阀处于开启位置，其他应该关闭的阀门（注放油阀门、油样活门、放气塞）关闭		□是 □否					
			检查分接开关的位置指示正确，是否定在在用户规定的挡位上。无载分接开关三相（A、B、C 三相）挡位必须一致，（即开关本体挡位显示处挡位显示必须一致，有载分接开关室内显示三位一致）、远方控制室三相位显示一致，有载开关还要注意，在投入运行前手动调挡时，经正反圈数校正符合要求		□是 □否					

续表

序号	工序	操作项目、部位	操作要求		检查情况	填写实际检测结果数据和处理办法	具体工作实施人员及日期			
			质量要求	检查项目、监控要点、操作要领			施工人员	厂家人员	监理人员	业主代表
55		变压器送电前检查	所有组件上的放气塞投运前要进行最后排气一次，然后旋紧气塞		□是 □否					
			检查吸湿器是否有呼吸现象，确保呼吸通道畅通，硅胶颜色是否正常（蓝色），油杯内油封位置高度是否符合要求		□是 □否					
			检查压力释放阀是否取下锁片，蝶阀是否打开（如有蝶阀的）		□是 □否					
			检查变压器接地系统接地是否良好，包括油箱接地系统、铁芯接地系统、夹件接地系统等		□是 □否					
			检查变压器外绝缘距离是否符合规定要求。各部位的导线接头应紧固良好（各套管的导电头与电源引线连接紧固）		□是 □否					
			检查变压器保护测量信号及控制回路的接线是否正确，各保护系统均应经过实际传动试验。包括气体继电器、各种温控器、压力阀、油位表、油流继电器、冷却器风扇等二次控制回路接线正确，启动正常		□是 □否					
			检查冷却器（包括风冷散热或强迫油循环油冷却器）		□是 □否					
			送电前，产品油色谱分析合格		□是 □否					

附录 D 换流变压器冬季施工专项措施

换流变压器产品热油循环要求变压器的出口油温达到 60℃后开始计时，循环 96h 或 3 倍油量以上，这样可以在保证油质不劣化的条件下，最大限度的通过热油循环过程加热器身绝缘，从而更加有效地去除绝缘表面的水分，提高了绝缘性能。同时通过热油循环可以有效地去除变压器油中的杂质颗粒，提高变压器的净洁度，保证变压器的质量。

一、适用条件

适用于北方冬季严寒地区室外温度在正常进行热油循环作业，本体外界环境温度低的情况下，本体热量在循环过程中就已经流失，无法满足厂家要求的变压器的出口油温达到 60℃的技术指标。

二、专项措施

措施 1：加强保温措施

（1）采用棉被覆盖 BOX-IN 本体，使整个 BOX-IN 形成一个密封的保湿棚。
（2）在保温棚内加设 2 个或 4 个热风机，使内部热空气循环来保证棚内温度。
（3）滤油管道采用保温措施，实现油管与大气的基本隔离。

通过上述对换流变压器本体进行保温方式，经现场实际监测可保证 BOX-IN 内环境温度比外界温度高 10℃左右，在热油循环过程中可保障减少本体热量的流失，如图 2-29 所示。

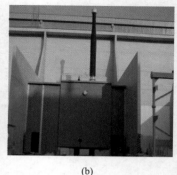

(a)   (b)

图 2-29 保温措施
（a）热风机；（b）BOX-IN 封闭

措施 2：常规热油循环加强措施

采用常规热油循环方式，加强使用 2 台真空滤油机同时对换流变压器本体进行热油循环。根据工程经验，在环温低于-10℃的情况下，采用 2 台滤油机同时滤油，并辅助以措施 1 加强保温措施，可保证本体出口油温 65±5℃的要求。

措施 3：低频短路法加热

必要时与换流变压器厂家协商，在征得其同意的情况下，将采用低频短路法对换流变压器本体油进行加热。

三、对比分析

措施 2 和措施 3 一般均辅助措施 1 一并采取，在此对措施 2、3 进行比较分析：

（1）常规热油循环：采用 2 台真空滤油机进行循环，24h 可以满足变压器本体的出口油温达到 60～65℃，按厂家要求油温达到要求后开始计时，循环 96h 或 3 倍油量以上。采用常规热油循环如使用两台真空滤油机，两台滤油机功率为 385kW 和 257kW，每小时使用电量为 770kWh，因此热油循环从开始到结束用电量为 770kW×24h×5 天= 77040kWh。

（2）低频加热循环：采用低频加热装置需与一台真空滤油机配合使用，使用低频加热装置进行热油循环需要 17h 就可满足变压器本体的出口油温空滤油机，成套机组每小时用电量为 1635kWh。采用低频加热装置的步骤达到 60～65℃，按厂家要求油温达到要求后开始计时，循环 96h 或 3 倍油量以上。低频加热装置功率为 1250kW，再加上一台功率为 385kW 的真为启动滤油机进行循环，循环过程中滤油机开启加热、脱水脱气功能，待油流循环平稳后，启动负载加热设备开始加热，加热 17h 后，当顶层油温达到 70℃后停止低频加热装置，单独采用一台滤油机进行循环 96h。因此热油循环从开始到结束用电量为 85kW×24h+1635kW×17h+385kW×24h×4 天=73995kWh。

综上所述，采用低频加热装置进行热油循环与常规热油循环相比，一台换流变压器节省电量 3045kWh，但从时间上来讲多消耗 17h。同时采用低频加热装置进行热油循环期间会影响站用电系统的不稳定，站用电系统电流变化浮动较大，无法保障站用电系统正常维护工作。同时低频加热装置按照国家电网公司租赁价为 11000 元/天，如使用低频加热装置预计从首台换流变压器开始使用到最后一台使用完成，按一台 7 天的使用期计算，灵州换站共计 26 台换流变压器，计共需租赁费为 11000 元/天×7 天/台×26 台=2002000 元。投入费用较大。

四、结论

（1）在环温处于-10℃左右的情况下，如换流变压器安装工期不紧张或厂家无特殊要求时，在考虑费用成本的情况下，可采用措施 2，辅助以措施 1。

（2）在环温处于-20℃以下时，采用措施 2 仍很难达到出口油温的要求，应适时采用措施 3。

（3）当换流变压器安装工期压力较大时，可采用措施 3 加快安装效率。

第三章

控制保护及二次设备安装作业指导书

目　次

1 概述

1.1 相关说明

1.1.1 术语和定义

以下名称术语，在本文件中特定含义如下：

1.1.1.1 屏、柜

换流站中各类配电屏，保护屏、台、箱以及成套柜。

1.1.1.2 电（光）缆敷设

换流站中各种类电（光）缆、网线、尾缆敷设。

1.1.1.3 二次接线

换流站中各屏柜、端子箱等中二次接线，包括电源电缆接线、控制电缆接线、信号电缆接线等。

1.1.1.4 光缆熔接

换流站中光缆熔接、续接等。

1.1.2 适用范围

本作业指导书适用于±_____kV_____换流站工程控制保护装置安装，包括配电屏柜安装、电缆终端制作、电（光）缆敷设、二次接线、电（光）缆整理以及光缆熔接等工序，其他换流站工程可参照执行；

1.1.3 工作依据

编写要点： 列清工作所依据的规程规范、文件名称及现行有效版本号（或文号），按照国际、行标、企标、工程文件的顺序排列。

示例：

《电气装置安装工程接地装置施工及验收规范》（GB 50169—2016）

《电气装置安装工程电缆线路施工及验收规范》（GB 50168—2016）

《电气装置安装工程电气设备交接试验标准》（GB 50150—2016）

《继电保护及二次回路安装及验收规范》（GB/T 50976—2014）

《电力光纤通信工程验收规范》（DL/T 5344—2006）

《电气装置安装工程盘、柜及二次回路接线施工及验收规范》（GB 50171—2012）

《±800kV 及以下直流换流站电气装置安装工程施工及验收规程》（DL/T 5232—2010）

《±800kV 及以下直流换流站电气装置施工质量检验及评定规程》（DL/T 5233—2010）

《电气装置安装工程质量检验及评定规程》（DL/T 5161—2002）

《±800kV 直流输电工程换流站电气二次设备交接验收试验规程》（Q/GDW 254—2009）

《输变电工程建设标准强制性条文实施管理规程》（Q/GDW 248—2008）

《国家电网输变电工程质量通病防治工作要求及技术措施》变电工程分册（基建质量〔2010〕19 号）

《国家电网公司输变电工程标准工艺（一）施工工艺示范手册》（2011 版本）

《国家电网公司输变电工程标准工艺（三）工艺标准库》（2016 年版）

《国家电网公司输变电工程施工安全风险识别、评估及预控措施管理办法》〔国网（基建/3）176—2015〕

《国家电网公司防止直流换流站单双极强迫停运二十一项反事故措施》（2011 版）

《国家电网公司十八项电网重大反事故措施（修订版）》（国家电网生〔2012〕352 号）

1.2　简介

编写要点：简单介绍本工程控制保护装置安装工程量以及技术要求、设备参数等，包括屏柜安装、电（光）缆种类及数量，敷设要求等。

示例：本工程共安装面屏柜，其中控保屏柜面、交直流屏柜面、通信屏柜面等，分别安装于主控楼、辅控楼、小室（交流小室、站用电小室等）；本工程电（光）缆共计公里，其中电力电缆公里，控制电缆公里，光缆公里，尾缆网线公里，厂供电缆公里等；根据设计要求，电源电缆敷设在电缆支架（桥架、槽盒）第层，控制电缆敷设在电缆支架（桥架、槽盒）第层，光、尾缆、网线敷设在电缆支架（桥架、槽盒）第层等。

2　整体流程及职责划分

2.1　总体流程

控制保护及二次设备安装流程如图 3-1 所示。

2.2　职责划分原则

安装单位现场安装，制造厂技术指导，制造厂主导整个安装过程，制造厂现场安装的部分，纳入现场统一管理和验收，厂供部分物资由归口安装单位负责接受、保管，根据设计要求，由安装单位（厂家）进行安装，制造厂技术指导；制造厂负责安装部分由制造厂负责物资设备接收、保管。制造厂与安装单位的工作界面划分见表 3-1。

2.2.1　一般原则

职责划分原则为"谁安装，谁负责；谁提供，谁负责；谁保管，谁负责"。

（1）安装单位与制造厂就各自安装范围内的工程质量负责。

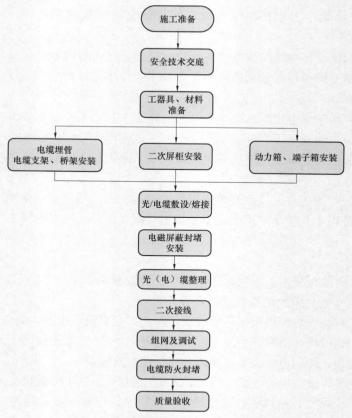

图 3–1　控制保护及二次设备安装流程图

（2）除制造厂提供的专用设备、机具、材料外，安装环节所需其他设备、机具、材料由安装单位提供。现场安装过程中所用到的设备、机具、材料等必须在检定有效期之内，并履行相关报审手续。提供单位对所提供的设备、材料、机具的质量负责。

（3）接收单位对货物保管负责（需要开箱的，开箱前仅对箱体负责）。制造厂负责将货物完好足量的运抵合同约定场所，到货检验交接以后由安装单位负责保管，对于暂时无法开箱检验交接的，安装单位需对储存过程中包装箱的外观完好性负责。

（4）安装单位与制造厂应通力协作，相互支持与配合，负有配合责任的单位，应积极配合主导方开展任务。如配合工作不满足主导方相关要求，双方应积极协调解决，必要时应及时报告监理单位。

2.2.2　界面划分

表 3–1　　　　　　　　　　　　　　　界　面　划　分

序号	项目	内　　容	责任单位
一、管理方面			
1	总体管理	安装单位负责施工现场的整体组织和协调，确保现场的整体安全、质量和进度有序	安装单位

序号	项目	内 容	责任单位
2	安全管控	安装单位负责对制造厂人员进行安全交底，对分批到场的厂家人员，要进行补充交底	安装单位
		安装单位负责现场的安全保卫工作，负责现场已接收物资材料的保管工作	安装单位
		安装单位负责现场的安全文明施工，负责安全围栏、警示图牌等设施的布置和维护，负责现场作业环境的清洁卫生工作	安装单位
		制造厂人员应遵守国家电网公司及现场的各项安全管理规定，在现场工作着统一工装并正确佩戴安全帽	制造厂
3	劳动纪律	安装单位负责与制造厂沟通协商，制定符合现场要求的作息制度，制造厂应严格遵守纪律，不得迟到早退	安装单位 制造厂
4	人员管理	安装单位参与作业人员，必须经过专业技术培训合格，具有一定安装经验和较强责任心。安装单位向制造厂提供现场人员组织名单，便于联络和沟通	安装单位
		制造厂人员必须是从事控制保护装置安装且经验丰富的人员。入场时，制造厂向安装单位提供现场人员组织机构图，便于联络和管理	制造厂
5	技术资料	（1）安装单位负责根据制造厂提供的控制保护装置安装作业指导书，编写控制保护装置安装施工方案，并完成相关报审手续。（2）安装单位负责收集、整理管控记录卡和质量验评表等施工资料	安装单位
6	进度管理	为满足安装工艺的连续性要求，制造厂提出加班时，安装单位应全力配合。加班所产生的费用各自承担	安装单位
		安装单位编制本工程的控制保护装置安装进度计划报监理单位和建设单位批准后实施	安装单位
		制造厂制定每日的工作计划，安装单位积极配合。若出现施工进度不符合整体进度计划，制造厂需进行动态调整和采取纠偏措施，保证按期完成	制造厂
7	物资材料	安装单位负责提供室内仓库，用于控制保护装置安装过程中的材料、图纸、工器具的临时存放	安装单位
		安装单位应提供规格标准、性能良好的施工器具、安全防护用具、起重机具，并对其安全性负责。过程中的材料、图纸、工器具的临时存放	安装单位
		安装单位应提供规格标准、性能良好的施工器具、安全防护用具、起重机具，并对其安全性负责	安装单位

二、安装方面

1	基础复测	安装单位负责检查屏柜安装的预埋件及预留孔洞应符合设计要求	安装单位
2	附件清点	设备附件到货后，需要由厂家协同安装单位负责将设备附件清点附件	制造厂、安装单位
3	屏柜安装	安装单位负责屏柜安装的质量工艺、正确性	安装单位
4	附件安装	制造厂负责二次系统中相关附件设备安装、负责安装正确性	制造厂
5	电（光）缆敷设、二次接线、光缆熔接	安装单位负责电（光）缆敷设、负责电缆敷设的正确性；制造厂负责的厂供电缆敷设正确性由制造厂负责，安装单位负责二次接线的正确性，制造厂负责由厂家负责的二次接线正确性以及质量工艺要求。光缆熔接工作由光缆提供方负责完成	安装单位、制造厂
6	组网调试	制造厂负责组网调试工作，达到分系统调试要求	制造厂
7	调试试验	安装单位负责二次系统单元件调试、分系统调试	安装单位

续表

序号	项目	内　　容	责任单位
8	问题整改	在安装、调试过程中，制造厂负责处理不符合基建和运检要求的产品自身质量缺陷	制造厂
		在安装、调试过程中，安装单位负责处理因施工造成的不符合基建和运检要求的质量缺陷	安装单位
9	质量验收	在竣工验收时，安装单位负责牵头质量消缺工作，制造厂配合	安装单位
		验收产生的缺陷，由制造厂产品本身原因造成的，由制造厂负责整改闭环	制造厂

3 安装前必须具备的条件及准备工作

3.1 人力资源条件

（1）安装单位组织管理人员、技术人员、施工人员及制造厂人员到位并熟悉现场及设备情况，人员配置见表 3-2。

（2）相关人员上岗前，应根据控制保护装置设备及设计要求由安装单位进行技术交底；安装单位对作业人员进行专业培训及安全技术交底。

（3）制造厂人员应服从现场各项管理制度，制造厂人员进场前应将人员名单及负责人信息报监理备案。

（4）安装单位应向制造厂提供配合人员名单。

（5）特殊工种作业人员应持正上岗。

表 3-2　　　　　　　　　　人　员　配　置

序号	岗位	人数	岗　位　职　责
1	项目经理	1	全面组织设备的安装工作，现场组织协调人员、机械、材料、物资供应等，针对安全、质量、进度进行控制，并负责对外协调
2	技术员	2	施工现场的技术指导工作，负责编制施工方案并进行技术交底（安装单位、制造厂各 1 人）
3	安全员	2	全面负责施工现场的安全工作，在施工前完成施工现场的安全设施布置工作，并及时纠正施工现场的不安全行为
4	质检员	1	全面负责施工现场的质量工作，参与现场技术交底，并针对可能出现的质量通病及质量事故提出防治措施，并及时纠正现场出现的影响施工质量的作业行为
5	施工班组长	2	全面负责现场专业施工，认真协调人员、机械、材料等，并控制施工现场的安全、质量、进度
6	安装人员	60	了解施工现场安全、质量控要点，了解作业流程，按班长要求，做好自己的本职工作
7	机具保管员	1	做好机具及材料的保管工作，及时对机具及材料进行维护及保养
8	资料信息员	1	负责施工工程中的资料收集整理、信息记录、数码照片拍照等
9	厂家配合人员	6	配合厂安装二次系统设备

3.2 工机具、材料准备

3.2.1 工机具准备

安装单位提供满足现场安装要求的机具及耗材（见表3-3），且应经检定试验合格；提供满足试验、检测要求的相关设备、仪器，且应经检定并在有效期内。

表3-3 机具需求一览表

序号	名称	规格	数量	备注
1	吊车	16t	1台	配吊带及卸扣等
2	电动叉车	5t	1台	二次转运
3	手动液压叉车	3t	2台	二次转运
4	电缆架线盘放线架	10t	20个	
5	电动弯管机		2台	
6	水准仪		1套	
7	电源盘		2个	配漏电保护器
8	水平尺		2把	
9	切割机		1台	
10	打孔机	配各式钻头	2台	
11	实芯棒	$\phi100$，$l=4m$	5根	
12	直滑轮		20个	
13	转弯滑轮		10个	
14	交流电焊机	500A	1台	
15	电锤		1台	
16	电动角磨机		1台	
17	吊牌打印机		1台	
18	光纤标识机		1台	
19	号码管打印机		1台	
20	剥线钳		10把	刃口式
21	尖嘴钳		10把	
22	斜口钳		10把	
23	老虎钳		10把	
24	压线钳	$\phi1\sim\phi6mm^2$	10把	
25	鹰嘴断线钳	$L=650mm$	2把	
26	液压压线钳	配各种模具	2把	
27	丝攻	$\phi10mm^2$	5套	配把手
28	手电钻	配各式钻头	2把	
29	热吹风	1500W	2把	

3.2.2　材料准备

安装单位提供满足现场的屏柜安装、电（光）缆敷设、二次接线等工作需要的二次耗材和现场安全用具（见表 3–4）；厂家安装设备使用耗材等专用材料，由厂家提供质量合格的耗材。

表 3–4　　　　　　　　　　　　材 料 需 求 一 览 表

序号	名称	规格	单位	数量	备注
1	尼龙锁扣（黑色）	L=100mm		1200 只	宽度为 3mm
2	尼龙锁扣（黑色）	L=200mm		400 只	宽度为 3mm
3	尼龙锁扣（黑色）	L=300mm		300 只	宽度为 3mm
4	低温热缩套	$\phi 10 \sim \phi 50$ 不等		50m	黑色
5	彩条布	6m 宽		50m	
6	塑料带	2mm		20 卷	红色
7	塑料带	2mm		20 卷	黄色
8	塑料带	2mm		20 卷	绿色
9	自粘带	2mm		5 卷	黑色
10	黑色软塑钢线	1.5mm^2		1000m	绑扎电缆
11	焊锡丝			5kg	
12	号码筒管	$\phi 2.5$mm		500m	
13	号码筒管	$\phi 4$mm		200m	
14	号码筒管	$\phi 6$mm		100m	
15	电缆吊牌			150 块	
16	备用芯保护套	$\phi 1.5$mm		800 个	红色
17	备用芯保护套	$\phi 2.5$mm		200 个	红色
18	备用芯保护套	$\phi 4$mm		100 个	红色
19	备用芯保护套	$\phi 6$mm		50 个	红色
20	针式鼻子	IT–1.5、2.5、4		各 100 个	
21	开口鼻子	UT–1.5、2.5、4		各 100 个	

3.3　标准工期

编写要点：根据控制保护及二次设备安装工作量、安装特点、现场安装条件及厂家安装要求等，综合确定到货时间、安装顺序及时间；如有特殊要求时，应分别明确其安装顺序与工艺时间，电气二次施工进度横道图见表 3–5。

示例：

表 3–5　　　　　　　　　　　　　电气二次施工进度横道图

序号	工序	工期	2017 年 6 月			2017 年 7 月			2017 年 8 月		
			上旬	中旬	下旬	上旬	中旬	下旬	上旬	中旬	下旬
1	电缆敷管	7		■	■						
2	电缆支架安装	10			■	■					
3	等电位铜网安装	7				■					
4	主控室屏柜安装	10		■							
5	35kV 室内屏柜安装	15					■	■			
6	电缆、光缆敷设	30						■	■		
7	二次接线	20							■	■	
8	防火封堵	10									■
9	三级自检及整改	20								■	■
10	配合调试	20							■	■	

说明：二次施工计划编制需考虑电缆埋管、电缆支架安装、电缆敷设等户外施工项需避免冬季施工。

3.4　环境条件

3.4.1　土建交付安装的条件

（1）保护小室、综合室等屏柜安装区域土建施工工作全部完成，包括基础槽钢、小室门窗安装完成并通过验收，墙体粉刷、小室内电缆沟或电缆夹层施工应完成，小室照明及空调系统投入使用。

（2）户外电缆沟施工应完成，具备电缆支架安装条件。

（3）户外箱体基础制作完成、区域主网接地施工完成，主接地网测试及导通试验合格。

3.4.2　安全文明施工条件

（1）电缆沟临边防护应设置齐全有效，各类隔离、警示措施有效齐全。

（2）综合室、继保小室内孔洞应防护到位，电缆沟临时盖板铺设到位。

（3）交付电气安装后，小室、综合室内的土建施工应全部结束。

（4）防火、防汛、防雷等安全防护设施齐全。

3.4.3　继电器室布置及准备

以下内容为示例：

继电器室的洁净要求高，其标准化作业环境管控策划必须保证设备安全、环境安全，适合施工阶段长期而安全地进行安装调试工作，实现施工期间防风沙、防潮、防寒、保温的目的。

1. 继电器室防风沙门斗

因西北地区风沙大,为更好的维持室内作业环境,建议在小室门口搭设临时风沙门斗,从而有限减小风沙入侵,如图 3–2 所示。

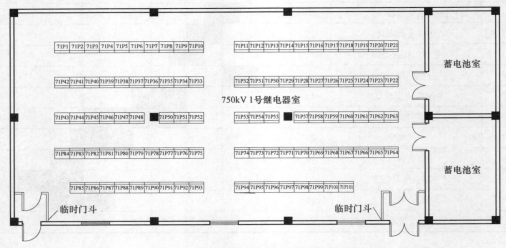

图 3–2 继电器室临时门斗布置示意图

2. 继电器室内安全文明环境布置

继电器室地面设置:对继电器室地面铺设橡胶地垫,橡胶地垫的铺设要保证整体性、光滑平整性和耐磨性,安装过程中未安装屏位采用硬质材料进行铺设,并设置黄黑相间警示带,如图 3–3 所示。

工作区域的划定:对室内屏盘及相关区域进行围蔽,确保无关人员不得进入工作区域,如图 3–4 所示。

图 3–3 继电器室地面布置示意图

图 3–4 继电器室工作区布置示意图

标牌布置:在继电器小室设置区域责任牌,党员示范牌,强制性条文执行计划公示牌,施工现场风险管控公示牌,工艺流程与控制要点公示牌,标准工艺公示牌,如图 3–5 所示。

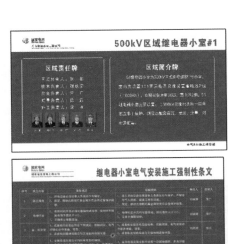

图 3-5　继电器室标牌示意图

3.5　技术准备

（1）安装前，应检查二次系统设备安装图纸、出厂技术文件、产品技术协议等是否备齐。

（2）施工人员应按技术措施和技术交底要求进行安装，对支架安装、电缆敷设的技术要求做到心中有数，并熟悉安装图纸、技术措施及有关规程规范等。

（3）施工单位应按照此标准化模板编写作业指导书，进行审批及报审手续。

（4）在电缆支架、电缆敷设、二次接线施工前，施工人员应接受施工项目部技术人员的技术安全交底，认真领会施工图纸的设计要求，掌握施工要点，并且按照相应的标准规范、标准工艺进行施工。

4　控制保护装置设备物资接收、储存和保管

4.1　控制保护装置设备物资接收及检查

按技术协议或供货合同的要求对到货的电缆支架、电缆桥架、电缆、二次屏柜进行检查（见表 3-6）。有质量问题的产品做好相应的记录，并要求厂家做相应处理。

表 3-6 材料到货检查项目

序号	材料名称	检查项目	检 查 方 法
1	电缆支架	资料检查	质量资料齐全
		外观检查	电缆支架光泽明亮，锌层无明显破损现象
		数量检查	与运输单所列型号、数量一致
2	电缆桥架	资料检查	质量资料齐全
		包装检查	运输过程中的成品保护到位
		外观检查	电缆桥架无变形、裂纹及破损
		数量检查	数量、型号规格与运输单所列数量一致
3	电缆、光缆	资料检查	质量证明资料、出厂检验资料齐全有效
		包装检查	线盘外包装牢固，成品保护措施到位
		外观检查	电缆外皮无明显的划伤，断裂现象 电力电缆还应检查电缆头保护套是否破损，电缆头是否受潮
		数量检查	与运输单所列型号、数量一致
4	二次屏柜	资料检查	质量证明资料、出厂检验资料齐全有效
		包装检查	屏柜外包装牢固，无破损现象，成品保护措施到位
		外观检查	屏柜外壳无明显的变形，玻璃未破损，器件完好
		数量检查	与运输单所列型号、数量一致
		性能检查	屏柜就位后需对装置进行单体试验，确保装置性能符合要求

4.2 二次系统设备物资存储和保管

（1）电缆在使用前的保管采用落地固定、雨布覆盖的方式进行保管；设置硬质围栏并且设好材料标识牌，如图 3-6 所示。

（2）电缆保管电缆支架应整齐划一的堆放在仓库的材料堆放区，下部垫枕木，下雨天上部应覆盖雨布，如图 3-7 所示。

图 3-6 电缆摆放示意图 　　　　图 3-7 电缆保护管摆放示意图

（3）电缆支架应整齐划一的堆放在施工现场的材料堆放区，下部垫枕木、彩条布等，下雨天上部应覆盖雨布。

（4）电缆桥架及阻燃槽盒统一堆放在材料仓库内的露天堆放场内，并采取隔离措施防止电缆桥架及槽盒遭受碰撞所造成的变形及破损现象，并做好防雨遮盖，如图3-8所示。

（5）二次屏柜到货后原则上不进行室外堆放，尽量做到屏柜到货后立即进行开箱检查，并进行就位，避免二次屏柜在室外堆放时受潮；如遇卸货过程中出现阵雨或者因到货数量较多就位工作无法完成等特殊情况时，应对

图3-8　电缆桥架摆放示意图

卸车中的二次屏柜及户外堆放的二次屏柜采取防雨措施，可用雨布包扎及枕木衬垫的方法进行防雨，且应堆放在已夯实平整的地面上。户外堆放的二次屏柜禁止长期摆放，应尽快就位。

（6）二次屏柜户内存放应确保防潮、防尘，且严禁包裹密封存放（防冷凝水影响元件绝缘），做好通风对流措施。

5　控制保护装置安装

5.1　端子箱、检修箱、屏柜安装

5.1.1　注意事项

（1）屏柜固定方式采用在槽钢上攻丝并用螺栓固定的方式，屏柜之间连接以屏柜骨架为准，采用螺栓连接紧固。

（2）屏柜安装前，依据设计图纸核对每面屏柜在室内安装位置，第一面屏柜安装后调整好屏柜垂直和水平度，并紧固底部与槽钢连接螺栓，相邻配电屏屏以每列已组立好第一面屏柜为齐。

（3）端子箱需提前确定接地方式，采购过程中避免多余的接地端子。

5.1.2　检查项目

（1）屏（盘）柜作业前，应利用水平仪对基础槽钢的水平度进行检查，如水平度不满足要求对的需基础槽钢高差进行调整，确保预埋槽钢安装应符合表3-7的要求。

表3-7　　　　　　　　　　　　基础槽钢标准

项目	允许误差	
	mm/m	mm/全长
不直度	<1	<5
水平度	<1	<2
位置误差及不平行度	—	<5

（2）技术员应在开箱后的屏柜上注明屏柜的位置，以便于把屏柜运到正确位置。在安装位置正确标注屏柜型号，以确保屏柜对应安装。

（3）制造厂提供的产品出厂检验报告、调试大纲、安装图纸、装置技术说明书及使用说明书、产品铭牌参数及合格证书应齐全。

（4）屏柜安装前，检查外观面漆无明显剐蹭痕迹，外壳无变形，屏柜面和门把手完好，内部电气元件固定无松动。

（5）端子箱安装前应检查其外漆层有无磨损，内部元件有无损坏。如端子箱材质采用镜面不锈钢，应出厂保留板材覆膜，工程后期再去除，以确保表面光洁度。

5.1.3　屏柜安装

（1）屏柜就位。屏（盘）柜等在搬运和安装就位时应采取防震、防潮、防止框架变形和漆面受损等安全措施，必要时可将装置性设备和易损元件拆下单独包装倒运就位。户内倒运宜采用手动液压叉车或专用搬运工具等机械。当屏、柜在二层及以上高度二次室内安装，宜采用吊车吊入方法，并且有保护措施，以免碰坏屏柜。

（2）屏柜组立。屏柜组立前，应核对土建图纸与电气图纸，确认屏柜位置是否对应，然后在土建屏柜基础中间弹出两根基准线（如下图虚线），按屏柜布置图（如图 3-9 所示）确定屏柜的安装位置。

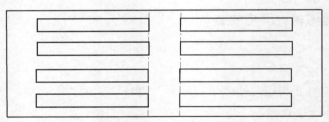

图 3-9　屏柜布置示意图

1）每一排第一块屏柜安装时，应从两个方向找正。

2）第一块屏柜找正完成后，根据屏柜底的预留孔标清螺栓安装点。

3）成排屏柜安装时，要注意屏柜面应在一条直线上；当屏柜的尺寸为非标准尺寸时，应以屏柜面对齐为准。

4）屏柜内设备及各构件间连接应牢固。

5）屏柜安装时，应注意保护屏柜的漆层不被损伤。

6）屏柜单独或成列安装时，其垂直度、水平偏差以及屏柜面偏差和屏柜间接缝的允许偏差应符合表 3-8 的要求。

表 3-8		屏 柜 安 装 标 准	
项　　目			允许偏差（mm）
垂直度（每米）			<1.5
水平偏差		相邻两屏柜顶部	<2
		成列屏柜顶部	<5

续表

项　　目		允许偏差（mm）
屏柜面偏差	相邻两屏柜边	<1
	成列屏柜边	<5
屏柜间接缝		<2

（3）户内屏柜固定应采用在基础型钢上钻孔后螺栓固定，不宜使用点焊的方式。基础上如无预埋型钢可采用膨胀螺栓固定，如图 3-10 所示。

5.1.4　端子箱安装

端子箱安装基础有两种：一种基础预埋钢板，安装前，应首先将端子箱安装角钢加工好，并做好安装角钢的防腐工作；安装时，按正交方向找正，将角钢牢固焊接到预埋件上，成排端子箱应在一条直线上。另一种基础预埋螺栓，安装前，应复核预埋螺栓与端子箱的安装孔距数据是否配合后，再进行端子箱安装、找正并紧固。

5.1.5　屏柜及箱体接地

（1）屏柜、端子箱要可靠接地，屏柜安装时不宜将屏柜直接与预埋件焊接到一起，可在屏柜内加接地桩头与接地网通过多股软铜线连接到一起，多股软铜线的截面面积应符合设计图纸及规范要求，如图 3-11 所示。

（2）屏柜、端子箱的活动门应用满足设计要求的带黄绿标识的透明护套铜绞线可靠接地。

（3）屏柜内屏蔽与钢铠接地铜排应分开，电缆终端的屏蔽与钢铠接地线应分别与专用接地铜排可靠连接，并用号码筒进行标识。

图 3-10　屏柜安装成品展示图

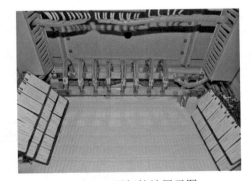

图 3-11　屏柜接地展示图

5.1.6　管控记录

端子箱、检修箱、屏柜安装管控记录见质量管控卡及安全管控卡，参见附录 A 和附录 B。

5.2 电缆埋管、桥架和支架安装

5.2.1 电缆埋管

（1）合理规划管线敷设路径，对各类设备所需安装的保护管进行实测，统计所需用的保护管规格、型号、长度及弯管弧度和数量。

（2）所有电缆埋管的弯管工作必须利用弯管机进行，且模具必须配套，严禁以小代大。

（3）沿设备支柱敷设的二次电缆管应与设备支柱平齐，并利用管夹、支撑件等固定牢固。

（4）电缆管弯制宜采用机械冷弯，弯管后电缆管不应有穿孔、不应有裂缝和显著的凹瘪现象，其弯扁程度不宜大于管子外径的10%。

（5）二次电缆管要求管内径大于电缆外径的1.5倍以上，弯曲处不超过3个，直角弯不应超过2个。护管对接时不允许直接对接，应采用长为护管的2.2倍直径护管保护，并满焊密封，且要求接地良好。

（6）电缆管弯曲半径不应小于所穿电缆最小允许弯曲半径，控制电缆管道弯曲半径按300mm进行弯制。

（7）要求电缆护管统一敷设至设备动力箱内或设备二次接线盒内，敷设至动力箱内的电缆护管高出机构箱底板距离统一，敷设至二次接线盒的电缆护管统一插入二次接线盒护头。

（8）要求电缆护管预埋竖直、美观。多根电缆护管并列平齐一致，且管口平齐。

（9）所有电缆护管的管口必须进行打磨，防止毛刺及飞边划伤电缆；若遇有电缆穿过蛇形管或波纹管的情况，同样要检查蛇形管及波纹管的接头，防止划伤电缆。

5.2.2 电缆支架、桥架安装及接地

（1）所有电缆支架安装高度应一致，安装时可利用琴线辅助调整。电缆支架应固定牢固，无显著变形；安装牢固，横平竖直，各支架的同层横撑应在同一水平面上，其高低偏差≤5mm，如图3-12所示。

图3-12 电缆支架安装示意图

（2）所有电缆支架均需接地，支架采用热镀锌扁钢接地，搭接采用螺栓连接，每隔30m 与电缆沟内主接地网焊接。电缆沟内通长扁铁跨越电缆沟伸缩缝处应设伸缩弯。通长扁铁焊接前应进行校制直，安装时宜采用冷弯，焊接牢固。

（3）电缆沟内电缆桥架均需可靠接地：桥架每隔 20～30m 与接地干线连接；桥架之间采用两端压接镀锡铜鼻子的铜绞线跨接。

（4）电缆桥架安装时，螺栓从里向外穿，防止损伤电缆；桥架拼接接口处进行跨接接地，接地线截面积按设计要求选型，如图 3-13所示。

（5）户外等电位网接地铜网采用铜排或铜绞线进行敷设，放置在电缆支架上，分支接

图 3-13 电缆桥架接地示意图

口处采用放热焊接，接口处连接既牢固可靠又整齐美观，户内铜排需要加装低压瓷绝缘子用于支撑。

（6）电缆支架按成套加工，左右两副支架朝向一致，安装时应仔细核对，避免装反。

（7）在电缆沟"三通""四通"、竖井和桥架过渡的地方设过渡桥架。

（8）电缆支架安装完成后在末端加装蓝色塑料保护套，避免电缆敷设和检修时被刮伤。

5.2.3 管控记录

电缆埋管、桥架和支架安装管控记录见质量管控卡及安全管控卡。

5.3 电缆敷设及整理

5.3.1 注意事项

（1）电缆敷设施工前，施工班组长与技术人员应仔细核对电缆型号、数量与位置，避免因电缆敷设错误造成的返工。

（2）敷设交流电源电缆和直流电源电缆时需核对芯线颜色，避免因电缆敷设错误造成的返工。

（3）电缆敷设前应提前做好排版，避免电缆敷设过程中发生电缆碰撞或同类型支架上电缆分布不均。

（4）电缆敷设的环境温度需满足规程规范及厂家要求。

5.3.2 电缆敷设

（1）电缆应排列整齐，走向合理，不宜交叉，通常根据设计要求，电缆支架最上层敷设电力电缆，强电、弱电控制电缆、信号及通信电缆依次由上而下依次顺序敷设。电缆在支架上排列顺序应满足设计图纸要求。

（2）全部主电源回路的电缆不应在同一条通道（电缆沟、竖井等）内明敷；同一回

路的工作电源与备用电源电缆，应布置在不同的支架上。同一电缆主沟内用防火隔板分隔动力电缆和控制电缆。

（3）控制电缆在普通支吊架上不宜超过1层，桥架上不宜超过3层；交流三芯电力电缆在普通支吊架上不宜超过1层，桥架上不宜超过2层；交流单芯电力电缆应布置在同侧支架上，并加以固定，当按紧贴正三角形排列时，应每隔一定距离用绑带扎牢，以免其松散。

（4）机械敷设电缆的速度不宜超过15m/min，电缆应从盘的上端引出，施放过程防止电缆外护层受到磨损，电缆上不得有铠装压扁、电缆绞拧、护层折裂等未消除的机械损伤。

（5）电缆敷设时按区域进行原则上先敷设长电缆，后敷设短电缆的顺序进行；先敷设同规格较多的电缆，后敷设规格较少的电缆；尽量敷设完一条电缆沟，再转向另一条电缆沟，在电缆支架敷设电缆时，布满一层，再布满另一层。

（6）敷设完一根电缆，应马上在电缆两端及电缆竖井位置挂上临时电缆标签。

（7）短电缆敷设前，应对已敷设长电缆进行整理。垂直或超45°倾斜角敷设电缆时，电缆与支架、桥架接触部位均应绑扎固定；水平敷设的电缆，在电缆首末两端及转弯处，每隔5~10m进行绑扎固定。

（8）电缆沟转弯、电缆层井口处的电缆弯曲弧度一致、过渡自然，无交叉。

（9）直线段电缆在支架上不应出现弯曲或下垂现象，转角处应增加绑扎点；电缆绑扎带间距均匀、缠绕方向一致，绑扎线头应隐蔽向下。

（10）电缆穿管用细铁丝作引线，电缆接线预留长度要足够，但应避免过长浪费。电缆穿管前对管口进行钝化处理，敷设过程中，保护好电缆不被管口划伤。

（11）电缆敷设的最小弯曲半径应符合表3-9要求。

表3-9　　　　　　　　　电缆最小弯曲半径

电缆型式		多芯（D为电缆外径）	单芯
控制电缆	非铠装型、屏蔽型软电缆	6D	—
	铠装型、铜屏蔽型	12D	
	其他	10D	
橡皮绝缘电力电缆	无铅包、钢铠护套	10D	
	裸铅包护套	15D	
	钢铠护套	20D	
塑料绝缘电缆	无铠装	15D	20D
	有铠装	12D	15D

（12）电缆明敷设时，至少应加以固定的部位如下：垂直敷设时，电缆与每个支架接触处应固定；水平敷设时，在电缆的首末端及拐弯处应采用电缆绑扎带进行固定，此外电缆水平距离过长时每隔5~10m处也应固定。

5.3.3　电缆整理

（1）电缆绑扎应整齐、牢固，表层无污染物，如图 3–14～图 3–16 所示。

（2）各电缆终端应装设规格统一的标志牌，标志牌的字迹应清晰不易脱落，如图 3–17 所示。

图 3–14　电缆直通整理展示图

图 3–15　电缆弯通整理展示图

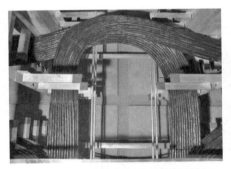

图 3–16　电缆交汇处整理展示图

图 3–17　电缆标志牌展示图

5.3.4　管控记录

电缆敷设及整理管控记录见质量及安全管控卡，参见附录 A 和附录 B。

5.4　光缆敷设与熔接

5.4.1　注意事项

（1）光缆敷设的环境温度不宜低于−15℃，光缆熔接的环境温度不应低于−10℃。

（2）熔接前需戴上熔接专用手套，防止光纤扎入皮肤造成炎症。

（3）熔接前要把光缆余量盘入电缆沟内或屏柜下，并根据现场来确定要开剥光缆的长度和光缆的走线（切忌盲目拿到手就做）。

（4）在熔接前应对光缆型号、尾纤型号，进行核实。

（5）在熔接室外箱体的软缆是要注意标签与色谱是否对应。

（6）熔接过程中发现熔点不行，或有缺陷时一定要掰断重新熔接。

（7）熔接过中熔出的线序一般按从左到右的原则。

（8）光缆在进终端盒、室外熔接箱、ODF 时要有可靠的固定，避免光缆在受到外力后造成熔接处和裸纤损坏。

（9）熔接完成后通过光功率计和红光源来测试光纤衰耗是否满足要求。

（10）检查尾纤端面是否清洁，做好防尘措施。

5.4.2　光缆敷设

（1）无金属光缆的弯曲半径在施工过程中应不小于光缆外径的 25 倍；铠装光缆的弯曲半径在施工过程中应不小于光缆外径的 30 倍。

（2）敷设光缆时，光缆应由缆盘上方放出并保持松弛弧形，光缆敷设过程中应无扭转，严禁打小圈、小弯现象的发生；人工敷设光缆的速度应保持均匀，宜控制在 20m/min 以下，如图 3–18 所示。光缆在两端及沟道转弯处应有明显标志。

（3）站内光缆沿电缆沟、支架敷设时，无金属光缆应穿管保护并分段固定，保护管外径应大于 35mm；铠装光缆两端的金属铠装层应可靠接地。

（4）地埋敷设的光缆应有热镀锌钢管保护，钢管外径应不小于 35mm，两端应作防水封堵，并应在地表位置设置醒目的"地埋光缆"警示地桩。

图 3–18　光缆敷设展示图

5.4.3　光纤的熔接步骤

（1）准备熔接。注意选择合适的熔接环境，要求空气中灰尘少，光线明亮。戴上光纤熔接专用手套，拿出所要用到的工具及用品摆放在顺手的位置，以便熔接。

（2）打开熔接机。每次使用熔接机前，应使熔接机在熔接环境中开机放置至少 15min，并在使用后及时用棉签和酒精擦去熔接机中的灰尘，特别是夹具、各镜面槽内的粉尘和光纤碎末。打开熔接机电源，选择相对应的熔接程序。

（3）制作光纤端面。光纤端面制作的好坏将直接影响接续质量，在熔接前，一定要做好合格的端面。对 0.25mm（外涂层）光纤，切割长度为 8～16mm，对 0.9mm（外涂层）光纤，切割长度只能是 16mm。使用涂敷层剥离钳时，倾斜 45°，平行剥离，使用无水乙醇擦拭干净。切割光纤时，保证切割刀的清洁，切割速度稍快为宜。合理分配和使用自己的右手手指，使之与切口的具体部件相对应、协调，提高切割速度和质量。切割好后，注意防尘和禁止碰到其他任何物体。

（4）放置光纤。将光纤放在熔接机的 V 形槽中，小心压上光纤压板和光纤夹具。要根据光纤切割长度设置光纤在压板中的合适位置，裸纤头离电极 1mm 为宜。当遇到弯曲光纤时，弯曲方向应向上。放置完毕后，关上防风罩。光纤放置示意如图 3-19 所示。

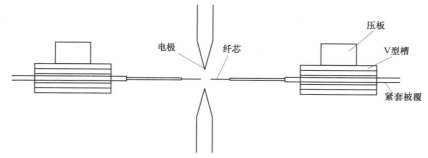

图 3-19　光纤放置示意图

（5）接续光纤。打开"快捷键"，设定单模光纤（single mode）或多模光纤（multi mode）熔接选项，一般橘红色被套的为多模光纤，黄色被套的为单模光纤。设置完毕，按下"启动键"后，观察彩色液晶显示器，保证切割面平整以及切割角度与光纤本身垂直。选用的 S177 熔接机采用自动校准技术，则无须进行手动校准。当液晶显示器出现熔接完成画面，整个熔接过程完毕。熔接过程，S177 熔接时间一般为 8s。S177 熔接机外形如图 3-20 所示。

（6）移出光纤用加热炉加热热缩管。打开防风罩，把光纤从熔接机上取出，再将热缩管放在裸纤中心，放到加热炉中加热，按"加热键"，待红色指示灯熄灭加热完毕，从加热器中取出光纤，冷却等待。

（7）盘纤与固定。将接续好的光纤盘到光纤收容盘上，在盘纤时，盘纤的半径越大，弧度越大，衰耗就越小，所以一定要保持好一定的半径，一般弯曲半径控制在 3cm 以上。盘光纤大致分为下列几种方法：

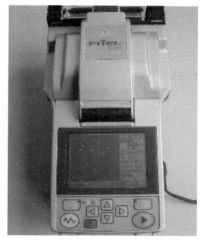

图 3-20　S177 熔接机外形

1）先中间后两边，即先将热缩后的套管逐个放置于固定槽中，然后再处理两侧余纤。优点：有利于保护光纤接点，避免盘纤可能造成的损害。在光纤预留盘空间小、光纤不易盘绕和固定时，常用此种方法。

2）从一端开始盘纤，固定热缩管，然后再处理另一侧余纤。优点：可根据一侧余纤长度灵活选择套管安放位置，方便、快捷，可避免出现急弯、小圈现象。

3）特殊情况的处理，如个别光纤过长或过短时，可将其放在最后，单独盘绕；带有特殊光器件时，可将其另一盘处理，若与普通光纤共盘时，应将其轻置于普通光纤之上，两者之间加缓冲衬垫，以防止挤压造成断纤，且特殊光器件尾纤不可太长。

4）根据实际情况采用多种图形盘纤。按余纤的长度和预留空间大小，顺势自然盘绕，且勿生拉硬拽，应灵活地采用圆、椭圆、CC、～多种图形盘纤（注意：$R \geqslant 3cm$），尽可能最大限度利用预留空间和有效降低因盘纤带来的附加损耗。

在盘纤过程中，遇到由粗变细的地方需用扎带固定，务必要保证扎带固定处的安全牢靠，如图3-21所示。

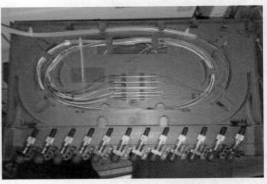

图3-21　盘纤展示图

（8）盖上盖板。如果是光纤配线箱，需盖上上盖板，推进熔接盒即可。如果是光纤终端盒，需压上盖板上紧内六角螺母，最后盖上主盖板并紧固好螺钉。在合上盖板的时候注意避免压到光纤。

（9）光纤熔接后期完善工作。光纤熔接完成的后期完善工作主要为了确保光纤损耗在规定范围以内以及保证光纤熔接安全有效。

测量光纤损耗需用到光功率计，测量的对象为一根标准光纤跳线的两头和每条熔接光纤的两头，一头插上光源，另一头插上光功率计。

5.4.4　光纤的熔接工艺

（1）去除光缆外护套层应保证切痕端面平齐，无扭结。

（2）光缆与接续盒的紧固宜在距光缆端面10～20mm处，不锈钢管、光纤保护软管要固定可靠。

（3）光纤熔接前清洗表面油膏；在光缆端面与接续盒间光纤应有保护软管，并可靠固定。

（4）施工过程中使用专用工具处理光纤端面，光纤端面应清洁光亮。光纤熔接应在防尘、防潮、防震的环境条件下进行。

（5）尾纤在熔接前应做导通试验，合格方可使用。

（6）光纤熔接过程中发现熔接机显示的接续推定损耗、显示图形不符合要求，应重新熔接至满足要求为止。熔接机显示图形应无错位、无气泡、无裂痕、无污点。

（7）光纤熔接的监测一般是在熔接点两端设立临时监测点，由专业人员使用光时域反射仪（OTDR）监测熔接点的熔接损耗，光纤单点双向平均熔接损耗值应小于0.03dB，并做好测试记录。

（8）熔接好的光纤应有专用热缩管保护，热缩管应按光纤色谱的顺序固定在存储盘上，标识明确。

（9）熔纤盘内熔接光纤单端盘留量不少于 500mm，弯曲半径不小于 30mm，盘纤整齐有序。

（10）接续盒密封前由临时监测点对盘好的余纤复测一下损耗，确认正常后再封盒。

（11）ODF 配线箱内的熔接主要注意地方是：盒内的白色套管不应太短，配线盒推进配线箱时会导致套管从扎带中脱落，从而折断光纤。在盘纤时应注意光纤的弯曲半径应不小于 3cm，以免造成损耗过大。熔接盒中的热缩管应卡在熔接盘中的卡槽内。

5.4.5　管控记录

光缆敷设与熔接管控记录见质量管控卡及安全管控卡参见，参见附录 A 和附录 B。

5.5　电磁屏蔽封堵安装

5.5.1　注意事项

（1）电磁屏蔽外框需在电缆敷设工作开始前完成安装。

（2）对电磁屏蔽处电缆的排版工作宜在电缆敷设开始前完成，从而避免因排版更换而导致的重新敷设。

（3）剥电缆外皮前在电缆上标记出需要切去外皮的位置，剥除时注意不得损伤电缆屏蔽层。

（4）电磁屏蔽需密闭封堵，以不透过手电光为准。

5.5.2　工作步骤

（1）用电缆环切刀将电缆外皮剥去。

（2）清理框架，并涂抹专用润滑剂。

（3）根据待密封的电缆外径，剥去电缆封堵模块所需芯层，使之与待密封的电缆外径相配，以适合穿过剥除外皮的电缆的外径为准。

（4）在屏蔽密封模块内表面涂抹专用润滑剂。

（5）用屏蔽密封模块夹紧电缆，使导电箔包住电缆屏蔽层，两半屏蔽密封模块间留 0.1～1mm 的间隙，保证模块压紧时有压缩裕度。

（6）每一排屏蔽密封模块安装完后，在模块的顶部安装一块隔层板。

（7）安装最后一排模块前加入两块隔层板，然后安装模块。

（8）将润滑楔形压紧模块并将其插入框架顶部，旋紧螺栓，力矩值应符合要求。

电磁屏蔽封堵安装步骤如图 3–22 所示。

5.5.3　管控记录

电磁屏蔽封堵安装管控记录见质量管控卡及安全管控卡，参见附录 A 和附录 B。

1. 在电缆上切除10~15mm 的表皮

2. 清理框柴，涂抹润滑剂

3. 模块表面充分涂抹润滑油

4. 安装底层模块

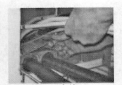

5. 放入第一层事故

6. 检查电缆直径是否符合模块

7. 演绎合适的范围

8. 选择合适的垫圈

9. 放入底层模块

10. 放入电缆

11. 放入上层模块

12. 放入定位满板

13. 使用安装工具进行预压紧

14. 拧紧定位锚板上的螺丝

15. 放入最后一块锚板

16. 放入压紧件

17. 松开定位锚板上的螺丝

18. 拧紧压紧件上的螺栓

图 3-22　电磁屏蔽封堵安装步骤图

5.6 二次接线及整理

5.6.1 注意事项

（1）对照施工图纸、厂家说明书、设计修改通知单等资料，核对敷设完成的电缆是否有遗漏或多余，如果有遗漏应及时补放；对于多余的电缆要及时沟通，确认为多余时方可抽掉。

（2）电缆排列整齐，编号清晰，无交叉，固定牢固，不得使所接的端子排受到机械应力。电缆核对完成后要根据屏、柜、箱的接线图纸进行电缆排列固定，排列原则是：电缆单层排列时，接在最上部的电缆排在最外侧，反之则排在最内侧；多层排列时，上端芯线电缆排放在内层，其余电缆依次向外层排列。固定时要用统一制作的卡具把电缆固定牢固，卡具应与电缆束外径匹配。

（3）电缆对线时可用万用表或对线器来进行，为了使所对的芯线准确无误，宜在接线前统一对线套好号码管，并防止脱落，防止回路串通而造成失误。电缆号码管与芯线直径应匹配，长度一致、字体统一、清晰且不易褪色，采用双编号，即标出电缆编号和端子号（回路号）。

（4）根据反措要求，屏、柜、箱的电缆屏蔽线应用 4mm² 多股软铜线统一接到截面不小于 100mm² 的屏蔽铜排（或铜绞线）上。对于电缆较多的屏柜（箱）接地母线的长度及其接地螺孔宜适当增加；屏蔽接地线压接牢固，绑扎整齐，走线合理、美观。屏（盘）柜、箱内接地铜排应使用满足设图纸要求的多股软铜线（如户内 50mm²，户外 100mm²）接到等电位接地网上。

5.6.2 工作步骤

1. 电缆头制作

（1）电缆头制作前先用油漆笔做好标记，保证电缆头制作高度统一（确保电缆破头应高出柜、端子箱底板 150mm 或根据端子箱实际情况确定），且封堵物不能高于电缆头）。

（2）电缆头制作要求：钢铠层保留 15mm 焊接工作接地线，绝缘层保留 10mm 隔离钢铠、铜铠层，铜铠层保留 15mm 焊接保护接地线。以便于与接地引出线进行连接，各层间进行阶梯剥除，如图 3-23 所示。

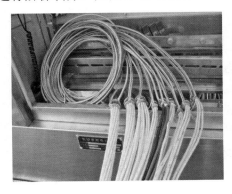 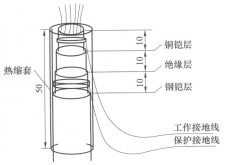

图 3-23 电缆头示意图

（3）钢铠与屏蔽层分开接地，接地线用 $4mm^2$ 黄绿相间多股软铜绞线，绑扎紧固，并将铜线和铜、钢铠层接触面搪锡处理，使其连接牢固，保证接地可靠性（接地铜芯线应缠绕在钢铠或者屏蔽层上缠绕 2 圈拧牢后，再用锡焊焊接）。

（4）搪锡过程中一定要认真仔细，防止将芯线烫伤，焊接接地线时要采取防护措施，严禁将电烙铁直接放置于铠芯上，防止温度过高损坏芯线绝缘。一点接地，接地点可选在端子箱或汇控柜专用接地铜排上。电缆头铜铠屏蔽线从电缆头上端引出，钢带接地从电缆头下端引出，便于区别铜铠与钢铠接地引出线。

（5）制作电缆终端与接头，从剥切电缆开始应连续操作直至完成，缩短绝缘暴露时间。剥切电缆时不应损伤线芯和保留的绝缘层，最内层塑料皮采用手剥或用刀片刮。附加绝缘的包绕、装配、收缩等应清洁，如图 3-24 所示。

图 3-24　电缆头制作示意图

（a）分开接地示意；　（b）接地完成；　（c）搪锡工艺；　（d）热缩工艺成品；　（e）热缩处理施工图

（6）单层布置的电缆头的制作高度要求一致，排列整齐；多层布置的电缆头高度可以一致，或者从里往外逐层降低，如图3-25所示，同时，尽可能使某一区域或每类设备的电缆头的制作高度统一。电缆破头应高出柜、端子箱底板150mm或根据端子箱实际情况确定，且封堵物不能高于电缆头。

图3-25　电缆头排列示意图

（7）电缆头制作时缠绕的聚氯乙烯带统一采用红色，缠绕密实、牢固，热缩电缆头统一采用$L=70mm$、黑色的热缩套管对电缆破头进行缩封，如图3-26（a）所示；热缩管型号要与电缆直径匹配，使用电吹风进行烘缩，不得使用喷灯及打火机烘烤，避免热缩管表面损伤。电缆头制作结束后要求顶部平整、密实，如图3-26（b）所示。

图3-26　电缆头热缩套缠绕效果图

2. 临时吊牌固定

在电缆头制作结束后，用细PV铜芯线将临时吊牌绑扎到芯线上，绑扎应牢固、整齐。

3. 芯线整理、布置

（1）在电缆头制作结束后，接线前必须进行芯线的整理工作。电缆接线要求所有芯线平直、无扭曲，在布线槽内不允许有交叉现象。

（2）将每根电缆的芯线单独分开，将每根芯线顺直；严禁用力过大，造成芯线损坏，如图 3-27 所示。

图 3-27　电缆整理示意图

4. 芯线标识、接线

（1）芯线两端标识必须核对正确。所有电缆在进行二次接线前均应进行核对芯线工作，严禁使用电缆芯线上的自编号进行芯线的核对工作。核对芯线时，应使用万用表或对线器，且应采用电缆屏蔽层作为核对芯线的回路，从而检查电缆屏蔽层的质量。

（2）按照实际情况采用布线槽或者扎把的布线方式，采用布线槽时尽量将布线槽二次芯线与二次接线端子相对应。

（3）盘柜内的电缆芯线，应垂直或水平有规律地配置、不得任意歪斜、交叉连接。电缆、导线不应有中间接头，必要时，接头应接触良好、牢固，不承受额外机械拉力，并应保证原有的绝缘水平；屏蔽电缆应保证其原有的屏蔽电气连接作用，如图 3-28 所示。

图 3-28　接线效果图

（4）电缆的芯线接入端子排应按照自下而上的原则，当芯线引至接入端子的对应位置时，将芯线向端子排反侧折弯 90°，以保持芯线的水平。

（5）对于在线槽外固定接线的芯线，在靠近端子排附近宜向外折成 S 弯，在端子排接入位置剪短芯线，接入端子；对于在线槽内固定接线的芯线，一般可直接水平接入端子，不需折成 S 弯，在线槽和端子的间距较大，不在同一平面时，宜折成 S 弯；S 弯要求弧度自然、大小一致。接线时只在机构箱等处采用线槽接线工艺，其他统一采用扎把子工艺，U 形接线。

（6）每个屏柜开始接线时可借用 ϕ32mm 的 UPVC 管来预制线芯弧弯，弧弯顶部呈一条直线垂直向下，电缆排列时，根据端子排、屏柜的接线图，接线备用芯多的放外层，备用芯少的放内侧的排列顺序在屏柜中排列。二次接线采用单层的从背后，双层的从中间引出的顺序进行接线。多股软线与端子连接时，压接相应规格的终端附件，如图 3-29 所示。

图 3-29 接线示意图

（7）二次接线芯线弯弧美观，号码筒长度一致，统一为 30mm，大小应与芯线匹配，如图 3-30 所示，电缆号码筒采用双编号，即标出电缆编号和回路号。

图 3-30 二次接线局部图

（8）用剥线钳剥除芯线护套，长度和接入端子排所需要的长度一致，不宜过长，剥线钳的规格要和芯线截面一致，不得损伤芯线。

（9）对于螺栓式端子，需将剥除护套的芯线弯圈，弯圈的方向为顺时针，弯圈的大小和螺栓的大小相符，不宜过大，否则会导致螺栓的平垫不能压住弯圈的芯线。

（10）对于插入式接线端子，可直接将剥除护套的芯线插入端子，并紧固螺栓。

（11）对于多股芯的芯线，应采用线鼻子进行压接方可接入端子，采用的线鼻子应与芯线的规格、端子的接线方式及端子螺栓规格一致。不得剪除芯线的铜丝，接线孔不得比螺栓规格大。多股芯剥除外层护套时，其长度要和线鼻子相符，不宜将芯线露出。

（12）每个接线端子每侧接线宜为 1 根，不得超过 2 根接线，对于插接式端子，不同截面芯线不容许接在同一接线端子上；螺栓连接端子接两根导线时，中间应加平垫片。

（13）弯圈或接入端子前需套上对应的线帽管，线帽管的规格应和芯线的规格一致。线帽管长度要一致、字体大小一致，字迹清晰、排列整齐，线帽的内容包括电缆编号/回路编号和端子号，易于辨认。

（14）电缆线芯绑扎前，确定线芯绝缘层完好后，使用白色扎带平行绑扎整齐，扎带口方向一致，收口向内，绑扎间隙均匀一致，同一屏柜左右侧绑扎间距一致。

5. 备用芯、屏蔽处理

（1）电缆的备用芯应留有适当的余量，剪成统一长度，每根电缆单独垂直布置。备用芯采用定制红色芯线保护帽进行单芯封头处理，保证整齐一致，如图 3-31 所示。

（2）备用芯高度一般情况下离屏顶为 50mm（一般均需不大于 50mm），或根据实际情况调整（根据端子高度，如端子较高，则需根据实际情况将备用芯弯圈布置，以满足最高端子的要求），但同型号屏内的备用芯高度离屏顶部高度应一致。备用芯的高度应能满足最高端子排的接线弧度需要。备用芯上应套带有电缆编号的号头管。

（3）电缆的屏蔽线宜在电缆背面成束引出，编织在一起引至接地排，单束的电缆屏蔽线根数不宜过多，引至接地排时应排列自然美观。

（4）屏蔽线接至接地排时，可以采用单根压接或多根压接的方式，但多根压接时根数不宜过多（一般不超过 2 根），并对线鼻子的根部进行热缩处理，以确保工艺，如图 3-32 所示。

图 3-31　电缆备用芯展示图

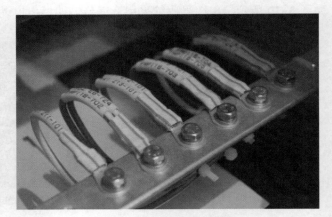
图 3-32　屏蔽接地展示图（一）

（5）屏蔽线接至接地排的接线方式一致，弧度一致。

（6）一个接地螺栓上不得安装超过 2 个接地线鼻。注意互感器接地线应单独接地，严禁与其他接地线共鼻子接地。严禁用电缆备用芯作为电缆屏蔽接地用。对于插接式端子，不同截面的两根导线不允许接在同一端子上；接地鼻子压接处需套黄绿相间颜色热缩护套，如图 3-33 所示。

图 3-33 屏蔽接地展示图（二）

6. 电缆牌标识及固定

（1）电缆挂牌使用 2 孔挂牌，控制电缆为黑色字体，动力电缆为红色字体。通信电缆用蓝色字体。挂牌内容共 4 行（如图 3-34 所示）：

第 1 行：编号（清册编号）

第 2 行：型号（型号全称，不能简化成 2×4）

第 3 行：起点名称+屏位置

第 4 行：终点（同起点）

（2）电缆吊牌采用阻燃型 M-G3268 吊牌，且吊牌上的电缆编号

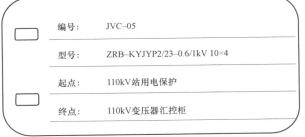

编号：	JVC-05
型号：	ZRB-KYJYP2/23-0.6/1kV 10×4
起点：	110kV站用电保护
终点：	110kV变压器汇控柜

图 3-34 电缆吊牌展示图（一）

应采用双重编号，即电缆吊牌上需注明电缆编号、电缆型号及规格、起止地点。要求全部是电脑打印字，防腐、字迹不易脱落，在屏盘端子箱内、竖井处均需悬挂电缆吊牌，高度及位置均要求一致（端子箱内应高于底板 40mm），排列整齐、清晰、成一直线，统一绑扎牢固。

（3）光缆、网线和屏间连接线挂牌采用和通信电缆一致的蓝色字体。对于不便于采用吊牌的尾纤、光缆芯线、网线，要求采用长 100mm、宽 12mm、黄底黑字色带体进行标识，注明回路编号、起止地点，如图 3-35 所示。

图 3-35 电缆吊牌展示图（二）

（4）电缆牌的固定可以采取前后交叠或并排，上下高低错位等方式进行挂设，但要求高低一致、间隔一致，保证电缆牌挂设整齐，牢固。

（5）电缆牌的绑扎，统一使用黑色扎线固定。

5.6.3 管控记录

二次接线及整理管控记录见质量管控卡及安全管控卡，参见附录 A 和附录 B。

5.7 二次通信组网

5.7.1 搭建各分系统所需网络

（1）工作要求：将各网线，光纤接口按照图纸要求接入响应端口，完成物理层连接。

（2）注意事项：

1）网线端口，光纤端口应安插到位。检查端口是否损坏，各接口端口牢固，不易脱落。

2）各端口严格按照设计院提供光纤，网线接线表进行连接，严禁随意连接。

5.7.2 二次接线检查

（1）工作要求：按照设计图纸接线完毕后，二次接线需要校核检查。

（2）注意事项：

1）屏柜上电源线需要严格按照规定检查各电源回路正常，防止接地，短路情况出现。

2）二次接线核对，防止出现二次接线接地情况出现。

5.7.3 各接口检查

（1）工作要求：光纤，网线端口连接完毕后，通过软件对各端口通信状态进行检查，确保各端口接线连接正确。

（2）注意事项：端口状态核对时，需要确保信号收，发功能全部正常。

5.7.4 后台监控系统硬件设备安装

（1）工作要求：完成后台监控系统所需硬件设备的安装，组建。各通信屏柜满足上电条件，服务器、工作站满足 UPS 供电条件，并可以正常工作。

（2）注意事项：

1）正式组装之前，后台监控设备如服务器、工作站应在室内存放，注意防潮、防火，组装过程中需要轻拿、轻放。临时存放应保证工作台结实、可靠，防止工作站出现摔落或撞击。

2）监控系统服务器及工作站需要 UPS 电源接入，保证可靠供电，防止意外掉电对设备造成损坏。

5.7.5 后台监控系统软件测试

（1）工作要求：完成后台监控系统组建，监控软件可以正常运行。后台接入装置与监控系统可以正常通信，四遥信号可以正常上送。

（2）注意事项：

1）监控软件运行时注意对后台监控系统各应用进行测试，保证整个后台系统所有应用可以正常运行。

2）与后台监控通信异常的设备，及时按照后台通信要求进行修改，满足后台通信要求。

5.7.6 远动系统组建

（1）工作要求：远动系统与数据网通信，确保数据链路上各级装置能够正常运行，各级调度与站内网络通道正常。

（2）注意事项：远动系统物理层各级装置配置正确，配置方案严格按照调度下发方式进行配置，严禁随意配置。

5.7.7 管控记录

二次通信组网管控记录见质量管控卡及安全管控卡，参见附录 A 和附录 B。

5.8 调试

试验项目应符合规程规范要求。

5.9 电缆防火封堵

5.9.1 电缆防火封堵

（1）进端子箱、汇控柜、二次屏柜及电缆管入口处均用防火堵料将孔洞封堵严实，防火墙两侧 1m 均匀涂以防火涂料。

（2）电缆护管封堵采用有机防火堵料或膨胀型防火密封胶封堵严实；机构箱内电缆管口封堵先用 20×3 镀锌扁钢围电缆管焊接成一个矩形，然后再用有机防火堵料封堵，要求有机防火堵料水平、方正、严密，如图 3-36 所示。

（3）按设计图纸要求，在电缆沟转弯或者分支处、直线电缆沟适当位置设置防火墙，并按要求做好防火墙标志。

（4）二次屏柜内封堵采用防火隔板及防火密封胶进行封堵。

（5）端子箱内封堵采用机构箱内封堵方式；若设计有要求，按设计要求进行施工。

（6）阀厅、继电器室、控制楼等重要建筑物的入口处，控制楼内重要房间，户外端子箱、电源箱、断路器汇控箱的电缆入口处均采用模块化封堵组件封堵。

图 3-36 电缆防火封堵展示图

5.9.2 管控记录

电缆防火封堵管控记录见质量管控卡及安全管控卡，参见附录 A 和附录 B。

6 质量管控

6.1 质量通病防治及措施

质量通病防治及措施见表 3–10。

表 3–10 质量通病防治及措施

序号	防治项目	主 要 措 施
1	屏、柜安装质量通病防治	（1）屏柜安装要牢固可靠，主控制屏、继电保护屏和自动装置屏等应采用螺栓固定，不得与基础型钢焊死。安装后端子箱立面应保持在一条直线上。 （2）电缆较多的屏柜接地母线的长度及其接地螺孔宜适当增加，以保证一个接地螺栓上安装不超过 2 个接地线鼻的要求。 （3）配电、控制、保护用的屏（柜、箱）及操作台等的金属框架和底座应接地或接零。 （4）所有屏柜安装前，必须对其基础槽钢进行除锈和防腐处理。并利用水平仪对基础槽钢的水平度进行检查，如水平度不满足要求对的需基础槽钢高差进行调整。 （5）二次屏柜到货后原则上不进行室外堆放，尽量做到屏柜到货后立即进行开箱检查，并进行就位，避免二次屏柜在室外堆放时受潮；如遇卸货过程中出现阵雨或者到货数量较多就位工作无法完成等特殊情况时，应对卸车中的二次屏柜及户外堆放的二次屏柜采取防雨措施，可用彩条布包扎及枕木衬垫的方法进行防雨，且屏柜应堆放在硬土上，未卸车部分将车开进备品库存放
2	电缆敷设、接线与防火封堵质量通病防治	（1）按照电力电缆和控制电缆分层敷设：高低压电力电缆，强电、弱电控制电缆应按顺序分层设置；做到电缆敷设排列整齐，走向合理，不宜交叉。 （2）电缆敷设时，敷设一根及时整理绑扎固定一根，排列应整齐，并在两端和转弯处装设标志牌。 （3）接线人员熟悉二次接线图和原理图，熟悉二次接线有关规范。 （4）对接线人员进行培训，考核合格后方可允许上岗。 （5）电缆头制作工艺：单层布置的电缆头的制作高度要一致，多层布置的电缆头高度可以一致或从里到外逐层降低，降低的高度要求统一，同时，制作的样式统一。 （6）电缆割剥时不得损伤电缆芯线绝缘；屏蔽层与 4mm² 多股软铜线连接引出接地线要牢固可靠，采用焊锡时不得烫伤电缆芯线绝缘层。 （7）电缆头制作时缠绕的聚氯乙烯带要求颜色统一，缠绕密实牢固。 （8）电缆牌标示及固定：电缆牌采用专用的打印机进行打印，排版整齐、打印清晰；电缆牌的固定可以采用前后交叠或并排，上下高低错位等方式进行挂设，高低要一致、间距一致，保证电缆牌挂设整齐。 （9）在电缆头制作结束后，接线前必须进行芯线的整理，将每根电缆芯线单独分开、拉直。 （10）端子箱内二次接线电缆头应高出屏（箱）底部 150mm。 （11）不同截面线芯不得接在同一端子内，相同截面线芯压在同一端子内不应超过 2 芯；插入式接线线芯不得过长或过短，防止紧固后铜导线外裸或紧固在绝缘层上造成接触不良。 （12）备用芯处理：电缆备用芯应留有适当的余量，采用垂直布置或弯圈布置，方式一致、弧度一致采用绝缘包扎。 （13）电流互感器的 N 接地点应单独、直接接地，防止不接地或在端子箱和保护屏处两点接地；防止差动保护多组电流互感器的 N 串接后于一点接地。电流互感器二次绕组接地线应套端子头，标明绕组名称，不同绕组的接地线不得接在同一接地点。 （14）电缆管切割后，管口必须进行钝化处理，以防损伤电缆，也可在管口上加装软塑料套。电缆管的焊接要保证焊缝观感工艺。二次电缆穿管敷设时电缆不应外露。 （15）敷设进入端子箱、汇控柜及机构箱电缆管时，应根据保护管实际尺寸进行开孔，不应开孔过大或拆除箱底板。

序号	防治项目	主　要　措　施
2	电缆敷设、接线与防火封堵质量通病防治	（16）进入机构箱的电缆管，其埋入地下水平段下方的回填土必须夯实，避免因地面下沉造成电缆管受力，带动机构箱下沉。 （17）固定电缆桥架连接板的螺栓应由里向外穿，以免划伤电缆。 （18）电缆沟十交叉字口及拐弯处电缆支架间距大于 800mm 时应增加电缆支架，防止电缆下坠。转角处应增加绑扎点，确保电缆平顺一致、美观、无交叉。电缆下部距离地面高度应在 100mm 以上。电缆绑扎带间距和带头长度要规范、统一。 （19）电缆沟内电缆支架做好锈蚀措施，全部支架端部安装护套。 （20）光缆敷设严格遵守"光缆合适最小静态弯曲半径为 10 倍缆径，在张力下安装时为 20 倍缆径"的要求，厂家有特殊要求的按照厂家要求执行。 （21）监控、通信自动化及计量屏柜内的电缆、光缆安装，应与保护控制屏柜接线工艺一致，排列整齐有序，电缆编号挂牌整齐美观。 （22）控制台内部的电源线、网络连线、视频线、数据线等应使用电缆槽盒统一布放并规范整理，以保证工艺美观。 （23）各设备室及设备盘柜的所有进出电缆孔洞和盘面之间的缝隙（含电缆穿墙套管与电缆之间缝隙）必须采用合格的不燃或阻燃材料进行封堵，电缆竖井和电缆沟应分段做防火隔离，对敷设在隧道的电缆应采取分段阻燃措施。 （24）防火封堵应严格按图纸执行，确保封堵严密可靠，工艺美观

6.2　强制性条文

6.2.1　盘、柜安装

（1）实施依据：GB 50171—2012《电气装置安装工程盘、柜及二次回路结线施工及验收规范》。

（2）实施要点：7.0.2 的规定"成套柜的接地母线应与主接地网连接可靠。"

6.2.2　二次回路接线

（1）实施依据：Q/GDW 224—2008《±800kV 换流站屏、柜及二次回路接线施工及验收规范》。

（2）实施要点：4.0.6 的规定"屏、柜、箱等的金属框架和底座均应可靠接地。"

6.2.3　电缆工程

（1）实施依据：GB 50168—2006《电气装置安装工程电缆线路施工及验收规范》。

（2）实施要点：

1）5.4.7 的规定"直埋电缆回填土前，应经隐蔽工程验收合格。回填土应分层夯实。"

2）6.2.10 的规定"三芯电力电缆终端处的金属护层必须接地良好。"

3）7.0.1 的规定"对易受外部影响着火的电缆密集场所或可能着火蔓延而酿成严重事故的电缆回路，必须按设计要求的防火阻燃措施施工。"

4）7.0.7 的规定"阻火墙上的防火门应严密，孔洞应封堵；阻火墙两侧电缆应施加防火包带或涂料。"

6.2.4 接地工程

（1）实施依据：GB 50169—2016《电气装置安装工程接地装置施工及验收规范》。

（2）实施要点：3.0.4 的规定"电气装置的下列金属部分，均必须接地：

1）配电、控制、保护用的屏（柜、箱）及操作台的金属框架和底座。

2）电力电缆的金属护套、接头盒、终端头和金属保护管及二次电缆的屏蔽层。

3）电缆桥架、支架和井架。

4）变电站（换流站）构、支架。

6.3 标准工艺要求

标准工艺要求见表 3–11。

表 3–11　　　　　　　　　　　　标 准 工 艺 要 求

工艺编号	项目/名称	工艺标准	施工要点	图 片 示 例
0102040101	屏柜安装	（1）基础型钢允许偏差：不直度<1mm/m，全长不直度<5mm；水平度<1mm/m，全长水平度<5mm。位置误差及不平行度全长<5mm。 （2）基础型钢顶部宜高出抹平地面10mm。 （3）屏、柜体底座与基础连接牢固，导通良好，可开启屏门用软铜导线可靠接地。 （4）屏、柜面平整，附件齐全，门锁开闭灵活，照明装置完好，屏、柜前后标识齐全、清晰。 （5）屏、柜体垂直度误差<1.5mm/m，相邻两柜顶部水平度误差<2mm，成列柜顶部水平度误差<5mm；相邻两柜盘面误差<1mm，成列柜面盘面误差<5mm，盘间接缝误差<2mm。 （6）屏、柜的漆层应完整无损伤；所有屏柜外壳采用统一厂家制作，屏柜外形尺寸、颜色、各部件型号统一。	（1）屏、柜基础平行预埋槽钢垂直度偏差、平行间距误差、单根槽钢平整度及平行槽钢整体平整度误差复测，核对槽钢预埋长度与设计图纸是否相符，检查电缆孔洞应与盘柜匹配，复查槽钢与接地网是否可靠连接。 （2）屏、柜安装前，检查外观面漆无明显剐蹭痕迹，外壳无变形，屏、柜面和门把手完好，内部电气元件固定无松动。 （3）屏、柜安装前，依据设计图纸核对每面屏、柜在室内安装位置，与预埋槽钢间螺栓连接（不得与基础预埋槽钢焊死），第一面屏、柜安装后调整好屏、柜垂直和水平紧固底部与槽钢连接螺栓。	T1 基础型钢复测 T2 屏柜与型钢螺栓连接 T3 屏顶引下线在穿孔处绝缘保护

续表

工艺编号	项目/名称	工艺标准	施工要点	图片示例
0102040101	屏柜安装	（7）屏、柜内母线或继保屏屏顶小母线相间与对地距离符合规范要求	（4）相邻配电屏、柜以每列已组立好第一面屏、柜为齐，使用厂家专配并柜螺栓连接，调整好屏、柜之间缝隙后紧固底部连接螺栓和相邻屏、柜连接螺栓，紧固件应经防腐处理，所有安装螺栓紧固可靠。 （5）屏顶小母线应设置防护措施，屏顶引下线在屏顶穿孔处有胶套或绝缘保护	T4 屏顶小母线安装 T5 屏柜安装成品
0102040102	端子箱安装	（1）基础型钢允许偏差：不直度＜1mm/m，全长＜5mm；水平度＜1mm/m，全长＜5mm。位置误差及不平行度＜5mm。 （2）箱柜安装垂直（误差≤1.5mm/m）、牢固、完好，无损伤。 （3）采用螺栓固定，不宜采用点焊。 （4）箱柜底座框架及本体接地可靠，可开启门应用软铜导线可靠接地。	（1）复测基础面平整度、埋件位置应分布在基础四角，尺寸与设计图纸相符，与电缆沟之间预留有喇叭口或预埋管道，复测同间隔串内或出线间隔同位置端子箱基础是否在同一轴线上。 （2）端子箱安装前检查外观无变形、划痕，并有可靠的防水、防尘、防潮措施。如端子箱材质采用镜面不锈钢，建议出厂保留板材覆膜，安装完成后及时撕除，加强成品保护，以确保表面光洁度。	T1 端子箱安装 T2 端子箱防潮防尘措施

工艺编号	项目/名称	工艺标准	施工要点	图 片 示 例
0102040102	端子箱安装	（5）成列箱柜应在同一轴线上。 （6）电缆排列整齐、美观，固定与防护措施可靠	（3）端子箱与基础埋件可自加工框架放置在端子箱与基础面之间，该框架底部尺寸应与端子箱底座相匹配，与端子箱采用螺栓连接的时，采用不小于 4mm² 多股铜芯线跨接，确保底座框架可靠接地。底座框架与基础埋件焊接，如无预埋件可采用膨胀螺栓固定，膨胀螺栓定位参照端子箱底部安装孔尺寸在基础上定位。 （4）端子箱安装前确定其正面朝向，参考设计图纸要求，方便巡视及检修正面一般朝向巡视小道或电缆沟，端子箱接地材料选用应符合设计要求，就近与主网连接。 （5）电缆线与加热器应保持一定距离，加热器的接线端子应在加热器下方。 （6）二次接线要求参照国家电网公司标准工艺库"0102040104 二次回路接线"相关施工工艺要求	 T3 端子箱底座槽钢接地安装 T4 端子箱门接地安装 T5 端子箱加热器安装 T6 端子箱二次接线 T7 端子箱二次接线

工艺编号	项目/名称	工艺标准	施工要点	图 片 示 例
0102040103	就地控制柜安装	（1）基础型钢允许偏差：不直度＜1mm/m，全长＜5mm；水平度＜1mm/m，全长＜5mm。位置误差及不平行度＜5mm。 （2）箱柜安装垂直（误差≤1.5mm/m）、牢固、完好，无损伤。 （3）采用螺栓固定，不宜采用点焊。 （4）箱柜底座框架及本体接地可靠，可开启门应采用多股软铜导线可靠接地。 （5）成列箱柜应在同一轴线上。 （6）电缆排列整齐、美观，固定与防护措施可靠	（1）复测基础面平整度、埋件位置应分布在基础四角，尺寸与设计图纸相符，与电缆沟之间预留有喇叭口或预埋管道，复测同间隔串内或出线间隔同位置就地控制柜基础是否在同一轴线上。 （2）控制柜安装前检查外观无变形、划痕，柜面、把手无破损，并有可靠的防水、防尘、防潮措施。如就地控制柜材质采用镜面不锈钢，建议出厂保留板材覆膜，安装完成后及时撕除，加强成品保护，以确保表面光洁度。 （3）就地控制柜可以采用螺栓与GIS本体槽钢可靠固定，也可以自加工框架放置在控制柜与基础面之间，然后将底座框架与基础埋件焊接牢固的安装方式。该框架底部尺寸应与控制柜底座相匹配，框架与控制柜采用螺栓连接时，应采用不小于4mm²多股铜芯线可靠跨接，确保底座框架可靠接地。 （4）控制柜安装前确定其正面朝向，参考设计图纸要求，方便巡视及检修正面一般朝向巡视小道或电缆沟，接地材料选用应符合设计要求，就近与主网连接。 （5）电缆线与加热器应保持一定距离，加热器的接线端子应在加热器下方。 （6）二次接线要求参照"0102040104 二次回路接线"相关施工工艺要求	 T1 就地控制柜安装 T2 就地控制柜二次接线
0102040104	二次回路接线	（1）屏柜内配线电流回路应采用电压不低于500V的铜芯绝缘导线，其截面面积不应小于2.5mm²；其他回路截面面积不应小于1.5mm²。 （2）连接门上的电器等可动部位的导线采用多股软导线，敷设长度应有适当裕度；线束应有外套。塑料管等加强绝缘层；与电器连接时，端部应绞紧，并应加终端附件或搪锡，不得松散、断股；在可动部位两端应用卡子固定。	（1）核对电缆型号必须符合设计。电缆剥除时不得损伤电缆芯线。 （2）电缆号牌、芯线和所配导线的端部的回路编号应正确，字迹清晰且不易褪色。 （3）芯线接线应准确、连接可靠，绝缘符合要求，盘柜内导线不应有接头，导线与电气元件间连接牢固可靠。	 T1 屏柜二次接线

工艺编号	项目/名称	工艺标准	施工要点	图 片 示 例
0102040104	二次回路接线	（3）电缆排列整齐，编号清晰，无交叉，固定牢固，不得使所接的端子排受到机械应力。 （4）芯线按垂直或水平有规律地配置，排列整齐、清晰、美观，回路编号正确，绝缘片正确，绝缘良好，无损伤。芯线绑扎扎带头间距统一、美观。 （5）强、弱电回路，双重化回路，交直流回路不应使用同一根电缆，并应分别成束分开排列。 （6）每个接线端子的每侧接线宜为 1 根，不得超过 2 根。 （7）二次回路接地端应接至专用接地铜排。 （8）直线型接线方式应保证直线段水平，间距一致；S 形接线方式应保证 S 弯弧度一致。 （9）芯线号码管长度一致，字体向外。 （10）电缆挂牌固定牢固，悬挂整齐	（4）宜先进行二次配线，后进行接线。每个接线端子每侧接线宜为 1 根，不得超过 2 根。对于插接式端子，不同截面的两根导线不得接在同一端子上；插入的电缆芯线剥线长度适中，铜芯不外露。对于螺栓连接端子，需将剥除护套的芯线弯圈，弯圈的方向为顺时针，弯圈的大小与螺栓的大小相符，不宜过大，当接 2 根导线时，中间应加平垫片。 （5）引入屏柜、箱内的铠装电缆应将钢带切断，切断处的端部应扎紧，钢带应在端子箱一点接地，至保护室的控制电缆屏蔽层在始末两端分别接地，其余短电缆屏蔽层一端接地。 （6）备用芯应满足端子排最远端子接线要求，应套标有电缆编号的号码管，且线芯不得裸露。 （7）多股芯线应压接插入式铜端子或搪锡后接入端子排。 （8）间隔 10 个及以上端子排的二次配线应加号码管。 （9）装有静态保护和控制装置屏柜的控制电缆，其屏蔽层接地线应采用螺栓接至专用接地铜排。 （10）每个接地螺栓上所引接的屏蔽接地线鼻不得超过两根	T2 屏柜二次接线 T3 屏柜二次接线 T4 电缆屏蔽线接地安装
0102040201	蓄电池安装	（1）蓄电池应排列整齐，高低一致，放置平稳。蓄电池之间的间隙应均匀一致。 （2）蓄电池需进行编号，编号清晰、齐全。 （3）蓄电池间连接线连接可靠，整齐、美观。 （4）蓄电池上部或蓄电池端子上应加盖绝缘盖，以防止发生短路。	（1）蓄电池应避免阳光直射。 （2）支架固定牢靠，水平度误差≤5mm；额定电压为220V 及以下的蓄电池台架可以不接地。 （3）蓄电池组与直流屏之间连接电缆的预留孔洞位置适当，以使电缆走向合理、美观。	T1 蓄电池出线电缆安装

续表

工艺编号	项目/名称	工艺标准	施工要点	图 片 示 例
0102040201	蓄电池安装	（5）蓄电池电缆引出线正极为赭色（棕色）、负极为蓝色。 （6）两组蓄电池可布置在同一房间，不同蓄电池组间应采取防火隔爆措施	（4）蓄电池的安装顺序必须按照设计图纸或厂家图纸及提供的连接排（线）情况进行。 （5）蓄电池组各级电池之间连接线搭接处清洁后涂电力复合脂，并用力矩扳手紧固，力矩大小符合厂家要求。 （6）蓄电池连接的同时，将单体电池的采样线同步接入，接入前确认采样装置侧已接入，以免发生短路；采样线排列整齐，工艺美观。 （7）蓄电池充放电应按产品的技术要求进行	T2 蓄电池安装成品 T3 蓄电池安装成品
0102050101	电缆保护管配置及敷设工程	（1）热镀锌钢管外观镀锌层完好，无穿孔、裂缝和显著的凸凹不平，内壁光滑。金属软管两端的固定卡具（管箍、短接头、胶圈、衬管、外帽）应齐全。 （2）保护管的内径与电缆外径之比不得小于1.5。 （3）每根电缆管的弯头不应超过3个，直角弯不应超过2个。弯制后，不应有裂缝和显著的凹瘪现象，其弯扁程度不宜大于管子外径的10%；电缆管的弯曲半径不应小于所穿入电缆的最小允许弯曲半径；保护管的弯制角度应大于90°。 （4）明敷电缆管应安装牢固，横平竖直，管口高度、弯曲弧度一致。支点间距离不宜超过3m。当塑料管的直线长度超过30m时，宜加装伸缩节；非金属类电缆宜采用预制的支架固定，支架间距不宜超过2m。 （5）直埋保护管埋设深度应大于700mm。 （6）引至设备的电缆管管口位置，应便于与设备连接并不妨碍设备拆卸和进出。并列敷设的电缆管管口应排列整齐，高度一致。	（1）材质要求：保护管宜采用热镀锌钢管、金属软管或硬质塑料管。 （2）保护管制作： 1）根据敷设路径精确测量各设备所需保护管的长度。 2）根据各设备敷设的电缆型号，选择合适的保护管。 3）保护管的管口应进行钝化处理，无毛刺和尖锐棱角，弯曲时宜采用机械冷弯。 4）镀锌保护管管口、锌层剥落处也应涂以防腐漆。 （3）电缆管的安装： 1）金属电缆管不宜直接对焊，宜采用套管焊接方式，连接时两管口应对准、连接牢固、密封良好，套接的短套管或带螺纹的管接头的长度不应小于电缆管外径的2.2倍，两端口焊接；采用金属软管及合金接头做电缆保护接续管时，其两端应固定牢靠、密封良好。	T1 电缆保护管制作 T2 电缆保护管成品 T3 电缆保护管埋深

工艺编号	项目/名称	工艺标准	施工要点	图片示例
0102050101	电缆保护管配置及敷设工程	（7）电缆管应有不小于0.1%的排水坡度。 （8）电流、电压互感器等设备的金属管从一次设备的接线盒（箱）引至电缆沟，应将金属管的上端与设备的底座和金属外壳良好焊接。 （9）二次电缆穿管敷设时电缆不应外露	2）硬质塑料管在套接或插接时，其插入深度宜为管子内径的1.1～1.8倍，在插接面上涂以胶合剂粘牢密封。采用套接时套管两端应采取密封措施。 3）丝扣连接的金属管管端套丝长度应大于1/2管接头长度。 4）保护管敷设采取明敷和直埋两种方式。在易受机械损伤的地方和在受力较大处直埋时，应采用足够强度的管材。 5）保护钢管接地时，应先焊好接地线，再敷设电缆。 6）电缆管敷设时应有防下沉措施。 7）敷设进入端子箱、机构箱及汇控箱的电缆管时，应根据保护管实际尺寸进行开孔，不应开孔过大或拆除箱底板，保护管与操作机构箱交接处应有相对活动裕度	 T4 电缆保护管套管连接 T5 金属软管安装 T6 机构箱电缆保护管安装 T7 电缆保护管成品 T8 电缆保护管成品

工艺编号	项目/名称	工 艺 标 准	施 工 要 点	图 片 示 例
0102050201	电缆沟内支架制作及安装	（1）钢材应平直，无明显扭曲。下料误差应在 5mm 范围内，切口应无卷边、毛刺。 （2）电缆沟内通长扁铁应固定牢固，接地良好，全线连接良好，上下水平。通长扁铁接头处宜平弯后进行搭接焊接，使通长扁铁表面平齐。 （3）电缆支架应固定牢固，无显著变形。各横撑间的垂直净距与设计偏差不应大于 5mm。支架的水平间距应一致，层间距离不应小于 2 倍电缆外径加 10mm，35kV 及以上高压电缆应小于 2 倍电缆外径加 50mm。 （4）电缆支架宜与沟壁预埋件焊接，焊接处防腐，安装牢固，横平竖直，各支架的同层横撑应在同一水平面上，其高低偏差≤5mm，在有坡度的电缆沟内或建筑物上安装的电缆支架，应有与电缆沟或建筑物相同的坡度。电缆支架最上层及最下层至沟顶、楼板或沟底、地面的距离，应符合 GB 50168—2006《电气装置安装工程电缆线路施工及验收规范》的规定。 （5）钢结构竖井垂直度偏差不大于其长度的 2‰，横撑的水平误差不大于其宽度的 2‰，对角线的偏差不应大于其对角线长度的 5‰。 （6）电缆沟内通长扁铁跨越电缆沟伸缩缝处应设伸缩弯	（1）材质要求：电缆支架宜采用角钢制作或复合材料制作，工厂化加工，热镀锌防腐。通长扁铁应采用镀锌扁钢。 （2）电缆沟土建项目验收合格（电缆沟内侧平整度、预埋件）。 （3）通长扁铁焊接前应进行校制直，安装时宜采用冷弯，焊接牢固。 （4）电缆支架安装前应进行放样，间距应一致。 （5）金属电缆支架必须进行防腐处理。位于湿热、盐雾以及有化学腐蚀地区时，应作特殊的防腐处理。 （6）金属支架焊接牢固，电缆支架焊接处两侧 100mm 范围内应做防腐处理。复合材料支架采用膨胀螺栓固定。 （7）在电缆沟十字交叉口、丁字口处宜增加电缆支架，防止电缆落地或过度下垂。 （8）金属支架全长均应有良好接地	T1 电缆支架放样 T2 电缆支架安装 T3 异形支架安装 T4 通长扁铁伸缩弯安装

续表

工艺编号	项目/名称	工艺标准	施工要点	图片示例
0102050202	电缆层内吊架制作及安装	（1）钢材应平直，无明显扭曲。下料误差应在 5mm 范围内，切口应无卷边、毛刺。 （2）电缆吊架的水平间距应一致，层间距离不应小于 2 倍电缆外径加 10mm，35kV 及以上高压电缆应小于 2 倍电缆外径加 50mm。 （3）电缆吊架宜采用焊接，焊接处防腐，安装牢固，横平竖直，同一层层架应在同一水平面上，其高低偏差≤5mm，托架支吊架沿桥架走向左右偏差≤10mm。各层层架垂直面应在同一垂直面上，转角处弧度应一致。 （4）直线段电缆桥架超过 30m 时，应有伸缩缝，其连接宜采用伸缩连接板；电缆桥架跨越建筑物伸缩缝处应设置伸缩缝。 （5）电缆桥架转弯处的转弯半径，不应小于该桥架上的电缆最小允许弯曲半径的最大者	（1）对预埋件位置进行检查、复测。 （2）电缆层架（吊架、桥架）到场后进行检验，检验合格后方可安装。 （3）电缆吊架宜根据荷载大小选用角钢或槽钢，焊接后做整体防腐处理；或采用热镀锌材料，焊接后在焊接处局部做防腐处理。 （4）对组装件进行组装。 （5）金属支架全长均应有良好接地	T1 电缆层吊架成品 T2 电缆层吊架成品
0102050301	直埋电缆敷设	（1）电缆表面距地面的距离不应小于 0.7m，穿越车行道下敷设时不应小于 1m，在引入建筑物、与地下建筑物交叉及绕过地下建筑物处，可浅埋，但应采取保护措施。 （2）电缆应敷设于冻土层以下，当受条件限制时，应采取防止电缆受到损坏的措施。 （3）电缆之间，电缆与其他管道、道路、建筑物等之间平行和交叉时的最小净空距离应符合 GB 50168—2006《电气装置安装工程电缆线路施工及验收规范》的规定。严禁将电缆平行敷设于管道的上方或下方。	（1）合理规划电缆走向路径。 （2）直埋电缆沟开挖深度宜大于 700mm，宽度宜大于 500mm。 （3）直埋电缆的上、下部应铺以不小于 100mm 厚的软土砂层，并加盖保护板，其覆盖宽度应超出电缆两侧各 50mm，保护板可采用混凝土盖板或砖块。软土或砂子中不应有石块或其他硬质杂物。	T1 直埋电缆敷设 T2 直埋电缆敷设

工艺编号	项目/ 名称	工艺标准	施工要点	图 片 示 例
0102050301	直埋 电缆 敷设	（4）电缆与站区道路交叉时，应敷设于坚固的保护管或隧道内。电缆管的两端宜伸出道路路基两边500mm以上，伸出排水沟500mm。 （5）直埋电缆在直线段每隔50～100m处、电缆接头处、转弯处、进入建筑物等处，应设置明显的方位标识或标桩	（4）直埋电缆回填土前，应经隐蔽工程验收合格，并分层夯实。 （5）平行排列的10kV以上电力电缆之间间距不小于250mm	 T3 直埋电缆敷设
0102050302	穿管 电缆 敷设	（1）管道应排列整齐，走向合理，管径选择合适。 （2）管口排列整齐，封堵严密	（1）电缆管在敷设电缆前，应进行疏通，清除杂物。 （2）穿入管中的电缆的数量应符合设计要求。 （3）交流单芯电缆不得单独穿入钢管内。 （4）穿电缆时，不得损伤护层	 T1 穿管电缆敷设
0102050303	支、吊架上 电缆 敷设	（1）电缆应排列整齐，走向合理，不宜交叉，无下垂现象。室外电缆敷设时不应外露。 （2）最小弯曲半径应为电缆外径的12倍；交联聚氯乙烯绝缘电力电缆：多芯应为15倍，单芯为20倍。 （3）电缆绑扎带间距和带头长度规范统一。 （4）各电缆终端应装设规格统一的标识牌，标识牌的字迹应清晰不易脱落。	（1）确定电缆路径和敷设顺序。 （2）电缆敷设时，电缆应从盘的上端引出，不应使电缆在支架上及地面摩擦拖拉，电缆上不得有铠装压扁、电缆绞拧、护层折裂等未消除的机械损伤。 （3）机械敷设电缆的速度不宜超过15m/min。 （4）高、低压电力电缆，强电、弱电控制电缆应按顺序分层配置，一般情况宜由上而下配置，但在含有35kV以上高压电缆引入柜盘时，为满足弯曲半径要求，可由下而上配置。	 T1 支架上电缆敷设 T2 支架上电缆敷设

续表

工艺编号	项目/名称	工艺标准	施工要点	图片示例
0102050303	支、吊架上电缆敷设	（5）电缆下部距离地面高度应在100mm以上。 （6）防静电地板下电缆敷设宜设置电缆盒或电缆桥架并可靠接地	（5）控制电缆在普通支吊架上不宜超过1层，桥架上不宜超过3层；交流三芯电力电缆在普通支吊架上不宜超过1层，桥架上不宜超过2层。 （6）交流单芯电力电缆应布置在同侧支架上，呈品字形敷设。 （7）电力电缆与控制电缆不宜配置在同一层支吊架上。 （8）电缆固定：垂直敷设或超过45°倾斜的电缆每隔2m固定；水平敷设的电缆每隔5～10m进行固定，电缆首末两端及转弯处、电缆接头处必须固定。交流单芯电力电缆固定夹具或材料不应构成闭合磁路。当按紧贴正三角形排列时，应每隔一定距离用绑带扎牢，以免其松散。 （9）电缆敷设后应及时装设标识牌	 T3 支架上电缆敷设 T4 吊架上电缆敷设 T5 电缆牌安装
0102050401	电力电缆终端制作及安装	（1）单层布置的电缆头的制作高度宜一致；多层布置的电缆头高度可以一致，或从里往外逐层降低；同一区域或每类设备的电缆头的制作高度和样式应统一。 （2）热缩管与电缆的直径配套，要求缠绕的聚氯乙烯带颜色统一，缠绕密实、牢固；热缩管电缆头应采用统一长度热缩管加热收缩而成。 （3）电缆的屏蔽层接地方式应满足规范要求。	（1）严格按照产品技术要求采用热缩、冷缩绝缘材料制作电缆头。 （2）电缆芯线规格与接线端子规格配套，压接面清洁光滑、压接紧密，接线端子面平整洁净。 （3）制作电缆终端与接头，从剥切电缆开始应连续操作直至完成，缩短绝缘暴露时间。 （4）电缆终端和接头应采取加强绝缘、密封防潮、机械保护等措施。 （5）35kV及以下电缆在剥切线芯绝缘、屏蔽、金属护套时，线芯沿绝缘表面至最近接地点（屏蔽或金属护套端部）的最小距离应符合要求。	 T1 控制电缆头制作

续表

工艺编号	项目/名称	工艺标准	施工要点	图 片 示 例
0102050401	电力电缆终端制作及安装	（4）户外铠装电缆钢带应一点接地，接地点可选在端子箱或汇控柜专用接地铜排上。钢带接地应采用单独的接地线引出，其引出位置宜在电缆头下部的某一统一高度，不宜和电缆的屏蔽层在同一位置引出。屏蔽接地线与钢带宜用铰接的方式连接，采用聚氯乙烯带进行缠绕，确保连接可靠。用热缩管进行烘缩钢带露出部位。 （5）电缆屏蔽线、钢带接地线应分别引出，应在电缆的统一的方向分别引出。 （6）电缆头应高出箱柜底部 100～150mm	（6）塑料绝缘电缆在制作终端头和接头时，应彻底清除半导电屏蔽层。 （7）电缆线芯连接时，应除去线芯和连接管内壁油污及氧化层。压接模具与金具配合恰当。 （8）三芯电力电缆终端处的金属护层应接地良好，单芯电缆应按设计要求接地，必须接地良好；塑料电缆每相铜屏蔽和钢铠应锡焊接地线。电缆通过零序电流互感器时，电缆金属护层和接地线应对地绝缘，电缆接地点在互感器以下时，接地线应直接接地；接地点在互感器以上时，接地线应穿过互感器接地。 （9）单芯电缆或分相后的各相终端的固定不应形成闭合的铁磁回路，固定处应加装符合规范要求的衬垫。 （10）电缆终端上应有明显的相色标识，且应与系统的相位一致	 T2 控制电缆铠甲、屏蔽层接地 T3 三芯电力电缆安装成品

7 安全管控

7.1 一般安全要求

（1）工作前进行安全、技术交底，工作时要统一指挥，指挥信号要明确，施工中有专人监护。在现场应听从工作负责人指挥，不做与工作无关的事，严防违章而造成事故。

（2）加工设备、动力装置、电源盘柜外壳必须用多股软铜线进行可靠接地，电动开关不可离操作者太远，作业人员离开现场时，必须断开机具电源。

（3）施工用电应严格遵守《安规》，实现三级配电、二级保护、一机一闸一漏保。

（4）使用吊车起吊屏柜前，吊车支腿必须支垫可靠，使用过程中必须有专人监护。起吊机具与绳索使用前要严格检查，起吊时应缓慢平稳，吊物地面 10cm 时，应暂停起吊，经全面检查确认无问题后，方可继续起吊。

（5）工作中严格按照《安规》要求指导施工，确保人身和设备安全。

（6）特种工种必须持证上岗，杜绝无证操作。

（7）敷设电缆时，拐弯处的施工人员应站在电缆外侧。

（8）在敷设电缆时应统一指挥、行动一致，但要注意人员调配，过马路的电缆口宜安排个子较小的施工人员负责把关，电缆转弯处和竖井口应安排熟练的施工人员负责。

（9）转电缆盘人员应经常对放线架和电缆盘进行检查，防止尾端随转盘飞出。电缆盘尾端敷设时应留5圈以上，使用人工手工下盘，防止尾缆飞出伤人。

（10）工作前对新进人员要进行示范，剥电缆所用的电缆刀必须由经验丰富的老师傅制作，使用时要小心，注意不要划伤人体和电缆。

（11）在高处接线时，应正确佩戴安全防护用品，做好防坠措施，施工人员动作配合协调。

（12）二次屏柜就位及调整时不得将手伸入盘底，单面屏盘并列安装时应防止靠盘时挤伤手。

（13）二次接线过程中，要注意与带电屏柜的安全距离，带电屏柜应锁闭，并粘贴"此屏带电"标识。

7.2 危险点分析及预防措施

7.2.1 低压屏柜安装危险点分析及预防措施

（1）屏柜搬运和组立时无防倾倒措施，造成人员伤害、设备损坏。

控制措施：施工前进行详细的安全交底；施工时做好防倾倒施工人员动作应协调一致。

（2）备用孔洞未采取防护措施，造成人员伤害。

控制措施：施工时，在孔洞边采取临时封堵措施并设置明显的警示标志，建议使用可伸缩式临时电缆沟盖板对电缆沟进行封堵。

（3）交、直流屏柜调试过程中，负荷开关未拉开造成人员伤亡。

控制措施：交、直流屏柜调试时，应拉开所有负荷刀闸和空气开关，并用万用表进行检查，确认安全时方可施工，并设置醒目的安全警示。

（4）在运行变电站进行屏柜组立时，与相邻带电间隔间未设置隔离措施，造成人员伤亡。

控制措施：在施工前进行详细、有针对性的安全交底，设置工作区隔离措施，并设置醒目的安全警示。

（5）屏柜吊装起落造成人身意外和设备事故。

控制措施：

1）加强对吊车维护、保养、维修工作，加强对操作人员的技能培训，吊车支腿稳固，设立专人指挥，严禁指挥人擅自离开现场，避免事故发生。

2）起重作业应由专业起重指挥指导吊装；不准在已吊起的屏柜下部行走、站立、工作；就位时，身体和手不能放在屏柜与安装部位之间。

7.2.2 电缆敷设作业危险点分析及预防措施

（1）施工用电：触电伤害。

控制措施：电动机械设备使用前必须进行检查，确认使用的开关接触良好、设备通电试验正常；电动机械设备应由专人操作；电动机械设备必须进行保护接地，并实行"一机一闸一保护"。

（2）电缆敷设过程：人员伤害。

控制措施：施工前进行安全、技术交底，工作时要统一指挥，指挥信号要明确，施工过程中有专人监护。

（3）剥电缆施工：人员伤害。

控制措施：施工前进行安全交底，对新进人员要进行示范，剥电缆所用的专用工具必须由经验丰富的老师傅制作，使用专用工具时要注意不划伤自己和电缆。

（4）临时打开的电缆沟盖，孔洞：人员伤害。

控制措施：施工前进行安全、技术交底，打开电缆盖板时轻放，不得随意抛摔，打开的空洞应有防护措施，并设置明显的警示标志。

（5）电缆盘架设不稳固造成：人员伤害。

控制措施：架设电缆盘前检查放线架摆放是否牢固，放线架滚轮是否大致在同一水平面上，架设前检查放线轴是否能够承受电缆盘的重量，架设由专人负责。

7.2.3　二次接线危险点分析及预防措施

（1）高处接线：高处坠落。

控制措施：提高施工人员的安全意识，加强安全监护。在施工时要求作业人员必须系好安全带，安全带固定可靠，其长度能起到保护作用，严禁将安全带低挂高用，高处作业平台应牢固可靠。

（2）接线过程中人员移动：人身伤害。

控制措施：及时对电缆沟及预留孔洞进行封堵，做好防护措施。

7.3　文明施工及环境保护

（1）施工过程中的设备应按照施工的顺序要求，做到场内设备材料堆放整齐有序，设备的开箱板等应及时清理，不乱堆乱放。

（2）注意对工程成品的保护，加强成品保护意识，保护土建和电气安装的成品。

（3）使用的工具、车辆应机况良好，定期检查，以防出现渗、漏油及噪声过大等现象。

（4）固体废弃物：培养人员勤俭节约，减少资源浪费意识，废弃物优先考虑再利用，建设过程中当中产生的建筑垃圾及时按当地要求清运处理，施工完毕做到工完料尽场地清。

（5）废气：机械、车辆装设废气净化器，使废气排放达到国家排放标准。

（6）电缆盘移动过程中，应注意对路面的成品保护。

（7）废弃的色带、瓦斯气瓶不能随地乱扔，统一回收处理。

（8）施工前对员工进行二次接线安全文明施工的措施交底，接线时随手将剪断芯线放入桶（盒）内，施工结束后及时清理作业现场，做到工完料尽场地清。

附录 A 控制保护及二次设备安装质量管控卡

阶段	主要施工工序	关键质量控制要点	质量标准	检查结果	施工负责人	厂家负责人	监理控制
1. 准备阶段	人员组织（施工）	特种作业人员资质报审	报审合格				
	人员组织（售后服务）	人员数量、技术水平	满足工程需要				
	施工机械及工器具准备	施工机械及工器具报审	报审合格				
	技术准备	设计图纸、厂家资料收集	资料齐全、设计图纸已会检				
		施工措施方案	报审合格并交底				
	施工场地布置	继保小室、电缆沟等布置（安全文明施工）	布置合理，满足施工需求				
	基础验收	基础槽钢误差	不直度<1mm/m，全长<5mm 水平度<1mm/m，全长<2mm				
		预留孔洞、预埋件检查	符合设计要求				
		槽钢接地及主网引出点检查	符合设计要求				
	设备到场检查	设备清点（含备件）	齐全、无缺损				
		设备外观检查	无损伤、锈蚀等				
		质量、性能检查	电缆芯线符合标准 装置性能符合要求				
2. 施工阶段	屏柜、端子箱、就地控制柜安装	外观检查	无损伤、色泽一致、无污染，屏柜门开启灵活、关闭严密				
		连接螺栓	齐全、紧固				
		成列屏柜	成列屏面误差<5mm 顶部水平度误差<5mm 相邻屏柜间隙≤2mm				
		接地	接地可靠				
	电缆埋管、桥架和支架安装	外观检查	支架高低偏差≤5mm 桥架左右偏差≤10mm				
		连接螺栓	齐全、紧固				
		接地	接地可靠				

续表

阶段	主要施工工序	关键质量控制要点	质量标准	检查结果	施工负责人	厂家负责人	监理控制
2. 施工阶段	电缆敷设及整理	外观检查	电缆无破损, 排列整齐, 美观, 无明显交叉, 弯曲半径符合规范, 电缆下部距离地面>100mm				
		敷设检查	动力电缆与控制电缆同层敷设时装设防火隔板, 电缆弯曲半径符合规范要求				
		接地	符合设计要求				
	光缆敷设与熔接	通道校验	合格				
		敷设检查	光缆弯曲半径符合规范要求				
		接地	符合设计要求				
	电磁屏蔽封堵安装	封堵检查	符合设计要求				
	二次接线及整理	外观检查	一个端子同一侧接线数不大于2根, 芯线弯圈弧度一致, 工艺美观				
		回路检查	准确, 无误, 符合设计要求				
		号码管	号码管清晰, 正确, 齐全				
		挂牌	电缆标牌清晰, 正确, 齐全				
	二次通信组网	功能校验	符合设计要求				
	调试	试验	符合设计要求				
	电缆防火封堵	外观检查	平整, 美观				
		封堵检查	符合设计要求				
3. 验收阶段	整体验收	外观检查	完好, 无损伤, 美观				
		二次回路检查	图实相符				
		功能检查	符合设计要求				
		试验数据校对	符合规范要求				
	图纸资料移交	图纸, 厂家资料, 设计变更	齐全				

注 "监理控制" 栏由现场监理根据《监理大纲》确定 W, S, H 点, 并签字。

附录 B 控制保护及二次设备安装安全管控卡

序号	施工工序	风险识别	可能造成的危害	控制措施	各单位责任检查点 施工自检	各单位责任检查点 监理旁站	各单位责任检查点 业主抽检	责任部门填写检查情况 施工（打钩/时间）	责任部门填写检查情况 监理（打钩/时间）	责任部门填写检查情况 业主（打钩/时间）
1	施工准备		人身伤害、设备损坏	施工单位组织对项目部全体人员（含厂家技术指导人员）进行安全培训，主要教材为《电力工程安规》	★	☆	△			
2	施工准备		人身伤害、设备损坏	根据各级审核后确认的施工方案对换流变压器施工人员进行交底，通过抽查的方式进行检查，要求达到凡是参与控制保护及二次设备安装的每个管理人员、施工人员均须掌握安装过程中的各个安全注意事项及安全要点	★	☆	△			
3			人身伤害、设备损坏	施工工具、机器具等检查，特殊作业人员上岗证（含厂家提供的专用工具和技术人员资质）检查	★	☆	△			
4			人身伤害、设备损坏	施工区域围设、责任牌、标识牌、警示牌等布置，消防器材的准备	★	☆	△			
5	场地准备	坠落	人员伤害	在孔洞边采取临时封堵措施并设置明显的警示标志	★	☆	△			
6	场地准备	触电	人员伤害	带电区域施工前进行安全交底，有针对性的设置工作区隔离措施，并设置醒目的安全警示	★	☆	△			
7	吊装起重	吊车支腿不稳固	人员伤害、机械损坏	吊车支腿、支撑要基本水平，垫优木受力一致	★	☆	△			
8	吊装起重	组织、指挥、操作不当	人员伤害、机械损坏	吊装前进行技术安全交底，办理安全施工作业票，指挥信号要人指挥、指挥信号明确及时，吊装设置专人指挥，分工明确。确保施工人员动作协调一致	★	☆	△			
9	端子箱、检修箱、屏柜安装	组织、指挥、操作不当、设备倾倒	人员伤害、机械损坏	施工时做好防倾倒措施，确保施工人员动作协调一致	★	☆	△			
10	电缆敷设	电缆盘倾倒	人员伤害	敷设设置专人指挥监护，拐角敷设人员应站在电缆外侧，施工周围孔洞设明显警示标志	★	☆	△			
11	电缆敷设		人员伤害	架设电缆盘前检查电缆放置是否牢固，放线架滚轮是否大致在同一水平面上，架设前检查电缆轴放线能否承受电缆盘的重量，架设由专人负责	★	☆	△			
12	调试	触电	人员伤害	直流屏柜调试时，应拉开所有负荷刀闸和空气开关，并用万用表进行检查，交直流电源确认安全时方可施工，并设置醒目的安全警示	★	☆	△			

安全隐患整改通知

第四章

阀冷却系统安装作业指导书

前 言

为进一步强化换阀冷却系统安装过程管控，提升现场规范化、标准化水平，换流站管理部在总结提炼各主要阀冷却制造厂现行安装作业指导书基础上，结合阀冷却现场安装关键环节和管控要点，参考国家电网基建〔2016〕542号《国家电网公司关于应用〈气体绝缘金属封闭开关设备（GIS）安装作业指导书编制要求〉的通知》文件精神，组织编制了《阀冷却系统安装作业指导书》（简称本作业指导书），现下发推广应用。

（1）本作业指导书在已有阀冷却系统安装相关规程规范的基础上，进一步强化"厂家主导安装"，明确了厂家与安装单位的安装界面。设备安装前，监理单位应组织厂家和施工单位，根据本作业指导书模板编制并签署分工界面书，明确接口、各自安装范围和责任。

（2）本作业指导书进一步明确了阀冷却系统厂家负责安装部分的具体工作内容、标准和安全质量控制卡，如水管安装、机组就位、水压试验等工序。为进一步强化厂家安装现场统一管理力度，监理单位应严格履行对施工和厂家安装过程跟踪、旁站、检查、签证和验收手续。

（3）安装单位和厂家应结合产品特点，参照本作业指导书的要求和深度，编制有针对性、可操作性的安装作业指导书，并履行"编审批"手续后严格实施。

（4）本作业指导书适用于±1100kV及以下电压等级换流站阀冷却系统安装。本作业指导书为征求意见稿，应用过程中发现的问题或建议，请及时向国网直流公司换流站管理部反馈。

封面样式

××× kV ×××换流站工程
××× kV 阀冷却系统安装作业指导书

编制单位：

编制时间：　　　年　　月　　日

目　次

1 概述

1.1 相关说明

1.1.1 术语

以下名称术语，在本要求中特定含义如下。

（1）制造厂：设备供应商、厂家。

（2）安装单位：在工程现场具体实施设备安装的施工、试验单位。

1.1.2 适用范围

本作业指导书适用于±1100kV换流站阀冷却系统安装，±800kV可参照执行。

安装时适用的气候条件：

阀冷设备间：夏季温度：≤35℃；夏季相对湿度：80%；冬季相对湿度：70%，试压清洗过程中不低于5℃。

阀冷控制设备间：夏季温度：25～27℃；夏季相对湿度：45%～65%；冬季温度：18℃；冬季相对湿度：45%～65%。

1.1.3 工作依据

《电气装置安装工程接地装置施工及验收规范》（GB 50169—2016）

《电气装置安装工程旋转电机施工及验收规范》（GB 50170—2006）

《电气装置安装工程盘柜及二次回路接线施工及验收规范》（GB 50171—2012）

《钢结构工程施工质量验收规范》（GB 50205—2001）

《±800kV及以下换流站换流阀施工及验收规范》（GB/T 50775—2012）

《±800kV换流站换流阀施工及验收规范》（Q/GDW 221—2008）

《±800kV换流站屏、柜及二次回路接线施工及验收规范》（Q/GDW 224—2008）

《国家电网公司电力建设安全工作规程（变电站部分）》（Q/GDW 665—2013）

《国家电网公司输变电工程建设标准强制性条文实施管理规程》（Q/GDW 10248—2016）

《国家电网公司输变电工程质量通病防治工作要求及技术措施》（基建质量〔2010〕19号）

《国家电网公司基建安全管理规定》（国家电网基建〔2011〕1753号）

《国家电网公司输变电工程施工安全管理及风险控制办法（试行）》（国家电网基建〔2011〕1758号）

《国家电网公司输变电工程标准工艺》（2012版）

《±800kV换流站大型设备安装施工工艺导则》

设计图纸

阀冷却系统设备厂家《产品安装使用说明书》

阀冷却系统设备厂家作业指导书

1.2 设备结构特点及基本参数

1.2.1 设备结构特点

1. 许继晶锐阀冷系统

（1）系统为完全密闭式，并使用氮气密封，使冷却介质与空气彻底隔离，确保冷却水长期连续运转时水质的可靠与稳定，同时使用恒定压力的氮气维持系统内压力恒定，从而确保设备可长期稳定运行。

（2）系统配备电动三通回路，在冬季环境温度较低时，控制一定流量的冷却介质流经室外换热设备，以防止内冷水结冰设备冻坏的现象发生。

（3）系统配备电加热器，满足在极端最低环境温度下内水冷温度补偿的要求，同时电加热器分级控制以避免换流阀凝露。

（4）冷却系统中的设备采用高冗余度配置。如主循环泵、电动三通回路、主过滤器等均采用"一用一备"的配置，涉及跳闸的重要仪表传感器（如进阀温度传感器）采用三冗余的配置。

（5）所有设备均采用国际知名品牌的高端产品，管道及管道件均采用专业的输送流体用无缝不锈钢管道，确保设备可长期可靠稳定运行。

2. 广州高澜阀冷系统

（1）每个阀厅将设置一套独立的"闭式循环水–水+风冷却"系统，共计四套独立的阀冷却系统设备，两套低端、高端阀冷却系统容量、原理及配置均完全相同。产品型号及名称为：LSQ7700–309/TDK/D1 型密闭式循环纯水冷却装置。

（2）一套完整设备包括一套阀内冷系统（包括主循环设备和水处理设备）、一套阀外冷系统（包括空气冷却器、闭式冷却塔、喷淋泵组、外冷水处理系统）、一套内外冷系统共用的电源和控制系统以及整个设备的所有管道。

1.2.2 基本参数

1. 许继晶锐阀冷系统

许继晶锐阀冷系统主要参数及配置见表 4–1。

表 4–1 许继晶锐阀冷系统主要参数及配置

名　　称	参　数	备　　注
系统主要参数		
冷却系统额定冷却容量（极端环境最高温度条件下）	8721kW	换流阀要求冷却容量为 6450kW
乙二醇体积含量比	0%	

续表

名　　称	参　数	备　　注
额定进阀温度	42.5℃	
进阀最高运行温度（报警值）	44.5℃	
进阀最高运行温度（跳闸值）	47.5℃	
进阀最低运行温度	10℃	
进阀额定流量	90.2L/s	
运行电导率值	≤0.3μS/cm	
报警电导率值	0.5μS/cm	
跳闸电导率值	1μS/cm	
阀塔水路压差	2.71bar	
pH 值	7±0.25	
主循环过滤精度	100μm	
去离子回路过滤精度	5μm	
设计压力	1.0MPa	不锈钢部分
试验压力	1.6MPa	不锈钢部分
内冷水补给水源电导率	≤10μS/cm	
系统配置说明		
闭式冷却塔	3 台	换热盘管、壁板不锈钢 316L
主循环泵	1 用 1 备 配软启动器	叶轮不锈钢 1.4408
补水泵	1 用 1 备	叶轮不锈钢 1.4408
原水泵	1 台	叶轮不锈钢 1.4408
喷淋泵	6 台	每组两台，一用一备；叶轮不锈钢 1.4408
排污泵	1 用 1 备	不锈钢 1.4408
膨胀水箱	双罐结构	不锈钢 304L
离子交换器	2 只	不锈钢 304L
脱气罐	1 个	不锈钢 304L
电加热器	1 套	壳体不锈钢 304L，加热芯不锈钢 316
反渗透系统	1 套	
活性炭过滤器	1 台	罐体不锈钢 304L 内部衬胶 2 层厚为 5mm
活性炭过滤器反洗泵	1 台	不锈钢 1.4408
外冷补水泵	2 台	叶轮不锈钢 1.4408
砂滤器	1 台	罐体不锈钢 304
旁滤循环泵	2 台	叶轮不锈钢 1.4408
补水罐	1 个	不锈钢 304L
加药装置	1 套	PE
主过滤器	1 用 1 备	壳体不锈钢 304L、滤芯不锈钢 316
精密过滤器	1 用 1 备	壳体不锈钢 304L、滤芯不锈钢 316
控制柜	1 套	包括冷却塔控制柜、公用电源切换柜、控制系统保护柜、辅机设备控制柜等

注　1bar=100kPa=10N/cm²=0.1MPa。

2. 广州高澜阀冷系统

广州高澜阀冷系统主要参数和配置见表 4-2。

表 4-2　　　　　　　　　　　广州高澜阀冷系统主要参数和配置

名　　称	参　　数	备　　注
系统主要参数		
冷却系统额定冷却容量	7700kW	单个阀厅阀组换热量
进阀温度（设计值）	41℃	设计值
进阀温度高设定值	43℃	报警
进阀温度超高设定值	46℃	跳闸
进阀最低运行温度	20℃	
进阀温度低设定值	15℃	
冷却介质	去离子水	
主循环冷却水额定流量	136.67L/s	492m³/h
去离子水处理回路额定流量	3.33L/s	12m³/h
正常（主循环）电导率值	≤0.3μS/cm	
正常（去离子）电导率值	≤0.2μS/cm	
溶解氧	$<200×10^{-12}$	
pH 值	6~8（中性）	
阀体额定流量时压降	≤5.5bar	额定流量下
阀冷设备设计压力	1.0MPa	
阀冷设备测试压力	1.5MPa	
主循环过滤精度	100μm	
去离子回路过滤精度	5μm	
冷却介质总容量	约 33000L	
电源供应（内冷）	4×AC/380V，50Hz 6×DC/110V	
电源供应（外冷）	16×AC/380V，50Hz 8×DC/110V	
额定功率（内冷）	400kW	
额定电流（内冷）	700A	
额定功率（外冷）	700kW	
额定电流（外冷）	1400A	
阀冷设备外形尺寸 （长×宽×高，mm）	5800×2400×2600	主循环设备
	2800×1700×2650	水处理设备
	33000×14000×6000	空气冷却器
	3650×3600×5100/台，共 2 台	闭式冷却塔

名 称	参 数	备 注
阀冷设备运行荷重 kg	10000	主循环设备
	4500	水处理设备
	1125000	空气冷却器
	10000/台	闭式冷却塔
系统配置说明		
主循环泵	共 2 台	1 用 1 备
主过滤器	共 2 台	1 用 1 备
电动三通阀	共 2 套	1 用 1 备
离子交换器	共 2 套	1 用 1 备
补水泵	共 2 台	1 用 1 备
脱气装置	1 套	
缓冲膨胀系统	共 2 套	膨胀罐
空气冷却器	1 套	
闭式冷却塔	2 台	
喷淋水泵	共 4 台	2 用 2 备
原水反渗透设备及附件	1 套	
喷淋水自循环装置	1 套	
喷淋水加药装置	2 套	
外冷补水装置	1 套	
内冷电加热器	4 套	
外冷电加热器	4 套	
外冷管道保温材料	1 套	
控制系统	1 套	S7-400H 系列，控制系统冗余配置
人机界面	共 2 套	KP1200 操作面板，冗余配置

1.3 工作原则

1.3.1 安全第一、质量为本、工期合理

强化入场人员安全教育培训、安全技术交底，严格执行施工过程风险识别、动态评估、预控措施安全风险管理流程，全面推行安全文明施工标准化，确保设备安装作业安全。

严控阀冷却系统安装质量管控薄弱环节，规范阀冷却系统安装作业指导书编制内容，统一阀冷却系统安装作业标准，强化安装质量工艺关键环节管控，确保设备零缺陷投运，

实现全寿命周期稳定运行。

严格按照合理工期组织工程建设，不得压缩合同约定的工期。如工期确需调整，应当对安全质量影响进行论证和评估，并提出相应的施工组织措施和安全质量保障措施。

1.3.2　环境达标、准备充分、动态管控

安装过程中严格落实"四节一环保"（节能、节材、节水、节地，环境保护）绿色施工措施，最大限度节约资源，减少对环境的负面影响。

严格阀冷却系统安装前土建条件确认，禁止土建、安装交叉作业。落实设备安装施工资源配置，加强安装人员技术技能培训，强化进场设备材料验收管理及仓储保管，优先采用成熟合理的施工方法。

加强安装过程动态管控，严格工序交接验收，建立"问题多发"重点管控机制，充分发挥安装单位质量控制作用，确保对安装工艺质量的全过程有效控制。

1.3.3　程序规范、责任清晰、分工明确

明晰安装单位、制造厂的工作内容界定与责任划分，强化施工安装单位质量主体责任落实，督促制造厂切实履行技术指导质量责任。

明确设备安装质量管理的责任落实与管控原则，充分发挥质量保证体系和自控体系作用，确保设备安装质量管控重点措施有效落实。

强化阀冷却系统安装考核和质量责任终身制，与输变电工程流动红旗、优质工程评定、创优示范工程评比、同业对标等挂钩，安装过程中发现严重问题的，一律实施一票否决，并追究责任单位、责任人员责任。

1.3.4　实时记录、逐级确认、同步形成

加强设备安装记录管理，全面应用"设备安装质量工艺关键环节管控记录卡"，明确设备安装关键环节的质量工艺标准，准确记录设备安装关键环节安装质量。

强化安装关键环节确认和过程管控责任落实，严格履行签字确认手续，按照"谁签字，谁负责"的原则追溯设备安装质量责任。

强化设备安装资料管理，工程资料要同步印证现场质量管控，施工记录数码照片要真实一致，全面反映设备安装过程管理。

2　整体流程及职责划分

2.1　总体流程图

总体流程如图 4-1 所示。

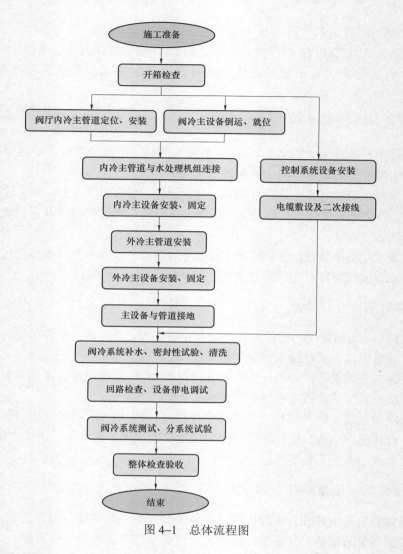

图 4-1　总体流程图

2.2　职责划分原则

安装单位现场安装，制造厂技术指导。制造厂现场安装的部分，归入工厂装配范围。制造厂与安装单位的工作界面分工表见表 4-3。

2.2.1　一般原则

安装单位现场安装，制造厂技术指导，制造厂主导整个安装过程。制造厂现场安装的部分，纳入现场统一管理和验收。制造厂与安装单位的工作界面划分见表 4-3。

一般原则：谁安装，谁负责；谁提供，谁负责；谁保管，谁负责，即：

（1）安装单位与制造厂就各自安装范围内的工程质量负责。

（2）除制造厂提供的专用设备、机具、材料外，安装环节所需其他设备、机具、材料由安装单位提供。现场安装过程中所用到的设备、机具、材料等必须在检定有效期之内，并履行相关报审手续。提供单位对所提供的设备、材料、机具的质量负责。

（3）接收单位对货物保管负责（需要开箱的，开箱前仅对箱体负责）。制造厂负责将货物完好足量的运抵合同约定场所，到货检验交接以后由安装单位负责保管，对于暂时无法开箱检验交接的，安装单位需对储存过程中包装箱的外观完好性负责。

（4）安装单位与制造厂应通力协作，相互支持与配合，负有配合责任的单位，应积极配合主导方开展任务。如配合工作不满足主导方相关要求，双方应积极协调解决，必要时应及时报告监理单位。

2.2.2 界面划分

表 4–3 界 面 划 分

一、管理方面			
序号	项目	内　容	责任单位
1	总体管理	安装单位负责施工现场的整体组织和协调，确保现场的整体安全、质量和进度有序	安装单位
2	安全管控	安装单位负责对制造厂人员进行安全交底，对分批到场的厂家人员，要进行补充交底	安装单位
		安装单位负责现场的安全保卫工作，负责现场已接收物资材料的保管工作	安装单位
		安装单位负责现场的安全文明施工，负责安全围栏、警示图牌等设施的布置和维护，负责阀厅现场作业环境的清洁卫生工作	安装单位
		制造厂人员应遵守国家电网公司及现场的各项安全管理规定，在现场工作着统一工装并正确佩戴安全帽	制造厂
3	劳动纪律	安装单位负责与制造厂沟通协商，制定符合现场要求的作息制度，制造厂应严格遵守纪律，不得迟到早退	安装单位、制造厂
4	人员管理	安装单位参与阀冷却系统安装作业的人员，必须经过专业技术培训合格，具有一定安装经验和较强责任心。安装单位向制造厂提供现场人员组织名单，便于联络和沟通	安装单位
		制造厂人员必须是从事阀冷却设备设计、制造、安装且经验丰富的人员。入场时，制造厂向安装单位提供现场人员组织机构图，便于联络和管理	制造厂
5	技术资料	（1）安装单位负责根据制造厂提供的阀冷却系统设备安装作业指导书，编写阀冷设备安装施工方案，并完成相关报审手续。 （2）安装单位负责收集、整理管控记录卡和质量验评表等施工资料	安装单位
6	进度管理	为满足安装工艺的连续性要求，制造厂提出加班时，安装单位应全力配合。加班所产生的费用各自承担	安装单位
		安装单位编制本工程的阀冷系统安装进度计划，报监理单位和建设单位批准后实施	安装单位
		制造厂制定每日的工作计划，安装单位积极配合。若出现施工进度不符合整体进度计划的，制造厂需进行动态调整和采取纠偏措施，保证按期完成	制造厂
7	物资材料	安装单位负责提供必要场地及货架设施等，用于阀冷却系统安装过程中的材料、图纸、工器具的临时存放	安装单位
		安装单位应提供规格标准、性能良好的施工器具、安全防护用具、起重机具，并对其安全性负责	安装单位
		制造厂提供符合要求的专用工装、吊具等，且数量需满足现场安装进度的需求	制造厂

续表

二、安装方面

序号	项目	内　容	责任单位
1	环境复检	安装单位负责检查阀冷却设备的基础面、预埋件以及预留开孔等符合设计图纸要求	安装单位
2	到货清点	阀冷却系统设备到货后，需要由厂家协同安装单位负责将设备的清点，并将阀冷却系统产品移交安装单位放入制定区域进行保管	制造厂、安装单位
3	开箱检查	（1）安装单位负责对阀冷却系统产品的开箱，与装箱单核对，并有相应的记录。 （2）制造厂负责开箱后元器件内包装有无破损、所有元器件与装箱单对应无误，所有元器件外观完好无损	安装单位、制造厂
4	产品吊装	厂家负责做好安装前对各主要元器件等的检查。阀冷设备安装应安装制造厂的装配图、产品编号和规定的程序进行	制造厂
4	产品吊装	安装单位按厂家指导要求进行管道安装、设备安装	安装单位
5	试验调试	安装单位负责阀冷却系统所有交接试验，并实时准确记录试验结果，及时整理试验报告，所有试验的项目及内容应符合产品的技术规定	安装单位
5	试验调试	制造厂负责提供所有试验的技术规范，并协助安装单位完成所有的试验	制造厂
6	问题整改	针对在安装、调试过程中出现的问题，由于产品自身质量问题造成的，制造厂负责及时处理	制造厂
6	问题整改	针对在安装、调试过程中出现的由于安装单位施工造成的不符合要求的问题，安装单位负责处理	安装单位
7	质量验收	在竣工验收时，安装单位负责牵头质量验收工作，安装单位负责提供安装记录及交接试验报告，备品备件、专用工具的移交工作	安装单位
7	质量验收	制造厂配合安装单位进行竣工的验收工作，并提供相应产品的说明书、安装图纸、试验记录、产品合格证及其他技术规范中要求的资料	制造厂

3　安装前必须具备的条件及准备工作

3.1　人力资源条件

（1）安装单位组织管理人员、技术人员、施工人员及制造厂人员到位并熟悉现场及设备情况。

（2）相关人员上岗前，应根据设备的安装特点由制造厂向安装单位进行产品技术要求交底；安装单位对作业人员进行专业培训及安全技术交底。

（3）制造厂人员应服从现场各项管理制度，制造厂人员进场前应将人员名单及负责人信息报监理备案。

（4）安装单位应向制造厂提供安装人员组织结构名单。

（5）特殊工种作业人员应持证上岗。

人员配置表见表4-4。

表 4–4 阀冷却系统安装人员配置

序号	岗位	负责项目	主要工作职责
1	施工队长	安装总指挥	负责组织协调相关安装工作
2	项目总工	技术总负责	组织技术方案编审、交底，负责设备安装过程中的技术管理工作
3	技术员	技术负责人	现场技术指导
4	质检员	质量负责人	负责质量检查、质量控制工作
5	安全员	安全负责人	负责现场安全工作
6	施工班组长	安装班组长	负责现场安装工作
7	安装组	30 人	负责设备安装、管道连接及紧固等工作
8	调试组	6 人	负责调试及试验
9	物资组	2 人	负责物资及工器具管理

3.2 机具设备条件

机械、机具配置见表 4–5 和表 4–6。

表 4–5 阀冷却系统安装用工机具

序号	名称	详细规格	单位	数量	备 注
1	吊车	25t	台	1	
2	吊车	8t	台	1	
3	阀厅升降平台		台	1	
4	手动叉车	3t	台	2	
5	链条葫芦	5t	台	4	
6	链条葫芦	3t	台	2	
7	水平仪		台	1	
8	经纬仪		台	2	
9	撬棍		根	4	
10	力矩扳手	80～300N•m 280～760N•m	把	各 2	
11	吊带	10t	付	1	
12	吊垂		个	2	
13	移动线盘	配漏电保安器	个	4	
14	钢管	DN40	根	20	
15	槽钢	[10	m	60	
16	木道木		根	60	
17	扳手		套	1	各种型号
18	小型工器具		套	1	
19	吊带	12t	根	4	
20	吊带	25t	根	4	
21	绳索	8t	根	2	

表 4–6　　　　　　　　　　　　　阀冷却系统调试工机具表

序号	名称	详细规格	单位	数量	备注
1	水平尺		个	1	
2	卷尺		个	1	
3	安全带		批	1	
4	活动扳手		批	1	
5	双开扳手		批	1	
6	套筒扳手		批	1	
7	撬杠、撬棍		批	1	
8	拨/接线工具		批	1	
9	电缆号牌机		台	1	
10	电工刀		个	2	
11	钟表螺栓批		盒	2	
12	热风枪		个	2	
13	万用表		个	2	
14	钳形表		个	2	
15	绝缘电阻测试仪		个	2	
16	直流/工频耐压测试仪		个	2	
17	试压泵		个	1	
18	优质生胶带		批	1	

3.3　材料条件

装置类材料按合同约定、设计图纸确定提供方，清洁类材料原则上由制造厂提供。材料配置见表 4–7。

表 4–7　　　　　　　　　　　　阀冷却系统安装用消耗性材料表

序号	名称	详细规格	单位	数量	备注
1	白布	宽 2m	m	200	
2	黄油		kg	10	
3	无水乙醇		kg	20	
4	棉纱头		kg	80	
5	透明水管（内壁光滑）	$\phi 10 \sim \phi 12$	m	60	
6	塑料布	宽 2m	m	200	
7	垫板	宽 1.5m	块	40	
8	临时围栏		m	100	
9	优质电工绝缘胶带		批	1	按需要配置

序号	名称	详细规格	单位	数量	备　注
10	优质电工自黏性胶带		批	1	按需要配置
11	优质绝缘密封泥		批	1	按需要配置
12	优质生胶带		批	1	按需要配置
13	油脂		批	1	按需要配置

3.4 安装方法

主冷却水管出厂时，已在冷却水管上作了与施工图纸上一致的标记，对照配管图进行管道的连接，首先进行阀塔顶部冷却水管的安装工作。第一根冷却水管定位时，应严格按照设计提供的安装尺寸进行，这样才能保证与阀本体冷却水管的正确连接和以后主泵单元的正确就位。进行主冷却水管道对接时，一定要仔细检查里面的垫圈是否垫正，所有螺栓紧固力矩按设计要求进行。管道安装时，需特别注意以下几点：

（1）管道安装采用升降平台进行设备和人员升降，具有一定的危险系数，需严格遵守本措施中安全注意事项。

（2）安装管道时，从阀厅开始，一直安装到水冷设备进出口，安装过程中每安装好一段管道均应测量水平度及高度，保证法兰不错位。

（3）管道安装的同时需对管道的定位尺寸及水平或垂直度进行检查，如偏差超过要求需马上校正，可通过调节管码连接螺栓微量调节管道安装尺寸。

（4）管道安装过程中管码及法兰连接螺栓不需完全紧固，以方便随时调节管道安装误差，在所有管道安装完毕，尺寸经检查合格后，再重新紧固所有螺栓。

（5）安装涡轮流量计时，密封圈及流量计本体必须要放在法兰环的凹槽内，严禁有错位影响流量计精度。

（6）法兰螺栓连接时，先用无水酒精擦拭清洗法兰面，应注意按法兰对角线安装螺栓，拧动速度宜均匀不宜过快、过猛，防止不锈钢螺栓崩丝。

（7）在施工过程中，每一道工序施工完成，经过验收合格后，方可进行下一道工序。

（8）一次设备安装完毕后再进行二次接线的施工。

（9）最后进行调试和验收。

3.5 环境条件

（1）阀冷却系统施工前，必须满足以下条件：阀厅上部钢结构（特别是阀厅内管道的走向和在钢结构上的支撑点的位置）、阀冷却设备室、阀外冷设备间、阀冷控制设备室（VCCP）室、设备基础、预埋管、预埋件及预留孔等均应施工完毕并经交接验收验收合格；确认符合施工要求后方可进行施工。当发现与设计图纸有偏差时应及时向业主反映。

（2）运输道路必须平整坚实，道路的宽度和转弯半径应满足行车的要求；设备堆放区域应坚实、平整，对安装工作区域进行卫生清理。因阀冷设备防尘要求较高，故应使用大功率吸尘器对阀厅、阀冷却设备室、阀外冷设备间等重要房间进行灰尘清扫。对设备存放区域及吊装区域用临时围栏保护，安装现场做好必要的安全文明施工。

4　设备接收、储存保管及转运

4.1　设备接收

（1）检查发运清单，核对物品与清单一致。

（2）检查货物外观无异常，确认包装完整无损。

（3）运输方向有特殊要求的，对运输方向正确性进行检查。

（4）开箱检查时应小心谨慎，避免损坏设备或零部件，开箱后，认真核对装箱清单，并按以下要求对设备进行全面检查：

1）根据制造厂提供相关资料，查看设备到货的状态与出厂时的状态相符。

2）包装箱开启后，检查包装箱内部元件是否按要求进行包装保护，不得有进水现象。

3）设备及所有部件外壳无损伤、变形、裂纹、锈蚀，设备漆面完好、无油污、无划伤。

4）玻璃制品或其他易碎品须完好。

5）设备紧固件无明显松动、脱落、损坏现象。

6）带有软外包装的零部件，应去除软包装后对表面的完好性进行验证。

7）暂时无法开箱检查的，应先对包装箱的外观进行检查，确保其完好性。

（5）实物与装箱清单核对无误后，与安装单位办理交接并在清单上签字，并交由安装单位妥善保管。

4.2　储存保管

设备开箱后如不能马上进行安装，现场保管时必须采取防潮措施，冷却塔应按原包装置于平整、无积水、无腐蚀性气体的场地，在室外应垫上枕木。离子交换器（软化装置、去离子装置）、过滤器、除氧装置、反渗透装置、加药装置、电动机与泵、自动化仪表、屏柜等设备及器材应置于干燥清洁的室内保管。

严防主泵单元、离子交换单元、反渗透单元、喷淋泵受潮。阀冷水管以及附件箱等小型安装材料应放置于临时仓库或阀厅内，并做防尘处理。开完箱的设备必须用干净的彩条布盖好，需密封的部分用塑料布进行包扎。

5　设备安装作业

5.1　设备基础、预埋件及预留口复测验收

设备基础验收：配合安装单位验收设备基础。基础施工单位应提供设备基础质量合格文件，主要是检查验收其混凝土配合比、混凝土护养、混凝土强度是否符合设计要求。

设备基础位置几何尺寸验收：按照施工图上所标示的尺寸，测量土建基础、支架位置、预留口安装位置，比较实际测量的数值与施工图上所标示的数值，核对计算数值是否在允许的偏差范围±10mm内。如果现场测量结果与施工图上所标示的数值误差较大，尽量要保证系统本体管道接口与阀体、外冷系统之间的相对位置与施工图标示数值一致，并保证系统与轴线之间的平行度和垂直度，确保水冷系统的安装和整体美观。如不能满足安装条件应及时与相关单位联系，及时更改。现场测量结果与施工图上所标示尺寸的在允许的偏差范围内，土建尺寸测量完成后，按《纯水冷却系统土建施工图》的要求对水冷系统安装位置进行放大样。

（1）测量设备室门窗预留的高度和宽度，与水冷系统长、宽、高尺寸进行核对，确保水冷系统主机、管道能顺利进入设备间。

（2）测量水冷系统基础的外形尺寸和位置尺寸。按照"纯水冷却系统土建施工图"用拉尺、水平尺等测量工具测量水冷系统基础长、宽及表面的坡度，确保满足水冷系统安装条件。测量水冷系统基础的位置尺寸，先确定建筑物基准标高及建筑屋轴线，测量基础基准轴心线到建筑屋轴线的距离以及表面标高。

测量预埋件、预留口验收：测量预埋件、预留口外形尺寸和位置尺寸，测量预埋件和预留口的长度、宽度、中心线的标高和相对坐标。水平或垂直安装的管道支架，要确保全部预埋件在同一水平线或垂线上，并且进行重复检查。

屏柜基础验收：测量屏柜的基础位置尺寸，先确定建筑物基准标高及建筑屋轴线，测量基础基准轴心线到建筑屋轴线的距离是否与"阀冷系统施工图"所标示一致，检查屏柜预埋管的数量、预埋管的走向，与"阀冷系统施工图"进行核对；屏柜基础型槽钢安装后，其顶部宜高出抹平地面10mm，基础型槽钢应有明显的可靠接地。

电缆沟支架及基础验收：测量电缆沟及电缆预埋管的截面尺寸。测量电缆沟的长度、宽度、深度与走向、电缆沟中心线与墙中心线的距离；测量电缆沟及电缆预埋管位置尺寸，是否与"纯水冷却系统土建施工图"所标示一致，检查电缆预埋管的数量、电缆预埋管的走向。

5.2 设备就位、安装

5.2.1 主循环装置安装

主循环装置在土建具备条件时可先进行大致就位，当阀厅内主冷却水管道依次连接完成后，且主冷却水管已安装至阀冷却室内主泵单元设计就位位置时，方可进行主泵单元的精确就位并固定，如图4-2所示。

具体施工方法如下：

（1）先将整个阀冷却设备室清理干净，阀冷却设备室的大门外用枕木搭设平台，平台高度与地面保持水平（可以向室内有一定的倾斜），在平台和阀冷却室地面铺以木板，木板上面根据需要铺以$\Phi40$的镀锌钢管（作滚杠用），木板需铺设平整。

（2）用起重机将主泵单元吊起，经过阀冷却室的大门将主泵单元送入阀冷却室里面约1/3。缓慢降下后，通过滚杠将主泵单元推至设计就位位置。

（3）在主循环装置底座下放置 4 个 5t 的千斤顶将主循环装置缓慢顶起，然后移开滚杠和木板，将主泵就位。

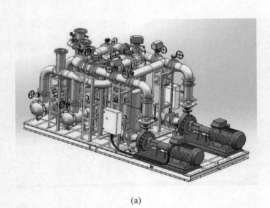
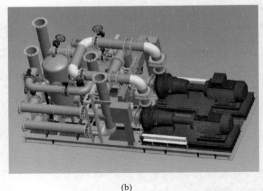

(a)　　　　　　　　　　　　　　　　(b)

图 4-2　主循环泵

（a）许继晶锐主循环泵；（b）广州高澜主循环泵

5.2.2　阀外冷设备间主要设备包括喷淋泵组、软化水装置、碳滤装置、反渗透装置

喷淋泵组安装在泵坑内，泵坑深约 2m，共 6 台，每 2 台共用一个底座，单组重量约 2t。安装喷淋泵组需借助单轨吊装置，安装前先验收土建单位安装的单轨吊装置，验收合格后再进行喷淋泵的安装。首先将喷淋泵平移至阀外冷设备间靠近泵坑的地面上（单轨吊的吊装范围可以延伸至靠近泵坑的阀外冷设备间地面上），将喷淋泵调整至单轨吊的正下方，用单轨吊将喷淋泵吊起，沿单轨吊的滑轨将喷淋泵移至泵坑安装位置正上方时将喷淋泵缓慢落下。按此方法依次安装其他泵组，如图 4-3 所示。

砂滤装置（如图 4-4 所示）和炭滤装置（如图 4-5 所示）的安装就位方法同主循环装置。软化水装置如图 4-6 所示。

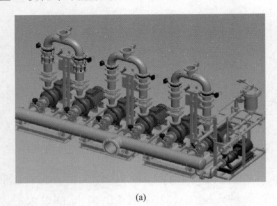

(a)　　　　　　　　　　　　　　　　(b)

图 4-3　喷淋泵组

（a）许继晶锐喷淋泵组；（b）广州高澜喷淋泵组

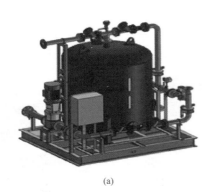

(a)

(b)

图 4-4 碳滤装置

（a）许继晶锐碳滤装置；（b）广州高澜碳滤装置

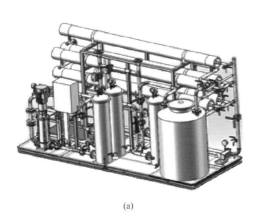

(a)

(b)

图 4-5 反渗透与砂滤装置

（a）许继晶锐反渗透装置；（b）许继晶锐砂滤装置

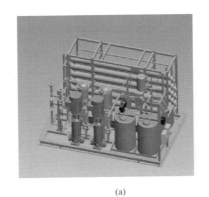

(a)

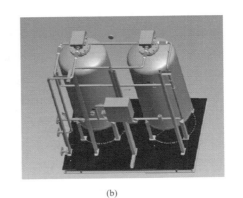

(b)

图 4-6 软化水装置

（a）广州高澜软化水装置；（b）广州高澜软化水装置

5.2.3 水处理机组的安装

水处理机组与主循环装置安装在同一房间内，其重量较轻，安装方法同主循环装置，如图 4-7 所示。

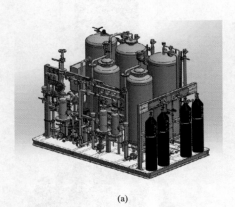

(a)   (b)

图 4-7　水处理机组

（a）许继晶锐水处理机组；（b）广州高澜水处理机组

5.2.4 水冷却塔安装

水冷却塔如图 4-8 所示。闭式冷却塔分上下两部分组成，首先将冷却塔 2 条 H 形钢放在预埋件上作为冷却塔基础，2 条 H 形钢平行，固定孔距与冷却塔固定孔距一致，用吊车缓慢垂直起吊，吊起移动到安装位置（注意冷却塔放置方向，应与图纸方向一致），安装冷却塔集水箱流水口的引流管，将引流管与集水箱接触面粘上防水密封胶，按照螺栓孔位将引流管安装；缓慢下降吊车，将集水箱引流管插入土建预留口，将冷却塔定位孔与支架孔位对齐，通过定位螺栓将其与底座支架固定。

然后安装冷却塔上部分，在冷却塔四周搭建脚手架，将密封胶一面粘在与上半部分相连接面，所有四周连接面都需要粘密封胶（此密封胶由冷却塔厂家提供），将冷却塔上半部分用吊车吊至安装位置，用专用对孔工具，将冷却塔上下连接螺栓孔对住，将冷却塔上半部分落在与下半部分连接面（备注：由于中间有密封胶，需要一次成功，否则会导致密封胶错位，造成密封不均匀，出现渗水情况；如果没有成功需将上半部分冷却塔完全吊开，重新将密封胶粘贴平整后，进行二次安装），连接位置密封胶用螺栓顶出，然后安装螺栓，所有接连位置螺栓全部安装完成后，将所有螺栓紧固。

最后安装冷却塔检修平台，按图纸要求将爬梯组装，组装成两部分，一部分为平台部分，主要由人行平台和平台支架及防护栏组成；另一部由斜梯和斜梯支架及斜梯防护栏组成，按图纸方向将平台部分吊装到指定安装位置，再将斜梯部分吊过来与平台部分连接，连接完成后将所有螺栓紧固。

(a)   (b)

图 4-8   水冷却塔

（a）许继晶锐水冷却塔；（b）广州高澜水冷却塔

注意事项：吊车起吊时注意设备与人员的安全，水冷设备主机拆箱过程中，注意箱内设备的保护，水机本体就位后注意成品保护，注意保持水机设备卫生清洁防止系统管路污染。水冷设备主机、辅机安装就位后先不要固定，待管道安装完成后一并进行。

5.2.5   空气冷却器定位与安装

安装前，检查钢结构各部件是否符合装配总图的具体要求（各部件的编码、图号），清点及检查零部件数量，并对相同部件进行分堆。然后检查立柱安装基础平台的水平，记录每个立柱安装基础平台水平误差，选定立柱安装基础水平安装基准，对于没有达到安装基准的采用垫高办法。首先安装靠近水冷室侧第一排的 4 个立柱，将立柱的中心线与基础上所标出的安装中心线对齐并点焊固定，以第一排 4 个立柱为基准依次向远离水冷室的一侧安装其余的立柱并点焊固定。安装过程中注意安装方向，注意识别立柱上的管道支架安装孔，斜拉杆安装件，斜支撑安装孔等，如图 4-9 所示。

图 4-9   支架

以靠近水冷室侧的为第一组纵梁，将第一根纵梁（一）吊装到第一排四个立柱上，并用螺栓固定（注意：带有管道支架安装孔的一侧应在水冷室一侧），将第二根纵梁（一）吊装到第二排 4 个立柱上，调整两条纵梁中心距尺寸。纵梁一端需要安装供水管道支架，所以要保证两条纵梁的供水管道支架安装孔位置一致，并用螺栓固定。然后将连接两侧纵梁的横梁按方向和编号安装。按照这种顺序依次安装剩下的纵梁和横梁即可，如图 4-10 所示。

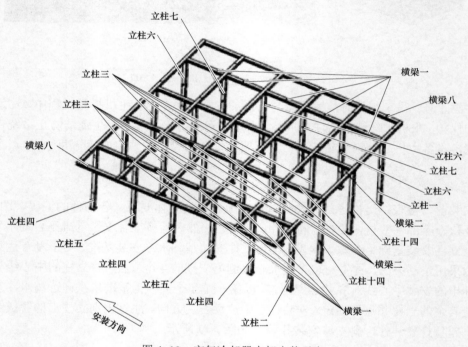

图 4-10　空气冷却器支架安装示意

框架安装好后，接下来安装斜支撑和斜拉杆。安装斜支撑优先保证斜支撑与立柱垫板之间无缝隙，如果安装完成后产生缝隙则需要松开斜支撑与立柱、斜支撑与纵梁（横梁）的连接螺栓进行调整。安装斜拉杆要保证所有斜拉杆角铁方向一致且向下，如图 4-11 所示。

所有钢结构安装好后，接下来就要吊装安装管束，单台管束净重 3.5t，要选择合适的吊装工具进行安装。安装后所有管束靠近平台一个侧面要平齐，管束上进出水口法兰中心轴线与管道上的法兰中心轴线同轴。管束安装完成后，依次安装电缆桥架支架，供水管道及回水管道支架，然后安装供水管及回水管。管道、阀门、支架安装符合相应的规范。整体效果如图 4-12 所示。

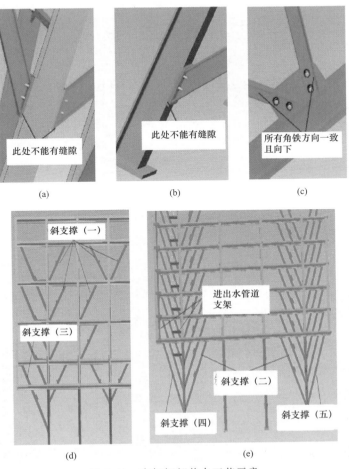

图 4-11 支架细部节点工艺示意

5.2.6 管道法兰连接

（1）安装前检查：检查安装材料，确认将要进行连接法兰螺栓的数量、型号和密封圈的型号；检查相连管道法兰翻边，翻边的厚度要均匀，检查翻边密封面有无变形（检查方法：用角尺紧贴密封面，旋转 360°观察角尺与密封面有无间隙。允许偏差≤±0.9mm）检查翻边接头的承压面、和密封面要平整、洁净。

（2）管道连接最为关键，法兰与管道的装配质量不但影响管道连接处的强度和严密度，而且还影响整条管线的倾心度，因而，管道与法兰的连接需满足以下要求：

1）法兰中心应与管子的中心同在一条直线上；法兰密封面应与管子中心垂直。

2）管道上法兰盘螺孔的位置应与之相配合的设备或管件上法兰螺孔位置对应一致，同一根管子两端的法兰盘的螺孔位置应对应一致，如图 4-13 所示。

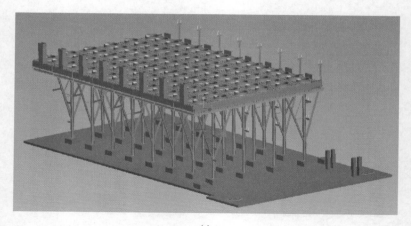

(a)

(b)

图 4-12　空散安装效果

（a）三维仿真图；（b）实体成品图

(a)

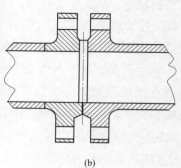

(b)

图 4-13　法兰安装图

（a）管道法兰对接实物图；（b）管道法兰对接模拟图

（3）垫片在法兰连接中起密封作用，它与被密封介质接触，直接受到介质物性、温度和压力的影响。一般来说，在同一管线上用同一压力等级的法兰，则应选用同一类型的垫片，以便互换；对水管线，一般采用中压石棉橡胶板，由于橡胶的使用寿命较长，对不常拆卸、使用年限较长的宜采用橡胶垫片；垫片正确选择，在保证垫片不会被压损的前提下，为了降低过大的螺栓紧力，取用小宽度垫片是一个原则；安装前对法兰、螺栓和垫片进行检查和处理，首先应对法兰外形尺寸进行检查，包括外径、内径、坡口、螺栓孔中心距、凸缘高度等，应符合设计要求，法兰密封面应平整光洁，不得有毛刺及径向沟槽，螺纹法兰的螺纹部分应完整、无损伤；凸凹面法兰应能自然嵌合，凸面高度不得低于凹槽的深度，橡胶石棉板、橡胶板、塑料等软管垫片应质地柔韧，无老化变质和分层现象；表面不应有缺损、皱纹等缺陷，材质应与设计选定的相一致，金属垫片的加工尺寸、精度、表面粗糙度及硬度应符合要求，表面应无裂纹、毛刺、凹槽、径向划痕及锈斑等缺陷，金属缠绕式垫片不应有径向划痕、松散、翘曲等缺陷，法兰装配前，必须清除表面及密封面上的铁锈、油污等杂物，直至露出金属光泽为止，一定要把法兰密封面的密封线剔清楚。

（4）法兰装配时，法兰面必须垂直于管道中心线。当 $DN<300mm$ 时允许偏斜度为 1mm，当 $DN>300mm$ 时为 2mm，法兰连接应保持同轴，螺栓孔中心偏差一般不超过孔径的 5%，并且要保证螺栓自由穿入，法兰连接应采用同一规格螺栓，安装方向一致，即螺母应在同一侧，连接阀门的螺栓、螺母一般应放在阀件一侧。拧紧螺栓时应对称均匀，松紧适度，拧紧后的螺栓露出螺母外的长度不得超过 5mm 或 2～3 扣。

（5）法兰上的螺栓孔位置：水平管道的螺栓孔，其最上面的 2 个应保持水平；垂直管道上的螺栓孔，其靠墙最近的 2 个孔应与墙面平行，同时，两连接法兰应平行自然，平行度偏差不大于 2mm，支管上的法兰距立管外壁的净距 100mm 以上，或保持能穿螺栓，为了便于拆卸，法兰与支架边缘或建筑物的距离应在 200mm 以上，法兰不应直接埋在地下，埋地管道及不通行地沟内管道的法兰接头处应设置检查井。如必须将法兰埋在地下，应采取防腐措施，法兰在高温和低温下工作时，不锈钢、合金钢的螺栓、螺母应涂上石墨机油或石墨粉。

5.2.7 管道穿墙封堵

管道穿越混凝土墙体时需要增加保护管道，当建筑物发生沉降时，通过管道和套管间的缝隙，以弥补管道随建筑物沉降的差值，减低建筑物对管道的压力。管道穿三缝（伸缩缝、沉降缝、防震缝）时，为保证管道不被建筑物三缝两侧的不均匀沉降而折断或扭曲等，通常，也要设套管。套管的设置还可以避免更换管道时对墙体的破坏，如果不设套管，有管线在穿越需要防水混凝土墙体时，在管线穿越处有水渗出；或更换已建管线的时候会对已建墙体进行破坏。

5.2.8 接地连接安装

接地是防静电中最基本的措施，主要是将设备或管道与金属导体与大地进行电气上的连接，使金属导体上的静电泄入大地，与大地接近同电位。水冷设备本体、水处理设备、冷却塔构架应有明显的接地点与地网连接，接地体的连接可采用焊接，焊接必须牢固无虚焊。

接地体（线）的焊接应采用搭接焊，其搭接长度必须符合下列规定：扁钢为其宽度的2倍（且至少3个棱边焊接）。圆钢为其直径的6倍。圆钢与扁钢连接时，其长度为圆钢直径的6倍。扁钢与钢管、扁钢与角钢焊接时，为了连接可靠，除应在其接触部位两侧进行焊接外，并应焊以由钢带弯成的弧形（或直角形）卡子或直接由钢带本身弯成弧形（或直角形）与钢管（或角钢）焊接。

明敷接地线的表面应涂以用15～100mm宽度相等的绿色和黄色相间的条纹。在每个导体的全部长度上或只在每个区间或每个可接触到的部位上宜做出标志。

接至电气设备上的接地线，应用镀锌螺栓连接。有色金属接地线不能采用焊接时，可用螺栓连接。各屏柜内接地铜排应使用合适的接地铜片与电缆沟内接地排连接。

水泵电机、风机电机金属底座和外壳应使用合适的导线进行接地。阀厅内管道、室外冷却设备管道法兰连接处应使用编织网接地带进行连接。不得利用蛇皮管、管道保温层的金属外皮或金属网以及电缆金属护层作接地线，如图4-14所示。

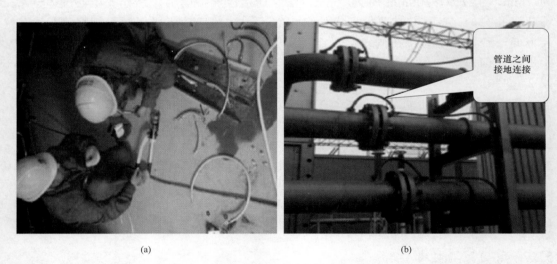

(a)　　　　　　　　　　　　　　　　(b)

图4-14　管道接地线制作
（a）接地线制作；（b）管道跨接安装实物图

设备接地采用扁铁焊接接地，接地网连接至各设备的接地扁钢须在基础做防水，合格后进行施工，严禁串联连接，接地扁钢焊接严格施工工艺要求，应三面焊接，焊缝饱满，搭接长度符合要求，并做好防腐处理，如图4-15所示。扁钢安装平整不得绞拧，与设备连接可靠，制作完成先将扁钢涂防锈底漆，然后再涂黄、绿油漆，如图4-16所示。

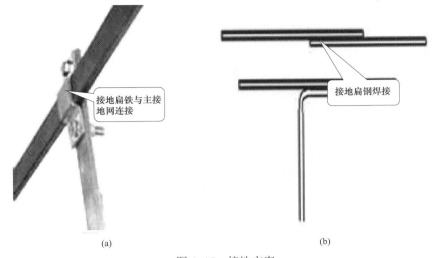

(a)   (b)

图 4-15   接地方案

（a）螺栓连接；（b）焊接

(a)   (b)

图 4-16   接地效果图

（a）主泵直接接地；（b）支架接地

5.2.9   二次设备安装

　　将屏柜按照施工图纸搬运到安装位置附近。把屏柜抬至槽钢后，注意屏柜前后方向、在屏柜下方的安装孔做好标记打孔，丝锥套扣，安装屏柜就位。根据设计图纸确定屏柜安装位置。屏柜在搬运和安装时应采取防震、防潮、防止框架变形和油漆面受损等安全措施。屏柜安装在基础型槽钢上，用磁力线坠校正屏柜的垂直度、水平尺校正水平度并做好记录，测量垂直度水平度合格后紧固地脚螺栓及屏间螺栓。屏柜与屏柜之间并柜应安装并柜连接件，成列安装时，应排列整齐。屏柜与屏柜之间应安装隔板，成列安装时首尾应安装侧板。屏柜底部采用三段式可调底板密封，三块底板可根据实际安装方式进行相应调整。电缆引入处可根据电缆外径大小进行相应调整，屏柜电缆敷设完成后应使用防火泥密封，如图 4-17 所示。

图 4-17　屏柜安装效果图

盘、柜、箱垂直度、水平度以及盘面不平度和盘间接缝的允许误差在合格范围符合表 4-8 的规定。屏柜安装如图 4-18 所示。

表 4-8　　　　　　　　　　　　屏 柜 安 装 要 求

序号	项　目		允许偏差（mm）
1	垂直度（每米）		1.5
2	水平偏差	相临两盘顶部	2
		成列盘顶部	5
3	盘面偏差	相临两盘边	1
		成列盘边	5
4	盘间接缝		2

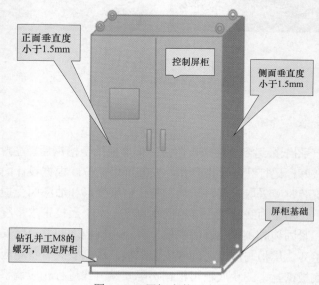

正面垂直度
小于1.5mm

控制屏柜

侧面垂直度
小于1.5mm

屏柜基础

钻孔并工M8的
螺牙，固定屏柜

图 4-18　屏柜安装示意图

5.2.10 阀冷系统电缆敷设、接线

1. 动力电缆敷设工艺

电缆牵引可用人力或机械牵引，电缆沿桥架敷设时，应将电缆单层敷设，排列整齐，如图 4-19 所示。不得有交叉，拐弯处应以最大截面电缆允许弯曲半径为准。不同等级电压的电缆应分层敷设。大于 45℃ 倾斜敷设的电缆每隔 2m 处设固定点。对于敷设垂直桥架内的电缆，每敷设一根应固定一根，电缆固定点为 1.5m，控制电缆固定点为 1m。敷设在竖井及穿越不同防火区的桥架，按设计要求位置，做好防火阻隔，如图 4-20 所示。

图 4-19　电缆敷设施工

电缆标志牌规格应一致，并有防腐性能，挂装应牢固。标志牌上应注明电缆编号、规格、型号、电压等级及起始位置。沿电缆桥架敷设的电缆在其两端、拐弯处、交叉处应挂标志牌，直线段应适当增设标志牌。

2. 控制电缆敷设工艺

动力电缆和控制电缆必须分层敷设，控制电缆放置在动力电缆下层，将临时电缆标牌用透明胶带裹扎在电缆前部。不同电压等级的电缆在同层敷设时应加隔板。

控制电缆敷出 3m 后再裹扎一只临时标牌。在指挥人员的统一指挥下均匀地牵拉电缆。缆到位并留足长度后，裹扎另外两只临时标牌，用电缆钳剪断电缆。按规程要求整理、固定电缆，将电缆的两头整齐盘放在指定位置。电缆应单根敷设，以免绞扭。电缆不宜有对接头，如无法避免，应做好记录和标识。

控制电缆可多层敷设，但填充不能大于 40%，交流单芯电缆或分相后的每相电缆固定用的夹具和支架，不形成闭合铁磁回路。

电缆的最小弯曲半径应符合表 4-9 的规定。

表 4-9　　　　　　　　　　　　**电缆的最小弯曲半径**

序号	电 缆 类 型	弯曲半径（D 为电缆外径）
1	多芯控制电缆	10D
2	聚氯乙烯绝缘电力电缆	10D
3	聚氯乙烯绝缘电力电线多芯	15D
4	交联聚乙烯绝缘电力电线单芯	20D

注　数据来源于 GB 50168—2006《电气装置安装工程电缆线路施工及验收规范》。

一批电缆敷设完后，应立即安排作业人员接线，接线顺序：先接盘内后接就地。电缆

图 4-20 电缆铺设弯曲敷设图

头制作材料采用热缩管。电缆标牌采用软塑料材质，由专人用号牌笔书写，保证其正确、清晰、不褪色；书写内容包括电缆编号、型号、起点、终点。电缆排列美观、绑扎整齐；线束统一用包塑金属扎线绑扎；电缆的每根导线要留出足够的余量，且弯曲度一致。

3. 预埋管穿线

（1）基本要求：

1）线缆选择符合设计要求和国家标准规定。

2）导管或线槽内不得有污物或积水。

3）同一交流回路的导线应穿入同一导管内。不同回路、不同电压及交流与直流线缆不得穿入同一导管或同一线槽内。

4）穿入导管内的线缆或线槽内的线缆不准有接头现象，接头要在器具或接线盒、箱内进行，线缆绝缘层不得破损。

5）进户管在线缆敷设后，要在外侧做防水处理。

6）线缆在过变形缝处，应留有适当长度，线缆不得受外力。

7）线路要全部摇测，照明线路的绝缘摇测值在 0.5MΩ 以上，动力线路的绝缘摇测值在 10MΩ 以上。

8）管口护口齐全，不进入接线盒或箱的垂直管口穿入导线后管口做密封处理。

9）线槽内导线理顺平直，并绑扎成束。

10）在导线连接包扎完毕后，要将导线盘入盒、箱内，并做封堵保护，以防导线污染。配线完成后，土建不得再进行喷浆和刷油漆。

（2）主要步骤：

1）穿带线可选择适用的钢带线。将钢丝的一端弯成不封口的圆圈，把带线穿入管内。穿带线受阻时，用两根钢丝在管的两端同时搅动，使两钢丝的端头钩绞在一起，把带线拉出。

2）放线前根据图纸选择线缆的规格、型号。放线时将线缆置于放线架上。导线根数较少时，将导线前端绝缘层削去，把线芯直接插入带线的盘圈内并折回压实，绑扎牢固，绑扎处形成一个平滑的锥形。导线根数较多或截面较大时，将导线前端绝缘层削去，把线芯斜错排列在带线上，用绑线缠绕绑扎牢固，绑扎处形成一个平滑的锥形（如图 4-21 所示）。

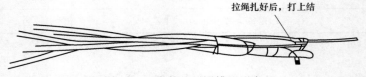

拉绳扎好后，打上结

图 4-21 绑扎处平滑锥形示意

4. 电缆与钢丝连接

管内穿线需检查管子护口是否齐全。穿线困难时，向管内吹入适量滑石粉。两人配合，一拉一送。外露部分电缆采用包金属软管护套（如图 4-22 所示）。外护套是保护电线电缆的绝缘层防止环境因素侵蚀的结构部分。外护套的主要作用是提高电线电缆的机械强度、防化学腐蚀、防潮、防水浸入、阻止电缆燃烧等能力。主要施工工艺质量控制要求：

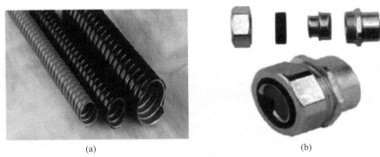

(a)　　　　　　　　　　　　　(b)

图 4-22 电缆软管和锁头
(a) 电缆护套软管；(b) 软管夹紧锁头

（1）电缆软管排列整齐，弯曲弧度应一致，管子弯曲处无明显褶皱。

（2）单管安装时预留长度应适度，一般情况下，不超过 1m，最长不超过 1.5m。成排安装的软管弧垂应一致，软管之间的净空距不应小于 20mm，间距均匀、弧度和高度应一致。

（3）电缆软管引入接线箱或仪表盘（箱）时，宜从底部进入，且尽量从一侧引入。

（4）电缆镀锌管出线端比设备高时，连接设备的电缆软管应保证留有足够余量形成一个向下圆弧；若位置低时同样也要留有余量。

（5）钢管与电气设备、接线盒间的电缆软管的最长使用长度不应超过 1.5m。

（6）金属软管的接头安装必须牢固可靠，不得脱落。

（7）电缆软管连接时，两端要固定牢靠、密封良好。

5. 线缆绑扎

可根据下现场情况采用包塑扎丝和尼龙扎带绑扎电缆，如图 4-23 所示。

（1）线缆绑扎要求做到整齐、清晰及美观。一般按类分组，线缆较多可再按列分类，如图 4-24 所示。

（2）用线扣扎好，再由机柜两侧的走线区分别进行上走线或下走线。机柜内部和外部线缆必须绑扎。绑扎后的线缆应互相紧密靠拢，外观平直整齐。

（3）使用扎带绑扎线束时，应视不同情况使用不同规格的扎带。尽量避免使用两根或两根以上的扎带连接后并扎，以免绑扎后强度降低。

（4）扎带扎好后，应将多余部分齐根平滑剪齐，在接头处不得留有尖刺（如图 4-25 所示）。

（a）   （b）

图 4-23　绑扎电缆的方法

（a）采用扎丝绑扎电缆；（b）采用扎带绑扎电缆

图 4-24　电缆绑扎效果图

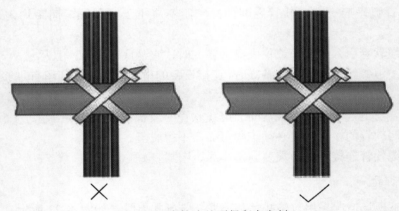

图 4-25　在接头处不得留有尖刺

（5）线缆绑成束时扎带间距应为线缆束直径的 3~4 倍，且间距均匀。

（6）绑扎成束的线缆转弯时，应尽量采用大弯曲半径以免在线缆转弯处应力过大造成内芯断芯。

6. 屏柜接线和动力电缆接线

引入屏柜的电缆应排列整齐，编号清晰，避免交叉，并应固定可靠，不能让所接的端子排直接受力，所有电缆均应捆扎在屏柜内电缆固定轨上，如图 4-26 所示。

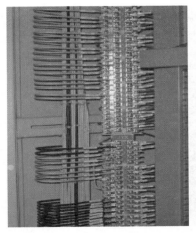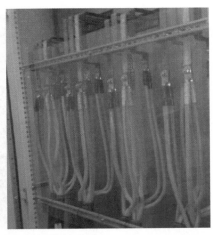

图 4-26 屏柜电源线接线效果图

铠装电缆在进入屏柜后，应将钢带层切断，切断处的端部应用绝缘电工胶布和热收缩管包扎，并应将钢带接地。

采用屏蔽电缆接线仪表，进屏柜屏蔽电缆屏蔽层应可靠接地，屏蔽层接地应使用 SK8 屏蔽端子压接在端子旁边的铜排上。

带有模拟量信号的仪表电缆均应安装"夹式吸收环"以防电缆受电磁干扰。屏柜内的电缆芯线，应按垂直或水平有规律地配置，不得任意歪斜交叉连接。

强、弱电回路不应使用同一根电缆，并应分别成束分开排列；交流电源进线电缆、主循环泵电缆采用螺栓连接时必须安装防松弹垫。

芯线上的号牌统一用电脑号牌打印机打印在专用的白色套管上，确保不褪色、长度一致，号牌写法："电缆编号+芯线号"。软芯导线应压接合适的接线端头。就地电缆在接线前应配上合适的包塑金属软管和接头，软管长度要合适，如图 4-27 所示。

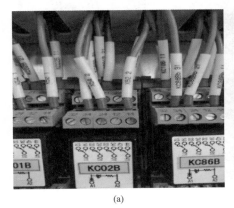

(a)   (b)

图 4-27 电缆芯线号牌

(a) 继电器接线；(b) 端子排接线

接线端子应与导线截面匹配，不应使用小端子配大截面导线。所有电缆连接均应使用合适的接线端头进行压接。所有柜内电缆接线均应套上号码管，设备本体上仪表、电加热器等可以不上号码管，如图4-28～图4-30所示。

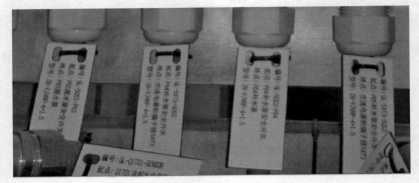

图4-28 电缆标牌

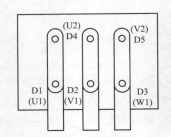

图4-29 主泵电机接线图

图4-30 电加热器接线图风机安全开关接线图

5.2.11 阀冷系统补水、试压

阀冷系统压力试验以纯净水为介质，对管道逐一进行加压，以检查管道强度及密封性。比如系统设计压力为1.2MPa，测试压力为1.6MPa。合格后通知监理、业主、阀厂家等相关单位签字验收。试验步骤如下：

（1）将六组与阀体对接口短接环连接，进行压力试验和系统冲洗。

（2）温度仪表口安装堵头 1/2″，压力仪表接口处安装 1/4″ 球阀并安装 0～25bar 压力表（至少 2 个），使整个系统密闭。

（3）阀冷系统蝶阀处于常开状态。

（4）采用一个仪表口（温度仪表口 1/2″ 内牙）作为打压进水口。

（5）补水泵和原水泵接通临时电源给系统补水，打开相对高点排气，整个系统装满水后，打压前关闭 V110、V123 球阀，让水处理设备禁止打压。

（6）采用试压泵逐步打压至 6、8、10、12、14、16bar，检查管道所有压力表的是否变化，检查焊口、管道法兰接口、仪表口，如发现渗漏应立即终止打压实验，处理后继续，压力达到 16bar 应保持 1h，随时检查管道所有压力表的变化情况，并做好过程记录，如图 4-31 所示。

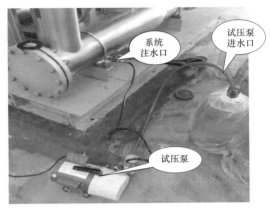

图 4-31 阀冷系统试压

5.2.12 阀冷系统冲洗

安装完成后，为了确保阀冷系统洁净，在与阀体对接之前，必须对阀冷系统进行循环冲洗，合格后通知监理、业主、阀厂家等相关单位签字验收。

检查主循环泵电机及回路，调节相关阀门，关闭副循环 V110、V123 球阀，关闭不需要启动设备的断路器和仪表刀闸段子，（送电条件不具备时可采用临时电源，但必须满足主循环泵电机的启动电流），系统送电，检查电压是否正常。

将阀体进出管道口采用短接管短接，使水冷系统不经过阀体形成一个密闭式回路，手动启动主循环泵，调节阀门 V003、V004，使主循环泵电机电流控制在额定电流值。系统运行 1h 后，打开过滤器 Z01，检查过滤网并冲洗，然后安装上，继续冲洗 1h，再打开过滤器 Z01，检查过滤网，直到过滤网无杂质，冲洗完成，如图 4-32 所示。

(a)　　　　　　　　　　　　　(b)

图 4-32 过滤器清洗

（a）过滤网检查及拆除；（b）过滤网冲洗

5.3 试验与调试

阀冷却系统试验和试运行由设备供货商负责，施工方负责配合。

5.3.1 内冷系统调试

（1）功能试验完成后，便开始进水调试。首先，关闭阀厅门口主冷却水管上的阀门，即先对阀厅外的设备和主冷却水管进水，内冷水水源直接取自生活用水，在水处理装置附近，设有一专门进水管。

（2）打开进水管阀门，通过除氧装置（随设备供货）、水处理装置上的旁通管道向内冷水系统进水（即直接通过生活用水自身的压力向系统进水），当生活用水压力与系统压力平衡后，通过水处理装置上的内冷水补水泵向系统进水。

（3）打开主冷却水管道上起初关闭的阀门，向阀塔附近主冷却水管道和阀本体冷却水管进水。此时，每个阀塔上安排一人，监视有无漏水现象。如果发现漏水，立即用自制的简易引水装置将漏水引至地面事先准备好的塑料桶里。严防水渗到可控硅本体或阳极电抗器本体上。

（4）进水完毕，向系统加以试验压力 1.5MPa 至少维持 10min 进行预检查。然后加以 1.5 倍工作压力的水压 30min，如果没有渗漏，证明系统密封完好。试验、检漏完毕后用蒸馏水或高纯水（厂家提供）对内冷系统进行清洗两遍，清洗完成后向系统补水至正常水位。

5.3.2 外冷系统调试

（1）外冷水系统调试前，源水泵房必须工作正常，能以设计压力向阀外冷设备间供给符合要求的水，相应的控制系统应完善，能够响应阀外冷设备间内控制柜发出的起、停泵命令。

（2）各项功能试验完成后，源水泵房向阀外冷设备间内供水，对整个系统进行水压试验、检漏。向软化水装置填充树脂。

（3）两个盐池铺沙和盐，沙层的厚度及沙粒的外径应符合设计要求。

（4）通过阀门之间的逻辑关系向盐池补水，验证再生系统能够正常工作。

（5）水软化处理水质应符合要求，检查喷淋蒸发系统操作及水收集系统是否工作正常。

6 质量管控

6.1 施工准备阶段的质量控制

设备进入施工状态后，一切过程将接受质量控制。质量控制方法应按照制定的流程进行管理。质量控制主要体现在以下几个方面：

（1）施工项目部配合现场监理公司完成现场施工质量控制，施工项目部质检部门配合现场监理公司完成设备的验收。

（2）施工技术人员应严格按照施工图纸进行施工，不允许采用非资料员发放的图纸施工。现场施工单位提供的设计院的蓝图可以作为施工图纸。

（3）如果施工图纸有变更，必须履行图纸更改流程以及现场施工单位提出的施工更改流程，正式图纸发至工程施工现场，由现场经理与是施工单位沟通协调产品的更改。

（4）注重阶段性施工质量的验收，阶段性验收的项目有：设备安装完成、电气施工完成、主管路压力试验、主管路冲洗、硬件试验完成、功能试验完成等。

（5）施工前现场经理应对接口尺寸核定，对于发现问题以书面的形式及时向业主、监理提出并确定整改方案，沟通确定施工方案。

（6）施工前应确定施工场地、施工作业所用的吊装设备及高空作业采用的防护设备。

（7）设备到现场后应对到货设备物资清点，并注意保管。

（8）《施工现场验收规范》（也称《现场施工质量验收记录表》）作为质量验收重要文件，检查人员应在《施工现场验收规范》文件上签字确认。

6.2 施工验收管理

明确验收管理组织，明确列出需要参加验收的单位与专业人员，如图 4-33 所示；按《国家电网公司输变电工程验收管理办法》的程序进行；明确验收缺陷的处理方式及争议处理方式。

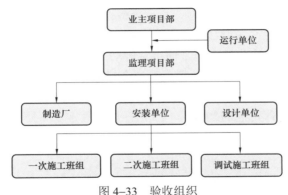

图 4-33 验收组织

6.2.1 验收程序

阀冷系统安装的验收程序应符合《国家电网公司输变电工程验收管理办法》相关要求，实行全过程验收管理。阀冷却系统安装必须经验收合格后方可进行后续工作。未经启动验收或验收不合格的，禁止启动投产。

（1）阀冷系统安装工序作业前后，按要求对施工作业过程的关键环节或设备材料的质量进行的验收，包括隐蔽工程验收、原材料和设备的进场验收和设备交接试验等。

（2）在阀冷系统安装分项、分部、单位工程完工后，开展三级自检工作（班组自检、施工项目部复检、公司级专检）。具备监理初检条件后，完成监理初检、中间验收。

（3）完成中间验收后，开展竣工预验收、启动与系统调试、试运行、移交。各类验收发现的问题需经整改闭环并经验收方认可方可开展后续工作。

（4）对于现场安装过程中出现的问题按照责任分工由责任单位整改。

（5）对于设备制造环节带来的问题由制造厂进行整改。

（6）存在争议的问题按合同约定或相关规定解决。

6.2.2 验收标准

在阀冷系统安装、验收过程中应及时形成相应的工程资料，及时填写管控卡及质量验评表，做到检测数据准确、数据有据可查、检验结论确切、资料追溯性强。

7 安全管控

7.1 安全工作重点及保证措施

（1）项目经理部应依据国家、上级主管部门及公司颁布有关安全生产的法规、政策、规定及本项目工程安全生产目标，并结合工程实际，对现场职工作好安全教育，提高全体职工安全施工意识。树立"预防为主，安全第一"的思想，职工受教育面达到100%。

（2）健全项目工程安全生产制度，对该项目工程的施工安全生产工作进行组织和管理。

（3）由各专业工长搞好各分部分项工程安全措施的制定、交底实施和检查，并做好记录。

（4）严格执行《安全奖罚办法》，采取安全生产与经济挂钩的办法来强化安全管理，使各项安全管理规章制度变为广大职工的自觉行动。

（5）搞好各工种高空作业的安全管理和安全措施的制定，并严格执行 JGJ 80—2016《建筑施工高处作业安全技术规范》，高处作业中所用的物料，均应堆放平稳，不妨碍通行。施工作业场所有坠落可能的物件，一律先行加以固定。高处作业中所用工具、零件、材料等必须装入工具袋内，严禁通过抛掷传递工具、零件等物品。不得任意乱置或向下丢弃杂物。

（6）搞好大型设备搬运吊装的安全管理和安全措施的制定，吊装作业时，吊装区域内非操作人员严禁入内，设专人看护，吊装范围内不准站人。

（7）抓好施工用电安全管理，指定专业工长编制临时用电的施工技术措施，报项目工程师审核并经主管部门批准后，统一搭设施工用电线路，配备维修电工，负责现场电气线路的维护管理，搞好机械设备的接零保护及用电设备的漏电保护，各种电动设备必须有有效的安全接地装置，检修任一供电回路时应事先通知用电设备的使用人员，应在该回路总闸处悬挂检修标志。严格执行 JGJ 46—2005《施工现场临时用电安全技术规范》。

（8）搞好施工机械安全装置的配备，在设备位置附近挂贴安全操作规程，进场的机械必须性能良好，现场应搞好保养工作，杜绝机具带病运行。执行公司机械、设备及手动电动工具安全操作规程。严格执行 JGJ 33—2012《建筑机械使用安全技术规程》。

（9）进入施工现场的作业人员，穿好工作服、戴好安全帽；高处作业必须系好安全带；从事焊接作业应戴好防护镜或防护而罩；从事电气作业应穿好绝缘鞋。

（10）新工人工程现场，应进行安全教育，并进行安全技术交底。确保每一个职工进场前，接受一次安全技术交底。

（11）工作中要集中精力，认真工作，不得擅离职守。凡属集体合作进行操作的作业，作业前，要明确分工；操作时，要统一指挥，步调一致，相互关照，密切配合。

（12）施工现场应整齐、清洁，各种设备、材料和废料应按指定地点整齐有序堆放。施工现场应设置醒目"正在施工"的标志。

（13）现场行走，必须注意四周车辆；多人协同作业必须注意相互间安全。

（14）作业人员必须从规定的通道上下，不得在非规定通道进行攀登，也不得任意利用吊车臂架等施工设备进行攀登。上下梯子时，必须面向梯子，且不得手持器物。

（15）安排工作时，应避免多层交叉作业，以防落物伤人。

（16）在阴暗场所作业时，应有足够的安全照明。

（17）在有刺激性液体作业的现场，保证有良好的通风措施。

（18）施工现场临时搭设的脚手架必须搭设牢固，坚决防止歪斜、垮塌的出现。

（19）酸洗时须戴防护眼镜及耐腐蚀手套，谨慎操作，防止酸液溅到身上。

（20）往高处运送氩气瓶、焊机等时，使用专用吊笼或确保吊挂点牢固后才可吊运或搬运。

7.2 环境保护及文明施工措施

（1）做到离开时随手关闭电源，做好安全防火措施。

（2）吊车下脚如需伸入草坪上，要先垫好模板，以免破坏植被。

（3）施工过程中使用机械、设备包装物应及时收回，堆放指定地点，不得乱堆乱放，施工现场文明施工管理，做到道路平整、畅通，物料堆放整齐，场地排水流畅，防火措施落实到位，电能供应可靠，施工现场整洁，真正做到工完料尽，场地清洁。

（4）施工、调试使用化学药剂，进行处理后排放。

（5）项目经理部应由项目经理定期组织对施工现场安全文明生产工作进行检查，对查出的安全隐患及安全文明生产管理中的问题及时组织整改。

（6）施工现场必须按照《施工平面布置图》规划，机具设备、材料应按指定地点整齐堆放，施工中的废弃物要及时打扫，保持现场整齐、清洁、道路畅通。

（7）抓好施工现场文明生产管理及清洁卫生管理，办公室、库房、加工场地、班组用房应清洁、整齐，做到施工现场谁施工谁清扫，每周一扫除、一检查，统一设置余料废料堆场，及时清运废料。

（8）所有职工进入施工现场，必须自觉遵守各项规章制度，穿戴整齐，正确使用各种劳动保护用品，工作中要团结协作，互相帮助。

（9）保护环境，减少施工噪声污染，尽量减少夜间作业，做到施工安静。建筑垃圾倒在规定的地点。

附录 A 土建施工验收管控记录卡

序号	工作内容	工 作 标 准	工作记录	时间（年月日时）	厂家代表	施工单位		专业监理工程师	业主项目部专责	运行单位代表
						作业负责人	质检员			
1	内冷设备间	（1）屋顶有主泵吊装吊钩或电动葫芦。 （2）预埋铁数量和位置符合图纸要求。 （3）主辅机电缆预埋管位置符合图纸要求。 （4）墙面预留孔位置尺寸和形状尺寸符合图纸要求。	□符合要求							
2	阀厅	（1）墙面预留孔位置尺寸和形状尺寸符合图纸要求。 （2）墙面预埋铁数量和位置符合图纸要求。 （3）管道支撑钢梁已开好长圆孔。 （4）管道前进方向无障碍。 （5）已预留高位水箱的安装空间，并安装固定平台	□符合要求							
3	外冷设备间	（1）屋顶有喷淋泵吊装吊钩或电动葫芦。 （2）预埋铁数量和位置符合图纸要求。 （3）结构梁位置符合要求，不与管道干涉。 （4）喷淋泵组、砂滤模块位置符合图纸要求。 （5）喷淋总管、砂滤模块、炭滤模块及喷淋补水模块水模块进出水管水路预埋管位置符合图纸要求。 （6）各外冷模块进出水管水路预埋管接口法兰尺寸正确无误。 （7）墙面及地面预留孔位置尺寸和形状尺寸符合图纸要求。	□符合要求							
4	喷淋水池	（1）喷淋水池位置，大小及内外冷设备间距离尺寸符合图纸要求。 （2）喷淋水池检修人孔、通气孔、溢流管和泄空管位置符合要求。 （3）喷淋水池顶面预埋铁数量和位置符合图纸要求。 （4）软水池与喷淋水池内部设有导流墙。 （5）喷淋水池顶面回水预埋管及高度符合图纸要求。 （6）喷淋水池边设有电缆预埋管	□符合要求							
5	空冷器（冷却塔）	（1）空冷器底座水泥墩到内冷设备间距离，尺寸偏差符合图纸要求。 （2）空冷器底座水泥墩间距离，尺寸偏差符合图纸要求。 （3）电缆预埋管位置符合图纸要求	□符合要求							

施工单位项目经理确认（日期）：

施工单位项目经理抽查（日期）：

总监理工程师核查（日期）：

业主项目经理抽查（日期）：

附录 B 主机安装管控记录卡

序号	工作内容	工作标准	工作记录	时间（年月日时）	厂家代表	施工单位 作业负责人	施工单位 质检员	专业监理工程师	业主项目部专责	运行单位代表
1	主机	（1）主机底座固定牢靠，检修踏板已安装，且安装牢靠，固定螺栓无松动现象。 （2）主机底座预埋铁焊接牢固可靠，采用双重固定方式，即：预埋铁座部位满焊，同时打膨胀螺栓。 （3）主机模块就位后检查底座面与基础面四周周缝隙，要求缝隙不超过2mm	□符合要求						/	/
2	主循环泵	主泵同轴度检查：轴向偏差应不大于0.1mm；径向偏差应不大于0.1mm。	□符合要求 调整后的轴向偏差：_____mm 调整后的径向偏差：_____mm						/	/
3	阀门	（1）各种阀门安装方向正确，开关自如。 （2）各种阀门外观质量完整完好，无脱漆、划痕。 （3）各种阀门锁紧装置完好，使用自如。 （4）蝶阀的涡轮/手柄，销子、指示标志齐全，指示标志正确，球阀阀手柄套齐全	□符合要求						/	/
4	外观	（1）设备贴牌安装完整、牢靠，无临时标签、不翘角。 （2）主机外观清洁，无临时标签、无粘胶痕迹。 （3）主机支架焊道横平竖直，无倾斜。 （4）主机整体喷漆平整，无划痕、无倾斜。 （5）主机喷漆部分无划痕、无脱漆、无磕破。 （6）主机线槽扣盖，端盖齐全，并固定牢靠	□符合要求						/	/

施工单位项目经理确认（日期）：　　　　　　　　　　　总监理工程师核查（日期）：

总监理工程师核查（日期）：　　　　　　　　　　　业主项目经理抽查（日期）：

附录 C 空气冷却器安装管控记录卡

序号	工作内容	工作标准	工作记录	时间（年月日时）	厂家代表	施工单位		专业监理工程师	业主项目部专责	运行单位代表
						作业负责人	质检员			
1	空气冷却器本体	（1）空气冷却器整机安装定位准确、偏差符合图纸要求，无变形、无错位、无扭曲。 （2）空气冷却器管束安装无倾斜，无变形，无错位，无扭曲。 （3）空气冷却器连接螺栓均紧固，弹垫压平。	□符合要求							
2	风扇电机	（1）风扇盘车转动自如，无异常噪声，无卡紧感觉。 （2）风扇叶片调角符合厂家的设计要求。 （3）风扇组件固定轮毂符合厂家设计要求。 （4）风机轴末端固定轮毂符合厂家固定检查。 （5）电机安装牢靠，螺栓紧固符合紧固法则。 （6）电机防护罩满足防雨要求，不存在同隙漏雨现象，风机轴成垂直状态。 （7）电机、风机连接皮带满足厂家要求，带皮带和电机轴、风机连接皮带表面无划痕、无开裂，光洁平整。 （8）电机、风机连接皮带设计符合厂家设计要求松紧度符合厂家设计要求。	□符合要求							
3	接地	（1）空气冷却器箱体共同接地。 （2）空气冷却器本体预留有接地螺栓以备施工单位接地。	□符合要求							

施工单位项目经理确认（日期）：　　　　　　总监理工程师核查（日期）：　　　　　　业主项目经理抽查（日期）：

施工单位项目经理确认（日期）：　　　　　　监理工程师核查（日期）：

附录 D 冷却塔安装管控记录卡

序号	工作内容	工作标准	工作记录	时间（年月日时）	厂家代表	施工单位		专业监理工程师	业主项目部专责	运行单位代表
						作业负责人	质检员			
1	冷却塔本体	（1）定位准确，符合图纸要求。 （2）冷却塔排水口和喷淋水池的泄水口配合正常。 （3）冷却塔排水口喷水过滤芯已安装。 （4）冷却塔检修门开关自如。 （5）冷却塔进风口箱体安装无倾斜、无变形、无错位。 （6）冷却塔上下箱体栅推拉自如。 （7）冷却塔连接螺栓均紧固，弹垫压平。 （8）上箱体固定斜撑无变形、无扭曲。 （9）挡水板托架无弯曲变形、无下榻、托架牢靠。	□符合要求							
2	风扇电机	（1）风扇盘车转动自如，无异常噪声，无卡紧感觉。 （2）各种阀门外观完好，无脱漆、划痕。 （3）风扇叶片调角符合厂家的设计要求。 （4）风扇组件固件牢靠，螺栓紧固符合要求。 （5）风机轴末端固定轮毂固定检查。 （6）电机轴末端固定符合紧固法则。 （7）电机防护罩满足防雨要求，不存在间隙漏雨现象。 （8）电机、风机连接皮带和电机轴、风机轴成垂直状态，松紧度符合厂家设计要求。 （9）电机、风机连接皮带表面无划痕、无开裂，光洁平整	□符合要求							
3	检修平台	（1）检修平台安全可靠牢固、不晃动。 （2）检修平台四周的固定螺栓均满足安全要求。 （3）检修平台的固定螺栓紧固后伸出长度符合工艺要求。 （4）检修平台喷漆部位漆面光洁、无脱漆、无漆皮、无划痕	□符合要求							
4	接地	（1）两相互连接的管路接地良好，接地导线型号符合图纸要求。 （2）接地螺栓紧固，弹垫压平、弹垫规格正确，符合图纸要求	□符合要求							

续表

序号	工作内容	工作标准	工作记录	时间（年月日时）	厂家代表	施工单位		专业监理工程师	业主项目部专责	运行单位代表
						作业负责人	质检员			
5	外观	（1）管道外观清洁、无临时标签、无粘胶痕迹。 （2）管道支架钢板接部位无锈迹。 （3）箱体钢板连接密封胶突出部分已清除。 （4）箱体叉车孔用不锈钢板封堵。	□符合要求							

施工单位项目经理确认（日期）：

总监理工程师核查（日期）：

施工单位项目经理抽查：

业主项目经理抽查（日期）：

附录 E　管道安装管控记录卡

序号	工作内容	工　作　标　准	工作记录	时间（年月日时）	厂家代表	施工单位		专业监理工程师	业主项目部专责	运行单位代表
						作业负责人	质检员			
1	外观及渗漏检查	（1）水管安装牢固、排列整齐、表面洁净，无裂纹或破损、无杂物，无污染。（2）水管中无异物。（3）水管及阀门连接处无渗漏水、阀门位置正确，水管流向标识清晰正确	□符合要求							
2	力矩检查	（1）主水管道连接螺栓紧固标记线清晰、完整，无错位现象，发现标记线缺失或重新校对力矩后应重新校对力矩后做好标记线。（2）阀塔 S 形水管法兰连接螺栓应校核力矩进行全检。（3）汇流管及分支水管接头应紧固无松动	□符合要求							
3	管道固定架构固定情况检查	架构固定良里良好、管道固定良好	□符合要求							

施工单位项目经理确认（日期）：　　　　　　　总监理工程师核查（日期）：

业主项目经理抽查（日期）：

附录 F 仪表安装管控记录卡

序号	工作内容	工作标准	工作记录	时间（年月日时）	厂家代表	施工单位 作业负责人	施工单位 质检员	专业监理工程师	业主项目部专责	运行单位代表
1	一次仪表	（1）就地显示仪表安装型号正确，安装方向正确，易于观看，就地压力表打至 open 状态，符合图纸要求。 （2）压力传感器，格兰头密封良好符合图纸设计，电磁阀接线口密封性能良好，格兰头密封良好符合图纸要求。 （3）传感器，电容式密位计，电磁阀接线正确，接线端子压接牢靠，符合电气施工图图纸要求。 （4）传感器，电容式密位计，电磁阀走线美观，固定牢靠，符合图纸要求。 （5）传感器，电容式密位计，电磁阀接线防护护套管安装正确，与密封接头连接紧密符合图纸要求。 （6）传感器，电容式接头，电容式密位计，电磁阀元件挂牌挂装正确，符合系统流程图图纸要求。 （7）传感器，易于观看，电容式密位计安装正确，横平竖直，符合图纸要求。 （8）所有电缆走线应远离磁翻板液位计简体，防止干扰信号，防止出现金属软管磁吸浮球的情况。	□符合要求							
2	仪表箱	（1）仪表箱安装牢靠无螺栓松动现象，安装规范无倾斜现象，符合《电气施工图》要求。 （2）仪表箱格兰头安装正确、牢固，符合《电气施工图》要求。 （3）仪表箱内部断路器接线正确，压接牢靠符合图纸要求。 （4）仪表箱格兰头与外出线密封性能良好，符合图纸要求。 （5）仪表箱内部仪表安装正确，安装牢固，无螺栓松动现象。 （6）仪表箱内部线槽盖端齐全，扣盖牢固，正确，符合图纸要求。	□符合要求							

续表

序号	工作内容	工 作 标 准	工作记录	时间（年月日时）	厂家代表	施工单位		专业监理工程师	业主项目部专责	运行单位代表
						作业负责人	质检员			
2	仪表箱	（7）仪表箱内部接线正确、线鼻压接正确，端子压接牢靠，符合《电气施工图》和施工工艺要求。 （8）接线防护套管安装正确，与密封接头连接紧密符合图纸要求。 （9）仪表箱铭牌粘贴正确，贴装位置合理、易于观看，横平竖直符合电气施工图图纸要求。 （10）仪表箱接线挂牌挂装正确、横平竖直，易于观看，符合《电气施工图》要求	□符合要求							

施工单位项目经理确认（日期）：　　　　　总监理工程师核查（日期）：

业主项目经理抽查（日期）：

附录 G 主管路冲洗管控记录卡

序号	工作内容	工作标准	工作记录	时间（年月日时）	厂家代表	施工单位 作业负责人	施工单位 质检员	专业监理工程师	业主项目部专责	运行单位代表
1	主管路冲洗	（1）管道充满净水、启动主泵（每间隔8h、2台主泵进行一次工作切换），连续工作4h后首次检查过滤器，并清洁过滤网。 （2）以后每隔8h拆卸主过滤器一次、检查过滤器滤芯无明显杂质即判为合格。 （3）冲洗时间要求不低于72h，当检查过滤器合格后且不低于72h冲洗时，停止管道冲洗，冲洗流量不低于额定值120%	□符合要求							

施工单位项目经理确认（日期）： 总监理工程师核查（日期）： 业主项目经理抽查（日期）：

附录 H 主管路水压试验管控记录卡

序号	工作内容	工作标准	工作记录	时间（年月日时）	厂家代表	施工单位		专业监理工程师	业主项目部专责	运行单位代表
						作业负责人	质检员			
1	主管路水压试验	主回路及离子交换回路： 升压至 0.6MPa 保压 30min 无泄漏； 升压至 0.8MPa 保压 30min 无泄漏； 升压至 1.0MPa 保压 30min 无泄漏； 升压至 1.2MPa 保压 30min 无泄漏； 升压至 1.6MPa 保压 1h 无泄漏	□符合要求							

施工单位项目经理确认（日期）：　　　　　　总监理工程师核查（日期）：

施工单位项目经理抽查（日期）：　　　　　　业主项目经理抽查（日期）：

第五章

分阶段启动安全隔离措施作业指导书

封面样式

×××kV×××换流站工程
分阶段启动安全隔离措施作业指导书

编制单位：

编制时间： 年 月 日

前　言

为进一步强化换流站分阶段启动安全隔离措施执行过程管控，提升现场规范化、标准化水平，换流站管理部在总结提炼各换流站分阶段启动安全隔离措施作业指导书基础上，结合分阶段启动安全隔离工作的关键环节和管控要点，参考国家电网基建〔2016〕542号《国家电网公司关于应用〈气体绝缘金属封闭开关设备（GIS）安装作业指导书编制要求〉的通知》文件精神，组织编制了《换流站分阶段启动安全隔离措施作业指导书》（简称本作业指导书），现下发推广应用。

（1）本作业指导书在已有各换流站分阶段启动安全隔离措施的基础上，进一步强化"分阶段启动安全隔离措施标准化"，明确了电气安装单位和控制保护厂家分工界面。换流站分阶段启动安全隔离措施由施工单位编写，执行前监理单位应组织评审，根据本作业指导书模板编制并签署分工界面书，明确各电气安装单位和控制保护厂家的分工和责任。

（2）本作业指导书进一步明确了硬质围栏、一次设备状态、二次回路及控制保护软件标准隔离范围。以样板图片、二次安全隔离措施执行表及软件功能隔离程序页面描述标准化隔离方法。为进一步强化隔离措施现场执行统一管理力度，监理单位应严格履行对隔离措施执行过程跟踪、旁站、检查、签证和验收手续。

（3）各电气安装单位和控制保护厂家根据分阶段启动方案，确定电气设备启动范围，参照本作业指导书的要求和深度，编制有针对性、可操作性的分阶段启动安全隔离措施作业指导书，并履行"编审批"手续后严格实施。

（4）本作业指导书适用于±1100kV及以下电压等级换流站分阶段启动安全隔离。本作业指导书为征求意见稿，应用过程中发现的问题或建议，请及时向国网直流公司换流站管理部反馈。

目 次

1 概述

1.1 换流站工程概况

分阶段安全隔离措施是为了确保分阶段启动时运行设备的安全,确保还在进行的分系统调试不会对运行设备造成影响。

换流站分为交流场区域、换流变压器区域、滤波器场区域和直流场区域。一般规律是交流场和滤波器场先启动,然后是双极低端换流变压器和直流场启动,最后是双极高端换流变压器启动。本作业指导书是根据不同阶段启动区域不同,把每次启动需要做的安全隔离措施一一明确。

1.2 工作依据

《±800kV 换流站工程分期调试带电隔离技术规范》(Q/GWZJ 027—2013)
换流站设计图纸
《换流站交流场启动调试调度方案》

2 整体流程及职责划分

2.1 整体流程图

整体流程如图 5-1 所示。

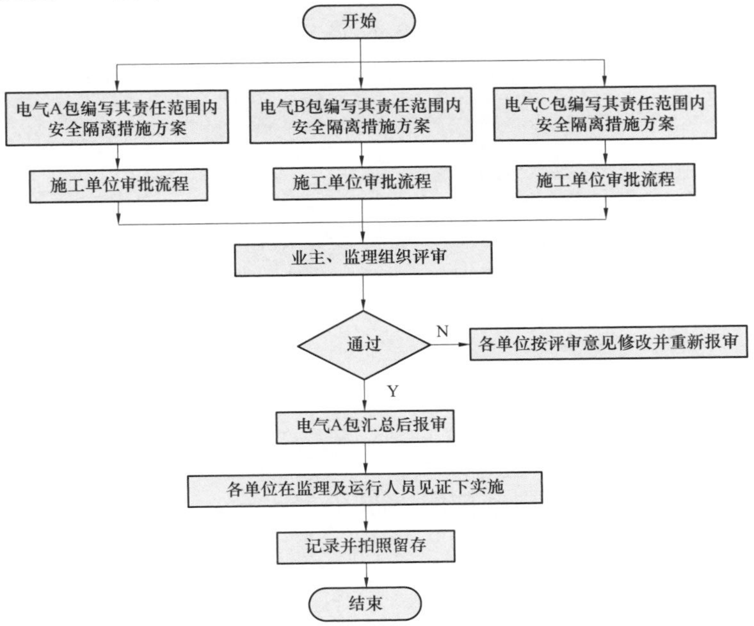

图 5-1 整体流程

2.2 职责划分

（1）所有硬质围栏安全隔离措施由对应区域施工单位负责实施并拍照记录，由监理及运行人员共同见证并签字确认。

（2）所有导引线安全隔离措施由对应区域施工单位负责实施并拍照记录，由监理及运行人员共同见证并签字确认。

（3）所有二次安全隔离措施由分系统调试单位负责实施并拍照记录，由监理及运行人员共同见证并签字确认。

（4）恢复二次安全隔离措施由分系统调试单位负责恢复并拍照记录，由监理及运行人员共同见证并签字确认。

（5）所有软件隔离措施由厂家技术人员负责实施，由分系统调试单位、监理及运行人员共同见证并签字确认，分系统调试单位留存记录。

（6）所有软件恢复措施由厂家技术人员负责实施，由分系统调试单位、监理及运行人员共同见证并签字确认，分系统调试单位留存记录。

3 安全隔离措施实施准备

3.1 换流站各批次一次设备启动范围说明

3.1.1 交流场及滤波器场启动

启动范围包括交流场所有一次设备、滤波器场所有一次设备、交流场和滤波器场的上层引线。4组换流变压器的汇流母线不在投运范围。站用变压器视具体情况而定。

3.1.2 双极低端换流变压器及直流场启动

启动范围包括双极低端换流变压器，双极低端换流阀，直流场除双极高端连接阀厅的4台隔离开关和2台高端旁路断路器以外的所有设备。双极低端换流变压器汇流母线在启动范围内。

3.1.3 双极高端换流变压器及直流场启动

启动范围包括双极高端换流变压器、双极高端换流阀、直流场所有设备。

3.2 换流站各批次二次设备启动范围说明

启动范围包括主控室站公用交流、直流设备及各相关辅助系统按需投入，交流场保护室及滤波器场保护室相关二次设备，通信机房相关通信设备。

3.3 安全隔离措施表制作

3.3.1 交流场启动硬质围栏布置示意图和效果图

交流场启动硬质围栏如图 5-2 所示。

图 5-2 交流场启动硬质围栏

3.3.2 交流场启动导引线隔离示意图

交流场启动导引线隔离示意如图 5-3 所示。

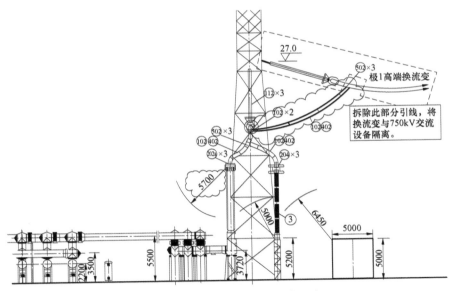

图 5-3 交流场启动导引线隔离示意

3.3.3 交流场启动二次启动范围汇总表

以 73 保护小室为例，交流场启动二次启动范围汇总表见表 5–1。

表 5–1 　　　　　　　　　　　交流场启动二次启动范围汇总表

序号	屏 柜 名 称	屏位位置
1	750kV 第十一串测控柜 A+1	73P2
2	750kV 第十一串测控柜 A+2	73P3
3	750kV 第十一串测控柜 B+1	73P4
4	750kV 第十一串测控柜 B+2	73P5
5	750kV W11Q1 断路器辅助保护柜	73P6
6	750kV W11Q2 断路器辅助保护柜	73P7
7	750kV W11Q3 断路器辅助保护柜	73P8
8	750kV 六盘山 1 线路短引线保护柜	73P13
9	6 号电能量计量表柜	73P14
10	7 号电能量计量表柜	73P15
11	12 号电能量计量表柜	73P16
12	750kV 第十二串测控柜 A+1	73P18
...	...	...

3.3.4 交流场启动电压回路隔离措施样表

以极 1 高端换流变压器网侧 TV 端子箱为例，交流场启动电压回路隔离措施样表见表 5–2。

表 5–2 　　　　　　　　　　　交流场启动电压回路隔离措施样表

屏柜名称		极 1 高端换流变压器网侧 TV 端子箱			
工作负责人		工作时间	年 月 日	签发人	
工作内容		极 1 高端换流变压器网侧 TV 端子箱安全隔离措施			
安全措施		包括应打开和恢复的交流线、信号线、连锁线等，按工作顺序填写安全措施。已执行，在执行栏上打"√"，已恢复，在恢复栏上打"√"			
序号	执行	安全措施内容			恢复
1		极 1 高端换流变压器网侧 TV 端子箱：拆除并包裹：89：A603I、91：B603I、93：C603I、57：N600（线缆编号：TV11001） （极 1 高端阀组测量接口柜 A 电压绕组）			
2		极 1 高端换流变压器网侧 TV 端子箱：拆除并包裹：80：A603II、83：B603II、86：C603II、54：N600（线缆编号：TV11002） （极 1 高端阀组测量接口柜 B 电压绕组）			

续表

序号	执行	安全措施内容	恢复
3		极 1 高端换流变压器网侧 TV 端子箱：拆除并包裹：65：A603III、68：B603III、71：C603III、54：N600（线缆编号：TV11003） （极 1 高端阀组测量接口柜 C 电压绕组）	
4		极 1 高端换流变压器网侧 TV 端子箱：拆除并包裹：75：A603C、77：B603C、79：C603C、57：N600（线缆编号：TV11004） （极 1 高端换流变压器故障录波器柜电压绕组）	
5		极 1 高端换流变压器网侧 TV 端子箱：拆除并包裹：61：L603、58：N600（线缆编号：TV11008） （极 1 高端换流变压器故障录波器柜电压绕组）	
6		极 1 高端换流变压器网侧 TV 端子箱：拉开第一组保护隔离刀闸 DK1	
7		极 1 高端换流变压器网侧 TV 端子箱：拉开第二组保护隔离刀闸 DK2	
8		极 1 高端换流变压器网侧 TV 端子箱：拉开计量隔离刀闸 DK3	
9		极 1 高端换流变压器网侧 TV 端子箱：拉开试验隔离刀闸开 DK5（备用）	
10		极 1 高端换流变压器网侧 TV 端子箱：拉开开口三角隔离刀闸 DK4	
11		极 1 高端换流变压器网侧 TV 端子箱：拉开试验电压隔离空开 ZZK1（备用）	
12		极 1 高端换流变压器网侧 TV 端子箱：拉开第一保护 A 相电压隔离空开 ZZK2	
13		极 1 高端换流变压器网侧 TV 端子箱：拉开第一保护 B 相电压隔离空开 ZZK3	
14		极 1 高端换流变压器网侧 TV 端子箱：拉开第一保护 C 相电压隔离空开 ZZK4	
15		极 1 高端换流变压器网侧 TV 端子箱：拉开第二保护 A 相电压隔离空开 ZZK5	
16		极 1 高端换流变压器网侧 TV 端子箱：拉开第二保护 B 相电压隔离空开 ZZK6	
17		极 1 高端换流变压器网侧 TV 端子箱：拉开第二保护 C 相电压隔离空开 ZZK7	
18		极 1 高端换流变压器网侧 TV 端子箱：拉开计量 A 相电压隔离空开 ZZK8	
19		极 1 高端换流变压器网侧 TV 端子箱：拉开计量 B 相电压隔离空开 ZZK9	
20		极 1 高端换流变压器网侧 TV 端子箱：拉开计量 C 相电压隔离空开 ZZK10	
		临时二次安全措施记录	

执行工作		恢复工作	
执行人	监护人	执行人	监护人

3.3.5 交流场启动电流回路隔离措施样表

以 750kV W6Q2 LCP 柜为例，交流场启动电流回路隔离措施样表见表 5-3。

表 5-3　　　　　　　　　　交流场启动电流回路隔离措施样表

屏柜名称	750kV W6Q2 LCP 柜			
工作负责人		工作时间	年 月 日	签发人	
工作内容	750kV W6Q2 启动送电			
安全措施	包括应打开和恢复的交流线、信号线、连锁线等，按工作顺序填写安全措施。已执行，在执行栏上打"√"，已恢复，在恢复栏上打"√"			
序号	执行	安全措施内容		恢复
1		750kV W6Q2 LCP 柜：短接电流互感器侧端子 TA1:103、TA1:104、TA1:105、TA1:109，回路号为：A`4101、B`4101、C`4101、N`4101。 （极 2 高端换流变压器测量接口柜 A 电流绕组）		

续表

序号	执行	安全措施内容	恢复
2		750kV W6Q2 LCP 柜：短接电流互感器侧端子 TA1:93、TA1:94、TA1:97、TA1:99，回路号为：A`4091、B`4091、C`4091、N`4091。 （极 2 高端换流变压器测量接口柜 B 电流绕组）	
3		750kV W6Q2 LCP 柜：短接电流互感器侧端子 TA1:83、TA1:84、TA1:85、TA1:89，回路号为：A`4081、B`4081、C`4081、N`4081。 （极 2 高端换流变压器测量接口柜 C 电流绕组）	
		临时二次安全措施记录	

执行工作		恢复工作	
执行人	监护人	执行人	监护人

3.3.6 交流场启动控制回路隔离措施样表

以 750kV W3Q2 断路器保护柜为例，交流场启动控制回路隔离措施样表见表 5–4。

表 5–4　　　　　　　　　　　交流场启动控制回路隔离措施样表

屏柜名称	750kV W3Q2 断路器保护柜			
工作负责人		工作时间	年　月　日	签发人
工作内容	750kV W3Q2 断路器启动送电安全隔离			
安全措施	包括应打开和恢复的交流线、信号线、连锁线等，按工作顺序填写安全措施。已执行，在执行栏上打"√"，已恢复，在恢复栏上打"√"			

序号	执行	安全措施内容	恢复
1		750kV W3Q2 断路器保护柜：拆除并包裹：1BD1: 101/13011B、1BD3: 33RI/13011B 极 1 高端阀组保护柜 B 跳 W3Q2 断路器（启失灵、不启重合）	
2		750kV W3Q2 断路器保护柜：拆除并包裹：1BD5: 201/13016B、1BD10: F233/13016B 极 1 高端阀组保护柜 B 跳 W3Q2 断路器（不启失灵、不启重合）	
3		750kV W3Q2 断路器保护柜：拆除并包裹：1BD1: 101/13012B、1BD9: F133/13012B 极 1 高端阀组保护柜 B 跳 W3Q2 断路器（不启失灵、不启重合）	
4		750kV W3Q2 断路器保护柜：拆除并包裹：1BD5: 201/13015B、1BD7: 33RII/13015B 极 1 高端阀组保护柜 B 跳 W3Q2 断路器（启失灵、不启重合）	
5		750kV W3Q2 断路器保护柜：拆除并包裹：3BD1: 101/14003A、3BD9: 33RI/14003A 极 1 极控制柜 A 跳 W3Q2 断路器（启失灵、不启重合）	
6		750kV W3Q2 断路器保护柜：拆除并包裹：3BD2: 101/14003B、3BD10: 33RI/14003B 极 1 极控制柜 B 跳 W3Q2 断路器（启失灵、不启重合）	
7		750kV W3Q2 断路器保护柜：拆除并包裹：3BD3: 101/14023A、3BD11: 33RI/14023A 极 1 极保护柜 A 跳 W3Q2 断路器（启失灵、不启重合）	
8		750kV W3Q2 断路器保护柜：拆除并包裹：3BD4: 101/14023B、3BD12: 33RI/14023B 极 1 极保护柜 B 跳 W3Q2 断路器（启失灵、不启重合）	
9		750kV W3Q2 断路器保护柜：拆除并包裹：3BD5: 101/14004A、3BD13: F133/14004A 极 1 极控制柜 A 跳 W3Q2 断路器（不启失灵、不启重合）	

续表

序号	执行	安全措施内容	恢复
10		750kV W3Q2 断路器保护柜：拆除并包裹：3BD6：101/14004B、3BD14：F133/14004B 极 1 极控制柜 B 跳 W3Q2 断路器（不启失灵、不启重合）	
11		750kV W3Q2 断路器保护柜：拆除并包裹：3BD7：101/14024A、3BD15：F133/14024A 极 1 极保护柜 A 跳 W3Q2 断路器（不启失灵、不启重合）	
12		750kV W3Q2 断路器保护柜：拆除并包裹：3BD8：101/14024B、3BD16：F133/14024B 极 1 极保护柜 B 跳 W3Q2 断路器（不启失灵、不启重合）	
13		750kV W3Q2 断路器保护柜：拆除并包裹：4BD1：201/14007A、4BD9：33RII/14007A 极 1 极控制柜 A 跳 W3Q2 断路器（启失灵、不启重合）	
14		750kV W3Q2 断路器保护柜：拆除并包裹：4BD2：201/14007B、4BD10：33RII/14007B 极 1 极控制柜 B 跳 W3Q2 断路器（启失灵、不启重合）	
15		750kV W3Q2 断路器保护柜：拆除并包裹：4BD3：201/14027A、4BD11：33RII/14027A 极 1 极保护柜 A 跳 W3Q2 断路器（启失灵、不启重合）	
16		750kV W3Q2 断路器保护柜：拆除并包裹：4BD4：201/14027B、4BD12：33RII/14027B 极 1 极保护柜 B 跳 W3Q2 断路器（启失灵、不启重合）	
17		750kV W3Q2 断路器保护柜：拆除并包裹：4BD5：201/14008A、4BD13：F233/14008A 极 1 极控制柜 A 跳 W3Q2 断路器（不启失灵、不启重合）	
18		750kV W3Q2 断路器保护柜：拆除并包裹：4BD6：201/14008B、4BD14：F233/14008B 极 1 极控制柜 B 跳 W3Q2 断路器（不启失灵、不启重合）	
19		750kV W3Q2 断路器保护柜：拆除并包裹：4BD7：201/14028A、4BD15：F233/14028A 极 1 极保护柜 A 跳 W3Q2 断路器（不启失灵、不启重合）	
20		750kV W3Q2 断路器保护柜：拆除并包裹：4BD8：201/14028B、4BD16：F233/14028B 极 1 极保护柜 B 跳 W3Q2 断路器（不启失灵、不启重合）	
21		750kV W3Q2 断路器保护柜：拆除并包裹：4Q1D6：101/13011A、4Q1D 14：33RI/13011A 极 1 极高端阀组保护柜 A 跳 W3Q2 断路器（启失灵、不启重合）	
22		750kV W3Q2 断路器保护柜：拆除并包裹：4Q1D7：101/13012A、4Q1D 16：F133/13012A 极 1 极高端阀组保护柜 A 跳 W3Q2 断路器（不启失灵、不启重合）	
23		750kV W3Q2 断路器保护柜：拆除并包裹：4Q1D1：101/13004A、4Q1D16：F133/13004A 极 1 极高端阀组控制柜 A 跳 W3Q2 断路器（不启失灵、不启重合）	
24		750kV W3Q2 断路器保护柜：拆除并包裹：4Q1D2：101/13004B、4Q1D 17：F133/13004B 极 1 极高端阀组控制柜 B 跳 W3Q2 断路器（不启失灵、不启重合）	
25		750kV W3Q2 断路器保护柜：拆除并包裹：4Q1D10：101/13003A、4Q1D28：33RI/13003A 极 1 极高端阀组控制柜 A 跳 W3Q2 断路器（启失灵、不启重合）	
26		750kV W3Q2 断路器保护柜：拆除并包裹：4Q1D10：101/13003B、4Q1D28：33RI/13003B 极 1 极高端阀组控制柜 B 跳 W3Q2 断路器（启失灵、不启重合）	
27		750kV W3Q2 断路器保护柜：拆除并包裹：4Q2D4：201/13015A、4Q2D14：33RII/13015A 极 1 极高端阀组保护柜 A 跳 W3Q2 断路器（启失灵、不启重合）	
28		750kV W3Q2 断路器保护柜：拆除并包裹：4Q2D5：201/13016A、4Q2D16：F233/13016A 极 1 极高端阀组保护柜 A 跳 W3Q2 断路器（不启失灵、不启重合）	
29		750kV W3Q2 断路器保护柜：拆除并包裹：4Q2D8：201/13007A、4Q2D13：33RII/13007A 极 1 极高端阀组控制柜 A 跳 W3Q2 断路器（启失灵、不启重合）	
30		750kV W3Q2 断路器保护柜：拆除并包裹：4Q2D9：201/13007B、4Q2D14：33RII/13007B 极 1 极高端阀组控制柜 B 跳 W3Q2 断路器（启失灵、不启重合）	

续表

序号	执行	安全措施内容	恢复
31		750kV W3Q2 断路器保护柜：拆除并包裹：4Q2D10：201/13008A、4Q2D17：F233/13008A 极 1 高端阀组控制柜 A 跳 W3Q2 断路器（不启失灵、不启重合）	
32		750kV W3Q2 断路器保护柜：拆除并包裹：4Q2D10：201/13008B、4Q2D17：F233/13008B 极 1 高端阀组控制柜 B 跳 W3Q2 断路器（不启失灵、不启重合）	

临时二次安全措施记录			
执行工作		恢复工作	
执行人	监护人	执行人	监护人

3.3.7 交流场启动软件隔离措施事例

以换流变压器相关的交流串为例，在换流变压器交流侧所在的接口柜 A 套和 B 套中，取消极控制主机相关监视：在 B04:Maincpu/Main/IOSUP/STN_SUP 页面中将 STN_SUP_131 直数为 0，将 STN_SUP_132 直数为 0，如图 5-4 所示。

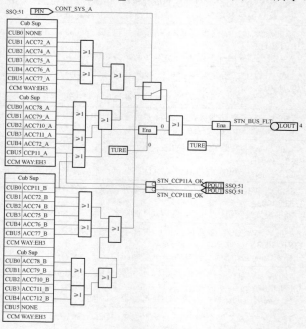

图 5-4 交流场启动软件隔离措施

3.4 安全隔离措施方案汇总评审并报审

安全隔离措施方案编写原则：谁安装的设备，谁编制相关安全隔离措施方案，并在其单位内部走审批流程；监理、业主组织评审并提出修改意见，施工单位按修改意见修改后，由电气 A 包负责汇总打印并报审。

隔离措施的执行依据是报审后的安全隔离措施方案。

4 一次部分安全隔离措施实施

4.1 硬质围栏的布置

4.1.1 以 750kV 交流场启动时的硬质围栏布置为例

750kV 交流场需将带电 GIS 及附属设备用硬质围栏进行维护。围栏如图 5–5 所示。在 750kVGIS 预留第 1 串与第 2 串构架之间南北方向设置硬质围栏，围栏北侧连接站区北侧围墙，围栏南侧隔离至站区主马路边，沿着站区主马路一直向西至 750kV 母线 1 号高压电抗器边，围栏西北角区将 750kV 母线 2 号高压电抗器及扩建区的六盘山线路高压电抗器隔离出来，以便后续进行相应的搬迁、扩建施工，围栏也将备用换流变压器基础隔离出来，以便后续备用换流变压器的安装施工。为方便运行管理维护，在围栏东北角（进站大门）处设置一处进出门，在 10kV 小室门口设置一处进出门，在 73 小室门口设置一处进出门。

图 5–5 换流变压器广场硬质围栏的样式

4.1.2 硬质围栏的安装要求

硬质围栏在地面首先埋入 500mm 长、ϕ40mm 镀锌钢管，埋入部分 250mm，露出地面 250mm，随后将围栏立柱插入镀锌钢管内，最后再将围栏与立柱进行组装，直至 330kV 交流场、750kV 交流场围栏全部安装完毕。围栏安装时应每隔 20m 左右设置斜拉撑，斜拉撑材料选用 Φ40mm 镀锌钢管。若围栏安装处的地面为混凝土地面，不能埋入镀锌钢管时，根据实际情况需设置水泥方蹲或利用钢管制作围栏固定支架，保证围栏安全稳固性，防止围栏被风吹到。为防止围栏在带电区域表面产生静电，每两片围栏及立柱之间均应设置跨接接地，接地线为 BV–4 软铜线，围栏的立柱应每隔 30～50m 与站区主接地网连接。

4.2 导引线隔离措施

4.2.1 拆除引线

拆除极 1 高端换流变压器、极 1 低端换流变压器、极 2 高端换流变压器、极 2 低端换流变压器进行构架悬垂绝缘子至上空耐张导线之间的引流线。拆除引线如图 5–6 所示。（由电气 X 包负责实施）

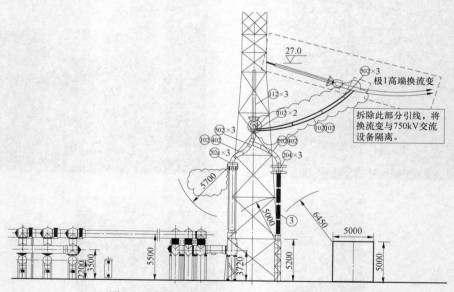

图 5–6 换流变压器进线间隔引线拆除示意图

4.2.2 工作要求

拆除导线后确保换流变压器上方汇流母线与 750kV 交流场保持足够的安全距离。保留换流变压器网侧电压互感器与出线套管 2 间的引线（电压互感器列入交流场启动范围）。

5 二次部分安全隔离措施

5.1 控制回路隔离措施实施与恢复

直流控制保护系统跳换流变压器交流进线开关的出口回路及启动失灵的出口回路,在对应的断路器保护屏上断开相应电缆接线,并对裸露线头做好绝缘防护。

本项安全隔离措施执行时间为:750kV 区域带电前,双极低端带电前恢复双极低端部分,双极高端带电前恢复双极高端部分。

二次回路安全措施隔离具体见 6.4.2。

5.2 电压回路隔离措施实施与恢复

极 1 高端、极 1 低端、极 2 高端、极 2 低端换流变压器交流侧的 CVT 及 750kV 母线 TV 在此次交流站系统使用范围之内,在电压互感器端子箱拆除到阀组接口柜的电压回路,并用绝缘胶布包好,以确保在交流区域启动时二次电压不进入直流控保装置,同时应确保各绕组 N600 可靠接地。具体的安全隔离措施详见附表。

本项安全隔离措施执行时间为:750kV 区域带电前,双极低端带电前恢复双极低端及 750V 母线部分,双极高端带电前恢复双极高端部分。

5.3 电流回路隔离措施实施与恢复

极 1 高端、极 1 低端、极 2 高端、极 2 低端换流变压器交流侧的电流回路需在启动前在就地汇控内短接退出,短接退出的具体做法为:至电流互感器侧的电流短接并接地,打开电流端子连接片,从而实现电流回路的隔离。具体的安全隔离措施详见附表。

本项安全隔离措施执行时间为:750kV 区域带电前,双极低端带电前恢复双极低端部分,双极高端带电前恢复双极高端部分。

5.4 控保软件安全隔离措施实施与恢复

5.4.1 阀控系统（CCP）到交流控制系统（ACC）的连锁回路

交流带电期间,直流控制保护系统尚处于调试阶段,需要临时强制阀控系统发来的信号来满足换流变压器交流进线开关和刀闸的连锁条件,并且闭锁阀控系统对交流站控的遥控操作命令。安全隔离措施为南瑞继保在控保最终软件版本的基础上,临时设置相关措施:交流带电运行时,屏蔽双极 4 个阀控系统的遥控命令,并将来自阀控用于换流变压器交流进线开关、刀闸遥控连锁的允许条件置为 1。

本条安全隔离措施执行时间为 750kV 区域带电前,双极低端带电前恢复双极低端 2 个阀控系统的遥控命令,恢复双极低端交流进线开关、刀闸遥控连锁的允许条件,双极高端带电前全部恢复到正常状态。软件设置由控保厂家技术人员负责实施。

5.4.2 直流控制系统（PCP）至交流滤波器控制屏（AFC）的无功控制回路

由于交流带电时期，直流控制保护系统尚处于调试阶段，交流滤波器接口屏与直流站控系统有数据交换（无功控制），故需要屏蔽直流站控的无功控制命令。安全隔离措施为南瑞在直流站控系统最终软件版本的基础上，增加临时设置满足以下功能：交流场带电运行要求将直流站控中无功控制投切交流滤波器小组的命令屏蔽掉，在直流场分系统调试过程中避免误投切交流滤波器小组，后台对滤波器小组的开关、刀闸遥控操作应能正常执行。双极低端带电时恢复为正常版本。

本项安全隔离措施执行时间为 750kV 区域带电前，双极低端带电前恢复恢复第一、二大组滤波器无功控制，双极高端带电前恢复第三、四大组滤波器无功控制。软件设置由控保厂家技术人员负责实施。

5.4.3 安稳装置屏至直流站控屏的通信回路

由于交流带电时期，直流控制保护系统尚处于调试阶段，安稳装置从机与直流站控系统有数据交换（降功率、闭锁直流等），故需要屏蔽安稳装置与直流站控的通信。安全隔离措施为在极控制柜和阀组控制柜处断开其与安稳主机柜的光缆，并做好防尘措施及记录。

本项安全隔离措施执行时间为 750kV 区域带电前，恢复时间根据安稳投入运行要而定。由控保厂家技术人员负责实施。

6 附录：管控记录卡

6.1 投运二次设备列表

6.1.1 750kV 交流滤波器场 4 个保护方舱所有屏柜

6.1.2 750kV 71 小室所有屏柜

6.1.3 750kV 72 小室所有屏柜

6.1.4 750kV 73 小室所有屏柜

6.1.5 主控楼站及双极控制设备室

主控楼站及双极控制设备室屏柜见表 5–5。

表 5–5　　　　　　　　　　主控楼站及双极控制设备室屏柜

序号	屏 柜 名 称	屏位位置
1	服务器系统柜	1P2
2	远动通信柜	1P3

序号	屏 柜 名 称	屏位位置
3	保护信息子站柜	1P4
4	保护信息子站柜	1P5
5	通信柜 A	1P6
6	通信柜 B	1P7
7	远程监控通信柜	1P9
8	谐波监视柜	1P10
9	辅助系统规约转换柜	1P11
10	辅助系统控制主机柜 A	1P12
11	辅助系统控制主机柜 B	1P13
12	GPS 主机柜	1P14
13	同步相量测量主站柜	1P25
14	一体化电源监测柜	1P26
15	智能辅助系统主控柜	1P27
16	智能辅助系统辅助屏 1	1P28
17	一体化监测系统主机柜	1P29
18	一体化监测系统网络柜（交换机）	1P30
19	电力调度数据网络柜（一）	1P36
20	电力调度数据网络柜（二）	1P37
21	电能量远方终端屏	1P38
22	火灾报警系统控制主屏	1P47

6.1.6 主控楼二楼站及双极辅助设备室

主控楼二楼站及双极辅助设备室屏柜见表 5-6。

表 5-6　　　　　　　　**主控楼二楼站及双极辅助设备室屏柜**

序号	屏 柜 名 称	屏位位置
1	站公用事故照明逆变柜	2P26
2	站公用 A 段直流充电柜	2P27
3	站公用 A 段 1 号直流馈电柜	2P28
4	站公用 A 段 2 号直流馈电柜	2P29
5	站公用直流监控柜	2P30
6	站公用直流联络柜	2P31
7	站公用 B 段 2 号直流馈电柜	2P32
8	站公用 B 段 1 号直流馈电柜	2P33
9	站公用 B 段直流充电柜	2P34
10	站公用备用段直流充电柜	2P35

序号	屏 柜 名 称	屏位位置
11	站公用 C 段直流充电柜	2P36
12	1 号 UPS 电源旁路柜	2P44
13	1 号 UPS 电源主机柜	2P45
14	UPS 电源馈电柜	2P46
15	2 号 UPS 电源主机柜	2P47
16	2 号 UPS 电压旁路柜	2P48

6.1.7 主控楼二楼通信机房

主控楼二楼通信机房屏柜见表 5-7。

表 5-7　　　　　　　　　　　主控楼二楼通信机房屏柜

序号	屏 柜 名 称	屏位位置
1	国调光纤通信设备	1P03-13
2	光纤通信设备	2P01-13
3	48V 直流分配柜 Ⅰ	3P01
4	通信开关电源柜 Ⅰ	3P02
5	通信开关电源柜 Ⅱ	3P03
6	48V 直流分配柜 Ⅱ	3P04
7	2M 切换装置（稳控）	3P06-10
8	保护用光纤配线柜	3P11
9	通信机房电源监控子站设备柜	4P01
10	通信机房扩音呼叫系统主机	4P02
11	通信机房扩音呼叫系统功放柜	4P03
12	通信机房维护终端、录音设备柜	4P04
13	通信机房调度交换机	4P05
14	通信机房行政交换机	4P06
15	通信机房音频配线柜	4P07
16	通信机房综合布线配线柜	4P08
17	通信机房综合数据设备柜	4P09
18	通信机房保护用光纤配线柜	4P10
19	通信机房 330kV 交流光纤配线架	4P11

6.2 带电范围及围栏隔离措施示意图

二次站系统调试带电范围如图 5-7 所示。

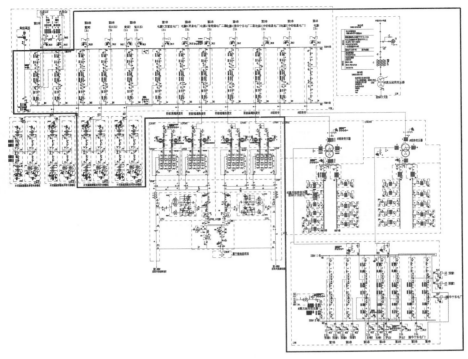

图 5-7 二次站系统调试带电范围

双极低端站系统调试带电范围如图 5-8 所示。

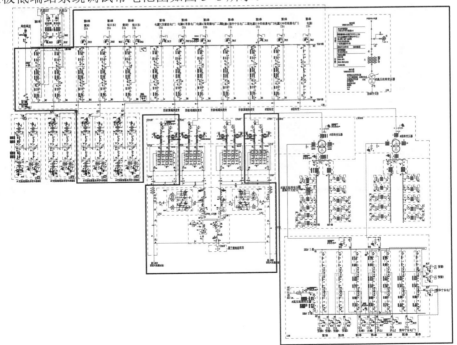

图 5-8 双极低端站系统调试带电范围

750kV 交流场示意图围栏隔离示意如图 5-9 所示。

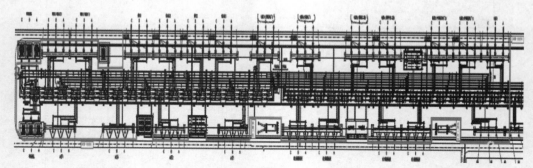

图 5-9　750kV 交流场示意图围栏隔离示意图

双极低端换流变压器及直流场围栏隔离示意如图 5-10 所示。

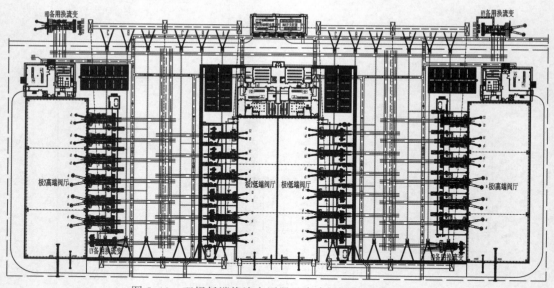

图 5-10　双极低端换流变压器及直流场围栏隔离示意图

6.3　导引线隔离措施示意图

换流变压器进线间隔引线拆除示意如图5-11所示。

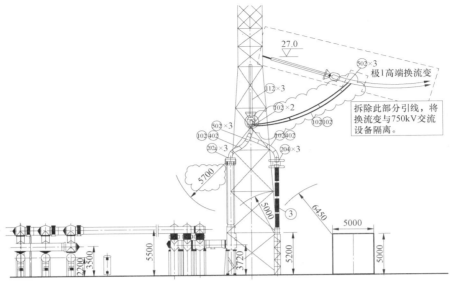

图 5-11　换流变压器进线间隔引线拆除示意图

6.4　二次系统安全隔离措施记录表

6.4.1　交流 GIS 至阀组测量接口屏（CMI）的电流电压回路

表 5-8～表 8-10 是一个阀组交流场电流和电压回路的安全措施表，其他三个阀组类似。

表 5-8　　　　　　　　　　750kV W3Q2 LCP 柜安全隔离措施记录表

屏柜名称		750kV W3Q2 LCP 柜			
工作负责人		工作时间	年　月　日	签发人	
工作内容：750kV W3Q2 启动送电					
安全措施：包括应打开和恢复的交流线、信号线、连锁线等，按工作顺序填写安全措施。已执行，在执行栏上打"√"，已恢复，在恢复栏上打"√"					
序号	执行	安全措施内容			恢复
1		750kV W3Q2 LCP 柜：短接电流互感器侧端子 TA1:1、TA1:2、TA1:3、TA1:7，回路号为：A`4011、B`4011、C`4011、N`4011。 （极 1 高端换流变压器测量接口柜 A 电流绕组）			
2		750kV W3Q2 LCP 柜：短接电流互感器侧端子 TA1:11、TA1:12、TA1:13、TA1:17，回路号为：A`4021、B`4021、C`4021、N`4021。 （极 1 高端换流变压器测量接口柜 B 电流绕组）			
3		750kV W3Q2 LCP 柜：短接电流互感器侧端子 TA1:21、TA1:22、TA1:23、TA1:27，回路号为：A`4031、B`4031、C`4031、N`4031。 （极 1 高端换流变压器测量接口柜 C 电流绕组）			
临时二次安全措施记录					
执行工作			恢复工作		
执行人	监护人		执行人	监护人	

特高压直流工程建设管理实践与创新——换流站工程标准化作业指导书

表 5-9   750kV W3Q3 LCP 柜安全隔离措施记录表

屏柜名称	750kV W3Q3 LCP 柜				
工作负责人		工作时间	年 月 日	签发人	

工作内容：750kV W3Q3 启动送电

安全措施：包括应打开和恢复的交流线、信号线、连锁线等，按工作顺序填写安全措施。已执行，在执行栏上打"√"，已恢复，在恢复栏上打"√"

序号	执行	安全措施内容	恢复
1		750kV W3Q3 LCP 柜：短接电流互感器侧端子 TA1:1、TA1:2、TA1:3、TA1:7，回路号为：A4011、B4011、C4011、N4011。 （极 1 高端换流变压器测量接口柜 A 电流绕组）	
2		750kV W3Q3 LCP 柜：短接电流互感器侧端子 TA1:11、TA1:12、TA1:13、TA1:17，回路号为：A4021、B4021、C4021、N4021。 （极 1 高端换流变压器测量接口柜 B 电流绕组）	
3		750kV W3Q3 LCP 柜：短接电流互感器侧端子 TA1:21、TA1:22、TA1:23、TA1:27，回路号为：A4031、B4031、C4031、N4031。 （极 1 高端换流变压器测量接口柜 C 电流绕组）	
		临时二次安全措施记录	

执行工作		恢复工作	
执行人	监护人	执行人	监护人

表 5-10   极 1 高端换流变压器网侧 TV 端子箱安全隔离措施记录表

屏柜名称	极 1 高端换流变压器网侧 TV 端子箱				
工作负责人		工作时间	年月日	签发人	

工作内容：极 1 高端换流变压器网侧 TV 端子箱安全隔离措施

安全措施：包括应打开和恢复的交流线、信号线、连锁线等，按工作顺序填写安全措施。已执行，在执行栏上打"√"，已恢复，在恢复栏上打"√"

续表

序号	执行	安全措施内容	恢复
1		极1高端换流变压器网侧 TV 端子箱：拆除并包裹：89：A603I、91：B603I、93：C603I、57：N600（线缆编号：TV11001） （极1高端阀组测量接口柜 A 电压绕组）	
2		极1高端换流变压器网侧 TV 端子箱：拆除并包裹：80：A603II、83：B603II、86：C603II、54：N600（线缆编号：TV11002） （极1高端阀组测量接口柜 B 电压绕组）	
3		极1高端换流变压器网侧 TV 端子箱：拆除并包裹：65：A603III、68：B603III、71：C603III、54：N600（线缆编号：TV11003） （极1高端阀组测量接口柜 C 电压绕组）	
4		极1高端换流变压器网侧 TV 端子箱：拆除并包裹：75：A603C、77：B603C、79：C603C、57：N600（线缆编号：TV11004） （极1高端换流变压器故障录波器柜电压绕组）	
5		极1高端换流变压器网侧 TV 端子箱：拆除并包裹：61：L603、58：N600（线缆编号：TV11008） （极1高端换流变压器故障录波器柜电压绕组）	
6		极1高端换流变压器网侧 TV 端子箱：拉开第一组保护隔离刀闸 DK1	
7		极1高端换流变压器网侧 TV 端子箱：拉开第二组保护隔离刀闸 DK2	
8		极1高端换流变压器网侧 TV 端子箱：拉开计量隔离刀闸 DK3	
9		极1高端换流变压器网侧 TV 端子箱：拉开试验隔离刀闸开 DK5（备用）	
10		极1高端换流变压器网侧 TV 端子箱：拉开开口三角隔离刀闸 DK4	
11		极1高端换流变压器网侧 TV 端子箱：拉开试验电压隔离空开 ZZK1（备用）	
12		极1高端换流变压器网侧 TV 端子箱：拉开第一保护 A 相电压隔离空开 ZZK2	
13		极1高端换流变压器网侧 TV 端子箱：拉开第一保护 B 相电压隔离空开 ZZK3	
14		极1高端换流变压器网侧 TV 端子箱：拉开第一保护 C 相电压隔离空开 ZZK4	
15		极1高端换流变压器网侧 TV 端子箱：拉开第二保护 A 相电压隔离空开 ZZK5	
16		极1高端换流变压器网侧 TV 端子箱：拉开第二保护 B 相电压隔离空开 ZZK6	
17		极1高端换流变压器网侧 TV 端子箱：拉开第二保护 C 相电压隔离空开 ZZK7	
18		极1高端换流变压器网侧 TV 端子箱：拉开计量 A 相电压隔离空开 ZZK8	
19		极1高端换流变压器网侧 TV 端子箱：拉开计量 B 相电压隔离空开 ZZK9	
20		极1高端换流变压器网侧 TV 端子箱：拉开计量 C 相电压隔离空开 ZZK10	

临时二次安全措施记录

执行工作		恢复工作	
执行人	监护人	执行人	监护人

6.4.2 直流控制保护系统跳换流变压器进线开关及启动失灵的出口回路

表5-11和表5-12是一个阀组直流控制保护系统跳换流变压器进线开关及启动失灵的出口回路的安全措施表，其他三个阀组类似。

表 5-11　　　　　　　750kV W3Q2 断路器保护柜安全隔离措施记录表

屏柜名称		750kV W3Q2 断路器保护柜			
工作负责人		工作时间	年月日	签发人	

工作内容：750kV W3Q2 断路器启动送电安全隔离

安全措施：包括应打开和恢复的交流线、信号线、连锁线等，按工作顺序填写安全措施。已执行，在执行栏上打"√"，已恢复，在恢复栏上打"√"

序号	执行	安全措施内容	恢复
1		750kV W3Q2 断路器保护柜：拆除并包裹：1BD1：101/13011B、1BD3：33RI/13011B 极1高端阀组保护柜 B 跳 W3Q2 断路器（启失灵、不启重合）	
2		750kV W3Q2 断路器保护柜：拆除并包裹：1BD5：201/13016B、1BD10：F233/13016B 极1高端阀组保护柜 B 跳 W3Q2 断路器（不启失灵、不启重合）	
3		750kV W3Q2 断路器保护柜：拆除并包裹：1BD1：101/13012B、1BD9：F133/13012B 极1高端阀组保护柜 B 跳 W3Q2 断路器（不启失灵、不启重合）	
4		750kV W3Q2 断路器保护柜：拆除并包裹：1BD5：201/13015B、1BD7：33RII/13015B 极1高端阀组保护柜 B 跳 W3Q2 断路器（启失灵、不启重合）	
5		750kV W3Q2 断路器保护柜：拆除并包裹：3BD1：101/14003A、3BD9：33RI/14003A 极1极控制柜 A 跳 W3Q2 断路器（启失灵、不启重合）	
6		750kV W3Q2 断路器保护柜：拆除并包裹：3BD2：101/14003B、3BD10：33RI/14003B 极1极控制柜 B 跳 W3Q2 断路器（启失灵、不启重合）	
7		750kV W3Q2 断路器保护柜：拆除并包裹：3BD3：101/14023A、3BD11：33RI/14023A 极1极保护柜 A 跳 W3Q2 断路器（启失灵、不启重合）	
8		750kV W3Q2 断路器保护柜：拆除并包裹：3BD4：101/14023B、3BD12：33RI/14023B 极1极保护柜 B 跳 W3Q2 断路器（启失灵、不启重合）	
9		750kV W3Q2 断路器保护柜：拆除并包裹：3BD5：101/14004A、3BD13：F133/14004A 极1极控制柜 A 跳 W3Q2 断路器（不启失灵、不启重合）	
10		750kV W3Q2 断路器保护柜：拆除并包裹：3BD6：101/14004B、3BD14：F133/14004B 极1极控制柜 B 跳 W3Q2 断路器（不启失灵、不启重合）	
11		750kV W3Q2 断路器保护柜：拆除并包裹：3BD7：101/14024A、3BD15：F133/14024A 极1极保护柜 A 跳 W3Q2 断路器（不启失灵、不启重合）	
12		750kV W3Q2 断路器保护柜：拆除并包裹：3BD8：101/14024B、3BD16：F133/14024B 极1极保护柜 B 跳 W3Q2 断路器（不启失灵、不启重合）	
13		750kV W3Q2 断路器保护柜：拆除并包裹：4BD1：201/14007A、4BD9：33RII/14007A 极1极控制柜 A 跳 W3Q2 断路器（启失灵、不启重合）	
14		750kV W3Q2 断路器保护柜：拆除并包裹：4BD2：201/14007B、4BD10：33RII/14007B 极1极控制柜 B 跳 W3Q2 断路器（启失灵、不启重合）	
15		750kV W3Q2 断路器保护柜：拆除并包裹：4BD3：201/14027A、4BD11：33RII/14027A 极1极保护柜 A 跳 W3Q2 断路器（启失灵、不启重合）	
16		750kV W3Q2 断路器保护柜：拆除并包裹：4BD4：201/14027B、4BD12：33RII/14027B 极1极保护柜 B 跳 W3Q2 断路器（启失灵、不启重合）	

续表

序号	执行	安全措施内容	恢复
17		750kV W3Q2 断路器保护柜：拆除并包裹：4BD5：201/14008A、4BD13：F233/14008A 极 1 极控制柜 A 跳 W3Q2 断路器（不启失灵、不启重合）	
18		750kV W3Q2 断路器保护柜：拆除并包裹：4BD6：201/14008B、4BD14：F233/14008B 极 1 极控制柜 B 跳 W3Q2 断路器（不启失灵、不启重合）	
19		750kV W3Q2 断路器保护柜：拆除并包裹：4BD7：201/14028A、4BD15：F233/14028A 极 1 极保护柜 A 跳 W3Q2 断路器（不启失灵、不启重合）	
20		750kV W3Q2 断路器保护柜：拆除并包裹：4BD8：201/14028B、4BD16：F233/14028B 极 1 极保护柜 B 跳 W3Q2 断路器（不启失灵、不启重合）	
21		750kV W3Q2 断路器保护柜：拆除并包裹：4Q1D6：101/13011A、4Q1D 14：33RI/13011A 极 1 极高端阀组保护柜 A 跳 W3Q2 断路器（启失灵、不启重合）	
22		750kV W3Q2 断路器保护柜：拆除并包裹：4Q1D7：101/13012A、4Q1D 16：F133/13012A 极 1 极高端阀组保护柜 A 跳 W3Q2 断路器（不启失灵、不启重合）	
23		750kV W3Q2 断路器保护柜：拆除并包裹：4Q1D1：101/13004A、4Q1D 16：F133/13004A 极 1 极高端阀组控制柜 A 跳 W3Q2 断路器（不启失灵、不启重合）	
24		750kV W3Q2 断路器保护柜：拆除并包裹：4Q1D2：101/13004B、4Q1D 17：F133/13004B 极 1 极高端阀组控制柜 B 跳 W3Q2 断路器（不启失灵、不启重合）	
25		750kV W3Q2 断路器保护柜：拆除并包裹：4Q1D10：101/13003A、4Q1D28：33RI/13003A 极 1 极高端阀组控制柜 A 跳 W3Q2 断路器（启失灵、不启重合）	
26		750kV W3Q2 断路器保护柜：拆除并包裹：4Q1D10：101/13003B、4Q1D28：33RI/13003B 极 1 极高端阀组控制柜 B 跳 W3Q2 断路器（启失灵、不启重合）	
27		750kV W3Q2 断路器保护柜：拆除并包裹：4Q2D4：201/13015A、4Q2D14：33RII/13015A 极 1 高端阀组保护柜 A 跳 W3Q2 断路器（启失灵、不启重合）	
28		750kV W3Q2 断路器保护柜：拆除并包裹：4Q2D5：201/13016A、4Q2D16：F233/13016A 极 1 高端阀组保护柜 A 跳 W3Q2 断路器（不启失灵、不启重合）	
29		750kV W3Q2 断路器保护柜：拆除并包裹：4Q2D8：201/13007A、4Q2D13：33RII/13007A 极 1 高端阀组控制柜 A 跳 W3Q2 断路器（启失灵、不启重合）	
30		750kV W3Q2 断路器保护柜：拆除并包裹：4Q2D9：201/13007B、4Q2D14：33RII/13007B 极 1 高端阀组控制柜 B 跳 W3Q2 断路器（启失灵、不启重合）	
31		750kV W3Q2 断路器保护柜：拆除并包裹：4Q2D10：201/13008A、4Q2D17：F233/13008A 极 1 高端阀组控制柜 A 跳 W3Q2 断路器（不启失灵、不启重合）	
32		750kV W3Q2 断路器保护柜：拆除并包裹：4Q2D10：201/13008B、4Q2D17：F233/13008B 极 1 高端阀组控制柜 B 跳 W3Q2 断路器（不启失灵、不启重合）	

续表

序号	执行	安全措施内容	恢复
		临时二次安全措施记录	

执行工作		恢复工作	
执行人	监护人	执行人	监护人

表 5-12　　　750kV W3Q3 断路器保护柜安全隔离措施记录表

屏柜名称		750kV W3Q3 断路器保护柜			
工作负责人		工作时间	年月日	签发人	

工作内容：750kV W3Q3 断路器启动送电安全隔离

安全措施：包括应打开和恢复的交流线、信号线、连锁线等，按工作顺序填写安全措施。已执行，在执行栏上打"√"，已恢复，在恢复栏上打"√"

序号	执行	安全措施内容	恢复
1		750kV W3Q3 断路器保护柜：拆除并包裹：1BD1：101/13011B、1BD3：33RI/13011B 极 1 高端阀组保护柜 B 跳 W3Q3 断路器（启失灵、不启重合）	
2		750kV W3Q3 断路器保护柜：拆除并包裹：1BD5：201/13016B、1BD10：F233/13016B 极 1 高端阀组保护柜 B 跳 W3Q3 断路器（不启失灵、不启重合）	
3		750kV W3Q3 断路器保护柜：拆除并包裹：1BD1：101/13012B、1BD9：F133/13012B 极 1 高端阀组保护柜 B 跳 W3Q3 断路器（不启失灵、不启重合）	
4		750kV W3Q3 断路器保护柜：拆除并包裹：1BD5：201/13015B、1BD7：33RII/13015B 极 1 高端阀组保护柜 B 跳 W3Q3 断路器（启失灵、不启重合）	
5		750kV W3Q3 断路器保护柜：拆除并包裹：3BD1：101/14003A、3BD9：33RI/14003A 极 1 极控制柜 A 跳 W3Q3 断路器（启失灵、不启重合）	
6		750kV W3Q3 断路器保护柜：拆除并包裹：3BD2：101/14003B、3BD10：33RI/14003B 极 1 极控制柜 B 跳 W3Q3 断路器（启失灵、不启重合）	
7		750kV W3Q3 断路器保护柜：拆除并包裹：3BD3：101/14023A、3BD11：33RI/14023A 极 1 极保护柜 A 跳 W3Q3 断路器（启失灵、不启重合）	
8		750kV W3Q3 断路器保护柜：拆除并包裹：3BD4：101/14023B、3BD12：33RI/14023B 极 1 极保护柜 B 跳 W3Q3 断路器（启失灵、不启重合）	

续表

序号	执行	安全措施内容	恢复
9		750kV W3Q3 断路器保护柜:拆除并包裹:3BD5:101/14004A、3BD13:F133/14004A 极 1 极控制柜 A 跳 W3Q3 断路器（不启失灵、不启重合）	
10		750kV W3Q3 断路器保护柜:拆除并包裹:3BD6:101/14004B、3BD14:F133/14004B 极 1 极控制柜 B 跳 W3Q3 断路器（不启失灵、不启重合）	
11		750kV W3Q3 断路器保护柜:拆除并包裹:3BD7:101/14024A、3BD15:F133/14024A 极 1 极保护柜 A 跳 W3Q3 断路器（不启失灵、不启重合）	
12		750kV W3Q3 断路器保护柜:拆除并包裹:3BD8:101/14024B、3BD16:F133/14024B 极 1 极保护柜 B 跳 W3Q3 断路器（不启失灵、不启重合）	
13		750kV W3Q3 断路器保护柜:拆除并包裹:4BD1:201/14007A、4BD9:33RII/14007A 极 1 极控制柜 A 跳 W3Q3 断路器（启失灵、不启重合）	
14		750kV W3Q3 断路器保护柜: 拆除并包裹: 4BD2: 201/14007B、4BD10:33RII/14007B 极 1 极控制柜 B 跳 W3Q3 断路器（启失灵、不启重合）	
15		750kV W3Q3 断路器保护柜: 拆除并包裹: 4BD3: 201/14027A、4BD11:33RII/14027A 极 1 极保护柜 A 跳 W3Q3 断路器（启失灵、不启重合）	
16		750kV W3Q3 断路器保护柜: 拆除并包裹: 4BD4: 201/14027B、4BD12:33RII/14027B 极 1 极保护柜 B 跳 W3Q3 断路器（启失灵、不启重合）	
17		750kV W3Q3 断路器保护柜:拆除并包裹:4BD5:201/14008A、4BD13:F233/14008A 极 1 极控制柜 A 跳 W3Q3 断路器（不启失灵、不启重合）	
18		750kV W3Q3 断路器保护柜:拆除并包裹:4BD6:201/14008B、4BD14:F233/14008B 极 1 极控制柜 B 跳 W3Q3 断路器（不启失灵、不启重合）	
19		750kV W3Q3 断路器保护柜:拆除并包裹:4BD7:201/14028A、4BD15:F233/14028A 极 1 极保护柜 A 跳 W3Q3 断路器（不启失灵、不启重合）	
20		750kV W3Q3 断路器保护柜:拆除并包裹:4BD8:201/14028B、4BD16:F233/14028B 极 1 极保护柜 B 跳 W3Q3 断路器（不启失灵、不启重合）	
21		750kV W3Q3 断路器保护柜: 拆除并包裹: 4Q1D6: 101/13011A、4Q1D 14:33RI/13011A 极 1 极高端阀组保护柜 A 跳 W3Q3 断路器（启失灵、不启重合）	
22		750kV W3Q3 断路器保护柜: 拆除并包裹: 4Q1D7: 101/13012A、4Q1D 16:F133/13012A 极 1 极高端阀组保护柜 A 跳 W3Q3 断路器（不启失灵、不启重合）	
23		750kV W3Q3 断路器保护柜: 拆除并包裹: 4Q1D1: 101/13004A、4Q1D 16:F133/13004A 极 1 极高端阀组控制柜 A 跳 W3Q3 断路器（不启失灵、不启重合）	
24		750kV W3Q3 断路器保护柜: 拆除并包裹: 4Q1D2: 101/13004B、4Q1D 17:F133/13004B 极 1 极高端阀组控制柜 B 跳 W3Q3 断路器（不启失灵、不启重合）	
25		750kV W3Q3 断路器保护柜: 拆除并包裹: 4Q1D10: 101/13003A、4Q1D28:33RI/13003A 极 1 极高端阀组控制柜 A 跳 W3Q3 断路器（启失灵、不启重合）	

续表

序号	执行	安全措施内容	恢复
26		750kV W3Q3 断路器保护柜：拆除并包裹：4Q1D10：101/13003B、4Q1D28：33RI/13003B 极 1 极高端阀组控制柜 B 跳 W3Q3 断路器（启失灵、不启重合）	
27		750kV W3Q3 断路器保护柜：拆除并包裹：4Q2D4：201/13015A、4Q2D14：33RII/13015A 极 1 高端阀组保护柜 A 跳 W3Q3 断路器（启失灵、不启重合）	
28		750kV W3Q3 断路器保护柜：拆除并包裹：4Q2D5：201/13016A、4Q2D16：F233/13016A 极 1 高端阀组保护柜 A 跳 W3Q3 断路器（不启失灵、不启重合）	
29		750kV W3Q3 断路器保护柜：拆除并包裹：4Q2D8：201/13007A、4Q2D13：33RII/13007A 极 1 高端阀组控制柜 A 跳 W3Q3 断路器（启失灵、不启重合）	
30		750kV W3Q3 断路器保护柜：拆除并包裹：4Q2D9：201/13007B、4Q2D14：33RII/13007B 极 1 高端阀组控制柜 B 跳 W3Q3 断路器（启失灵、不启重合）	
31		750kV W3Q3 断路器保护柜：拆除并包裹：4Q2D10：201/13008A、4Q2D17：F233/13008A 极 1 高端阀组控制柜 A 跳 W3Q3 断路器（不启失灵、不启重合）	
32		750kV W3Q3 断路器保护柜：拆除并包裹：4Q2D10：201/13008B、4Q2D17：F233/13008B 极 1 高端阀组控制柜 B 跳 W3Q3 断路器（不启失灵、不启重合）	

临时二次安全措施记录

执行工作		恢复工作	
执行人	监护人	执行人	监护人

6.5 控保软件隔离措施记录表

6.5.1 取消极控制主机相关监视（以交流物第三串接口屏 A/B 为例，如图 5-12 所示）

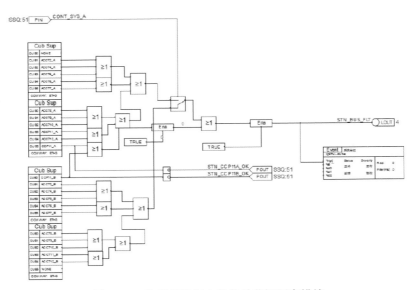

图 5-12 取消极控制主机相关监视隔离措施

6.5.2 取消极控制主机相关信号数据（以交流物第三串接口屏 A/B 为例，如图 5-13 所示）

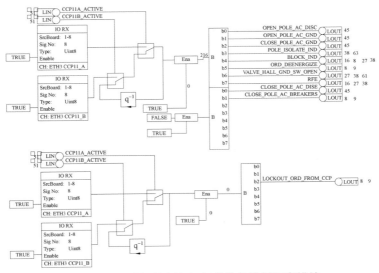

图 5-13 取消极控制主机相关信号数据隔离措施

特高压直流工程建设管理实践与创新

TEGAOYA ZHILIU GONGCHENG JIANSHE GUANLI SHIJIAN YU CHUANGXIN

换流站工程

标准化作业指导书（上、下册）

国家电网公司直流建设分公司　编

中国电力出版社
CHINA ELECTRIC POWER PRESS

内 容 提 要

为全面总结十年来特高压直流输电工程建设管理的实践经验，国家电网公司直流建设分公司编纂完成《特高压直流工程建设管理实践与创新》丛书。本丛书分标准化管理、标准化作业指导书、典型经验和典型案例四个系列，共 12 个分册。

本书为《换流站工程标准化作业指导书》分册，包括 9 个土建作业指导书、5 个电气安装作业指导书、7 个分系统调试作业指导书、10 个调相机作业指导书，共四个篇章 31 个换流站工程特有分部分项工程作业指导书。

本书可供从事全球能源互联网构建的建设、设计、施工、调试、运行、维护和检修，直流输电设备制造等方面的专业技术人员、工程专家、建设管理人员使用。

图书在版编目（CIP）数据

特高压直流工程建设管理实践与创新. 换流站工程标准化作业指导书：全 2 册 / 国家电网公司直流建设分公司编. —北京：中国电力出版社，2017.12
ISBN 978-7-5198-1505-9

Ⅰ. ①特… Ⅱ. ①国… Ⅲ. ①特高压输电–直流换流站–工程施工–标准化管理–中国
Ⅳ. ①TM726.1

中国版本图书馆 CIP 数据核字（2017）第 303735 号

出版发行：中国电力出版社
地　　址：北京市东城区北京站西街 19 号（邮政编码 100005）
网　　址：http://www.cepp.sgcc.com.cn
责任编辑：肖　敏（010-63412363）　李文娟
责任校对：王开云　马　宁　郝军燕　太兴华
装帧设计：张俊霞　左　铭
责任印制：邹树群

印　　刷：北京大学印刷厂
版　　次：2017 年 12 月第一版
印　　次：2017 年 12 月北京第一次印刷
开　　本：787 毫米×1092 毫米　16 开本
印　　张：64.25
字　　数：1470 千字
印　　数：0001—2000 册
定　　价：350.00 元（全 2 册）

《特高压直流工程建设管理实践与创新》丛书

编 委 会

主　　　任　丁永福

副　主　任　成　卫　赵宏伟　袁清云　高　毅　张金德

　　　　　　刘　皓　陈　力　程更生　杨春茂

成　　　员　鲍　瑞　余　乐　刘良军　谭启斌　朱志平

　　　　　　刘志明　白光亚　郑　劲　寻　凯　段蜀冰

　　　　　　刘宝宏　邹军峰　王新元

本 书 专 家 组

郭贤珊　黄　勇　谢洪平　卢理成　赵大平

本 书 编 写 组

组　　　长　陈　力

副　组　长　刘良军　白光亚　谭启斌　吴　畏　杨洪瑞

　　　　　　姚　斌

成员（土建）　（排名不分先后）

　　　　　　陈绪德　曹加良　刘凯锋　李　昱　张春宝

　　　　　　程宙强　王国庆　黄成相　王俊宇　关海波

　　　　　　王节勇　万　磊　程元友　刘　标

成员（电气） （排名不分先后）

徐剑峰　李　旸　王茂忠　郎鹏越　李　斌

刘　超　张　栋　伍　飞　胡文华　楼　渊

冯昆仑　李品良　朱红星　郑炳焕　王开库

成员（调试） （排名不分先后）

徐剑峰　李　勇　潘励哲　李天佼　张　鹏

牛艳召　孟　进　毛绍全　刘运龙　肖青云

成员（调相机） （排名不分先后）

宋　明　宋　涛　陈　毅　周　斌　龙荣洪

吴娅妮　胡宇光　阿怀君　张志华　徐　磊

姚　磊

序 言

　　建设以特高压电网为骨干网架的坚强智能电网，是深入贯彻"五位一体"总体布局、全面落实"四个全面"战略布局、实现中华民族伟大复兴的具体实践。国家电网公司特高压直流输电的快速发展以向家坝—上海±800kV特高压直流输电示范工程为起点，其成功建成、安全稳定运行标志着我国特高压直流输电技术进入全面自主研发创新和工程建设快速发展新阶段。

　　十年来，国家电网公司特高压直流输电技术和建设管理在工程建设实践中不断发展创新，历经±800kV向上、锦苏、哈郑、溪浙、灵绍、酒湖、晋南到锡泰、上山、扎青等工程实践，输送容量从640万kW提升至1000万kW，每千千米损耗率降低到1.6%，单位走廊输送功率提升1倍，特高压工程建设已经进入"创新引领"新阶段。在建的±1100kV吉泉特高压直流输电工程，输送容量1200万kW、输送距离3319km，将再次实现直流电压、输送容量、送电距离的"三提升"。向上、锦苏、哈郑等特高压工程荣获国家优质工程金奖，向上特高压工程获得全国质量奖卓越项目奖，溪浙特高压双龙换流站荣获2016年度中国建设工程鲁班奖等，充分展示了特高压直流工程建设本质安全和优良质量。

　　在特高压直流输电工程建设实践十年之际，国网直流公司全面落实专业化建设管理责任，认真贯彻落实国家电网公司党组决策部署，客观分析特高压直流输电工程发展新形势、新任务、新要求，主动作为开展特高压直流工程建设管理实践与创新的总结研究，编纂完成《特高压直流工程建设管理实践与创新》丛书。

　　丛书主要从总结十年来特高压直流工程建设管理实践经验与创新管理角度出发，本着提升特高压直流工程建设安全、优质、效益、效率、创新、生态文明等管理能力，提炼形成了特高压直流工程建设管理标准化、现场标准化作业指导书等规范要求，总结了特高压直流工程建设管理典型经验和案例。丛书既有成功经验总结，也有典型案例汇编，既有管理创新的智慧结晶，也有规范管理的标准要求，是对以往特高压输电工程难得的、较为系统的总结，对后续特高压直流工程和其他输变电工程建设管理具有很好的指导、借鉴和启迪作用，必将进一步提升特高压直流工程建设管理水平。丛书分标准化管理、标准化作业指导书、典型经验和典型案例四个系列，共 12 个分册 300 余万字。希望丛书在今后的特高压建设管理实践中不断丰富和完善，更好地发挥示范引领作用。

特此为贺特高压直流发展十周年，并献礼党的十九大胜利召开。

刘泽洪

2017 年 10 月 16 日

前　言

　　自 2007 年中国第一条特高压直流工程——向家坝—上海±800kV 特高压直流输电示范工程开工建设伊始，国家电网公司就建立了权责明确的新型工程建设管理体制。国家电网公司是特高压直流工程项目法人；国网直流公司负责工程建设与管理；国网信通公司承担系统通信工程建设管理任务。中国电力科学研究院、国网北京经济技术研究院、国网物资有限公司分别发挥在科研攻关、设备监理、工程设计、物资供应等方面的业务支撑和技术服务的作用。

　　2012 年特高压直流工程进入全面提速、大规模建设的新阶段。面对特高压电网建设迅猛发展和全球能源互联网构建新形势，国家电网公司对特高压工程建设提出"总部统筹协调、省公司属地建设管理、专业公司技术支撑"的总体要求。国网直流公司开展"团队支撑、两级管控"的建设管理和技术支撑模式，在工程建设中实施"送端带受端、统筹全线、同步推进"机制。在该机制下，哈密南—郑州、溪洛渡—浙江、宁东—浙江、酒泉—湘潭、晋北—南京、锡盟—泰州等特高压直流工程成功建设并顺利投运。工程沿线属地省公司通过参与工程建设，积累了特高压直流线路工程建设管理经验，国网浙江、湖南、江苏电力顺利建成金华换流站、绍兴换流站、湘潭换流站、南京换流站以及泰州换流站等工程。

　　十年来，特高压直流工程经受住了各种运行方式的考验，安全、环境、经济等各项指标达到和超过了设计的标准和要求。向家坝—上海、锦屏—苏州南、哈密南—郑州特高压直流输电工程荣获"国家优质工程金奖"，溪洛渡—浙江双龙±800kV 换流站获得"2016～2017 年度中国建筑工程鲁班奖"等。

　　《换流站工程标准化作业指导书》分册分上、下两册，包括 9 个土建作业指导书、5 个电气安装作业指导书、7 个分系统调试作业指导书、10 个调相机作业指导书，共四个篇章 31 个换流站工程特有分部分项工程作业指导书。可供从事全球能源互联网构建的建设、设计、施工、调试、运行、维护和检修，直流输电设备制造等方面的专业技术人员、工程专家、建设管理人员等使用。

本书在编写过程中，得到工程各参建单位的大力支持，在此表示衷心感谢！书中恐有疏漏之处，敬请广大读者批评指正。

编　者

2017 年 9 月

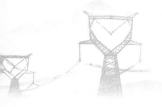

特高压直流工程建设管理实践与创新
——换流站工程标准化作业指导书

目　录

下　册

第三篇

分系统调试篇

篇 目 录

第一章

换流阀分系统调试作业指导书

目 次

1 概述

1.1 相关说明

换流阀分系统调试是在阀厅一次设备安装调整完毕，阀组控制保护组网完成及二次线接线完毕后进行的一次设备和二次控制保护之间的联动试验。其主要目的是验证换流阀及阀厅内部相关组件与控制保护系统接口功能是否正确；验证换流变压器一次接线、阀控系统信号回报功能、换流阀点火控制同步电压是否正确；验证换流阀各阀臂触发顺序、换流阀触发角与触发信号关系、控制系统触发时序是否正确，并检查换流阀及阀厅内部相关组件性能是否满足相关标准、规范及合同规定技术要求。

1.2 适用范围

本作业指导书适用于±1100kV 及以下换流站工程的换流阀分系统调试过程中标准化的安全质量控制。

1.3 工作依据

下列文件对于本文件的应用是必不可少的。凡是注日期的引用文件，仅注日期的版本适用于本文件。凡是不注日期的引用文件，其最新版本（包括所有的修改单）适用于本文件。

GB 50150《电气装置安装工程　电气设备交接试验标准》

GB/T 7261　《继电保护和安全自动装置基本试验方法》

DL/T 1129　《直流换流站二次电气设备交接试验规程》

Q/GDW 275　《±800kV 直流系统电气设备交接验收》

Q/GDW 293　《±800kV 直流换流站设计技术规定》

国家电网公司电力安全工作规程（电网建设部分）

国家电网公司十八项电网重大反事故措施

国家电网公司防止直流换流站单、双极强迫停运二十一项反事故措施

2 整体流程及责任划分

2.1 总体流程图

总体流程图如图 1-1 所示。

2.2 职责划分

（1）分系统调试单位与一次设备安装单位的调试接口界面在汇控柜（端子箱）端子排，没有汇控柜（端子箱）的在机构箱端子排处。端子排以外的由分系统调试单位负责。

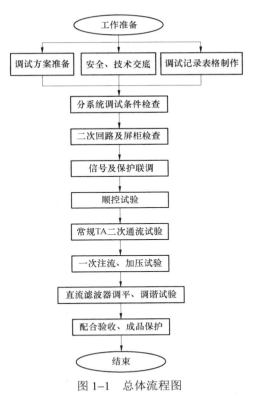

图 1-1　总体流程图

（2）分系统调试单位与控制保护厂家的调试接口界面在接口屏端子排，端子排以外的由分系统调试单位负责。

（3）分系统调试单位负责整个回路的完整性。

3　换流阀分系统调试实施准备

3.1　一次设备单体调试结果核实

核实换流阀一次设备是否已经安装调整结束，交接试验是否合格。必要时由安装单位与分系统调试单位在监理的见证下办理工序交接移交单。

3.2　相关二次设备单体调试结果核实

核实换流阀相关二次设备单体调试是否结束，二次电缆、光缆是否接线完毕。由电气A包施工项目部部门内部协调控制。

3.3　交流电源、直流电源准备

核实交流电源、直流电源是否具备条件，电压质量是否在规程规定范围内；交流电源、直流电源来源与设计图纸是否一致（双电源供电的设备分别取至Ⅰ段、Ⅱ段电源）。

3.4　图纸、试验记录表格准备

相关图纸已审核完毕，可以作为调试依据；相关试验记录表格已编写完成，可以确保不缺项、不漏项。

4　二次回路及屏柜检查

4.1　注意事项

屏柜绝缘检查试验应依据规程选择正确的试验电压挡位，屏柜通电前应先确认电源回路两极之间、对地绝缘均合格后才能送电。

4.2　二次回路绝缘检查

分系统调试单位用 1000V 绝缘电阻表对二次回路进行绝缘检查。回路对地电阻和回路之间应大于 10MΩ。

4.3　屏柜通电检查

检查屏柜内照明是否正常；检查直流工作电压幅值和极性是否正确；检查直流屏内直流空气开关名称与对应保护装置屏柜是否一致；检查屏柜内加热器工作是否正常。

4.4　屏柜通信检查

检查光纤、网线、总线等通信接线是否正确；任一路通信断开，后台应有报警信息。

5　信号及保护联调

5.1　注意事项

（1）传动接地开关时现场需派专人看护，并与监控后台保持通信畅通。
（2）接地开关现场手动分、合一次，确保其能正常分合后才能进行远方遥控试验。
（3）做好防触电措施。

5.2　开关量信号联调

按照设计图纸，逐一核对各控制保护装置、断路器、隔离开关、接地开关信号，依次进行联调，步骤如下：
（1）条件具备时，使实际操作各保护装置、阀厅内接地开关、门锁系统发出信号；条件不具备时，模拟发出信号（在信号源接点上模拟信号发生即将接点的两端短接；软报文采用软件置数的方式实现）。
（2）观察运行人员工作站信号事件列表上是否有该信号事件：若运行人员工作站上出

现信号事件，试验通过，进行下一项试验；若运行人员工作站上没有信号事件，则进行查线，找到原因并更正后，重复进行上述步骤。

（3）检查项目。

1）换流器控制保护（CCP）和换流阀控制单元（VBE）接口信号核对。

2）换流器控制保护（CCP）和阀冷控制保护（VCCP）核对试验记录表。

3）换流阀厅接地开关信号核对。

4）门锁系统信号核对。

5）穿墙套管压力低告警信号核对。

6）其他信号核对。

5.3　模拟量信号联调

针对穿墙套管 SF_6 压力表的模拟量输出信号，依次进行联调，步骤如下：

（1）在信号源处测量模拟量信号的直流值。

（2）在运行人员工作站上（或控制保护系统软件中）观察确认信号值：若与输入值相符，试验通过，进行下一项试验；若与输入值有差异，则进行查线，找到原因并更正后，重复进行上述步骤。

（3）检查项目：对阀厅穿墙套管就地 SF_6 压力值与后台显示进行比较。

5.4　遥控信号联调

针对换流站阀厅内接地开关及门锁系统的遥控信号，依次进行联调，步骤如下：

（1）接地开关控制。对换流阀厅内部接地开关进行遥控，验证其控制操作的正确性，步骤如下：

1）将控制箱的就地/远方开关的控制位置打到远方。

2）在运行人员工作站上对接地开关依次进行分、合闸操作：若正确动作，试验通过，进行下一项试验；若动作不正确，则进行查线，找到原因并更正后，重复进行上述步骤。

3）在运行人员工作站上对接地开关进行顺控逻辑操作：若动作逻辑正确，试验通过，进行下一项试验；若动作不正确，则进行动作逻辑检查，找到原因并更正后，重复进行上述步骤。

（2）门锁系统操作。验证换流阀阀厅门锁动作逻辑的正确性，步骤如下：

1）顺控操作将阀厅内接地开关合上，实现阀组接地。

2）在阀厅门锁处旋转站长钥匙并按解锁键，将阀厅大门门锁解锁，若解锁正确，试验通过；若动作不正确，则进行查线，找到原因并更正后，重复进行上述步骤。

5.5　保护跳闸传动联调

按照设计图纸，逐一核对各保护装置跳闸逻辑，依次进行联调。检查项目如下：

（1）阀厅穿墙套管非电量保护各保护动作出口的验证。

（2）保护主机"三取二"逻辑的验证。

（3）三套非电量保护退出其中一套时，程序自动转化成"二取一"动作出口逻辑的验证，任一个三取二模块故障，不会导致保护拒动或误动。

（4）非电量保护动作出口闭锁阀组及不启动失灵等相关出口逻辑的验证。

（5）其他保护动作出口的验证。

6 主通流回路接头直流电阻测试

6.1 注意事项

（1）确保安装工作已经全部结束。

（2）试验涉及整个换流阀区域，派专人现场看护，并保持通信畅通。

6.2 测试方法

按照设计图纸，对阀厅内主通流回路接头逐一进行直流电阻测试，测试结果应不大于 $10\mu\Omega$。

7 换流阀低压加压试验

7.1 注意事项

（1）与设备有关的交接试验已经完成，并合格。

（2）试验中的相关设备已经接好辅助电源。

（3）极控系统、阀厅设备等相关调试单位已做好准备。

（4）当涉及试验电源与辅助电源开关装置的连接工作时必须非常小心；根据参数计算注入的电流值，供试验电源的线路熔丝应选择熔断电流尽可能小的。

（5）试验涉及整个换流阀区域，派专人现场看护，并保持通信畅通。

7.2 主回路计算

通过主回路计算确定试验电源容量、试验电压及直流负载值。低压加压试验时的负载电流值 I_d 在可控硅阀连续导通的前提下应尽可能小，5 英寸和 6 英寸换流阀最小连续导通电流为 $I_d=2\sim10A$。

换流阀阀两侧的电压在能使阀在正常运行中可以被触发的前提下尽可能小，单只晶闸管导通电压通常不小于 $U_{thyristor}=200\sim400V$，具体单只晶闸管的试验电压值和电流值需经厂家确认。

7.3 低压加压试验步骤

按照设计图纸，在换流阀常规电流互感器汇控箱，对所有电流回路二次回路进行注流，逐一核对各保护装置电流的采样值的正确性，判断控保系统所用电流采样值是否正确。

（1）换流区主接线示意图如图 1-2 所示，试验接线图如图 1-3 所示。根据厂家的技术方案在一个桥臂中选择单只晶闸管或多只晶闸管参与试验,其他晶闸管短接。换流变压器进线断路器、隔离开关断开;直流场阀厅出线隔离开关均处于断开位置。按图 1-3 设置试验测量点接示波器。试验准备过程中,换流变压器进线侧的接地开关和阀组的接地开关必须合上(Q21/Q22/Q23/Q24 均处于合位);试验过程中,Q21/Q22/Q23/Q24 接地点必须解除,接地解除后视作是主电路已经充电。

(2)根据控制保护厂家要求,将换流器控制模式至于测试状态,退出换流变压器交流侧交流低电压保护、换流器开路保护、直流低电压保护和脉冲丢失保护等。

(3)换流变压器加压及阀侧套管末屏电压检查。将试验电压逐步升至要求电压,同步电压调整到 100V。检查换流变压器本体无异常,在后台录波系统中检查同步电压大小、相序正确,检查换流变阀侧套管末屏电压大小、相序正确。

(4)换流阀解锁试验。在工作站中选择换流器控制 A 系统为值班系统,B 系统为备用状态或退出备用,在值班系统中选择 α 角为 120° 解锁换流阀;检查直流电压幅值与波形正确;检查阀控回报信号正常;检查试验期间控制系统是否有与试验相关的异常报警信号;如无异常,继续进行 90°、60°、45°、30° 触发角试验。试验数据合格后切换 B 系统作为值班系统,A 系统为备用状态或退出备用,重复上述试验。

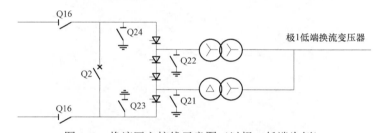

图 1-2 换流区主接线示意图(以极 1 低端为例)

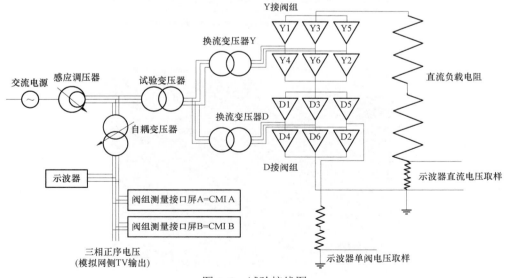

图 1-3 试验接线图

(5)波形检查。在各触发角度下,直流电压波形如图 1-4～图 1-7 所示。

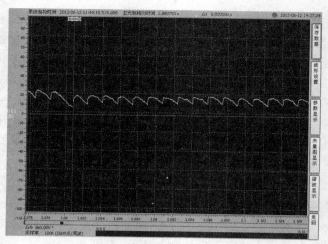

图1-4 触发角为90°时的直流电压波形

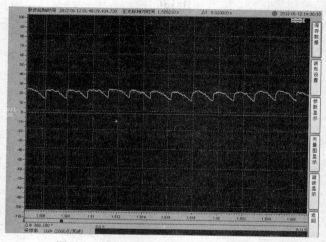

图1-5 触发角为60°时的直流电压波形

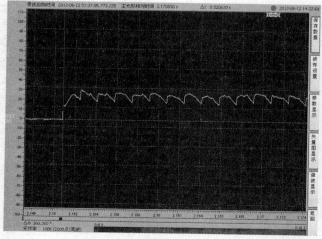

图1-6 触发角为45°时的直流电压波形

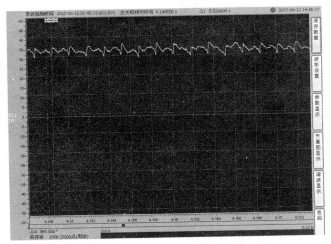

图 1-7　触发角为 30°时的直流电压波形

8　换流阀分系统调试安全控制

（1）进入施工现场的人员应正确使用合格的安全帽等安全防护用品，穿好工作服，严禁穿拖鞋、凉鞋、高跟鞋，以及短裤、裙子等进入施工现场。严禁酒后进入施工现场，严禁流动吸烟。

（2）施工用电应严格遵守安规，实现三级配电、二级保护、一机一闸一漏保。总配电箱及区域配电箱的保护零线应重复接地，且接地电阻不大于 10Ω。用电设备的电源线长度不得大于 5m，距离大于 5m 时应设流动开关箱；流动开关箱至固定式配电箱之间的引线长度不得大于 40m，且只能用橡套软电缆。

（3）施工单位的各类施工人员应熟悉并严格遵守安规的有关规定，经安全教育，考试合格方可上岗。临时参加现场施工的人员，应经安全知识教育后，方可参加指定的工作，并且不得单独工作。

（4）工作中严格按照《安规》要求指导施工，确保人身和设备安全。

（5）特种工种必须持证上岗，杜绝无证操作。由工作负责人检查起重机械证照是否齐全，操作、指挥人员必须持证上岗。

换流阀分系统调试安全风险控制卡（2 级风险）见表 1-1。

表 1-1　　　　　　换流阀分系统调试安全风险控制卡（2 级风险）

作业区域：

工作时间：　　年　月　日　时～　　年　月　日　时

工作负责人：　　　　　　　　　　安全监护人：　　　　　　　　　　　　监理员：

工作班成员：

序号	控制项目	控 制 内 容	落实情况
1	安全交底	1. 试验前进行站班交底，明确工作内容及试验范围	
		2. 由工作负责人指定安全监护人员进行监护	

续表

序号	控制项目	控 制 内 容	落实情况
2	设备检查	1. 工器具完好，机械强度、绝缘性能满足试验要求	
		2. 换流阀水冷系统投入运行	
		3. 阀厅空调系统投入运行	
		4. 阀厅火灾报警系统投入运行	
3	试验接线	1. 试验电源安全、可靠，满足试验要求	
		2. 临时接地线可靠接地，直流侧接地开关、换流变压器阀侧接地开关闭合	
		3. 试验回路做好误动、误碰措施	
		4. 整体试验接线正确无误	
		5. 待试设备无短路、漏电、串电的情况	
4	安全警示	1. 工作区域悬挂安全围绳	
		2. 悬挂调试警示牌	
		3. 确认相关安全措施已落实好	
5	风险控制	1. 在回路上工作时，应使用有绝缘柄的工具，不得裸露金属部分	
		2. 确认 TA 回路没有开路，末屏分压器回路没有短路	
		3. 防止高空坠物，伤及设备或人员	
		4. 远离带电体，防止电击	
		5. 使用测量仪表前，对仪表及相关挡位进行核对无误	
		6. 拆、接线前应用万用表测量检查，每拆一根二次线时，裸露的线头要立即用绝缘胶布单独包扎	
		7. 高压试验施工区域设置警戒线并有明显的警示标识，试验人员充分了解试验仪器及被试设备性能，试验仪器接地应可靠接至主网，不得采用搭接。按照试验方案进行操作、不能误动、误碰不相关的运行设备，不能超范围工作。试验完毕后应进行充分放电，拆除接地线，并安全监护人检查确认	
		8. 现场电缆沟盖板尚未铺设完成，操作时防止掉入电缆沟，造成人身伤害	
6	离场检查	1. 设备整理检查，无遗漏	
		2. 试验电源接线拆除，试验电源箱门关闭，不遗留杂物、误动内部接线	
		3. 临时接地线全部拆除	
		4. 恢复至要求的接线状态	
		5. 警示围绳、警示牌整理回收	
		6. 场地卫生清理完毕	

注　落实情况由安全监护人签署。

9 **换流阀分系统重点控制要点**

重点控制要点如图 1-8 所示。

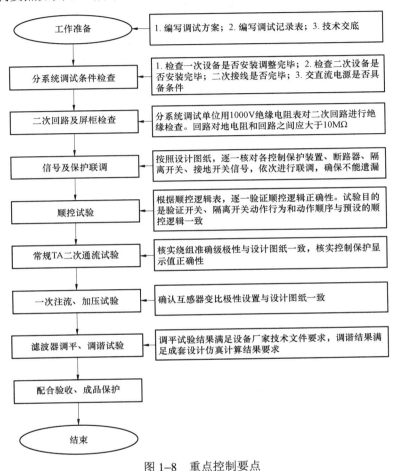

图 1-8 重点控制要点

10 参照表

10.1 二次回路及屏柜检查质量控制卡

二次回路及屏柜检查质量控制卡

二次屏柜检查							
信号名称	测量接口柜			阀组保护柜			阀控柜	
	A	B	C	A	B	C	A	B
单电源故障								
断开光纤连接回路								
断开网线连接回路								

二次回路绝缘检查								
试验项目	测量接口柜			阀组保护柜			阀控柜	
	A	B	C	A	B	C	A	B
直流电源回路								
二次操作回路								
二次信号回路								
试验结论								
试验人员				日期：				
监理员				日期：				
备注	用绝缘电阻表 1000V 挡对整个二次回路进行绝缘检查，满足相关要求							

10.2 信号及保护联调质量控制卡

信号及保护联调质量控制卡

换流器控制保护（CCP）和换流阀控制单元（VBE）核对试验记录表			
开关量输出信号	EWS 工程师工作站		备注
	A	B	
主用系统/备用系统信号（ACTIVE）			
电压正常/异常信号（VOLTAGE）			
控制脉冲（CP）			
解锁/闭锁信号（DEBLOCK）			
投旁通对信号（BPPO）			
逆变运行状态信号（INV_Ind）			
录波信号（REC_Trig）			

续表

输入信号	EWS 工程师工作站		备注
	A	B	
VBE 可用信号（VBE_OK）			
VBE 闭锁信号（VBE_Trip）			
触发脉冲回馈信号（FP）			

换流器控制保护（CCP）和阀冷控制保护（VCCP）核对试验记录表

开关量输出信号	水冷本体屏柜		备注
	A	B	
解锁/闭锁信号（DEBLOCK）			
直流控制系统主用/备用信号（ACTIVE）			
远方切换阀冷主泵命令 （switch pump）			

输入信号	EWS 工程师工作站		备注
	A	B	
阀冷系统跳闸命令（VCCP_TRIP）			
阀冷系统功率回降命令（RUNBACK）			
阀冷系统可用信号（VCCP_OK）			
阀冷系统具备运行条件（VCCP_ RFO）			
阀冷系统具备冗余冷却能力（REDUNDANT）			
阀冷控保系统主用/备用信号（VCCP_ACTIVE）			
阀冷控保系统主用/备用信号（VCCP_ACTIVE）			
其他信号			

接地开关分系统试验记录表

开关量输出信号	EWS 工程师工作站		备注
	A 套	B 套	
分位			
合位			
电源消失			
远方/就地			
操作	结果		
就地相合			
就地相分			
远方相合			
远方相分			
顺控联锁检查			

续表

门锁系统分系统试验记录表

开关输出信号	EWS 工程师工作站		备注
	A	B	
阀厅门钥匙释放命令			
紧急门状态			

阀厅穿墙套管分系统试验记录表

开关输出信号	EWS 工程师工作站			备注
	A	B	C	
SF_6 压力告警 1				
SF_6 压力告警 2				
SF_6 压力跳闸				
试验结论				
试验人员			日期：	
监理员			日期：	

10.3 阀厅内主通流回路接头直流电阻测试质量控制卡

阀厅内主通流回路接头直流电阻测试质量控制卡

测试部位	一次电流（A）	实测值（μΩ）
主通流回路接头 1		
主通流回路接头 2		
主通流回路接头 3		
主通流回路接头 4		
主通流回路接头 5		
主通流回路接头 6		
主通流回路接头 7		
主通流回路接头 8		
主通流回路接头 9		
主通流回路接头 10		
主通流回路接头 11		
主通流回路接头 12		
主通流回路接头 13		
主通流回路接头 14		
主通流回路接头 15		
主通流回路接头 16		
试验结论		
试验人员		日期：
监理员		日期：

10.4　换流阀低压加压试验质量控制卡

换流阀低压加压试验质量控制卡

	触发角（°）	直流电压 U_d（V）	直流电流 I_d（A）	升压试验变压器输出电压（V）	负载电阻（Ω）	录波波形
	120					
	90					
控制系统 A	60					
	45					
	30					
	120					
	90					
控制系统 B	60					
	45					
	30					
		U_y 首端（V）	U_y 末端（V）	$U_\triangle$ 首端（V）	$U_\triangle$ 末端（V）	
控制系统 A	抽取电压检查		—		—	
控制系统 B			—	—		
试验结论						
试验人员					日期：	
监理员					日期：	
备注	试验报告必须附电压波形					

第二章

换流站换流变分系统调试作业指导书

目　次

1　概述

1.1　相关说明

换流变压器分系统调试是在换流变压器一次设备安装调整完毕，换流变压器控保组网完成及二次线接线完毕后进行的一次设备和二次控制保护之间的联动试验。其主要目的是验证二次回路正确性。

1.2　适用范围

本作业指导书适用于±1100kV 及以下换流站工程的换流变压器分系统调试过程中标准化的安全质量控制。

1.3　工作依据

下列文件对于本文件的应用是必不可少的。凡是注日期的引用文件，仅注日期的版本适用于本文件。凡是不注日期的引用文件，其最新版本（包括所有的修改单）适用于本文件。

GB 50150　《电气装置安装工程　电气设备交接试验标准》

GB/T 7261　《继电保护和安全自动装置基本试验方法》

DL/T 1129　《直流换流站二次电气设备交接试验规程》

Q/GDW 275　《±800kV 直流系统电气设备交接验收》

Q/GDW 293　《±800kV 直流换流站设计技术规定》

国家电网公司电力安全工作规程（电网建设部分）

国家电网公司十八项电网重大反事故措施

国家电网公司防止直流换流站单、双极强迫停运二十一项反事故措施

2　整体流程及责任划分

2.1　总体流程图

总体流程图如图 2-1 所示。

2.2　职责划分

（1）分系统调试单位与一次设备安装单位的调试接口界面在汇控柜（端子箱）端子排，没有汇控柜（端子箱）的在机构箱端子排处。端子排以外的由分系统调试单位负责。

（2）分系统调试单位与控制保护厂家的调试接口界面在接口屏端子排，端子排以外的由分系统调试单位负责。

（3）分系统调试单位负责整个回路的完整性。

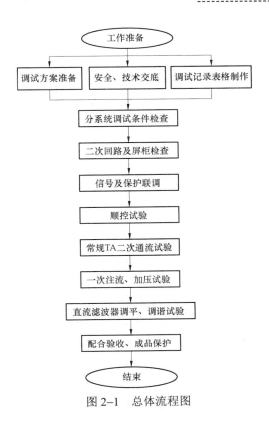

图 2-1 总体流程图

3 换流变压器分系统调试实施准备

3.1 一次设备单体调试结果核实

核实换流变一次设备是否已经安装调整结束，交接试验是否合格。必要时由安装单位与分系统调试单位在监理的见证下办理工序交接移交单。

3.2 相关二次设备单体调试结果核实

核实换流变相关保护二次设备单体调试是否结束，二次电缆是否接线完毕。由电气 A 包施工项目部部门内部协调控制。

3.3 交流电源、直流电源准备

核实交流电源、直流电源是否具备条件，电压质量在规程规定范围内；交流电源、直流电源来源与设计图纸一致（双电源供电的设备分别取至Ⅰ段、Ⅱ段电源）。

3.4 图纸、试验记录表格准备

相关图纸已审核完毕，可以作为调试依据；相关试验记录表格已编写完成，可以确保

不缺项、不漏项。

4　二次回路及屏柜检查

4.1　注意事项

屏柜绝缘检查试验应依据规程选择正确的试验电压挡位，屏柜通电前应先确认电源回路两极之间、对地绝缘均合格后才能送电。

4.2　二次回路绝缘检查

分系统调试单位用 1000V 绝缘电阻表对二次回路进行绝缘检查。回路对地电阻和回路之间应大于 10MΩ。

4.3　屏柜通电检查

检查屏柜内照明是否正常；检查直流工作电压幅值和极性是否正确；检查直流屏内直流空气开关名称与对应保护装置屏柜是否一致；检查屏柜内加热器工作是否正常。

4.4　屏柜通信检查

检查光纤、网线、总线等通信接线是否正确；任一路通信断开，后台应有报警信息。

5　信号及保护联调

5.1　注意事项

（1）传动开关、隔离开关时现场需派专人看护，并与监控后台保持通信畅通。

（2）隔离开关、接地开关现场手动分、合一次，确保其能正常分合后才能进行远方遥控试验。

（3）做好防触电措施。

5.2　开关量信号联调

按照设计图纸，逐一核对各控制保护装置、断路器、隔离开关、接地开关信号，依次进行联调，步骤如下：

（1）条件具备时，使换流变压器一次设备（断路器、隔离开关、接地开关），换流变压器控制保护小室内的二次保护装置实际发出信号；条件不具备时，模拟发出信号（在信号源接点上模拟信号发生即将接点的两端短接）。

（2）观察运行人员工作站信号事件列表上是否有该信号事件：若运行人员工作站上出现信号事件，试验通过，进行下一项试验；若运行人员工作站上没有信号事件，则进行查线，找到原因并更正后，重复进行上述步骤。

（3）检查项目。

1）变压器本体与汇控柜之间的信号。

2）汇控柜与 TEC/PLC 之间的信号。

3）汇控柜到智能组件柜之间的信号。

4）汇控柜与直流控制保护系统之间的信号。

5）TEC/PLC 柜与直流控制保护系统之间的信号。

6）智能组件柜到一体化在线监测平台之间的信号。

7）其他信号核对。

5.3 遥控信号联调

在控制系统人机界面操作或软件模拟发出信号，检查目标设备的响应是否正确。试验时，尽量直接检查目标设备响应；如目标设备无法响应，也需要在目标设备端子处测量该开出信号是否正确。

（1）分接头挡位控制。针对换流变压器分接头的每个挡位，验证其控制操作的正确性，步骤如下：

1）将三相控制箱的就地/远方开关的控制位置打到远方。

2）将分接头位置调在起始位置。

3）在运行人员工作站上对该单相换流变压器依次进行升分接头操作，直至其最高挡位：若分接头正确动作，试验通过，进行下一项试验；若分接头未动作或动作不对，则进行查线，找到原因并更正后，重复进行上述步骤。

4）在运行人员工作站上对该单相换流变压器依次进行降分接头操作，直至其起始挡位：若分接头正确动作，试验通过，进行下一项试验；若分接头未动作或动作不对，则进行查线，找到原因并更正后，重复进行上述步骤。

5）在运行人员工作站上对该组换流器六台换流变压器联合起来依次进行升、降分接头操作，直至其起始挡位：若分接头正确动作，试验通过，进行下一项试验；若分接头未动作或动作不对，则进行查线，找到原因并更正后，重复进行上述步骤。

（2）冷却器投切操作。针对换流变压器的每组冷却器，验证其投切操作的正确性，步骤如下：

1）将就地汇控柜中的就地/远方开关的控制位置打到远方。

2）在运行人员工作站上对该换流变压器的每组冷却器依次进行投/切操作：若动作正确，试验通过，进行下一项试验；若动作不对，则进行回路检查，找到原因并更正后，重复进行上述步骤。

3）冷却器分组启动、故障处理、定期巡检、轮换备用、手动/自动切换以及远方投/退策略检查。

4）遥控试验应在接口屏 A/B 独立运行的情况下，通过控制系统 A/B 分别进行遥控操作。

5.4 保护跳闸传动联调

按照换流变保护设计图纸，逐一核对各保护装置、变压器本体保护跳闸逻辑，依次进行联调。

（1）电量保护整组出口。分别在换流变 A、B、C 三套电量保护屏模拟各种故障，保护动作出口，检查确认保护与断路器的联合跳闸功能及阀组保护跳换流变压器出口回路的正确性。检查以下项目：

1）换流变电量保护各保护动作出口的验证。

2）后台保护主机三取二逻辑的验证。

3）电量保护在三套保护退出一套保护时，后台程序自动转化成二取一动作出口逻辑的验证，任一个三取二模块故障，不会导致保护拒动或误动。

4）电量保护动作出口启动失灵及闭锁阀组等相关出口逻辑的验证。

5）其他保护动作出口的验证。

（2）非电量保护整组出口。从测量接口屏 A、B、C 屏分别任意短接两块屏的同一非电量动作信号，以及短接任意一块屏的非电量动作信号。检查以下项目：

1）换流变压器非电量保护各保护动作出口的验证。

2）后台保护主机三取二逻辑的验证。

3）非电量保护在三套保护退出一套保护时，后台程序自动转化成二取一动作出口逻辑的验证，任一个三取二模块故障，不会导致保护拒动或误动。

4）非电量保护动作出口闭锁阀组及不启动失灵等相关出口逻辑的验证。

5）其他保护动作出口的验证。

6）从换流变压器本体实际模拟非电量保护动作出口的验证。

6 　二次注流、加压试验

6.1　注意事项

（1）二次注流、加压试验前，确保电流回路不开路、电压回路不短路。

（2）二次注流、加压试验时，确保注入电流、电压幅值不大于二次设备采样线圈的额定电流值。

（3）确保每个电流、电压回路有且只有一个接地点。

6.2　二次电流、电压回路检查

按照设计图纸，对所有电流、电压回路进行二次回路完整性及绝缘检查，测量二次回路的直流电阻及绝缘，并检查二次回路一点接地，接地点符合设计及反措要求。

6.3　二次注流试验

按照设计图纸，在换流变压器常规电流互感器汇控箱，对所有电流回路二次回路进行注流逐一核对各保护装置电流的采样值的正确性，判断控保系统所用电流采样值是否正确。

6.4　二次加压试验

在换流变压器电压互感器端子箱内对所有电压回路二次回路进行加压，逐一核对各保护装置电压量的采样值的正确性，采用保护装置录波、故障录波装置录波或后台录波等方式判断控保系统所用电压量的相序及采样值是否正确。

7　一次注流试验

7.1　注意事项

（1）一次注流前核查被试验 TA 上没有人在工作。

（2）确认注入电流小于 TA 的额定电流，大回路注流时注入电流小于回路上所有 TA 的最小额定电流。

（3）派专人看护，保持通信畅通。

7.2　换流变压器一次注流试验

（1）换流变压器 TA 极性配置。换流变压器 TA 极性参照设计院图纸确定。对于新建工程建议采用如图 2-2 的 TA 极性配置。

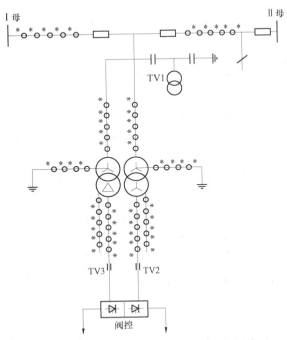

图 2-2　换流变压器 TA 极性配置建议图

（2）按照设计图纸，核对一次额定电流，在一次注流时，确保电流不超过额定值。合理选择注流回路及注流点，目前在换流变压器具备一次升流的条件时而交流场已经投入运行，从交流场断路器升流存在较大安全隐患且不便于操作，综合考虑，换流变压器一次升流从换流变压器阀星侧进行一次注流，本试验只考虑本体的 TA 极性；交流场参与换流变压器的电流极性由交流场一次升流试验完成，做好记录并与及时沟通确保满足换流变保护极性要求。换流变压器一次注流试验接线如图 2-3 和图 2-4 所示。

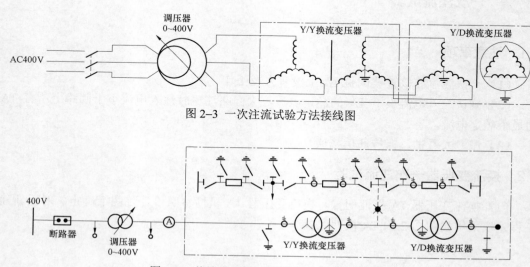

图 2-3 一次注流试验方法接线图

图 2-4 换流变压器一次注流试验方法原理图

8 换流变压器分系统调试安全控制

（1）进入施工现场的人员应正确使用合格的安全帽等安全防护用品，穿好工作服，严禁穿拖鞋、凉鞋、高跟鞋，以及短裤、裙子等进入施工现场。严禁酒后进入施工现场，严禁流动吸烟。

（2）施工用电应严格遵守安规，实现三级配电，二级保护，一机一闸一漏保。总配电箱及区域配电箱的保护零线应重复接地，且接地电阻不大于 10Ω。用电设备的电源线长度不得大于 5m，距离大于 5m 时应设流动开关箱；流动开关箱至固定式配电箱之间的引线长度不得大于 40m，且只能用橡套软电缆。

（3）施工单位的各类施工人员应熟悉并严格遵守安规的有关规定，经安全教育，考试合格方可上岗。临时参加现场施工的人员，应经安全知识教育后，方可参加指定的工作，并且不得单独工作。

（4）工作中严格按照《安规》要求指导施工，确保人身和设备安全。

（5）特种工种必须持证上岗，杜绝无证操作。由工作负责人检查起重机械证照是否齐全，操作、指挥人员必须持证上岗。

换流变压器分系统调试安全风险控制卡（2级风险）见表 2-1。

表 2-1　　　　　换流变压器分系统调试安全风险控制卡（2 级风险）

作业区域：

工作时间：　　年　月　日　时～　　年　月　日　时

工作负责人：　　　　　　　　　　安全监护人：　　　　　　　　　　监理员：

序号	控制项目	控　制　内　容	落实情况
1	安全交底	1. 试验前进行站班交底，明确工作内容及试验范围	
		2. 由工作负责人指定安全监护人员进行监护	
2	设备检查	工器具完好，机械强度、绝缘性能满足试验要求	
3	试验接线	1. 试验电源安全、可靠，满足试验要求	
		2. 临时接地线可靠接地	
		3. 试验回路做好误动、误碰措施	
		4. 整体试验接线正确无误	
		5. 待试设备无短路、漏电、串电的情况	
4	安全警示	1. 工作区域悬挂安全围绳	
		2. 悬挂调试警示牌	
		3. 确认相关安全措施已落实好	
5	风险控制	1. 在回路上工作时，应使用有绝缘柄的工具，不得裸露金属部分	
		2. 确认 TA 回路没有开路，末屏分压器回路没有短路	
		3. 注流电流不超过一次额定电流	
		4. 加压电压不超过一次额定电压	
		5. 防止高空坠物，伤及设备或人员	
		6. 远离带电体，防止电击	
		7. 使用测量仪表前，对仪表及相关挡位进行核对无误	
		8. 拆、接线前应用万用表测量检查，每拆一根二次线时，裸露的线头要立即用绝缘胶布单独包扎	
		9. 高压试验施工区域设置警戒线并有明显的警示标识，试验人员充分了解试验仪器及被试设备性能，试验仪器接地应可靠接至主网，不得采用搭接。按照试验方案进行操作、不能误动、误碰不相关的运行设备，不能超范围工作。试验完毕后应进行充分放电，拆除接地线，并专人检查确认	
		10. 现场电缆沟盖板尚未铺设完成，操作时防止掉入电缆沟，造成人身伤害	
6	离场检查	1. 设备整理检查，无遗漏	
		2. 试验电源接线拆除，试验电源箱门关闭，不遗留杂物、误动内部接线	
		3. 临时接地线全部拆除	
		4. 警示围绳、警示牌整理回收	
		5. 场地卫生清理完毕	

注　落实情况由安全监护人签署。

9 **换流变压器分系统重点控制要点**

重点控制要点如图 2-5 所示。

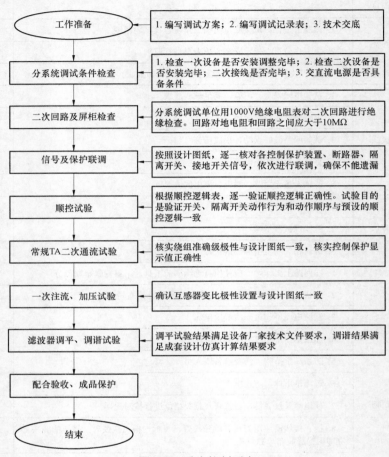

图 2-5　重点控制要点

10　参照表

10.1　换流变压器二次回路及屏柜检查质量控制卡

换流变压器二次回路及屏柜检查质量控制卡

二次屏柜检查										
信号名称	汇控柜	开关接口柜		测量接口柜			换流变压器保护柜			
		A	B	A	B	C	A	B	C	
单电源故障										
试验项目		开关接口柜		测量接口柜			换流变压器保护柜			
		A	B	A	B	C	A	B	C	
连接光纤拉出										
连接网线拉出										
总线回路										
二次回路绝缘检查										
试验项目	汇控柜	开关接口柜		测量接口柜			换流变压器保护柜			
		A	B	A	B	C	A	B	C	
直流电源回路										
二次操作回路										
二次信号回路										
非电量回路										
试验结论										
试验人员						日期：				
监理员						日期：				
备注	用绝缘电阻表 1000V 挡对整个二次回路进行绝缘检查，满足相关要求									

10.2　换流变压器信号及保护联调质量控制卡

换流变压器信号及保护联调质量控制卡

冷却器分组启动、故障处理、定期巡检、轮换备用、手动/自动切换以及远方投/退策略检查		
功能	控　制　策　略	动作情况
启动第一组冷却器	换流变充电启动一组	
启动第二组冷却器	油温、绕组、负荷＞定值 1 启动两组，低于定值 1'切除第二组	
启动第三组冷却器	油温、绕组、负荷＞定值 2 启动三组，低于定值 2'切除第三组	
启动第四组冷却器	油温、绕组、负荷＞定值 3 启动四组，低于定值 3'切除第四组	

续表

功能	控　制　策　略	动作情况
冷却器故障处理策略	运行组故障时自动投入相应数量的未运行风扇	
冷却器定期巡检	每周选一组启动半小时，测试是否都正常	
冷却器轮换备用	每周轮换一次，本次运行时间最长的一组退出，累积运行时间最短的一组投入	
TEC/PLC 控制柜有手动/自动切换开关	手动位置 TEC/PLC 退出控制，可就地投退各风扇	
冷却器远方投/退	某一组冷却器强投/强退后，需手动复归后，方可投入自动控制	

变压器本体与汇控柜之间的信号

序号	类型	名称	测量点/表计	变压器	信号类型	汇控柜	检查结果
1	电气量	电流	网侧 A	输出	电流	输入	
2			网侧中性点 B	输出	电流	输入	
3			阀侧 a	输出	电流	输入	
4			阀侧 b	输出	电流	输入	
5		末屏电压	首端末屏分压器 a	输出	电压	输入	
6			末端末屏分压器 b	输出	电压	输入	
7	模拟量	套管压力	阀侧套管 a SF$_6$ 压力	输出	4～20mA	输入	
8			阀侧套管 b SF$_6$ 压力	输出	4～20mA	输入	
9		温度	顶层油温（位置 1）	输出	4～20mA	输入	
10			顶层油温（位置 2）	输出	4～20mA	输入	
11			绕组温度（网侧）	输出	4～20mA	输入	
12		油位	变压器本体油位（浮球式）	输出	4～20mA	输入	
13			变压器本体油位（压力式）	输出	4～20mA	输入	
14	开关量	本体瓦斯	重瓦斯接点 1	输出	干接点	输入	
15			重瓦斯接点 2	输出	干接点	输入	
16			重瓦斯接点 3	输出	干接点	输入	
17			轻瓦斯接点 1（可继电器重动）	输出	干接点	输入	
18			轻瓦斯接点 2（可继电器重动）	输出	干接点	输入	
19		分接开关油流继电器/压力继电器	重瓦斯接点 1	输出	干接点	输入	
20			重瓦斯接点 2	输出	干接点	输入	
21			重瓦斯接点 3	输出	干接点	输入	
22		升高座气体继电器（A，B，a，b）	重瓦斯接点 1	输出	干接点	输入	
23			重瓦斯接点 2	输出	干接点	输入	
24			重瓦斯接点 3	输出	干接点	输入	
25			轻瓦斯接点 1（可继电器重动）	输出	干接点	输入	
26			轻瓦斯接点 2（可继电器重动）	输出	干接点	输入	

序号	类型	名称	测量点/表计	变压器	信号类型	汇控柜	检查结果
27		本体压力释放阀	本体压力释放阀 1 报警接点 1	输出	干接点	输入	
28			本体压力释放阀 1 报警接点 2	输出	干接点	输入	
29			本体压力释放阀 2 报警接点 1	输出	干接点	输入	
30			本体压力释放阀 2 报警接点 2	输出	干接点	输入	
31		OLTC 压力释放阀	OLTC 压力释放阀报警接点 1	输出	干接点	输入	
32			OLTC 压力释放阀报警接点 2	输出	干接点	输入	
33		阀侧 a、b 套管压力继电器	SF_6 压力跳闸接点 1	输出	干接点	输入	
34			SF_6 压力跳闸接点 2	输出	干接点	输入	
35			SF_6 压力跳闸接点 3	输出	干接点	输入	
36			SF_6 压力报警接点 1	输出	干接点	输入	
37			SF_6 压力报警接点 2	输出	干接点	输入	
38		温度	顶层油温一级报警接点 1	输出	干接点	输入	
39			顶层油温一级报警接点 2	输出	干接点	输入	
40			顶层油温二级报警接点 1	输出	干接点	输入	
41			顶层油温二级报警接点 2	输出	干接点	输入	
42			绕组温度一级报警接点 1	输出	干接点	输入	
43	开关量		绕组温度一级报警接点 2	输出	干接点	输入	
44			绕组温度二级报警接点 1	输出	干接点	输入	
45			绕组温度二级报警接点 2	输出	干接点	输入	
46			顶层油温风冷控制接点 1（可选）	输出	干接点	输入	
47			顶层油温风冷控制接点 2（可选）	输出	干接点	输入	
48			顶层油温风冷控制接点 3（可选）	输出	干接点	输入	
49			绕组温度风冷控制接点 1（可选）	输出	干接点	输入	
50			绕组温度风冷控制接点 2（可选）	输出	干接点	输入	
51		油位	本体油位计低油位报警接点 1（可继电器重动）	输出	干接点	输入	
52			本体油位计低油位报警接点 2（可继电器重动）	输出	干接点	输入	
53			本体油位计高油位报警接点 1（可继电器重动）	输出	干接点	输入	
54			本体油位计高油位报警接点 2（可继电器重动）	输出	干接点	输入	
55			开关油位计低油位报警接点 1（可继电器重动）	输出	干接点	输入	
56			开关油位计低油位报警接点 2（可继电器重动）	输出	干接点	输入	

续表

序号	类型	名称	测量点/表计	变压器	信号类型	汇控柜	检查结果
57		油位	开关油位计高油位报警接点1（可继电器重动）	输出	干接点	输入	
58			开关油位计高油位报警接点2（可继电器重动）	输出	干接点	输入	
59		油枕胶囊破裂	报警接点1（继电器重动）	输出	干接点	输入	
60			报警接点2（继电器重动）	输出	干接点	输入	
61			分接开关挡位测量1（BCD码）	输出	干接点	输入	
62			分接开关挡位测量2（BCD码）	输出	干接点	输入	
63			分接开关挡位测量（可扩展）	输出	4～20mA	输入	
64			远方/就地1	输出	干接点	输入	
65			远方/就地2	输出	干接点	输入	
66			升挡位1	输入	干接点	输入	
67			升挡位2	输入	干接点	输入	
68			降挡位1	输入	干接点	输入	
69			降挡位2	输入	干接点	输入	
70			分接头调节中（in progress）1	输出	干接点	输入	
71	开关量	分接开关	分接头调节中（in progress）2	输出	干接点	输入	
72			分接开关最高挡位报警1	输出	干接点	输入	
73			分接开关最高挡位报警2	输出	干接点	输入	
74			分接开关最低挡位报警1	输出	干接点	输入	
75			分接开关最低挡位报警2	输出	干接点	输入	
76			分接开关滤油机压力信号（带滤油机）1（可继电器重动）	输出	干接点	输入	
77			分接开关滤油机压力信号（带滤油机）2（可继电器重动）	输出	干接点	输入	
78			分接开关滤油机电动机保护信号（带滤油机）1（可继电器重动）	输出	干接点	输入	
79			分接开关滤油机电动机保护信号（带滤油机）2（可继电器重动）	输出	干接点	输入	
80			第一组冷却器油流信号1	输出	干接点	输入	
81			第一组冷却器油流信号2	输出	干接点	输入	
82			第二组冷却器油流信号1	输出	干接点	输入	
83			第二组冷却器油流信号2	输出	干接点	输入	
84		冷却器	第三组冷却器油流信号1	输出	干接点	输入	
85			第三组冷却器油流信号2	输出	干接点	输入	
86			第四组冷却器油流信号1	输出	干接点	输入	
87			第四组冷却器油流信号2	输出	干接点	输入	

续表

变压器本体到智能组件柜之间的信号						
序号	类型	名称	测量点/表计	变压器	信号类型	汇控柜	检查结果
1	模拟量	电流	铁芯电流	输出	4～20mA	输入	
2			夹件电流	输出	4～20mA	输入	
3		气体分析	油中气体及微水	输出	IEC 61850 或模拟量	输入	

汇控柜与 TEC/PLC 之间的信号						
序号	类型	名称	测量点/表计	汇控柜	信号类型	TEC/PLC 柜	检查结果
1	电气	电流	网侧 A	输出	电流	输入	
2	模拟量	温度	顶层油温 1	输出	4～20mA	输入	
3			顶层油温 2	输出	4～20mA	输入	
4			绕组温度（网侧）1	输出	4～20mA	输入	
5			绕组温度（网侧）2	输出	4～20mA	输入	
6			环境温度 1	输出	4～20mA/PT100	输入	
7			环境温度 2	输出	4～20mA/PT100	输入	
8	开关量	分接开关	分接开关挡位测量（可扩展）	输出	模拟量	输入	
9		冷却器	顶层油温风冷控制接点 1（可选）	输出	干接点	输入	
10			顶层油温风冷控制接点 2（可选）	输出	干接点	输入	
11			顶层油温风冷控制接点 3（可选）	输出	干接点	输入	
12			绕组温度风冷控制接点 1（可选）	输出	干接点	输入	
13			绕组温度风冷控制接点 2（可选）	输出	干接点	输入	
14			第一组冷却器运行/停运 1	输出	干接点	输入	
15			第一组冷却器运行/停运 2	输出	干接点	输入	
16			第二组冷却器运行/停运 1	输出	干接点	输入	
17			第二组冷却器运行/停运 2	输出	干接点	输入	
18			第三组冷却器运行/停运 1	输出	干接点	输入	
19			第三组冷却器运行/停运 2	输出	干接点	输入	
20			第四组冷却器运行/停运 1	输出	干接点	输入	
21			第四组冷却器运行/停运 2	输出	干接点	输入	
22			第一组冷却器油流信号 1	输出	干接点	输入	
23			第一组冷却器油流信号 2	输出	干接点	输入	
24			第二组冷却器油流信号 1	输出	干接点	输入	
25			第二组冷却器油流信号 2	输出	干接点	输入	
26			第三组冷却器油流信号 1	输出	干接点	输入	
27			第三组冷却器油流信号 2	输出	干接点	输入	
28			第四组冷却器油流信号 1	输出	干接点	输入	

续表

序号	类型	名称	测量点/表计	汇控柜	信号类型	TEC/PLC 柜	检查结果
29	开关量	冷却器	第四组冷却器油流信号 2	输出	干接点	输入	
30			冷却器手动/自动信号 1	输出	干接点	输入	
31			冷却器手动/自动信号 2	输出	干接点	输入	
32			第一组冷却器启停命令	输入	干接点	输出	
33			第二组冷却器启停命令	输入	干接点	输出	
34			第三组冷却器启停命令	输入	干接点	输出	
35			第四组冷却器启停命令	输入	干接点	输出	

汇控柜到智能组件之间的信号

序号	类型	名称	测量点/表计	汇控柜	信号类型	IED 柜	检查结果
1	模拟量	套管压力	阀侧套管 a SF_6 压力	输出	4～20mA	输入	
2			阀侧套管 b SF_6 压力	输出	4～20mA	输入	
3		温度	顶层油温	输出	4～20mA	输入	
4			绕组温度（网侧）	输出	4～20mA	输入	
5		油位	变压器本体油位（浮球式）	输出	4～20mA	输入	
6			变压器本体油位（压力式）	输出	4～20mA	输入	
7		分接开关	分接开关挡位测量	输出	4～20mA	输入	

汇控柜与直流控制保护系统之间的信号

序号	类型	名称	测量点/表计	汇控柜	信号类型	直流控制保护	检查结果
1	电气量	套管电流	网侧 A	输出	电流	输入	
2			网侧中性点 B	输出	电流	输入	
3			阀侧 a	输出	电流	输入	
4			阀侧 b	输出	电流	输入	
5		末屏电压	首端末屏分压器 a	输出	电压	输入	
6			末端末屏分压器 b	输出	电压	输入	
7	开关量	本体瓦斯	重瓦斯接点 1	输出	干接点	输入	
8			重瓦期接点 2	输出	干接点	输入	
9			重瓦斯接点 3	输出	干接点	输入	
10			轻瓦斯接点 1（可继电器重动）	输出	干接点	输入	
11			轻瓦斯接点 2（可继电器重动）	输出	干接点	输入	
12		分接开关油流继电器/压力继电器	重瓦斯接点 1	输出	干接点	输入	
13			重瓦斯接点 2	输出	干接点	输入	
14			重瓦斯接点 3	输出	干接点	输入	
15		升高座气体继电器（AB，ab）	重瓦斯接点 1	输出	干接点	输入	
16			重瓦斯接点 2	输出	干接点	输入	
17			重瓦斯接点 3	输出	干接点	输入	
18			轻瓦斯接点 1（可继电器重动）	输出	干接点	输入	
19			轻瓦斯接点 2（可继电器重动）	输出	干接点	输入	

续表

序号	类型	名称	测量点/表计	汇控柜	信号类型	直流控制保护	检查结果
20		本体压力释放阀	本体压力释放阀报警接点 1	输出	干接点	输入	
21			本体压力释放阀报警接点 2	输出	干接点	输入	
22		OLTC压力释放阀	OLTC 压力释放报警接点 1	输出	干接点	输入	
23			OLTC 压力释放报警接点 2	输出	干接点	输入	
24		阀侧 a、b 套管压力继电器	SF$_6$压力跳闸接点 1	输出	干接点	输入	
25			SF$_6$压力跳闸接点 2	输出	干接点	输入	
26			SF$_6$压力跳闸接点 3	输出	干接点	输入	
27			SF$_6$压力跳闸接点 1	输出	干接点	输入	
28			SF$_6$压力跳闸接点 2	输出	干接点	输入	
29		温度	顶层油温一级报警接点 1	输出	干接点	输入	
30			顶层油温一级报警接点 2	输出	干接点	输入	
31			顶层油温一级报警接点 1	输出	干接点	输入	
32			顶层油温一级报警接点 2	输出	干接点	输入	
33			绕组温度一级报警接点 1	输出	干接点	输入	
34			绕组温度一级报警接点 2	输出	干接点	输入	
35	开关量		绕组温度一级报警接点 1	输出	干接点	输入	
36			绕组温度一级报警接点 2	输出	干接点	输入	
37		油位	本体油位计低油位报警接点 1（可继电器重启）	输出	干接点	输入	
38			本体油位计低油位报警接点 2（可继电器重启）	输出	干接点	输入	
39			本体油位计高油位报警接点 1（可继电器重启）	输出	干接点	输入	
40			本体油位计高油位报警接点 2（可继电器重启）	输出	干接点	输入	
41			开关油位计低油位报警接点 1（可继电器重启）	输出	干接点	输入	
42			开关油位计低油位报警接点 2（可继电器重启）	输出	干接点	输入	
43			开关油位计低油位报警接点 1（可继电器重启）	输出	干接点	输入	
44			开关油位计低油位报警接点 2（可继电器重启）	输出	干接点	输入	
45		油枕胶囊破裂	报警接点 1（继电器重动）	输出	干接点	输入	
46			报警接点 2（继电器重动）	输出	干接点	输入	
47		分接开关	分接开关挡位测量 1（BCD 码）	输出	干接点	输入	
48			分接开关挡位测量 2（BCD 码）	输出	干接点	输入	

续表

序号	类型	名称	测量点/表计	汇控柜	信号类型	直流控制保护	检查结果
49	开关量	分接开关	远方/就地 1	输出	干接点	输入	
50			远方/就地 2	输出	干接点	输入	
51			升挡位 1	输出	干接点	输入	
52			长挡位 2	输出	干接点	输入	
53			降挡位 1	输出	干接点	输入	
54			降挡位 2	输出	干接点	输入	
55			分接头调节中（in progress）1	输出	干接点	输入	
56			分接头调节中（in progress）2	输出	干接点	输入	
57			分接开关最高挡位报警 1	输出	干接点	输入	
58			分接开关最高挡位报警 2	输出	干接点	输入	
59			分接开关最低挡位报警 1	输出	干接点	输入	
60			分接开关最低挡位报警 2	输出	干接点	输入	
61			分接开关滤油机压力信号（带滤油机）1（可继电器重动）	输出	干接点	输入	
62			分接开关滤油机压力信号（带滤油机）2（可继电器重动）	输出	干接点	输入	
63			分接开关滤油机电动机保护信号（带滤油机）1（可继电器重动）	输出	干接点	输入	
64			分接开关滤油机电动机保护信号（带滤油机）1（可继电器重动）	输出	干接点	输入	
65		其他	一段动力电源故障 1	输出	干接点	输入	
66			一段动力电源故障 2	输出	干接点	输入	
67			二段动力电源故障 1	输出	干接点	输入	
68			二段动力电源故障 2	输出	干接点	输入	
69			一段直流控制电源故障 1	输出	干接点	输入	
70			一段直流控制电源故障 1	输出	干接点	输入	
71			一段直流控制电源故障 1	输出	干接点	输入	
72			一段直流控制电源故障 1	输出	干接点	输入	

TEC/PLC 柜与直流控制保护系统之间的信号

序号	类型	名称	测量点/表计	TEC/PLC 柜	信号类型	直流控制保护	检查结果
1	模拟量	温度	顶层油温（位置 1）	输出	IEC 61850 或 Profibus	输入	
2			顶层油温（位置 2）	输出		输入	
3			绕组温度（网侧）	输出		输入	

续表

序号	类型	名称	测量点/表计	TEC/PLC柜	信号类型	直流控制保护	检查结果
4		分接开关	分接开关挡位测量	输出		输入	
5			第一组冷却器故障信号1	输出		输入	
6			第一组冷却器故障信号2	输出		输入	
7			第二组冷却器故障信号1	输出		输入	
8			第二组冷却器故障信号2	输出		输入	
9			第三组冷却器故障信号1	输出		输入	
10			第三组冷却器故障信号2	输出		输入	
11			第四组冷却器故障信号1	输出		输入	
12			第四组冷却器故障信号2	输出		输入	
13			第一组冷却器远方强投及复归	输入		输出	
14			第一组冷却器远方强退及复归	输入		输出	
15			第二组冷却器远方强投及复归	输入		输出	
16			第二组冷却器远方强退及复归	输入	IEC 61850 或 Profibus	输出	
17			第三组冷却器远方强投及复归	输入		输出	
18			第三组冷却器远方强退及复归	输入		输出	
19			第四组冷却器远方强投及复归	输入		输出	
20			第四组冷却器远方强退及复归	输入		输出	
21	开关量	冷却器	第一组冷却器运行/停运1	输出		输入	
22			第一组冷却器运行/停运2	输出		输入	
23			第二组冷却器运行/停运1	输出		输入	
24			第二组冷却器运行/停运2	输出		输入	
25			第三组冷却器运行/停运1	输出		输入	
26			第三组冷却器运行/停运2	输出		输入	
27			第四组冷却器运行/停运1	输出		输入	
28			第四组冷却器运行/停运2	输出		输入	
29			保护切冷却器1	输入	干接点	输出	
30			保护切冷却器2	输入		输出	
31			换流变带电/失电1	输入		输出	
32			换流变带电/失电2	输入		输出	
33			是否具备冗余冷却能力信号指示	输出	IEC 61850 或 Profibus	输入	
34			是否具备冗余冷却能力信号指示	输出		输入	
35			TEC/PLC柜正常运行信号1	输出		输入	
36			TEC/PLC柜正常运行信号2	输出		输入	

智能组件柜到一体化在线监测平台之间的信号							
序号	类型	名称	测量点/表计	LED柜	信号类型	直流控制保护	检查结果
1	模拟量	套管压力	阀侧套管 a SF_6 压力	输出	IEC 61850	输入	
2			阀侧套管 a SF_6 压力	输出		输入	
3		温度	顶层油温 3	输出		输入	
4			绕组温度（网侧）3	输出		输入	
5		油位	变压器本体油位（浮球式）	输出		输入	
6			变压器本体油位（压力式）	输出		输入	
7		电流	铁芯电流	输出		输入	
8			夹件电流	输出		输入	
9		气体分析	油中气体及微水	输出		输入	
10	开关量	分接开关	分接开关挡位测量	输出		输入	

10.3 换流变压器二次注流、加压试验质量控制卡

换流变压器二次注流、加压试验质量控制卡

Yy 换流变压器汇控柜 TA1									二次负担及回路电阻				
回路及检查点	回路编号	相序	实际使用（整定）变比	二次使用抽头	二次级别	一次指向及联结方式	二次出线方向	电流（A）	电压（V）	二次回路单相直流电阻（Ω）	绝缘（MΩ）	接地点	
阀组测量接口屏 A		AN											
		BN											
		CN											
		AB											
阀组测量接口屏 B、换流变压器故障录波屏		AN											
		BN											
		CN											
		AB											
阀组测量接口屏 C		AN											
		BN											
		CN											
		AB											
阀组测量接口屏 B		AN											
		BN											
		CN											
		AB											

续表

| 回路及检查点 | 回路编号 | 相序 | 实际使用（整定）变比 | 二次使用抽头 | 二次级别 | 一次指向及联结方式 | 二次出线方向 | 二次负担及回路电阻 | | | 绝缘（MΩ） | 接地点 |
								电流（A）	电压（V）	二次回路单相直流电阻（Ω）		
阀组测量接口屏 A	AN											
	BN											
	CN											
	AB											
换流变压器用	AN											
	BN											
	CN											
	AB											

Yy 换流变压器汇控柜 TA2

| 回路用途 | 回路编号 | 相序 | 实际使用（整定）变比 | 二次使用抽头 | 二次级别 | 一次指向及联结方式 | 二次出线方向 | 二次负担及回路电阻 | | | 绝缘（MΩ） | 接地点 |
								电流（A）	电压（V）	二次回路单相直流电阻（Ω）		
阀组测量接口屏 A	AN											
	BN											
	CN											
	AB											
阀组测量接口屏 B、换流变压器故障录波屏	AN											
	BN											
	CN											
	AB											
阀组测量接口屏 C	AN											
	BN											
	CN											
	AB											
备用	AN											
	BN											
	CN											
	AB											
换流变压器用	AN											
	BN											
	CN											
	AB											

续表

Yy 换流变压器汇控柜 TA3

回路用途	回路编号	相序	实际使用（整定）变比	二次使用抽头	二次级别	一次指向及联结方式	二次出线方向	二次负担及回路电阻			绝缘（MΩ）	接地点
								电流（A）	电压（V）	二次回路单相直流电阻（Ω）		
阀组测量接口屏 A		AN										
		BN										
		CN										
		AB										
阀组测量接口屏 B、端换流变压器故障录波屏		AN										
		BN										
		CN										
		AB										
阀组测量接口屏 C		AN										
		BN										
		CN										
		AB										
备用		AN										
		BN										
		CN										
		AB										
阀组测量接口屏 A		AN										
		BN										
		CN										
		AB										
备用		AN										
		BN										
		CN										
		AB										

Yy 换流变压器汇控柜 TA4

回路用途	回路编号	相序	实际使用（整定）变比	二次使用抽头	二次级别	一次指向及联结方式	二次出线方向	二次负担及回路电阻			绝缘（MΩ）	接地点
								电流（A）	电压（V）	二次回路单相直流电阻（Ω）		
阀组测量接口屏 A		AN										
		BN										
		CN										
		AB										

续表

回路用途	回路编号	相序	实际使用（整定）变比	二次使用抽头	二次级别	一次指向及联结方式	二次出线方向	二次负担及回路电阻			绝缘（MΩ）	接地点
								电流（A）	电压（V）	二次回路单相直流电阻（Ω）		
阀组测量接口屏B、换流变压器故障录波屏		AN										
		BN										
		CN										
		AB										
阀组测量接口屏C		AN										
		BN										
		CN										
		AB										
		AN										
备用		BN										
		CN										
		AB										
		AN										
阀组测量接口屏B		BN										
		CN										
		AB										
		AN										

Yy 换流变压器汇控柜 TA5（网侧中性点 TA）

回路用途	回路编号	相序	实际使用（整定）变比	二次使用抽头	二次级别	一次指向及联结方式	二次出线方向	二次负担及回路电阻			绝缘（MΩ）	接地点
								电流（A）	电压（V）	二次回路单相直流电阻（Ω）		
备用												
阀组测量接口屏A												
阀组测量接口屏B、端换流变压器故障录波屏												
阀组测量接口屏C												

Yd 换流变压器汇控柜 TA1

回路用途	回路编号	相序	实际使用（整定）变比	二次使用抽头	二次级别	一次指向及联结方式	二次出线方向	二次负担及回路电阻			绝缘（MΩ）	接地点
								电流（A）	电压（V）	二次回路单相直流电阻（Ω）		
阀组测量接口屏 A		AN										
		BN										
		CN										
		AB										
阀组测量接口屏 B、换流变压器故障录波屏		AN										
		BN										
		CN										
		AB										
阀组测量接口屏 C		AN										
		BN										
		CN										
		AB										
阀组测量接口屏 B		AN										
		BN										
		CN										
		AB										
阀组测量接口屏 A		AN										
		BN										
		CN										
		AB										
换流变压器备用		AN										
		BN										
		CN										

Yd 换流变压器汇控柜 TA2

回路用途	回路编号	相序	实际使用（整定）变比	二次使用抽头	二次级别	一次指向及联结方式	二次出线方向	二次负担及回路电阻			绝缘（MΩ）	接地点
								电流（A）	电压（V）	二次回路单相直流电阻（Ω）		
阀组测量接口屏 A		AN										
		BN										
		CN										
		AB										

续表

回路用途	回路编号	相序	实际使用（整定）变比	二次使用抽头	二次级别	一次指向及联结方式	二次出线方向	二次负担及回路电阻			绝缘（MΩ）	接地点
								电流（A）	电压（V）	二次回路单相直流电阻（Ω）		
阀组测量接口屏B、换流变压器故障录波屏		AN										
		BN										
		CN										
		AB										
阀组测量接口屏C		AN										
		BN										
		CN										
		AB										
备用		AN										
		BN										
		CN										
		AB										
换流变压器用		AN										
		BN										
		CN										

Yd 换流变压器汇控柜 TA3

回路用途	回路编号	相序	实际使用（整定）变比	二次使用抽头	二次级别	一次指向及联结方式	二次出线方向	二次负担及回路电阻			绝缘（MΩ）	接地点
								电流（A）	电压（V）	二次回路单相直流电阻（Ω）		
阀组测量接口屏A		AN										
		BN										
		CN										
		AB										
阀组测量接口屏B、换流变压器故障录波屏		AN										
		BN										
		CN										
		AB										
·阀组测量接口屏C		AN										
		BN										
		CN										
		AB										
备用		AN										
		BN										
		CN										
		AB										

续表

回路用途	回路编号	相序	实际使用（整定）变比	二次使用抽头	二次级别	一次指向及联结方式	二次出线方向	二次负担及回路电阻			绝缘（MΩ）	接地点
								电流（A）	电压（V）	二次回路单相直流电阻（Ω）		
阀组测量接口屏 A		AN										
		BN										
		CN										
		AB										
备用		AN										
		BN										
		CN										
		AB										

Yd 换流变压器汇控柜 TA4

回路用途	回路编号	相序	实际使用（整定）变比	二次使用抽头	二次级别	一次指向及联结方式	二次出线方向	二次负担及回路电阻			绝缘（MΩ）	接地点
								电流（A）	电压（V）	二次回路单相直流电阻（Ω）		
阀组测量接口屏 A		AN										
		BN										
		CN										
		AB										
阀组测量接口屏 B、换流变压器故障录波屏		AN										
		BN										
		CN										
		AB										
阀组测量接口屏 C		AN										
		BN										
		CN										
		AB										
备用		AN										
		BN										
		CN										
		AB										
阀组测量接口屏 B		AN										
		BN										
		CN										
		AB										

Yd 换流变压器汇控柜 TA5（网侧中性点 TA）

回路用途	回路编号	相序	实际使用（整定）变比	二次使用抽头	二次级别	一次指向及联结方式	二次出线方向	二次负担及回路电阻			绝缘（MΩ）	接地点
								电流（A）	电压（V）	二次回路单相直流电阻（Ω）		
备用												
阀组测量接口屏 A												
阀组测量接口屏 B、换流变压器故障录波屏												
阀组测量接口屏 C												

边开关柜 TA

回路用途	回路编号	相序	实际使用（整定）变比	二次使用抽头	二次级别	一次指向及联结方式	二次出线方向	二次负担及回路电阻			绝缘（MΩ）	接地点
								电流（A）	电压（V）	二次回路单相直流电阻（Ω）		
阀组保护 A（阀组测量接口屏 A、合电流至直流安稳 A 屏）	AN											
	BN											
	CN											
	AB											
阀组保护 B（阀组测量接口屏 B、合电流至换流变压器故障录波屏）	AN											
	BN											
	CN											
	AB											
阀组保护 C（阀组测量接口屏 C、合电流至直流安稳 B 屏）	AN											
	BN											
	CN											
	AB											

中开关柜 TA

回路用途	回路编号	相序	实际使用（整定）变比	二次使用抽头	二次级别	一次指向及联结方式	二次出线方向	二次负担及回路电阻			绝缘（MΩ）	接地点
								电流（A）	电压（V）	二次回路单相直流电阻（Ω）		
阀组保护 A（阀组测量接口屏 A、合电流至直流安稳 A 屏）	AN											
	BN											
	CN											
	AB											

续表

回路用途	回路编号	相序	实际使用（整定）变比	二次使用抽头	二次级别	一次指向及联结方式	二次出线方向	二次负担及回路电阻 电流（A）	电压（V）	二次回路单相直流电阻（Ω）	绝缘（MΩ）	接地点
阀组保护B（阀组测量接口屏B、合电流至换流变故障录波屏）		AN										
		BN										
		CN										
		AB										
阀组保护C（阀组测量接口屏C、合电流至直流安稳B屏）		AN										
		BN										
		CN										
		AB										

高（低）端换流变压器阀星侧首端TV二次加压检查

用途		二次电压	TV变比	二次升压（V）	A（V）	B（V）	C（V）
1a–1n	阀控保护、测量、故障录波	Y630 阀组测量接口屏A					
		阀组测量接口屏B					
		阀组测量接口屏C					

高（低）端换流变压器阀星侧尾端TV二次加压检查

用途		二次电压	TV变比	二次升压（V）	A（V）	B（V）	C（V）
1a–1n	备用	Y640 本体汇控箱					

高（低）端换流变压器阀角侧首端TV二次加压检查

用途		二次电压	TV变比	二次升压（V）	A（V）	B（V）	C（V）
1a–1n	阀控保护、测量、故障录波	D630 阀组测量接口屏A					
		阀组测量接口屏B					
		阀组测量接口屏C					

高（低）端换流变压器阀角侧尾端TV二次加压检查

用途		二次电压	TV变比	二次升压（V）	A（V）	B（V）	C（V）
1a–1n	测量	D640 阀组测量接口屏A					
		阀组测量接口屏B					
		阀组测量接口屏C					

10.4 换流变压器一次注流、加压试验质量控制卡

换流变压器一次注流、加压试验质量控制卡

回路用途	回路编号	相序	一次电流（A）	显示电流（mA）			相位角（°）
				保护	故障录波	测量	
换流变压器网侧首端 TA		A					
		B					
		C					
		N					
换流变压器网侧末端 TA		A					
		B					
		C					
		N					
换流变压器阀星侧首端 TA		A					
		B					
		C					
		N					
换流变压器阀星侧末端 TA		A					
		B					
		C					
		N					
换流变压器阀网侧首端 TA		A					
		B					
		C					
		N					
换流变压器阀网侧末端 TA		A					
		B					
		C					
		N					
		B					
		C					
		N					
试验结论							
试验人员		日期：					
监理员		日期：					

第三章

换流站交流场分系统调试作业指导书

目　次

1 概述

1.1 相关说明

交流场分系统调试是在交流场一次设备安装调整完毕,交流场控保组网完成及二次线接线完毕后进行的一次设备和二次控制保护之间的联动试验。其主要目的是验证二次回路正确性。

1.2 适用范围

本作业指导书适用于±1100kV 及以下换流站工程的交流场分系统调试过程中标准化的安全质量控制。

1.3 工作依据

下列文件对于本文件的应用是必不可少的。凡是注日期的引用文件,仅注日期的版本适用于本文件。凡是不注日期的引用文件,其最新版本(包括所有的修改单)适用于本文件。

GB 50150 《电气装置安装工程 电气设备交接试验标准》

GB/T 7261 《继电保护和安全自动装置基本试验方法》

DL/T 1129 《直流换流站二次电气设备交接试验规程》

Q/GDW 275 《±800kV 直流系统电气设备交接验收》

Q/GDW 293 《±800kV 直流换流站设计技术规定》

国家电网公司电力安全工作规程(电网建设部分)

国家电网公司十八项电网重大反事故措施

国家电网公司防止直流换流站单、双极强迫停运二十一项反事故措施

2 整体流程及责任划分

2.1 总体流程图

总体流程图如图 3-1 所示。

2.2 职责划分

(1)分系统调试单位与一次设备安装单位的调试接口界面在汇控柜(端子箱)端子排,没有汇控柜(端子箱)的在机构箱端子排处。端子排以外的由分系统调试单位负责。

(2)分系统调试单位与控制保护厂家的调试接口界面在接口屏端子排,端子排以外的由分系统调试单位负责。

(3)分系统调试单位负责整个回路的完整性。

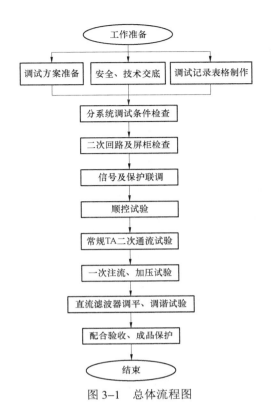

图 3-1 总体流程图

3 交流场分系统调试实施准备

3.1 一次设备单体调试结果核实

核实交流场一次设备是否已经安装调整结束，交接试验是否合格。必要时由安装单位与分系统调试单位在监理的见证下办理工序交接移交单。

3.2 相关二次设备单体调试结果核实

核实交流场相关二次设备单体调试是否结束，二次电缆是否接线完毕。由电气 A 包施工项目部部门内部协调控制。

3.3 交流电源、直流电源准备

核实交流电源、直流电源是否具备条件，电压质量在规程规定范围内；交流电源、直流电源来源与设计图纸一致（双电源供电的设备分别取至Ⅰ段、Ⅱ段电源）。

3.4 图纸、试验记录表格准备

相关图纸已审核完毕，可以作为调试依据；相关试验记录表格已编写完成，可以确保不缺项、不漏项。

4　二次回路及屏柜检查

4.1　注意事项

屏柜绝缘检查试验应依据规程选择正确的试验电压挡位，屏柜通电前应先确认电源回路两极之间、对地绝缘均合格后才能送电。

4.2　二次回路绝缘检查

分系统调试单位用 1000V 绝缘电阻表对二次回路进行绝缘检查。回路对地电阻和回路之间应大于 10MΩ。

4.3　屏柜通电检查

检查屏柜内照明是否正常；检查直流工作电压幅值和极性是否正确；检查直流屏内直流空气开关名称与对应保护装置屏柜是否一致；检查屏柜内加热器工作是否正常。

4.4　屏柜通信检查

检查光纤、网线、总线等通信接线是否正确；任一路通信断开，后台应有报警信息。

5　信号及保护联调

5.1　注意事项

（1）传动开关、隔离开关时现场需派专人看护，并与监控后台保持通信畅通；

（2）隔离开关、接地开关现场手动分、合一次，确保其能正常分合后才能进行远方遥控试验；

（3）做好防触电措施。

5.2　开关量信号联调

按照设计图纸，逐一核对各控制保护装置、断路器、隔离开关、接地开关信号，依次进行联调，步骤如下：

（1）条件具备时，使交流场一次设备（断路器、隔离开关、接地开关）、交流场控制保护小室内的二次保护装置实际发出信号；条件不具备时，模拟发出信号（在信号源接点上模拟信号发生即将接点的两端短接）；

（2）观察运行人员工作站信号事件列表上是否有该信号事件：若运行人员工作站上出现信号事件，试验通过，进行下一项试验；若运行人员工作站上没有信号事件，则进行查线，找到原因并更正后，重复进行上述步骤。

（3）检查项目。

1）交流断路器本体及汇控柜信号核对；

2）交流隔离开关及接地开关报警信号核对；

3）交流保护装置出口信号核对；

4）故障录波信号核对；

5）保护信息子站信号核对；

6）其他信号核对。

5.3 遥控信号联调

针对交流场的每台断路器、隔离开关及接地开关，验证其控制操作的正确性，步骤如下：

（1）将控制箱的就地/远方开关的控制位置打到远方；

（2）在运行人员工作站上进行断路器分、合闸操作，若该间隔正确动作，试验通过，进行下一项试验；若该间隔未动作或动作不正确，则进行检查，找到原因并更正后，重复进行上述步骤；

（3）在运行人员工作站上对隔离开关、接地开关进行联锁逻辑操作：若动作逻辑正确，试验通过，进行下一项试验；若隔离开关未动作或动作不正确，则进行动作逻辑检查，找到原因并更正后，重复进行上述步骤；

（4）在运行人员工作站上对顺控逻辑操作：若动作逻辑正确，试验通过，进行下一项试验；若顺控动作不正确，则进行动作逻辑检查，找到原因并更正后，重复进行上述步骤。

5.4 断路器同期回路联调

针对每台交流场断路器，依照相关设计文件，在同期条件满足/不满足时，分别进行合闸操作并且在卡定值范围进行合闸操作，以验证同期功能是否正确，步骤如下：

（1）将三相控制箱的就地/远方开关的控制位置打到远方；

（2）利用继电保护仪在相关端子上加上试验电压并设定定值；

（3）监控遥控装置发合闸命令。

5.5 中开关联锁功能联调

换流站交流场采用 3/2 接线方式时，交流串"中开关"按照反措逻辑进行试验。

5.6 保护跳闸传动联调

按照设计图纸，逐一核对各保护装置跳闸逻辑，依次进行联调。分别在各保护屏模拟各种故障，保护动作出口，检查确认保护与断路器的联合跳闸功能的正确性。检查项目如下：

（1）线路保护、断路器保护、短引线保护、母差保护、高压电抗器动作出口的验证；

（2）相关保护之间的整组联动试验，如线路保护与开关保护之间、开关保护与母差保护之间、换流器接口屏与开关保护之间、高压电抗器保护与开关保护等。

5.7 联锁功能联调

针对交流场每台断路器、每把个隔离开关，依照相关设计文件和厂家逻辑联锁条件，分别进行合闸操作，以验证联锁逻辑功能是否正确，步骤如下：

（1）将三相控制箱的就地/远方开关的控制位置打到就地；

（2）按照联锁逻辑表分别进行合闸操作，验证联锁条件是否符合设计和厂家要求。

6 二次注流、加压试验

6.1 注意事项

（1）二次注流、加压试验前，确保电流回路不开路、电压回路不短路。

（2）二次注流、加压试验时，确保注入电流、电压幅值不大于二次设备采样线圈的额定电流值。

（3）确保每个电流、电压回路有且只有一个接地点。

6.2 二次电流、电压回路检查

按照设计图纸，对所有电流、电压回路进行二次回路完整性及绝缘检查，测量二次回路的直流电阻及绝缘，并检查二次回路一点接地，接地点符合设计及反措要求。

6.3 二次注流试验

按照设计图纸，在交流场常规电流互感器汇控箱，对所有电流回路二次回路进行注流逐一核对各保护装置电流的采样值的正确性，判断控保系统所用电流采样值是否正确。

6.4 二次加压试验

在交流场电压互感器端子箱内对所有电压回路二次回路进行加压，逐一核对各保护装置电压量的采样值的正确性，采用保护装置录波、故障录波装置录波或后台录波等方式判断控保系统所用电压量的相序及采样值是否正确。

7 一次注流试验

7.1 注意事项

（1）一次注流前核查被试验 TA 上没有人在工作。

（2）确认注入电流小于 TA 的额定电流，大回路注流时注入电流小于回路上所有 TA 的最小额定电流。

（3）派专人看护，保持通信畅通。

7.2 单 TA 一次注流试验

按照设计图纸，对交流场组内 TA 逐一注流，在保护工作站中对各保护主机进行录波，分析录波文件，判断控保系统所用电流量的极性及采样值是否正确；按照设计图纸，对交流场组内 TA 逐一注流，在保护工作站中对个保护主机进行录波，分析录波文件，判断控保系统所用电流量的极性及采样值是否正确。交流场 TA 的极性配置建议如图 3-2 所示。

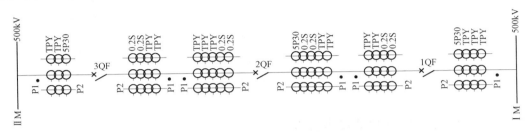

图 3-2 交流场 TA 的极性配置建议图

7.3 交流场一次注流试验

按照设计图纸，核对一次额定电流，在一次注流时，确保电流不超过额定值。合理选择注流回路及注流点。试验接线示例如图 3-3、图 3-4 所示。

（1）检查母线侧所有电流互感器。合 501127 隔离开关、5011 断路器、50111 隔离开关、50211 隔离开关、5021 断路器、502127 接地开关，测试 5011、5021 断路器电流互感器回路，查看装置采样、后台采样正确。

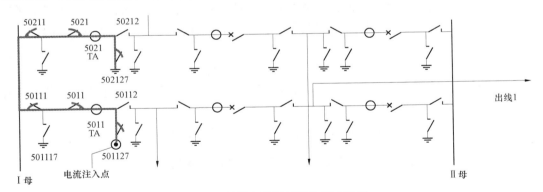

图 3-3 母线电流互感器注流示意图

（2）检查所有中断路器电流互感器。合上 501127 隔离开关、50112 隔离开关、50121 隔离开关、5012 断路器、50122 隔离开关、50131 隔离开关、5013 断路器、50132 隔离开关、50232 隔离开关、5023 断路器、50231 隔离开关、50222 隔离开关、5022 断路器、502217 隔离开关，测试 5012、5022 断路器流变回路，查看装置采样、后台采样正确。

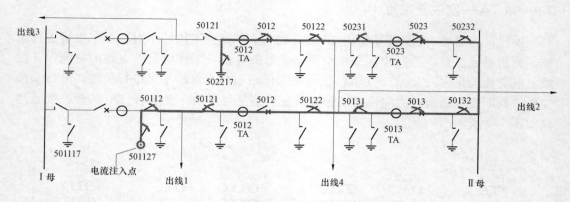

图 3-4　中开关电流互感器注流示意图

8　交流场分系统调试安全控制

（1）进入施工现场的人员应正确使用合格的安全帽等安全防护用品，穿好工作服，严禁穿拖鞋、凉鞋、高跟鞋，以及短裤、裙子等进入施工现场。严禁酒后进入施工现场，严禁流动吸烟。

（2）施工用电应严格遵守安规，实现三级配电、二级保护、一机一闸一漏保。总配电箱及区域配电箱的保护零线应重复接地，且接地电阻不大于 10Ω。用电设备的电源线长度不得大于 5m，距离大于 5m 时应设流动开关箱；流动开关箱至固定式配电箱之间的引线长度不得大于 40m，且只能用橡套软电缆。

（3）施工单位的各类施工人员应熟悉并严格遵守安规的有关规定，经安全教育，考试合格方可上岗。临时参加现场施工的人员，应经安全知识教育后，方可参加指定的工作，并且不得单独工作。

（4）工作中严格按照《安规》要求指导施工，确保人身和设备安全。

（5）特种工种必须持证上岗，杜绝无证操作。由工作负责人检查起重机械证照是否齐全，操作、指挥人员必须持证上岗。

交流场分系统调试安全风险控制卡（2 级风险）见表 3-1。

表 3-1　　　　　　　　　交流场分系统调试安全风险控制卡（2 级风险）

作业区域：

工作时间：　　年　月　日　时～　　年　月　日　时

工作负责人：　　　　　　　　　　　　安全监护人：　　　　　　　　　　　　监理员：

工作班成员：

序号	控制项目	控制内容	落实情况
1	安全交底	1. 试验前进行站班交底，明确工作内容及试验范围	
		2. 由工作负责人指定安全监护人员进行监护	

续表

序号	控制项目	控 制 内 容	落实情况
2	设备检查	工器具完好,检验合格,机械强度、绝缘性能满足试验要求,已向监理报审	
3	试验接线	1. 试验电源安全、可靠,满足试验要求	
		2. 临时接地线可靠接地	
		3. 试验回路做好误动、误碰措施	
		4. 整体试验接线正确无误	
		5. 待试设备无短路、漏电、串电的情况	
4	安全警示	1. 工作区域悬挂安全围绳	
		2. 悬挂调试警示牌	
		3. 确认相关安全措施已落实好	
5	风险控制	1. 在回路上工作时,应使用有绝缘柄的工具,不得裸露金属部分	
		2. 确认 TA 回路没有开路	
		3. 注流电流不超过一次额定电流	
		4. 防止高空坠物,伤及设备或人员	
		5. 远离带电体,防止电击	
		6. 使用测量仪表前,对仪表及相关挡位进行核对无误	
		7. 拆、接线前应用万用表测量检查,每拆一根二次线时,裸露的线头要立即用绝缘胶布单独包扎	
		8. 试验人员充分了解试验仪器及被试设备性能,试验仪器接地应可靠接至主网,不得采用搭接。按照试验方案进行操作、不能误动、误碰不相关的运行设备,不能超范围工作。试验完毕后应进行充分放电,拆除接地线,并经专人检查确认	
		9. 现场电缆沟盖板尚未铺设完成,操作时防止掉入电缆沟,造成人身伤害	
6	离场检查	1. 设备整理检查,无遗漏	
		2. 试验电源接线拆除,试验电源箱门关闭,不遗留杂物、误动内部接线	
		3. 临时接地线全部拆除	
		4. 警示围绳、警示牌整理回收	
		5. 场地卫生清理完毕	

注 落实情况由安全监护人签署。

9 交流场分系统重点控制要点

重点控制要点如图 3-5 所示。

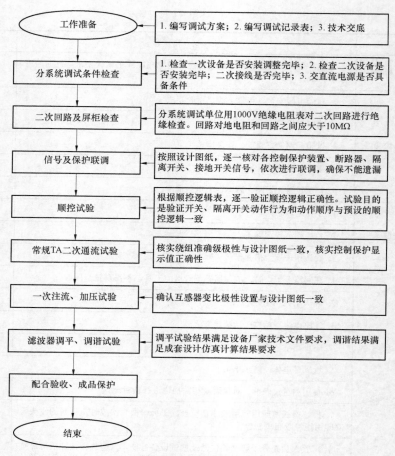

图 3-5　重点控制要点

10　参照表

10.1　二次回路及屏柜检查质量控制卡

二次回路及屏柜检查质量控制卡

二次屏柜检查										
信号名称	就地控制柜	测控柜		母线保护柜		线路保护柜		电抗器保护柜		断路器保护柜
		A	B	A	B	A	B	A	B	
单电源故障										
试验项目		测控柜		母线保护柜		线路保护柜		电抗器保护柜		断路器保护柜
		A	B	A	B	A	B	A	B	
连接光纤断链										
连接网线断链										
总线回路断链										

试验项目	就地控制柜	测控柜		母线保护柜		线路保护柜		电抗器保护柜		断路器保护柜
		A	B	A	B	A	B	A	B	
直流电源回路										
二次操作回路										
二次信号回路										
试验结论										
试验人员						日期：				
监理员						日期：				
备注	用绝缘电阻表 1000V 挡对整个二次回路进行绝缘检查，满足相关要求									

二次回路绝缘检查

10.2 信号及保护联调质量控制卡

信号及保护联调质量控制卡

交流断路器本体及汇控柜分系统试验记录表

开关输出信号	控制保护系统		备注
	A	B	
Q1 断路器 A 相分位			
Q1 断路器 B 相分位			
Q1 断路器 C 相分位			
Q1 断路器 A 相合位			
Q1 断路器 B 相合位			
Q1 断路器 C 相合位			
Q1 A 相预分位置			
Q1 B 相预分位置			
Q1 C 相预分位置			
Q1 GCB 低气压报警			
Q1 GCB 低气压闭锁 1			
Q1 GCB 低气压闭锁 2			
Q1 其他气室低气压报警			
Q1 断路器就地控制			
Q1 隔离开关、接地开关就地控制			
Q1 直流电源故障			
Q1 交流电源故障			
Q1 电气联锁接触信号			

续表

开关输出信号	控制保护系统		备注
	A	B	
Q1 非全相保护分闸			
Q1 液压弹簧压力低闭锁分闸			
Q1 液压弹簧压力低闭锁操作			
Q1 储能电机正储能信号			
Q1 储能超时报警信号			
Q1 隔离开关、接地开关电源故障			
Q1 验电器有电信号			

操　作	控制保护系统		备注
	A	B	
Q1 就地单相分闸			
Q1 就地单相合闸			
Q1 就地三相分闸			
Q1 就地三相合闸			
Q1 远方三相分闸			
Q1 远方三相合闸			

跳闸传动

试验项目	第一组线圈	第二组线圈	备注
失灵保护跳本开关			
充电保护跳本开关			
5011、5012 失灵保护跳本开关			
5013 失灵保护跳本开关			
线路保护跳本开关			
短引线保护跳本开关			
过压保护跳本开关			

交流隔离开关分系统试验记录表

开关量输出信号	控制保护系统		备注
	A 套	B 套	
分位			
合位			
电源消失			
远方/就地			
联锁/解锁			
操作	结果		
就地合			

续表

开关量输出信号	控制保护系统		备注
	A 套	B 套	
就地分			
远方合			
远方分			
试验结论			

接地开关分系统试验记录表

开关量输出信号	控制保护系统		备注
	A 套	B 套	
分位			
合位			
交流失电			
远方/就地			
操作	结果		
就地合			
就地分			
远方合 A 套			
远方合 B 套			
远方分 A 套			
远方分 B 套			

断路器保护检查

开关量输出信号（至监控系统）	站控 SCADA	
	A 套	A 套
断路器保护装置闭锁		
断路器保护屏装置告警		
断路器保护屏 A 相跳闸		
断路器保护屏 B 相跳闸		
断路器保护屏 C 相跳闸		
断路器保护屏重合闸动作		
断路器保护屏失灵保护跳闸		
断路器保护屏第一组控制回路断线		
断路器保护屏第二组控制回路断线		
断路器保护屏操作出口跳闸 1		
断路器保护屏操作出口跳闸 2		
断路器保护屏第一组电源断线		
断路器保护屏第二组电源断线		

续表

开关量输出信号（至监控系统）	站控 SCADA	
	A 套	A 套
开关量输出信号	断路器保护至故障录波检查	
失灵保护动作		
保护 A 相跳闸		
保护 B 相跳闸		
保护 C 相跳闸		
操作箱 A 相出口跳闸		
操作箱 B 相出口跳闸		
操作箱 C 相出口跳闸		

××线路保护检查

开关量输出信号 （至监控系统）	站控 SCADA	
	A 套	B 套
保护装置闭锁		
保护装置告警		
保护动作		
保护通道故障		
保护通道一告警		
保护通道二告警		
跳闸信号	启动失灵 A	启动失灵 B
A 相跳闸		
B 相跳闸		
C 相跳闸		
保护跳闸		
录波信号	故障录波	
A 相跳闸		
B 相跳闸		
C 相跳闸		
远传收信 1		
保护跳闸 1		
过压起动远跳 1		
整组传动试验	A	B
	跳闸线圈 I	跳闸线圈 II
线路保护跳边断路器 A 相		
线路保护跳边断路器 B 相		
线路保护跳边断路器 C 相		

续表

整组传动试验	A	B
	跳闸线圈 I	跳闸线圈 II
线路保护跳中断路器 A 相		
线路保护跳中断路器 B 相		
线路保护跳中断路器 C 相		
过压保护跳边断路器		
过压保护跳中断路器		

短引线保护检查

开关量输出信号	站控 SCADA	
（至监控系统）	A 套	B 套
保护装置闭锁		
保护装置告警		
保护动作		
录波信号	故障录波	
保护跳闸		
整组传动试验	A 套	B 套
	跳闸线圈 I	跳闸线圈 II
短引线保护跳中断路器		
短引线保护跳边断路器		
备注	注：开关量动作或二次设备故障时要求后台必须有相应动作信息，且描述准确	

母差保护检查

开关量输出信号（至监控系统）	站控 SCADA	
	A 套	B 套
保护跳闸		
装置闭锁		
装置异常		
整组传动试验	A 套	B 套
	跳闸线圈 I	跳闸线圈 II
母差保护跳相应断路器		
失灵保护跳边断路器		
备注	注：开关量动作或二次设备故障时要求后台必须有相应动作信息，且描述准确	

电抗器保护检查

开关量输出信号（至监控系统）	站控 SCADA		故障录波
	A 套	B 套	
主保护动作			
后备保护动作			

续表

开关量输出信号（至监控系统）	站控 SCADA		故障录波
	A 套	B 套	
差流越限			
TA 异常告警			
TV 异常告警			
过负荷告警			
装置告警			
失电告警			
整组传动试验	A 套		B 套
	跳闸线圈 I		跳闸线圈 II
保护跳闸边开关			
保护跳闸中开关			
启动远跳对侧线路边开关			
启动远跳对侧线路中开关			

非电量信号检查

操 作	A 相		B 相		C 相	
	A 系统	B 系统	A 系统	B 系统	A 系统	B 系统
主油箱重瓦斯						
高压侧重瓦斯						
低压侧重瓦斯						
顶部油温高						
绕组温度高						
高压侧 SF_6 压力低						
低压侧 SF_6 压力低						
保护跳闸						
主油箱轻瓦斯报警						
高压侧轻瓦斯报警						
低压侧轻瓦斯报警						
主油箱油位低报警						
主油箱油位高报警						
本体压力释放阀报警 1						
本体压力释放阀报警 2						
油滤清器报警						
冷却器 1 报警						
冷却器 2 报警						

续表

操作	A 相		B 相		C 相	
	A 系统	B 系统	A 系统	B 系统	A 系统	B 系统
冷却器 3 报警						
冷却器 4 报警						
冷却器电源 A 失电						
冷却器电源 B 失电						
冷却器备用电源切换						
试验结论						
试验人员						日期:
监理员						日期:
备注	注：开关量动作或二次设备故障时要求后台必须有相应动作信息，且描述准确					

同期试验检查

试验项目	操作结果		备注
	A 套	A 套	
电压差			
相角差			
频率差			

换流站交流场采用 3/2 接线方式时，交流串"中开关"逻辑检查

中开关运行方式	出口	动作情况
换流变压器与交流线路共串，两个边断路器三相跳开仅中断路器运行	立即闭锁相应换流器	
换流变压器与大组交流共串，两个边断路器三相跳开仅中断路器运行	立即闭锁相应换流器	
交流与交流线路共串，若出现一个边断路器处于断开或检修状态，另一个边断路器跳开，仅"中断路器"运行	立即跳开中开关	
换流变压器与主变压器共串，两个边断路器三相跳开仅中断路器运行	立即闭锁相应换流器	
换流变压器与交流线路共串，且换流变压器与母线间的边断路器停运的情况下，交流线路发生单相故障	闭锁相应换流器	
大组交流与交流线路共串，且大组交流与母线间的边断路器停运的情况下，如果交流线路发生单相故障	切除相应的大组交流	
大组交流与主变压器、厂用变压器共串，两个边断路器三相跳开仅中开关运行	立即跳开中断路器	
试验结论		
试验人员		日期:
监理员		日期:

10.3　二次注流试验质量控制卡

二次注流试验质量控制卡

回路用途	回路编号	相序	实际使用（整定）变比	二次使用抽头	二次级别	一次指向及联结方式	二次出线方向	二次负担及回路电阻			绝缘（MΩ）	接地点
								电流（A）	电压（V）	二次回路单相直流电阻（Ω）		
线路 1 保护 A、安稳 A、故障测距		AN										
		BN										
		CN										
		AB										
线路 1 保护 B、安稳 B、故障录波屏 2		AN										
		BN										
		CN										
		AB										
断路器保护、故障录波屏 1		AN										
		BN										
		CN										
		AB										
Ⅰ 母母线 A		AN										
		BN										
		CN										
		AB										
Ⅰ 母母线 B		AN										
		BN										
		CN										
		AB										
线路 1 计量		AN										
		BN										
		CN										
		AB										
测控屏、PMU（线路 1）		AN										
		BN										
		CN										
		AB										

注：表头上方横跨"交流场××串 Q1 柜 TA 二次注流回路检查"。

续表

回路用途	回路编号	相序	实际使用（整定）变比	二次使用抽头	二次级别	一次指向及联结方式	二次出线方向	二次负担及回路电阻			绝缘（MΩ）	接地点
								电流（A）	电压（V）	二次回路单相直流电阻（Ω）		
线路2保护A、安稳A、故障测距		AN										
		BN										
		CN										
		AB										
线路2保护B、安稳B、故障录波2		AN										
		BN										
		CN										
		AB										
PMU（线路2）		AN										
		BN										
		CN										
		AB										
线路2计量（51电能表屏4）		AN										
		BN										
		CN										
		AB										
线路1路保护A、安稳A、故障测距		AN										
		BN										
		CN										
		AB										
线路1路保护B、安稳B、故障录波		AN										
		BN										
		CN										
		AB										
测控屏、测控、PMU（线路1）		AN										
		BN										
		CN										
		AB										
线路1计量		AN										
		BN										
		CN										
		AB										
中断路器保护、故障录波屏		AN										
		BN										
		CN										
		AB										

交流场××串 Q2 柜 TA 二次注流回路检查

续表

交流场××串 Q3 柜 TA 二次注流回路检查												
回路用途	回路编号	相序	实际使用（整定）变比	二次使用抽头	二次级别	一次指向及联结方式	二次出线方向	二次负担及回路电阻			绝缘（MΩ）	接地点
								电流（A）	电压（V）	二次回路单相直流电阻（Ω）		
Ⅱ母保护 1		AN										
		BN										
		CN										
		AB										
Ⅱ母保护 2		AN										
		BN										
		CN										
		AB										
线路 1 计量		AN										
		BN										
		CN										
		AB										
测控 A2、测控 B2、PMU（线路 1）		AN										
		BN										
		CN										
		AB										
线路 2 保护 A、安稳 A、故障测距	T6–111	AN										
		BN										
		CN										
		AB										
线路 2 保护 B、安稳 B、故障录波	T6–121	AN										
		BN										
		CN										
		AB										
断路器保护、故障录波屏	T6–131	AN										
		BN										
		CN										
		AB										
试验结论												
试验人员			日期：									
监理员			日期：									

10.4　二次加压试验质量控制卡

二次加压试验质量控制卡

回路	相序	输入电压（V）	二次回路绝缘电阻（MΩ）	接地点	绕组级别	用途（检查以下接入点显示电压，核对正确）
交流场线路电压回路检查						
本间隔电压绕组名称及用途（第一组绕组601）	A601					计量屏
	B601					
	C601					
本间隔电压绕组名称及用途（第二组绕组602）	A602					测控屏A、线路保护A、安稳A、边断路器保护、中断路器保护、电抗器保护A
	B602					
	C602					
本间隔电压绕组名称及用途（第三组绕组603）	A603					测控屏B、PMU、线路保护B、安稳B、故障录波屏2、电抗器保护A
	B603					
	C603					
	L603					故障录波柜2
交流场Ⅰ母母线保护电压回路检查						
Ⅰ母电压绕组名称及用途（第一组绕组601）	A601					Q1断路器保护、测控屏、站用变压器电量保护A套、极1测量接口屏A、极2测量接口屏A
	B601					
	C601					
Ⅰ母电压绕组名称及用途（第二组绕组602）	A602					间隔测控屏、站用变压器电量保护B套、极1测量接口屏B、极2测量接口屏B
	B602					
	C602					
Ⅰ母电压绕组名称及用途（第三组绕组602）	L603					故障录波屏
试验结论						
试验人员		日期：				
监理员		日期：				

10.5 开关场一次注流试验质量控制卡

开关场一次注流试验质量控制卡

5011 开关一次注流检查表					
回路用途	回路编号	相序	一次电流（A）	显示电流（mA）	相位角（°）
线路 1 保护 A、安稳 A、故障测距		A			
		B			
		C			
		N			
线路 1 保护 B、安稳 B、故障录波屏 2		A			
		B			
		C			
		N			
断路器保护、故障录波屏 1		A			
		B			
		C			
		N			
Ⅰ 母母线 A		A			
		B			
		C			
		N			
Ⅰ 母母线 B		A			
		B			
		C			
		N			
线路 1 计量		A			
		B			
		C			
		N			
测控屏、PMU（线路 1）		A			
		B			
		C			
		N			

5012 开关一次注流检查表					
用途	回路	相序	一次电流（A）	显示电流（mA）	相位角（°）
线路 2 保护 A、安稳 A、故障测距		A			
		B			
		C			
		N			

续表

回路用途	回路编号	相序	一次电流（A）	显示电流（mA）	相位角（°）
线路2保护B、安稳B、故障录波屏2		A			
		B			
		C			
		N			
PMU（线路2）		A			
		B			
		C			
		N			
线路2线计量		A			
		B			
		C			
		N			
线路1保护A、安稳A、故障测距		A			
		B			
		C			
		N			
线路1保护B、安稳B、故障录波屏2		A			
		B			
		C			
		N			
测控屏、PMU（线路1）		A			
		B			
		C			
		N			
线路1计量		A			
		B			
		C			
		N			
中断路器保护、故障录波屏		A			
		B			
		C			
		N			

5013开关一次注流检查表

回路用途	回路编号	相序	一次电流（A）	显示电流（mA）	相位角（°）
Ⅱ母保护A		A			
		B			
		C			
		N			

续表

回路用途	回路编号	相序	一次电流（A）	显示电流（mA）	相位角（°）
Ⅱ母保护B		A			
		B			
		C			
		N			
线路2计量		A			
		B			
		C			
		N			
测控屏A2、B2、PMU（线路1）		A			
		B			
		C			
		N			
线路2保护A、安稳A、故障测距		A			
		B			
		C			
		N			
线路2保护B、安稳B、故障录波屏2		A			
		B			
		C			
		N			
断路器保护、故障录波屏		A			
		B			
		C			
		N			
试验结论					
试验人员		日期：			
监理员		日期：			

第四章

换流站交流滤波器场分系统调试
作业指导书

目　次

1 概述

1.1 相关说明

交流滤波器场分系统调试是在交流滤波器场一次设备安装调整完毕，交流滤波器场控保组网完成及二次线接线完毕后进行的一次设备和二次控制保护之间的联动试验。其主要目的是验证二次回路正确性。

1.2 适用范围

本作业指导书适用于±1100kV 及以下换流站工程的交流滤波器场分系统调试过程中标准化的安全质量控制。

1.3 工作依据

下列文件对于本文件的应用是必不可少的。凡是注日期的引用文件，仅注日期的版本适用于本文件。凡是不注日期的引用文件，其最新版本（包括所有的修改单）适用于本文件。

GB 50150 《电气装置安装工程　电气设备交接试验标准》

GB/T 7261 《继电保护和安全自动装置基本试验方法》

DL/T 1129 《直流换流站二次电气设备交接试验规程》

Q/GDW 275 《±800kV 直流系统电气设备交接验收》

Q/GDW 293 《±800kV 直流换流站设计技术规定》

国家电网公司电力安全工作规程（电网建设部分）

国家电网公司十八项电网重大反事故措施

国家电网公司防止直流换流站单、双极强迫停运二十一项反事故措施

2 整体流程及责任划分

2.1 总体流程图

总体流程图如图 4–1 所示。

2.2 职责划分

（1）分系统调试单位与一次设备安装单位的调试接口界面在汇控柜（端子箱）端子排，没有汇控柜（端子箱）的在机构箱端子排处。端子排以外的由分系统调试单位负责。

（2）分系统调试单位与控制保护厂家的调试接口界面在接口屏端子排，端子排以外的由分系统调试单位负责。

（3）分系统调试单位负责整个回路的完整性。

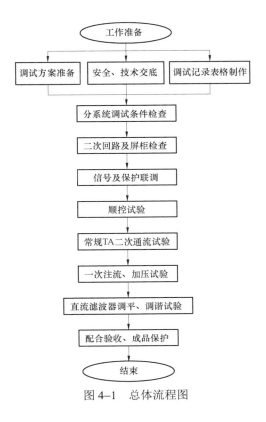

图 4-1 总体流程图

3 交流滤波器场分系统调试实施准备

3.1 一次设备单体调试结果核实

核实交流滤波器场一次设备是否已经安装调整结束，交接试验是否合格。必要时由安装单位与分系统调试单位在监理的见证下办理工序交接移交单。

3.2 相关二次设备单体调试结果核实

核实交流滤波器场相关二次设备单体调试是否结束，二次电缆是否接线完毕。由电气A包施工项目部部门内部协调控制。

3.3 交流电源、直流电源准备

核实交流电源、直流电源是否具备条件，电压质量在规程规定范围内；交流电源、直流电源来源与设计图纸一致（双电源供电的设备分别取至Ⅰ段、Ⅱ段电源）。

3.4 图纸、试验记录表格准备

相关图纸已审核完毕，可以作为调试依据；相关试验记录表格已编写完成，可以确保

不缺项、不漏项。

4 二次回路及屏柜检查

4.1 注意事项

屏柜绝缘检查试验应依据规程选择正确的试验电压挡位,屏柜通电前应先确认电源回路两极之间、对地绝缘均合格后才能送电。

4.2 二次回路绝缘检查

分系统调试单位用 1000V 绝缘电阻表对二次回路进行绝缘检查。回路对地电阻和回路之间应大于 10MΩ。

4.3 屏柜通电检查

检查屏柜内照明是否正常;检查直流工作电压幅值和极性是否正确;检查直流屏内直流空气开关名称与对应保护装置屏柜是否一致;检查屏柜内加热器工作是否正常。

4.4 屏柜通信检查

检查光纤、网线、总线等通信接线是否正确;任一路通信断开,后台应有报警信息。

5 信号及保护联调

5.1 注意事项

(1) 传动开关、隔离开关时现场需派专人看护,并与监控后台保持通信畅通。

(2) 隔离开关、接地开关现场手动分、合一次,确保其能正常分合后才能进行远方遥控试验。

(3) 做好防触电措施。

5.2 开关量信号联调

按照设计图纸,逐一核对各控制保护装置、断路器、隔离开关、接地开关信号,依次进行联调,步骤如下:

(1) 条件具备时,使交流滤波器场一次设备(断路器、隔离开关、接地开关)、交流滤波器场控制保护小室内的二次保护装置实际发出信号;条件不具备时,模拟发出信号(在信号源接点上模拟信号发生即将接点的两端短接)。

(2) 观察运行人员工作站信号事件列表上是否有该信号事件:若运行人员工作站上出现信号事件,试验通过,进行下一项试验;若运行人员工作站上没有信号事件,则进行查线,找到原因并更正后,重复进行上述步骤。

（3）检查项目。

1）交流滤波器断路器本体及汇控柜信号核对。

2）交流滤波器隔离开关及接地开关报警信号核对。

3）交流滤波器保护装置出口信号核对。

4）故障录波信号核对。

5）保护信息子站信号核对。

6）其他信号核对。

5.3　遥控信号联调

针对交流滤波器场的每台断路器、隔离开关及接地开关，验证其控制操作的正确性，步骤如下：

（1）将控制箱的就地/远方开关的控制位置打到远方。

（2）在运行人员工作站上进行断路器分、合闸操作，若该间隔正确动作，试验通过，进行下一项试验；若该间隔未动作或动作不正确，则进行检查，找到原因并更正后，重复进行上述步骤。

（3）在运行人员工作站上对隔离开关、接地开关进行联锁逻辑操作：若动作逻辑正确，试验通过，进行下一项试验；若隔离开关未动作或动作不正确，则进行动作逻辑检查，找到原因并更正后，重复进行上述步骤。

（4）在运行人员工作站上对顺控逻辑操作：若动作逻辑正确，试验通过，进行下一项试验；若顺控动作不正确，则进行动作逻辑检查，找到原因并更正后，重复进行上述步骤。

5.4　保护跳闸传动联调

按照设计图纸，逐一核对各保护装置跳闸逻辑，依次进行联调。分别在各保护屏模拟各种故障，保护动作出口，检查确认保护与断路器的联合跳闸功能的正确性。检查项目如下：

（1）对 BP11/BP13 型接线滤波器谐波报警保护的报警支路采样值输入准确性进行校验。

（2）交流滤波器保护、断路器保护、交流滤波器母线保护出口的验证。

（3）相关保护之间的整组联动试验，如交流滤波器保护与断路器保护之间、断路器保护与母差保护之间等。

5.5　同期功能联调

针对每台交流场断路器，依照相关设计文件，在同期条件满足/不满足时，分别进行合闸操作并且在其定值范围进行合闸操作，以验证同期功能是否正确，步骤如下：

（1）将三相控制箱的就地/远方开关的控制位置打到远方。

（2）利用继电保护仪在相关端子上加上试验电压并设定定值。

6 二次注流、加压试验

6.1 注意事项

（1）二次注流、加压试验前，确保电流回路不开路、电压回路不短路。

（2）二次注流、加压试验时，确保注入电流、电压幅值不大于二次设备采样线圈的额定电流值。

（3）确保每个电流、电压回路有且只有一个接地点。

6.2 二次电流、电压回路检查

按照设计图纸，对所有电流、电压回路进行二次回路完整性及绝缘检查，测量二次回路的直流电阻及绝缘，并检查二次回路一点接地，接地点符合设计及反措要求。

6.3 二次注流试验

按照设计图纸，在交流滤波器场常规电流互感器汇控箱，对所有电流回路二次回路进行注流逐一核对各保护装置电流的采样值的正确性，判断控保系统所用电流采样值是否正确。

6.4 二次加压试验

在交流滤波器场电压互感器端子箱内对所有电压回路二次回路进行加压，逐一核对各保护装置电压量的采样值的正确性，采用保护装置录波、故障录波装置录波或后台录波等方式判断控保系统所用电压量的相序及采样值是否正确。

7 交流滤波器调平、调谐试验

7.1 注意事项

（1）交流滤波器电容器塔调平试验在电容器塔单个电容测试合格及桥臂电容测试合格后进行。

（2）试验结果应符合产品厂家技术文件要求。

7.2 交流滤波器调平试验

在交流滤波场的交流滤波器、无功补偿电容器组两端加试验电压，试验接线如图 4-2 所示，测量流过电容器组桥臂的不平衡电流，并折算至最高运行电压下，通过调整电容器 4 个臂电容值，控制正常状态下，电容器组桥臂流过后的不平衡电流在允许范围内。一般试验方法如下：

将微安表串入电容器组桥臂不平衡 TA 二次回路，在电容器组两端用调压器通过升压变后施加交流 1kV 电压，测量不平衡电流，将测量的不平衡电流值折算到最高运行电压下的一次值。

折算公式

$$I_{\mathrm{B}} = I_{\mathrm{b}} \frac{U}{U_{\mathrm{s}}}$$

式中　I_{B} ——最高运行电压下不平衡电流（mA）；

　　　U ——最高运行电压（kV）；

　　　I_{b} ——试验电压下不平衡电流（μA）；

　　　U_{s} ——试验电压（V）。

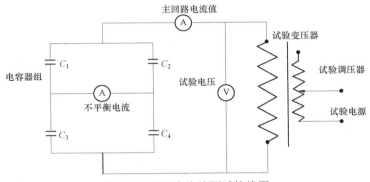

图 4-2　不平衡电流测试接线图

为了确保在正常运行状态下电容器组不平衡保护不报警、不动作，I_{B} 应小于不平衡电流保护报警值的 25%（此值需厂家确认）。如不满足要求，需调整电容器组内的电容，为了调整方便，优先互换最下层左右桥臂电容，调整后再加电压测试，重复多次，直到测量的不平衡电流值满足要求为止。

7.3　交流滤波器调谐试验

调谐试验接线示意图如图 4-3 所示。

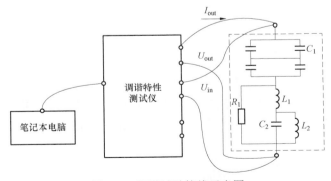

图 4-3　调谐试验接线示意图

在调谐过程中，现场通过选择电抗器抽头调整交流滤波器的谐振频率，补偿交流滤波器元件在制造时的参数误差。

有两种不同的方法用于交流滤波器调谐，分别是：相位测量法和阻抗幅值测量法。使用何种方法，取决于谐波器调谐图和现场的测量设备情况。使用相位法测量滤波器阻抗的相角，当相角等于零度时，就认为滤波器已经调谐。使用阻抗法测量滤波器的阻抗情况，当阻抗的幅值最大和最小时，认为滤波器已经调谐。

调谐试验的验收标准是：现场调谐频率与设计调谐频率的误差应控制在 1%内（此值需要成套设计单位确认）。

8　选相合闸功能调试

8.1　注意事项

（1）断路器一次安装完成，具备传动条件。

（2）试验结果应符合产品厂家技术文件要求。

8.2　选相合闸功能验证

为减小合闸时对高压并联电容器的冲击，交流滤波器断路器设有选相合闸控制功能，其测试方法为：装置运行正常状况下，在二次回路加电压、电流，检查装置选相合闸功能是否正常。

9　一次注流试验

9.1　注意事项

（1）一次注流前核查被试验 TA 上没有人在工作。

（2）确认注入电流小于 TA 的额定电流，大回路注流时注入电流小于回路上所有 TA 的最小额定电流。

（3）派专人看护，保持通信畅通。

9.2　单 TA 一次注流试验

按照设计图纸，对交流滤波器场组内光、电 TA 逐一注流，在保护工作站中对各保护主机进行录波，分析录波文件，判断控保系统所用电流量的极性及采样值是否正确；读取交流滤波器场保护光 TA 所用电流量的极性及采样值是否正确。交流滤波器场 TA 的极性配置如图 4–4 所示。

9.3　交流滤波器场大回路注流试验

（1）大组滤波器母差极性（T1 与 T141）及小组滤波器差动极性（T1 与 T2）校验，示例如图 4–5 所示。拆掉 501227 接地开关接地端，以 501227 接地开关为注流点。合 501227

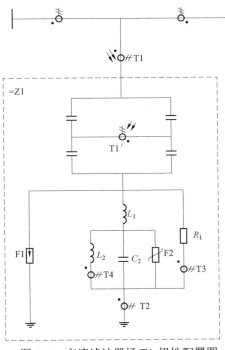

图 4-4　交流滤波器场 TA 极性配置图

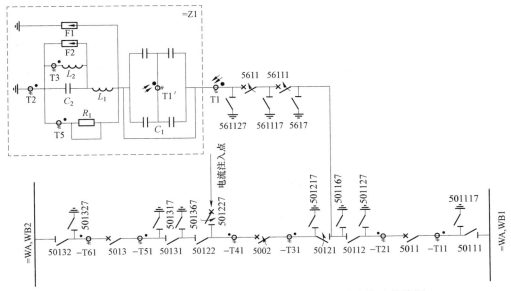

图 4-5　串内母线差流及滤波器小组电阻器回路差流校验接线图

隔离开关、5012 断路器、50121 隔离开关、56111 隔离开关、5611 断路器，并短接滤波器小组三相电容 C_1 及电阻 R_1。测试串内 T3、T4 电流互感器回路，滤波器小组 T1、T2、T5 电流互感器回路。查看装置采样、后台采样正确，大差及小差正确，差流为 0。

（2）大组滤波器母差极性（T1 与 T141）、滤波器小组电抗器电流回路极性校验，示例如图 4-6 所示。拆掉 501227 接地开关接地端，以 501227 接地开关为注流点。合 501227

隔离开关、5012 断路器、50121 隔离开关、56111 隔离开关、5611 断路器，并短接滤波器小组三相电容 C_1 及电抗 L_1、L_2。测试滤波器小组 T3 电流互感器回路。查看装置采样、后台采样正确。

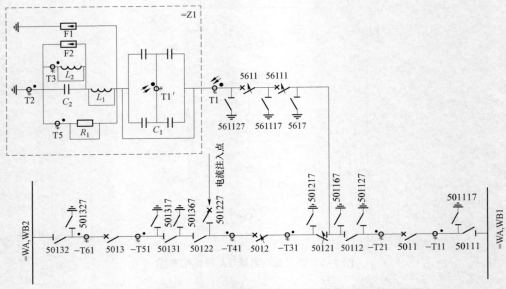

图 4-6　串内母线差流及滤波器小组电抗器回路差流校验接线图

（3）滤波器小组不平衡电流互感器校验，示例如图 4-7 所示。用继电保护测试仪在不平衡电流互感器两端加 1A 电流，测试电流回路，查看装置采样、后台采样正确。

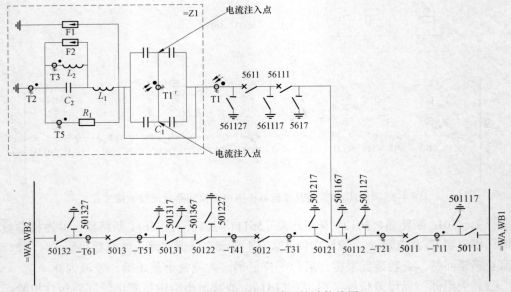

图 4-7　不平衡电流互感器校验接线图

10 交流滤波器场分系统调试安全控制

（1）进入施工现场的人员应正确使用合格的安全帽等安全防护用品，穿好工作服，严禁穿拖鞋、凉鞋、高跟鞋，以及短裤、裙子等进入施工现场。严禁酒后进入施工现场，严禁流动吸烟。

（2）施工用电应严格遵守安规，实现三级配电、二级保护、一机一闸一漏保。总配电箱及区域配电箱的保护零线应重复接地，且接地电阻不大于 10Ω。用电设备的电源线长度不得大于 5m，距离大于 5m 时应设流动开关箱；流动开关箱至固定式配电箱之间的引线长度不得大于 40m，且只能用橡套软电缆。

（3）施工单位的各类施工人员应熟悉并严格遵守安规的有关规定，经安全教育，考试合格方可上岗。临时参加现场施工的人员，应经安全知识教育后，方可参加指定的工作，并且不得单独工作。

（4）工作中严格按照国家电网公司《电力安全工作规程》（变电站和发电厂电气部分）（简称《安规》）要求指导施工，确保人身和设备安全。

（5）特种工种必须持证上岗，杜绝无证操作。由工作负责人检查起重机械证照是否齐全，操作、指挥人员必须持证上岗。

交流滤波器场分系统调试安全风险控制卡（2级风险）见表 4-1。

表 4-1　　　　　　　交流滤波器场分系统调试安全风险控制卡（2级风险）

作业区域：

工作时间：　　年 月 日 时～　　年 月 日 时

工作负责人：　　　　　　　　　　安全监护人：　　　　　　　　　　监理员：

工作班成员：

序号	控制项目	控制内容	落实情况
1	安全交底	1. 试验前进行站班交底，明确工作内容及试验范围	
		2. 由工作负责人指定安全监护人员进行监护	
2	设备检查	工器具完好，机械强度、绝缘性能满足试验要求	
3	试验接线	1. 试验电源安全、可靠，满足试验要求	
		2. 临时接地线可靠接地	
		3. 试验回路做好误动、误碰措施	
		4. 整体试验接线正确无误	
		5. 待试设备无短路、漏电、串电的情况	
4	安全警示	1. 工作区域悬挂安全围绳	
		2. 悬挂调试警示牌	
		3. 确认相关安全措施已落实好	

续表

序号	控制项目	控 制 内 容	落实情况
5	风险控制	1. 在回路上工作时，应使用有绝缘柄的工具，不得裸露金属部分	
		2. 确认 TA 回路没有开路，末屏分压器回路没有短路	
		3. 注流电流不超过一次额定电流	
		4. 加压电压不超过一次额定电压	
		5. 防止高空坠物，伤及设备或人员	
		6. 远离带电体，防止电击	
		7. 使用测量仪表前，对仪表及相关挡位进行核对无误	
		8. 拆、接线前应用万用表测量检查，每拆一根二次线时，裸露的线头要立即用绝缘胶布单独包扎	
		9. 高压试验施工区域设置警戒线并有明显的警示标识，试验人员充分了解试验仪器及被试设备性能，试验仪器接地应可靠接至主网，不得采用搭接。按照试验方案进行操作、不能误动、误碰不相关的运行设备，不能超范围工作。试验完毕后应进行充分放电，拆除接地线，并专人检查确认	
		10. 现场电缆沟盖板尚未铺设完成，操作时防止掉入电缆沟，造成人身伤害	
6	离场检查	1. 设备整理检查，无遗漏	
		2. 试验电源接线拆除，试验电源箱门关闭，不遗留杂物、误动内部接线	
		3. 临时接地线全部拆除	
		4. 警示围绳、警示牌整理回收	
		5. 场地卫生清理完毕	

注 落实情况由安全监护人签署。

11　交流滤波器场分系统重点控制要点

重点控制要点如图 4-8 所示。

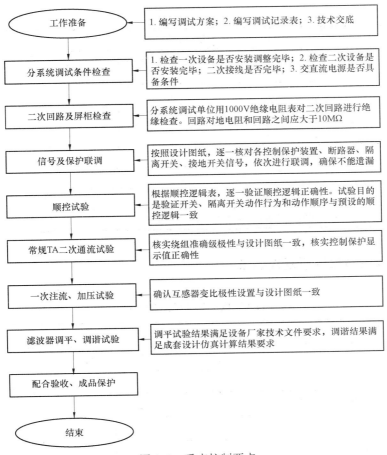

图 4-8 重点控制要点

12 参照表

12.1 二次回路及屏柜检查安全风险控制卡

二次回路及屏柜检查安全风险控制卡

二次屏柜检查										
信号名称	交流滤波器测控屏		光 TA 合并单元屏		光 TA 接口屏	交流滤波器操作屏		大组滤波器保护屏	
	A	B	A	B		A	B	A	B
单电源故障									
连接光纤断开									
连接网线断开									
总线回路断开									

二次回路绝缘检查					
试验项目	交流滤波器测控屏	光 TA 合并单元屏	光 TA 接口屏	交流滤波器操作屏	大组滤波器保护屏
直流电源回路					
二次操作回路					
二次信号回路					
试验结论					
试验人员				日期：	
监理员				日期：	
备注	用绝缘电阻表 1000V 挡对整个二次回路进行绝缘检查，满足相关要求				

12.2 信号及保护联调质量控制卡

信号及保护联调质量控制卡

断路器电气特性检查			
开关输出信号	控制保护系统		备注
	A	B	
××断路器 A 相合位			
××断路器 B 相合位			
××断路器 C 相合位			
××断路器 A 相分位			
××断路器 B 相分位			
××断路器 C 相分位			
××断路器 A、B、C 相分柜合闸弹簧未储能			
××断路器 A、B、C 相分柜低气压闭锁 1			
××断路器 A、B、C 相分柜低气压闭锁 2			
××断路器中控箱加热、驱潮 F2 断电			
××断路器非全相			
××断路器中控箱 S4 近控			
××断路器 A、B、C 相分柜低气压报警			
××断路器 A、B、C 相分柜 S4 就地控制			
××断路器 A、B、C 相加热、驱潮 F2 断电			
××断路器 A、B、C 相 F1、F1.1 电机断电			

续表

操 作	控制保护系统		备注
	A	B	
就地单相分闸			
就地单相合闸			
远方三相合闸			

跳闸传动

试验项目	第一组线圈	第二组线圈	备注
500kV 一大组母差跳所有开关			
中断路器失灵启动跳母线			
边断路器失灵启动跳母线			
××1 滤波器断路器失灵跳母线			
××2 滤波器断路器失灵跳母线			
××3 滤波器断路器失灵跳母线			
滤波器断路器失灵跳母线			
滤波器断路器三相不一致跳			

隔离开关电气特性检查

断路器量输出信号	控制保护系统		备注
	A 套	B 套	
分位			
合位			
电源消失			
远方/就地			
操作	结果		
就地单相合			
就地单相分			
就地三相合			
就地三相分			
远方三相合			
远方三相分			

接地开关电气特性检查

开关量输出信号	控制保护系统		备注
	A 套	B 套	
分位			
合位			
电源失电			

续表

开关量输出信号	控制保护系统		备注
	A 套	B 套	
远方/就地			
操作	结果		
就地单相合			
就地单相分			
就地三相合			
就地三相分			
远方合			
远方分			

断路器、隔离开关、接地开关联锁

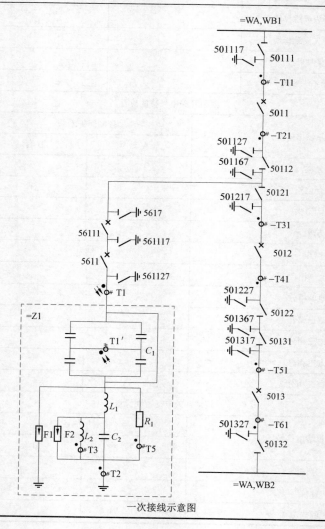

一次接线示意图

续表

设备编号	联锁逻辑
5617	50112、50121、56111 分位
56111	501167、5617、561127、561117、5611 分位
561117	56111 分位
561127	56111 分位
501167	50112、50121 分位、无压
50112	501117、5011、501127、501167、5617 分位
50121	501127、501167、501217、5012、5617 分位

交流滤波器保护检查

开关量输出信号 （至监控系统）	站控 SCADA	
	A 套	B 套
交流滤波器保护装置告警		
交流滤波器保护装置闭锁		
交流滤波器保护跳闸		
跳闸信号	锁定该断路器遥控、启动失灵	
交流滤波器保护跳闸		
录波信号	至故障录波	
交流滤波器保护跳闸		
整组传动试验 1	A 套	B 套
	跳线圈 I、锁定该断路器遥控、启动失灵	跳线圈 II、锁定该断路器遥控、启动失灵
交流滤波器差动保护跳本断路器		
交流滤波器不平衡保护跳本断路器		
交流滤波器过流保护跳本断路器		
交流滤波器零序过流保护跳本断路器		
交流滤波器电阻过负荷保护跳本断路器		
交流滤波器电抗过负荷保护跳本断路器		
整组传动试验 2	A 套	B 套
	跳线圈 I	跳线圈 II
母线过电压保护		
报警	A 套	B 套
不平衡报警		
交流滤波器谐波报警支路 A		
交流滤波器谐波报警支路 B		
母线过电压保护报警		

续表

交流滤波器大组保护检查		
开关量输出信号 （至监控系统）	站控 SCADA	
	A 套	B 套
保护装置闭锁		
保护装置报警		
滤波器大组母差动作		
第一小组滤波器保护动作		
第二小组滤波器保护动作		
第三小组滤波器保护动作		
第四小组滤波器保护动作		
第五小组滤波器保护动作		
录波信号	故障录波	
交流滤波器母线保护跳闸		
整组传动试验 1	A 套	B 套
	跳线圈 I、锁定该断路器遥控、启动失灵	跳线圈 II、锁定该断路器遥控、启动失灵
差动保护跳相应断路器		
整组传动试验 2	A 套	B 套
	跳线圈 I	跳线圈 II
失灵保护跳相应断路器		
试验结论		
试验人员		日期：
监理员		日期：
备注	注：开关量动作或二次设备故障时要求后台必须有相应动作信息，且描述准确	

12.3 二次注流试验质量控制卡

二次注流试验质量控制卡

小组 T1 首端电流												
回路用途	回路编号	相序	实际使用（整定）变比	二次使用抽头	二次级别	一次指向及联结方式	二次出线方向	二次负担及回路电阻			绝缘（MΩ）	接地点
								电流（A）	电压（V）	二次回路单相直流电阻（Ω）		
滤波器保护 A		AN										
		BN										
		CN										
		AB										

续表

回路用途	回路编号	相序	实际使用（整定）变比	二次使用抽头	二次级别	一次指向及联结方式	二次出线方向	二次负担及回路电阻			绝缘（MΩ）	接地点
								电流（A）	电压（V）	二次回路单相直流电阻（Ω）		
滤波器保护 B		AN										
		BN										
		CN										
		AB										
大组滤波器母线保护 B 屏		AN										
		BN										
		CN										
		AB										
大组滤波器母线保护 A 屏		AN										
		BN										
		CN										
		AB										

小组不平衡光 TA 电流

回路用途	回路编号	相序	实际使用（整定）变比	二次使用抽头	二次级别	一次指向及联结方式	二次出线方向	二次负担及回路电阻			绝缘（MΩ）	接地点
								电流（A）	电压（V）	二次回路单相直流电阻（Ω）		
滤波器保护 A 屏、故障录波、测控 A		AN										
		BN										
		CN										
		AB										
滤波器保护 B 屏、测控 B		AN										
		BN										
		CN										
		AB										

T2 尾端电流

回路用途	回路编号	相序	实际使用（整定）变比	二次使用抽头	二次级别	一次指向及联结方式	二次出线方向	二次负担及回路电阻			绝缘（MΩ）	接地点
								电流（A）	电压（V）	二次回路单相直流电阻（Ω）		
滤波器保护 A 屏、B 屏、故障录波屏		AN										
		BN										
		CN										
		AB										

续表

回路用途	回路编号	相序	实际使用（整定）变比	二次使用抽头	二次级别	一次指向及联结方式	二次出线方向	二次负担及回路电阻			绝缘（MΩ）	接地点
								电流（A）	电压（V）	二次回路单相直流电阻（Ω）		
滤波器测控 B2 PMU 相角监测屏		AN										
		BN										
		CN										
		AB										
滤波器测控 A2 Z31 选相合闸		AN										
		BN										
		CN										
		AB										
滤波器保护 B 屏、交流故障录波屏		AN										
		BN										
		CN										
		AB										

T3 电阻电流

回路用途	回路编号	相序	实际使用（整定）变比	二次使用抽头	二次级别	一次指向及联结方式	二次出线方向	二次负担及回路电阻			绝缘（MΩ）	接地点
								电流（A）	电压（V）	二次回路单相直流电阻（Ω）		
滤波器保护 B 屏、故障录波屏		AN										
		BN										
		CN										
		AB										
滤波器保护 A 屏		AN										
		BN										
		CN										
		AB										

T4 电抗电流

回路用途	回路编号	相序	实际使用（整定）变比	二次使用抽头	二次级别	一次指向及联结方式	二次出线方向	二次负担及回路电阻			绝缘（MΩ）	接地点
								电流（A）	电压（V）	二次回路单相直流电阻（Ω）		
滤波器保护 B 屏、故障录波屏		AN										
		BN										
		CN										
		AB										

续表

| 回路用途 | 回路编号 | 相序 | 实际使用（整定）变比 | 二次使用抽头 | 二次级别 | 一次指向及联结方式 | 二次出线方向 | 二次负担及回路电阻 | | | 绝缘（MΩ） | 接地点 |
								电流（A）	电压（V）	二次回路单相直流电阻（Ω）		
滤波器保护A屏		AN										
		BN										
		CN										
		AB										
试验结论												
试验人员			日期：									
监理员			日期：									

12.4　二次加压试验质量控制卡

二次加压试验质量控制卡

交流场线路电压回路检查						
回路	相序	输入电压（V）	二次回路绝缘电阻（MΩ）	接地点	绕组级别	用途（检查以下接入点显示电压，核对正确）
计量电压回路630Ⅰ	A630Ⅰ					电能表屏
	B630Ⅰ					
	C630Ⅰ					
保护测量电压Ⅰ回路630Ⅱ	A630Ⅱ					滤波器测控A、滤波器保屏A、测控屏A、选相合闸
	B630Ⅱ					
	C630Ⅱ					
保护测量电压Ⅱ回路630Ⅲ	A630Ⅲ					滤波器测控B、滤波器保屏B、测控屏B、选相合闸、PMU相角监测屏、故障录波
	B630Ⅲ					
	C630Ⅲ					
开口三角电压	L630					故障录波
试验结论						
试验人员		日期：				
监理员		日期：				

12.5 交流滤波器调平试验质量控制卡

交流滤波器调平试验质量控制卡

电容器塔组号	不平衡一次电流实测值（μA）	一次电压实测值（V）	一次电流折算值（mA）	报警电流值（mA）
试验结论				
试验人员		日期：		
监理员		日期：		

12.6 交流滤波器调谐试验质量控制卡

交流滤波器调谐试验质量控制卡

交流滤波器调谐检查			
序号	谐振频率（Hz）	阻抗（Ω）	相位（°）
试验结论			
试验人员			日期：
监理员			日期：

12.7 交流滤波器选相合闸试验联调质量控制卡

交流滤波器选相合闸试验联调质量控制卡

装置编号			
外观检查			
硬件检查			
产品信息			
通信检查			
开入量检查			
开出量检查			
电压采样	输入	装置显示	误差
结果			
试 验 数 据			
试验序号	A 相合闸时间/合闸角度	B 相合闸时间/合闸角度	C 相合闸时间/合闸角度
1			
2			
3			
整定时间	A 相合闸整定时间	B 相合闸整定时间	C 相合闸整定时间
试验结论			
试验人员		日期:	
监理员		日期:	

12.8 交流滤波器一次注流试验质量控制卡

交流滤波器一次注流试验质量控制卡

用途	回路编号	相序	一次电流 (A)	显示电流（mA）				相位角（°）
				保护 A	保护 B	故障录波	监控	
T1 首端电流 互感器		A						
		B						
		C						
		N						
不平衡光 TA 电流互感器		A						
		B						
		C						
		N						

滤波场第 X 小组 TA 一次注流试验

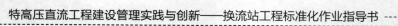

续表

用途	回路编号	相序	一次电流（A）	显示电流（mA）				相位角（°）
				保护 A	保护 B	故障录波	监控	
T2 尾端电流互感器		A						
		B						
		C						
		N						
T4 电抗电流互感器		A						
		B						
		C						
		N						
中断路器电流互感器		A						
		B						
		C						
		N						
边断路器电流互感器		A						
		B						
		C						
		N						

第五章

换流站直流场分系统调试作业指导书

目　次

1 概述

1.1 相关说明

直流场分系统调试是在直流场一次设备安装调整完毕,直流控保组网完成及二次线接线完毕后进行的一次设备和二次控制保护之间的联动试验。其主要目的是验证二次回路正确性。

1.2 适用范围

本作业指导书适用于±1100kV 及以下换流站工程的直流场分系统调试过程中标准化的安全质量控制方法。

1.3 工作依据

下列文件对于本文件的应用是必不可少的。凡是注日期的引用文件,仅注日期的版本适用于本文件。凡是不注日期的引用文件,其最新版本(包括所有的修改单)适用于本文件。

GB 50150 《电气装置安装工程 电气设备交接试验标准》

GB/T 7261 《继电保护和安全自动装置基本试验方法》

DL/T 1129 《直流换流站二次电气设备交接试验规程》

Q/GDW 275 《±800kV 直流系统电气设备交接验收》

Q/GDW 293 《±800kV 直流换流站设计技术规定》

国家电网公司电力安全工作规程(电网建设部分)

国家电网公司十八项电网重大反事故措施

国家电网公司防止直流换流站单、双极强迫停运二十一项反事故措施

2 整体流程及责任划分

2.1 总体流程图

总体流程图如图 5-1 所示。

2.2 职责划分

(1)分系统调试单位与一次设备安装单位的调试接口界面在汇控柜(端子箱)端子排,没有汇控柜(端子箱)的在机构箱端子排处。端子排以外的由分系统调试单位负责。

(2)分系统调试单位与控制保护厂家的调试接口界面在接口屏端子排,端子排以外的由分系统调试单位负责。

(3)分系统调试单位负责整个回路的完整性。

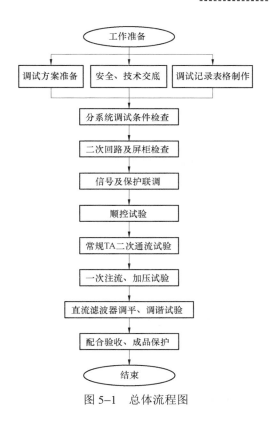

图 5-1　总体流程图

3　直流场分系统调试实施准备

3.1　一次设备单体调试结果核实

核实直流场一次设备是否已经安装调整结束，交接试验是否合格。必要时由安装单位与分系统调试单位在监理的见证下办理工序交接移交单。

3.2　相关二次设备单体调试结果核实

核实直流场相关二次设备单体调试是否结束，二次电缆是否接线完毕。由电气 A 包施工项目部部门内部协调控制。

3.3　交流电源、直流电源准备

核实交流电源、直流电源是否具备条件，电压质量在规程规定范围内；交流电源、直流电源来源与设计图纸一致（双电源供电的设备分别取至 I 段、II 段电源）。

3.4　图纸、试验记录表格准备

相关图纸已审核完毕，可以作为调试依据；相关试验记录表格已编写完成，可以确保

不缺项、不漏项。

4　二次回路及屏柜检查

4.1　注意事项

屏柜绝缘检查试验应依据规程选择正确的试验电压挡位，屏柜通电前应先确认电源回路两极之间、对地绝缘均合格后才能送电。

4.2　二次回路绝缘检查

分系统调试单位用 1000V 绝缘电阻表对二次回路进行绝缘检查。回路对地电阻和回路之间应大于 10MΩ。

4.3　屏柜通电检查

检查屏柜内照明是否正常；检查直流工作电压幅值和极性是否正确；检查直流屏内直流空气开关名称与对应保护装置屏柜是否一致；检查屏柜内加热器工作是否正常。

4.4　屏柜通信检查

检查光纤、网线、总线等通信接线是否正确；任一路通信断开，后台应有报警信息。

5　信号及保护联调

5.1　注意事项

（1）传动开关、隔离开关时现场需派专人看护，并与监控后台保持通信畅通；

（2）隔离开关、接地开关现场手动分、合一次，确保其能正常分合后才能进行远方遥控试验；

（3）做好防触电措施。

5.2　开关量信号联调

按照设计图纸，逐一核对各控制保护装置、断路器、隔离开关、接地开关信号，依次进行联调，步骤如下：

（1）条件具备时，使直流场一次设备（断路器、隔离开关、接地开关、直流电压分压器）、直流场控制保护小室内的二次保护装置实际发出信号；条件不具备时，模拟发出信号（在信号源接点上模拟信号发生即将接点的两端短接）；

（2）观察运行人员工作站信号事件列表上是否有该信号事件：若运行人员工作站上出现信号事件，试验通过，进行下一项试验；若运行人员工作站上没有信号事件，则进行查线，找到原因并更正后，重复进行上述步骤。

（3）检查项目。

1）直流场断路器本体及汇控柜信号核对；

2）直流场隔离开关及接地开关报警信号核对；

3）直流场控保装置出口信号核对；

4）直流分压器柜信号核对；

5）其他信号核对。

5.3 遥控信号联调

针对直流场的每台断路器、隔离开关及接地开关，验证其控制操作的正确性，步骤如下：

（1）将控制箱的就地/远方开关的控制位置打到远方；

（2）在运行人员工作站上进行断路器分、合闸操作，若该间隔正确动作，试验通过，进行下一项试验；若该间隔未动作或动作不正确，则进行检查，找到原因并更正后，重复进行上述步骤；

（3）在运行人员工作站上对隔离开关、接地开关进行联锁逻辑操作：若动作逻辑正确，试验通过，进行下一项试验；若隔离开关未动作或动作不正确，则进行动作逻辑检查，找到原因并更正后，重复进行上述步骤；

（4）在运行人员工作站上对顺控逻辑操作：若动作逻辑正确，试验通过，进行下一项试验；若顺控动作不正确，则进行动作逻辑检查，找到原因并更正后，重复进行上述步骤。

5.4 保护跳闸传动联调

（1）电量保护整组出口试验。按照设计图纸，核对保护主机动作逻辑，依次进行联调。在直流电量保护主机模拟各种故障，检查确认保护与断路器动作的正确性。检查项目如下：

1）电量保护动作相关出口逻辑的验证；

2）三套电量保护退出其中一套时，程序自动转化成二取一动作出口逻辑的验证；

3）任一三取二模块故障，不会导致保护拒动或误动；

4）其他保护动作出口的验证。

（2）非电量保护整组出口试验。按照设计图纸，逐一核对各保护装置动作逻辑，依次进行联调。在设备本体模拟各种故障，检查确认保护动作的正确性。检查项目如下：

1）直流分压器非电量保护各保护动作出口的验证；

2）保护主机三取二逻辑的验证；

3）三套非电量保护退出其中一套时，程序自动转化成二取一动作出口逻辑的验证；

4）任一三取二模块故障，不会导致保护拒动或误动；

5）其他保护动作出口的验证。

6 顺控试验

6.1 注意事项

（1）顺控试验在单个隔离开关和断路器已完成遥控试验并正确的前提下进行。

（2）顺控试验时把直流场与隔离开关和断路器有关系的其他工作全部暂停并清场。

（3）顺控试验涉及整个直流场区域，派多人现场看护，并保持通信畅通。

（4）做好防损坏设备措施，发现异常第一时间拉开控制电源。

6.2 顺控逻辑验证

根据顺控逻辑表，逐一验证顺控逻辑正确性。重点核实验证参与到顺控逻辑里的隔离开关所使用的时行程节点还是辅助节点。结合控保逻辑对隔离开关分、合闸时间的要求，核实隔离开关时间分合闸时间能否满足要求。具体顺控逻辑见附录。

7 二次注流试验

7.1 注意事项

（1）二次注流试验前，确保电流回路不开路。

（2）二次注流试验时，确保注入电流幅值不大于二次设备采样线圈的额定电流值。

（3）确保每个电流回路有且只有一个接地点。

7.2 二次电流回路检查

按照设计图纸，在直流场常规电流互感器汇控箱/接线盒，对所有电流回路进行二次回路完整性及绝缘检查，测量二次回路的直流电阻及绝缘，并确定二次回路一点接地，接地点符合设计要求。

7.3 二次注流试验

按照设计图纸，在直流场常规电流互感器汇控箱，对所有电流回路二次回路进行注流逐一核对各保护装置电流的采样值的正确性，判断控保系统所用电流采样值是否正确。

8 一次注流、加压试验

8.1 注意事项

（1）一次注流前核查被试验 TA 上没有人在工作。

（2）确认注入电流小于 TA 的额定电流，大回路注流时注入电流小于回路上所有 TA

的最小额定电流。

（3）派专人看护，保持通信畅通。

8.2　单 TA 一次注流试验

按照设计图纸，对直流场组内光、电 TA 逐一注流，在保护工作站中对各保护主机进行录波，分析录波文件，判断控保系统所用电流量的极性及采样值是否正确；读取直流场保护光 TA 所用电流量的极性及采样值是否正确。直流 TA 的极性要求如图 5-2 所示。

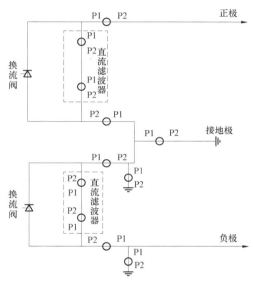

图 5-2　直流 TA 的极性要求

8.3　单直流分压器一次加压试验

按照设计图纸，对直流场组内直流分压器逐一加压，包括极线分压器 2 只、中性线分压器 2 只以及中点分压器 2 只，共 6 只直流分压器，在保护工作站中对各保护主机进行录波，分析录波文件，判断控保系统所用电压量的极性及采样值是否正确。

8.4　直流场大回路注流试验

8.4.1　主回路 TA 大回路注流试验

采用大回路直流 TA 注流的方法。将相关的直流 TA 连成一个闭环回路进行注流。这种注流方式能够对阀厅、极线和中性线区域的直流 TA 构成一个穿越电流，从而从一次、二次直到软件全回路校验直流差动保护极性。根据控保逻辑要求，不参与功率计算（对极性没有要求的 TA）可不放到大回路注流里。

对所有有差动保护配置的保护主机进行录波，检查保护差动电流是否为零，为零则证明差动保护极性配置正确。

试验在单只直流 TA 一次注流后进行，重点验证 TA 进行，加入的电流大小在仪器输出容量范围内尽可能的大，分别模拟大地回线运行方式注流、模拟金属回线运行方式注流、模拟站内接地运行方式注流等 5 种方式。接线图如图 5-3～图 5-7 所示。

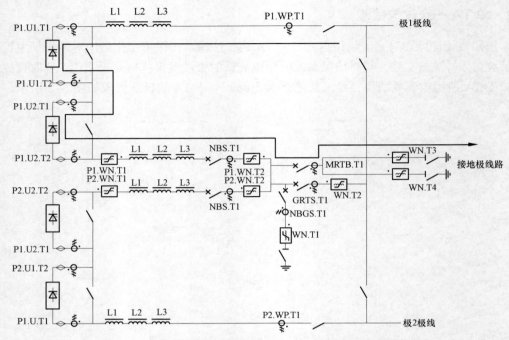

图 5-3　极 1 模拟大地回线运行方式（经 WN.T3）注流示意图

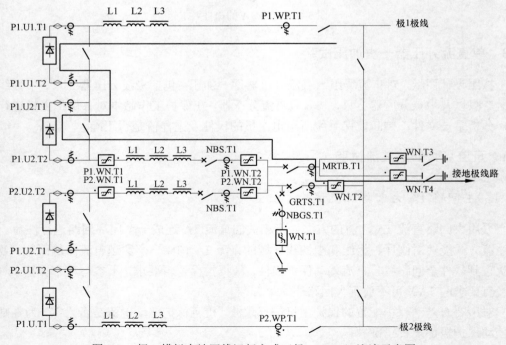

图 5-4　极 1 模拟大地回线运行方式（经 WN.T4）注流示意图

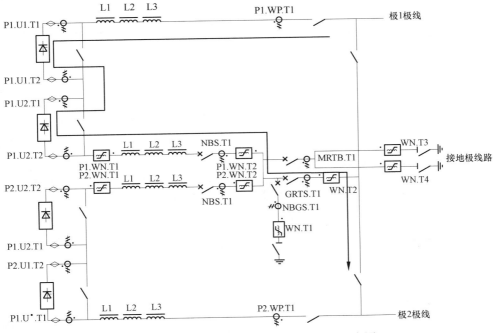

图 5-5　极 1 模拟金属回线运行方式注流示意图

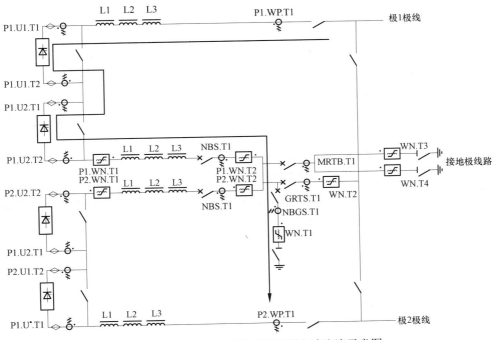

图 5-6　极 1 模拟站内接地极运行方式注流示意图

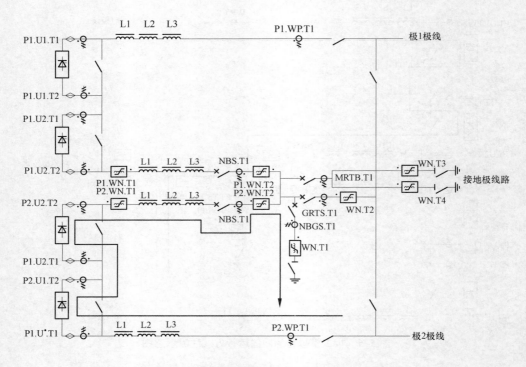

图 5-7 极 2 模拟站内接地极运行方式注流示意图

8.4.2 直流滤波器注流试验

采用了大回路交流 TA 注流的方法。将相关的直流滤波器参与差动保护的 TA 进行一次注流。通过将回路中的电容、电抗、电阻及避雷器进行短接连成一个闭环回路进行注流，注入的电流值应不大于整个回路中最小的额定电流。

对所有有差动保护配置的保护主机进行录波，检查保护差动电流是否为零，为零则证明差动保护极性配置正确。

（1）模拟 Z1 避雷器回路注流试验接线如图 5-8 所示。合上直流滤波器母线上的隔离开关 Q11，用大电流线短接电容 C_1 及避雷器 F3，以极母线上隔离开关 Q17 为电流注入点，加单相交流电流。测试 T5 回路，后台查看极 1 母线光 TA T1 采样、直流滤波器母线光 TA T1 采样、后台采样正确、相关差动正确，并按照记录表格记录。

（2）模拟 Z1 电阻器回路注流试验接线如图 5-9 所示。合上直流滤波器母线上的隔离开关 Q11，用大电流线短接电容 C_1、电阻 R_1，短接中性母线避雷器 F1，合隔离开关 Q12，以极母线上隔离开关 Q17 为电流注入点，加单相交流电流。

测试滤波器组内的 T3、T2 回路，中性母线 T3 回路，后台查看相关采样、后台采样正确、相关差流正确，并按照记录表格记录。

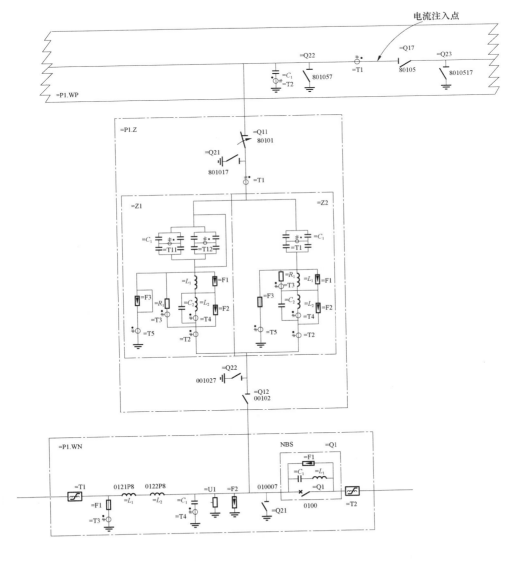

图 5-8　模拟 Z1 避雷器回路注流试验接线图

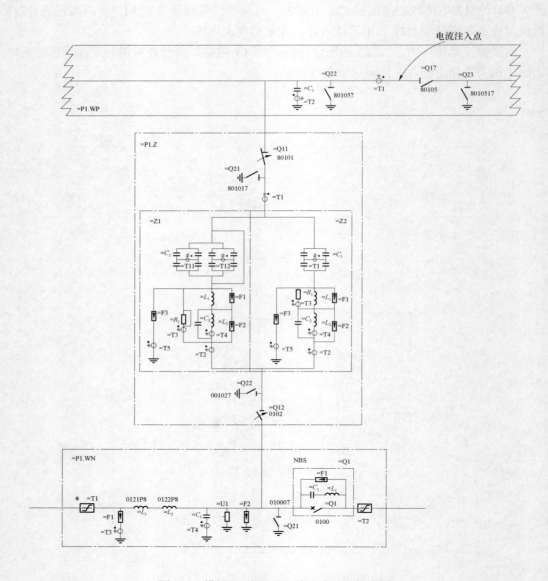

图 5-9　模拟 Z1 电阻器回路注流试验接线图

（3）模拟 Z1 电抗器回路注流试验接线如图 5-10 所示。合上直流滤波器母线上的隔离开关 Q11，合隔离开关 Q12，用大电流线短接电容 C_1、电抗 L_1 和 L_2，用大电流线短接中性线 P1.WN 上电容 C_1，以极母线上隔离开关 Q17 为电流注入点，加单相交流电流。

测试滤波器组内的 T4 回路，测试中性线 P1.WN 上的 T4 回路，后台查看相关采样、后台采样正确、相关差动正确，并按照记录表格记录。

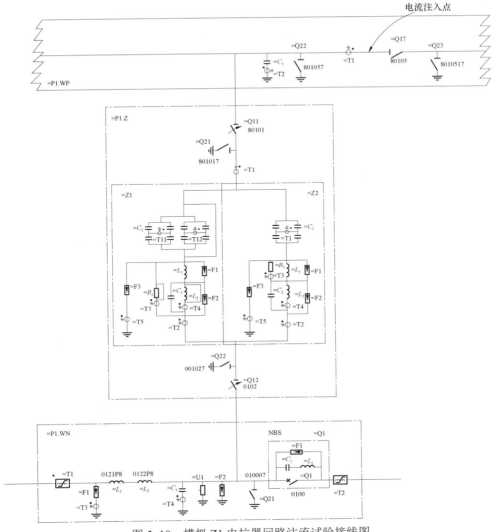

图 5-10　模拟 Z1 电抗器回路注流试验接线图

9　直流滤波器调平、调谐试验

9.1　注意事项

（1）直流滤波器电容器塔调平试验在电容器塔单个电容测试合格及桥臂电容测试合格后进行。

（2）试验结果应符合产品厂家技术文件要求。

9.2　直流滤波器调平试验

在直流场的直流滤波器组两端施加试验电压 1～3kV，试验接线如图 5-11 所示，测量流过电容器组桥臂的不平衡电流，并折算至最高运行电压下，通过调整电容器 4 个臂电容值，控制正常状态下，电容器组桥臂流过后的不平衡电流在允许范围内。一般试验方法如下：

将微安表串入电容器组桥臂不平衡 TA 二次回路，在电容器组两端用调压器通过升压变压器后施加交流 1kV 电压，测量不平衡电流，将测量的不平衡电流值折算到最高运行电压下的一次值。

折算公式

$$I_\mathrm{B} = I_\mathrm{b} \frac{U}{U_\mathrm{s}}$$

式中　I_B ——最高运行电压下不平衡电流（mA）；

U ——最高运行电压（kV）；

I_b ——试验电压下不平衡电流（μA）；

U_s ——试验电压（V）。

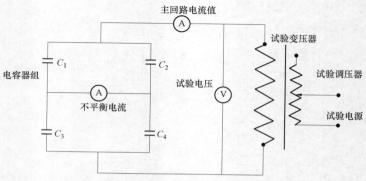

图 5-11　不平衡电流测试接线图

为了确保在正常运行状态下电容器组不平衡保护不报警、不动作，I_B 应小于不平衡电流保护报警值的 25%（此值需厂家确认）。如不满足要求，需调整电容器组内的电容，为了调整方便，优先互换最下层左右桥臂电容，调整后再加电压测试，重复多次，直到测量的不平衡电流值满足要求为止。

9.3　直流滤波器调谐试验

调谐试验接线示意图如图 5-12 所示。

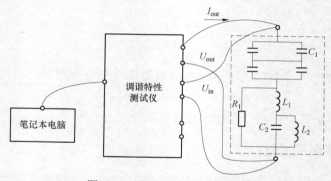

图 5-12　调谐试验接线示意图

在调谐过程中，依据设计调谐图表完成对滤波器的电容量依照温度的变化进行补偿。现场通过选择电抗器抽头调整直流滤波器的谐振频率，补偿直流滤波器元件在制造时的参数误差。

有两种不同的方法用于直流滤波器调谐，分别是：相位测量法和阻抗幅值测量法。使用何种方法，取决于谐波器调谐图和现场的测量设备情况。使用相位法测量滤波器阻抗的相角，当相角等于零度时，就认为滤波器已经调谐。使用阻抗法测量滤波器的阻抗情况，当阻抗的幅值最大和最小时，认为滤波器已经调谐。

调谐试验的验收标准是：现场调谐频率与设计调谐频率的误差应控制在1%内（此值需要成套设计单位确认）。

10　直流场分系统调试安全控制

（1）进入施工现场的人员应正确使用合格的安全帽等安全防护用品，穿好工作服，严禁穿拖鞋、凉鞋、高跟鞋，以及短裤、裙子等进入施工现场。严禁酒后进入施工现场，严禁流动吸烟。

（2）施工用电应严格遵守安规，实现三级配电、二级保护、一机一闸一漏保。总配电箱及区域配电箱的保护零线应重复接地，且接地电阻不大于 10Ω。用电设备的电源线长度不得大于 5m，距离大于 5m 时应设流动开关箱；流动开关箱至固定式配电箱之间的引线长度不得大于 40m，且只能用橡套软电缆。

（3）施工单位的各类施工人员应熟悉并严格遵守安规的有关规定，经安全教育，考试合格方可上岗。临时参加现场施工的人员，应经安全知识教育后，方可参加指定的工作，并且不得单独工作。

（4）工作中严格按照《安规》要求指导施工，确保人身和设备安全。

（5）特种工种必须持证上岗，杜绝无证操作。由工作负责人检查起重机械证照是否齐全，操作、指挥人员必须持证上岗。

直流场分系统调试安全风险控制卡（2级风险）见表5-1。

表 5-1　　　　　　直流场分系统调试安全风险控制卡（2 级风险）

作业区域：

工作时间：　　年　月　日　时～　　年　月　日　时

工作负责人：　　　　　　　　　安全监护人：　　　　　　　　　　监理员：

工作班成员：

序号	控制项目	控制内容	落实情况
1	安全交底	1. 试验前进行站班交底，明确工作内容及试验范围	
		2. 由工作负责人指定安全监护人员进行监护	
2	设备检查	工器具完好，机械强度、绝缘性能满足试验要求	

续表

序号	控制项目	控制内容	落实情况
3	试验接线	1. 试验电源安全、可靠，满足试验要求	
		2. 临时接地线可靠接地	
		3. 试验回路做好误动、误碰措施	
		4. 整体试验接线正确无误	
		5. 待试设备无短路、漏电、串电的情况	
4	安全警示	1. 工作区域悬挂安全围绳	
		2. 悬挂调试警示牌	
		3. 确认相关安全措施已落实好	
5	风险控制	1. 在回路上工作时，应使用有绝缘柄的工具，不得裸露金属部分	
		2. 确认 TA 回路没有开路，电压回路没有短路	
		3. 防止高空坠物，伤及设备或人员	
		4. 远离带电体，防止电击	
		5. 使用测量仪表前，对仪表及相关挡位进行核对无误	
		6. 拆、接线前应用万用表测量检查，每拆一根二次线时，裸露的线头要立即用绝缘胶布单独包扎	
		7. 操作接地开关时，确认接地开关动作范围内没人作，防止操作将人震下受伤	
		8. 现场电缆沟盖板尚未铺设完成，操作时防止掉入电缆沟，造成人身伤害	
		9. 做好断路器漏气的预防措施	
6	离场检查	1. 设备整理检查，无遗漏	
		2. 试验电源接线拆除、箱门关闭，不遗留杂物、误动内部接线	
		3. 临时接地线全部拆除	
		4. 警示围绳、警示牌整理回收	
		5. 场地卫生清理完毕	

注　落实情况由安全监护人签署。

11 直流场分系统重点控制要点

重点控制要点如图 5-13 所示。

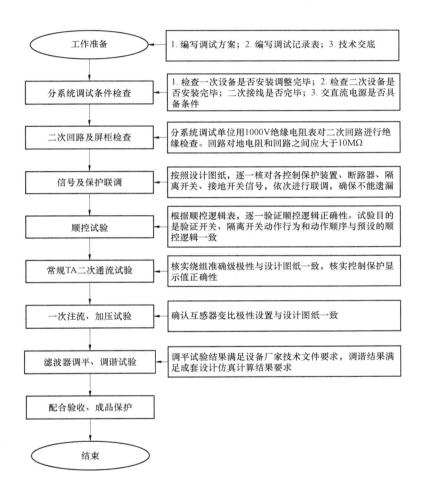

图 5-13 重点控制要点

12 参照表

12.1 二次回路及屏柜检查质量控制卡

二次回路及屏柜检查质量控制卡

二次屏柜检查						
信号名称	接口柜			控保柜		
	A	B	C	A	B	C
Ⅰ路单电源故障						
Ⅱ路单电源故障						
试验项目	接口柜			控保柜		
	A	B	C	A	B	C
连接光纤断开						
连接网线断开						
总线回路断开						
二次回路绝缘检查						
试验项目	接口柜			控保柜		
	A	B	C	A	B	C
直流电源回路						
二次操作回路						
二次信号回路						
试验结论						
试验人员				日期：		
监理员				日期：		
备注	用绝缘电阻表1000V挡对整个二次回路进行绝缘检查，满足相关要求					

12.2 信号及保护联调质量控制卡

信号及保护联调质量控制卡

断路器电气特性检查		
信号名称	控保A系统	控保B系统
断路器合闸		
断路器分闸		
六氟化硫报警		
六氟化硫闭锁		

续表

信号名称	控保 A 系统	控保 B 系统
断路器弹簧未储能		
直流控制电源失电		
电机电源失电		
断路器远方/就地		
……		
操作	控保 A 系统	控保 B 系统
远方合闸		
远方分闸		

隔离开关电气特性检查

信号名称	控保 A 系统	控保 B 系统
分位		
合位		
电源消失		
远方/就地		
操作	控保 A 系统	控保 B 系统
远方合闸		
远方分闸		

接地开关电气特性检查

信号名称	控保 A 系统	控保 B 系统
分位		
合位		
电源失电		
远方/就地		
操作	控保 A 系统	控保 B 系统
远方合闸		
远方分闸		

电量保护分系统试验记录

开关量输入信号	控保 A 系统	控保 B 系统	控保 C 系统
阀冷跳闸			
直流线路保护跳闸			
极母线保护跳闸			
第一套换流变压器保护跳闸			
第二套换流变压器保护跳闸			
第三套换流变压器保护跳闸			

续表

开关量输出信号 （至故障录波系统）	控保 A 系统	控保 B 系统	备注
电流调节器状态			
电压调节器状态			
功率/电流调节方式			
极控系统 ACTIVE			
解锁			
闭锁			
移相			
投旁通对			
换相失败			
电流最大值限制有效			
熄弧角增加			
控制系统切换			
紧急停运			

跳闸信号	跳闸锁定		启动失灵		备注
	A	B	A	B	
跳换流变压器进线 断路器					

整组传动试验	第一跳闸线圈		第二跳闸线圈		备注
	动作	信号	动作	信号	
系统 A 跳闸					
系统 B 跳闸					

非电量保护分系统试验记录

开关输出信号	控保 A 系统	控保 B 系统	控保 C 系统
SF_6 压力一级告警			
SF_6 压力二级告警			
SF_6 压力跳闸			
试验结论			
试验人员		日期：	
监理员		日期：	

12.3 顺控试验质量控制卡

顺控试验质量控制卡

以极 1 为例

操作目的	顺 控 过 程	结论
直流滤波器连接	连接直流滤波器的顺序操作将先打开滤波器的接地开关（先打开高压侧地刀再打开低压侧地刀），然后按照先连接中性母线侧再连接极母线侧的顺序闭合隔离开关	
直流滤波器隔离	隔离直流滤波器的顺序操作先打开极母线侧的隔离开关，再打开中性母线侧的隔离开关。在隔离直流滤波器后，还会闭合该组滤波器的接地开关	
极连接	连接直流滤波器顺序操作后—合 P1.WN.Q12—合 PT.WN.Q11—合 P1.WN.Q1—合 P1.WP.Q11—极已连接	
极隔离	分极线路隔离开关=P1–WP–Q11，当直流电压低于定值时分中性线母线开关=P1–WN–Q1，分大地回线中性母线隔离开关=P1–WN–Q12，分金属回线中性母线隔离开关=P1–WN–Q11，极已隔离	
大地转金属	转换前向另一极发出极隔离命令；中性线区域建立并联金属回线路径，顺序控制程序通过检测两个路径中是否都有电流来判断新的路径是否建立完毕；分开 MRTB，断开原来路径的电流	
金属转大地	中性线区域建立并联路径，顺序控制程序通过检测两个路径中是否都有电流来判断新的路径是否建立完毕；分开 GRTS，断开原来路径的电流	
……		
试验结论		
试验人员		日期：
监理员		日期：

12.4 二次注流试验质量控制卡

二次注流试验质量控制卡

电流互感器安装位置	显示位置	二次负载及回路电阻			二次回路绝缘直流电阻（MΩ）	接地点	各接入点显示电流（A）
		电流（A）	电压（V）	二次回路单相直阻（Ω）			
P1.WN.T3	PMI1A，PPR1A						
	PMI1B，PPR1B						
	PMI1C，PPR1C，极 1 故录 1，极 1 故录 2						
P1.WN.T4	PMI1A，PPR1A						
	PMI1B，PPR1B						
	PMI1C，PPR1C，极 1 故录 1，极 1 故录 2						

直流场常规电流互感器回路检查

续表

电流互感器安装位置	显示位置	二次负载及回路电阻			二次回路绝缘直流电阻（MΩ）	接地点	各接入点显示电流（A）
		电流（A）	电压（V）	二次回路单相直阻（Ω）			
P2.WN.T3	PMI2A，PPR2A						
	PMI2B，PPR2B						
	PMI2C，PPR2C，极 2 故录 1，极 2 故录 2						
P2.WN.T4	PMI2A，PPR2A						
	PMI2B，PPR2B						
	PMI2C，PPR2C，极 2 故录 1，极 2 故录 2						
WN.T5	PMI1A，PMI2A，PPR1A，PPR2A						
	PMI1B，PMI2B，PPR1B，PPR2B						
	PMI1C，PMI2C，PPR1C，PPR2C						
	极 1 故录 1，极 2 故录 1						
……	……	……	……	……	……	……	……
试验结论							
试验人员					日期：		
监理员					日期：		

12.5 一次注流、加压试验质量控制卡

一次注流、加压试验质量控制卡

直流场滤波器交流 TA 一次注流					
名称	绕组用途	回路编号	一次电流（A）	显示值	备注
P1.Z.Z1.T3	PMI1A，PPR1A				
	PMI1B，PPR1B				
	PMI1C，PPR1C，极 1 故障录波器 1				
P1.Z.Z1.T4	PMI1A，PPR1A				
	PMI1B，PPR1B				
	PMI1C，PPR1C，极 1 故障录波器 1				
P1.Z.Z1.T5	PMI1A，PPR1A				
	PMI1B，PPR1B				
	PMI1C，PPR1C，极 1 故障录波器 1				

续表

名称	绕组用途	回路编号	一次电流（A）	显示值	备注
P1.Z.Z2.T3	PMI2A，PPR2A				
	PMI2B，PPR2B				
	PMI2C，PPR2C，极2故障录波器1				
P1.Z.Z2.T4	PMI2A，PPR2A				
	PMI2B，PPR2B				
	PMI2C，PPR2C，极2故障录波器1				
P1.Z.Z2.T5	PMI2A，PPR2A				
	PMI2B，PPR2B				
	PMI2C，PPR2C，极2故障录波器1				
……	……	……			

零磁通电流互感器

安装位置	加入电流	对应通道	显示值（A）				
			极1故录	PPR1A	PCP1A	CPR1A	CCP1A
P1.WN.T1	加入电流	极1互感器接口柜A					
		对应通道	极1故录	PPR1B	PCP1B	CPR1B	CCP1B
		极1互感器接口柜B					
		对应通道	极1故录	PPR1C	CPR1C	—	—
		极1互感器接口柜C					
安装位置	加入电流	对应通道	极2故录	PPR2A	PCP2A	CPR2A	CCP2A
P2.WN.T1	加入电流	极2互感器接口柜A					
		对应通道	极2故录	PPR2B	PCP2B	CPR2B	CCP2B
		极2互感器接口柜B					
		对应通道	极2故录	PPR2C	CPR2C	—	—
		极2互感器接口柜C					

续表

安装位置	加入电流	对应通道	显示值（A）				
			极1故录	PPR1A/PPR2A	PCP1A	CCP1A/CCP2A	—
P1.WN.T2		极1互感器接口柜A					
		对应通道	显示值（A）				
			极1故录	PPR1B/PPR2B	PCP1B	CCP1B/CCP2B	—
		极1互感器接口柜B					
		对应通道	显示值（A）				
			极1故录	PPR1C	PPR2C	—	—
		极1互感器接口柜C					

安装位置	加入电流	对应通道	显示值（A）				
			极2故录	PPR1A/PPR2A	PCP2A	CCP1A/CCP2A	—
P2.WN.T2		极1互感器接口柜A					
		对应通道	显示值（A）				
			极2故录	PPR1B/PPR2B	PCP2B	CCP1B/CCP2B	—
		极1互感器接口柜B					
		对应通道	显示值（A）				
			极2故录	PPR1C	PPR2C	—	—
		极1互感器接口柜C					

......

直流场光电流互感器

安装位置	极1极保护		极2极保护		极1极控制		极1故录	极2故录	备注
	PPR1A		PPR2A		PCP1A		A	A	
P1.WP.T1	PPR1B		PPR2B		PCP1B		B	B	
	PPR1C		PPR2C		—	—	C	C	
	PPR1A		PPR2A		PCP1A		A	A	
P2.WP.T1	PPR1B		PPR2B		PCP1B		B	B	
	PPR1C		PPR2C		—	—	C	C	
	PPR1A		—	—	—	—	A	—	—
P1.Z.T1	PPR1B		—	—	—	—	B	—	—
	PPR1C		—	—	—	—	C	—	—

续表

安装位置	极1极保护		极2极保护	极1极控制		极1故录		极2故录	备注
	—	—	PPR1A	—	—	—	—	A	
P2.Z.T1	—	—	PPR1B	—	—	—	—	B	
	—	—	PPR1C	—	—	—	—	C	
……									

直流分压器

安装位置	加入电压	显示值（kV）				故录
		PPR1A/PPR2A	PPR1B/PPR2B	PPR1C/PPR2C	PCP1A/PCP1B	
P1.WP–U1						
P2.WP–U1						
P1.Wm–U1						
P2.Wm–U1						
P1.WN–U1						
P2.WN–U1						
试验结论						
试验人员				日期：		
监理员				日期：		

12.6 直流滤波器调平、调谐试验质量控制卡

直流滤波器调平试验质量控制卡

电容器塔组号	不平衡一次电流实测值（μA）	一次电压实测值（V）	一次电流折算值（mA）	报警电流值（mA）	备注
试验结论					
试验人员				日期：	
监理员				日期：	

直流滤波器调谐试验质量控制卡

直流滤波器调谐检查

安装位置	谐振频率（Hz）	谐振阻抗（Ω）	相位（°）
1			

续表

安装位置	谐振频率（Hz）	谐振阻抗（Ω）	相位（°）
2			
3			
4			
试验结论			
试验人员		日期：	
监理员		日期：	

第六章

换流站工程站用电分系统调试作业指导书

目 次

1　概述

1.1　相关说明

　　站用电分系统调试是在站用变压器、高压开关柜等一次设备安装调整完毕，保护测控装置安装调试及二次线接线完毕后进行的一次设备和二次控制、保护之间的联动试验。其主要目的是验证二次回路正确性。

1.2　适用范围

　　本作业指导书适用于±1100kV 及以下换流站工程的站用电分系统调试过程中标准化的安全质量控制方法。

1.3　工作依据

　　下列文件对于本文件的应用是必不可少的。凡是注日期的引用文件，仅注日期的版本适用于本文件。凡是不注日期的引用文件，其最新版本（包括所有的修改单）适用于本文件。

　　GB 50150　《电气装置安装工程电气设备交接试验标准》
　　GB/T 7261　《继电保护和安全自动装置基本试验方法》
　　DL/T 1129　《直流换流站二次电气设备交接试验规程》
　　Q/GDW 275　《±800kV 直流系统电气设备交接验收》
　　Q/GDW 293　《±800kV 直流换流站设计技术规定》
　　国家电网公司电力安全工作规程（电网建设部分）
　　国家电网公司十八项电网重大反事故措施
　　国家电网公司防止直流换流站单、双极强迫停运二十一项反事故措施

2　整体流程及责任划分

2.1　总体流程图

　　总体流程图如图 6–1。

2.2　职责划分

　　（1）分系统调试单位与一次设备安装单位的调试接口界面在汇控柜（端子箱）端子排，没有汇控柜（端子箱）的在机构箱端子排处。端子排以外的由分系统调试单位负责。
　　（2）分系统调试单位与控制保护厂家的调试接口界面在接口屏端子排，端子排以外的由分系统调试单位负责。
　　（3）分系统调试单位负责整个回路的完整性。

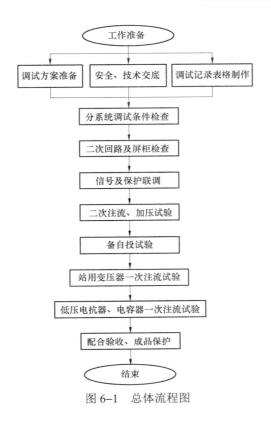

图 6-1　总体流程图

3　站用电分系统调试实施准备

3.1　一次设备单体调试结果核实

核实站用电系统一次设备是否已经安装调整结束，交接试验是否合格。必要时由安装单位与分系统调试单位在监理的见证下办理工序交接移交单。

3.2　相关二次设备单体调试结果核实

核实站用电相关二次设备单体调试是否结束，二次电缆是否接线完毕。由电气 A 包施工项目部部门内部协调控制。

3.3　交流电源、直流电源准备

核实交流电源、直流电源是否具备条件，电压质量在规程规定范围内；交流电源、直流电源来源与设计图纸一致（双电源供电的设备分别取至Ⅰ段、Ⅱ段电源）。

3.4　图纸、试验记录表格准备

相关图纸已审核完毕，可以作为调试依据；相关试验记录表格已编写完成，可以确保

不缺项、不漏项。

4 二次回路及屏柜检查

4.1 注意事项

屏柜绝缘检查试验应依据规程选择正确的试验电压挡位，屏柜通电前应先确认电源回路两极之间、对地绝缘均合格后才能送电。

4.2 二次回路绝缘检查

分系统调试单位用 1000V 绝缘电阻表对二次回路进行绝缘检查。回路对地电阻和回路之间应大于 10MΩ。

4.3 屏柜通电检查

检查屏柜内照明是否正常；检查直流工作电压幅值和极性是否正确；检查直流屏内直流空气开关名称与对应保护装置屏柜是否一致；检查屏柜内加热器工作是否正常。

4.4 屏柜通信检查

检查光纤、网线、总线等通信接线是否正确；任一路通信断开，后台应有报警信息。

5 信号及保护联调

5.1 注意事项

（1）传动开关、隔离开关时现场需派专人看护，并与监控后台保持通信畅通；

（2）隔离开关、接地开关现场手动分、合一次，确保其能正常分合后才能进行远方遥控试验；

（3）做好防触电措施。

5.2 开关量信号联调

按照设计图纸，逐一核对站用变压器、断路器、隔离开关、接地开关、保护装置、控制装置等信号，依次进行联调，步骤如下：

（1）条件具备时，使设备实际发出信号；条件不具备时，模拟发出信号（在信号源接点上模拟信号发生即将接点的两端短接）；

（2）观察运行人员工作站信号事件列表上是否有该信号事件：若运行人员工作站上出现信号事件，试验通过，进行下一项试验；若运行人员工作站上没有信号事件，则进行查线，找到原因并更正后，重复进行上述步骤；

（3）检查项目。

1）站用电本体信号核对；

2）站用电保护装置信号核对；

3）站用电断路器本体及汇控柜信号核对；

4）站用电隔离开关、接地开关报警信号核对；

5）低压电抗器、低压电容器保护装置出口信号核对；

6）故障录波信号核对；

7）保护信息子站信号核对；

8）其他信号核对。

5.3 遥控信号联调

针对站用变压器的遥控信号，依次进行联调。

（1）分接头挡位控制。针对站用变压器分接头的每个挡位，验证其控制操作的正确性，步骤如下：

1）将三相控制箱的就地/远方开关的控制位置打到远方；

2）将分接头位置调在起始位置；

3）在运行人员工作站上对该站用变压器依次进行升分接头操作和降分接头；若分接头正确动作，试验通过，进行下一项试验；若分接头未动作或动作不对，则进行查线，找到原因并更正后，重复进行上述步骤。

（2）断路器、隔离开关、接地开关操作。针对站用电的每个断路器、隔离开关及接地开展，验证其控制操作的正确性，步骤如下：

1）将三相控制箱的就地/远方开关的控制位置打到远方；

2）在运行人员工作站上对该站用电单元组依次进行断路器分、合闸操作，若该单元正确动作，试验通过，进行下一项试验；若该单元未动作或动作不对，则查找原因并更正后，重复进行上述步骤；

3）在运行人员工作站上对隔离开关、接地开关进行联锁逻辑操作：若动作逻辑正确，试验通过，进行下一项试验；若隔离开关未动作或动作不对，则进行动作逻辑检查，找到原因并更正后，重复进行上述步骤。

5.4 保护跳闸传动联调

按照设计图纸，逐一核对各保护装置、变压器本体保护跳闸逻辑，依次进行联调。分别在站用电各保护屏电量、非电量保护屏模拟各种故障，保护动作出口，检查确认保护与断路器的联合跳闸功能的正确性。检查以下项目：

（1）站用变压器电量保护和非电量保护各保护动作出口的验证；

（2）后台保护主机双重化逻辑的验证；

（3）站用电电量保护动作出口启动失灵等相关出口逻辑的验证；

（4）站用电非电量保护动作出口逻辑的验证；

（5）低压电抗器、低压电容器保护各保护动作出口的验证；

（6）其他保护动作出口的验证。

6 二次注流、加压试验

6.1 注意事项

（1）二次注流试验前，确保电流回路不开路。

（2）二次注流试验时，确保注入电流幅值不大于二次设备采样线圈的额定电流值。

（3）确保每个电流回路有且只有一个接地点。

（4）二次通压时做好防止电压反送到一次设备的措施。

6.2 二次电流、电压回路检查

按照设计图纸，对所有电流、电压回路进行二次回路完整性及绝缘检查，测量二次回路的直流电阻及绝缘，并检查二次回路一点接地，接地点符合设计及反措要求。

（1）公用电压互感器的二次回路只允许在控制室内有一点接地，为保证接地可靠，各电压互感器的中性线不得接有可能断开的开关或熔断器等。

（2）已在控制室一点接地的电压互感器二次线圈，宜在开关场将二次线圈中性点经放电间隙或氧化锌阀片接地，其击穿电压峰值应大于 $30I_{max}$ 伏（I_{max} 为电网接地故障时通过变电站的可能最大接地电流有效值，单位为 kA）。

（3）公用电流互感器二次绕组二次回路只允许且必须在相关保护柜屏内一点接地。

（4）独立的、与其他电压互感器和电流互感器的二次回路没有电气联系的二次回路应在开关场一点接地。

（5）统包型电缆的金属屏蔽层、金属护层应两端直接接地。

（6）保护装置之间、保护装置至开关场就地端子箱之间联系电缆以及高频收发信机的电缆屏蔽层应双端接地，使用截面不小于 $4mm^2$ 多股铜质软导线可靠连接到等电位接地网的铜排上。

（7）微机型继电保护装置柜屏内的交流供电电源（照明、打印机和调制解调器）的中性线（零线）不应接入等电位接地网。

（8）电流互感器末屏接地、电压互感器 N（X）端接地应牢固可靠。

6.3 二次注流、加压试验

按照设计图纸，核对二次额定电流和额定电压，核对两套保护装置的交流电压、电流应分别取自互感器互相独立的绕组，其保护范围应交叉重叠，避免死区，二次绕组的级别应满足相关装置的准确度要求。在二次注流和加压时，确保电流或电压不超过额定值。在换流变压器汇控箱，对所有电流、电压回路二次回路进行注流、加压逐一核对各保护装置电流、电压量的采样值的正确性，在保护工作站中对各保护主机进行录波，分析录波文件，判断控保系统所用电流、电压量的相序及采样值是否正确。

7 **备自投试验**

7.1 注意事项

（1）备用电源自动投入试验在开关已完成遥控试验并正确的前提下进行。

（2）备用电源自动投入试验在电压、电流都与控制保护核对正确的前提下进行。

（3）备用电源自动投入试验涉及整个 10kV 开关柜区域，派多人现场看护，并保持通信畅通。

（4）做好防损坏设备措施，发现异常第一时间拉开控制电源。

7.2 站用电系统备用电源自动投入试验

（1）特高压换流站站用电的 10kV 侧采用备用电源自动投入系统，示例如图 6-2 所示。

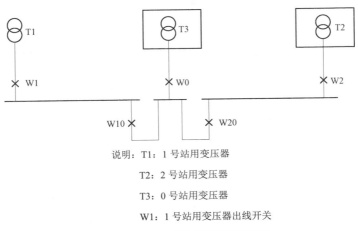

说明：T1：1 号站用变压器

T2：2 号站用变压器

T3：0 号站用变压器

W1：1 号站用变压器出线开关

W2：2 号站用变压器出线开关

W0：0 号站用变压器出线开关

W10：1M 和 0M 联络开关

W20：2M 和 0M 联络开关

图 6-2 特高压换流站站用电 10kV 侧采用备用电源自动投入系统

按照常规设计，在控保柜电压回路二次回路进行加压，模拟站用电投运状态，按备自投动作逻辑进行试验。动作逻辑如下：

1）三路进线正常，其中一路出现故障。

试验前工况	模拟工况	备用电源自动投入逻辑
W1 合位，T1 电压 OK W2 合位，T2 电压 OK W0 合位，T3 电压 OK W10 分位 W20 分位	1. T1 电源故障	故障发生 1.02s* 后跳开 W1 故障发生 1.6s 后合 W10
	2. T1 电源故障复归	故障复归 1.02s 后跳开 W10 故障复归 1.6s 后合 W1

续表

试验前工况	模拟工况	备用电源自动投入逻辑
W1 合位，T1 电压 OK W2 合位，T2 电压 OK W0 合位，T3 电压 OK W10 分位 W20 分位	1. T2 电源故障	故障发生 1.02s 后跳开 W2 故障发生 1.6s 后合 W20
	2. T2 电源故障复归	故障复归 1.02s 后跳开 W20 故障复归 1.6s 后合 W2
W1 合位，T1 电压 OK W2 合位，T2 电压 OK W0 合位，T3 电压 OK W10 分位 W20 分位	1. T0 电源故障	故障发生 1.02s 后跳开 W0
	2. T0 电源故障复归	故障复归 1.6s 后合 W0

*备用电源自动投入动作时间根据具体工程进行整定。

2）二路进线正常，其中一路出现故障。

试验前工况	模拟工况	备自投逻辑
W1 合位，T1 电压 OK W0 合位，T3 电压 OK W2 分位 W10 分位 W20 合位	1. T3 电源故障	故障发生 1.02s 后跳开 W0 故障发生 1.6s 后合 W10
	2. T3 电源故障复归	故障复归 1.02s 后跳开 W10 故障复归 1.6s 后合 W0
W1 合位，T1 电压 OK W0 合位，T3 电压 OK W2 分位 W10 分位 W20 合位	1. T1 电源故障	故障发生 1.02s 后跳开 W1 故障发生 1.6s 后合 W10
	2. T1 电源故障复归	故障复归 1.02s 后跳开 W10 故障复归 1.6s 后合 W1
W2 合位，T2 电压 OK W0 合位，T3 电压 OK W1 分位 W20 分位 W10 合位	1. T3 电源故障	故障发生 1.02s 后跳开 W0 故障发生 1.6s 后合 W20
	2. T3 电源故障复归	故障复归 1.02s 后跳开 W20 故障复归 1.6s 后合 W0
W2 合位，T2 电压 OK W0 合位，T3 电压 OK W1 分位 W20 分位 W10 合位	1. T2 电源故障	故障发生 1.02s 后跳开 W2 故障发生 1.6s 后合 W20
	2. T2 电源故障复归	故障复归 1.02s 后跳开 W20 故障复归 1.6s 后合 W2
W1 合位，T1 电压 OK W2 合位，T2 电压 OK W0 分位 W10 分位 W20 分位	1. T1 电源故障	故障发生 1.02s 后跳开 W1 故障发生 1.6s 后合 W10 故障发生 1.6s 后合 W20
	2. T1 电源故障复归	故障复归 1.02s 后跳开 W10 故障复归 1.02s 后跳开 W20 故障复归 1.6s 后合 W1
W1 合位，T1 电压 OK W2 合位，T2 电压 OK W0 分位 W10 分位 W20 分位	1. T2 电源故障	故障发生 1.02s 后跳开 W2 故障发生 1.6s 后合 W10 故障发生 1.6s 后合 W20
	2. T2 电源故障复归	故障复归 1.02s 后跳开 W10 故障复归 1.02s 后跳开 W20 故障复归 1.6s 后合 W2

（2）特高压换流站站用电单个配电室的 400V 侧采用备用电源自动投入系统，示例如图 6-3 所示。

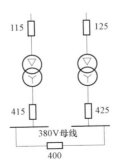

说明：115：10kV 115B 站用变压器高压侧开关

125：10kV 125B 站用变压器高压侧开关

415：10kV 115B 站用变压器低压侧开关

425：10kV 125B 站用变压器低压侧开关

400：400V 母联开关

图 6-3　400V 侧采用备用电源自动投入系统

按照常规设计，在控保柜电压回路二次回路进行加压，模拟站用电投运状态，按备用电源自动投入动作逻辑进行试验。动作逻辑如下：

1）两个站用变分别带两段母线，其中一台站用变压器失电。

试验前工况	模拟工况	备自投逻辑
415 合位，T1 电压 OK 425 合位，T2 电压 OK 400 分位	1. T1 电源消失	故障发生 1.02s* 后跳开 415 故障发生 1.6s 后合 400
	2. T1 电源故障复归	故障复归 1.02s 后跳开 400 故障复归 1.6s 后合 415
415 合位，T1 电压 OK 425 合位，T2 电压 OK 400 分位	1. T2 电源消失	故障发生 1.02s* 后跳开 425 故障发生 1.6s 后合 400
	2. T2 电源故障复归	故障复归 1.02s 后跳开 400 故障复归 1.6s 后合 425

*备用电源自动投入动作时间根据具体工程进行整定。

2）一路站用变压器带两条母线。

试验前工况	模拟工况	备自投逻辑
415 分位，T1 电压 OK 425 合位，T2 电压 OK W20 合位	415B 恢复送电（模拟其低压侧进线电压故障恢复）	故障发生 1.02s 后跳开 400 故障发生 1.6s 后合 415
415 合位，T1 电压 OK 425 分位，T2 电压 OK W20 合位	425B 恢复送电（模拟其低压侧进线电压故障恢复）	故障发生 1.02s 后跳开 400 故障发生 1.6s 后合 425

8　站用变压器一次注流试验

8.1　注意事项

（1）一次注流前核查被试验 TA 上没有人在工作。

（2）确认注入电流小于 TA 的额定电流，注流时注入电流小于回路上所有 TA 的最小额定电流。

（3）派专人看护，保持通信畅通。

8.2　站用变压器一次注流试验

在站用变压器低压交流出线套管处短路，在变压器高压侧实加电压，读取一次电流，用钳形相位表测得套管 TA 的二次电流和其与标准电压（一般是取保护屏内照明电压）之间的角度。通电后，将试验电流逐步升至预加电流，满足测试所需要的要求。查看站用变压器保护装置纵差差动电流为零，站用变压器一次注流试验原理图如图 6–4 所示。

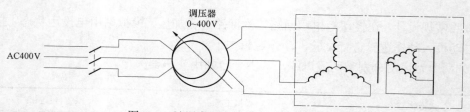

图 6–4　站用变压器一次注流试验原理图

检查项目：

（1）核实站用变压器差动回路正确性。

（2）核实站用电保护、母线保护电流二次回路正确性，通过保护系统录波，查看保护极性，并保存波形。

（3）核实站用变压器各 TA 二次绕组电流大小、极性、相位。

1）变比分析：根据站用变压器电流表的实测值，再根据套管 TA 的变比可以计算出二次电流的大小，比较计算值与实测值一致，则二次接线使用绕组变比正确。

2）极性分析：分析钳形相位表测得一次与套管 TA 的二次电流和其与标准电压（一般是取保护屏内照明电压）之间的角度，分析是否满足设计和保护装置要求的极性要求。

9　低压电抗器、电容器一次注流试验

9.1　注意事项

（1）一次注流前核查被试验 TA 上没有人在工作。

（2）确认注入电流小于 TA 的额定电流，注流时注入电流小于 TA 的额定电流。

（3）派专人看护，保持通信畅通。

9.2 干式低压电抗器、电容器一次注流试验

试验接线：对低压电抗、电容器进线 TA 处进行注流试验，电容器、电抗器本体侧短路，在高压侧形成测试电流，用钳形相位表测得 TA 的二次电流和其与标准电压（一般是取保护屏内电压）之间的角度。

检查项目：

（1）核实各电流互感器绕组电流变比、极性、相位。

（2）核实低抗保护、电容器保护、母线保护电流二次回路正确性，通过保护系统录波，查看保护极性，并保存波形。

（3）极性分析：分析钳形相位表测得一次与 TA 的二次电流和其与标准电压（一般是取保护屏内照明电压）之间的角度，分析是否满足设计和保护装置要求的极性要求。

10 站用电分系统调试安全控制

（1）进入施工现场的人员应正确使用合格的安全帽等安全防护用品，穿好工作服，严禁穿拖鞋、凉鞋、高跟鞋，以及短裤、裙子等进入施工现场。严禁酒后进入施工现场，严禁流动吸烟。

（2）施工用电应严格遵守安规，实现三级配电、二级保护、一机一闸一漏保。总配电箱及区域配电箱的保护零线应重复接地，且接地电阻不大于 10Ω。用电设备的电源线长度不得大于 5m，距离大于 5m 时应设流动开关箱；流动开关箱至固定式配电箱之间的引线长度不得大于 40m，且只能用橡套软电缆。

（3）施工单位的各类施工人员应熟悉并严格遵守安规的有关规定，经安全教育，考试合格方可上岗。临时参加现场施工的人员，应经安全知识教育后，方可参加指定的工作，并且不得单独工作。

（4）工作中严格按照《安规》要求指导施工，确保人身和设备安全。

（5）特种工种必须持证上岗，杜绝无证操作。由工作负责人检查起重机械证照是否齐全，操作、指挥人员必须持证上岗。

站用电分系统调试安全风险控制卡（2 级风险）见表 6-1。

表 6–1 　　　　　　　　站用电分系统调试安全风险控制卡（2 级风险）

作业区域：

工作时间： 　 年 月 日 时～ 　 年 月 日 时

工作负责人： 　　　　　　　　　　　　安全监护人： 　　　　　　　　　　监理员：

工作班成员：

序号	控制项目	控制内容	落实情况
1	安全交底	1. 试验前进行站班交底，明确工作内容及试验范围	
		2. 由工作负责人指定安全监护人员进行监护	
2	设备检查	工器具完好，机械强度、绝缘性能满足试验要求	
3	试验接线	1. 试验电源安全、可靠，满足试验要求	
		2. 临时接地线可靠接地	
		3. 试验回路做好误动、误碰措施	
		4. 整体试验接线正确无误	
		5. 待试设备无短路、漏电、串电的情况	
4	安全警示	1. 工作区域悬挂安全围绳	
		2. 悬挂调试警示牌	
		3. 确认相关安全措施已落实好	
5	风险控制	1. 在回路上工作时，应使用有绝缘柄的工具，不得裸露金属部分	
		2. 确认 TA 回路没有开路，电压回路没有短路	
		3. 防止高空坠物，伤及设备或人员	
		4. 远离带电体，防止电击	
		5. 使用测量仪表前，对仪表及相关挡位进行核对无误	
		6. 拆、接线前应用万用表测量检查，每拆一根二次线时，裸露的线头要立即用绝缘胶布单独包扎	
		7. 操作接地开关时，确认接地开关动作范围内没人工作，防止操作将人震下受伤	
		8. 现场电缆沟盖板尚未铺设完成，操作时防止掉入电缆沟，造成人身伤害	
		9. 做好断路器漏气的预防措施	
6	离场检查	1. 设备整理检查，无遗漏	
		2. 试验电源接线拆除、箱门关闭，不遗留杂物、误动内部接线	
		3. 临时接地线全部拆除	
		4. 警示围绳、警示牌整理回收	
		5. 场地卫生清理完毕	

注　落实情况由安全监护人签署。

11 站用电分系统重点控制要点

重点控制要点如图 6-5 所示。

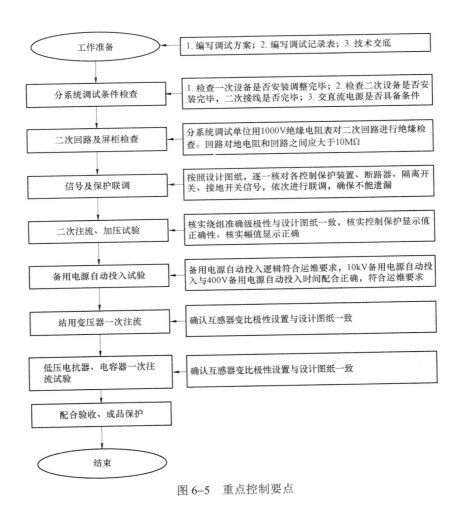

图 6-5 重点控制要点

12 参照表

12.1 二次回路及屏柜检查质量控制卡

二次回路及屏柜检查质量控制卡

二次屏柜检查														
信号名称	站用变压器测控柜		站用变压器接口柜		主变压器挡位控制屏柜		站用电控制柜		站用接口主机柜		低容保护屏		低抗保护屏	
	A	B	A	B	A	B	A	B	A	B	A	B	A	B
单电源故障														
连接光纤拉出														
连接网线拉出														
总线回路														
二次回路绝缘检查														
试验项目	站用变压器测控柜		站用变压器接口柜		主变压器挡位控制屏柜		站用电控制柜		站用接口主机柜		低容保护屏		低抗保护屏	
	A	B	A	B	A	B	A	B	A	B	A	B	A	B
直流电源回路														
二次操作回路														
二次信号回路														
非电量回路														
试验结论														
试验人员														
备注	用绝缘电阻表 1000V 挡对整个二次回路进行绝缘检查，满足相关要求													

12.2 信号及保护联调质量控制卡

信号及保护联调质量控制卡

500kV/330kV/220kV 站用电系统断路器电气特性检查		
信号名称	A 系统	B 系统
合位		
分位		
交流电源消失		
直流电源消失		

信号名称	A 系统	B 系统
加热器电源消失		
电机超时运转		
三相不一致		
远方/就地		
低油压合闸闭锁		
低油压分闸闭锁		
低油压合闸报警		
低油压分闸报警		
操作	A 系统	B 系统
远方三相合闸		
远方三相分闸		

500kV/330kV/220kV 站用电系统隔离开关电气特性检查

信号名称	A 系统	B 系统
分位		
合位		
电源消失		
远方/就地		
联锁/解锁		
操作	A 系统	B 系统
远方三相合		
远方三相分		

500kV/330kV/220kV 站用电系统接地开关电气特性检查

信号名称	A 系统	B 系统
分位		
合位		
电源失电		
远方/就地		
操作	A 系统	B 系统
远方合		
远方分		

500kV/330kV/220kV 站用电系统站用变压器保护特性检查

信号名称	保护 A 屏	保护 B 屏
投差动保护		
投高压侧后备保护		
投高压侧电压		

续表

信号名称	保护 A 屏	保护 B 屏
投低压侧后备保护		
投低压侧电压		
高压侧失灵联跳		
保护跳闸		
保护装置报警		
保护运行异常		
保护过负荷		
非电量保护闭锁		—
非电量保护报警		—
本体重瓦斯		
油温高		—
失灵保护跳闸	—	
失灵保护装置报警		
失灵保护运行异常		
控制回路断线		
第一组电源断线	—	
第二组电源断线		

500kV/330kV/220kV 站用电系统站用变压器非电量电气特性检查

非电量名称	保护 A 屏	保护 B 屏
压力释放报警		
油位异常报警		
轻瓦斯报警		
速动油压报警		
油温高报警		
绕温高 I 段报警		
绕温高 II 段报警		
风冷控制系统		
风机故障报警		
油泵故障报警		
I 段交流电源故障		
II 段交流电源故障		
I 段交流电源投入		
II 段交流电源投入		
风冷控制电源故障		

续表

非电量名称	保护 A 屏	保护 B 屏
直流控制电源故障		
冷却器全停报警		
手动启动风扇		
油温启动风扇		
负荷电流启动风扇		
故障录波信号		
保护信息子站信号		

500kV/330kV/220kV　站用电系统站用变压器模拟量特性检查

模拟量信号名称	A 系统	B 系统
油温表		
绕温表		

35kV 站用电系统断路器电气特性检查

信号名称	A 系统	B 系统
断路器合闸		
断路器分闸		
断路器 SF_6 报警		
断路器 SF_6 闭锁		
断路器弹簧未储能		
断路器电源失电		
断路器过流过时		
断路器远方/就地		
电流互感器 SF_6 报警		
操作	A 系统	B 系统
就地三相合闸		
就地三相分闸		
远方三相合闸		

35kV 站用电系统隔离开关电气特性检查

信号名称	A 系统	B 系统
分位		
合位		
电源消失		
远方/就地		
联锁/解锁		

续表

信号名称	A 系统	B 系统
就地三相合		
就地三相分		
远方三相合		
远方三相分		

35kV 站用电系统接地开关电气特性检查

信号名称	A 系统	B 系统
分位		
合位		
操作		
就地三相合		
就地三相分		
操作	A 系统	B 系统
远方合		
远方分		

35kV 站用电系统站用电保护电气特性检查

信号名称	保护 A 屏	保护 B 屏
投差动保护		
投过流保护		
投检修		
信号复归		
油温高 II 段		
本体重瓦斯		
有载重瓦斯		
压力释放		
绕温高 II 段		
本体轻瓦斯		
有载轻瓦斯		
油位异常		
保护跳闸		
保护装置报警		
保护装置闭锁		
过负荷报警		
闭锁有载调压		
非电量电源失电		

续表

信号名称	保护 A 屏		保护 B 屏	
故障录波信号				
保护信息子站信号				
挡位控制	电操	本地		远方
1				
2				
3				
4				
5				
6				
7				
8				
9				

10kV 站用电系统断路器电气特性检查

信号名称	A 系统	B 系统
断路器合闸		
断路器分闸		
断路器弹簧未储能		
断路器电源失电		
断路器接地开关合位		
断路器接地开关分位		
断路器远方/就地		
操作	A 系统	B 系统
就地三相合闸		
就地三相分闸		
远方三相合闸		
远方三相分闸		

400V 站用电系统断路器电气特性检查

信号名称	A 系统	B 系统
断路器合闸		
断路器分闸		
断路器弹簧未储能		
断路器电源失电		
断路器远方/就地		
操作	A 系统	B 系统
就地三相合闸		

续表

信号名称	A 系统	B 系统
就地三相分闸		
远方三相合闸		
远方三相分闸		
试验结论		
试验人员		日期：
监理员		日期：

12.3 二次注流、加压试验质量控制卡

二次注流、加压试验质量控制卡

交流站用电电流回路检查							
回路用途	相序	二次负载及回路电阻			二次回路绝缘电阻（MΩ）	接地点	各接入点显示电流（A）
		电流（A）	电压（V）	二次回路单相直流电阻（Ω）			
变压器保护 A 屏（保护电流）	A						
	B						
	C						
	N						
变压器保护 B 屏故障录波屏（保护电流）	A						
	B						
	C						
	N						
变压器保护 B 屏（失灵电流）	A						
	B						
	C						
	N						
滤波器测控 A 屏滤波器测控 B 屏	A						
	B						
	C						
	N						
滤波器保护 B 屏（母差电流）	A						
	B						
	C						
	N						

续表

回路用途	相序	二次负载及回路电阻			二次回路绝缘电阻（MΩ）	接地点	各接入点显示电流（A）
		电流（A）	电压（V）	二次回路单相直流电阻（Ω）			
滤波器保护A屏（母差电流）	A						
	B						
	C						
	N						
……							

交流站用电电压回路检查

电压回路编号	绕组级别	用途（检查以下接入点显示电压，核对正确）	二次负载电流（mA）	绝缘（MΩ）
计量电压回路				
保护电压Ⅰ回路				
保护电压Ⅱ回路				
开口三角电压				
试验结论				
试验人员		日期:		
监理员		日期:		

12.4 备用电源自动投入调试质量控制卡

备用电源自动投入调试质量控制卡

序号	逻 辑	动作结果	备注
1	10kV 三路进线正常，其中一路出现故障		
2	10kV 二路进线正常，其中一路出现故障		
3	公用 400V 两路变压器分别带两段母线，其中一个变压器失电		
4	公用 400V 一路变压器带两段母线，另一个变压器有电		

续表

序号	逻　辑	动作结果	备注
5	极 1 高 400V 两路变压器分别带两段母线，其中一个变压器失电		
6	极 1 高 400V 一路变压器带两段母线，另一个变压器有电		
7	极 1 低 400V 两路变压器分别带两段母线，其中一个变压器失电		
8	极 1 低 400V 一路变压器带两段母线，另一个变压器有电		
9	极 2 高 400V 两路变压器分别带两段母线，其中一个变压器失电		
10	极 2 高 400V 一路变压器带两段母线，另一个变压器有电		
11	极 2 低 400V 两路变压器分别带两段母线，其中一个变压器失电		
12	极 2 低 400V 一路变压器带两段母线，另一个变压器有电		
试验结论			
试验人员		日期：	
监理员		日期：	

12.5　站用变压器一次注流试验质量控制卡

站用变压器一次注流试验质量控制卡

站用变压器一次注流检查表				
负荷侧名称	相位角（°） 幅值（mA）	I_a	I_b	I_c
电流回路所经屏柜	I_a			
	I_b			
	I_c			
	I_n			
电流回路所经屏柜	I_a			
	I_b			
	I_c			
	I_n			
备注	1. 电压取保护柜电压为参考电压； 2. 对保护主机进行录波，检查电流回路的相序			
试验结论				
试验人员		日期：		
监理员		日期：		

12.6 低压电抗器、电容器一次注流试验质量控制卡

低压电抗器、电容器一次注流试验质量控制卡

负荷侧名称	相位角（°） 幅值（mA）		I_a	I_b	I_c
测控控制 A 屏 测控控制 B 屏	I_a				
	I_b				
	I_c				
备用	I_a				
	I_b				
	I_c				
电容器/电抗器保护	I_a				
	I_b				
	I_c				
备注	1. 电压取保护柜内 A 相电压为参考电压； 2. 对保护主机进行录波，检查电流回路的相序				
试验结论					
试验人员			日期：		
监理员			日期：		

第七章

换流站辅助系统调试作业指导书

目　次

1 概述

1.1 相关说明

辅助系统分系统调试相对比较分散，可以在单个辅助系统具备调试条件后开展相应的分系统调试，辅助系统分系统调试的目的是验证各辅助系统功能的正确性和控制保护联动行为的正确性。

1.2 适用范围

本作业指导书适用于±1100kV 及以下换流站工程的辅助系统分系统调试过程中标准化的安全质量控制方法。

1.3 工作依据

下列文件对于本文件的应用是必不可少的。凡是注日期的引用文件，仅注日期的版本适用于本文件。凡是不注日期的引用文件，其最新版本（包括所有的修改单）适用于本文件。

GB 50150 《电气装置安装工程电气设备交接试验标准》

GB/T 7261 《继电保护和安全自动装置基本试验方法》

DL/T 1129 《直流换流站二次电气设备交接试验规程》

Q/GDW 275 《±800kV 直流系统电气设备交接验收》

Q/GDW 293 《±800kV 直流换流站设计技术规定》

国家电网公司电力安全工作规程（电网建设部分）

国家电网公司十八项电网重大反事故措施

国家电网公司防止直流换流站单、双极强迫停运二十一项反事故措施

2 整体流程及责任划分

2.1 总体流程图

总体流程图如图 7-1 所示。

2.2 职责划分

（1）根据施工合同，由厂家负责安装调试的负责系统，分系统调试单位辅助配合。

（2）根据施工合同，由施工单位安装调试的辅助系统，厂家配合调试。

（3）分系统调试单位负责各辅助系统厂家在现场遇到的问题协调处理。

（4）辅助系统的管理应纳入分系统调试中统一管理。

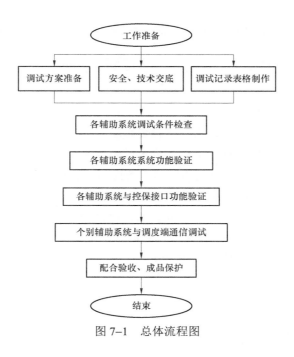

图 7-1 总体流程图

3 辅助系统调试准备

3.1 各辅助系统试验条件检查

检查单个辅助系统设备本体确已安装结束，所需交流、直流电源已具备条件，单个系统内的子 IED 到主机的光缆熔接已经完成，通信正常。

3.2 图纸、试验记录表格准备

相关图纸已审核完毕，可以作为调试依据；相关试验记录表格已编写完成，可以确保不缺项、不漏项。

4 阀冷却系统调试

4.1 注意事项

（1）阀冷却分系统调试按照通用二次接口规范进行信号联调；
（2）核对阀冷控制柜与阀冷接口柜之间通信交叉通信方式符合设计及控保整体要求；
（3）做好防触电措施。

4.2 二次回路及通信检查

用 1000V 绝缘电阻表对二次回路进行绝缘检查。回路对地电阻和回路之间应大于 10MΩ。

检查光纤、网线、总线等通信接线是否正确；任一路通信断开，后台应有报警信息。

4.3 信号及模拟量联调

4.3.1 开关量信号联调

按照阀冷二次设计图纸和上位机通信模拟试验表（信号及模拟量点表），逐一核对各阀冷控制柜、主循环柜、风机动力柜相关设备信号，依次进行联调，步骤如下：

（1）条件具备时，使阀冷实际发出信号；条件不具备时，模拟发出信号（在信号源接点上模拟信号发生即将接点的两端短接）。

（2）观察运行人员工作站信号事件列表上是否有该信号事件：若运行人员工作站上出现信号事件，试验通过，进行下一项试验；若运行人员工作站上没有信号事件，则进行查线，找到原因并更正后，重复进行上述步骤。

（3）检查项目。

1）阀冷阀门状态信号核对；

2）阀冷空气开关状态信号核对；

3）阀冷各种故障信号核对；

4）阀冷泵、风机启动/停止信号核对；

5）其他信号核对。

4.3.2 模拟量信号联调

针对阀冷的每个模拟量输出信号，依次进行联调，步骤如下：

（1）在表计上读取当前示数，在运行人员工作站上（或控制保护系统的输入端、软件）观察确认信号值：若与表计当前示数相符，试验通过，进行下一项试验；若与表计当前示数有差异，则进行查线，找到原因并更正后，重复进行上述步骤。

（2）拔掉（拆除）表计远传线，在运行人员工作站上（或控制保护系统的输入端、软件）观察确认信号值：若当前表计测量值变为零，且事故列表里有对应表计故障的报文，试验通过，进行下一项试验；若测量值没有变化或事件报文不对应，则进行查线，找到原因并更正后，重复进行上述步骤。

（3）检查项目。

1）温度表显示值与后台显示进行比较；

2）压力表显示值与后台显示进行比较；

3）流量表显示值与后台显示进行比较；

4）液位表显示值与后台显示进行比较；

5）电导率显示值与后台显示进行比较；

6）其他模拟量输入信号核对。

4.3.3 遥控/跳闸信号联调

针对阀冷接收控保命令（联动），依次进行联调。

（1）远程启动/停止阀冷系统。针对控保远程启动/停止阀冷系统，验证其控制操作的正确性，步骤如下：

1）将阀冷设置在停运状态；

2）在运行人员工作站上对该阀冷系统进行启动操作，若阀冷系统正确动作，试验通过，进行下一项试验；若阀冷系统未启动或动作不对，则进行查线，找到原因并更正后，重复进行上述步骤；

3）将阀冷设置在运行状态；

4）在运行人员工作站上对该阀冷系统进行停止操作，若阀冷系统正确动作，试验通过，进行下一项试验；若阀冷系未停止或动作不对，则进行查线，找到原因并更正后，重复进行上述步骤。

（2）换流阀 Block 闭锁/换流阀 Deblock 解锁。针对接收控保换流阀 Block 闭锁/换流阀 Deblock 解锁状态命令，验证阀冷控制器接收的正确性，步骤如下：

1）将阀冷设置在运行状态；

2）在运行人员工作站上通过置数模拟"换流阀解锁"，观察阀冷控制柜上的控制器确认信号值：若"换流阀 Deblock 解锁"状态信号置 1，试验通过，进行下一项试验；若置 0，则进行查线，找到原因并更正后，重复进行上述步骤；

3）在阀冷控制器上"换流阀 Deblock 解锁"状态信号置 1 状态下，对该阀冷进行停止操作，若阀冷系统不动作，试验通过，进行下一项试验；若动作，则进行查线，找到原因并更正后，重新进行上述步骤；

4）在运行人员工作站上通过置数模拟"换流阀闭锁"，观察阀冷控制柜上的控制器确认信号值：若"换流阀 block 闭锁"状态信号置 1，试验通过，进行下一项试验；若置 0，则进行查线，找到原因并更正后，重复进行上述步骤；

5）在阀冷控制器上"换流阀 block 闭锁"状态信号置 1 状态下，对该阀冷进行停止操作，若阀冷系统动作，试验通过，进行下一项试验；若不动作，则进行查线，找到原因并更正后，重新进行上述步骤。

（3）阀控制保护系统 Active 信号调试。针对接收阀控制保护系统 Active 信号状态命令，验证阀冷控制器接收及处理逻辑的正确性，步骤如下：

1）在运行人员工作站上把 CCP 主机切至 A 系统值班，检查 VCT 主机是否同步切换至 A 系统值班，若正确切换，试验通过，进行下一项试验；若没正确切换，则进行查线，找到原因并更正后，重新进行上述步骤；

2）在 CCP 主机 A 系统值班情况下，观察阀冷控制器上"阀控制保护 A 系统 Active"信号是否置 1，若阀冷控制器上"阀控制保护 A 系统 Active"信号置 1，试验通过，进行下一项试验，若阀冷控制器上"阀控制保护 A 系统 Active"信号置 0，则进行查线，找到原因并更正后，重新进行上述步骤；

3）在阀冷控制器上"阀控制保护 A 系统 Active"信号置 1 状态下，在运行人员工作站进行该阀冷任意遥控命令，观察阀冷系统能否正确执行，若正确执行，试验通过，进行下一项试验；若没正确执行，则进行查线，找到原因并更正后，重新进行上述步骤；

4）在阀冷控制器上"阀控制保护 A 系统 Active"信号置 1 状态下，在运行人员工作站通过置数模拟 B 系统对该阀冷的任意遥控命令，观察阀冷系统能否正确执行，若不执行，试验通过，进行下一项试验；若执行，则进行查线，找到原因并更正后，重新进行上述步骤；

5）在运行人员工作站上把 CCP 主机切至 B 系统值班，重复上述四个步骤。

（4）远程切换主循环泵。针对接收远程切换主循环泵命令，验证阀冷控制器接收的正确性，步骤如下：

1）将阀冷设置在运行状态；

2）在运行人员工作站上进行阀冷主循环泵切换操作，观察阀冷主循环泵是否正确切换；若正确切换，试验通过，进行下一项试验；若没正确切换/不动作，则进行查线，找到原因并更正后，重新进行上述步骤。

（5）阀冷跳闸信号联调。针对阀冷跳闸，验证阀冷和控保联动的正确性，步骤如下：

1）将阀冷设置在运行状态；

2）在阀冷控制柜上通过软件模拟阀冷跳闸信号，观察运行人员工作站信号事件列表上是否有该信号事件：若运行人员工作站上出现信号事件，试验通过，进行下一项试验；若运行人员工作站上没有信号事件，则进行查线，找到原因并更正后，重复进行上述步骤。

5 保护信息管理子站调试

5.1 注意事项

（1）单系统内各小室之间的光缆衰耗满足产品技术条件要求；

（2）本系统按需投入运行，合理安排施工调试顺序；

（3）做好防触电措施。

5.2 二次回路及通信检查

用 1000V 绝缘电阻表对二次回路进行绝缘检查。回路对地电阻和回路之间应大于 10MΩ。检查光纤、网线、总线等通信接线是否正确；任一路通信断开，后台应有报警信息。

5.3 功能验证

5.3.1 保护状态信号上传功能

按照保护远传信息点表模拟保护装置状态信号，依次进行联调，步骤如下：

（1）条件具备时，使保护装置实际发出信号；条件不具备时，模拟发出信号（在信号源接点上模拟信号发生即将接点的两端短接）；

（2）观察保护信息管理子站后台工作站信号事件列表上是否有该信号事件：若子站后台工作站上出现信号事件，试验通过，进行下一项试验；若子站后台工作站上没有信号事件，则进行查线，找到原因并更正后，重复进行上述步骤。

（3）检查项目。

1）保护开入量信号核对；

2）保护动作报文信号核对；

3）保护自检信号核对；

4）其他信号核对。

5.3.2 保护定值召唤功能

在子站后台工作站上进行某一保护装置定值召唤操作，若成功显示定值，试验通过，进行下一项试验；若召唤不成功，则进行查线，找到原因并更正后，重复进行上述步骤。

5.3.3 子站与控制保护（监控后台）接口功能验证

针对保护信息管理子站与控制保护（监控后台）接口功能验证，依次进行联调，步骤如下：

（1）条件具备时，实际操作各子站屏柜发出信号；条件不具备时，模拟发出信号（在信号源接点上模拟信号发生即将将接点的两端短接）；

（2）观察运行人员工作站信号事件列表上是否有该信号事件：若运行人员工作站上出现信号事件，试验通过，进行下一项试验；若运行人员工作站上没有信号事件，则进行查线，找到原因并更正后，重复进行上述步骤。

5.4 系统通信调试

分系统调试单位辅助业主与调度端联系协调子站 IP 地址和业务开通，由子站厂家技术人员下配到装置并与调度端保护信息管理主站进行通信调试。若调度端主站能正确召唤/接收子站发出的信号，试验通过，进行下一项试验；若接收不到，则进行查线，找到原因并更改后重复上述步骤。

6　同步时钟对时（GPS）系统调试

6.1 注意事项

（1）同步时钟对时（GPS）系统天线安装位置，每个天线之间的距离应符合设计和产品技术文件要求；

（2）本系统按需投入运行，合理安排施工调试顺序；

（3）做好防触电措施。

6.2 二次回路及通信检查

用 1000V 绝缘电阻表对二次回路进行绝缘检查。回路对地电阻和回路之间应大于10MΩ。检查光纤、网线、总线等通信接线是否正确；任一路通信断开，后台应有报警信息。

6.3 对时功能验证

6.3.1 时钟源精度测试

针对同步时钟对时装置时钟源精度测试，依次进行联调，步骤如下：

（1）设置 GPS 装置接收的时钟源为 GPS 信号，从 GPS 对时装置输出引一路对信号至标准时钟装置，与标准时钟装置的输入进行比较，若误差满足技术协议要求，试验通过，进行下一项试验；若不满足要求，则进行时钟误差补偿设计，设置误差补偿后，重复进行上述步骤。

（2）设置 GPS 装置接收的时钟源为 BD 信号，从 GPS 对时装置输出引一路对信号至标准时钟装置，与标准时钟装置的输入进行比较，若误差满足技术协议要求，试验通过，进行下一项试验；若不满足要求，则进行时钟误差补偿设计，设置误差补偿后，重复进行上述步骤。

6.3.2 二次设备对时状态检查

针对二次设备对时状态检查，依次进行联调，步骤如下：

（1）逐一检查二次设备对时状态，若二次设备对时状态置 1，且装置显示时间与 GPS 扩展屏时间一致，试验通过，进行下一项试验；若二次设备对时状态置 0，或装置显示时间与 GPS 扩展屏时间不一致，则进行查线（改变装置对时参数），找到原因并更正后，重复进行上述步骤。

（2）检查项目。

1）常规 B 码对时输出二次设备对时状态检查；

2）光 B 码对时输出二次设备对时状态检查；

3）网络对时输出二次设备对时状态检查。

6.3.3 同步时钟对时（GPS）装置与控制保护（监控后台）接口功能验证

针对同步时钟对时（GPS）装置与控制保护（监控后台）接口功能验证，依次进行联调，步骤如下：

（1）条件具备时，实际 GPS 对时装置发出信号；条件不具备时，模拟发出信号（在信号源接点上模拟信号发生即将接点的两端短接）；

（2）观察运行人员工作站信号事件列表上是否有该信号事件：若运行人员工作站上出现信号事件，试验通过，进行下一项试验；若运行人员工作站上没有信号事件，则进行查线，找到原因并更正后，重复进行上述步骤。

7 故障录波系统调试

7.1 注意事项

（1）单系统内各小室之间的光缆衰耗满足产品技术条件要求；

（2）本系统按需投入运行，合理安排施工调试顺序；

（3）做好防触电措施。

7.2 二次回路及通信检查

用 1000V 绝缘电阻表对二次回路进行绝缘检查。回路对地电阻和回路之间应大于 10MΩ。检查光纤、网线、总线等通信接线是否正确；任一路通信断开，后台应有报警信息。

7.3 功能验证

7.3.1 手动启动录波功能

按下装置面板上的"手动录波"按钮，观察录波器是否启动录波并生成录波文件，若启动录波并生成录波文件，则试验通过；若未启动或未生成录波，则进行查线，找到原因并更正后，重复上述步骤。

7.3.2 联动功能

针对故障录波器联动录波功能，依次进行联调，步骤如下：

（1）按下任一故障录波装置面板上的"手动录波"按钮，观察全站故障录波器是否都启动录波，若都启动录波，则试验通过；若有故障录波装置未启动录波，则进行查线，找到原因并更正后，重复上述步骤。

（2）依此对所有故障录波装置重复上述步骤。

7.3.3 二次注流、加压及开关量信号试验

（1）二次电流、电压回路检查。按照设计图纸，对所有电流、电压回路进行二次回路完整性及绝缘检查，测量二次回路的直流电阻及绝缘，并检查二次回路一点接地，接地点符合设计及反措要求。

1）公用电压互感器的二次回路只允许在控制室内有一点接地，为保证接地可靠，各电压互感器的中性线不得接有可能断开的开关或熔断器等。

2）已在控制室一点接地的电压互感器二次线圈，宜在开关场将二次线圈中性点经放电间隙或氧化锌阀片接地，其击穿电压峰值应大于 $30 \cdot I_{max}$ 伏（I_{max} 为电网接地故障时通过变电站的可能最大接地电流有效值，单位为 kA）。

3）公用电流互感器二次绕组二次回路只允许且必须在相关保护柜屏内一点接地。

4）独立的、与其他电压互感器和电流互感器的二次回路没有电气联系的二次回路应在开关场一点接地。

5）统包型电缆的金属屏蔽层、金属护层应两端直接接地。

6）保护装置之间、保护装置至开关场就地端子箱之间联系电缆以及高频收发信机的电缆屏蔽层应双端接地，使用截面不小于 4mm² 的多股铜质软导线可靠连接到等电位接地网的铜排上。

7）微机型继电保护装置柜屏内的交流供电电源（照明、打印机和调制解调器）的中性线（零线）不应接入等电位接地网。

8）电流互感器末屏接地、电压互感器 N（X）端接地应牢固可靠。

（2）二次回路注流、加压试验。按照设计图纸，核对二次额定电流和额定电压，在二次注流和加压时，确保电流或电压不超过额定值。在汇控箱/端子箱，对所有电流、电压回路二次回路进行注流、加压逐一核对各保护装置电流、电压量的采样值的正确性，在录波器装置中对各保护主机进行录波，分析录波文件，判断录波系统所用电流、电压量的相序及采样值是否正确。

（3）开关量录波功能。依据设计图纸，针对故障录波器开关量录波功能，依次进行联调，步骤如下：

1）条件具备时，使相关保护装置或一次设备实际发出信号；条件不具备时，模拟发出信号（在信号源接点上模拟信号发生即将接点的两端短接）。

2）观察对应录波器录波事件列表上是否有该信号事件：若录波器录波列表上出现信号事件，试验通过，进行下一项试验；若录波器录波列表上没有信号事件，则进行查线，找到原因并更正后，重复进行上述步骤。

3）检查项目。

a. 断路器位置开关量信号核对；

b. 保护动作开关量信号核对；

c. 其他开关量信号核对。

（4）与控制保护接口功能验证。

1）条件具备时，使录波器实际发出信号；条件不具备时，模拟发出信号（在信号源接点上模拟信号发生即将接点的两端短接）；

2）观察运行人员工作站信号事件列表上是否有该信号事件：若运行人员工作站上出现信号事件，试验通过，进行下一项试验；若运行人员工作站上没有信号事件，则进行查线，找到原因并更正后，重复进行上述步骤。

7.4 系统通信调试

分系统调试单位辅助业主与调度端联系协调故障录波器 IP 地址和业务开通，由录波器厂家技术人员下配到装置并与调度端故录录波主站进行通信调试。若调度端主站能正确召唤/接收本站故录波器发出的信号，试验通过，进行下一项试验；若接收不到，则进行查线，找到原因并更改后重复上述步骤。

8 同步向量采集（PMU）系统

8.1 注意事项

（1）单系统内各小室之间的光缆衰耗满足产品技术条件要求；

（2）电压、电流采样精度满足规范要求；

（3）做好防触电措施。

8.2　二次回路及通信检查

用 1000V 绝缘电阻表对二次回路进行绝缘检查。回路对地电阻和回路之间应大于10MΩ。检查光纤、网线、总线等通信接线是否正确；任一路通信断开，后台应有报警信息。

8.3　功能验证

8.3.1　二次电流、电压回路检查

按照设计图纸，对所有电流、电压回路进行二次回路完整性及绝缘检查，测量二次回路的直流电阻及绝缘，并检查二次回路一点接地，接地点符合设计及反措要求。

（1）公用电压互感器的二次回路只允许在控制室内有一点接地，为保证接地可靠，各电压互感器的中性线不得接有可能断开的开关或熔断器等。

（2）已在控制室一点接地的电压互感器二次线圈，宜在开关场将二次线圈中性点经放电间隙或氧化锌阀片接地，其击穿电压峰值应大于 $30 \cdot I_{\max}$ 伏（$I_{\max}$ 为电网接地故障时通过变电站的可能最大接地电流有效值，单位为 kA）。

（3）公用电流互感器二次绕组二次回路只允许且必须在相关保护柜屏内一点接地。

（4）独立的、与其他电压互感器和电流互感器的二次回路没有电气联系的二次回路应在开关场一点接地。

（5）统包型电缆的金属屏蔽层、金属护层应两端直接接地。

（6）保护装置之间、保护装置至开关场就地端子箱之间联系电缆以及高频收发信机的电缆屏蔽层应双端接地，使用截面不小于 4mm^2 的多股铜质软导线可靠连接到等电位接地网的铜排上。

（7）微机型继电保护装置柜屏内的交流供电电源（照明、打印机和调制解调器）的中性线（零线）不应接入等电位接地网。

（8）电流互感器末屏接地、电压互感器 N（X）端接地应牢固可靠。

8.3.2　二次回路注流、加压试验

按照设计图纸，核对二次额定电流和额定电压，在二次注流和加压时，确保电流或电压不超过额定值。在汇控箱/端子箱，对所有电流、电压回路二次回路进行注流、加压，逐一核对各 PMU 装置电流、电压量的采样值的正确性，在 PMU 主机进行电压电流幅值及相位、功率大小及方向正确性，判断 PMU 系统所用电流、电压量的相序及采样值是否正确。

8.3.3　与控制保护接口功能验证

（1）条件具备时，使 PMU 装置实际发出信号；条件不具备时，模拟发出信号（在信号源接点上模拟信号发生即将接点的两端短接）；

（2）观察运行人员工作站信号事件列表上是否有该信号事件：若运行人员工作站上出现信号事件，试验通过，进行下一项试验；若运行人员工作站上没有信号事件，则进行查线，找到原因并更正后，重复进行上述步骤。

8.4　系统通信调试

分系统调试单位辅助业主与调度端联系协调 PMU 系统 IP 地址和业务开通，由厂家技术人员下配到装置并与主站进行通信调试。若调度端主站与本站 PMU 主机能正常通信，试验通过，进行下一项试验；若接收不到，则进行查线，找到原因并更改后重复上述步骤。

9　电能量采集系统

9.1　注意事项

（1）单系统内各小室之间的光缆衰耗满足产品技术条件要求；
（2）本系统按需投入运行，合理安排施工调试顺序；
（3）做好防触电措施。

9.2　二次回路及通信检查

用 1000V 绝缘电阻表对二次回路进行绝缘检查。回路对地电阻和回路之间应大于 10MΩ。检查光纤、网线、总线等通信接线是否正确；任一路通信断开，后台应有报警信息。

9.3　功能验证

9.3.1　二次电流、电压回路检查

按照设计图纸，对所有电流、电压回路进行二次回路完整性及绝缘检查，测量二次回路的直流电阻及绝缘，并检查二次回路一点接地，接地点符合设计及反措要求。

（1）公用电压互感器的二次回路只允许在控制室内有一点接地，为保证接地可靠，各电压互感器的中性线不得接有可能断开的开关或熔断器等。

（2）已在控制室一点接地的电压互感器二次线圈，宜在开关场将二次线圈中性点经放电间隙或氧化锌阀片接地，其击穿电压峰值应大于 $30 \cdot I_{max}$ 伏（I_{max} 为电网接地故障时通过变电站的可能最大接地电流有效值，单位为 kA）。

（3）公用电流互感器二次绕组二次回路只允许且必须在相关保护柜屏内一点接地。

（4）独立的、与其他电压互感器和电流互感器的二次回路没有电气联系的二次回路应在开关场一点接地。

（5）统包型电缆的金属屏蔽层、金属护层应两端直接接地。

（6）保护装置之间、保护装置至开关场就地端子箱之间联系电缆以及高频收发信机的电缆屏蔽层应双端接地，使用截面不小于 4mm² 的多股铜质软导线可靠连接到等电位接地

网的铜排上。

（7）微机型继电保护装置柜屏内的交流供电电源（照明、打印机和调制解调器）的中性线（零线）不应接入等电位接地网。

（8）电流互感器末屏接地、电压互感器 N（X）端接地应牢固可靠。

9.3.2 二次回路注流、加压试验

按照设计图纸，核对二次额定电流和额定电压，在二次注流和加压时，确保电流或电压不超过额定值。在汇控箱/端子箱，对所有电流、电压回路二次回路进行注流、加压，逐一核对各电能表电流、电压量的采样值的正确性，在电能量采集装置查看电压电流幅值及相位、功率大小及方向正确性，判断电能量采集装置所用电流、电压量的相序及采样值是否正确。

9.3.3 与控制保护接口功能验证

（1）条件具备时，使电能量采集装置实际发出信号；条件不具备时，模拟发出信号（在信号源接点上模拟信号发生即将接点的两端短接）；

（2）观察运行人员工作站信号事件列表上是否有该信号事件：若运行人员工作站上出现信号事件，试验通过，进行下一项试验；若运行人员工作站上没有信号事件，则进行查线，找到原因并更正后，重复进行上述步骤。

9.4 系统通信调试

分系统调试单位辅助业主与调度端联系协调电能量采集系统 IP 地址和业务开通，由厂家技术人员下配到装置并与主站进行通信调试。若调度端主站与本站电能量采集装置能正常通信，试验通过，进行下一项试验；若通信不正常，则进行查线，找到原因并更改后重复上述步骤。

10 安稳系统

10.1 注意事项

（1）单系统内各小室之间的光缆衰耗满足产品技术条件要求；

（2）站内调试完毕后且合格后才能进行联调；

（3）做好防触电措施。

10.2 二次回路及通信检查

用 1000V 绝缘电阻表对二次回路进行绝缘检查。回路对地电阻和回路之间应大于 10MΩ。检查光纤、网线、总线等通信接线是否正确；任一路通信断开，后台应有报警信息。

10.3 功能验证

10.3.1 开入量试验

按照二次设计图纸，逐一核对各线路开关 TWJ 信号，依次进行联调，步骤如下：

（1）条件具备时，使开关实际发出信号；条件不具备时，模拟发出信号（在信号源接点上模拟信号发生即将接点的两端短接）；

（2）观察安稳装置开入量列表上是否有该信号事件：若安稳装置开入量列表上出现信号事件，试验通过，进行下一项试验；若安稳装置开入量列表上没有信号事件，则进行查线，找到原因并更正后，重复进行上述步骤。

10.3.2 二次电流、电压回路检查

按照设计图纸，对所有电流、电压回路进行二次回路完整性及绝缘检查，测量二次回路的直流电阻及绝缘，并检查二次回路一点接地，接地点符合设计及反措要求。

（1）公用电压互感器的二次回路只允许在控制室内有一点接地，为保证接地可靠，各电压互感器的中性线不得接有可能断开的开关或熔断器等。

（2）已在控制室一点接地的电压互感器二次线圈，宜在开关场将二次线圈中性点经放电间隙或氧化锌阀片接地，其击穿电压峰值应大于 $30 \cdot I_{max}$ 伏（I_{max} 为电网接地故障时通过变电站的可能最大接地电流有效值，单位为 kA）。

（3）公用电流互感器二次绕组二次回路只允许且必须在相关保护柜屏内一点接地。

（4）独立的、与其他电压互感器和电流互感器的二次回路没有电气联系的二次回路应在开关场一点接地。

（5）统包型电缆的金属屏蔽层、金属护层应两端直接接地。

（6）保护装置之间、保护装置至开关场就地端子箱之间联系电缆以及高频收发信机的电缆屏蔽层应双端接地，使用截面不小于 $4mm^2$ 的多股铜质软导线可靠连接到等电位接地网的铜排上。

（7）微机型继电保护装置柜屏内的交流供电电源（照明、打印机和调制解调器）的中性线（零线）不应接入等电位接地网。

（8）电流互感器末屏接地、电压互感器 N（X）端接地应牢固可靠。

10.3.3 二次回路注流、加压试验

按照设计图纸，核对二次额定电流和额定电压，在二次注流和加压时，确保电流或电压不超过额定值。在汇控箱/端子箱，对所有电流、电压回路二次回路进行注流、加压，逐一核对安稳装置采样值的正确性，判断安稳装置所用电流、电压量的相序及采样值是否正确。

10.3.4 与控制保护接口功能验证

（1）条件具备时，使安稳装置实际发出信号；条件不具备时，模拟发出信号（在信号

源接点上模拟信号发生即将接点的两端短接);

（2）观察运行人员工作站信号事件列表上是否有该信号事件：若运行人员工作站上出现信号事件，试验通过，进行下一项试验；若运行人员工作站上没有信号事件，则进行查线，找到原因并更正后，重复进行上述步骤。

10.4　联调试验

由调度统一组织相关各站及电厂按照审批过的安稳策略表逐一验证。现场由安稳厂家主导，施工单位配合加模拟量及信号量。

11　故障测距系统

11.1　注意事项

（1）交流故障测距站内通信光缆衰耗满足产品技术条件要求；

（2）站内屏柜采样回路绝缘应满足规程要求；

（3）做好防触电措施。

11.2　二次回路及通信检查

用 1000V 绝缘电阻表对二次回路进行绝缘检查。回路对地电阻和回路之间应大于 10MΩ。检查光纤、网线、总线等通信接线是否正确；任一路通信断开，后台应有报警信息。

11.3　功能验证

11.3.1　二次电流回路检查

按照设计图纸，对所有电流回路进行二次回路完整性及绝缘检查，测量二次回路的直流电阻及绝缘，并检查二次回路一点接地，接地点符合设计及反措要求。

（1）公用电流互感器二次绕组二次回路只允许且必须在相关保护柜屏内一点接地。

（2）独立的、与其他电流互感器的二次回路没有电气联系的二次回路应在开关场一点接地。

（3）统包型电缆的金属屏蔽层、金属护层应两端直接接地。

（4）保护装置之间、保护装置至开关场就地端子箱之间联系电缆以及高频收发信机的电缆屏蔽层应双端接地，使用截面不小于 $4mm^2$ 的多股铜质软导线可靠连接到等电位接地网的铜排上。

（5）微机型继电保护装置柜屏内的交流供电电源（照明、打印机和调制解调器）的中性线（零线）不应接入等电位接地网。

（6）电流互感器末屏接地应牢固可靠。

11.3.2　二次回路注流试验

按照设计图纸，核对二次额定电流，在二次注流时，确保电流不超过额定值。在汇控箱/端子箱，对所有电流回路二次回路进行注流，逐一核对故障测距装置采样值的正确性，判断故障测距装置所用电流相序及采样值是否正确。

11.3.3　与控制保护接口功能验证

（1）条件具备时，使安稳装置实际发出信号；条件不具备时，模拟发出信号（在信号源接点上模拟信号发生即将接点的两端短接）；

（3）观察运行人员工作站信号事件列表上是否有该信号事件：若运行人员工作站上出现信号事件，试验通过，进行下一项试验；若运行人员工作站上没有信号事件，则进行查线，找到原因并更正后，重复进行上述步骤。

11.4　系统通信调试

分系统调试单位辅助业主与调度端联系协调故障测距系统 IP 地址和业务开通，由厂家技术人员下配到装置并与对站进行通信调试。若对站与本站故障测距装置能正常通信，试验通过，进行下一项试验；若通信不正常，则进行查线，找到原因并更改后重复上述步骤。

12　一体化电源系统

12.1　注意事项

（1）各套直流电源馈线空气开关应符合极差配合的要求，额定电流逐级减小；

（2）蓄电池充电机不能长时间失电；

（3）做好防直流接地、短路措施。

12.2　二次回路及通信检查

用 1000V 绝缘电阻表对二次回路进行绝缘检查。回路对地电阻和回路之间应大于 10MΩ。检查光纤、网线、总线等通信接线是否正确；任一路通信断开，后台应有报警信息。

12.3　功能验证

12.3.1　直流系统切换试验

按照设计图纸，对单个"三电五充"或"两电三充"直流系统进行以下切换试验。

（1）每组蓄电池带本段直流馈线，充电机投入。查看直流系统是否正常，若正常，进行下一项试验；若不正常，则进行查线，找到原因并更正后重复上述试验步骤。

（2）每组蓄电池带本段直流馈线，充电机退出。查看直流系统是否正常，若正常，进行下一项试验；若不正常，则进行查线，找到原因并更正后重复上述试验步骤。

（3）退出一组蓄电池，用备用充电机带负载。查看直流系统是否正常，若正常，进行下一项试验；若不正常，则进行查线，找到原因并更正后重复上述试验步骤。

（4）退出一组充电机，用备用充电机给蓄电池充电查看直流系统是否正常，若正常，进行下一项试验；若不正常，则进行查线，找到原因并更正后重复上述试验步骤。

12.3.2 直流绝缘监测试验

按照设计图纸，对直流系统进行以下绝缘监测试验。

（1）模拟直流馈线直流接地，检查绝缘监测装置、一体化监控后台和直流控保的报文正确性。若报文正确，进行下一项试验；若报文不正确，则进行查线，找到原因并更正后，重复上述试验步骤。

（2）模拟通信模块故障，检查绝缘监测装置、一体化监控后台和直流控保的报文正确性。若报文正确，进行下一项试验；若报文不正确，则进行查线，找到原因并更正后，重复上述试验步骤。

（3）核对母线电压、充电电流等模拟量正确性，检查绝缘监测装置、一体化监控后台模拟量显示的正确性。若显示正确，进行下一项试验；若显示不正确，则进行查线，找到原因并更正后，重复上述试验步骤。

12.3.3 直流馈线拉路试验

按照设计图纸，针对各直流馈线屏每一路直流馈线进行如下试验。

（1）馈线屏上拉开一路馈线空气开关，根据空气开关名称，到对应屏柜/装置处核对对应的直流电源是否的确已消失，若已消失，进行下一项试验；若依然还有直流，则进行查线，找到原因并更正后，重复上述试验步骤。

（2）双路供电的装置确认其两路电源分别来自直流 A 段馈线屏和直流 B 段馈线屏，且任一一路直流断开后，装置能继续正常运行。

12.3.4 交流 400V 配电屏备用电源自动投入试验

按照设计图纸，对 5 个 400V 交流配电系统进行备用电源自动投入试验。

（1）Ⅰ段进线开关带Ⅰ母线，Ⅱ段进线开关带Ⅱ母线，母联热备用，备用电源自动投入为自动方式。拉开 1 号站用变压器高压侧开关，模拟 1 号站用变压器失电，则 400V Ⅰ进线开关跳闸，400V 母线开关合闸。若动作逻辑正确，进行下一项试验；若动作逻辑不正确，则进行查线，找到原因并更正后，重复上述试验步骤。

（2）Ⅰ段进线开关带Ⅰ母线，Ⅱ段进线开关带Ⅱ母线，母联热备用，备用电源自动投入为自动方式。拉开 2 号站用变压器高压侧开关，模拟 2 号站用变压器失电，则 400V Ⅱ进线开关跳闸，400V 母线开关合闸。若动作逻辑正确，进行下一项试验；若动作逻辑不正确，则进行查线，找到原因并更正后，重复上述试验步骤。

（3）Ⅰ段进线开关通过母联带Ⅰ母和Ⅱ母，备用电源自动投入为自动方式。合上 2

号站用变压器高压侧开关,模拟 2 号站用变压器恢复运行,则 400V Ⅱ进线开关合闸,400V
母线开关分闸。若动作逻辑正确,进行下一项试验;若动作逻辑不正确,则进行查线,找
到原因并更正后,重复上述试验步骤。

(4)Ⅱ段进线开关通过母联带Ⅰ母和Ⅱ母,备用电源自动投入为自动方式。合上 1
号站用变压器高压侧开关,模拟 1 号站用变压器恢复运行,则 400V Ⅰ进线开关合闸,400V
母线开关分闸。若动作逻辑正确,进行下一项试验;若动作逻辑不正确,则进行查线,找
到原因并更正后,重复上述试验步骤。

(5)分别模拟 400V Ⅰ进线开关、Ⅱ进线开关和母联开关脱扣,均应能正确闭锁备用
电源自动投入。若正确闭锁,进行下一项试验;若不能闭锁,则进行查线,找到原因并更
正后,重复上述试验步骤。

12.3.5 事故照明及 UPS 电源系统试验

按照设计图纸,对事故照明及 UPS 电源系统进行下列试验。

(1)交流进线电源投入,直流进线电源退出,查看馈线输出电压,若馈线输出正常,
进行下一项试验;若馈线无输出或输出不正常,则进行查线,找到原因并更正后,重复上
述试验步骤。

(2)交流进线电源退出,直流进线电源投入,查看馈线输出电压,若馈线输出正常,
进行下一项试验;若馈线无输出或输出不正常,则进行查线,找到原因并更正后,重复上
述试验步骤。

(3)交流进线电源投入,直流进线电源投入,查看馈线输出电压,若馈线输出正常,
进行下一项试验;若馈线无输出或输出不正常,则进行查线,找到原因并更正后,重复上
述试验步骤。

(4)进行输入电源切换试验,查看馈线输出电压,若馈线输出正常,进行下一项
试验;若馈线无输出或输出不正常,则进行查线,找到原因并更正后,重复上述试验
步骤。

12.3.6 与控制保护接口功能验证

(1)条件具备时,使一体化电源系统实际发出信号;条件不具备时,模拟发出信号(在
信号源接点上模拟信号发生即将接点的两端短接);

(2)观察运行人员工作站信号事件列表上是否有该信号事件:若运行人员工作站上出
现信号事件,试验通过,进行下一项试验;若运行人员工作站上没有信号事件,则进行查
线,找到原因并更正后,重复进行上述步骤。

13 一体化在线监测系统

13.1 注意事项

(1)各类型在线监测按一体化在线监测后台统一要求接入信息;

（2）采集 IED 传感器安装应符合设计要求；

（3）做好防触电措施。

13.2 二次回路及通信检查

用 1000V 绝缘电阻表对二次回路进行绝缘检查。回路对地电阻和回路之间应大于 10MΩ。检查光纤、网线、总线等通信接线是否正确；任一路通信断开，后台应有报警信息。

13.3 功能验证

13.3.1 充气设备 SF_6 在线监测功能验证

按照设计图纸，逐一核对充气设备 SF_6 在线监测数据上传正确性，步骤如下：

（1）核对充气设备 SF_6 子 IED 与一体化在线监测通信，若通信正常，进行下一项试验；若通信不正常，则进行查线，找到原因并更正后，重复上述试验步骤。

（2）核对充气设备 SF_6 子 IED 传输到一体化在线监测后台的压力、微水等数据的正确性（与测试值比较，同时参考现场表计数据），若数据正确，进行下一项试验；若数据不正确，则进行查线，找到原因并更正后，重复上述试验步骤。

13.3.2 充油设备在线监测功能验证

按照设计图纸，对充油设备在线监测，逐一核对每台 IED 设备数据上传正确性，步骤如下：

（1）核对充油设备在线监测 IED 与一体化在线监测通信，若通信正常，进行下一项试验；若通信不正常，则进行查线，找到原因并更正后，重复上述试验步骤。

（2）核对充油设备在线监测 IED 传输到一体化在线监测后台的油色谱、铁芯/夹件电流、油位等数据正确性（与测试值比较，同时参考现场表计数据），若数据正确，进行下一项试验；若数据不正确，则进行查线，找到原因并更正后，重复上述试验步骤。

13.3.3 避雷器在线监测功能验证

按照设计图纸，对事故照明及 UPS 电源系统进行下列试验。

（1）核对避雷器在线监测 IED 与一体化在线监测通信，若通信正常，进行下一项试验；若通信不正常，则进行查线，找到原因并更正后，重复上述试验步骤。

（2）核对避雷器在线监测 IED 传输到一体化在线监测后台的动作次数、泄漏电流等数据正确性（可参考现场表计数据），若数据正确，进行下一项试验；若数据不正确，则进行查线，找到原因并更正后，重复上述试验步骤。

13.3.4 与控制保护接口功能验证

（1）条件具备时，使一体化在线监测系统实际发出信号；条件不具备时，模拟发出信号（在信号源接点上模拟信号发生即将接点的两端短接）；

（2）观察运行人员工作站信号事件列表上是否有该信号事件：若运行人员工作站上出现信号事件，试验通过，进行下一项试验；若运行人员工作站上没有信号事件，则进行查线，找到原因并更正后，重复进行上述步骤。

14 阀厅火灾报警系统

14.1 注意事项

（1）火灾传感器安装位置应符合设计要求，且无监视死角；

（2）先把单个火灾传感器信号与监控后台核对正确后，再验证组合跳闸逻辑；

（3）做好防触电措施。

14.2 二次回路及通信检查

用 1000V 绝缘电阻表对二次回路进行绝缘检查。回路对地电阻和回路之间应大于 10MΩ。检查光纤、网线、总线等通信接线是否正确；任一路通信断开，后台应有报警信息。

14.3 功能验证

按照设计图纸，逐一核对火灾报警探头发出的报警信号及故障信号的正确性，步骤如下：

（1）条件具备时，使 VESDA 火灾报警探头实际发出信号，条件不具备时，模拟发出信号，观察运行人员工作站信号事件列表上是否有该信号事件：若运行人员工作站上出现信号事件，试验通过，进行下一项试验；若运行人员工作站上没有信号事件，则进行查线，找到原因并更正后，重复进行上述步骤。

（2）条件具备时，使紫外火灾报警探头实际发出信号，条件不具备时，模拟发出信号，观察运行人员工作站信号事件列表上是否有该信号事件：若运行人员工作站上出现信号事件，试验通过，进行下一项试验；若运行人员工作站上没有信号事件，则进行查线，找到原因并更正后，重复进行上述步骤。

（3）在阀塔周围不同部位点燃明火，观察运行人员工作站上火灾报警报文，与设计图纸核实是否正确，若正确，进行下一项试验；若不正确，则进行查线，找到原因并更正后，重复上述步骤。

（4）验证阀厅火灾跳闸逻辑和闭锁条件，与设计图纸比较，若逻辑正确，进行下一项试验；若不正确，则进行查线，找到原因并更正后，重复上述步骤。

15 阀厅空调系统

15.1 注意事项

（1）阀厅空调出口温度、湿度、风速应符合产品技术条件规定；

（2）阀厅空调主电源应具备自动切换功能；

（3）做好防触电措施。

15.2 二次回路及通信检查

用 1000V 绝缘电阻表对二次回路进行绝缘检查。回路对地电阻和回路之间应大于 10MΩ。检查光纤、网线、总线等通信接线是否正确；任一路通信断开，后台应有报警信息。

15.3 功能验证

15.3.1 信号联调

针对阀厅空调温度、压力等模拟量输出信号，依次进行联调，步骤如下：

（1）在信号源处测量模拟量信号的直流值。

（2）在阀厅空调监控后台上（或就地控制器中）观察确认信号值：若与输入值相符，试验通过，进行下一项试验；若与输入值有差异，则进行查线，找到原因并更正后，重复进行上述步骤。

（3）检查项目：

1）对回风温度值/湿度值与后台显示进行比较。

2）对新温度值/湿度值与后台显示进行比较。

3）对阀厅温度值/湿度值与后台显示进行比较。

4）对风机前后压差值与后台显示进行比较。

5）对送风管风速值与后台显示进行比较。

6）对回风管风速值与后台显示进行比较。

15.3.2 针对阀厅空调状态信号，依次进行联调

（1）条件具备时，使实际操作阀厅空调控制器，使阀厅空调实际发出信号；条件不具备时，模拟发出信号（在信号源接点上模拟信号发生即将接点的两端短接；软报文采用软件置数的方式实现）。

（2）观察阀厅空调监控后台上（或就地控制器）是否有该信号事件：若阀厅空调监控后台上（或就地控制器）出现信号事件，试验通过，进行下一项试验；若阀厅空调监控后台上（或就地控制器）没有信号事件，则进行查线，找到原因并更正后，重复进行上述步骤。

（3）检查项目。

1）定值信号核对。

2）控制状态信号核对。

3）报警信号核对。

16 阀厅红外测温系统

16.1 注意事项

（1）红外摄像头图像应清晰，测试温度与实际温度误差在产品技术文件允许范围内；

（2）做好防触电措施。

16.2 二次回路及通信检查

用 1000V 绝缘电阻表对二次回路进行绝缘检查。回路对地电阻和回路之间应大于 10MΩ。检查光纤、网线、总线等通信接线是否正确；任一路通信断开，后台应有报警信息。

16.3 功能验证

（1）针对阀厅红外测温输出图像及红外成像，依次进行联调，步骤如下：在红外监控平台上核对每一个摄像头所呈现的实时图像和红外图像；若图像清晰且红外图像温度与当前室温基本一致，试验通过，进行下一项试验；若图像不清晰或温度显示差异过大，则进行查线，找到原因并更正后，重复进行上述步骤。

（2）针对阀厅红外测温探头控制，依次进行联调，步骤如下：在红外监控平台上对每一个摄像头进行上下左右、放大和缩小控制；若摄像头动作行为正确，试验通过，进行下一项试验；若摄像头动作行为不正确或者不动作，则进行查线，找到原因并更正后，重复进行上述步骤。

17 换流变压器泡沫消防系统

17.1 注意事项

验证状态信号的正确性，要做好防误喷措施。

17.2 二次回路及通信检查

用 1000V 绝缘电阻表对二次回路进行绝缘检查。回路对地电阻和回路之间应大于 10MΩ。检查光纤、网线、总线等通信接线是否正确；任一路通信断开，后台应有报警信息。

17.3 功能验证

（1）针对换流变压器泡沫消防系统喷淋功能，依次进行联调，步骤如下：在泡沫消防控制器上模拟满足喷淋条件，检查 6 台换流变压器喷淋情况；若各喷头都正常喷淋，试验通过，进行下一项试验；若都没有喷淋或个别不喷淋，则进行查线，找到原因并更正后，重复上述步骤。

（2）针对网侧断路器闭锁喷淋功能，依次进行联调，步骤如下：换流变压器网侧边断路器及中断路器均在分位，满足喷淋系统其他条件，则喷淋系统正常启动喷淋；合上网侧边断路器 A 相，满足喷淋系统其他条件，若喷淋系统不能正常启动喷淋，试验通过，进行下一项试验；若依然能喷淋，则进行查线，找到原因并更正后，重复上述步骤。

按照上述步骤依此完成边开关 B 相、边开关 C 相、中开关 A 相、中开关 B 相、中开关 C 相闭锁喷淋系统试验。

18　智能辅助（视频监控）系统

18.1　注意事项

（1）单系统内的光缆衰耗满足产品技术条件要求；

（2）摄像头图像应清晰，安装位置符合设计图纸要求；

（3）电子围栏应分段多次模拟围墙翻越。

18.2　二次回路及通信检查

用 1000V 绝缘电阻表对二次回路进行绝缘检查。回路对地电阻和回路之间应大于 $10M\Omega$。检查光纤、网线、总线等通信接线是否正确；任一路通信断开，后台应有报警信息。

18.3　功能验证

（1）针对智能辅助系统图像质量，依次进行联调，步骤如下：在智能辅助系统监控后台上一次查看每个摄像头图像；若摄像头实时图像清晰，试验通过，进行下一项试验；若图像不清晰，则进行查线，找到原因并更正后，重复进行上述步骤。

（2）针对探头控制，依次进行联调，步骤如下：在红外监控平台上对每一个摄像头进行上下左右、放大和缩小控制；若摄像头动作行为正确，试验通过，进行下一项试验；若摄像头动作行为不正确或者不动作，则进行查线，找到原因并更正后，重复进行上述步骤。

19　扩音呼叫系统

19.1　注意事项

（1）各区域扩音喇叭音效清晰，音质符合产品技术条件要求；

（2）户外扩音喇叭二次防水，穿管符合产品技术条件要求。

19.2　二次回路及通信检查

用 1000V 绝缘电阻表对二次回路进行绝缘检查。回路对地电阻和回路之间应大于

10MΩ。检查光纤、网线、总线等通信接线是否正确；任一路通信断开，后台应有报警信息。

19.3 功能验证

（1）针对扩音呼叫系统语音质量，依次进行联调，步骤如下：在扩音呼叫系统控制主机全站范围播放音频文件，逐一检查喇叭音质，若喇叭音质清晰，试验通过，进行下一项试验；若音质不清晰，则进行查线，找到原因并更正后，重复进行上述步骤。

（2）针对特定区域播放功能，依次进行联调，步骤如下：在扩音呼叫系统呼叫台上选择播放区域站内某一区域，播放音频文件，检查全站喇叭，若只有对应区域喇叭有声音，试验通过，进行下一项试验；若对应区域喇叭无声音或其他区域喇叭有声音，则进行查线，找到原因并更正后，重复进行上述步骤。

20 辅助系统调试安全控制

作业区域：

工作时间：　　年　月　日　时～　　年　月　日　时

工作负责人：　　　　　　　　　　安全监护人：　　　　　　　　　　监理员：

工作班成员：

序号	控制项目	控制内容	落实情况
1	安全交底	1. 试验前进行站班交底，明确工作内容及试验范围	
		2. 由工作负责人指定安全监护人员进行监护	
2	设备检查	工器具完好，机械强度、绝缘性能满足试验要求	
3	安全警示	1. 工作区域悬挂安全围绳	
		2. 悬挂安全警示牌	
		3. 确认相关安全措施已落实好	
4	风险控制	1. 在回路上工作时，应使用有绝缘柄的工具，不得裸露金属部分	
		2. 远离带电体，防止电击	
		3. 使用测量仪表前，对仪表及相关挡位进行核对无误	
		4. 拆、接线前应用万用表测量检查，每拆一根二次线时，裸露的线头要立即用红色绝缘胶布单独包扎	
		5. 现场电缆沟盖板尚未铺设完成，操作时防止掉入电缆沟，造成人身伤害	
5	离场检查	1. 设备整理检查，无遗漏	
		2. 试验电源接线拆除，试验电源箱门关闭，不遗留杂物、误动内部接线	
		3. 临时接地线全部拆除	
		4. 警示围绳、警示牌整理回收	
		5. 场地卫生清理完毕	

注　落实情况由安全监护人签署。

21　辅助系统调试重点控制要点

调试重点控制要点如图 7-2 所示。

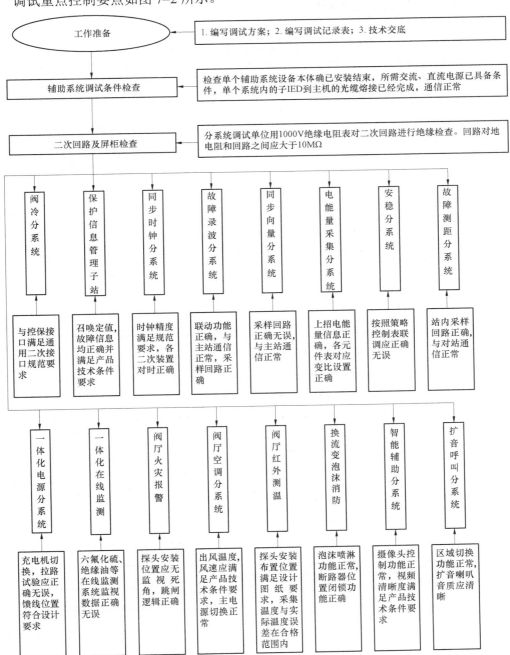

图 7-2　调试重点控制要点

22 参照表

22.1 阀冷却系统调试记录样表

阀冷却系统信号及模拟量联调质量控制卡

信号量联调检查				
信号名称	运行人员工作站		就地控制器	
	A 系统	B 系统	A 系统	B 系统
P01 主循环泵状态 （1=运行，0=停运）				
P02 主循环泵状态 （1=运行，0=停运）				
AP1 柜交流动力电源故障				
AP2 柜交流动力电源故障				
P01 主循环泵过载				
P02 主循环泵过载				
冷却水流量变送器 FIT01 故障				
冷却水流量变送器 FIT02 故障				
冷却水流量变送器 FIT03 故障				
原水罐液位低，请补液				
原水罐液位高				
GO1 风机故障				
GO2 风机故障				
……				

模拟量联调检查			
模拟量名称	阀冷控制器 显示值	运行人员工作站	
		A 系统	B 系统
冷却水进阀温度			
冷却水出阀温度			
阀厅温度			
室外温度			
主泵出水压力			
冷却水流量			
进阀压力			
回水压力			
喷淋水池液位			

续表

模拟量名称	阀冷控制器显示值	运行人员工作站	
		A 系统	B 系统
冷却塔 G201 风机频率			
冷却塔 G202 风机频率			
喷淋水电导率			
排污水流量			
……			

遥控信号联调		
信号名称	A 系统	B 系统
远程启动阀冷系统		
远程停止阀冷系统		
换流阀 Block 闭锁		
换流阀 Deblock 解锁		
阀控制保护系统 Active 信号		
远程切换主循环泵		
阀冷系统跳闸		
阀冷系统可用		
……		
试验结论		
试验人员		日期：
监理员		日期：
备注	开关量动作或二次设备故障时要求后台必须有相应动作信息，且描述准确	

22.2 保护信息管理子站系统调试记录样表

保护信息管理子站功能验证联调过程质量控制卡

保护状态信号上传功能检查				
信号名称	子站后台工作站		就地工作站	
	A 系统	B 系统	A 系统	B 系统
保护 1 主保护压硬板投入				
保护 1 后备保护硬压板投入				
保护 1 闭锁重合闸开入				
保护 1 零序过流 I 段动作				
保护 1 差动保护动作				
保护 1 A 相跳闸出口				

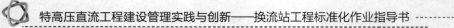
续表

信号名称	子站后台工作站		就地工作站	
	A 系统	B 系统	A 系统	B 系统
保护 1　B 相跳闸出口				
保护 1　C 相跳闸出口				
保护 1　重合闸出口				
保护 2 ……				
……				

保护定值召唤功能				
保护装置名称	子站后台工作站		保护小室就地工作站	
	A 系统	B 系统	A 系统	B 系统
1 号保护小室　保护装置 1				
1 号保护小室　保护装置 2				
1 号保护小室　保护装置 3				
……				
2 号保护小室　保护装置 1				
2 号保护小室　保护装置 2				
2 号保护小室　保护装置 3				
……				

子站与控制保护（监控后台）接口功能验证		
保护装置名称	运行人员工作站	
	A 系统	B 系统
1 号保护小室　采集柜电源 1 失电		
1 号保护小室　采集柜电源 2 失电		
1 号保护小室　转换接口柜电源 1 失电		
1 号保护小室　转换接口柜电源 2 失电		
……		
试验结论		
试验人员		日期：
监理员		日期：
备注	定值召唤后需抽查不同类型保护装置与实际定值核实	

22.3　同步时钟对时（GPS）系统调试记录样表

对时系统功能验证联调过程质量控制卡

对时源精度测试		
信号名称	BD 源	GPS 源
1 小室　GPS 时钟扩展屏		
2 小室　GPS 时钟扩展屏		

续表

信号名称	BD 源	GPS 源
3 小室 GPS 时钟扩展屏		
……		
二次设备对时状态检查		
保护装置名称	对时方式	对时状态
1 号保护小室 7521 断路器保护	常规 B 码	
1 号保护小室 7522 断路器保护	常规 B 码	
1 号保护小室 7523 断路器保护	常规 B 码	
1 号保护小室 PMU 采集单元	光 B 码	
……		

保护装置名称	同步时钟对时（GPS）装置与控制保护（监控后台）接口功能验证	
	运行人员工作站	
	A 系统	B 系统
1 号保护小室 GPS 对时扩展屏装置失电		
1 号保护小室 GPS 对时扩展屏对时源异常		
2 号保护小室 GPS 对时扩展屏装置失电		
2 号保护小室 GPS 对时扩展屏对时源异常		
……		
试验结论		
试验人员		日期：
监理员		日期：
备注	二次设备对时检查需核实当前时间与 GPS 时钟是否一致，必要时可以手动更改装置时间，观察其能否自动跳变回正确时间	

22.4 故障录波系统调试记录样表

故障录波系统二次注流、加压试验质量控制卡

回路用途	相序	二次负载及回路电阻			二次回路绝缘电阻（MΩ）	接地点	波形显示
		电流（A）	电压（V）	二次回路单相直流电阻（Ω）			
故障录波器电流检查							
故障录波器电流绕组名称及用途	AN						
	BN						
	CN						
故障录波器电流绕组名称及用途	AN						
	BN						
	CN						

续表

录波器电压回路试验				
电压回路编号	绕组级别	用 途（检查以下接入点显示电压，核对正确）	二次负载电流（mA）	绝缘（MΩ）

录波器开关量信号试验			
信号名称	回路编号	是否启动录波	结论
断路器 A 相分闸位置			
断路器 B 相分闸位置			
断路器 C 相分闸位置			
断路器保护跳闸出口			
断路器保护重合闸出口			
……			

与控保接口功能验证		
信号名称	运行人员工作站（监控后台）	
	A 系统	B 系统
线路录波器 1　录波启动		
线路录波器 1　失电告警		
线路录波器 2　录波启动		
线路录波器 2　失电告警		
……		
试验结论		
试验人员	日期：	
监理员	日期：	

22.5　同步向量（PMU）系统调试记录样表

同步相量采集系统二次注流、加压试验质量控制卡

PMU 装置电流回路检查						
回路用途	相序	二次负载及回路电阻			二次回路绝缘电阻（MΩ）	接地点
		电流（A）	电压（V）	二次回路单相直流电阻（Ω）		
线路 1 电流	AN					
	BN					
	CN					

续表

回路用途	相序	二次负载及回路电阻			二次回路绝缘电阻（MΩ）	接地点
		电流（A）	电压（V）	二次回路单相直流电阻（Ω）		
线路 2 电流	AN					
	BN					
	CN					
……	AN					
	BN					
	CN					

PMU 电压回路试验

回路用途	绕组级别	PMU 装置显示幅值/相位	二次负载电流（mA）	绝缘（MΩ）
线路 1 电压				
线路 2 电压				
……				

PMU 功率显示

检查项目	线路 1	线路 2	线路 3	……
功率				

与控保接口功能验证

信号名称	运行人员工作站（监控后台）	
	A 系统	B 系统
PMU 采集装置 1 装置失电		
PMU 采集装置 2 装置失电		
PMU 主机装置失电		
PMU 主机通信异常		
……		
试验结论		
试验人员		日期：
监理员		日期：

22.6 电能量采集系统调试记录样表

电能量采集系统二次注流、加压试验质量控制卡

电能表及电能量采集装置电流回路检查						
回路用途	相序	二次负载及回路电阻			二次回路绝缘电阻（MΩ）	接地点
		电流（A）	电压（V）	二次回路单相直流电阻（Ω）		
线路1电流	AN					
	BN					
	CN					
……	AN					
	BN					
	CN					

电能表及电能量采集装置电压回路试验				
回路用途	绕组级别	显示幅值/相位	二次负载电流（mA）	绝缘（MΩ）
线路1电压				
……				

与控保接口功能验证		
信号名称	运行人员工作站（监控后台）	
	A系统	B系统
电能量采集装置失电		
……		
试验结论		
试验人员		日期：
监理员		日期：

22.7 安稳系统调试记录样表

安稳系统开入量试验、二次注流、加压试验质量控制卡

安稳装置电流回路检查						
回路用途	相序	二次负载及回路电阻			二次回路绝缘电阻（MΩ）	接地点
		电流（A）	电压（V）	二次回路单相直流电阻（Ω）		
线路1电流	AN					
	BN					
	CN					

续表

回路用途	相序	二次负载及回路电阻			二次回路绝缘电阻（MΩ）	接地点
		电流（A）	电压（V）	二次回路单相直流电阻（Ω）		
……	AN					
	BN					
	CN					

安稳装置电压回路试验

回路用途	绕组级别	显示幅值/相位	二次负载电流（mA）	绝缘（MΩ）
线路1电压				
……				

开入量试验

信号名称	安稳装置变位显示
线路1边断路器A相TWJ	
线路1边断路器B相TWJ	
线路1边断路器C相TWJ	
线路1中断路器A相TWJ	
线路1中断路器B相TWJ	
线路1中断路器C相TWJ	
……	

与控保接口功能验证

信号名称	运行人员工作站（监控后台）	
	A系统	B系统
安稳装置1 装置报警		
安稳装置1 装置动作		
安稳装置2 装置报警		
安稳装置2 装置动作		
……		
试验结论		
试验人员	日期：	
监理员	日期：	

22.8 故障测距系统调试记录样表

故障测距系统二次注流试验质量控制卡

故障测距装置电流回路检查						
回路用途	相序	二次负载及回路电阻			二次回路绝缘电阻（MΩ）	接地点
		电流（A）	电压（V）	二次回路单相直流电阻（Ω）		
线路1电流	AN					
	BN					
	CN					
线路2电流	AN					
	BN					
	CN					
……	AN					
	BN					
	CN					

与控保接口功能验证		
信号名称	运行人员工作站（监控后台）	
	A系统	B系统
故障测距1 装置告警		
故障测距2 装置告警		
……		
试验结论		
试验人员		日期：
监理员		日期：

22.9 一体化电源系统调试记录样表

一体化电源系统功能验证试验质量控制卡

直流系统切换试验			
当前状态	试验条件	检查内容	备注
Ⅰ段蓄电池带Ⅰ段母线	退出Ⅰ段蓄电池	直流母线带电正常	充电机带负载
Ⅱ段蓄电池带Ⅱ段母线	退出Ⅱ段蓄电池	直流母线带电正常	充电机带负载
……			

直流绝缘监测装置试验		
信号名称	一体化电源监控后台	运行人员工作站（监控后台）
1小室A段直流分电屏支路1接地		

续表

信号名称	一体化电源监控后台	运行人员工作站（监控后台）
1 小室 B 段直流分电屏支路 1 接地		
……		
1 小室 A 段直流母线电压		—
1 小室 A 段充电机充电电流		—
……		

交流 400V 配电屏备用电源自动投入试验

当前状态	试验触发条件	动作后状态检查
I 进线带 I 母线，II 进线带 II 母线，母联分位	模拟 1 号站用变压器停电	
I 进线带 I 母线，II 进线带 II 母线，母联分位	模拟 2 号站用变压器停电	
I 进线通过母联带两段母线	模拟 I 号站用变压器送电	
II 进线通过母联带两段母线	模拟 II 号站用变压器送电	
任何状态	模拟 I 进线、II 进线、母联开关脱扣	
……		

事故照明及 UPS 电源系统试验

当前状态	试验触发条件	馈线输出状态检查
无电源	合上交流电源	
无电源	合上直流电源	
交流电源投入	合上直流电源	
交流电源、直流电源均投入	拉开交流电源	
交流电源、直流电源均投入	拉开直流电源	
……		

与控保接口功能验证

信号名称	运行人员工作站（监控后台）	
	A 系统	B 系统
1 小室直流 A 段绝缘故障		
1 小室直流 B 段绝缘故障		
……		
试验结论		
试验人员	日期：	
监理员	日期：	

22.10　一体化在线监测系统调试记录样表

一体化在线监测系统功能验证试验质量控制卡

充气设备 SF₆ 在线监测功能验证			
间隔名称	信号名称	一体化在线监测 后台显示	备注
××××间隔气室 1	SF$_6$ 微水		
	SF$_6$ 压力		
	SF$_6$ 温度		
××××间隔气室 2	SF$_6$ 微水		
	SF$_6$ 压力		
	SF$_6$ 温度		
××××断路器 A 相	SF$_6$ 微水		
	SF$_6$ 压力		
	SF$_6$ 温度		
××××断路器 B 相	SF$_6$ 微水		
	SF$_6$ 压力		
	SF$_6$ 温度		
××××断路器 C 相	SF$_6$ 微水		
	SF$_6$ 压力		
	SF$_6$ 温度		
极 1 低端换流变压器阀侧套管 a	SF$_6$ 微水		
	SF$_6$ 压力		
	SF$_6$ 温度		
极 1 低端换流变压器阀侧套管 b	SF$_6$ 微水		
	SF$_6$ 压力		
	SF$_6$ 温度		
极 1 低端直流穿墙套管	SF$_6$ 微水		
	SF$_6$ 压力		
	SF$_6$ 温度		
极 1 低端直流穿墙套管	SF$_6$ 微水		
	SF$_6$ 压力		
	SF$_6$ 温度		

间隔名称	信号名称	一体化在线监测后台显示	备注
极1极线直流分压器	SF$_6$微水		
	SF$_6$压力		
	SF$_6$温度		
……			

充油设备在线监测功能验证

间隔名称	信号名称	一体化在线监测后台显示	备注
极1低端换流变压器	油色谱数据		
	铁芯/夹件电流		
	油位		
极1低端换流变压器	油色谱数据		
	铁芯/夹件电流		
	油位		
极1低端YY-C换流变压器	油色谱数据		
	铁芯/夹件电流		
	油位		
……	油色谱数据		
	铁芯/夹件电流		
	油位		

避雷器在线监测功能验证

间隔名称	信号名称	一体化在线监测后台显示	备注
极1低端阀厅避雷器管母	泄漏电流		
	动作次数		
极1低端阀厅避雷器管母	泄漏电流		
	动作次数		
直流场 极1极线避雷器	泄漏电流		
	动作次数		
直流场 极1滤波器电阻回路避雷器	泄漏电流		
	动作次数		
直流场 极1滤波器电抗回路避雷器	泄漏电流		
	动作次数		

间隔名称	信号名称	一体化在线监测 后台显示	备注
直流场　极 1 滤波器电容回路避雷器	泄漏电流		
	动作次数		
……	泄漏电流		
	动作次数		

与控保接口功能验证		

信号名称	运行人员工作站（监控后台）	
	A 系统	B 系统
在线监测主机柜　装置电源消失		
在线监测交换机柜 1　装置电源消失		
在线监测交换机柜 2　装置电源消失		
……		
试验结论		
试验人员	日期：	
监理员	日期：	

22.11　阀厅火灾报警系统调试记录样表

阀厅火灾报警系统功能验证试验质量控制卡

充气设备 SF_6 在线监测功能验证		

信号名称	运行人员工作站（监控后台）	
	A 系统	B 系统
极 1 低端阀厅进风口空气采样火警常开 1a		
极 1 低端阀厅进风口空气采样火警常闭 1a		
极 1 低端阀厅进风口空气采样故障闭锁 1a		
极 1 低端阀厅出风口空气采样火警常开 2a		
极 1 低端阀厅出风口空气采样火警常闭 2a		
极 1 低端阀厅出风口空气采样故障闭锁 2a		
极 1 低端阀厅空气采样火警常开 3a		
极 1 低端阀厅空气采样火警常闭 3a		
极 1 低端阀厅空气采样故障闭锁 3a		
极 1 低端阀厅空气采样火警常开 4a		
极 1 低端阀厅空气采样火警常闭 4a		
极 1 低端阀厅空气采样故障闭锁 4a		

信号名称	运行人员工作站（监控后台）	
	A 系统	B 系统
极 1 低端阀厅紫外火警常开 1a		
极 1 低端阀厅紫外火警常闭 1a		
极 1 低端阀厅紫外故障闭锁 1a		
极 1 低端阀厅紫外火警常开 2a		
极 1 低端阀厅紫外火警常闭 2a		
极 1 低端阀厅紫外故障闭锁 2a		
……		

阀厅火灾报警跳闸逻辑验证

条件 1	条件 2	条件 3	结果
≥1 个 VESDA 火灾报警	≥1 个紫外报警	空调进风口及早器动作	跳闸出口
≥2 个紫外报警	空调进风口及早器动作	—	跳闸出口
跳闸条件满足	任意故障信号	—	不出口
……			

试验结论		
试验人员		日期：
监理员		日期：

22.12 阀厅空调系统调试记录样表

阀厅空调系统功能验证试验质量控制卡

信号名称	阀厅空调监控后台（或就地控制器）	
	A 系统	B 系统
极 1 低端组合式空调回风温度		
极 1 低端组合式空调回风湿度		
极 1 低端组合式空调新风温度		
极 1 低端组合式空调新风湿度		
极 1 低端阀厅温度		
极 1 低端阀厅湿度		
极 1 低端送风管风速		
极 1 低端回风管风速		
……		

续表

信号名称	阀厅空调监控后台（或就地控制器）	
	A 系统	B 系统
极 1 低端阀厅排风机 1 运行状态		
极 1 低端阀厅排风机 1 故障状态		
极 1 低端阀厅排风机 2 运行状态		
极 1 低端阀厅排风机 2 故障状态		
阀厅内外压力差		
……		
……		
试验结论		
试验人员		日期：
监理员		日期：

22.13 阀厅红外测温系统调试记录样表

阀厅红外测温系统功能验证试验质量控制卡

信号名称	阀厅红外监控平台
极 1 低阀厅　摄像头 1　可视成像质量（是否清晰）	
极 1 低阀厅　摄像头 1　红外成像质量（温度与环境温度比较）	
极 1 低阀厅　摄像头 2　可视成像质量（是否清晰）	
极 1 低阀厅　摄像头 2　红外成像质量（温度与环境温度比较）	
……	
极 1 低阀厅　摄像头 1　控制（上下左右、放大和缩小）	
极 1 低阀厅　摄像头 2　控制（上下左右、放大和缩小）	
……	
极 2 低阀厅　摄像头 1　可视成像质量（是否清晰）	
极 2 低阀厅　摄像头 1　红外成像质量（温度与环境温度比较）	
极 2 低阀厅　摄像头 2　可视成像质量（是否清晰）	
极 2 低阀厅　摄像头 2　红外成像质量（温度与环境温度比较）	
……	
极 2 低阀厅　摄像头 1　控制（上下左右、放大和缩小）	

信号名称	阀厅红外监控平台
极2低阀厅　摄像头2控制（上下左右、放大和缩小）	
……	
试验结论	
试验人员	日期：
监理员	日期：

22.14　换流站泡沫消防系统调试记录样表

换流变压器泡沫消防系统功能验证试验质量控制卡

开入量信号检查	
信号名称	泡沫消防控制器
极1高端　边断路器三相串接 TWJ 信号	
极1高端　中断路器三相串接 TWJ 信号	
极1高端　泡沫消防氮气压力	
极1高端　换流变压器火警信号	
……	

与控保接口功能检查		
信号名称	控保（监控后台）	
	A 系统	B 系统
泡沫消防火灾报警		
泡沫消防系统故障		
……		

试验结论	
试验人员	日期：
监理员	日期：

22.15　智能辅助（视频监控）系统调试记录样表

智能辅助系统功能验证试验质量控制卡

信号名称	智能辅助监控平台
主控楼　摄像头1　可视成像质量（是否清晰）	
主控楼　摄像头2　可视成像质量（是否清晰）	
……	

信号名称	智能辅助监控平台
主控楼　摄像头 1　控制（上下左右、放大和缩小）	
主控楼　摄像头 2　控制（上下左右、放大和缩小）	
……	
站前区　摄像头 1　可视成像质量（是否清晰）	
站前区　摄像头 2　可视成像质量（是否清晰）	
……	
站前区　摄像头 1　控制（上下左右、放大和缩小）	
站前区　摄像头 2　控制（上下左右、放大和缩小）	
……	

试验结论		
试验人员		日期：
监理员		日期：

22.16　扩音呼叫系统调试记录样表

扩音呼叫系统功能验证试验质量控制卡

播放语音质量检查	
信号名称	检查结果
站前区　喇叭 1 音质（是否清晰且无杂音）	
站前区　喇叭 2 音质（是否清晰且无杂音）	
交流场　喇叭 1 音质（是否清晰且无杂音）	
交流场　喇叭 2 音质（是否清晰且无杂音）	
直流场　喇叭 1 音质（是否清晰且无杂音）	
直流场　喇叭 2 音质（是否清晰且无杂音）	
主控楼　喇叭 1 音质（是否清晰且无杂音）	
主控楼　喇叭 2 音质（是否清晰且无杂音）	
……	

播放选择功能检查		
选择的播放区域	检查标准	检查结果
站前区	除站前区外所有喇叭都没声音	
主控楼	除主控楼外所有喇叭都没声音	
交流场	除交流场外所有喇叭都没声音	
全站	全站喇叭都应该有声音	
……		

试验结论		
试验人员		日期：
监理员		日期：

第四篇

调相机篇

篇 目 录

第一章

调相机本体安装作业指导书

目 次

1 工程概况和主要工作量

编制要点：（1）简述调相机本体的结构、参数以及特点。

（2）明确调相机本体主要工程量及工期。

示例：

1.1 工程概况

调相机站本期装设 2 台 300Mvar 调相机，每台调相机通过 1 台 360MVA 变压器接入 750kV 交流系统。调相机由哈尔滨电机厂有限责任公司生产，采用全空冷系统，总体结构简单。

发电机基本规格和参数：

单机容量 300MVA；

无功调节范围 $-150\sim300$ Mvar；

额定电压 20kV；

额定电流 8660A；

额定转速 3000r/min；

额定频率 50Hz。

1.2 工程量和工期

1.2.1 主要工程量

主要工程量见表 1-1。

表 1-1 　　　　　　　　　　　　主 要 工 程 量

序号	名　　称	单位	数量	备注
1	调相机定子台板	套	1	包括地脚螺钉
2	刷架台板	套	1	包括地脚螺钉
3	调相机定子	台	1	
4	调相机转子	台	1	
5	轴承	套	2	
6	盘车装置	套	1	
7	刷架	套	1	
8	调相机端盖	套	2	
9	空气冷却器	套	2	

1.2.2 施工工期

本项内容为完成此项工作所需的绝对施工工期。从设备清点、检查开始，到安装、验收结束为止进行工期计算。施工工期一般为 60 天。

2 编制依据

编写要点：列清工作所依据的规程规范、文件名称及现行有效版本号（或文号），按照国标、行标、企标、工程文件的顺序排列。

示例：

（1）DL 5190.3—2012《电力建设施工技术规范　第 3 部分：汽轮发电机组》

（2）DL/T 5210.3—2009《电力建设施工质量验收及评价规程　第 3 部分：汽轮发电机组》

（3）《中华人民共和国工程建设标准强制性条文：电力工程部分（2011 年版）》

（4）DL/T 869—2012《火力发电厂焊接技术规程》

（5）DL 5009.1—2014《电力建设安全工作规程　第 1 部分：火力发电》

（6）专业组织设计

（7）哈尔滨电机厂有限责任公司提供的图纸及安装说明书

3 工艺流程

编写要点：（1）与实际工作步骤一一对应。

　　　　　　（2）工艺流程作业步序名称与作业程序对应。

示例：工艺流程图如图 1–1 所示。

4 作业程序

4.1 作业前的条件和准备

编写要点：明确作业前的人、机、料、法、环。

4.1.1 技术准备

编制要点：明确该项作业内容直接发生关系环节。

示例：

（1）调相机厂家设备图纸齐全。

（2）施工图纸会审完毕，会审中存在的问题已有明确的处理意见。

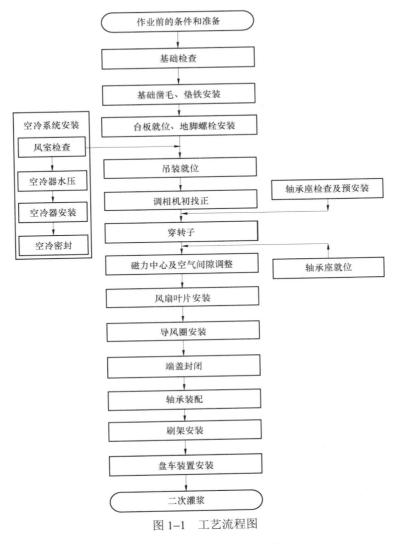

图 1-1 工艺流程图

（3）施工方案编制完成，经专业经理、总工审批合格。

（4）作业前已对参加该项作业的相关人员经过施工技术、质量、安全交底，交底与被交底人员进行了双签字。

（5）作业人员熟悉设备的组合要求，特别是厂家的技术交底。

4.1.2 工序交接

编制要点： 明确该项作业内容直接发生关系环节。

示例：

（1）调相机基础交安（建筑交安装）完毕。

（2）调相机房桥式起重机安装完成，具备使用条件。

（3）调相机安装完成，交建筑专业二次浇灌。

4.1.3 人员资质

编制要点：明确人员岗位、岗位职责及人数。

示例：人员配置表见表 1–2。

表 1–2

人员配置表

序号	岗位	人数	岗位职责
1	班组长	1	全面负责本班组现场专业施工，认真协调人员、机械、材料等，并控制施工现场的安全、质量、进度
2	技术员	1	全面负责施工现场的技术指导工作，负责编制施工方案并进行技术交底
3	安装工	8	了解施工现场安全、质量控制要点，了解作业流程，按班长要求，做好自己的本职工作
4	焊工	2	了解施工现场安全、质量控制要点，了解作业流程，按班长要求，做好自己的本职工作
5	起重工	2	（1）负责设备的吊装作业 （2）严格按照作业指导书的施工工艺要求、质量要求和安全环境要求进行施工
6	吊车司机	2	负责施工现场各种机械、机具的操作工作，并应保证各施工机械的安全稳定运行，发现故障及时排除
7	质检员	1	全面负责施工现场的质量工作，参与现场技术交底，并针对可能出现的质量通病及质量事故提出防止措施，并及时纠正现场出现的影响施工质量的作业行为
8	安全员	1	全面负责施工现场的安全工作，在施工前完成施工现场的安全设施布置工作，并及时纠正施工现场的不安全行为

4.1.4 工机具准备

编制要点：列出涉及作业中需要使用到的计量器具、工器具。

示例：

（1）计量器具准备见表 1–3。

表 1–3

计 量 器 具 准 备

序号	名称	规格	精度等级	单位	数量	备注
1	水准仪	—	1mm	件	1	
2	游标卡尺	0~200mm	0.02mm	把	2	
3	框式水平仪	—	0.02mm/m	把	2	
4	钢卷尺	30m	0.5mm	把	1	
5	钢板尺	1m	0.5mm	把	2	
6	钢卷尺	3m	0.5mm	把	3	
7	百分表	0~10mm	0.01mm	块	3	
8	塞尺	200A	0.01mm	把	10	

序号	名称	规格	精度等级	单位	数量	备注
9	内径千分尺	50～600mm	0.01mm	套	1	
10	内径千分尺	150～2100mm	0.01mm	套	1	
11	外径千分尺	各种规格	0.01mm	套	1	
12	合象水平仪	—	0.01mm/m	件	1	

（2）工器具准备见表1-4。

表1-4 工 器 具 准 备

序号	名称	规格、型号	数量	完好状态	备注
1	手动扳子	各种规格	1套	完好	
2	手锤	2磅	1把	完好	
3	大锤	12磅	2把	完好	
4	线坠	0.5kg	1个	完好	
5	氧气、乙炔工具	—	1套	检定合格	
6	冲击钻	ϕ13mm	1套	完好	
7	角磨机	ϕ100	1台	完好	
8	角磨机	ϕ150	1台	完好	
9	厂供专用工具	—	1套	完好	

4.1.5 施工环境

编制要点：明确作业环境需达到的要求。

示例：

（1）施工场地应平整无杂物，保持整洁。

（2）施工道路畅通，不得乱堆乱放，随意堵塞交通要道。

（3）施工电源引设到位，满足施工要求。

（4）施工电源、氧气、乙炔等力能供应已具备施工条件，消防设施齐全。

（5）施工现场照明及夜间施工照明条件充足。

4.2 施工方法及要求

编写要点：根据规范、技术要求详细描述。

示例：

4.2.1 基础检查

（1）基础各项几何尺寸、预留孔洞、预埋件符合设计要求。

（2）基础栏杆、通道、孔洞等安全设施齐全。

（3）表面平整，无裂纹、孔洞、蜂窝、麻面及露筋等缺陷。

（4）调相机风室和风道的抹面应平整、光滑，无脱皮、无掉粉。

（5）基础纵横向中心线应垂直，纵、横向中心线垂直度总偏差≤2mm。

（6）基础承力面与设计值偏差宜为-10～0mm。

（7）地脚螺栓孔内清理干净，螺栓孔中心线与基础中心线允许偏差≤10mm；螺栓孔壁的垂直允许偏差值为10mm，孔内畅通，无横筋、杂物。

4.2.2　基础凿毛、垫铁安装

（1）基础混凝土去除表面浮浆层，并凿出毛面，被油污染的混凝土应凿去。

（2）把伸出基础表面的套管割掉，使之与基础平齐。

（3）安放垫铁处的基础表面凿出新的毛面并露出混凝土骨料，垫铁与基础接触密实，四角无翘动。

4.2.3　台板就位，地脚螺栓安装

（1）台板就位前，进行检查，台板应光洁平整，无毛刺，将油漆油污清除干净。

（2）台板就位后，以调相机纵横向中心线为基准，拉钢丝找正台板。

（3）台板纵、横中心线的偏差小于1mm。

（4）台板的安装标高与中心位置应符合图纸要求，各座板标高对图纸的偏差允许值为±1mm，并应控制使其偏差值的方向一致（或都为"+"，或都为"-"值），台板上螺栓孔中心线的允许偏差为2mm。台板纵、横中心线的偏差应小于1mm。

（5）台板与垫铁及各层垫铁之间接触密实，用0.05mm塞尺检查，可塞入长度不得大于边长的1/4，塞入深度不得超过侧边长的1/4。

（6）地脚螺栓检查要求无锈蚀、无油垢；螺母与螺母应配合良好；地脚螺栓的长度、直径应符合设计要求，垫圈、垫板中心孔等尺寸应符合要求。

（7）轴承座台板找正及调相机调整好后，初紧地脚螺栓。

（8）地脚螺栓安装要求：

1）螺栓与螺栓孔或螺栓套筒内四周间隙应≥5mm。

2）螺栓应处于垂直状态，其允许偏差为≤$L/200$（L为地脚螺栓长度），且不大于5mm；螺栓拧紧后，螺母上应露出2～3扣。

3）螺栓下端的垫板应平整，与基础接触应密实，螺母应锁紧并点焊牢固；螺栓最终紧固后应有防松脱措施。

4.2.4　空冷系统安装

（1）调相机风室和风道的抹面应平整、光滑，无脱皮、无掉粉。

（2）根据基础尺寸，现场组合用于放密封条的横梁；将组合焊接好的横梁放在基础预留面上，调整钢梁后的螺钉满足标高要求；将调整后的螺钉点焊。

（3）空气冷却器安装前对其水侧进行水压试验，要求试验压力0.25MPa，维持30min不漏。

（4）冷却器水压试验要充分排放掉冷却器内的气泡，防止试验不合格；如存在漏点，可以采用氟利昂检漏，重点检查冷却器管板及胀口。

（5）现场根据图纸和空气冷却器的尺寸，预先将空气冷却器的支架安装完成。

（6）就位空气冷却器，采用行车与链条葫芦对接的方式进行安装就位工作，此道工序在调相机吊装就位前完成。

（7）空气冷却器安装保持 5/1000 的坡度，以利于检修时设备内余水排出。

（8）冷却器底角与轨道处垫胶皮，保证冷却器有效密封。冷却器四周的挡风板应用羊毛毡垫进行有效密封，不能有缝隙。

（9）调相机机座应与基础有效密封，不能使冷、热风区混风。

（10）风室密封时，风室各个部位应清洁、无尘土和杂物，并按设计要求涂刷油漆，经检查签证后方可封闭。

4.2.5　调相机吊装就位

（1）调相机吊装就位。

（2）在就位前，清扫检查通风槽和通风孔，确认清洁，无尘土、铁屑等杂物；清理机座底脚、定位键、调节垫片，无油污、油漆，光洁无毛刺。

（3）将台板连接到机座底脚前，将所有调节垫片置于座台板和机座底脚之间。

4.2.6　调相机初找正

以调相机基础纵横向中心线为基准，通过拉钢丝调整调相机，其偏差小于 1mm。使用千斤顶调整调相机，使其中心线位置、标高及水平满足厂家图纸要求。

4.2.7　轴承座检查及预安装

（1）轴承座油室灌油试验，灌油前轴承座内外清理干净，灌油高度不低于回油口的外口上沿，灌油 24h 后检查应无渗漏。

（2）轴承座的油室及油路应彻底清洗、吹干，确保其清洁、畅通、无任何杂物。

（3）将轴承座吊置轴承座台板上，找平找正后，把紧轴承座上的底脚螺栓。

（4）检查轴瓦与轴承座球面接触不低于 75%，且均匀分布。如需要修刮，则必须修刮内球面，不允许修刮轴瓦外球面。

（5）检查轴承巴氏合金无夹渣、气孔、凹坑、裂纹或脱胎等缺陷。

（6）测量记录轴瓦顶轴油囊深度、面积，油囊四周与轴颈应接触密实，顶轴油通道应清洁、畅通。

（7）检查轴承测温元件的绝缘情况。用 250V 绝缘电阻表检查，其绝缘电阻值应不低于 1MΩ。

（8）轴承座与台板之间必须可靠绝缘，绝缘垫板应采用两层，并与钢制调整垫片交错布置，绝缘板应表面清洁、无毛刺及卷边。安装后，用 1000V 绝缘电阻表测量其绝缘电阻值，应不低于 10MΩ，通油后及投运前应不低于 1MΩ。

（9）用压铅丝法检查上半轴瓦外球面与轴承盖内球面之间的间隙，其顶部间隙应符合图纸的要求 0～0.1mm，要求每平方厘米接触 1～2 点的面积不低于 80% 且均匀分布。

（10）上述检查、调整工作完成之后，开始穿转子前的工作准备。

4.2.8　调相机穿转子

（1）完成调相机的检查、转子的检查以及穿转子前的准备工作。

（2）采用滑穿法穿转子。

4.2.9　轴承座安装

（1）待转子穿入调相机后，将出线端及非出线端的轴承座移至转子轴颈下方，并放置在轴承座台板上，拉钢丝调整调相机前后轴承座洼窝中心，允许偏差小于 0.05mm。按图纸要求调整前后轴承座中心间距为 11 070mm，轴承座标高。轴承座与台板之间应垫总厚度不小于 5mm 的整张钢质调整垫片，每叠有 2～3 层，并应平整，其纵向水平扬度应接近轴颈的水平扬度，横向水平扬度趋近于 0，偏差应不超过 0.20mm/m。

（2）翻入两端的下半轴瓦，将转子重荷从专用吊装工具转移到下半轴瓦上。

4.2.10　磁力中心及空气间隙调整

（1）通过测量两端的转子护环端面到铁芯边段的距离来确定磁力中心，当测量数值相等时，定、转子磁中心已重合。

（2）磁力中心调整，磁力中心实测值与规定值偏差 ±1mm。

（3）空气间隙的测量与调整：将转子按上下左右每隔 90° 位置上做好标记，按运行时的方向盘动转子，转至 90° 的标记点停下，测量调相机前后两端上下左右定子与转子间的间隙。这样，盘动一周后，每一端得 4 个数值，取其平均值，上下左右间隙应相等，其偏差不应超过平均值的 10%。

（4）由于调相机在满负荷运行时，转子轴系的轴向热膨胀有一定影响，为使满负荷时定子、转子磁场中心重合，应将调相机定子、励磁机相对转子向励端方向预移一定数值。具体数值以厂家要求数据为准。

4.2.11　风扇叶片安装

（1）安装转子风扇叶片，要按制造厂的钢印标记对号入座（"T"—汽端、"C"—励端），并注意风扇叶片的方向，按图纸规定力矩把紧风扇叶片固定螺母，并锁好止动垫片。

（2）安装前在风叶和螺母的螺纹上涂抹 MoS_2，用约所需拧紧力矩的 1/3 拧紧，再用力矩扳手拧紧螺母（力矩要求以厂家图纸要求为准）。

（3）拧上止动螺钉，并用胶黏剂予以锁定。

（4）安装时一定不能用普通螺母代替钢丝螺母。

4.2.12　导风圈安装

（1）安装导风圈密封垫，密封垫应保证其厚度均匀，尺寸正确，无裂纹等缺陷。

（2）测量导风圈内径，检查是否与图纸尺寸相符，有无变形情况，并做好记录。

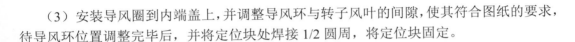

（3）安装导风圈到内端盖上，并调整导风环与转子风叶的间隙，使其符合图纸的要求，待导风环位置调整完毕后，并将定位块处焊接 1/2 圆周，将定位块固定。

4.2.13 端盖封闭

（1）将挡风环安装到内端盖里侧，注意区分两端挡风环，出线端横向挡风板长度为 280mm，非出线端横向挡风板长度为 210mm，按图纸规定力矩把紧内端盖的固定螺栓，并锁好止动垫片。

（2）清理并检查调相机内部，确保机内无任何杂物遗留，最后在封闭前，需要业主及监理单位共同见证并办理隐蔽签证。

（3）将两端内端盖把合到机座上。用内端盖定位块调整好导风环与转子风叶的间隙之后，锁紧所有螺栓，并将定位块处焊接 1/2 圆周，将定位块固定。

（4）端盖安装应符合以下要求：风扇罩与内端盖止口应相吻合，接合面应接合良好，内端盖中分面内圆不应错口。

（5）进行外端盖安装时应保证气封环与轴之间的安装间隙。

4.2.14 轴承安装

（1）将轴瓦的上半就位，用塞尺或压铅丝的方式确认检查轴瓦与轴颈的间隙应符合图纸的要求。

（2）分别装好轴瓦的测温元件及测轴瓦绝缘电阻的引线，装好高压油顶起装置，并将引线从轴承盖侧面的螺塞位置引出，并装至对应的端子板上。

（3）把紧水平螺栓后，上、下半轴瓦水平合缝面用 0.03mm 塞尺检查应塞不进。

（4）在上半轴承盖内，安装轴瓦止动销，使用压铅丝方式复查轴瓦与轴承盖内球面的顶部间隙，应符合图纸的要求 0～0.1mm。

（5）安装上半轴承盖，把合轴承盖并装配其定位销，上、下半轴瓦盖水平合缝面用 0.03mm 塞尺检查应塞不进。

（6）安装轴承外挡油盖，并将外挡油盖与轴承盖间的密封垫，两侧均匀涂刷密封胶。调整外挡油盖与轴的间隙应符合图纸的要求。

（7）按图纸要求配钻轴承座板上的销孔（与轴承座同钻绞），并安装锥销。

（8）垫块下的调整垫片应采用整张不锈钢垫片，每个垫块的垫片数不宜超过 3 层。垫片要求平整、无毛刺和卷边，尺寸应比垫块稍窄。

4.2.15 刷架安装

（1）先组装刷架底架座板，调整其高度和水平度。

（2）调整底架的轴向位置，以保证在冷态及额定负荷时电刷均能全面接触集电环，然后将底架固定。

（3）所有导电接触面确保结合严密。

（4）小轴承座板安装：将轴承座、小轴支架固定在刷架的底架上，然后将底架就位、找正。把小轴放置在小轴支架和轴承座上，小轴联轴器落在小轴支架上，小轴轴颈落在轴承座的轴瓦上。

（5）以调相机出线端联轴器为基准，对小轴进行初找正。调相机与小轴联轴器的同心度偏差应不大于 0.03mm，联轴器两端面保持平行。对组时，必须将发电机和集电环小轴联轴器上的定位标记对正。调整小轴轴颈的跳动值，使小轴脱开轴承支撑时，测得轴颈的跳动度不大于 0.05mm。对组后，测量发电机联轴器和小轴联轴器的径向跳动均应不大于0.03mm。

（6）初找正工作完成，把紧所有固定螺栓之后，按图纸要求进行二次灌浆工作。

（7）基础二次灌浆及其养护完成后，复查调相机转子与小轴中心，如无变化，在原来扬度基础上增加轴承座与底架之间垫片的方法确定小轴与调相机转子的张口，垫片增加高度为 0.3mm，此工作完成后将轴承座底脚螺栓拧紧。

（8）找好中心后组装刷架。

（9）在调相机组找好中心后组装刷架。所有导电接触面确保结合严密。若刷盒及保持弹簧到集电环的径向间隙与图纸要求的尺寸不符时，必须通过调整与导电板把合在一起的整体部件位置来满足图纸要求。调整合格后，通过接板与底架焊接固定。刷架各处与集电环的径向间隙及轴向间隙符合图纸要求。

（10）安装电刷，使电刷在刷盒中应能自由活动。

（11）调整集电环处的风扇与刷架处的导风环之间的径向间隙应符合图纸的要求。

（12）电刷使用前应进行适形研磨。用胶带将数张 200 目砂布贴附于集电环上，然后将电刷装入刷盒，利用启动前的盘车过程进行电刷的适形研磨。

（13）刷架与底架之间的绝缘电阻值，用 1000V 绝缘电阻表进行测量应不小于 1MΩ。

（14）安装隔音罩。将隔音罩放在底架上对正中心，以隔音罩底脚上的孔为基准，在底架上画线、钻孔、攻丝，然后用螺栓把隔音罩把紧在底架上。

4.2.16　盘车装置的安装

（1）首先将大齿轮拆下，然后将端盖安装在轴系上，再将大齿轮装配在轴系上。

（2）将罩壳拆掉，然后将设备安装至惰轮与轴系大齿轮啮合最佳状态，达到啮合最佳状态后，配钻地脚螺栓孔。将设备安装固定。

（3）小齿轮、惰轮、大齿轮、蜗轮蜗杆组等齿面润滑均来源于机组主控制。盘车装置提供标准的螺纹油路接口。

（4）设备安装固定好后，将罩壳及端盖依次安装上。

（5）气路系统检查是否有漏气现象，气路是否通畅，气压是否足够。锁紧功能是否正常。各电磁阀能否工作正常等。

（6）安装基础平面度 0.05。

（7）惰轮与轴系大齿轮之间应作侧隙检查，侧隙为：0.3～0.4mm，齿轮端面位置误差0.5mm。

（8）齿轮做接触检查，齿向 75%、齿高 50%。

（9）定期检查固定轴承的螺钉是否松动。

4.2.17 二次浇灌

（1）二次浇灌前检查：台板与垫铁间隙，二次浇灌层内部是否清理干净；浇灌用材料是否保存完好，质保资料齐全；基础板排气孔保证畅通；地脚螺栓是否紧固好。

（2）二次浇灌：清理二次浇灌层；对混凝土基础进行 24h 的浸水养护；办理隐蔽工程签证；按照实验室给定的配合比搅拌混凝土；从基础板的一侧进行浇灌，保证内部浇灌密实；浇灌高度为基础板高度的 2/3；浇灌完成后进行养护；在浇灌中要有专人监护。

5 质量控制

5.1 质量控制点设置

编写要点：根据验收规范及标准确定控制点及见证方式。

示例：控制点设置与控制单位及方式见表 1-5。

表 1-5　　　　控制点设置与控制单位及方式

序号	控制点设置	控制单位及方式				
		班组	工地	项目部	总包	监理
1	基础检查	*	*	*		W
2	台板水平及标高	*	*	*		
3	定子就位	*	*	*		
4	轴瓦、轴承座接触	*	*	*		W
5	调相机穿转子	*	*	*		
6	调相机中心及空气间隙调整	*	*	*		S
7	转子找中心	*	*	*		W
8	轴瓦间隙测量	*	*	*		R
9	调相机封闭端盖	*	*	*		H

注　R—记录确认点；W—见证点；H—停工待检点；S—连续监视监护。

5.2 质量标准及要求

编写要点：列出验收规范及标准清单。

示例：验收规范及标准见表 1-6。

表 1-6　　　　验 收 规 范 及 标 准

序号	验收规范及标准
1	DL 5190.3—2012
2	DL/T 5210.3—2009
3	厂供图纸等技术文件要求

6 安全控制

编写要点：针对调相机安装工作，列出对安全、职业健康、环保等方面的要求。

示例：

6.1 安全措施

（1）所有施工人员在参加施工前必须经过安全技术交底；每日做好班前站班会，针对每日的施工情况做好三查三交工作；特种作业人员需持证上岗。

（2）进入施工现场人员必须正确佩戴安全帽，高空作业人员必须正确使用安全带、穿防滑鞋。

（3）孔洞、沟、坑等应铺设与地面平齐的盖板或设置可靠的围栏、挡脚板及安全标志；施工过程中需变更安全设施的必须填写安全设施变更申请单，并且及时做好安全措施，严禁任意拆除或改动格栅、孔洞盖板、栏杆、安全网等。

（4）轴承座灌油试验时，应通告附近区域施工人员，设警戒围栏与周围进行隔离，附近区域严禁烟火。

（5）水压试验时，工作人员严禁站在法兰堵头、管接头等接口位置。

（6）配电柜实行一机一闸一保护，定期由专人对漏电保护装置检验合格并记录；加强对用电设施和电动工具的检查维护，电动工具都经过定期检测合格，并有明显检测合格标识。

（7）电焊机的外壳必须可靠接地。

（8）砂轮机安全罩应完整，使用砂轮机时，操作人员应站在侧面并戴防护眼镜；砂轮片有缺损或裂纹者严禁使用；砂轮片的有效半径磨损到原半径的 1/3 时必须更换。

（9）使用角向磨光机作业时，须戴好防尘口罩、防护眼镜，更换磨头、砂轮片或检修时应切断电源。

（10）行车的钢丝绳，制动、限位装置等由专人定期进行检查并做好记录。

（11）起重运输通道必须验证符合安全措施的要求，吊装通道保证无障碍物。

（12）起吊前，对吊具要进行认真全面的检查，确认无误后方可使用；吊装前，应对设备重量进行检查确认；吊装时，钢丝绳之间夹角应小于 90°，并在设备上系上溜绳。钢丝绳与设备的锐缘之间应加半圆管或橡皮垫保护。设备就位时，严禁把头、手等身体部位置于设备下方，以防被压伤。

（13）吊装时要专人指挥，起重工作区域内无关人员不得停留或通过，在吊物的下方严禁人员通过或逗留，防止发生起重伤害事故。

（14）吊起的物件不得在空中长时间停留，在空中短时间停留时，操作人员和指挥人员均不得离开工作岗位，机械设备不得停机、停电。

（15）调相机安装时，各大件起吊频繁，操作人员须服从起重指挥人员的统一指挥，起重指挥信号应明确，无关人员不得进入操作室，操作人员未经指挥人员的许可，不得擅自离开操作室。

（16）在吊起的设备底部进行清理时，应用强度足够的支撑将设备支稳牢固可靠后方可进行。

（17）脚手架搭设人员要挂安全带，按规程进行搭设，脚手板要两端绑扎固定，经检查验收合格后挂牌使用，任何人不得擅自拆除，如要拆除，必须经施工负责人同意批准后拆除，工地专职安全员全过程监督管控。施工人员使用脚手架前应进行自查。

（18）高处作业时作业人员使用工具包，将施工用工具正确地放置在工具包内，操作工具小心缓慢，严禁用力过猛；严禁上下抛物；同时设监护人与安全管理在现场监督。

（19）氧、乙炔瓶应有防震圈，瓶距保持在 10m 以上；严禁使用不合格表计、焊割工具和已老化的皮管，作业时应拧紧表接头并用喉箍扎紧皮管等接头，杜绝漏气。

（20）高处进行焊接、切割应做好防护隔离措施。如防火石棉布、采用接火盆等，防止火花飞溅。

（21）使用大锤严禁戴手套，在锤的正前方不可站立人员；众人合力使用加力杆松、紧螺栓时必须协调一致，防止滑脱、磕碰、失足。

（22）使用台钻、手提电钻或盘动转子时不得戴纱手套。

（23）进行翻瓦时，应事先在行车吊钩上，钩挂一只链条葫芦，用人工拉动的方法进行此项工作，不可直接用行车起吊翻瓦，以免操作人员在动作过快时，轴瓦以轴颈为圆面从轴颈下部快速翻转到轴颈上部，使扶持轴瓦的人的手指容易被翻转后的下瓦结合面与轴承座平面剪夹。

（24）施工区域应平整、各类物品应堆放有序，必要时采取防倒措施。

（25）设备开箱后，带钉子的木板立即清理，防止扎脚。

（26）安装前应清扫整个基础，如有钢筋、角铁头露在基础面上应及时割除，以防绊脚，消除隐患。

（27）晚间作业照明应充足，电源线必须采用软橡胶电缆，并不得接近热源或直接绑挂在金属构件上，不得架设在脚手架上，不得与钢丝绳混杂在一起。临时电源应架空布置并不妨碍通行。

（28）调相机安装期间，许多部件要去除表面油脂，在使用煤油清洗部件时，在适当区域备有充足的灭火器材。

（29）零部件、检修工具、备件、材料应摆放整齐，较小的物品放入塑料盒或用塑料袋封装。

6.2 环保措施

（1）施工区域实行挂牌作业，施工人员在工作结束或暂时离开施工地点时随时做好清理工作，带走所有工器具、废铁等施工废弃物，全员做到"工完、料尽、场地清"。

（2）清理用的废油、废棉纱、废白布及时回收至废物桶，并进行统一回收处理。

（3）施工现场放置两个垃圾箱，分类回收废钢材、多余配料、边角料及开箱箱板、纸屑等，每日施工结束及时回收处理。

（4）利用各种宣传工具和手段，加强对职工节约和环保意识的教育和宣传，杜绝随意浪费水、电、纸张现象的发生。

第二章

定子吊装作业指导书
（液压转向、顶升法）

目 次

1 工程概况和主要工作量

编制要点：明确该工程的地理位置、设备信息、作业空间及作业的主要方案。

1.1 工程概况

编制要点：

（1）设备信息主要包括：制造厂家、外形尺寸及重量。

（2）作业空间主要包括：纵横中心线和最终安装标高。

（3）作业方案主要明确作业过程的逻辑关系和标志性作业点。

示例：

酒泉换流站调相机 2 台定子均由哈尔滨电机厂有限责任公司制造，外形尺寸约为 8850mm×3900mm×3850mm，定子吊装重量为 285t。两台定子的纵向就位中心线距 B 列 8000mm，1 号定子就位径向中心线在 2 轴与 3 轴之间，距离 2 轴 4500mm，2 号定子就位径向中心线在 6 轴与 7 轴之间，距离 7 轴 4500mm，定子就位标高为 4500mm。

定子采用 4 台液压顶升装置及两根扁担梁组成的吊装系统（以下简称"吊装系统"）进行吊装。定子由全液压运输板车从 4 轴和 5 轴之间的通道倒车进入检修场地，定子轴向中心线距离 5 轴 6000mm，拆除所有定子与运输板车连接固定的附属装置，吊装系统对其进行卸车并转向。重新布置吊装系统提升定子超过运转层平台 500mm 后停止提升，使其沿铺设好的滑移轨道向其就位位置移动，直至到达定子就位位置正上方，回收液压顶升装置将定子放置在台板上，使定子就位。

1.2 工程量和工期

编制要点：

（1）工程量主要明确作业对象名称、特征参数及数量。

（2）工期主要明确该项作业的绝对时间和作业分解绝对时间。

示例：

1.2.1 工程量

定子吊装参数见表 2-1。

表 2-1　　　　　　　　　　定 子 吊 装 参 数

名称	外形尺寸（mm）	数量	重量	吊装工艺	备注
定子	8850×3900×3850	2	285t	液压顶升装置	就位于 4.5m 运转层平台

1.2.2 施工工期

根据现场条件，2 台定子计划施工工期约为 16 天，每台定子的吊装工期如下：

（1）定子吊装系统安装，约 2 天。

（2）定子进入现场，卸车、转向，约 2 天。

（3）重新布置吊装系统，约 2 天。

（4）定子吊装就位，约 1 天。

（5）吊装系统拆除，约 1 天。

注：若由于其他客观原因耽误工期，此工期应顺延。

2 编制依据

编制要点：列清工作所依据的规程规范、文件名称及现行有效版本号（或文号），按照国标、行标、企标、工程文件的顺序排列。

示例：

（1）《中华人民共和国特种设备安全法》主席令四号文件国务院 2014 年 1 月 1 日

（2）《特种设备安全检察条例》国务院第 549 号令 2009 年

（3）《特种设备作业人员监督管理办法》国家质量监督检验检疫总局 2011 年

（4）DL 5009.1—2014《电力建设安全工作规程 第 1 部分：火力发电》

（5）《中华人民共和国工程建设标准强制性条文（电力工程部分）》 2011 版

（6）《起重吊装常用数据手册》 2004 年版

（7）《汽机房行车相关资料》（河南省隆力机械有限公司）

（8）《主厂房相关资料》（西北电力设计院）

（9）《定子相关资料》（哈尔滨电机厂有限责任公司）

（10）《液压顶升装置说明书》（达宝文）

（11）《50t 汽车吊性能表》（徐工集团）

3 施工方案及工艺流程

3.1 施工方案

编制要点：施工方案主要明确主要施工逻辑及施工点。

示例：定子由运输板车从 4 轴和 5 轴之间运输至吊装场地，拆除所有定子与运输板车连接固定的附属装置，吊装系统对其进行卸车并转向。重新布置吊装系统后提升定子，使定子的最下缘超过定子基础平台约 500mm，操作液压顶升装置沿着铺设好的滑移轨道将定子向就位基础方向移动，直至定子就位位置正上方，回收液压顶升装置将定子放置在台板上，使定子就位。

3.2 工艺流程

编制要点：

（1）工艺流程图逻辑关系与实际作业逻辑关系一致；

（2）工艺流程图中作业步序名称与作业程序一一对应。

示例：工艺流程如图 2-1。

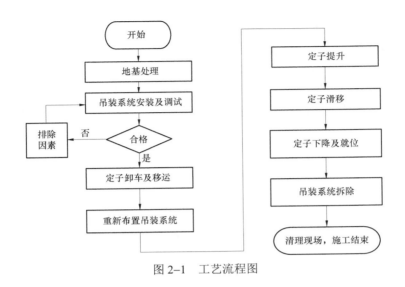

图 2-1　工艺流程图

4　作业程序

4.1　作业前的条件和准备

编制要点： 对该项作业从人、机、料、法、环五方面有针对性进行编制。

示例：（1）施工方案编制完成并经过审核、批准完毕；

（2）作业前已对参加该项作业的相关人员进行施工交底，交底与被交底人员进行双签字；

（3）施工前对配合机械及施工工器具进行全面细致检查，确认合格后方可投入使用；

（4）吊装系统已全部到场并倒运到指定位置，清理施工区域，周围无影响施工的障碍物，施工时严禁有高处交叉作业；

（5）液压顶升装置满足使用条件，性能稳定可靠，吊装系统的滑移轨道按要求铺设完毕，满足施工要求；

（6）为施工现场布置交流 380V，200kVA 三相动力电源；

（7）定子运至现场，项目部组织安装定子吊装吊耳；

（8）为施工现场装设足够的照明设施，满足夜间施工要求；

（9）设备安装作业期间，在汽机房 4 轴和 5 轴的检修场地吊装区域应拉设安全警戒旗，非作业人员禁止进入。

4.1.1　工序交接

编制要点：明确该项作业内容直接发生关系环节。

示例：

（1）主厂房检修场地及相应运转层平台处无影响定子吊装的障碍物；

（2）施工所需的配合机械检验合格并协调到位；

（3）定子检查完毕，确认无误，满足卸车和吊装条件；

（4）定子就位基础平台经验收合格，具备定子就位条件；

（5）定子由运输板车运至指定起吊位置（定子径向中心线与就位轴向中心线重合位置），施工区域应平整、坚实，保证下方无不明沟漕或坑洞，起吊上方无影响定子提升的障碍物。

4.1.2　人员资质

编制要点：

（1）明确该项作业人员职务及相关职务要求具备的能力；

（2）明确该项作业人员需求数量。

示例：作业人员工种及需求数量见表 2-2。

表 2-2　　　　　　　　　　　　　作业人员工种及需求数量

序号	作业人员工种	数量	资　格
1	项目负责人	1	具有现场整体协调能力、熟悉各部门间的合作运行方式，熟悉本专业施工流程，熟悉本项目施工工艺和安全、质量关键控制点，对项目施工全面负责
2	施工负责人	1	具有施工组织能力、熟悉本专业施工工艺流程，熟悉施工质量和安环要求
3	技术员	1	熟悉本专业技术原理
4	起重工	6（可根据工期适当调整）	掌握起重施工技术，持有专业资格证书
5	专职安全员（或兼职安全员）	1	有现场工作经验，熟悉《电力建设安全工作规程》，责任心强，忠于职守，有安全员证

4.1.3　工机具准备

编制要点：

（1）明确该项作业使用到的工器具和保障人身安全使用到的劳保用品的数量及要求达到的条件；

（2）编制顺序为：测量类工具、直接类作业工具、间接类临时工具、人员安全保障类工具、环境安全保障类工具。

示例：

序号	名称	规　格	精度等级	单位	数量	备　注
1	钢卷尺	50m	1mm	把	1	完好
2	盒尺	5m	1mm	把	1	完好
3	行车	50t/5t		台	1	完好
4	汽车吊	QY50K		台	1	完好
5	板车	20t		辆	1	完好
6	液压顶升装置	452t		套	1	每套四台顶升器
7	扁担梁	10 650mm×790mm×1150mm		根	2	与顶升装置配合使用
8	轨道梁	12 000mm×1300mm×520mm		组	4	完好
		6000mm×1300mm×520mm		组	2	完好
9	钢丝绳圈	ϕ90×10m		根	4	主吊钢丝绳
10	钢丝绳扣	ϕ21.5×20m		对	1	吊装系统布置
		ϕ19.5×20m		对	1	小件吊装
11	钢丝绳鞍座	994mm×338mm×418mm		个	4	与扁担梁配合
12	转盘	2700mm×2700mm×80mm		套	1	定子转向用
13	转向拍子	6000mm×3000mm×200mm		块	1	转盘上面使用
14	钢板	6000mm×3000mm×20mm		块	1	转盘下面使用
15	链条葫芦	1t		个	2	完好
		3t		个	2	完好
		5t		个	4	完好
		10t		个	2	定子转向
16	卡环	5t		个	4	完好
		10t		个	4	完好
17	大锤	14磅		把	1	完好
18	手锤	4磅		把	1	完好
19	对讲机			部	5	带5块备用电池
20	线轴	220V，50m		个	1	完好
		380V，50m		个	1	完好
21	撬棍	1m		根	2	完好
22	角磨机	ϕ100mm		台	1	完好
23	道木	2500mm×220mm×160mm	—	棵	50	完好
24	半圆管	—	—	个	10	完好
25	磨片	ϕ100mm	—	片	20	完好
26	切片	ϕ100mm	—	片	10	完好

序号	名称	规　格	精度等级	单位	数量	备　注
27	麻绳	$\phi 20 \times 30m$	—	根	2	完好
28	工具袋	—	—	个	1	完好
29	警戒旗	—	—	m	200	完好
30	安全帽	—	—	顶	10	保证每人一顶
31	安全带	—	—	条	8	完好
32	防砸鞋	—	—	双	10	保证每人一双
33	海员手套	—	—	副	30	完好
34	干粉灭火器	5kg	—	个	2	完好
35	急救箱	—	—	个	1	完好
36	安全警示牌	—	—	套	1	完好
37	防护眼镜	—	—	个	2	完好

4.1.4　施工环境

编制要点：

（1）明确该项作业环境文明需达到的要求；

（2）明确需终止该项作业的条件；

（3）明确设备保护采用的措施。

示例：

（1）施工区域道路应平整畅通，不得乱堆乱放，随意堵塞交通要道；

（2）定子卸车和吊装铺设滑移轨道梁区域保证平整坚实，地耐力满足要求；

（3）施工现场的夜间照明应充足，能满足夜间施工要求；

（4）施工期间气候良好，无五级及五级以上大风、大雨等恶劣天气；

（5）派专人保护现场设备，确保定子吊装系统和设备的完好。

4.2　施工方法及要求

编写要点：

（1）根据该项作业内容按逻辑关系分节点按工序编制；

（2）明确该项作业工序所使用的主要工具需满足的条件；

（3）明确该项作业工序之间的逻辑顺序及相应步序；

（4）明确该项作业工序关键技术数据；

（5）为满足该项作业工序采取的保证措施。

示例：

4.2.1　地基处理

检修场地内吊装系统轨道铺设区域进行地基处理，地基处理后地面坡度为 0°，地耐力不小于 20.6t/m²（见附录 7.1.4），厂房内滑移轨道下方坚实平整，地耐力不小于 20.6t/m²。

4.2.2 吊装系统安装及调试

定子卸车时系统布置在 4 轴和 5 轴之间的区域，用行车布置 2 组 12m 长轨道梁，两侧轨道的平行度误差不大于 5mm，轨道接头高低差不超过 1.5mm，轨道接头间隙不大于 1.5mm。滑移轨道梁以检修场地轴向中心线对称分布，轨道梁中心间距为 9800mm，液压顶升装置中心线与轨道梁中心线重合，定子轴向上两台液压顶升装置根据定子吊耳的位置布置，中心间距为 4960mm。

然后布置液压顶升装置（含 4 台液压千斤顶，垂直顶升行程为 4572～9164mm）（见附录 7.1.2、附录 7.2），在顶升装置上方布置两根 10.65m 长的扁担梁，再布置 4 个吊装钢丝绳鞍座，前后吊点选用 ϕ90×10m 钢丝绳（见附录 7.1.1）圈 2 对（每处吊点 2 股）。

液压顶升装置由厂家专业人员调试运转正常，将顶升装置与扁担梁之间的支撑焊接固定在扁担梁上（由厂家专业人员指导进行），具备定子卸车条件并确保轨道及行走机构灵活可靠。

详见图 2-3。

4.2.3 定子卸车及转向

运输板车载着定子倒车至指定卸车处，拆除所有定子与运输板车连接固定的附属装置，待项目部相关人员对定子进行检查，确保符合定子卸车要求后启动整套吊装系统，此时液压顶升装置的高度为 5368mm，液压顶升装置缓慢顶升，当定子离开运输板车 200mm 时停止顶升，静止 15min，观测确认吊具无异常，定子无下滑，基础无沉降。确认符合要求后指挥运输板车开走，用辅助吊车将转向拍子、转盘与定子固定，操作液压顶升装置进入下降工况将定子、拍子和转盘落在地面摆放的道木上，定子摘钩，用两个 10t 链条葫芦（见附录 7.1.3）将定子旋转 90°，汽机专业人员对定子方向进行确认。

详见图 2-4～图 2-7。

4.2.4 重新布置吊装系统

2 号定子吊装时系统布置在 B 列和 C 列之间的区域，用行车布置 4 组 12m 长轨道梁和 2 组 6m 长轨道梁，两侧轨道的平行度误差不大于 5mm，轨道接头高低差不超过 1.5mm，轨道接头间隙不大于 1.5mm。滑移轨道梁以定子就位轴向中心线对称分布，轨道梁中心间距为 9800mm，液压顶升装置中心线与轨道梁中心线重合；定子轴向上两台液压顶升装置根据定子吊耳的位置布置，中心间距为 4960mm。

然后布置液压顶升装置（含 4 台液压千斤顶，垂直顶升行程为 4572～9164mm），在顶升装置上方布置两根 10.65m 长的扁担梁，再布置 4 个吊装钢丝绳鞍座，前后吊点选用 ϕ90×10m 钢丝绳圈 2 对（每处吊点 2 股）。

液压顶升装置由厂家专业人员调试运转正常，将顶升装置与扁担梁之间的支撑焊接固定在扁担梁上（由厂家专业人员指导进行），然后将液压顶升系统运转至检修场地内指定位置，具备定子吊装条件并在轨道上方提前行走，确保轨道及行走机构灵活可靠。

4.2.5　定子吊装就位

施工人员对定子进行拴钩，此时液压顶升装置的高度为 4688mm，使定子最高点距离扁担梁下沿 1145mm，确认钢丝绳圈连接牢固，对定子进行试吊。

定子开始试吊时，液压顶升装置缓慢顶升，当定子离开转盘为 200mm 时停止顶升，静止 15min，观测确认吊具无异常，定子无下滑，基础无沉降，吊装系统载着定子起降 2 次（约 100mm），确认动作准确系统正常后继续顶升定子，使定子下沿超过定子就位平台（标高 4.5m）500mm 左右后停止顶升，此时液压顶升装置的高度为 9168mm。

保持现有状态，整套吊装系统向定子基础方向移动，在移动过程中，如果出现两侧顶升装置移动不同步的情况，采用两个 10t 链条葫芦和钢丝绳扣配合调整，直到定子轴向线与基础轴向中心线重合时停止移动，共移动 19 500mm，回收液压顶升装置，将定子放置在台板上，完成定子吊装。

详见图 2-8 和图 2-9。

4.2.6　吊装系统拆除

拆除前检查：定子找正就位后，检查各结构件的变形是否恢复，各缸活塞是否回到零位，施工所用工器具是否准备齐全、完好，配合机械是否检验合格并协调到位，待一切符合要求后准备进行拆除作业。

液压顶升装置拆除：将整套吊装系统平移到 4 轴和 5 轴之间的检修场地用行车和 50t 汽车吊配合将吊装系统各部件拆除并倒运至指定位置，做到"工完、料尽、场地清"。

5　质量控制要求

编写要点：根据该项作业特性结合质量评价标准内容确定该项作业控制点及见证方式。

示例：

5.1　质量控制点设置

序号	作业控制点	检验单位				见证方式
		班组	专业公司	项目质检部门	监理	
1	吊装系统安装	★	★	★		S
2	定子吊装前检查	★	★	★		H
3	定子转向	★	★	★	★	R
4	定子吊装	★	★	★	★	R
5	吊装系统拆除	★	★			S

注　R—记录确认点；H—停工待检点；S—连续监视监护。

5.2 质量标准及要求

编写要点：根据确定的质量控制点根据相应的验收标准明确关键控制数据。

示例：

序号	项目名称	验收标准（关键控制数据）
1	吊装系统安装	液压顶升装置中心线与轨道梁中心线重合，轨道梁中心间距为9800mm（误差小于±5mm），摆放水平高差不大于1mm，定子轴向上2台液压顶升装置根据定子吊耳的位置布置，中心间距为4960mm
2	定子吊装前检查	定子绷钩前安装好吊耳，并全面检查定子外观满足吊装要求
3	定子转向	转盘布置符合施工方案要求，保证转向系统灵活、可靠，定子转向后由汽机专业人员确保方向正确
4	定子吊装	定子吊装时定子水平上升，移动过程平稳可靠，定子顺利吊装就位，无磕碰和磨损现象
5	吊装系统拆除	严格按照施工方案要求逐次拆除，拆除的螺栓编号分类，其他部件整理并分类入库保存

6 安全和环境控制

6.1 作业的安全危害因素辨识和控制

编写要点：

（1）根据该项作业工序分别列出危险点；

（2）根据相应危险点编制预防措施。

示例：

序号	危险点描述	预防措施
	吊装系统安装	
1	吊装系统布置区域有障碍物,安装工作不能顺利进行	作业前清理场地，吊装系统布置区域要平整坚实，地耐力满足20.6t/m² 要求
2	非专业人员操作液压顶升装置发生危险	液压顶升装置由厂家专业人员调试运转正常
3	扁担梁吊装过程晃动磕碰构筑物	扁担梁安装前拴好溜绳，防止与周围构筑物发生磕碰
4	安装过程磕碰油管、接头	安装过程中缓慢动作，防止磕碰油管、接头等
	定子转向	
1	定子转向过程与周围建筑物干涉	定子转向过程中，设专人监护各关键点防止与建筑物基础或其他建筑物干涉
2	定子转向过程地面承载力不够，定子下沉	定子转向系统下方的地面应经过处理保证其坚实、平整
3	链条葫芦受力不均发生危险	转向过程中2侧链条葫芦要保持受力均匀

序号	危险点描述	预防措施
	定子吊装	
1	定子运输板车行走区域地面不坚实有孔洞沟槽等	定子运输板车行走区域必须保证坚实、平整，下方无不明坑洞及沟槽
2	定子卸车时，未解除定子与运输板车的连接，发生设备损坏	定子卸车时，定子与运输车之间的附属连接装置必须全部解除后方可起吊，防止吊装超载
3	定子吊装过程中，吊装系统下方有人员逗留	定子吊装过程中，吊装系统下严禁站人，并设专人进行监护
4	液压顶升装置的垂直度误差过大发生危险	液压顶升装置的垂直度要设专人监护，发现偏差立即采取措施补救
5	定子起吊后水平移动时动作过快定子失稳发生事故	定子的起吊及水平移动过程，动作一定要缓慢，要保证定子始终保持水平，以防止受力不均发生偏移
6	定子水平移动前未插锁销发生危险	定子水平移动前插好液压顶升装置锁销
7	液压顶升装置在顶升和行走过程中 4 个千斤顶不同步	液压顶升装置在顶升和行走的同步性要设专人监控，确保4个千斤顶动作同步
	定子吊装系统拆除	
1	吊车操作过快，磕碰吊装设备	吊装设备时吊车动作要平缓，施工人员监护到位，防止磕碰事故发生
2	轨道梁连接螺栓未拆除，吊装超载	轨道梁拆除前检查解除轨道梁间的连接螺栓是否拆除，螺栓拆除完毕后方可拆除轨道梁
3	轨道梁拆除时磕碰厂房立柱和定子基础	轨道拆除时要有专人监护轨道与厂房立柱和定子基础间距
4	拆除过程中损坏油管、接头	拆除过程中缓慢动作，防止磕碰油管、接头等
	通用安全控制要点	
1	施工机械选择不合理，机械超负荷作业	根据施工要求合理选择作业的配合机械，严禁超负荷作业
2	施工前工具检查不到位，施工使用不合格工具	施工前全面检查工机具，检查合格后方可使用
3	未参加交底，对所施工项目不清，损坏设备	施工前，施工人员必须参加交底，熟悉施工过程
4	辅助吊车作业场地松软，有障碍物	施工场地坚实平整，必要时垫路基板，清除障碍物
5	施工照明不足	施工照明不足禁止施工
6	遇 5 级及 5 级以上大风、雨等恶劣天气在室外作业，造成人员伤害	遇 5 级及 5 级以上大风、雨等恶劣天气禁止在室外作业
7	施工区域未拉设警戒线无关人员或车辆进入施工区域，交叉作业。	施工前作业区域拉设警戒线，警戒区域内的相关方的物料必须移走或者禁止人员进入警戒区域施工或取料，避免交叉作业
8	通信不畅，司机误操作、误动作	指挥人员应站在吊车司机能看清指挥信号的安全位置用哨子或对讲机明确指挥，司机严格按信号动作，信号不明不动作
9	高处作业不系或不正确使用安全带	高处作业人员必须正确佩戴安全带，并将安全带系在牢固可靠处
10	在吊装物下接料或逗留	严禁在吊装物下接料或逗留

续表

序号	危险点描述	预防措施
11	起吊大件不规则的物件时,没有在吊件上拴好牢固的溜绳	吊装大件不规则的物件时,必须在吊件上拴以牢固的溜绳
12	起吊重物时,吊物上有人或有浮放物	吊物上有人或浮置物时严禁起吊
13	高处起重作业,吊点不合理导致起重机械或卡索具超负荷	明确吊点,合理使用起重机械,正确选择卡索具并合理使用,作业要由专人进行监护
14	高处作业区的平台走道等未按要求装设防护栏杆,踢脚板、安全立网装设不齐	平台走道、布道必须装设防护栏杆、踢脚板、安全立网等,检验合格挂牌后方可使用
15	高空不便作业处未搭设临时作业平台	高空不便作业处搭设符合要求的临时作业平台
16	人员私接乱拉电源	禁止私接乱拉电源,由专业电工接线
消防安全控制要点		
1	作业人员现场吸烟引起火灾	作业现场严禁吸烟
2	作业使用明火为防护到位引起火灾	动火作业必须办理作业票并设专人监护
3	交叉作业火花掉落引起火灾	明火作业铺设防火毯
4	施工现场清理不彻底引起火灾	施工完毕,清理现场确保无火种、设备断电
5	无消防通道或通道堵塞引起火灾失控	消防器材放置通道必须畅通
6	作业人员不懂消防知识引起火灾失控	所有作业人员必须经过消防培训考试合格后方可上岗

6.2 环境条件

编写要点:

(1) 明确作业过程中容易出现影响环境且不易处理的事件点;

(2) 根据确认的事件点明确相应的预防措施。

示例:

序号	危险点描述	预防措施
1	施工过程中造成的废油布、油手套等废弃物乱扔	将施工过程产生的废油布、油手套等废弃物放到指定位置
2	起重机内燃油、液压油等跑、冒、滴、漏	检查容器完好情况,控制油泄漏、渗漏

6.3 应急处置预案

编写要点:

(1) 明确应急处置预案流程;

(2) 明确应急处置预案组织机构;

(3) 明确组织机构中各职务职责;

(4) 根据该项作业内容明确可能出现的事故,并明确各事故预防措施及处理措施。

示例：本预案是为了对潜在的人身伤亡、机械事故等其他突发事件进行预案分析并采取合适的响应，以减少和预防事故的发生，以及在事故发生后及时报告、迅速有序地组织救助和事后处理，以最大程度降低事故所造成的损害。对各类可能引发重大突发事件的情况要及时进行分析、预警，做到早发现、早报告、早处理、早控制。

6.3.1 "突发事故应急工作小组"名单

"突发事故应急工作小组"名单

序号	姓名	应急职务	联系电话
1		组长	
2		副组长	
3		副组长	
4		副组长	
5		组员	

6.3.2 应急工作小组职责

应急小组组长负责事件发生后协调各部门，对抢救工作进行总体安排和部署，并对上级单位的调查进行配合；应急领导小组第一副组长负责现场人员抢救工作，第二副组长负责调查并组织上报相关信息，第三副组长负责在现场接待、安抚好受伤人员家属；应急小组其他成员配合组长和副组长开展应急抢救工作。

6.3.3 应急项目

经分析研究认为，可能存在以下几项重大事故及紧急情况的危险源：① 吊装绳索具断裂；② 吊车倾覆；③ 物体打击；④ 高处坠落。

6.3.4 应急信息传递流程图及电话号码

发现人→通知现场负责人→应急小组组长

火警：119

急救：120

6.3.5 应急措施

6.3.5.1 吊装绳索具断裂

事故的性质与后果：吊装绳索具断裂造成吊车倾覆，形成吊车、设备损坏，以及人员伤亡。

（1）吊装绳索具的使用严格按照方案的要求选用，绳索具有合格证并已检验合格，使用前检查钢丝绳应完好无损，无断丝存在，锁扣质量满足安规要求，卸扣、吊装平衡梁、滑轮组经检查合格。

（2）钢丝绳使用时注意避免棱角。

（3）当发生事故时迅速报告上级领导，如有人员伤害，打 120 叫救护车或与办公室联系车辆送伤员去医院。

（4）管理者在接到报告后各自进入位置，按应急小组组长指令和应急预案职责、程序开展各种急救工作，组织抢险。

6.3.5.2 吊车倾覆

事故的性质与后果：由于地基沉降或在抬吊时指挥或操作不当，造成吊车倾覆。

（1）在吊车的站位处进行基础换填分层夯实，满足吊装要求；

（2）当进行吊装作业前，吊车司机和起重指挥对指挥信号进行沟通，在吊装时听从指挥；

（3）设备在正式起吊前，先进行试吊，将重物吊离地面 100～150mm 后停止提升，观察起重机的稳定性、制动器的可靠性；

（4）重物起升和降落速度应当要均匀，严禁忽快忽慢和突然制动；

（5）吊车趴杆时要缓慢，要有专人进行观察，防止吊车臂杆与钢结构框架或设备与钢结构框架相碰发生危险；

（6）当发生事故时迅速报告上级领导，如有人员伤害，打 120 叫救护车或与办公室联系车辆送伤员去医院；

（7）各级管理者在接到报告后各自进入位置，按应急小组组长指令和应急预案职责、程序开展各种急救工作，组织抢险。

6.3.5.3 调相机定子滑落

事故的性质与后果：由于作业用电停电或液压顶升装置漏油造成吊装系统失稳。

（1）现场准备足够加工设施，当施工用电停电时，对吊装系统进行加固；

（2）顶升系统使用前对各油路系统进行检查，着重检查油路接头部件，保证接头部件完好；

（3）当出现油路泄压时停止作业，对吊装系统进行加固后处理油路泄漏。处理完成后经过检验后再进行吊装；

（4）当发生事故时迅速报告上级领导，如有人员伤害，打 120 叫救护车或与办公室联系车辆送伤员去医院；

（5）各级管理者在接到报告后各自进入位置，按应急小组组长指令和应急预案职责、程序开展各种急救工作，组织抢险。

6.3.5.4 物体打击

事故的性质与后果：由于交叉作业、防护措施不齐全，以至于物件从高空坠落，造成人员发生个体或群体轻伤、重伤、死亡。

（1）发现者先将受伤者移出危险区域，用现场急救药品做必要的急救；

（2）迅速报告上级领导，同时打 120 叫救护车或与办公室联系车辆送伤员去医院；

（3）各级管理者在接到报告后各自进入位置，按应急小组组长指令和应急预案职责、程序开展各种急救工作，组织抢险；

（4）保卫部门及时用绳子或栏杆进行区域维护，悬挂禁止入内警示牌，安排值班人员。

6.3.5.5 高处坠落

事故的性质与后果：操作者可能从临边、设备等处坠落，可能造成个体和群体轻伤、重伤、死亡。

（1）发现有人坠落，发现者立即将人移出危险区域，用现场的急救药品进行急救；

（2）迅速报告上级领导，同时打 120 叫救护车或与办公室联系车辆送伤员去医院；

（3）各级管理者在接到报告后各自进入位置，按应急小组组长指令和应急预案职责、程序开展各种急救工作，组织抢险；

（4）保卫部门及时用绳子或栏杆进行区域维护，悬挂禁止入内警示牌，安排值班人员。

7　附录

编写要点：

（1）附录序号与作业指导书相应内容标识序号对应；

（2）附录顺序与作业指导书前后顺序对应；

（3）附录类别顺序按先计算后引用最后附图顺序进行编制。

示例：

7.1 相关计算结果

7.1.1 钢丝绳圈强度校核

定子重量为 285t，查钢丝绳手册可得每根 $\phi90\times10m$ 钢丝绳圈总破断力为 100t，4 根钢丝绳圈共受力 400t＞285t：钢丝绳圈强度满足要求。

7.1.2 液压顶升装置负荷率校核

本次定子吊装采用 4 台液压顶升装置，顶升装置本体高度为 9168mm 压力为 190bar 时，额定负荷为 362t，吊载重 305t（定子自重为 285t，扁担梁及吊装钢丝绳共重 20t），满足负荷要求。

7.1.3 链条葫芦校核

定子吊装重量 285t，转向拍子（长 6m）重量 5t，转盘（长 2.7m）上盘重量约 1t，总重为 291t，取静摩擦系数 0.1，则最大摩擦力为：

$$F_1=291×0.1=29.1\text{N}$$

定子在转盘上摩擦力臂 L_1=1.35m，旋转力 F_2 力臂 L_2=3m，根据力矩平衡原理得：

$$F_2=F_1×L_1÷L_2=29.1×1.35÷3=13.1\text{N}$$

故两个 10t 链条葫芦满足定子旋转力要求。

7.1.4 轨道梁下方地耐力计算

定子总重 285t，达宝文液压顶升装置共 20t（5t/个，共四个），10.65m 轨道梁 16t（两组），外形尺寸如图 2-2 所示，顶升装置上方扁担梁总重 18t，吊索具重 2t，共计重 325t，考虑 1.1 倍动载系数，则对地压力为：

$$\text{地耐力 }P=325.5×1.1/（12×0.38×2×2）=20.6\text{t/m}^2$$

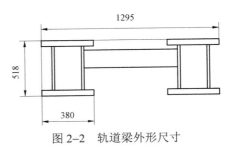

图 2-2 轨道梁外形尺寸

7.2 达宝文 452 吨液压顶升装置性能表

LIFT SYSTEMS
MODELS 32PT2520 S/LS/WS CAPACITY LOAD CHART
250(226)TON 2 POINT LIFT SYSTEM   PTLC333

PRESSURE	2750 PSI 190bar	2600 179	2500 172	2400 165	2200 152	2000 138	1800 124	1600 110	1400 97	1200 83	1000 69	800 55	600 41	400 28	200 14
30'2" (9194 mm) 3rd STAGE PINNED	200 TON (181)	194 TON (175)	186 TON (168)	179 TON (162)	164 TON (148)	149 TON (135)	134 TON (121)	119 TON (107)	104 TON (94)	89 TON (80)	74 TON (67)	59 TON (53)	44 TON (39)	29 TON (26)	14 TON (12)
24'2" (7366 mm) 2nd STAGE			250 TON (226)	249 TON (225)	228 TON (206)	207 TON (187)	186 TON (168)	166 TON (150)	145 TON (131)	124 TON (112)	103 TON (93)	83 TON (75)	62 TON (56)	41 TON (37)	20 TON (18)
17'2" (5232mm) 1st STAGE			250 TON (226)	249 TON (206)	228 TON (206)	207 TON (187)	186 TON (168)	166 TON (150)	145 TON (131)	124 TON (112)	103 TON (93)	83 TON (75)	62 TON (56)	41 TON (37)	20 TION (18)

10'2" (3098mm)

额定负荷226t/2个千斤顶

7.3 附图

（1）定子吊装平面示意图，如图 2-3 所示。

（2）定子外形尺寸图，如图 2-4 所示。

（3）定子卸车示意图一，如图 2-5 所示。

（4）定子卸车示意图二，如图 2-6 所示。

（5）定子转向示意图，如图 2-7 所示。

（6）定子吊装示意图一，如图 2-8 所示。

（7）定子吊装示意图二，如图 2-9 所示。

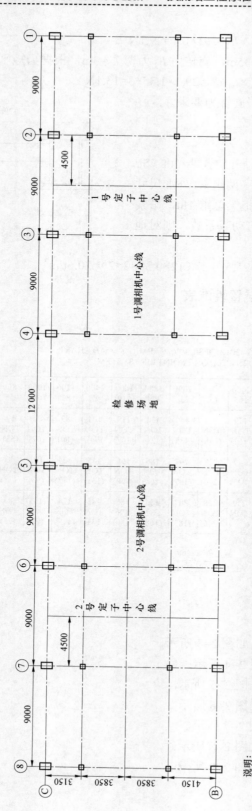

图 2-3 定子吊装平面示意图

说明：

1. 运输板车载着定子从B列外垂直于B列方向倒车从4轴和5轴之间进入检修场地。

2. 卸车时，定子中心线与1、2号调相机中心线重合，距离B列8000mm，距离5轴6000mm。

3. 用液压顶升装置吊起定子卸车，再将定子放置在转盘上进行90°转向。

4. 1号定子就位位置在6轴和7轴之间，距离7轴4500mm；2号定子就位位置在2轴与3轴之间，距离2轴4500mm。

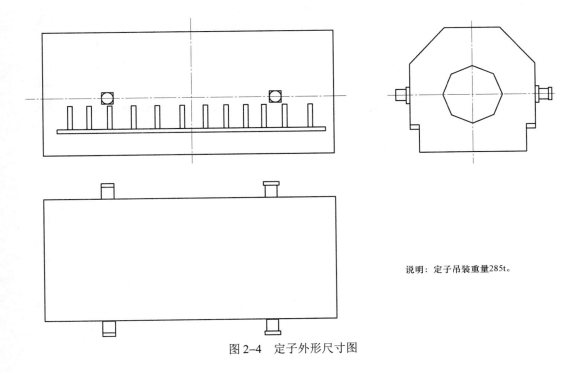

说明：定子吊装重量285t。

图 2-4 定子外形尺寸图

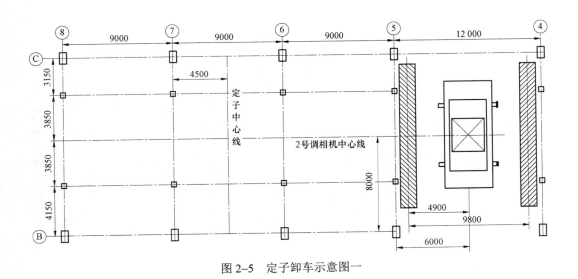

图 2-5 定子卸车示意图一

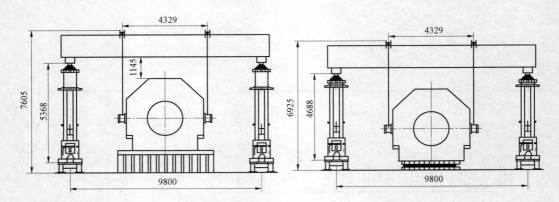

说明：液压顶升装置对定子卸车后，运输板车开走，将定子放置在转盘上。

图 2-6　定子卸车示意图二

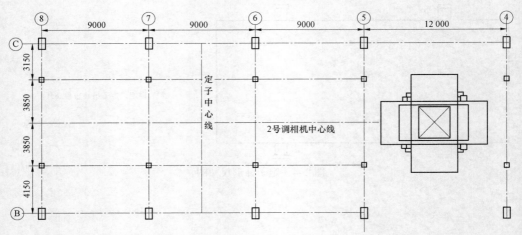

说明：拆除液压顶升装置及轨道，用倒链将定子转向90°。

图 2-7　定子转向示意图

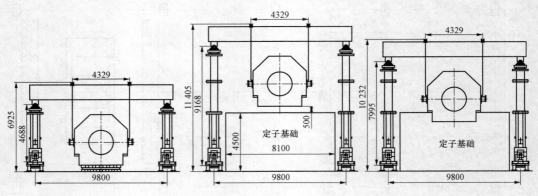

说明：

1. 液压顶升装置对定子提升定子，待定子最下滑越过4.5m平台500mm后停止提升。
2. 操作液压顶升装置将定子吊至就位基础的正上方。
3. 操作液压顶升装置进入下降工况，当定子距离端位高度约200mm时停止，经相关专业人员检查确认后，继续降下定子，使其正式就位。

图 2-8　定子吊装示意图一

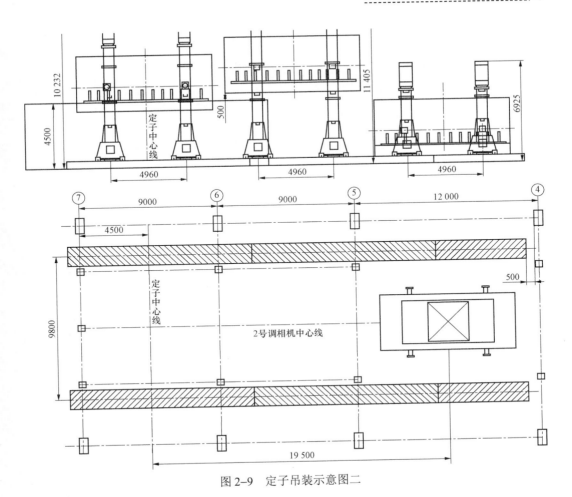

图 2-9　定子吊装示意图二

第三章

调相机定子吊装现场安装作业指导书（液压顶升法）

目　次

1　工程概况和主要工作量

编制要点：明确该工程的地理位置、设备信息、作业空间及作业的主要方案。

1.1　工程概况

编制要点：

（1）设备信息主要包括制造厂家、外形尺寸及重量；

（2）作业空间主要包括纵横中心线和最终安装标高；

（3）作业方案主要明确作业过程的逻辑关系和标志性作业点。

示例：

锡盟换流站调相机 2 台定子均由哈尔滨电机厂有限责任公司制造，外形尺寸约为 8850mm×3900mm×3850mm，定子吊装重量为 285t。两台定子的纵向就位中心线距 B 列 8000mm，1 号定子就位径向中心线在 2 轴与 3 轴之间，距离 2 轴 4500mm，2 号定子就位径向中心线在 6 轴与 7 轴之间，距离 7 轴 4500mm，定子就位标高为 4500mm。

定子采用 4 台液压顶升装置及两根扁担梁组成的吊装系统（以下简称"吊装系统"）进行吊装。定子由全液压运输板车从 4 轴和 5 轴之间的通道倒车进入检修场地，定子轴向中心线距离 5 轴 6000mm，拆除所有定子与运输板车连接固定的附属装置，吊装系统对其进行卸车并转向。重新布置吊装系统提升定子超过运转层平台 500mm 后停止提升，使其沿铺设好的滑移轨道向其就位位置移动，直至到达定子就位位置正上方，回收液压顶升装置将定子放置在台板上，使定子就位。

1.2　工程量和工期

编制要点：

（1）工程量主要明确作业对象名称、特征参数及数量；

（2）工期主要明确该项作业的绝对时间和作业分解绝对时间。

示例：

1.2.1　工程量

定子吊装参数见表 3-1。

表 3-1　　　　　　　　　定 子 吊 装 参 数

名称	外形尺寸（mm）	数量	重量	吊装工艺	备注
定子	8850×3900×3850	2	285t	液压顶升装置	就位于 4.5m 运转层平台

1.2.2 施工工期

根据现场条件，2台定子计划施工工期约为16天，每台定子的吊装工期如下：

（1）定子吊装系统安装，约2天；

（2）定子进入现场，卸车、转向，约2天；

（3）重新布置吊装系统，约2天；

（4）定子吊装就位，约1天；

（5）吊装系统拆除，约1天。

注：若由于其他客观原因耽误工期，此工期应顺延。

2 编制依据

编制要点： 列清工作所依据的规程规范、文件名称及现行有效版本号（或文号），按照国标、行标、企标、工程文件的顺序排列。

示例：

（1）《中华人民共和国特种设备安全法》主席令四号文件国务院2014年1月1日

（2）《特种设备安全检察条例》国务院第549号令 2009年

（3）《特种设备作业人员监督管理办法》国家质量监督检验检疫总局 2011年

（4）DL 5009.1—2014《电力建设安全工作规程 第1部分：火力发电》

（5）《中华人民共和国工程建设标准强制性条文（电力工程部分）》2011版

（6）《起重吊装常用数据手册》 2004年版

（7）《汽机房行车相关资料》（河南省隆力机械有限公司）

（8）《主厂房相关资料》（西北电力设计院）

（9）《定子相关资料》（哈尔滨电机厂有限责任公司）

（10）《液压龙门吊装置说明书》

（11）《50t 汽车吊性能表》（徐工集团）

3 工艺流程

编制要点：

（1）工艺流程图逻辑关系与实际作业逻辑关系一致；

（2）工艺流程图中作业步序名称与作业程序一一对应。

示例： 工艺流程图如图3-1所示。

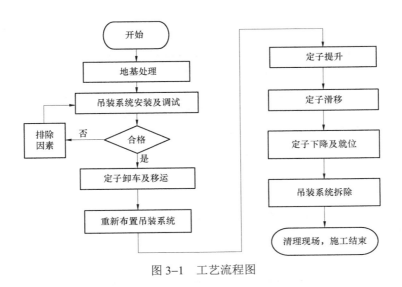

图 3-1　工艺流程图

4　作业程序

4.1　作业前的条件和准备

4.1.1　技术准备

编制要点：对该项作业从人、机、料、法、环五方面有针对性进行编制。

示例：

（1）施工方案编制完成并经过审核、批准完毕；

（2）作业前已对参加该项作业的相关人员进行施工交底，交底与被交底人员进行双签字；

（3）施工前对配合机械及施工工器具进行全面细致检查，确认合格后方可投入使用；

（4）吊装系统已全部到场并倒运到指定位置，清理施工区域，周围无影响施工的障碍物，施工时严禁有高处交叉作业；

（5）液压顶升装置满足使用条件，性能稳定可靠，吊装系统的滑移轨道按要求铺设完毕，满足施工要求；

（6）为施工现场布置交流 380V，200kVA 三相动力电源；

（7）定子运至现场，项目部组织安装定子吊装吊耳；

（8）为施工现场装设足够的照明设施，满足夜间施工要求；

（9）设备安装作业期间，在汽机房 4 轴和 5 轴的检修场地吊装区域应拉设安全警戒旗，非作业人员禁止进入。

4.1.2　工序交接

编制要点：明确该项作业内容直接发生关系环节。

示例：

（1）主厂房检修场地及相应运转层平台处无影响定子吊装的障碍物；

（2）施工所需的配合机械检验合格并协调到位；

（3）定子检查完毕，确认无误，满足卸车和吊装条件；

（4）定子就位基础平台经验收合格，具备定子就位条件；

（5）定子由运输板车运至指定起吊位置。

4.1.3 人员资质

编制要点：

（1）明确该项作业人员职务及相关职务要求具备的能力；

（2）明确该项作业人员需求数量。

示例：

序号	作业人员工种	数量	资　格
1	项目负责人	1	具有现场整体协调能力、熟悉各部门间的合作运行方式，熟悉本专业施工流程，熟悉本项目施工工艺和安全、质量关键控制点，对项目施工全面负责
2	施工负责人	1	具有施工组织能力、熟悉本专业施工工艺流程，熟悉施工质量和安环要求
3	技术员	1	熟悉本专业技术原理
4	起重工	10（可根据工期适当调整）	掌握起重施工技术，持有专业资格证书
5	液压龙门吊操作工	2	能操作液压龙门吊，持有专业资格证书
6	专职安全员（或兼职安全员）	1	有现场工作经验，熟悉《电力建设安全工作规程》，责任心强，忠于职守，有安全员证

4.1.4 工机具准备

编制要点：

（1）明确该项作业使用到的工器具和保障人身安全使用到的劳保用品的数量及要求达到的条件；

（2）编制顺序为测量类工具、直接类作业工具、间接类临时工具、人员安全保障类工具、环境安全保障类工具。

示例：

序号	名称	规格	精度等级	单位	数量	备注
1	钢卷尺	50m	1mm	把	1	完好
2	盒尺	5m	1mm	把	1	完好
3	行车	50t/5t		台	2	完好

续表

序号	名称	规格	精度等级	单位	数量	备注
4	汽车吊	QY50K		台	1	完好
5	板车	20t		辆	1	完好
6	液压龙门吊	350t		套	2	每套四台顶升器
7	箱型梁	#700，$L=10m$		根	8	临时平台
8	搁箱	1×1×1m		块	20	推移基础及临时平台
9	钢丝绳圈	ϕ90×10m		根	4	主吊钢丝绳
10	钢丝绳扣	ϕ21.5×20m		对	1	吊装系统布置
		ϕ19.5×20m		对	1	小件吊装
11	钢丝绳鞍座	994mm×338mm×418mm		个	4	与扁担梁配合
12	路基箱	6m×1.5m×16cm		块	20	推移轨道基础处理
13	滑靴	200t		只	1	小坦克
14	钢板	5m×1.5m×4cm		块	2	平板车地基处理
15	钢板	5m×1.5m×6cm		块	2	平板车车板加固
16	集控千斤顶	150t		只	4	设备顶升
17	液压推缸	30t		只	2	推移动力
18	重物移运器	150t		只	4	完好
19	链条葫芦	1t		个	2	完好
		3t		个	2	完好
		5t		个	4	完好
		10t		个	2	定子转向
20	卡环	5t		个	4	完好
		10t		个	4	完好
21	大锤	14磅		把	1	完好
22	手锤	4磅		把	1	完好
23	对讲机			部	5	带5块备用电池
24	线轴	220V，50m		个	1	完好
		380V，50m		个	1	完好
25	撬棍	1m		根	2	完好
26	角磨机	ϕ100mm		台	1	完好
27	道木	2500mm×220mm×160mm	—	棵	50	完好
28	半圆管	—	—	个	10	完好

序号	名称	规格	精度等级	单位	数量	备注
29	磨片	$\phi100mm$	—	片	20	完好
30	切片	$\phi100mm$	—	片	10	完好
31	麻绳	$\phi20\times30m$	—	根	2	完好
32	工具袋	—	—	个	1	完好
33	警戒旗	—	—	m	200	完好
34	安全帽	—	—	顶	10	保证每人一顶
35	安全带	—	—	条	8	完好
36	防砸鞋	—	—	双	10	保证每人一双
37	海员手套	—	—	副	30	完好
38	干粉灭火器	5kg	—	个	2	完好
39	急救箱	—	—	个	1	完好
40	安全警示牌	—	—	套	1	完好
41	防护眼镜	—	—	副	2	完好

4.1.5 施工环境

编制要点:

（1）明确该项作业环境文明需达到的要求;

（2）明确需终止该项作业的条件;

（3）明确设备保护采用的措施。

示例:

（1）在定子就位的路段无其他杂物影响，并且需对路面进行加固。

（2）起吊定子前，调相机房吊物孔安全围栏临时拆除，待定子吊装完毕后，再行恢复。

（3）定子吊装过程中，调相机房屋架上禁止一切作业。

（4）在定子卸车位置至吊物孔起吊位置的推移路线上，搭设道木垛作为定子推移基础，并在道木垛上铺设钢轨作为定子推移轨道。

（5）在吊物孔定子侧至定子就位位置路线上，铺设路基箱及液压龙门吊专用轨道。

4.2 施工方法及要求

编写要点:

（1）根据该项作业内容按逻辑关系分节点按工序编制;

（2）明确该项作业工序所使用的主要工具需满足的条件;

（3）明确该项作业工序之间的逻辑顺序及相应步序;

（4）明确该项作业工序关键技术数据；

（5）为满足该项作业工序采取的保证措施。

示例：

4.2.1 定子卸车及推移

（1）先利用液压千斤顶将定子卸车，随后定子沿推移轨道推移至调相机房入口通道处，使吊物孔定子纵向中心线与运转层基础纵向中心线重合。作业期间需做好防护措施，防止碰坏基础及短柱等设施。

（2）运输车辆带定子进入现场卸车区域。

（3）在定子包装架两侧分别设置 4 只 150t 集控液压千斤顶。用千斤顶将定子顶起直至其包装架底平面离路基箱上平面 100cm 左右，将两根钢轨分别插入定子包装架底板下方，并在钢轨上安装 4 只滑靴。同时在钢轨上涂抹黄油，用于减少轨道与滑靴之间的摩擦力。

（4）同时松下 4 只集控千斤顶，使定子完全落在滑靴上。

（5）开动液压推缸，水平推移定子沿轨道到达调相机房入口通道（使其纵向中心线重合）后停止推移。

（6）推至预定位置后，通过液压千斤顶顶升定子后，抽出钢轨后，再回落液压千斤顶将定子落至枕木垛后。

1）定子卸车示意图如图 3-2 所示。

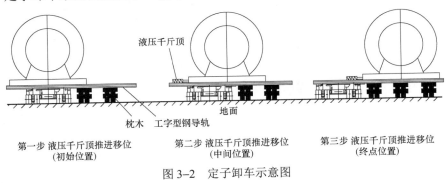

第一步 液压千斤顶推进移位　　　第二步 液压千斤顶推进移位　　　第三步 液压千斤顶推进移位
　　　（初始位置）　　　　　　　　　　（中间位置）　　　　　　　　　　（终点位置）

图 3-2　定子卸车示意图

2）定子平移示意图如图 3-3 所示。

4.2.2 定子吊装就位

（1）将多块 750×180×30cm 的路基箱拼接搭设成临时平台（平台高度 4.5m），拼接处可做临时焊接以加固其稳定性。

（2）在临时平台上拼装液压龙门吊，先提升液压龙门吊将定子提升至其底面超过 4.5m 基础 500mm，随后开动液压龙门吊将定子水平推移至定子基础上方，最后下降液压龙门吊将定子吊装就位。

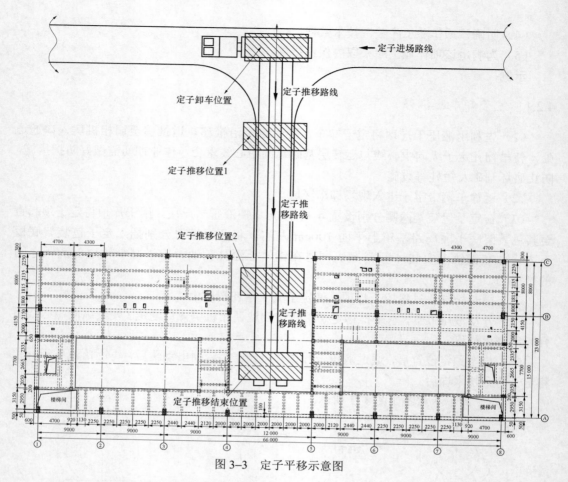

图 3-3　定子平移示意图

1）定子吊装就位示意图如图 3-4 所示。

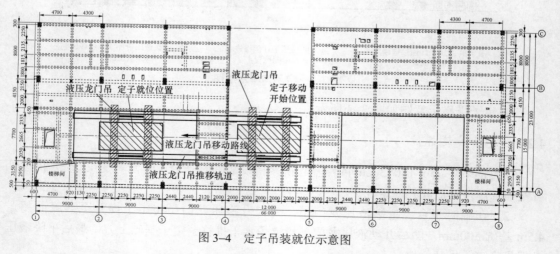

图 3-4　定子吊装就位示意图

2）液压龙门吊临时平台搭设和定子吊装就位示意图如图 3-5 所示。

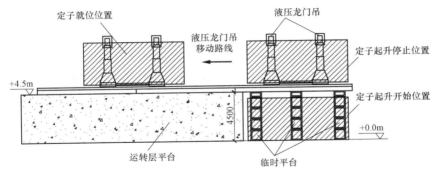

图 3-5 液压龙门吊临时平台搭设和定子吊装就位示意图

4.2.3 吊装系统拆除

拆除前检查：定子找正就位后，检查各结构件的变形是否恢复，各缸活塞是否回到零位，施工所用工器具是否准备齐全、完好，配合机械是否检验合格并协调到位，待一切符合要求后准备进行拆除作业。

液压顶升装置拆除：将整套吊装系统平移到 4 轴和 5 轴之间的检修场地用行车和 50t 汽车吊配合将吊装系统各部件拆除并倒运至指定位置，做到"工完、料尽、场地清"。

5 质量控制要求

编写要点：根据该项作业特性结合质量评价标准内容确定该项作业控制点及见证方式。

示例：

5.1 质量控制点设置

序号	作业控制点	检验单位				见证方式
		班组	专业公司	项目质检部门	监理	
1	吊装系统安装	★	★	★		S
2	定子吊装前检查	★	★	★		H
3	定子移运	★	★	★	★	R
4	定子吊装	★	★	★	★	R
5	吊装系统拆除	★	★			S

注　R—记录确认点；H—停工待检点；S—连续监视监护。

5.2 质量标准及要求

编写要点：根据确定的质量控制点和相应的验收标准明确关键控制数据。

示例:

序号	项目名称	验收标准(关键控制数据)
1	吊装系统安装	液压顶升装置中心线与轨道梁中心线重合,轨道梁中心间距为 9800mm(误差小于±5mm),摆放水平高差不大于 1mm,定子轴向上 2 台液压顶升装置根据定子吊耳的位置布置,中心间距为 4960mm
2	定子吊装前检查	定子绷钩前安装好吊耳,并全面检查定子外观满足吊装要求
3	定子移运	移运轨道布置符合施工方案要求,保证定子移运可靠、安全
4	定子吊装	定子吊装时定子水平上升,移动过程平稳可靠,定子顺利吊装就位,无磕碰和磨损现象
5	吊装系统拆除	严格按照施工方案要求逐次拆除,拆除的螺栓编号分类,其他部件整理并分类入库保存

6 安全和环境控制

6.1 作业的安全危害因素辨识和控制

编写要点:
(1)根据该项作业工序分别列出危险点;
(2)根据相应危险点编制预防措施。
示例:

序号	危险点描述	预防措施
吊装系统安装		
1	吊装系统布置区域有障碍物,安装工作不能顺利进行	作业前清理场地,吊装系统布置区域要平整坚实,地耐力满足 20.6t/m² 要求
2	非专业人员操作液压顶升装置发生危险	液压顶升装置由厂家专业人员调试运转正常
3	扁担梁吊装过程晃动磕碰构筑物	扁担梁安装前拴好溜绳,防止与周围构筑物发生磕碰
4	安装过程磕碰油管、接头	安装过程中缓慢动作,防止磕碰油管、接头等
定子移运		
1	定子转运过程地面承载力不够,定子下沉	定子转向系统下方的地面应经过处理保证其坚实、平整
定子吊装		
1	定子运输板车行走区域地面不坚实有孔洞沟槽等	定子运输板车行走区域必须保证坚实、平整,下方无不明坑洞及沟槽
2	定子卸车时,未解除定子与运输板车的连接,发生设备损坏	定子卸车时,定子与运输车之间的附属连接装置必须全部解除后方可起吊,防止吊装超载
3	定子吊装过程中,吊装系统下方有人员逗留	定子吊装过程中,吊装系统下严禁站人,并设专人进行监护
4	液压顶升装置的垂直度误差过大发生危险	液压顶升装置的垂直度要设专人监护,发现偏差立即采取措施补救

续表

序号	危险点描述	预防措施
5	定子起吊后水平移动时动作过快定子失稳发生事故	定子的起吊及水平移动过程，动作一定要缓慢，要保证定子始终保持水平，以防止受力不均发生偏移
6	定子水平移动前未插锁销发生危险	定子水平移动前插好液压顶升装置锁销
7	液压顶升装置在顶升和行走过程中4个千斤顶不同步	液压顶升装置在顶升和行走的同步性要设专人监控，确保4个千斤顶动作同步
定子吊装系统拆除		
1	吊车操作过快，磕碰吊装设备	吊装设备时吊车动作要平缓，施工人员监护到位，防止磕碰事故发生
2	轨道梁连接螺栓未拆除，吊装超载	轨道梁拆除前检查解除轨道梁间的连接螺栓是否拆除，螺栓拆除完毕后方可拆除轨道梁
3	轨道梁拆除时磕碰厂房立柱和定子基础	轨道拆除时要有专人监护轨道与厂房立柱和定子基础间距
4	拆除过程中损坏油管、接头	拆除过程中缓慢动作，防止磕碰油管、接头等
通用安全控制要点		
1	施工机械选择不合理，机械超负荷作业	根据施工要求合理选择作业的配合机械，严禁超负荷作业
2	施工前工具检查不到位，施工使用不合格工具	施工前全面检查工机具，检查合格后方可使用
3	未参加交底，对所施工项目不清，损坏设备	施工前，施工人员必须参加交底，熟悉施工过程
4	辅助吊车作业场地松软，有障碍物	施工场地坚实平整，必要时垫路基板，清除障碍物
5	施工照明不足	施工照明不足禁止施工
6	遇5级及5级以上大风、雨等恶劣天气在室外作业，造成人员伤害	遇5级及5级以上大风、雨等恶劣天气禁止在室外作业
7	施工区域未拉设警戒线无关人员或车辆进入施工区域，交叉作业	施工前作业区域拉设警戒线，警戒区域内的相关方的物料必须移走或者禁止人员进入警戒区域施工或取料，避免交叉作业
8	通信不畅，司机误操作、误动作	指挥人员应站在吊车司机能看清指挥信号的安全位置用哨子或对讲机明确指挥，司机严格按信号动作，信号不明不动作
9	高处作业不系或不正确使用安全带	高处作业人员必须正确佩戴安全带，并将安全带系在牢固可靠处
10	在吊装物下接料或逗留	严禁在吊装物下接料或逗留
11	起吊大件不规则的物件时，没有在吊件上拴好牢固的溜绳	吊装大件不规则的物件时，必须在吊件上拴以牢固的溜绳
12	起吊重物时，吊物上有人或有浮放物	吊物上有人或浮置物时严禁起吊
13	高处起重作业，吊点不合理导致起重机械或卡索具超负荷	明确吊点，合理使用起重机械，正确选择卡索具并合理使用，作业要由专人进行监护
14	高处作业区的平台走道等未按要求装设防护栏杆、踢脚板、安全立网装设不齐	平台走道、布道必须装设防护栏杆、踢脚板、安全立网等，检验合格挂牌后方可使用

序号	危险点描述	预防措施
15	高空不便作业处未搭设临时作业平台	高空不便作业处搭设符合要求的临时作业平台
16	人员私接乱拉电源	禁止私接乱拉电源，由专业电工接线
消防安全控制要点		
1	作业人员现场吸烟引起火灾	作业现场严禁吸烟
2	作业使用明火为防护到位引起火灾	动火作业必须办理作业票并设专人监护
3	交叉作业火花掉落引起火灾	明火作业铺设防火毯
4	施工现场清理不彻底引起火灾	施工完毕，清理现场确保无火种、设备断电
5	无消防通道或通道堵塞引起火灾失控	消防器材放置通道必须畅通
6	作业人员不懂消防知识引起火灾失控	所有作业人员必须经过消防培训考试合格后方可上岗

6.2 环境条件

编写要点：

（1）明确作业过程中容易出现影响环境且不易处理的事件点；

（2）根据确认的事件点明确相应的预防措施。

示例：

序号	危险点描述	预防措施
1	施工过程中造成的废油布、油手套等废弃物乱扔	将施工过程产生的废油布、油手套等废弃物放到指定位置
2	起重机内燃油、液压油等跑、冒、滴、漏	检查容器完好情况，控制油泄漏、渗漏

6.3 应急处置预案

编写要点：

（1）明确应急处置预案流程；

（2）明确应急处置预案组织机构；

（3）明确组织机构中各职务职责；

（4）根据该项作业内容明确可能出现的事故，并明确各事故预防措施及处理措施。

示例： 本预案是为了对潜在的人身伤亡、机械事故等其他突发事件进行预案分析并采取合适的响应，以减少和预防事故的发生，以及在事故发生后及时报告、迅速有序地组织救助和事后处理，以最大程度降低事故所造成的损害。对各类可能引发重大突发事件的情况要及时进行分析、预警，做到早发现、早报告、早处理、早控制。

6.3.1 "突发事故应急工作小组"名单

"突发事故应急工作小组"名单

序号	姓名	应急职务	联系电话
1		组长	
2		副组长	
3		副组长	
4		副组长	
5		组员	

6.3.2 应急工作小组职责

应急小组组长负责事件发生后协调各部门,对抢救工作进行总体安排和部署,并对上级单位的调查进行配合;应急领导小组第一副组长负责现场人员抢救工作,第二副组长负责调查并组织上报相关信息,第三副组长负责在现场接待、安抚好受伤人员家属;应急小组其他成员配合组长和副组长开展应急抢救工作。

6.3.3 应急项目

经分析研究认为,可能存在以下几项重大事故及紧急情况的危险源:① 吊装绳索具断裂;② 吊车倾覆;③ 物体打击;④ 高处坠落。

6.3.4 应急信息传递流程图及电话号码

发现人→通知现场负责人→应急小组组长

火警:119

急救:120

6.3.5 应急措施

6.3.5.1 吊装绳索具断裂

事故的性质与后果:吊装绳索具断裂造成吊车倾覆,形成吊车、设备损坏,以及人员伤亡。

(1)吊装绳索具的使用严格按照方案的要求选用,绳索具有合格证并已报验,使用前检查钢丝绳应完好无损,无断丝存在,卸扣、吊装平衡梁、滑轮组经检查合格;

(2)钢丝绳使用时注意避免棱角;

(3)当发生事故时迅速报告上级领导,如有人员伤害,打120叫救护车或与办公室联系车辆送伤员去医院;

(4)管理者在接到报告后各自进入位置,按应急小组组长指令和应急预案职责、程序开展各种急救工作，组织抢险。

6.3.5.2 吊车倾覆

事故的性质与后果：由于地基沉降或在抬吊时指挥或操作不当，造成吊车倾覆。

（1）在吊车的站位处进行基础换填分层夯实，满足吊装要求；

（2）当进行吊装作业前，吊车司机和起重指挥对指挥信号进行沟通，在吊装时听从指挥；

（3）设备在正式起吊前，先进行试吊，将重物吊离地面 100～150mm 后停止提升，观察起重机的稳定性、制动器的可靠性；

（4）重物起升和降落速度应当要均匀，严禁忽快忽慢和突然制动；

（5）吊车趴杆时要缓慢，要有专人进行观察，防止吊车臂杆与钢结构框架或设备与钢结构框架相碰发生危险；

（6）当发生事故时迅速报告上级领导，如有人员伤害，打 120 叫救护车或与办公室联系车辆送伤员去医院；

（7）各级管理者在接到报告后各自进入位置，按应急小组组长指令和应急预案职责、程序开展各种急救工作，组织抢险。

6.3.5.3 物体打击

事故的性质与后果：由于交叉作业、防护措施不齐全，以至于物件从高空坠落，造成人员发生个体或群体轻伤、重伤、死亡。

（1）发现者先将受伤者移出危险区域，用现场急救药品做必要的急救；

（2）迅速报告上级领导，同时打 120 叫救护车或与办公室联系车辆送伤员去医院；

（3）各级管理者在接到报告后各自进入位置，按应急小组组长指令和应急预案职责、程序开展各种急救工作，组织抢险；

（4）保卫部门及时用绳子或栏杆进行区域维护，悬挂禁止入内警示牌，安排值班人员。

6.3.5.4 高处坠落

事故的性质与后果：操作者可能从临边、设备等处坠落，可能造成个体和群体轻伤、重伤、死亡。

（1）发现有人坠落，发现者立即将人移出危险区域，用现场的急救药品进行急救；

（2）迅速报告上级领导，同时打 120 叫救护车或与办公室联系车辆送伤员去医院；

（3）各级管理者在接到报告后各自进入位置，按应急小组组长指令和应急预案职责、程序开展各种急救工作，组织抢险；

（4）保卫部门及时用绳子或栏杆进行区域维护，悬挂禁止入内警示牌，安排值班人员。

7 附录

编写要点：

（1）补充相关计算；

（2）补充液压龙门吊的特种设备资质。

7.1 液压龙门吊示意图

液压龙门吊示意图如图 3-6 所示。

图 3-6　液压龙门吊

7.2 液压龙门吊计算参数

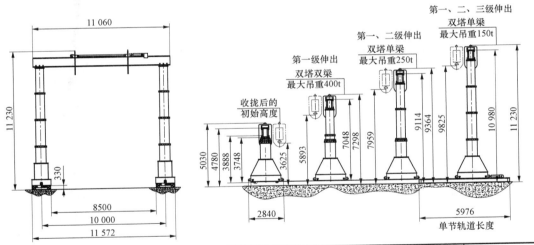

名称	350t 液压门式起重机	使用压力	21MPa	起升高度（m）	起重能力（t）
		电动机功率	15kW	7.048	426
		额定电流	31.5（A）	9.114	258
自重	19t/支腿	平均压强	15kg/cm²	10.98	158

（1）一组门架由 2 支液压腿与一根承重横梁组成，单支液压腿重量 19t；承重横梁重量 16t。

（2）液压门架工作提升行程高度：7.048～10.98m；间距 10m，单台龙门吊的提升载荷 158～426t；液压腿的宽度 2.84m，厚度 1.5m。

（3）工作轨道：每件长 6m，宽 1.2m，高 0.3m，重量 2.4t。

（4）液压龙门吊作业区域路面承载能力需达到20t/m²。

7.3 液压龙门吊特种设备合格证

液压龙门吊特种设备合格证如图3-7所示。

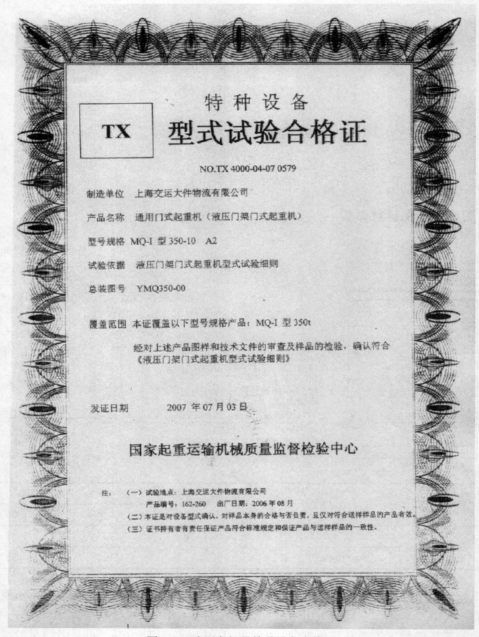

图3-7 液压龙门吊特种设备合格证

第四章

调相机吊装作业指导书
（液压提升法）

目　次

1 工程概况和主要工作量

编制要点：

（1）明确调相机的尺寸、重量，简述吊装流程，介绍吊装设施以及吊法的优点等。

（2）明确调相机吊装主要工程量及工期。

示例：

1.1 工程概况

扎鲁特换流站调相机工程 1、2 号调相机由哈尔滨电机厂有限责任公司生产，其型号为 QFT-300-2，额定电压 20kV，额定容量 300Mvar，额定转速 3000r/min，额定频率 50Hz。调相机净重 280t，毛重 308t（包含运输架后重量），调相机的外形尺寸：长 9.08m，宽 4.81m（含吊耳宽度），高 3.91m。

液压平板车从检修通道位置缓缓倒车进入提升装置下方，用液压提升装置卸车，置于转向盘上转向 90°，再次提升至运转层高度，水平拖运至调相机基础位置上方，缓缓下降就位。

吊装采用的是钢索式液压提升装置，主要包括液压千斤顶、液压泵站、电气控制柜、高压胶管、信号电缆、上下锚头、钢索、卡爪等部套件。系统基本配置为四个千斤顶单元，单台千斤顶额定载荷 200t，额定速度：6～10m/h。该装置重量轻、占用场地小、起重能力强、主承载机构为机械自锁，安全可靠。负载升降平稳，可通过各种工况下的负荷升、降与停留并随时转换来实现调相机吊装的升降及移动。

提升系统具有多缸同步运行和单缸调整等功能。多缸同步运行功能保证调相机在提升过程中保持水平。若出现异常发生调相机不平现象，可通过单缸运行来进行调整，直至调相机调平为止再同步提升四只液压千斤顶。

液压提升装置吊装调相机，该方案安全性能好，自动化程度高，负荷稳定性好，冲击和震动小，带载升、降或停留的随时转换性能可靠，电气操作面板上，系统动作工况均有显示，清晰直观，有利于工作人员正确操作和指挥，装置设有故障自动报警并自动停止运行保护，便于及时检查处理，同时系统能自动闭锁，安全可靠。液压提升装置使用的提升承力件为钢索，本装置选用结构形式为 1×7-ϕ15.2 的高强度预应力钢绞线作为提升承力件。

1.2 工程量和工期

1.2.1 主要工程量

定 子 吊 装 参 数

名称	外形尺寸（mm）	数量	重量	吊装工艺	备注
定子	8850×3900×3850	2	285t	液压提升装置	就位于 4.5m 运转层平台

1.2.2 施工工期

吊具组装、空载试验 10 天，吊装就位 1 天，吊具拆除 5 天。

2 编制依据

编制要点：列清工作所依据的规程规范、文件名称及现行有效版本号（或文号），按照国标、行标、企标、工程文件的顺序排列。

示例：

（1）DL 5009.1—2014《电力建设安全工作规程　第 1 部分：火力发电》

（2）DL 5190.3—2012《电力建设施工技术规范　第 3 部分：汽轮发电机组》

（3）DL/T 5210.3—2009《电力建设施工质量验收及评价规程　第 3 部分：汽轮发电机组》

（4）《调相机工程施工质量验收规程　第 2 部分：调相机安装验收》

（5）《工程建设标准强制性条文》电力工程部分（2011 年版）

（6）《国家电网公司基建安全管理规定》[国网（基建/2）173—2015]

（7）液压驱动装置的调试制造厂说明书

（8）哈尔滨电机厂有限责任公司调相机安装图纸及说明书

3 工艺流程

编写要点：

（1）与实际工作步骤一一对应；

（2）工艺流程作业步序名称与作业程序对应。

示例：工艺流程图如图 4–1 所示。

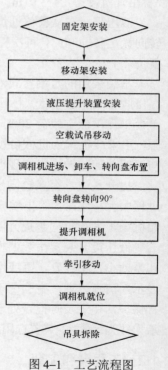

图 4–1　工艺流程图

4 作业程序

4.1 作业前的条件和准备

编写要点：明确作业前的人、机、料、法、环。

4.1.1 技术准备

编制要点：明确该项作业内容技术准备内容。

示例：

（1）在组织施工前依据施工方案进行技术交底。技术交底内容要充实，具有针对性、指导性及操作性，全体参加施工的人员都要参加交底并签名，形成书面交底记录。

（2）施工技术交底要求：

1）技术交底应在项目开工前进行，所有参加作业人员必须参加交底。

2）施工交底应着重交代本工程的技术要点及注意事项，对工序应详细介绍，必要时要图文说明。

3）施工交底中应详细交代安全注意事项。

4）施工交底结束后应立即整理成文，并及时送交有关部门审阅、存档。

4.1.2　工序交接

编制要点： 明确该项作业内容直接发生关系环节。

示例：

（1）主厂房检修场地及相应运转层平台处无影响定子吊装的障碍物。

（2）施工所需的配合机械检验合格并协调到位。

（3）定子检查完毕，确认无误，满足卸车和吊装条件。

（4）定子就位基础平台经验收合格，具备定子就位条件。

（5）定子由运输板车运至指定起吊位置（定子径向中心线与就位轴向中心线重合位置），施工区域应平整、坚实，保证下方无不明沟漕或坑洞，起吊上方无影响定子提升的障碍物。

4.1.3　人员资质

编制要点： 明确人员岗位、岗位职责及人数。

示例：

人 员 配 置 表

序号	岗位	人数	岗 位 职 责
1	总指挥	1	负责吊装过程的组织协调工作
2	安全负责	1	负责全过程的安全监督、文明施工工作
3	技术负责人	1	负责技术支持，方案编制、交底及相关数据记录
4	起重指挥	1	负责吊装过程的具体步骤指挥
5	行车司机	1	负责吊装过程行车的配合工作
6	起重工	4	负责调相机的起吊、转向、牵引以及就位工作
7	安装工	5	负责起吊过程中的辅助工作
8	电工	1	负责吊装过程中现场施工用电
9	架子工	1	负责脚手架搭设与拆除
10	监护	6	负责固定架、轨道梁、液压提升装置的监护

4.1.4 工器具准备

编制要点：列出涉及作业中需要使用到的计量器具、工器具、吊具等。

示例：

施工主要吊具、工器具

序号	名　称	数量	序号	名　称	数量
1	液压提升装置	1 套	10	箱形梁	2 根
2	可承载 550t 轨道梁	2 根	11	焊机	1 台
3	可承载 400t 轨道梁	2 根	12	葫芦	8 只
4	固定架立柱	8 根	13	ϕ28mm 钢丝绳 14m	2 根
5	转向盘	1 台	14	35t 卸扣	4 只
6	端梁、斜撑梁	若干	15	水准仪	1 台
7	20t 滑轮组	2 套	16	50m 标准卷尺	1 只
8	5t 导向滑轮	4 个	17	常用工具	1 套
9	走道板	6 块	18	对讲机	4 部

4.1.5 施工环境

编制要点：明确作业准备内容。

示例：

（1）参加作业人员组织配备齐全并已就位。

（2）作业需用的工器具、吊具已准备齐全，可投入使用。

（3）厂房行车安装调试验收合格，并取得合格证书。

（4）调相机台板已就位，地脚螺栓初步预紧工作完成。

（5）调相机二次灌浆内挡板已安装。

（6）做好吊装前及就位后调相机基础沉降观测记录工作。

（7）运输通道畅通，满足液压平板车的行驶及回转，道路全程平整坚固可靠。

（8）调相机吊装期间用电需确保供电可靠，有专人值班，检查并确认电源供给的可靠性、线路上无超载及断电故障的可能性，起吊过程中，同一供电线路上的其他大功率用电机械及用电设备临时切断。

（9）调相机平台预埋 4 只孔洞，孔洞尺寸大小 1.2m×1.2m（如图 4-3 所示）。

（10）在调相机基础承台上平面、基础承台两侧、平台立柱上平面预埋 24 块铁板及 12 根螺栓，保证固定架的稳定（如图 4-4 所示）。

4.2 施工方法及要求

编写要点：根据规范、技术要求详细描述。

示例：

4.2.1 固定架安装

（1）画出走道板布置位置，下挖约 1m（具体下挖深度需测量调相机基础预埋铁板标高后重新确定），夯实后压实系数达到 0.96。用行车将 6m×3m 的走道板放置到位，两侧走道板上各放一根尺寸 8.7m×1m×1m 的箱形梁，走道板及箱形梁上平面要保证水平，箱形梁与走道板要接触密实，箱形梁与走道板之间焊接（如图 4-5 所示）。

（2）在箱形梁上平面画出 4 根立柱的摆放位置，用行车将立柱放置到位焊接。

（3）调相机区域立柱在调相机基础承台上，因宽度不够从−1m 加钢立柱至 4.5m 层，将调相机基础区域的 4 根立柱吊至预定位置，紧好螺栓，立柱与预埋铁板焊接。

（4）在立柱吊装前须在距立柱顶部 1.5m 处搭设环形脚手架作为施工平台，并布置软爬梯至立柱根部，以供施工人员在立柱吊装就位后松钩及轨道梁安装工作。

（5）轨道梁分为两段，每段长 15.5m，轨道梁全程长 31m。吊装轨道梁与立柱之间使用螺栓和压板进行连接固定。吊物孔上方的两根行走梁为海阳核电发电机定子吊装梁，可承载 550t，调相机上方的两根行走梁为福建晋江燃机吊装梁可承载 400t，立柱为 400t 吊装架立柱。

（6）轨道梁全部就位后，连接全部轨道梁，调整轨道梁中心线距离为 6.15m（全行程至少测量 3～4 个断面），轨道顶标高为+9.5m，接头处轨道光滑过渡，并采用水平尺检查全程轨道水平度。

（7）吊装轨道梁之间的端梁与立柱连接，端梁为槽钢结构，为轨道梁提供侧向支撑。

（8）为保证支柱与轨道梁下翼板贴合紧密，可以在结合面适当位置放置垫片。

（9）为保持固定架稳定，两侧面立柱与行走梁打斜撑，中间两排立柱之间剪刀撑，形成井架形，行走梁两端横梁连接，斜撑、剪刀撑使用 20 号工字钢（如图 4-6 所示）。

（10）固定架附件安装：安装固定架护栏、平台铺板等。

4.2.2 移动架安装

（1）将两根千斤顶承载梁吊至轨道梁上，之间用横梁连接，形成一框架形，在两根千斤顶承载梁下方固定 8 只 60t 重物移运器，重物移运器两侧面焊挡板行走不脱轨（如图 4-7 所示）。

（2）千斤顶支座用于安装钢索式液压提升装置的千斤顶，千斤顶支座的连接距离根据调相机吊点位置进行调整，调整结束后拧紧压板的螺栓。

4.2.3 液压提升装置安装

4.2.3.1 钢索式液压提升装置现场布置

在地面按厂家要求进行现场调试、试验（负荷试验除外）并安装卡爪，调试合格后进行设备安装。

（1）电气控制柜放置：电气控制柜布置在移动架平台的中心位置，中心与两轨道梁的中心线重合。

（2）千斤顶和液压泵站布置：千斤顶直接布置在千斤顶支座上，液压泵站直接对称布置在电气控制柜两侧适当位置。每只液压千斤顶和液压泵站的布置，均以电气控制柜为中心，按吊点编号顺序排列就位，液压千斤顶与下锚头吊点编号保持一致，以便统一指挥和操作。

（3）电缆连接：按各千斤顶的编号（Ⅰ、Ⅱ、Ⅲ、Ⅳ）对应连接液压胶管和电气信号电缆。

（4）在厂房 4.5m 层 4 号轴线处布置 1 只 380V 动力电源柜，在提升时由液压提升装置专用，使用电缆连接电源柜与各液压泵站，动力电源电缆规格为：3×25+2×16。电气控制柜电源由泵站提供，接线结束后点动液压泵站电动机确认转向是否正确。

4.2.3.2 液压提升装置安装

（1）配置、切割钢索。钢索以盘卷状态供应，根据厂家设计要求现场使用砂轮切割锯切割为 96 根。钢索不同于一般起重用的钢丝绳，在定子吊装过程中，应保证钢索在自然直线状态下受力。导向架对钢索起导向作用，调整时，需要保证最外侧钢绞线伸出方向与导向架圆弧板基本相切。

（2）穿钢索。在行走架操作平台下方搭设脚手架作为施工平台，安装人员由下而上进行穿装钢索。穿装钢索时，上、下卡爪的打开，可用撬杠在提爪板两对称位置撬起，然后垫上适当的物体，穿进千斤顶的钢索探出钢索导向架的长度以 400mm 为宜，且应尽可能均匀。

（3）安装下锚头。下锚头是承载钢索与吊装件连接的关键部件。安装前，下锚头锥孔要预先擦净，然后在锥孔内均匀地薄薄抹上一层 3 号二硫化钼锂基润滑脂。穿入下锚头的钢索一定要十分仔细地检查，使每根钢索在液压缸上的位置与下锚座孔位一一对应。每个锚头做完后，必须立即定位防止下锚头再次打转。

（4）钢索预紧力的调整、导向架与上锚头的组装。确认千斤顶上、下卡爪已锁紧钢索后松开上锚头，用紧线器卡住钢索挂在 1t 手拉葫芦上，并将拉力计串接在其间。对每根钢索进行预紧，加力 2～3kN，反复多次轮流预紧，使每个千斤顶的 24 根钢索均匀受力。每根钢索预紧后，卸下紧线器之前，要用人工轻轻敲击相应的上下卡爪，使其锁紧，然后卸下紧线器。完成钢索预紧后，将伸出导向架的钢索用上锚头固定，其组装方法与下锚头类似。上锚头不承受负荷，如遇大风等恶劣天气，应将上锚头固定，以防钢索随风鞭击受损。

（5）液压提升装置安装完成后，将专用吊耳板与装置的下锚头吊架连接。吊耳板为提升装置配套定子吊装配套专用吊耳板，共 4 只，单只承载力为 200t。吊耳板上端小孔用于与液压提升装置的下锚头吊架连接，下端大孔用于套住定子吊攀。吊耳板详图如图 4-2 所示。

4.2.4 空载试吊、移动

（1）移动架在轨道上进行空载移动检查，确保行走空间无障碍，电缆铺设满足行走要

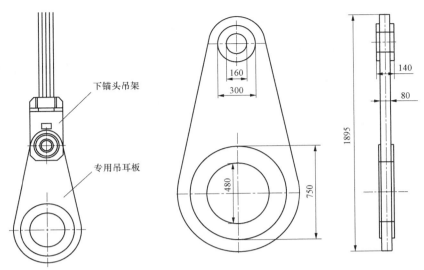

下锚头吊架

专用吊耳板

图 4-2　吊耳板详图

求。并模拟牵引过程，所有指挥监护人员到位。使用两只 5t 手拉葫芦将行走架拉至 4 号轴线处轨道梁端部，再使用两台 JM-5t 卷扬机将移动架牵引至 1 号轴线处轨道梁端部。两台 5t 卷扬机滚筒卷速均控制为 10m/min，分别通过 8 倍增力的滑轮组变速后，行走架移动速度为 10/8=1.25m/min。

（2）液压提升装置空载试吊：吊装高度空间无阻挡、各岗位人员分工到位、通信畅通、设备一切正常、泵站油箱在油标范围以内，检查无误后，总指挥命令电气控制柜的操作人员开机。液压提升装置由一名操作人员控制，并启动各泵站运行 15min 后，正常后，进行空负荷运行，提升和下降吊耳板一个行程，为 200mm，反复三次无异常后即可带负荷提升。

4.2.5　调相机进场、卸车、转向盘布置、转向

（1）液压平板车到达主厂房外，从检修通道位置缓缓倒车进入提升装置下方，倒车时要求平板车上调相机纵向中心线与提升装置中心线一致，到达指定位置停车。

（2）将四只吊耳板套在定子的四只吊耳上。并再次检查下卡爪连接情况，有无被震松动的卡爪、有无三片卡爪挤向一边而另一侧间隙过大的情况。如果有，卸下此组卡爪重新安装。当确认各组卡爪都均匀分布、吃力均匀地咬住了钢绞线后，要立即压上下锚头压板，拧紧压板螺栓。

（3）根据调相机重量，估算出所需泵站系统压力。按比例进行逐级加载（20%、40%、60%、80%、100%），每个载荷级别停留一段时间。将调相机提升吊离平板车 50mm 后停止提升，期间对提升装置及整个吊装情况进行全面的检查，认真检查吊装构架的构件有无变形，如出现异常，立即放下调相机进行处理，处理完毕后再进行起吊。在起吊前测量各立柱底部标高，做好记录，在正式起吊前再次测量各立柱底部标高，无明显沉降方可正式起吊定子。

（4）液压平板车退出，转盘底部用两块 3m×6m 的走道板双拼，先放在吊物孔中心－1m，形成一块 6m×6m 的底板，上置一块 3.5m×6m 的走道板，中心一钢管作转轴，布置直径 3.4m 的钢珠带，钢珠直径 20mm。调相机吊起后，用运调相机的平板车将转盘的上板运到调相机下方，用手拉葫芦挂在调相机吊耳上拉住上板随调相机一同下落（如图 4-8 所示）。

（5）脱开吊耳板，将吊耳板提升 2m 高度。利用立柱生根，使用链条葫芦将调相机缓慢旋转 90°，使调相机纵向中心线与机组中心线重合。

4.2.6 提升调相机

（1）提升调相机约 50mm，悬停 10min。同时，检查液压千斤顶运行状态是否正常，检查各钢索是否受力均匀，轨道梁和液压千斤顶承载梁是否保持水平，调相机是否保持水平，同时使用水准仪测量立柱的标高。若有异常情况，应立即停止，查明原因且处理完毕后，重新进行本步骤的试吊工作。

（2）上述步骤完成后，缓慢将定子继续提升至 200mm，同时，再次检查上述各项内容。

（3）以上工序完成后，则由总指挥下达命令进行正式吊装。

（4）四只液压千斤顶同时提升，使调相机平稳上升。

（5）当调相机提升至底部超过 4.5m 层平台约 0.25m 时停止提升。

（6）提升过程中安排专人监护，固定架及定子状况监护 2 人，每只千斤顶位置各 1 人监护千斤顶及钢索绑扎。

4.2.7 牵引移动

（1）牵引前，再次检查确认移动架行走路线上无障碍物，轨道梁中心是否在同一直线上，土坦克是否有异常，检查牵引系统安装连接是否正确牢固。检查无误后，方可进行牵引移动。

（2）用两台固定于厂房 4.5m 平台的 5t 卷扬机配合滑轮组牵引行走架缓慢行走，将调相机至指定位置，使调相机纵横向中心线与调相机基础纵横向中心线重合。

（3）牵引过程中要求两侧同步，起重人员应严密监视土坦克在轨道上是否走偏，出现不同步或走偏时，马上停止牵引，进行调整处理。牵引时安排专人在移动架车轮前方准备好楔形木塞，一旦移动架发生溜车现象，立即用木塞制动（卷扬机及滑轮组转如图 4-9 所示）。

4.2.8 调相机就位

在调相机即将落在底板上之前，将准备好的调节垫片置于台板上，缓缓地将调相机放置到台板上，使调相机重量完全转移到台板上，调相机吊装就位完成。

4.2.9 吊具拆除

（1）移动架拆除：完成吊装就位后，将千斤顶卸荷，松开吊点下锚头，将钢索抽出，放至地面。停机，切断电源，拆卸电气信号电缆、油管和电源线，将移动架吊至 4.5m 层平台上，拆除液压千斤顶、液压泵站、电气控制柜，卸上、下锚头。各设备、部件拆卸时应严格按照厂家要求进行，收整好钢索和专用工具。

（2）固定架拆除：拆除顺序为轨道梁及端梁、立柱。各部件拆除时吊装方式与安装时相同。起吊前需确认起吊部件与其他部件无连接再起吊。

5   质量控制

5.1   质量标准

编写要点：简要描述吊装需要控制的质量标准。

示例：

（1）立柱吊装就位后，其整体垂直度允许偏差 $\leqslant H/1000$，且小于 25mm；整体弯曲度允许偏差 $\leqslant L/1000$，且小于 25mm。

（2）固定架轨道梁装配后，其对角线差值 $D_1-D_2\leqslant 5mm$。

（3）组装完成后，固定架、移动架各立柱顶端的轴线的水平偏差 $\leqslant 10mm$。

（4）轨道梁顶部的标高误差 $\leqslant 1mm$。

（5）两侧轨道梁中心距偏差 $\leqslant 5mm$。

（6）移动架两侧梁中心轴线的直线度偏差 $\leqslant 3mm$，轨道不允许有弯曲折线。

（7）设备无损伤，位置正确。

（8）基础凿毛深度以凿去表面浮浆层，露出混凝土层为宜。

（9）调相机支座接触面平整光洁，无毛刺、突起。

（10）提升装置安装过程中的涉及的高强螺栓施拧力矩应符合厂家要求见表 4-1。

表 4-1   螺 栓 施 拧 力 矩 要 求

序号	螺栓型号	级别	力矩要求
1	M20	10.9S	341N·m
2	M24	10.9S	600N·m

（11）提升装置组合焊接时，走道板与箱形梁焊接间距 200mm 分段焊接，其余焊接均满焊。

5.2   质量保证措施

编写要点：简要描述吊装如何控制质量标准。

示例：

（1）选派有经验的班组成员进行吊装作业，加强职工素质教育，牢固树立质量第一的意识，严格按照设计要求、施工规范、验收标准进行施工。

（2）明确岗位责任制，坚持自检、交接检、专职检三检制度，做到责任到人。

（3）实行技术交底制度，确保全员知行合一。

（4）及时、准确、完整的搜集各项工程技术资料。

（5）调相机的起吊就位工作应符合下列要求：① 调相机起吊就位前，必须有经过批准的技术方案和安全措施。② 如起重机械超负荷起吊或采用辅助起吊设施时，必须认真核算，并对起吊设施各部件进行周密的检查，作必要的强度和性能试验，所得结果均能满足起吊要求之后方可起吊，还应对与起吊有关的建筑结构进行试验，必要时应进行加固。

6　安全控制

编写要点：

（1）针对调相机吊装工作，列出对安全、职业健康、环保等方面的要求。

（2）编制应急预案，应详细到出现应急状况该如何控制。

示例：

6.1　安全措施

（1）所有人员必须经过三级安全教育，考试合格后方可进入现场作业。

（2）特种作业人员需持证上岗。

（3）现场的施工人员需正确使用安全劳保用品，尤其是高空作业人员需正确佩戴和使用安全带。

（4）每天开工前做好"三查、三交"工作，完工后施工现场做到"工完、料尽、场地清"。

（5）尽量避免交叉作业，不可避免时应有相应的安全保障措施，并定时检查。

（6）设备就位时，不要把头手等身体部位置于设备下方，以防被压伤。

（7）吊装前应核查调相机的实际重量及外形尺寸与设计相符，如有较大偏差，应重新校核吊具的强度。

（8）起吊前，对于调相机就位方向，应进行明显标识。

（9）专人监护，吊装调相机时，调相机下严禁站人或通过。

（10）整个吊装过程应缓慢进行，防止调相机发生碰撞现象。

（11）严格控制调相机起降高度，在落下调相机时，需注意下落速度，以免对转盘或台板造成过大冲击。

（12）液压提升泵站采用独立电源柜供电，安排专职电工监护电源柜，以防他人私接电源，并控制调相机厂房大负荷用电，确保电源可靠。

（13）高压胶管和电气信号电缆线，与构件捆扎牢固，并应注意避免阻碍通行和施工作业时吊件碰撞，以防管线碰坏、砸断和大风刮落。

（14）提升装置运行过程中，当连续作业时，每提升或下降 5m 高度检查一次，并给上、下卡爪加注润滑脂一次。

（15）在使用的过程中，若发生卡爪○形圈断掉的现象，可以使用气门芯或橡皮筋代替○形圈，但要使其握紧力与○形圈基本一致。

（16）提升过程中当各个吊点的负荷相差较大时，可以通过单缸运行来进行调整。

（17）当出现个别钢索不受力（松弛）时，应停机，使用紧线器再次预紧此根钢索，预紧力为单根钢索的平均受力。

（18）在进行带负荷下降操作前，应再次检查所有的卡爪及提爪螺钉，确认其工作正常后进行操作。

（19）当停止操作长时间悬停时，应将负荷转换到下承载机构上。

（20）吊装过程中，集控柜—千斤顶—泵站应通达方便，联络方便，周边无电焊、电动机作业，无异常响声，以便监视提升过程，发现故障并及时处理。

（21）在提升过程中，当液压提升装置运行出现阀失灵或动作不符合规定等异常情况时，应立即停止工作，及时与电气控制柜操作人员联系，检查原因排除故障。

（22）提升装置的承载机构具有可靠的自锁性能，如果施工吊装时电源中断、天气突变无法继续工作时，该装置可以承载悬停（负荷转化到下承载机构上）。

6.2　应急预案

6.2.1　应急小组

项目部成立调相机大件吊装应急领导小组，其下设应急办公室，应急办公室设在安全保卫科。

调相机大件吊装应急领导小组成员如下。

组长：刘怀平；

副组长：徐铮铮、秦正南、陈毅；

成员：司机、医务人员、电工等5人。

6.2.2　应急报告

调相机大件吊装期间，如果发生人身伤害事故、设备事故、机械事故等紧急情况下，应急事件获悉人员应采取最快的途径向项目部应急办公室汇报，也可向应急网络电话所属成员汇报，应急网络成员要向应急办公室汇报，应急办公室接报后，应立即向应急领导小组组长、副组长汇报，并根据事件的影响范围、严重程度、可能后果和应急处理的需要，通知相关部门和各应急专业组组长或负责人，采取应急措施。

6.2.3　应急控制

应急领导小组接到应急事件报告后，迅速成立应急指挥部，根据应急事件的具体情况，做出应急救援相关决策和部署，各专业应急小组组长或负责人根据应急指挥部部署按职责分工，立即组织召集专业小组成员，开展应急处理工作。发生重特大事故现场的各级人员是事故抢险的先期抢险队伍，在确保安全的前提下，采取正确有效的措施，利用现场一切可用资源开展抢险救援，避免事故的扩大。

6.2.4 本方案可能出现的应急事件及应急处理措施

6.2.4.1 创伤急救

（1）创伤急救原则是先抢救，后固定，再搬运，并注意采取措施，防止伤情加重或污染。需要送医院救治的，应立即做好保护伤员措施后送医院救治。

（2）抢救前先使伤员平躺，并判断受伤情况和程度，如有无出血、骨折、复合性外伤、脏器损伤和休克等。

（3）外部出血立即采取止血措施，防止出血过多而休克。外观无伤，但呈休克状态，神志不清或昏迷者，应考虑胸腹部内脏或脑部受伤的可能性。

（4）为防止伤口感染，应用清洁布片覆盖。救护人员不得用手直接接触伤口，更不得在伤口内填塞任何东西或随便用药。

（5）搬运时应使伤员平躺在担架上，腰部束在担架上，防止跌下。平地搬运时伤员头部在后，上楼、下楼、下坡头部在上，搬运中应严密观察伤员，防止伤情突变。

（6）如伤者伤口渗血，用较伤口稍大的消毒纱布覆盖伤口，然后进行包扎。如包扎后仍有较多渗血，可加绷带适当加压止血，但严禁使用电线、铁丝、绳子等进行止血。特殊情况下应每隔 15min 定时松放止血带，以防肢体血运不足。伤口出血呈喷射状或鲜红血液涌出时，立即用清洁手指压迫出血点上方（近心端），使血流中断，并将出血肢体抬高或举高，并合理使用止血带，以减少出血量。

（7）高处坠落、撞击、挤压可能有胸腹内脏出血，受伤者外观无出血但常表现面色苍白、脉搏细弱、气促、冷汗淋漓、四肢发冷、烦躁不安，甚至神志不清等休克状态，应迅速躺平，抬高下肢，保持温暖，速送医院救治。

（8）若送院中时间较长，可给伤员饮用少量糖盐水。电灼伤、火焰伤或高温汽、水烫伤均应保持伤口清洁，伤员的衣裤用剪刀剪开后除去，伤口全部用清洁片覆盖，防止感染。四肢烧伤时，先用清洁冷水冲洗，然后用清洁片或消毒纱布覆盖送往医院。

（9）肢体骨折可用夹板或木棍、竹竿等将断骨上、下方两个关节固定，也可利用伤员身体进行固定，避免骨折部位移动，以减少疼痛，防止伤势恶化。

（10）开放性骨折，伴有大出血者，先止血，后固定，并用干净布片覆盖伤口，然后速送医院救治。切勿将外露的断骨推回伤口内。疑有颈椎损伤，在伤员平卧后，用沙土袋（或其他代替物）放置头部两侧，使颈部固定不动。

（11）必须进行口对口呼吸时，只能采用抬颏使气道畅通，不能再将头部后仰移动或转动头部，以免引起截瘫或死亡。

（12）腰椎骨折应将伤员平卧在平硬木板上，并将腰椎躯干及两侧下肢一同进行固定预防瘫痪。搬动时应数人合作，保持平稳，不能扭曲。

（13）发生颅脑外伤时，应使伤员采取平卧位，保持气道畅通，若有呕吐，应扶好头部和身体，使头部和身体同时侧转，防止呕吐物造成窒息。

（14）颅脑外伤时，禁止给予饮食，速送医院诊治。

6.2.4.2 触电急救

（1）当发生人员触电事故时，应立即采取措施断开电源，使触电者迅速脱离电源，立即就地迅速用心肺复苏法进行抢救，并坚持不断地进行，同时及早联系卫生所进行紧急救护，在医务人员未到达现场时，不应放弃现场急救，不能只根据没有呼吸或脉搏擅自判定伤员死亡，放弃抢救。只有医生在生物期死亡时才能对伤员做出死亡的诊断。与医务人员接替时和在触电者转移到医院过程中不得间断抢救。

（2）在触电者未脱离电源前，救护人员不得直接用手触及伤员，防止伤及救护人员，在脱离电源过程中，救护人员既要救人，也要注意保护自己。

（3）伤员脱离电源后，如神志清醒，应使其就地平躺，严密观察，暂时不要站立或走动，保持气道畅通。

（4）触电伤员如神志不清，应使其就地仰面躺平，且确保气道畅通，并用 5s 时间，呼叫伤员或轻拍其肩部，以判定伤员是否意识丧失。禁止摇动伤员头部呼叫伤员。

（5）触电伤员呼吸和心跳停止时，应立即按心肺复苏法支持生命的三项基本措施，正确进行抢救。保持气道畅通、坚持口对口（鼻）人工呼吸、胸外按压（人工循环）的救治原则。

（6）医务人员到达现场后，由医务人员接替救治，并将伤员送至医院抢救。如医务人员不能到达现场，应组织将伤员送至医院抢救，途中不得中断必要的抢救措施。

6.2.4.3 提升过程中断电

（1）将调相机载荷转化到下承载机构上。

（2）降调相机使用揽风绳固定，防止调相机摆动。

（3）安排专职电工检查电源，安排电气维护人员检查装置供电回路，尽快查明断电原因，恢复供电。

6.2.4.4 液压提升装置故障

（1）一旦出现报警情况，由液压千斤顶专业调试、监护人进行检查处理，待报警信号解除后继续吊装。

（2）液压提升装置备件须备齐，置于装置旁边。

6.2.5 应急物资及装备保障

（1）项目部明确急救车辆。急救车辆24h处于可用状态。

（2）项目部掌握抢险专用工具、设施、器材等各类抢险用设施器材的数量、分布、功能及使用状态，以便应急响应时调用。

（3）项目部负责应急汽车吊等机动起重机械、运输车辆等机械始终处于完好状态，并配备必要的起重工器具。

（4）项目部应根据需要配备必要的安全工器具、应急照明以及抢险专用工器具。

（5）安全保卫科和专业处负责备置警戒带、对讲机等。

（6）医疗器具、机动车辆、起重机械、工器具、防护用具等应急设施、器材设备明确专人管理，保持完好状况。

6.3 环保措施

（1）吊装作业完毕后，把所有工器具，材料和杂物回收分类处理，严禁污染环境，做到"工完、料尽、场地清"。

（2）利用各种宣传工具和手段，加强对职工节约和环保意识的教育和宣传，杜绝随意浪费水、电、纸张现象的发生。

（3）钢丝绳禁止在基础上拖曳，液压提升装置更换备件时，必须用油盘接住，防止油污玷污基础。

7 附录

编写要点：（1）钢索承载、地基承载等重大项需要计算校核。
（2）吊装流程需要简图支撑。
（3）附图顺序与作业指导书前后顺序对应。
示例：

7.1 计算校核

7.1.1 钢索校核

定子吊装选用的吊索具选用的是结构形式为 $1\times7-\phi15.2$ 的高强度预应力钢绞线（简称钢索），钢索整根公称外径 $\phi15.24mm$，整根破断力 260kN，每组液压千斤顶配备 24 根钢索，钢索均为垂直受力，每组钢索受力为 308/4=77t=754.6kN，安全系数为 260×24/754.6=8.26，符合厂家设计要求（2.5 倍安全系数）。

7.1.2 地基承载校核

回填沙土分层压实，地基承载力达到 160kPa 以上，原地基承载力 220kPa，基础承载力为 3m×6m×2 块×160kPa=5760kN=587t，作用在一侧基础上最大受力为 7.5t×2 块+9.2t×1 根+5.38t×2 根+21t×2 根/2+15.1t×2 根/4+4.8t×2 根+16.5t+308t=397.61t，满足要求。

7.2 附图

（1）4.5m 平台预留孔洞示意图，如图 4-3 所示。
（2）预埋铁板、螺栓示意图，如图 4-4 所示。
（3）走道板、箱形梁、立柱布置示意图，如图 4-5 所示。
（4）斜撑、剪刀撑示意图，如图 4-6 所示。
（5）液压提升装置承载梁、千斤顶、土坦克布置图，如图 4-7 所示。
（6）转向盘布置示意图，如图 4-8 所示。
（7）卷扬机及滑轮组转布置示意图，如图 4-9 所示。

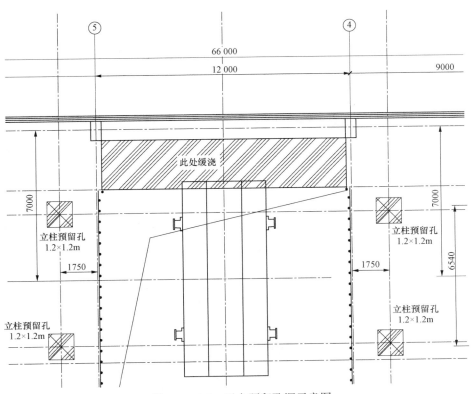

图 4-3 4.5m 平台预留孔洞示意图

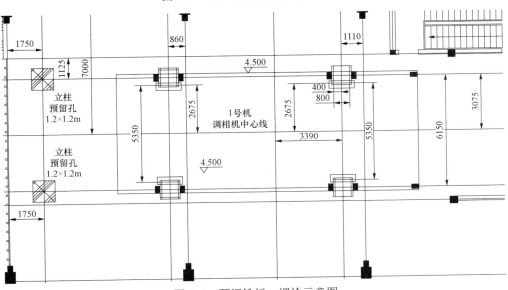

图 4-4 预埋铁板、螺栓示意图

说明：1. 调相机机座埋件采用 250×350×16mm Q235 铁板，锚脚采用 6 根 φ20×300mm 螺纹钢。每台调机相机座工 24 块埋件。

2. 调相机机座梁侧底埋件采用 250×350×16mm Q235 铁板，锚脚采用 6 根 φ20×300mm 螺纹钢。每台调机相机座工 8 块埋件，位置与板面埋件相同。

3. 调相机机座需埋设 12 根 φ38×650 预埋螺栓，螺纹长度为 150mm，螺栓出混凝土面 200mm，混凝土面标高为 4.45m。螺栓位置见云线标示。

侧视图

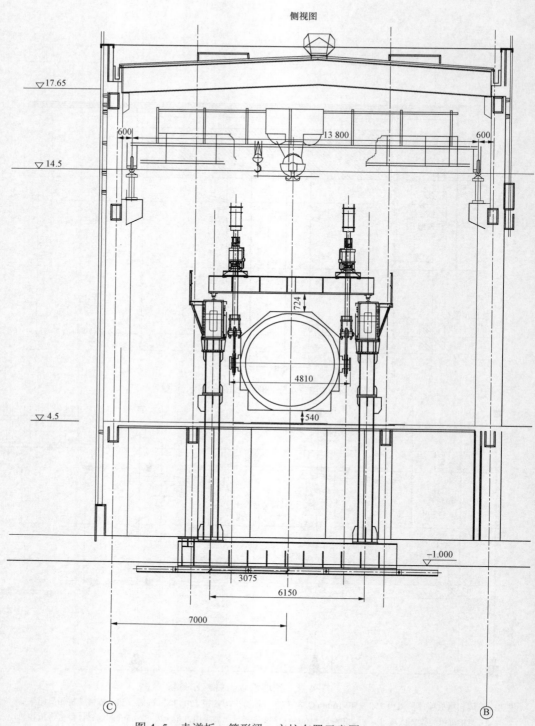

图 4-5 走道板、箱形梁、立柱布置示意图

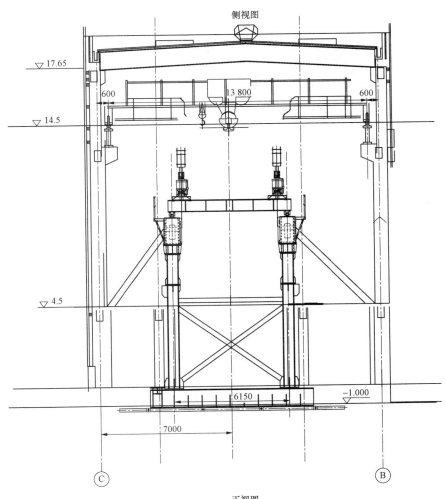

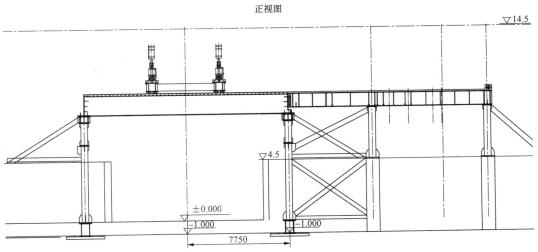

图 4-6 斜撑、剪刀撑示意图

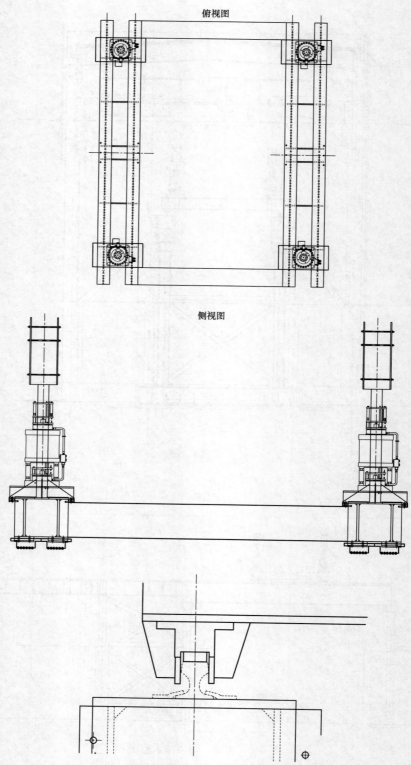

图 4-7 液压提升装置承载梁、千斤顶、土坦克布置图

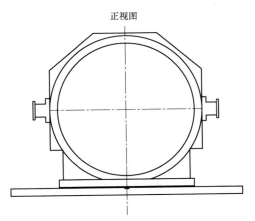

图 4-8　转向盘布置示意图

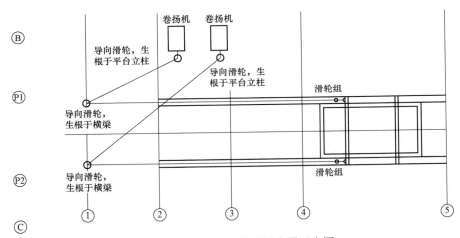

图 4-9　卷扬机及滑轮组转布置示意图

第五章

调相机转子穿装作业指导书
（单行车起吊法）

目 次

1　工程概况和主要工作量

编制要点：明确该工程的地理位置、设备信息、作业空间及作业的主要方案。

1.1　工程概况

编制要点：

（1）设备信息主要包括：制造厂家、外形尺寸及重量；

（2）作业空间主要包括：纵横中心线和最终安装标高；

（3）作业方案主要明确作业过程的逻辑关系和标志性作业点。

示例：

酒泉换流站调相机 2 台定子均由哈尔滨电机厂有限责任公司制造，外形尺寸约为 8850mm×3900mm×3850mm，定子吊装重量为 285t。两台定子的纵向就位中心线距 B 列 8000mm，1 号定子就位径向中心线在 2 轴与 3 轴之间，距离 2 轴 4500mm，2 号定子就位径向中心线在 6 轴与 7 轴之间，距离 7 轴 4500mm，定子就位标高为 4500mm。调相机转子长 13 063mm，净重 67 500kg，转子穿装采用单行车方式。

1.2　工程量和工期

编制要点：

（1）工程量主要明确作业对象名称、特征参数及数量；

（2）工期主要明确该项作业的绝对时间。

示例：

1.2.1　工程量

序号	设备名称	外形尺寸（mm）	重量（kg）
1	调相机定子（长×宽×高）	10 061×5434×4443.5	249 000
2	调相机转子（长）	13 063	67 500

1.2.2　施工工期

根据现场条件，转子穿装计划施工工期约为 1 天。

注：若由于其他客观原因耽误工期，此工期应顺延。

2　编制依据

编制要点：列清工作所依据的规程规范、文件名称及现行有效版本号（或文号），按照国标、行标、企标、工程文件的顺序排列（最新标准）。

示例：

（1）《建设工程安全生产管理条例》（国务院令第 393 号）

（2）《电力建设安全健康与环境管理工作规定》（国家电网工〔2003〕168 号）

（3）《关于印发〈危险性较大的分部分项工程安全管理办法〉的通知》（建质〔2009〕87 号）

（4）GB/T 50326—2006《建设工程项目管理规范》

（5）DL/T 869—2012《火力发电厂焊接技术规程》

（6）《电力建设安全工作规程　第 1 部分：火力发电》

（7）DL 5190.3—2012《电力建设施工及验收技术规范》（汽轮机组篇）

（8）DL/T 5210.3—2009《电力建设施工质量验收及评价规程　第 3 部分　汽轮发电机组》

（9）《工程建设标准强制性条文》（电力工程建设部分 2006 年版）

（10）《300Mvar 调相机组新建工程施工组织设计》

（11）GC2F013—2009 天津电力建设公司《作业指导书管理规定》（2009 年第一版）

（12）厂家的相关图纸和说明书

（13）甲方委托、设计变更等技术图纸、资料

（14）300Mvar 调相机组安装说明书（电机厂提供）

（15）与调相机组安装相关的设备厂家资料

3　施工方案及工艺流程

3.1　施工方案

编制要点：施工方案主要明确主要施工逻辑及施工点。

示例：

调相机转子穿装使用的专用工具由电机厂提供，并且经过检查确认合格后才能使用。穿装过程中转子的重量主要由定子铁芯来承受，转子通过轴颈滑块和转子本体滑块在定子铁芯内部预先铺好的弧形钢板上滑动，穿到位后先由转子吊具吊住整根转子，再分别安装两端的轴承套和轴瓦，落下转子，穿装结束。

3.2　工艺流程

编制要点：

（1）工艺流程图逻辑关系与实际作业逻辑关系一致；

（2）工艺流程图中作业步序名称与作业程序一一对应。

示例：

4 作业程序

4.1 作业前的条件和准备

4.1.1 技术准备

编制要点：对该项作业从人、机、料、法、环五方面有针对性进行编制。

示例：

（1）施工图纸齐全；

（2）施工图纸会审完毕，会审中存在的问题已解决；

（3）施工方案设计完成，并与相关专业讨论确定，已经总工审批；

（4）作业指导书编制完成，经专业经理、总工审批合格；

（5）施工材料、设备购置预算编制完成、计划已交物资部门采购；

（6）外购、加工件的统计完成，购置计划已交物资部门采购；

（7）作业前已对参加该项作业的相关人员进行施工程序，施工工艺，质量标准，施工危险因素和环境因素辨识及控制措施等方面内容的交底工作，交底与被交底人员已进行双签字；

（8）作业现场的环境条件，以及其他相关的技术准备工作：作业场地清理干净，无杂物，高处作业平台、步道、楼梯畅通，安全围栏、警示牌齐全。

4.1.2 工序交接

编制要点：明确该项作业内容直接发生关系环节。

示例：

（1）检查该项作业的上道工序具备的技术条件；

（2）设备到达现场并经检查合格；

（3）调相机定子内冷水管道风压试验合格；

（4）调相机转子风压试验合格；

（5）调相机轴瓦研刮完毕；

（6）电气及电科院试验完毕（包括测量转子绕组的冷态直流电阻值、测量转子绕组的静态交流阻抗值、测量转子绕组的绝缘电阻值、转子绕组的通风孔检查试验、转子绕组绝缘的介电强度试验）。

4.1.3 人员资质

编制要点：

（1）明确该项作业人员职务及相关职务要求具备的能力；

（2）明确该项作业人员需求数量。

示例：

序号	作业人员工种	数量	资格	职责
1	班组长	1	具有施工组织能力、熟悉本专业施工工艺流程，熟悉施工质量和安环要求。 中级工	（1）负责组织安排施工人力、物力。严格按照作业指导书的施工工艺要求、质量要求和安全环境要求进行施工。全面负责质量、安全工作。 （2）做好调相机施工的质量自检和工序交接工作。 （3）施工过程中，图纸不清不施工，材料不合格不施工，技术、安全不交底不施工，上一级工序验收不合格不施工。 （4）发生质量、安全事故立即上报，同时组织本班组职工按照"四不放过"的原则认真分析
2	技术员	1	熟悉本专业技术管理，有设备安装经验，掌握施工工艺及质量要求。 助工以上	（1）全面负责1号调相机本体安装施工的技术工作，参加相关图纸会审，处理设计变更，编制施工作业指导书、施工预算、技术、安全措施，并主持技术交底工作。 （2）深入现场指导施工，及时发现和解决施工中的技术、质量隐患，按照指导书的要求指导施工。 （3）配合班组长进行施工验收的自检工作。 （4）记录、整理施工记录和验收记录。 （5）对违章操作，有权制止，严重者可令其停工，并及时向有关领导汇报
3	安装工	8	熟练本项目的技术、工艺要求，具备作业能力。 中、初级工	（1）严格按照作业指导书的施工工艺要求、质量要求和安全环境要求进行施工。 （2）爱护施工所用工器具，严格按照操作规程作业。 （3）发生质量、安全事故应保护好现场，并迅速告知有关领导，做好处理工作。 （4）有疑难问题有权向技术人员、班组长请示解决办法，对自己的施工质量全面负责，对不正确、不明确的指挥有权不执行
4	焊工	1	熟悉焊接工艺及相关要求，具有与焊接项目相符合的焊工合格证、书持证	（1）负责设备的焊接工作。 （2）负责焊接后的质量自检工作。 （3）严格按照作业指导书的施工工艺要求、质量要求和安全环境要求进行施工
5	起重工	2	掌握起重施工技术，持有安监局颁发的上岗证书	（1）负责设备的吊装作业。 （2）严格按照作业指导书的施工工艺要求、质量要求和安全环境要求进行施工
6	质检员	1	有质检工作经验，熟悉《电力建设施工质量检验及评定规程》（第3部分：汽轮调相机组）等。熟悉施工图和设备结构，经过培训，有质检员上岗证	（1）熟悉相关图纸内容和有关质量标准，参加图纸会审，技术交底。 （2）深入施工现场，掌握工程进度及质量情况，按照质量标准进行二级质量验收工作，配合项目部质检师，监理完成三级、四级质量验收。对工作要一丝不苟，不徇私情。 （3）对不能保证施工质量的方案提出否决建议，请有关领导部门处理。 （4）整理、汇总质量验收记录
7	安全员	1	有五年以上现场工作经验，熟悉《电力建设安全工作规程》，责任心强，忠于职守，有安全员上岗证，持证上岗	（1）全面负责设备系统安装工作的施工安全。 （2）参加对指导书的审核工作，参加安全交底双签字工作，在工作中认真检查指导书的执行情况。 （3）深入现场施工一线，及时发现事故隐患和不安全因素，督促采取防患措施，有权责令先停止工作，并立即研究处理。 （4）做好事故的调查，分析和处理工作

4.1.4　工机具准备

编制要点：

（1）明确该项作业使用到的工器具和保障人身安全使用到的劳保用品的数量及要求达到的条件；

（2）编制顺序为测量类工具、直接类作业工具、间接类临时工具、人员安全保障类工具、环境安全保障类工具。

示例：

序号	名称	规　格	精度等级	单位	数量	备　注
1	钢板尺	1m	1mm	把	1	检验合格
2	盒尺	3m	1mm	把	1	检验合格
3	氧气表			块	1	检验合格
4	乙炔表			块	1	检验合格
5	塞尺	100mm		把	1	检验合格
6	外径千分尺	400～500mm	0.01mm/m	把	1	检验合格
7	外径千分尺	500～600mm	0.01mm/m	把	1	检验合格
8	游标卡尺	300mm	0.02mm/m	把	1	检验合格
9	游标深度尺	300mm	0.02mm/m	把	1	检验合格
10	百分表	0～50mm	0.01mm/m	块	1	检验合格
11	百分表	0～10mm	0.01mm/m	块	3	检验合格
12	钢卷尺	50m	1mm/m	只	1	检验合格
13	绝缘电阻表	1000V		块	1	检验合格
14	专用工具			套	1	厂家提供
15	天车	80/30t		台	1	检验合格
16	倒链	5t		个	2	检验合格
17	倒链	20t		个	1	检验合格
18	砂轮机	ϕ100		个	2	检验合格
19	割把			把	1	检验合格
20	大锤	12磅		把	1	完好
21	手锤			把	1	完好
22	克丝钳			把	1	完好
23	刮刀	各种规格		把	1	完好
24	麻绳	3/4″		m	30	完好

序号	名称	规 格	精度等级	单位	数量	备 注
25	卡环	5t		个	4	完好
26	卡环	2t		个	1	完好
27	活动扳手	12″		把	1	完好
28	活动扳手	18″		把	1	完好
29	不锈钢垫片	各种规格		件	若干	
30	$\phi 8$ 尼龙绳			m	60	
31	石蜡			kg	5	
32	白布			kg	10	
33	砂布			张	10	
34	枕木			根	20	
35	钢板	40×1350×5000		块	1	
36	油石			件	5	
37	毛刷			把	5	
38	塑料布			m²	100	
39	轴保护铜带			件	4	
40	安全警示牌			块	2	
41	安全带			条	10	
42	软底工作鞋			双	10	
43	连体服			套	10	
44	行灯	12V		个	2	
45	手电筒			把	3	

4.1.5 施工环境

编制要点:

（1）明确该项作业环境文明需达到的要求。

（2）明确需终止该项作业的条件。

（3）明确设备保护采用的措施。

示例:

（1）施工场地平整、无杂物，保持整洁。

（2）施工道路畅通，不得乱堆乱放，随意堵塞交通要道。

（3）施工水源、电源引设到位，满足施工要求。

（4）调相机房行车具备使用条件。

（5）施工现场照明及夜间施工照明条件充足。

（6）调相机施工区域已搭设安全围栏。

4.2 施工方法及要求

编写要点：

（1）根据该项作业内容按逻辑关系分节点按工序编制；

（2）明确该项作业工序所使用的主要工具需满足的条件；

（3）明确该项作业工序之间的逻辑顺序及相应步序；

（4）明确该项作业工序关键技术数据；

（5）为满足该项作业工序采取的保证措施。

示例：

4.2.1 转子穿入定子前的检查

（1）起吊及放置转子时应确保其大齿（南、北极）处于竖直方向上；

（2）检查轴颈、集电环表面、护环表面应完好无损，平衡块和平衡螺钉应可靠紧锁；

（3）检查转子线圈的绝缘电阻（用 500V 绝缘电阻表测量），测量其直流电阻及交流阻抗并做好记录；

（4）对转子进行通风试验检查（若不做通风试验，应仔细检查各通风孔内是否存在异物，并用氮气吹扫各通风孔进行清理）；

（5）对定子内部再次进行检查清理，检查有无异物存在，以及线圈表面是否有损伤，然后用一大功率吸尘器清理调相机定子内部；

（6）取下定子气隙挡风板装配的双头螺栓螺纹保护盖帽，将螺栓的螺纹部分清理干净；

（7）配装气隙挡风板（不装自锁螺母）并做好标记，然后拆下；

（8）转子穿装前所有电气及电科院试验（包括测量转子绕组的冷态直流电阻值、测量转子绕组的静态交流阻抗值、测量转子绕组的绝缘电阻值、转子绕组的通风孔检查试验、转子绕组绝缘的介电强度试验）做完并验收合格。

4.2.2 穿转子前的准备

注意：整个穿转子过程严禁护环承重。

（1）将转子槽楔通风孔的塞堵物(专用于防护和试验)全部摘除并配合电气人员清扫、检查通风槽和通风孔，确认清洁，无尘土、铁屑或遗留的工具、材料等杂物。

（2）用连接块⑲、保护垫片⑱和保护垫片⑳将非励、励两端下半端盖下沉，如图 5-1 中图（10）所示，以不妨碍转子的穿入。

（3）先在定子膛内铁芯表面铺放保护板④（从下到上：钢板纸+橡皮板），在保护板上放置滑板⑤（钢板），如图 5-1 中图（2）和图（5）所示。滑板内表面（上面）先用石蜡打底，再涂上润滑剂（黄油），预先测试一下看滑块在滑板上是否滑动自如，有无卡涩现象。

（4）把转子吊具⑥装在定子机座端面处，如图 5-1 中图（10）所示。

（5）在转子励端端面装上穿转子用的工具梁⑪，注意装上保护垫圈⑩（铝板），如

图 5-1 中图（2）和图（3）所示。

（6）在励端下半内端盖的外部装上半环①（插完转子后抽出滑板时用于保护内端盖的导风圈），如图 5-1 的图（2）所示。

（7）将转子匝间短路探测杆退出到非工作位置（如果已安装了转子匝间短路探测杆的话）。

提示：在穿转子作业时，在穿转子之前也应将转子匝间短路探测杆下推到非工作位置。

（8）将转子本体保护衬垫⑦（电绝缘纸板、铝板、吊转子保护夹）依次装到转子重心位置，把吊绳缠绕到保护夹上，如图 5-1 中图（2）所示。

4.2.3 转子起吊试重

吊起转子，对起吊重心进行调整，使转子保持水平。

提示：可让励端稍重一些，用一链条葫芦吊具挂在行车吊钩上斜向将转子励端拉住以作保险。

4.2.4 调相机转子穿装

（1）吊起转子，使转子中心和定子中心在同一根直线上，缓缓移动转子，使转子进入定子膛内。如图 5-1 中图（2）所示。

（2）在位置"A"处，将滑块⑨插入定子铁芯和转子之间（注意放置方向），让滑块⑨支撑起转子汽端，如图 5-1 中图（2）所示。脱开转子吊绳⑰及保护衬⑦（电绝缘纸板、铝板、吊转子保护夹）。

（3）用吊绳⑰在转子励端轴颈（靠近外油挡处）将转子吊起（取出临时支撑木方），使转子基本保持水平。

注意：轴颈上必须放置保护衬⑫（从内到外：毛毡或橡皮板+铝垫片+铁垫片）以保护轴颈。毛毡或橡皮板油用户自备。

（4）用两个手动链条葫芦分别从定子非励端左、右两边吊攀处（也可固定到其他地方）挂到转子励端端部的工具梁⑪上，如图 5-1 中图（4）所示。

（5）匀速拉动左、右两侧手动葫芦的链锁，使转子缓慢向前滑移。

注意：

1）左、右两侧手动葫芦拉动速度应尽量保持一致，使转子与定子左右两侧间隙保持基本相同。

2）注意监视滑块⑨在滑块上的滑动情况是否良好。

（6）当转子移动到位置"B"时，暂停向前移动，将转子励端稍稍抬高，放入转子本体部位的滑块⑧（由两块组成，放置时请注意方向。可在滑块上预先拴上绳子，以便监视转子移动时滑块是否跟着一起向前移动，也便于转子到位后取出滑块）。转子本体滑块⑧放置好后，下降转子，使转子基本保持水平状态，并使转子部分质量转移到本体部位的滑块⑧上。如图 5-1 中图（4）所示。

（7）继续均匀拉动左右两侧葫芦的链锁使转子向前移动，注意观察转子本体滑块⑧和滑块⑨在滑板⑤上的滑行情况。一直移动到位置"C"（到位置"C"时，非励、励端轴颈均能够用转子吊具⑥吊住），如图 5-1 中图（4）所示。

提示：当滑块⑨从滑板行脱出时，将其拿到机外（可先将转子励端稍稍降低，以利于滑块⑨的取出）。并注意不要将滑块⑨掉在定子线圈端部上。

（8）用励端转子吊具⑥上的吊索⑬吊起励端轴颈部位，如图 5-1 中图（10）所示。（注意轴颈上应加保护衬垫⑫），取下吊车吊绳。

此时转子非励端由转子本体滑块⑧支撑，励端由转子吊具⑥吊住。如图 5-1 中图（5）所示。

提示：转子在用吊具⑥之前，应再次检查吊索⑬吊起励端轴颈部位（注意轴颈上应加保护衬垫⑫）。

（9）用励端转子吊具⑥上的吊索⑬吊起励端轴颈部位（注意轴颈上应加保护衬垫⑫）。

此时转子汽端两端均由吊具⑥吊住，如图 5-1 中图（6）所示。把转子本体滑块⑧、滑板⑤、保护板④（钢板纸+橡皮纸）从励端拖出，调相机穿转子工作结束。借用手电筒检查一下定子膛内是否还有遗留物。

5　质量控制要求

编写要点：根据该项作业特性结合质量评价标准内容确定该项作业控制点及见证方式。
示例：

5.1　质量控制点设置

序号	作业控制点	检验单位				见证方式
		班组	工程部	质量部	监理	
1	转子检查	*	*	*		W
2	转子风压试验	*	*	*	*	H
3	调相机穿转子	*	*	*	*	S

注　H—停工待检点；S—连续监视监护；W—见证点。

5.2　质量标准及要求

编写要点：根据确定的质量控制点明确相应验收标。
示例：

序号	项目名称	验收标准
1	调相机安装	《电力建设施工质量及验收评价规程》第 3 部分：汽轮调相机组
2	轴瓦安装	《电力建设施工质量及验收评价规程》第 3 部分：汽轮调相机组
3	端盖安装	《电力建设施工质量及验收评价规程》第 3 部分：汽轮调相机组
4	整套风压试验	《电力建设施工质量及验收评价规程》第 3 部分：汽轮调相机组

6 安全和环境控制

6.1 作业的安全危害因素辨识和控制

编写要点：

（1）根据该项作业工序分别列出危险点；

（2）根据相应危险点编制预防措施。

示例：

序号	危险点描述	预防措施
场地和环境		
1	在施工现场使用电焊，周围有危险因素	采取有效隔离防护措施，高处作业下方必须使用防火毯
2	施工中废弃物不集中回收	施工中废弃物及时清理，不得乱扔乱抛，并集中回收到指定存放处
3	施工现场照明不充足	施工现场照明布置充足，事故照明具备使用条件
4	施工区域沟道、孔洞盖板不齐	沟道上搭设脚手架，孔洞上设置盖板
5	作业场地有障碍物	施工场地清除障碍物
作业和人员		
1	起重指挥失误	由起重专业人员指挥，其他人员服从统一指挥
2	未参加交底，对所施工项目不清，损坏设备	施工前，施工人员必须参加交底，熟悉施工过程
3	通信不畅，司机误操作、误动作	指挥人员应站在吊车司机能看清指挥信号的安全位置用哨子或对讲机明确指挥，司机严格按信号动作，信号不明不动作
4	在吊装物下接料或逗留，坠物伤人	禁止在吊装物下方通过、停留，接料人员必须按操作规程施工
5	高处作业不系安全带或不正确使用安全带	高处作业必须正确使用安全带，由班组长在施工过程中进行监督
6	飞溅伤人	从事有飞溅物的作业时，施工人员戴护目镜
7	钢丝绳使用不当	按吊物重量选用钢丝绳，必须有 8 倍以上安全系数
8	吊装重物时偏拉斜拽	对起重人员进行专业培训，起重指挥人员持证上岗
9	作业时临时焊接件脱落	焊工持证上岗
使用工机具		
1	电焊机无可靠接地	电焊机外壳必须进行保护接零和重复接地，一次线长不超过 2m，二次线不超过 40m，且不准裸露使用快速接头
2	电动工具漏电	使用前进行检查，确认电动工具完好并装有漏电保护器，且检验合格

续表

序号	危险点描述	预防措施
3	工机具高处坠落伤人	小件工具放进工具袋，大件工具系保险绳
4	手拉葫芦使用不当	使用前检查，修理合格；使用中必须受力均匀，不超载使用；手链必须备牢，防止滑脱
5	砂轮机无防护罩，砂轮片有缺损，裂纹	用前检查，转动部分加防护罩，使用合格的砂轮片
6	氧气、乙炔不按照规定使用	两种气瓶保持8m以上距离，氧气、乙炔瓶应有固定
7	钢丝绳安全系数小	必须达到要求标准，在指导书中明确
8	进行电火焊时不做好安全防护措施	进行电火焊前应清理周围易燃物，设置灭火器材，焊接时应铺设防火毯，设专人监护，焊后清理现场，检查无火险后方可离开
9	倒链使用前不进行检查	倒链在使用前应检查有无破损，转动件灵活可靠，无卡涩，确认合格后方可使用，并定期进行检查
消防安全控制要点		
1	作业人员现场吸烟引起火灾	作业现场严禁吸烟
2	作业使用明火未防护到位引起火灾	动火作业必须办理作业票并设专人监护
3	交叉作业火花掉落引起火灾	明火作业铺设防火毯
4	施工现场清理不彻底引起火灾	施工完毕，清理现场确保无火种、设备断电
5	无消防通道或通道堵塞引起火灾失控	消防器材放置通道必须畅通
6	作业人员不懂消防知识引起火灾失控	所有作业人员必须经过消防培训考试合格后方可上岗

6.2 环境条件

编写要点：

（1）明确作业过程中容易出现影响环境且不易处理的事件点；

（2）根据确认的事件点明确相应的预防措施。

示例：

序号	危险点描述	预防措施
1	施工过程中造成的废油布、油手套等废弃物乱扔	将施工过程产生的废油布、油手套等废弃物放到指定位置
2	起重机内燃油、液压油等跑、冒、滴、漏	检查容器完好情况，控制油泄漏、渗漏

6.3 应急处置预案

编写要点：

（1）明确应急处置预案流程；

（2）明确应急处置预案组织机构；

（3）明确组织机构中各职务职责；

（4）根据该项作业内容明确可能出现的事故，并明确各事故预防措施及处理措施。

示例：本预案是为了对潜在的人身伤亡、机械事故等其他突发事件进行预案分析并采取合适的响应，以减少和预防事故的发生，以及在事故发生后及时报告、迅速有序地组织救助和事后处理，以最大程度降低事故所造成的损害。对各类可能引发重大突发事件的情况要及时进行分析、预警，做到早发现、早报告、早处理、早控制。

6.3.1 "突发事故应急工作小组"名单

"突发事故应急工作小组"名单

序号	姓名	应急职务	联系电话
1		组长	
2		副组长	
3		副组长	
4		副组长	
5		组员	

6.3.2 应急工作小组职责

应急小组组长负责事件发生后协调各部门，对抢救工作进行总体安排和部署，并对上级单位的调查进行配合；应急领导小组第一副组长负责现场人员抢救工作，第二副组长负责调查并组织上报相关信息，第三副组长负责在现场接待、安抚好受伤人员家属；应急小组其他成员配合组长和副组长开展应急抢救工作。

6.3.3 应急项目

经分析研究认为，可能存在以下几项重大事故及紧急情况的危险源：① 吊装绳索具断裂；② 物体打击；③ 高处坠落。

6.3.4 应急信息传递流程图及电话号码

发现人→通知现场负责人→应急小组组长

火警：119

急救：120

6.3.5 应急措施

6.3.5.1 吊装绳索具断裂

事故的性质与后果：吊装绳索具断裂造成吊车倾覆，形成吊车、设备损坏，以及人员伤亡。

（1）吊装绳索具的使用严格按照方案的要求选用，绳索具有合格证并已检验合格，使用前检查钢丝绳应完好无损，无断丝存在，锁扣质量满足安规要求，卸扣、吊装平衡梁、滑轮组经检查合格；

（2）钢丝绳使用时注意避免棱角；

（3）当发生事故时迅速报告上级领导，如有人员伤害，打120叫救护车或与办公室联系车辆送伤员去医院；

（4）管理者在接到报告后各自进入位置，按应急小组组长指令和应急预案职责、程序开展各种急救工作，组织抢险。

6.3.5.2　物体打击

事故的性质与后果：由于交叉作业、防护措施不齐全，以至于物件从高空坠落，造成人员发生个体或群体轻伤、重伤、死亡。

（1）发现者先将受伤者移出危险区域，用现场急救药品做必要的急救；

（2）迅速报告上级领导，同时打120叫救护车或与办公室联系车辆送伤员去医院；

（3）各级管理者在接到报告后各自进入位置，按应急小组组长指令和应急预案职责、程序开展各种急救工作，组织抢险；

（4）保卫部门及时用绳子或栏杆进行区域维护，悬挂禁止入内警示牌，安排值班人员。

6.3.5.3　高处坠落

事故的性质与后果：操作者可能从临边、设备等处坠落，可能造成个体和群体轻伤、重伤、死亡。

（1）发现有人坠落，发现者立即将人移出危险区域，用现场的急救药品进行急救；

（2）迅速报告上级领导，同时打120叫救护车或与办公室联系车辆送伤员去医院；

（3）各级管理者在接到报告后各自进入位置，按应急小组组长指令和应急预案职责、程序开展各种急救工作，组织抢险；

（4）保卫部门及时用绳子或栏杆进行区域维护，悬挂禁止入内警示牌，安排值班人员。

7　附录

编写要点：

（1）附表序号与作业指导书相应内容标识序号对应；

（2）附表顺序与作业指导书前后顺序对应；

（3）附表类别顺序按先计算后引用最后附图顺序进行编制。

示例:

7.1 调相机穿转子图 5-1(1~2)

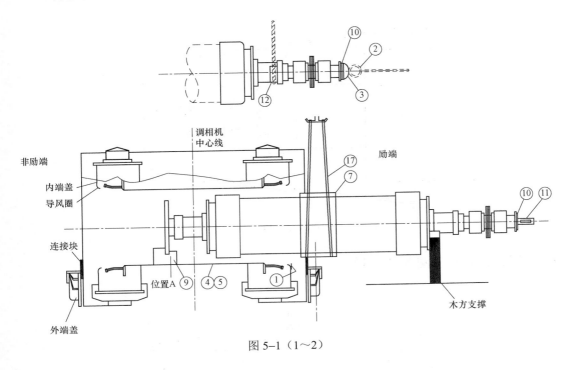

图 5-1(1~2)

7.2 调相机穿转子图 5-1(3)

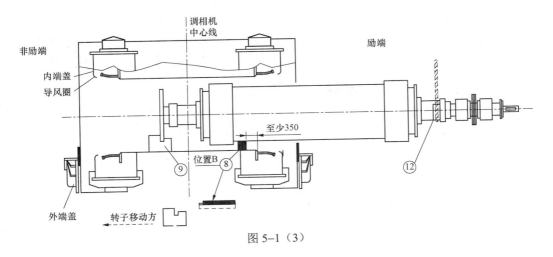

图 5-1(3)

7.3 调相机穿转子图 5–1（4）

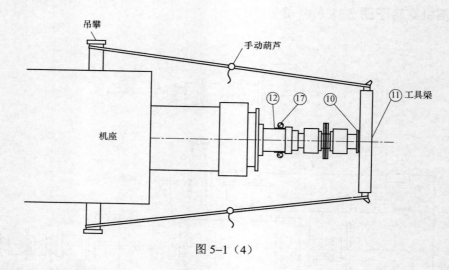

图 5–1（4）

7.4 调相机穿转子图 5–1（5）

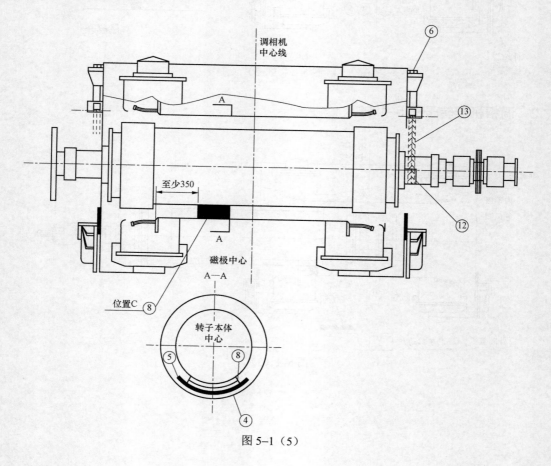

图 5–1（5）

7.5 调相机穿转子图 5-1（6）

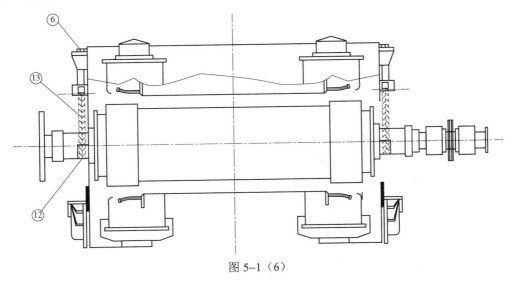

图 5-1（6）

7.6 调相机穿转子图 5-1（7～9）

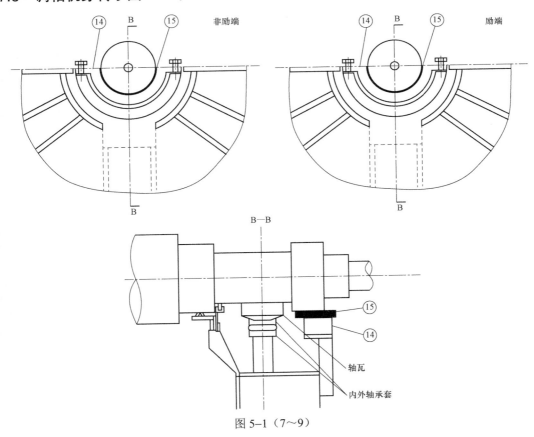

图 5-1（7～9）

7.7 调相机穿转子图 5–1（10）

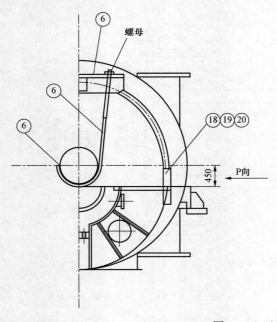
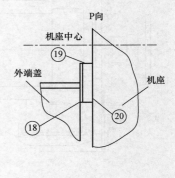

图 5–1（10）

第六章

调相机转子穿装作业指导书
（液压提升法）

目 次

1 工程概况

编制要点： 简述转子的参数以及穿转子的方法。

示例： 调相机转子净重 72.5t，全长 14 800mm，采用液压提升装置及行车配合、滑块法穿转子。转子从调相机出线端穿入，最终支承在两端的轴承上。

2 编制依据

编写要点： 列清工作所依据的规程规范、文件名称及现行有效版本号（或文号），按照国标、行标、企标、工程文件的顺序排列。

示例：

（1）DL 5009.1—2014《电力建设安全工作规程　第 1 部分：火力发电》

（2）DL 5190.3—2012《电力建设施工技术规范　第 3 部分：汽轮发电机组》

（3）DL/T 5210.3—2009《电力建设施工质量验收及评价规程　第 3 部分：汽轮发电机组》

（4）《调相机工程施工质量验收规程　第 2 部分：调相机安装验收》

（5）《国家电网公司基建安全管理规定》[国网（基建/2）173—2015]

（6）哈尔滨电机厂有限责任公司调相机安装图纸及说明书

3 工艺流程

编写要点：

（1）与实际工作步骤一一对应。

（2）工艺流程作业步序名称与作业程序对应。

示例： 工艺流程图如图 6-1 所示。

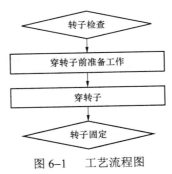

图 6-1　工艺流程图

4 作业程序

4.1 作业前的条件和准备

编写要点：明确作业前的人、机、料、法、环。

4.1.1 技术准备

编制要点：明确该项作业内容技术准备内容。
示例：

（1）在组织施工前依据施工方案进行技术交底。技术交底内容要充实，具有针对性、指导性及操作性，全体参加施工的人员都要参加交底并签名，形成书面交底记录。

（2）施工技术交底要求：

1）技术交底应在项目开工前进行，所有参加作业人员必须参加交底。

2）施工交底应着重交代本工程的技术要点及注意事项，对工序应详细介绍，必要时要图文说明。

3）施工交底中应详细交代安全注意事项。

4）施工交底结束后应立即整理成文，并及时送交有关部门审阅、存档。

4.1.2 工序交接

编制要点：明确该项作业内容直接发生关系环节。
示例：调相机就位完成，初步找正。

4.1.3 人员资质

编制要点：明确人员岗位、岗位职责及人数。
示例：

人 员 配 置 表

序号	岗位	人数	岗 位 职 责
1	班组长	1	全面负责本班组现场专业施工，认真协调人员、机械、材料等，并控制施工现场的安全、质量、进度
2	技术员	1	全面负责施工现场的技术指导工作，负责编制施工方案并进行技术交底
3	安装工	4	了解施工现场安全、质量控制要点，了解作业流程，按班长要求，做好自己的本职工作
4	起重工	4	（1）负责设备的吊装作业。 （2）严格按照作业指导书的施工工艺要求、质量要求和安全环境要求进行施工
5	吊车司机	2	负责施工现场各种机械、机具的操作工作，并应保证各施工机械的安全稳定运行，发现故障及时排除
6	安全员	1	全面负责穿转子的安全工作

4.1.4　工机具准备

编制要点：列出涉及作业中需要使用到的计量器具、工器具。

示例：

序号	名　称	数量	序号	名　称	数量
1	框式水平仪	1台	9	刮刀	2把
2	吸尘器	1台	10	50m 大卷尺	1把
3	游标卡尺	1套	11	5m 卷尺	2把
4	内径千分尺 50～600	1套	12	百分表	4只
5	外径千分尺 500～600	1套	13	道木	10根
6	塞尺	4套	14	10t 链条葫芦	2只
7	厂供穿转子专用工具	1套	15	防爆电筒	2只
8	厂供转子起吊工具	1套			

4.1.5　施工环境

编制要点：明确作业准备内容。

示例：

（1）参加作业人员组织配备齐全并已就位。

（2）机具、工器具、计量器具及消耗性材料已准备齐全，可投入使用。

（3）厂房行车安装调试验收合格，并取得合格证书。

（4）调相机已就位。

（5）设备已到现场并进行开箱检查。

4.2　施工方法及要求

编写要点：根据规范、技术要求详细描述。

示例：

4.2.1　转子检查

（1）外观检查：检查轴径是否存在锈蚀、磕碰、磨损等现象，检查转子本体、联轴器等部位是否有磕碰现象，转子通风孔是否有堵塞现象，检查转子叶片有无磕碰损伤、松动。

（2）尺寸检查：轴颈的直径≤0.04mm，椭圆度、不柱度≤0.02mm；联轴器端面瓢偏≤0.02mm，晃度≤0.02mm。

（3）相关试验：测量转子绕组的冷态直流电阻值、静态交流阻抗值，检查转子绕组的绝缘电阻值，进行通风孔检查试验。

4.2.2　穿转子前准备工作

（1）检查定子内部并用大功率吸尘器对其进行清理，对表面附着的灰尘等物体可以用无水酒精或电工清洗剂进行清洗，确保无尘土和杂物遗留。

（2）将转子槽楔通风孔的"塞堵物"（用于保护及试验）全部拆除，并严格保证没有遗漏。

（3）用万用表测量定子各测温元件的电压值或电阻值并记录，如有问题需及时处理。

（4）复测定子绕组的绝缘，用绝缘电阻表（2500V）测量相间及对地绝缘电阻，其值应不低于200MΩ。

4.2.3 穿转子

（1）调相机采用滑块法穿转子，其专用工具见穿转子专用工具图（图6-2）。

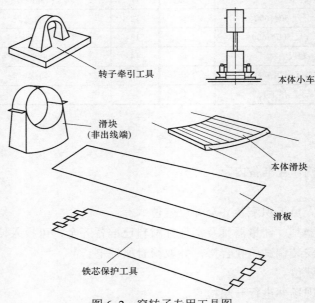

图6-2 穿转子专用工具图

（2）转子允许起吊或支撑区域说明，如图6-3所示。

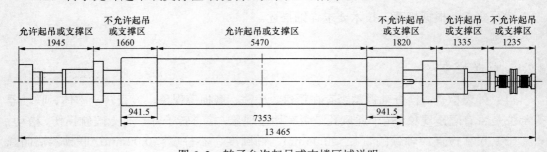

图6-3 转子允许起吊或支撑区域说明

1）允许起吊及承重位置如图6-3所示。在穿转子过程中，本体两端风叶均拆除，钢丝绳不能碰触轴径、护环、集电环。

2）起吊和移动转子时，转子本体应处于水平且大齿中心线处于垂直线上。

（3）步骤一（如图6-4所示）。

1）将定子铁芯保护工具放入铁芯膛内，两端与铁芯两端的距离要一致，不许偏移向一侧，要确保定子铁芯保护工具两端带金属的部分不与铁芯接触。

2）将滑板的上表面涂石蜡或黄干油后，放于铁芯膛内的铁芯保护工具上。将白布罩于定子铁芯保护工具两端和定子绕组端部之上，以便收集剩余石蜡，保持定子绕组端部清洁。

3）在定子机座两端上部安装转子吊具，吊具与机座间垫有纸板，吊钩要调至最高位置。

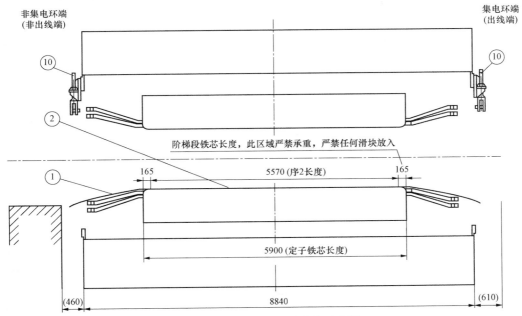

图 6-4　穿转子定子部分准备示意图

（4）步骤二（如图 6-5 和图 6-6 所示）。

1）确定转子重心后，悬挂转子专用钢丝绳吊起转子，使转子处于水平状态。

2）将液压千斤顶放到承载梁的中心位置，千斤顶与承载梁之间设可转动滚珠，转子运到吊装架下放直接开箱起吊，吊至转子标高转动 90°。

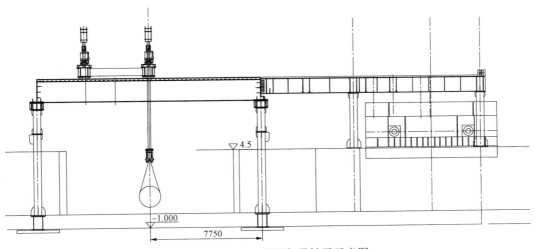

图 6-5　液压提升装置起吊转子示意图

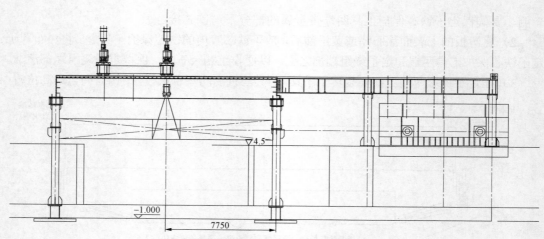

图 6–6　转子转向 90° 示意图

（5）步骤三（如图 6–7～图 6–10 所示）。

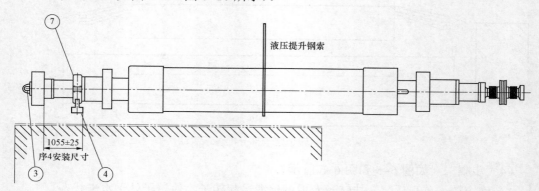

图 6–7　准备穿转子示意图

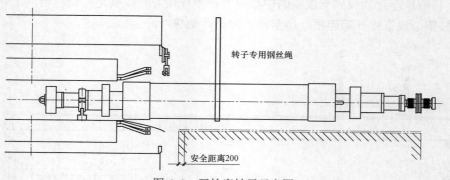

图 6–8　开始穿转子示意图

1）将转子本体滑块预先放置在机座出线端端部与机座端面之间。置放前须用两根尼龙绳将转子本体滑块系牢，且每根尼龙绳要留出具有足够长度的前后两个头，要将前端的两个绳头穿过铁芯膛内放在非出线端外，便于使转子本体滑块前进。后端的两个绳头要留在机座出线端外，用于后续拽出转子本体滑块。

2）将转子牵引工具装配就位。非出线端滑块固定在非出线端轴颈上，橡胶保护板配垫于非出线端滑块与转子轴径间。

3）准备工作完成后调整转子，使其对准出线端定子铁芯中心。

4）转子汽端慢慢牵引向前移动转子，使非出线端滑块继续向前移动进入铁芯膛内，直到吊绳将要碰到机座端部为止，保证非出线端滑块在滑板范围内，才允许承重。

5）在转子穿入过程中，在可以装入转子本体滑块的位置，起吊转子 15～20mm，按图 6-9 所示装入转子本体滑块，在下降转子 15～20mm，继续平稳前移转子。将其前端的两个绳头系于非出线端平衡环处，用以带动滑块前进，其后端的两个绳头仍要留在出线端外，用于后续拽出滑块。

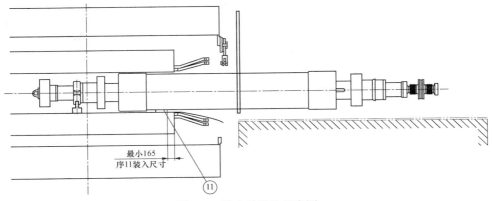

图 6-9　放本体滑块示意图

注意：要仔细校正转子本体滑块的轴向位置，如果在牵引转子通过铁芯膛时，非出线端开始转动，则表示滑块位置校正得不合适或转子拉力方向与铁芯中心线不在一条直线上，其中任何一种情况都可能引起转子从滑块中滚落，并将碰伤铁芯。

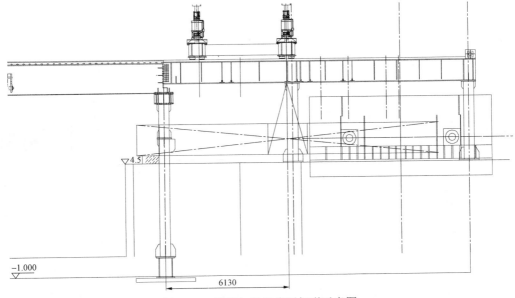

图 6-10　吊绳与定子将要相碰示意图

6）在转子励端可支撑部位下方垫上道木，转子由非出线端滑块及道木支撑。解除液压提升装置，由行车吊住一端穿转子。

（6）步骤四（如图 6-11 和图 6-12 所示）。

1）行车起吊转子励端，汽端继续牵引穿转子。

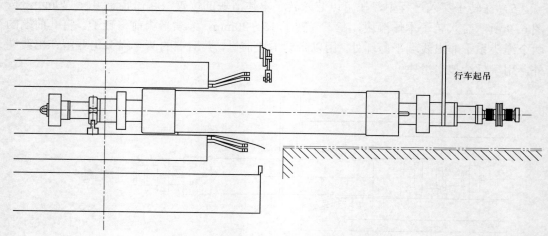

图 6-11　行车起吊继续穿转子示意图

2）当非出线端滑块移出滑板，由转子本体滑块和集电环端转子吊带承重，急需牵引转子，平稳前移。

3）当定子铁芯中心与转子本体中心重合时，停止前移。

4）使用定子两端转子吊带吊装并承重转子。抬高转子，使转子中心高于定子中心 30～35mm，移除工具铁芯保护工具、滑板、非出线端滑块、集电环端转子吊带、橡胶保护板、转子本体滑块。

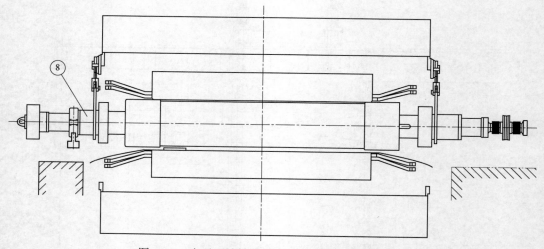

图 6-12　定子两端转子吊带吊装并承重转子示意图

5）安装两端轴承，调整转子吊具装配高度使转子落入轴承，调整转子中心。

6）穿转子完成如图 6-13 所示。

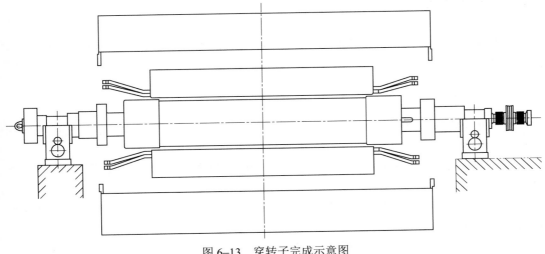

图 6-13　穿转子完成示意图

5　质量控制

5.1　质量标准

编写要点：简要描述质量标准。

示例：

（1）轴颈的直径≤0.04mm，椭圆度、不柱度≤0.02mm；联轴器端面瓢偏≤0.02mm，晃度≤0.02mm。

（2）穿转子工作应在完成机务、电气、热工仪表的各项工作后，有关人员共同对定子和转子进行最后检查确认并经签证后方可进行。

5.2　质量保证措施

编写要点：简要描述穿转子如何控制质量标准。

示例：

（1）选派有经验的班组成员进行吊装作业，加强职工素质教育，牢固树立质量第一的意识，严格按照设计要求、施工规范、验收标准进行施工。

（2）明确岗位责任制，坚持自检、交接检、专职检三检制度，做到责任到人。

（3）实行技术交底制度，确保全员知行合一。

（4）及时、准确、完整的搜集各项工程技术资料。

（5）穿转子工作应按制造厂推荐的方法并使用制造厂提供的专用工具进行；施工前应编制方案并经批准；采用自制穿转子工具的应经核算、检查。

6 **安全控制**

编写要点：针对调相机穿转子工作，列出对安全、职业健康、环保等方面的要求。
示例：

6.1 安全措施

（1）定子内部工作需照明时，应采用不超过 12V 的行灯；检查确认平台区域照明充足。

（2）参加施工的人员必须参加施工技术安全质量交底，熟悉施工现场及操作步骤，并且施工过程中必须服从统一指挥。

（3）转子穿装前，检查行车的刹车必须灵敏可靠；行车配合时，在未确认转子垫平放稳前不得松开吊钩。

（4）吊装时要专人指挥，指挥信号准确、及时并做好隔离措施。

（5）穿转子时，端盖空挡位置应搭设好临时平台。

（6）不得将钢丝绳挂在轴颈或护环上起吊转子，挂绳的或顶起的部位上应有安全可靠的保护板，如铜板等。

（7）在设备与钢丝绳、手拉葫芦链相摩擦的部位设置包垫或其他的软质物品。

（8）穿转子时，进入定子内的人员应穿连体工作服及软底鞋。进入定子前清空所有口袋，以确保没有任何小物件掉入绕组而引起损伤；需带入定子内部使用的工具应进行登记，完工时逐一核对。

（9）设备接口如未封闭或封口脱落，应及时进行封闭。

（10）定子两端在开端盖、穿转子后及每日工作结束后，应用油布进行封盖，以便于定子内的防潮、防尘保护。

（11）安装时应注意保护热工测点及仪表管、取样管。

（12）安装过程中，特别是抬起转子的过程中，应特别注意保护设备，不得碰伤设备。

6.2 环保措施

（1）清理用的废油、废棉纱、白布及时回收至废物桶，并进行统一回收处理。

（2）施工现场放置两个垃圾箱，分类回收废钢材、多余配料、边角料及开箱箱板、纸屑等，每日施工结束及时回收处理。

（3）利用各种宣传工具和手段，加强对职工节约和环保意识的教育和宣传，杜绝随意浪费水、电、纸张现象的发生。

第七章

润滑油系统安装及冲洗现场
安装作业指导书

目 次

1 工程概况和主要工作量

编制要点：

（1）明确润滑油系统的作用及主要设备。

（2）明确润滑油系统冲刺范围。

示例：

1.1 工程概况

调相机润滑油系统用于向调相机提供轴承用润滑油，并有油净化装置同步净化使其保持清洁度要求。润滑油系统管道必须冲洗，其范围包括润滑油管路以及润滑油储存及处理系统放油注油管路。本次冲洗采用冷热交替冲洗方式进行。加热采用模块自带电加热装置进行。冲洗温度不得超过 75℃，超过时停止加热。冲洗分外部循环和内部循环两步进行。冲洗过程大致为：清理主油箱，加油至主油箱，通过板式滤油机将润滑油注入主油箱至最高油位。然后开启润滑油泵进行冲洗，同时对润滑油进行加热至油温达到 75℃停止加热。当油温低于 30℃时开启电加热装置加热润滑油。

1.2 工程量和工期

1.2.1 工程量

序号	设 备 名 称	单位	数量
1	润滑油油集装（包括冷油器、交流润滑油泵、直流事故油泵、电加热器、滤油器）	套	2
2	润滑油净化装置	套	2
3	润滑油输送泵	台	2
4	储油箱	台	1
5	管道（DN50–DN200）	t	6

管道工程量有：润滑油系统管路；储油箱附属管路；油箱事故放油管路；润滑油净化管路。

1.2.2 工期安排

润滑油设备安装周期：20 天。

润滑油管道安装周期：30 天。

润滑油管道注油冲洗周期：45 天。

2 编制依据

编写要点：列清工作所依据的规程规范、文件名称及现行有效版本号（或文号），按照国标、行标、企标、工程文件的顺序排列。

示例：

（1）DL/T 869—2012《火力发电厂焊接技术规程》

（2）DL 5009.1—2014《电力建设安全工作规程》

（3）DL 5190.3—2012《电力建设施工技术规范　第 3 部分：汽轮发电机组》

（4）DL/T 5210.3—2009《电力建设施工质量验收及评价规程　第 3 部分：汽轮发电机组》

（5）DL/T 5210.7—2010《电力建设施工质量验收及评定规程　第 7 部分：焊接》

（6）DL/T 5210.8—2009《电力建设施工质量验收及评价规程　第 8 部分：加工配制》

（7）《中华人民共和国工程建设标准强制性条文（电力工程部分）》（2011 版）

（8）设计院设计的润滑油系统图纸

（9）调相机厂家图纸和技术资料

3　工艺流程

编写要点： 工艺流程与实际工作步骤一一对应。

示例： 工艺流程图如图 7–1 所示。

4　作业程序

编写要点：

（1）明确施工前的人、机、料、发、环。

（2）明确系统安装的顺序与方法。

示例：

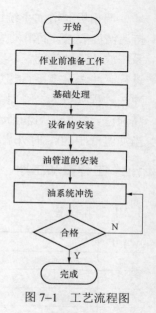

图 7–1　工艺流程图

4.1　作业前的条件和准备

4.1.1　技术准备

（1）施工用图纸、相关说明书及有关资料齐全。相关图纸已经经过监理组织会审通过，并已经项目（副）总工组织技术员进行施工有关图纸的会审和交底工作。

（2）施工方案已确定，并经专业技术负责人审核、项目总工室批准，正式出版。

（3）技术员已仔细阅读安装说明书及施工图，了解设备结构，按照批准的施工作业指导书，已对施工人员进行安全、技术、质量交底，并进行交底签字。

（4）施工人员已熟悉有关安装说明书和图纸及工艺要求、质量标准。

4.1.2　工序交接

（1）基础交付使用前，由土建提供验收交接单，并对基础中心线、标高及地脚螺栓孔中心、顶部标高进行复测，确认其符合要求；并在基础四侧清晰标注出纵横中心线和标高。

（2）油系统设备、管道清点，外观检查结束。

（3）设备到现场后的开箱检查和现场保管，认真核对装相清单，设备应齐全无缺，外观检查，应无机械损伤和锈蚀等现象，做好开箱记录，对开箱后的设备应堆放整齐，做好防腐防锈措施。

（4）不锈钢部件等，按照金属监督要求进行光谱分析、硬度检定，并做好相关地试验报告。

4.1.3 人员资质

（1）所有施工人员必须经过相关资质培训，具有相应等级的操作证，所有参加作业的特殊工种人员（电工、电焊工、火焊工、起重工、操作工、测量工、架子工）必须持证上岗。

（2）作业开始前组织参加作业人员进行针对性的作业交底和培训，主要是熟悉施工图和设备特点，掌握安装程序和工艺要求以及必须达到的质量验收标准，并了解有关安全操作规程规范和环境保护要求。

（3）作业人员施工前必须进行技术交底及安全交底，必须是经过安全考核合格者。

人 员 配 置 表

序号	岗位	人数	岗 位 职 责
1	技术员	1	全面负责施工现场的技术指导工作，负责编制施工方案并进行技术交底。安装单位、制造厂各1人
2	安全员	1	全面负责施工现场的安全工作，在施工前完成施工现场的安全设施布置工作，并及时纠正施工现场的不安全行为
3	质检员	1	全面负责施工现场的质量工作，参与现场技术交底，并针对可能出现的质量通病及质量事故提出防止措施，并及时纠正现场出现的影响施工质量的作业行为
4	施工班长	1	全面负责本班组现场专业施工，认真协调人员、机械、材料等，并控制施工现场的安全、质量、进度
5	安装人员	12	了解施工现场安全、质量控制要点，了解作业流程，按班长要求，做好自己的本职工作
6	起重	2	负责施工现场各种设备和管道的吊装、移运及就位
7	焊工	2	具有焊接特种作业证书，按班长要求，完成管道的焊接工作
8	架子工	4	具有架子搭设特种作业证书，负责临时脚手架及安全设施的搭设
9	测量工	1	具有测量特种作业证书，负责设备及管道安装中的测量工作

4.1.4 工器具的准备

（1）主要工具、机具配备。

序号	机 具 名 称	规 格	数 量
1	行车	50t	1台
2	电焊机		3台
3	链条葫芦	2～10t	各2副
4	冲击钻		2台
5	吸尘器		1台
6	角磨	φ100	3台
7	电磨		3台
8	滤油机		1台

（2）计量器具配备。

序号	计量器具名称	型号、规格、准确度	配备数量	备注
1	钢直尺	1m	1把	
2	角尺		1把	
3	水平尺	250mm	1把	
4	塞尺	150mm	1把	
5	百分表及表座		各2副	
6	长卷尺	50m	1把	
7	水准仪		1套	

注 所有计量器具须经检验合格且在有效使用期内，方可使用。

4.1.5 施工环境

（1）施工场地必须清理干净，整理整洁。

（2）施工现场的各种孔洞铺盖好盖板，四周搭设好临时栏杆。

（3）施工现场配备好足够的照明和消防器材。

4.2 施工方法和要求

4.2.1 基础准备

（1）基础清理和凿毛。

1）基础表面清理。

2）凿去基础表面浮浆层，凿毛面应平整。

3）清理地脚螺栓孔，不得有积水和垃圾。

（2）垫铁配置。

1）本系统内装置基础采用配置斜垫铁组。

2）测量垫铁布置区域标高，并根据设计标高确定斜垫铁加工厚度，要求：与设备接触面应光滑平整，斜垫铁薄边厚度不得小于 10mm，并考虑调整后两块斜垫铁错开面积不得超过垫铁面积的 25%。

4.2.2 设备就位、调整

（1）设备就位：设备就位前对外观进行仔细检查，应确认组件完整、封口完好无破损、零部件无缺损、脱落、锈蚀，焊缝无开裂，外观无显著硬伤，若存在上述缺陷则应会同相关部门确认处理；设备临时贮存应做好防潮、防灰尘等措施；清理、擦净设备基座底面，确认光滑无毛刺，清理地脚螺栓，放置调整垫片在垫铁上，确认设备中心与基础中心后起吊就位。

（2）设备调整。

1）利用线锤细调设备中心，使之与基础中心线完全一致，允许偏差 10mm。

2）检查垫铁与设备基座的接触情况，测量设备标高，利用调整垫片和框式水平仪调整标高和水平度，标高允许偏差 10mm。

3）检查调整垫片，应接触密实无松动现象。

4）将垫片边缘与设备基础外侧边缘对其。

5）对就位在钢梁上的设备，找正完成后应将槽钢与钢梁焊接牢固并将焊缝打磨平整。

6）确认地脚螺栓及安装螺栓应露出 2~3 牙。

4.2.3 设备基础灌浆

（1）一次灌浆：设备找正完成后，对地脚螺栓孔进行清理，然后地脚螺栓灌浆，灌浆时注意地脚螺栓要垂直。

（2）二次灌浆：地脚螺栓灌浆后应保养 3 天，再次复测各中心线和标高，符合要求后对其进行验收，验收通过后准备二次灌浆。

1）基础表面清理，在基础四周安装灌浆挡板，灌浆用水泥采用微胀水泥。

2）二次灌浆前对斜垫铁间点焊固定，地脚螺母应点焊或锁紧。

3）基础二次灌浆，灌浆时注意不要同时从四周灌入，应从一边灌入并用木条疏通，使砂浆从设备的另一侧流出，底座内部应填满，夯捣固应密实，无气孔或脱空；二次灌浆的高度抹面应略低于底座下表面，不得盖没地脚螺栓的螺母，不得阻碍设备的膨胀。

4）二次灌浆后要及时把飞溅到设备和螺栓表面上的混凝土清理干净。

（3）灌浆保养。

1）灌浆后用湿布保养基础 7 天，在这期间，不得在设备上堆放任何物品或者产生振动，以免引起设备移位。

2）保养期过后，检查设备各部件的清洁度，紧固地脚螺栓，并点焊螺栓螺母。

4.2.4 油管路安装

（1）事故油管道安装：零米以下事故放油管道采用埋管形式（部分通过地沟槽），管道外壁需进行防腐作业。

（2）储油箱及油净化有关管道安装：该系统管路在安装前必须用压缩空气吹扫，再将口用塑料封盖加胶带密封保管。

（3）润滑油管路安装。

1）润滑油管道到货后，应检查其内部清洁度；检查完毕后确认后，一直到安装之前应始终封住每个套管的接口。

2）管道装配前需将管件内部进行清理并用压缩空气吹净，清扫后及时封口；管道在安装前方可拆除两端封头，检查管道上所有开孔位置是否正确，安装后不得再在管道上开孔。

3）与各设备相连的油管段应在设备最终定位后进行安装。

4）润滑油管道各处标高必须按图纸要求予以保证。润滑油供回油管道以及排烟管道的接管对中后，要检查管道的水平度、中心位置以及焊缝坡口的平行度等符合图纸要求。

（4）油系统管道安装通用要求。

1）油管路的管帽或者封口应保留在管子各接口处，一直到各接口装配和焊接才拆除，并做到对接一个拆除一个；安装过程中随时做到临时密封；管道与设备的连接应在设备安装定位紧好地脚螺栓后自然进行。

2）如果必须对油管路做些改装，应该用机械方法将所有改装过的管道清理干净。油管路的安装一般不采用气割，若不得不用气割，则需将该管路拆出，气割后彻底清理干净再安装。安装后的管子不允许气割。

3）用于覆盖、擦洗油系统设备、管子开口的材料不得为纤维性材料，因为纤维会松散脱落，从而污染油质。

4）螺纹接头处用塑料带做密封料，包缠时螺纹前两扣不包。

5）管道安装需按设计及规范要求留有坡度，现场打磨坡口时，需在管内塞入布条，以防止碎屑进入管道内部，坡口打磨好后，取出布条，不能遗留在管道内。

6）油管与基础、设备、管道或其他设施之间应留有膨胀间距，保证运行时不妨碍油管自身的热膨胀，与膨胀较大的设备部件或者管道连接的排气、放油等小油管应考虑膨胀补偿。

7）油管路法兰安装：法兰面应平整光洁、接触均匀、无沟痕，若接触不良时应进行机加工或修刮；法兰结合面应使用质密耐热、耐油垫片，不得使用塑料或者橡胶垫片；结合面与垫片宜使用密封胶作涂料，涂抹应匀薄，不得挤入管内；法兰连接应无偏斜，不得强力对口，使用的螺栓应规格相同，安装方向应一致，法兰螺栓必须对称地均匀紧固。

8）油管路支吊架安装：支吊架的形式、间距、数量、位置要符合设计要求，强度可靠，牢固稳定，工艺美观；不锈钢管与碳钢管夹间应垫入不锈钢垫片隔离；润滑油管弹簧支吊架固定销在机组启动前应完整抽出，妥善保管；支吊架调整后，各连接件的螺杆丝扣必须带满，锁紧螺母应锁紧，防止松动；焊缝距离支吊架边缘不得小于50mm。

9）油管路阀门检查、安装：阀门到达现场后需对阀体进行清理检查，保证阀门的清洁度；阀门安装位置、方向、规格型号、材质、数量均要符合设计要求；管道上的阀门门杆应平放或者向下，防止运行中阀芯脱落切断；事故放油管应设有两道手动阀门，阀门手轮应设保护罩且有明显标识，不得上锁，阀门与油箱的距离应大于5m，并应有两个以上通道；法兰或螺纹连接的阀门应在关闭状态下安装，对焊阀门焊接安装时不宜关闭，防止过热变形。

10）油系统管道组合安装根据配管图的管件编号组合。

11）油系统所有排气、放油管均要由设计院设计出图，施工现场按图施工。

12）油系统管道未全部接通时，对油管敞口部分应临时严密封闭。

13）油管外壁与蒸汽管道保温层外表面应有不小于150mm的净距，距离不能满足时应加隔热板。

14）采用不锈钢材质的油管，管壁与铁素体支吊架接触的地方应采用不锈钢垫片或氯离子含量不超过500μg/L的非金属垫片隔离。

（5）管道焊接要求。

1）上岗焊工必须按流程图中规定的顺序和焊接工艺卡提供的参数内容进行操作。

2）施工前必须仔细检查周围环境状况，要有牢固的防风、挡雨、遮光的防火油布棚。

3）焊工应对管工配置的每一只焊口严格把关。

4）坡口内、外壁打磨宽度应≥10mm，并发出金属光泽。

5）间隙尺寸、钝边厚度按照焊接工艺卡要求执行。

6）焊口对口点焊时必须选用与焊接材料相同的电焊条，焊接工艺为氩弧焊打底，其余焊层为电焊，氩弧焊打底至点焊处，必须将点焊打磨干净。

7）打底焊时必须保证根部的透度，同时根部不允许有未焊透、未熔合等缺陷。凡在打底过程中发现缺陷时必须及时修补，待缺陷全部清除后方能继续焊接。

8）严格做好层间清理工作，每层焊道间的药皮全部清理干净。

9）焊缝外表的形成应美观，焊缝金属与母材之间光滑过渡，应无严重咬边现象，不锈钢焊口焊后应马上用不锈钢刷子清理，或做好钝化处理。

10）焊后焊工必须自检，并填写自检记录表，当天交工地质检员。

11）质检员复检合格后及时委托金属实验室作无损探伤检查。

12）上岗焊工必须严格按照焊接工艺卡进行焊接。

13）焊接环境温度不得低于 5℃，合金钢焊口焊前必须预热，层间要控制层间温度≤400℃。

14）不锈钢焊口焊接时，管内必须充氩气或混合气体保护。

4.2.5 润滑油的冲洗

（1）油冲洗的准备工作。

1）在润滑油系统冲洗前，需要拆下各轴承座润滑油管。管件拆除后制作冲洗旁路管，并安装好临时管道。

2）所有拆下的部件（阀门等）在重新安装前要存放在安全的地方。

3）临时软管及临时管安装前必须用气体吹扫干净。

4）冲洗用油即为运行用油。需经取样检查合格，油量应为运行油位，低油位时需补充油量。

5）注油前，油室区域内的动火作业应全部结束，包括冷油器的冷却水管、调速油管、电缆桥架等。冲洗期间油冲洗区域不得动火。

6）检查主油箱，并对油箱的清洁度进行验收并办理隐蔽签证。封闭主油箱前必须在滤网下放置橡胶密封垫圈。

7）储油箱应清理，进行验收并办理隐蔽签证后封闭。

8）所有的阀门都应挂牌并核对确认。对于严禁开启的阀门应上锁。

9）对于润滑油供回油系统和排油烟系统在主油箱注油前，必须关闭系统中的所有隔离阀，同时必须确保润滑油交流泵和直流泵和排油烟风机的马达的供电正常，以便油冲洗。所有油泵和风机必须安装就地启停开关，便于开关操作。

10）在现场应配备足够的消防器材。油系统周围要做好隔离措施，并有明显的醒目提示标牌。

11）事故排油坑应清理验收，具备紧急排油的条件。

12）各类油系统设备和油管应做好防腐、油漆工作，一般以黄色油漆加以区分。

13）冲洗用润滑油的加热温度：在油冲洗开始之前，油温温度要控制在 70℃之内，超过冲洗温度，需停止冲洗，待油温降至冲洗温度时重新启动油泵冲洗。

（2）润滑油管道的冲洗。

1）主油箱注油。本次冲洗采用从主油箱进油的方式，采用板式滤油机将油加入主油箱。在所需的油全部注入后，检查主油箱模块上所有阀门状态，启动主油泵进行冲洗，在注油时要对当前油位处的油箱及管道进行泄漏检查。在油冲洗过程中要经常观察油箱的油位变化。

2）润滑油管道的冲洗。在主油箱注油完毕及泵的旋转方向检查确认后，可以开始油冲洗。开泵前要检查系统没有开口及阀门开闭状态，确认无误后开泵。第一次先向管道及部件注油，同时进行泄漏检查。在油冲洗时要定期定时做好有关记录：油系统回路、加热状态、油泵启停时间等。

3）油冲洗的步骤。润滑油系统的循环冲洗一般分两个阶段，第一阶段为主油箱与轴承座之间的油管道外部冲洗（即润滑油不进轴承座进行冲洗），第二阶段为主油箱与轴承座之间的油管道内部冲洗（即润滑油进轴承座进行冲洗）。

外部循环即在进轴承座之前进行短接，冲洗主油箱和管道。冲洗阶段，油模块中净油装置不投入。循环后，润滑油管道取样化验，直至油质颗粒度等要求达到（NAS 7）标准合格，即可停止外部冲洗。

内部循环即分别对各轴承座进口处装入阀门滤网，对每个轴承座进行冲洗，直至油质取样达到（NAS 7）标准，油质合格。在此过程中，净油装置投入并列运行。

4）油冲洗过程中的一般要求。

a）控制油温在 30～70℃范围内。

b）母管冲洗时，各路轴承座上的油路阀门关闭，保持各路母管阀门的开启。

c）为确保油冲洗时管道内有一定压力强度，每次应只对每一组进行油冲洗，其他各组油路中的油路阀门必须关闭。

d）清洗油系统滤网时，必须确保滤网切换成功且将需清理的滤网壳体卸压；如有必要，必须停油泵。

e）冲洗过程中应交替地加热和冷却，在升温和降温过程中对焊缝、弯头处用橡皮榔头锤击，使依附在管道内壁的杂物在冷缩热胀和锤击的作用下脱落。

f）在冲洗过程，由于油温和流量的变化，可能会导致油泵电动机过电流，可以通过减少冲洗油流量来使电动机电流恢复正常。

g）清理滤网等设备时，必须用海绵吸干油，再用面粉粘，不得使用布头，更不能用回丝。清理后必须用压缩空气吹净。

h）用无水酒精清理滤网等设备。

i）在冲洗过程中，必须认真检查设备、管线的泄漏。

j）在冲洗过程中，必须严格遵照措施要求进行，严格监视油温、油压、电动机电流、油箱油位等重要参数。

k）在母管冲洗向支管冲洗的切换过程中，为防止系统过压，必须先打开一路支管，再慢慢关闭母管旁路阀门。如果仅仅对一路进行冲洗会导致系统过压，则增加冲洗回路，直至系统压力正常。

l）从油箱底部取样检验，取样前应冲洗取样管。

m）在冲洗过程中，严格监视主油箱滤油器差压，并及时切换并清理滤网。

n）在冲洗过程中，做到专人值班检查，并做好值班及交接班记录。

o）冲洗区域应拉红白带保护，非工作人员一律禁止进入。

p）冲洗区域严格禁止动火。

q）在油冲洗前，先检查各设备的旋转方向及功能。在启动油泵前必须打开冷油器顶部油侧放空门，确保空气排光后再关闭放空门。

r）在放空或放油时，要用油盘接上并及时倒入油桶内集中处理。

5）润滑油储存及处理系统管路中放油、供油管路的冲洗。

a）利用主油箱注放油及清理油箱期间来进行供放油管路的冲洗。

b）在输油泵前安装临时滤网以增强冲洗效果。

c）储油系统冲洗取样在净污油箱取样口。润滑油系统冲洗结束后取样化验应合格。

d）储油箱各管路均应安排时间冲洗。

e）在冲洗后期，可利用油模块油净化装置来增强冲洗效果。

6）油冲洗结束后的清洁工作。

a）油冲洗结束后必须对主油箱进行清理检查验收，并办理隐蔽签证单。

b）将系统中的油全部排入脏油箱。

c）确保主油箱有适当的照明与通风，并准备好清洁材料及吸油材料。

d）清理油箱、冷油器等其他系统设备时，必须用海绵吸干油，再用面粉粘，不得使用布头，更不能用回丝。

5 质量控制

编写要点：

（1）明确质量控制点。

（2）明确各工序质量标准。

示例：

5.1 质量控制点设置

序号	作业控制点	检验单位				见证方式
		班组	项目质检部门	监理	业主	
1	油系统设备安装	★	★	★		S
2	阀门检查安装	★	★	★		H
3	管道安装	★	★	★		S
4	管道的冲洗	★	★	★	★	R

注　R—记录确认点；H—停工待检点；S—连续监视监护。

5.2　质量检验及评定标准

序号	主要控制项目	质 量 标 准
1	设备基础处理	基础表面平整，无裂纹、孔洞、露筋等缺陷，中心线及标高偏差≤±10mm，砂浆垫块制作及垫铁配置符合要求
2	设备二次灌浆	地脚螺栓垂直无松动，垫铁点焊，基础表面无杂物、油污、水渍，底座内部浇灌应填满，混凝土应密实无气孔
3	设备安装	中心线及标高偏差≤±10mm，垂直度及水平度偏差≤5mm，附件安装正确。油泵联轴器找中心符合要求
4	油管路安装	油管标高偏差≤±10mm；油箱间有适当的膨胀间隙；对口用套管焊接或氩弧焊打底；支吊架形式、间距及强度符合设计要求；油管内壁应彻底清理干净
5	油箱清理	彻底清理，无锈皮、焊渣等各种杂物，露金属光，滤网清洁无破损
6	冷油器严密性试验	按设备铭牌的水压试验压力进行试验，维压5min应无渗漏
7	油冲洗	油冲洗各过程参数、油质化验结果应符合通用工艺规程及规范的要求

6　安全控制

编写要点：

（1）明确安装的安全和环境管理。

（2）特别介绍油系统冲洗的安全管理。

示例：

6.1　安全管理

6.1.1　文明施工措施

（1）施工过程中电焊皮带、氧乙炔皮带拉设布置整齐；下班后皮带线及时圈回，焊机及时关闭；

（2）施工过程中组合场地整洁，边角余料堆放整齐并及时清理，组件堆放整齐；

（3）施工中，焊条头等有害废弃物应及时回收并倒回指定地点；

（4）杜绝野蛮施工，精密工具、设备等应轻拿轻放。

6.1.2　职业安全措施

（1）所有施工人员在参加施工前都必须经过安全技术交底。

（2）根据气候特点，合理安排施工，加强班前会的教育提醒。

（3）坑、沟等区周围必须设置安全围栏，并挂设安全警告牌，施工人员严禁跨越围栏。

（4）施工过程中需变更安全设施的必须填写安全设施变更申请单，并且及时做好安全措施，严禁任意拆除或改动格栅、孔洞盖板、栏杆、安全网等。

（5）高空作业时，应尽量避开立体交叉作业。

（6）按规范使用机工具；在高空使用的机工具均应配置安全保险绳；使用时，较大工具应将保险绳挂设在牢固处，较小工具可将保险绳子绕在手上。

（7）规范用电，所有电动工具必须装有漏电保护器，下雨天严禁在室外使用电动工具。

（8）葫芦在使用过程中特别当空间较狭小时，应集中精力时刻注意葫芦起吊情况，严防吊物脱钩；葫芦钩子中不得挂套超过规定的钢丝绳根数。

（9）按规范使用磨光机，正确佩戴防护眼镜，砂轮片的有效半径磨损到原半径的三分之一时必须更换。

（10）使用撬棒时，支点选择要合理、牢靠，高处作业时严禁双手施压。

（11）管子吊运前，必须检查起吊器具，合格后方可使用。

（12）不得站在管子上进行作业，在管道上挂设钢丝绳时不得沿葫芦链条攀爬，搭架子施工，创造安全的施工环境。

（13）在进行焊接、切割作业前应检查作业点周围及下方有无危险源，有危险源的必须做好防护、隔离措施，作业完后应检查确认无起火危险后方可离开；在电缆、精密设备上进行焊接、切割作业时也应做好防护、隔离措施。

6.1.3　油冲洗的专项安全措施

（1）油冲洗用电安全措施。

1）发生电气火灾时应首先切断电源。

2）冲洗期间临时电缆及开关要做好防护措施，并做到专人操作，开关附近应该有明显的警示牌以防止误操作及人身伤害。

（2）油冲洗防火安全措施。

1）冲洗区域应该拉红白带保护，非工作人员一律禁止进入。

2）冲洗区域应该有明显的警示标牌，未经批准不得在冲洗区域内施工。

3）油冲洗现场及油冲洗区域上方严禁动火，若要动火，必须经安保部同意并开具动火证，动火前做好充分防火措施，并有专人监护。

4）冲洗区域上方应该有防火隔离措施，冲洗区域应该备好黄沙和消防器材。

（3）油冲洗文明施工措施。

1）油冲洗区域应干净、整洁、道路通畅、照明充足。

2）有专人负责油冲洗期间的管道及设备的巡视和检查，及时发现泄漏，及时处理。

3）现场应该有足够的油盘、回丝、刀口布、海绵等，发生泄漏应及时彻底的清理，包括基础和设备基座等处。

4）油冲洗清理用回丝、刀口布统一收集、堆放，统一处理，不要随意乱扔，清理用汽油应集中处理。

5）切换回路，更换滤网前应做好盛油措施，防止漏油太多而增大清洗难度；切换回路后，应对漏油彻底清理。

6）严格禁止洗手液等清洁剂清洗部件，防止油品被污染或乳化。

6.2　环境管理

（1）施工时废料合理摆放，并及时进行回收处理。

（2）安装时严密注意设备和油管内部清洁度，做到接一个接口拆一个封口，未施工的接口不得呈敞开状。

（3）现场使用的油料应存放在密闭容器内，并由专人负责保管。清洗设备和零部件时使用煤油，清洗地点严禁烟火，地面上的油污应及时清理，废油及废棉纱、围丝应集中存放在有盖的铁桶内，并及时清理，以防火灾。

（4）油系统设备和管道不得随意切割或钻孔。

（5）吊物件不能将栏杆、格栅、工艺管道或设备作吊点。

（6）开好每次的安全站班会，并及时向施工人员做好安全和技术交底。

（7）施工现场要保持整洁，垃圾、废料应及时清除，做到工作过程随手清，坚持文明施工，加强环境管理，树立窗口形象。

第八章

水系统安装及冲洗现场
安装作业指导书

目　次

1 工程概况及设计概况

编制要点：

（1）明确调相机水系统的范围。

（2）明确调相机水系统的供货厂家和主要设备。

示例：

1.1 工程概况

调相机工程水系统主要由水处理和冷却水系统组成，水处理有超滤装置、反渗透（一、二级）装置、EDI 装置、产水箱、加药装置等主要设备，冷却水系统有空气冷却器、主循环泵组、闭式冷却塔等组成。所用设备均由哈尔滨电机厂供货。

1.2 工程量和工期

1.2.1 主要工程量

序号	设 备 名 称	单位	数量
1	超滤装置（包括生水泵、过滤器、超滤膜、支架、底座、仪器仪表、管道、阀门等）	套	1
2	渗透（一、二级）装置（包括保安过滤器、高压泵、反渗透膜、支架、底座、仪器仪表、管道、阀门等）	套	1
3	EDI 装置、产水箱［包括过滤器、EDI、增压泵、产水箱（$0.6m^3$）、支架、底座、仪器仪表、管道、阀门、淋浴器等］	套	1
4	加药装置（包括计量泵、药箱、仪器仪表、管道、阀门）	套	1
5	空气冷却器：29 000×90 000×6500mm（1 套），含平台、钢结构；净重 83t，运行重 88t	套	1
6	主循环泵组（5850×2600×3400mm，净重 7.2t，运行重 8.5t，一套为两台泵）	套	1
7	闭式冷却塔（3600×3600×4850mm，含平台；单台净重 5.5t，运行重 9.2t）	套	1

1.2.2 工期安排

水系统设备安装周期：40 天

水系统管道安装周期：40 天

水系统冲洗周期：3 天。

2 编制依据

编写要点： 列清工作所依据的规程规范、文件名称及现行有效版本号（或文号），按照国标、行标、企标、工程文件的顺序排列。

示例：

（1）DL 5990.5—2012《电力建设施工技术规范　第 5 部分：管道及系统》

（2）DL/T 5210.5—2009《电力建设施工质量验收及评价规程　第 5 部分：管道及系统》

（3）DL/T 5210.6—2009《电力建设施工质量验收及评价规程　第 6 部分：水处理及制氢设备和系统》

（4）DL/T 5210.7—2010《电力建设施工质量验收及评价规程　第 7 部分：焊接》

（5）DL 869—2012《火力发电厂焊接技术规程》

（6）DL 5009.1—2014《电力建设安全工作规程　第 1 部分：火力发电》

（7）设计院设计相关图纸

（8）设备厂家提供的相关技术要求和规范

3　工艺流程

编写要点：工艺流程与实际工作步骤一一对应。

示例：工艺流程图如图 8-1 所示。

4　作业程序

编写要点：

（1）明确施工前的人、机、料、发、环。

（2）明确系统安装的顺序与方法。

示例：

4.1　作业前的条件和准备

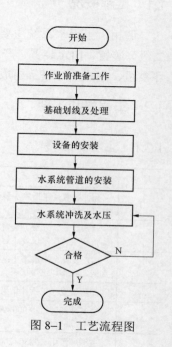

图 8-1　工艺流程图

4.1.1　技术准备

（1）施工用图纸、相关说明书及有关资料齐全。相关图纸已经经过监理组织会审通过，并已经项目（副）总工组织技术员进行施工有关图纸的会审和交底工作。

（2）施工方案已确定，并经专业技术负责人审核、项目总工室批准，正式出版。

（3）技术员已仔细阅读安装说明书及施工图，了解设备结构，按照批准的施工作业指导书，已对施工人员进行安全、技术、质量交底，并进行交底签字。

（4）施工人员已熟悉有关安装说明书和图纸及工艺要求、质量标准。

4.1.2　工序交接

（1）基础交付使用前，由土建提供验收交接单，并对基础中心线、标高及地脚螺栓孔中心、顶部标高进行复测，确认其符合要求；并在基础四侧清晰标注出纵横中心线和标高。

（2）设备管道、设备领出、清点、外观检查结束。

（3）设备到现场后的开箱检查和现场保管，认真核对装相清单，设备应齐全无缺，外观检查，应无机械损伤和锈蚀等现象，做好开箱记录，对开箱后的设备应堆放整齐，做好防腐防锈措施。

（4）不锈钢部件等，按照金属监督要求进行光谱分析、硬度检定，并做好相关的试验报告。

4.1.3　人员资质

（1）所有施工人员必须经过相关资质培训，具有相应等级的操作证，所有参加作业的特殊工种人员（电工、电焊工、火焊工、起重工、操作工、测量工、架子工）必须持证上岗。

（2）作业开始前组织参加作业人员进行针对性的作业交底和培训，主要是熟悉施工图和设备特点，掌握安装程序和工艺要求以及必须达到的质量验收标准，并了解有关安全操作规程规范和环境保护要求。

（3）作业人员施工前必须进行技术交底及安全交底，必须是经过安全考核合格者。

人 员 配 置 表

序号	岗位	人数	岗 位 职 责
1	技术员	1	全面负责施工现场的技术指导工作，负责编制施工方案并进行技术交底。安装单位、制造厂各1人
2	安全员	1	全面负责施工现场的安全工作，在施工前完成施工现场的安全设施布置工作，并及时纠正施工现场的不安全行为
3	质检员	1	全面负责施工现场的质量工作，参与现场技术交底，并针对可能出现的质量通病及质量事故提出防止措施，并及时纠正现场出现的影响施工质量的作业行为
4	施工班长	1	全面负责本班组现场专业施工，认真协调人员、机械、材料等，并控制施工现场的安全、质量、进度
5	安装人员	12	了解施工现场安全、质量控制要点，了解作业流程，按班长要求，做好自己的本职工作
6	起重	2	负责施工现场各种设备和管道的吊装、移运及就位
7	焊工	2	具有焊接特种作业证，按班长要求，完成管道的焊接工作
8	架子工	4	具有架子搭设特种作业证书，负责临时脚手架及安全设施的搭设
9	测量工	1	具有测量特种作业证书，负责设备及管道安装中的测量工作

4.1.4　工器具的准备

4.1.4.1　主要工具、机具配备

序号	机 具 名 称	规 格	数量
1	行车	50t	1台
2	电焊机	300A	各3只

续表

序号	机 具 名 称	规 格	数量
3	链条葫芦	1t、2t、10t	各3只
4	冲击钻		2台
5	角磨	$\phi 100$	3台
6	电磨		3台

4.1.4.2 计量器具配备

序号	计量器具名称	型号、规格、准确度	配备数量	备注
1	钢直尺	1m	1把	
2	角尺		1把	
3	水平尺	250mm	1把	
4	塞尺	150mm	1把	
5	百分表及表座		各2副	
6	长卷尺	50m	1把	
7	水准仪		1套	

注 所有计量器具须经检验合格且在有效使用期内，方可使用。

4.1.5 施工环境

（1）施工场地必须清理干净，整理整洁。

（2）施工现场的各种孔洞铺盖好盖板，四周搭设好临时栏杆。

（3）施工现场配备好足够的照明和消防器材。

4.2 施工方法和要求

4.2.1 基础处理

（1）基础表面清理。

（2）凿去基础表面浮浆层，凿毛面应平整。

（3）清理地脚螺栓孔，不得有积水和垃圾。

4.2.2 设备安装

（1）按图纸设计标高配置垫铁，每个地脚螺栓布置两组垫铁，每组垫铁不应超过 3 块，特殊情况最多不能超过 5 块，且斜垫铁应成对使用，两个斜面相接触，垫铁达到设计标高后应点焊牢固；

（2）按设备就位先内后外顺序进行设备的吊装；

（3）通过撬棍、链条葫芦的拉抬，对设备标高、纵横中心分别进行找平、找正，确认标高、纵横中心、垂直度无误并验收后将设备支腿与基础预埋铁进行焊接，若之间有垫铁，则应将设备支腿、垫铁、基础预埋铁焊为一体；

（4）就位设备时，因此类设备重量较小，可在各基础边上铺设与基础齐平的木板作拖运通道，通过在木板上放置槽钢或滚管等将设备拖运至基础边上，在电动葫芦轨道靠近待就位设备一侧生根点和屋顶、房间柱子上的预埋件上布置 2t 或 10t 的链条葫芦，通过链条葫芦的合力作用将各设备吊装就位，确认各设备标高、纵横中心、垂直度符合要求并经验收合格后，对设备支座与垫铁、基础预埋铁焊接；

（5）复测设备标高、纵横中心、垂直度。

4.2.3 设备基础灌浆

（1）一次灌浆：设备找正完成后，对地脚螺栓孔进行清理，然后地脚螺栓灌浆，灌浆时注意地脚螺栓要垂直。

（2）二次灌浆：地脚螺栓灌浆后应保养 3 天，再次复测各中心线和标高，符合要求后对其进行验收，验收通过后准备二次灌浆。

1）基础表面清理，在基础四周安装灌浆挡板，灌浆用水泥采用微胀水泥。

2）二次灌浆前对斜垫铁间点焊固定，地脚螺母应点焊或锁紧。

3）基础二次灌浆，灌浆时注意不要同时从四周灌入，应从一边灌入并用木条疏通，使砂浆从设备的另一侧流出，底座内部应填满，夯捣固应密实，无气孔或脱空；二次灌浆的高度抹面应略低于底座下表面，不得盖没地脚螺栓的螺母，不得阻碍设备的膨胀。

4）二次灌浆后要及时把飞溅到设备和螺栓表面上的混凝土清理干净。

（3）灌浆保养。

1）灌浆后用湿布保养基础 7 天，在这期间，不得在设备上堆放任何物品或者产生振动，以免引起设备移位。

2）保养期过后，检查设备各部件的清洁度，紧固地脚螺栓，并点焊螺栓螺母。

4.2.4 管道安装

（1）支吊架安装。

1）检查所供组装支吊架完整及完好性，并确认接受无误。

2）测量并检查安装位置的正确。

3）吊架应及时安装，原则上在管道临抛前，支吊架根部及连接附件按设计要求预先安装，根部焊接应严格按图纸设计强度施工。

4）支吊架连接部件的调节紧放部位，安装前应涂上牛油；安装期间，待整个系统管道安装完毕后，再根据支吊架详细设计图纸实施调整。

5）各弹簧部件安装前，必须核对图纸，不得错装相应型号的弹簧部件。

6）弹簧部件在出厂时，应整定完毕及锁定状态，施工人员严禁在安装状态随意去松动或拨动相应的锁紧螺母或锁紧销。

7）若使用临时支吊架，应做好相应的标记（如挂牌），管道安装完毕及时拆除。

8）管道安装完毕，应一一核对支吊架的型式及位置的正确性。具体如下：

a. 检查与建筑物结构的连接是否正确，特别要检查焊缝。

b. 检查所有的螺纹连接，看最短螺纹连接长度是否符合要求。

c. 检查所有的管夹及管道支吊架，看底座与管道的连接是否符合要求。所有的螺纹连接均已锁定。

d. 弹簧吊架上所有可读的标牌，如刻度及铭牌，应固定在可视的一侧。

（2）管道临抛。

1）管道阀门等部件临抛前，应根据图纸正确方向。

2）吊装临抛时应避免损坏管件的表面油漆。

3）吊装临抛过程中，不得有任何碰撞，防止损坏管道坡口及相关设备。

（3）管道安装。

1）管线定位应严格按设计图纸要求。

2）坡口打磨：坡口及坡口内外 50mm 范围内应打磨出金属光泽，不得留有油漆等杂物，同时须确认坡口处无裂纹、夹层等缺陷。

3）管道坡口打磨后，须检查管件内部是否留有杂物，应清理干净后方可实施对口工作，对口经质检人员确认后方可焊接。

4）严禁强力对口。

5）阀门定位应与管线中心垂直，阀门在施焊过程中，应处于开启状态。

6）管道安装过程中，每日工作完毕必须做好封口保护工作，包括对口完毕后当日不能进行焊接的焊缝。严禁在管道安装期间将任何工器具及杂物放入管道内部。

7）对于 DN80 及现场布置的小口径管道，应采用冷弯方法，最小弯曲半径大于 5D。

8）弯管处不应出现裂纹、凸出现象。

9）DN＜80 的小口径管道具体走向应按现场实际情况而定。

10）仪表、放水、放气孔应在管道安装前开好，且孔径小于 30mm 时，不得用气割开孔，必须在管道安装前开孔完毕并将管道进行清理干净。

11）法兰的安装：法兰平面与管子轴线相垂直，法兰焊接应保持法兰断面的平行，可采用"十字法"对螺栓进行紧固。

（4）阀门安装。

1）阀门安装前检查内部清洁度。

2）阀门前安装进出口方向确认。

3）阀门安装前需做水压试验合格。

（5）管道焊接要求。

1）上岗焊工必须按流程图中规定的顺序和焊接工艺卡提供的参数内容进行操作。

2）施工前必须仔细检查周围环境状况，要有牢固的防风、挡雨、遮光的防火油布棚。

3）焊工应对管工配置的每一只焊口严格把关。

4）坡口内、外壁打磨宽度应≥10mm，并发出金属光泽。

5）间隙尺寸、钝边厚度按照焊接工艺卡要求执行。

6）焊口对口点固时必须选用与焊接材料相同的电焊条，焊接工艺为氩弧焊打底，电焊，其余焊层为电焊，氩弧焊打底至点焊处，必须将点焊打磨干净。

7）打底焊时必须保证根部的透度，同时根部不允许有未焊透、未熔合等缺陷。凡在打底过程中发现缺陷时必须及时修补，待缺陷全部清楚后方能继续焊接。

8）严格做好层间清理工作，每层焊道间的药皮全部清理干净。

9）焊缝外表的形成应美观，焊缝金属与母材之间光滑过渡，应无严重咬边现象，不锈钢焊口焊后应马上用不锈钢刷子清理，或做好钝化处理。

10）焊后焊工必须自检，并填写自检记录表，当天交工地质检员。

11）质检员复检合格后及时委托金属实验室作无损探伤检查。

12）上岗焊工必须严格按照焊接工艺卡进行焊接。

13）焊接环境温度不得低于 5℃，合金钢焊口焊前必须预热，层间要控制层间温度≤400℃。

14）不锈钢焊口焊接时，管内必须充氩气和混合气体。

4.2.5 管道的冲洗及水压

（1）管道的冲洗工作。

1）首次开疏水阀门时，要等到排出的介质干净后再关闭阀门，无法监视的系统，可采用延长排放时间的方法处理，以免脏物破坏门口，造成内漏，产生疏水放空门漏汽现象。

2）对于排到地沟内的疏放水母管为防止沿沟盖板冒汽，在排放处加一个疏水箱，从疏水箱上部引一排汽管到调相机房外。

3）避免有压放水和无压放水串接。

4）所有疏水用漏斗要有足够的流通面积，且不堵塞，以保证疏水畅通，水不会溢出，要保证疏水管口与疏水漏斗对正。

5）阀门在操作过程中拧手轮不要超力矩，造成门盖变形而泄漏。

（2）管道严密性试验。

在实施系统严密性试验过程中做好各项准备工作是非常重要的，特别是施工前期，结合施工的实际情况做出合理安排，如预先将安全门顶紧，保证水源供应和废水排放，合适的放空点，支吊架确认，压力表配备齐全且经计量等，确保水压试验顺利进行。

1）管道严密性水压试验前管道与支吊架安装完毕，焊接与热处理工作完毕。

2）汽、气管道做水压试验时还必须视实际情况对支吊架进行适当的加固。

3）管道系统试验过程中发现渗漏，降压处理；试验结束及时排净系统内的全部存水，并拆除所有临时支架、堵板，系统恢复。

5 质量控制

编写要点：

（1）明确质量控制点。

（2）明确各工序质量标准。

示例：

5.1 质量控制点设置

序号	作业控制点	检验单位				见证方式
		班组	项目质检部门	监理	业主	
1	设备安装	★	★	★		S
2	管道支吊架的配置和安装	★	★	★		S
3	阀门检查安装	★	★	★		H
4	管道安装	★	★	★		S
5	管道严密性试验	★	★	★	★	R
6	管道的冲洗	★	★	★	★	R

注　R—记录确认点；H—停工待检点；S—连续监视监护。

5.2 质量检验及评定标准

序号	主要控制项目	质量标准
1	设备基础处理	基础表面平整，无裂纹、孔洞、露筋等缺陷，中心线及标高偏差≤±10mm，砂浆垫块制作及垫铁配置符合要求
2	设备二次灌浆	地脚螺栓垂直无松动，垫铁点焊，基础表面无杂物、油污、水渍，底座内部浇灌应填满，混凝土应密实无气孔
3	设备安装	中心线及标高偏差≤±10mm，垂直度及水平度偏差≤5mm，附件安装正确。油泵联轴器找中心符合要求
4	管道安装	管标高偏差≤±10mm；油箱间有适当的膨胀间隙；对口用套管焊接或氩弧焊打底；支吊架形式、间距及强度符合设计要求；油管内壁应彻底清理干净
5	水冲洗	水系统冲洗应符合通用工艺规程及规范的要求

6 安全控制

编写要点：明确安装的安全和环境管理。
示例：

6.1 安全措施

6.1.1 文明施工措施

（1）施工过程中电焊皮带、氧乙炔皮带拉设布置整齐；下班后皮带线及时圈回，焊机及时关闭；

（2）施工过程中组合场地整洁，边角余料堆放整齐并及时清理，组件堆放整齐；

（3）施工中，焊条头等有害废弃物应及时回收并倒回指定地点；

（4）杜绝野蛮施工，精密工具、设备等应轻拿轻放。

6.1.2 职业安全措施

（1）所有施工人员在参加施工前都必须经过安全技术交底。

（2）根据气候特点，合理安排施工，加强班前会的教育提醒。

（3）坑、沟等区周围必需设置安全围栏，并挂设安全警告牌，施工人员严禁跨越围栏。

（4）施工过程中需变更安全设施的必须填写安全设施变更申请单，并且及时做好安全措施，严禁任意拆除或改动格栅、孔洞盖板、栏杆、安全网等。

（5）高空作业时，应尽量避开立体交叉作业。

（6）按规范使用机工具；在高空使用的机工具均应配置安全保险绳；使用时，较大工具应将保险绳挂设在牢固处，较小工具可将保险绳子绕在手上。

（7）规范用电，所有电动工具必须装有漏电保护器，下雨天严禁在室外使用电动工具。

（8）葫芦在使用过程中特别当空间较狭小时，应集中精力时刻注意葫芦起吊情况，严防吊物脱钩；葫芦钩子中不得挂套超过规定的钢丝绳根数。

（9）按规范使用磨光机，正确佩戴防护眼镜，砂轮片的有效半径磨损到原半径的三分之一时必须更换。

（10）使用撬棒时，支点选择要合理、牢靠，高处作业时严禁双手施压。

（11）管子吊运前，必须检查起吊器具，合格后方可使用。

（12）不得站在管子上进行作业，在管道上挂设钢丝绳时不得沿葫芦链条攀爬，搭架子施工，创造安全的施工环境。

（13）在进行焊接、切割作业前应检查作业点周围及下方有无危险源，有危险源的必须做好防护、隔离措施，作业完后应检查确认无起火危险后方可离开；在电缆、精密设备上进行焊接、切割作业时也应做好防护、隔离措施。

6.2 环境措施

（1）施工时废料合理摆放，并及时进行回收处理。

（2）安装时严密注意设备和油管内部清洁度，做到接一个接口拆一个封口，未施工的接口不得呈敞开状。

（3）现场使用的油料应存放在密闭容器内，并由专人负责保管。清洗设备和零部件时使用煤油，清洗地点严禁烟火，地面上的油污应及时清理，废油及废棉纱、围丝应集中存放在有盖的铁桶内，并及时清理，以防火灾。

（4）油系统设备和管道不得随意切割或钻孔。

（5）吊物件不能将栏杆、格栅、工艺管道或设备作吊点。

（6）开好每次的安全站班会，并及时向施工人员做好安全和技术交底。

（7）施工现场要保持整洁，垃圾、废料应及时清除，做到工作过程随手清，坚持文明施工，加强环境管理，树立窗口形象。

第九章

调相机本体及出口电气设备
现场安装作业指导书

目 次

1 工程概述

编写要点：作业范围及施工地址，描述设计、监理、施工单位信息，并列出设备厂家单位。

示例：

1.1 工程概述

扎鲁特±800kV 换流站土建工程，扎鲁特换流站站址位于内蒙古自治区通辽市扎鲁特旗境内道老杜苏木，通辽北偏西方向 90km，巴彦茫哈嘎查东南 10km，巴彦塔拉嘎查东北1km，国道 G304 与 G111 之间。本工程由西北电力设计院，湖北环宇建筑工程监理公司监理，江苏省电力建设第三工程有限公司施工。本期工程调相机由哈尔滨电机厂有限责任公司供货，离相封闭母线由江苏大全封闭母线有限公司成套供货。

1.2 工程量和工期

编写要点：根据设计图纸进行编制，将主变压器工作量一一列出。

示例：

1.2.1 工程量

调相机电气附件安装及电气检查、试验工作：

（1）离相封闭母线外壳 ϕ1050mm×7mm，导体 ϕ500mm×10mm；75m（三相米）；外壳 ϕ700mm×5mm，导体 ϕ150mm×12mm；36.5m（三相米）。

（2）调相机出线盒，1 套。

（3）SFC 隔离变压器，1 台。

（4）励磁变压器，1 台。

（5）中性点接地柜，1 台。

（6）励磁设备，1 套。

（7）调相机侧电压互感器柜，1 套。

1.2.2 作业计划

编写要点：根据现场实际情况（如：土建交安、设备到场及人员进出等）合理安排施工工期。

示例：

计划开工日期：2017 年 08 月 20 日

计划竣工日期：2017 年 10 月 18 日

2 编制依据

编写要点：列清工作所依据的规程规范、文件名称及现行有效版本号（或文号），按照国标、行标、企标、工程文件的顺序排列。

示例：所用标准版本号若有更新，以最新版为准。

（1）GB 50149—2010《电气装置安装工程 母线装置施工及验收规范》

（2）GB 50150—2016《电气装置安装工程 电气设备交接试验标准》

（3）GB 50169—2016《电气装置安装工程 接地装置施工及验收规范》

（4）GB 50170—2016《电气装置安装工程 旋转电机施工及验收规范》

（5）DL/T 5161—2002《电气装置安装工程 质量检验及评定规程》

（6）《中华人民共和国工程建设标准强制性条文（电力工程部分）》（2011 版）

（7）《国家电网公司电力建设安全工作规程（电网建设部分）》（试行）国家电网安质〔2016〕212 号

（8）Q/GDW 248—2008《输变电工程建设标准强制性条文实施管理规程》

（9）112—2015《国家电网公司基建质量管理规定》国网（基建/2）

（10）《关于印发协调统一基建类和生产类标准差异条款（变电部分）的通知》办基建〔2008〕20 号

（11）《关于印发〈协调统一基建类和生产类标准差异条款〉的通知》国家电网科〔2011〕12 号

（12）设计院确认的扎鲁特工程施工图纸（随产品在资料箱中发运）

（13）300Mvar 型产品使用说明书（随产品在资料箱中发运）

（14）扎鲁特工程出厂试验报告（随产品在资料箱中发运）

（15）扎鲁特工程装箱清单（随产品在各包装箱中发运）

3 工艺流程

3.1 出线设备安装流程图

编写要点：与实际工作步骤一一对应，对主要施工工序结合厂家资料和图纸进行细化，分清工序的主次顺序。

示例：工艺流程图如图 9-1 所示。

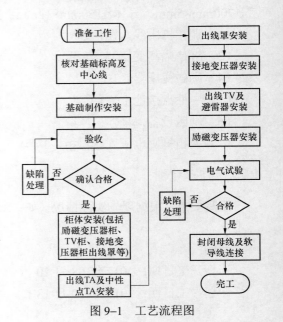

图 9-1 工艺流程图

3.2 封闭母线安装流程图

编写要点：与实际工作步骤一一对应，对主要施工工序结合厂家资料和图纸进行细化，分清工序的主次。

示例：封闭母线安装流程如图 9-2 所示。

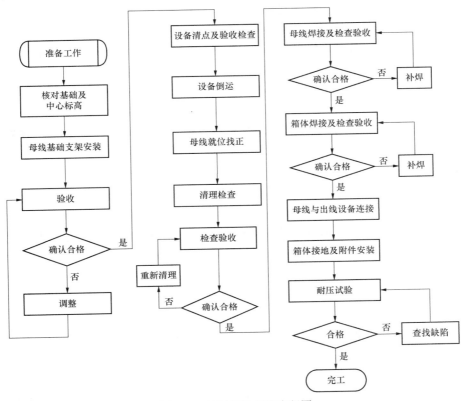

图 9-2　封闭母线安装流程图

4　作业程序

4.1　安装前必须具备的条件及准备工作

4.1.1　技术准备

编写要点：熟悉施工图纸，掌握土建交安具体时间，对所需设备、材料到场情况了解到位，合理安排各专业施工人员进场时间。

示例：

（1）施工图纸会审完毕，会审中存在的问题已有明确的处理意见。

（2）作业指导书编制完成，并与相关专业讨论确定，已经审批。

（3）设备到货后的检查无损坏或损伤，设备器件无短缺。

（4）作业前已对参加该作业相关人员进行施工交底，交底与被交底人员进行了双签字。

（5）土建已经交安，经验收符合电气施工标准，调相机已就位，允许施工。

（6）安装设备及消耗性材料齐全，在检查安装过程中所需工器具全部到位，需要校验的计量器具已经校验，可以在施工过程中使用。

（7）施工人员和技术人员安排到位，且特殊工种须持证上岗。

（8）安全设施准备完毕，脚手架等已悬挂验收牌；危险因素辨识清楚，针对措施得力可行。

4.1.2 工序交接

编写要点：熟悉施工图纸，掌握土建交安具体时间，对下阶段工序需要的前置条件进行编写。

示例：

（1）调相机定子就位完成，相关试验合格，符合图纸要求并能够满足定子出线安装的要求。

（2）土建交安完毕，提前与土建图纸核对标高、位置、埋件等尺寸是否与电气图纸相符。

（3）脚手架搭设完毕并经验收合格。

4.1.3 人力资质

编写要点：根据作业内容，合理安排各专业施工人员进场。

示例：

所有参与调相机安装及试验的人员必须熟悉现场调相机结构状况、有关规范、标准、制造厂装配图纸及技术文件和本作业指导书。焊工必须通过操作培训，并考试合格方可上岗。施工前进行质量、技术和安全交底。

人 员 配 置 表

序号	岗位	人数	岗 位 职 责
1	项目经理/项目总工	1	全面组织设备的安装工作，现场组织协调人员、机械、材料、物资供应等，针对安全、质量、进度进行控制，并负责对外协调
2	技术员	1	全面负责施工现场的技术指导工作，负责编制施工方案并进行技术交底。安装单位、制造厂各1人
3	安全员	1	全面负责施工现场的安全工作，在施工前完成施工现场的安全设施布置工作，并及时纠正施工现场的不安全行为
4	质检员	1	全面负责施工现场的质量工作，参与现场技术交底，并针对可能出现的质量通病及质量事故提出防止措施，并及时纠正现场出现的影响施工质量的作业行为
5	施工班长	1	全面负责本班组现场专业施工，认真协调人员、机械、材料等，并控制施工现场的安全、质量、进度

序号	岗位	人数	岗位职责
6	安装人员	6	了解施工现场安全、质量控制要点，了解作业流程，按班长要求，做好自己的本职工作
7	机械、机具操作员	1	负责施工现场各种机械、机具的操作工作，并应保证各施工机械的安全稳定运行，发现故障及时排除
8	氩弧焊工	2	特种人员持证上岗。了解施工现场安全、质量控制要点，了解作业流程，按班长要求，做好自己的本职工作
9	机具保管员	1	做好机具及材料的保管工作，及时对机具及材料进行维护及保养
10	资料信息员	1	负责施工工程中的资料收集整理、信息记录、数码照片拍摄等

4.1.4 工器具准备

编写要点：掌握甲供材、乙供材、辅材到场时间，保证重要工序连续施工，合理配备施工机械。

示例：

序号	名称	规格	数量
1	汽车吊	≥50t	1台
2	氩弧焊机		1台
3	交流焊机		1台
4	吸尘器		2台
5	卸克	≥1t	4只
6	链条葫芦	5t	4只
7	链条葫芦	3t	4只
8	水平仪		1台
9	移动电源盘		1只
10	角磨		2只
11	吊装带		若干
12	力矩扳手		1套
13	通风机		2台

4.1.5 施工环境

编写要点：根据到场设备安装所需满足条件进行编写。

示例：

（1）施工场地应平整、无杂物，保持整洁。

（2）施工道路畅通，不得乱堆乱放，随意堵塞交通要道。

（3）施工电源引设到位，满足施工要求。

（4）施工现场照明及夜间施工照明条件充足。

4.2 施工方法及要求

4.2.1 调相机出线设备安装

（1）基础制作安装及验收。编写要点：根据厂家设备安装文件及设计图纸，进行编写。

示例：

1）领完料后槽钢必须调平、调直，然后根据图纸和设备底座实际尺寸下料。槽钢严禁火焊切割。

2）按照设备安装图纸要求安装设备槽钢基础，安装必须牢固。槽钢基础不直度和不平度最大误差全长不应超过 5mm。

3）底座基础必须按照设计与主地网可靠连接，且整段盘基础最少两点接地，地线安装必须牢固，焊接处必须敲掉药皮并刷好防锈漆。

4）基础安装完毕，必须经过检查验收合格，并做好自检记录才能进行设备的安装。

5）验收包括：槽钢基础安装符合要求；基础结构刷漆均匀；基础接地牢固可靠与主地网导通良好；验收单已填写完并已签字。

（2）柜体安装。编写要点：根据厂家设备安装文件、设计图纸及 DL/T 5161—2002《电气装置安装工程 质量检验及评定规程》进行编写。

示例：

1）盘柜的搬运应小心谨慎，以防损坏盘面上的部件及表面漆层。依据盘柜布置图，按照设备编号顺序运入室内，并根据安装位置将其逐一移至底盘上。

2）盘柜安装要保证每行盘柜的前面平齐、盘柜垂直。

3）具体作业方法如下：

a. 精确安装调整第一块，用磁性线坠分别在盘的正面和侧面多次找盘的垂直度，用垫铁将盘调到垂直度≤1.5/1000H（H 为柜高），便可焊接固定。焊接时应焊在内侧，每块盘内焊接柜底四角，每处焊缝长 20～40mm，并且连垫铁一起焊在底盘上，敲掉药皮并补刷防锈漆。然后再以第一块为标准，逐次调整以后各块。找正时可增减垫铁，并利用盘间连接螺丝进行固定，两相邻盘间缝隙要符合规定，使该列盘柜成一整体。

b. 盘柜上设备检查。

a）盘柜内设备型号、规格符合设计要求。外观应完好无损伤，且附件完整、排列整齐，固定可靠，密封良好。

b）避雷器、互感器等设备应能单独拆装更换而不影响其他电气设备的固定。

c）发热元件宜安装于柜顶。

d）盘面油漆无脱漆，反锈。

（3）出线电流互感器及中性点电流互感器安装。编写要点：根据厂家设备安装文件、设计图纸及 GB 50150—2016《电气装置安装工程 电气设备交接试验标准》，结合现场实际施工进行编写。

示例：

1）电流互感器到货后检查验收，外观无破损，接线盒及接线端子完好无松动，规格型号精度符合设计要求，如发现缺陷及时进行认证并联系厂家更换。

2）联系调试单位对电流互感器进行绝缘、极性、变比试验，对 0.2 级精度的量测 TA 还需进行角差、比差试验，确认试验数据合格方可进行安装工作。

3）安装时注意对设备的保护，按照设计的顺序进行安装，穿芯螺杆安装后应进行防松处理。

4）安装完后及时进行验收，并做好施工记录。

（4）出线罩安装。编写要点：根据厂家设备安装文件及设计图纸，结合现场实际施工进行编写。

示例：

1）设备到货后进行检查验收，外观无破损，附件齐全，如发现缺陷及时进行认证并联系相关方处理。

2）核对箱体尺寸，与调相机引出线配合紧密，与出线 TA 连接稳固，安装时注意对调相机引出线和 TA 的保护。安装过程中做好施工记录，结束后及时进行验收签证。

（5）接地变压器（电阻）安装。编写要点：根据厂家设备安装文件及设计图纸，结合现场实际施工进行编写。

示例：

1）设备到货后进行检查验收，外观无破损，附件齐全，如发现缺陷及时进行认证并联系相关方处理。

2）安装过程中注意对设备的保护，附件间的连接线要认真核实检查。

3）接地开关调整合适，操作灵活，动作接触可靠。

4）安装结束联系调试人员进行相关试验并及时验收。

（6）出线电压互感器及避雷器安装。编写要点：根据厂家设备安装文件及设计图纸 DL/T 5161—2002《电气装置安装工程　质量检验及评定规程》，结合现场实际施工进行编写。

示例：

1）设备到货后检查验收，外观无破损，接线盒及接线端子完好无松动，附件齐全，规格型号精度符合设计要求，如发现缺陷及时进行认证并联系厂家更换。

2）柜体间连接符合规范及工艺要求。

3）检查电压互感器及避雷器一次、二次引线连接正确可靠，设备接地满足设计要求。

4）TV 推拉机构灵活，一次保险接触紧固可靠，拆卸方便。

5）箱体外壳接地符合设计及规程规范要求。

（7）励磁变压器安装。编写要点：根据厂家设备安装文件、设计图纸及 DL/T 5161—2002《电气装置安装工程　质量检验及评定规程》，结合现场实际施工进行编写。

示例：

1）变压器拆箱及外观检查。

a. 变压器到货后，运到施工现场，由甲方专业人员、监理、物资部、电气处联合进行拆箱检查并做好记录；如有损坏或质量不合格，应及时采取措施解决。必要时办理设备缺陷认证单。

b. 对照设计图纸核对变压器的型号、规格是否符合要求，根据布置图临时在外壳上用口取纸标明变压器的名称和安装位置等。

c. 检查变压器出厂资料，如装箱单、说明书、试验报告等是否齐全，并妥善保管。

d. 检查变压器外壳应无变形、锈蚀、磨损，前后门锁应齐全完好，钥匙齐备。

2）变压器本体内部检查。

a. 检查变压器线圈绝缘层应完整，无裂纹、破损、变位现象。

b. 铁芯外引接地的变压器，就位后应拆开接地线用 1000V 绝缘电阻表测铁芯对地绝缘不能小于 0.5MΩ，铁芯应一点接地。

c. 与变压器本体相连的温度计及温控箱均应经检查完好，铭牌清晰齐全，温度计应拆下来送调试所进行校验，合格后方可装于本体上。

d. 检查风扇外观无裂纹、变形。

e. 引线绝缘子完好、无破损裂纹。

3）变压器就位。

a. 配合起重人员将变压器运到各现场后，根据厂家说明书的要求对照设备的实际情况进行安装，变压器的开档尺寸应与变压器本体轨道长度二者在安装后应相吻合。

b. 变压器安装到基础上后，应用磁性线坠测量安装面的水平和垂直度，其偏差应小于或等于 1mm。

4）变压器的接地。

a. 将铁芯引出线与接地线可靠连接，且必须是一点接地。

b. 将变压器本体接地点与事先引入基础侧的接地线可靠连接。

c. 检查变压器底座槽钢基础已与接地线可靠连接。

5）变压器安装后的整体检查。

a. 仔细全面的检查整个变压器，不能有金属异物遗留。

b. 底架与基础接触导通良好，接地牢固可靠。

c. 铁芯夹紧螺栓连接紧固无松动。

d. 铁芯一点接地，牢固可靠。

6）变压器安装后的成品保护。

a. 变压器安装完毕后，用花苫布遮盖好，并用塑料带绑扎好，以免土建打地面及装修时污染变压器本体。

b. 将变压器前后门锁好。

c. 其他专业人员施工时，电气专业应有专人监护，监督施工人员不得损坏设备，高处作业时不能站在变压器上施工。

d. 定期有专人巡视检查，发现有破坏成品保护的行为及时制止，平时多注意加强职工的成品保护意识。

（8）电气试验。编写要点：根据厂家资料及 GB 50150—2016《电气装置安装工程　电气设备交接试验标准》编制工序要点。

示例：

1）在调相机穿转子之前，由试验人员完成调相机定子、转子绕组的直流电阻及转子绕组的交流阻抗（特殊）测量。其值应与调相机出厂证明书上的试验值进行对比。

2）调相机穿转子后，进行调相机定子绕组的直流泄漏试验及交流耐压（特殊）试验。

3）所有设备安装验收合格后交给调试单位进行相关的电气交接试验，并保证试验项目齐全，数据真实可靠。

（9）封闭母线及软导线连接。编写要点：根据厂家设备安装文件及设计图纸，结合现场实际施工进行编写。

示例：

1）调相机出线与封闭母线的连接一般采用铜编织表面镀银的导线进行软连接，连接螺栓及紧力必须严格按照规范要求施工，保证软连接两端连板与母线接触良好。

2）与电压互感器柜、励磁变压器连接采用软连接，接触面要平整，镀银层要求完整且没有麻面。连接时接触表面必须涂电力复合脂。连接时要加平垫圈，不允许加弹簧垫。

3）与中性点接地电阻柜连接有的采用单芯电缆，有的采用硬母线连接，采用电缆连接时要对连接电缆进行相关的电气试验并符合电缆敷设和接线的工艺标准；硬母线连接时要核对母线尺寸，母线截面规格符合设计要求，连接处满足工艺标准。

4.2.2 封闭母线安装

（1）安装前的准备。编写要点：根据厂家设备安装文件及设计图纸，结合现场实际施工进行编写。

示例：

封闭母线到货后，应根据设计院和制造厂提供的图纸资料开箱进行清点，逐段核对母线尺寸、部件、相序、顺序编号是否与图纸相符，备品备件的规格数量是否正确；清点设备的同时要进行外观检查，检查母线及外壳有无碰伤，涂漆是否完整。

（2）核对标高。编写要点：根据厂家设备安装文件、设计图纸及 DL/T 5161—2002《电气装置安装工程 质量检验及评定规程》，结合现场实际施工进行编写。

示例：

封闭母线与设备连接的准确性要求很高，土建施工出现误差，尤其是标高误差，将给母线的安装带来困难，所以在安装前应测量变压器的标高，核实其是否与到货后的封闭母线总装配图相符，如有不符，及时采取措施处理。

（3）母线基础支架安装。编写要点：根据厂家设备安装文件、设计图纸及 DL/T 5161—2002《电气装置安装工程 质量检验及评定规程》，结合现场实际施工进行编写。

示例：

1）根据图纸和现场实际尺寸下料。

2）水平仪找出埋件最高点，按照图纸要求焊接支腿和横撑，支架安装必须牢固，支架水平中心偏差≤1mm，支架间标高偏差≤1mm。

3）支架必须与主地网可靠连接，地线安装必须牢固，焊接处刷防锈漆。

（4）基础结构支架验收。编写要点：根据厂家设备安装文件及设计图纸，结合现场实际施工进行编写。

示例：

1）基础安装完毕，必须经过检查验收合格，并做好自检记录才能进行封闭母线的安装。

2）验收包括：支架标高必须符合要求；支架中心线符合要求；基础结构刷漆均匀；支架接地牢固可靠与主地网导通良好；验收单已填写完并已签字。

（5）设备倒运。编写要点：根据厂家设备安装文件及设计图纸，结合现场实际施工进行编写。

示例：

倒运过程中做好防护措施，设备到施工现场后做好保护措施：

1）倒运时，封闭母线不得拖拉，搬运时要轻起轻放，不得碰坏母线设备。

2）封闭母线到达现场后，不得任意堆放在地面上。

（6）封闭母线就位找正。编写要点：根据厂家设备安装文件及设计图纸，结合现场实际施工进行编写。

示例：

1）安装前检查紧固母线和外壳之间的夹持件。

2）严格按照设计院安装图和厂家提供的装配图进行安装，安装时头尾不能颠倒。

3）安装前将封闭母线各段按外壳上所标注的相序和段编号通过支吊架试排列一次，如出现误差，应将误差按比例分配到各个接口上。

4）安装过程中严禁撞击和拖拽外壳。

5）封闭母线中心线必须和支架中心线重合。

6）保证封闭母线水平。

7）封闭母线必须一节一节安装，就位找正清理检查后焊接，验收，然后再进行下一节的安装。

（7）清理检查。编写要点：根据厂家设备安装文件及设计图纸，结合现场实际施工进行编写。

示例：

1）箱体内和绝缘子必须擦拭干净。

2）箱体内不得有遗留物品。

3）外壳上不得进行其他作业。

4）导体内必须清洁，无遗留物。

（8）封闭母线的焊接。编写要点：根据厂家设备安装文件、设计图纸、DL/T 5161—2002《电气装置安装工程　质量检验及评定规程》及 GB/T 8349—2000《金属封闭母线》，结合现场实际施工进行编写。

示例：

封闭母线焊接采用氩弧焊。采用氩弧焊焊接时，氩气将空气与焊件隔开，因此焊缝不会产生氧化膜和气泡；氩弧焊加热时间短，电流均匀，热影响区较小，母线退火不严重，焊接后母材强度降低不多，焊缝产生裂纹的可能性较气焊和碳弧焊为少。因此本工程主封母线采用氩弧焊进行焊接，正式焊接需在焊接试件检测合格方可进行。

1）焊接前必须保证焊丝无氧化膜、水分油污等杂物，以免焊接时焊缝产生气泡、夹渣和裂纹。

2）焊接前将母线坡口两侧表面各 50mm 范围内用钢丝刷清除干尽，不得有氧化膜、水分和油污。

3）为了保证焊缝的接触面积和母线的平直美观，焊接前应严格按照厂家图纸要求进行，对口应平直，母线错口值不得超过壁厚的 10%；最大不得超过 2mm。导体连接抱箍各边均应与母线导体焊接。焊接前对口应平直，其弯折偏移不应大于 0.2%；中心线偏移不应 0.5mm。

4）为避免焊缝产生气泡、夹渣和裂纹，每道焊缝应一次焊完，除瞬间断弧外不得停焊；焊缝未冷却前，不得移动或受力，以避免焊接处产生变形和裂纹。

5）对接焊缝的上部应有 2～4mm 的加强高度，以满足母线焊缝处的强度和载流量的要求。

6）焊工必须经考试合格，并符合 GB 50149—2010《电气装置安装工程 母线装置施工及验收规范》第 2.4.9 条规定。施焊前，应在引弧板（试板）上试验焊接电流，并对焊机及保护气体等工艺参数进行优化。试板由封闭母线厂家提供。

7）点固焊所采用的焊接材料等应与正式施焊时相同；点固焊长度一般为 30～50mm，点固焊厚度一般为 3～5mm；点焊间距及数量应依据母线不同管径进行选择。

8）点固焊和正式施焊前，应根据现场实际情况进行焊前预热，以利于焊丝熔滴顺利过渡到母材，保证母材与焊丝熔滴同步熔化，以期得到性能优良、外观圆滑的焊接接头。

9）焊接时，应选择合适的工艺参数。焊接过程中，氩气输出应连续、均匀，并能有效地对焊接区域进行保护。焊接过程中，焊丝给进速度与焊丝熔化速度应同步、一致；施焊过程应力求平稳、电弧稳定。本工程采用的氩气纯度达到 4 个九以上，以保证焊丝熔化同步、均匀。

10）熔化及半自动氩弧焊工艺参数见下表。

焊丝直径（mm）	焊接电流（A）	电弧电压（V）	焊接速度（m/h）	氩气流量（L/min）
1.6	160～190	18～20	16～20	18～20

11）母线对焊时，焊口尺寸应符合 GB 50149—2010《电气装置安装工程 母线装置施工及验收规范》第 2.4.9 条要求；管形母线为了使焊口能够焊透而又不烧伤管的内壁，并弥补焊口减弱的机械强度，要求加衬管。衬管的纵向轴线应位于焊口中央，衬管与管母线的间隙应小于 0.5mm

12）母线对接焊缝的位置离支持绝缘子母线夹板边缘不应小于 50mm。

13）母线焊接后的检验标准应符合下列要求：

a. 接头的对口、焊缝应符合本规范有关规定。

b. 焊接接头表面应无肉眼可见的裂纹、凹陷、未焊透、气孔及夹渣等缺陷。

14）咬边深度不得超过母线壁厚的 10%，且其总长度不得超过焊缝总长度的 20%。

15）焊缝直流电阻测定应不大于同截面、同长度的厚金属的电阻值。

（9）焊口检查验收。编写要点：根据厂家设备安装文件及设计图纸，结合现场实际施工进行编写。

示例：

1）焊口要平直，强度符合要求。

2）焊口处必须加衬管。

3）焊接接头表面应无肉眼可见的裂纹、凹陷、未焊透、气孔及夹渣等缺陷。

（10）封闭母线与励磁变压器、电压互感器柜、调相机出线连接。编写要点：根据厂家设备安装文件及设计图纸，结合现场实际施工进行编写。

示例：

1）母线与调相机、变压器连接要采用软连接，接触面要平整。

2）连接时要加平垫圈和弹簧垫。

3）用力矩扳手紧固，力矩值必须符合下表。

钢制螺栓的紧固力矩值

螺栓规格（mm）	力矩值（N·m）	螺栓规格（mm）	力矩值（N·m）
M8	8.8～10.8	M14	51.0～60.8
M10	17.7～26.6	M16	78.5～98.1
M12	31.4～39.2	M20	156.9～196.2

（11）箱体接地安装。编写要点：根据厂家设备安装文件及设计图纸，结合现场实际施工进行编写。

示例： 按照设计要求对母线箱体进行接地线制作安装。

（12）整体验收。编写要点：根据厂家设备安装文件及设计图纸，结合现场实际施工进行编写。

示例：

1）检查标高和中心线是否正确。

2）焊条材质是否符合要求，并要有材质证明。

3）核对封闭母线相序与发电机出线相序是否一致。

4）基础支架接地是否牢固可靠、导通良好。

5）用力矩扳手检查连接螺栓是否符合上述力矩值要求。

6）封闭母线外壳采用多点接地方式，其位置在外壳短路板处和短路试验装置处，接地应明显。

7）检查验收后，盖好检修盖板。

8）按施工自检记录填写好隐蔽工程签证单和验收单，并有质量部和监理签字。

（13）配合耐压试验。编写要点：根据厂家资料及 GB 50150—2016《电气装置安装工程 电气设备交接试验标准》编制工序要点。

示例：

1）调试所做耐压试验，做好安全保护措施。

2）做好耐压试验记录。

5 质量控制

5.1 质量控制点要求

5.1.1 调相机出线设备安装质量控制点要求

编写要点：根据电气装置安装工程质量检验及评定规程,结合现场实际施工进行编写。

示例：

序号	控制点	检 验 单 位					
		工地	项目部	质量部	监理	甲方	控制点
1	引出线连接	★	★	★	★	★	S
2	定子水压	★	★	★	★	★	S
3	出线缠包绝缘	★	★	★			W
4	调相机 TA 安装	★	★				R
5	TV 及避雷器安装	★	★	★	★		H
6	励磁变压器安装	★	★	★	★		H
7	断路器安装	★	★	★	★		H
8	封闭前检查	★	★	★	★	★	H

注 R—记录确认点；W—见证点；H—停工待检点；S—连续监视监护。

5.1.2 封闭母线安装质量控制点要求

编写要点：根据电气装置安装工程质量检验及评定规程，结合现场实际施工进行编写。

示例：

序号	作业控制点	检验 单 位				见证方式
		班组	专业公司	项目质检部门	监理	
1	封闭母线试样焊接	★	★	★	★	R
2	标高和中心线核实	★	★			R
3	母线支吊架安装	★	★			R
4	导体焊接后验收	★	★	★	★	H
5	外壳封闭前验收	★	★	★	★	H
6	接地方式验收	★	★	★	★	W
7	整体验收	★	★	★	★	H

注　R—记录确认点；W—见证点；H—停工待检点。

5.2　质量标准及要求

编写要点：根据电气装置安装工程质量检验及评定规程结合现场实际施工项目进行编写。

示例：全面执行该项目作业范围的国家及行业技术规范和验评标准、设计要求、厂家标准，同时应满足合同规定、质量承诺和质量目标要求。

序号	项 目 名 称	执行验收标准
1	调相机本体检查	DL/T 5161.7—2002 的表 1.0.1
2	调相机附件安装	DL/T 5161.7—2002 的表 1.0.2
3	互感器检查安装	DL/T 5161.3—2002 的表 3.0.1
4	电压互感器、避雷器安装	DL/T 5161.3—2002 的表 3.0.1 DL/T 5161.2—2002 的表 6.0.2
5	电阻器安装	DL/T 5161.12—2002 的表 3.0.2
6	隔离开关安装	DL/T 5161.2—2002 的表 5.0.1
7	负荷开关	DL/T 5161.2—2002 的表 5.0.2
8	调相机封闭母线的安装	GB 50149—2010
9	发电机封闭母线的安装	西北电力设计院《发电机小室布置及封闭母线安装》
10	母线支吊架安装	DL/T 5161.4—2002 的表 1.0.2
11	分相封闭母线安装	DL/T 5161.4—2002 的表 5.0.2

（1）钢结构标高偏差为<2mm，支吊架水平中心偏差≤1mm，架构对角线偏差≤5mm，安装全长水平偏差≤3mm，吊装支架间标高偏差≤1mm，间隔偏差<5mm，沿走向垂直度偏差≤5mm，型钢平直度允许偏差≤3mm。

（2）封母外壳及导体外观无损伤、裂纹及变形，焊缝无咬边、裂纹及弧坑，油漆无漏刷、爆皮、脱落。

（3）支持绝缘子表面无尘土、油垢、焊渣，瓷质无裂纹、损伤，底座密封良好。

（4）导体与上壳不同心度≤3mm，断口间组装间隙分布均匀。对口中心偏差≤3mm，相间中心偏差≤±5mm，三相母线标高偏差≤3mm，外壳接地部分符合要求。

（5）导体伸缩节对地距离大于180mm，外壳伸缩节密封良好，相色标志齐全清晰。

（6）所有螺栓、垫圈、弹簧垫圈、螺母等应紧固、可靠。

（7）电压互感器、避雷器柜、中性点柜、励磁变压器、励磁柜的安装垂直、牢固，柜体接地良好，柜内电气设备外观完好，无掉瓷裂纹，二次设备及回路安装可靠，回路正确。

（8）接地连接牢固可靠并符合接地要求。

（9）质量保证措施：首先施工班组施工前应明确熟悉该方案涉及的各项工艺流程和标准，在安装过程中做好原始记录，以便质量跟踪检查；班长、技术员做好班组施工自检工作，对不符合验评标准的工序环节下整改命令，并报告上级主管、工程师审核，以保证后续工作的整体质量；对设备产品的不符合项处理，应做好标识和专项记录，报质量部和业主有关部门审批，并时刻跟踪该不符合项处理意见的最新状态，达到对不符合项的可靠控制和及时关闭。

（10）应重视焊接质量的检查和检验工作，实行焊接质量三级检查验收制度，贯彻自检（宏观检查为100%）与专业检验（TV试验分别是母线外壳为5%、内壳为10%，电阻试验）相结合的方法，做好验评工作。

（11）焊接质量检验，包括焊接前、焊接过程中和焊接结束后三个阶段的质量检查，应严格按照检验项目和程序进行。

（12）焊缝表面质量：焊缝表面不得存在表面夹渣、未熔合、表面气孔、裂纹及毛刺等现象，咬边深度不大于焊件厚度的10%且不大于1mm、长度不大于焊缝长度的20%。

（13）封闭母线先焊母线导体，然后进行着色试验，着色试验合格和清洁检查后再焊接外壳，焊接完毕表面再做着色试验。焊口的着色试验应保证占所有焊口的10%。

（14）导体管焊接后，在外壳封闭前，通知监理现场确认。

6 安全控制

6.1 作业的安全要求及措施

编写要点：根据电力建设安全工作规程及以往工作经验，结合实际施工情况进行编写。

示例：

（1）施工前施工人员必须接受安全交底，且全员签字，并详细了解作业指导书的内容和要求，否则不允许施工。

（2）施工人员进入现场必须正确佩戴安全帽，穿好绝缘鞋。

（3）高处作业必须搭设脚手架，脚手板铺设平稳并绑牢，作业区应搭设安全防护栏杆并加安全网，且经过检查合格挂牌后，方可使用。

（4）高空作业正确拴好安全带，并做好防坠落措，严禁高空坠物。应当尽量避免交叉作业，若确实需要交叉作业，必须要统一协调指挥，作业人员集中精力，防止高空坠物，做好安全措施。

（5）使用电动工具，要加装专用合格的漏电保护器，每次使用前检查一次，使用无齿锯应戴防护面罩，且铁屑飞出的方向不能对人，可加装一挡板。

（6）使用手锤时不得戴手套，并且锤头方向不得站人。

（7）使用电焊机时，应有可靠的接零接地保护。并应采取消防措施，防止火灾事故发生。

（8）作业时要精神集中，谨防作业过程中出现事故。

（9）传递材料工具用麻绳或工具袋传递，严禁上下抛掷。

（10）用小车搬运设备，尤其是瓷件时，必须一个拉车两个扶持，严禁设备倾倒。有沟隙时应搭木板，且宽度要能通过一辆液压小车。

（11）附件组装时应防止高空坠落，作业时要精神集中，必须正确拴好安全带，安全带应挂在上方牢固可靠处；并做好防坠落措施，衣着灵便，衣袖、裤脚应扎紧，严禁高空坠物。

（12）起吊设备时必须有起重专业人员指挥，其他人员不得随意指挥，起吊作业区域内设专人监护。

（13）使用无齿锯应戴防护面罩；使用电钻打眼时，严禁戴手套。

（14）在使用倒链吊挂母线时，挂点一定要牢靠，并且每次使用前要检查一次，以免发生人身事故和损坏设备。

（15）封闭母线运输时，箱体下面必须垫好木块，并且要绑扎好，装车和卸车过程中必须扶好箱体，以防碰坏封闭母线中的绝缘子。

（16）高处使用手持工具时应加防滑脱保险绳且把保险绳系于手腕上，防止坠落。

（17）每天施工前检查施工区域的不安全因素，消除隐患，施工完毕后做到工完料净场地清。

（18）作业时要精神集中，禁止酒后进入现场。

（19）坚持文明施工，做到随干随清理。

（20）本文未提到的部分请执行《电力建设安全工作规程》的有关规定。

6.2 环境条件

6.2.1 危害因素控制计划表

编写要点：结合施工内容、作业环境、人员进行编制。

示例：

序号	危险点描述	拟采取的风险控制措施	措施实施情况
1	材料、设备搬运过程中伤人	配备齐全的劳保用品	
2	电动工具伤人	装设漏电开关，定期检查；使用切割机、电钻时禁止戴手套，砂轮切割片有缺损或裂纹时须更换	

续表

序号	危险点描述	拟采取的风险控制措施	措施实施情况
3	容器内施工，人员窒息	设人监护，做好通风措施	
4	焊接作业时触电、中毒及焊渣伤人	操作工必须戴绝缘手套、使用防护口罩等防护用品；焊机外壳接地	
5	耐压试验时触电伤人	耐压试验时，做好隔离，划定警戒区，派专人监护，防止无关人员靠近被试设备	
6	高空作业人员坠落	规范使用"安全三宝"，安全隔离措施到位	
7	高空落物造成伤害	在高空作业时不可抛掷物品；起吊重物时下方严禁站人或通过	
8	脚手架作业造成伤害	脚手架搭设要规范，定期检查维护；作业人员系好安全带	

6.2.2　环境因素控制计划表

编写要点：结合施工内容、作业环境、人员进行编制。

示例：

序号	环境因素描述	拟采取的控制措施	措施落实情况
1	设备、材料堆放	到现场的设备、材料必须分类堆放	
2	设备包装箱、板等物废弃	统一处理至垃圾场	
3	白布、塑料布的废弃	统一处理至垃圾场	
4	砂轮切割片的废弃	统一处理至垃圾场	
5	槽钢角铁零头碎料	回收	

7　成品保护及其他的注意事项

编写要点：按照现场实际情况，结合现场设备、施工环境、施工人员进行编制。

示例：

（1）对自己的成品、半成品必须加以保护，以免被其他专业人员损坏；对于其他专业的成品、半成品也必须注意，不得损坏。

（2）在整过安装过程中必须做到不损伤、弄脏建筑物的地面及墙面。

（3）运输及安装过程中，要确保设备油漆及元器件不受损坏。

8　强制性条文

编写要点：按照《中华人民共和国工程建设标准强制性条文（电力工程部分）》（2011版）结合现场实际进行编制。

示例：

8.1　GB 50170—2006《电气装置安装工程　旋转电机施工及验收规范》

（1）采用条形底座的电机应有 2 个及以上明显的接地点。

（2）电机的引线及出线的安装应符合下列要求：

1）引线及出线的接触面良好、清洁、无油垢，镀银层不应锉磨；

2）引线及出线的连接应使用力矩扳手紧固，当采用钢质螺栓时，连接后不得构成闭合磁路；

3）大型调相机的引线及出线连接后，应做相关试验检查，按制造厂的规定进行绝缘包扎处理。

8.2　GB 50149—2010《电气装置安装工程　母线装置施工及验收规范》

8.3　GB 50148—2010《电气装置安装工程　电力变压器、油浸电抗器、互感器施工及验收规范》

互感器的下列个部位应可靠接地：

1）分级绝缘的电压互感器，其一次绕组的接地引出端子；电容式电压互感器的接地应符合产品技术文件的要求；

2）电容型绝缘的电流互感器，其一次绕组末屏的引出端子、铁芯引出接地端子；

3）互感器的外壳；

4）电缆互感器的备用二次绕组端子应先短路后接地；

5）倒装式电流互感器二次绕组的金属导管；

6）应保证工作接地点有两根与主地网不同地点连接的接地下线。

8.4　GB 50169—2016《电气装置安装工程　接地装置施工及验收规范》

电气装置的下列金属部分，均应接地或接零：① 电机、变压器、电器、携带式或移动式用电器具等的金属底座和外壳；② 发电机中性点柜外壳、发电机出线柜、封闭母线的外壳及其他裸露的金属部分；③ 互感器的二次绕组。

第十章

仪控设备现场安装作业指导书

目　次

1 工程概况及工程量

编写要点：简明扼要的将该作业方案所涉及的作业内容进行简单介绍，包括：施工范围、主要工程量、项目（设备）的结构特点和布置、设备的供货情况、作业环境等情况的介绍。

示例：

1.1 工程概况

酒泉 2×300Mvar 调相机工程与酒泉±800kV 换流站站址贴建。酒泉±800kV 换流站地处瓜州县河东乡，位于瓜州县城以东约 87km，哈密～郑州±800kV 特高压直流输电线路以北约 1km，G30（嘉安）高速以北约 3km，安北第五风电场以东约 3km，S216 省道以西约 0.5km。站址地貌单元属祁连山山前冲洪积缓倾平原，地势开阔、较平坦，总体上由北向南、由东向西倾斜，地面高程在 1402～1404m，高差约 2m。现地表为戈壁荒滩，地表展布卵砾石，植被稀少，仅生长有少量耐旱草类。

本工程施工范围内仪控设备安装及调试工作。

1.2 工程量和工期

1.2.1 工程量

序号	名　称	规格、型号	单位	数量	备　注
1	绝对振动检测器			只	
2	相对振动检测器			只	
3	轴向位移监测器			只	
4	键相监测器			只	
5	缸胀监测器			只	
6	磁阻发送器			只	
7	热电偶	—		支	—
8	热电阻	—		支	—
9	压力变送器	—		台	—
10	差压变送器	—		台	—
11	压力开关	—		台	—
12	差压开关	—		台	—
13	温度开关	—		台	—
14	导波雷达液位计	—		台	—
15	超声波液位计	—		台	—
16	液位开关	—		台	—

续表

序号	名 称	规格、型号	单位	数量	备 注
17	行程开关	—	—	支	—
18	分析仪表	—	—	台	—
19	探头及传感器	—	—	支	—
20	电动执行机构	—	—	台	—
21	气动执行机构	—	—	台	—
22	就地温度计	—	—	支	—
23	仪用空气阀	—	—	只	—
24	仪用空气导管	—	—	m	—
25	仪用空气导管三通	—	—	只	—
26	汽源分配器	—	—	套	—
27	汽源分配器	—	—	套	—
28	空气减压过滤器	—	—	套	—
29	压力测点（压力变送器、压力开关）	—	—	点	—
30	差压测点（差压变送器、差压开关）	—	—	点	—
31	温度测点（热电偶、热电阻）	—	—	点	—
32	液位计	—	—	个	—
33	液位开关	—	—	点	—
34	物料开关	—	—	点	—
35	就地显示表计（压力表、温度计）	—	—	块	—
36	厂供仪表	—	—	个	—
37	其他仪表	—	—	点	—
38	不锈钢管	—	—	m	—
39	合金钢管	—	—	m	—

1.2.2 施工工期

从施工准备、设备安装、施工验收结束为止进行工期计算所需要的绝对工期为 90 天。

2 编制依据

编写要点：列清工作所依据的规程规范、文件名称及现行有效版本号（或文号），按照国标、行标、企标、工程文件的顺序排列。

示例：所用标准版本号若有更新，以最新版为准。

（1）DL 5009.1—2014《电力建设安全工作规程 第 1 部分：火力发电》

（2）DL/T 5109.4—2012《电力建设施工技术规范（热工自动化）》

（3）DL/T 5182—2004《火力发电厂热工自动化就地设备安装、管路、电缆设计技术规定》

（4）DL/T 5210.4—2009《电力建设施工质量验收及评价规程　第 4 部分：热工仪表及控制装置》

（5）《工程建设标准强制性条文（电力工程部分）》2016 年 9 月版

（6）设计院图纸

3　作业前的条件和准备

编写要点：

（1）技术准备。图纸、交底等技术文件的准备情况、作业前所需的检验项目。

（2）工序交接。写明对上道工序的要求，移交条件；如：管道油漆保温前的无损检验合格、设备安装前土建基础验收合格、上道工序应达到的条件等。

（3）人员资质。对作业人员资质有特殊要求的进行说明（多为特殊工种），可列表；如：焊工、脚手架、无损检验人员等；危险性较大的分部分项工程应对专职安全人员的数量做出规定。

（4）工机具准备。对为完成本作业所需的大型机械、专用工具等需求情况进行说明，可列表。

（5）施工环境。施工所需的水、电、气、施工道路、场地等需要说明的情况。

示例：

3.1　技术准备

（1）设计院所有相关图纸到齐。

（2）图纸会审完毕，会审提出问题已解决。

（3）根据图纸会审和现场的实际施工环境编制材料预算并审批完毕。

（4）施工所用工器具准备齐全，计量器具校验合格。

（5）作业指导书编制完毕，总工审批合格，并交底完毕。

（6）根据作业环境制定相应的技术和安全措施，施工人员进行施工交底，并双方签字。

（7）上道工序已完工，并通过质量验收，验收资料齐全。

3.2　作业人员的配置和资格

序号	作业人员配置	人数	资　格	职　责
1	技术员	2	助工　能够审清本项目施工图纸，领会设计思想，掌握施工工艺，熟悉施工质量和安环要求	（1）全面负责探头安装的技术工作，参加相关图纸会审，处理设计变更，编制施工作业指导书、施工预算、技术、安全交底并主持交底工作。 （2）深入现场指导施工，及时发现和解决施工中的技术安全隐患，按照指导书的要求指导施工。 （3）配合班组长进行探头安装自检工作。 （4）记录，整理施工记录。

续表

序号	作业人员配置	人数	资　格	职　责
1	技术员	2	助工 能够审清本项目施工图纸，领会设计思想，掌握施工工艺，熟悉施工质量和安环要求	（5）发现人员违章操作，有权制止，严重者可令其停工，并及时向有关领导汇报
2	班组长	1	高级工 熟悉本项目施工的工艺流程，能有效组织好施工人员按照作业指导书的要求施工，熟悉施工质量和安环要求	（1）严格按照作业指导书的施工工艺要求，质量要求和安全环境要求进行施工。全面负责质量、安全工作。 （2）做好探头安装的质量自检和工序交接工作。 （3）施工过程中，图纸不清不施工，材料不合格不施工，技术、安全不交底不施工，上一级工序验收不合格不施工。 （4）发生质量、安全事故立即上报，同时组织本班组职工按照"四不放过"的原则认真分析
3	安装工	4	中级工（1） 初级工（3） 熟练掌握本项目的技术、工艺要求，知道施工质量、安环要求	（1）严格按照作业指导书的施工工艺要求、质量要求和安全环境要求进行施工。 （2）爱护施工所用工器具，严格按照操作规程作业。 （3）发生质量、安全事故应保护好现场，并迅速告知有关领导，做好处理工作。 （4）有疑难问题有权向技术人员、班组长请示解决办法，对自己的施工质量全面负责，对不正确、不明确的指挥有权不执行
4	焊工	1	熟悉焊接工艺及相关要求。持证上岗	（1）严格按照焊接技术措施的有关规定执行。 （2）如需在内外缸施焊，必须清理干净药皮及残留物，焊丝不能乱扔
5	安全员	1	具有现场工作经验，熟悉安全管理规定，有安全员上岗证书。持证上岗	（1）全面负责仪表管敷设工作的安全。 （2）参加对指导书的审核工作，参加安全交底双签字工作，在工作中认真检查指导书的执行情况。 （3）深入现场施工一线，及时发现事故隐患和不安全因素，督促采取防患措施，有权责令先停止工作，并立即研究处理。 （4）做好事故的调查，分析和处理工作
6	质量员	1	掌握本项目质量验收规范，懂得施工工艺，严把质量关。持证上岗	（1）熟悉相关图纸内容和有关质量标准，参加图纸会审，技术交底。 （2）深入施工现场，掌握工程进度及质量情况，按照质量标准进行二级质量验收工作，配合项目部质检师，监理完成三级、四级质量验收。对工作要一丝不苟，不徇私情。 （3）对不能保证施工质量的方案提出否决建议，请有关领导部门处理。 （4）整理、汇总质量验收记录

3.3　作业机具

序号	工机具/仪器仪表名称	规格/型号	精度	数量	备注
1	丝锥	—	—	1套	检验合格
2	角尺	200mm	2级	2把	检验合格
3	游标卡尺	150mm	0.02mm	2把	检验合格
4	电钻	—	—	1台	检验合格
5	活扳手	—	—	1把	检验合格

序号	工机具/仪器仪表名称	规格/型号	精度	数量	备注
6	塞尺	0.02~1.00mm	1级	1把	检验合格
7	万用表	DT9205	—	1个	检验合格

3.4 材料和设备

施工所用材料全部到货（探头及前置器均已送检合格），工艺质量符合施工要求（同工程量中列出的数量、规格等要求一致）。施工作业工具准备齐全（同作业工具中所列出的种类和数量）。

3.5 安全器具

安全帽、绝缘鞋、安全带、手套等劳动保护用品齐全；施工现场安全设施齐全。

3.6 工序交接

根据机务安装进度已具备安装施工条件，机务人员配合安装。

3.7 其他

（1）施工场地应平整、无杂物，保持整洁。

（2）施工道路畅通，不得乱堆乱放，随意堵塞交通要道。

（3）施工电源引设到位，满足施工要求。

4 作业程序、方法

编写要点：此项是作业文件的中心内容，它包括施工方案、施工工艺流程、施工方法及验收要求。

注意事项：

（1）施工工艺流程，是将该项目施工工艺全过程的施工顺序、各工序间的流水作业（关系及衔接）表述清楚，并用流程图说明。

（2）施工方法，对施工方法和要求进行详细的说明，明确质量合格的标准，为满足质量标准所需的保证措施包括在本章节。

1）根据工艺程序中不同的工作内容，将主要、关键工序的具体施工方法、顺序以及工艺标准、质量要求等进行详细的叙述。

2）大（重）件设备吊装时，应将其中机械的状况、性能等相关要求进行说明。

3）所采用的工艺、质量标准应为现行标准，并满足法规和合同的要求。

4）施工方法除用文字说明外，必要时用图作补充说明。

5）明确施工中应做的施工记录。

6）为保证质量的相关要求，对于特殊作业过程，应说明施工过程中涉及特殊作业的验收要求，如：设备接管焊接前清洁度检查，封堵前检查等。

危险性较大的分部分项工程应包括计算书及相关图纸说明。

示例：

4.1 管路敷设作业

注意事项：除基本的作用方法及流程等要求外，在本项作业中要对管路敷设要求、管路材质复查、焊接要求等做详细说明。

4.1.1 施工方案及工艺流程

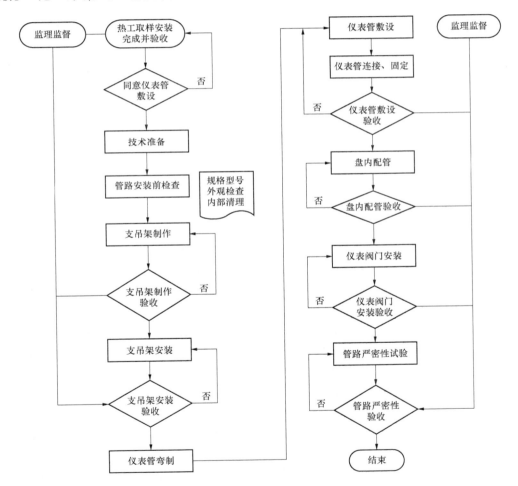

4.1.2 施工方法及要求

在施工准备阶段，技术负责人组织技术员进行与仪表管施工相关图纸会审，项目部工程管理部组织仪表管施工相关专业进行图纸会审，负责仪表管施工的技术人员依据会审内容进行仪表管走向的布置。

选取仪表管走向应注意：导管尽量以最短的路径进行敷设，以减小测量仪表的时滞，提高灵敏度，对于蒸汽测量管路，为了使导管内有足够的凝结水，管路又不应太短，最少应有 5m 长；导管应敷设在环境温度为 5～50℃范围内；油管路敷设时应离开热表面，严禁平行布置在热表面的上部；导管必须避开易受机械损伤、潮湿、腐蚀或有震动的场所；导管敷设路径要便于维护和固定；差压测量管路正、负压管的环境应一致；导管敷设路径选择在不影响主体设备检修的场所；管路禁止直接敷设在地面上。管路敷设时，应考虑主设备的热膨胀；管路水平敷设时，应保持一定坡度，测量汽、水、油的仪表管要保证从取样点开始坡度一直向下，测量气体的仪表管要保证从取样点开始坡度一直向上。并且在施工中要注明焊口位置和管路材质。重要部位的仪表管在安装前，专业公司技术员应按照现场实际情况，预先策划走向，与工程部热控专业经理现场确认，走向布置确认后方可施工。

（1）管路安装前的检查及清理。负责仪表管安装的技术人员、施工人员负责仪表管安装前检查。管路材质和规格进行检查：管路材质和规格要符合设计要求，并有合格证，合金材质的仪表管在使用前应做光谱复查确认材质。检查后填写仪表管敷设施工记录，由施工单位质检员进行检验后使用。外观检查：导管外表要无裂纹，伤痕和严重锈蚀等缺陷；检查导管的平直度，不直的导管应调直；管件无机械损伤及铸造缺陷，对于采用卡套连接的仪表管应检验椭圆度。内部清洗：用干净布浸以洗料用钢丝带着穿过导管来回拉擦，处净管内积垢，清洗后的导管两端用黑胶布封好，以防止污物进入管内。检查和清理工作完成后由技术员和施工人员负责自检并填写仪表管敷设施工记录检查部分，报施工单位质检员进行检验。

（2）支吊架制作安装。仪表管支架的间距应均匀，支架安装后其水平和垂直误差不能超过水平长度和垂直高度的 1%，不锈钢管的支架须用镀锌角钢。导管支架的定位、找正与安装：按照导管敷设要求，选择导管的支架型式；根据敷设导管的根数及管卡型式，计算出支架的宽度；根据导管的坡度要求与倾斜方向，计算出各支架的高度；根据计算的尺寸制作支架；安装支架时，按选择的路径和计算好的支架高度，先安装好始末端与转角处的支架，在两端的支架上拉线，然后逐个地安装中间部分各支架；金属结构上的支架使用电焊焊接。支架的长度要充分考虑仪表管伴热保温施工需求。管路支架禁止直接焊在承压管道、容器以及需要拆卸的设备结构上，严禁焊在合金钢和高温高压的结构上，以免影响主设备的机械强度。除镀锌角铁做的支架在焊点刷银粉外，其他支架统一刷漆。

（3）导管的弯制。导管的弯制，用冷弯法。使用机械弯管机冷弯的管材化学性能不变，且弯头整齐。导管的弯曲半径，$\phi14$ 的仪表管不小于 45mm；$\phi16$ 的仪表管不小于 50mm；$\phi18$ 的仪表管不小于 55mm；$\phi20$ 的仪表管不小于 65mm；$\phi25$ 的仪表管不小于 75mm；$\phi33$ 的仪表管不小于 100mm，提供弯头、三通的除外。弯制后，管壁上无裂痕、凹坑、皱褶等现象；管径的椭圆度不超过 10%。使用弯管机的步骤：将导管放在平台上进行调直；选用弯管机的合适胎具；根据施工图或实样，在导管上划出起弧点；将已画线的导管放入弯管机，使导管的起弧点对准弯管机的起弧点，然后拧紧夹具；扳动手柄弯制导管，弯曲角度大于所需角度 1°～2° 时停止，手动弯管时要用力均匀，速度缓慢；将弯管机退回至

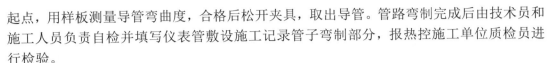

起点，用样板测量导管弯曲度，合格后松开夹具，取出导管。管路弯制完成后由技术员和施工人员负责自检并填写仪表管敷设施工记录管子弯制部分，报热控施工单位质检员进行检验。

（4）导管的铺设。仪表管在穿过墙面和楼板时必须加保护管，保护管内径大于仪表管的外径至少 3mm，对于需要伴热保温的仪表管，保护管内径要满足伴热保温施工需求，套管长度与墙壁厚度一致。管路敷设要整齐、美观、固定牢固，尽量减少弯曲和交叉，不允许有急剧和复杂的弯曲。成排敷设的管路，其弯头弧度一致，纵看成面。

（5）导管的连接。焊接连接：导管对口焊接时应对正，不应承受机械力，以免引起附加应力；导管需要分支时，应采用与导管相同材质的三通连接，不得在管道上直接开孔焊接；不同直径的导管对口焊接时，其直径相差不得超过 2mm，否则应采用异径转换接头；焊接焊条选用、焊接、焊后热处理、系统光谱应根据焊接要求进行。活接头连接：把接头芯子穿入锁母孔中，芯子在孔中应呈自由状态；将带有接管嘴的锁母拧入接头座中（或仪表、设备上的丝扣部分），然后将接管嘴与导管对口、找正，对称点焊两点；再次找正后，卸下接头，进行焊接。严禁在不卸下接头的情况下直接焊接，以避免因焊接高温损坏仪表设备的内部元件；在正式安装接头时，其结合平面应加密封垫圈，把密封垫圈自由地放入锁母中，然后拧紧接头，用扳手拧紧，接至仪表设备时接头必须对准，不应产生机械应力。丝扣连接：两个被连导管管端的螺纹长度不应超过所用连接件长度的二分之一；根据介质选用聚四氟乙烯密封带（生料带），将生料带缠绕在螺纹上；用管钳将连接件拧到一根被连导管管端上，并拧到极点；用相同的方法将导管拧入连接件中。卡套式管接头连接：按需要长度切断管子，清除管端内、外圆的毛刺及金属屑、污垢等；按顺序将螺母、卡套套在管子上，然后将管子插入接头体内锥孔底部并放正卡套，在旋紧螺母的同时转动管子，直至不动为止，然后再旋紧螺母 1～4/3 圈；螺母旋紧后，可拆下螺母，检查卡套在钢管上的咬合情况，卡套的刃口必须全部咬进钢管表层，其尾部沿径向收缩。氩弧焊连接：一般情况下，高温高压管路，或内部要求清洁度高的管路（如油系统）常用的焊接方法是氩弧焊，氩弧焊连接的施工方法基本与火焊连接相同，热工仪表管路焊接方法采用氩弧焊。在连接两根仪表管时，可加套管，套管的尺寸应与仪表管相配。在设备（变送器、压力表等）未安装或仪表管路暂时未连接时，应采取临时封闭措施，以防异物掉入孔内，严格按图纸施工，防止仪表管路错接、漏接。

（6）导管的固定。导管支架的制作可根据各个现场的具体情况确定，应列出几种典型型式。导管的敷设，用可拆卸的卡子，用螺栓固定在支架上，每一个固定点固定卡子处导管必须加垫不锈钢皮。成排敷设时，两导管间的净距应保持均匀，为导管本身的外径。管路敷设，固定完成后由技术员和施工人员负责自检并填写仪表管敷设施工记录管路敷设部分，报热控施工单位质检员进行检验。

（7）仪表阀门的安装。阀门在使用前要根据规定经过打压、光谱试验，阀门的规格、型号必须符合安装测点的设计要求。阀门焊接时焊接部位必须打磨，采用氩弧焊连接。焊接必须符合焊接标准，焊接前应吹扫管道防止管道内积压杂物、焊渣等物；焊后按要求进行热处理、探伤和系统光谱复查。差压测量仪表二次阀门安装时，三阀组的安装要注意方向，保证平衡阀打开时，使差压仪表的正负压等压。安装时，接头必须对准，不应使差压计承受机械压力。阀门安装后应处在关闭状态。阀门安装完成后由技术员和施工人员负责自检并填写阀门安装施工记录，报热控施工单位质检员进行检验。

（8）管路的严密性试验。管路敷设完毕后，应检查无漏焊、堵塞、错焊等现象。管路要严密无泄漏。被测介质为液体、蒸汽时，取源阀门及其前面的取源装置参加主设备的严密性测验；取源阀门后管路视安装进度，最好也能随主设备做严密性试验，无法随主设备打压，需单独进行严密性试验。取源阀门及汽、水管路的严密性试验，用 1.25 倍工作压力进行水压试验，5min 内无渗漏；气动信号管路的严密性试验，用 1.5 倍工作压力进行严密性试验，5min 内压力降低值不应大于 0.5%；油管路及真空管路严密性试验，用 0.1～0.15MPa（表压）压缩空气进行试验，15min 内压力降低值不大于试验压力的 3%；氢气管路严密性试验，仪表管路及阀门随同发电机氢系统做严密性试验。因被测介质为液体或蒸汽的管路的严密性试验随同主设备一起进行，在主设备水压试验前应做好一切准备工作。在主设备开始升压前，打开管路的一次阀门和排污阀门冲洗管路，检查管路是否畅通无堵塞，然后关闭排污阀门。当压力升至试验压力 1.25 倍时，检查管路各处应无渗漏现象。被测介质为气体的管路，单独进行严密性风压试验：卸开测点处取压装置的可卸接头，用0.1～0.15MPa 压缩空气从仪表侧吹洗管路，检查管路应畅通、无泄漏，管路的始端和终端位号正确；在可卸接头处用无孔的胶皮垫或石棉垫封严，风压试验合格后，取下可卸接头处的胶皮堵，恢复管路。严密性试验的检验工作由项目部热控质检师负责组织，按热控功能验收的要求进行。

（9）盘内配管。盘内空间小，配管要简明、排列整齐美观。盘内配管要无机械应力，以保证接头无渗漏。盘内配管应有标识，出保护箱的管口也要有标识。盘内配管完成后由技术员和施工人员负责自检并填写盘内配管施工记录，报热控施工单位质检员进行检验。

（10）气源管路敷设。气动控制管路敷设、连接是实现精密气动控制所必须的，高质量的敷设、连接是可靠控制的保证。管材的选用执行设计要求，一般情况下，电控箱气源和电控箱到气动门用紫铜管连接，在有腐蚀性气体的环境敷设时，用不锈钢管，敷设时管路连接采用卡套连接接头方式连接，接头材料为紫铜镀铬，在有腐蚀性气体环境接头材质采用不锈钢材料，具体管材选用以设计院蓝图为准。仪用压缩空气是气动执行器的动力来源，仪表及执行器要求气源干燥、洁净、无油。为了保证气源的品质，仪用压缩空气必须经过净化装置后进入气动设备。

（11）气动管路敷设的一般要求。气管母管敷设按设计位置进行，并与机务管路核实，避免与机务管路相碰。根据仪表和执行器的用气量，一般气动仪表采用$\phi8\times1mm$ 气源管供气，1000N·m 以下的气动执行器采用$\phi10\times1mm$ 气源管供气，1000N·m 以上的气动执行器采用$\phi12\times1mm$ 气源管供气。气源母管敷设在不易受损的部位，尤其是紫铜管的敷设一般设置在不易碰到的地方，防止管路变形漏气，必要时加镀锌管保护。各分支气源管采用焊接连接，气源与设备接口采用活卡套方式。管路连接、固定弯制可参照仪表管敷设方法。

（12）气动连接应达到的标准。气源管路应敷设在不易受损的位置，尤其铜管要敷设在不易碰到的位置，防止由于人为的原因使管道变形、漏气。气动管线的敷设不影响主设备的运行，不影响检修维护操作。气动连接管路的严密性试验符合规程规范的要求。

4.2 取源部件及敏感元件安装

注意事项：在本作业中方法中，要明确写明取源位置要符合图纸规范要求，光谱检查管件材质、开孔、焊接方法等做详细说明。

4.2.1 施工方案及工艺流程

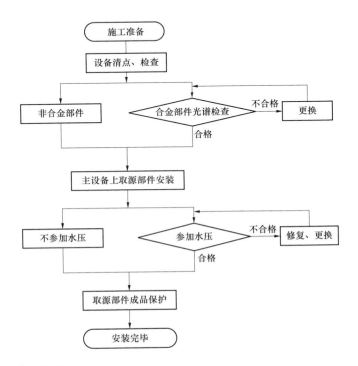

4.2.2 施工方法及要求

（1）施工准备。

1）施工前要认真阅读设计院和厂家图纸设计意图。

2）加工件及相应的取源部件要准备齐全，如有问题及时解决。

3）设备清点：查数量、规格是否与图纸和厂家资料要求的相符，若有问题及时找有关部门处理。

4）设备光谱检查：施工前核实所有取源部件材质，如合金部件要做光谱检查，检查后在明显处做好标记，并向试验室索取鉴定证书。

（2）开孔位置。

1）根据工艺流程系统图中测点与机务设备、管道、阀门等的相对位置确定测点开孔位置，用油漆笔在开孔位置做出标记，标出测点 KKS 编码。测孔应选择在管道直线段上。因为直线段内，被测介质的流束呈直线状态，最能代表被测介质参数。测孔应避开阀门、弯头、三通、大小头、挡板、人孔等对介质流速有影响或会造成泄漏的地方。

2）取源部件之间的距离应大于管道外径，且不小 200mm。压力和温度测孔在同一地点时，压力测孔必须开凿在温度测孔的前面（按介质流动方向而言），以免因温度计阻挡使流体产生涡流而影响测压。

3）在同一处压力或温度测孔中，用于自动控制系统的测孔应选择在前面。

4）测量、保护与自动控制用仪表的测点不应合用一个测孔。

5）在高、中压管道的同一断面管壁上只允许开一个孔。

6）蒸汽管的监察管段用来检查管子的蠕变情况，严禁其上开凿测孔和安装取源部件。

7）高压等级以上管道的弯头处不允许开凿测孔，测孔离管子弯曲起点不得小于管子的外径，且不得小于200mm。

8）过热蒸汽管的监察段用来检查管子的蠕变情况，不许开凿测孔。

9）取源部件及敏感元件应安装在便于维护和检修的地方。

（3）测孔的开凿。

1）测孔的开凿，应在热力设备清洗或管道衬里和严密性试验前进行，禁止在已冲洗完毕的管道上开孔。测孔开凿后应立即焊上插座并封堵，否则应采取临时封闭措施，以防异物掉入孔内。

2）在汽、水、油等系统的压力管道和设备的金属壁上开孔，应采用机械加工的方法。采用机械加工方法开凿测孔的步骤如下：用冲头在开孔部件的测孔中心位置上打一个冲头印；用与插座内径相符的钻头或开孔器（误差小于或等于0.5mm）进行开孔，开孔时钻头中心线应保持与本体表面垂直；孔刚钻透，即移开钻头，将孔壁上牵挂着的圆形铁片取出；用圆锉或半圆锉修去测孔四周的毛刺。

3）根据现场取样部件的特点，介绍开孔方法。

（4）插座的选择和安装。

1）插座包括温度计插座和压力取样插座两种。其中，温度计插座按照温度计安装方式分焊接型和丝扣连接型；压力插座按照被测介质压力等级的不同分为加强型和普通型。插座的形式、规格与材质必须符合被测介质的压力、温度及其他特性的要求。测量主蒸汽、给水等中高压介质的压力的取压插座应采用加强型；测量冷却水、燃油回油等低压介质的压力时，用普通型插座。

2）低压的测温元件插座和压力取出装置应有足够的长度使其端部能露出在保温部分外面（如果插座长度不够，可用适当大小的钢管接长后再焊）。

3）取样开孔前按照图纸资料绘制插座加工件制作图，委托加工制作插座。

4）合金材质的插座安装前应先做光谱复查以确认其材质，并做好标识。

5）插座安装前应把插座坡口及测孔周围用锉刀或砂布打磨出金属光泽，并清除掉测孔内边的毛刺。

6）插座的安装步骤为找正、点焊、复查垂直度、施焊。安装时，先用角尺在一侧靠紧插座找正，然后在对侧点焊一点，调整复查垂直度后再进行焊接。焊接过程中禁止摇动焊件。焊接用的焊条根据管道或设备的不同钢号来选择，焊接方法及焊材选用按照焊接规程确定。

7）合金钢焊件点焊后，必须先经过预热后才允许焊接。焊接后的焊口必须进行焊后热处理。

8）插座焊接完后，检查其内部，不应有焊瘤存在；测温元件插座焊接时可用石棉布覆盖，防止焊渣落入丝扣；带螺纹的插座焊接后应用合适的丝锥重修一遍。

9）插座焊后应采取临时措施将插座口封闭，以防异物掉入孔内。

10）焊完后焊口做 100%渗透检验以检验焊接质量，合金插座、合金焊材焊口 100%做光谱复查确认材质。

（5）取源阀门安装。

1）从热力设备的容器或管路上导出汽、水、油等介质的取源，必须在其插座或延长管上安装一个截止阀门。一次阀门的型号规格应符合设计要求，一次阀门应与插座直接连接，如操作不便，允许用导管适当延长，但应尽量靠近插座。高温高压汽水系统设计双一次门时，第二道一次门可引出安装在操作方便的地方（第二道一次门的安装位置根据项目要求确定）。

2）一次阀门安装符合下列要求：一次阀门安装前应进行水压实验；阀门安装时，应使被测介质的流向由阀芯下部导向阀芯上部，不得反装。阀门杆应处在水平线以上位置，以便于操作和维修；阀门应安装在便于维护和操作的地点，一次门应露出保温层。

3）焊接型取源阀门安装时，焊接用的焊条根据阀门门体钢号和插座材质来选择。焊接方法按照焊接规程确定。

4）卡套连接和外螺纹截止阀安装紧固接头时，应用两个扳手分别夹紧两边活接头同时紧固。

5）外螺纹截止阀安装时应采用相应垫片作好密封，蒸汽和水采用退火紫铜垫片，油介质采用四氟垫片，同时阀门丝扣应缠聚四氟乙烯带；阀门安装完后应及时紧固，并使阀门处在关闭位置。

6）高温高压一次门前焊完后焊口做 100%渗透检验以检验焊接质量，高温高压一次门阀体为合金材质时，阀体和合金焊材焊口 100%做光谱复查确认材质。

（6）感温元件安装。

1）测量介质温度的测温元件安装。测量介质温度的测温元件均有保护套管和固定装置通常采用插入式安装方法，保护套管直接与被测介质接触。根据测温元件固定装置结构的不同，一般采用以下几种安装方式：

a）固定螺纹的热电偶和热电阻。

b）可动螺纹的双金属温度计。

c）活动紧固装置的压力式温度计、热电偶、热电阻（只适用于工作压力为常压的情况下，其优点是插入深度可调）。

d）法兰固定的热电偶、热电阻。

e）测温元件应安装在能代表被测介质温度处，避免装在阀门，弯头以及管道和设备的死角附近。但对于压力小于或等于 1.6MPa 且直径小于 76mm 的管道，一般应装设小型测温元件；此时若测温元件较长，可加装扩大管或沿管道中心线在弯头处迎着被测介质流向插入。对于轴承回油温度，由于油不能充满油管，为使测温元件的温端能全部浸入被测介质中，也可以在测温元件的下游加装扩容器。

f）安装在高温高压汽水管道上的测温元件，应与管道中心线垂直。在低压管道的温度计倾斜安装时，其倾斜方向应使感温端迎向流体。

g）带固定螺纹装置的温度计，在安装时应使用合适的死扳手，以防六角螺母损坏。紧固时，可用管子加长扳手的力臂，但切勿用手锤敲打，以防温度计损坏。

h）在介质流速较大的低压管道或气固混合物管道上安装测温元件时，应有防止测温元件被冲击和磨损的措施。

i）水平安装的测温元件，若插入深度大于 1m，应有防止保护套管弯曲的措施。

j）热电偶或热电阻装在隐蔽处时，其接线端应引致便于检修处。

k）热电偶或热电阻保护套管及插座的材质应符合被测介质及其参数的要求。

l）测温元件的插座及保护套管应在水压试验前安装。

m）采用螺纹固定的测温元件，安装前应检查插座丝扣和清除内部氧化层，并在丝扣上涂擦防锈或防卡涩的涂料。测温元件与插座之间应装垫片，并保证接触面严密连接。采用相应垫片，一般蒸汽和水采用退火紫铜垫片，油介质采用四氟垫片，烟风系统采用石棉垫。

n）水平装设的热电偶和热电阻，其接线盒的进线口应朝下，以防杂物等进入接线盒内。

o）煤粉管道上安装的测温元件，应装有可拆卸的保护罩，以防元件磨损。

p）双金属温度计应装在便于监视和不易受机械碰伤的地方，为使传热良好，双金属温度计的感温元件必须全部浸入被测介质中。

q）测温元件安装前，应根据设计要求核对型号、规格和长度。

r）热电偶和热电阻的套管插入介质的有效深度（从管道内壁算起）为：介质为高温高压，当管道公称直径等于或小于 250mm 时，有效深度为 70mm。当管道公称直径大于 250mm 时，有效深度为 100mm，对于管道外径等于或小于 500mm 的汽、气、液体介质，有效深度约为管道外径的 1/2；外径大于 500mm 时，有效深度为 300mm。烟、风及风粉混合物介质管道，插入深度宜为管道外径的 1/3～1/2。

s）压力式温度计的毛细管的敷设应有保护措施，其弯曲半径不小于 50mm。周围温度变化剧烈时，应采取隔热措施。

t）保护套管焊接前后按照焊接和无损检验的有关规定进行。

u）根据现场实际用的温度计形式具体介绍安装方法。

（7）测温金属壁温的元件安装。用于测温金属壁温的测温元件有铠装热电偶和专用热电阻两大类。

1）表面热电偶的安装。为了测量准确，在安装前要用锉刀或纱布将被测的金属壁打光；安装时固定牢固可靠，感温端与金属壁紧密接触，并一起保温。

表面热电偶的安装位置，制造厂一般都有规定。如无规定，可按设计的测点数均匀布置。

带可动卡套装置的铠装热电偶，可将可动卡套装置与插座或保护管焊接，安装时用锁紧螺母锁紧。

根据现场实际用的温度计形式具体介绍安装方法。

2）表面热电阻安装。调相机和电动机配置的热电阻一般由制造厂埋设，并用导线引致接线盒。

推力瓦块乌金面的温度测量安装在推力瓦块的测孔内。测量推力瓦温度计的连接导线由于震动、油冲击等原因很容易折断，安装时要注意引线不受机械损伤和摩擦，并用卡子固定牢固，引线的焊接要牢靠，端部穿无碱玻璃丝腊管（或塑料管）以作保护，从瓦座到瓦块段的引线应留有适当伸缩量，以免瓦块活动时引线受力而折断，但不宜过长，否则将因受油的冲击而折断。在汽机前箱扣盖时应复核热电阻及引线的完好情况。

测量风机等轴承温度的热电阻，将温度计插入后，将弹簧压紧，使热电阻与被测端面接触，再将锁紧螺母锁紧。

根据现场实际用的金属壁温的具体形式详细介绍安装方法。

（8）取压装置安装。

1）压力测点位置的选择。

a）水平或倾斜管道上压力测点的安装方位：对于气体介质，应使气体内的少量凝结液能顺利流回工艺管道，不至于因为进入测量管路及仪表而造成测量误差，取压口应在管道的上半部（根据工程特点可统一规定）。对于液体介质，应使液体内析出的少量气体能顺利的流回工艺管道，不至于因为进入测量管路及仪表而测量不稳定；同时还应防止工艺管道底部的固体杂质进入测量管路和仪表，因此取压口应在管道的下半部，但不能在管道的底部，最好是在管道水平中心线以下与水平中心线成 0°～45° 夹角的范围内（根据工程特点可统一规定）。对于蒸汽介质，应保持测量管路内有稳定的冷凝液，同时也要防止工艺管道底部的杂质进入测量管路和仪表，因此蒸汽的取压口应在管道的上半部及水平中心线以下，并与水平中心线成 0°～45° 夹角的范围内（本工程规定测孔开在水平线上）。

b）测量低于 0.1MPa 压力的测点，其标高应尽量接近测量仪表，以减少由于液柱引起的附加误差。

c）测量润滑油压的测点，应选择在油管路末端压力较低处。

2）取压装置的安装。

a）取压装置用以摄取容器或管道的静压力，其端头应与内壁齐平不许伸入内壁，否则会使介质产生阻力。形成涡流，产生测量误差。

b）测量蒸汽、水、油等介质压力的取压装置由取压插座、导压管和取源阀门组成。

c）测量含有微量灰尘的气体压力时，取压装置应有吹扫用的堵头和可拆卸的管接头。

d）测量气、粉混合物压力时，取压装置必须带有足够容积的沉淀物将煤粉与空气分离后，靠煤粉重量返回气、粉管道。

e）带疏水容器的凝汽器真空取压装置包括扩容管、疏水容器、回水管等部分（根据现场的具体情况，详细说明安装方法）。

f）测量黏性或侵蚀性液体的压力时（如重油、酸、碱），取压装置应装设隔离容器，隔离容器和至测量表计的导管内充入隔离液，以防表计被腐蚀。若介质凝固点高，取压装置至隔离容器应有蒸汽伴热并保温，以防介质凝固。隔离容器和测量管道装设于室外时，应选用凝固点低于当地最低气温的隔离液。

g）焊接和无损检测根据相关规定执行。

（9）流量差压取源装置安装。

1）节流装置随机务管道一起安装，节流装置安装前应检查节流件安装方向，孔板的圆筒形锐边应迎着介质流束方向；喷嘴曲面大口应迎着介质流束方向。安装前检查节流件的型号、尺寸和材料符合设计要求。节流件外观检查，端面平整、锐角尖锐。

2）节流装置的差压从环室或带环室法兰的取压口引出。取压装置包括插座、取压管、冷凝器和一次阀门等。

3）测量蒸汽流量时，取压口至取源阀门之间应装有冷凝器，两个冷凝器的液面应处于相同高度，在垂直管段上取样时，下取压管应向上与上取压管标高取齐。

4）测量给水等液体流量时，由于管道内充满液体，故不必装设冷凝器，下取压管道也不必与上取压管取齐，且取压管应从节流件处稍向下倾斜敷设。

5）焊接和无损检测根据相关规定执行。

（10）物位取源部件安装。

1）取源阀门必须安装在分离器与平衡容器之间。

2）平衡容器应垂直安装，并应使其零水位标志与分离器零水位线处在同一水平上，位于分离器与平衡容器之间的取源阀门应横装且阀杆水平，平衡容器至被测容器的汽侧导管应有使凝结水回流的坡度。

3）平衡容器的疏水管应单独引至下降管，其垂直距离为 10m 左右，且不宜保温，在靠近下降管侧应装截止阀。

4）安装平衡容器和管路时，应有防止因热力设备热膨胀产生位移而被损坏的措施。

5）平衡容器的上部不应保温。

6）平衡容器至差压仪表的正、负压管应水平引出 400mm 后再向下并列敷设。

（11）机械量安装。

1）在调相机、给水泵、增压机、风机区域施工，施工前后对工器具进行清点，防止掉入本体里。

2）探头领用时要注意保护，安装前必须有保护套。

3）将保护探头从设备库领出后，送交调试部门校验，不需校验的应妥善保存。

4）按照各厂家资料的安装位置，安装探头支架，支架安装要求牢固可靠。

5）在厂家和总承包相关人员的指导下，将探头安装于支架上，并配合调试部门调试，由实验室测定数据，确定安装位置，安装过程中，应注意以下几点：

a）轴向位移和胀差探头所对应的调相机转子凸轮边缘应平整，各部分间隙及安装要求应符合制作厂家规定，调整螺杆的转动应能使探头均匀平稳地移动。

b）位移量测量装置应在调相机冷态下安装，绝对膨胀安装在前轴承箱两侧的基础上，其可动杆应平行于调相机的中心线。

c）转速探头与轴承上齿轮顶之间的间隙应符合制造厂要求。

d）各振动探头在安装和搬运时，不能受剧烈振动和撞击。

e）调相机监测保护仪表的探头与前置器之间连接的高频电缆长度不得任意改变。前置器在安装时，和高频接头在穿过机组外壳时，它们都必须绝缘并浮空。

f）安装在轴承箱内的传感器，引出线采用厂供专用线，引出口要采用厂供专用密封装置密封严密，防止渗漏油。

g）安装在轴承箱内的设备，固定螺栓必须加装防松动垫圈，避免螺栓等掉入本体内部。

4.3 保护装置安装

注意事项：本作业内容主要安装调相机本体保护元件、探头等，要详细说明各作业步骤、注意事项、厂家要求、调试单位要求。

4.3.1 施工方案及工艺流程

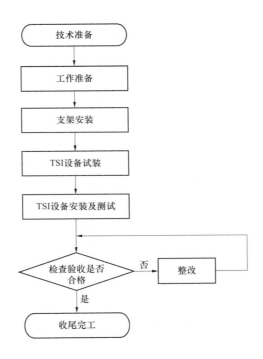

4.3.2 作业方法、内容

（1）部件到货后检查装箱单所列项目与实物是否相符，每个部件是否有运输损伤，各部件应完整，归类应标志清楚。

（2）外观检查：确认各组件和元器件无损坏，焊接牢固，组件插接紧固。

（3）按各测量回路要求检查所配探头、延长电缆、前置放大器是否匹配，符合要求。

（4）清点保护探头，标示清楚并送检，所有安装元件必须有校验合格报告书。

（5）进入调相机区域施工要穿连体服，施工前后对工器具进行清点，防止掉入本体里。

（6）探头领用时要注意保护，安装前必须有保护套。

（7）根据施工图纸准备安装工具和材料，在安装之前探头要试扣，调试过程中和调试单位配合，并根据要求进行调整。

（8）组件的电源电缆严格按照设计选用，组件与前置器之间的连接电缆，组件与其他装置之间的连接电缆应采用大于 $1mm^2$ 的屏蔽铜芯电缆。连接电缆必须按制造厂说明书规定接线。

（9）前置器安装：前置器必须安装在调相机就地接线箱内，免受机械损伤或污染，安装时必须与大地绝缘。为此将前置器装在环氧纤维板上并用螺钉配绝缘垫圈固定。

（10）转速探头安装：转速探头用于测量转速和相位角，探头必须径向安装，它与端面的安装间隙，一般为 1～1.5mm。探头的安装位置确保当有轴向转动时，键槽始终可以与探头发生作用。

（11）偏心探头安装：偏心探头用来监视转子表面对轴心的偏心度（大轴弯曲或径向跳动）。

（12）超速探头安装：调相机零转速、运行转速、超速均由转速探头来监测。它装在齿牙盘上侧，用频率计数法来测量转子转速。

（13）轴向位移探头安装：轴向位移采用双通道监测器，可连续对轴向位置进行测量，探头间隙用负的直流电压来度量。

（14）胀差探头安装：安装在轴承座内带调整拖板的架子上，组件上胀差指示表应为零值。如果有偏移，将调整拖板略作调整，到指示为零时将拖板螺栓紧固，以此安装位置为最佳。

（15）膨胀传感器的安装：汽缸绝对膨胀传感器安装在汽机机头两侧基座上。

（16）振动探头监视器的安装：一般以相对振动间隙电压值为探头最佳安装位置。

（17）调相机监测保护仪表的探头与前置器之间连接的高频电缆长度不得任意改变。前置器在安装时和高频接头在穿过机组外壳时，都必须绝缘并浮空。

（18）被测量物体的表面必须具有一致的导电和导磁参数，表面不能有划痕、锈斑、腐蚀等。

（19）每一传感器都要求有足够的测量间隙和轴表面目标区域，防止侧向干扰。线管及蛇皮管引进元件接线盒后，管口必须封堵，以防止水从线管进入设备；或在电缆软管最低端预留放水孔。

（20）检查接线端子紧固性，防止测量信号跳变。

（21）安装块应装于能使探头观测到清洁轴表面的位置，尽量减小可能出现的假信号。

（22）内部安装的紧固件应使用防松垫圈等，以确保安全。

（23）在使用的传感器最佳电压点处安装探头，并调整间隙。即轴向位移和热膨胀探头所对应的调相机转子凸轮边缘应平整，各部分间隙及安装要求应符合制作厂家规定，调整螺杆的转动应能使探头均匀平稳地移动。

（24）探头电缆和延伸电缆在机械内部应确保固定牢固，以防止划伤或切断。电缆应在低于机械水平中心线以下伸出机械外，并且尽可能地高于油面，如有可能应使探头/延伸电缆接头处于机械的外面。

（25）电缆在伸出机械壳体时，必须使用厂家提供的专用的电缆密封装置进行密封，以防泄漏。

（26）必须按照厂家要求数量的螺栓将支架安装在一个固体结构上，以防止支架的振动问题和支架的扭转弯曲。

（27）在调试过程中，施工单位、监理和业主的检验人员应同时在场，并进行统一验收。

4.4 气动门、执行机构调试

4.4.1 施工方案及工艺流程

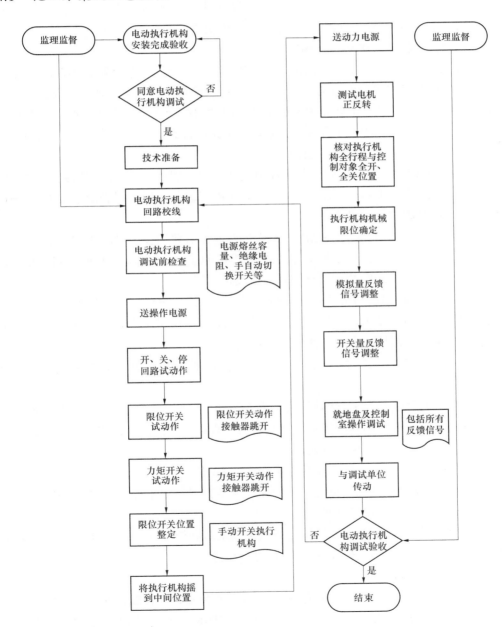

4.4.2 施工方法及要求

注意事项：写明具体调试阀门的步骤，送电前各项检查，以及调试过程中对阀门的保护措施等。

（1）电动执行机构（电动门）回路校线。

1）用通灯检查电动执行机构（电动门）线路，保证线路正确率为 100%，同时检查线号标志，字迹应端正、清晰、不褪色，内容正确，书写方向水平、垂直。

2）电动执行机构（电动门）回路校线完成后由技术员和施工人员负责自检并填写电动执行机构（电动门）回路校线施工记录，报质检员进行检验。

（2）电动执行机构（电动门）调试。

1）电机送电源前，先用绝缘电阻表测量电机绝缘应合格（大于等于 1MΩ），然后用万用表测量电机的三相绕组电阻是否一致，用万用表检查限位开关、转矩开关、开按钮、关按钮等配接线是否正确，确认无错误后手动对电动门做一次全行程往复走动，确保行程开关正常动作后，接上电源并把开关打到试验位，进行回路试动作，检查开、关行程开关及开、关、停按钮动作时回路是否正确动作。

2）限位开关设定：电动将阀门关到即将关闭位置，然后手动将阀门摇到完全关闭，然后向回转 1～2 圈，用螺丝刀调整至关限位开关刚好动作，用万用表测量限位开关输出接点信号正确；开限位开关设定方法同上。

3）转矩开关设定：转矩开关已由厂家设定好，不需要调整，可用测试旋钮测试：当电机旋转时，用螺丝刀调整测试旋钮，如果控制电机的接触器失电，则控制电路是正确的，如果不失电，应立即切断电源，检查控制回路改正配线。

4）电机试动：将电动门手动摇到中间位置按动开或关按钮后马上按停止按钮，同时观察电动门开关方向，若开关方向与所按按钮一致，表示电机旋转方向正确；若反方向则任意调换电机端子盒或接线盒中的两根电源接线。

5）电动门调试完成后，做一次全行程开关动作，同时用秒表测量全行程开关动作时间，并做好调试记录。

6）电动调整门限位开关、转矩开关调整方法和步骤同上。限位开关、转矩开关调整完后，观察阀门开关方向和开度指示，同时将万用表串入反馈信号回路，调整微调旋钮，阀门开度就地指示和反馈信号一致为止。

7）电动执行机构调试方法和步骤与电动门基本相同。

8）以上是电动执行机构（电动门）的通用调试方法，如果现在有比较特殊的电动执行机构（电动门）应针对其特点编制作业方法。

9）电动执行机构（电动门）调试完成后由技术员和施工人员负责自检并填写电动执行机构（电动门）调试施工记录，报质检员进行检验。

（3）气动执行机构调试。

1）智能型气动调门（以西门子为例）。打开菜单位置，设置线性 YFCT（直行程，角行程），设置阀门正反作用（气开、气关）YDIR、SDIR 进行自动初始化。定位器自找位置，对反馈调好后，手动开关气动门，阀门正反与反馈必须对应。

2）在调试前进行的工作：将减压阀前气源管路卸开，并打开气源截止阀，对气源管路进行吹扫，保证气源干净无杂质；恢复气源管路，检查减压阀输出气源压力，调整减压阀使其输出气源压力符合阀门铭牌要求后方可进行调试工作。

3）使执行器移动到0%输出位置。

4）从TB1-1、TB1-2和TB1-3上拆除现场接线。用欧姆表测量TB1-1和TB1-2之间的电阻。如果读数为$200\pm20\Omega$，就取走欧姆表并进到第3步。否则继续进行第2步。在拆卸定位凸轮前必须关断气源。最后控制元件会行进到行程的一端并且会导致过程混乱。① 拆除螺栓，标志螺母和垫圈来拆卸凸轮；② 用1/16英寸内六角扳手松开小齿轮轴套上的固定螺栓；③ 用一把螺丝刀来调节电位器轴，直到欧姆表读数为$（200\pm20）\Omega$，在调节电阻时，使齿轮及凸轮保持平稳，不发生转动，在调节电阻时应该只有电位器轴转动；④ 拧紧小齿轮轴套上的固定螺丝；⑤ 取走TB1-1、TB1-2上的欧姆表。装上凸轮、螺丝、标志、螺母和垫圈。

5）把现场接线连接到接线板上，在TB1-1（-）、TB1-2（+）之间接上一个直流电压表。

6）把执行器移动到80%位置。调节与24VDC电源串联的电阻，直到电压表读数为5VDC。

7）把执行器移动到0%位置，以检验电压表读数小于5VDC。

8）把执行器移动到100%位置以检验电压表读数大于5VDC。电位器型标定完成。

5　质量控制点的设置和质量通病预防

编写要点：根据质量控制需要进行设置，各类移交记录、验收表格中要求的记录应包括在内。作业中必须按控制点的设置进行监督、记录，留存相关文件。全面执行该项目作业范围的国家及行业技术规程、规范、设计要求、厂家标准中的验收项目、主要控制参数或表格编码。

示例：

5.1　质量控制及质量通病预防

5.1.1　质量通病及预防措施

项次	质量通病	预 防 措 施
1	仪表管路内部不清洁	仪表管领用后吹扫用胶带封堵管口、现场安装完的仪表管路及时用胶带封口
2	仪表管敷设工艺差	施工前提前确定施工工艺，保证工艺的整体美观、统一
3	仪表管材质的确定	严格把好材质检测关，提前进行光谱检查
4	测点取样口方向不正确	严格按照施工图纸、厂家资料和规程规范确定流量取源方向和位置
5	仪表管路与机务管道冲突	提前审图与机务协商

续表

项次	质量通病	预 防 措 施
6	卡套螺栓松动	（1）每一个卡子点的螺栓规格应统一，不得用长短不一规格的螺栓相互代用，必须一一对应。 （2）螺栓紧固，应用力均匀，不能无绪的乱紧，螺栓的紧固应严格按技术要求进行。垫片、弹簧圈齐全
7	施工缺陷	（1）禁止在设备上随意焊接，必须焊接时需经有关技术负责人同意后方可施焊。 （2）因施工需要，在设备上进行点固焊接时，施工后必须全部清掉，用角磨机磨平，并检查有无施工缺陷，有缺陷必须处理

5.1.2 作业过程中控制点的设置

序号	作业控制点	检 验 单 位				见证方式
		班组	专业公司	项目质检部门	监理	
1	变送器安装	★	★	★	★	W
2	就地压力表安装	★	★	★	—	W
3	开关量仪表安装	★	★	★	★	W
4	分析仪表安装	★	★	★	★	W
5	外观检查	★	★	★	★	R
6	热控回路校线	★	★	★	★	W
7	电动执行机构（电动门）就地调试	★	★	★	★	H
8	电动执行机构（电动门）调试验收	★	★	★	★	H
9	气动执行机构（气动门）就地调试	★	★	★	★	H
10	气动执行机构（气动门）调试验收	★	★	★	★	H
11	和电科院传动	★	★	★	★	H
12	挂调试记录牌	★	★	★	★	R
13	管路安装前的检查	★	★	—	—	R
14	支吊架制作安装	★	★	—	—	R
15	支吊架制作、安装验收	★	★	—	—	R
16	管路敷设	★	★	★	★	W
17	管路敷设验收	★	★	★	★	H
18	仪表阀门安装	★	★	★	★	W
19	仪表阀门安装验收	★	★	★	—	H
20	管路严密性试验验收	★	★	★	★	H
21	温度测点安装	★	★	—	—	R

续表

序号	作业控制点	检 验 单 位				见证方式
		班组	专业公司	项目质检部门	监理	
22	温度测点安装验收	★	★	—	—	R
23	插座和固定座安装系统光谱	★	★	★	★	R
24	金属壁温安装验收	★	★	★	★	H
25	压力取样位置选择	★	★	—	—	R
26	压力取样安装	★	★	★		H
27	压力取样安装验收	★	★	★		H
28	压力取样插座系统光谱	★	★	★	★	R
29	流量取样装置安装前检查	★	★	★	★	R
30	流量测量装置安装	★	★	★	★	W
31	流量取样装置合金焊口系统光谱	★	★	★	★	R
32	流量测量装置安装验收	★	★	★	★	H
33	液位测量装置安装	★	★	★	★	W
34	液位取样装置焊口系统光谱	★	★	★	★	R
35	液位测量装置安装验收	★	★	★	★	H
36	仪表管安装前应要求作光谱分析以确认其材质	★	★	★	★	R
37	管路敷设完,检查有无堵塞,错接	★	★	★	★	S
38	管路敷设完,按要求做压力实验	★	★	★	★	H
39	轴向位移,相对膨胀,振动,转速传感器等保护探头校验	★	★	★	★	H
40	轴向位移,相对膨胀,振动,转速传感器等保护探头安装位置准确无误	★	★	★	★	W
41	轴向位移,相对膨胀,振动,转速传感器等保护探头配合调试并签证	★	★	★	★	R

注 R—记录确认点;W—见证点;H—停工待检点;S—连续监视监护。

5.2 质量标准及要求

序号	项目名称	执行验收标准
1	仪控设备安装	电力建设施工质量验收及评价规程 第4部分:热工仪表及控制装置
2	仪控设备安装	设计图纸
3	仪控设备安装	强制条文

5.3 强制性条文

编写要点：涉及该项作业的强制性条文。

（1）在危险场所装设的电气设备（含开关量仪表，后略），应具有相应的防爆等级和必要的防爆措施。

（2）危险场所电气设备的选择，应符合下列规定：

1）根据危险场所的分区，选择相应的电气设备种类及防爆结构。

2）选用的防爆电气设备的级别和组别，不应低于该危险场所内爆炸性气体混合物的级别和组别。

3）爆炸危险区域内的电气设备，应符合周围环境内化学的、机械的、热的、霉菌以及风沙等不同环境条件对电气设备的要求；电气设备的防爆结构应能满足其在规定的运行条件下不降低性能要求。

6 HSE（健康、安全、环境）及消防保障措施

编写要点：要求各项措施要针对本施工活动。
示例：

6.1 安全技术措施

（1）施工人员经三级教育考试合格后方可进入施工现场，施工前施工人员必须接受安全交底，且全员签字，并详细了解作业指导书的内容和要求，否则不允许施工。

（2）施工人员进入现场必须正确佩戴安全帽，穿好绝缘鞋。

（3）高处作业必须搭设脚手架，脚手板铺设平稳并绑牢，作业区应搭设安全防护栏杆并加安全网，且经过检查合格挂牌后，方可使用。

（4）使用的工具系安全绳，防止工具坠落。

（5）高空作业传递材料工具应用传递绳或工具袋传递，严禁上下抛掷。

（6）使用电动工具，要加装专用合格的漏电保护器，每次使用前要仔细检查，电源线不得有破损。

（7）使用无齿锯应戴防护面罩，且铁屑飞出的方向不能对人；使用电钻打孔严禁戴手套。

（8）使用电焊机时，应有可靠的接零或接地保护。并应采取消防措施，防止火灾事故发生。

（9）焊接作业前要检查周边施工环境，注意交叉作业，临边孔洞做好防护，焊接时要设专人监护防止火花飞溅，发生火灾。

（10）焊接后焊药盒、焊药渣不得到处乱扔，放入指定的废物箱。

（11）作业时要精神集中，禁止酒后进入现场。

（12）坚持文明施工，做到随干随清理。

安全危害因素辨识和控制表

序号	危险点描述	控 制 对 策	实施负责人	确认签证人
一、场地和环境				
1	在施工现场使用电焊,周围和下方有危险因素	作业前办理明火作业票,并采取有效防护措施	班组长	单位负责人
2	电焊机露天摆放	露天摆放的电焊机放在干燥场所,有棚遮蔽或使用电焊机专用箱	班组长	单位负责人
3	脚手架不合格,坠落伤人	脚手架验收合格,挂牌后,方可施工	班组长	单位负责人
4	垂直交叉作业层间未设严密、牢固的防护隔离措施,坠落伤人	垂直交叉作业层间用脚手板隔离	班组长	单位负责人
5	交叉作业时不作隔离措施,造成伤害	交叉作业时做好隔离措施,做到"四不伤害"	班组长	单位负责人
6	电焊机二次线乱拉乱放	根据现场具体情况,将二次线放入现场的临时线槽内	班组长	单位负责人
7	交叉作业各方施工配合不密切,坠物伤人	交叉作业各方作业前进行周密安排,统一调度	班组长	单位负责人
8	现场不文明施工,造成混乱	现场施工时,把材料、工具码放整齐在自备的帆布中,坚持现场文明施工,做到工完料净场地清	班组长	单位负责人
9	在吊装物下接料或逗留,坠物伤人	禁止在吊装物下通过停留,接料人员必须按操作规程施工	班组长	单位负责人
二、作业和人员				
1	施工组织不合理造成交叉作业增多,高处坠落,坠物伤人	合理组织施工,减少高空作业	班组长	单位负责人
2	高处作业移动点焊物件,脱落伤人	焊工持证上岗,焊后检查,点焊的物件不许移动	班组长	单位负责人
3	高空作业人员衣着不灵便	施工人员穿着统一的工作服,衣帽整洁	班组长	单位负责人
4	高空作业不系安全带或不正确使用安全带	高处作业必须正确使用安全带	班组长	单位负责人
5	高空作业未穿防滑鞋	施工人员穿防滑鞋	班组长	单位负责人
6	高处作业传递物品时随意抛掷	施工前进行交底,禁止高空作业抛掷物件,传递物品时使用传递绳	班组长	单位负责人
7	高处作业人员站在栏杆外工作,坐在平台、骑坐栏杆等	施工前进行交底,禁止高处作业人员站在栏杆外工作,坐在平台、骑坐栏杆等进行施工	班组长	单位负责人
8	在材料的搬运过程中,砸伤手脚或碰伤别人	在材料的搬运过程中,要特别注意不要砸伤手脚或碰伤别人	班组长	单位负责人
三、使用工机具				
1	电焊机二次线接头裸露发生触电	电焊机二次线接头必须包好,绝缘良好,无漏电,电焊把线与电焊机连接必须使用铜鼻子连接,接触必须牢固可靠	班组长	单位负责人
2	电焊机、砂轮机无可靠接地	电焊机、砂轮机外壳必须进行可靠接地	班组长	单位负责人

序号	危险点描述	控 制 对 策	实施负责人	确认签证人
3	电焊机一次侧电源线老化或破损过长	电焊机一次侧电源线必须绝缘良好，长度不超过5m	班组长	单位负责人
4	高处作业使用电动工具坠落	高空作业使用电动工具要系好安全绳，防止坠落	班组长	单位负责人
5	电源一闸多用	电焊机、无齿锯应分别有单独的电源控制装置	班组长	单位负责人

6.2 消防保障措施

编写要点：针对本施工作业活动制定消防保障措施

示例：

（1）所有动火作业前，必须办理动火作业票，周围区域存放的易燃易爆危险品和化学危险品及时清理，在动火作业区域周围必须设置消防器材。

（2）明确动火监护人，监护并做到全程监护。

（3）电焊机的二次线正确搭接，严禁私拉乱接施工电源线。

（4）交叉作业时，要查看是否有人或易燃易爆物品存在，要采取安全措施（如铺设防火毯等），避免飞溅火花烧伤人或引燃易燃易爆物品。

（5）施焊完毕后，及时清理施工现场，确保动火作业区域无火种、所有用电设备断电后，方可离开。

（6）所有作业人员必须经过消防培训考试合格后方可上岗，能熟悉消防知识、会使用灭火器材、熟悉灭火器材的位置。

6.3 绿色施工措施

编写要点：节能减排、绿色施工相关措施：节水、节电、节约材料、环境保护相关措施。

示例：

（1）作业场地清洁，无杂物，避免交叉作业，必要时采取确保安全的隔离设施。

（2）步道及脚手架、安全网和防护栏杆验收合格。

（3）遇到6级或6级以上大风、雨雪天气禁止露天作业。

（4）作业场地周围应当有充足的照明，以提供夜间施工的条件。

（5）每天随时随地清理施工现场，施工废料码放整齐。

（6）水源、电源不使用及时切断。

（7）充分利用施工材料，避免浪费。

6.4 应急预案

编写要点：危险性较大的分部分项工程专项方案中的施工安全保证措施应包括：组织保障、技术措施、应急预案、监控措施等。

示例：

（1）施工现场准备应急小组，包括急救、抢险等人员，并准备相应的急救药品和机动车辆、抢险工具、物料等，以便应付在基础施工过程中突发的坠落、触电、失火等事故，以上人员包括机动车司机必须随时有人值班，并保证通信良好。施工现场一旦发生事故时，施工现场应急救援小组应根据当时的情况立即采取相应的应急处置措施或进行现场抢救，同时要以最快的速度进行报警，应急指挥领导小组接到报告后，要立即赶赴事故现场，组织、指挥抢救排险，并根据规定向上级有关部门报告，尽量把事故控制在最小范围内，并最大限度地减少人员伤亡和财产损失。

（2）触电事故的抢险措施：一旦发生触电伤害事故，首先使触电者迅速脱离电源（方法是切断电源开关，或用干燥的绝缘木棒、布带等将电源线从触电者身上拨离或将触电者拨离电源），其次将触电者移至空气流通好的地方，情况严重者，边就地采用人工呼吸法和心脏按压法抢救，同时就近送医院。

（3）高空坠落及物体打击事故的抢险措施：工地急救员边抢救边就近送医院。

（4）机械伤害事故的抢险措施。

1）对于一些微小伤，工地急救员可以进行简单的止血、消炎、包扎。

2）就近送医院。

7 精品工程保证措施

编写要点：根据各施工验收规范、行业标准、工程质量目标等编制符合本施工内容的施工工艺策划及具体实施方案，以图文并茂的形式展示该项作业的具体工艺要求，最终以实现工程质量目标。

示例：

7.1 仪表管路的实测

（1）仪表管、管件的材质及规格应符合设计图纸及规范要求，合金钢部件、仪表阀门有光谱分析记录及标识。

（2）管路敷设整齐、美观，间距一致，管卡齐全、固定牢固，弯头弧度一致。

7.2 管路敷设路线选择及敷设工艺

（1）油管路离开热表面保温层的距离不小于 150mm，严禁平行布置在热表面的上部。

（2）管路敷设在地下及穿过平台或墙壁时加装保护管（罩）。

（3）管路敷设时，套接管件留有膨胀余量，两头有 1～2mm 间隙，避免运行受热膨胀爆裂。

（4）仪表管一次阀门安装在便于维护和检修的位置。

（5）差压测量管路的排污阀门装在差压计附近，便于操作和检修的地方，其排污情况能监视，排污门下装设排水槽和排水管并引至地沟。

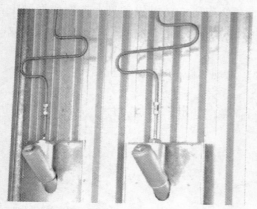

7.3 管路弯制和连接工艺

（1）仪表管采用冷弯方法弯制。

（2）管子的弯曲半径不小于其外径的 3 倍，管子弯曲后，无裂缝、无凹坑，弯曲断面的椭圆度不大于 10%。

（3）不同直径管子对口焊接，采用变径接头，相同直径管子的对口采用插入式直接接头焊接，接头排列整齐、美观，呈一字型排列、斜型排列或 V 字型排列。

（4）紫铜管的连接，采用锥体接合式连接法接头。

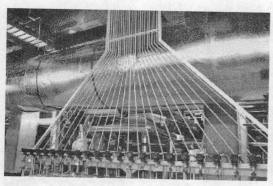

7.4 管路固定工艺

（1）仪表管采用可拆卸的夹子固定在支架上，固定螺栓加装弹簧垫，以免长期运行震动后松动，磨损管材。

（2）固定仪表管时，管卡子与仪表管之间垫不锈钢片，不锈钢片尺寸以支架角铁为准，露出角铁两端10cm。成排时应对齐。不锈钢片与仪表管间无间隙。

（3）支架制作采用切割机或锯弓、倒角、电钻钻孔，间距均匀。

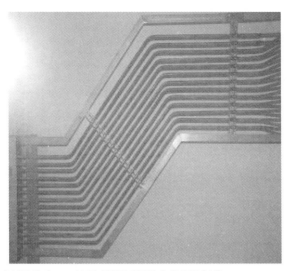

（4）管路支架的间距均匀，各种管子采用支架距离为：

1）无缝钢管，水平敷设1～1.5m，垂直敷设1.5～2m。

2）铜管水平敷设时0.5～0.7m，垂直敷设0.7～1m。

7.5 成品保护措施

（1）仪表管路敷设安装过程中，不得在管道上直接焊接支架，对钢梁等处支架焊接部位进行补漆恢复；仪表管安装完毕未能及时焊接接口的及时采取封堵措施，避免杂物进入。

（2）避免踩踏各种盘箱柜作业，焊接作业时对附近的设备进行覆盖保护。

（3）仪表管运输到现场时，存放时需在下方放置方木垫起，杜绝直接放在地上或网格板上。